Innere Medizin systematisch

UNI-MED Verlag AG

Dr. Ralph Breidung
2. Medizinische Klinik und
medizinisch/toxikologische Intensivstation
Klinikum Nürnberg-Nord
Flurstr. 17
90419 Nürnberg

Priv.-Doz. Dr. Klaus Hager
Klinik für Medizinische Rehabilitation
und Geriatrie der Henriettenstiftung
Schwemmannstr. 19
30559 Hannover

CIP-Titelaufnahme der Deutschen Bibliothek

Breidung, Ralph:
Innere Medizin systematisch/
Ralph Breidung und Klaus Hager.-
1. Auflage - Lorch: UNI-MED, 1995
ISBN 3-89599-112-0

Gesamtherstellung in der Bundesrepublik Deutschland

Die Erkenntnisse der Medizin unterliegen einem ständigen Wandel durch Forschung und klinische Erfahrungen. Die Autoren dieses Werkes haben große Sorgfalt darauf verwendet, daß die gemachten Angaben dem derzeitigen Wissensstand entsprechen. Das entbindet den Benutzer aber nicht von der Verpflichtung, seine Diagnostik und Therapie in eigener Verantwortung zu bestimmen.

Geschützte Warennamen (Warenzeichen) werden nicht besonders kenntlich gemacht. Aus dem Fehlen eines solchen Hinweises kann also nicht geschlossen werden, daß es sich um einen freien Warennamen handele.

UNI-MED. Die beste Medizin.

Die Klinische Lehrbuchreihe des UNI-MED Verlags ist die Lehrbuchreihe zur neuen Approbationsordnung. Die Stoffgebiete werden fächerübergreifend und gegenstandsbezogen in ihrer gesamten medizinischen Breite dargestellt. Klare Systematik und enger Praxisbezug sind die wichtigsten Charakteristika unseres didaktischen Konzepts. Durch die komprimierte Darstellung sind alle Zusammenhänge in Kürze erfaßbar. Zahlreiche Abbildungen, Schemata und Tabellen sorgen für größtmögliche Übersichtlichkeit. Die Lehrbuchreihe besticht durch ein ebenso ansprechendes wie didaktisch ausgefeiltes Layout.

Die Lehrbücher vermitteln dem Medizinstudenten ärztliche Urteilsbildung und examensgerechte Information, denn sie sind Lehrbücher und Lernbücher zugleich. Auf der Station und in der Ambulanz geben sie dem Kliniker den notwendigen Rückhalt. Aktuelle Standards in Diagnostik und Therapie machen die Bücher für niedergelassene Ärzte zu idealen Nachschlagewerken.

Wir danken den Lektoren unseres Studentischen und unseres Ärztlichen Beirats für die engagierte Mitarbeit an diesem Buch: Michael Allert, Beate Anke, Dr. Johann Bauersachs, Erwin Biecker, Dr. Bernd Bosse, Thomas Brieden, Dr. Oliver Erens, Sibylle von Forstner, Dr. Rainer Friedrich, Dr. Martin Görner, Dr. Axel Hagemann, Markus Hater, Hasko Heeren, Stefan Henkel, Bernhard Heindl, Dr. Norbert Klause, Dr. Bernd Knapp, Dr. Bernhard Koch, Anja Köhler, Dr. Robert Liebl, Andreas Lipécz, Dr. Matthias Lohr, Rainer Lutz, Christian Matthees, Jörg Neger, Achim Obergfell, Dr. Thomas Pundt, Heike Russell, Jan Stefan Scheld, Dr. Wolfgang Schienle, Dr. Manfred Schneider, Dr. Gerhard Sitzler, Dr. Volker Stemmildt, Lars Termühlen, Jörg Trojan, Konstantina Tzamouranis, Norbert Weithaus, Eva Werner.

Vorwort und Danksagung

Die Innere Medizin nimmt eine zentrale Stellung innerhalb der Medizin ein. Mit unserem Buch "Innere Medizin systematisch" haben wir versucht, dieses wichtige Stoffgebiet klar, praxisnah und komprimiert darzustellen. Wir orientierten uns dabei am Gegenstandskatalog und waren darüber hinaus bemüht, aktuellste Trends und Erkenntnisse einzuarbeiten.

Uns ist bewußt, daß ein so umfangreiches Fachgebiet als komplette Stoffsammlung wie als umfassendes Lehrbuch von zwei Autoren kaum mehr vollständig dargestellt werden kann. Gerade diese Erkenntnis war uns aber auch eine Herausforderung gewesen, die Fülle des Stoffes nach Maßgabe unserer eigenen praktischen Erfahrungen zu bändigen und für den Leser zugänglich zu machen, der einen eingehenden, aber auch komprimierten Text sucht.

Das Buch wendet sich somit an alle Kollegen in Klinik und Praxis, die einen systematischen Überblick über das breite Fachgebiet der Inneren Medizin suchen, sowie natürlich bzw. besonders auch an Ärzte im Praktikum und Medizinstudenten.

Allen, die an der Entstehung dieses Buches beteiligt waren, vor allem den Kolleginnen und Kollegen, die als Lektoren mit Ratschlägen und Ergänzungen wertvolle Hilfen geleistet haben, sei an dieser Stelle nochmals gedankt. Besonders herausstellen möchten wir Frau Dr. Ilse Zimmer und Herrn Dr. Michael Weimann, Hannover, die die "Übersicht der Referenzbereiche wichtiger Laborparameter" erstellt haben. Bedanken möchten wir uns auch beim UNI-MED Verlag, durch den dieses Buch überhaupt erst ermöglicht wurde. Der größte Dank gebührt jedoch unseren Ehefrauen, die uns nicht nur beim Lesen der Manuskripte eine unschätzbare Hilfe waren, sondern durch alle Höhen und Tiefen der Entstehung hindurch kritisch und kooperativ zugleich zur Seite standen.

Ein Buch lebt nicht zuletzt vom Dialog zwischen Lesern und Autoren. Wünsche, Anregungen und Kritik sind daher willkommen, um Klarheit und Praxisbezug ebenso wie die Aktualität des Manuskripts weiter zu verbessern und um mit dem Konzept sowie dem Inhalt den Bedürfnissen seiner Leser entgegenzukommen.

Nürnberg/Hannover, im Sommer 1995

R. Breidung
K. Hager

Inhaltsverzeichnis

8. Wasser-, Elektrolyt- und Säure-Basen-Haushalt - 824

9. Infektionskrankheiten - 850

Krankheiten des Herzens und des Kreislaufs

1. Krankheiten des Herzens und des Kreislaufs

1.1. Herzinsuffizienz

❑ **Definition**

Unter Herzinsuffizienz versteht man ein Syndrom, das durch die Unfähigkeit des Herzens charakterisiert ist, das notwendige Herzzeitvolumen (HZV) aufrecht zu erhalten und damit eine adäquate Organdurchblutung zu gewährleisten.

Die Herzinsuffizienz kann dabei *kardial* oder *extrakardial* bedingt sein (Tab. 1.1).

Einteilung	Differenzierung	Beispiele
kardial:		
myokardial	diffus	KHK oder Hypoxie Kardiomyopathie Myokarditis Amyloidose
	umschrieben	Myokardinfarkt
Rhythmusstörungen	Bradykardie	AV-Block III°
	Tachykardie	Tachyarrhythmia absoluta Kammerflattern oder Kammerflimmern
Herzfehler		
kongenital	Volumenbelastung	Ventrikelseptumdefekt
	Druckbelastung	Aortenstenose
erworben	Volumenbelastung	Aorteninsuffizienz
	Druckbelastung	Aortenstenose
mechanische Behinderung	systolisch	hypertroph-obstruktive Kardiomyopathie
	diastolisch	Pericarditis constrictiva Herzbeuteltamponade
extrakardial:		
Druckbelastung	Körperkreislauf	arterielle Hypertonie
	Lungenkreislauf	Lungenembolie
Volumen	Hypervolämie	Trinkmenge/Infusion
	Hypovolämie	Schock
andere	Hormone	Hyperthyreose/Myxödem
	Medikamente/Toxine	β-Blocker Antidepressiva

Tab. 1.1: Mögliche Ursachen einer Herzinsuffizienz.

Eine klinische Einteilung erfolgt nach der *New York Heart Association (NYHA)* in vier Schweregrade (Tab. 1.2).

I	Normale körperliche Leistungsfähigkeit. In Ruhe und bei normaler körperlicher Betätigung keine Symptome
II	Leichte Einschränkung der körperlichen Leistungsfähigkeit. In Ruhe beschwerdefrei, bei normaler körperlicher Betätigung Symptome wie Müdigkeit, Dyspnoe und Palpitationen
III	Deutliche Einschränkung der körperlichen Leistungsfähigkeit. In Ruhe beschwerdefrei, bereits bei leichter körperlicher Betätigung Symptome wie Müdigkeit, Dyspnoe und Palpitationen
IV	Beschwerden und Symptome bereits in Ruhe

Tab. 1.2: Klinische Einteilung der Herzinsuffizienz nach **NYHA**.

Von einer *kompensierten* Herzinsuffizienz wird gesprochen, wenn durch Kompensationsmechanismen (s.u.) und/oder unter medikamentöser Therapie ein ausreichendes Herzzeitvolumen (HZV) erreicht wird. Ist dies nicht der Fall, liegt eine *dekompensierte* Herzinsuffizienz vor.

Nach dem betroffenen Herzabschnitt unterscheidet man:

- *Rechtsherzinsuffizienz* (z.B. bei pulmonaler Erkrankung)
- *Linksherzinsuffizienz* (z.B. bei Myokardinfarkt oder Hypertonus)
- *Globalinsuffizienz* (z.B. bei Kardiomyopathie)

Eine weitere Differenzierung erfolgt zwischen:

- *low output failure* (verminderte Ejektionsfraktion [EF] und HZV → inadäquate Organdurchblutung. Beispiel: Myokardinfarkt)
- *high output failure* (trotz erhöhtem HZV → mangelnde O_2-Versorgung der Organe. Beispiel: Anämie oder Hyperthyreose)

Anhand der klinischen Symptomatik wird ferner das Vorwärtsversagen vom Rückwärtsversagen abgegrenzt:

- *Vorwärtsversagen* (forward failure): die verminderte EF und das reduzierte HZV führen zu einer Minderversorgung der Organe
- *Rückwärtsversagen* (backward failure): der venöse Rückstau führt zu Symptomen in den entsprechenden Organen

Unter *kongestiver* Herzinsuffizienz versteht man eine Herzinsuffizienz mit Stauungszeichen.

Die Herzinsuffizienz zeigt insgesamt eine zunehmende Inzidenz, wobei insbesondere ältere Menschen betroffen sind.

❑ Pathophysiologie

Wesentliche Parameter der Herzleistung sind:

- Vorlast
- Nachlast
- Kontraktilität
- Herzfrequenz

- Unter *Vorlast* (Preload) versteht man das Ausmaß der Dehnung der Herzmuskelfasern durch das in der Diastole einströmende Blut. Als Maß dafür kann der enddiastolische Ventrikeldruck bzw. das enddiastolische Ventrikelvolumen genommen werden. Nach dem *Frank-Starling-Mechanismus* bewirkt eine erhöhte Vorlast bzw. vermehrte Vordehnung eine Zunahme der Kontraktilität und damit des Schlagvolumens. Die Beziehung gilt jedoch nur in physiologischen Grenzen und am intakten bzw. gesunden Herzen
- Als *Nachlast* (Afterload) bezeichnet man den Widerstand, gegen den der linke Ventrikel in der Systole das Blut auswirft. Am Herzen entspricht dies der (maximalen) systolischen, ventrikulären Wandspannung. Die Nachlast wird durch den systemischen Gefäßwiderstand, das aortale Blutvolumen und die Blutviskosität beeinflußt. Eine Zunahme der Nachlast führt zu einer Verringerung der Auswurfleistung bzw. des HZV und trägt somit zur Konstanz des Blutdrucks bei. Bei Herzinsuffizienz ist diese Abnahme der Herzleistung hingegen negativ zu bewerten
- Die *Kontraktilität* ist durch die maximale Druckanstiegsgeschwindigkeit dP/dt_{max} oder - nichtinvasiv (z.B. durch Echokardiographie) bestimmt - durch die Ejektionsfraktion (in Prozent) oder Verkürzungsfraktionen verschiedener Kammerdurchmesser (systolisch/diastolisch) charakterisiert. Ca^{2+}-Ionen, Katecholamine, Herzglykoside sowie eine erhöhte Vorlast können die Kontraktilität steigern
- Außerdem wird die Herzleistung durch die *Herzfrequenz* beeinflußt, da das HZV (= Schlagvolumen x Herzfrequenz) z.B. bei niedriger Frequenz aufgrund der nur beschränkt möglichen Steigerung des Schlagvolumens abnimmt. Bei ausgeprägter Tachykardie ist durch die kurze diastolische Ventrikelfüllung das Schlagvolumen und damit auch das HZV reduziert. Die diastolische Ventrikelfüllung kann auch durch eine konstriktive Perikarditis oder Herzbeuteltamponade behindert sein

Die Änderung eines der vier o.g. Parameter kann sich bereits ungünstig auf die Pumpleistung des Herzens auswirken und damit eine Herzinsuffizienz bedingen (Tab. 1.3). Dabei wird die Funktionskurve zwischen dem enddiastolischen Druck (LVEDP) und dem Schlagvolumen des Frank-Starling-Mechanismus abgeflacht, d.h. die maximal mögliche Herzleistung ist reduziert und der enddiastolische Druck ist bei gleichem Schlagvolumen im Gegensatz zum Gesunden erhöht (Abb. 1.1).

Parameter	Veränderung	Beispiel
Vorlast	erhöht	• Hypervolämie • Ventrikelseptumdefekt • Aorteninsuffizienz
	erniedrigt	• Hypovolämie
Nachlast	erhöht	• Aortenstenose • arterieller Hypertonus
	erniedrigt	• neurogener Schock • medikamentös
Kontraktilität	vermindert	• KHK, Myokardinfarkt • Kardiomyopathie • medikamentös/toxisch
Herzfrequenz	erniedrigt	• AV-Block III°
	erhöht	• Tachyarrhythmia absoluta • Kammertachykardie

Tab. 1.3: Pathophysiologische Veränderungen der Herzinsuffizienz.

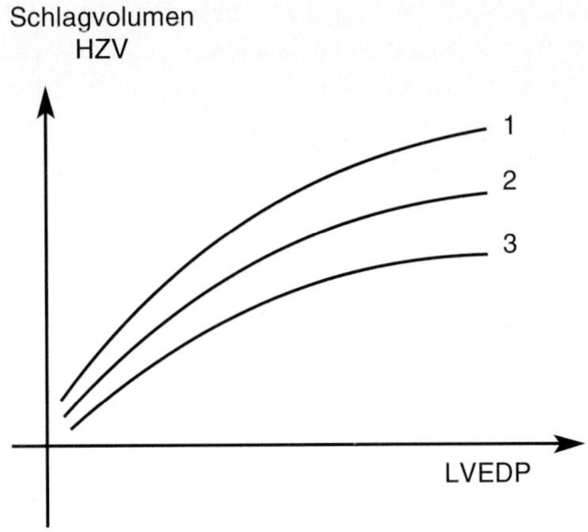

Abb. 1.1: Frank-Starling-Mechanismus: Einfluß des LVEDP auf das Schlagvolumen.
Der Patient mit Herzinsuffizienz hat bei gleichem LVEDP ein geringeres Schlagvolumen als die Normalperson.
1: Normalperson.
2: Patient mit Herzinsuffizienz unter Digitalis bzw. ACE-Hemmer.
3: Patient mit Herzinsuffizienz.

Kompensationsmechanismen

Um dem Entstehen einer Herzinsuffizienz entgegen zu wirken, stehen verschiedene Möglichkeiten zur Verfügung. Dabei muß zwischen kurzfristigen und langfristigen Kompensationsmechanismen unterschieden werden.

- Über den Frank-Starling-Mechanismus führt eine Zunahme der Vorlast zu einem erhöhten Schlagvolumen
- Eine Stimulierung des sympathischen Nervensystems führt zur Ausschüttung von adrenergen bzw. dopaminergen Substanzen. Diese können die Herzleistung durch ihre positiv inotrope (Kontraktilität wird gesteigert) und chronotrope (Herzfrequenz nimmt zu) Wirkung verbessern. Die Vorlast (s.o.) wird zusätzlich durch Konstriktion der Venen erhöht. Außerdem kommt es zu einer Umverteilung des Blutes, um die Herz- und Hirndurchblutung sicherzustellen
- Über die Stimulierung des Renin-Angiotensin-Aldosteron-Systems infolge der verminderten renalen Durchblutung kommt es zu einer Erhöhung der Vor- und Nachlast (Aldosteron → Na^+-Rückresorption und K^+-Elimination → H_2O-Retention → Erhöhung der Vorlast, Angiotensin → Vasokonstriktion → Erhöhung der Nachlast). Insbesondere die H_2O-Retention, verbunden mit dem beim Rückwärtsversagen (infolge der chronischen Stauung) erhöhten hydrostatischen Druck, ist für die *Ödementstehung* bei der Herzinsuffizienz verantwortlich
- Die Kontraktilität kann über lange Zeit auch über den Mechanismus der Hypertrophie gesteigert bzw. konstant gehalten werden. Dabei wird zwischen einer *konzentrischen* (bei Druckbelastung) und *exzentrischen* (bei Volumenbelastung) Hypertrophie unterschieden. Die Leistungsfähigkeit nimmt jedoch ab einem kritischen Herzgewicht (ca. 500 g) wieder ab (relative Koronarinsuffizienz)
- Bei Zunahme der Vorlast wird als Gegenregulation das *atriale natriuretische Hormon* (atriales natriuretisches Peptid = ANP, bestehend aus 28 Aminosäuren), das vasodilatierend, natriuretisch und diuretisch wirkt, ausgeschüttet

- Weitere volumeneliminierende bzw. vasodilatierende Substanzen, die einer ungünstigen Vorlast- bzw. Nachlaststeigerung entgegenwirken können, sind: Prostaglandin E_2 und Prostazyklin, Bradykinin und Dopamin

Folgende Probleme treten jedoch bei den Kompensationsmechanismen auf:

- Eine Vorlaststeigerung führt bei hohem enddiastolischen Ventrikeldruck zu einer Abnahme des Schlagvolumens
- Eine Nachlaststeigerung führt bei einer vorliegenden Herzinsuffizienz in der Regel zu einer Zunahme der Insuffizienz
- Die Regelmechanismen kardialer und arterieller Barorezeptoren sind teils gestört. Es kommt zu einer gesteigerten sympathischen Aktivität mit hohen Noradrenalinspiegeln im Blut. Da kardiale β-Rezeptoren adaptieren ("down-regulation"), kommt es über α-Rezeptoren zu einer überwiegenden Nachlasterhöhung. Außerdem ist ein vermindertes Ansprechen auf ANP zu verzeichnen

❑ **Symptomatik**

- *Atemnot (Dyspnoe)*

  Leitsymptom der *Linksherzinsuffizienz* ist die Atemnot (Dyspnoe)!

  Die Patienten klagen anfangs bei Belastung, später auch in Ruhe über Luftnot (Belastungs- bzw. Ruhedyspnoe). Die Atemfrequenz ist dabei meist beschleunigt (Tachypnoe). Das Blutvolumen im Lungenkreislauf nimmt im Liegen zu und macht häufig diese Körperlage bei zunehmender Herzinsuffizienz unmöglich (*Orthopnoe*). Die Patienten fühlen sich daher in sitzender oder halbsitzender Position am wohlsten. Husten und anfallsweise (nächtliche) Atemnot sind die Symptome des Asthma cardiale, welches häufig in ein Lungenödem übergeht. Dabei kommt es zum Austritt von Flüssigkeit ins Interstitium und in den Alveolarraum. Bei der Untersuchung hört man (basal) feuchte Rasselgeräusche (fein-mittelblasig), evtl. Spastik mit Giemen und Brummen (erhöhter Atemwegswiderstand), die beim Lungenödem in ein (Distanz-)Rasseln übergehen können. Zusätzlich findet sich eine *Zyanose*. Das Sputum ist häufig weißlich bis bräunlich, teils von schaumiger Konsistenz. Bei der zytologischen Untersuchung lassen sich sog. Herzfehlerzellen (Alveolardeckzellen, die phagozytierte Erythrozyten enthalten) nachweisen
- *Leistungsabnahme*

  Als Folge des Vorwärtsversagens kommt es zu verminderter körperlicher Leistungsfähigkeit und zu Schwäche
- *zentralnervöse Erscheinungen*

  Außerdem finden sich häufig Symptome wie Schwindel, Schlaflosigkeit und Bewußtseinsstörungen (Verwirrtheit, Desorientiertheit bis zu Synkopen)

  Die *Rechtsherzinsuffizienz* äußert sich meist durch Symptome der Stauung!

- *Halsvenenstauung*
- *Ödeme*

  Ödeme, vorwiegend in den abhängigen Körperpartien als prätibiale oder perimaleoläre Unterschenkelödeme bzw. bei bettlägerigen Patienten im Rücken- bzw. Steißbereich als *Anasarka*. Zusätzlich findet sich häufig ein *Aszites* (Transsudat)
- *gastrointestinale Beschwerden*

  Die Patienten klagen über Appetitlosigkeit, Völlegefühl (Stauungsgastritis) und Obstipation. Leber und Milz sind aufgrund der Stauung vergrößert und druckdolent. Evtl. kommt es zu einem Ikterus. Besteht die Rechtsherzinsuffizienz über längere Zeit, kann sich eine *Cirrhose cardiaque* entwickeln

- *Miktionsstörungen*
  Nächtliches Wasserlassen (*Nykturie*) bzw. tägliche Urinmengen unter 500 ml (Oligurie) finden sich sowohl bei Rechts- als auch bei Linksherzinsuffizienz. Diese Störungen sind einerseits durch die Rückresorption aus Ödemen nachts (im Liegen) bedingt, andererseits ist die renale Durchblutung und damit die Filtrationsleistung vermindert
- *Pleuraerguß*
  Pleuraergüsse treten gewöhnlich zuerst rechtsseitig auf (Transsudat, rechts größere Oberfläche)
- *erhöhte Sympathikusaktivität*
  Symptome des erhöhten Sympathikotonus sind Tachykardie, Nachtschweiß sowie eine feuchte, kalte Haut

> Häufig liegen bei einem Patienten sowohl Symptome der Rechts- als auch Linksherzinsuffizienz vor: Es besteht dann eine kardiale *Globalinsuffizienz*!

- *kardiale Kachexie*
  Patienten mit lange bestehender Herzinsuffizienz weisen vielfach eine kardiale Kachexie auf

❑ Diagnostik

- *Anamnese*
- *Auskultation*
  Die routinemäßige Auskultation sollte mindestens 5 Stellen umfassen:
  - 2. ICR rechts parasternal (Aortenklappe)
  - 2. ICR links parasternal (Pulmonalklappe)
  - 3.-4. ICR links parasternal (Erbscher Punkt)
  - 4. ICR rechts parasternal (Trikuspidalklappe)
  - 5. ICR links in der MCL (Mitralklappe - Herzspitze)

  1. und 2. Herzton entsprechen den Klappenschlüssen (Mitral- und Trikuspidal- bzw. Aorten- und Pulmonalklappe). Physiologisch kann der 2. Herzton gespalten sein, wobei der Aortenklappenschluß vor dem der Pulmonalklappe liegt. Diese Spaltung ist bei tiefer Inspiration am deutlichsten. Weitere Töne oder auch Geräusche treten normalerweise nicht auf. Sind zusätzliche Töne oder auch Geräusche auskultierbar, werden sie nach Beginn bzw. Lage im Herzzyklus, Lautstärke, Frequenz, Klang, Geräuschcharakteristik, Punctum maximum, Lageveränderlichkeit und Fortleitung differenziert.

  Bei der Herzinsuffizienz ist nicht selten ein 3. Herzton (protodiastolisch) auskultierbar (*Galopprhythmus*). Er ist durch den Bluteinstrom in den Ventrikel bedingt. Ein (präsystolischer) 4. Herzton (*Vorhofton*) kann hinzukommen. Sind sowohl 3. und 4. Herzton auskultierbar, spricht man von einem *Summationsgalopp*. Der Herzspitzenstoß findet sich oft nach lateral verlagert. Perkutatorisch kann die absolute und relative Herzdämpfung verbreitert sein.

  Über der Lunge lassen sich meist feuchte, fein- bis mittelblasige Rasselgeräusche auskultieren. Ein abgeschwächtes oder aufgehobenes Atemgeräusch mit Dämpfung in diesem Bereich spricht für einen Pleuraerguß. Ein auslösbarer hepatojugulärer Reflux weist auf eine Rechtsherzinsuffizienz mit Stauungsleber hin. Bei der Inspektion fallen evtl. gestaute Halsvenen auf.
- *Puls*
  Häufig findet sich ein schneller, flacher Puls. Als Zeichen einer schweren Herzinsuffizienz gilt ein Puls mit unterschiedlicher Amplitude (*pulsus alternans*), der durch unterschiedliche Schlagvolumina bedingt ist

- *Laboruntersuchungen*
  Spezifische Laboruntersuchungen bzw. Laborveränderungen bei der Herzinsuffizienz gibt es nicht. Eine Erhöhung der Retentionswerte (Creatinin und Harnstoff) weist auf eine verminderte renale Durchblutung hin. Die Bestimmung der Creatinin-Clearance ist jedoch aussagekräftiger bezüglich der renalen Leistungsfähigkeit. Außerdem besteht oftmals eine Proteinurie sowie eine erhöhte Urinosmolalität. Erhöhte Leberenzyme und Bilirubin können durch eine Stauungsleber bedingt sein. Ein erniedrigter Quickwert in diesem Zusammenhang spricht für eine Synthesestörung. Dabei kann auch die enterale Resorption von Vitamin K gestört sein. Eine (Verdünnungs-) Hyponatriämie gilt als prognostisch ungünstiges Zeichen. Noradrenalin und andere Katecholamine sowie Aldosteron sind im Plasma erhöht
- *Röntgen-Thorax*
  Der Röntgen-Thorax (in zwei Ebenen) dient zur Beurteilung der Herzgröße sowie Herzsilhouette (Abb. 1.2 a+b). Pathologische Pulsationen oder Hypokinesien lassen sich bei einer Durchleuchtung erkennen. Die Erweiterung der zentralen Gefäße, eine vermehrte periphere Gefäßzeichnung und Umverteilung der Perfusion in die Oberfelder können Zeichen einer Linksherzinsuffizienz sein. *Kerley-B-Linien* (feine horizontal verlaufende Linien, ca. 1 cm lang, vorwiegend im Unterlappenbereich) finden sich bei chronischer Stauung. Seltener lassen sich *Kerley-A-Linien* (feine, vom Hilus nach lateral oben ziehende Linien) nachweisen (Abb. 1.3)

  Das alveoläre Lungenödem zeigt typische, vom Hilus ausgehende, symmetrische, schmetterlingsförmige Verschattungen.

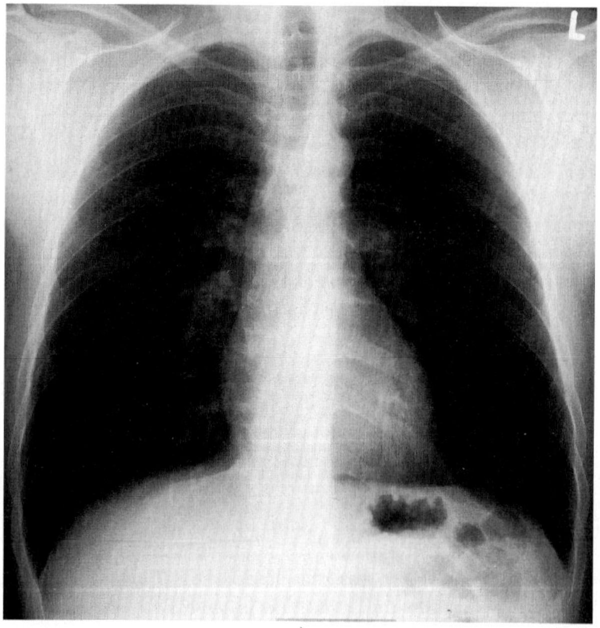

a)

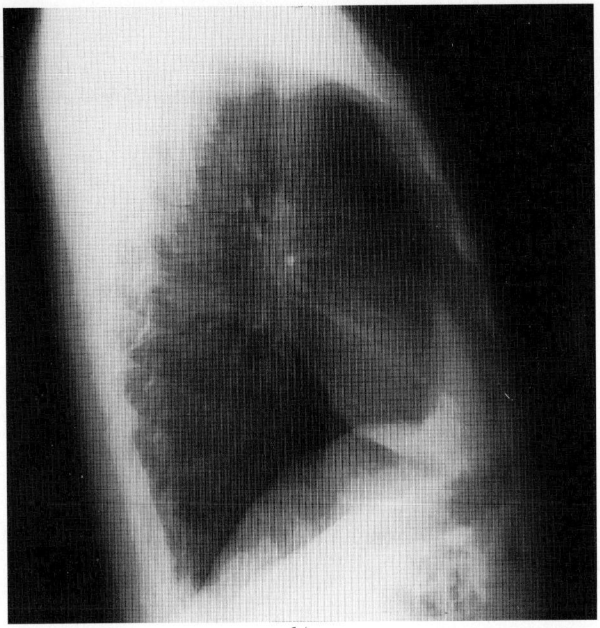

b)

Abb. 1.2 a+b: a) Röntgenthorax in Standardtechnik (p.a. und seitlich): Die Aufnahme in p.a.-Technik zeigt einen Normalbefund.
b) In der Seitaufnahme erkennt man eine deutliche ventro-basale Schwielenbildung (→ Thorax primär - wenn möglich - immer in zwei Ebenen röntgen).

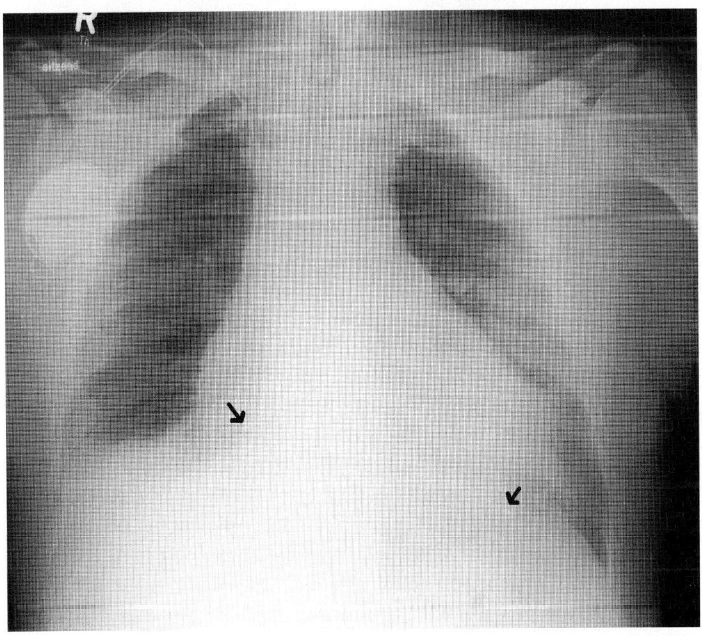

Abb. 1.3: Röntgenthorax in Behelfstechnik: bds. dilatiertes Herz mit Lungestauung. V.a. (kleineren) Pleuraerguß rechts. Schrittmacheraggregat rechts (Elektroden durch Pfeile markiert).

- *Ekg*
  Im Ekg gibt es keine spezifischen Zeichen für eine Herzinsuffizienz. Häufig findet sich jedoch eine absolute Tachyarrhythmie und/oder Blockbilder (LSB/RSB). Zudem kann es Zeichen der Rechts- oder Linksherzbelastung sowie Hypertrophie aufweisen, die auf eine mögliche Ursache der Herzinsuffizienz hinweisen können
- *Echokardiographie*
  Eine wichtige Untersuchung stellt die Echokardiographie dar. Dabei muß zwischen der einfachen M-Mode- und der (zweidimensionalen) B-Mode-Untersuchung unterschieden werden. Zusätzliche Informationen ergeben sich bei der Untersuchung mit (farbkodierter) Doppler-Technik. Mit dieser Methode lassen sich nicht-invasiv Herzhöhlen wie auch Herzklappen (Öffnungsflächen) und Muskelschichtdicke vermessen, systolische Verkürzungsfraktionen, Schlagvolumina und Ejektionsfraktionen (EF) bestimmen, Areale mit Dysfunktionen (Akinesie etc.) erkennen sowie Regurgitationen bei Klappeninsuffizienzen oder der Stenosegrad bei entsprechend veränderten Klappen bestimmen
- *Oberbauchsonographie*
  Zur Abklärung bzw. Diagnostik einer Herzinsuffizienz gehört auch die Oberbauchsonographie, insbesondere mit Augenmerk auf die Leber (Größe, Lebervenen etc.) und Vena cava (Verhalten bei In- und Exspiration → fehlendes inspiratorisches Kollabieren bei erhöhtem ZVD bzw. bei Stauung)
- *Nuklearmedizin*
  Auch nuklearmedizinische Untersuchungsmethoden (Radionuklidventrikulographie) stehen zur nicht-invasiven Bestimmung von Ventrikelvolumina (endsystolisch und enddiastolisch) und EF zur Verfügung. Ähnliche Informationen können auch durch eine Magnetresonanztomographie (NMR) erhalten werden
- *invasive Diagnostik*
  Als invasive Untersuchungsverfahren sind Links- und Rechtsherzkatheter etabliert. Hier können die Herzhöhlen direkt dargestellt und die EF berechnet werden (z.B. Laevokardiographie). Systolische und diastolische Druckwerte in verschiedenen Loci und Druckgradienten über Klappen können bestimmt werden. Eine Ermittlung des HZV ist über Thermodilution oder Farbstoffverdünnung möglich. Auch wird der Sauerstoffpartialdruck bzw. die Sauerstoffsättigung des Blutes in den verschiedenen Herzabschnitten erfaßt. Ein Maß für die Kontraktilität ist die maximale Druckanstiegsgeschwindigkeit dP/dt_{max}. Wichtige Größen wie linksventrikulärer enddiastolischer Druck und rechtsventrikulärer enddiastolischer Druck korrelieren mit dem pulmonalen Kapillarverschlußdruck bzw. dem zentralvenösen Druck, die im Vergleich zu erstgenannten einfach zu bestimmen sind. Außerdem sind die Darstellung der Koronararterien, die intrakardiale Ekg-Ableitung inkl. Stimulation sowie die Entnahme von Gewebe mittels Biopsie möglich

❑ Komplikationen

Neben kardialen Komplikationen wie Herzrhythmusstörungen und kardiogenem Schock sind Stauungsbronchitis und Stauungspneumonie, Nieren- und Leberinsuffizienz sowie zerebrale Ereignisse wie transitorische ischämische Attacken (TIA) häufig. Aufgrund der Hämokonzentration und langsamen Flußgeschwindigkeiten, Ödemen und Immobilisation ist das Thromboserisiko erhöht und eine Antikoagulanzienbehandlung (z.B. mit Heparin s.c. oder i.v.) indiziert. Konsekutiv ist auch das Embolierisiko (Lungenembolie) erhöht. Ähnliches gilt für die Bildung von intrakardialen Thromben aufgrund von dilatierten, hypo- bis akinetischen Herzhöhlen und/oder bei gleichzeitig vorliegendem Vorhofflimmern. Die Folge können arterielle Embolien sein.

❑ Therapie

Soweit möglich sollte primär eine *kausale* Therapie versucht werden:

- Beseitigung von kongenitalen oder erworbenen Vitien
- Beseitigung von Herzrhythmusstörungen
- Therapie einer koronaren Herzerkrankung
- Therapie einer Kardiomyopathie, Myokarditis oder Perikarditis
- Therapie einer Schilddrüsenerkrankung etc.

An *symptomatischen* Therapiemöglichkeiten stehen zur Verfügung:

Allgemeine und diätetische Maßnahmen

- Die tägliche Betätigung sollte dem Stadium der Herzinsuffizienz angepaßt werden. Evtl. kann eine Sedierung notwendig sein
- Aufgrund der damit meist verbundenen Immobilisation, insbesondere bei NYHA-Stadien III-IV, ist eine Thromboemboliepropylaxe indiziert (z.B. low-dose Heparin und Antiemboliestrümpfe)
- Atem- oder Krankengymnastik sind wichtig, um Komplikationen wie Pneumonie oder Thrombose vorzubeugen
- Eine adäquate O_2-Versorgung ist sicherzustellen. Evtl. O_2 über Nasensonde (z.B. 2-6 l/min), ggf. Intubation und Beatmung (evtl. PEEP)
- Die tägliche Kalorienmenge sollte dem aktuellen Bedarf angepaßt, die Na^+- (z.B. max. 6 g/die) und Flüssigkeitszufuhr (max. 1 l/die) beschränkt werden
- Evtl. sind eine Magenschutztherapie (Stauungsgastritis) und Stuhlregulierung notwendig
- Schädigende Noxen, wie negativ inotrope Medikamente (β-Blocker, Antiarrhythmika u.a.) sowie Alkohol und Nikotin, sind zu meiden

Medikamentöse Therapie

Die medikamentöse Therapie der Herzinsuffizienz hat sich im Laufe der letzten Jahre gewandelt.

Digitalis

Insbesondere Digitalis (☞ Kap. 1.6.) muß dabei seinen Anspruch als das Mittel der ersten Wahl mit anderen Medikamenten teilen. Die akute oder auch chronische Herzinsuffizienz mit tachyarrhythmischen Vorhofflimmern bzw. Vorhofflattern gilt als wichtigste Indikation für Digitalispräparate. Hier ist eine schnelle Aufsättigung indiziert. Auch die chronische Herzinsuffizienz mit klinischer Symptomatik stellt eine Indikation dar. Bei vorliegendem Sinusrhythmus ist eine rasche Aufsättigung nicht notwendig oder zu empfehlen (Tab. 1.4). Als Gegenanzeigen gelten die hypertroph-obstruktive Kardiomyopathie (HOCM), höhergradige AV-Blockierungen, das WPW-Syndrom (☞ Kap. 1.6.1.6.) sowie eine geplante Kardioversion. Zudem sind Magnesium- und Kaliummangelzustände sowie eine Hyperkalzämie (*cave*: Ca^{2+}-Ionen i.v.!) auszuschließen bzw. zu beheben (sonst erhöhte Glykosidempfindlichkeit!). Bei Mitral- und Aortenstenose ist Digitalis in der Regel ohne Nutzen. Aufgrund der nur geringen therapeutischen Breite sind Überdigitalisierungen bzw. Digitalisintoxikationen nicht selten Ursache von Herzrhythmusstörungen (☞ Kap. 1.6.). Regelmäßige Kontrollen des Serumspiegels sind erforderlich.

Substanz	Tag	schnell[1]	mittel[2]	langsam[3]	Erhaltungsdosis[4] (oral)
Digitoxin (z.B. Digimerck®)	1	3x0,4 mg	0,3 mg	Erhaltungs-dosis	0,05-0,1 mg
	2	Erhaltungsdosis	0,3 mg		
	3		0,3 mg		
	4		0,3 mg		
	5		Erhaltungsdosis		
Digoxin (z.B. Lanicor®)	1	3x0,5 mg i.v.	2x0,25 mg i.v.	Erhaltungs-dosis	0,250-0,375 mg
	2	Erhaltungsdosis	2x0,25 mg i.v.		
	3		2x0,25 mg i.v.		
	4		Erhaltungsdosis		
β-Acetyl-Digoxin (z.B. Novodigal®)	1	3x0,4 mg p.o.	2-3x0,2 mg p.o.	Erhaltungs-dosis	0,10-0,40 mg
	2	Erhaltungsdosis	2-3x0,2 mg p.o.		
	3		2-3x0,2 mg p.o.		
	4		Erhaltungsdosis		
Methyl-Digoxin (z.B. Lanitop®)	1	3x0,4 mg i.v.	0,3 mg i.v.	Erhaltungs-dosis	0,10-0,45 mg
	2	2x0,2 mg i.v.	0,3 mg i.v.		
	3	Erhaltungsdosis	0,3 mg i.v.		
	4		Erhaltungsdosis		

Tab. 1.4: Digitalisglykoside (Möglichkeiten zur Aufsättigung).
[1] Vollwirkspiegel wird in 1-2 Tagen erreicht.
[2] Vollwirkspiegel wird in 3-5 Tagen erreicht.
[3] Vollwirkspiegel wird nach 5-6 HWZ erreicht.
[4] Abhängig von individueller HWZ und KG.

Diuretika

Diuretika (Tab. 1.5) wirken überwiegend durch eine Vorlastsenkung und führen meist schnell zu einer Besserung der Symptome wie Dyspnoe und Ödeme. Thiazid- und Schleifendiuretika hemmen die Na^+- bzw. Cl^--Rückresorption und bewirken so, daß vermehrt Wasser ausgeschieden wird. Beim Lungenödem ist eine rasche und ausreichende diuretische Wirkung erwünscht und damit primär der Einsatz von Schleifendiuretika (i.v.) sinnvoll. Sonst ist bei der Therapie der Herzinsuffizienz - insbesondere bei der Behandlung von Ödemen - eine langsame Gewichtsreduktion bzw. Ausschwemmung erwünscht. Eine tägliche Gewichtskontrolle sollte soweit möglich erfolgen. Wichtig ist die Kontrolle der Serumelektrolyte, da insbesondere auch K^+ mit ausgeschieden wird, was zu einer gefährlichen **Hypokaliämie** führen kann. Zudem kommt es zu einer Steigerung des Durstgefühls, so daß die Flüssigkeitsmenge und auch NaCl-Zufuhr begrenzt werden muß. *Wichtig:* Unter einer Therapie mit Thiaziddiuretika wird die glomeruläre Filtrationsrate und renale Durchblutung verringert. Unterhalb einer Creatinin-Clearance von 30 ml/min (Creatinin > 1,8 mg/dl) verlieren sie ihre Wirksamkeit. Thiaziddiuretika haben meist eine längere Halbwertszeit als Schleifendiuretika. Beide Substanzgruppen beeinflussen außerdem den Glukose-, Cholesterin- und Harnsäurestoffwechsel ungünstig, so daß regelmäßige Kontrollen indiziert sind.

Aufgrund des aktivierten Angiotensin-Aldosteron-Systems und eines verzögerten Abbaus von Aldosteron in der Leber bei Rechtsherzinsuffizienz (Stauungsleber) liegt bei den Patienten häufig ein sekundärer Hyperaldosteronismus vor (Na^+-Rückresorption und K^+-Sekretion gesteigert). Aus diesem Grund ist auch die (Kombinations-)Therapie mit einem Aldosteronantagonisten bei Patienten mit Herzinsuffizienz und Ödemen indiziert. Auch für Aldosteronantagonisten gilt, daß sie unterhalb einer Creatinin-Clearance von 30 ml/min ihre Wirksamkeit verlieren.

Wirkstoffgruppe	Substanz	mittlere Tagesdosis
Thiaziddiuretika	• Butizid (z.B. Saltucin®)	5-15 mg
	• Chlortalidon (z.B. Hygroton®)	25-50 mg
	• Hydrochlorothiazid (z.B. Esidrix®)	25-75 mg
	• Mefrusid (z.B. Baycaron®)	25-50 mg
Schleifendiuretika	• Etacrynsäure (z.B. Hydromedin®)	50-150 mg
	• Furosemid (z.B. Lasix®)	20-40 mg
	• Piretanid (z.B. Arelix®)	3-6 mg
	• Torasemid (z.B. Unat®)	20 mg
Aldosteronantagonisten	• Spironolacton (z.B. Aldactone®)	100-200 mg
kaliumsparende Diuretika	• Triamteren (z.B. Jatropur®)	50-100 mg

Tab. 1.5: Diuretika.

ACE-Hemmer (ACE = Angiotensin converting enzyme)

1977 wurde die erste Substanz (Captopril) dieser Klasse entwickelt. Seitdem haben sie die Therapiemöglichkeiten der Herzinsuffizienz und arteriellen Hypertonie deutlich erweitert. Gemeinsames Merkmal der Medikamente aus dieser Gruppe ist die Inhibition der Bildung des vasoaktiven Angiotensin II. Außerdem kommt es (Kinin-induziert) zur Freisetzung von vasodilatierenden Substanzen (Prostaglandine und Endothelium-derived relaxing factor [EDRF]). In verschiedenen Studien konnte nachgewiesen werden, daß ACE-Hemmer bei der Herzinsuffizienz nicht nur die Symptome besserten, sondern auch die Prognose ad vitam günstig beeinflussen konnten. Darüberhinaus besteht ein vorteilhafter Effekt bei Herzrhythmusstörungen im Rahmen einer Herzinsuffizienz. Die Wirkung wird über eine Vor- und Nachlastsenkung erzielt. Bei Hypertrophie des linken Ventrikels kann unter ACE-Hemmer-Therapie eine Abnahme der Myokarddicke nachgewiesen werden. Die renale Durchblutung wird gesteigert, was jedoch u.U. aufgrund einer Vasodilatation am Vas efferens der Glomerula mit einer verminderten Nierenfunktion verbunden sein kann. Daher müssen, insbesondere bei bereits bestehender Niereninsuffizienz, die Retentionswerte kontrolliert werden. Außerdem kann es zu einem Anstieg des Serumkaliums kommen. Ausflußbehinderungen (Aortenstenose) und Nierenarterienstenose(n) stellen Gegenanzeigen dar (Gefahr des Blutdruckabfalls sowie der Niereninsuffizienz). Vor Einsatz eines ACE-Hemmers sollte ein *"Captopril-Test"* durchgeführt werden.

Captopril-Test:
Eine **niedrige Testdosis** eines **kurzwirksamen** ACE-Hemmers (z.B. 6,25 mg Captopril) wird verabreicht und der Patient, insbesondere das Blutdruckverhalten, überwacht.

ACE-Hemmer weisen im Gegensatz zu den Diuretika keine ungünstigen Effekte bzgl. des Glukose-, Cholesterin- und Harnsäurestoffwechsels auf. Jedoch können bei Diabetikern, die mit Sulfonylharnstoffderivaten und/oder Insulin behandelt werden, Hypoglykämien auftreten. Ursächlich hierfür könnte eine - durch die ACE-Hemmer bedingte - erhöhte Insulinempfindlichkeit oder auch verminderte Glukoneogenese in der Leber sein. In der Bundesrepublik wird inzwischen eine große Zahl verschiedener ACE-Hemmer angeboten, die sich vor allem in der Resorptionsquote, Plasmaeiweißbindung und Plasmahalbwertszeit unterscheiden. Von diesen sind z.Z. jedoch nur wenige für die Behandlung der Herzinsuffizienz (Tab. 1.6) zugelassen. Meist besteht als Indikation nur die arterielle Hypertonie.

Besondere Vorsicht ist bei Patienten mit erniedrigten Blutdruckwerten (systolisch < 100 mmHg, diastolisch < 80 mmHg), NYHA-Stadium IV oder NYHA-Stadien I-III bei gleichzeitiger Digitalis- und hochdosierter Diuretikatherapie oder vorliegender Hyponatriämie geboten.

Substanz	Plasma-HWZ	mittlere Tagesdosis (mg)
Captopril (z.B. Lopirin®)	ca. 2 h	2-3x6,25/ggf. Dosiserhöhung
Enalapril (z.B. Pres®/Xanef®)	ca. 11 h	1x(2,5-)10-20

Tab. 1.6: ACE-Hemmer bei Herzinsuffizienz.

Captopril kann auch **sublingual** verabreicht werden. Als erster parenteraler ACE-Hemmer steht Enalaprilat (z.B. Xanef® i.v. 1,25) zur Verfügung. Neben Blutdruckabfall sind Geschmacksstörungen und trockener Reizhusten häufige Nebenwirkungen. Blutbildveränderungen (Leukopenie bis Agranulozytose), gastrointestinale Symptome oder Muskel- und Gelenkschmerzen sind dagegen selten.

Nitrate

Nitrate sind insbesondere bei der akuten Linksherzinsuffizienz indiziert. Über eine venöse Dilatation (venöses Pooling) bewirken sie so eine Vorlastsenkung. Nicht unerheblich ist jedoch auch der Nachweis einer dilatierenden Wirkung im arteriellen Gefäßsystem. Akut sollte die Therapie mit sublingualer Applikation begonnen werden und dann, soweit erforderlich, intravenös fortgeführt werden. Eine Kombination mit Diuretika ist dabei empfehlenswert. Als Substanzen stehen Glyceroltrinitrat (z.B. Nitro-Pohl® infus. oder Nitrolingual®), Isosorbiddinitrat (z.B. Isoket®), Isosorbidmononitrat (z.B. Ismo®) zur Verfügung. Molsidomin (z.B. Corvaton®) hat einen den Nitraten ähnlichen Wirkungsmechanismus (NO = Stickoxyd-Freisetzung = EDRF).

Andere Vasodilatatoren, die überwiegend arteriell nachlastsenkend wirken, haben keinen festen Platz in der Therapie der Herzinsuffizienz. Sie können jedoch bei zusätzlich vorliegenden hohen Blutdruckwerten im Sinne eines hypertensiven Notfalles indiziert sein.

Katecholamine

Indikationen für Katecholamine sind akute Linksherzinsuffizienz mit Lungenödem (Tab. 1.7) oder kardiogener Schock im Rahmen eines Myokardinfarktes. Die chronische Herzinsuffizienz - auch mit Dekompensationszeichen - stellt in der Regel keine Indikation dar. Als physiologischer Kompensationsmechanismus werden bereits endogene Katecholamine ausgeschüttet und die entsprechenden Plasmaspiegel sind erhöht. Die Wirkung beruht auf einer Erhöhung des intrazellulären cAMP-Spiegels (bewirkt intrazelluläre Kalziumbereitstellung). Dobutamin (z.B. Dobutrex®) wirkt dabei überwiegend über Stimulation von β_1-Rezeptoren positiv inotrop und chronotrop. Es kommt zu einer Steigerung des Schlag- und Herzzeitvolumens sowie der Koronardurchblutung. Dopamin in niedriger Dosierung (2-5 µg/kg KG/min) stimuliert Dopamin- (und β_1-)Rezeptoren und bewirkt damit eine Vasodilatation insbesondere der Mesenterial- und Nierengefäße, aber auch Koronargefäße. In höherer Dosierung kommt es über α-Rezeptoren zur Vasokonstriktion. Zusätzlich besteht wie bei Dobutamin ein positiv inotroper und chronotroper Effekt. Besonders bei hypotonen Blutdruckwerten ist Dopamin dem Dobutamin vorzuziehen oder sollte dieses ergänzen. Bei der Kombinationsbehandlung können außerdem ungünstige Effekte wie Herzfrequenzsteigerung, Ektopieneigung und O_2-Bedarfssteigerung gering gehalten werden. Adrenalin (z.B. Suprarenin®) und Noradrenalin (z.B. Arterenol®) sind beim (anaphylaktischen) Schock oder bei der Reanimation indiziert. Anhaltend hohe Katecholaminspiegel führen über eine Desensibilisierung der Rezeptoren zu einer Wirkungsabschwächung.

Phosphodiesterase-(PDE-)Hemmer

Unabhängig von diesen Rezeptoren wirken Phosphodiesterase-(PDE-) Hemmer wie Amrinon (z.B. Wincoram®) oder Enoximon (z.B. Perfan®). Durch diese Substanzen wird intrazellulär der Abbau des cAMPs gehemmt. Die Wirkung am Herzen ähnelt somit der der o.g. Katecholamine, wobei die Toleranzentwicklung fehlt. Die Substanzgruppe ist relativ neu. Die vorliegenden Studienergebnisse lassen derzeit noch keine abschließende Beurteilung zu.

- Hochlagerungen des Oberkörpers, Tieflagerung der Beine
- adäquate O_2-Versorgung sicherstellen, primär O_2 über Nasensonde oder Maske, ggf. Intubation und Beatmung
- Vorlastsenkung durch:
  - Glyceroltrinitrat i.v. (z.B. 1-4 mg/h)
  - Furosemid z.B. 20-80 mg i.v.
  - evtl. unblutiger Aderlaß
- evtl. Sedierung
- ggf. Katecholamine wie Dobutamin (z.B. Dobutrex®) und Dopamin
- ggf. PDE-Hemmer wie Amrinon (z.B. Wincoram®) oder Enoximon (z.B. Perfan®)

Tab. 1.7: Therapie des akuten Lungenödems bei Linksherzinsuffizienz.

Operative Maßnahmen zur Beseitigung oder Besserung einer Herzinsuffizienz können in rhythmuschirurgischen Eingriffen, Klappenersatz oder -rekonstruktion, Beseitigung von Vitien oder auch in der Herztransplantation bestehen.

1.2. Kardiomyopathien

❑ Definition

Von Kardiomyopathien wird gesprochen, wenn das Myokard von einer Erkrankung betroffen ist. Bei den *primären* Kardiomyopathien liegt die Ursache in Störungen des Herzmuskels begründet, wobei die Ätiologie noch nicht abschließend geklärt ist. Bei den *sekundären* Kardiomyopathien ist die Ursache der Störung, die den Herzmuskel beeinträchtigt hat, bekannt. Koronare Herzkrankheit, arterieller Hypertonus, Perikarditis oder Herzklappenfehler hinterlassen ebenfalls Folgen am Herzmuskel, betreffen jedoch *nicht primär* das Myokard, sondern andere Abschnitte des Herzens (Koronarien, Perikard). Diese Erkrankungen müssen differentialdiagnostisch vor der Annahme einer Kardiomyopathie ausgeschlossen werden.

❑ Ätiologie und Pathogenese

Vorsichtigen Schätzungen zufolge erkranken ca. 20 Personen pro 100.000 Einwohner und Jahr an einer primären Kardiomyopathie. Die sekundären Kardiomyopathien, insbesondere die alkoholtoxische Form, sind weitaus häufiger.

Die primären Kardiomyopathien werden unterteilt in:

primäre Kardiomyopathien	Abkürzung
dilatative (kongestive) Kardiomyopathie	DCM, CCM
hypertrophisch-obstruktive Kardiomyopathie	HOCM
hypertrophisch-nichtobstruktive Kardiomyopathie	HNCM
restriktive (obliterative) Kardiomyopathie	ROCM
latente Kardiomyopathie	LCM

Tab. 1.8: Einteilung der primären Kardiomyopathien.

1.2.1. Primäre Kardiomyopathien

1.2.1.1. Dilatative (kongestive) Kardiomyopathie (DCM, CCM)

❑ **Definition**

Die CCM ist eine langsam progrediente Erweiterung aller Herzhöhlen ohne wesentliche Zunahme der Myokardwanddicke. Die Erkrankung bevorzugt Männer zwischen dem 30. und dem 50. Lebensjahr.

❑ **Ätiologie und Pathogenese**

Die Ätiologie ist bislang unbekannt. Immunologische Prozesse (bei einem Drittel der Patienten sind Herzmuskelantikörper nachweisbar) oder Viruserkrankungen werden als Ursache diskutiert. Histologisch finden sich u.a. eine interstitielle Fibrose des Herzmuskels und degenerative Veränderungen der Herzmuskelzellen sowie der Myofibrillen.

Die Folgen sind:

- verminderte Kontraktion des Myokards, geringere Auswurffraktion
- Anstieg des enddiastolischen Volumens
- Dilatation des linken Ventrikels
- Zunahme der Wandspannung und des enddiastolischen Druckes
- Herzinsuffizienz mit *Stauung* in den kleinen bzw. großen Kreislauf

❑ **Symptomatik**

- *asymptomatisches Stadium*
  Mit zunehmender Verbreitung der Echokardiographie werden asymptomatische Vorstufen entdeckt, in denen nur Erweiterungen der Herzhöhlen, jedoch keine wesentlichen körperlichen Symptome bestehen. In einigen dieser Fälle kommt es zu keiner Progression, während in der Mehrzahl d. F. nach Monaten bis Jahren die Symptomatik auftritt. Die 5-Jahres-Überlebensrate nach Manifestation beträgt etwa 50 %
- *symptomatisches Stadium*
  Die Symptome entsprechen denen der Herzinsuffizienz, wobei Symptome einer Linksherz-, Rechtsherz- oder einer globalen Herzinsuffizienz überwiegen können (☞ Kap. 1.1.)

❑ **Komplikationen**

- sekundäre Klappeninsuffizienzen
- kardiale Dekompensation
- ventrikuläre Extrasystolien

- Vorhofflimmern, absolute Arrhythmie
- Schenkelblock
- intrakardiale Thromben, arterielle Embolien
- ventrikuläre Tachykardien, Kammerflimmern
- plötzlicher Herztod

❑ **Diagnostik**

- Thoraxaufnahme
- Echokardiographie

Die Diagnostik beruht auf dem Nachweis der erweiterten Herzhöhlen (z.B. Thoraxaufnahme, Echokardiographie), dem Ausschluß anderer Ursachen (z.B. KHK, Vitium, Hypertonus), sowie dem Nachweis von Folgeerscheinungen (z.B. Kongestion, Extrasystolen). In der *Thoraxröntgenaufnahme* findet sich eine obligate Dilatation des Herzens, zusätzlich evtl. eine pulmonale Stauung. Die *Echokardiographie* stellt als nicht-invasive Methode für eine relativ frühe Diagnose und zur Verlaufsbeurteilung die wichtigste Untersuchung dar. Als Befunde ergeben sich ein vergrößerter enddiastolischer Durchmesser des linken Ventrikels, geringere Beweglichkeit des Myokards, verminderte Öffnung der Mitralklappe (geringes Herzzeitvolumen), herabgesetzte Auswurffraktion, sekundäre Klappeninsuffizienzen und evtl. intrakardiale Thromben aufgrund der verringerten Bewegungsamplitude des Myokards.

Weitere Untersuchungsmöglichkeiten sind:

- Ekg
- Koronarangiographie
- Laevokardiographie
- Ekg-getriggerte Kernspintomographie
- Endomyokardbiopsie, Immunhistologie

Häufige Ekg-Befunde sind: Extrasystolie, *relativ breite Kammerkomplexe*, inkomplette und komplette Schenkelblockbilder (längere Laufzeiten der Erregung durch das dilatierte Herz) und eine absolute Arrhythmie. Mit der Koronarangiographie wird eine KHK ausgeschlossen. Die Laevokardiographie erbringt ähnliche Aussagen wie das Herzecho. Die *Endomyokardbiopsie* ist eine nicht obligate Untersuchung, die allerdings bei offener Differentialdiagnose indiziert ist. Befunde sind: Degeneration von Myofibrillen, Fibrosierung des Myokards und Veränderung der Mitochondrien.

❑ **Differentialdiagnose**

- **sekundäre Kardiomyopathien mit dilatativem Charakter**

Bei *Alkohol-Kardiomyopathie* kann es zu eindrucksvollen Herzdilatationen kommen, die in einem frühen Stadium noch gut reversibel sind. Durch die Zytostatika *Daunorubicin* und *Adriamycin* wird ebenfalls eine dilatative Kardiomyopathie verursacht. Als weitere Ursache können ein Überschuß des Schwermetalls *Kobalt* bzw. ein *Vitamin-B_1-Mangel* vorliegen.

❑ **Therapie**

Die Therapie entspricht im wesentlichen der der Herzinsuffizienz (☞ Kap. 1.1.).

Basistherapie	• körperliche Schonung, salzarme Kost, moderate Flüssigkeitsaufnahme
positiv inotrope Medikamente	• Digitalis, Dopamin, Dobutamin, Phosphodiesterasehemmer
adjuvante Medikamente	• Vorlastsenkung (Diuretika, Nitrate) • Nachlastsenkung (ACE-Hemmer) • Antiarrhythmika • orale Antikoagulation (z.B. Marcumar® bei Embolierisiko, z.B. bei intrakavitären Thromben oder absoluter Arrhythmie)
chirurgische Therapie	• Herztransplantation

Tab. 1.9: Therapieprinzipien bei dilatativer Kardiomyopathie.

❑ **Prognose**

Die Erkrankung betrifft vorwiegend Männer im mittleren Lebensalter. Das asymptomatische Stadium geht innerhalb weniger Jahre in ein symptomatisches über. Die Letalität nach Auftreten einer manifesten Herzinsuffizienz beträgt etwa 50 % in 5 Jahren. Häufige Todesursachen sind der plötzliche Herztod (Rhythmusstörungen) und eine nicht mehr beherrschbare kardiale Dekompensation.

1.2.1.2. Hypertrophisch-obstruktive Kardiomyopathie (HOCM)

❑ **Definition**

Bei der HOCM besteht eine Hypertrophie einzelner Abschnitte des Myokards, besonders im Bereich des linksventrikulären Septums. Dadurch wird die Ausflußbahn des linken Herzens bei der Kontraktion hämodynamisch eingeengt, so daß es in der Systole zu einem Rückgang oder gar zu einer Unterbrechung des Blutstromes kommt. Diese funktionelle Engstelle wird durch eine Hypertrophie des Myokards kompensiert. Es treten z.T. beträchtliche Druckgradienten zwischen linkem Ventrikel und Aorta auf. Ein Systolikum kann dadurch hörbar werden. In späten Stadien tritt bei Überschreitung der Kompensationsmöglichkeiten eine Erhöhung des pulmonal-arteriellen Druckes in die Lungen hinzu.

❑ **Ätiologie und Pathogenese**

Eine genetische Komponente wird aufgrund familiärer Häufung angenommen.

❑ **Symptomatik**

Lange Zeit bestehen allenfalls geringe Symptome mit guter körperlicher Belastbarkeit, so daß die Patienten auch sportlich aktiv sein können. Mit zunehmender Hypertrophie des Myokards und mit dem Rückgang der ausgeworfenen Blutmenge kommt es schließlich zu:

- Dyspnoe bei Belastung
- Schwindelgefühl
- Synkopen
- Herzklopfen
- Rhythmusstörungen
- pektanginösen Beschwerden

❑ **Komplikationen**

- arterielle Embolien
- Vorhofflimmern
- Extrasystolie

- selten: bakterielle Endokarditis

❑ **Diagnostik**

- Ekg
- Thoraxaufnahme
- Echokardiographie/(Farb-)Dopplerechokardiographie

Im *Ekg* finden sich die Zeichen der *Linksherzhypertrophie*:

Sokolow-Lyon-Index	• S in V_1 + R in V_5 oder V_6 > 3,5 mV
Lewis-Index	• R in I + S in III > 2,5 mV
weitere Hinweise	• R in V_5 oder V_6 > 2,6 mV • S in V_1 oder V_2 > 2,5 mV • inkompletter LSB (QRS-Breite 0,1-0,11 s) • oberer Umschlagspunkt in V_5 oder V_6 > 0,052 s • T-Welle in V_5 und V_6 negativ

Tab. 1.10: Zeichen der Linksherzhypertrophie im Ekg.

Bei "Linksherzschädigung" treten besonders in den Brustwandableitungen zusätzlich zu den Hypertrophiezeichen noch präterminal negative T-Wellen auf. In der *Thoraxaufnahme* wird aufgrund der konzentrischen Hypertrophie ein lange Zeit *nicht* wesentlich vergrößertes Herz mit betontem linken Ventrikel gesehen, ganz im Gegensatz zur dilatativen Kardiomyopathie, bei der schon frühzeitig eine Herzverbreiterung eintritt. Wichtigste Untersuchung ist die *Echokardiographie* bzw. die *(Farb)Dopplerechokardio graphie*. Wesentliche Befunde sind: Verdickung des Interventrikularseptums und der Ventrikelwand, systolische Vorwärtsbewegung des vorderen Mitralsegels (systolic anterior movement-SAM) und Retraktion der Aortenklappenöffnungsfläche. Dopplerechokardiographisch kann der Druckgradient vor und nach der Obstruktion ermittelt werden.

Andere Untersuchungen sind:

- *Karotispulskurve*
  Es findet sich die charakteristische Doppelgipfligkeit der Pulskurve. Ein vorübergehender Rückgang der ausgeworfenen Blutmenge im Verlauf der Systole wird durch die eingeengte Ausstrombahn verursacht
- *Computer-/Kernspintomogramm*
  Wie in der Echokardiographie ist die Septumverdickung gut sichtbar
- *Laevokardiographie*
  Die invasive Diagnostik bestätigt durch prä- und poststenotische Druckmessung die echokardiographisch gestellte Diagnose

❑ **Therapie**

Konservativ (Herzinsuffizienz NYHA I und II)

- β-Blocker
- Ca^{2+}-Antagonisten

Ziel ist eine Hemmung der Inotropie (somit *keine* Gabe von Digitalis oder Katecholaminen), um eine komplette Obstruktion des Ausflußtraktes zu vermeiden. Außerdem sollte keine ausgeprägte Vor- und Nachlastsenkung (*cave*: Nitrate) angestrebt werden. Die Therapie folgt der Vorstellung, daß der linke Ventrikel einen hohen Füllungsdruck benötigt, und ein ausreichender Druck in der Aorta den Verschluß der Ausstrombahn verzögert. Deshalb wird als Kalziumantagonist Verapamil bevorzugt, das im Gegensatz z.B. zu Nifedipin die Nachlast weniger stark senkt. β-Blocker (Propanolol - z.B. Dociton® 2x160 mg) und Kalziumantagonisten (Verapamil - z.B. Isoptin® 3x120 mg/die) werden in relativ hoher Dosierung gegeben.

Operativ (Herzinsuffizienz NYHA III und IV)

- *Myektomie*
  Entfernen der vorwiegend im Septumbereich liegenden, obstruierenden Muskelanteile

❑ **Prognose**

Bei oft nur langsam progredientem Verlauf ergeben sich kardiale Dekompensation, maligne Rhythmusstörungen und plötzlicher Herztod.

1.2.1.3. Restriktive (obliterative) Kardiomyopathie (RCM)

❑ **Definition**

Es tritt eine Verdickung des interventrikulären Septums sowie der Ventrikelwand aufgrund entzündlicher Infiltration und Bindegewebsproliferation auf. Die dadurch erhöhte Steifigkeit bedingt eine *Füllungsbehinderung* des Herzens, einen Rückstau in die Vorhöfe (Vorhofvergrößerung) und in die vorgelagerten Kreislaufabschnitte (Lungen- bzw. Einflußstauung). Die Infiltration der Papillarmuskel kann zur Klappendysfunktion führen. Thrombotische Auflagerungen auf dem veränderten Endokard und konsekutive Embolien komplizieren den Verlauf.

❑ **Ätiologie und Pathogenese**

Eine Restriktion tritt auf bei:

- Löfflerscher Endocarditis parietalis fibroplastica
- tropischer Endomyokardfibrose
- konnataler Fibroelastose

Die *Endocarditis parietalis fibroplastica (Löffler)* ist sehr selten. Eine chronische Bluteosinophilie ist kennzeichnend und trägt vermutlich durch Degranulierung der eosinophilen Granulozyten im Herzen zum Krankheitsprozeß bei. Das Endokard ist grauweiß belegt, besonders die Herzspitze wird obliteriert und ist thrombotisch belegt.

Die *Endomyokardfibrose* ist eine besonders in den Tropen vorkommende fibrotische Umwandlung und Verdickung des Endokards und der darunterliegenden Schichten.

Die *Fibroelastose* ist eine angeborene Erkrankung, die im Kleinkindesalter auftritt und vorwiegend das linke Herz betrifft. Die Kinder versterben meist in den ersten beiden Lebensjahren.

Andere zur Restriktion führende Erkrankungen des Herzens, wie z.B. das Karzinoidsyndrom oder die chronische Eosinophilie, werden zu den sekundären Kardiomyopathien gerechnet.

❑ **Symptomatik**

Die Symptome entsprechen im wesentlichen denen der Herzinsuffizienz (☞ Kap. 1.1.), u.a. mit Belastungsdyspnoe, Tachykardie, Lungenstauung, Zeichen der Rechtsherzinsuffizienz (Einflußstauung), Herzrhythmusstörungen und absoluter Arrhythmie.

❑ **Komplikationen**

- arterielle Embolie

❑ **Diagnostik**

- Ekg
- Röntgen-Thorax
- Echokardiographie
- Computer-/Kernspintomogramm
- Endomyokardbiopsie

Im *Ekg* finden sich eine *Niedervoltage* sowie Veränderungen von ST-Strecke und T-Welle im Sinne eines Innenschichtschadens. In der Thoraxaufnahme imponiert besonders die Vergrößerung der Vorhöfe, während die Ventrikel *nicht* vergrößert sind. Die wichtigste Untersuchung ist erneut die *Echokardiographie* und der Nachweis von Endokardverdickung, thrombotischen Endokardauflagerungen, kleinen Ventrikelhöhlen, großen Vorhöfen und evtl. Klappendysfunktion. Im *CT* oder *Kernspintomogramm* lassen sich Endokardverdickung und thrombotische Auflagerungen ebenfalls gut sichtbar machen.

❑ **Therapie**

- symptomatisch
- Antikoagulation
- Therapie der Grundkrankheit
- ggf. Operation

Die entstehende Herzinsuffizienz ist symptomatisch zu behandeln (☞ Kap. 1.1.), jedoch schwierig zu beeinflussen. Der Einsatz von oralen Antikoagulantien ist aufgrund der Embolieneigung indiziert. Die Grundkrankheit bzw. die Eosinophilie wird schwer zu beeinflussen sein. Versuchsweise kann sie mit Corticosteroiden oder Zytostatika (Azathioprin) angegangen werden. Die chirurgische Exzision von fibrotischem Endokard, und bei Beteiligung von Herzklappen auch deren Ersatz, ist in einzelnen Fällen angezeigt.

1.2.1.4. Hypertrophe, nicht-obstruktive Kardiomyopathie (HNCM)

Auch bei der HNCM kommt es zu einer muskulären Hypertrophie des linken und oft auch des rechten Ventrikels, ohne daß allerdings eine Obstruktion des Ausflußtraktes vorliegt. Die Erkrankung tritt familiär gehäuft auf, so daß genetische Faktoren angenommen werden. Symptome sind Belastungsdyspnoe, Extrasystolie und Angina pectoris. Im Ekg bestehen die Zeichen der Linkshypertrophie, im Echokardiogramm Verdickungen der Ventrikelwandungen und des Septums sowie ein kleines enddiastolisches Volumen des linken Ventrikels. Im Gegensatz zur obstruktiven Form wird in der Systole bei der Linksherzkatheteruntersuchung kein Druckgradient zwischen dem linken Ventrikel und der Aorta gemessen. Als Komplikation ist vor allem der plötzliche Herztod aufgrund von malignen Herzrhythmusstörungen zu nennen. Die Therapie der HNCM erfolgt symptomatisch mit β-Blockern und Kalziumantagonisten. Eine Myektomie ist nicht nötig.

1.2.1.5. Latente Kardiomyopathie

Das Bild entspricht dem einer beginnenden dilatativen Kardiomyopathie mit zusätzlichen pektanginösen Beschwerden (in Ruhe symptomlos, bei stärkerer körperlicher Belastung Dyspnoe und retrosternale Schmerzen). In der Katheterbiopsie werden Texturstörungen der Myofibrillen sichtbar. Der Verlauf ist jedoch *nicht* progredient, so daß man von einem eigenständigen Krankheitsbild ausgeht.

1.2.2. Sekundäre Kardiomyopathien

❑ **Definition**

Bei den sekundären Kardiomyopathien erkrankt der Herzmuskel im Rahmen einer bekannten anderen Grunderkrankung mit. Die Mitbeteiligung des Herzmuskels bei Koronarstenosen (→ koronare Herzkrankheit), arteriellem Hypertonus, Klappenfehlern oder Lungenerkrankungen (→ Cor pulmonale) werden nicht zu den sekundären Kardiomyopathien gezählt.

❑ **Ätiologie und Pathogenese**

Die sekundären Kardiomyopathien können auf eine Vielzahl von Ursachen zurückgeführt werden:

spezifische Kardiomyopathien	Beispiele
infektiös	☞ Tab. 1.12
nicht-infektiös entzündlich	rheumatisches Fieber, Kollagenosen, Vaskulitiden, Serumkrankheit, Allergien auf Arzneimittel (z.B. Penicillin)
granulomatös	Sarkoidose, Tuberkulose, Lues, Lymphogranulomatose
metabolisch	Vitaminmangel: Mangel an Vit. B_1 (Beriberi), B_6 oder E hormonale Störung: Hypothyreose (Myxödemherz), Hyperthyreose (Basedow-Herz)
toxisch	Alkohol, Kobalt, Nickel
medikamentös	Anthrazyklin-Zytostatika (Daunomycin, Adriamycin)
physikalisch	Röntgenbestrahlung, contusio cordis
neuromuskuläre Erkrankungen	Muskeldystrophie (Duchenne, Curschmann-Steinert), Friedreichsche Ataxie
sonstige	Amyloidose, Eiweißmangel

Tab. 1.11: Auswahl von Ursachen sekundärer Kardiomyopathien.

1.2.2.1. Myokarditis

❑ **Definition**

Die Myokarditis ist eine entzündliche Erkrankung des Herzmuskels, die durch eine Vielzahl von Krankheitserregern, jedoch auch durch immunologische, toxische oder physikalische Ursachen ausgelöst werden kann. Die Myokarditis kann akut oder chronisch verlaufen. Sie ist eine für die Praxis wichtige Erkrankung, deren leichtere Formen jedoch meist verkannt werden.

❑ **Ätiologie und Pathogenese**

Die Erreger (z.B. Viren, Protozoen) können die Zellen direkt oder über Toxine (z.B. Diphtherie) schädigen, Granulome bilden (z.B. M. Boeck, Tuberkulose) oder eine Reaktion des Immunsystems induzieren. Der letztgenannte Mechanismus ist besonders bei der Virusmyokarditis wichtig.

Die Beeinträchtigung des Herzmuskels kann durch verschiedene Erreger verursacht werden:

	Erreger
Viren	Influenza-, Adeno-, Echo-, Coxsackie-, Mumps-, Masern-, Röteln, Varicella-, Zytomegalie, Herpes-, Ebstein-Barr (infektiöse Mononukleose) -Viren
Bakterien	Streptokokken, Staphylokokken, Borrelien, Treponemen, Tuberkulose
Pilze	Candidose, Aspergillose u.a.
Protozoen	Trypanosoma cruzi (Chagassche Krankheit), Toxoplasmose u.a.
Toxine	Diphtherie, Scharlach
Parasiten	Trichinen

Tab. 1.12: Erreger der infektiösen Myokarditis.

❑ **Symptomatik**

- Zeichen einer Infektion bzw. der Grunderkrankung
- Belastungsdyspnoe
- Palpitationen

Neben den Hinweisen auf eine noch bestehende oder kurz zurückliegende Infektion (z.B. grippaler Infekt vor ein bis zwei Wochen), Fieber, Nachtschweiß oder Abgeschlagenheit wird der Patient vor allem über eine ungewohnte Belastungsdyspnoe berichten. Die begleitenden Tachykardien oder Herzrhythmusstörungen können als Herzklopfen (Palpitationen) geschildert werden.

❑ **Komplikationen**

- kardiale Dekompensation, Herzversagen
- plötzlicher Herztod

Die durch die Myokarditis bedingte Pumpstörung kann in ein Lungenödem oder gar in ein Herzversagen münden. Besonders gefürchtet ist der durch Rhythmusstörungen ausgelöste plötzliche Herztod.

❑ **Diagnostik**

- Anamnese, klinische Untersuchung
- Laborwerte
- Ekg
- Röntgen-Thorax
- Echokardiographie
- Myokardbiopsie

Bei der Anamnese wird nach einem Tage oder Wochen zurückliegenden Infekt gefragt. Typische Befunde bei der klinischen Untersuchung sind eine Tachykardie, ein über die Medioklavikularlinie nach links verschobener Herzspitzenstoß, wechselnde Herzgeräusche sowie ein dritter Herzton.

Im Stadium der akuten Myokarditis ist die Kreatinkinase (CK) bzw. das Isoenzym CK-MB erhöht. Der akute Infekt schlägt sich in einer Entzündungskonstellation (Erhöhung von Blutsenkung, C-reaktivem Protein, Leuko-/Lymphozytose, Linksverschiebung usw.) nieder. Wichtig ist die Suche nach dem infektiösen Agens. Bei vorausgegangener Virusinfektion werden z.B. Virustiter (Grippe-, Echo-, Adeno-, Coxsackie-Virustiter) bestimmt, nach einem Zeckenbiß der Borrelientiter (Lyme-Krankheit) oder nach einer Tonsillitis der ASL-Titer (Scharlach). Bei einem frühen Krankheitsstadium und negativen Titern können nach ein bis zwei Wochen die Titer nochmals kontrolliert werden. Eine gegen den Herzmuskel gerichtete Immunreaktion zeigt sich in erhöhten Titern von Herzmuskelantikörpern (HMA), antimyolemmalen Antikörpern (AMLA) oder antisarkolemmalen Antikörpern (ASLM).

Die *Ekg-Befunde* bei Myokarditis können vielfältig sein:
Sinustachykardie, AV-Blockierungen I-III°, absolute Arrhythmie, ventrikuläre Extrasystolen, Blockbilder (z.B. Linksschenkelblock), verbreiterte QRS-Komplexe bei myokardialer Dilatation, ST-Strecken-Senkungen und T-Negativierungen.

Breite Q-Zacken oder ein R-Verlust treten beim Myokardinfarkt, *nicht* jedoch bei der Myokarditis auf.

Die Thorax-Aufnahme zeigt ein mehr oder weniger dilatiertes Herz, eventuell eine Lungenstauung oder eine bocksbeutelartige/zeltförmige Deformierung der Herzsilhouette bei begleitendem Perikarderguß.

In der Echokardiographie sieht man eine vergrößerte linke Kammer, eine verringerte Kontraktion des linken Ventrikels und, bei gleichzeitig bestehender Perikarditis, einen Perikarderguß.

Die Myokardbiopsie bleibt lediglich jenen Fällen vorbehalten, in denen die Diagnose und die Ätiologie aufgrund der obigen Befunde nicht sichergestellt werden kann.

❑ **Therapie**

- symptomatisch
- kausal

Bei der meist vorliegenden Virusmyokarditis steht die symptomatische Therapie im Vordergrund. Diese umfaßt Bettruhe im akuten Stadium und körperliche Schonung für weitere sechs Monate. *Da alle Viruserkrankungen mit einem Generalisationsstadium einhergehen und häufiger als angenommen auch den Herzmuskel tangieren, ist von schweren körperlichen Anstrengungen (z.B. Leistungssport) während jeglicher Viruserkrankung abzuraten.* Eine Herzinsuffizienz (☞ Kap. 1.1.) oder Herzrhythmusstörungen (☞ Kap. 1.6.) werden entsprechend behandelt.

Die kausale Therapie richtet sich nach der Ursache der Myokarditis (Penicillin bei Scharlach, Borrelien oder Treponemen, Antiserum bei Diphtherie).

❑ **Prognose**

- bleibende Herzrhythmusstörungen
- chronischer Verlauf (dilatative Kardiomyopathie)

Nach Ausheilung der Myokarditis können Rhythmusstörungen, z.B. in Form von ventrikulären Extrasystolen, lebenslang bestehen bleiben. Eine starke Schädigung des Herzmuskels (starke diffuse interstitielle oder herdförmige Vernarbungen) kann eine dilatative Kardiomyopathie mit bleibender Einschränkung der Herzleistung zurücklassen. Die meisten Virusmyokarditiden heilen jedoch ohne schwerwiegende Folgen aus.

1.2.3. Herztumoren

❑ **Definition**

Bei den Herztumoren handelt es sich um Neoplasien, die primär vom Herzen ausgehen, im Rahmen von malignen Grunderkrankungen oder malignen Systemerkrankungen in das Herz metastasieren.

❑ **Häufigkeit**

Die primären Herztumoren sind selten. Am häufigsten ist das Myxom, das sich vorwiegend im linken Vorhof bildet, gefolgt von den Sarkomen. Sekundäre Herztumoren sind dagegen häufiger. Dabei dominieren Metastasen des kleinzelligen Bronchialkarzinoms und des malignen Melanoms, Infiltrate bei malignen Lymphomen sowie ein Einwachsen per continuitatem bei Ösophaguskarzinomen.

❑ Ätiologie und Pathogenese

Die Herztumoren können von allen Geweben ihren Ausgangspunkt nehmen und wie nachfolgend eingeteilt werden:

Ausgangspunkt	Dignität	Beispiele
primär	benigne	Myxom, Fibrom, Lipom, Angiom, Myom, Teratom u.a.
	maligne	Sarkome, Rhabdomyosarkome
sekundär	maligne	Sarkom- und Karzinommetastasen
System-erkrankungen	maligne	maligne Lymphome (M. Hodgkin, Non-Hodgkin-Lymphome), Leukämien

Tab. 1.13: Systematik der Herztumoren.

Perikardtumoren werden an anderer Stelle besprochen (☞ Kap. 1.8.5.).

1.2.3.1. Vorhofmyxom

❑ Symptomatik

- Atemnot (bei einem Myxom im linken Vorhof)
- venöse Einflußstauung (bei einem Myxom im rechten Vorhof)
- Blutdruckabfall, Schwindel, Synkopen
- plötzlicher Herztod

Die Symptomatik des Myxoms hängt von seiner Lokalisation und Größe ab. Bei einem Myxom im linken Vorhof kann der pulmonalvenöse Einstrom blockiert sein und eine pulmonale Stauung mit Atemnot oder gar Lungenödem ausgelöst werden. Bei den selteneren Myxomen im rechten Vorhof kommt es zu einer Behinderung des venösen Einflusses mit peripheren Ödemen und prominenten Jugularvenen. Wird durch die Verlegung der AV-Klappen (funktionelle Stenose) der Blutstrom reduziert, so kommt es zu Blutdruckabfall, Schwindel und Synkopen. Wird diese Obstruktion bei einem großen Vorhofmyxom durch die nächsten Kontraktionen des Herzmuskels und dadurch bedingte Verlagerung des Tumors nicht wieder aufgehoben, so mündet dies in einen akuten Herztod.

❑ Komplikationen

- Embolien

Tumorpartikel können beim Myxom des rechten Vorhofs zu Lungenembolien, beim Myxom des linken Vorhofs zu Embolien in den großen Kreislauf (zerebrale Insulte, periphere arterielle Embolien) führen.

❑ Diagnostik

- Echokardiographie
- Computertomographie/Kernspintomographie
- Herzkatheter

Aufgrund der Behinderung der Klappenfunktion können variable Auskultationsbefunde erhoben werden. Bei funktioneller Mitralstenose wären dies z.B. ein Mitralöffnungston (MÖT) und ein Diastolikum. Die Auskultationsbefunde können lagevariabel sein und bei kleineren Myxomen gänzlich fehlen. Auch die Befunde im Ekg (z.B. P-mitrale bzw. P-pulmonale als Zeichen der Vorhofüberlastung) sind wenig spezifisch, ebenso die Thoraxaufnahme (z.B. pulmonale Stauung, keine vergrößerten Ventrikel). Wichtigste Untersuchung ist deshalb die Echokardiographie, mit der sich der Tumor als echoreiche Struktur im Vorhof abgrenzen läßt. In der Ekg-getriggerten Computertomographie wie auch in der Kernspintomographie läßt sich die Ausdehnung des Tumors besser erkennen. Beim Herzkatheter zeigt sich das Myxom indirekt als Kontrastmittelaussparung im Bereich des Vorhofs.

❑ **Differentialdiagnose**

- Vorhofthrombus
- große Klappenvegetationen

❑ **Therapie**

- operative Entfernung

Die Operation unter Verwendung der Herz-Lungenmaschine zielt auf die Entfernung des Tumors sowie des anhängenden Gewebes (z.B. Vorhofseptum, das dann mit einem Patch geschlossen werden muß). Die Operation bedeutet in der Regel die Heilung der Erkrankung, wobei es allerdings in seltenen Fällen zu einem Rezidiv kommen kann.

1.3. Koronare Herzkrankheit (KHK)

❑ **Definition**

Die KHK (syn.: coronary artery disease, ischaemic heart disease) stellt das klinische Korrelat der Koronarinsuffizienz dar. Letztere bezeichnet ein Mißverhältnis zwischen Sauerstoffbedarf und Sauerstoffversorgung des Herzmuskels.

Koronarinsuffizienz bzw. KHK können unter verschiedenen Bildern auftreten:

- latente KHK (stumme Ischämien)
- Angina pectoris
- Herzinfarkt
- Herzinsuffizienz
- Rhythmusstörungen
- plötzlicher Herztod

❑ **Häufigkeit**

Die KHK ist die mit Abstand häufigste Todesursache in den Industrieländern und trägt einen bedeutsamen Anteil an der Morbidität der Bevölkerung. Bei etwa 15 % der über 65jährigen findet sich eine symptomatische KHK, bei *weiteren* 15 % kann sie aus dem Ekg als Diagnose gestellt werden. Bei *zusätzlichen* 30 % finden sich autoptisch relevante Koronarstenosen.

❑ **Ätiologie und Pathogenese**

Ursachen der Koronarinsuffizienz sind:

- arteriosklerotische Makroangiopathie
  - konzentrisch
  - exzentrisch
- akute Thrombose
- Spasmus
- Mikroangiopathie (small vessel disease)
- Koronariitis
- Fehlbildungen
- Embolien in eine Koronararterie

Weitaus am häufigsten sind Einengungen epikardialer Koronararterien im Sinne einer Makroangiopathie (90 % d.F.). Einengungen intramuraler kleiner Gefäße (Mikroangiopathie in ca. 10 % d.F.) treten z.B. bei Diabetes mellitus auf. Eine Zunahme der Ischämie kann durch eine aufgepfropfte Thrombose (z.B. aufgrund eines rupturierten arteriosklerotischen Plaques) oder einen Gefäßspasmus entstehen. Fehlbildungen oder eine Koronariitis, z.B. im Zusammenhang mit einer Vaskulitis, sind seltener. An diese Ursachen sollte man jedoch bei jungen Patienten oder solchen ohne erkennbare Risikofaktoren denken. Bei *Einengungen* führen erst zusätzliche Faktoren zu dem beschriebenen Mißverhältnis zwischen Sauerstoffbedarf und -angebot und damit zur Symptomatik. Beispiele sind:

- *Tachykardie*
  In der Systole verhindert ein hoher Gewebsdruck bereits physiologischerweise den kapillaren Blutdurchtritt, so daß der koronare Blutfluß im wesentlichen in der Diastole stattfindet. Tachykardien bedingen eine Verkürzung der Diastole und somit die Verringerung der Myokardperfusion
- *Herzinsuffizienz*
  Ein hoher enddiastolischer Herzbinnendruck bei Herzinsuffizienz kann auch in der Diastole zumindest in endokardnahen Schichten die Durchblutung herabsetzen
- *arterieller Hypertonus*
  Herzmuskelzellen hypertrophieren bei entsprechender Druckbelastung, die sie versorgenden Kapillaren jedoch nicht in vergleichbarem Ausmaß. So kann es bei ausgeprägter Hypertrophie zu einer relativen Koronarinsuffizienz kommen
- *Hypoxämie*
  Die Sauerstoffausschöpfung des Herzens ist sehr hoch (etwa 70 %) und kann nur noch in geringen Grenzen gesteigert werden. Ein Absinken des Sauerstoffangebotes, z.B. durch Hypoxämie oder ausgeprägte Anämie, verringert die Sauerstoffversorgung
- *schlechte hämorheologische Eigenschaften*
  Eine verminderte Hämorheologie (z.B. hohe Plasmaviskosität bei M. Waldenström, ein hoher Hämatokrit bei Polyglobulie oder rigide Erythrozyten bei Sichelzellen) kann die koronare Durchblutung herabsetzen
- *Fehlbildungen*
  z.B. eine singuläre Koronarie; zwei Koronarien, die einen gemeinsamen Ursprung aus der Aorta ascendens besitzen (monostotische Koronarien), arteriovenöse Fisteln, Bland-White-Garland-Syndrom (ein angeborener Abgang der Arteria coronaria sinistra-A.c.s. aus der venöses Blut führenden A. pulmonalis bedingt einen geringeren Perfusionsdruck und niedrige O_2-Sättigung → Angina pectoris schon bei Jugendlichen) (☞ Kap. 1.9.1.1.)

Unter Belastung sind die Koronarien und der Herzmuskel des gesunden Herzens in der Lage, die Sauerstoffversorgung zu steigern, z.B. durch Senkung des Koronarwiderstandes (Dilatation der Herzkranzgefäße). Die Durchblutung kann beim Gesunden auf das 4-5fache gesteigert werden. Dies wird als *Koronarreserve* bezeichnet. Sie ist bei KHK vermindert.

Der Schweregrad der KHK kann nach morphologischen und klinischen Gesichtspunkten eingeteilt werden:

Grad	morphologischer Aspekt	Gefäßverengung
I	Wandunregelmäßigkeiten	-50 %
II	mittelgradige Einengung	50-75 %
III	hochgradige Einengung	75-95 %
IV	Verschluß	95-100 %

Tab. 1.14a: Schweregrad der KHK nach morphologischen Kriterien.

Erst ab einem Stenosegrad von 50-75 % ist mit einer Symptomatik zu rechnen.

Schweregrade nach klinischen Kriterien	
I	stumme Ischämie, keine Symptome
II	Angina pectoris bei starker Anstrengung
III	Angina pectoris bei alltäglicher Anstrengung
IV	Angina pectoris bei geringster Belastung und in Ruhe

Tab. 1.14b: Schweregrad der KHK nach klinischen Kriterien.

Risikofaktoren

Unvermeidbare Risikofaktoren der arteriosklerotisch bedingten Koronarstenosen sind Geschlecht (Männer besitzen ein höheres Risiko als Frauen, zumindest bis zum 50. Lebensjahr), zunehmendes Alter und ein familiär gehäuftes Auftreten der KHK.

Risikofaktoren 1. Ordnung sind:

- Hyperlipidämie
  - Hypercholesterinämie, erhöhtes LDL-, vermindertes HDL-Cholesterin
- Nikotinabusus
- arterieller Hypertonus

Risikofaktoren 2. Ordnung sind:

- Diabetes mellitus
- Gicht
- Adipositas

Eine Adipositas ohne begleitende andere Faktoren (z.B. arterieller Hypertonus) ist nur mit einer geringen Erhöhung des Risikos vergesellschaftet. Der Gicht kommt als Risikofaktor kaum Bedeutung zu. Als weitere Risikofaktoren werden Thrombophilie und Gerinnungsparameter (z.B. Erhöhung von Fibrinogen), Bewegungsmangel, orale Kontrazeptiva, Persönlichkeitsstrukturen und Streß diskutiert. Hinzu kommen regionale Unterschiede (z.B. ein in Japan im Vergleich zu Europa geringeres Herzinfarktrisiko). Infarktpatienten unter 30 sollten besonders auf Hypercholesterinämie, Vaskulitiden oder Mißbildungen der Koronarien hin untersucht werden.

Bei Vorliegen zweier Risikofaktoren erster Ordnung kommt es drei mal so häufig zum Herzinfarkt, drei Risiken steigern die Gefahr eines Infarktes auf das Zehnfache.

❑ **Symptomatik**

Das Leitsymptom der KHK ist die Angina pectoris, der typische retrosternale Schmerz.

- *retrosternaler Schmerz (Stenokardie)*
  Mögliche Patientenangaben sind: "dumpfer Druck"; "wie im Schraubstock"; "Stein auf der Brust"; "eiserner Ring um die Brust"; "schreckliche Enge", "fürchterliche Schmerzen"; "bekomme keine Luft"
- *typische Ausstrahlung*
  in die linke Thoraxseite, den linken Arm (ulnare Unterarmseite), rechten Arm, Rücken, Kiefer, Bauch
- *typische Auslöser*
  Auslöser sind körperliche Anstrengungen, aber auch Kälte, Aufregung, Hochdruckkrise oder Nahrungsaufnahme
- *begrenzte Dauer*
  Der Anfall dauert meist nur 5-10 min, nur selten mehr als 30 min. Hält der Anfall länger an und spricht er nach 1-5 min auf Nitrate an, muß an einen Infarkt gedacht werden

Die Symptome werden mit zunehmendem Alter untypischer, bei Diabetikern weniger intensiv, oftmals symptomlos. Etwa die Hälfte der Episoden kardialer Minderdurchblutung verlaufen *nicht* symptomatisch (*stumme* Ischämien, im Langzeit-Ekg mit ST-Streckenanalyse zu registrieren).

❑ **Formen der Angina pectoris**

- *stabil*
  Die stabile Angina pectoris wiederholt sich unter vergleichbaren Belastungen; sie spricht auf Beendigung der Belastung bzw. auf Medikamente ("Nitro") gut an. Verursacht wird sie von Koronarstenosen mit unverändertem Stenosegrad
- *instabil*
  Die instabile Angina pectoris (syn.: *Angina pectoris gravis, Crescendo-Angina, Präinfarkt-Angina, Status anginosus*) ist ein in immer kürzeren Abständen, auch in Ruhe auftretender präkordialer Schmerz, der schlecht auf Medikamente anspricht und mit wechselnder Intensität länger dauern kann. Ursache ist eine hochgradige, evtl. nach Einreißen eines Plaques, plötzliche Zunahme der Einengung einer Koronararterie. Es besteht ein hohes Infarktrisiko → sofortige Krankenhauseinweisung!
- *erstmalig auftretende Angina pectoris* (de novo Angina)
  Die erstmalige Angina pectoris ist als instabile oder Präinfarktangina aufzufassen → Einweisung ins Krankenhaus!
- *Prinzmetal-Angina*
  Die Prinzmetal-Angina ist eine durch Spasmen bedingte Angina pectoris mit den Zeichen eines Myokardinfarktes im Ekg, jedoch ohne Enzymanstieg. Angiographisch ist meist eine arteriosklerotisch bedingte Stenose nachweisbar, die durch den Spasmus verstärkt wurde
- *nächtliche Angina*
  Die nächtliche Angina (syn.: Angina decubitus) wird aufgrund der Angaben des Patienten vermutet (nächtliche Herzschmerzen oder Anfälle von Atemnot ohne Hinweise auf eine Lungenstauung) und z.B. mit einer ST-Streckenanalyse im Langzeit-Ekg gesichert

❑ **Diagnostik**

- *körperliche Untersuchung*
  Die körperliche Untersuchung ist zur Diagnose der KHK wenig ergiebig. Es findet sich z.B. eine Extrasystolie (besonders während und kurz nach Belastungen), weitere Zeichen der Arteriosklerose (keine tastbaren Fußpulse, Karotisströmungsgeräusch, Arterienveränderungen am Augenhintergrund) oder Hinweise auf eine Herzinsuffizienz (Herzspitzenstoß außerhalb der Me-

dioklavikularlinie, 4. Herzton). Ein punktförmig lokalisierbarer, ein durch Druck auf das Thoraxskelett oder durch Bewegungen auslösbarer Schmerz sprechen allerdings *gegen* eine KHK

- *Elektrokardiographie (Ekg)*
  Für die Diagnose der koronaren Herzkrankheit sind die *ST-Strecke* sowie die *T-Welle* wichtig

Differentialdiagnose der ST-Strecke			
Art	Ausmaß, Verlauf	Bedeutung	Beispiel
ST-Senkung			
	< 0,1 mV	vieldeutig	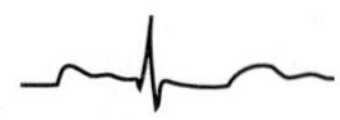
	> 0,1 mV, deszendierend oder horizontal	KHK, Linksherzhypertrophie	 
	muldenförmig	Digitalis	
	aszendierend	funktionell	
ST-Hebung			
aus dem absteigenden R	konvex	Infarkt-Stadium I	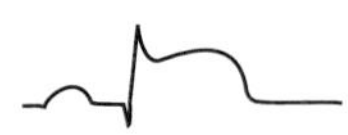
aus dem aufsteigenden S	konkav	Perikarditis	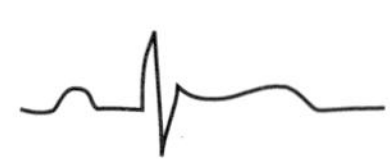
	konvex	Aneurysma	
	aszendierend	funktionell	

Tab. 1.15: Differentialdiagnose der ST-Strecke im Ekg.

Differentialdiagnose der T-Welle		
Veränderung	**Bedeutung**	**Beispiel**
hohe T-Welle	Erstickungs-T bei Infarkt, Hyperkaliämie, Vagotonie	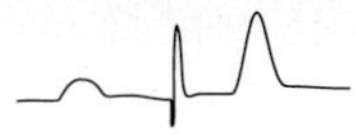
Abflachung, biphasisch	vieldeutig	
T-Negativierung, präterminal	KHK, Hypokaliämie, jedoch auch unspezifisch	
"roller coaster" ("Berg- und Talbahn-Syndrom, biphasische T-Welle)	Hypomagnesiämie, Myokardschaden	
terminal	KHK, Innenschichtischämie, nach Infarkt und im späteren Stadium einer Perikarditis	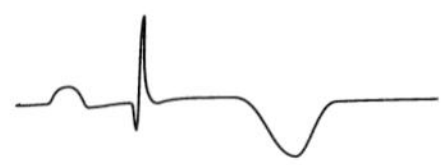

Tab. 1.16: Differentialdiagnose der T-Welle.

Trotz dieser Kriterien kann aus dem *Ruhe-Ekg* allenfalls bei der *Hälfte* der Patienten mit einer KHK diese tatsächlich auch diagnostiziert werden.

- *Belastungs-Ekg (Ergometrie)*
  Unter definierter Belastung wird die Herzleistung und damit der Sauerstoffverbrauch gesteigert. Bei stenosierten Koronarien soll der Punkt erreicht werden, an dem der O_2-Bedarf nicht mehr vom Angebot gedeckt wird und im Ekg Ischämiezeichen erkennbar werden. Die *Indikationen* für ein Belastungs-Ekg sind vielfältig, z.B.:

- asymptomatische Personen mit hohem KHK-Risiko, z.B. bei multiplen Risikofaktoren
- unklarer Brustschmerz, unauffälliges Ruhe-Ekg
- zur Diagnosesicherung einer KHK, wenn im Ruhe-Ekg keine eindeutigen Veränderungen vorliegen
- Verlaufskontrolle nach Myokardinfarkt oder nach Bypassoperation/PTCA
- Testung der körperlichen Belastbarkeit
- Testung des Blutdruckverhaltens unter Belastung
- Suche nach belastungsabhängigen Herzrhythmusstörungen

Vor dem Belastungs-Ekg muß eine gezielte Anamnese, eine klinische Untersuchung und ein Ruhe-Ekg erfolgen, um z.B. die Kontraindikationen abzuklären!

Kontraindikationen für das Belastungs-Ekg sind:

- akuter Myokardinfarkt
- instabile Angina pectoris, Ruheangina
- schwere KHK-Zeichen im Ruhe-Ekg
- hypertone Blutdruckwerte (> 200 mmHg systolisch und/oder 120 mmHg diastolisch)
- dekompensierte Herzinsuffizienz
- Myokarditis, Perikarditis
- hochgradige Rhythmusstörungen
- frische Thrombose/Embolie
- höhergradige Aortenstenose
- aktuelle Erkrankungen (grippaler Infekt etc.)

Vielfältige *Methoden* sind möglich, z.B. Fahrradergometrie (sitzend oder liegend), Handkurbel- und Laufbandergometrie (in den USA bevorzugt) sowie andere Verfahren.

Die *Belastungsintensität* wird z.B. bei der Fahrradergometrie in 2minütigen Abständen um 25 W bis zum Erreichen der *maximalen* Belastungsintensität gesteigert.

Für die maximale Belastungsintensität sind verschiedene Kriterien gebräuchlich, z.B.:

Belastung	angestrebte Pulsfrequenz
submaximale Belastung	200 minus Lebensalter
maximale Belastung	220 minus Lebensalter

Tab. 1.17: Angestrebte Pulsfrequenz zur submaximalen und maximalen Belastung.

Beim Belastungs-Ekg sollte zumindest eine *submaximale* Belastung erreicht werden, um möglichst wenige falsch negative Ergebnisse zu erhalten, d.h. um die Sensitivität der Untersuchung zu steigern.

Während der Durchführung des Belastungs-Ekgs sind lebensbedrohliche Komplikationen nicht ganz selten (1:7.500)! Am häufigsten sind dies:

- plötzlicher Herztod
- Lungenödem
- Herzinfarkt
- Kammerflimmern

Ärztliche Überwachung, Defibrillationsbereitschaft, Reanimationsmöglichkeit, Aufklärung und kontinuierliche Ekg-Registrierung sind *obligatorisch*! Bei kardialen Vorerkrankungen (Vitien, Myokarditis oder Herzinfarkt in der Anamnese) ist besondere Vorsicht bei der Durchführung geboten.

Abbruchkriterien sind:

- Angina pectoris
- ST-Senkungen > 0,2 mV
- ST-Hebungen (Ausn.: früherer Infarkt, Aneurysmabereich)
- zunehmende Rhythmusstörungen, Kammersalven
- Reizleitungsstörungen (supraventrikuläre Tachykardie, plötzlicher Schenkelblock)
- Umschlagen in absolute Arrhythmie
- arterielle Hypertonie (> 240/120 mmHg)
- Blutdruckabfall
- kardiale Dekompensation
- körperliche Erschöpfung des Patienten

Als Hinweis auf eine KHK gilt:

Bedeutung	Ekg-Veränderung	Schema
KHK	• horizontale und deszendierende ST-Strecken > 0,1 mV (1 mm) Extremitätenableitungen > 0,2 mV (2 mm) Brustwandableitungen	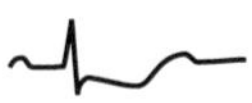
	• ST-Hebungen > 0,2 mV ohne vorausgegangenen Infarkt in diesem Bereich	
Dyskinesie	• ST-Hebungen > 0,2 mV bei vorausgegangenem Infarkt in diesem Bereich (vorhandenes "Narben"-Q)	
keine KHK	• steil aszendierende ST-Strecken-Senkungen	
mögliche KHK	• J-Punkt mehr als 0,2 mV gesenkt, langsam aszendierende ST-Strecke	

Tab. 1.18: Veränderungen im Belastungs-Ekg.

Veränderungen der T-Welle werden zur Bewertung nicht herangezogen, da sie relativ unspezifisch sind. Segmentale Wandbewegungsstörungen nach einem Myokardinfarkt können sich als ST-Hebungen bzw. als Positivierung einer vorher negativen T-Welle (T-Wellen-Umkehr) im

Infarktbereich zeigen. Eine Senkung des J-Punktes um 0,2 mV und sehr langsam aszendierende negative ST-Strecken können auf eine KHK hindeuten.

Bei Schenkelblockbildern, Schrittmacher-Ekg, WPW-Syndrom, Linkshypertrophie oder bei sonstigen Veränderungen der ST-Strecke ist das Belastungs-Ekg nur äußerst eingeschränkt zur Beurteilung heranzuziehen! Herzmedikamente sollten möglichst vorher abgesetzt werden (falls durch das Belastungs-Ekg nicht die Güte der medikamentösen Einstellung überprüft werden soll)!

- falsch positive Ergebnisse bei
  momentaner Medikation mit Digitalis, Hypokaliämie
- falsch negative Ergebnisse bei
  momentaner Medikation mit β-Blockern, Kalziumantagonisten oder Nitraten

Die Wertigkeit des Belastungs-Ekgs ist bei korrekter Ausführung und zumindest submaximaler Belastung (im Vergleich zur Koronarangiographie) gut: Sensitivität um 80 % (Prozentsatz bei Eingefäßerkrankung höher, bei Mehrgefäßerkrankung niedriger), Spezifität um 70 %, d.h. ca. 1/5 der KHK-Fälle werden nicht erkannt und ein positives Belastungs-Ekg ist *nicht* in jedem Fall gleichbedeutend mit einer tatsächlich bestehenden KHK.

Die fahrradergometrisch als unbedenklich erkannten Belastungen können auf alltägliche Tätigkeiten übertragen werden:

25 Watt	langsames Gehen
50 Watt	schnelles Gehen
75 Watt	Radfahren, Schwimmen
100 Watt	Treppensteigen
125 Watt	Jogging
150 Watt	schnelles Radfahren

- *Langzeit-Ekg über 24 h mit ST-Streckenanalyse*
  Ischämieepisoden können auch im Langzeit-Ekg nachgewiesen werden, falls dies zur ST-Streckenanalyse ausgerüstet ist. Kriterium für eine KHK sind ST-Senkungen von 0,1 mV über 60 s. Die Sensitivität ist, da nur eine alltägliche Belastung stattfindet, geringer als beim Belastungs-Ekg (24 h-Aufzeichnung: ca. 50 %). Die Spezifität ist allerdings hoch
- *Myokardszintigramm*
  Zwei Radionuklide werden gleichzeitig injiziert:
  - ^{201}*Thallium*
    Das Radionuklid wird, abhängig von der jeweiligen Durchblutung und der Stoffwechsellage der Zellen, nach i.v.-Gabe innerhalb von 20 min in die Herzmuskelzellen aufgenommen. Mangeldurchblutetes Gewebe oder Narbengewebe lagert nicht zeitgerecht ein und wird als Minderanreicherung sichtbar
  - ^{99m}*Technetium*
    Durch Kopplung an Albumin wird nur der Herzbinnenraum dargestellt (Radionuklidventrikulogramm, Herzbinnenraumszintigraphie), woraus ein Rückschluß auf die regionale Kontraktion und die Auswurffraktion möglich ist. Dies kann im "first pass" oder durch getriggerte Serienszintigramme geschehen

Zur besseren Differenzierung von Ischämiearealen und Narbenbezirken werden die Radionuklide beim *Myokardszintigramm unter Belastung* am Ende einer Ergometrie gespritzt. Im *Früh*szintigramm (nach 5 min) reichern sich weder Ischämiebezirke noch Narben an. Im *Spät*szintigramm (nach 2 h) kommt es bei Ischämie zur Aufnahme durch eine postischämische Mehrperfusion, was bei Narben nicht der Fall ist. Dieser Untersuchung kommt eine hohe Sensitivität und Spezifität zu (ein unauffälliger Befund schließt eine KHK praktisch aus!)

- *Single-Photon-Emissions-Computer-Tomographie (SPECT)*
  Die Auswertung der Szintigraphie erfolgt in Schichten. Damit wird eine bessere räumliche Darstellung erreicht
- *Positronen-Emissionstomographie (PET)*
  Vor Bypassoperationen muß unter Umständen entschieden werden, ob ein zu revaskularisierender Bezirk tatsächlich noch kontraktiles Myokard enthält. Dies ist durch die PET möglich geworden. Nach Injektion von F-18-Fluordeoxyglukose wird der Glukoseverbrauch gemessen und damit beurteilt, ob in einem Herzareal noch vitale, stoffwechselaktive Zellen vorhanden sind. Der Nachweis einer verminderten Perfusion (Myokardszintigraphie mit ^{201}Thallium) bei erhaltener Stoffwechselaktivität ("mismatch") spricht für eine koronare Herzkrankheit mit noch vorhandenem kontraktilen Myokard. Das Verfahren ist noch sehr teuer und einzelnen Zentren vorbehalten
- *"Herzkatheter"*
  Als "Herzkatheter"-Untersuchungen können zusammengefaßt werden:

Bezeichnung	Untersuchungsziel	Zugangsweg
Dextrokardiographie	rechtes Herz	transvenös
Pulmonalisangiographie	Lungenarterien	transvenös
Laevokardiographie	linkes Herz	transarteriell
Aortographie	Aorta	transarteriell
Koronarangiographie	Herzkranzgefäße	transarteriell

Tab. 1.19: Herzkatheteruntersuchungen und Zugangswege.

Zur Diagnostik der KHK wird die *selektive Koronarangiographie* und die *Laevokardiographie* durchgeführt.

Selektive Koronarangiographie

Nach arterieller Punktion in Seldingertechnik wird ein Katheter mit einem speziell für die Koronararterien gekrümmten Katheterende (nach Judkins [über die A. femoralis] oder Sones [über die A. brachialis]) selektiv in die rechte bzw. linke Herzkranzarterie eingeführt. Während der Injektion von 6-8 ml Kontrastmittel werden kinematographische Aufzeichnungen mit schneller Bildfolge in mehreren Projektionen aufgenommen. Dies erlaubt die Darstellung der extramuralen Koronarien bis zu einem Gefäßdurchmesser von 100 µm.

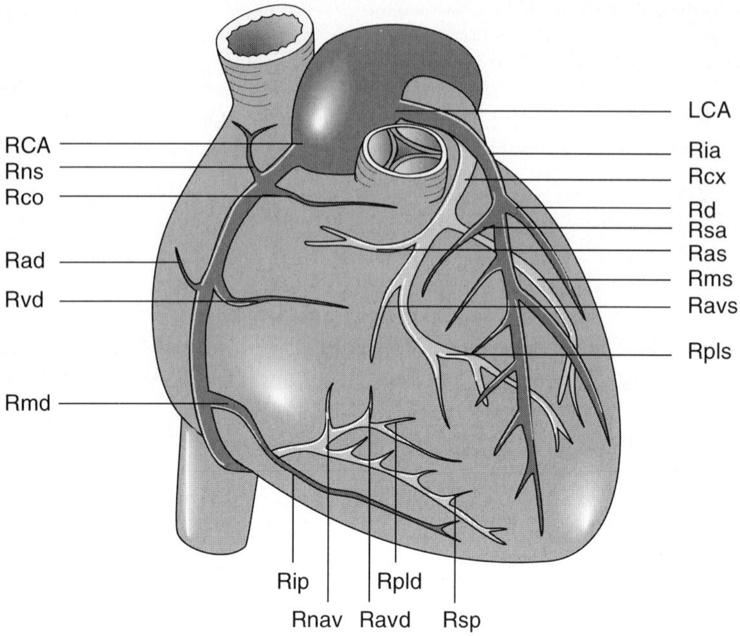

RCA Arteria coronaria dextra
Rns Ramus nodi sinuatrialis
Rco Ramus coni pulmonalis
Rvd Ramus ventricularis dexter
Rad Ramus atrialis dexter
Rmd Ramus marginalis dexter
Rnav Ramus nodi atrioventricularis
Ravd Ramus atrioventricularis dexter
Rip Ramus interventricularis posterior
Rpid Ramus posterolateralis dexter
Rsp Ramus septalis posterior

LCA Arteria coronaria sinistra
Ria Ramus interventricularis anterior
Rcx Ramus circumflexus
Rd Ramus diagonalis
Rsa Ramus septalis anterior
Rms Ramus marginalis sinister
Ras Ramus atrialis sinister
Rpls Ramus posterolateralis sinister
Ravs Ramus atrioventricularis sinister
Rls Ramus lateralis sinister

Abb. 1.4: Schema der Herzkranzgefäße.

Bei der Benennung der Koronarien werden verschiedene Nomenklaturen verwendet, die für die vier wichtigsten Koronargefäße nachfolgend aufgeführt sind.

Gefäß	Nomenklatur		
	international	Sones	DeBakey
A. coronaria dextra	ACD	RCA	r
A. coronaria sinistra	ACS	LCA	l
R. interventricularis anterior	RI(V)A	LAD	d
R. circumflexus	RCX	LAC	c

Tab. 1.20: Kurzbezeichnung der wichtigsten Koronararterien.

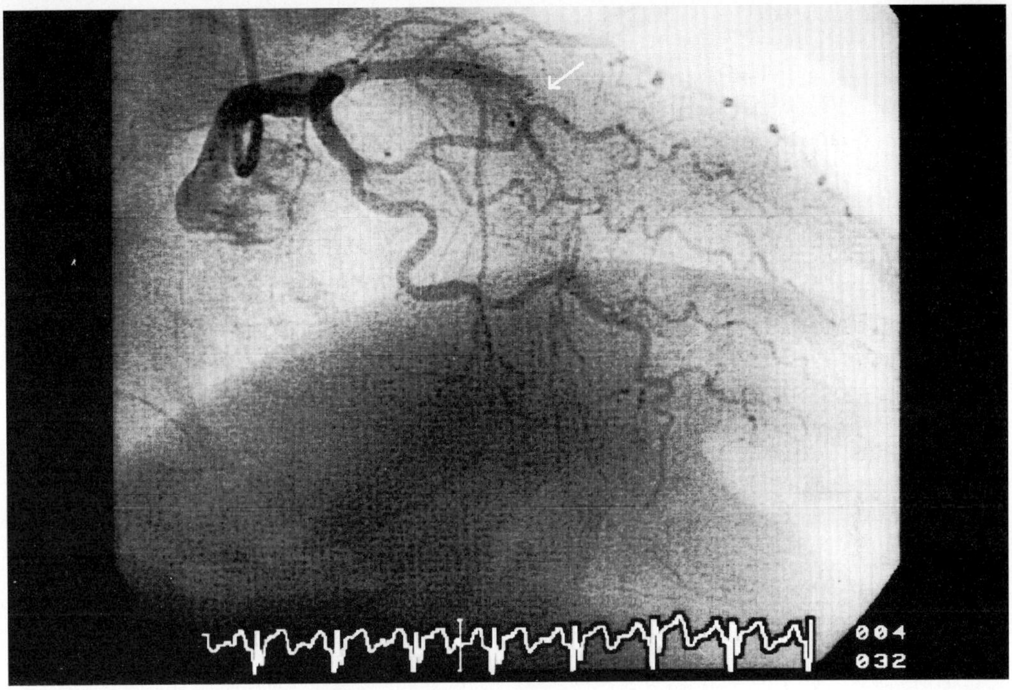

Abb. 1.5: Verschluß des Ramus circumflexus der linken Herzkranzarterie
Selektive Angiographie der linken Koronararterie. Der Hauptstamm sowie der Ramus interventricularis anterior sind gut durchgängig, der Ramus circumflexus bricht nach einigen Zentimetern ab.

Beschreibung der Koronarstenosen bei KHK (DeBakey-Schema)

Beispiel: Patient mit diffuser 3-Gefäßerkrankung bei Normalversorgungstyp, wobei der R. circumflexus der linken Koronararterie verschlossen ist, während die anderen Koronarien nur geringe bis mittelgradige Stenosen aufweisen. Kollateralen sind vorhanden.

Abgekürzte Schreibweise für dieses Beispiel:

N D3 lII cIV rI K

Buchstabe	Bedeutung
1.	*N*: Normalversorgungstyp, *L*: Linksversorgungstyp, *R*: Rechtsversorgungstyp
2.	*D*: diffus über den gesamten Gefäßverlauf, *L*: lokalisiert Zahl *1-3*: betroffene Gefäße (1-2-3-Gefäßerkrankung)
3.	*l*: Hauptstamm der linken Koronararterie, *d*: RIVA, *c*: Ramus circumflexus, *r*: rechte Kranzarterie *Schweregrad* der Einengung: *I*: Wandunregelmäßigkeiten (-50 %), Koronarstenose, *II*: mittelgradige Einengung (50-75 %), *III*: hochgradige Einengung (75-95 %), *IV*: Verschluß (95-100 %)
4.	*K*: Kollateralen, *A*: Anastomosen

Tab. 1.21: Nomenklatur nach dem DeBakey-Schema.

Versorgungstyp
Aufgrund anatomischer Varianten wird der Herzmuskel in unterschiedlichem Umfang von den beiden Koronararterien und ihren Ästen versorgt. Man unterscheidet:

- Normalversorgungstyp (80 % d.F.)
  Ein Normalversorgungstyp liegt vor, wenn der dorsale Septumanteil von der rechten Kranzarterie mitversorgt wird. Die linke Kranzarterie versorgt: linken Ventrikel (Vorder- und Hinterwand, Herzspitze, vorderen Papillarmuskel) und anteriores Septum. Die rechte Kranzarterie versorgt: rechten Ventrikel einschließlich hinteren Papillarmuskel und dorsales Septum
- Linksversorgungstyp (10 % d.F.)
  Beim Linksversorgungstyp wird zusätzlich das gesamte Septum und paraseptale Abschnitte des rechten Herzens von der linken Kranzarterie gespeist
- Rechtsversorgungstyp (10 % d.F.)
  Beim Rechtsversorgungstyp wird das Septum und die Hinterwand des linken Ventrikels von der A. coronaria dextra versorgt

Indikationen zur Koronarangiographie:

Myokardinfarkt, Angina oder positives Belastungs-Ekg, therapierefraktäre Angina pectoris, instabile Angina pectoris, präoperativ bei Eingriffen am Herzen und zur diagnostischen Abklärung von Thoraxschmerzen (relativ).

Kontraindikationen müssen im Sinne einer Risiko-Nutzen-Abwägung individuell beurteilt werden.

Kontraindikationen bestehen aufgrund des Kontrastmittels (bei hochgradiger Niereninsuffizienz, dekompensierter Hyperthyreose, Jodallergie), der arteriellen Punktion (z.B. bei hämorrhagischen Diathesen), der kardialen Leistung (z.B. bei momentaner massiver kardialer Dekompensation) oder wegen persönlicher Gründe des Patienten (z.B. bei genereller Ablehnung von Eingriffen am Herzen).

Komplikationen sind auch abhängig von der Geübtheit des untersuchenden Arztes und aufklärungspflichtig:

• Todesfälle	< 0,1 %
• schwere Zwischenfälle Kammerflimmern, Asystolie, Kontrastmittelunverträglichkeiten, Angina pectoris, Myokardinfarkt, zerebrale Embolien, Gefäßdissektion und -perforation	< 1-2 %
• leichtere Zwischenfälle Blutungen an der Punktionsstelle, Rhythmusstörungen, temporäre Schenkelblockbilder und Blutdruckabfall	um 5 %

Laevokardiographie

Die bei der Koronarangiographie in der gleichen Sitzung durchgeführte Laevokardiographie trägt zur Diagnose weitere wichtige Aussagen bei. So wird die Auswurffraktion (nach einem Myokardinfarkt prognostisch bedeutsam) bestimmt. Regionale Bewegungsstörungen der Herzwand können indirekt auf eine Ischämie oder einen zurückliegenden Infarkt hindeuten.

Dazu gehören:

- *Hypokinesie* → verminderte Bewegungen
- *Akinesie* → aufgehobene Bewegungen
- *Dyskinesien* → paradoxe Bewegungen, d.h. bei Kontraktion des normalen Myokards kommt es zur gleichzeitigen Auswärtsbewegung (z.B. im Bereich einer Infarktnarbe)

- *andere Verfahren* zur Diagnostik einer KHK
  - *Röntgendurchleuchtung*
    Der in hohem Maße vom untersuchenden Arzt abhängige Nachweis verkalkter Koronarien gilt als unspezifischer Hinweis für eine KHK
  - *Echokardiographie*
    Sie ist ein indirekter Nachweis, bei dem aufgrund von gestörten lokalen Wandbewegungen eine Ischämie als Ursache diskutiert werden kann
  - *Koronarendoskopie*

❑ **Differentialdiagnose von Thoraxschmerzen (Auswahl)**

Ursprung des Schmerzes	Krankheiten	
Herz/Perikard	• Angina pectoris • Herzinfarkt • Perikarditis • hypertensive Krise • HOCM	• Aneurysma dissecans • Roemheld-Syndrom • "Effort"-Syndrom • Mitralklappenprolaps • Aortenstenose
Lunge/Pleura (Pleuraschmerz)	• Lungenembolie • Tumor • Pneumothorax	• Pleuritis • Pleuropneumonie
Mediastinum	• Mediastinitis • Boerhaave-Syndrom	• Mediastinaltumor
Thoraxskelett	• Neuralgien • Periarthrosis humeroscapularis • M. Bechterew/Scheuermann • Rippenfraktur/-kontusion • Metastase	• Wurzelreizung • degenerative Veränderungen • Wirbelkörperkompressionsfraktur • Osteoporose • Tietze-Syndrom
Ösophagus	• Ösophagitis • Reflux • Soor • Tablettenulkus	• Ösophaguskarzinom • Ösophagusdivertikel • Achalasie • Spasmus, Peristaltikstörungen
Magen-Darmtrakt	• Ulkus • Cholezystitis • Abszeß (subphrenisch, paranephritisch)	• Pankreatitis • Hiatushernie • Milzinfarkt
sonstige Ursachen	• Zoster • Mammakarzinom • Mondorsche Erkrankung	• Bornholmsche Erkrankung • Mastopathie

Tab. 1.22: Differentialdiagnose des Thoraxschmerzes.

- *Roemheld-Syndrom*
  Nach einer (reichlichen) Nahrungsaufnahme kann es zu linksthorakalen, Angina pectoris-ähnlichen Schmerzen kommen. Es wird angenommen, daß die verstärkte Magendehnung über einen Reflexmechanismus die Koronardurchblutung vermindert und dadurch die Beschwerden auslöst. Das Roemheld-Syndrom kann ohne koronare Herzkrankheit auftreten, nicht selten wird jedoch eine bestehende KHK dadurch manifest
- *Effort-Syndrom* (soldier's heart, Da-Costa-Syndrom)
  Hier handelt es sich um funktionelle Herzbeschwerden, denen keine echte Koronarerkrankung zugrundeliegt. Die Patienten sind einer psychisch belastenden Situation ausgesetzt, berichten über einen seit Tagen anhaltenden Schmerz, den sie meist punktgenau über dem Herzen lokalisieren können
- *Boerhaave-Syndrom*
  Dabei handelt es sich um eine Ruptur des Ösophagus, z.B. nach einem starken Erbrechen (nicht selten Alkoholiker), meist im distalen Drittel lokalisiert. Die akut auftretenden Schmerzen sind sehr stark und es bildet sich ein Mediastinalemphysem (kissenartig weiche, knisternde Haut im Jugulum). Gleichzeitig kann ein akutes Abdomen bestehen. Die Diagnose wird durch Thoraxaufnahme (Luft im Mediastinum) und Ösophagusbreischluck mit Gastrografin (an der Perforationsstelle austretendes wasserlösliches Kontrastmittel) gesichert. Die Therapie ist chirurgisch und besteht in der Übernähung der Perforation. Im Gegensatz zum Boerhaave-Syndrom reißt beim Mallroy-Weiß-Syndrom die Schleimhaut im ösophagogastralen Übergang nur ein, jedoch nicht völlig durch
- *Tietze-Syndrom*
  schmerzhafte Schwellung unklarer Ätiologie der oberen Rippenknorpel sowie der Knorpel-Rippen-Übergänge
- *Bornholmsche Erkrankung* (Pleurodynie)
  Coxsackie-Infektion unter Beteiligung der Pleura mit Ergußbildung (gelegentlich auch mit Perikarderguß) und Schmerzen
- *Mondorsche Erkrankung*
  schmerzhafte Thrombophlebitis der lateralen Thoraxvenen

❑ Therapie

Therapieziele bei einer KHK sind die Verringerung der Anfallsfrequenz, die Steigerung der körperlichen Belastbarkeit und die Verbesserung der Lebenserwartung. Während die beiden ersten Ziele nahezu regelmäßig zu erreichen sind, wird eine Verbesserung der Prognose vor allem durch die invasiven Verfahren der *PTCA* und der *Bypass*-Operation, nach Myokardinfarkt auch durch β-*Blocker* erreicht.

Prinzipiell kommen in Frage:

- allgemeine Maßnahmen
- Medikamente
  - Nitrate, Molsidomin
  - β-Blocker
  - Kalziumantagonisten
  - andere Medikamente (z.B. ACE-Hemmer)
- Revaskularisierung
  - perkutane transluminale Koronarangioplastie (PTCA)
  - Bypassoperation

- Prophylaxe von Komplikationen
  - Azetylsalizylsäure

Allgemeine Maßnahmen

Dazu zählen: Behandlung der Risikofaktoren, Gewichtsreduktion, Vermeidung von psychischem Streß und körperlichen Spitzenbelastungen, regelmäßiges Ausdauertraining, Behandlung von Erkrankungen, die die Ischämie begünstigen (Tachykardie, hypertensive Blutdruckwerte, Anämie, Hyperthyreose, Hyperviskosität, Hypoxämie usw.).

Medikamentöse Therapie

Zur Reduzierung der A.p.-Anfälle sind verschiedene Medikamente ähnlich gut geeignet. Der Einsatz empfiehlt sich je nach den klinischen Umständen (z.B. Hypertonus und Tachykardie: β-Blocker; Herzinsuffizienz: Nitrate; vermutete vasospastische Komponente: Ca^{2+}-Antagonist). Bei unbefriedigender Wirkung (1/3 der Patienten) ist eine 2er-Kombination nötig und vielfach wirksam. Kontraindiziert sind lediglich Kombinationen mit ähnlichem Wirkungsprofil (z.B. Verapamil und β-Blocker → Verlängerung der AV-Überleitung bis hin zu AV III°-Blockierungen). 3er-Kombinationen sind ebenfalls möglich, der therapeutische Gewinn ist jedoch meist geringer.

Nitrate, Molsidomin

Bei normalem Endothel der Koronararterien wird kontinuierlich sowie nach Stimulation ein endothelialer relaxierender Faktor (EDRF) produziert, welcher gleichbedeutend mit Stickoxyd (NO) ist. Dieser wirkt bei normalem Endothel im Sinne einer Vasodilatation. Bei arteriosklerotisch verändertem Endothel sinkt jedoch die EDRF-Produktion. Nitrate stellen zusätzlich NO zur Verfügung und wirken so vasodilatatorisch. Daraus resultieren:

- Vorlast- ("preload"-) Senkung
- Nachlast- ("afterload"-) Senkung
- Dilatation der Koronarien

Durch die Dilatation der Koronarien ergibt sich eine Senkung des vaskulären, durch die Reduktion der Ventrikelwandspannung eine Senkung des extravaskulären Koronarwiderstandes und damit eine bessere Sauerstoffversorgung des Herzmuskels.

Verfügbare Nitrate sind:

- *Glyceroltrinitrat*
  2 Spraystöße, 1 Zerbeißkapsel oder ca. 10 Tropfen enthalten 0,8-1,2 mg. Die Resorption erfolgt über die Mundschleimhaut, die Wirkung tritt nach ca. 2 min ein. Das Medikament ist somit als Akuttherapeutikum für den Angina pectoris-Anfall geeignet. Für die parenterale Anwendung stehen Fertiglösungen (z.B. 25 mg in 25 ml, d.h. 1 ml = 1 mg) zur Anwendung im Perfusor zur Verfügung. Dosierung unter engmaschiger Blutdruckkontrolle, 1-4 mg/h i.v.
- *Isosorbiddinitrat (ISDN)*
  Tabletten à 20-60 mg, 2x täglich, als Retardtabletten 60-120 mg 1x täglich. ISDN wird im "first pass" in der Leber in 2- und 5-ISMN umgewandelt
- *Isosorbidmononitrat (ISMN)*
  Tabletten à 20-40 mg 2x täglich, als Retardtabletten 40-60 mg 1x täglich. Die Halbwertszeit von ISMN ist länger als die von ISDN

- *transdermale Systeme*
  Die transdermalen Systeme erlauben die Applikation von Nitraten über die Haut. *Pflaster* enthalten meist 25 oder 50 mg Glyceroltrinitrat (z.B. Nitroderm TTS® 5 bzw. 10), von denen ca. 5-10 mg in 24 h (0,2-0,4 mg/h) freigesetzt werden. *Salben* (z.B. isoket® Salbe, 1 g entspricht 100 mg Isosorbiddinitrat, abends 0,5-2 g auftragen), *Gel* (z.B. Nitronal®-Gel, 1 Kps. enthält 10 mg Glyceroltrinitrat, den Inhalt einer oder zweier Kapsel morgens und abends in die Haut einreiben) oder *Sprays* (z.B. TD-Spray Iso Mack®, 1 Sprühstoß enthält 30 mg Isosorbiddinitrat, morgens und abends 1-2 Sprühstöße anwenden) befinden sich ebenfalls im Handel. Zur Vermeidung von Kopfschmerzen oder Kollaps sollte einschleichend dosiert werden (z.B. anfänglich nur 1 Sprühstoß/die). Die transdermalen Systeme sind teuer und können zu Toleranzentwicklung führen

Bei Anwendung der Nitrate ohne freies, ca. 10stündiges Therapieintervall kann es innerhalb von 24 h zur *Toleranzentwicklung* kommen, deshalb empfiehlt sich die Intervalltherapie mit täglicher Nitratpause (Dosierung z.B. ISDN 20 1-1-0, ggf. abends Molsidomin oder ein Ca^{2+}-Antagonist; Nitro-Pflaster sind entsprechend von 8 bis 20 Uhr aufzukleben).

Häufige *Nebenwirkungen* der Nitrate sind:

Blutdruckabfall, selten Kollaps oder gar Synkopen, Anstieg der Herzfrequenz, Kopfschmerzen. Bei Nitratkopfschmerz Versuch mit Molsidomin oder Pentaerithrityltetranitrat (z.B. Dilcoran 80®).

Kontraindikationen sind:

Blutdruckwerte unter 90 mm Hg systolisch, Schock, hypertrophisch-obstruktive Kardiomyopathie.

β-Blocker und Ca^{2+}-Antagonisten

☞ Kap. 1.6. und 1.10.

Andere Medikamente

Weitere Medikamente (z.B. ACE-Hemmer) können durch Senkung der Vorlast, der Nachlast, des enddiastolischen Druckes, durch Rhythmisierung oder andere Mechanismen mittelbar zur Verbesserung der A.p. beitragen.

Prophylaxe

Azetylsalizylsäure (ASS)

ASS hemmt die Thrombozytenaggregation durch irreversible Blockade der Zyklooxygenase. Thrombozyten sind dadurch zwar zum Formwandel, zu Adhäsion, zur reversiblen, jedoch nicht mehr zur irreversiblen Aggregation in der Lage. Dadurch wird die Bildung eines Plättchenthrombus, der Ausgangspunkt eines größeren Thrombus werden kann, verhindert. Durch Gabe von ASS, z.B. 100 mg/Tag, wird das Risiko kardialer Ereignisse (z.B. Reinfarkte) und Todesfälle nach einem Myokardinfarkt vermindert. Der Nutzen von ASS bei KHK ohne bisherigen Infarkt ist weniger gut gesichert. Sicherlich sollte ASS aber bei Patienten mit höherem oder hohem Risiko (z.B. hochgradige Stenosen, häufige Angina pectoris-Anfälle, instabile Angina pectoris usw.) gegeben werden.

Revaskularisierungen

Bypass-Operation oder PTCA weisen bei richtiger Indikationsstellung im Vergleich zur rein medikamentösen Therapie Vorteile auf:

- Verbesserung der Langzeitprognose
- Senkung des Infarktrisikos
- Besserung der Symptomatik
- Besserung der körperlichen Belastbarkeit

Die Möglichkeit einer Bypassoperation oder PTCA sollte deshalb bei jedem Patienten erwogen werden.

Perkutane transluminale Koronarangioplastie (PTCA)

Bei der PTCA wird eine Koronarstenose über einen transarteriell vorgeschobenen Katheter erweitert. Im Regelfall wird ein Ballonkatheter verwendet. Andere Verfahren (z.B. Laser, Rotationsangioplastie, das Einsetzen eines Stents oder das Ausschälen) werden vorerst nur in einzelnen Zentren eingesetzt. Zwar werden zur PTCA vor allem Eingefäßerkrankungen mit proximalen, nicht verkalkten, konzentrischen Stenosen als besonders geeignet angesehen, jedoch wurde das Indikationsspektrum mit zunehmender Beherrschung der Methode ausgebaut (Mehrgefäßerkrankungen, teilweise kalzifizierte oder peripherer gelegene Stenosen). Die PTCA ist weniger invasiv, kostengünstiger und risikoärmer als die Bypass-Operation und mehrfach wiederholbar. Der Erfolg der PTCA liegt primär bei ca. 80-90 %, die Letalität bei ca. 1 %. Zur Restenosierungsprophylaxe wird ASS 100 mg/die empfohlen.

Komplikationen sind:

- Restenosierungsrisiko ca. 10-30 % in den ersten 6 Monaten
- Koronararteriendissektion und -verschluß

Letzterer ist mit dem Risiko eines Myokardinfarktes verbunden. Deshalb sollte die Möglichkeit zur Notfall-Bypassoperation bestehen.

Bypass-Operation

Zwei prinzipielle Techniken, die im Bedarfsfall auch kombiniert werden können, stehen zur Verfügung:

- aortokoronarer Venenbypass (ACV-Bypass)
- Mammaria interna-Bypass (IMA-Bypass)

Beim ACV-Bypass geschieht die "Revaskularisierung" durch Anlage von Venenbrücken zwischen Aorta und poststenotischen Koronarien. Die Entnahme von Venenteilen erfolgt aus der V. saphena magna. Beim IMA-Bypass erfolgt ein distales Absetzen der A. thoracica interna und Aufnähen auf die poststenotische Koronarie. In beiden Fällen handelt es sich zwar um ein eingreifendes Verfahren am stillstehenden, gekühlten Herzen unter Aufrechterhaltung des Kreislaufs durch die Herz-Lungen-Maschine, jedoch werden mittlerweile auch "biologisch junge" über 80jährige erfolgreich operiert. Ziel ist die Überbrückung *möglichst vieler* relevanter Stenosen (*Mehrfach-Bypass*). Es können bis zu 1 mm durchmessende Koronarien anastomosiert werden. Ein therapeutischer Gewinn gegenüber der medikamentösen Therapie darf besonders bei 2-3-Gefäßerkrankungen erwartet werden. Die A.p.-Beschwerden werden in 90 % gebessert.

Indikationen zur Bypass-Operation sind:

- hochgradige (75-99%ige) Stenose des Hauptstammes der linken Koronararterie
- Stenose des RIVA
- 2- und 3-Gefäßerkrankungen
- medikamentös nicht beherrschbare Angina pectoris
- zusätzliche Indikationen zur Operation (z.B. Aneurysmektomie, Klappenersatz)
- keine Möglichkeit zur PTCA

Komplikationen sind:

- perioperative Mortalität 2-4 % (im Alter ansteigend)
- Poststernotomiebeschwerden
- Bypassverschluß

Nach einem Jahr sind noch ca. 75 % der Gefäße offen. Zur Prophylaxe des Bypassverschlusses wird ASS 1x100 mg/die empfohlen.

❑ **Therapie der instabilen Angina pectoris**

Die instabile Angina pectoris wird nach Klinikeinweisung ähnlich behandelt wie ein Myokardinfarkt:

> Verlegung auf die Überwachungsstation, vegetative Abschirmung (z.B. medikamentös mit Benzodiazepinen - z.B. Diazepam 10 mg), Analgesie, Azetylsalizylsäure, Nitrate i.v., β-Blocker, bei Schmerzpersistenz baldige Koronarangiographie, evtl. PTCA und Fibrinolysetherapie erwägen.

❑ **Prognose**

Bei Patienten mit einer KHK ist die Prognose ungünstiger als bei gleichaltrigen Gesunden. Sie verschlechtert sich noch bei:

- nicht-einstellbaren Risikofaktoren
- Mehrgefäßerkrankung
- Hauptstammstenose
- Herzinsuffizienz
- Extrasystolie

1.4. Akuter Myokardinfarkt

1.4.1. Erkrankung und Therapie

❑ **Definition**

Beim akuten Myokardinfarkt (syn.: acute myocardial infarction, AMI) kommt es aufgrund einer Ischämie zu einer umschriebenen Nekrose von Herzmuskelgewebe. Dies kann auf einem kompletten Gefäßverschluß, aber auch auf einer kritischen Verminderung der Koronarperfusion (typischerweise aufgrund einer Koronarsklerose) beruhen. Eine Nekrose schreitet, entsprechend den Durchblutungsreserven, von der Herzinnenschicht nach subepikardial fort. Zwar beginnt die Nekrose bereits 30 min nach vollständiger Unterbrechung des Blutflusses, jedoch können Ausmaß und Geschwindigkeit des Gewebsuntergangs aufgrund verschiedener Faktoren (Kollateralen usw.) sehr unterschiedlich sein, so daß erst nach 3-6 h eine vollständige Nekrose des Ischämiebezirkes erreicht sein kann.

❑ **Häufigkeit und Letalität**

Der AMI gilt als eine der wichtigsten Todesursachen in den Industriestaaten. In einigen Ländern (USA, Kanada) wird, wohl aufgrund der intensiven Bekämpfung von Risikofaktoren, seit zwei Jahrzehnten ein Rückgang der Myokardinfarkt-Todesfällen verzeichnet.

Etwa 40 % der Infarkte verlaufen tödlich. 2/3 der Todesfälle ereignen sich vor der Klinikaufnahme (Prähospitalletalität). Das Sterberisiko ist in den ersten Minuten bis Stunden am höchsten und nimmt mit zunehmendem zeitlichem Abstand zum AMI ab. Dies ist ein zwingender Grund für eine möglichst frühzeitige Aufnahme des Herzinfarktpatienten auf eine Intensivstation. Die Sterblichkeit nimmt mit dem Lebensalter zu; die Hälfte der versterbenden Patienten ist älter als 70 Jahre. Die häufigsten Todesursachen sind Kammerflimmern und Pumpversagen (kardiogener Schock).

Gesamtletalität	40 %
Prähospitalletalität	30 %
Klinikletalität	5-15 %
bis 65jährige	ca. 4-8 %
über 75jährige	ca. 30 %

Tab. 1.23: Letalität bei akutem Myokardinfarkt.

❑ Ätiologie und Pathogenese

Im typischen Fall bestand eine koronare Herzkrankheit (KHK) mit einer hochgradigen Koronarstenose, bei der durch Ruptur eines arteriosklerotischen Plaques, Anlagerung von Thrombozyten und nachfolgendem thrombotischem Verschluß die Blutzufuhr unterbrochen wird. Die KHK kann bis dahin nicht apparent verlaufen sein, so daß der Myokardinfarkt in diesen Fällen aus scheinbarer Gesundheit heraus auftritt. In anderen Fällen bestand eine stabile KHK über längere Zeit. In seltenen Fällen findet sich bei der Koronarangiographie auch ein völlig unauffälliges Koronarsystem. Hier muß ein massiver Spasmus als Ursache vermutet werden. Andere Ursachen wie Koronariitis, Trauma oder Embolie sind selten. Auslösende Situationen können sein: körperliche Überanstrengung mit einem Mißverhältnis der O_2-Versorgung, frühe Morgenstunden (Blutdruckabfall, vermehrte Thrombozytenaggregation, Anstieg des Sympathikotonus) und Streß (Spasmus). Die Steigerung des Risikos bei einer bestimmten Persönlichkeitskonstellation (z.B. Typ A → Ehrgeiz, Bemühen um Anerkennung, Verbissenheit) wird kontrovers beurteilt.

❑ Symptomatik

Das klinische Bild kann sehr verschieden sein, im typischen Fall finden sich:

- äußerst starke Schmerzen
- Blässe, kalter Schweiß (sympathische Gegenregulation)
- ein unruhiger, verängstigter Patient
- Übelkeit, Erbrechen (parasympathische Regulation)

Die Schmerzen sind typischerweise

- dumpf
- retrosternal
- schlecht lokalisierbar
- länger als 30 min
- Ausstrahlung in Arme, Rücken, Kinn oder Abdomen (Hinterwandinfarkt)
- auf "Nitro" (z.B. Glyceroltrinitrat) nicht oder nur gering ansprechend (z.B. 2 Hübe Spray oder 2 Kps. sublingual)

❑ Komplikationen

Frühkomplikationen:

- Bradykardien (Sinusbradykardien, SA- oder AV-Block)
- ventrikuläre Extrasystolen
- Kammerflattern, -flimmern
- ventrikuläre Tachykardie
- plötzlicher Herztod
- Pumpversagen → kardiogener Schock
- "Rückwärtsversagen" mit Lungenödem
- Herzwandruptur, Herzbeuteltamponade
- Papillarmuskelabriß → Mitralinsuffizienz
- Thromboembolien
- Vorwärtsversagen mit Blutdruckabfall
- Septumperforation
- Frühperikarditis (Pericarditis epistenocardica)

Spätkomplikationen:

- chronische myokardiale Insuffizienz
- Spätperikarditis (Postmyokardinfarktsyndrom, Dressler-Syndrom)
- Aneurysma

- *Extrasystolie (fast alle Infarktpatienten)*
  Extrasystolen in unterschiedlicher Ausprägung und Intensität treten von allen Komplikationen am häufigsten und besonders in den ersten 48 h auf. Aufgrund der Ischämie können Teile des Reizleitungssystems unterschiedlich schnell repolarisieren und damit zu kreisenden Erregungen mit Kammertachykardien und Kammerflimmern prädisponieren. Bei komplexen Rhythmusstörungen wird auch von Warnarrhythmien gesprochen, doch kann Kammerflimmern auch nach scheinbar "harmlosen" Extrasystolen plötzlich auftreten
- *Kammerflimmern (10-20 % der Patienten)*
  Aufgrund seiner Häufigkeit trägt das Kammerflimmern neben dem kardiogenen Schock maßgeblich zur Mortalität bei AMI bei. Die Wahrscheinlichkeit eines Kammerflimmerns ist in den ersten Stunden (- 48 h) am größten und ist so maßgeblich für die plötzlichen Todesfälle in den ersten Stunden nach Infarkt verantwortlich (darum Notdienstalarmierung und Intensivüberwachung!)
- *Bradykardien (ca. 20 % d.F.)*
  Ursachen: vasovagal, Ischämien im Sinus- bzw. AV-Knoten.
  Bradykardien treten, entsprechend der Blutversorgung des Reizleitungssystems, besonders bei Hinterwandinfarkt oder beim großen Vorderwandinfarkt (dann hohes Risiko) auf. Dies gründet sich auf die Blutversorgung des Reizleitungssystems:

Teil des Reizleitungssystems	versorgendes Koronargefäß
Sinusknoten	RCA
AV-Knoten	RCA, Ramus circumflexus der linken Herzkranzarterie (LCA)
His-Bündel	RCA, Ramus interventricularis anterior (RIVA) der LCA
rechter Tawara-Schenkel	RCA
linker Tawara-Schenkel	Äste der RIVA

Tab. 1.24: Blutversorgung des Reizleitungssystems.

Ein Vorderwandinfarkt, der in der Lage ist, einen AV-Block III° auszulösen, ist möglicherweise sehr ausgedehnt, während auch kleine Hinterwandinfarkte nicht selten Überleitungsstörungen induzieren.

Häufige Formen der Bradykardie sind: Sinusbradykardien, SA-Blockierungen, AV-Blockierungen I-III°. Ein Linksschenkelblock tritt bei akutem Vorderwandinfarkt in etwa 10 % d.F. auf (Ischämie im Septum durch Verschluß von RIVA-Ästen)

- *Herzwandruptur (2-3 % d.F.)*
  Maximum des Auftretens am 3.-5. Tag; häufiger bei älteren Patienten; klinisches Bild einer perakuten Verschlechterung aufgrund der Herzbeuteltamponade. Überlebenschancen bestehen lediglich bei einer inkompletten Ruptur. Zur Klärung: Notfallechokardiographie
- *Papillarmuskelabriß (oder -dysfunktion)*
  Betroffen ist meist der linke Ventrikel bei inferiorem (bzw. Hinterwand-)Infarkt und dort der hintere Papillarmuskel (versorgt durch die RCA). Dysfunktion und Abriß (schlechte Prognose) haben eine Mitralinsuffizienz zur Folge. Eine tägliche Auskultation des Infarktpatienten (bei neu aufgetretenen Geräuschen oder akuter Verschlechterung bed-side-Echokardiographie!) ist deshalb notwendig
- *Thromboembolie*
  In den ersten Stunden bis wenigen Tagen können sich thrombotische Ablagerungen auf dem verletzten, thrombogenen Endokard bilden (Nachweis: Echokardiographie) und zu Embolien in den großen Kreislauf (besonders zerebral - Insult) führen. Venöse Thromboembolien sind durch die routinemäßige Heparintherapie seltener geworden
- *Perikarditis*
  In den ersten Tagen kann eine Frühperikarditis mit geringem Reizerguß auftreten, u.U. mit starken Schmerzen verbunden (Pericarditis epistenocardica). Davon ist die Spätperikarditis (Dressler-Syndrom) abzugrenzen, die 2-10 Wochen später auftritt. Das Fieber sowie das Ansprechen auf Corticosteroide (auch auf ASS) spricht für eine immunologische Reaktion auf die Myokardnekrose. Nachweis: Echokardiographie. Bei Marcumarpatienten besteht die Gefahr eines Hämatoperikards
- *Aneurysma*
  Ein Aneurysma läßt sich im Ekg dann diagnostizieren, wenn die ST-Hebungen im Infarktbereich nach mehr als 3 Monaten noch bestehen. Komplikationen des Aneurysmas sind:
  arterielle Embolien (Gehirn, Bein), ventrikuläre Extrasystolie, Reduktion des Schlagvolumens (Herzinsuffizienz), Ruptur (Hämatoperikard, Herzbeuteltamponade)

❑ Diagnostik

Im akuten Stadium muß die Diagnose schnell und mit überall verfügbaren Mitteln gestellt werden können. Ein Infarkt wird angenommen, wenn zwei der folgenden drei Kriterien

- klinisches Bild
- Ekg
- Enzymchemie

mit infarkttypischen Veränderungen vorliegen. Mit zusätzlichen Untersuchungen (Infarktszintigraphie, Kernspintomographie usw.) könnten Lokalisation und Ausdehnung schon im Akutstadium näher bestimmt werden, doch bleibt dies Zentren und speziellen Fragestellungen vorbehalten.

- *klinisches Bild* (☞ Symptomatik)
  Unspezifische Befunde sind u.a. Extrasystolen, protodiastolischer Ventrikelgalopp (3. Herzton) oder präsystolischer Vorhofgalopp (4. Herzton) bei Ventrikelinsuffizienz, Dyspnoe, basale feinblasige feuchte Rasselgeräusche (pulmonalvenöse Stauung), Tachykardie, bei beginnendem Vorwärtsversagen Blutdruckabfall, bei Rückwärtsversagen Tachypnoe
- *Ekg*
  Nicht in allen Fällen können sofort bei Schmerzeintritt Ekg-Veränderungen registriert werden. Bei diagnostischer Unsicherheit müssen nach einigen Stunden Kontrollen erfolgen. Zum Infarktausschluß sollte nach 24 h eine erneute Registrierung vorgenommen werden. Doch auch dann können mit Brustwand- und Extremitätenableitungen auch bei Vorliegen eines Infarktes in etwa 20 % keine eindeutigen Ekg-Zeichen abgeleitet werden. In diesem Fall sollten zusätzliche Ableitungen verwendet werden:

Nehb-Ableitungen	D, A, I
erweiterte BWA	V_7 - V_9
rechtsthorakale Ableitungen	V_{1r} - V_{6r}
zwei ICR tiefer	V_{1t} - V_{9t}

Direkte Infarktzeichen im Ekg sind:

Infarktalter	Bezeichnung	Schema	Kriterium
frisch	monophasische, konvexbogige ST-Hebung	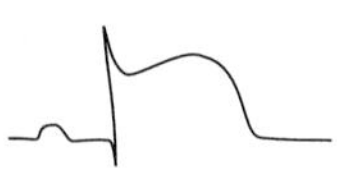	ST-Hebung: > 0,2 mV BWA, > 0,1 mV EA
alt	breite, tiefe Q's, R-Verlust		Q: breiter als 0,02 s

Tab. 1.25: Direkte Infarktzeichen im Ekg.

Indirekte Zeichen und nicht beweisend sind *kontralaterale* ST-Senkungen.

Das Ekg verändert sich mit zunehmendem Abstand zum Myokardinfarkt in typischer Weise:

Stadium	Phase	Kennzeichen	Schema
1	akute Phase	Erstickungs-T	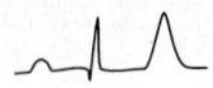
		monophasische ST-Elevation aus dem absteigenden R	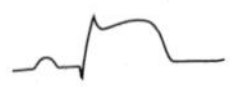
2	Umbauphase	R-Verlust, teilweiser Rückgang der ST-Elevation, beginnende T-Negativierung und Q-Zacke	
3	Folgestadium	ST-Strecke isoelektrisch, gleichschenklig negatives T, ausgebildete Q-Zacke	
4	chronisches Stadium	Persistenz der Q-Zacke und des R-Verlustes, Positivierung der T-Welle	

Tab. 1.26: Verlauf der Ekg-Veränderung beim Myokardinfarkt.

Infarktlokalisation und betroffene Ekg-Ableitungen:

Verschlüsse der Kranzarterien führen in den meisten Fällen nur im linken Ventrikel, sehr viel seltener im rechten Ventrikel oder gar in den Vorhöfen (atrialer Infarkt) zur Nekrose. Aus der Verteilung der direkten Infarktzeichen im Ekg kann auf die Lokalisation geschlossen werden:

Infarkt	Ekg-Ableitung	vermutlich betroffenes Koronargefäß
anteriorer (Vorderwand-) Infarkt		
anteroseptal	V_2-V_3	septale Äste des RIVA
anteroseptal-lateral	V_2-V_6	proximaler RIVA
anterolateral	V_5-V_6	Diagonaläste des RIVA
inferiorer (Hinterwand-) Infarkt		
inferior (diaphragmal)	II, III, aVF, Nehb D	RCA oder Ramus circumflexus der LCA*
posterior	II, III, aVF, ST-Senkungen V_2	RCA oder Ramus circumflexus*
posterolateral	V_5-V_6, II, III, aVF	Ramus circumflexus
rechtsventrikulär	II, III, aVF, V_1	RCA

Tab. 1.27: Lokalisation des Myokardinfarktes, betroffene Ekg-Ableitungen.
* je nach Versorgungstyp.

Ein Verschluß des Hauptstammes der LCA führt in kurzer Zeit zum Pumpversagen und zum Tod. Der vordere Papillarmuskel kann bei Vorderwand-, der hintere Papillarmuskel bei Hinterwandinfarkt betroffen sein.

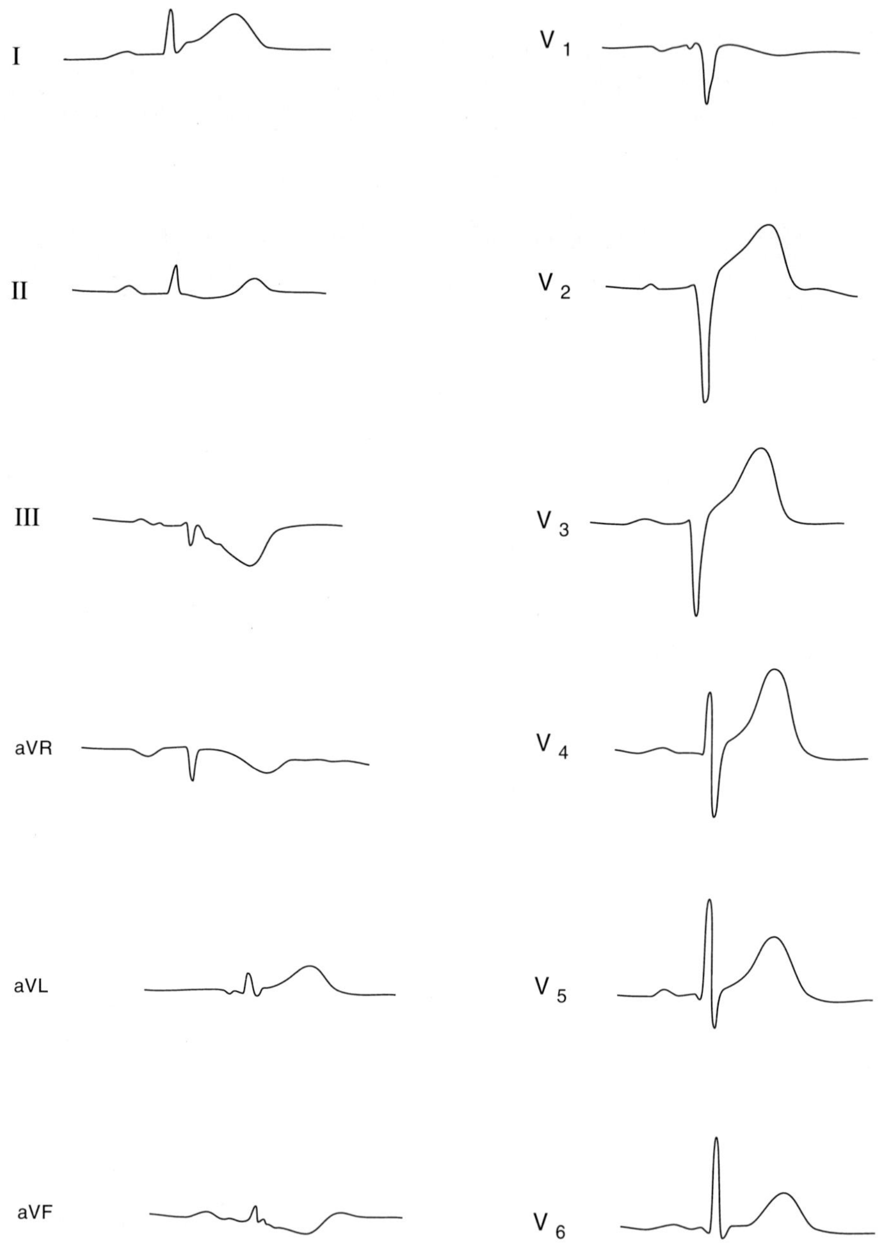

Abb. 1.6: Akuter Vorderwandinfarkt.
Erstickungs-T in V_{2-4}; ST-Hebungen in I, aVL sowie V_{2-3}; kontralaterale ST-Senkungen in III und aVF.

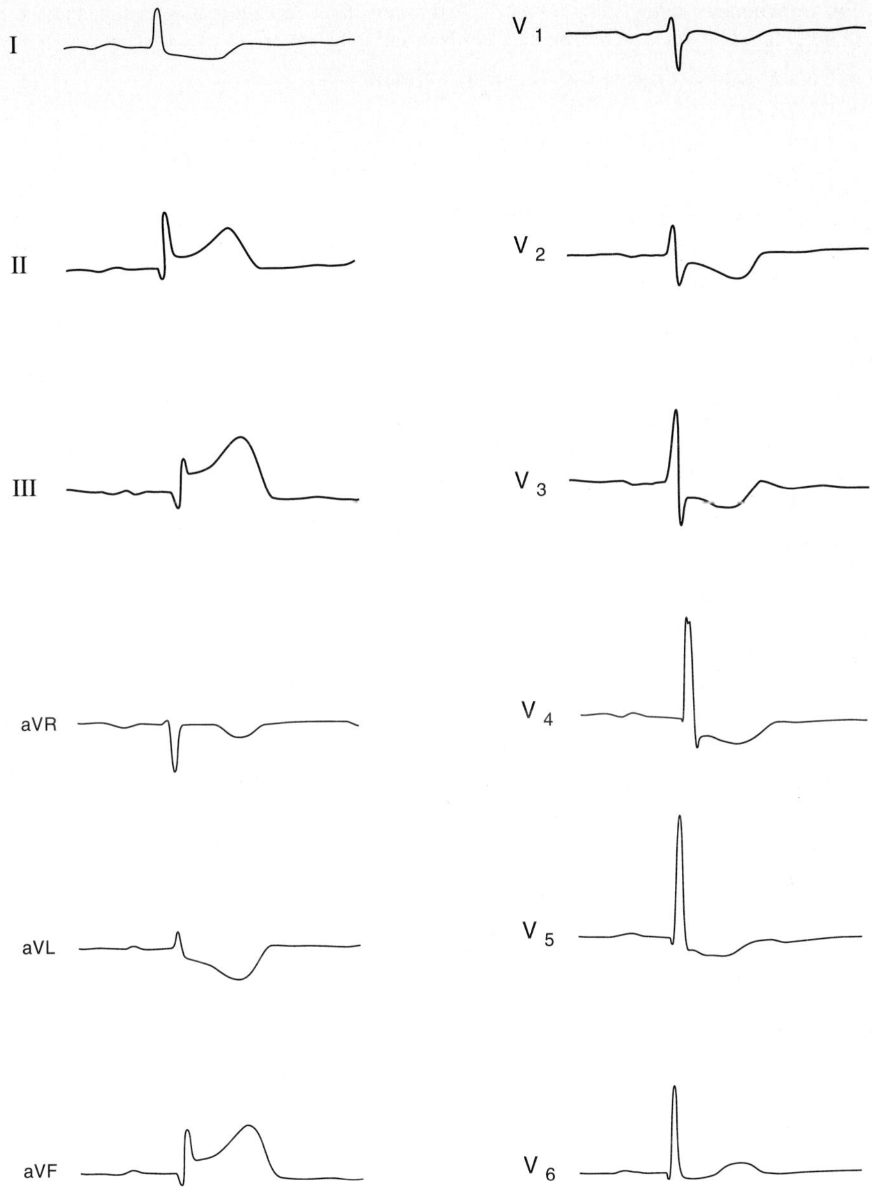

Abb. 1.7: Akuter Hinterwandinfarkt.
Typische ST-Hebungen in II, III und aVF (direkte Infarktzeichen) sowie ST-Senkungen in den gegenüberliegenden Ableitungen I, aVL und $V_{2\text{-}5}$.

- *Enzymchemie*
  Wichtig ist nicht ein einzelner Wert, sondern der *Verlauf* mehrerer Parameter. Kleine Infarkte zeigen nur geringe, in einigen Fällen keine eindeutigen Veränderungen. Die bei Symptombeginn ermittelten Werte dienen nur als *Ausgangspunkt* für kurzfristige Kontrollen. Unauffällige Ergebnisse kurz nach Schmerzeintritt schließen den Infarkt *nicht* aus

Enzymparameter sind:

- Troponin
- Creatin-Kinase: Gesamt-CK, Isoenzym CK-MB
- GOT (ASAT)
- LDH
- HBDH
- andere (Myoglobin, Myosinleichtketten)

Als *unspezifische* Mitreaktion steigen Leukozyten, Blutsenkung und Blutzucker. Ebenso steigt die Körpertemperatur in den ersten Tagen häufig bis 38,5 °C an (im Sinne eines Resorptionsfiebers).

Wichtig ist der *Verlauf* der Enzyme:

Enzym	Anstieg nach (Stunden)	Maximum (Tage)	Normalisierung (Tage)
Troponin	1	1	4
Myoglobin	2	0,3	2
CK	3	1	4
GOT	6	2	4
LDH	10	3	10
HBDH	12	3	14

Tab. 1.28: Verlauf der Enzymwerte bei akutem Infarkt.

- *Troponin*

Troponin ist ein kontraktiles Protein des quergestreiften Muskels, das nur dann in das Blut gelangt, wenn Myozyten zerstört werden. Troponin liegt als Troponin-T und Troponin-I vor, weiterhin sind Isoenzyme vorhanden. Das Troponin des Herzmuskels kann mittlerweile sehr spezifisch als *kardiales Troponin-T* bzw. -I nachgewiesen werden. Kardiales Troponin kommt in normalerweise nicht meßbaren Konzentrationen im Serum vor. Bereits eine Stunde nach einem akuten Myokardinfarkt weisen zwei Drittel der Patienten erhöhte Troponin-Spiegel auf. Troponin eignet sich deshalb zur Notfalldiagnostik.

Bei erfolgreich thrombolysierten Infarktpatienten erreicht die Troponinkonzentration am ersten Tag ihr Maximum. Bleibt die Koronararterie verschlossen oder kommt es trotz Wiedereröffnung dennoch zur ausgedehnten Nekrose, so erreichen die Werte ihr Maximum zu einem späteren Zeitpunkt. Aus der Relation zwischen dem 14- und dem 32-Stundenwert (> 1,0) läßt sich mit hoher Sensitivität und Spezifität auf eine erfolgreiche Reperfusion mit Erhalt von Herzmuskelgewebe schließen.

- *CK (Creatin-Kinase)*

Die CK ist ein Enzym aus dem Muskelgewebe (Myokard, Skelett); geringe Mengen kommen auch in Gehirn- und anderen Zellen vor. Eine CK-Erhöhung tritt in vielen Situationen auf, z.B. bei:

i.m.-Spritze, großer sportlicher Anstrengung, Sturz, Stoß oder Schlag auf eine Muskelregion, Reanimation, Defibrillation, Krampfanfall, Kreislaufschock, Muskelerkrankungen (Myositiden).

Die Höhe der Serumkonzentration deutet auf die Größe des nekrotischen Muskelareals hin. CK-Werte über 2000 U/l zeugen von einem schweren AMI. *Nach einer erfolgreichen Thrombo-*

lyse steigt die CK besonders schnell an und erreicht höhere Spitzenwerte als ohne Lyse. Zur Differenzierung einer kardial bedingten CK-Erhöhung von nicht-kardialen Ursachen kann das Isoenzym CK-MB bestimmt werden. Isoenzyme der CK sind:

Isoenzym der CK	Vorkommen in
CK-MB	Myokard
CK-MM	Skelettmuskel
CK-BB	Gehirn
CK-MiMi	Mitochondrien

Tab. 1.29: Isoenzyme der CK.

CK-MB > 6 % der Gesamt-CK spricht für die kardiale Genese. Allerdings kommen auch bei anderen kardialen Erkrankungen (Myokarditis, Contusio cordis, Herzoperationen) CK-MB-Erhöhungen vor

- *GOT (Glutamat-Oxalacetat-Transaminase = ASAT (Aspartat-Aminotransferase))*

Vorkommen in höherer Konzentration in:

Herzmuskel, Skelettmuskel (dann oft: CK : GOT > 10), Leber (dann meist gleichzeitige Erhöhung von GPT, γ-GT oder GLDH)

- *LDH (Laktatdehydrogenase)*

Vorkommen in vielen Geweben, z.B. in:

Erythrozyten, Lunge, Skelett- und Herzmuskel, Leber

Organ	mögliche Ursache einer LDH-Erhöhung
Herz	AMI, Myokarditis
Lunge	Lungenembolie, ausgedehnte Pneumonie
Skelettmuskel	Myositis, progressive Muskeldystrophie, Rhabdomyolyse, Muskelquetschungen
Erythrozyten	Hämolysen, perniziöse Anämie, Polyzythämien, myeloische Leukämie
Leber	Hepatitis, sonstige Leberparenchymschäden (auch medikamentös-toxisch)

Tab. 1.30: Ursachen von LDH-Erhöhung.

Die LDH kommt im Zytoplasma vieler Zellen vor, so daß eine Erhöhung nicht organspezifisch ist. LDH tritt bereits bei geringen Zellschäden in das Plasma über. Es werden fünf Isoenzyme differenziert. Das Isoenzym LDH 1 ist mit der HBDH identisch, LDH 1 und 2 sprechen für eine Herkunft aus dem Herzen, eine Hämolyse oder einen Niereninfarkt, LDH 4 und 5 für eine Herkunft aus Skelettmuskel oder Leber.

Der Vorteil der LDH-Bestimmung beim Myokardinfarkt besteht im späten Anstieg und im langsamen Abfall der LDH, so daß dadurch auch für wenige Tage zurückliegende Ereignisse noch Hinweise gewonnen werden können.

- *HBDH (Hydroxybutyratdehydrogenase)*

Die HBDH ist ein Isoenzym der Laktatdehydrogenase (LDH1) und stammt vorwiegend aus Herzmuskel sowie Erythrozyten. Beim Myokardinfarkt und bei Hämolyse liegt der LDH/HBDH-Quotient deshalb unter 1,3.

Befundkonstellationen

- *"Innenschichtischämie"*
  pektanginöse Schmerzen, ST-Streckensenkung, T-Negativierung wie im Ekg-Infarktstadium 2, kein Anstieg der Enzyme, kein zugrundegegangenes Myokard, kein R-Verlust → d.h. reversible Ischämie, kein Infarkt
- *Prinzmetal-Angina*
  pektanginöse Schmerzen, monophasische ST-Hebung wie im Ekg-Stadium 1 des Infarktes, kein Anstieg der Enzyme → d.h. reversible, auf einem Koronarspasmus beruhende Ischämie → kein Infarkt
- *nicht-transmuraler Myokardinfarkt (subendokardialer Infarkt, "non-Q-wave"-Infarkt)* (Abb. 1.8)
  pektanginöse Schmerzen, ST-Hebung wie beim Infarkt möglich, T-Negativierungen wie im Stadium 2, jedoch kein R-Verlust und kein "Narben"-Q, Enzymverlauf wie beschrieben → d.h. Myokardinfarkt, der jedoch nicht alle, sondern vorwiegend die inneren Schichten des Myokards erfaßt. Bedeutung des Non-Q-wave-Infarktes: höheres Reinfarktrisiko → deshalb Koronarangiographie mit der Frage, ob eine PTCA oder Bypassoperation indiziert ist
- *transmuraler Myokardinfarkt (Q-wave-Infarkt)*
  typischer Myokardinfarkt wie beschrieben

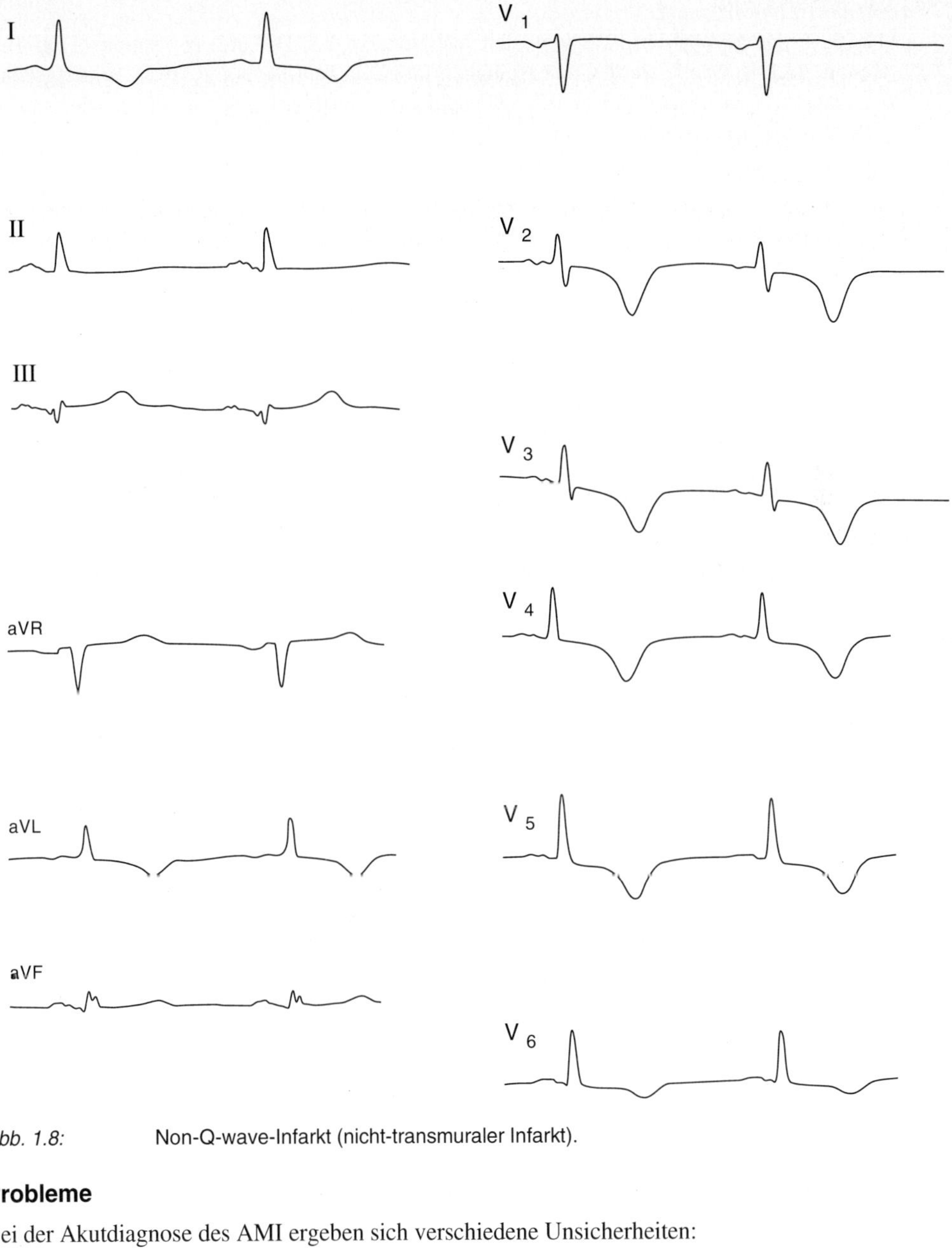

Abb. 1.8: Non-Q-wave-Infarkt (nicht-transmuraler Infarkt).

Probleme

Bei der Akutdiagnose des AMI ergeben sich verschiedene Unsicherheiten:

- *Myokardinfarkt bei alten Menschen*
  Typische Symptome nehmen ab, "untypische" Zeichen wie Verwirrtheit, Atemlosigkeit, Synkopen, akute Verschlechterung des Allgemeinzustandes, plötzlicher AV-Block III° oder Linksschenkelblock werden häufiger. Bedenkt man, daß etwa die Hälfte der am Myokardinfarkt versterbenden Patienten älter ist als 70 Jahre, ist bei "untypischen" Zeichen im Alter auch an den AMI zu denken!

- *stummer Myokardinfarkt*
  10-20 % der Myokardinfarkte verlaufen insbesondere bei Diabetikern "stumm". Bei einer Routine-Ekg-Kontrolle werden dann lediglich Infarktnarben im Ekg gesehen. In der genauen Anamnese können retrospektiv z.B. Unwohlsein, Leistungsknick, Atemnot oder unklare Schmerzzustände gefunden werden
- *Abgrenzung zur Angina pectoris gravis*
  Eine definitive Diagnose ist bei der ersten Untersuchung nicht immer möglich. Entscheidend ist der Verlauf innerhalb der ersten Stunden! Deshalb sollte jeder Patient mit Verdacht auf einen AMI stationär aufgenommen und zumindest 24 h überwacht werden (Abb. 1.9).

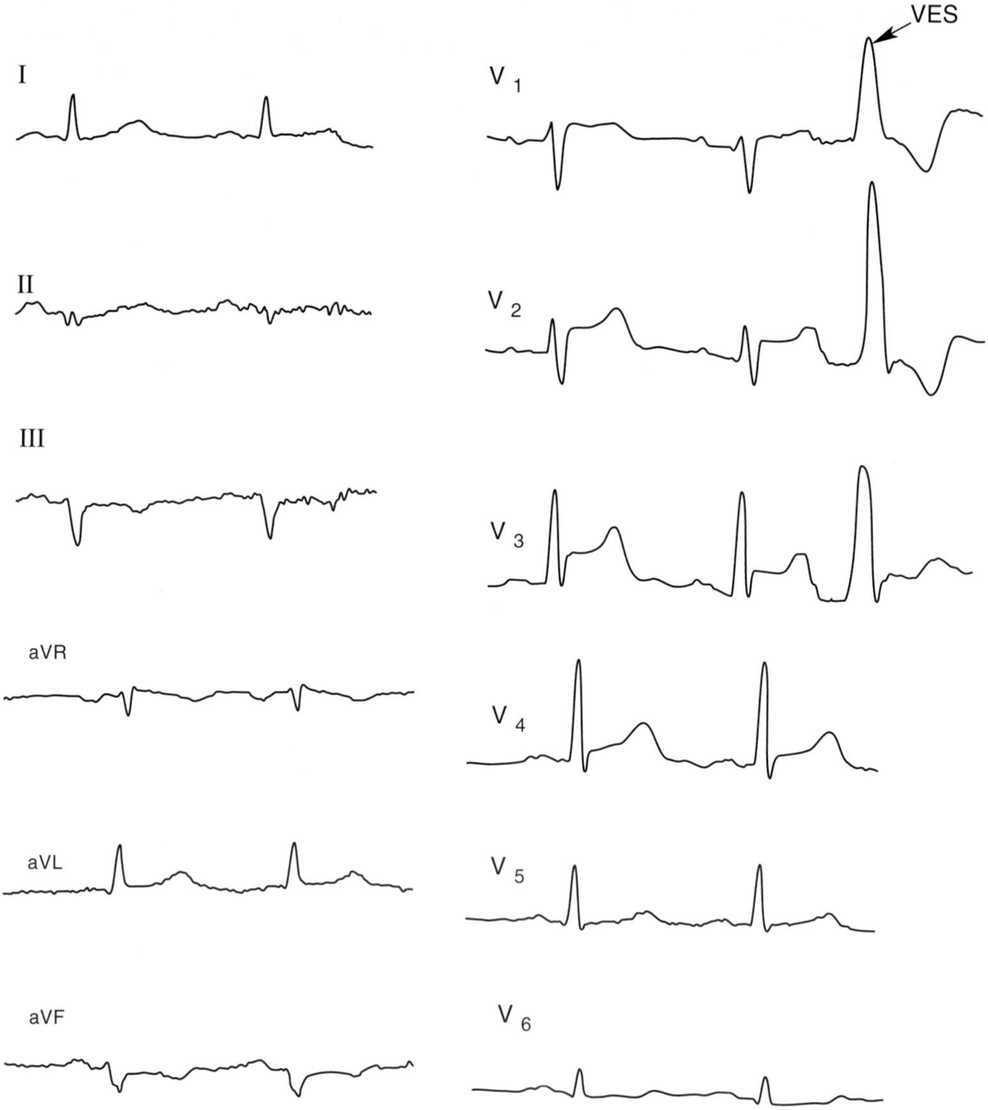

Abb. 1.9: Angina pectoris.

❑ Zusätzliche Untersuchungen

Im Rahmen des *weiteren* Verlaufs können nach *Tagen oder Wochen* zusätzliche diagnostische Verfahren angezeigt sein:

- Belastungs-Ekg
- Langzeit-Ekg
- Echokardiographie
- Koronarangiographie, Laevokardiographie
- Szintigraphie
- Kernspintomographie

- *Belastungs-Ekg*
  Weiterbestehende Ischämiereaktionen unter Belastung deuten auf weitere Myokardanteile hin, die (z.B. bei Mehrgefäßerkrankungen) unter Belastung mangeldurchblutet werden. Dies ist mit einer schlechteren Prognose verbunden und verweist auf die Notwendigkeit einer Koronarangiographie. Zusätzlich zu dieser Aussage kann die Belastungsfähigkeit des Patienten bewertet werden (z.B. für Koronarsportgruppen oder eine Kur-Behandlung). Eine T-Wellenumkehr, d.h. die Aufrichtung einer negativen T-Welle im Infarktbereich, weist auf Bewegungsstörungen der Ventrikelwand im Sinne einer Dyskinesie und die Notwendigkeit einer Echokardiographie hin
- *Echokardiographie/Dopplerechokardiographie*
  Die diagnostischen Aussagen dieser nicht-invasiven, auch am Krankenbett (Intensivstation) durchführbaren Methode sind vielfältig:

  Bewertung der Herzwandbeweglichkeit (z.B. Hypokinese, Akinese, Dyskinesie → dadurch Lokalisation der ischämischen Anteile), Aneurysmennachweis, Berechnung der Auswurffraktion, Entdeckung von Komplikationen (z.B. Septumperforation, Papillarmuskelabriß, intrakardiale Thromben, Perikarderguß), Auftreten sekundärer Vitien (z.B. sekundäre Mitralinsuffizienz bei dilatiertem, insuffizientem Herzen).

  Eine Echokardiographie ist deshalb bei allen Myokardinfarktpatienten indiziert.

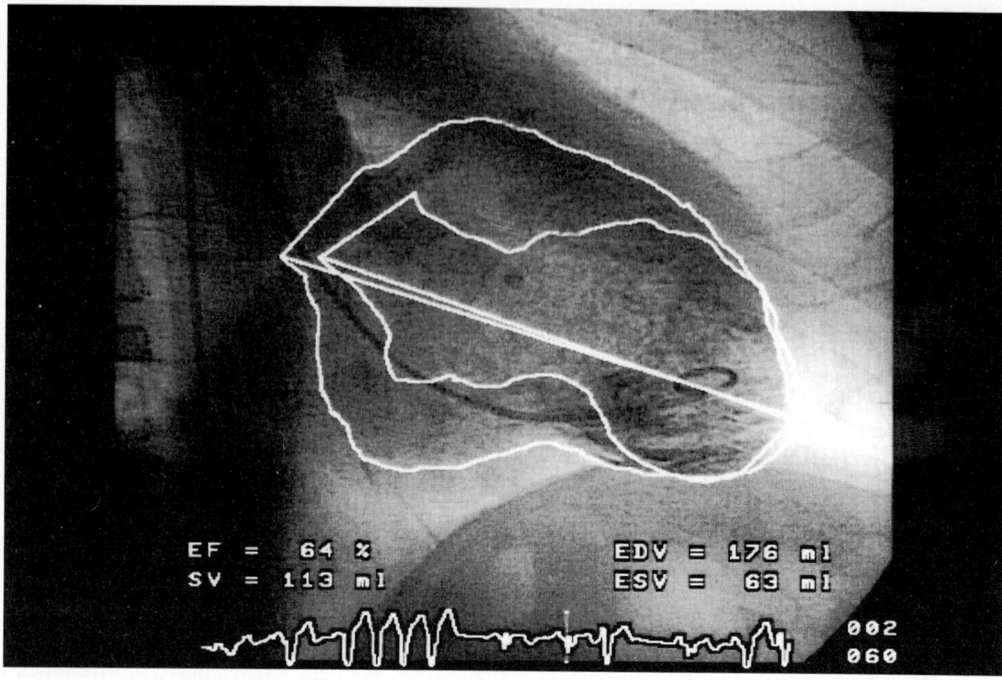

Abb. 1.10: Aneurysma im Herzspitzenbereich.
Ventrikulographie nach einem Herzinfarkt; im Bereich der Herzspitze ausgebeulte Herzkontur, die keine Kontraktion in der Systole zeigt, jedoch auch keine paradoxe Auswärtsbewegung.

- *Koronarangiographie*

  Die Koronarangiographie nach einem Myokardinfarkt ist aus "prognostischer" bzw. "präoperativer" Sicht indiziert. Bei 80 % der Infarktpatienten läßt sich ein verschlossenes oder stenosiertes Koronargefäß nachweisen. Die Koronarangiographie kann in den ersten Stunden nach Infarkteintritt auch als therapeutische Option eingesetzt werden, nämlich dann, wenn sie mit einer primären bzw. *Früh-PTCA* verbunden ist. Dies ist dann eine Alternative zur Thrombolyse und kann z.B. bei Patienten eingesetzt werden, bei denen Kontraindikationen gegen eine Thrombolyse bestehen oder wenn der systolische Blutdruck unter 100 mmHg liegt

- *Szintigraphie*

  Thalliummyokardszintigraphie bzw. Thalliumtomographie (SPECT-Technik): Lokalisation, Ausmaß des Defektes

  Technetiumpyrophosphatszintigraphie: Nachweis im Akutstadium durch Anreicherung des Radionuklids im Nekrosebereich.

  Herzbinnenraumszintigraphie: Wandmotilität, Auswurffraktion.

- *(Kine-)Kernspintomographie*

  Prinzipiell sind vielfältige Aussagen möglich, wie z.B. die frühzeitige Lokalisationsdiagnose. Aufgrund der hohen Kosten und der Notwendigkeit eines Transportes des Patienten wird die Untersuchung in absehbarer Zeit nicht routinemäßig eingesetzt werden

❑ Prognose

Im langfristigen Verlauf des Myokardinfarktes können vier klinische Stadien unterschieden werden:

akuter Infarkt - 2 Wochen	hohes Risiko durch Komplikationen, intensive Therapie und Diagnostik, medikamentöse Einstellung, stationäre Therapie nötig
Vernarbung der Nekrose - 6-8 Wochen	abnehmendes Risiko, zunehmende Erholung und Mobilisierung, Entlassung je nach individuellem Verlauf möglich
Rehabilitation	z.B. im Rahmen einer Anschlußheilbehandlung (AHB), Vorbereitung auf die evtl. zukünftige Berufstätigkeit
Rezidiviprophylaxe	konsequente Bekämpfung von Risikofaktoren, regelmäßige moderate körperliche Tätigkeit (Koronarsportgruppen)

Tab. 1.31: Klinischer Verlauf nach einem Myokardinfarkt.

Wichtig für die Langzeitprognose sind die Ausdehnung des Infarktes, der Grad der kardialen Insuffizienz, der Zustand der anderen Koronarien sowie Rhythmusstörungen, zusätzliche Erkrankung und das Lebensalter. Eine stark herabgesetzte Auswurffraktion (EF < 25 %), Postinfarktstenokardien, weiterbestehende Ischämien im Ruhe- oder Belastungs-Ekg, Rhythmusstörungen, ein Fortbestehen der Risikofaktoren und ein hohes Alter sind prognostisch ungünstig. Die Prognose ist bei 3-Gefäßerkrankung oder gar bei Hauptstammstenose besonders schlecht.

❑ Therapie

Maßnahmen vor Ort

- sofortige Klinikeinweisung veranlassen, Rettungsleitstelle alarmieren (Tel. 19 222 in Deutschland)
- ständige enge Überwachung
  (*Vitalzeichen:* Atmung, Blutdruck; *Monitor:* Extrasystolen, Tachykardie, Bradykardie)
- venöser Zugang
- Sauerstoff 2-4 l/min
- Vorlastsenkung durch Nitrate (falls ausreichender Blutdruck vorhanden)
  z.B. 2 Hübe Nitro, bei längerer Fahrt Nitro-Perfusor 3 mg/h, jedoch nicht bei Hypotonie unter 90 mmHg systolisch
- Analgesie
  z.B. 10 mg Morphin sehr langsam i.v., ggf. zusätzlich Antiemetikum (z.B. Metoclopramid) und ein Sedativum (z.B. 5-10 mg Diazepam i.v.)
- Transport durch Sanitäter *und* Arzt
- Möglichkeit zur Defibrillation und Reanimation
- Therapie von Komplikationen
- keinesfalls i.m.-Spritze!
  Die CK sowie das Troponin kann nach einer i.m.-Spritze nicht mehr zur Diagnose verwertet werden, auch die Thrombolysetherapie ist nicht mehr möglich

Therapie im Krankenhaus

- *allgemeine Maßnahmen*
  Bettruhe, Vertrauensverhältnis herstellen, Beruhigen des Patienten, Intensivstation (kontinuierliche Monitorüberwachung, ständige Reanimationsbereitschaft), venöser Zugang, leichte Kost, Obstipationsprophylaxe (massives Pressen zur Defäkation erhöht den intrathorakalen und -kardialen Druck)

- *Sauerstoffgabe*
  2-4 l/min über Nasensonde
- *Nitrattherapie*
  z.B. Glyceroltrinitrat (z.B. Nitro-Pohl®) 1-5 mg/h oder ISDN (z.B. Isoket® Lösung 0,1 %) 2-10 mg/h im Perfusor zur Vor- und Nachlastsenkung sowie zur Schmerzbeseitigung (in beiden Medikamentenzubereitungen: 1 ml = 1 mg); Dosierung nach Ausgangsblutdruck und in Abhängigkeit vom Blutdruckverhalten (regelmäßige Blutdruckkontrolle); Verabreichung nur bei einem systolischen Druck über 90 mmHg
- *Heparin*
  Nicht-fraktioniertes Heparin (z.B. Calciparin® Injektionslösung, 5.000 E. als Bolus, 25.000 E./24 h, weitere Dosisanpassung nach Kontrolle der PTT) zur Prophylaxe von tiefen Venenthrombosen bei Bettruhe (*cave:* Lungenembolien) und vor allem von intrakardialen Thromben am ischämischen Endokard (*cave:* zerebrale Insulte und andere arterielle Embolien)
- *Analgesie*
  Morphin 5-10 mg langsam i.v., ggf. Wiederholung bei ungenügendem Ansprechen; bei Übelkeit Metoclopramid i.v.; Vorsicht mit Triflupromazin (z.B. Psyquil®) als Antiemetikum bei sehr niedrigem Blutdruck (Blutdruckabfall möglich)
- *Sedierung*
  Benzodiazepine, z.B. Diazepam 5-10 mg i.v.; Vorsicht bei alten verwirrten Patienten, bei denen dadurch eine Atemdepression oder ein paradoxer Erregungszustand ausgelöst werden kann
- *Azetylsalizylsäure (ASS)*
  initial 500 mg i.v. (z.B. 1 Amp. Aspisol®), dann 100 mg/die; dies gilt auch für den Fall einer Thrombolysetherapie

Thrombolysetherapie

Aufgrund der Erkenntnis, daß in etwa 80 % d.F. ein thrombotisches Geschehen für den Myokardinfarkt verantwortlich ist, wurde die Thrombolyse eingeführt. Sie reduzierte die Krankenhaussterblichkeit um ca. 40 % und führt zu einer etwas besseren Auswurffraktion nach dem Infarkt.

Klinisch werden zur Thrombolyse verwendet:

- Streptokinase
- rt-PA
  gentechnisch hergestellter **r**ekombinanter Gewebsplasminogenaktivator (**t**issue **p**lasminogen **a**ctivator)
- APSAC
  Anisoylierter **P**lasminogen-**S**treptokinase-**A**ktivator-**K**omplex
- Urokinase
- Prourokinase

Voraussetzungen für die Thrombolyse sind eine sichere Diagnose, ein Therapiebeginn bis zu 6 h nach dem Infarkteintritt (ein positiver Effekt wird auch noch nach mehr als 6 h diskutiert) sowie fehlende Kontraindikationen. Von allen Infarktpatienten werden aufgrund des Zeitfaktors und der Kontraindikationen nur ca. 30 % lysiert. Die intrakoronare Lyse bewirkt zwar die höchsten Wiedereröffnungsraten, ist jedoch nur in Zentren möglich und prognostisch der i.v.-Lyse kaum überlegen. Deshalb wird die Standard-Thrombolysetherapie "systemisch", d.h. als i.v.-Gabe durchgeführt.

Kontraindikationen für eine systemische Thrombolysetherapie (auch bei venösen Thrombosen) sind:

absolute Kontraindikationen

- hämorrhagische Diathese
- floride Magen- oder Duodenalulzera, hämorrhagische Kolitis, Magen- oder Kolonkarzinome
- arterielle Punktion (Aorta < 14 Tage, periphere Arterien < 7 Tage)
- Operation (< 14 Tage vorher)
- Operation am Gehirn oder am Auge (< 8 Wochen vorher)
- Schlaganfall (< 8 Wochen vorher)
- intramuskuläre Injektion (< 2 Wochen)
- ausgedehnte Reanimation
- diabetische Retinablutungen
- fixierter Hypertonus (> 210/120 mmHg)
- Ösophagusvarizen, fortgeschrittene Leberzirrhose
- akute Pankreatitis
- Schwangerschaft

relative Kontraindikationen

- bakterielle Endokarditis (Thromboembolierisiko)
- aktuelles Nierensteinleiden
- Malignome
- kavernöse Lungentuberkulose

Im Einzelfall wird das Risiko gegen den erwarteten Gewinn abgewogen werden müssen. Ein junger Patient mit einem großen Infarkt und drohendem kardiogenen Schock würde selbst bei Vorliegen von relativen Kontraindikationen lysiert werden. Ein Alter von über 75 Jahren alleine ist keine Kontraindikation, wenn keiner der oben genannten Punkte vorliegt.

Bei *Streptokinase und APSAC* müssen wegen möglicher hoher Antikörpertiter noch beachtet werden:

- Lysetherapie mit einer dieser Substanzen in den vergangenen 6 Monaten
- Streptokokkeninfekt in den vergangenen Monaten

Nebenwirkungen der Thrombolyse:

- schwere Blutungen (< 1 %)
- leichte Blutungen (5-10 %)
- Schlaganfälle (1-2 %), davon 50 % hämorrhagisch
- Blutdruckabfall
- ventrikuläre Extrasystolen bei Wiedereröffnung der Koronarie (Reperfusionsarrhythmien)
- allergische Reaktionen selten, Fieber häufiger (bei Streptokinase und APSAC)

Therapieschemata:

Substanz	Handelsname	Gesamtdosis	davon Bolus	Dauerinfusion der Restdosis	Preis (DM) pro Therapie*
Streptokinase	z.B. Streptokinase Braun	1,5 Mio. E.	250.000	60 min i.v.	479,--
APSAC	z.B. Eminase®	30 E.	5 min i.v.	---	2736,--
Urokinase	z.B. Urokinase medac®	3 Mio. E.	1,5 Mio.	90 min i.v.	3818,--
rt-PA	z.B. Actilyse®	100 mg	15 mg	90 min i.v.	4571,--

Tab. 1.32: Auswahl von Therapieschemata zur systemischen Lyse bei Myokardinfarkt.
*: Preise "Rote Liste" 1994.

Die Thrombolyse mit rt-PA erfolgt schneller als mit anderen Thrombolytika, weshalb sie meist bevorzugt wird. Der Sinn einer Thrombolyse bereits im Notarztwagen (APSAC) wird eher zurückhaltend bewertet (z.B. Fehldiagnosen).

Ergebnisse nach systemischer Lyse:

Wiedereröffnungsraten	50-90 %
Restenosierungen	20-30 %
Reduktion der Hospitalmortalität	ca. 40 %

Die Wiedereröffnung der verschlossenen Koronarie kann nur in der Koronarangiographie dokumentiert werden, jedoch deuten klinische Kriterien indirekt auf einen Lyseerfolg hin:

> rasches Nachlassen der Schmerzen, schneller und hoher Anstieg der CK und des kardialen Troponin T, rascher "Umbau" im Ekg (d.h. schneller Rückgang der ST-Hebungen), Reperfusionsarrhythmien, bei Rettung von Myokard kein R-Verlust.

Kommt es nach einer erfolgreichen Thrombolysetherapie zu erneuten Stenokardien oder ST-Hebungen im Ekg, so muß eine Reokklusion angenommen werden. In diesen Fällen sollte eine Notfall-Koronarangiographie mit PTCA erfolgen.

Eine Re-Thrombolyse bleibt den Fällen vorbehalten, in denen die PTCA nicht erfolgen kann. Zwischen der 12. und 24. Stunde wird die Hälfte der tPA-Dosis (50 mg über 4 Stunden), nach 24 Stunden das volle Schema mit tPA angewandt.

Therapie von Komplikationen

- *Bradykardie*
  z.B. 1-2 Amp. Atropin à 0,5 mg i.v.; Vorsicht mit Orciprenalin (1 Amp. Alupent® à 0,5 mg i.v.) wegen der Förderung von Extrasystolen. Bei Erfolglosigkeit Schrittmacher erwägen, der aber meist nur temporär notwendig ist, da sich die Blockierungen nach einigen Tagen oft wieder zurückbilden

- *ventrikuläre Rhythmusstörungen*
  Bei sehr seltenen Extrasystolen kann unter kontinuierlichem Monitoring zugewartet werden. Bei häufigen Rhythmusstörungen wird unter der Vorstellung der Prophylaxe eines drohenden Kammerflimmerns sowie der Besserung der Hämodynamik therapiert. Generell sollte die Kaliumkonzentration im (hoch)normalen Bereich liegen. Magnesiumzufuhr kann im akuten Stadium möglicherweise die Mortalität reduzieren.
  Rhythmusstörungen bei *Tachykardie*: z.B. 1 Amp. Propafenon 70 mg (z.B. Rytmonorm®) i.v.
  Rhythmusstörungen bei *Bradykardie*: z.B. 1 Amp. Lidocain 2 % 100 mg (z.B. Xylocain®) i.v.
  ventrikuläre Tachykardie: Versuch mit Propafenon oder Lidocain, bei Erfolglosigkeit elektrische Kardioversion
  Kammerflattern oder -flimmern: Herzdruckmassage und Defibrillation, Reanimation
- *Postinfarktstenokardien*
  verweisen auf ein Reinfarktrisiko. Hier sollte rasch eine Koronarangiographie und eventuell eine PTCA angestrebt werden!

Rezidivprophylaxe nach Myokardinfarkt

Zur Verhinderung eines Reinfarktes bzw. zur Verbesserung der Prognose haben sich eine Reihe von Medikamenten und Maßnahmen bewährt:

- Einstellung der Risikofaktoren
- PTCA
- Bypassoperation
- β-Blocker
- ASS
- Cumarine
- ACE-Hemmer
- Diltiazem

- *PTCA, Bypass-Operation*
  PTCA oder Bypass-Operation sind bei richtiger Indikation eindeutig in der Lage, die Prognose zu verbessern
- *β-Blocker ohne ISA (intrinsische sympathomimetische Aktivität)*
  ACE-Hemmer (Captopril, z.B. Lopirin®), beeinflussen die Umbauvorgänge im nekrotischen Myokard (Remodelling) günstig und sind besonders dann erfolgversprechend, wenn die Auswurffraktion unter 40 % liegt. Der Therapiebeginn wurde bis vor kurzem in den ersten Tagen nach dem akuten Myokardinfarkt abgelehnt, da die Proliferationshemmung der Fibroblasten in diesem Stadium als gefährlich angesehen wurde. Mittlerweile wird jedoch zum Teil auch ein Therapiebeginn in den ersten Tagen, nach Stabilisierung der Blutdrucksituation, empfohlen
- *ASS 100 mg/die*
  Die Sekundärprävention mit 100 mg ASS hat sich in großen Studien bewährt und wird eingesetzt, falls keine spezielle Indikation für die orale Antikoagulation vorliegt
- *orale Antikoagulation mit Cumarinen*
  z.B. mit Phenprocoumon (Marcumar®) ist insbesondere dann indiziert, wenn zusätzliche Erkrankungen wie absolute Arrhythmie, große Ventrikelaneurysmen, intrakardiale Thromben oder rheumatische Vitien vorliegen

- *ACE-Hemmer*
  z.B. Captopril (Lopirin®) am Tag des Infarkteintritts bzw. am 3.-5. Tag nach Infarkt beginnend (anfangs wurde der ACE-Hemmer in den ersten Tagen nicht eingesetzt, da eine Proliferationshemmung von Fibroblasten angenommen wurde). β-Blocker bessern die Prognose nach einem Myokardinfarkt und sollten, falls keine Kontraindikationen vorliegen, auch im Akutstadium des Infarktes eingesetzt werden (Metoprolol, z.B. Beloc®, 1 Amp. = 5 mg langsam unter Monitor- und Blutdruckkontrolle i.v.; nach 5-10 min weitere 5 mg; nach einer erneuten Pause wiederum 5 mg i.v.; bei guter Verträglichkeit 15 min danach Gabe einer Tabl. Beloc mite [50 mg]; Steigerung der Dosis bis auf maximal 2x1 Tabl. Beloc [2x100 mg], falls keine Nebenwirkungen auftreten)
- *Diltiazem*
  zur Reinfarktprophylaxe wirksam bei non-Q-wave-Infarkten

1.4.2. Kardiale Dekompensation

❑ Definition

Durch das nekrotische, aber auch durch reversibel ischämisches Myokard, kommt es zu Kontraktionsstörungen des Myokards. Ist das betroffene Areal groß genug bzw. ist die Herzleistung bereits vor der Ischämie eingeschränkt gewesen, so kann die Ischämie in eine manifeste *myokardiale Insuffizienz* münden. Die daraus resultierenden Symptome lassen sich klinisch in ein vorwiegendes "Rückwärtsversagen" mit Lungenstauung bis hin zum Lungenödem, in ein "Vorwärtsversagen" mit Blutdruckabfall bis hin zum kardiogenen Schock und in ein globales Pumpversagen unterteilen.

❑ Symptomatik

Tachypnoe, Zyanose, rasselnde Atmung, Orthopnoe, feuchte, feinblasige Rasselgeräusche bei der Auskultation, Lungenstauung bis -ödem im Röntgenbild (☞ Kap. 1.1.).

❑ Therapie

- Absetzen aller negativ inotropen Medikamente (β-Blocker), evtl. vorsichtige Sedierung
- Lagerung im "Herzbett" mit erhöhtem Oberkörper
- Sauerstoffgabe (4-6 l/min)
- Senkung von Vor- und Nachlast
  - Nitrate: z.B. Glyceroltrinitrat i.v. (1-4 mg/h)
  - Schleifendiuretika: z.B. Furosemid (z.B. Lasix®), 40-80 mg i.v.
- Blutdruckeinstellung
- invasive Überwachung
  ZVD, evtl. pulmonal-kapillärer Druck mittels eines Rechtsherzkatheters, "blutig" gemessener Blutdruck mittels eines arteriellen Katheters
- Morphin
  Morphin (z.B. Morphin Merck 10 Ampullen) i.v. senkt den adrenerg vermittelten Vasokonstriktortonus besonders im Falle eines Myokardinfarktes, wenn zusätzlich Schmerzen vorliegen. Morphin wirkt dadurch vor- und nachlastsenkend, wodurch allerdings ein Blutdruckabfall auftreten kann. Die Dosierung sollte deshalb vorsichtig in Dosen um 2,5-5 mg i.v. mehrfach täglich erfolgen. In dieser Dosierung tritt eine Atemdepression nicht auf. Für alle Fälle sollte ein Morphinantagonist (Naloxon, z.B. Narcanti®) vorrätig sein

- Katecholamine
  - bei Rückwärtsversagen (Leitsymptom *Lungenödem*): Dobutamin (z.B. Dobutrex®), 10-60-(120) mg/h im Perfusor i.v.
  - bei Vorwärtsversagen (Leitsymptom *niederer arterieller Druck*): Dopamin (z.B. Dopamin Guilini®)
  - bei Vor- und Rückwärtsversagen: beide Substanzen

  Dobutamin wirkt auf die β-Rezeptoren und steigert die Inotropie, gering auch die Chronotropie, bewirkt jedoch keine Gefäßkonstriktion. Dopamin wirkt auf α- wie β-Rezeptoren am Herzen. Die über die α-Rezeptoren vermittelte Gefäßkonstriktion steigert den Blutdruck. In niedriger Dosierung wirkt Dopamin z.B. auf die Nierenarterien vasodilatatorisch.
- Beatmung
  mit positiv endexspiratorischem Druck (PEEP) von 5-10 cm H_2O. Bei zu hohem PEEP kann der Blutdruck abfallen. Die Entscheidung zur Beatmung fällt zwar nicht leicht, muß jedoch rechtzeitig genug getroffen werden, z.B. beim Eintreten einer den Herzmuskel weiter schädigenden Hypoxämie oder rechtzeitig genug von dem Eintreten einer reanimationspflichtigen Situation

1.4.3. Kardiogener Schock

❑ Definition

Beim kardiogenen Schock ist das Herz nicht mehr in der Lage, ein für das Überleben des Organismus ausreichendes Minutenvolumen zu fördern. Werden z.B. beim Herzinfarkt ca. 40 % der Myokardmasse zerstört, so kommt es zum Pumpversagen. Die Prognose des kardiogenen Schocks hängt von der Ursache ab, ist jedoch trotz moderner Intensivtherapie schlecht (Letalität 80-90 %).

❑ Ätiologie und Pathogenese

Für einen kardiogenen Schock ursächliche Erkrankungen sind:

- Myokardinfarkt
- Herzrhythmusstörungen
  Kammerflattern, -flimmern, Kammertachykardien, extreme Bradykardie
- Perikardtamponade
- fortgeschrittene Herzinsuffizienz (KHK, Myokarditis)
- Herzklappenfehler

❑ Symptomatik

- *Blutdruckabfall auf unter 90 mm Hg*
  dadurch Rückwirkungen auf verschiedene Organe → *Herz*: verminderte Koronarperfusion, Entstehen eines circulus vitiosus; *Niere*: Oligurie bis Anurie; *Gehirn*: Benommenheit bis Bewußtlosigkeit; *Stoffwechsel*: Azidose
- *Kaltschweißigkeit, Tachykardie, Blässe, periphere Zyanose*
  als Zeichen einer sympathischen Gegenregulation und Gefäßkonstriktion (Zentralisation). Durch die langsamere Kreislaufzeit und durch das starke Ausschöpfen des transportierten Sauerstoffs kommt es zur Zyanose

❑ Differentialdiagnose

Voneinander abzugrenzen sind:

- *kardiogener Schock*
  Voraussetzung für die Annahme eines Schocks ist eine Symptomatik, die ohne aktives Eingreifen einen circulus vitiosus auslöst und über irreversible Organschäden (Schocklunge, -niere, -leber, Bewußtseinsverlust und zunehmende kardiale Ischämie) schließlich zum Tod des Individuums führt
- *arterielle Hypotonie*
  niedriger Blutdruck ohne ernste Symptome und Organschäden
- *Kollaps*
  kurzzeitiger Blutdruckabfall mit reversiblen Symptomen wie Schwindel oder Schwächegefühl ohne Bewußtseinsverlust
- *Synkope*
  Kollaps mit zusätzlicher, kurzzeitiger Bewußtlosigkeit

❑ Therapie

- *Intensivstation*
- *flache Lagerung*
- *ausreichende Oxygenierung*
  Sauerstoffgabe 4-6 l/min, Beatmung
- *Diagnose und Therapie der Ursache*
  z.B. bei Tachykardie Frequenzsenkung, bei Bradykardie z.B. passagerer Schrittmacher, bei Perikardtamponade Punktion und operative Revision usw.
- *Entlastung der Herztätigkeit*
  rechtzeitige Beatmung; bei Sedierung sind besondere Vorsicht und laufende Blutdruckkontrollen notwendig, da durch die danach reduzierte sympathische Gegenregulation der ohnehin niedrige Blutdruck noch weiter sinken kann
- *positiv inotrope Substanzen*
  - *Dopamin*
    wirkt positiv inotrop und (in höherer Dosierung) vasokonstriktorisch, dabei soll der Blutdruck aber nur soweit als zur Organprotektion nötig angehoben werden (bis ca. 100 mmHg)
  - *Dobutamin* (☞ Kap. 1.1.)
  - *Phosphodiesterasehemmer*
    werden versuchsweise bei sonst nicht behebbarem kardiogenem Schock verwendet, z.B. Amrinon, Milrinon oder Enoximon (☞ Kap. 1.1.)
- *Pulmonaliskatheter*
  Messung des pulmonal kapillären Drucks über einen Swan-Ganz-Katheter, dadurch optimale Steuerung der Volumengabe und Einstellung eines eher hohen linksventrikulären Füllungsdruckes (Scheitelpunkt der Frank-Starling-Kurve)
- *aortale Ballongegenpulsation*
  vorübergehend anwendbares Verfahren bei potentiell *reversibler* kardialer Schädigung oder bis zur Kardiochirurgie. Dabei wird ein Ballon in die Aorta descendens eingeführt, während der Diastole gefüllt und in der Systole wieder entleert. Dadurch wird der diastolische Druck in der Aorta ascendens gesteigert und damit vor allem auch die vorwiegend in der Diastole stattfindende Koronarperfusion

1.5. Schock

❑ Definition

Beim Schock handelt es sich um ein Syndrom, bei dem es zu einer hochgradigen Minderperfusion mit Mikrozirkulationsstörungen lebenswichtiger Organe kommt. Folge sind Hypoxie und entsprechende Stoffwechselstörungen im Gewebe.

❑ Häufigkeit

Aufgrund der multifaktoriellen Genese sind keine allgemeinen Angaben möglich: ca. 5-15 % der Patienten, die wegen eines akuten Myokardinfarktes hospitalisiert werden, entwickeln einen kardiogenen Schock.

❑ Ätiologie

Mechanismen zur Schockentstehung:

- verminderte kardiale Förderleistung
- vermindertes intravasales Blutvolumen
- gestörte periphere Kreislaufregulation mit vermindertem peripheren Gefäßwiderstand

Da eine Vielzahl von Erkrankungen bzw. Zuständen die o.g. Veränderungen bewirken können, unterscheidet man folgende Schockformen, die akut oder subakut entstehen können:

- **kardiogener Schock**
  - Myokardinfarkt (☞ Kap. 1.4.3.)
    - Verlust von kontraktilem Gewebe
    - Herzrhythmusstörungen
    - akute Mitralinsuffizienz
    - Ruptur des Myokards
  - Herzrhythmusstörungen
  - Klappendysfunktion (Stenose, Insuffizienz)
  - myokardial bei Kardiomyopathie oder Myokarditis
  - Perikardtamponade oder konstriktive Perikarditis
  - akutes Cor pulmonale

- **hypovolämischer Schock**
  - Blutungen nach innen und außen
  - gastrointestinaler Flüssigkeitsverlust
    - Erbrechen
    - Diarrhö
    - Pankreatitis
    - Leberzirrhose
    - Drainagen, Magensonde etc.
    - Ileus
    - Peritonitis

- Flüssigkeitsverlust über die Haut
  - Verbrennungen
  - exsudative Hauterkrankungen
  - starkes Schwitzen
- Flüssigkeitsverlust über die Nieren
  - polyurisches Nierenversagen
  - Diabetes mellitus und insipidus
  - Diuretika

- **septisch-toxischer Schock**
  - gramnegative und grampositive Bakterien
  - Pilze
  - andere Erreger

- **anaphylaktischer Schock**
  - Medikamente und Kontrastmittel
  - Fremdeiweiße/Polysaccharide von Tieren (Gifte, Sekrete, etc.) und Pflanzen (Extrakte, etc.)

- **neurogener Schock**
  - akuter Querschnitt
  - nach hoher Spinalanästhesie

- **endokrin bedingter Schock**
  - Addison-Krise
  - Coma diabeticum (ketoazidotisch/hyperosmolar)
  - Koma bei Hypo-/Hyperthyreose
  - Koma bei Hypo-/Hyperparathyreoidismus

❑ **Pathogenese**

- *primäre Makrozirkulationsstörungen*
  Die primären Makrozirkulationsstörungen infolge der verminderten kardialen Förderleistung, des reduzierten intravasalen Blutvolumens bzw. der gestörten peripheren Kreislaufregulation (auch in Kombination!) führen über ein vermindertes HZV zum Blutdruckabfall
- *Kompensationsmechanismen*
  Durch Kompensationsmechanismen (Ausschüttung von Katecholaminen) mit Erhöhung des peripheren Gefäßwiderstands und Tonisierung der venösen Kapazitätsgefäße kann der Blutdruck anfangs noch konstant sein. Jedoch ist meist bereits eine Tachykardie nachweisbar. Es erfolgt zudem über α- und β-Rezeptoren eine Zentralisation mit bevorzugter Versorgung von Herz und Gehirn mit Blut ("Zentralisation")
- *Mikrozirkulationsstörungen und Hypoxie*
  Infolge der Mikrozirkulationsstörung begünstigen Endothelveränderungen (u.a. Permeabilitätserhöhung) Volumenverluste ins Interstitium. Zudem kann es über Thrombozytenaggregation und lokale Hyperkoagulabilität zur disseminierten intravasalen Gerinnung (DIC) kommen.
  Die Hypoxie im Gewebe mit vermehrtem Anfall von Laktat führt zur Ausbildung einer metabolischen Azidose. Zusätzlich werden Stoffwechselprodukte und Toxine freigesetzt. Es kommt schließlich zur Vasodilatation. Der Schock geht in eine irreversible Phase über

Verschiedene Organsysteme werden durch den Schock besonders beeinflußt (Tab. 1.33).

Herz	verminderte Koronardurchblutung bei zunehmender Herzinsuffizienz
Lunge	Störung der Pneumozytenfunktion mit verminderter Surfactantsynthese und Neigung zu Atelektasen, lokale Strömungsveränderungen mit Hyperkoagulabilität, Thrombozytenaggregaten, Mikrothrombosen und Mikroembolien sowie Kapillarschäden mit interstitiellem Ödem führen zum Adult respiratory distress Syndrom (ARDS). Es entwickelt sich eine respiratorische Insuffizienz (O_2-Diffusionsstörung, Perfusionsstörung mit intrapulmonalen Shunts sowie verminderte Compliance bei Ausbildung hyaliner Membranen)
Niere	anfangs kompensatorische Oligurie-Anurie, dann jedoch Nierenversagen mit Retention von harnpflichtigen Substanzen
Gastrointestinaltrakt	Leberzellnekrosen mit Anstieg der Transaminasen (GOT, GPT) sowie γ-GT, alkalischer Phosphatase und GLDH. Abfall der Cholinesterase. Gastrointestinale Blutungen und Pankreatitiden sind häufig
Blutgerinnungssystem	Hyperkoagulabilität, erhöhte Aggregationsneigung der Thrombozyten sowie disseminierte intravasale Gerinnung (DIC)

Tab. 1.33: Einfluß des Schocks auf verschiedene Organsysteme.

❑ Symptomatik und Diagnostik

Aufgrund der unterschiedlichen Schockformen muß hier differenziert werden. Für alle Schockformen sind jedoch typisch:

- kalte, feuchte, marmorierte, blaß-zyanotische Haut, bzw. warme, trockene Haut beim septischen Schock
- Tachykardie
- arterielle Hypotension
- Dyspnoe
- Oligurie bis Anurie
- motorische Unruhe, Angst und Bewußtseinsstörungen

Klinische Untersuchung mit besonderem Augenmerk auf:

- Haut (Temperatur, Farbe, feucht-trocken, Hämatome, Urtikaria)
- Herz-Lunge-Kreislauf (Blutdruck, Puls, Wiederauffüllzeit des Nagelbettes, Halsvenenfüllung)
- Bewußtseinszustand

Weitere Untersuchungen:

- Hb, Hkt, Leukozyten, Thrombozyten
- Gerinnungsanalyse (Quick, PTT, TZ, Fibrinogen + Fibrinogenspaltprodukte, AT III)
- Blutgruppe
- Elektrolyte und Retentionswerte sowie BZ
- CK (CK-MB), GOT, GPT, LDH, HBDH, Amylase + Lipase, Laktat, Osmolalität, (ggf. 1 zusätzliches Serumröhrchen für weitergehende Untersuchungen)
- Blutgasanalyse, Pulsoximetrie
- evtl. Blutkultur

- Ekg
- Röntgen-Thorax
- Monitoring (Puls, RR, Atemfrequenz, Temperatur)
- Urinausscheidung
- ZVD, evtl. Pulmonaliskatheter, arterieller Katheter (BGA, RR)
- evtl. Sonographie (Herz, Abdomen) oder CT

- **kardiogener Schock** (☞ Kap. 1.4.3.)
  - RR_{syst} < 80 mmHg, RR_{mittel} < 60 mmHg
  - Pulmonalkapillardruck (PC-Druck) > 18-20 mmHg (korreliert mit dem linksventrikulären enddiastolischen Druck)
  - Herzindex < 1,8 l/min/m^2 (☞ Kap. 1.9.1.1.)
  - ZVD erhöht (normal 2-10 cm H_2O), gestaute Hals- und Zungengrundvenen
  - meist Tachykardie > 100/min
  - auskultatorisch häufig Galopprhythmus, feuchte Rasselgeräusche
  - Ekg: z.B. Myokardinfarkt oder Rhythmusstörungen
  - Thorax: Zeichen der Linksherzinsuffizienz mit Lungenstauung
  - Echokardiographie: Dilatation der Herzhöhlen, Hypokinesie

- **hypovolämischer Schock**

Die Klinik ist u.a. vom Blutverlust abhängig (Tab. 1.34).

Schweregrad	Verlust	Klinik
0	0-10 %	keine (= Volumenverlust von 500-750 ml!)
I	10-25 %	Blässe, feucht-kühle Haut, periphere Vasokonstriktion, geringe Tachykardie, RR normal bis leicht erniedrigt, ZVD erniedrigt
II	25-35 %	zusätzlich Unruhe, Angst, Durst, Oligurie, Tachykardie, R_{syst} < 100 mmHg, verminderte RR-Amplitude, Halsvenen flach
III	> 35 %	Bewußtseinsstörung, Dyspnoe, Anurie, kalte Extremitäten, kollabierte Hals- bzw. Hautvenen, Puls kaum oder nicht tastbar, RR_{syst} < 60 mmHg, Tachykardie

Tab. 1.34: Schweregradeinteilung des hypovolämischen Schocks.

- In der Notfall- und Intensivmedizin hat sich der Schockindex bewährt

Schockindex (Quotient aus Puls und RR_{syst}) > 1 = Schockgefahr

- Ist der Volumenverlust nicht offensichtlich (Trauma mit Blutung, Erbrechen, Diarrhö, Hämatemesis, etc.)
  - Aortenaneurysma (Palpation + Auskultation + Sono + CT des Abdomens)?
  - Antikoagulanzientherapie? Unklare Schwellung an Extremitäten?
  - rektale Untersuchung + Magensonde!
  - Labordiagnostik: Hb, Hkt, Thrombozyten, Quick, Amylase + Lipase

- **septisch-toxischer Schock**
    - Stoffwechselprodukte bzw. Endo- oder Ektotoxine der Erreger - meist aus gramnegativen Bakterien - sind wahrscheinliche Auslöser. Pathophysiologisch kommt es zu einer Vasodilatation mit relativer Hypovolämie
    - anfangs hyperdyname Schockform mit
        - warmer trockener Haut
        - evtl. respiratorische Alkalose
        - HZV erhöht
        - peripherer Widerstand erniedrigt
        - ZVD normal oder erhöht
        - RR normoton, mäßige Tachykardie
    - später hypodyname Form mit
        - kalter, zyanotischer Haut
        - metabolischer Azidose und erhöhter arteriovenöser O_2-Differenz
        - HZV erniedrigt
        - peripherer Widerstand erhöht
        - ZVD erniedrigt
        - RR erniedrigt, Tachykardie
        - Oligurie - Anurie

Allgemein bei septischem Schock:

- Anamnese (Z.n. Op oder invasiver Diagnostik bzw. Therapie, septischer Abort, Verbrennung, Immundefekt, Z.n. Chemo- oder Corticosteroidtherapie, Diabetes mellitus, Leberzirrhose, Harnwegs-, Gallenwegs-, pulmonaler Infekt, Peritonitis u.a.)
- Fieber, evtl. Schüttelfrost
- Hyperventilation
- evtl. Bewußtseinsstörung
- evtl. fleckiges Erythem oder Petechien
- Leukozytose (evtl. Leukopenie), Linksverschiebung, toxische Granulationen, Thrombozytopenie, BKS + CRP erhöht, Fibrinogen, Faktoren II, V, X erniedrigt, Fibrinogenspaltprodukte erhöht (DIC), Ca^{2+} und Phosphat erniedrigt
- evtl. positive Blutkultur

- **anaphylaktischer Schock**
    - Unmittelbar nach Antigenkontakt kommt es zur Freisetzung biogener Amine (Histamin, Serotonin, Bradykinin, slow reacting substances of anaphylaxis - SRSA)
    - Klinik ☞ Tab. 1.35

I	Allgemeinsymptome wie Juckreiz, Unruhe, Schwindel, Zittern, Kopfschmerzen und Angstgefühl Hautreaktion: Flush, Erythem und Urtikaria sowie Ödem
II	gastrointestinale Symptome (Übelkeit, Erbrechen, Diarrhö) mäßiger RR-Abfall sowie Tachykardie
III	Schocksymptomatik, Bronchospasmus und Bewußtseinsstörung
IV	Kreislaufstillstand

Tab. 1.35: Schweregradeinteilung beim anaphylaktischen Schock.

❑ Therapie

Prinzipiell ist eine kausale Therapie mit Beseitigung der Schockursache anzustreben (Behandlung von Rhythmusstörungen, Stillen von Blutungen, Entfernen von infiziertem Kathetermaterial und antibiotische Therapie, Stop der Antigenexposition usw.)!

Allgemeine Therapie des Schocks

- flache Lagerung (Ausnahme: kardiogener Schock: Oberkörper hoch, Beine tief, ggf. auch flache Lagerung)
- Atemwege freihalten, O_2-Gabe (2-6 l/min), ggf. Intubation und kontrollierte Beatmung
- Schutz vor Wärmeverlust
- venöser Zugang und primäre Volumensubstitution mit Elektrolyt- oder kolloidaler Lösung (Kontraindikation: kardiogener Schock mit Herzinsuffizienz) (Tab. 1.36)

	Dextran 10 % bzw. 6 %	Gelatine 3,5 %	Hydroxyethylstärke
Handelsname z.B.	Longasteril® 40 bzw. 70[1]	Haemaccel®	HAES-steril® bzw. Plasmasteril®
Molekulargewicht	40.000 bzw. 70.000	30-35.000	200.000 bzw. 450.000
Volumeneffekt	1,5 bzw. 1,1	0,7-0,8	1,3 bzw. 1,1
HWZ	3-4 bzw. 6-8 h	3-4 h	8-12 h

Tab. 1.36: Kolloidale Lösungen.
[1]Promit® (Dextran mit MG um 1.000) sollte vor Infusion verabreicht werden (Antikörper werden mit niedermolekularem Antigen abgesättigt = Haptenwirkung!).

primäre Volumensubstitution - Kontraindikation: kardiogener Schock!

- Sedierung (z.B. 5-10 mg Diazepam) und Analgesierung (Morphium oder Ketamin)
- Korrektur der metabolischen Azidose mit $NaHCO_3$ falls pH < 7,25 bzw. neg. BE > 10:

mval $NaHCO_3$-Bedarf = 0,3 x neg. BE x kg KG

Spezielle Therapie

- **kardiogener Schock**
  - leicht erhöhter Oberkörper bzw. flache Lagerung
  - evtl. vorsichtige Volumenzufuhr (falls keine Zeichen einer Herzinsuffizienz und ZVD < 12-14 cm H_2O, ggf. nach Pulmonalkapillardruck < 18 mmHg)
  - bei Bradykardie: 0,5 mg Atropin i.v.
  - falls RR > 100 mmHg und ZVD bzw. PC-Druck erhöht: Nitroglyzerin (1-5 mg/h i.v., notfalls als Dosieraerosol) und evtl. Diuretika
  - falls Myokardinfarkt → wenn möglich Lysetherapie, evtl. PTCA
  - falls Lungenembolie → wenn möglich Lysetherapie, evtl. Op
  - frühzeitige Indikation zur Beatmung
  - Katecholamine (Dopamin/Dobutamin) falls RR erniedrigt
  - evtl. intraaortale Ballonpulsation
  - Heparin 400-1.000 I.E./h zur DIC-Prophylaxe

- **hypovolämischer Schock**

Volumensubstitution evtl. über mehrere venöse Zugänge mittels Druckinfusionen:

Blutverluste < 25 % (in der Regel Elektrolyt- und kolloidale Lösung zur Substitution ausreichend):

- primär Elektrolytlösung (0,9 % NaCl-Lösung)

zusätzlich

- kolloidale Lösungen (ca. 500-1.500 ml, vorher Blutgruppe und Kreuzblut abnehmen!)
- evtl. auch 5 % Humanalbuminlösung

Blutverluste > 25 % (zusätzlich):

- Transfusion von Erythrozytenkonzentraten (EK). 1 EK bewirkt unter klinischen Bedingungen einen Hb-Anstieg von ca. 0,5-1 g/dl
- zusätzlich Frischplasma (fresh frozen plasma - FFP) zur Substitution der Gerinnungsfaktoren im Verhältnis 2-3 EK: 1 FFP
- Frischblut nur in Ausnahmefällen
- ZVD um 10 cm H_2O, Diurese > 30 ml/h anstreben
- Katecholamine bei Volumendefizit kontraindiziert (→ Tachykardie ist Ausdruck der endogenen Katecholaminausschüttung!)
- frühzeitige Beatmung
- evtl. Corticosteroide (hochdosiert)

- **septischer - toxischer Schock**

Neben allgemeiner Schocktherapie inkl. Volumensubstitution:

- Breitspektrumantibiotika (Cephalosporin der 3. oder 4. Generation oder Breitbandpenicillin + Aminoglykosid, alternativ Imipenem), bei Kathetersepsis: staphylokokkenwirksames Antibiotikum z.B. Vancomycin!
- Katecholamine (Dopamin/Dobutamin oder falls Vasodilatation nicht beherrschbar Noradrenalin)
- evtl. Corticosteroide
- evtl. Immunglobuline (bei Immundefekt)

- Heparin 400-600 I.E./h zur DIC-Prophylaxe
- Infektsanierung

- **anaphylaktischer Schock**
  - wichtigste Erstmaßnahme:

Antigenzufuhr stoppen!

Volumenzufuhr!

  - neben Volumensubstitution wichtigstes Medikament:

Adrenalin!

    Adrenalin (z.B. Suprarenin®): Dosen von 0,1- 0,25 mg langsam i.v. (1 Amp.= 1 mg = 1 ml wird mit 9 ml 0,9 % NaCl verdünnt, dann entspricht 0,1 mg Adrenalin 1 ml). Ggf. Wiederholung nach einigen Minuten. Notfalls auch sublingual oder über Tubus.
  - Corticosteroide: 250-1.000 mg Methylprednisolon (z.B. Urbason®)
  - bei Bronchospastik:
    - Theophyllin (z.B. Euphyllin®) 0,24 g i.v.
    - evtl. β-Sympathikomimetikum + Corticosteroide als Dosieraerosol
  - H_1-Antihistaminika wie Clemastin (z.B. Tavegil®) 1 Amp. i.v.
  - H_2-Antihistaminika wie Cimetidin (z.B. Tagamet®) 1 Amp. i.v.
  - falls notwendig: permanente Adrenalin-, Noradrenalin- und Theophyllinzufuhr über Spritzenpumpe und maschinelle Beatmung

❑ **Prognose**

Letalität im kardiogenen Schock um 90 %. Auch die Prognose des septischen Schocks ist ernst. Der anaphylaktische Schock hat bei frühzeitiger, suffizienter Therapie eine gute Prognose.

1.6. Herzrhythmusstörungen

Das Erregungsbildungs- und Erregungsleitungssystem des Herzens besteht aus spezialisierten Myokardzellen. Diese ermöglichen durch ihre Eigenschaften (*Automatie*, *Erregbarkeit* und *Reizleitungsfähigkeit*) einen geordneten und rhythmischen Ablauf der Herzaktionen. Das System setzt sich zusammen aus:

- Sinusknoten bzw. sinuatrialer (SA) Bereich
- Atrioventrikular (AV)-Knoten
- His-Bündel
- rechter und linker Tawara-Schenkel
  - posteriorer und anteriorer Faszikel des linken Tawara-Schenkels
- Purkinje-Fasern

Ursächlich für die Erregungsbildung in diesen Zellen ist eine *spontane diastolische Depolarisation,* deren Geschwindigkeit vom Sinusknoten zu den Purkinje-Fasern hin abnimmt.

Prinzipiell können sowohl Störungen der Reizbildung als auch der Erregungsleitung zu Herzrhythmusstörungen führen.

❑ Pathogenese der Herzrhythmusstörungen

- verminderte oder gesteigerte Reizbildung
- Verzögerte oder unterbrochene Erregungsleitung
- abnorme Leitungsbahnen

Mögliche Ursachen für Herzrhythmusstörungen sind in Tab. 1.37 und 1.38 zusammengestellt.

kardial:	• Ischämie (koronare Herzkrankheit und Myokardinfarkt) • Myokarditis • Kardiomyopathien • Vitien (kongenital oder erworben) • Präexzitationssyndrome
extrakardial:	• Hypoxie • Elektrolytstörungen • Hyperthyreose • Medikamente (☞ Tab. 1.38) • Lungenembolie • Fieber • Anämie • Alkohol u.a.

Tab. 1.37: Mögliche Ursachen für Herzrhythmusstörungen.

• Antiarrhythmika	• Theophyllinderivate
• Katecholaminderivate	• Schilddrüsenhormone
• Herzglykoside	• Atropinderivate
• Psychopharmaka	

Tab. 1.38: Wichtige Medikamente, die zu Herzrhythmusstörungen führen können.

❑ Symptomatik

Die Symptomatik variiert stark:

- *keine Symptomatik*
  Vereinzelte supraventrikuläre Extrasystolen (SVES) werden teils überhaupt nicht bemerkt
- *Palpitationen, "Aussetzer"*
  Kurze tachykarde Episoden werden häufig als Palpitationen (Herzklopfen) und Herzrasen empfunden. Einzelne Blockierungen oder Extrasystolen (ES) werden als Herzstolpern oder auch als "Aussetzer" bemerkt
- *Herzinsuffizienz, Angina pectoris*
  Komplexere Herzrhythmusstörungen können über eine Verminderung des Herzzeitvolumens eine vorbestehende Herzinsuffizienz verschlechtern oder zu pektanginösen Beschwerden führen. Ist das Herzzeitvolumen entsprechend stark herabgesetzt, kann es zum kardiogenen Schock und funktionellen Herzkreislaufstillstand kommen

- *zerebrale Symptome*
  Eine Verminderung der Hirndurchblutung kann sich in Schwindel, Synkopen, Bewußtseinsstörungen, sowie Krampfanfällen äußern oder zu TIA, PRIND oder vollständigem apoplektischen Insult (CS) führen. Letztere Erkrankungsgruppe wird häufig auch durch arterielle Embolien bedingt, wobei die Emboliequelle im Herz liegen kann

• TIA	= transitorische ischämische Attacke
• PRIND	= prolongiertes reversibles ischämisches neurologisches Defizit
• CS	= zerebraler Insult

❑ Diagnostik

- körperliche Untersuchung mit Herzauskultation und Pulszählung über mindestens 1 min (Rhythmus/Pulsdefizit?)
- Labor mit Elektrolyten, Schilddrüsenwerten und evtl. Medikamentenspiegeln
- Ruhe-Ekg mit langem Streifen
- Funktions-Ekg (z.B. Ekg mit Inspirationstest, Karotisdruckversuch, Steh-Ekg-Test)
- Langzeit-Ekg
- Belastungs-Ekg
- hochverstärktes, signalgemitteltes Ekg
  Erfassung von sog. *Spätpotentialen* durch Übereinanderprojektion verschiedener Ekg-Zyklen mittels Computer. Die Registrierung erfolgt als Oberflächen-Ekg, das bis zu 25.000fach verstärkt wird
- Ekg mit Gabe verschiedener Medikamente (z.B. Ajmalin, Atropin, β-Blocker)
- elektrophysiologische Untersuchungen
  - His-Bündel-Ekg
  - invasive Diagnostik mit Stimulation
    - Vorhof: Sinusknotenerholungszeit (SKEZ), sinoatriale Leitungszeit (SALZ), programmierte elektrische Stimulation
    - Ventrikel: programmierte elektrische Stimulation
      Nach Einbringen eines Elektrodenkatheters über eine Arm- oder Beinvene in das rechte Herz werden einzelne elektrische Impulse abgegeben, um eine kreisende Erregung auszulösen. Ist dies ohne Erfolg, werden Doppelstimulation, tachykarde oder hochfrequente Salvenstimulation an verschiedenen Orten des Vorhofs bzw. Ventrikels versucht. Ausgelöst werden können dadurch z.B. bei der Ventrikelstimulation His-Bündel- oder intramyokardiales Reentry, ventrikuläre Tachykardien bzw. Kammerflattern/-flimmern
- Ekg-Mapping

❑ Therapie

Für die Therapie sind folgende Fragen wichtig:

- Diagnose und Differentialdiagnose der Herzrhythmusstörungen?
- Symptome und mögliche Folgen sowie Prognose?
- Ursachen - kausale Therapie möglich?
- Nebenwirkungen der Therapie - Prognose unter Therapie?

Prinzipiell muß zwischen einer kausalen und einer symptomatischen Therapie unterschieden werden. Zudem können Sedierung, Immobilisation, Antikoagulanzien und O_2-Gabe indiziert sein.

Antiarrhythmika

Die Einteilung der Antiarrhythmika erfolgt nach Vaughan Williams in vier Klassen (Tab. 1.39). Kombinationen der einzelnen Antiarrhythmika sind u.a. sinnvoll, da oft eine verbesserte Wirksamkeit bei geringeren Nebenwirkungen erreicht werden kann (geringere Dosis einzelner Antiarrhythmika). Kombinationen von Antiarrhythmika der gleichen Klasse und der Klassen II mit IV sollten vermieden werden.

Klasse	Charakteristika	Substanzen	Wirkung
I	Natriumkanalhemmer		Membranstabilisierung
Ia		Chinidin Disopyramid Ajmalin	Verbreiterung des QRS-Komplexes und Verlängerung des Aktionspotentials, der QT-, Refraktär- und Leitungszeit
Ib		Lidocain Mexiletin Tocainid Phenytoin	Verkürzung des Aktionspotentials, der QT- und Refraktärzeit. Erhöhung der Kammerflimmerschwelle
Ic		Propafenon Flecainid	Verbreiterung des QRS-Komplexes. Depression der 0-Phase des Aktionspotentials. Starke Verlängerung der HV-Zeit (His-Potential → Ventrikel), geringer Effekt auf die Dauer des Aktionspotentials, der Repolarisation sowie Refraktärzeit
II	β-Rezeptorenblocker	Atenolol Acebutolol Metoprolol Pindolol Propranolol	Hemmung der sympathikoadrenergen Stimulation am Herzen: negativ inotrop, chronotrop, bathmotrop und dromotrop. Die diastolische Depolarisation wird verlangsamt. In hohen Dosen Membranstabilisierung
III	Kaliumkanalhemmer	Amiodaron Sotalol	Verlängerung des Aktionspotentials, der Refraktär- und QT-Zeit (QRS-Komplex!). Sotalol zusätzlich Eigenschaften der Klasse II
IV	Ca^{2+}-Antagonisten	Verapamil Diltiazem Gallopamil	negativ dromotrop. Wirkung vorwiegend am Sinus- oder AV-Knoten (Hemmung der atrioventrikulären Überleitung)

Tab. 1.39: Antiarrhythmika.

Einzelne Pharmaka

Klasse Ia

Chinidin (z.B. Chinidin-Duriles®, 1 Tbl. = 200 mg Chinidinsulfat)

- Indikation: Vorhofflimmern, Vorhofflattern mit dem Ziel der Konversion, anschließend zur Rezidivprophylaxe. Supraventrikuläre Tachykardie, supraventrikuläre Extrasystolie
- Kontraindikation: Herzinsuffizienz NYHA III-IV, bradykarde Herzrhythmusstörungen (Sick-Sinus-Syndrom, höhergradige AV-Blockierungen, Überdigitalisierung), Hypo- und Hyperkaliämie. *Cave:* QT-Syndrom und Schenkelblockbilder. Schwangerschaft

- Nebenwirkungen (NW): QRS- und QT-Verlängerung (Absetzen bei QT-Zeit > 125%), Chinidinsynkope (selbstlimitierende Torsade-de-pointes-Tachykardie), AV-Blockierungen und Herzinsuffizienz. Anticholinerger Effekt (evtl. Tachykardie durch schnelle Überleitung bei Vorhofflimmern oder Vorhofflattern → Kombination mit Verapamil oder Digitalis sinnvoll). Verminderte Digoxin-Clearance → Halbierung der Digoxindosis/Kontrolle des Digoxinspiegels. Außerdem extrakardial: Akkommodationsstörungen, Doppelbilder, Glaukomanfall, Ohrensausen, Schwindel, Kopfschmerzen, Übelkeit, Erbrechen, Diarrhö oder Obstipation, Miktionsstörungen. Fieber, Blutbildungsstörungen u.a. können auf eine Überempfindlichkeitsreaktion hinweisen. Deshalb sollte eine initiale Testdosis verabreicht werden
- Dosierung: zur Rhythmisierung 2-3x2-5 Tbl./die, nach Kardioversion 2x2-3 Tbl./die
- Metabolisierung in der Leber, 20 % werden unverändert renal eliminiert → Dosisreduzierung bei Leberzirrhose und Niereninsuffizienz

Disopyramid (z.B. Rythmodul®, 1 Amp. = 50 mg, 1 Kps. = 100 mg)

- Indikation: vgl. Chinidin
- Kontraindikation: vgl. Chinidin
- NW: vgl. Chinidin. Außerdem intrahepatische Cholestase
- Dosierung: p.o.: 4x1 Kps. (100 mg), Erhaltungsdosis 3-4x1 Kps., bis 800 mg/die
- Elimination vorwiegend renal → Dosisreduzierung bei Niereninsuffizienz

Ajmalin (z.B. Gilurytmal®, 1 Amp., 10 ml = 50 mg)

Prajmaliumbitartrat (z.B. Neo-Gilurytmal®, 1 Tbl. = 20 mg)

- Indikation: paroxysmale Tachykardien einschließlich Präexzitationssyndrome (WPW-, LGL-, Mahaim-Syndrom), tachykarde Arrhythmien, Extrasystolen
- Kontraindikation: vgl. Chinidin. *Cave*: Kombination mit Antiarrhythmika mit starker Leitungsverzögerung
- NW: kardiale NW wie Chinidin. Keine anticholinerge Eigenschaft. Gastrointestinale Störungen (Übelkeit, Erbrechen, Obstipation, intrahepatische Cholestase). Sehstörungen. Selten Blutbildveränderungen. Keine Veränderung des Digoxinspiegels
- Dosierung
  - p.o.: anfangs 4x1 Tbl. Neo-Gilurytmal® (2-3 Tage), dann 2-4x1/2 Tbl.
  - i.v.: 10 ml über 5 min unter Ekg-Kontrolle, als Perfusor oder Dauertropfinfusion (DTI) 0,5-1 mg/kg KG/h
- Elimination fast ausschließlich hepatisch

Klasse Ib

Lidocain (z.B. Xylocain®, 1 Amp. = 100 mg)

- Indikation: ventrikuläre Rhythmusstörungen, insbesondere beim Myokardinfarkt
- Kontraindikation: Herzinsuffizienz NYHA III-IV, bradykarde Herzrhythmusstörungen (Sick-Sinus-Syndrom, höhergradige AV-Blockierungen), Allergie gegen Lidocain
- NW: Bradykardien und RR-Abfall, Verwirrtheitszustände, Schwindel, Krämpfe
- Dosierung: 50-100 mg i.v. (1 mg/kg KG), dann 2-4 mg/min
- Elimination fast ausschließlich hepatisch
  → Halbierung der Dosis bei Herz- und Leberinsuffizienz

Phenytoin (z.B. Phenhydan®, 1 Tbl. = 100 mg, 1 Amp. = 250 mg)

- Indikation: digitalisinduzierte Herzrhythmusstörungen, "Torsade-de-pointes"-Tachykardie beim QT-Syndrom
- Kontraindikation: vgl. Lidocain, Leukopenie und Schwangerschaft
- NW: RR-Abfall, Asystolie, Kammerflimmern. Gingivahyperplasie, Nystagmus, Ataxie, Tremor. Knochenmarksdepression
- Dosierung
  - i.v.: 125 mg, Wiederholung nach 30 min (max. 750 mg/die)
  - p.o.: 200-300 mg/die
- Elimination fast ausschließlich hepatisch

Klasse Ic

Flecainid (z.B. Tambocor®, 1 Tbl. = 100 mg, 1 Amp. = 50 mg)

- Indikation: ventrikuläre Rhythmusstörungen, AV-Reentry-Tachykardien, paroxysmale supraventrikuläre Tachykardien bei WPW-Syndrom. Paroxysmales Vorhofflimmern
- Kontraindikation: Z.n. Myokardinfarkt, Herzinsuffizienz NYHA III-IV, bradykarde Herzrhythmusstörungen (Sick-Sinus-Syndrom, höhergradige AV-Blockierungen). Asymptomatische Herzrhythmusstörungen
- NW: proarrhythmogener Effekt. (Die CAST-Studie konnte zeigen, daß nach Infarkt mit Flecainid behandelte Patienten eine höhere Letalität aufwiesen als diejenigen in der Plazebogruppe). QRS-Verbreiterung, Bradykardie, RR-Abfall, Herzinsuffizienz, Schwindel, Sehstörungen, Kopfschmerzen, Transaminasenanstieg, cholestatische Hepatose. Erhöhung des Digoxinspiegels (15-20 %)
- Dosierung
  - i.v.: 1 mg/kg KG bis 400 mg/die
  - p.o.: 2x1/2-2 1/2 Tbl.
- Elimination hepatisch und renal → Dosisreduzierung bei Herz-, Leber- und Niereninsuffizienz

Propafenon (z.B. Rytmonorm®, 1 Tbl.= 150 (300) mg, 1 Amp. = 70 mg)

- Indikation: ventrikuläre und supraventrikuläre Extrasystolen und Tachykardien, WPW-Syndrom
- Kontraindikation: Herzinsuffizienz NYHA III-IV, bradykarde Herzrhythmusstörungen (Sick-Sinus-Syndrom, höhergradige AV-Blockierungen). Schwere obstruktive Lungenerkrankung, Störungen des Elektrolytstoffwechsels (K^+)
- NW: RR-Abfall, Bradykardie, Leitungsstörungen, Kammertachykardie. Geschmacksstörungen, Erbrechen, Cholestase. Kopfschmerzen, Schwindel, Seh-, Potenz- und Blutbildungsstörungen
- Dosierung
  - i.v.: 0,5-1 mg/kg KG, Wiederholung nach 1-2 h mögl., Absetzen bei QRS-Verbreiterung um 20 %
  - p.o.: 450-600 mg/die
- Elimination überwiegend hepatisch

Klasse II (Tab. 1.40)

Substanz	Handelsname	Kardio-selektiv	ISA	Lipophilie	Hydrophilie	HWZ
Propranolol	Dociton®	0	0	+	0	2-5 h
Sotalol	Sotalex®	0	0	0	+	5-12 h
Pindolol	Visken®	0	+	(+)	0	3-4 h
Metoprolol	Beloc®	+	0	(+)	0	3-4 h
Atenolol	Tenormin®	+	0	0	+	6-8 h
Acebutolol	Prent®	+	+	+	0	2-4 h

Tab. 1.40: β-Blocker.

Metoprolol (z.B. Beloc®, 1 Amp. = 5 mg, 1 Tbl. = 100 mg)

- Indikation: Sinustachykardie, Vorhoftachykardie
- Kontraindikation: Herzinsuffizienz NYHA III-IV, bradykarde Herzrhythmusstörungen (Sick-Sinus-Syndrom, höhergradige AV-Blockierungen), obstruktive Lungenerkrankung, gleichzeitige i.v.-Therapie mit Ca^{2+}-Antagonisten wie Verapamil, Diltiazem etc.
- NW: Bradykardie, AV-Blockierungen, Herzinsuffizienz, RR-Abfall. Kopfschmerzen, Schwindel, Sehstörungen. Verschlechterung einer diabetischen Stoffwechsellage. Bronchialobstruktion. Potenzstörungen. Bei Phäochromozytom nur nach Behandlung mit α-Rezeptorenblocker
- Dosierung
  - i.v.: 5 mg über 5 min
  - p.o.: 1-2x1 Tbl.

Atenolol (z.B. Tenormin®, 1 Amp. = 5 mg, 1 Tbl. = 25/50/100 mg)

- Indikation: Sinustachykardie, Vorhoftachykardie
- Kontraindikation: vgl. Metoprolol
- NW: vgl. Metoprolol
- Dosierung
  - i.v.: 2,5 mg über 5 min (max. 0,15 mg/kg KG)
  - p.o.: 25-100 mg

Pindolol (z.B. Visken®, 1 Amp. = 0,4 mg, 1 Tbl. = 5 mg)

- Indikation: Sinustachykardie, Vorhoftachykardie
- Kontraindikation: vgl. Metoprolol
- NW: vgl. Metoprolol
- Dosierung
  - i.v.: 0,4 mg
  - p.o.: 3x1 Tbl.

Propranolol (z.B. Dociton®, 1 Amp. = 1mg, 1 Tbl. = 10/40/80 mg)

- Indikation: Sinustachykardie, Vorhoftachykardie
- Kontraindikation: vgl. Metoprolol

- NW: vgl. Metoprolol
- Dosierung
  - i.v.: 1 mg/min (bis 10 mg)
  - p.o.: 3x1 Tbl.

Klasse III

Amiodaron (z.B. Cordarex®, 1 Tbl. = 200 mg, 1 Amp. = 150 mg)

- Indikation: bedrohliche oder stark beeinträchtigende supraventrikuläre Herzrhythmusstörungen, ventrikuläre Extrasystolie und Tachykardie, die auf andere Antiarrhythmika nicht ansprechen
- Kontraindikation: bradykarde Herzrhythmusstörungen (Sick-Sinus-Syndrom, alle Formen der Leitungsverzögerung). Schilddrüsenerkrankungen (hoher Jodgehalt!), Jodallergie, gleichzeitige Therapie mit MAO-Hemmern. Frauen im gebärfähigen Alter - Schwangerschaft
- NW: Bradykardien, Kammertachykardie. Hornhautablagerungen, Photosensibilisierung, Hautverfärbung, Hypo-, Hyperthyreose. Diffuse interstitielle Lungenerkrankung. Polyneuropathie, Leberfunktionsstörung
- Dosierung
  - i.v.: 5 mg/kg KG in 1-3 min oder Infusion (5% Glukose) von 300 mg über 1/2-2 h, bzw. 10-20 mg/kg KG über 24 h
  - p.o.: Sättigungsdosis: 8-10 Tage 3x1-2 Tbl., dann 1 Tbl./die, bzw. an 5 Tagen/Woche
- Metabolisierung vorwiegend in der Leber, HWZ: Wochen bis Monate!

Sotalol (z.B. Sotalex®, 1 Amp. = 40 mg, 1 Tbl. = 160 mg)

- Indikation: Herzrhythmusstörungen (ventrikuläre Arrhythmien, Tachyarrhythmien, paroxysmale Tachykardien)
- Kontraindikation: vgl. Metoprolol (s.u.), frischer Myokardinfarkt, QT-Verlängerung, Sulfonamidüberempfindlichkeit
- NW: vgl. Metoprolol
- Dosierung
  - i.v.: 20 mg über 5 min, ggf. nach 20 min erneut, bis zu 1,5 mg/kg KG
  - p.o.: 40-240 mg/die in 1-3 Dosen

Klasse IV

Verapamil (z.B. Isoptin®, 1 Tbl. = 80/120/240 mg, 1 Amp = 5 mg)

- Indikation: supraventrikuläre Tachykardien, Vorhofflimmern, Vorhofflattern mit Tachyarrhythmie (außer bei WPW-Syndrom)
- Kontraindikation: Herzinsuffizienz NYHA III-IV, bradykarde Herzrhythmusstörungen (Sick-Sinus-Syndrom, höhergradige AV-Blockierungen), Vorhofflimmern, Vorhofflattern bei WPW-Syndrom. *Cave*: gleichzeitige ß-Blockertherapie
- NW: AV-Blockierungen, Bradykardie, Herzinsuffizienz, RR-Abfall. Kopfschmerzen, Schwindel, Übelkeit. Selten allergische Reaktionen, Gingivahyperplasie, Gynäkomastie
- Dosierung
  - i.v.: 5 mg über 5 min, ggf. 5-10 mg/h
  - p.o.: 120-480 mg/die
- Metabolisierung überwiegend hepatisch → Dosisreduktion bei Leberinsuffizienz

Diltiazem (z.B. Dilzem®, 1 Tbl. = 60 mg bzw. 90 mg/retardiert, 1 Amp. = 10 mg)

- Indikation: vgl. Verapamil
- Kontraindikation: vgl. Verapamil
- NW: vgl. Verapamil
- Dosierung:
  0,3 mg/kg KG über 3 min, anschließend 0,2-1 mg/min
  p.o.: 3x1-2 Tbl. bzw. 2x1 Tbl.(ret.)

Gallopamil (z.B. Procorum®, 1 Tbl. = 50 mg)

- Indikation: vgl. Verapamil
- Kontraindikation: vgl. Verapamil
- NW: vgl. Verapamil
- Dosierung: 3x1 Tbl.

Weitere Medikamente, die bei Rhythmusstörungen zum Einsatz kommen, sind:

Parasympathikolytika

- Hier stehen Atropin und sein länger wirksames Bromderivat Ipratropiumbromid (z.B. Itrop®) zur Behandlung von Bradykardien zur Verfügung
- Die Kontraindikationen (z.B. Glaukom, Blasenentleerungsstörungen, etc.) gelten für die Langzeittherapie und sind bei einer Notfallbehandlung von sekundärer Bedeutung
- Die NW (Akkommodationsstörungen, Mundtrockenheit, Miktionsbeschwerden, etc.) sind durch den vagolytischen Effekt erklärt und teils erwünscht (Bronchospasmolyse und Hemmung der Sekretproduktion)
- Dosierung: 0,5 mg i.v. (ggf. Wiederholung) bzw. p.o. 2-3x1-1 1/2 Tbl. Itrop®

Sympathomimetika

- Hier sei Orciprenalin (z.B. Alupent®) genannt, welches ebenfalls bei Bradykardien (z.B. bei β-Blocker- oder Digitalisintoxikation) indiziert sein kann
- Kardiale NW können sich in Tachykardien, Kammerflimmern und Extrasystolie äußern. *Cave*: frischer Myokardinfarkt, HOCM, Thyreotoxikose
- Orciprenalin ist aufgrund seiner reinen β_1- und β_2-Wirkung **kein** Mittel der ersten Wahl bei der Reanimation (→ Adrenalin)!
- Dosierung: 0,5 mg (1 Amp. 1:10 verdünnt) langsam i.v., als Dauertropfinfusion (DTI)/Spritzenpumpe 10-30 μg/min

Herzglykoside (☞ Kap. 1.1.)

- Indikation: Herzinsuffizienz, supraventrikuläre tachykarde Arrhythmien (insbesondere bei Vorhofflimmern und gleichzeitig verminderter systolischer linksventrikulärer Funktion)

  Nota bene: 1775 berichtet der englische Arzt William Withering von einer Heilung einer "Wassersüchtigen" durch eine Kräutermischung. Digitalisglykoside kommen in verschieden Pflanzen vor (Digitalis purpurea, lanata, Convallaria majalis, Strophantus gratus und -kombé, Acocanthera Quabaio, Scilla maritima).

- Wirkungsmechanismus: positiv inotrop (Erhöhung der Kontraktilität des Herzens) durch Hemmung der Na^+/K^+-ATPase → Erhöhung des intrazellulären Na^+ → erhöhter Na^+/Ca^{2+}-Austausch → Erhöhung der intrazellulären Ca^{2+}-Konzentration → verbesserte elektromechanische Kopplung. Im therapeutischen Bereich bleibt die intrazelluläre Na^+-Konzentration und damit das Membranpotential unverändert. Im toxischen Bereich sinkt jedoch das Membranpotential ab → Begünstigung von Spontanaktivitäten.
  Hierüber ist auch die positiv bathmotrope Wirkung (Erhöhung der Erregbarkeit des Herzens) zu erklären.
  Negativ chronotrop (Verlangsamung der Herzfrequenz). Sensibilisierung der Pressorezeptorenreflexe und damit Abnahme des Sympathikotonus und Zunahme des Vagotonus. Im AV-Knoten nimmt die Refraktärzeit zu und die Leitungsgeschwindigkeit ab (negativ dromotrope Wirkung). Bei der Therapie der Herzinsuffizienz scheint die positive Inotropie nur einen Teilaspekt der Digitaliswirkung auszumachen. Wichtiger scheint die Hemmung der stark erhöhten Aktivität der neurohumoralen Systeme (Sympathikus, Renin-Angiotensin-System).
- Kontraindikation: HOCM, bradykarde Herzrhythmusstörungen (Sick-Sinus-Syndrom, höhergradige AV-Blockierungen), WPW-Syndrom, thorakales Aortenaneurysma, ventrikuläre Tachykardie

Cave: Hyperkalzämie und Hypokaliämie sowie Digitalis unmittelbar vor Kardioversion

- NW: Herzrhythmusstörungen (Bradykardie, SA- und AV-Blockierungen, Vorhoftachykardie mit 2:1 Block, etc.), Ekg-Veränderungen (PQ-Verlängerungen, QT-Verkürzung, sowie Endstreckenveränderungen wie muldenförmige ST-Senkungen, T-Abflachungen), Appetitlosigkeit, Übelkeit, Erbrechen, Diarrhö, Farbsehen (grün/gelb), zentralnervöse Störungen
- Wechselwirkungen: ☞ Tab. 1.41
- Dosierung: ☞ Tab. 1.42

Erhöhung des Digitalisspiegels	Ca^{2+}-Antagonisten, Flecainid, Propafenon, Chinidin, Amiodaron, Levodopa, Amphotericin B, Captopril, Erythromycin, Tetrazyklin, Spironolacton
Senkung des Digitalisspiegels	Phenobarbital, Rifampicin, Cholestyramin, Phenytoin
verminderte Resorption	Cholestyramin, p-Aminosalizylsäure, Aktivkohle, Metoclopramid, Antazida, Neomycin, Zytostatika
verbesserte Resorption	Penicillin, Salizylate
Glykosidtoxizität erhöht - Gefahr von Herzrhythmusstörungen	Kalzium, Diuretika, Reserpin, Sympathikomimetika, Suxamethoniumchlorid, trizyklische Antidepressiva, Theophyllin, Amphotericin B
Verstärkung von AV-Überleitungsstörungen	β-Blocker, Kalium
Glykosidempfindlichkeit gesteigert	frischer Myokardinfarkt, Hypoxie, nach Kardioversion, Hypothyreose
verminderte Glykosid-Clearance	Niereninsuffizienz (Digoxin und Strophantin) Leberinsuffizienz (Digitoxin und Meproscillarin)

Tab. 1.41: Wechselwirkungen von Herzglykosiden.

Glykosid	Handels-name	Resorption (%)	HWZ h	Abkling-quote (%)	Vollwirk-dosis (mg)	Erhaltungs-dosis (mg)	Ausschei-dung über
k-Strophantin	Kombetin®	2-5	20	40	0,6-0,7	1/4 i.v.	Niere
Digoxin	Lanicor®	60-80	40	20	1,5-2,0	0,25-0,375	
Methyl-Digoxin	Lanitop®	95	40	20	1,3-1,4	0,10-0,45	Niere
β-Acetyl-Digoxin	Novodigal®	80-90	40	20	1,6-1,8	0,10-0,40	Niere
Digitoxin	Digimerck®	100	140	7	1,2-1,5	0,05-0,10	Niere und Leber
Meproscillarin	Clift®	80-90	20	35-40	1,0-1,5	0,50-0,75	Leber

Tab. 1.42: Digitalisglykoside (☞ Tab. 1.4).

Digitalisintoxikation bzw. Digitalisüberdosierung

Die Digitalisintoxikation ist die häufigste iatrogen verursachte Vergiftung. Ursächlich hierfür ist die enge therapeutische Breite. Oft erfolgt eine falsche Einnahme von Seiten des Patienten (bei Beschwerden werden 2-3 oder mehr Tabletten eingenommen!). Häufig besteht eine erhöhte Glykosidempfindlichkeit, so daß Symptome bereits im oberen therapeutischen Bereich eintreten. Andere Ursachen sind in Tab. 1.41 zusammengestellt.

❑ Symptomatik

- Allgemeinsymptome (Müdigkeit und Schwäche)
- gastrointestinale Beschwerden (Übelkeit, Erbrechen, Diarrhö, Appetitlosigkeit)
- neurologische Symptome (Kopfschmerzen, Farbensehen, Unruhe, Verwirrtheitszustände, Depressionen, Schlafstörungen)
- kardiale Symptome
  - Reizleitungsstörungen
    - AV-Block I-III°, häufig II° (Wenckebach)
    - selten SA-Block
  - Reizbildungsstörungen
    - VES, SVES
    - ventrikulärer Bigeminus
    - Vorhoftachykardie mit (2:1) Block
    - Sinusbradykardie
    - Kammertachykardie/Kammerflimmern
- Ekg: neben o.g. Reizleitungs- bzw. Reizbildungsstörungen: Verlängerung der PQ-Zeit, muldenförmige ST-Senkungen

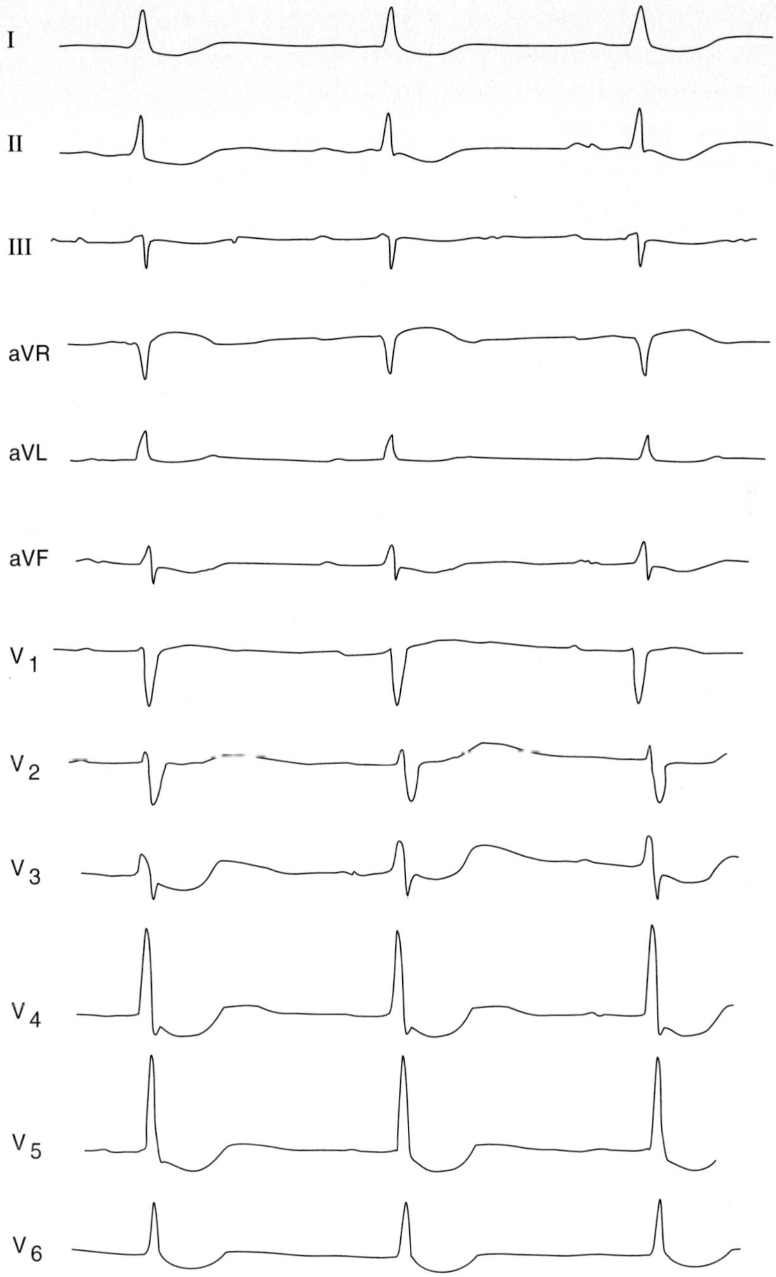

Abb. 1.11: Ekg bei Digitalisintoxikation mit muldenförmigen ST-Senkungen.

- bei schwerer Intoxikation: Hyperkaliämie
- bei V.a. Digitalisintoxikation: Serumspiegelbestimmung von Digoxin und Digitoxin!

therapeutischer Bereich (Serumkonzentration)	Digoxin 0,7-2,0 ng/ml Digitoxin 10-25 ng/ml

❑ Therapie

- Digitalisresorption unterbinden
  - Magenspülungen und Gabe von Kohle und Glaubersalz
- Digitaliselimination fördern
  - bei Digitoxin: Cholestyramin (z.B. Quantalan®) 3-4x4 g/die
  - bei lebensbedrohlicher Intoxikation: Digitalis-Antidot BM® (Fab-Fragmente von Digitalis-Ak vom Schaf, 80 mg binden 1 mg Digitoxin bzw. Digoxin). *Cave:* Allergie!
- Behandlung der Rhythmusstörungen
  - Bradykardie: 0,5 mg Atropin, evtl. temporärer Schrittmacher
  - ventrikuläre Rhythmusstörungen: Lidocain (z.B. Xylocain®) 100-200 mg oder Phenytoin (z.B. Phenhydan®) 125-250 mg i.v.
- bei Hyperkaliämie: Insulin + Glukose i.v. oder Resonium A®
- hochnormale Serumkaliumspiegel anstreben (10-15 mval KCl/h, nicht bei AV-Block!)

Elektrotherapie

Weitere nicht-medikamentöse Möglichkeiten zur Behandlung von Rhythmusstörungen sind *Defibrillation* und *Kardioversion* (Tab. 1.43).

Defibrillation	Kammerflattern und Kammerflimmern Stromimpuls **nicht** synchronisiert	Kardioversion	Arrhythmie bei Vorhofflimmern oder Vorhofflattern, tachykarde Rhythmusstörungen Stromimpuls synchronisiert (R-Zacken getriggert)
Elektrodenplazierung: (1) 3/4 ICR rechts am Sternalrand (2) 5. ICR links in der MCL			
Wichtig	Isolierung	⇒ kein Kontakt mit dem Patienten oder leitenden Teilen während der Defibrillation!	
	Schutz vor Hautverbrennungen	⇒ Ausreichend Elektrodengel verwenden! ⇒ guter Kontakt, d. h.entspr. Druck auf die Elektroden ⇒ ***keine*** Gelbrücke ***zwischen*** den Elektroden!	
	bei geplanter Kardioversion	⇒ Pat. nüchtern, aufgeklärt und einverstanden! ⇒ Sedierung! ⇒ Ekg-Ableitung über Klebeelektroden + Kabel ⇒ anschließend Intensivüberwachung (Monitor)	
Wichtigster ***Faktor*** zur Einschränkung des Defibrillationserfolges ist die ***Zeit!*** ⇒ Der Defibrillator muß verfügbar und einsatzbereit, ⇒ das Personal mit der Bedienung vertraut sein.			

Tab. 1.43: Defibrillation - Kardioversion.

Bei beiden Methoden wird ein Gleichstromimpuls kurzzeitig (5-30 ms) über zwei großflächige Elektroden durch den Brustkorb bzw. das Herz geleitet. Empfohlen wird ein Beginn mit 200 Joule (bei Erwachsenen) und ggf. Steigerung bis zum maximalen Output des Defibrillators (ca. 360-400 Joule). Bei Kindern beträgt die empfohlene Dosis 2 Joule/kg KG. Durch den kurzzeitigen Stromimpuls werden alle nichtrefraktären Herzmuskelzellen erregt. Die Zellen mit der steilsten spontanen Depolarisationskurve (SA-Bereich) können ihre Schrittmacherfunktion wieder übernehmen.

Schrittmachertherapie

Mit externen Schrittmacher(SM-)systemen können bradykarde Rhythmusstörungen in der Notfallsituation therapiert werden. Der Schrittmacherimpuls wird über großflächige Elektroden, die am Brustkorb aufgeklebt werden, appliziert.

Im folgenden sollen jedoch die implantierbaren SM-Systeme weiter abgehandelt werden.

Indikationen zur SM-Therapie:

- antibradykarde SM: bradykarde Herzrhythmusstörungen mit kardialen (Herzinsuffizienz oder Asystolie) oder zerebralen (Morgagni-Adams-Stokes-Anfall) Symptomen. Bradykarde Rhythmusstörungen bei Intoxikationen oder akutem Myokardinfarkt (evtl. dann temporärer SM)
- antitachykarde SM: therapieresistente tachykarde Rhythmusstörungen, (evtl. mit automatischem implantierten Kardioverter-Defibrillator = ICD)
- wichtige Untersuchungen vor SM-Implantation: Elektrolyte (Kalium!), Borrelien-IgG + IgM, Digitoxinspiegel

Aufgrund der verschiedenen SM-Systeme und deren Möglichkeiten wurde ein 5stelliger Code entwickelt, der die Eigenschaften des SM-Systems angibt (Tab. 1.44).

Position	I	II	III	IV	V
Bedeutung	Stimulationsort	Detektionsort	Reaktionsart	Programmierbarkeit, Frequenzadaptation	antitachykarde Funktion
Kennbuchstaben	O = keine	O = keine	O = keine	O = keine	O = keine
	A = Vorhof	A = Vorhof	T = getriggert	P = einfach programmierbar (Frequenz und SM-Impuls)	P = Stimulation antitachyarrhythmisch
	V = Ventrikel	V = Ventrikel	I = inhibiert	M = multiprogrammierbar	S = Schock
	D = doppelt	D = doppelt	D = doppelt	C = Telemetrie	D = doppelt
				R = Frequenzadaptation	

Tab. 1.44: Herzschrittmacher-Code.

Funktionsweise und Indikation der wichtigsten SM-Systeme:

- AAI: Vorhofstimulation, bei erhaltener Vorhoferregung inhibiert (z.B. bei Sinusbradykardie, SA-Blockierung, Sinusknotenstillstand bei intakter AV-Überleitung!). Im Vgl. zum VVI-SM besseres Herzzeitvolumen durch Vorhof- und Kammerkontraktion
- VVI: Ventrikelstimulation, bei erhaltener Ventrikelerregung inhibiert (z.B. bei Bradyarrhythmie, Vorhofflattern bzw. -flimmern, hypersensitivem Karotissinus). Nachteil der retrograden Vorhoferregung. → RR-Abfall mögl., Herzzeitvolumen im Vgl. zu anderen (auch physiologischen) SM-Systemen reduziert (Abb. 1.12)

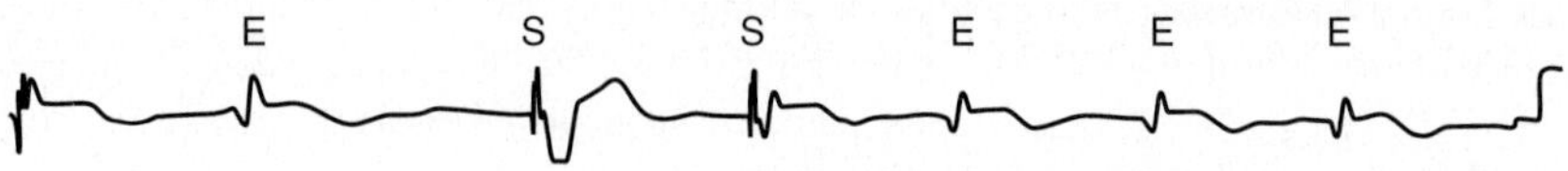

Abb. 1.12: SM im VVI-Modus: Nach der Eigenaktion (E) registriert der SM (eingestellte Frequenz: 70/min) keine nachfolgende Aktion und wird aktiviert. Es folgen zwei durch den SM ausgelöste Aktionen mit deformierten Kammerkomplexen. Die beiden SM-Spikes (S) sind deutlich zu erkennen (Abstand entspricht der eingestellten Frequenz). Im Anschluß folgen wieder Eigenaktionen (mittlere Frequenz 80/min).

- DDD: Vorhof- und/oder Ventrikelstimulation, bei erhaltener Vorhof- und/oder Ventrikelerregung inhibiert bzw. getriggert (z.B. bei Sick-Sinus-Syndrom [SSS] mit AV-Blockierung). Vorteil: Stimulation in physiologischer Reihenfolge, Überbrückung von AV-Blockierungen → Verbesserung des Herzzeitvolumens. Häufig werden DDD-SM implantiert und z.B. als AAI-SM programmiert. Treten im Verlauf (z.B. nach Jahren) AV-Blockierungen auf, so muß nur der SM umprogrammiert werden. Ist ein DDD-SM auf AAI programmiert, so ist der Stromverbrauch geringer → längere Haltbarkeit der Batterien

Wichtige Untersuchungen vor SM-Implantation:

- Elektrolyte (K^+!), Borrelien-IgG+IgM, Digitalisspiegel

Nach SM-Implantation: Überwachung, anschließend regelmäßige SM Kontrollen!

Perkutane Katheter-Ablation

- Indikation: *supraventrikuläre* (z.B. WPW-Syndrom) und auch ventrikuläre Tachykardien
- Nach vorausgegangener elektrophysiologischer Untersuchung, die den Ursprungsort und das Leitungsverhalten der Tachykardie aufzeigt, wird der Fokus bzw. die Leitungsbahn (z.B. His- oder Kent-Bündel) dauerhaft zerstört
- Methoden
  - Gleichstrom (2-4 kV, 100-300 Joule)
  - Hochfrequenzwechselstrom (500-1.000 KHz, bis 50 Watt)
- Nachteil: Nach Hisbündelablation kann es zu einem persistierenden AV-Block III° kommen → SM-Indikation

Chirurgische Therapie

Wie bei der perkutanen Katheter-Ablation ist auch hier präoperativ eine ausführliche elektrophysiologische Untersuchung notwendig.

Aufgrund der guten Erfolge der perkutanen Katheter-Ablation kommt die operative Behandlung bei Patienten mit rezidivierenden Tachykardien nur selten zum Einsatz.

- Hauptindikation für die antiarrhythmische Chirurgie sind heute Patienten mit Z.n. Vorderwandinfarkt und Vorderwandaneurysma. In diesem Bereich liegt häufig das ektope Automatiezentrum, welches dann mit dem Aneurysma exzidiert werden kann

Nachteil: Operationssterblichkeit 5-15 %

Spezielle Rhythmusstörungen

1.6.1. Reizbildungsstörungen

Sinusknotenbereich

Physiologischerweise gehen vom Sinusknoten rhythmische Erregungen mit einer Frequenz von 60-80 Schlägen/min aus. Nach Erregung der Vorhöfe (= P-Welle) und Überleitung auf die Kammern (PQ-Zeit: 0,12-0,20 s) erfolgt die Kammererregung (QRS-Komplex).

1.6.1.1. Sinusarrhythmie

Hier muß zwischen der respiratorischen und atmungsunabhängigen Sinusarrhythmie unterschieden werden:

- **respiratorische Sinusarrhythmie**

Die respiratorische Sinusarrhythmie mit inspiratorischer Frequenzbeschleunigung (PP-Intervall verkürzt) und exspiratorischer Frequenzverlangsamung ist vor allem bei jungen Menschen **physiologisch** (*Bainbridge-Reflex* bzw. Vaguseinfluß). Sie bedarf daher keiner Therapie.

- **nichtrespiratorische Sinusarrhythmie**

Die nichtrespiratorische Sinusarrhythmie weist unregelmäßig einfallende P-Wellen auf. Eine Beziehung zwischen In- und Exspiration ist nicht nachzuweisen. Nach normaler PQ-Zeit folgt der QRS-Komplex. Ursächlich ist von einer (hypoxischen oder entzündlichen) Schädigung im Sinusknotenbereich auszugehen. Eine Therapie per se ist nicht erforderlich, jedoch sollte die evtl. vorliegende KHK oder Myokarditis behandelt werden.

1.6.1.2. Sinusbradykardie

❑ **Definition, Ätiologie und Pathogenese**

Die Verlangsamung der normalen Sinusschlagfolge unter 60 Schläge/min wird als Sinusbradykardie bezeichnet!

Sie kann bei jungen und alten "Vagotonikern" und trainierten Sportlern physiologisch sein. Die Sinusbradykardie kann jedoch auch durch ein *Sick-Sinus-Syndrom* (SSS), Myxödem oder Hirndruck bedingt sein. Häufig ist sie durch die Pharmakotherapie mit ß-Blockern, Digitalis etc. bedingt.

❑ **Therapie**

Die Therapie richtet sich nach der Symptomatik

Bradykardien mit < 40 Schlägen/min → generell therapiebedürftig!

- Atropin bzw. Ipratropiumbromid (z.B. Itrop®), Orciprenalin (z.B. Alupent®) oder SM
- ggf. Absetzen anderer Pharmaka, Therapie des Myxödems oder Hirndrucksenkung

❑ **Sonderform**

● **Sinusknotenstillstand (Sinusarrest)**

Ursächlich kommen ischämische, entzündliche, toxische sowie andere Herzerkrankungen in Frage. Von klinischer Bedeutung ist jedoch vor allem der reflektorische Sinusarrest bei hypersensitivem Karotissinussyndrom: Druck auf den Hals oder Drehung bewirkt eine erhebliche Frequenzverlangsamung bzw. Asystolie für Sekunden → Bewußtseinsstörung. Ursächlich kann auch eine Halsrippe sein!

1.6.1.3. Sinustachykardie

❑ **Definition**

> Die Beschleunigung der normalen Sinusschlagfolge über 100 Schläge/min wird als Sinustachykardie bezeichnet!

Ekg: Es können sich neben verkürzten PP- bzw. RR-Abständen Erregungsrückbildungsstörungen (aszendierende ST-Senkungen) finden, die nicht mit horizontalen oder deszendierenden ST-Senkungen bei der koronaren Herzerkrankung verwechselt werden dürfen.

❑ **Ätiologie und Pathogenese**

Neugeborene, Säuglinge und Kleinkinder weisen physiologischerweise eine Sinustachykardie auf. Bei Erwachsenen findet sie sich bei psychischer (Erregung, Streß) oder physischer (Arbeit, Ergometrie) Belastung unter erhöhtem Sympathikotonus.

Fieber (1 °C Temperaturerhöhung = Erhöhung der Herzfrequenz um ca. 10 Schläge/min), Hyperthyreose, Lungenerkrankungen oder Hypoxie, Lungenembolie, Anämie, Blutung, Schock, Herzinsuffizienz, Myokarditis, Intoxikationen (z.B. anticholinerges Syndrom, *Scombrotoxismus* z.B. nach Genuß von Thunfisch-Pizza, *Chinarestaurant-Syndrom* etc.), Medikamente (z.B. β-Sympathomimetika, Atropin) und Genußmittel (Alkohol, Koffein, Nikotin) sowie das hyperkinetische Herzsyndrom können ebenfalls eine Sinustachykardie bedingen.

❑ **Therapie**

- Behandlung der Ursache

> *Merke*:
> Erstes Zeichen für das Ansprechen der Therapie bei o.g. Erkrankungen ist häufig der Rückgang der Herzfrequenz!

> *Merke:*
> Auch β-Sympathomimetika und Euphyllinderivate können zur Therapie indiziert sein: Ist die Tachykardie auf eine Dyspnoe bei obstruktiver Lungenerkrankung zurückzuführen, wird sie sich auf diese Therapie bessern, obwohl die Pharmaka selbst zu Tachykardien führen können!

- symptomatisch: evtl. Karotisdruck, Trinken eines Glases kalten Wassers, Valsalva-Preßversuch, ggf. Sedierung (Diazepam 5-10 mg i.v. oder per os), ß-Blocker oder Ca^{2+}-Antagonisten (s.o.). Scombrotoxismus: Antihistaminika

1.6.1.4. Vorhoftachykardie - supraventrikuläre Tachykardie

❑ **Definition**

Vom Vorhof ausgehende Tachykardie mit Frequenzen 150-250/min. Da die Tachykardie auch von verschiedenen Zentren (multifokal) oder vom AV-Knoten (nichtparoxysmale AV-junktionale Tachykardie) ausgehen kann, spricht man besser von einer *supraventrikulären Tachykardie*!

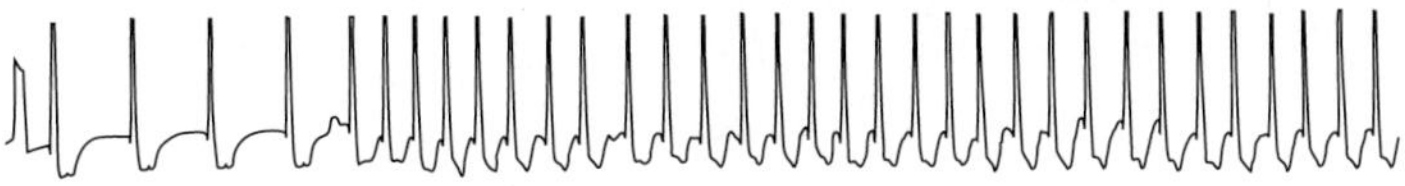

Abb. 1.13: Paroxysmale Tachyarrhythmie (mittlere Frequenz ~ 200/min). Vorher Sinusrhythmus (75/min). Eine Extrasystole löst die Tachykardie aus.

| *Ekg:* Es finden sich leicht deformierte P-Wellen (evtl. auch negativ oder fehlend).

❑ **Ätiologie und Pathogenese**

Ursache sind z.B. schwere Herzerkrankungen, chronisches Cor pulmonale, KHK, Alkoholabusus oder Überdigitalisierung.

Merke:
supraventrikuläre Tachykardie mit AV-Block dringender V.a. Überdigitalisierung.
Cave: Digitalis + Hypokaliämie

Andere supraventrikuläre Tachykardien werden durch Leitungsstörungen verursacht und dort behandelt.

1.6.1.5. Reentrytachykardie

| *Ekg:* Es zeigt sich eine Tachykardie mit regelmäßigen RR-Abständen und normal konfigurierten QRS-Komplexen. Die P-Wellen können in den QRS-Komplexen verborgen oder auch negativ sein. Nach dem Anfall ist das Ekg meist unauffällig.

- **paroxysmale AV-Knotentachykardie**
  - Sie stellt die häufigste Form der supraventrikulär ausgelösten paroxysmalen Tachykardie dar
  - Ursächlich ist ein Reentrymechanismus im Vorhof/AV-Knoten-Bereich, der durch unterschiedliche Leitungsgeschwindigkeiten und Refraktärzeiten verschiedener Bahnen im AV-Knoten unterhalten wird (☞ Abb. 1.14)

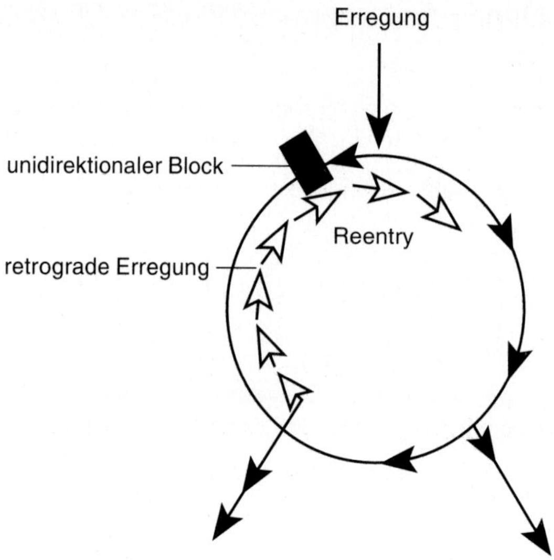

Abb. 1.14: Mechanismus der kreisenden Erregung (Reentry).

- Auftreten: häufig bei sonst jungen Gesunden, aber auch bei Herzerkrankungen wie KHK, Kardiomyopathien oder Klappenfehlern (z.B. Mitralklappenprolaps)

❑ Symptomatik

Bei Herzgesunden vor allem durch Schwindel, Palpitationen und Angst geprägt. Bei organisch Herzkranken kann es zu einer kritischen Verminderung des HZV und der Koronardurchblutung mit entsprechenden Symptomen kommen. Häufig findet sich eine Harnflut.

❑ Therapie

- Vagusreizung (☞ Kap. 1.6.1.3.)
- Ca^{2+}-Antagonisten oder β-Blocker (s.o.)
- Adenosin (z.B. Adrekar®)
  - Indikation: atrioventrikuläre Reentry-Tachykardie und AV-Knotentachykardie, die therapiebedürftig sind und auf bereits genannte Maßnahmen nicht ansprechen
  - Kontraindikation: AV-Block II° und III°, Sick-Sinus-Syndrom, Vorhofflimmern oder -flattern, verlängertes QT-Intervall, chronisch-obstruktive Lungenerkrankung
  - NW: Flush, Übelkeit, Erbrechen, Dyspnoe, Schwindel, Schwitzen, Sehstörungen, Brustschmerzen, Blutdruckabfall. Wegen teils potentiell lebensbedrohlicher Herzrhythmusstörungen (schwere Bradykardien, Torsade de pointes, Kammerflimmern, Asystolie) Anwendung nur unter Ekg-Kontrolle und intensivmedizinischen Bedingungen (Möglichkeit der Reanimation, Defibrillation und Schrittmachertherapie). Dipyridamol kann die Adenosinwirkung steigern, Euphyllinderivate sind dagegen starke Adenosininhibitoren
  - Dosierung: initial 3 mg Adenosin i.v. als Bolus, falls nach 1-2 min kein Erfolg: 6 mg Adenosin i.v. als Bolus, falls nach 1-2 min kein Erfolg: 9 mg Adenosin i.v. als Bolus, falls nach 1-2 min kein Erfolg: 12 mg Adenosin i.v. als Bolus

1.6.1.6. Präexzitationssyndrome (Antesystoliesyndrome)

❑ **Definition, Ätiologie und Pathogenese**

Bei den Präexzitationssyndromen finden sich akzessorisch Bahnen, über die die Vorhoferregung aberrant und schnell auf die Ventrikel übergeleitet wird. Die pathologisch-anatomischen Veränderungen sind in der Regel angeboren. Es können paroxysmale Tachykardien ausgelöst werden, die durch einen Reentrymechanismus unterhalten werden.

- **Wolff-Parkinson-White-(WPW)-Syndrom**
  - patholog.-anat. akzessorische Bahn: Kent-Bündel

  Ekg: verkürzte PQ-Zeit (0,08-0,11 s) und eine Delta-Welle im aufsteigenden R-Schenkel. Der QRS-Komplex kann dadurch schenkelblockartig deformiert erscheinen:

Typ A - sternalpositiv: Delta-Welle und QRS in V_1 und V_2 positiv
Typ B - sternalnegativ: Delta-Welle und QRS in V_1 und V_2 negativ

- **Lown-Ganong-Levine-(LGL)-Syndrom**
  - patholog.-anat. akzessorische Bahn: James-Bündel

  Ekg: verkürzte PQ-Zeit (0,08-0,11 s). Eine Delta-Welle fehlt, die Kammerkomplexe sind normal konfiguriert.

- **Mahaim-Syndrom**
  - patholog.-anat. akzessorische Bahn: Mahaim-Bündel

  Ekg: normale PQ-Zeit (> 0,12 s), eine Delta-Welle im aufsteigenden R-Schenkel. Der QRS-Komplex kann dadurch schenkelblockartig deformiert erscheinen.

❑ **Therapie**

- Neben Vagusstimulation ist Ajmalin (s.o.) Mittel der ersten Wahl zur Beendigung einer Tachykardie bei Präexzitationssyndromen. Verapamil und Digitalis sind kontraindiziert
- Die Patienten sollten elektrophysiologisch untersucht und ggf. eine perkutane Katheter-Ablation durchgeführt werden. Evtl. Implantation eines antitachykarden SM
- in der Akutsituation bei malignen Tachykardien: Overdrive-Pacing oder Kardioversion

1.6.1.7. Vorhofflattern / Vorhofflimmern

❑ **Definition**

Sehr schnelle (200-350/min) geordnete (Flattern) bzw. sehr schnelle (> 350/min) ungeordnete (Flimmern) Vorhoferregungen.

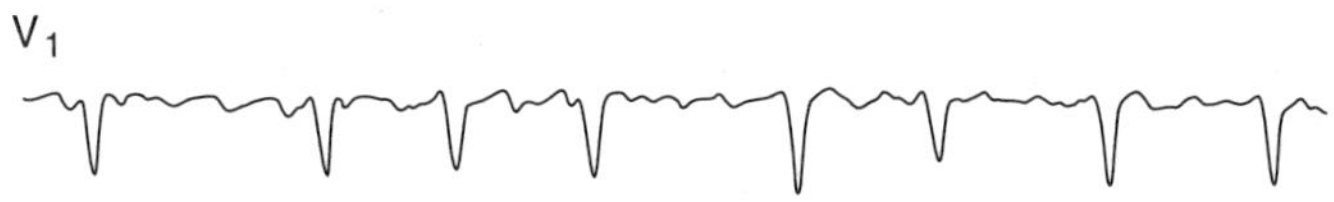

Abb. 1.15: Vorhofflimmern/-flattern (sägezahnartig), QRS-Komplexe in unregelmäßiger Folge. Kammerfrequenz ca. 145/min (Tachyarrhythmia absoluta).

Flattern wird häufig in konstantem Verhältnis (z.B. 2:1, 3:1 etc.), Flimmern unregelmäßig auf die Kammern übergeleitet, die dann teils regelmäßig bzw. absolut arrhythmisch mit mittleren Frequenzen zwischen 80-170 Schlägen/min schlagen.

Ekg: Man kann entweder sägezahnartige Flatterwellen oder Flimmerwellen kleiner Amplitude (→ Abl. V_1) erkennen (Abb. 1.15). Die RR-Abstände können nahezu regelmäßig oder unregelmäßig, die QRS-Komplexe, falls keine intraventrikulären Erregungsleitungsstörungen vorliegen, normal konfiguriert sein.

> Insbesondere beim Vorhofflimmern kann eine Bradyarrhythmia oder Tachyarrhythmia absoluta vorliegen!

❑ Ätiologie und Pathogenese

Pathogenese: Reentry-Mechanismus im Vorhof, hochfrequente Erregungsbildung in einem ektopen Vorhofzentrum.

Vorhofflimmern findet sich bei ca. 0,4 % der Erwachsenen.

Ursächlich sind organische Herzerkrankungen wie KHK, Myokarditis, hämodynamische Überlastung der Vorhöfe bei z.B. Mitralvitien, arterieller oder pulmonaler Hypertonie, Hyperthyreose, Alkoholgenuß (*Weekend-disease* bzw. *Holiday-Heart-Syndrom*), Sick-Sinus-Syndrom (SSS) und Präexzitationssyndrome. Auch im Rahmen eines Myokardinfarktes oder einer Lungenembolie kann Vorhofflimmern akut auftreten.

❑ Symptomatik

Durch den Wegfall der koordinierten Vorhofkontraktion sinkt das HZV um 20-25 %. Diese Minderung der Herzleistung wird vor allem bei bereits vorbestehender Herzinsuffizienz klinisch relevant. Zudem sinkt das Herzzeitvolumen sowohl bei brady- als auch tachykarden Formen der absoluten Arrhythmie. Neben Symptomen der Herzinsuffizienz klagen die Patienten häufig über Schwindel und Synkopen, die auch durch *thromboembolische Ereignisse* (Fokus → linker Vorhof) bedingt sein können (Inzidenz von apoplektischen Insulten bis 17fach erhöht). Zudem sind arterielle Embolien in die Extremitäten oder ins Mesenterium häufig. Weitere Symptome: Herzklopfen (unregelmäßiger Puls evtl. mit Pulsdefizit).

> Pulsdefizit = auskultatorisch bestimmte Herzfrequenz - palpatorisch bestimmte Herzfrequenz

❑ Therapie

Rhythmisierungsversuch nach Ausschluß eines Vorhofthrombus mittels (transösophagealer) Echokardiographie oder unter Antikoagulation, da die Gefahr besteht, daß ein Vorhofthrombus beim Umschlag vom Vorhofflimmern in den Sinusrhythmus zum Embolus wird. Die o.g. Ursachen sollten soweit möglich beseitigt - Serumelektrolyte normalisiert - sein. Bei Mitralvitien der Stadien III-IV, bei vergrößertem linken Vorhof sowie bei bereits lange bestehendem Vorhofflimmern oder -flattern sinkt die Chance zur Rhythmisierung. Bei einem SSS besteht zudem die Möglichkeit bradykarder Herzrhythmusstörungen (bis Asystolie → Therapie: Atropin/SM).

- medikamentös: Digitalis (☞ Antiarrhythmikum der Klasse Ia oder Ic, z.B. Chinidin)
- Kardioversion: s.o. (Beginn mit 50 Joule)

Falls eine Rhythmisierung nicht möglich erscheint, sollte eine Normalisierung der Kammerfrequenz Therapieziel sein. Hierzu ist eine schnelle Digitalisierung und evtl. zusätzlich Verapamil (s.o.) indiziert.

Ist das Vorhofflimmern durch eine Hyperthyreose oder sympathikoton bedingt, sollte eine Therapie mit β-Blockern versucht werden. Evtl. kann, falls die Kammerfrequenz medikamentös nicht kontrolliert werden kann, eine His-Bündel-Ablation indiziert sein.

Eine Langzeittherapie mit Antikoagulanzien (Vitamin K-Antagonisten) ist im Einzelfall zu überdenken!

1.6.1.8. AV-Knoten-Rhythmus oder AV-junktionaler Rhythmus

❑ Definition

Da der AV-Knoten selbst keine Schrittmacherfunktion ausübt, spricht man besser vom *AV-junktionalen Rhythmus*. Auch die Bezeichnungen oberer, mittlerer und unterer Knotenrhythmus sind anatomischen Strukturen nicht direkt zuzuordnen.

Es handelt sich um sekundäre Schrittmacherzentren im Vorhofbereich bzw. His-Bündel - AV-Knoten nah. Bei Frequenzabfall im Sinusknoten schlagen diese Ersatzzentren mit ihrer Eigenfrequenz (35-50/min).

Ekg: Bradykardie, negative P-Wellen in II,III und aVF bei normal konfigurierten QRS-Komplexen. Die P-Wellen liegen vor dem QRS-Komplex (PQ-Zeit ≤ 0,12 s) beim oberen, fehlen bzw. sind im QRS-Komplex gelegen beim mittleren, oder nach dem QRS-Komplex beim unteren AV-Knotenrhythmus (Abb. 1.16).

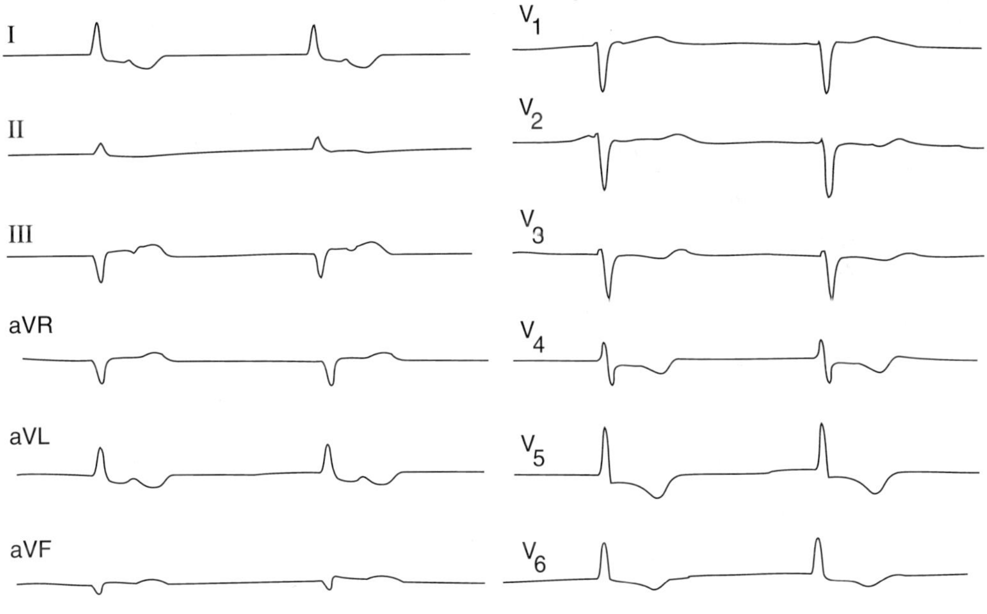

Abb. 1.16: AV-junktionaler Knotenrhythmus: Frequenz 52/min; P-Wellen finden sich (spät) nach dem QRS-Komplex.

❑ Ätiologie und Pathogenese

Ein AV-junktionaler Rhythmus kann bei Vagotonikern auftreten. Er findet sich jedoch auch bei organischen Herzschädigungen, z.B. beim Sinusarrest oder SA-Blockierungen.

❑ Therapie

- ggf. Atropin bzw. Ipratropiumbromid (z.B. Itrop®), Orciprenalin (z.B. Alupent®)

1.6.1.9. Ventrikuläre Tachykardie

❑ Definition

Spontan oder durch Extrasystole ausgelöste Tachykardie (100-200 Schläge/min), die ihren Ursprung im Ventrikelsystem hat.

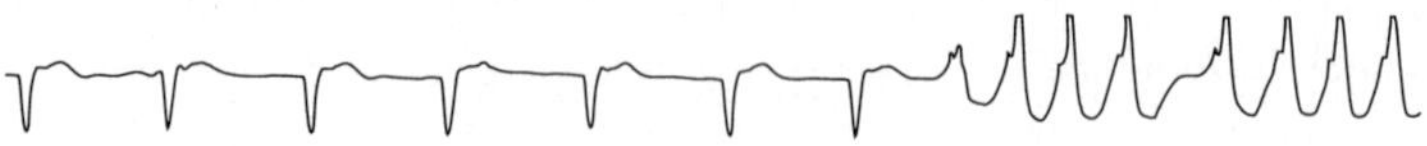

Abb. 1.17: Plötzlich auftretende ventrikuläre Tachykardie/Kammersalve, die selbstlimitierend war.

Ekg: schenkelblockartig deformierte Kammerkomplexe in regelmäßiger, tachykarder Folge. Die QRS-Komplexe können in Größe und Form variieren. P-Wellen sind nicht zu erkennen oder durchwandern mit niedriger Frequenz die QRS-Komplexe (Abb. 1.17).

❑ Ätiologie und Pathogenese

Ursächlich ist meist ein Reentry-Mechanismus (im Purkinje-System). Er ist meist Ausdruck einer schweren organischen Herzerkrankung (KHK, Kardiomyopathie) und findet sich häufig im Rahmen eines akuten Myokardinfarktes. Außerdem muß an Intoxikationen, besonders mit Antiarrhythmika (Digitalis, Flecainid etc.) gedacht werden. Selten findet sich die ventrikuläre Arrhythmie auch bei (sonst) Gesunden ohne nachweisbare Herzerkrankung (z.B. *Typ Gallavardin*).

❑ Differentialdiagnose

Differentialdiagnostisch müssen diese gefährlichen Rhythmusstörungen von supraventrikulären Tachykardien mit Schenkelblockbildern oder aberranter intraventrikulärer Erregung abgegrenzt werden (Tab. 1.45).

- QRS-Breite > 0,14 s
- Rr'-Komplex in V_1 ("Kaninchenohr-Muster")
- QS- oder rS-Komplex in V_6
- QRS-Konkordanz V_{1-6} (alle QRS-Komplexe positiv oder negativ)
- Lage-Typ nach links verlagert
- AV-Dissoziation evtl. retrograde Vorhoferregung
- Kombinationssystolen
- captured beats
- negativer Karotisdruckversuch

Tab. 1.45: Merkmale der Kammertachykardie.

Merke:
P-Wellen vor den QRS-Komplexen beweisen **nicht** den supraventrikulären Ursprung der Tachykardie mit breiten Kammerkomplexen! → retrograde Vorhoferregung möglich!

● Captured beat

Eine Vorhoferregung wird auf das Kammermyokard übergeleitet und führt zu einer Erregung, die einen normalen oder annähernd normalen QRS-Komplex aufweist und im Vgl. zu den übrigen Kammeraktionen vorzeitig ist.

• Kombinationssystole

Wird bei einem captured beat nur ein Teil des Myokards durch das supraventrikuläre und der übrige Ventrikel durch das ektope Zentrum erregt, kommt es zu einer sog. Fusions- oder Kombinationssystole.

❑ Symptomatik

Die Klinik variiert zwischen Herzrasen, Angstgefühl, Stenokardien, Dyspnoe bis Lungenödem und kardiogenem Schock. Zudem besteht die Gefahr des Übergangs in Kammerflimmern.

Kammertachykardien sind häufige Ursachen des plötzlichen Herztodes!

❑ Therapie

An Elektrolytstörungen und Intoxikationen/Überdosierungen denken!

- medikamentös
  - Lidocain (z.B. Xylocain®) 100 mg i.v., ggf. anschließend DTI (insbesondere bei Vorliegen eines Myokardinfarktes!)
  - Ajmalin (z.B. Gilurytmal®) 25-50 mg i.v. (insbesondere bei Tachykardie mit breiten Kammerkomplexen unklaren Ursprungs)
  - zusätzlich Magnesium i.v.
- falls medikamentös kein Erfolg: Defibrillation! *Cave:* Digitalisintoxikation!
- Digitalisintoxikation: Phenytoin (z.B. Phenhydan®) 125 mg i.v. oder Antidottherapie (Digitalis-Antidot BM®)

Im Anschluß an die Behandlung der akuten Kammertachykardie muß eine umfassende kardiale Abklärung erfolgen. Eine bestehende Herzinsuffizienz sollte bestmöglich therapiert werden. Dabei können ACE-Hemmer einen günstigen Einfluß auf ventrikuläre Rhythmusstörungen haben. Die Elektrolyte - insbesondere Kalium und Magnesium sollten normalisiert sein. Aufgrund der CAST-Studie und den Zwischenergebnissen verschiedener prospektiver Studien, ist die Indikation zur medikamentösen antiarrhythmischen Langzeittherapie äußerst kritisch zu stellen. Die Methode der Wahl zur medikamentösen Einstellung ist die programmierte Stimulation. Unter Therapie sollten QRS-Breite, QT-Zeit und Belastungs-Ekg kontrolliert werden.

Keine Indikation zur medikamentösen antiarrhythmischen Langzeittherapie besteht bei Patienten mit asymptomatischen oder nur gering symptomatischen ventrikulären Arrhythmien, sofern keine organische Herzkrankheit oder wenn bei einer KHK die EF > 40 % ist. Hier ist ggf. nur die Therapie mit einem β-Blocker (ohne ISA) empfohlen. Eine absolute Indikation besteht hingegen bei Patienten mit anhaltenden Kammertachykardien oder -flimmern und bei tachykarden Rhythmusstörungen bei Z.n. Kreislaufstillstand. Ausgenommen sind jedoch davon Patienten, die diese Rhythmusstörungen im Rahmen eines akuten Myokardinfarktes erlitten. Außerdem ist bei KHK-Patienten mit einer reduzierten EF (< 40 %) und ventrikulären Rhythmusstörungen eine Indikation gegeben. Als alternative Therapiemöglichkeiten sind die Implantation eines ICDs, evtl. die perkutane Katheter-Ablation oder chirurgische Intervention, anzusehen.

❑ Sonderform

Ventrikuläre Tachykardie bei (arrhythmogener) *rechtsventrikulärer Dysplasie* (kongenital). Im Anfall zeigt sich ein Linksschenkelblock, zwischen den Anfällen ein (in-)kompletter Rechtsschenkelblock oder ST-Streckenveränderungen V_{1-3}. Die Dysplasie kann evtl. echokardiographisch oder ventrikulographisch nachgewiesen werden.

1.6.1.10. Torsade de pointes

❑ **Definition**

Form der Kammertachykardie (bzw. des Kammerflatterns), die anfallsweise auftritt und bei der sich die Achse der QRS-Komplexe fortwährend um die isoelektrische Linie dreht.

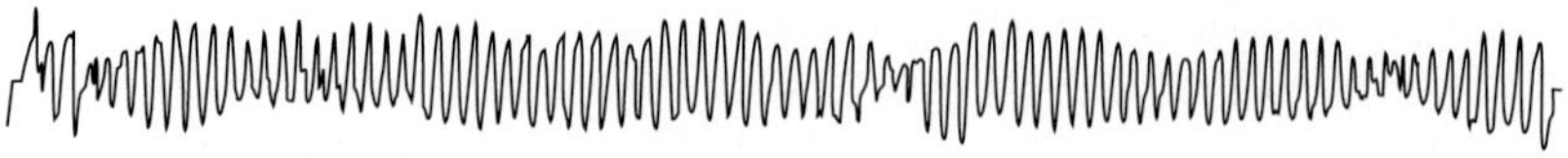

Abb. 1.18: Torsade de pointes: Kammertachykardie bzw. Kammerflattern mit ständiger Veränderung der elektrischen Herzachse.

Ekg: permanente Veränderung der Ekg-Amplitude. Die Diagnose wird durch Registrierung mehrerer Ableitungen simultan erleichtert und durch Selbstlimitierung der Tachykardie nach einigen Schlägen oft erschwert. Zwischen den Anfällen ist der Nachweis einer QT-Verlängerung oder eines AV-Blocks charakteristisch (Abb. 1.18).

❑ **Symptomatik**

Die Symptomatik wird im Anfall durch die Herabsetzung des HZV bedingt.

❑ **Therapie**

- Therapie im Anfall: Mg^{2+} i.v., Ausgleich einer evtl. Hypokaliämie, Lidocain, ggf. Defibrillation
- Die prophylaktische Therapie besteht u.a. in der Elektrolytsubstitution (Mg^{2+}, K^+) und z.B. β-Blockern (Typ Metoprolol). Bei AV-Block oder auch im Anfall kann ein Versuch mit Orciprenalin indiziert sein

1.6.1.11. Kongenitale QT-Verlängerung

- **Jervell-Lange-Nielsen Syndrom** (autosomal-rezessiv, mit Taubheit)
- **Romano-Ward-Syndrom** (autosomal-dominant, ohne Taubheit)

Bei beiden Syndromen können aufgrund der QT-Verlängerung ventrikuläre Tachykardien bzw. Kammerflattern und Kammerflimmern ausgelöst werden.

1.6.1.12. Kammerflattern und Kammerflimmern

❑ **Definition**

Tachykarde (200-300/min) Kammerkontraktion mit Übergang in völlig unkoordinierte Zuckungen des Myokards beim Kammerflimmern (> 300/min).

Ekg: Es finden sich beim Kammerflattern hochfrequente wellen- bzw. zackenförmige Ausschläge mit großer Amplitude. Beim Flimmern mit entsprechend höherer Frequenz unterscheidet man je nach Amplitude zwischen grobem und feinem Kammerflimmern.

❑ **Ätiologie und Pathogenese**

Vorkommen: akuter Myokardinfarkt, Hypoxie, Elektrounfälle (Strom- oder Blitzschlag), Intoxikationen, QT-Syndrome, Präexzitationssyndrome und iatrogen (z.B. SM-Implantation).

Pathogenese: ☞ Kap. 1.6.1.7.

❑ Symptomatik

Da das HZV drastisch vermindert ist (beim Kammerflimmern keine Auswurfleistung!) kommt es zum Bewußtseinsverlust, kardiogenen Schock, Atemstillstand und nach Übergang in Kammerflimmern unbehandelt innerhalb von Minuten zum Tod.

Kammerflattern und Kammerflimmern sind absolute Notfälle!

- wichtigste Erstmaßnahme: Defibrillation
- falls nicht möglich oder ohne Erfolg: Reanimation
- medikamentös: Lidocain (z.B. Xylocain®) 100 mg i.v. (Mittel der 1.Wahl)

1.6.1.13. Extrasystolen - Ersatzsystolen - Parasystolen

❑ Definition, Ätiologie und Pathogenese

Extrasystolen (ES) sind Kontraktionen des Herzens, die in bezug auf den Grundrhythmus **vorzeitig** einfallen.

Extrasystolen können an die vorhergehende Erregung angekoppelt sein und damit in konstantem Zeitintervall nach der Erregung des Grundrhythmus auftreten. Man unterscheidet dann z.B. 2:1, 3:1 etc. gekoppelte ES (Abb. 1.19), je nachdem, wie viele normale Erregungen vorausgehen. Folgt jedem Normalschlag eine ES spricht man von einem Bigeminus (Abb. 1.20), folgen jedem Normalschlag zwei ES vom Trigeminus (Abb. 1.21). Eine nichtkompensatorische Pause liegt vor, wenn das Intervall zwischen zwei R-Zacken des Grundrhythmus, in das die ES fällt, länger als der normale Grundrhythmus ist. Fehlt die extrasystolische Pause, spricht man von einer interponierten ES. Eine kompensatorische Pause liegt vor wenn das RR-Intervall in dem die ES liegt zwei RR-Intervallen des Grundrhythmus entspricht (Abb. 1.19). ES stammen aus ektopen Zentren, d.h. gehen nicht vom Sinusknoten aus. Man unterscheidet supraventrikuläre und ventrikuläre ES.

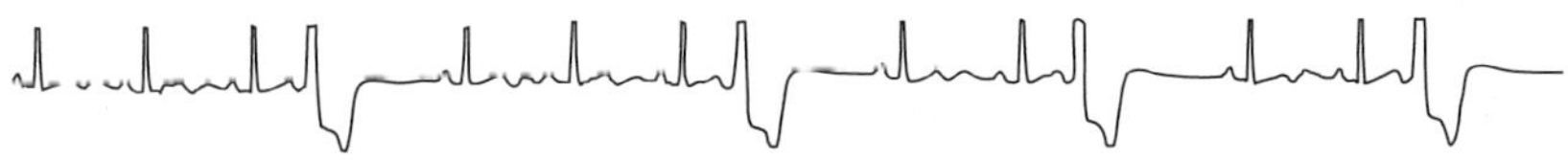

Abb. 1.19: Ventrikuläre Extrasystolen.
Bei regelmäßigem Sinusgrundrhythmus fallen monomorphe ventrikuläre Extrasystolen (→ vorzeitig; deformierte QRS-Komplexe) anfangs 3:1, dann 2:1 gekoppelt ein. Anschließend kompensatorische Pause.

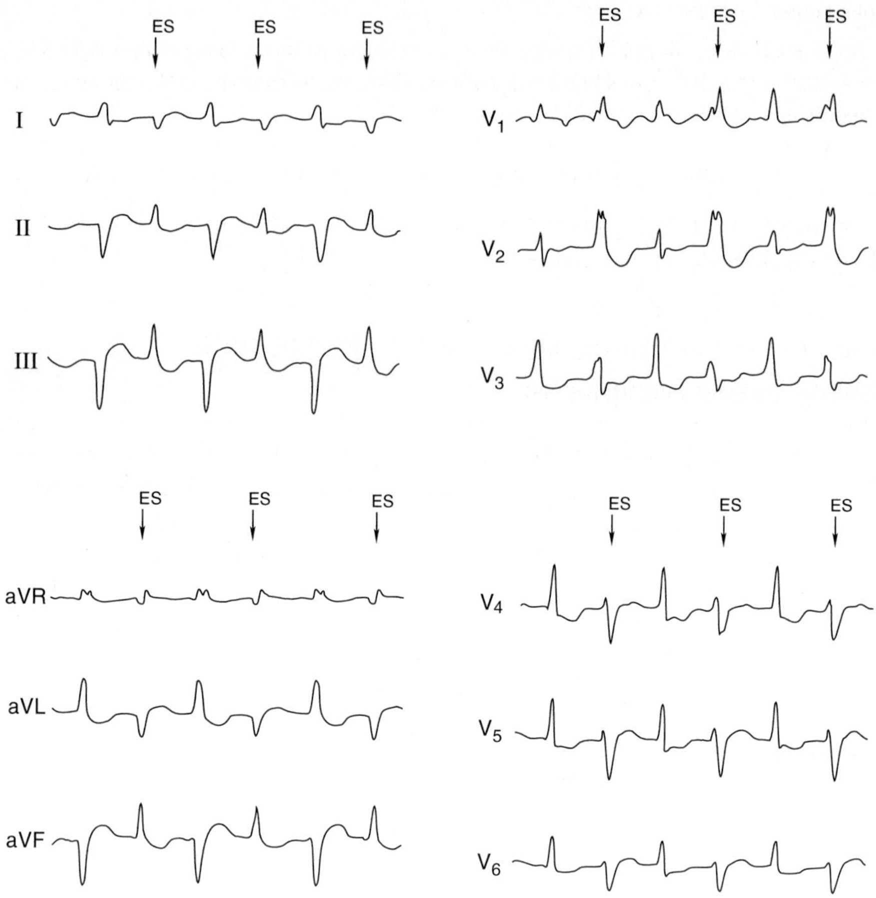

Abb. 1.20: Bigeminus: überdrehter Linkstyp; linksanteriorer Hemiblock: Die als Bigeminus auftretenden Extrasystolen sind rechtsschenkelblockartig deformiert (kompl. RSB).

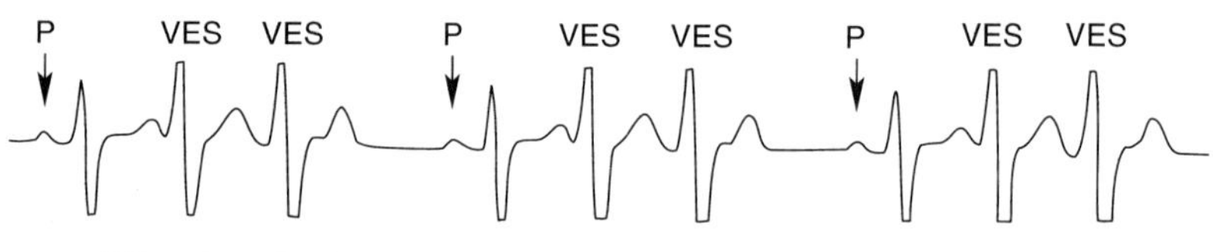

Abb. 1.21: Trigeminus: je eine Aktion des Sinusgrundrhythmus wird von zwei ventrikulären Extrasystolen gefolgt.

● **supraventrikuläre Extrasystolen (SVES)**

❑ **Definition**

SVES können vom Vorhof oder AV-Knotenbereich (AV-junktionale ES) ausgehen.

Ekg: Es finden sich mit entsprechend konfigurierten P-Wellen schlanke QRS-Komplexe (Ausnahme: aberrierende Leitung), die vorzeitig einfallen.

❑ Ätiologie und Pathogenese

Die Ursachen sind multifaktoriell. SVES finden sich bei Herzgesunden (bis zu 200 ES/24 h), oft nach Alkohol- oder Kaffeegenuß. Die Patienten verspüren häufig nur ein Herzstolpern. Im Serum sollte das Kalium und ggf. der Digitalisspiegel überprüft werden.

❑ Therapie

Eine Therapie ist in der Regel nicht notwendig. Lösen die SVES paroxysmale Tachykardien oder Vorhofflimmern aus, kann ein Therapieversuch mit β-Blockern oder Ca^{2+}-Antagonisten (z.B. Verapamil) unternommen werden.

● ventrikuläre Extrasystolen (VES)

❑ Definition

VES haben ihren ektopen Ursprung im Ventrikel.

> *Ekg:* vorzeitig einfallender, verbreiterter, schenkelblockartig deformierter QRS-Komplex mit anschließenden Erregungsrückbildungsstörungen. Bei rechtsventrikulärem Ursprung ist die VES linksschenkelblockartig, bei linksventrikulärem Ursprung rechtsschenkelblockartig deformiert. Der VES folgt eine kompensatorische Pause (Abb. 1.19).

Meist finden sich monomorphe, d.h. gleichförmige VES. Unterscheiden sich die QRS-Komplexe der VES, so spricht man von polymorphen VES. Da diese meist auch aus verschiedenen ektopen Zentren stammen, wird häufig auch von polytopen VES gesprochen. VES können gekoppelt oder in Gruppen (Paarbildung, Salven: ☞ Abb. 1.22 und 1.23) auftreten oder sehr früh einfallen. Sie unterscheiden sich dabei hinsichtlich der Prognose entscheidend und wurden daher von LOWN entsprechend klassifiziert (Tab. 1.47).

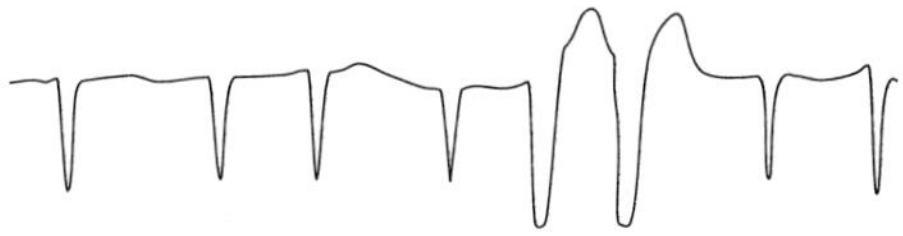

Abb. 1.22: Absolute Arrhythmie, 1 Couplet (Paarbildung).

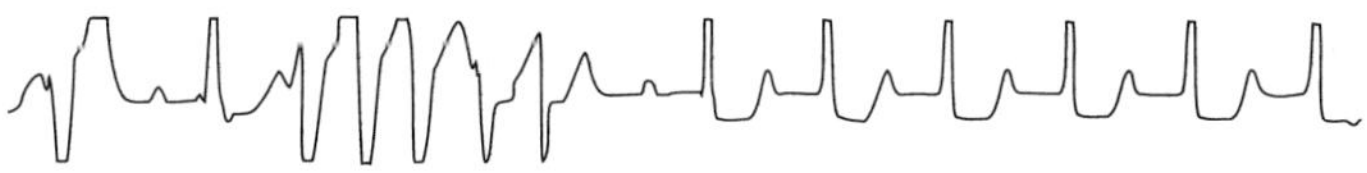

Abb. 1.23: Fünf ventrikuläre Extrasystolen als Salve.

0	keine VES
I	monomorphe VES (< 30/h)
II	monomorphe VES (≥ 30/h)
III a	polymorphe VES
III b	Bigeminus
IV a	Couplets - Paarbildung
IV b	Salven (> 2 konsekutive VES)
V	VES mit R auf T - Phänomen

Tab. 1.47: Klassifikation ventrikulärer Rhythmusstörungen nach LOWN.

❑ Ätiologie und Pathogenese

Auch Gesunde weisen im Langzeit-Ekg VES auf (unter 40 Jahre bis 100 VES/24 h, darüber bis 200 VES/24 h).

Insbesondere bei komplexeren VES liegt häufig eine organische Herzerkrankung zugrunde. Intoxikationen oder NW verschiedener Pharmaka, Elektrolytstörungen wie auch Hypoxie kommen als Ursachen in Frage.

Früh einfallende VES zeichnen sich durch ein herabgesetztes Schlagvolumen aus, was sich z.B. beim Bigeminus in einem deutlichen Pulsdefizit mit entsprechend herabgesetzten HZV äußern kann. Zudem besteht die Möglichkeit, daß eine frühzeitig, in die vulnerable Phase, einfallende VES Kammerflimmern auslösen kann. Ein sog. R auf T-Phänomen (VES fällt in die vulnerable Phase) liegt vor, wenn der Vorzeitigkeitsindex (VZI) < 1 ist.

Die Symptome ähneln den SVES.

Vorzeitigkeitsindex (VZI)

$$VZI = \frac{Q_N - Q_{ES}}{Q_N - T_N}$$

$Q_N - Q_{ES}$: Intervall zwischen Normal- und Extrasystole
$Q_N - T_N$: normale Erregungsdauer

❑ Therapie

- Bei sonst Gesunden sollten Noxen (z.B. Alkohol) gemieden werden. Evtl. Sedierung oder β-Blockertherapie. Normalisierung von Elektrolyten (K^+, Mg^{2+}). Bei Erkrankungen wie KHK, Herzinsuffizienz, Lungenerkrankungen, Hyperthyreose sollten primär diese gut eingestellt werden

Im akuten Myokardinfarkt ist Lidocain Mittel der 1. Wahl!

- Für die Langzeittherapie gilt oben bei Kammertachykardien genanntes analog. Prinzipiell ist das Risiko bei Patienten mit komplexen VES und chronisch koronarer Herzerkrankung, verminderter Ejektionsfraktion oder Herzinsuffizienz an plötzlichem Herztod zu versterben, erhöht. Als wichtiger prognostischer Hinweis haben sich ventrikuläre Spätpotentiale erwiesen. Hierzu erfolgt die Untersuchung mit einem hochverstärkten, signalgemittelten Ekg

● Ersatzsystolen

❑ Definition, Ätiologie und Pathogenese

Ersatzsystolen (Escape beats) sind Herzaktionen, die durch sekundäre (AV-Knotenbereich) oder tertiäre (Ventrikel) Zentren (Abb. 1.24) ausgelöst werden, wenn die Sinusknotenfrequenz unter die Eigenfrequenz der genannten Zentren absinkt oder durch Blockierungen nicht zu diesen weitergeleitet wird. Unterbleiben die normalen Erregungen permanent, so kann sich ein *Ersatzrhythmus* ausbilden.

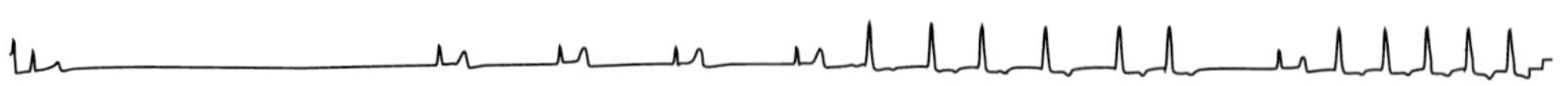

Abb. 1.24: Tertiäres Schrittmacherzentrum: nach ca. 5 Sekunden Asystolie setzt ein tertiäres Schrittmacherzentrum ein (Frequenz 38 Schläge/min). Im Verlauf absolute Arrhythmie (80 Schläge/min). Nach 6 Aktionen tritt nach kurzer Asystolie eine Ersatzsystole auf.

❑ Therapie

Ein Therapieversuch muß darauf ausgerichtet sein, die Ursache, die für die Entstehung der Ersatzsystolen verantwortlich ist, zu beseitigen.

● Parasystolen

❑ Definition, Ätiologie und Pathogenese

Parasystolen sind Herzaktionen, die von einem zweiten Schrittmacherzentrum, das unabhängig vom ersten Schrittmacherzentrum arbeitet, ausgelöst werden. Es besteht somit kein festes Kopplungsintervall zwischen Normalschlag und Parasystole.

Die Frequenz des zweiten Schrittmacherzentrums ergibt sich aus dem kürzesten Intervall zweier Parasystolen.

Die Parasystolie fand sich früher häufig unter SM, heute z.B. bei KHK, entzündlichen Herzerkrankungen oder unter Digitalis.

1.6.2. Störungen der Erregungsleitung

1.6.2.1. Sinuatriale (SA)-Blockierungen

❑ Definition

Unter einer SA-Blockierung versteht man die Verzögerung bzw. Unterbrechung der Überleitung vom Sinusknoten zum Vorhofmyokard.

Man unterscheidet drei Grade des SA-Blocks:

- *SA-Block I°*
  Verzögerung der Erregungsleitung zwischen Sinusknoten und Vorhofmyokard. Er ist im Ekg nicht zu erfassen, da sich nur die Vorhoferregung (P-Welle) abzeichnet, die Sinusknotenerregung hingegen nicht
- *SA-Block II°*
  - *Typ I (Wenckebach)* zeigt eine progressive Leitungsverzögerung bis schließlich eine Sinuserregung nicht auf das Vorhofmyokard übergeleitet wird. Im Ekg finden sich immer kürzer werdende PP-Intervalle bis schließlich ein langes PP-Intervall auftritt, das jedoch kürzer ist als das Doppelte des vorausgegangenen PP-Intervalls
  - *Typ II (Mobitz)* zeigt bei vorausgegangenen konstanten PP-Intervallen plötzlich den Ausfall einer Herzaktion inkl. P-Welle. Die entstandene Pause ist doppelt so lang wie das normale PP-Intervall
- *SA-Block III°*
  Die Sinuserregung wird nicht übergeleitet. Es besteht eine Asystolie bis die Sinuserregung wieder übergeleitet wird oder ein sekundäres oder tertiäres Zentrum die Schrittmacherfunktion übernimmt. Im Ekg findet sich eine isoelektrische Linie ohne P-Wellen (Abb. 1.25). Der SA-Block III° kann dabei nicht von einem Sinusknotenstillstand unterschieden werden

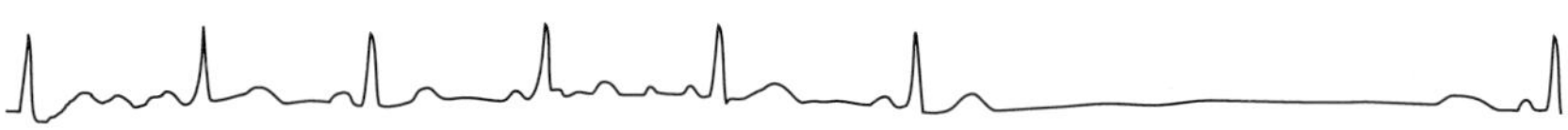

Abb. 1.25: SA-Block III°, fehlende P-Wellen, isoelektrische Linie; Asystoliedauer von 3 Sekunden.

❑ **Ätiologie und Pathogenese**

Gelegentliche SA-Blockierungen werden u.a. häufig bei Kindern und Hochleistungssportlern beobachtet. Sie finden sich vor allem bei erhöhtem Vagotonus. Auch das Syndrom des hypersensitiven Karotissinus ist häufig durch eine SA-Blockierung bedingt. Außerdem kann eine KHK, entzündliche Herzerkrankung, Überdosierung oder Intoxikation zu SA-Blockierungen führen. Häufig finden sich SA-Blockierungen beim Syndrom des kranken Sinusknotens (Sick-Sinus-Syndrom → SSS, ☞ Kap. 1.6.2.2.).

❑ **Symptomatik**

Die Symptomatik hängt davon ab, ob und wie viele Herzaktionen ausfallen. Insbesondere beim SA-Block III° kommt es häufig zu Schwindel und Synkopen.

❑ **Therapie**

Neben der Behandlung der Grundursache, muß insbesondere der SA-Block III° per se therapiert werden. Atropin bzw. Ipratropiumbromid (z.B. Itrop®) und ggf. Orciprenalin (z.B. Alupent®) sind Mittel der Wahl. Bei häufigen SA-Blockierungen III° insbesondere mit *Morgagni-Adams-Stokes (MAS)-Anfällen* wird eine SM-Therapie empfohlen.

> *Morgagni-Adams-Stokes-Anfall:*
> Kardial bedingte Synkope, evtl. mit Krämpfen. Vorkommen bei extremer Bradykardie, Asystolie, Kammerflattern oder Kammerflimmern. Falls der Anfall sich nicht selbst limitiert oder durch adäquate Therapie beendet wird, führt er innerhalb von Minuten zum Tod durch zerebrale Hypoxämie. Ein überlebter MAS-Anfall hat ohne nachfolgende kardiale Abklärung und Therapie eine schlechte Prognose.

1.6.2.2. Syndrom des kranken Sinusknotens (Sick-Sinus-Syndrom → SSS)

❑ **Definition**

Das Sick-Sinus-Syndrom (LOWN) erhielt von Kaplan et al. die mehr beschreibende Bezeichnung Tachykardie-Bradykardie-Syndrom. Eine weitere Bezeichnung ist auch die Sinusknotendysfunktion.

> Das Sick-Sinus-Syndrom (SSS) ist durch bradykarde Phasen mit Sinusbradykardie oder SA-Blockierung und andererseits durch tachykarde Phasen mit vorwiegend absoluter Arrhythmie bei Vorhofflimmern charakterisiert.

❑ **Ätiologie und Pathogenese**

Ursachen sind u.a. KHK, hypertensive Herzkrankheit, Kardiomyopathie sowie entzündliche oder rheumatische Herzerkrankungen.

Histologisch finden sich meist schwere Fibrosen im SA-Bereich.

❑ **Symptomatik**

Symptome sind Schwindel, Synkopen, Palpitationen, evtl. arterielle Embolien, pektanginöse Beschwerden und kardiale Dekompensationen.

❑ **Diagnostik**

Neben Ekg und Langzeit-Ekg sowie Ergometrie und Atropintest wird die Diagnose durch invasive Untersuchungen (schnelle atriale Stimulation, vorzeitige atriale Einzelstimulation und Bestimmung der Sinusknotenerholungszeit) gesichert.

❑ Therapie

Bei überwiegender bradykarder Symptomatik kann allein die SM-Implantation Therapie der Wahl sein. Ein Großteil der Patienten mit Tachykardie-Bradykardie-Syndrom benötigt jedoch zusätzlich eine antiarrhythmische Therapie. Außerdem muß an eine Antikoagulanzientherapie gedacht werden.

1.6.2.3. Atrioventrikuläre (AV)-Blockierungen

❑ Definition

> Unter einer AV-Blockierung versteht man die Verzögerung bzw. Unterbrechung der Überleitung vom Vorhof zum Ventrikelmyokard. Da die Vorhoferregung sich als P-Welle abzeichnet, können AV-Blockierungen an Veränderungen der PQ-Zeit erkannt werden.

Man unterscheidet drei Grade des AV-Blocks:

- *AV-Block I°*
  Verzögerung der Erregungsleitung zwischen Vorhof und Ventrikelmyokard. Er zeigt sich im Ekg als Verlängerung der PQ-Zeit (PQ > 0,20 s, frequenzabhängig) (Abb. 1.26)

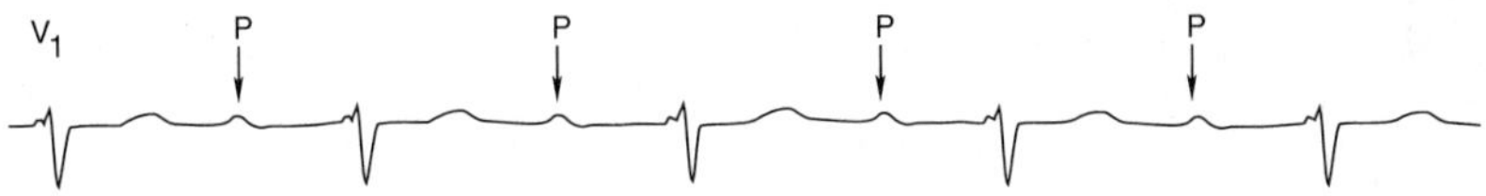

Abb. 1.26: AV-Block I° (PQ 0,32 s).

- *AV-Block II°*
  - *Mobitz Typ I (Wenckebach)* zeigt eine progressive Leitungsverzögerung bis schließlich eine Vorhoferregung nicht auf das Ventrikelmyokard übergeleitet wird. Im Ekg finden sich immer länger werdende PQ-Intervalle bis schließlich nach einer P-Welle die Kammeraktion (QRS-Komplex) ausbleibt. Das RR-Intervall verkürzt sich dabei während des Blockzyklus
  - *Mobitz Typ II* zeigt bei vorausgegangenen konstanten PQ-Intervallen (normal oder verlängert) plötzlich den Ausfall einer Kammeraktion. Dabei fällt meist nach jeder zweiten (2:1), dritten (3:1) oder vierten (4:1) Vorhoferregung der QRS-Komplex aus. Der AV-Block Typ II Mobitz hat dabei eine schlechtere Prognose als die Wenckebach-Periodik und geht häufig in einen AV-Block III° über (Abb. 1.27)

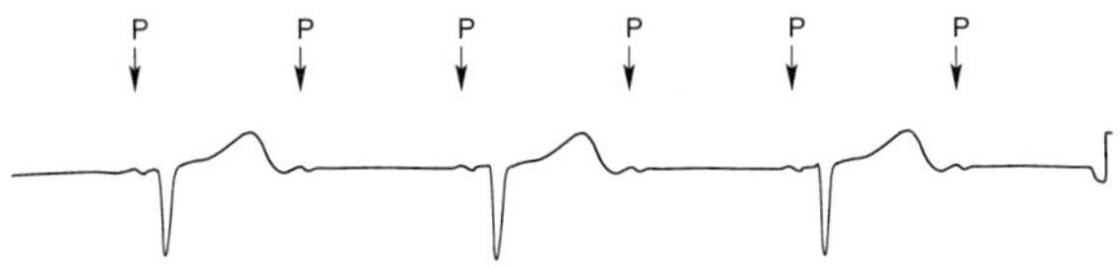

Abb. 1.27: AV-Block II° Mobitz Typ II.
Bei normaler PQ-Zeit fällt nach jeder zweiten P-Welle der QRS-Komplex aus (Vorhoffrequenz 104/min, Kammerfrequenz 52/min).

- *AV-Block III°* (= kompletter AV-Block)
  Die Vorhoferregung wird nicht übergeleitet. Es besteht eine Asystolie bis die Vorhoferregung wieder übergeleitet wird oder ein tiefer gelegenes Zentrum die Schrittmacherfunktion übernimmt (Abb. 1.28). Im Ekg durchwandern P-Wellen die langsamen, verbreiterten und schenkelblockartig deformierten QRS-Komplexe, die in der Regel rhythmisch auftreten (ventrikulärer Ersatzrhythmus). Beim proximalen AV-Block III° können die QRS-Komplexe (> 40/min) jedoch auch nicht oder nur wenig deformiert sein

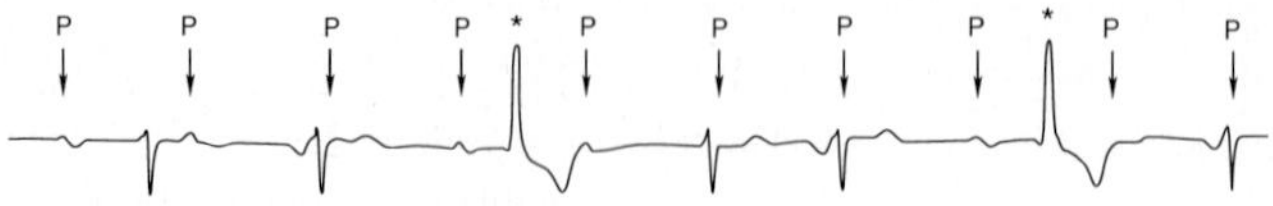

Abb. 1.28: AV-Block III°.
P-Wellen (→ Pfeil) durchwandern die QRS-Komplexe. (Vorhoffrequenz 85/min), bei asystolischer Pause > 1 s setzt ein tertiäres Zentrum ein: ventrikuläre Ersatzsystolen (*).

❑ Symptomatik

Die Symptomatik hängt wie beim SA-Block davon ab, ob und wie viele Herzaktionen ausfallen. Ein AV-Block I° ist in der Regel asymptomatisch und wird nur im Ekg diagnostiziert. Beim kompletten AV-Block kommt es häufig zu Schwindel, Verwirrtheitszuständen und Synkopen (→ MAS-Anfall).

❑ Ätiologie und Pathogenese

Verlängerungen der PQ-Zeit finden sich z.B. bei erhöhtem Vagotonus und unter verschiedenen Medikamenten (Digitalis, β-Blocker etc.). Außerdem kann eine KHK, besonders beim akuten Myokardinfarkt, sowie eine entzündliche-rheumatische Herzerkrankung, eine Kardiomyopathie, ein Myxödem sowie eine Überdosierung oder Intoxikation mit verschiedenen Substanzen zu AV-Blockierungen führen. AV-Blockierungen finden sich auch nach Herzoperationen und Elektrolytstörungen (Hyperkaliämie). Idiopathische Formen stellen der *M. Lenègre* (Fibrose des Reizleitungssystems) und der *M. Lev* (Sklerosierung des Herzskeletts) dar.

❑ Therapie

Neben der Behandlung der Grundursache kann ein AV-Block II° mit Atropin bzw. Ipratropiumbromid (z.B. Itrop®) und ggf. Orciprenalin (z.B. Alupent®) therapiert werden. Beim AV-Block II° Typ II und AV-Block III° ist eine SM-Therapie zu erwägen (besonders bei zusätzlichen intraventrikulären Leitungsstörungen wie RSB oder LSB). In der Akutsituation kann neben o.g. Maßnahmen bei fehlendem Therapieerfolg (Asystolie oder extreme Bradykardie) die Reanimation indiziert sein.

1.6.2.4. Intraventrikuläre Blockbilder

❑ Definition

Es handelt sich dabei um Verzögerungen bzw. Blockierungen der Erregungsausbreitung innerhalb der Ventrikel. Daher bleibt das PQ-Intervall unberührt.

Es werden mono-, bi- und trifaszikuläre Blockbilder unterschieden.

1.6.2.4.1. Monofaszikuläre Blockbilder

● Rechtsschenkelblock (RSB)

❑ Definition

Blockierung im Bereich des rechten Tawara-Schenkels

Ekg: breiter (0,12 s und mehr) QRS-Komplex mit verspätetem oberen Umschlagpunkt (OUP) bzw. endgültiger Negativitätsbewegung (> 0,03 s) in den rechtspräkordialen Ableitungen. Der QRS-Komplex in V_1 teils M-förmig (rR'). Teils tiefe, breite S-Zacken (I, aVL, $V_{5/6}$) und Endstreckenveränderungen (diskordant). Sind Zeichen eines RSBs vorhanden, der QRS-Komplex jedoch nicht auf 0,12 s verbreitert, liegt ein inkompletter RSB vor (1.29).

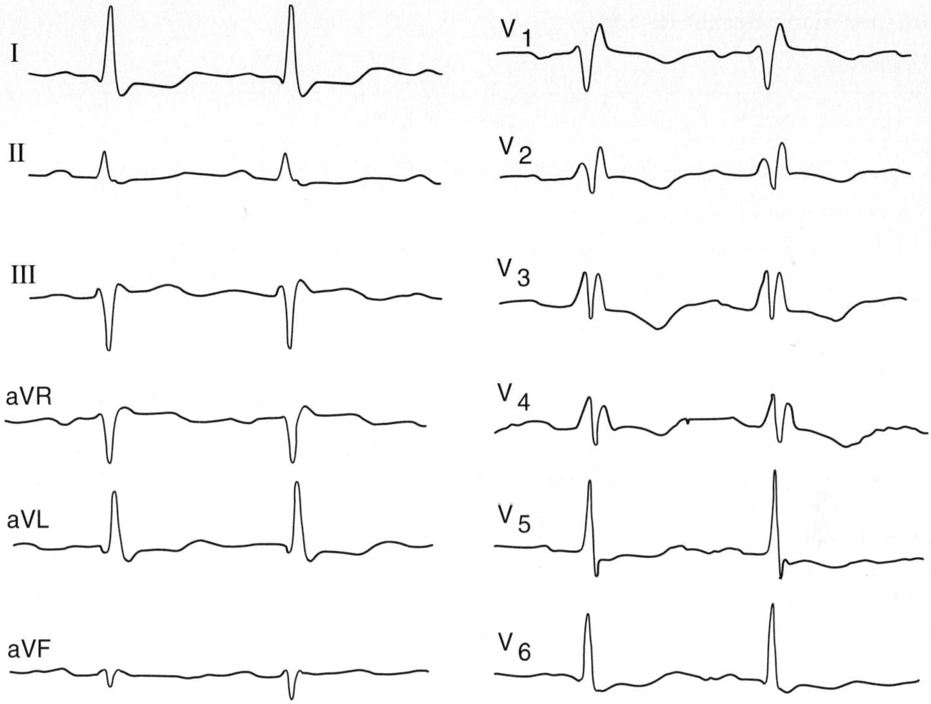

Abb. 1.29: Kompletter Rechtsschenkelblock.

- Bei der Auskultation ist der 2. Herzton fixiert gespalten

❑ **Vorkommen**

Der RSB findet sich bei Erkrankungen bzw. Belastungen des rechten Ventrikels wie z.B. akutem oder chronischem Cor pulmonale oder bei einem akuten Myokardinfarkt u.a. Herzerkrankungen

Wichtig: ein RSB findet sich häufig auch bei sonst Gesunden

- **linksanteriorer Hemiblock (LAH)**

❑ **Definition**

Blockierung im vorderen Faszikel des linken Tawara-Schenkels

Ekg: überdrehter Linkstyp, QRS < 0,12 s, qR in I und aVL, rS-Komplexe in II, III, aVF, S bis V_6 in den BWA (Abb. 1.20).

❑ **Vorkommen und Bedeutung**

- Vorkommen bei Normalpersonen oder bei KHK
- Ein LAH ist ohne prognostische Bedeutung

- **linksposteriorer Hemiblock (LPH)**

❑ **Definition**

Blockierung im hinteren Faszikel des linken Tawara-Schenkels

> *Ekg:* Rechtstyp, QRS < 0,12 s, rS-Komplexe in I und aVL, qR-Komplexe in II, III, aVF.

❑ **Vorkommen und Bedeutung**

- klinisch kein Hinweis auf rechtsventrikuläre Belastung oder Hypertrophie
- Der isolierte LPH ist selten. Sein Vorkommen hat keine prognostische Bedeutung

1.6.2.4.2. Bifaszikuläre Blockbilder

- **RSB + LAH**

❑ **Definition**

Überdrehter Linkstyp mit zusätzlichen Zeichen des kompletten RSB

❑ **Vorkommen**

Vorkommen bei Gesunden wie auch bei KHK (Ramus interventricularis anterior) oder z.B. M. Lenègre.

- **RSB + LPH**

❑ **Definition**

Rechtstyp, qR-Komplexe in II, III, AVF und Zeichen des RSB

❑ **Vorkommen**

Diese Konstellation kommt insgesamt selten vor, da beide Faszikel anatomisch weit auseinander liegen. Die Diagnose läßt sich dann z.B. sichern, wenn bei einem vorhandenen RSB der Lagetyp nach rechts wechselt.

- **Linksschenkelblock (LSB)**

❑ **Definition**

Blockierung im Bereich des linken Tawara-Schenkels bzw. beider linken Faszikel

> *Ekg:* QRS 0,12 s oder mehr, plumpe R-Zacken in I und V_{5-6} mit Verspätung des OUP in V_{5-6} auf > 0,055 s, tiefe S-Zacken V_{1-2}, diskordante Endstreckenveränderungen (Abb. 1.30). Ist der QRS-Komplex < 0,12 s spricht man vom inkompletten LSB.

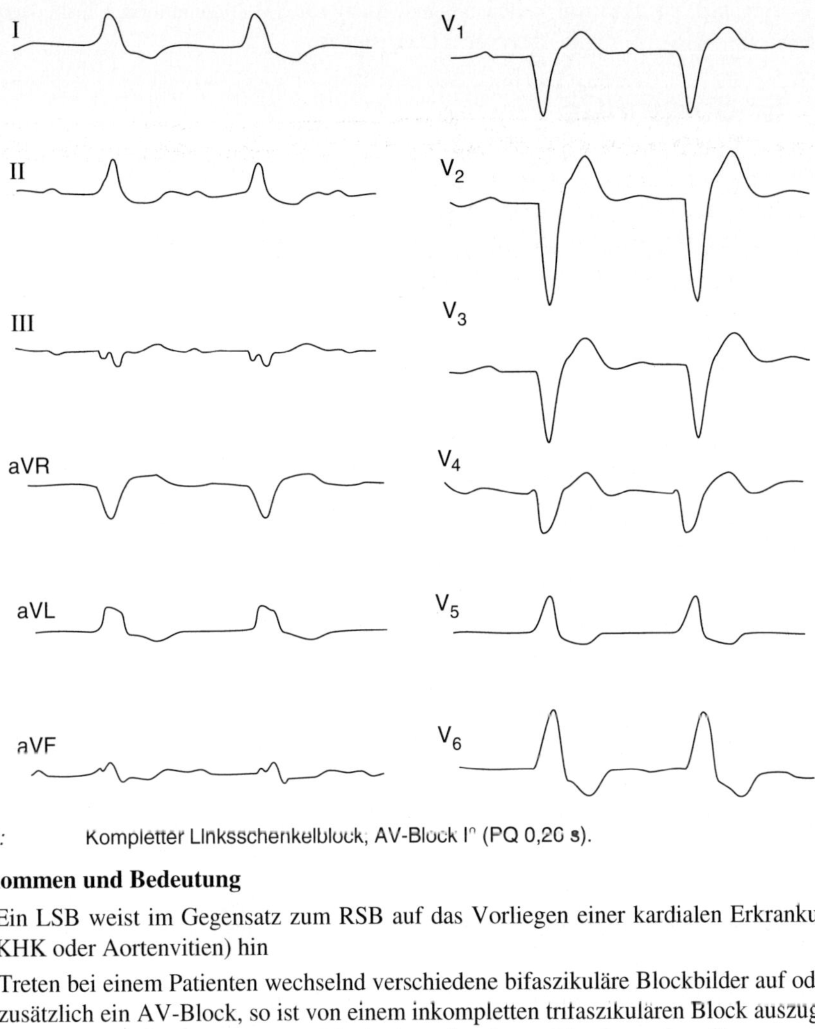

Abb. 1.30: Kompletter Linksschenkelblock, AV-Block I° (PQ 0,20 s).

❑ Vorkommen und Bedeutung

- Ein LSB weist im Gegensatz zum RSB auf das Vorliegen einer kardialen Erkrankung (meist KHK oder Aortenvitien) hin

Treten bei einem Patienten wechselnd verschiedene bifaszikuläre Blockbilder auf oder besteht zusätzlich ein AV-Block, so ist von einem inkompletten trifaszikulären Block auszugehen, der jederzeit in einen trifaszikulären Block übergehen kann. Eine besondere Gruppe stellen dabei Patienten mit RSB und LPH dar: auch hier kann - ohne Vorliegen eines zusätzlichen AV-Blocks - bereits ein inkompletter trifaszikulärer Block vorliegen.

1.6.2.4.3. Trifaszikulärer Block

❑ Definition

Beim trifaszikulären Block kommt es zu einer Unterbrechung der Erregungsleitung in allen drei Faszikeln der beiden Tawaraschenkel.

- Im Ekg findet sich ein AV-Block III° sowie verbreiterte QRS-Komplexe
- Auch die Klinik und Therapie entspricht der des AV-Block III°

❑ Therapie

Intraventrikuläre Blockbilder bedürfen per se keiner Therapie, da sie sich klinisch nicht bemerkbar machen. Entsprechende kardiale oder andere Grundleiden sollten jedoch therapiert werden. Da verschiedene o.g. Kombinationen intraventrikulärer Blockbilder für das Vorliegen eines inkompletten trifaszilären Blocks sprechen, ist in diesen Fällen die Indikation zur SM-Implantation - insbesondere nach vorausgegangenem MAS-Anfall - zu überprüfen bzw. gegeben.

1.7. Endokarditis

❑ Definition

Die Endokarditis ist eine Entzündung des Endokards. Sie kann das *parietale* Endokard der Herzhöhlen, das *valvuläre* E. der Herzklappen und das Endothel der herznahen großen Gefäße betreffen. Die Endokarditis ist ein nicht sehr häufiges, jedoch oft übersehenes Krankheitsbild, das bei entsprechenden Risikokonstellationen oder disponierenden Grunderkrankungen gezielt abgeklärt werden sollte.

❑ Ätiologie und Pathogenese

Die Endokarditiden lassen sich nach ihrem pathogenetischen Prinzip einteilen:

- infektiöse Endokarditis
- nicht-infektiöse (abakterielle) Endokarditis
  - rheumatische Endokarditis
  - abakterielle thrombotische Endokarditis
  - Endokarditis bei anderen Grunderkrankungen
- Prothesenendokarditis

1.7.1. Infektiöse Endokarditis

❑ Ätiologie und Pathogenese

- Bakteriämie/Sepsis
- vorgeschädigtes Endokard
- Disposition

Eine Voraussetzung ist die (meist symptomlose und nur vorübergehende) *Bakteriämie*, die bei Verletzungen, bei intravenöser Injektion mit unsauberen Nadeln (Fixer) und medizinischen Eingriffen auftreten kann. Beispiele für medizinische Eingriffe mit nicht zu vernachlässigendem Bakteriämierisiko sind:

- Zahnextraktion, Wurzelbehandlung, Zahnsteinentfernung
- Tonsillektomie
- transösophageale Echokardiographie
- nasotracheale Intubation
- Gastroskopie
- ERCP
- Koloskopie
- Kolonkontrasteinlauf
- Zystoskopie
- Blasenkatheterisierung
- Geburt

Neben der Bakteriämie muß als weitere Voraussetzung das valvuläre Endokard *vorgeschädigt* sein, da sich in diesem Fall Bakterien leichter festsetzen und der Bakterizidie des Blutes entkommen können. Früher abgelaufene Endokarditiden oder Vitien verursachen durch pathologische Blutströmung Schäden am Endokard (rauhe Stellen, Einrisse). Diese bilden zusammen mit Zelldetritus oder Fibrinablagerungen Voraussetzungen für die bakterielle Besiedelung. Aufgrund der hämodynamisch höheren Belastung sind besonders die Klappen des linken Herzens betroffen. Bei i.v.-Drogenabhängigen und Patienten mit zentralem Venenkatheter sind jedoch vermehrt auch die Klappen des rechten Herzens betroffen. Prinzipiell können zwar alle *Vitien* zu einer Endokarditis prädisponieren, in der Praxis sind jedoch einige Herzklappenfehler mit einem hohen, andere mit einem niedrigen Risiko verbunden.

hohes Endokarditisrisiko	geringes Endokarditisrisiko
• Herzklappenersatz (Bioprothese, mechan. Klappe)	• Mitralklappenprolaps ohne Insuffizienz
• Implantation von Fremdmaterial (z.B. mit einem Patch verschlossener Ventrikelseptumdefekt)	• korrigierter Ventrikelseptumdefekt
• Z.n. infektiöser oder rheumatischer Endokarditis	• verschlossener Ductus arteriosus botalli
• angeborene Herzfehler	• Vorhof-Septum-Defekt (Sekundumtyp)
• palliativ oder inkomplett korrigierte Herzfehler	
• Ventrikelseptumdefekt	

Tab. 1.48: Auswahl von Konstellationen mit hohem und geringem Endokarditisrisiko.

Ein Herzschrittmacher, die häufige Aortenklappensklerose oder eine koronare Herzkrankheit sind *nicht* mit einem wesentlich erhöhten Endokarditisrisiko verbunden. Eine Disposition in Form einer schlechten Abwehrlage des Patienten (immunsuppressive Therapie, Immundefekte, Diabetes mellitus, konsumierende Erkrankungen, Alkoholabusus usw.) kann das Endokarditisrisiko zusätzlich erhöhen.

Wichtige Erreger der infektiösen Endokarditis sind:

- Streptococcus viridans
- andere Streptokokken (Enterokokken)
- Staphylokokken (epidermidis, aureus)
- gram-negative Bakterien (z.B. E. coli)
- Pilze (Candida albicans)

Streptococcus viridans verursacht noch etwa 40 % der Endokarditiden. Allerdings wurde in den letzten Jahren ein Wandel des Erregerspektrums hin zu Staphylokokken und Enterokokken beobachtet. Diese Erreger sollten besonders dann angenommen werden, wenn der Patient invasiven Maßnahmen (z.B. Intensivstation) ausgesetzt war oder ein i.v.-Drogensüchtiger ist.

In Abhängigkeit von der *Akutheit* des Verlaufs werden unterschieden:

- *akute Endokarditis*
  verursacht durch Staphylococcus aureus, β-hämolysierende Streptokokken, Enterokokken und andere Keime
- *Endokarditis lenta*
  verursacht durch Streptococcus viridans

Mit Verbesserung der Diagnostik und rasch einsetzender Antibiose verliert diese Unterscheidung an Bedeutung

❑ Symptomatik

- Zeichen des Infektes
- Zeichen der kardialen Schädigung

- Mikroembolien durch die Klappenvegetationen

Infektzeichen können remittierende Fieberschübe mit Frösteln, Schweißausbrüchen, Nachtschweiß, Leistungsminderung, Abgeschlagenheit, Appetitlosigkeit, Splenomegalie oder Infektanämie mit Blässe der Haut sein. Die kardiale Schädigung macht sich als geringere Belastbarkeit, Atemlosigkeit, Tachykardie, neu aufgetretenes oder wechselndes Herzgeräusch, schließlich als manifeste Herzinsuffizienz bemerkbar. Petechien sind Folge von Mikroembolien, seltener von Thrombozytopenien, und treten in 30 % der Fälle auf. Sie finden sich am häufigsten an den Extremitäten als Splinter-Blutungen (längliche Blutungen unter den Nägeln, die allerdings auch nach Traumen auftreten können), *Osler*-Knötchen (schmerzhafte kleine Erhebungen an den Finger- und Zehenkuppen) oder *Janeway*-Läsionen (kleine Hämorrhagien an Handflächen und Fußsohlen). Petechien werden jedoch auch im Auge als *Roth*-Flecken (ovale bis rundliche, weiße cotton wool-Herde in der Retina), in der Mundschleimhaut oder in der Konjunktiva beobachtet. Lungenembolien treten bei Erkrankungen der Klappen des rechten Herzens (i.v.-Drogenabhängige) auf. Zerebrale Embolien mit Lähmungen oder gar Hirnabszessen, renale Embolien mit Nierenabszessen oder Glomerulonephritis entstehen bei Erkrankung der Klappen des linken Herzens.

❑ Diagnostik

- *Echokardiographie* (transthorakal und transösophageal)
  Die Echokardiographie ist die wichtigste diagnostische Maßnahme. Sie weist eine verdickte Herzklappe, Vegetationen und, in Form der Dopplerechokardiographie, auch Insuffizienzen direkt nach

Andere Untersuchungen sind wenig spezifisch:

- Laborwerte
- Ekg
- Thoraxaufnahme

Es liegen eine erhöhte Blutsenkung, Leukozytose, hohes CRP sowie α_2-Globuline, zirkulierende Antigen-Antikörperkomplexe u.a. Laborauffälligkeiten vor. Im Ekg können Überleitungsstörungen (AV-Blockierungen) oder Extrasystolen bei myokardialer Mitbeteiligung bestehen. Herzvergrößerung und Zeichen der Stauung im Röntgen-Thorax treten erst bei sekundärer Herzinsuffizienz auf.

Eine schnelle *Erregerdiagnostik* und ein rascher Beginn der Antibiose sind entscheidend. Wichtigstes Mittel dazu sind:

- *Blutkulturen*
  3-6 Blutkulturen sind innerhalb von 24 h *vor* der antibiotischen Therapie zu entnehmen und aerob sowie anaerob zu untersuchen. Da die Bakterien kontinuierlich in den Blutstrom gelangen können, darf bei Endokarditisverdacht mit einer Entnahme *nicht* bis zum Fieberanstieg gewartet werden. Die Nachweisquote pro Blutkultur beträgt ca. 20 %, bei multiplen Blutkulturen ca. 80 %. Titerbestimmungen (z.B. Candidatiter) sind prinzipiell möglich, sie sind jedoch erst mit zeitlicher Verzögerung verfügbar und nur ein indirekter Erregerhinweis. Ein *Antibiogramm mit minimalen Hemmkonzentrationen (MHK)* ist zur Steuerung der Antibiose unbedingt notwendig

❑ Therapie

Konservative Therapie

- Antibiose
- Sanierung der Eintrittspforte
- engmaschige Überwachung

Die Antibiose muß prinzipiell *erregergerecht, parenteral, bakterizid,* möglichst *hoch dosiert* (Penetration in die Vegetationen) und *langdauernd* (4 Wochen) erfolgen. Soweit möglich, sollten die Serumspiegel der Antibiotika bestimmt werden, um die Dosierung zu überprüfen. Weiterhin ist zu beachten: keine Venenverweilkatheter ("plastic infection" mit Staph. epidermidis), keine Marcumargabe (Blutungsrisiko) und keine Corticosteroide (Dämpfung der Immunfunktion). Die Eintrittspforte (z.B. ein Spritzenabszeß) wird saniert und der Patient engmaschig überwacht. Dazu zählen: Blutdruck, Herzfrequenz, anfangs tägliche Auskultation der Lunge (Lungenödem?) und des Herzens (Änderung des Herzgeräusches?), Nierenfunktion (Risiko des akuten Nierenversagens).

Streptococcus viridans + penicillinempfindliche Streptokokken (niedrige MHK)		
Penicillinverträglichkeit		
Penicillin G	4-6x5 Mio. E./die	4 Wochen
+ Gentamycin	3x1 mg/kg/die	2 Wochen
Penicillinallergie		
Vancomycin	4x7,5 mg/kg/die	4 Wochen
+ Gentamycin	3x1 mg/kg/die	2 Wochen
weniger penicillinempfindliche Streptokokken (hohe MHK)		
Mezlocillin	3x5g/die	4 Wochen
+ Gentamycin	3x1 mg/kg/die	4 Wochen
Staphylokokken		
Oxacillinempfindlichkeit		
Flucloxacillin	4-6x2 g/die	6 Wochen
+ Gentamycin	3x1 mg/kg/die	2 Wochen
Oxacillinresistenz		
Vancomycin	4x7,5 mg/kg/die	6 Wochen
+ Gentamycin	3x1 mg/kg/die	2 Wochen
unbekannte Erreger		
Mezlocillin	3x5g/die	6 Wochen
+ Gentamycin	3x1 mg/kg/die	2 Wochen
+ Flucloxacillin	4-6x2 g/die	6 Wochen

Tab. 1.49: Beispiele der medikamentösen Therapie bei bakterieller Endokarditis.
Die Dosierungen sind Anhaltspunkte und der individuellen Situation anzupassen.

Chirurgische Therapie

Bei fortschreitender Endokarditis kann ein Herzklappenersatz angezeigt sein.

Absolute Indikationen für den Klappenersatz sind:

- schwere Klappeninsuffizienz oder -stenose
- progrediente, nicht beherrschbare Herzinsuffizienz
- Pilzendokarditis

- wiederholte Thromboembolien
- akutes Nierenversagen
- Papillarmuskelabriß
- persistierende septische Fieberschübe trotz Therapie, ohne sonstigen Herd (Abszeß u.ä.)

Relative Indikationen für den Herzklappenersatz sind:

- einmalige Thromboembolien
- große Vegetationen im Echokardiogramm

Prophylaxe der infektiösen Endokarditis

Nach abgelaufener rheumatischer Endokarditis, bei angeborenen Vitien oder inkomplett korrigierten Herzfehlern und nach Klappenersatz muß auch ohne jeglichen echokardiographischen Nachweis damit gerechnet werden, daß Schäden des Endokards vorliegen, die das Ansiedeln von Bakterien begünstigen. Deshalb wird in diesen Fällen eine *Endokarditisprophylaxe* für die Fälle empfohlen, in denen eine Bakteriämie zu erwarten ist. Entsprechend der Eintrittspforte und der darin vorherrschenden Keimart (*Oropharynx/Respirationstrakt:* grampositive Erreger; *Urogenitaltrakt, Kolon:* E. coli, Enterokokken) werden etwas unterschiedliche Antibiotika empfohlen. Die Gabe erfolgt per os, bei hohem Risiko oder unsicherer Compliance auch i.v.. Verschiedene Schemata werden angewandt:

Antibiotikum	Dosis (1x vorher, 1x nachher)	Anlaß
Penicillin	2 Mio. Einheiten	z.B. zahnärztlicher Eingriff
Amoxicillin	2 g	z.B. Zystoskopie
Ofloxacin	400 mg	z.B. Penicillinunverträglichkeit
Clindamycin	600 mg	z.B. Penicillinunverträglichkeit
Flucloxacillin	2,0 g	z.B. bei Hauteingriffen

Tab. 1.50: Beispiele der Endokarditisprophylaxe.

Die Medikamentengabe erfolgt 2malig:

- 1/2-1 h vor dem Eingriff

und

- 6 h danach

1.7.2. Nicht-infektiöse Endokarditis

1.7.2.1. Rheumatische Endokarditis

❑ Ätiologie und Pathogenese

Die rheumatische Endokarditis tritt im Gefolge eines rheumatischen Fiebers auf und ruft eine alle Herzschichten betreffende *Pankarditis* hervor. Sie ist pathophysiologisch als *streptokokkenallergische Zweit- bzw. Autoimmunerkrankung* einzuordnen, die ca. *1-3 Wochen* nach einem Streptokokkeninfekt manifest wird. Die Erkrankung mit einem Gipfel im 6.-15. Lebensjahr ist in Deutschland durch die rasche Antibiotikatherapie (z.B. der eitrigen Tonsillitiden) selten geworden, nicht dagegen in Ländern mit erschwertem Zugang zu diesen Medikamenten. Besteht bei einem Patienten allerdings ein erworbenes Vitium, so kann in der Hälfte der Fälle eine rheumatische Endokarditis vorausgegangen sein.

Voraussetzung ist ein Infekt mit β-*hämolysierenden Streptokokken* 1-3 Wochen davor. Typische vorangehende Erkrankungen sind:

- vereiterte Gaumenmandeln (Angina tonsillaris)
- Scharlach
- Pharyngitis/Tracheitis

Hautinfektionen wie Erysipel und Pyodermien führen eher zu Glomerulonephritiden. Nur ein kleiner Teil (ca. 2 %) der an Streptokokken Erkrankten bildet ein rheumatisches Fieber aus. Deshalb wird neben erregerspezifischen Faktoren auch eine *genetische Belastung* der Betroffenen angenommen.

Das M-Protein der β-hämolysierenden Streptokokken der serologischen Gruppe A induziert die Bildung von Antikörpern. Diese bilden einerseits Ag-Ak-Komplexe, die sich wiederum im subendokardialen Gewebe ablagern, die Komplementkaskade aktivieren und zu entzündlichen Reaktionen führen. Andererseits kommt es auch zu Kreuzreaktionen mit den körpereigenen Proteinen des Patienten. Die Folgen dieser Autoimmunreaktionen variieren von Organ zu Organ:

betroffene Struktur	Erkrankung
Gelenk	• akute Polyarthritis
Herz	• Pankarditis
ZNS	• Chorea minor (selten)
Haut	• Erythema anulare/marginatum
Subkutis	• Erythema nodosum, subkutane Knötchen
Nieren	• akute Glomerulonephritis
selten andere Organe	• Leber-, GI-Trakt-, Lungen-Beteiligung

Tab. 1.51: Betroffene Strukturen bei rheumatischer Endokarditis.

Bei einer weiteren Streptokokkeninfektion besteht ein hohes Risiko, daß diese Antikörper erneut gebildet werden und dadurch zu einem Rezidiv führen. Die *Rezidivneigung* ist somit groß. Die verursachten Endokardschäden führen durch (auch subklinische) Rezidive zu narbigen Veränderungen und prädisponieren zur bakteriellen Endokarditis. Im Laufe von Jahren (5-35 Jahre) kann so ein manifester Herzklappenfehler (Insuffizienz, Stenose oder kombiniertes Vitium) entstehen.

Vorwiegend befallene Klappen sind:

- Mitralklappe (60 %)
- Aortenklappe (20 %)
- beide zusammen (20 %)
- selten: Klappen des rechten Herzens (v.a. bei i.v.-Drogenabusus)

❑ Symptomatik

- *Fieber* (obligat)
- *Polyarthritis migrans*
  entzündlich gerötete und geschwollene große Gelenke (Knie, Sprunggelenk, Ellenbogen, Handgelenk), asymmetrischer Befall; sehr schmerzhaft, "springender" Verlauf, heilt nach 2-4 Wochen folgenlos ab

- *Karditis*
  prinzipiell eine Pankarditis mit Endokarditis, Myokarditis und Perikarditis
  - *Endokarditis*: leises Systolikum, wechselnder Geräuschcharakter
  - *Myokarditis*: belastungsabhängige Dyspnoe, Tachykardie, Extrasystolen, AV-Blockierungen
  - *Perikarditis*: ST- und T-Veränderungen (z.B. gleichschenklig negatives T), Schmerzen, Perikardreiben, Perikarderguß möglich

❑ **Diagnostik**

- Nachweis eines vorausgegangenen Streptokokkeninfekts
- klinische Kriterien nach Jones
- Echokardiographie
- Ekg
- Röntgen-Thorax

Ein *vorausgegangener Streptokokkeninfekt* muß nicht in allen Fällen klinisch manifest geworden sein! Zu dessen Nachweis sind möglich:

- Rachen-, Tonsillenabstrich
- Nachweis von Antikörpern gegen Streptokokken
  Am bekanntesten sind der Antistreptolysin-Titer (ASL, ASL-O bzw. AST - normal bis 200 E./ml) und der Antistreptodornase B (Antistreptokokken-DNAse-B)-Titer (normal bis 200 U/ml)
- evtl. Nachweis von kreuzreagierenden antisarkolemmalen Antikörpern (ASA)

Die *klinischen Kriterien nach Jones* umfassen:

Hauptkriterien	Nebenkriterien
Karditis	Fieber
Polyarthritis	Arthralgie
Chorea minor	PQ-Zeit-Verlängerung
Erythema marginatum oder anulare	vorausgegangenes rheumatisches Fieber
subkutane Knötchen	BKS/CRP-Erhöhung, Leukozytose

Tab. 1.52: Klinische Diagnosekriterien bei rheumatischer Endokarditis.

Hohe Diagnosesicherheit besteht bei 2 Hauptkriterien bzw. 1 Haupt- und 2 Nebenkriterien sowie einem nachgewiesenen Streptokokkeninfekt. Im *Echokardiogramm* können Vegetationen auf den Klappen oder ein Perikarderguß nachgewiesen werden. Im Ekg können ventrikuläre Extrasystolen, AV-Blockierungen und Veränderungen von ST-Strecke wie T-Welle auftreten. In der Thoraxaufnahme kann das Herz durch myokardiale Dilatation und/oder Perikarderguß vergrößert sein.

❑ **Therapie**

- *allgemeine Maßnahmen*
  Ruhe, Bettruhe bei Karditis, kühlende Umschläge bei Arthritis, Sedierung bei Chorea minor, symptomatische kardiale Therapie (z.B. Antiarrhythmika, Diuretika, Digitalis)
- *Penicillin G*
  3x1 Mega/die für 10 Tage zur Sanierung des Streptokokkeninfektes, bei Penicillinallergie Erythromycin

- *ASS*
  3x1 g/die (3x2 Tbl.) zur Hemmung der entzündlichen Reaktion und Linderung der Polyarthritisbeschwerden, alternativ auch nichtsteroidale Antirheumatika (NSAR)
- *Corticosteroide*
  bei massiver Karditis Prednison, initial 40-60 mg Prednisolonäquivalent/die, dann Dosisreduktion

❑ **Rezidivprophylaxe**

Wegen der hohen Rezidivraten wird bis zum 25. Lebensjahr eine Dauerprophylaxe empfohlen, danach nur bei Eingriffen, die mit dem Risiko einer Bakteriämie (☞ Kap. 1.7.1.) verbunden sind. Therapiebeispiele sind:

alle 4 Wochen i.m.	⇒ 1,2 Mega Benzylpenicillin (z.B. 1 Amp. Tardocillin® 1.200)
oder	
täglich	⇒ 4x Propicillin 0,4 Mega (z.B. Baycillin 400 Tbl. 4x1)

1.7.2.2. Abakterielle thrombotische Endokarditis

Die abakterielle thrombotische Endokarditis ist ein Oberbegriff für verschiedene Endokardschädigungen (z.B. Virusinfekte, marantische Endokarditis), bei denen es zu kleinen thrombotischen Auflagerungen auf den Klappen kommt. Weitere Beispiele sind:

- **Endokardfibroelastose**

Symptome bereits in den ersten Lebensjahren; Ursache: prä- oder perinatale Endokardschädigung.

- **Endomyokardfibrose**

In den Tropen vorkommend; eine Bluteosinophilie mit Degranulation im Herzen führt langfristig zur Endomyokardfibrose.

- **Endocarditis parietalis fibroplastica (Löffler-Endokarditis)**

☞ Kap. 1.2.1.3.

1.7.2.3. Endokarditis bei anderen Grunderkrankungen

Eine Reihe von Erkrankungen können das Endokard schädigen:

- systemischer Lupus erythematodes (SLE)
- metastasierendes Karzinoid
- rheumatoide Arthritis
- Panarteriitis nodosa
- Spondylitis ankylosans (M. Bechterew)
- Sklerodermie
- Bestrahlung herznaher Tumoren

Die *Libman-Sacks-Endokarditis* ist die Sonderform einer verrukösen Endokarditis, die beim SLE vorkommen kann.

1.7.3. Prothesenendokarditis

Kunststoff- und Bioprothesen prädisponieren zur Prothesenendokarditis. Auch hier bilden kleine thrombotische Ablagerungen, z.B. am Nahtring der Klappe, die Voraussetzung für ein Anlagern der Bakterien. Mögliche Folgen sind:

- Nahtdehiszenz mit periprothetischer Regurgitation
- thrombotische Auflagerungen und Embolien
- Okklusionsbehinderung durch Vegetationen oder Thromben (Klappeninsuffizienz)
- Behinderung der Öffnung (Klappenstenose)
- Abszedierungen im angrenzenden Myokard
- Degeneration der Taschenklappen einer Bioprothese

Bei allen Fieberschüben bei Trägern implantierter Herzklappen muß an diese Komplikation gedacht werden. Die häufigsten Keime sind: Staphylococcus aureus und epidermidis, Pilze und Mischinfektionen. Da die antibiotische Sanierung nicht immer gelingt, besteht häufig die Notwendigkeit zum chirurgischen Klappenaustausch.

1.8. Perikarderkrankungen

❑ **Definition**

Es handelt sich um eine Gruppe von Erkrankungen, die das viszerale und das parietale Perikard betreffen. Ein Übergreifen auf die äußersten Schichten des Myokards ist nicht selten. Die Perikarditis tritt als entzündliche Mitreaktion bei einer Vielzahl von Erkrankungen häufiger auf, als dies aufgrund der eingeschränkten klinischen Beurteilbarkeit des Perikards angenommen wird. Dies hat sich allerdings durch die Verfügbarkeit der Echokardiographie geändert, mit deren Hilfe ein Perikarderguß ohne Schwierigkeiten diagnostiziert werden kann. Die häufigsten Perikarderkrankungen sind:

- akute Perikarditis
- Hydroperikard

Im Rahmen schwerer Herzinsuffizienzen bzw. Kardiomyopathien treten seröse Perikardergüsse auf, die als nichtentzündliche *Stauungsfolgen* gedeutet werden müssen (*Hydroperikard*).

1.8.1. Akute Perikarditis

❑ **Definition**

Die akute Perikarditis ist eine akut entstehende Entzündung des Perikards, die *mit* Ergußbildung (Perikarditis *exsudativa*) einhergehen, aber auch *ohne* Ergußbildung (Perikarditis *sicca*) auftreten kann.

❑ **Ätiologie und Pathogenese**

Ursachen für eine Perikarditis können u.a. sein:

- virale Perikarditis
  z.B. Echoviren, Coxsackie B, Influenzaviren, Masern, Röteln, EBV, Zytomegalie
- bakterielle Perikarditis
  z.B. nach Sepsis, Staph. aureus, Streptokokken
- tuberkulöse Perikarditis
  z.B. bei Risikopersonen

- sonstige infektiöse Genese
  z.B. Pilze, Parasiten
- idiopathische Perikarditis
  nicht selten, vermutlich nicht diagnostizierte Virusperikarditis (grippaler Infekt vorausgehend?), bei rezidivierender Perikarditis evtl. autoimmunologische Genese
- Perikarditis bei Myokardinfarkt
  - Akutstadium (2-3 Tage nach Infarkteintritt) durch nekrotisch-entzündliche Prozesse (Pericarditis epistenocardica). Wegen der Gefahr eines Hämatoperikards: Vorsicht mit der Antikoagulation!
  - Spätstadium (1-10 Wochen nach Infarkt) - Postmyokardinfarkt-Perikarditis (Dressler-Syndrom), autoimmune Genese, Herzmuskelantikörper erhöht, Rezidive möglich
- Postkardiotomiesyndrom
  wie beim Dressler-Syndrom autoimmuner Genese und deshalb erst (2-10) Wochen nach dem herzchirurgischen Eingriff, Rezidivneigung, häufig (kleine Ergüsse bei bis zu 30 % der Herzoperierten)
- Kollagenosen
  z.B. bei Lupus erythematodes disseminatus, chronischer Polyarthritis oder Sklerodermie
- Stoffwechselerkrankungen
  z.B. bei Hypothyreose
- Urämie
- Perikarditis bei rheumatischem Fieber
- Karzinommetastasen
- Sarkoidose
- nach Bestrahlung des Mediastinums
- traumatisch
- Chyloperikard

Die Perikarditis kann folglich *serös, fibrinös, purulent, hämorrhagisch oder chylös* sein.

❑ **Symptomatik**

- thorakale Schmerzen
- Dyspnoe
- Symptome der Grundkrankheit

Thorakale Schmerzen können bei geringem Ergußvolumen (*Perikarditis sicca*) sehr intensiv sein und an den Herzinfarkt erinnern. Es handelt sich um einen Dauerschmerz, der auch in Ruhe auftritt, durch Lage und Atmung (Stellungsänderung des Herzens im Perikard) modifiziert wird und Ausstrahlung um die Herzregion, aber auch in den Rücken oder zwischen die Schulterblätter zeigen kann. Bei zunehmender Ergußbildung lassen die Schmerzen nach oder verschwinden gänzlich (symptomlose große Perikardergüsse). Große Ergußmengen behindern die rechtsventrikuläre Füllung. In der Folge sinkt das Herzzeitvolumen und damit die körperliche Belastbarkeit, so daß Dyspnoe entstehen kann.

❑ **Komplikationen**

- Herzbeuteltamponade (☞ Kap. 1.8.2.)
- Hämatoperikard
- chronische Perikarditis (☞ Kap. 1.8.3.)

- konstriktive Perikarditis (☞ Kap. 1.8.4.)
- Herzrhythmusstörungen

Bei Antikoagulation, z.B. im Rahmen eines Myokardinfarktes, kann es zur Einblutung zwischen die Perikardblätter, d.h. zum Hämatoperikard und zur Herzbeuteltamponade kommen.

❑ **Diagnostik**

- klinische Untersuchung, Auskultation

  Bei der *Auskultation* einer Perikarditis läßt sich ein ohrnahes systolisch-diastolisches Reibegeräusch mit wechselndem Klangcharakter (Lokomotivgeräusch) und wechselnder Intensität, ohne Änderung bei Atempausen, jedoch bei Lagewechsel vernehmen. Bei einer Pericarditis exsudativa sind die Herztöne leise und es tritt evtl. eine Einflußstauung auf. Bei ausgeprägten Ergüssen läßt sich ein pulsus paradoxus (Verminderung der Puls- und Blutdruckamplitude bei Inspiration) beobachten

- Ekg

  In der Akutphase zeigen sich im *Ekg* konkavbogige ST-Streckenerhöhungen aus dem aufsteigenden Schenkel von S heraus (evtl. T-Wellenerhöhungen), die nicht in allen Ableitungen sichtbar sein müssen (☞ Abb. 1.31). Nach einigen Tagen kommt es zum Rückgang der ST-Streckenhebung und zur Ausbildung eines gleichschenklig negativen T. Bei massivem Perikarderguß besteht Niedervoltage und ein "*swinging heart*" (elektrischer Alternans durch Lageänderung des Herzens innerhalb des Herzbeutels). Ventrikuläre Extrasystolen oder Überleitungsstörungen (AV-Block) sind bei Übergreifen auf das Myokard (Perimyokarditis) vorhanden

- Thoraxaufnahme

  In der *Thoraxaufnahme* ist erst ab ca. 300 ml Ergußvolumen eine Verbreiterung der Herzsilhouette nach beiden Seiten ("Bocksbeutel") vorhanden, dabei aber keine Lungenstauung. Bei massiven Perikardergüssen liegt gar eine *verminderte* Lungengefäßfüllung aufgrund des gesunkenen Herzzeitvolumens vor. Die Gefäßstrukturen im Hilus sind durch den verbreiterten Herzschatten *überdeckt*, die Randpulsationen des Herzens sind bei der Durchleuchtung vermindert

- Echokardiographie

  Die *Echokardiographie* ist die wichtigste und sensitivste Untersuchung zur Diagnose, Verlaufskontrolle und Differentialdiagnose. Der Nachweis eines Perikardergusses gelingt schon bei Ergußmengen ab 50 ml. Er stellt sich als echoarme Zone um das Myokard dar. Die Echokardiographie läßt bei der akuten Perikarditis, anders als bei der Herzbeuteltamponade und der konstriktiven Perikarditis, eine ausreichende Beweglichkeit der Ventrikelwände erkennen. Natürlich können auch mit anderen Verfahren, z.B. durch die kostenintensiveren Verfahren der Computertomographie und die Kernspintomographie, Perikardergüsse sehr gut dokumentiert werden

- Punktion

  Bei unklarer Genese oder drohender Herzbeuteltamponade wird der Perikarderguß echokardiographisch gezielt *punktiert*. An Untersuchungen aus dem Punktat werden vorgenommen:

  - Punktionszytologie (maligne Zellen?)
  - Mikrobiologie (pathogene Keime, Pilze, Mykobakterien?)
  - Bestimmung von Eiweiß, Cholesterin, Triglyzeriden (Chylomikronen bei Chyloperikard?), LDH, Glukose, Hämoglobin, Leuko-/Lymphozytenzahl

Granulozytäre Ergüsse treten bei bakterieller Perikarditis auf, lymphozytäre Ergüsse bei viraler oder tuberkulöser Perikarditis.

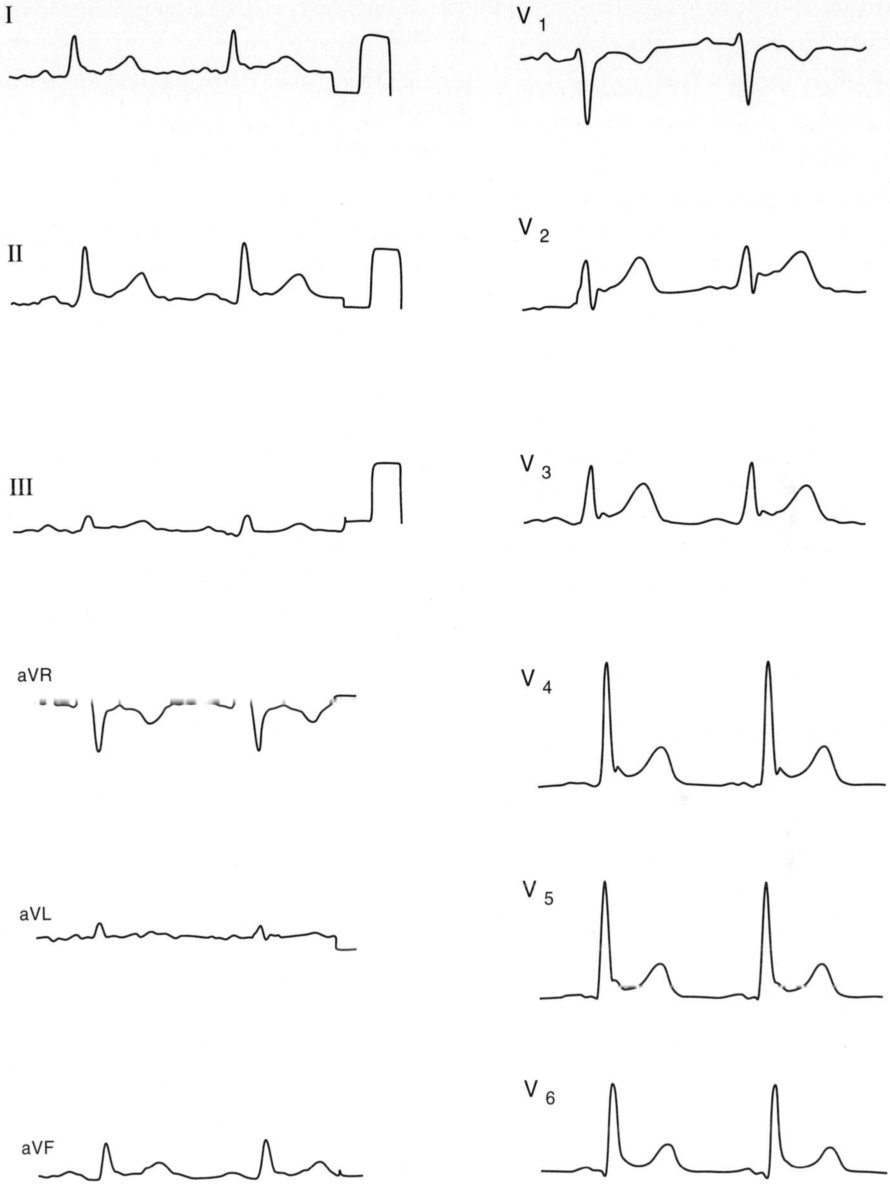

Abb. 1.31: Perikarditis.

❑ **Differentialdiagnose**

- akuter Myokardinfarkt

❑ **Therapie**

- entsprechend der Grundkrankheit

• symptomlose kleine idiopathische Perikardergüsse	→ unter regelmäßiger echokardiographischer Kontrolle abwarten
• infektiöser Perikarderguß	→ je nach Erreger: antibiotisch, tuberkulostatisch bzw. antimykotisch
• Kollagenosen	→ Corticosteroide
• Postmyokardinfarktsyndrom	→ Antiphlogistika (z.B. ASS, Indometacin)
	→ bei großen Ergüssen ebenfalls Corticosteroide (100 mg Prednisolon initial mit langsamer Reduktion über 4 Wochen)
• urämische Perikarditis	→ Dialyse
• Hydroperikard bei Herzinsuffizienz	→ Diuretika

Die Schmerzen bei der Perikarditis sicca sprechen meist auf Salizylate an.

1.8.2. Herzbeuteltamponade

❑ **Definition**

Die schwerwiegendste Komplikation der akuten Perikarditis stellt die Herzbeuteltamponade dar, die jedoch auch bei anderen Grundkrankheiten auftreten kann. Mit zunehmendem Perikarderguß wird die Füllung beider Ventrikel behindert, es kommt zum Anstieg des enddiastolischen Druckes im Herzen, zu einem "Rückstau" in die Vorhöfe und in den großen wie kleinen Kreislauf. Dadurch sinkt das Herzminutenvolumen. Dies kann durch eine Tachykardie anfangs kompensiert werden, führt aber bei weiterer Zunahme zum Blutdruckabfall und zum kardiogenen Schock.

❑ **Ätiologie und Pathogenese**

akut	besonders als Hämatoperikard bei: Tumoreinblutung (z.B. Bronchial-Ca mit Einbruch ins Perikard), Herzwandruptur nach Myokardinfarkt, Perforation eines Aneurysmas der Aorta ascendens, Einblutung unter Antikoagulation, stumpfem Thoraxtrauma (Verkehrsunfall, Sturz), nach Messerstich, nach kardiochirurgischem Eingriff, nach Katheterperforation (z.B. Schrittmachersonde)
subakut	besonders bei Infektionen
chronisch	tuberkulöse Perikarditis, Pilzinfektion, Dressler-Syndrom, Urämie, Kollagenosen, idiopathisch

Tab. 1.53: Formen und Ursachen der Herzbeuteltamponade.

❑ **Symptomatik**

- Einflußstauung
- kompensatorische Tachykardie
- niedriger Blutdruck bis kardiogener Schock
- Dyspnoe
- thorakales Druckgefühl
- Pulsus paradoxus

Bei rascher Ergußbildung innerhalb von Stunden können bereits kleine Ergußmengen (200-300 ml) ausreichen, um die Herzfunktion massiv zu stören. Unter langsamer Zunahme über Wochen hinweg kann sich das Perikard in beschränktem Umfang ausdehnen und größere Flüssigkeitsmengen (bis zu 2 l) zulassen.

Beim *Pulsus paradoxus* handelt es sich um einen bei Inspiration schwächer werdenden Puls und einen geringen Abfall der Blutdruckamplitude. Grund dafür ist der bei Inspiration abnehmende intrathorakale Druck und damit eine *Verminderung* (im Regelfall umgekehrt) der rechtsventrikulären Füllung.

❑ **Therapie**

- akute Entlastung durch Perikardpunktion
- Therapie der Grundkrankheit

Zur akuten Entlastung wird, echokardiographisch geführt, ein "pig tail"-Katheter zur externen Ableitung (Punktion im Winkel zwischen Proc. xiphoideus und linkem Rippenbogen kraniodorsal zur linken Schulter gerichtet) eingelegt.

1.8.3. Chronische Perikarditis

❑ **Ätiologie und Pathogenese**

Alle Formen der Perikarditis können chronisch verlaufen. Von chronischer Perikarditis wird bei einer Krankheitsdauer von über 6 Monaten gesprochen. Ursachen einer chronischen Perikarditis können sein:

häufig	*idiopathisch*, tuberkulös, neoplastisch, urämisch, strahleninduziert
seltener	Sarkoidose, postoperativ, posttraumatisch, bei Kollagenosen, Candidabefall

Am häufigsten ist die idiopathische Form. Bei Pilzbefall muß an eine Immunschwäche (z.B. HIV-Infektion, Leukämien) gedacht werden.

❑ **Diagnostik**

- diagnostische Punktion
- Suche nach der Grundkrankheit

Verlaufskontrolle und Fragen der hämodynamischen Auswirkung können meist durch das Echokardiogramm geklärt werden. Bei ungeklärter Differentialdiagnose wird, parallel zu der Suche nach der Grundkrankheit, die *diagnostische Punktion* erforderlich.

❑ **Therapie**

- Therapie der Grundkrankheit
- Fensterung des Perikards
- evtl. Perikardektomie

Läßt sich eine Grundkrankheit eruieren, so steht deren Therapie im Mittelpunkt. Als symptomatische Therapie kann bei der Perikardfensterung eine Verbindung zur Pleura geschaffen werden, wo das Sekret besser resorbiert wird ("Panzerherz"). Eine Perikardektomie wird äußerst selten notwendig.

1.8.4. Pericarditis constrictiva

❑ **Definition**

Eine Sonderform der chronischen Perikarditis ist die Pericarditis constrictiva, bei der es zu einer (teilweise massiven) narbigen Verdickung der Perikardblätter, einer Kalkeinlagerung und damit zu einer panzerartigen Umklammerung des Herzens kommt ("Panzerherz"). Die früher häufige tuberkulöse Genese ist seltener geworden.

❑ **Symptomatik**

- Zeichen der Rechtsherzinsuffizienz
- Stauungsorgane (Leber, Nieren, Darm)
- zusätzlicher diastolischer Herzton

Zeichen der Rechtsherzinsuffizienz wie prominente Jugularisvenen, Beinödeme, Stauungsnieren mit Proteinurie oder gar nephrotischem Syndrom, Stauungsleber bis hin zur "Cirrhose cardiaque" oder eine exsudative Enteropathie stehen im Vordergrund. Ein zusätzlicher Herzton in der Diastole ("knock") entsteht durch die plötzliche diastolische Füllungsbehinderung.

❑ **Diagnostik**

- *Röntgen-Thorax*
  kleines Herz, evtl. mit umgebenden Kalkschalen, keine Stauung im kleinen Kreislauf
- *Echokardiographie*
  Perikardverdickung, kaum bewegliche Ventrikelwände, kleine Ventrikel, vergrößerte Vorhöfe, kompensatorisch stark erhöhte Beweglichkeit der Klappenebene
- *Herzkatheterisierung mit Druckmessung*
  Der "frühdiastolische Dip" bzw. das "Square root"-Zeichen entsteht bei Druckmessung im Vorhof. Zu Beginn der Diastole kommt es *physiologischerweise* durch die Entleerung in den Ventrikel zum Druckabfall ("Dip"). Bei der Füllungsbehinderung des Ventrikels durch die Perikarditis constrictiva wird die Ventrikelfüllung aber frühzeitig gestoppt, was sich als Druckanstieg im Vorhof messen läßt ("Square root-Zeichen" = Quadratwurzel"-Verlauf)

❑ **Therapie**

- *Perikardektomie*
  Die Therapie besteht in der operativen Entfernung der fibrotischen oder verkalkten Perikardschwiele (Perikardektomie)

1.8.5. Perikardtumoren

❑ **Definition**

Perikardtumoren sind seltene Erkrankungen mit sehr variablen Symptomen. Sie können eingeteilt werden in:

benigne Perikardtumoren	• Fibrom, Lipom, Teratom
maligne Perikardtumoren	• *primäre* Sarkome, Angiosarkome • *sekundäre* Metastasen bei Bronchial-, Mammakarzinomen und Lymphomerkrankungen

Tab. 1.54: Einteilung der Perikardtumoren.

❑ **Diagnostik**

Zur Diagnosestellung werden neben Thoraxaufnahme, Echokardiographie und der Thorax-Computertomographie, mit der umgebende Strukturen besser als im Echokardiogramm beurteilt werden können (wichtig z.B. bei Bronchialkarzinomen, Mediastinallymphomen u.a.), auch die Punktionszytologie und die Perikardbiopsie eingesetzt.

❑ **Therapie**

Die Therapie richtet sich nach der Grunderkrankung.

1.9. Herzklappenfehler

1.9.1. Erworbene Herzklappenfehler

Häufig ist eine rheumatische Genese der erworbenen Herzklappenfehler beschrieben. Jedoch ist auch in diesen Fällen in weniger als 50 % der Fälle ein echtes rheumatisches Fieber in der Anamnese zu finden. Oft werden von den Patienten nur Scharlacherkrankungen oder häufige Anginen angegeben. Aufgrund der heutigen medizinischen Möglichkeiten und der steigenden Lebenserwartung nehmen insbesondere degenerative Klappenerkrankungen einen beträchtlichen Anteil an den erworbenen Herzklappenerkrankungen ein. In den letzten Jahrzehnten haben so die Mitralstenose bzw. kombinierte Mitralvitien (als klassischerweise überwiegend rheumatisch bedingt) abgenommen, die Häufigkeit von Aortenvitien jedoch zugenommen.

1.9.1.1. Mitralstenose

❑ **Definition**

Öffnungsbehinderung und verminderte Klappenöffnungsfläche bei meist postentzündlich (rheumatisch) veränderter Mitralklappe. Konsekutiv kommt es zu einer Behinderung des Blutflusses aus dem linken Vorhof in den linken Ventrikel.

❑ **Häufigkeit**

Früher häufigster erworbener Herzklappenfehler. Heute eher selten (um 10 % isoliert, ca. 15 % als kombinierte Mitralvitien - bei erstmalig diagnostizierten erworbenen Vitien).

❑ **Ätiologie**

Überwiegend nach rheumatischem Fieber, rheumatischen Äquivalenten, Anginen oder Scharlach. In Untersuchungen fanden sich 20 Jahre nach einem rheumatischen Fieber bei etwa 40 Prozent dieser Patienten Mitralstenosen. Andere Ursachen - insbesondere die kongenitale Mitralstenose - sind selten.

❑ **Pathophysiologie**

Die normale Mitralklappenöffnungsfläche (MÖF) beträgt 4-6 cm^2.

Auch bei hohem Fluß (300 ml/s) und HZV (ca. 9 l/min) entsteht dabei kein nennenswerter Druckgradient an der Klappe. Bei einer MÖF von < 2,5 cm^2 entsteht jedoch bereits ab einem Mitralfluß von 200 ml/s ein Druckgradient von ca. 5 mmHg. Dieser ist auch von der Herzfrequenz abhängig. Unter 1,5 (1,0) cm^2 kommt es bei 175 ml/s (125 ml/s) zu transmitralen Gradienten von über 10 mmHg (Tab. 1.55). Der Vorhof muß, um diesen Druckgradienten zu überwinden, einen erhöhten Druck aufbringen. Konsekutiv kommt es auch im Bereich der Pulmonalvenen bzw. Lungenkapillaren zu einer Drucksteigerung. Die Folge ist eine pulmonale Hypertonie mit Druckbelastung des rechten Ventrikels. Wird dabei der kolloidosmotische Druck (um 25 mmHg) überschritten, kommt es zum Lungenödem. Durch Konstriktion der präkapillären Lungenarteriolen kann eine Drucksteigerung im Kapillarbett kompensiert und damit ein Lungenödem verhindert werden. Aufgrund des hohen Lungenarterienwiderstandes kann jedoch eine Rechtsherzinsuffizienz entstehen. Die Verdickung der Alveolarsepten führt zu Diffusionsstörungen, die sich klinisch als Dyspnoe und (zentrale) Zyanose zeigen. Bei hochgradiger Mitralstenose sinkt das HZV. Die periphere O_2-Ausschöpfung (periphere Zyanose) ist erhöht.

Schweregrad	MÖF (cm^2)	Druckgradient	NYHA-Stadium
leichtgradig	> 2,5	< 5 mmHg	I
mittelgradig	1,5-2,5	> 5 mmHg	II
höhergradig	1,0-1,5	> 10 mmHg	III
hochgradig	< 1,0	> 10 mmHg	IV

Tab. 1.55: Einteilung der Mitralstenose.

❑ **Symptomatik**

- leichtgradige Mitralstenosen: meist asymptomatisch
- *Dyspnoe*
  Bei Zunahme der Stenose kommt es zum Hauptsymptom "Dyspnoe", insbesondere bei Belastung, als Folge der pulmonalen Hypertonie bzw. der chronischen Lungenstauung
- *Zyanose mit Facies mitralis*
  Häufig besteht eine (überwiegend) periphere Zyanose mit Facies mitralis (dunkelrote Wangenverfärbung)
- *Hämoptysen*
  Gelegentlich werden Hämoptysen durch Ruptur kleiner Gefäße aufgrund des erhöhten pulmonalkapillären Drucks beobachtet. Im Sputum können sich "Herzfehlerzellen" finden
- *Leistungsminderung*
  Eine Leistungsminderung (Übergang zwischen Stadium II nach III) ist häufig auf das Umschlagen des Sinusrhythmus in ein Vorhofflimmern mit absoluter Arrhythmie zurückzuführen. Dieses ist Folge der Drucksteigerung und Dilatation des linken Vorhofs. Das HZV wird dadurch um 20-25 % reduziert
- *arterielle Embolien*
  Häufig finden sich Vorhofthromben, die zu arteriellen Embolien führen können. Gefährdet sind insbesondere Patienten mit vermindertem HZV und häufigem Wechsel zwischen Sinusrhythmus und Vorhofflimmern
- *Angina pectoris*
  Speziell Patienten mit gleichzeitig bestehender KHK klagen über pektanginöse Beschwerden
- *Stauung*
  Kommt es zu einer Rechtsherzinsuffizienz, finden sich Stauungszeichen (ZVD erhöht, Hals- und Zungenvenenstauung, Stauung von Leber, Milz und Niere, Stauungsgastritis und periphere Ödeme)

❑ **Komplikationen**

- Lungenembolie (erniedrigtes HZV und Immobilität)
- Herzrhythmusstörungen (Vorhofflimmern)
- arterielle Embolie
- pulmonale Infekte (Superinfektion)
- bakterielle Endokarditis (selten)
- Lungenödem und kardiogener Schock

❑ Diagnostik

Neben der Inspektion (s.o.) findet sich bei der Auskultation ein typischer Befund (Herzspitze, Linksseitenlage, Abb. 1.32):

- paukender 1. Herzton
- Mitralöffnungston (ca. 0,05-0,12 s nach dem 2. Herzton, korreliert mit dem Stenosegrad, je kürzer der Abstand, desto höhergradig die Stenose)
- präsystolisches Crescendogeräusch (fehlt bei Vorhofflimmern)
- tieffrequentes, diastolisches Decrescendogeräusch (Wirbelbildung in der diastolischen Füllungsphase)
- evtl. diastolisches Graham-Steell-Geräusch (relative Pulmonalisinsuffizienz)

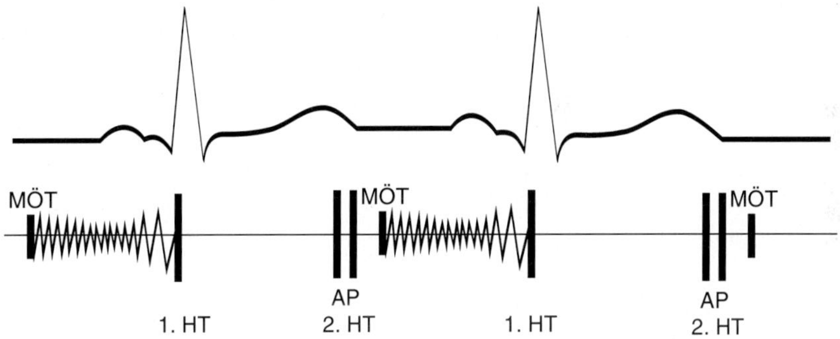

Abb. 1.32: Mitralstenose.

- *Ekg*
  Bei Sinusrhythmus doppelgipfelige, breite (> 0,11 s) P-Wellen (P-mitrale), häufig jedoch Vorhofflimmern. Steil- bis Rechtslage, Rechtsherzbelastungszeichen bzw. Rechtsherzhypertrophie (dabei meist rechtsventrikulärer Druck > 70 mmHg, evtl. P-Wellen auch überhöht - P-biatriale)
- *Echokardiographie*
  Echokardiographisch finden sich meist verdickte Mitralsegel, die sich nur unvollständig öffnen. Das typische M-Muster des vorderen Mitralsegels (Spiegelbildlich auch beim hinteren Mitralsegel) ist aufgehoben. Der EF-Slope (frühdiastolische Rückschlagbewegung des vorderen Mitralsegels) ist abgeflacht, frühdiastolisch bewegt sich das hintere Mitralsegel (paradox) nach vorne. Im 2-D-Bild und CW-Doppler können die MÖF, der Druckgradient sowie Verkalkungen nachgewiesen werden. Der linke Vorhof erscheint erweitert. Diastolisch sog. "doming" bzw. Dom-Stellung der Mitralklappe
- *Röntgen-Thorax*
  - vergrößerter linker Vorhof/Herzohr (verstrichene Herztaille, evtl. linker Vorhof rechts randbildend und Aufspreizung der Trachealbifurkation. Im Seitbild mit Breischluck Verdrängung des Ösophagus nach dorsal
  - Hypertrophie bzw. Dilatation des rechten Ventrikels mit Einengung des Retrosternalraumes im Seitbild
  - Erweiterung der A. pulmonalis mit Vorwölbung des Pulmonalbogens und Kalibersprung zwischen zentralen und peripheren Gefäßen
  - Zeichen der Lungenstauung mit Kranialisation und Kerley-B-Linien

- Klappenkalk (Durchleuchtung)
- evtl. (rechtsseitiger) Pleuraerguß

- *invasive Diagnostik*
  Bei der Herzkatheteruntersuchung (retrograd arteriell und venös transseptal) läßt sich simultan durch Druckmessung im linken Vorhof und Ventrikel sowie HZV-Bestimmung der Druckgradient über der Mitralklappe messen. Der Rechtsherzkatheter gibt Aufschluß über das Ausmaß der pulmonalen Hypertonie. Bei normalem linksventrikulärem enddiastolischem Druck (LVEDP) korreliert der linksatriale Druck, bzw. der Druckanstieg in der Pulmonalarterie unter Belastung, mit dem Ausmaß der Mitralstenose. Mit Hilfe der GORLIN-Formel läßt sich die MÖF berechnen. Die arterio-venöse O_2-Differenz, das HZV sowie der Herzindex (HI) sind erniedrigt. Da häufig auch eine Trikuspidalinsuffizienz oder eine KHK vorliegen, sollten diese im Rahmen der Katheteruntersuchung mit abgeklärt werden

GORLIN-Formel: MÖF = M-Fluß/ 38 $\sqrt{dp}$

Herzindex

HI = Herzminutenvolumen (l/min) pro m^2 Körperoberfläche
Normalwert: 3,5 +/- 0,5 $l/min/m^2$

❑ Differentialdiagnose

- Mitralinsuffizienz
- Aorteninsuffizienz (Austin-Flint-Geräusch)
- primäre pulmonale Hypertonie
- Vorhofseptumdefekt
- Myxom des linken Vorhofs

❑ Therapie

- asymptomatische Mitralstenose: Endokarditisprophylaxe (Penicillin)
- Zeichen der Herzinsuffizienz: anfangs konservative Therapie (☞ Kap. 1.1.). Günstig wirkt sich eine Senkung der Herzfrequenz aus, da die Diastolendauer dadurch verlängert wird. Dabei können (z.B. in Kombination mit Digitalis) auch β-Blocker indiziert sein. Aus diesem Grund sollten Pharmaka, die das HZV oder die Herzfrequenz steigern, bei bestehender Mitralstenose nur unter Vorsicht angewandt werden
- Bei Vorhofflimmern ist eine Antikoagulanzientherapie zur Thromboembolieprophylaxe angezeigt
- Bei einer MÖF < 1,25-1,5 cm^2 (NYHA III) oder rezidivierenden thromboembolischen Ereignissen ist eine Operationsindikation gegeben. Wenn technisch möglich, sollte eine Kommissurotomie aufgrund der niedrigeren Operationsletalität und der besseren Prognose dem Klappenersatz vorgezogen werden

- mittel- oder höhergradige Mitralinsuffizienzkomponente
- Kalzifizierung der Mitralklappe
- Einbeziehung des subvalvulären Klappenapparates (Chordae tendineae etc.)

Tab. 1.56: Gegenanzeigen zur Kommissurotomie bei gegebener Operationsindikation.

❑ **Prognose**

- 5-Jahresüberlebensrate ohne Op im Stadium III (IV) ca. 50 % (10 %). Ca. 1/3 überlebte 10 Jahre Nachbeobachtungszeit
- nach chirurgischer Kommissurotomie (Op-Letalität ca. 2 %): 5-Jahresüberlebensrate 85-90 %, 10-Jahresüberlebensrate: 70-90 %
- Mitralklappenersatz (Op-Letalität ca. 5-10 %): 5-Jahresüberlebensrate 75-90 %
- Entscheidend für die Prognose sind der postoperative Grad der pulmonalen Hypertonie sowie der Funktionszustand des übrigen Herzens

1.9.1.2. Mitralinsuffizienz

❑ **Definition**

Schlußunfähigkeit der Mitralklappe mit systolischem Rückfluß des Blutes in den linken Vorhof. Aufgrund des Pendelblutes kommt es zu einer Volumenbelastung des linken Vorhofs und des Ventrikels. Die Mitralinsuffizienz kann durch Veränderungen an den Mitralsegeln, Sehnenfäden bzw. Papillarmuskeln oder am Mitralklappenring verursacht sein.

❑ **Häufigkeit**

Die isolierte Mitralinsuffizienz ist selten (ca. 5 %). Häufiger sind dagegen kombinierte Mitral- bzw. Aorten-/Mitralvitien.

❑ **Ätiologie**

Uneinheitlich. Die rheumatische Genese ist im Vgl. zur Mitralstenose seltener. Weitere Ursachen sind bakterielle Endokarditiden bzw. Endomyokarditiden, Sehnenfäden-, Papillarmuskelabriß oder Papillarmuskeldysfunktion (nach Myokardinfarkt oder Trauma), dilatative Kardiomyopathie (relative Mitralinsuffizienz), HOCM und das Mitralklappenprolapssyndrom (☞ Kap. 1.9.1.3.). Auch nach Kommissurotomie werden Mitralinsuffizienzen beobachtet. Bei älteren Patienten können auch degenerative Veränderungen zu einer Mitralinsuffizienz führen. Die angeborene Mitralinsuffizienz ist hingegen selten. Beim *Bland-White-Garland-Syndrom* (angeborener Fehlabgang der A. coronaria sinistra aus der A. pulmonalis) entwickelt sich eine chronische Myokardhypoxie, die zur Papillarmuskeldysfunktion und Mitralinsuffizienz führen kann.

❑ **Pathophysiologie**

Über die chronische Volumenbelastung durch das Pendelblut kommt es zur Dilatation des linken Vorhofs und Ventrikels (Tab. 1.57). Dies führt über den Mechanismus der sekundären relativen Mitralinsuffizienz zur Progredienz. Zu einer Druckerhöhung im linken Vorhof kommt es erst, wenn der linke Ventrikel insuffizient wird. Folge sind pulmonalvenöse Stauung und terminal Rechtsherzinsuffizienz. Die akute Mitralinsuffizienz (z.B. Papillarmuskelabriß bei Myokardinfarkt) hat eine sehr schlechte Prognose: 3 von 4 Patienten überleben die ersten 24 h nicht. Grund hierfür ist, daß das Pendelvolumen nicht durch einen vergrößerten Vorhof aufgefangen werden kann. Die akute Drucksteigerung im linken Vorhof und der Lungenstrombahn führt, wenn der onkotische Druck überschritten wird, zum Lungenödem. Aufgrund des hohen Regurgitationsvolumens sinkt akut das HZV. Zudem kommt es zur Hypotension.

	Regurgitationsfraktion	NYHA-Stadium
leichtgradig	< 15 %	I
mittelgradig	13-30 %	II
höhergradig	30-50 %	III
hochgradig	> 50 %	IV

Tab. 1.57: Einteilung der Mitralinsuffizienz.

❑ Symptomatik

- Patienten mit chronischer Mitralinsuffizienz bleiben über Jahre bzw. Jahrzehnte asymptomatisch. Da bei leicht- bis mittelgradiger Mitralinsuffizienz das Regurgitationsvolumen deutlich unter dem aortal ausgeworfenem Blutvolumen liegt, ist das HZV (in Ruhe) normal
- *Dyspnoe, verminderte Belastbarkeit, Palpitationen*
  Bei Zunahme der Insuffizienz treten Symptome wie Belastungsdyspnoe, schließlich Ruhe- und Orthopnoe auf. Die Belastbarkeit sinkt, die Patienten fühlen sich abgeschlagen und klagen über Palpitationen. Schließlich können ähnliche Symptome wie bei der bereits erwähnten Mitralstenose auftreten (☞ Kap. 1.9.1.1.). Dabei wird die Klinik im Gegensatz zur Mitralstenose zu einem großen Teil durch ein Vorwärtsversagen des linken Ventrikels bedingt

❑ Komplikationen

- vgl. Mitralstenose (☞ Kap. 1.9.1.1.)

❑ Diagnostik

- Aufgrund der Dilatation und Hypertrophie des linken Ventrikels ist der Herzspitzenstoß häufig nach links verlagert und hebend
- *Auskultation* (Abb. 1.33)
  - 2. Herzton weit gespalten (vorzeitiger Schluß der Aortenklappe)
  - lautes, holosystolisches Sofortgeräusch (bandförmig) über der Herzspitze mit Ausstrahlung in die Axilla
  - häufig 3. Herzton
  - bei großem Regurgitationsvolumen: kurzes niederfrequentes Geräusch im Anschluß an den 3. Herzton

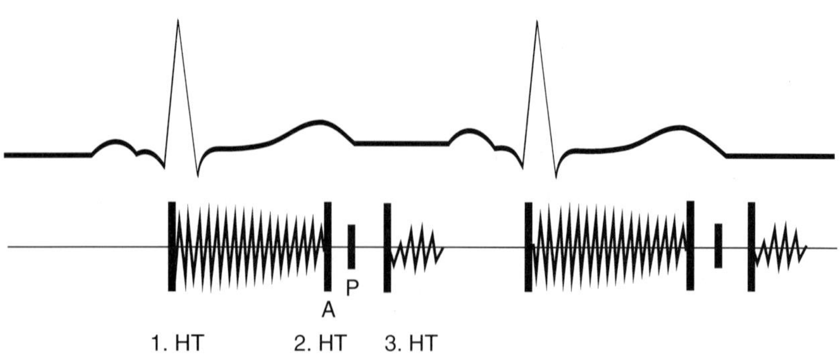

Abb. 1.33: Mitralinsuffizienz.

- *Ekg*
  Bei Sinusrhythmus P-mitrale. Vorhofflimmern bei 3/4 der Patienten im Stadium III-IV. Linkslage mit Zeichen der Linksherzhypertrophie (positiver Sokolow-Lyon-Index, evtl. Erregungsrückbildungsstörungen). Evtl. ventrikuläre Rhythmusstörungen. Rechtsherzbelastungszeichen finden sich im Gegensatz zur Mitralstenose selten
- *Echokardiographie*
  Echokardiographisch gibt es keine pathognomonischen Zeichen einer reinen Mitralinsuffizienz. Im 2-D-Echo lassen sich ein vergrößerter linker Vorhof und Ventrikel nachweisen. Letzterer weist hyperdyname Bewegungen auf. Zudem finden sich häufig Verkalkungen. Öffnungsamplitude (DE-Amplitude) erhöht und EF-Slope erhöht. In der Real-time-Untersuchung evtl. Nachweis eines "flail"-Mitralsegels. Mit Hilfe der (Farb-)Doppler-Technik läßt sich hingegen die Insuffizienzkomponente darstellen
- *Röntgen-Thorax*
  - Vergrößerung des linken Vorhofs (Seitbild mit Breischluck) und Ventrikels, der bis an die linke Thoraxwand reichen kann
  - verstrichene Herztaille
  - im Spätstadium Lungenstauung mit Kerley-B-Linien
- *invasive Diagnostik*
  Bei der Linksherzkatheteruntersuchung kann durch Kontrastmittelinjektion in den Ventrikel (Ventrikulographie) der Reflux dargestellt werden. Systolisch findet sich ein Druckanstieg im linken Vorhof (V-Welle)

❑ **Differentialdiagnose**

- Aortenstenose
- Ventrikelseptumdefekt
- Trikuspidalinsuffizienz

❑ **Therapie**

- Wie bei der Mitralstenose ist eine Endokarditisprophylaxe sowie ggf. Antikoagulanzientherapie indiziert
- Bei klinischen Zeichen einer Herzinsuffizienz (Dyspnoe etc.) werden die Patienten anfangs konservativ therapiert (☞ Kap. 1.1.). Dabei sollte insbesondere ACE-Hemmern der Vorzug gegeben werden, da die Patienten durch die Senkung des peripheren Widerstandes profitieren (HZV steigt, da mehr Blut in die Aorta ausgeworfen wird). Über Senkung des linksventrikulären enddiastolischen Drucks kann sich die Dilatation des linken Ventrikels zurückbilden und die Insuffizienzkomponente durch Verkleinerung des Mitralklappenrings abnehmen. Bei der akuten Mitralinsuffizienz verbietet sich meist der Einsatz von ACE-Hemmern aufgrund der Hypotonie. Hier sind positiv inotrope Substanzen, ggf. die intraaortale Gegenpulsation und eilige operative Intervention als ultima ratio angezeigt
- Ein operativer Klappenersatz ist im Stadium II bei Progredienz der hämodynamischen Störungen (Abnahme der systolischen Durchmesserverkürzung des linken Ventrikels, Zunahme des linksventrikulären Diameters und Herzgröße im Thorax) angezeigt, sonst im Stadium III. Alternatives Verfahren: Anuloplastik bzw. Valvuloplastik

❑ **Prognose**

- 5-Jahresüberlebensrate ohne Op im operationswürdigen Stadium 25-40 %
- bei klappenerhaltender Operation (Op-Letalität ca. 2 %): 5-Jahresüberlebensrate 85-95 %
- Mitralklappenersatz (Op-Letalität ca. 5-10 %): 5-Jahresüberlebensrate 60-80 %
- Entscheidend für die Prognose sind der präoperative linksventrikuläre enddiastolische Druck sowie die linksventrikulären Diameter

1.9.1.3. Mitralklappenprolaps (mesosystolisches Klicksyndrom/BARLOW-Syndrom)

❑ **Definition**

Systolische Vorwölbung der Mitralklappe in den linken Vorhof (häufig posteriores Mitralsegel). Meist asymptomatisch, gelegentlich mit Mitralinsuffizienzkomponente und Ursache für Herzrhythmusstörungen.

❑ **Häufigkeit**

Bei ca. 5 % (-15%) der Erwachsenen läßt sich ein Mitralklappenprolaps nachweisen. Frauen sind häufiger betroffen, teils familiäre Häufung.

❑ **Ätiologie**

Abnorme (myxomatöse) Kollagenveränderung (Synthesestörung/beschleunigte Kollagenalterung?) mit Anhäufung von sauren Mukopolysacchariden. Die Mitralsegel sind verdickt und vergrößert. Evtl. finden sich auch Veränderungen am Mitralklappen-Halteapparat. Das Mitralklappenprolapssyndrom findet sich auch bei generalisierten Bindegewebserkrankung wie *Marfan-, Ehlers-Danlos-Syndrom* etc.. Auch bei HOCM, Vorhofseptumdefekt, KHK (ischämiebedingte Papillarmuskeldysfunktion) und Autoimmunerkrankung (z.B. SLE) wird häufig ein sekundärer Mitralklappenprolaps beobachtet.

❑ **Symptomatik**

- meist asymptomatisch
- retrosternales (nicht belastungsabhängiges) Brennen (DD: Angina pectoris bei KHK)
- Palpitationen (bei ventrikulären Extrasystolen oder Tachykardien)
- häufig auch Angstgefühle, Gefühl der Luftnot und Schwindel
- Bei klinisch relevanter Mitralinsuffizienzkomponente können entspr. Symptome entstehen (selten)

❑ **Komplikationen**

- Herzrhythmusstörungen (Risiko des plötzlichen Herztodes erhöht?)
- transitorisch ischämische Attacken (TIA)
- bakterielle Endokarditis (bei Mitralinsuffizienzkomponente)
- arterielle Embolie (selten/bei Mitralinsuffizienzkomponente)

❑ **Diagnostik**

- *Auskultation*
  mesosystolisches Klick (ohne feste Beziehung zum 1. Herzton), evtl. mit anschließendem spätsystolischem Geräusch
- *Ekg*
  unauffällig, evtl. Erregungsrückbildungs- oder Rhythmusstörungen

- *Echokardiographie*
  Echokardiographisch findet sich im M-mode in der CD-Strecke eine meist nach posterior gerichtete (U-förmige) Bewegung (Hängemattenphänomen). Besser läßt sich der systolische Prolaps jedoch im 2-D-Echo (parasternaler Längsschnitt) nachweisen. Evtl. stellen sich Klappensegel (myxomatös) verdickt dar. Eine Insuffizienzkomponente ist (farb-)dopplersonographisch nachweisbar

❑ **Therapie**

- nur symptomatisch, d.h. Behandlung von evtl. vorliegenden Rhythmusstörungen sowie retrosternalen Angina-pectorisähnlichen Symptomen. Dabei ist ein Therapieversuch mit ß-Blockern gerechtfertigt
- bei vorausgegangener TIA evtl. Thrombozytenaggregationshemmer (z.B. Azetylsalizylsäure)
- Behandlung einer evtl. Mitralinsuffizienz

❑ **Prognose**

Gut, die o.g. Komplikationen sind insgesamt selten.

1.9.1.4. Aortenstenose

❑ **Definition**

Systolische Ausstrombehinderung aus dem linken Ventrikel durch Verengung an der aortalen Ausflußbahn. Dabei wird zwischen supra- und subvalvulären sowie valvulären Aortenstenosen unterschieden. Im folgenden wird die (erworbene) valvuläre Aortenstenose behandelt.

❑ **Häufigkeit**

Ca. 30 % der erstmalig diagnostizierten Herzklappenfehler betreffen isolierte Stenosen der Aortenklappen. 20 % sind kombinierte Aortenvitien. Männer sind häufiger betroffen.

❑ **Ätiologie**

Aortenstenosen bei jungen Patienten sind überwiegend rheumatischer Genese oder angeboren. Mit zunehmendem Alter nimmt jedoch dieser Prozentsatz ab. Die degenerative Genese tritt in den Vordergrund. Insbesondere bei Patienten mit bikuspidaler Aortenklappe (ca. 1-2 % der Bevölkerung), die in der Regel symptomlos sind, kann durch sekundäre Veränderungen (degenerativ, Kalkeinlagerung) eine Aortenklappenstenose entstehen. Ca. 10 % der Aortenstenosen sind durch bakterielle Endokarditiden verursacht. Die postvalvulären Stenosen sind kongenital, subvalvuläre Stenosen häufig durch eine Verdickung des intraventrikulären Septums bei einer HOCM, seltener durch ein membranöses Diaphragma bedingt.

❑ **Pathophysiologie**

> Die normale Öffnungsfläche der Aortenklappe beträgt ca. 3 cm^2 (2 cm^2/m^2 Körperoberfläche), der Durchmesser ca. 22-44 mm.

Bei einer Verringerung der Öffnungsfläche auf weniger als 1/3 ($< 1\ cm^2$) kommt es bei normalem Durchflußvolumen zu einem Druckgradienten an der Aortenklappe (Tab. 1.58). Diese Druckbelastung versucht der linke Ventrikel durch eine konzentrische Hypertrophie zu kompensieren. Der linksventrikuläre enddiastolische Druck (LVEDP) steigt durch die verminderte diastolische Dehnbarkeit (zunehmende Muskelmasse). Konsekutiv muß auch der linke Vorhof gegen einen erhöhten LVEDP arbeiten. Die Austreibungsphase wird insgesamt verlängert, der systemische Druck und das HZV fallen ab. Kompensationsversuche äußern sich in erhöhter HF und arteriovenöser O_2-Differenz. Hypertrophie und Druckbelastung, erhöhter LVEDP, Zunahme der HF und erniedrigter Perfusionsdruck bedingen die Koronarinsuffizienz.

Schweregrad	Durchmesser (cm)	Öffnungsfläche (cm^2)	Druckgradient (mmHg)	NYHA
leicht	2,0-1,4	> 1,5	< 40	I
mittel	1,4-1,0	1,5-0,8	40-80	II
schwer	1,0-0,7	0,8-0,4	80-120	III
kritisch	< 0,5	< 0,4	> 120	IV

Tab. 1.58: Einteilung der Aortenstenose.

Symptomatik

- Leichtgradige Aortenstenosen verlaufen meist asymptomatisch. Bis 400 ml/min Aortenfluß (~ 10 l/min HZV) bleibt der Druckgradient unter 40 mmHg. Eine Steigerung des HZV kann durch Erhöhung des Ventrikeldrucks überwunden werden. Die Patienten neigen evtl. zu schneller Erschöpfung und klagen gelegentlich über Palpitationen
- Bei mittelgradiger Stenose sind immer noch viele Patienten asymptomatisch. Andere klagen - besonders bei Belastung - über
  - Blässe
  - Ermüdbarkeit
  - Schwindel (evtl. mit belastungsinduzierter Synkope)
  - Dyspnoe
  - pektanginöse Beschwerden
- Bei hochgradiger oder kritischer Aortenstenose kommt es zu
  - Symptomen der Linksherzinsuffizienz (Ruhedyspnoe evtl. mit Lungenödem, periphere Zyanose, kalte Extremitäten)
  - Rechtsherzinsuffizienz (periphere Ödeme, Einflußstauung)
  - Synkopen
  - pektanginöse Beschwerden
  - Herzrhythmusstörungen

❑ **Komplikationen**

- Herzrhythmusstörungen (Risiko des plötzlichen Herztodes erhöht)
- bakterielle Endokarditis
- relative Mitralinsuffizienz
- arterielle Embolie (selten)
- Lungenembolie (erniedrigtes HZV und Immobilität)
- pulmonale Infekte (Superinfektion)
- Lungenödem und kardiogener Schock

❑ **Diagnostik**

- Anfangs besteht ein normaler Blutdruck (nach Riva-Rocci), der mit zunehmender Stenose hypotone Werte annimmt. Die Blutdruckamplitude ist dabei klein. Insbesondere bei alten Patienten kann aufgrund der fehlenden Windkesselfunktion der Blutdruck lange hypertone bzw. normotone Werte aufweisen. Es besteht ein pulsus parvus et tardus. Der Herzspitzenstoß ist häufig nach links verlagert und hebend

- *Auskultation* (Abb. 1.34)
  - rauhes, spindelförmiges, mittel-hochfrequentes, systolisches Austreibungsgeräusch (p.m. 2. ICR parasternal rechts) mit Fortleitung in die Karotiden. Je ausgeprägter die Stenose ist, desto weiter verlagert sich das Geräusch in die späte Systole

> *Cave:*
> Bei kritischer Aortenstenose kann die Lautstärke des systolischen Geräusches abnehmen, so daß es leicht überhört werden kann!

  - Ejektionsklick (0,5-0,1 s nach Beginn des 1. HT, Aortenklappenöffnungston), fehlt bei hochgradigen Aortenstenosen
  - evtl. 4. HT (Vorhofklick) bei steigendem LVEDP
  - evtl. paradoxe Spaltung des 2. HT (Schluß der Pulmonalklappe vor der Aortenklappe)

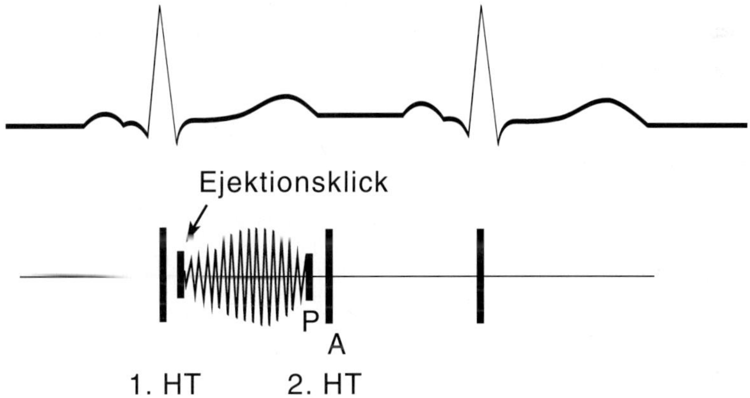

Abb. 1.34: Aortenstenose.

- *Ekg*
  Ab einem Druckgradienten von > 40 mmHg häufig Zeichen der Linksherzhypertrophie (positiver Sokolow-Lyon-Index) und Innenschichtischämie (T-Negativierungen). Bei schwerer Aortenstenose auch Vorhofflimmern
- *Karotispulskurve*
  Die Karotispulskurve zeigt bei ausgeprägter Aortenstenose klassischerweise ein Hahnenkammphänomen. Dabei ist die Karotispulsanstiegszeit über 0,05 s verlängert sowie die Pulsamplitude verringert
- *Echokardiographie*
  Echokardiographisch findet sich eine verdickte Aortenklappe mit Mehrfachecho, die sich nur unvollständig öffnet. Zudem ist der linke Ventrikel (insbesondere Hinterwand und Septum) verdickt (Hypertrophie). Mit Hilfe der Doppler-Technik können die Strömungsverhältnisse beurteilt und damit Rückschlüsse auf den Druckgradienten bzw. Stenosegrad gezogen werden. Bei erhöhtem LVEDP schließt die Mitralklappe verzögert. Eine verringerte Verkürzungsfraktion weist auf eine drohende Dekompensation hin

- *Röntgen-Thorax*
  - Herz links betont bzw. aortal konfiguriert
  - Einengung des Retrokardialraumes
  - (poststenotische) Dilatation der Aorta
  - evtl. Nachweis von Klappenkalk
  - im kritischen Stadium Zeichen der Herzinsuffizienz mit Herzvergrößerung und Stauungszeichen
- *invasive Diagnostik*
  Bestimmung des Druckgradienten über der Aortenklappe sowie der Klappenöffnungsfläche. Weitere präoperative Informationen (gleichzeitig vorliegende Klappenfehler wie Aorten-, Mitralinsuffizienz, KHK und linksventrikuläre Funktion) sollten gewonnen werden

❑ **Differentialdiagnose**

- Aortensklerose
- andere Vitien mit systolischen Geräuschen (Pulmonalstenose, Mitralinsuffizienz, Ventrikelseptumdefekt)
- HOCM

❑ **Therapie**

- wie bei allen anderen Klappenstörungen: körperliche Schonung entspr. dem Schweregrad, Endokarditisprophylaxe sowie ggf. Antikoagulation (bei Vorhofflimmern)
- Bei der Therapie der Herzinsuffizienz bei Aortenstenose sind ACE-Hemmer aufgrund ihrer blutdrucksenkenden Wirkung als ungünstig bzw. kontraindiziert anzusehen
- Bei Patienten mit Angina pectoris, erstmaliger manifester Linksherzinsuffizienz und Synkopen bzw. einer Klappenöffnungsfläche < 0,4 cm^2/m^2 besteht die Indikation zur Op (Klappenersatz + fakultativ ACVB). Auch Patienten mit zunehmender Herzgröße (und Lungenstauung) sowie zunehmenden ST-Streckensenkungen (und Druckgradient über 50 mmHg) sollten einem Klappenersatz zugeführt werden. Bei Kindern mit bikuspidaler Aortenklappe und zunehmender Stenose ist die Indikation zur Op weiter zu stellen, wenn mit einer klappenerhaltenden Operation zu rechnen ist

❑ **Prognose**

- Die Prognose ist vom Schweregrad der Stenose abhängig
- Der Schweregrad bleibt bei leichtgradigen Aortenstenosen über Jahre meist unverändert. Mittelgradige Aortenstenosen neigen zur Progredienz
- Bei Op-Indikation (hochgradiger Aortenstenose) liegt die Lebenserwartung (ohne Op) bei 2-2,5 Jahren, bei gleichzeitig vorliegender Linksherzinsuffizienz deutlich darunter
- Das Op-Risiko liegt bei ca. 3-8 %
- Die postoperative Prognose ist entscheidend von der linksventrikulären Funktion abhängig: 10-Jahresüberlebensrate von ca. 80 % gegen 40 % bei Patienten, die präoperativ eine Linksherzinsuffizienz aufwiesen. Außerdem ist eine prognostische Aussage aufgrund des Herz-Thorax-Quotienten möglich: 10-Jahresüberlebensrate von ca. 85 % gegen 60 % bei Patienten mit (präoperativem) Herz-Thorax-Quotienten > 0,5

1.9.1.5. Aorteninsuffizienz

❑ **Definition**

Schlußunfähigkeit der Aortenklappe mit diastolischem Rückfluß aus der Aorta in den linken Ventrikel.

❑ Häufigkeit

Etwa 10 % (isoliert) bei erstmalig diagnostizierten erworbenen Vitien.

❑ Ätiologie

Rheumatisches Fieber bzw. Erkrankungen aus dem rheumatischen Formenkreis, infektiöse-bakterielle Endokarditiden, Bindegewebserkrankungen wie *Marfan-* oder *Ehlers-Danlos-Syndrom*, *Mesaortitis luica* können eine Aorteninsuffizienz verursachen. Auch Patienten mit einem Ventrikelseptumdefekt sind gefährdet. Eine seltene Ursache stellt hingegen die *Takaysu-Arteriitis* dar. Beim dissezierenden Aortenaneurysma entsteht die Aorteninsuffizienz meist akut. Die angeborene Aorteninsuffizienz ist selten. Meist liegt dann eine bikuspidale Aortenklappe vor.

❑ Pathophysiologie

Durch die Schlußunfähigkeit kommt es diastolisch zu einem Rückfluß des aortalen Blutes in den linken Ventrikel. Dieser Rückfluß ist abhängig von:

- Insuffizienzfläche
- peripherem Widerstand
- linksventrikulärer Dehnbarkeit
- Diastolendauer bzw. Herzfrequenz

Diese Volumenbelastung führt über eine exzentrische Hypertrophie zu einem erhöhten myokardialen O_2-Mehrbedarf, wobei der koronare Perfusionsdruck sinkt. Über den Frank-Starling-Mechanismus resultiert ein erhöhtes Schlagvolumen, so daß die Rückflußkomponente anfangs kompensiert wird (Tab. 1.59).

Schweregrad	Rückfluß	NYHA
leicht	< 15 %	I
mittel	15-30 %	II
mittelschwer	30-50 %	III
schwer	> 50 %	IV

Tab. 1.59: Einteilung der Aorteninsuffizienz

Im Gegensatz zur Aortenstenose nimmt weniger die Wandstärke des linken Ventrikels als die gesamte Muskelmasse infolge einer Vergrößerung der gesamten linken Kammer zu. Die Gewichtszunahme des Herzens ist dabei beträchtlich:

> Bei Herzgewichten > 1.000 g liegt in 3/4 der Fälle eine Aorteninsuffizienz oder ein kombiniertes Aortenvitium vor!

Bei isolierten Aortenstenosen ist ein Herzgewicht in dieser Größenordnung dagegen selten.

❑ Symptomatik

- Patienten mit leichtgradiger Aorteninsuffizienz sind meist asymptomatisch
- Dyspnoe

Bei Zunahme der Insuffizienz kommt es zu Belastungs- bzw. Ruhedyspnoe. Oft werden pektanginöse Beschwerden angegeben.

Später:

- Schweißausbrüche
- Pulsationsgefühle im Kopf und Hals
- Kopfschmerzen
- Schwindel
- kardiale Dekompensation

Schließlich kann es zur kardialen Dekompensation mit pulmonaler Stauung und Rechtsherzinsuffizienz kommen.

❑ **Komplikationen**

- relative Mitralinsuffizienz
- arterielle Embolien (selten)
- bakterielle Endokarditis (selten)
- evtl. Koronarinsuffizienz durch Verlegung der Koronarostien bei Mesaortitis luica etc.
- Aneurysma dissecans

❑ **Diagnostik**

- Bei klinischer Aorteninsuffizienz fällt bei der Blutdruckmessung häufig eine große Blutdruckamplitude auf. Evtl. liegt der systolische Blutdruck in der A. poplitea deutlich (> 60 mmHg) über dem in der A. brachialis (*Hill-Zeichen*). Es besteht pulsus celer et altus (*Corrigan- oder Wasserhammer-Puls*) mit
  - pulssynchronem Kopfnicken (*deMusset-Zeichen*)
  - positivem Kapillarpuls am Nagelbett oder der Mundschleimhaut (*Quincke Zeichen*)
  - positivem Kapillarpuls an der Uvula (*Müller-Zeichen*)
  - Pulsation der Leber (*Rosenbach-Zeichen*)
  - Pulsation der Milz (*Gerhardt-Zeichen*)
  - pulssynchrone Veränderung der Pupillengröße (*Landolfi-Zeichen*)
  - scharfes systolisches Geräusch über der A. femoralis (*Pistolenschußphänomen*)
- Der Herzspitzenstoß ist hebend und nach links verlagert
- *Auskultation* über dem 2. ICR rechts (Abb. 1.35)
  - leiser 1. HT
  - Ejektionsklick mit Beginn der Austreibungsphase
  - evtl. systolisches Austreibungsgeräusch (relative Aortenstenose)
  - leiser oder fehlender Aortenklappenschlußton über dem 3.-4. ICR links
  - diastolisches, hochfrequentes, gießendes Decrescendogeräusch
  - Austin-Flint Geräusch verursacht durch die Mitralklappe (relative Mitralstenose), tieffrequent, spätdiastolisch mit Decrescendocharakter

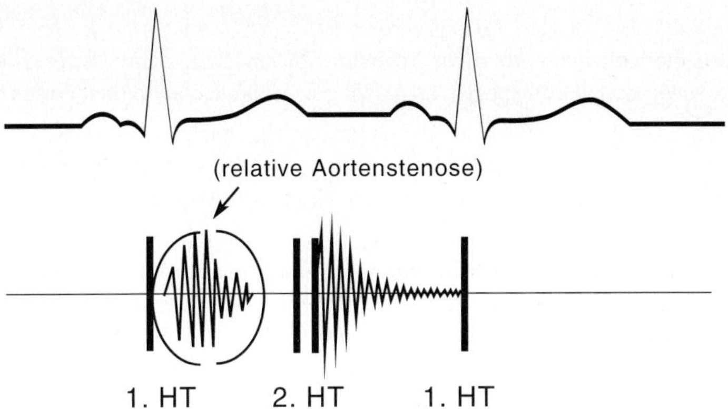

Abb. 1.35: Aortenklappeninsuffizienz.

- *Ekg*
  Bei hochgradiger Aorteninsuffizienz Zeichen der Linksherzhypertrophie mit Volumenbelastung. Über die Hälfte der Patienten weisen einen Linkstyp auf. Verlängerungen der PQ- und QRS-Zeit werden gefunden, selten Vorhofflimmern
- *Karotispulskurve*
  Die Karotispulskurve zeigt einen raschen Anstieg mit hohem Maximum. Häufig besteht ein Doppelgipfel. Die Inzisur kann abgeflacht oder aufgehoben sein. Es folgt ein steiler Abfall der Pulskurve
- *Echokardiographie*
  Echokardiographisch zeigt sich meist ein diastolisches Flattern des vorderen evtl. auch hinteren Mitralsegels, des Ventrikelseptums sowie als möglicher Hinweis auf Klappendestruktionen auch der Aortenklappe. Die Mitralklappe schließt vorzeitig. Auch hyperkinetische linksventrikuläre Wandbewegungen lassen sich nachweisen. Die linksventrikulären Diameter sind häufig vergrößert, die systolische Durchmesserverkürzung als Zeichen einer beginnenden linksventrikulären Dysfunktion verringert. (Farb-)dopplersonographisch läßt sich der Reflux nachweisen. Starke diastolische Turbulenzen im Ausflußtrakt können differentialdiagnostisch mit einer Mitralstenose verwechselt werden
- *Röntgen-Thorax*
  - Linksverbreiterung mit deutlicher Herztaille (Aortenkonfiguration)
  - elongierte Aorta mit evtl. aneurysmatischer Dilatation
  - Vergrößerung des linken Vorhofs (Spätstadium)
- *invasive Diagnostik*
  Mittels Aortographie läßt sich die Regurgitation darstellen. Wichtige zusätzliche Daten sind LVEDP, Schlagvolumen mit EF. Eine gleichzeitig vorliegende Aortenstenose sowie eine KHK sollten präoperativ im Rahmen der Katheteruntersuchung abgeklärt werden. Belastungsuntersuchungen dienen zur Abklärung grenzwertiger Op-Indikationen (Fällt die EF unter Belastung ab, liegt eine latente linksventrikuläre Funktionsstörung und damit Op-Indikation vor)

❑ **Differentialdiagnose**

- (relative) Pulmonalinsuffizienz mit Graham-Steell-Geräusch
- arterio-venöse Aneurysmen
- offener Ductus Botalli

❑ **Therapie**

- Allgemein empfiehlt sich körperliche Schonung entsprechend dem Schweregrad der Aorteninsuffizienz sowie Endokarditisprophylaxe und ggf. Antikoagulation (bei Vorhofflimmern)
- Im Gegensatz zur Aortenstenose wirkt sich bei der Therapie der Aorteninsuffizienz wie bei der Herzinsuffizienz der Einsatz von ACE-Hemmern oder anderen Vasodilatatoren günstig aus. Das Regurgitationsvolumen nimmt aufgrund der Senkung des peripheren Widerstandes ab, das HZV steigt
- Bei der akuten Aorteninsuffizienz gilt die rasche Op als einzige Therapiemöglichkeit, da ohne Kompensationsmechanismen die akute Steigerung des LVEDP rasch zu einem Lungenödem führt. Die chronische Aorteninsuffizienz sollte vor Auftreten von Symptomen (Angina pectoris, Belastungsdyspnoe) einer Operation zugeführt werden. Das Erkennen einer beginnenden linksventrikulären Funktionsstörung ist deshalb für die Operationsentscheidung wesentlich. Weitere Kriterien, die für das Vorliegen einer Op-Indikation sprechen, sind
  - Linksherzhypertrophiezeichen im Ekg
  - Herz/Thorax-Quotient > 0,6
  - echokardiographisch linksventrikulärer endsystolischer Durchmesser (LVESD) > 55 mm

❑ **Prognose**

- 10-Jahresüberlebensrate bei leicht-mittelgradiger Aorteninsuffizienz 85-95 %
- Ist bereits eine Linksherzdekompensation eingetreten, sinkt die Lebenserwartung auf ca. 2 Jahre
- Insgesamt liegt die 10 Jahresüberlebensrate bei ca. 30-50 %
- Das Op-Risiko beträgt ca. 3-8 %
- Die postoperative Prognose hängt von der präoperativen EF und vom echokardiographischen linksventrikulären endsystolischen Durchmesser ab (Tab. 1.60)

	4-Jahresüberlebensrate	6-Jahresüberlebensrate
LVESD > 55 mm	40 %	
LVESD < 55 mm	80 %	
EF > 50 %		90 %
EF < 50 %		60 %

Tab. 1.60: Postoperative Prognose bei Aorteninsuffizienz.

1.9.1.6. Trikuspidalstenose

❑ **Definition**

Verminderung der Öffnungsfläche der Trikuspidalklappe mit diastolischem Druckgradienten.

❑ **Häufigkeit**

Selten, Frauen sind häufiger betroffen als Männer. Oft mit einer Mitralstenose kombiniert.

❑ **Ätiologie**

Meist immunologischer/rheumatischer Genese. Relative Trikuspidalstenose z.B. bei Vorhofseptumdefekt.

❑ Pathophysiologie

Es kommt zu einer enddiastolischen Druckerhöhung im rechten Atrium bei normalem enddiastolischem rechtsventrikulärem Druck. Bei Zunahme der Stenose fällt das HZV. Es kommt zur Vergrößerung und Hypertrophie des rechten Atriums.

❑ Symptomatik

Bei hochgradiger Stenose:

- obere und untere Einflußstauung
- Hepatomegalie
- Aszites
- Ödeme

❑ Diagnostik

- typischerweise Jugularvenenpulsation
- *Auskultation* im 4.-5. ICR parasternal (Abb. 1.36)
  - paukender 1. Herzton
  - Trikuspidalöffnungston (TÖT)
  - präsystolisches Crescendogeräusch (fehlt bei Vorhofflimmern)
  - tieffrequentes, diastolisches Decrescendogeräusch

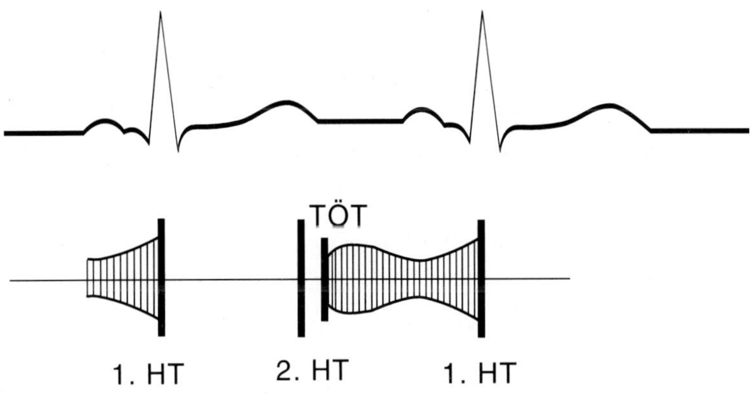

Abb. 1.36: Trikuspidalstenose.

- *Ekg*
  - P-dextrokardiale
  - evtl. Vorhofflimmern
- *Echokardiographie*
  Aufhebung des M-Musters der Trikuspidalklappe (Abflachung des EF-Slope), Vergrößerung des rechten Vorhofs. Dopplertechnisch Abschätzung des Druckgradienten
- *Röntgen-Thorax*
  - Vergrößerung des rechten Vorhofs
  - unauffällige Lungengefäßzeichnung
- ggf. invasive Diagnostik mittels *Rechtsherzkatheter*

❑ **Differentialdiagnose**

- Mitralstenose (Geräusche der Mitralstenose werden jedoch bei Inspiration leise, die der Trikuspidalstenose lauter)

❑ **Therapie**

Bei einem transvalvulären Druckgradienten > 5 mmHg liegen meist deutliche Symptome der Rechtsherzinsuffizienz vor. Eine operative Kommissurotomie oder ein Klappenersatz sind indiziert.

❑ **Prognose**

Das postoperative Risiko einer Klappenthrombose ist höher als bei Mitralklappenersatz. Biologisches Prothesenmaterial wird daher häufig bevorzugt.

1.9.1.7. Trikuspidalinsuffizienz

❑ **Definition**

Meist relative Schlußunfähigkeit der Trikuspidalklappe mit systolischem Rückfluß in den rechten Vorhof.

❑ **Ätiologie**

Eher selten rheumatischer Genese, gelegentlich z.B. bei iv.-Drogenabhängigen infektiös bedingt. Weitaus häufiger findet sich eine relative Trikuspidalinsuffizienz infolge rechtsventrikulärer Dilatation bei pulmonaler Druckerhöhung (z.B. Mitralstenose, primärer pulmonaler Hypertonie und Vitien) oder KHK bzw. dilatativer Kardiomyopathie. Selten kongenital: *Ebsteinsche Trikuspidalklappenanomalie* (☞ Kap. 1.9.3.9.).

❑ **Pathophysiologie**

Die Schlußunfähigkeit führt über den systolischen Reflux zu einer Volumenbelastung des rechten Vorhofs. Wichtig: systolische Druckdifferenz zwischen rechtem Ventrikel und Vorhof im Vgl. zum linken Herzen 5fach geringer.

Die Volumenbelastung führt zu einer Hypertrophie und Dilatation des rechten Vorhofs und Ventrikels. Die relative Trikuspidalinsuffizienz ist dabei als ungünstiger anzusehen und führt häufiger zu einer Rechtsherzdekompensation: zur vorbestehenden Druckbelastung kommt zusätzlich die Volumenbelastung. Der bereits vorgeschädigte rechte Ventrikel wird insuffizient.

❑ **Symptomatik**

- Patienten mit leicht- bis mittelgradiger Insuffizienz der Trikuspidalklappe sind meist asymptomatisch. Häufig bestehen jedoch Symptome von Seiten gleichzeitig vorliegender Herz- oder Lungenerkrankung
- Symptome der Rechtsherzinsuffizienz treten bei schwerer oder akuter Trikuspidalinsuffizienz auf
    - periphere Ödeme
    - Aszites
    - Pleuraergüsse
    - Hepatomegalie
    - Zyanose und Dyspnoe (durch vermindertes HZV bedingt)
    - häufig: Pulsationen der Halsvenen und Leber (positiver Leberpuls)

❑ **Diagnostik**

- Bei der Auskultation im 4.-5. ICR parasternal links und über der Herzspitze fällt ein hochfrequentes Holosystolikum auf, welches bei tiefer Inspiration zunimmt (Abb. 1.37)

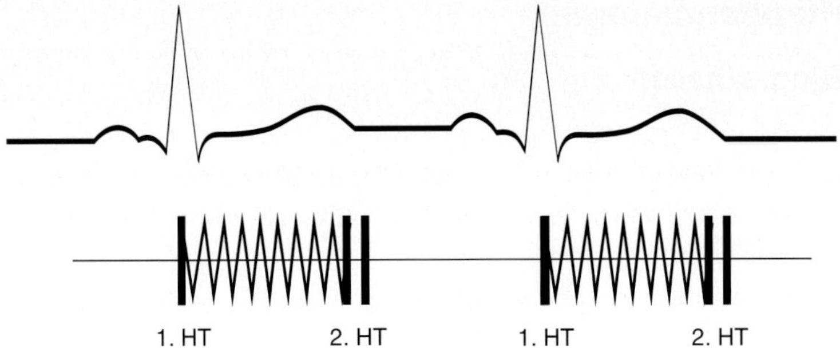

Abb. 1.37: Trikuspidalinsuffizienz.

- *Ekg*
  Bei hämodynamisch wirksamer Trikuspidalinsuffizienz meist Rechtstyp, evtl. Rechtsschenkelblock, P-dextrokardiale. Evtl. Vorhofflimmern oder AV-Block I°. Zeichen der Rechtsherzhypertrophie (Sokolow-Lyon-Index /R in V_1 oder V_2 und S in V_5 oder V_6 > 1,05 mV)
- *Echokardiographie*
  Echokardiographisch findet sich eine Vergrößerung der Diameter des rechten Herzens. Häufig zeigt sich eine paradoxe Septumbeweglichkeit. Evtl. fallen vermehrte Echos von der Trikuspidalklappe auf. Dopplertechnisch (evtl. mit Kontrast) läßt sich ein Reflux (von kleinen Blasen, sog. Mikrobubbeln) nachweisen
- *Röntgen-Thorax*
  - Vergrößerung des rechten Vorhofs **und** Ventrikels
  - evtl. Zwerchfellhochstand durch Hepatomegalie
- invasive Diagnostik nur im Rahmen der Abklärung zusätzlich vorliegender Klappenvitien indiziert

❑ **Therapie**

- in der Regel konservative Therapie der Herzinsuffizienz
- operativ, z.B. Anulorrhaphie oder Valvuloplastik, im Rahmen einer Mitral- oder Aortenklappenoperation

1.9.1.8. Kombinationen erworbener Vitien

Klappen	Vorkommen	Genese
Aorten/Mitral	häufig	rheumatisch, infektiös, degenerativ, sekundäres Mitralvitium bei Aortenstenose
Mitral/Trikuspidal	häufig	rheumatisch, degenerativ, sekundäres Trikuspidalvitium bei Mitralvitium
Mitral/Aorten/Trikuspidal	häufig	rheumatisch, degenerativ, relative Trikuspidalinsuffizienz bei Aortenvitium und relativem oder organischem Mitralvitium
Alle übrigen Klappenkombinationen bei erworbenen Vitien sind selten!		

Tab. 1.61: Kombinationen erworbener Vitien.

1.9.2. Klappenmaterial

1.9.2.1. Bioprothesen

Material: Schweineaortenklappe, Kälberperikard (nach größtmöglicher Reduzierung antigener Eigenschaften und Verbesserung der mechanischen Festigkeit). Sonderform: allogene Aortenklappen.

Vorteil: Weniger thromboembolische Komplikationen. Antikoagulanzienbehandlung kann in der Regel 2-3 Monate post implantationem beendet werden.

Nachteil: Mechanischen Prothesen in Bezug auf Hämodynamik und Haltbarkeit (primary tissue failure und infektiös/thrombotisch bedingt) unterlegen. Höheres Endokarditisrisiko.

Modelle:

- Carpentier-Edwards Bioprothese bzw. C-E-Supraanular Bioprothesis (Schwein oder Kälberperikard, alle Klappenpositionen)
- Hancock-II-Bioprothese (Schwein, Aorten-, Mitralklappen)
- Ionescu-Shiley (Kälberperikard, alle Klappenpositionen)
- weitere: Xenomedia-, Inact-, Mitroflow-Bioprothese

1.9.2.2. Mechanische Prothesen

Unterschieden werden Prothesen mit:

- zentralem Blutfluß
  - Kippscheiben-Prothesen
    - Björk-Shiley
    - Björk-Shiley-Monostrut
    - Lillehei-Kaster
    - Omniscience/Omnicarbon
    - Hall-Kaster
  - Doppelflügel-Prothesen
    - St. Jude-Medical
    - Medtronic-Hall (Hall-Kaster)
    - Duromedics
- peripherem Blutfluß (zentraler Schließkörper)
  - Kugel-Käfig-Prothesen
    - Starr-Edwards
    - Smeloff-Cutter
  - Käfig-Scheiben-Prothesen (werden heute nicht mehr implantiert)
    - Kay-Shiley
    - Starr-Edwards
    - Beall

Nachteil: Hämodynamisch ungünstige Druckgradienten und Turbulenzen bedingen hohe Thrombogenität und Hämolyse.

Vorteil: Lange Haltbarkeit.

1.9.3. Kongenitale Vitien im Erwachsenenalter

Vitien ohne Shunt

1.9.3.1. Pulmonalstenose

❑ **Definition**

Obstruktion des Ausflußtraktes des rechten Ventrikels. Es werden subvalvuläre, valvuläre und supravalvuläre Stenosen unterschieden (vgl. Aortenstenose). Sonderform: Pulmonalatresie.

❑ **Häufigkeit**

Isoliert ca. 3 % aller kongenitalen Herzfehler. Häufiger jedoch in Kombination mit anderen Herzfehlern.

❑ **Ätiologie**

Häufig als valvuläre Stenose mit verwachsenen Klappensegeln (familiäre Häufung). Selten im Rahmen einer Endokarditis erworben.

❑ **Pathophysiologie**

Es kommt zu einer Druckbelastung im rechten Ventrikel und konsekutiver Hypertrophie. Dabei sind Druckgradienten < 50 mmHg ohne wesentliche hämodynamische Auswirkung (Tab. 1.62). Bei hochgradiger Stenose (Druckgradient > 100 mmHg) treten Symptome der Rechtsherzinsuffizienz auf. Das HZV nimmt ab.

Schweregrad	Druckgradient
ohne Bedeutung	0-25 mmHg
leicht	25-50 mmHg
mittel	50-80 (100) mmHg
schwer	> 80 (100) mmHg

Tab. 1.62: Einteilung der Pulmonalstenosen.

❑ **Symptomatik**

- meist asymptomatisch
- nur bei hochgradiger Stenose z.B. Belastungsdyspnoe und Zyanose

❑ **Komplikationen**

- Endokarditis (selten)
- Evtl. besteht ein erhöhtes Risiko, an pulmonalen Infekten, insbesondere spezifischer Genese, zu erkranken

❑ **Diagnostik**

- evtl. Herzbuckel oder Pulsationen links parasternal
- *Auskultation* (Abb. 1.38)
  - systolisches, spindelförmiges Geräusch (p.m. 2.-3. ICR links parasternal)
  - fixierte Spaltung des 2. HT., die mit dem Ausmaß der Stenose korreliert
  - evtl. Ejektionsklick

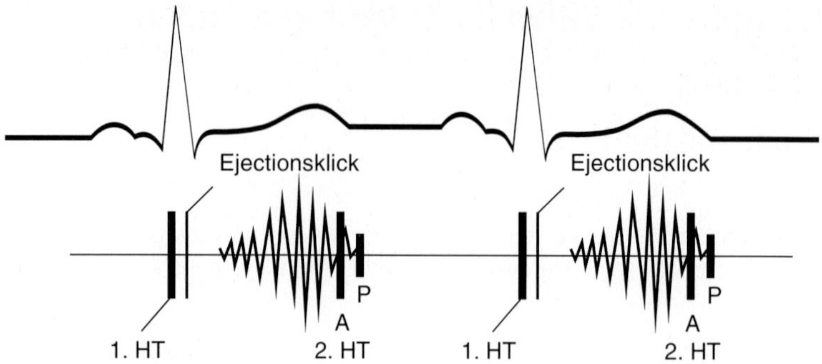

Abb. 1.38: Pulmonalstenose.

- *Ekg*
  Zeichen der Rechtsherzhypertrophie
- *Echokardiographie*
  Echokardiographisch fällt eine Hypertrophie des rechten Ventrikels auf. Typischerweise läßt sich eine systolische Domform der Pulmonalklappe im M-Mode nachweisen. Dopplersonographisch gelingt häufig der Nachweis der Stenose
- *Röntgen-Thorax*
  - häufig poststenotische Dilatation der A. pulmonalis
  - Vergrößerung des rechten Ventrikels
  - evtl. verringerte Lungengefäßzeichnung
- *invasive Diagnostik*
  Mittels Rechtsherzkatheter wird der systolische Druckgradient zwischen rechtem Ventrikel und A. pulmonalis bestimmt. Dabei kann insbesondere bei zusätzlicher rechtsventrikulärer Angiographie zwischen valvulärer und subvalvulärer Stenose unterschieden werden

❑ **Therapie**

- z.B. Endokarditisprophylaxe
- Ab einem Druckgradienten von 50-60 mmHg besteht eine Indikation zur perkutanen Ballonvalvotomie (Dilatation) oder auch Kommissurotomie am offenen Herzen. Bei dysplastischer Pulmonalklappe ist ein Klappenersatz indiziert. Bei subvalvulärer Stenose kann das hypertrophierte Myokard reseziert, bei supravalvulärer Stenose eine Erweiterungsplastik durchgeführt werden

❑ **Prognose**

Gut, bei Druckgradienten < 50 mmHg ist im Erwachsenenalter mit keiner weiteren Zunahme der Stenose zu rechnen, d.h. der Patient muß nicht operiert werden.

1.9.3.2. Pulmonalinsuffizienz

❑ **Definition**

Schlußunfähigkeit der Pulmonalklappe.

❑ **Häufigkeit**

Sehr selten.

❑ **Ätiologie**

Kongenital (in Kombination mit Pulmonalstenose bei dysplastischer Pulmonalklappe. Erworben nach Op (Sprengung, Kommissurotomie) einer Pulmonalstenose oder rheumatisch bzw. infektiös bedingt. Relative Pulmonalinsuffizienz bei pulmonaler Hypertonie.

❑ **Pathophysiologie**

Systolischer Reflux in den rechten Vorhof mit Volumenbelastung von Vorhof und Ventrikel.

❑ **Symptomatik**

- meist asymptomatisch

❑ **Diagnostik**

- *Auskultation*
  Bei der Auskultation findet sich ein hochfrequentes, protodiastolisches Geräusch (p.m. 2. ICR parasternal links) mit Decrescendo-Charakter ohne Fortleitung in die Karotiden (Graham-Steell-Geräusch)
- *Ekg*
  evtl. P-dextroatriale
- *Echokardiographie*
  Echokardiographisch kann evtl. eine Vergrößerung des rechten Ventrikels nachgewiesen werden. Im Farbdoppler kann der Reflux sichtbar gemacht werden
- *Röntgen-Thorax*
  Vergrößerung des rechten Vorhofs und Ventrikels
- *invasive Diagnostik*
  Bei der Druckmessung in der A. pulmonalis fällt ein beschleunigter Druckanstieg mit vergrößerter Amplitude auf. Angiographisch kann der Reflux sichtbar gemacht werden

❑ **Therapie**

- bei Pulmonalklappendysplasie evtl. Klappenersatz

❑ **Prognose**

Die Prognose der Pulmonalinsuffizienz ist gut.

1.9.3.3. Aortenisthmusstenose

❑ **Definition**

Einengung der Aorta distal des Abgangs der linken A. subclavia im Bereich des Ligamentum arteriosum.

❑ **Häufigkeit**

Ca. 3 - 7 % der angeborenen Herz- und Gefäßerkrankungen betreffen Aortenisthmusstenosen.

❑ **Ätiologie**

- Aortenisthmusstenosen sind angeboren
- Das männliche Geschlecht ist statistisch bevorzugt
- Überdurchschnittlich häufig finden sich Aortenisthmusstenosen beim Turner-Syndrom (XO)

❑ **Pathophysiologie**

Es werden eine *präduktale* (Infantiler Typ) und eine *postduktale* Form (Erwachsenen-Typ) unterschieden (Verhältnis 1:3). Bei ersterer Form (*Koarktations-Syndrom*) ist in der Regel der Ductus Botalli offen. Häufig sind zusätzliche Vitien (z.B. Ventrikelseptumdefekt) vorhanden. Da die untere Körperhälfte über die A. pulmonalis mit Blut versorgt wird, das mit Sauerstoff untersättigt ist, kommt es dort zu einer

Zyanose. Außerdem entsteht aufgrund der pulmonalen Hypertonie bereits im Kindesalter eine Rechtsherzinsuffizienz. Die Therapie, d.h. Op, muß daher bereits im Kindesalter erfolgen, weshalb diese Form (wie auch Aortenbogenanomalien außer der Transposition der großen Arterien) im weiteren nicht mehr abgehandelt wird. Beim Erwachsenen-Typ erfolgt die Versorgung der unteren Körperhälfte über Kollateralen (Aa. thoracicae internae, intercostales und epigastricae). Häufig liegt zusätzlich eine bikuspidale Aortenklappe vor. Die Stenose führt über längere Zeit zu einer Hypertrophie des linken Ventrikels. Über eine evtl. vorhandene renale Minderdurchblutung kann das Renin-Aldosteron-System aktiviert werden und die Hypertonie der oberen Körperhälfte verstärkt werden.

❑ **Symptomatik**

- Der Großteil der Patienten ist beschwerdefrei
- häufig
  - Kopfschmerzen
  - Epistaxis
  - Schwindel
- Bei entsprechender Ausprägung kann eine Claudicatio intermittens (klinisch warme Hände und kalte Füße) auftreten

❑ **Komplikationen**

- intrakranielle Blutung
- Aortendissektion
- Herzinsuffizienz
- Endokarditis bei gleichzeitig vorliegender bikuspidaler Aortenklappe

❑ **Diagnostik**

- Die Femoralispulse sind auffallend schwach
- Zwischen oberer und unterer Körperhälfte besteht eine deutliche Blutdruckdifferenz
- Liegt die Stenose vor dem Abgang der linken A. subclavia, kann der Blutdruck bereits am linken Arm erniedrigt sein
- Die Kollateralkreisläufe können sicht- oder tastbar sein
- *Auskultation* (Abb. 1.39)
  - Mesosystolikum linksparasternal und paravertebral
  - evtl. finden sich auch Strömungsgeräusche über den Kollateralen

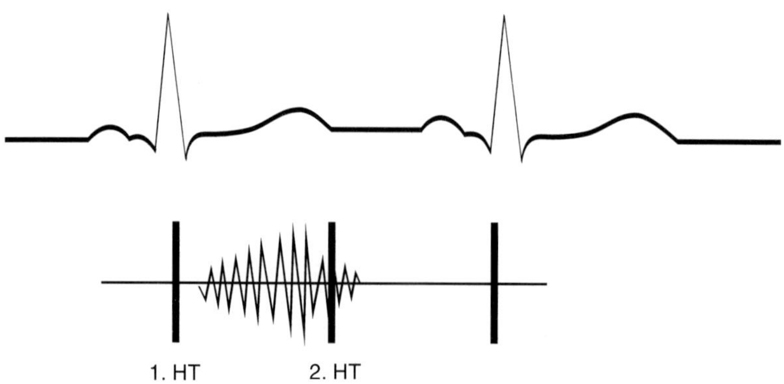

Abb. 1.39: Aortenisthmusstenose.

- *Ekg*
  evtl. Linkstyp und Zeichen der Linksherzhypertrophie
- *Echokardiographie*
  Im Farbdoppler kann die Stenose evtl. nachgewiesen werden. Sonst findet sich echokardiographisch ein hypertrophierter linker Ventrikel
- *Röntgen-Thorax*
  - häufig aortal konfiguriertes Herz
  - betonte aszendierende Aorta, gefolgt von einer aortalen Einkerbung und hypoplastischen deszendierenden Aorta
  - Rippenusuren am Unterrand der 3. - 9. Rippe
- Als Zusatzuntersuchung kann ein *NMR* (Sagittalschnitt) hilfreich sein
- *invasive Diagnostik*
  Invasiv wird die Aortenisthmusstenose mittels DSA gesichert. Ein Linksherzkatheter sollte zum Ausschluß eines kardialen Vitiums erfolgen. Außerdem kann der Druckgradient an der Stenose bestimmt werden

❑ **Therapie**

- frühzeitige Resektion der Stenose und End-zu-End-Anastomose
- Die perkutane Ballondilatation birgt das Risiko einer späteren Aneurysmabildung in sich

❑ **Prognose**

- Ohne Op versterben die Patienten meist im Alter zwischen 30 und 40 Jahren an Folgen der Hypertonie
- Das Op-Risiko beträgt ca. 1 %
- Die Prognose hängt davon ab, ob sich postoperativ der Blutdruck normalisiert. Daher ist eine rechtzeitige Operation anzustreben

Vitien mit Shunt

1.9.3.4. Vorhofseptumdefekt (ASD)

❑ **Definition**

Angeborene offene Verbindung zwischen rechtem und linkem Vorhof. Nach der Geburt schließt sich das Foramen ovale. Bei Sektionen findet sich etwa in ca. 5 % der Fälle ein "offenes" (sondierbares) Foramen ovale, das in der Regel keine klinische Bedeutung hat.

❑ **Häufigkeit**

- ca. 10 % der angeborenen Vitien

Bei Erwachsenen von besonderer Bedeutung, da oft erst in diesem Alter diagnostiziert!

- familiäre Häufung und Bevorzugung des weiblichen Geschlechts

❑ **Ätiologie und Pathophysiologie**

Es werden 3 Typen des ASD unterschieden:

- **Ostium-primum-Defekt (Typ 1)**

Tiefsitzender Endokardkissendefekt, der bis zur AV-Klappenebene reicht. Häufig sind diese Klappen mitbetroffen und weisen Insuffizienzen auf. Insgesamt seltener als Typ 2, männliches Geschlecht bevorzugt.

- **Ostium-secundum-Defekt (Typ 2)**

Hochsitzender ASD im Bereich der Fossa ovalis. Häufigste Form des ASD (ca. 2/3).

- **Sinus-venosus-Defekt (Typ 3)**

Ebenfalls hochsitzender ASD im Bereich der Einmündung der V.cava superior. Meist mit einer Fehleinmündung der rechten Lungenvene in den rechten Vorhof.

Der ASD ist häufig mit anderen Vitien kombiniert:

- ASD + Mitralstenose = *Lutembacher-Syndrom*
- ASD (Typ I) + VSD = *AV-Kanal* (häufigster Herzfehler beim Down-Syndrom)
- ASD + *Fallotsche Tetralogie* = *Fallotsche Pentalogie*

Die Öffnung im Vorhofseptum begünstigt den Blutaustausch zwischen beiden Vorhöfen. Primär entwickelt sich ein Links-Rechts-Shunt, der insbesondere von der Dehnbarkeit und den Druckverhältnissen im rechten Herzen sowie der Größe des ASD abhängt. Es resultiert zunächst eine Volumenbelastung des rechten Herzens mit Hypertrophie des rechten Ventrikels. Die Lungenperfusion ist gesteigert. Eine pulmonale Hypertonie mit Pulmonalarteriensklerose kann sich entwickeln. Das HZV, als Produkt aus HF und Schlagvolumen, welches in den Körperkreislauf ausgeworfen wird (= Schlagvolumen minus Shuntvolumen) nimmt ab. Durch vermehrte Sauerstoffausschöpfung in der Peripherie entsteht eine (periphere) Zyanose. Bei Zunahme des pulmonalen Gefäßwiderstandes, der in der Regel dann irreversibel erhöht ist, kann eine Rechtsherzinsuffizienz resultieren. Bei stark erhöhtem pulmonalen Gefäßwiderstand kann es zur Shuntumkehr kommen (*Eisenmenger-Reaktion*). Es resultiert ein Rechts-Links-Shunt mit zentraler Zyanose. Die Patienten sind aufgrund der sich entwickelnden Polyglobulie und Immobilisation thrombosegefährdet. Zudem besteht die Möglichkeit von paradoxen Embolien.

❑ **Symptomatik**

- Patienten mit kleinem ASD (Shuntvolumen < 25 %) sind in der Regel asymptomatisch
- bei größerem Shunt häufig
  - Blässe (Links-Rechts-Shunt, periphere Zyanose bei Belastung)
  - schmächtiger Körperbau
  - Leistungsverminderung
  - Palpitationen
  - Dyspnoe
  - häufige pulmonale Infekte
  - gelegentlich findet sich ein Herzbuckel
- beim Vorliegen einer Eisenmenger-Reaktion
  - zentrale Zyanose
  - evtl. Trommelschlegelfinger und Uhrglasnägel
  - pektanginöse Beschwerden
  - Hämoptysen

❑ Komplikationen

- Eisenmenger-Reaktion mit Polyglobulie und Thromboseneigung
- paradoxe Embolie (Embolus aus dem venösen System gelangt über den ASD in die arterielle Strombahn)
- pulmonale Infekte
- Herzrhythmusstörungen

❑ Diagnostik

- *Auskultation* (Abb. 1.40)
  - spindelförmiges Systolikum (p.m. 2.-3. ICR links) (funktionelle Pulmonalstenose)
  - 2. HT atemunabhängig, fixiert gespalten (pulmonale Hypertonie, RSB)

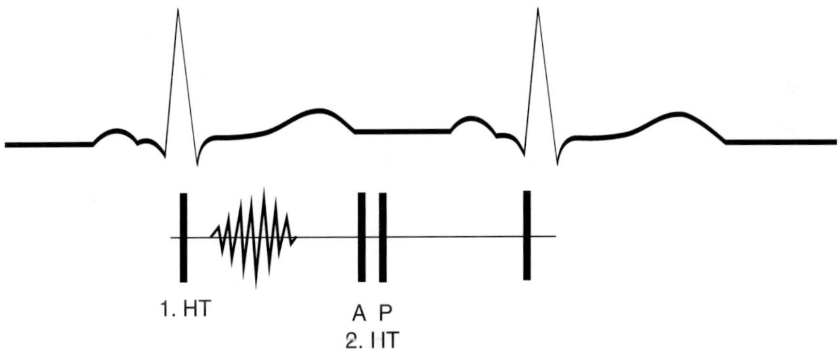

Abb. 1.40: Vorhofseptumdefekt.

- *Ekg*
  - meist inkompletter, selten kompletter Rechtsschenkelblock
  - Steil- bis Rechts-Typ (ASD Typ 2) oder überdrehter Linkstyp (ASD Typ 1)
  - evtl. P-dextrokardiale oder Vorhofflimmern
  - gelegentlich AV-Block I°
- *Echokardiographie*
  Echokardiographisch fällt im M-Mode eine Vergrößerung des rechten Ventrikels mit paradoxer Septumbeweglichkeit auf. Im 2-D-Echo insbesondere mit Kontrast sowie mittels Farbdopplersonographie läßt sich die Fehlbildung meist selbst darstellen und der Links-Rechts-Shunt nachweisen
- *Röntgen-Thorax*
  - vergrößerter, links randbildender rechter Ventrikel mit abgerundeter Herzspitze
  - betonte Pulmonalsegmente und prominente Hili, die unter Durchleuchtung deutliche Pulsationen zeigen (sog. "*tanzende Hili*")
  - vermehrte Lungengefäßzeichnung
- *NMR* als mögl. Zusatzuntersuchung

- *invasive Diagnostik*
  Die venöse Herzkatheteruntersuchung kann den ASD durch Passage direkt nachweisen. Mittels sequentieller Bestimmung der Sauerstoffsättigung in verschiedenen Herzabschnitten läßt sich das Shuntvolumen bestimmen (*FICKsches Prinzip*). Wichtig ist ebenso die Untersuchung der Druck- bzw. Widerstandsverhältnisse im Pulmonalisstromgebiet. Zusätzliche Gefäßanomalien, insbesondere die Fehleinmündung der Pulmonalgefäße, sollten ausgeschlossen werden

❑ **Therapie**

- Endokarditisprophylaxe
- Bei einer konservativen Therapie der Herzinsuffizienz sind bei vorliegender Eisenmenger-Reaktion ACE-Hemmer bzw. Vasodilatatoren als kontraindiziert anzusehen
- Bei einem Shuntvolumen von > 30 % ist in der Regel die Op-Indikation (direkte Naht oder Patch) gegeben

Eine vorliegende Eisenmenger-Reaktion stellt in der Regel eine Kontraindikation für die operative Therapie dar.

❑ **Prognose**

- bei geringem Shuntvolumen nahezu normale Lebenserwartung
- Op-Risiko um 1% (bei ASD Typ 1 etwas höher)
- Die postoperative Prognose hängt im wesentlichen davon ab, ob die pulmonale Hypertonie bereits fixiert ist

1.9.3.5. Ventrikelseptumdefekt (VSD)

❑ **Definition**

Angeborene Kurzschlußverbindung zwischen dem rechten und linken Ventrikel.

❑ **Häufigkeit**

Häufigster Herzfehler, der etwa 1/4 aller Vitien ausmacht!
Ca. 90 % der VSD sind jedoch klein und machen keine klinischen Symptome!

❑ **Ätiologie und Pathophysiologie**

Die überwiegende Anzahl der VSD befindet sich im Bereich des Septum membranaceum basisnah. Der tiefsitzende, muskuläre und meist kleine VSD wird als *M. Roger* bezeichnet. Häufig sind die VSD mit anderen Herzfehlern kombiniert.

Abhängig von den Druckverhältnissen im Lungenstromgebiet und der Größe des VSD entwickelt sich ein Links-Rechts-Shunt (Tab. 1.63). Es resultiert primär eine Volumenbelastung des linken Herzens. Bei großem VSD kommt es zur pulmonalen Hypertonie mit Ausbildung einer Pulmonalarteriensklerose. Über eine Druck- und Volumenbelastung kommt es schließlich auch zur Rechtsherzinsuffizienz. Die Pathogenese der Eisenmengerreaktion wurde bereits beim ASD beschrieben. Das HZV ist entsprechend dem Shuntvolumen vermindert.

	Größe cm^2/m^2	Pulmonalisdruck	Shunt	Eisenmenger-R.
klein	< 0,5	normal	klein	-
mittel	0,5-1,0	erhöht	mäßig	-
groß	> 1,0	~ Aortendruck	groß	+

Tab. 1.63: Einteilung der VSD.

❑ **Symptomatik**

- meist asymptomatisch (bei kleinem Shuntvolumen)
- Bei größeren Defekten ist die Symptomatik mit der des ASD (☞ Kap. 1.9.3.4.) vergleichbar

❑ **Komplikationen**

☞ Kap. 1.9.3.4.

❑ **Diagnostik**

- Der *körperliche Untersuchungsbefund* ähnelt dem beim ASD
- häufig Schwirren über dem Sternum
- *Auskultation* (Abb. 1.41)
  - (insbesondere bei kleinem VSD!) lautes Holosystolikum (p.m. 3.-4. ICR parasternal links)
  - evtl. Frühdiastolikum (als Hinweis auf relative Pulmonalinsuffizienz)
  - betonter Pulmonalklappenschlußton

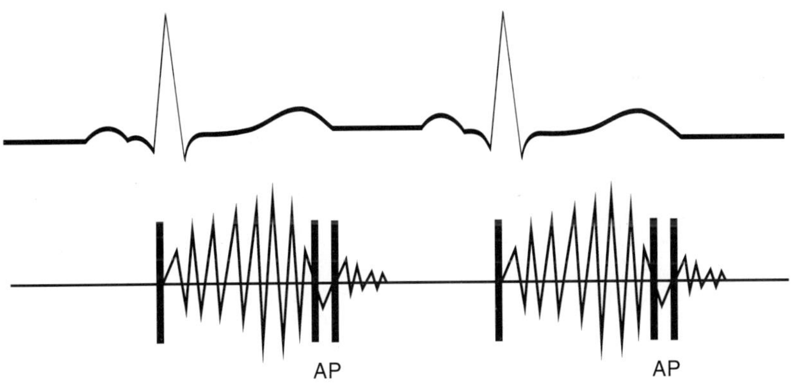

Abb. 1.41: VSD.

- *Ekg*
  je nach Schwere des VSD von unauffällig bis zu Zeichen der Linksherz- oder biventrikulären Hypertrophie
- *Echokardiographie*
  Echokardiographisch finden sich bei relevanten VSD vergrößerte Herzhöhlen (linker Vorhof und Ventrikel, später auch rechter Ventrikel). Im 2-D-Echo läßt sich der Defekt gelegentlich direkt darstellen, wobei echofreie Zonen (drop outs) im Septumbereich falsch positive Befunde ergeben können. Im Farbdoppler läßt sich hingegen häufig der Defekt nachweisen und das Shuntvolumen abschätzen

- *Röntgen-Thorax*
  - evtl. vergrößertes Herz (linker Vorhof/Ventrikel und evtl. rechten Ventrikel)
  - evtl. vermehrte pulmonale Gefäßzeichnung und "tanzende Hili"
  - evtl. betontes Pulmonalissegment
- *invasive Diagnostik*
  Bei der Katheterisierung des linken Ventrikels läßt sich der rechte Ventrikel sondieren. Angiographisch tritt Kontrastmittel in den rechten Ventrikel über. Die venöse Herzkatheteruntersuchung dient u.a. zur Druckbestimmung im rechten Ventrikel und der A. pulmonalis. Shuntvolumen und HZV können bestimmt, evtl. Begleitvitien erkannt werden

❑ **Therapie**

- konservative Therapie wie beim ASD
- Die Indikation zur operativen Beseitigung des VSD sollte bei einem Shuntvolumen > 50 % gestellt werden. Auch bei kleinerem VSD mit Shuntvolumen zwischen 25 - 50 % ist in Hinblick auf die Endokarditisgefährdung die Op-Indikation zu überdenken

❑ **Prognose**

- häufig Spontanverschluß in den ersten Lebensjahren
- bei kleinem VSD normale Lebenserwartung
- Op-Letalität um 1 - 2 %
- postoperative Prognose abhängig vom Grad der pulmonalen Hypertonie

1.9.3.6. Persistierender Ductus arteriosus Botalli

❑ **Definition**

Persistenz der im Fetalkreislauf notwendigen Verbindung zwischen A. pulmonalis und Aorta.

❑ **Häufigkeit**

- ca. 10 % der angeborenen Herzfehler
- vielfach Spontanverschluß in den ersten 3 Lebensmonaten
- weibliches Geschlecht häufiger betroffen

❑ **Ätiologie**

Physiologischer Rechts-Links-Shunt in der Fetalzeit zur Umgehung des Lungenkreislaufs. Nach der Geburt kommt es infolge des erhöhten pO_2 im Blut sowie Abnahme des Lungengefäßwiderstandes zum Verschluß des Ductus arteriosus Botalli (Lig. arteriosum). Ein Ductus arteriosus Botalli apertus findet häufig bei Frühgeborenen, Kindern mit Rötelnembryopathie sowie bei Bewohnern großer Höhen.

❑ **Pathophysiologie**

Aufgrund der Abnahme des Lungengefäßwiderstandes kommt es zu einer Shuntumkehr. Es entsteht ein permanenter (systolisch und diastolisch) Links-Rechts-Shunt. Folge ist eine Volumenbelastung des linken Herzens und des Lungenkreislaufs.

❑ **Symptomatik**

Kindesalter:

- häufig Trinkstörungen und pulmonale Infekte
- evtl. Belastungsdyspnoe und Tachypnoe bei Linksherzinsuffizienz

Erwachsenenalter:

- häufig asymptomatisch
- Klinik dabei vom Durchmesser (und Länge) des offenen Ductus abhängig

❑ **Komplikationen**

- Endokarditis
- Eisenmenger-Reaktion
- Herzinsuffizienz

❑ **Diagnostik**

- Auffällig ist eine große Blutdruckamplitude sowie ein Schwirren suprasternal. Evtl. Belastungsdyspnoe und körperliche Retardierung
- *Auskultation*
  - kontinuierliches systolisch-diastolisches Geräusch (sog. Maschinengeräusch) mit p.m. 1.-2. ICR li. parasternal
  - Das Geräusch nimmt dabei zum 2. HT zu und danach ab, so daß der 2. HT eventuell nicht wahrnehmbar ist
- *Ekg*
  - bei großem Links-Rechts-Shunt evtl. Zeichen der Linksherzhypertrophie
  - selten Rechtsherzhypertrophie
- *Echokardiographie*
  Die Echokardiographie (Farbdoppler) kann häufig den systolisch-diastolischen Fluß zwischen Aorta und A. pulmonalis nachweisen. Zudem findet sich eine Dilatation des linken Ventrikels
- *Röntgen-Thorax*
  - evtl. Vergrößerung des linken Herzens
  - betonte A. pulmonalis sowie vermehrte pulmonale Gefäßzeichnung und "tanzende Hili"
- *invasive Diagnostik*
  Die venöse Herzkatheteruntersuchung zeigt einen signifikanten Anstieg der Sauerstoffsättigung in der A. pulmonalis im Vgl. zum rechten Ventrikel. Präoperative Diagnostik des pulmonalen Widerstandes. Evtl. direkte Sondierung des offenen Ductus

❑ **Therapie**

- In den ersten Lebensmonaten kann ein Versuch mit Prostaglandinsynthesehemmer (Indometacin, z.B. Amuno®) unternommen werden
- Sofern der offene Ductus arteriosus nicht kompensierend notwendig ist (z.B. bei Pulmonalatresie) sollte eine Ligatur des selbigen erfolgen
- Durch Gabe von Prostaglandinen (E_1) kann versucht werden, einen kompensierenden Ductus arteriosus offen zu halten
- ggf. Endokarditisprophylaxe und Therapie der Herzinsuffizienz

❑ **Prognose**

- häufig Spontanverschluß in den ersten Lebensmonaten
- Ohne Op stirbt 1/3 der Kinder bereits im 1. Lebensjahr
- Die mittlere Lebenserwartung beträgt jedoch 30 - 40 Jahre
- Wird vor Eintreten einer pulmonalen Hypertonie operiert, ist die Lebenserwartung normal
- Op-Letalität ca. 1 %

1.9.3.7. Trikuspidalatresie

❑ **Definition**

Fehlende Anlage der Trikuspidalklappe.

❑ **Häufigkeit**

Ca. 1-2 % der kongenitalen Vitien.

❑ **Pathophysiologie**

- nur lebensfähig bei gleichzeitig bestehendem ASD
- Der Lungenkreislauf wird in der Regel über den linken Ventrikel (VSD oder Transposition der großen Arterien bzw. single ventricle) versorgt

❑ **Symptomatik**

- Zyanose

❑ **Therapie**

- operativer Palliativ- oder Korrektureingriff

Komplexe Vitien

1.9.3.8. Fallotsche Tetralogie

❑ **Definition**

Die Kombination aus valvulärer bzw. infundibulärer Pulmonalstenose mit konsekutiver Rechtsherzhypertrophie und Ventrikelseptumdefekt mit "reitender" Aorta wird als Fallotsche Tetralogie (+ ASD = Fallotsche Pentalogie) bezeichnet.

(Fallotsche Trilogie = ASD mit valvulärer bzw. infundibulärer Pulmonalstenose und konsekutiver Rechtsherzhypertrophie)

❑ **Häufigkeit**

Ca. 10 % der angeborenen Herzfehler.

❑ **Pathophysiologie**

Rechts-Links-Shunt mit Minderperfusion der Lungen.

❑ **Symptomatik**

- Kinder postpartal meist nicht zyanotisch, dann zunehmende zentrale Zyanose (> 5 g reduziertes Hb/100 ml) mit Polyglobulie infolge Rechts-Links-Shunt
- Dyspnoe
- rasche Ermüdbarkeit
- Gedeihstörungen
- Trommelschlegelfinger und Uhrglasnägel
- Typischerweise nehmen Kinder eine "Hockerstellung" ein

❑ **Komplikationen**

- zerebrale Synkopen und Krampfanfälle infolge Hypoxämie
- Hemiplegie aufgrund von arteriellen Embolien
- Hirnabszeß

- bakterielle Endokarditis
- Herzinsuffizienz

❑ **Diagnostik**

- Schwirren über der Herzbasis, deutliche Pulsation des rechten Ventrikels
- *Auskultation*
  rauhes, systolisches Austreibungsgeräusch im 2. ICR links
- *Ekg*
  - Zeichen der Rechtsherzhypertrophie
  - Belastungszeichen des rechten Vorhofs
- *Echokardiographie*
  Echokardiographisch läßt sich über die Kombination aus Pulmonalstenose, Rechtsherzhypertrophie und Ventrikelseptumdefekt mit Dextroposition der Aorta die Diagnose Fallotsche Tetralogie bestätigen
- *Röntgen-Thorax*
  - abgerundete Herzspitze als Hinweis auf Rechtsherzhypertrophie (Holzschuhform)
  - verminderte Lungengefäßzeichnung (oft auch wegen Kollateralen fehlend!)
  - evtl. zarte A. pulmonalis und Dextroposition der Aorta
- *invasive Diagnostik*
  mittels Rechtsherzkatheter Sicherung der Pulmonalstenose und des VSD. Zusätzlich präoperative Koronarangiographie

❑ **Therapie**

- bei Hämatokrit > 60 %, Herzinsuffizienz oder Synkopen Indikation zur Totalkorrektur (Patchverschluß des VSD, Beseitigung der Stenose im rechtsventrikulären Ausflußtrakt) gegeben
- evtl. Palliativ-Op (Blalock-Taussig- oder Waterstone-Cooley-Anastomose oder Operation nach Brock)

❑ **Prognose**

- ohne Op schlecht
- Op-Risiko 5 - 20 %

1.9.3.9. Ebstein-Anomalie

❑ **Definition**

Mißbildung der Trikuspidalklappe mit Verlagerung in den rechten Ventrikel, evtl. mit ASD.

❑ **Pathophysiologie**

Vergrößerter rechter Vorhof und "atrialisierter" Ventrikel. Meist Rechts-Links-Shunt über den ASD.

❑ **Symptomatik**

- Zyanose und Polyglobulie sind häufig
- Herzinsuffizienz und Rhythmusstörungen

❑ **Diagnostik**

- *Ekg*
  - meist P-dextroatriale
  - evtl. Rechtsschenkelblock

- *Echokardiographie*
  Echokardiographisch deutlich vergrößerter rechter Vorhof und kleiner Ventrikel
- *Röntgen-Thorax*
  sog. Bocksbeutelherz
- *invasive Diagnostik*
  Rechtsherzkatheter

❑ **Therapie**

- evtl. Op

1.9.3.10. Transposition der großen Arterien

❑ **Definition**

Aorta entspringt aus dem rechten Ventrikel. Die A. pulmonalis hat ihren Ursprung im linken Ventrikel. Zusätzlich muß eine Kurzschlußverbindung zwischen großem und kleinem Kreislauf vorliegen.

❑ **Häufigkeit**

Ca. 5 % aller angeborenen Vitien.

❑ **Symptomatik**

- Zyanose in den ersten Lebensstunden
- Herzinsuffizienz

❑ **Diagnostik**

- Echokardiographie und Herzkatheter sichern die Diagnose

❑ **Therapie**

- akut Ballonatrioseptostomie nach Rashkind
- Mittels Gabe von Prostaglandinen (E_1) kann versucht werden, einen kompensierenden Ductus arteriosus offen zu halten
- Korrektur-Op nach Mustard oder Senning (Prinzip der Vorhofumkehr) oder Switch-Op

1.10. Arterielle Hypertonie

❑ **Definition**

Die Erhöhung des Blutdrucks wird als arterielle Hypertonie bezeichnet. Dabei ist insbesondere die Erhöhung des diastolischen Blutdrucks maßgebend. Die Grenzen zwischen normalem und erhöhtem Blutdruck wurden von verschiedenen Seiten definiert (☞ Tab. 1.64-1.67 und 1.70). Entscheidend ist, daß mit zunehmendem Blutdruck auch die Risiken für kardiale, renale, zentralnervöse und vaskuläre (Auge!) Veränderungen und Komplikationen ansteigen.

Normotonie	< 140/90 mmHg
Grenzwerthypertonie	zwischen 140/90 und 160/95 mmHg
Hypertonie	> 160/95 mmHg

Tab. 1.64: WHO-Definition und Grenzwerte.

systolisch	140 mmHg bis zum 40. Lebensjahr 150 mmHg bis zum 50. Lebensjahr 160 mmHg bis zum 60. Lebensjahr
diastolisch	90 mmHg altersunabhängig

Tab. 1.65: Grenzwerte der Deutschen Liga zur Bekämpfung des hohen Blutdrucks.

Neugeborenes	~ 80/40 mmHg
Säugling	~ 90/45 mmHg
1-3 Jahre	~ 95/50 mmHg
4-6 Jahre	~100/55 mmHg
7-9 Jahre	~105/60 mmHg
10-12 Jahre	~110/65 mmHg
13-15 Jahre	~120/70 mmHg

Tab. 1.66: Normalwerte für Kinder.

Grenzwerthypertonie	diastolisch 85-89 mmHg
milde Hypertonie	diastolisch 90-104 mmHg
mittelschwere Hypertonie	diastolisch 105-114 mmHg
schwere Hypertonie	diastolisch > 115 mmHg

Tab. 1.67: Einteilung nach dem Joint National Committee.

Bezüglich der Dauer der Hypertonie wird unterschieden zwischen:

- stabiler Hypertonie (Blutdruck stets erhöht)
- labiler Hypertonie (Blutdruck gelegentlich erhöht)
- temporärer Hypertonie (während der Schwangerschaft, unter medikamentöser Therapie, bei Intoxikationen oder Erkrankungen des Zentralnervensystems)
- Blutdruckkrise

Patienten mit Grenzwerthypertonie (*borderline hypertension*) zwischen 140/90 und 160/95 mmHg neigen dazu, eine stabile Hypertonie zu entwickeln.

Von isoliert systolischer Hypertonie wird bei systolischen Werten > 160 mmHg und normalen diastolischen Werten gesprochen.

Chronisch erhöhte diastolische Blutdruckwerte > 120 mmHg mit progressiven Augenhintergrundveränderungen und Niereninsuffizienz finden sich bei der *malignen Hypertonie* (☞ Kap. 6.12.2.2.).

❑ Häufigkeit

- Ca. 15-20 % der Erwachsenen weisen bei mehrfachen Messungen (2-3 Messungen an verschiedenen Tagen) erhöhte Blutdruckwerte auf. Zählt man Patienten mit borderline hypertension hinzu, verdoppelt sich der genannte Prozentsatz
- Eine Zunahme mit dem Lebensalter ist zu verzeichnen: Jenseits des 65. Lebensjahres weisen ca. 30-50 % aller Personen bei der ersten orientierenden Messung erhöhte Blutdruckwerte auf, wobei sich der Prozentsatz bei wiederholten Messungen deutlich verringert. Ca. 30-50 % dieser Personen haben dabei nach o.g. Definition einen isolierten systolischen Hypertonus
- Es läßt sich außerdem ein ethnischer Zusammenhang nachweisen: In Nordamerika liegt die Prävalenz bei der farbigen Bevölkerung deutlich höher

❑ Ätiologie und Pathogenese

- 90-95 % der Hypertonien sind essentiell (auch als primär bzw. idiopathisch bezeichnet)
- 5-10 % der Hypertonien sind sekundär (Tab. 1.68)

renal	• renoparenchymal • renovaskulär (☞ Kap. 1.10.2. und 6.16.2.1.)
endokrin	• primärer Hyperaldosteronismus (Conn-Syndrom) • Cushing-Syndrom • adrenogenitales Syndrom • Phäochromozytom • Akromegalie • Hyperthyreose
kardiovaskulär	• Aortenisthmusstenose • Arteriosklerose • bradykarde Rhythmusstörungen
Schwangerschaft	• idiopathische Gestose (schwangerschaftsinduziert) • Pfropfgestose (schwangerschaftsbedingte Verschlechterung einer bereits bestehenden Hypertonie) • schwangerschaftsunabhängige Hypertonie (essentieller oder sekundärer Genese) • transitorische Schwangerschaftshypertonie (3. Trimenon - 10. Tag p.p., ohne Proteinurie)

medikamentös	• Ovulationshemmer → Renin-Angiotensin-Aldosteron-System • Steroide → Mineralocorticoideffekt Sensibilisierung der Rezeptoren • Carbenoxolon • Bronchodilatatoren → sympathikomimetische Wirkung • MAO-Hemmer → Tyraminwirkung (z.B. Käse) • NSAR → Na^+-Retention • Lakritze → Mineralocorticoideffekt • Drogen (Kokain-Amphetamin)
neurogen	• Hirndrucksteigerung • Enzephalitis/Meningitis • Intoxikation mit sekundärer Neuritis (Thallium, Pb, Hg, CO) • Karotissinussklerose

Tab. 1.68: Ursachen sekundärer Hypertonien.

Die *essentielle Hypertonie* ist multifaktoriell bedingt:

- hereditäre Faktoren
- psychische und soziale Faktoren (z.B. Streß)
- Adipositas
- NaCl-Konsum
- Alkohol, Koffein und Nikotin
- Störungen der Autoregulation der arteriellen Widerstandsgefäße
- gesteigerte sympathische Aktivität
- renale Faktoren
- Erhöhung des atrialen natriuretischen Peptids

Das HZV ist anfangs normal bis erhöht. Der periphere arterielle Gefäßwiderstand leicht erhöht. Bei länger bestehender Hypertonie normalisiert sich das HZV, der arterielle Gefäßwiderstand nimmt zu. Aufgrund der erhöhten Nachlast entwickelt sich meist eine Linksherzhypertrophie.

❑ Komplikationen und Folgeerscheinungen

- Herz
  - Linksherzhypertrophie → Linksherzinsuffizienz
  - Koronarinsuffizienz → Myokardinfarkt
- Gefäße
  - Arteriosklerose mit entspr. Folgen
  - Aortenaneurysma (abdominell)
- Gehirn
  - hypertensive Enzephalopathie
  - TIA, PRIND und Stroke
  - hypertone Massenblutung

- Niere
  - benigne Nephrosklerose
  - Niereninsuffizienz
  - renale Fixierung des Hypertonus über Stimulierung des Renin-Angiotensin-Systems
  - arterio-arteriosklerotische Schrumpfniere
- Auge
  - hypertensive Retinopathie (Tab. 1.69)
- hypertensiver Notfall

	Stadium			
	I (reversibel)	II	III	IV
Arterien	verengt, schmaler Zentralreflex	Kupferdrahtarterien, Kaliberunregelmäßigkeiten	dito	maximal verengt
Arteriolen	verengt, gestreckter Verlauf	dito	dito	fadenartig
Venen	normal	normal bzw. etwas vermehrte Schlängelung	vermehrte Schlängelung	eng
Kreuzungszeichen Venen + Arterien	keine	+ bis +++	+++	+++
Netzhaut	normal	normal bzw. harte Degenerationsherde, aufgelockerte Struktur	Blutungen, Cotton-wool-Herde, harte Degenerationsherde (kalkspritzerartig), evtl. Netzhautödem	blaßrot, Ödem, subretinale Ergüsse mögl., punkt-/streifenförmige Blutungen, Cotton-wool-Herde
Papille	normal	normal bis blaß	blaß mit Randunschärfe	abgeblaßt, Rand unscharf, prominent
Aderhaut	unauffällig	Gefäße vermehrt konturiert, Depigmentierungen	dito	dito

Tab. 1.69: Veränderungen am Auge im Rahmen der arteriellen Hypertonie.

Stadium I	keine objektivierbaren Organbeteiligungen
Stadium II	Nachweis einer der folgenden Organveränderungen: • Linksherzhypertrophie • hypertensive Retinopathie Stadium I-II • Proteinurie
Stadium III	Nachweis einer der folgenden Organveränderungen: • Linksherzinsuffizienz • hypertensive Enzephalopathie • Niereninsuffizienz • hypertensive Retinopathie Stadium III-IV
Die Einteilung kann um ein Stadium IV erweitert werden:	
Stadium IV	maligne Hypertonie: • diastolische Blutdruckwerte > 120-130 mmHg • rasch progrediente Nierenfunktionsstörung • hypertensive Retinopathie Stadium III-IV • 24-h-Messung → aufgehobener Tag-Nacht-Rhythmus DD: hämolytisch-urämisches Syndrom (Gasser-Syndrom)

Tab. 1.70: WHO Klassifikation nach Organbeteiligung.

❑ **Symptomatik**

- oft keine Symptome! ("Bluthochdruck tut nicht weh" und "man sieht ihn nicht"!)
- Belastungsdyspnoe
- Nervosität, Reizbarkeit
- Palpitationen
- Schwindel, Ohrensausen
- pektanginöse Beschwerden
- Kopfschmerzen (okzipital)
- depressive Stimmungslage
- Leistungsabfall, Konzentrationsschwäche
- Epistaxis
- evtl. TIA, Claudicatio intermittens, Sehstörungen
- Störungen der Libido und Potenz
- häufigstes Manifestationsalter 30-50 Jahre

❑ **Diagnostik**

- *Anamnese*
  bezüglich o.g. Symptomatik inkl. Familien- und Medikamentenanamnese. Alkohol- und Nikotinkonsum? Frühere Nierenerkrankung, Hyperurikämie, Diabetes mellitus oder Adipositas?

- *körperliche Untersuchung*
  linksverbreitertes Herz mit hebendem Spitzenstoß. Evtl. 3. HT. Ein Systolikum kann auf eine relative Mitralinsuffizienz hinweisen oder ist (über der Aortenklappe) als Austreibungsgeräusch zu interpretieren (Ausschluß einer Aortenisthmusstenose und eines anderen Vitiums). Gefäßstatus (→ Arteriosklerose/pAVK?) inkl. Leistenpulsen (Aortenisthmusstenose) und Auskultation und Palpation des Abdomens (Nierenarterienstenose/abdominelles Aortenaneurysma). Neurostatus sowie Inspektion (→ M. Cushing, Akromegalie, chronische Niereninsuffizienz)
- *Blutdruckmessung*
  (indirekte) Messung nach Riva-Rocci (RR)
  - Patient in sitzender oder liegender Position (5 min Ruhe)
  - Messung an beiden Armen, anschließend im Stehen
  - weitere Messung an den 2 folgenden Tagen

  Technik:
  - Anlegen der Blutdruckmanschette am Oberarm (bei großem Armumfang Oberschenkelmanschette, bei kleinem Armumfang Kindermanschette)
  - Lagerung des Armes in Herzhöhe
  - Aufpumpen auf ca. 30-40 mmHg über den erwarteten Blutdruck, ggf. Kontrolle des Radialispulses
  - Stethoskop über die A. brachialis des entsprechenden Armes
  - langsames Ablassen des Manschettendrucks
  - Auskultation des 1. Korotkoff-Geräuschs = systolischer Blutdruckwert
  - deutliches Leiserwerden oder endgültiges Verschwinden des Geräuschs = diastolischer Blutdruckwert

> *Cave:*
> auskultatorische Lücke. Entweder wird dann der Blutdruck zu niedrig gemessen (falls nicht über die auskultatorische Lücke hinaus aufgepumpt wird) oder (häufiger!) Messung wird in der auskultatorischen Lücke beendet → diastolischer Wert wird als zu hoch angegeben.

> *Nota bene:*
> Es wird der Druck in der Manschette gemessen, d.h. nicht der arterielle Blutdruck (indirekte Messung)

Fehler, d.h. grobes Mißverhältnis zwischen gemessenem Manschettendruck und Blutdruck, können u.a. bedingt sein durch:
- falsche Manschettengröße (eine zu kleine Manschette ergibt zu hohe Messwerte, entsprechend werden mit einer zu großen Manschette zu niedrige Werte gemessen)
- Mediasklerose (Diabetes mellitus): Gefäß nicht komprimierbar → Vortäuschung hoher Druckwerte

> Blutdruckdifferenz (> 20-30 mmHg) zwischen beiden Oberarmen: V.a. Strombahnveränderung im Bereich des Aortenbogens bzw. der A. subclavia!

Als weitere indirekte Methode ist die Oszillometrie zu nennen. Die direkte (blutige) Messung dient der Überwachung auf Intensivstationen.

- *Augenhintergrund* (☞ Tab. 1.69)

- *Blutuntersuchung*
  - Creatinin (+ Harnstoff), Creatinin-Clearance
  - K^+ (+ Na^+)
  - Glukose, Cholesterin, Triglyzeride, Harnsäure
  - Hb und Hkt
  - ggf. Hormonstatus (z.B. Kortisoltagesprofil, Renin, Aldosteron, Katecholamine, TSH)
- *Urinuntersuchung*
  - Eiweiß
  - Glukose
  - Sediment
  - ggf. Katecholamine bzw. deren Metabolite im 24 h-Urin

  Bei V.a. Cushing- oder Conn-Syndrom etc. gezielte Abklärung
- *weitere Diagnostik*
  - Röntgen-Thorax
  - Ekg
  - Sonographie des Abdomens
  - ggf. CT
  - Farbdopplersonographie (Nierenarterien)
  - Isotopennephrographie
  - Angiographie (selektive Renovasographie)
  - ambulantes Blutdruck-Monitoring (ABDM)
  - Echokardiographie

ABDM (ambulantes Blutdruck-Monitoring)

Kontinuierliche RR-Messung über 24 h → Blutdruckprofil mit Tag-Nacht-Schwankung, Messung bei Belastung und im Schlaf. Abgrenzung vom sog. Praxishochdruck.

Indikationen:

- V.a. Praxishochdruck
- Unterschiede zwischen Selbstmessung und Messung in der Praxis
- V.a. aufgehobenen Tag-Nacht-Rhythmus (Abfall des systolischen Blutdrucks von 10-15 % sowie des diastolischen Blutdrucks um 15-20 %) bei
  - sekundärer Hypertonie (nachts mit Senkung der HF bei persistierend erhöhten RR-Werten)
  - Schwangerschaftshypertonie und Eklampsie
  - Schlaf-Apnoe-Syndrom
  - Nieren- und Herztransplantation
  - V.a. Blutdruckkrisen

Obere Normgrenze für den 24 h-Mittelwert: 130/80 mmHg

❑ Therapie

Bei sekundären Hypertonien sollte der Versuch einer kausalen Therapie unternommen werden!

Behandlungsziel:
diastolischer RR < 90 mmHg, systolischer RR < 140 mmHg (Ausnahmen: ältere Patienten mit isoliert systolischer Hypertonie, Schwangere und Patienten mit diabetischer Nephropathie)

❑ Therapie der essentiellen Hypertonie

Allgemeinmaßnahmen

- bei Adipositas: Gewichtsreduktion
- NaCl-Restriktion (ca. 5 g NaCl/die), evtl. KCl als NaCl-Ersatz
- kein Alkohol, bzw. Restriktion
- kein Nikotin
- kein Koffein
- evtl. autogenes Training und Ausgleichssport
- Meiden von Streß und Schichtarbeit sowie Kraftsport

Finden sich nach 4 Wochen (3 Monaten) bei Kontrollmessungen diastolische Werte > 100 mmHg (> 95 mmHg), sollte eine medikamentöse (Langzeit-)Therapie in Erwägung gezogen werden. Regelmäßige RR-Kontrollen sind erforderlich.

Es empfiehlt sich, mit einer Monotherapie zu beginnen. Dabei ist mit niedriger Dosis zu beginnen und die Dosis soweit erforderlich zu erhöhen. In den meisten Fällen kann damit bereits ein befriedigender Therapieerfolg erzielt werden. Falls dieser jedoch ausbleibt oder bei Nebenwirkungen ist ggf. eine Kombinationsbehandlung erforderlich (☞ Tab. 1.71).

<table>
<tr><td>Monotherapie</td><td>β-Blocker</td><td>Diuretikum</td><td>Ca^{2+}-Antagonist</td><td>ACE-Hemmer</td></tr>
<tr><td colspan="5"></td></tr>
<tr><td rowspan="4">2er-Kombination</td><td colspan="4">Diuretikum
+</td></tr>
<tr><td>β-Blocker</td><td>Ca^{2+}-Antagonist</td><td>ACE-Hemmer</td><td>α_1–Blocker</td></tr>
<tr><td colspan="4">oder
Ca^{2+}-Antagonist
+</td></tr>
<tr><td colspan="2">β-Blocker</td><td colspan="2">ACE-Hemmer</td></tr>
<tr><td colspan="5"></td></tr>
<tr><td rowspan="3">3er-Kombination</td><td colspan="4">Diuretikum
+</td></tr>
<tr><td>β-Blocker
+</td><td>ACE-Hemmer
+</td><td colspan="2">zentrales Antisympathikotonikum
+</td></tr>
<tr><td>Vasodilatator</td><td>Ca^{2+}-Antagonist</td><td colspan="2">Vasodilatator</td></tr>
</table>

Tab. 1.71: Medikamentöse Therapie nach Empfehlung der Deutschen Liga zur Bekämpfung des hohen Blutdrucks e.V..

Die häufig vorliegenden Begleitkrankheiten sollten bei der Auswahl des Antihypertonikums berücksichtigt werden (Tab. 1.72).

zusätzliche Erkrankung	günstig	ungünstig
Linksherzinsuffizienz	ACE-Hemmer, Diuretika	β-Blocker, Ca^{2+}-Antagonisten mit negativem inotropem Effekt
Linksherzhypertrophie	ACE-Hemmer, β-Blocker, Ca^{2+}-Antagonisten	
koronare Herzerkrankung	β-Blocker, Ca^{2+}-Antagonisten	Vasodilatatoren wie Dihydralazin
ventrikuläre Rhythmusstörungen nach Myokardinfarkt	β-Blocker, ACE-Hemmer	
Tachyarrhythmia absoluta	Ca^{2+}-Antagonisten (z.B. Verapamil)	
Bradykardie		α_2- und β-Blocker, Ca^{2+}-Antagonisten (z.B. Verapamil), α-Methyldopa
pAVK	Ca^{2+}-Antagonisten	β-Blocker (ohne ISA), Diuretika
obstruktive Ventilationsstörung		β-Blocker
Niereninsuffizienz	Schleifendiuretika, evtl. Ca^{2+}-Antagonisten oder ACE-Hemmer (Kontrolle der Retentionswerte)	kaliumsparende Diuretika, Dosisanpassung bei verschiedenen Antihypertensiva notwendig!
Diabetes mellitus		(nicht selektive) β-Blocker und Diuretika
Hyperurikämie		Diuretika
Dyslipoproteinämie	Ca^{2+}-Antagonisten, α_1-Blocker, ACE-Hemmer	Diuretika
Gravidität	β-Blocker oder α-Methyldopa	
junge Patienten	β-Blocker	
alte Patienten	ACE-Hemmer, Ca^{2+}-Antagonisten. Kontraindikationen für β-Blocker und Diuretika bedenken	α_1-Blocker (wie Prazosin), zentrale α_2-Stimulatoren (wie Clonidin), Reserpin
ZNS-Störungen (Zerebralsklerose, Psychosen, Depression)		α_2-Stimulatoren (wie Clonidin), Reserpin, α-Methyldopa

Tab. 1.72: Differentialtherapie der arteriellen Hypertonie.

Antihypertonika

Mittel der ersten Wahl

β-Blocker

Tab. 1.73 (☞ auch Kap. 1.6. bzw. Tab. 1.40)

nicht β_1-selektiv		β_1-selektiv	
Substanz	Handelsname z.B. (*)	Substanz	Handelsname z.B. (*)
Bupranolol	Beladrenol® (100-400 mg)	Acebutol	Prent® (400-800 mg)
Carteolol	Endak® (5-20 mg)	Atenolol	Tenormin® (25-100 mg)
Metipranolol	Disorat® (40-60 mg)	Betaxolol	Kerlone® (10-20 mg)
Pindolol	Visken® (3x5 mg)	Bisoprolol	Concor® (2,5-10 mg)
Propranolol	Dociton® (80-160 mg)	Celiprolol	Selectol® (200-400 mg)
Sotalol	Sotalex® (160-320 mg)	Metoprolol	Beloc® (50-200 mg)
α + β-Blocker:		Carvedilol	Dilatrend® (12,5-50 mg)
		Labetalol	Trandate® (300-1200 mg)

Tab. 1.73: β-Blocker.
(*) = mittlere Tagesdosis.

Diuretika

☞ Kap. 1.1. bzw. Tab. 1.5.

Ca^{2+}-Antagonisten

Tab. 1.74 (☞ auch Kap. 1.6.) Wirkung über Nachlastsenkung.

Generika	Handelsname z.B.	mittlere Tagesdosis (mg)	zusätzliche Indikationen
Felodipin	Munobal®	1x5-10	
Isradipin	Vascal®	2x2,5-5	
Nicardipin	Antagonil®	3x20-30	KHK
Nifedipin	Adalat®	2-3x10-20	KHK, Raynaud-Syndrom
Nivaldipin	Escor®	1x8-16	
Nitrendipin	Bayotensin®	1x20	
Nisoldipin	Baymycard®	2x5-10	KHK

Tab. 1.74: Ca^{2+}-Antagonisten (ohne antiarrhythmische Wirkung).

ACE-Hemmer

Tab. 1.75 (☞ auch Kap. 1.1.)

Generika	Handelsname z.B.	Wirkdauer (h)	mittlere Tagesdosis (mg)
Captopril	Lopirin®, Tensobon®	8-12	12,5-50
Cilapril	Dynorm®	24	2,5-5
Enalapril	Pres®, Xanef®	12-24	2,5-20
Fosinopril	Dynacil®	24	10-20
Lisinopril	Acerbon®	24	2,5-20
Perindopril	Coversum®	24	2-8
Quinapril	Accupro®	12-24	2,5-20
Ramipril	Delix®	24-48	1,25-5

Tab. 1.75: ACE-Hemmer.

Weitere Substanzgruppen (Handelsname, Tagesdosis)

Postsynaptische α_1-Rezeptorenblocker

- Wirkungsweise: Vasodilatation ohne wesentliche reflektorische Sympathikusaktivierung. Urapidil wirkt zudem präsynaptisch hemmend auf die adrenerge Erregungsübertragung und auch zentral
- NW: Orthostasereaktion, Herzklopfen, Kopfschmerzen
- Kontraindikation: Schwangerschaft
- Pharmaka
  - Doxazosin (z.B. Cardular®, 1-4 mg)
  - Indoramin (z.B. Wydora®, 25-150 mg)
  - Prazosin (z.B. Minipress®, 0,5-20 mg)
  - Urapidil (z.B. Ebrantil®, 60-180 mg)

Zentralwirkende Sympathikolytika

- Wirkungsweise: Stimulation α_2-adrenerger Rezeptoren am Vasomotorenzentrum mit Abnahme der peripheren Sympathikusaktivität
- NW: Clonidin, Guanfacin: Mundtrockenheit, Bradykardie, Potenzstörungen (führt zu Non-compliance!), Sedierung, Blutdruckkrisen bei plötzlichem Absetzen. Speziell α-Methyldopa: Leberschäden, direkter Coombs-Test positiv u.a. (☞ Produktinformation)
- Kontraindikation: Sick-Sinus-Syndrom, Bradykardie, Schwangerschaft (Clonidin, Guanfacin) sowie Hepatitis und hämolytische Anämie (α-Methyldopa)
- Pharmaka
  - Clonidin (z.B. Catapresan®, 0,075-0,3 mg)
  - Guanfacin (z.B. Estulic®, 1-4 mg)
  - α-Methyldopa (z.B. Presinol®, 3x125-1.000 mg)

Reserpin (Rausedan®) wirkt über eine Verarmung zentraler wie auch peripherer Sympathikusstrukturen an Noradrenalin, Adrenalin, Dopamin und Serotonin. Da regelmäßig eine Wasseretention beobachtet wird ist die Kombination mit einem Diuretikum sinnvoll. Aufgrund der starken Sedierung, Depressionen u.a. wird es heute nur noch selten eingesetzt.

Der postganglionäre Sympathikusblocker Guanethidin (z.B. Ismelin®, 1x10-2x25 mg) wird heute wegen seiner häufigen (ca. 30 %) Nebenwirkungen (Orthostase, Diarrhö, Depression, Kopfschmerzen, Bradykardie, Ödeme, u.a.) in der Regel nicht mehr verwendet.

Arterioläre Vasodilatatoren

Wirkungsmechanismus: direkte Wirkung (Relaxierung) an der glatten Gefäßmuskulatur.

Oral applizierbar:

Dihydralazin (z.B. Nepresol®)

- Dosierung: 3x12,5-25 mg oral, 12,5-25 mg i.v. (bis 100 mg/die → dosisabhängiger reversibler Lupus erythematodes)
- wichtigste NW: Tachykardie evtl. mit Angina pectoris-Symptomatik. Orthostase, Kopfschmerzen und gastrointestinale Beschwerden
- relative Kontraindikation: KHK

Minoxidil (z.B. Lonolox®)

- Dosierung: 5-40 mg als Mittel, wenn andere Antihypertonika ohne Erfolg sind (Mittel der 3. Wahl)
- NW: Wasserretention mit Ödemen, reflektorische Tachykardie (daher zusätzlich Diuretikum und ß-Blocker), Hypertrichose (häufig), Perikardergüsse (3 %)
- Kontraindikation: KHK, Herzinsuffizienz, pulmonale Hypertonie bei Mitralstenose, Phäochromozytom, Stillzeit

Nur i.v. applizierbar (z.B. beim hypertensiven Notfall!):

Diazoxid (z.B. Hypertonalum®)

- Dosierung: 1/2 Amp.(150 mg) rasch (30 s) i.v. am liegenden Patienten. Wiederholung b.B. nach 5-15 min, evtl. zusätzlich Diuretikum
- Medikament zur Therapie der hypertensiven Krise unter stationären Bedingungen. Wirkung: Vasodilatation innerhalb von Sekunden, Wirkdauer ca. 1-6 h
- NW: Wärmegefühl und Schmerzen während der Injektion. Wasserretention. Tachykardie und Gefahr von Ischämien
- Kontraindikationen: kompensatorische Hypertonie bei Aortenisthmusstenose oder Shuntvitium

Natrium-Nitroprussid (z.B. nipruss®)

- wirkt ebenfalls innerhalb von Sekunden, die Wirkung läßt jedoch auch innerhalb weniger Minuten nach. Daher Dauerinfusion (z.B. Perfusor®) mit 0,3 µg/kg KG/min bis 1-6 µg/kg KG/min (nach Wirkung). Der Patient sollte dabei intensivmedizinisch überwacht werden. Da Natrium-Nitroprussid zu Zyaniden (Thiozyanid) abgebaut wird, ist bei einer Dosierung von > 1 µg/kg KG/min die gleichzeitige Gabe von Natriumthiosulfat (in 10fach höherer Dosierung als Natrium-Nitroprussid) zu verabreichen. Ggf. Kontrolle des Zyanidspiegels

> Antidot bei Zyanidvergiftung (Benommenheit, Tachypnoe, Krämpfe): 4-DMAP®, 3-4 mg/kg KG i.v. + wegen Methämoglobinbildung: Natriumthiosulfat, 50-100 mg/kg KG

- Kontraindikationen: kompensatorische Hypertonie bei Aortenisthmusstenose oder Shunt. Hypothyreose

❑ **Verlauf und Prognose**

Ca. 1/3 der Patienten mit borderline hypertension entwickeln eine manifeste Hypertonie. Ca. 20 % der Hypertoniker erleiden einen Schlaganfall, mehr als 50 % sterben an kardiovaskulären Ursachen. Dabei sind ca. 25 % der Todesfälle nach dem 40. Lebensjahr auf eine Hypertonie zurückzuführen. Weniger als 5 % der Patienten mit maligner Hypertonie überleben 5 Jahre.

Die sekundären Hypertonien werden in den entsprechenden Kapiteln der dafür ursächlichen Erkrankungen abgehandelt. Im folgenden sind nur die renovaskuläre Hypertonie und das Phäochromozytom aufgeführt.

1.10.1. Hypertensiver Notfall

❑ **Definition**

Ein hypertensiver Notfall liegt vor bei plötzlich auftretenden stark erhöhten Blutdruckwerten mit:

- neurologischer Symptomatik (Hochdruckenzephalopathie mit frischen Blutungen oder Papillenödem am Augenhintergrund oder Kopfschmerzen, Schwindel, Seh- und/oder Bewußtseinsstörungen)

  und/oder
- kardio-vaskulären Komplikationen (Linksherzinsuffizienz, Angina pectoris, dissezierendes Aortenaneurysma)

Liegt ein derartiger Notfall vor, so ist eine antihypertensive Notfallbehandlung und in der Regel die Klinikeinweisung indiziert (Transportbegleitung!).

❑ **Therapie**

Akutes Therapieziel:
RR-Werte unter 200/100 mmHg (keine Normotension!) bzw. Verschwinden der o.g. Symptome

Nota bene:
Hypertone Blutdruckwerte über 240/140 mmHg bedürfen einer akuten Therapie, stellen jedoch keine hypertensiven Notfälle per se dar. Bei akuten ischämischen Insulten treten häufig reaktiv hypertone Blutdruckwerte auf. Eine generelle Indikation zur Blutdrucksenkung in der Akutphase ist jedoch nicht gegeben.

Therapie unter RR-Kontrolle (Tab. 1.76)

Mittel der 1.Wahl sind:
• oral Nifedipin (z.B. Adalat®) 5 mg oder 10 mg, Kapsel zerbeißen oder schlucken lassen
• oral Nitrendipin (z.B. Bayotensin® akut) 5 mg (Phiole)
• oral Nitroglycerin (z.B. Nitrolingual®) 0,8 bzw. 1,2 mg (Kapsel) oder 2 Hub aus dem Dosier-aerosol
Falls kein ausreichender Therapieeffekt nach 10 min eintritt:
• 12,5-25 mg Captopril (z.B. Lopirin®) sublingual bzw. 1,25 mg Enalaprilat (z.B. Xanef® i.v.) über 5 min i.v.
• Clonidin (z.B. Catapresan®) 0,075-0,15 mg langsam i.v. bzw. Urapidil (z.B. Ebrantil®) 12,5-25 mg langsam i.v.
• ggf. zusätzlich Furosemid (z.B. Lasix®) 20-40 mg i.v.
• ggf. zusätzlich Sedierung und O_2-Gabe

Tab. 1.76: Akuttherapie beim hypertensiven Notfall.

Unter klinischen Bedingungen stehen Nifedipin und Glyceroltrinitrat auch i.v. zur Verfügung. Von den bereits genannten Antihypertonika sind beim hypertensiven Notfall ggf. Natrium-Nitroprussid (z.B. nipruss®) oder Diazoxid (z.B. Hypertonalum®) indiziert. Daneben kann bei V.a. Phäochromozytom ein Therapieversuch mit 2,5-5 mg Phentolamin (z.B. Regitin®) unternommen werden. Blutdruckkrisen bei prä- bzw. terminaler Niereninsuffizienz können manchmal nur durch Hämodialyse oder Hämofiltration beherrscht werden.

1.10.2. Renovaskuläre Hypertonie

❑ **Definition**

Hypertonie bedingt durch ein- oder doppelseitige Einengung der A. renalis.

❑ **Häufigkeit**

- ca. 1% aller Hypertonien

❑ **Ätiologie**

- ca. 70 % arteriosklerotisch bedingt (Männer > Frauen, höheres Lebensalter, proximal gelegen)
- ca. 20 % fibromuskuläre Dysplasie (Frauen > Männer, jüngeres Lebensalter, distal gelegen)
- nach Transplantation!
- weitere mögl. Ursachen: Kompression durch Tumor, Zysten oder Harnstau

❑ **Pathogenese**

- Aktivierung des Renin-Angiotensin-Aldosteron-Systems bei Lumeneinengung > 50 % bzw. Senkung des renalen Perfusionsdrucks unter 40 mmHg (*Goldblatteffekt*)

❑ **Diagnostik**

- Die Hypertonie beim jungen Menschen oder die Verschlechterung einer Hypertonie beim alten Patienten mit oft malignem Verlauf soll an eine renovaskuläre Ursache denken lassen
- Auskultation der Nierenarterien bei Hochdruckabklärung ist obligat
- Häufig besteht eine Hypokaliämie

- Der Anstieg der harnpflichtigen Substanzen bis zum Auftreten eines akuten Nierenversagens unter ACE-Hemmer-Therapie ist verdächtig
- Plasmarenin in ca. 30-50 % erhöht
- Captopril-Test: 1 h nach Gabe von 25 mg Captopril 3-4facher Anstieg der Plasmareninaktivität (Diuretika und ACE-Hemmer 3 Tage vorher absetzen)
- Sonographie (Größendifferenz > 1,5 cm) und Ausscheidungsurographie (verzögerte Ausscheidung auf der betroffenen Seite) haben nur eine geringe Sensitivität[1,3]
- (Farb-)Duplexsonographie der Aa. renales
- venöse DSA[2]
- Nierenfrequenzszintigraphie (Jod-Hippuran-Clearance oder DPTA + Captoprilgabe)[3]
- arterielle Renovasographie (Angiographie oder DSA)
- Nachweis der funktionellen Wirksamkeit der Nierenarterienstenose durch seitengetrennte Renin-Bestimmung in den Nierenvenen (Plasmarenin Stenoseseite/Nichtstenoseseite > 1,5)

[1] beidseitige Nierenarterienstenosen entgehen diesen Untersuchungsmöglichkeiten häufig!

[2] Screeningmethode der Wahl. Bei Adipositas häufig eingeschränkte Beurteilbarkeit

[3] geringe Spezifität und Sensitivität

❑ **Therapie**

- perkutane transluminale Angioplastie (PTA). Komplikationen sind Dissektionen, Thrombosen und akutes Nierenversagen
- chirurgisch durch Thrombarteriektomie, aorto-renalen Bypass, Nierenarterienresektion
- selten Nephrektomie
- anschließend Thromboseprophylaxe mit Thrombozytenaggregationshemmer (z.B. Azetylsalizylsäure)!
- Falls keine der o.g.Therapiemaßnahmen zum Einsatz kommt oder ein Therapieerfolg ausbleibt, ist eine medikamentöse Hochdrucktherapie indiziert. Dabei sollte β-Blockern oder Ca^{2+}-Antagonisten der Vorzug gegeben werden. ACE-Hemmer und Diuretika sind kritisch zu beurteilen (Aktivierung des Renin-Angiotensin-Aldosteron-Systems, Abnahme der glomerulären Filtration)

❑ **Prognose**

- ohne invasive Therapie meist Progredienz bis terminale Niereninsuffizienz
- Prognose für Therapie gut, wenn Plasmareninquotient > 2!
- PTA bei fibromuskulärer Hyperplasie in 3/4 der Fälle, bei arteriosklerotischer Stenose in 1-2/4 der Fälle erfolgreich, d.h. Blutdrucknormalisierung
- operative Erfolge: bei fibromuskulärer Hyperplasie über 80 % der Fälle, bei arteriosklerotischer Stenose bei ca. 50-75 % der Fälle Besserung

1.10.3. Phäochromozytom

❑ **Definition**

Katecholaminproduzierender Tumor, der vom chromaffinen Gewebe der Neuralleiste abstammt.

10 % aller Phäochromozytome sind:

- außerhalb der Nebennieren lokalisiert
- multilokulär
- maligne
- familiär gehäuft
- rezidivieren nach Op

Sonderformen:

- *multiple endokrine Neoplasie (MEN)*
  - Typ IIa
    Phäochromozytom + Schilddrüsenkarzinom + Nebenschilddrüsenadenom (Sipple-Syndrom)
  - Typ IIb
    Phäochromozytom + Schilddrüsenkarzinom + Neurinome (Gorlin-Syndrom)
- Meist wird Noradrenalin und Adrenalin sezerniert. Dopamin findet sich hingegen hauptsächlich bei malignen Phäochromozytomen

❑ Häufigkeit

- selten (ca. 0,1 % aller Hochdruckpatienten bzw. ca. 0,3-0,04 % bei Sektionen)
- Bei krisenhaften Blutdruckanstiegen liegt die Häufigkeit jedoch bei ca. 5 %!

❑ Symptomatik

Unterschieden werden muß zwischen einer paroxysmalen Form sowie einer Dauerform, die bei Erwachsenen etwa gleich verteilt sind.

Die paroxysmale Form ist insbesondere durch plötzliche Blutdruckkrisen gekennzeichnet.

- Kopfschmerzen
- Palpitationen/Tachykardie
- Schweißausbrüche
- Blässe (Gesicht)
- Unruhe/Tremor
- Übelkeit/Erbrechen
- Thorax-/Abdominalschmerzen
- Schwäche
- Gewichtsverlust
- latenter bis manifester Diabetes mellitus

❑ Diagnostik

- Bei krisenhaften Blutdruckanstiegen, therapieresistenten Hypertonien bzw. Hypertonie bei Patienten unter 50 Jahren sollte ein Phäochromozytom ausgeschlossen werden
- Katecholamine (Normalwerte: Adrenalin < 20 µg/die und Noradrenalin < 80 µg/die) + Metabolite (Normalwerte: Vanillinmandelsäure < 8 mg/die und Metanephrin < 300 µg/l bzw. Normetanephrin < 350 µg/l) im angesäuerten 24-h-Urin. Normalwerte bzw. erhöhte Vanillinmandelsäurewerte zusammen mit vermehrter Ausscheidung von Dopamin (Normalwerte: < 450 µg/die) und Homovanillinsäure können bei einem Neuroblastom vorliegen. 24 h vorher müssen Vasodilatatoren, β-Blocker, Diuretika, Clonidin und Methyldopa abgesetzt werden

- Katecholamine im Plasma (Patient sollte 1 h liegen)

Normalwerte:	Adrenalin	< 110 pg/ml
	Noradrenalin	< 522 pg/ml
	Dopamin	< 30 pg/ml

- Clonidin-Test: beim Phäochromozytom bleiben die Plasmakatecholamine 1 h (2 h) nach 75 µg (300 µg) Clonidin i.v. (oral) im Vgl. zum Ausgangswert unverändert (Testperson sollte 30 min liegen, bevor Ausgangswert abgenommen wird!)
- Glukagon-Test (nicht ohne Risiko!): 0,5 mg Glukagon i.v. (bzw. 2 mg bei ausbleibender Reaktion) lösen einen deutlichen Anstieg des Blutdrucks und der Plasmakatecholaminspiegel (mindestens Verdopplung des Ausgangswertes) aus. Voraussetzung: Ausgangsblutdruck > 140/90 mm Hg und Phentolamin (z.B. Regitin®) injektionsbereit
- Sonographie, CT bzw. NMR
- venöse Katheterisierung und selektive Blutentnahme (V. cava, Vv. renales bzw. suprarenales mit Katecholaminbestimmung)
- selten notwendig sind: Angiographie, Nebennierenmarks-Szintigraphie mit ^{123}Jod-MIBG

❑ **Therapie**

- wenn möglich: Op unter α-Rezeptorenblockade mit Phenoxybenzamin (z.B. Dibenzyran®, 10-60 mg/die, bis RR und Hkt absinkt) und anschließender β-Blockade. Bei beidseitigem Phäochromozytom hochdosierte Hydrokortisongabe. Eine präoperative Volumensubstitution ist wichtig
- bei nicht operablem Tumor: α-Blockade mit Phenoxybenzamin (z.B. Dibenzyran®, 10-60 mg/die). Bei Blutdruckkrise Phentolamin (z.B. Regitin®, 5 mg i.v.). Handelt es sich im ein metastasierendes Phäochromozytom kann alternativ bzw. ergänzend zu einer Polychemotherapie eine nuklearmedizinische Therapie mit ^{123}Jod-meta-Benzylguanidin versucht werden

❑ **Prognose**

- Bei ca. 90 % findet sich postoperativ normale Blutdruckwerte bzw. eine deutliche Blutdrucksenkung
- Op-Letalität 2-3 %

1.11. Hypotonie - Hypotone Kreislaufregulationsstörung

❑ **Definition**

> Systolische Blutdruckwerte < 100 mmHg, diastolische < 60 mmHg (unter Ruhebedingungen) können als Hypotonie bezeichnet werden.

Die primäre (konstitutionelle) oder auch regulative (bei Sportlern) Hypotonie ist dabei meist asymptomatisch und hat dann keinen Krankheitswert. Hypotonie kann auch durch Messung mit der Normalmanschette bei kleinem Armumfang (< 28 cm) vorgetäuscht werden.

Krankheitswert haben hingegen hypotone Blutdruckwerte, wenn darunter Organminderperfusionen (akut: Gehirn, chronisch: Nieren etc.) mit entsprechenden Symptomen auftreten, sowie die hypotone Kreislaufregulationsstörung (in der Regel unter Belastung).

Anhand des *Schellong-Tests* können 3 verschiedene Typen der orthostatischen Dysregulation unterschieden werden (Tab. 1.77).

Reaktion	sympathikoton	hyposympathikoton	asympathikoton
RR systol.	↓	↓	↓
RR diastol.	↑	↑	↓
Puls	↑ > 16/min	O	O/↓

Tab. 1.77: Schellong-Test.

Durchführung:

Patient liegt 10 min. Dann unmittelbar nach dem Aufstehen sowie nach 2, 4, 6, 8 und 10 min: RR und Puls, evtl. Klinik (Schwindel etc.) wird dokumentiert.

❑ **Ätiologie und Pathogenese**

- Die **primäre Hypotonie** findet sich häufig bei Frauen und Asthenikern
- **Sekundäre Hypotonien** lassen sich wie folgt unterteilen (Tab. 1.78) und werden in den entsprechenden Kapiteln besprochen:

kardiale Hypotonie	• Vitien • Herzinsuffizienz • Herzrhythmusstörungen • Herzbeuteltamponade
pulmonale Hypotonie	• Lungenembolie • pulmonale Hypertonie • Spannungspneumothorax
endokrine Hypotonie	• primäre und sekundäre Nebenniereninsuffizienz • Hypophysenvorderlappeninsuffizienz • Hypothyreose • M. Addison • Bartter-Syndrom
hypovolämische Hypotonie	• Exsikkose • Blutungen • Hypotonie bei Elektrolytstörungen, z.B. Hyponatriämie
medikamentös bedingte Hypotonie	• Antihypertonika • Diuretika • Antiarrhythmika • Psychopharmaka • Toxine
weitere mögliche Ursachen	• Immobilisation • Schwangerschaft • Hypalbuminämie • Dumping-Syndrom

Tab. 1.78: Einteilung der sekundären Hypotonien.

Akute Hypotonien können bei vagovasalen Synkopen (auch Hustensynkopen), Schock, Stoffwechselkomata, Sonnenstich und Hitzeerschöpfung, Intoxikationen, Karotissinussyndrom und Reizung des Plexus solaris (z.B. durch Faustschlag) auftreten.

Eine weitere Ursache für die Hypotonie bzw. hypotone Kreislaufregulationsstörung stellen *autonome Neuropathien* (Tab. 1.79) dar.

primär	• Bradbury-Eggleston-Syndrom • Shy-Drager-Syndrom • Riley-Day-Syndrom
sekundär	• Diabetes mellitus • Alkohol • Tabes dorsalis • Multiple Sklerose • Polyneuritis • Vitaminmangel • medikamentös-toxisch • entzündlich

Tab. 1.79: Autonome Neuropathien.

• Shy-Drager-Syndrom

Atrophie/Degeneration im ZNS sowie im Vasomotorenzentrum. Die fehlende Blutdruckregulation führt zu einem schweren Orthostase-Syndrom. Zusätzlich häufig Miktions-und Defäkationsstörungen, Impotenz, Parkinsonoid, Anhydrosis und gastrointestinale Störung. Die Symptomatik tritt in der Regel bei Männern im mittleren Lebensalter auf.

• Bradbury-Eggleston-Syndrom

Wie beim Shy-Drager-Syndrom schweres Orthostase-Syndrom aufgrund einer fehlenden Blutdruckregulation. Jedoch ist keine Degeneration im ZNS nachweisbar.

• Riley-Day-Syndrom (Dysautonomie)

Autosomal-rezessives Leiden mit Orthostase-Syndrom, Schluckstörungen, Störungen der Tränensekretion, Erythembildung, Hyperhydrosis, Störungen der Schmerzempfindung (Hyp- bis Analgesie), Affektlabilität, Ataxie. Manifestation vorwiegend (bei Juden) im Kindesalter.

Pathophysiologische Ursachen der Hypotonie sind:

- Störung des Gefäßtonus
- vermindertes Schlagvolumen des Herzens
- Herzrhythmusstörungen
- Volumenmangel
- Störung der Blutdruckregulation

❑ Symptomatik

Allgemeine Symptome, die nicht immer durch die Hypotonie bedingt sein müssen, wie Müdigkeit (→ evtl. Hypotonie bei Immobilität!) bzw. rasche Ermüdbarkeit, Konzentrationsschwäche, Schwindel beim Aufstehen oder Bücken, evtl. Bewußtseinsstörungen bis zur Synkope. Gelegentlich Kopfschmerzen,

Schlafstörungen, Sehstörungen (Flimmern, Schwarzwerden) sowie kalte Hände und Füße. Auch gastrointestinale Beschwerden (Übelkeit, Appetitlosigkeit) werden angegeben.

Dabei sind die Beschwerden häufig durch die reaktive Sympathikusaktivierung (Tachykardie mit Palpitation, Hitzegefühl) sowie psychogen (Hyperventilation) bedingt!

❑ Diagnostik

In der Regel sind Anamnese, klinischer Befund und Schellong-Test ausreichend. Die primäre Hypotonie ist meist ohne gravierende Klinik. Ggf. ist jedoch eine weitere und differenzierte Diagnostik (inkl. ABDM) indiziert.

Bei Synkope:

- Ekg
- Langzeit-Ekg
- Echokardiographie inkl. Doppler
- Karotisdruck- und Valsalva-Preßversuch
- evtl. Duplexsonographie der hirnversorgenden Arterien (Plaques?)
- Laboruntersuchungen
- EEG und HNO-ärztliche Untersuchung

❑ Therapie

Bei sekundären Hypotonien gilt es, die Grundkrankheit entsprechend zu therapieren.

Der Blutdruck muß in der Regel nicht therapiert werden, wenn der Patient asymptomatisch ist! Die Lebenserwartung bei unkomplizierter Hypotonie ist höher als bei Normotonikern!

Basistherapie

- langsame Lagewechsel
- meiden von größerem Alkoholgenuß und großen Mahlzeiten
- keine heißen Bäder
- Schlafen mit 20-25° erhöhtem Oberkörper
- Normalgewicht anstreben
- erhöhte NaCl-Zufuhr (nicht bei Herzinsuffizienz)

Physikalische/mechanische Therapie

- Kreislauftraining mit Gymnastik, Laufen, Schwimmen
- Wechselbäder - Kneipp-Anwendungen
- falls erforderlich Kompressionsstrümpfe bis zum Antischwerkraftanzug

Medikamente

- *hydrierte Sekale-Alkaloide*
  Dihydroergotamin (z.B. Dihydergot®, 2x2,5 mg/die) wirkt über eine Tonisierung der venösen Kapazitätsgefäße. Dadurch wird die Orthostasereaktion vermindert, der venöse Rückstrom und das Schlagvolumen verbessert. Günstig bei allen Formen der orthostatischen und hypotonen Kreislaufregulationsstörung, insbesondere wenn gleichzeitig eine venöse Insuffizienz oder auch eine Migräne vorliegt. NW: Gefäßspasmen - Raynaud-Syndrom, Ergotismus. Kontraindikationen sind arterielle Verschlußkrankheit, schwere Koronar- bzw. Leberinsuffizienz, Schwangerschaft. (Nota bene: geringe Bioverfügbarkeit)

- *Sympathikomimetika*
  Etilefrin (z.B. Effortil®, 1-2x25 mg als Depotpräparat) wirkt über Stimulation der α-Rezeptoren. Indikation sind insbesondere hypo- und asympathikotone Formen der orthostatischen und hypotonen Kreislaufregulationsstörung. NW: Tachykardie, pektanginöse Beschwerden bei KHK, Herzrhythmusstörungen und Kopfschmerzen. Kontraindikationen sind Herzrhythmusstörungen, KHK, Engwinkelglaukom, Prostataadenom, Hyperthyreose und Schwangerschaft (1. Trimenon)
- *Mineralocorticoide*
  Fludrocortison (z.B. Astonin®, 1-3x0,1 mg) bewirkt über Na^+-Retention eine Zunahme des Blutvolumens. Indikationen sind Orthostase-Syndrom sowie essentielle Hypotonie. Spezielle Indikationen sind z.B. M.Addison und Adrenogenitales-Syndrom. Als NW sind im wesentlichen Ödeme, K^+-Verlust und Kopfschmerzen zu erwähnen. Kontraindikationen: Ödeme, fortgeschrittene Hirnarteriensklerose
- Patienten mit ausgeprägtem Orthostase-Syndrom (z.B. Shy-Drager-Syndrom) benötigen häufig Katecholamine per infusionem (mittels tragbarer Spritzenpumpe)
- Akuttherapie des orthostatischen Kollapses: Flachlagerung mit angehobenen Beinen, ggf. Sympathikomimetikum, O_2, Beruhigung

1.12. Arterielle Gefäßkrankheiten (AVK)

❑ Definition

Die Krankheiten arterieller Gefäße (Arteriopathien) können in vielfältiger Form auftreten:

- degenerativ (z.B. Arteriosklerose)
- entzündlich (z.B. Vaskulitiden)
- traumatisch
- tumorös (z.B. Sarkome)

Die möglichen Folgen sind prinzipiell:

- Verengung (Stenose), Verschluß (Obliteration)
- Erweiterung (Ektasien, Aneurysma)

Der Verengung von Arterien, besonders der Herzkranzgefäße und der arteriellen Hirngefäße, kommt eine überragende Bedeutung für Erkrankung und Tod zu. So sterben 60 % der Menschen in den Industrieländern an den Folgen von Herzkreislauferkrankungen, von denen 3/4 mittelbar oder unmittelbar durch arterielle Gefäßkrankheiten verursacht sind.

1.12.1. Arteriosklerose

❑ Ätiologie und Pathogenese

Die überwiegende Ursache von *Gefäßstenosen* sind arteriosklerotische Prozesse (ca. 90 %). Die *Arteriosklerose* stellt das Endresultat eines komplexen Geschehens dar, als dessen Auslöser die chronische Schädigung des Endothels, z.B. durch Risikofaktoren, gilt. Die "klassischen" Risikofaktoren rufen prinzipiell zwar in *allen* arteriellen Gefäßen Schäden hervor, doch werden ihnen "*Wirkungsschwerpunkte*" an einzelnen Gefäßgebieten zugeschrieben:

Risikofaktor	Herz	Gehirn	Beine
Nikotin	+	0	+++
Diabetes mellitus	+	+	+
Hypercholesterinämie	+++	+	+
art. Hypertonie	+	+++	0

Tab. 1.80: Risikofaktoren der Arteriosklerose und besonders betroffene Gefäßgebiete.

Liegen mehrere Noxen gleichzeitig vor, so steigt das Risiko von Gefäßschäden *exponentiell* an.

Die *Reparatur* dieser Gefäßschäden durch den Organismus führt letztlich zu Gefäßveränderungen ("response to injury"-Theorie der Arteriosklerose). An der "Antwort" des Organismus ist eine Vielzahl von Faktoren beteiligt:

- Thrombozyten (Adhäsion, Aggregation, Degranulation)
- platelet derived growth factor (PDGF) (stimuliert das Wachstum der Mediamuskelzellen)
- Monozyten/Makrophagen (die nach Lipidphagozytose zu Schaumzellen werden)
- Gerinnungs- und fibrinolytisches System
- Eigenschaften des Blutflusses (turbulente Strömung, Scherkräfte an Abzweigungen)

Das Ausmaß der Arteriosklerose variiert in Abhängigkeit von den jeweiligen Risikofaktoren und der *individuell unterschiedlichen* (zumindest teilweise genetisch determinierten) *Reaktion* auf Endothelschäden. Dies kann erklären, warum z.B. bei manchen Rauchern kaum, bei anderen hingegen sehr schnell eine arterielle Verschlußkrankheit auftritt.

❑ Spezielle Formen der Angiopathien

● Mönckebergsche Mediasklerose

Massive Kalkeinlagerungen in der Media, die das Gefäß als "Gänsegurgel" tastbar werden lassen, jedoch das Lumen nur gering einengen. Bei der Blutdruckmessung kann das Gefäß durch die Manschette nicht oder kaum komprimiert werden. Hinweise sind auffällig hohe systolisch-diastolische Blutdruckdifferenzen (z.B. 300/70 mmHg), für die es sonst keine Erklärung gibt (z.B. Aorteninsuffizienz, große AV-Fistel usw.).

● fibromuskuläre Hyperplasie

Konnatale Mediaverdickung, besonders im Bereich der Nierenarterien, die bei jungen Patienten mit renovaskulärem Hochdruck vorkommen kann.

1.12.2. Arterielle Verschlußkrankheit (AVK)

❑ Definition

Bei der chronischen arteriellen Verschlußkrankheit (syn.: periphere arterielle Durchblutungsstörung, chronische obliterierende Angiopathie der Extremitätenarterien) kommt es zu einem Verschluß oder einer höhergradigen Verengung von Extremitätenarterien, die Durchblutungsstörungen (am häufigsten am Bein, selten im Arm) hervorrufen.

❑ Ätiologie und Pathogenese

Ursache ist in 90 % eine Arteriosklerose, in 10 % ein anderer Krankheitsprozeß (z.B. eine Vaskulitis). Männer sind häufiger betroffen (m : w = 5 : 1), Frauen erkranken etwa 10 Jahre später.

❑ Lokalisation

Typ	fehlender Puls	Schmerzlokalisation
Schulter-Armtyp	kein Radialispuls	Unterarm
peripher-digitaler Typ	—	Finger
Aortenbifurkationstyp	kein Leistenpuls	Becken
Beckentyp	kein Leistenpuls	Oberschenkel
Oberschenkeltyp	kein Poplitealpuls	Wade
Unterschenkeltyp	kein Fußpuls	Fuß

Tab. 1.81: Typen der arteriellen Verschlußkrankheit.

Diese Einteilung richtet sich nach der proximalsten Stenose. Meist liegen Einengungen in mehreren Bereichen, ein *Mehretagentyp* (im Gegensatz zum *Einetagentyp* bei nur einer Lokalisation) vor.

❑ Symptomatik

- *Schmerzen*
  Die klinische Einteilung bzw. das Stadium der Durchblutungsstörungen (Einteilung nach Fontaine) orientiert sich am Auftreten von Schmerzen bzw. von Nekrosen:

Stadium	Leitsymptom
I	• keine Symptome
II	• belastungsabhängige Schmerzen
A	• Gehstrecke über 200 m
B	• Gehstrecke unter 200 m
III	• Ruheschmerz
IV	• Nekrose/Gangrän
A	• ausreichende Ruhedurchblutung
B	• Gewebshypoxie auch in Ruhe

Tab. 1.82: Stadien der AVK nach Fontaine.

Stadium I
Die Arteriosklerose bleibt jahrelang asymptomatisch, bis schließlich bei etwa 75%iger Einengung des Gefäßlumens erste Symptome unter Belastung auftreten. Doch können selbst komplette Verschlüsse der Beinarterien bei guter Kollateralisation und geringer körperlicher Aktivität symptomlos sein. Die Erfahrbarkeit des Krankheitsprozesses und die Motivation zur Korrektur von Risikofaktoren wird durch diese lange Latenzphase daher erst in einem späten Stadium möglich.

Stadium II
Schmerzen (z.B. Wadenkrämpfe beim Gehen, Treppensteigen oder Bergaufgehen) werden belastungsabhängig, nicht jedoch in Ruhe empfunden. Gelegentlich werden lediglich Schweregefühl, Ziehen oder Schwäche geschildert. Nach einer bestimmten Gehstrecke kommt es zu Schmerzen ("vorübergehendes Hinken" → Claudicatio intermittens) und Stehenbleiben ("Schau-

fensterkrankheit"). Danach bessern sich die Symptome innerhalb von 1-3 min. Die Symptome hängen von der Belastungsintensität ab. Mit abnehmender körperlicher Aktivität (z.B. höheres Alter) kann die Symptomatik soweit zurückgehen, daß eine vorher symptomatische AVK nicht mehr registriert wird.

Eine AVK vom Becken- oder peripheren Typ äußert sich in Oberschenkel- bzw. Fußsohlenschmerzen und wird initial häufig fehldiagnostiziert (z.B. als Coxarthrose). Obwohl in beiden Beinen eine AVK vorliegt, ist meist ein Bein "Schrittmacher" der Beschwerden.

Weitere Symptome sind:

- Kältegefühl, kalte Haut
- Dysästhesien (Kribbeln)
- einseitig schwache/fehlende Pulse
- Strömungsgeräusche

Stadium III

- *Ruheschmerzen*
  Ruheschmerzen nehmen bei Tieflagerung ab-, bei Hochlagerung (z.B. im Bett) zu - im Gegensatz zu Beschwerden bei Venenerkrankungen. Patienten mit massiv eingeschränkter Durchblutung der Beine können z.B. nachts im Liegen über Fußschmerzen klagen (Fußdurchblutung → "letzte Wiesen")
- *trophische Störungen*
  Spätestens im Stadium III treten Hautveränderungen auf, die bereits bei Inspektion den Verdacht auf eine AVK nahelegen:
  - dünne, atrophische, faltenarme Haut, spärliche Behaarung
  - dünnes subkutanes Fettgewebe
  - dünne, schlecht gefüllte Venen
  - livide Areale an den Zehen und am Vorfuß
  - beim Herabhängen des Beines z.T. ausgeprägte Zyanose

Stadium IV

Trockene oder feuchte nekrotisch-schwarze Areale entstehen meist an Zehen, im Interdigitalraum oder am Vorfuß ("letzte Wiesen"). Sie können sich infizieren und (besonders bei Diabetikern) zur voranschreitenden, extremitätenbedrohenden Gangrän werden.

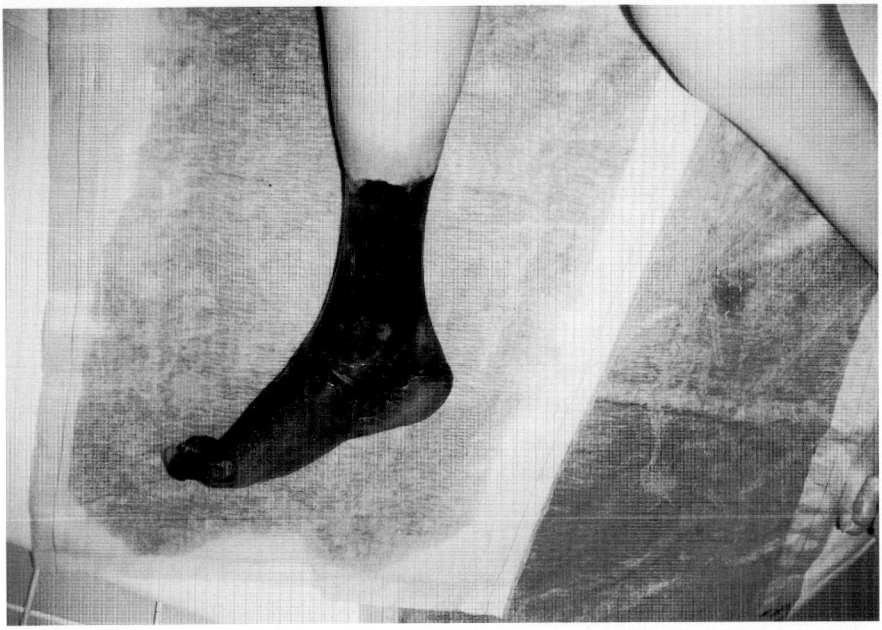

Abb. 1.42: Feuchte Gangrän des rechten Fußes und Unterschenkels.
Arterielle Verschlußkrankheit Stadium IV; bei Krankenhausaufnahme waren bereits Maden im toten Gewebe angesiedelt.

❑ Diagnostik

- Anamnese
- klinische Untersuchung
- Belastungstests
- Doppler-Untersuchung
- (Farb-)Duplexsonographie
- Angiographie

Dem Oszillogramm und der Venenverschlußplethysmographie kommt in der Praxis geringere Bedeutung zu.

- *klinische Untersuchung*
  - *Palpation der Arterien*
    Im *Seitenvergleich* werden einseitig schwache oder fehlende Pulse getastet. Die Palpation ist bei Ödemen jeglicher Genese oder bei seitengleicher AVK problematisch
  - *Auskultation der Arterien*
    Strömungsgeräusche (A. carotis und Nierenarterien nicht vergessen!) können "frühe" Symptome darstellen, besagen aber wenig über den Grad der Einengung. Fortgeleitete Geräusche müssen davon abgegrenzt werden (z.B. das in die Karotiden fortgeleitete Aortensklerosegeräusch beim alten Menschen)

- *Belastungstests*
  - *Lagerungstest nach Ratschow*
    Der liegende Patient hebt seine Beine möglichst senkrecht an und läßt die Füße für 2 min kreisen. Danach setzt er sich auf die Bettkante. Treten beim Kreisen der Füße Abblassen oder Claudicatio-Schmerzen auf, bzw. tritt Hyperämie und Venenfüllung der Füße erst verspätet auf und kommt es zu einer intensiven Nachröte, so muß eine AVK angenommen werden

Hyperämie nach:	15 s	→	keine AVK
	60 s	→	mäßige AVK
	über 60 s	→	schwere AVK

  - *Laufband*
    Auf dem Laufband kann eine definierte Gehgeschwindigkeit (z.B. 5 km/h) sowie eine Steigung eingestellt (z.B. 5 %) und so die Gehstrecke unter reproduzierbaren Bedingungen gemessen werden
- *Doppleruntersuchung*
  Die Doppleruntersuchung ist eine in Klinik und Praxis einfach auszuführende Untersuchung, bei der der systolische Verschlußdruck von Bein- oder Armarterien im Seitenvergleich gemessen wird. Eine Blutdruckmanschette wird direkt supramalleolär angelegt. Beim Ablassen wird der Druck bestimmt, bei dem erstmals ein Strömungsgeräusch über der A. dorsalis pedis (Ast der A. tibialis anterior) auf dem Fußrücken bzw. über der A. tibialis posterior unter dem Innenknöchel registriert wird. Der am Fuß gemessene Druck wird durch den Druck am Arm dividiert (Dopplerindex, Tibiobrachialindex, USD-Index):

	gemessener Knöcheldruck: Radialisdruck	geschätztes Fontaine-Stadium
normal	> 1	0
AVK ohne Ischämie	0,9-0,75	I-II
AVK mit Ischämie	0,75-0,5	II-III
drohende Nekrose	< 0,5	III-IV

Tab. 1.83: Dopplerdruckquotient und Stadium der AVK.

  Mit einer breiteren Manschette kann auch in der Kniekehle gemessen werden (Differenzierung zwischen Oberschenkel- oder Unterschenkeltyp). Bei massiver Mediasklerose (Mönckeberg-Sklerose) liegt der Verschlußdruck deutlich über dem am Arm gemessenen Blutdruck (z.B. mit 300 mmHg). Die Messung kann dann nicht verwertet werden.
- *(Farb-)Duplexsonographie*
  Mit der Duplexsonographie kann man die Arterien im B-Bild nicht-invasiv einsehen und die Blutströmung mittels Dopplermessung im gesehenen Lumen beurteilen. Besonders schnell und elegant ist dies mit einem farbcodierten Doppler möglich
- *Angiographie*
  Die Angiographie sollte dann durchgeführt werden, wenn eine Bypassoperation oder Gefäßdilatation geplant ist, also im Stadium IIb, III und IV. Eine zweifelsfreie AVK mit noch ausreichender Gehstrecke muß angiographisch nicht abgesichert werden

Aufnahmetechniken	Zugangswege
konventionelle Angiographie	transarteriell
digitale Subtraktionstechnik	transvenös oder transarteriell

Tab. 1.84: Angiographietechnik und Zugangsweg.

Ein transarterieller Zugang wird besonders bei sehr distal gelegenen Stenosen oder bei geplanter Intervention (Dilatation usw.) gewählt.

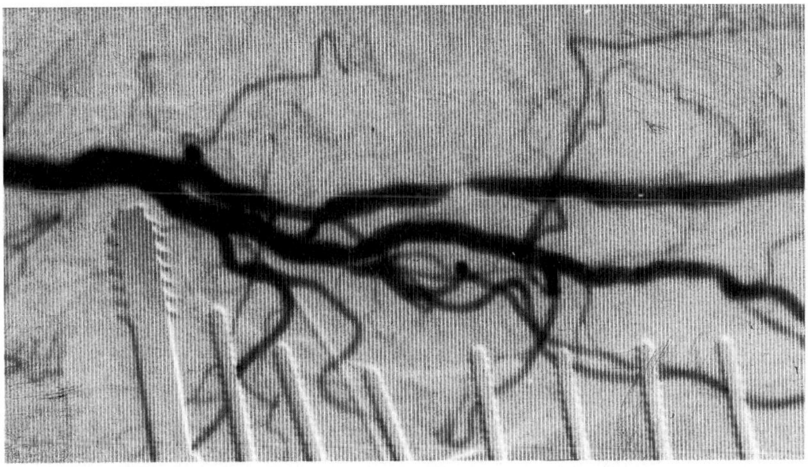

Abb. 1.43: Arterielle Verschlußkrankheit, hier Stadium IIa.
Digitale Subtraktionsangiographie; hochgradige Stenose der Arteria femoralis superficialis sowie Wandunregelmäßigkeiten auch in anderen Gefäßabschnitten.

❑ Therapie

Die Wahl eines der vielfältigen Therapieverfahren erfolgt in Kenntnis des Stadiums der AVK. Prinzipiell können eingesetzt werden:

Nicht-chirurgische Verfahren

- Sekundärprophylaxe
- allgemeine Empfehlungen
- Gehtraining
- Verbesserung der Hämorheologie
- vasoaktive Substanzen
- Fibrinolyse

Interventionelle Radiologie

- perkutane transluminale Angioplastie (PTA)
- Stent-Implantation

Chirurgische Verfahren

- Bypass-Operation
- Thrombarteriektomie

- (Sympathektomie)
- *Sekundärprophylaxe*
  Vermeiden von Risikofaktoren zur Verhinderung eines weiteren Fortschreitens der AVK
- *Allgemeine Empfehlungen*
  gute Fußhygiene; Behandlung von Mykosen; keine sehr heißen oder sehr kalten Temperaturen, bei trockener, rissiger Haut Fettcreme; Verletzungen (z.B. beim Fußpfleger) ernst nehmen, Druckstellen (Schuhwerk, Vorsicht bei neuen Schuhen mit hartem Leder) unbedingt vermeiden, Füße trocken halten; Beine nicht überschlagen
- *Gehtraining*
  Indikation im Stadium II, Kontraindikation jedoch im Stadium III und IV. Ziel ist die Stimulation der Kollateralen- und Kapillarenbildung, Verbesserung des Bewegungsablaufs und der Sauerstoffausnutzung. Der Patient geht 2x täglich den gleichen Weg (um den Fortschritt beurteilen zu können) zügig bis an die Schmerzgrenze (z.B. 200 m), bleibt dann für ca. 3 min stehen und geht erneut weiter. Ist die nachfolgende Gehstrecke deutlich kürzer, so muß die Pause um ein bis zwei Minuten verlängert werden. Mit dem Gehtraining läßt sich eine Zunahme der Gehstrecke um 50-100 % erreichen. Beim "Walking-Through"-Phänomen verschwinden die Claudicatiobeschwerden auch ohne Gehpause. Man nimmt an, daß es während des Gehens anfänglich zwar zu einem Mißverhältnis zwischen dem Bedarf und dem Angebot an arteriellem Blut kommt, daß dieses Mißverhältnis jedoch nach einer zeitlichen Verzögerung durch Autoregulationsvorgänge (Tachykardie, Blutdruckanstieg, Gefäßdilatation) ausgeglichen werden kann
- *Verbesserung der Hämorheologie*
  Die Blutfließeigenschaften werden durch
  - Hämatokrit
  - Plasmaviskosität
  - Erythrozytenaggregation
  - Erythrozytenfluidität

  und andere Faktoren beeinflußt. Die nachstehenden Verfahren wirken auf die rheologischen Eigenschaften des Blutes ein und führen zu einer Verbesserung der Gehstrecke:
  - *Hämodilution*
    - *hypervolämisch*
      Infusion von 500 ml Plasmaexpander (z.B. Hydroxyethylstärke, HAES® 10 %)
    - *isovolämisch*
      Aderlaß und gleichzeitige Infusion einer identischen Menge von Plasmaexpandern
    - *hypovolämisch*
      lediglich Aderlaß, ohne Ersatzinfusion; keine Vorteile gegenüber der hyper- oder isovolämischen Hämodilution
  - *Hemmung der Erythrozytenaggregation, Verbesserung ihrer Membranfluidität*
    Substanzen wie Pentoxifyllin (z.B. Trental® 600 Retardtabletten 2x1/die) oder Naftidrofuryl (z.B. Naftilong® Retardkapseln 3x1/die) weisen eine Vielzahl von pharmakologischen Wirkungen auf, wodurch die Gehstrecke gegenüber Plazebo um ca. 50-100 % zunimmt
  - *Senkung der Plasmaviskosität*
    Fibrinogen beeinflußt maßgeblich die Plasmaviskosität. Durch Senkung der Fibrinogenkonzentration, z.B. mit Ancrod (z.B. Arwin®, 1x1 Amp. täglich s.c.) kann somit auch die Plasmaviskosität verbessert werden. Die angestrebte Fibrinogenkonzentration liegt bei 90 mg/dl. Nach einer Woche entwickeln sich Antikörper gegen das Schlangengift Ancrod, so daß die Therapie wieder abgesetzt werden muß. Fibrinogenkonzentration und Plasmaviskosi-

tät steigen über Wochen hinweg wieder auf die Ausgangswerte an. In der Praxis hat sich diese Therapie nicht durchsetzen können und wird allenfalls im Stadium III-IV angewendet

- *Vasodilatation*
  - *intraarteriell*
    z.B. Alprostadil (z.B. Prostavasin®), 1/2 Amp. in 50 ml Kochsalzlösung über 20 min i.a. (über Spritzenpumpe)
  - *transvenös*
    z.B. Alprostadil (z.B. Prostavasin®), 2 Amp. in 50 ml Kochsalzlösung über 2 h i.v.

  Die wirksamere intraarterielle Gabe von Alprostadil ruft distal am Bein als Zeichen der Vasodilatation eine Rötung, gelegentlich auch Schmerzen und Ödeme hervor. Bei intravenöser Therapie kann sich die Vene röten und schmerzen, der Blutdruck kann sinken. Bei schwerer Herzinsuffizienz kann es unter Alprostadil zu einem Lungenödem kommen

- *Fibrinolyse*
  Grundlage der Fibrinolyse ist der angiographische Nachweis eines thrombotischen Gefäßverschlusses. Eine Thrombolyse kann lokal (intraarteriell) oder systemisch (intravenös) erfolgen. Sie ist selbst nach Wochen dann noch aussichtsreich, wenn es sich beim verschlossenen Gefäß um eine große Arterie handelt. Meist wird die Fibrinolyse in Kombination mit den Verfahren der interventionellen Radiologie angewendet

- *PTA (Perkutane transluminale Angioplastie)*
  Indikationen sind die Aufdehnung von Stenosen oder kurzstreckigen Verschlüssen bis hinein in den Unterschenkel. Verfahren sind:
  - Ballondilatation
  - Laser-Angioplastie (Argon-, Yag-Laser)
  - Rundmesserangioplastie (Simpson-Katheter)

  Komplikationen: lokales Hämatom, Restenosierung, periphere Embolie, Dissektion oder Riß der Gefäßwand.

- *Stents*
  Kommt es im Rahmen einer PTA zu einem akuten Verschluß des dilatierten Gefäßlumens, zu einer Dissektion oder zu einer Restenosierung, so kann über den PTA-Zugang das Einlegen einer endovaskulären Prothese (Stent) erwogen werden. Bei selbstexpandierenden Stents (Wallstent) dehnt sich ein Metallgeflecht nach Plazierung im Stenosebereich und Entfernen einer Ummantelung selbständig aus (selbstexpandierender Stent). Bei Ballonstents (z.B. Strecker-Stent) wird das Drahtgeflecht über einen speziellen Ballonkatheter geschoben. Im Bereich der Stenose wird der Ballon aufgeblasen und der Stent dadurch ausgedehnt. Der Körper überzieht das Drahtgeflecht im Laufe von Tagen bis Wochen mit einer Neointima. Komplikationen sind: Thrombosierungen (dann: lokale Fibrinolyse) und Restenosierung besonders am Stent-Ende

- *Bypass-Operationen*
  Ein zu langstreckiger oder mit PTA nicht wiederzueröffnender Verschluß kann durch einen Kunststoffschlauch überbrückt werden: z.B. in Form eines *femoro-femoralen, femoro-poplitealen oder femoro-cruralen Bypass*. Für das Offenbleiben sind wichtig: ausreichend große periphere Gefäße, kräftiger Blutabstrom nach distal und künftiges Vermeiden der bekannten Risikofaktoren

- *Endarteriektomie*
  Die Endarteriektomie wird besonders bei der Operation der Karotiden angewendet

- Als medikamentöse *Prophylaxe* wird *Azetylsalizylsäure* eingesetzt. Indikationen ergeben sich:
  - nach Anlage eines Bypasses
  - nach Wiedereröffnung durch PTA oder Fibrinolyse
  - bei Auftreten von kleinen thromboembolischen Episoden (z.B. TIA)

  Eine orale Antikoagulation (z.B. Phenprocoumon-Marcumar®) zur Hemmung der Progression einer AVK ist angesichts der möglichen Nebenwirkungen nicht indiziert.

1.12.3. Raynaud-Syndrom

❑ **Definition**

Das Raynaud-Syndrom ist ein anfallsweise auftretender Gefäßspasmus in Fingern, seltener in Zehen. Eine permanente Durchblutungsstörung wird nicht als M. Raynaud bezeichnet.

❑ **Ätiologie und Pathogenese**

● **primäres Raynaud-Syndrom (M. Raynaud)**

Es besteht eine *funktionelle Engstellung* der Fingerarterien ohne zugrundeliegende Erkrankungen, die vorwiegend in der Jugend und bei Frauen auftritt. Auch bei längerem Bestehen **fehlen** meist trophische Folgezustände. Das primäre Raynaud-Syndrom hat die Tendenz, sich im Laufe des Alterns zu verlieren. Als Ursachen werden ein zu hoher Gefäßgrundtonus ("immer kalte Hände"), eine überschießende Sympathikusaktivität oder eine Fehlsteuerung seitens des Dienzephalons diskutiert. Bei entsprechenden Reizen, z.B. durch Kälte- bzw. Nässeeinwirkung oder starke psychische Erregung, kommt es zu einer überschießenden Vasokonstriktion.

● **sekundäres Raynaud-Syndrom**

Eine Vielzahl von organischen Ursachen führen zu einer kritischen Verminderung der Durchblutung:

- AVK
- Mikroembolien
- Kollagenosen (Sklerodermie, SLE, Sharp-Syndrom, Panarteriitis nodosa u.a.)
- Kompressionssyndrome (z.B. Karpaltunnelsyndrom, Thoracic outlet-Syndrom ☞ Kap. 1.12.9.)
- Hyperviskositätssyndrome (z.B. Kryoglobuline, Kälteagglutinine, Paraproteine)
- neurologische Erkrankungen (z.B. Neuritis, Multiple Sklerose)
- Medikamente (z.B. Ergotamine-Ergotismus, Serotoninagonisten, β-Blocker)
- Traumata (z.B. Vibrationstraumata bei Arbeit mit Preßlufthammer)
- Intoxikationen (z.B. PVC, Blei, Arsen)

Entsprechend dem Verlauf der Grunderkrankung können beim sekundären Raynaud-Syndrom akrale, punktförmige Nekrosen und trophische Störungen auftreten (z.B. bei Sklerodermie).

❑ **Symptomatik**

Im Intervall:

- periphere Pulse gut tastbar, oft kühle Hände

Im Anfall kommt es zu typischen Veränderungen der Hautfarbe einzelner Finger, die in zeitlicher Folge *nacheinander* auftreten:

- Zyanose
  - Verengung der Digitalarterien, Ausschöpfung der Sauerstoffvorräte

- Blässe
  - komplette Vasokonstriktion
- Rötung
  - reaktive Hyperämie

Zusätzliche Symptome sind:

- Kältegefühl
- Gefühllosigkeit oder Mißempfindungen
- Schmerzen

❑ **Diagnostik**

- klinisches Bild
- Gefäßdoppler der Fingerarterien
- Angiographie
- Suche nach Grundkrankheiten
- weitere Untersuchungen

Neben dem typischen klinischen Bild können während eines Anfalls und danach bzw. vor und nach Provokation eines Anfalls Dopplermessungen an den Fingerarterien vorgenommen werden.

Die Provokation geschieht durch einen Abkühlungsversuch, bei dem die Hand eine Minute in 10 °C kaltes Wasser gehalten wird. Der systolische Druck in den Digitalarterien sinkt beim M. Raynaud um 50 % oder mehr.

Bei diagnostisch offenen Fragen erfolgt die Angiographie. Die kälteinduzierte Vasokonstriktion kann auch durch einen Provokationstest während der Angiographie dokumentiert werden. Die Diagnose können weitere Untersuchungen untermauern, z.B. die akrale Oszillographie, die Thermographie oder die Kapillarmikroskopie.

Grundkrankheiten im Sinne eines sekundären Raynaud-Syndroms müssen u.a. durch Bestimmung von Rheumafaktoren, ANA, Kryoglobulinen, Eiweißelektrophorese und Blutbild ausgeschlossen werden.

❑ **Therapie**

- *Schutz vor Kälte*
- *Erwärmung der Finger im Anfall*
- *gefäßerweiternde Medikamente*
  Nifedipin: 10 mg als Akuttherapie, 3x10 - 3x20 mg als Dauertherapie
- *Serotoninantagonisten*
  Ketanserin: 10 mg i.v. als Akuttherapie, 2x20 - 2x40 mg als Dauertherapie. Bei unzureichendem Ansprechen können auch andere vasoaktive Medikamente wie das Prostazyklinpräparat Alprostadil (z.B. Prostavasin®) i.v. gegeben werden
- *thorakale Sympathektomie*
  Sie bleibt konservativ nicht beherrschbaren Verläufen und Fällen vorbehalten, bei denen die Gefahr trophischer Störungen besteht

1.12.4. Arterielle Embolie

❑ **Definition**

Unter Embolie versteht man den Transport größerer Partikel durch Venen (venöse Embolien) oder Arterien (arterielle Embolien) mit nachfolgender Ablagerung und Verschluß nachgeordneter Gefäßprovinzen.

❑ **Ätiologie und Pathogenese**

Embolien werden z.B. verursacht von:

- Thrombus
- Fett
- Fruchtwasser
- Luft
- Tumorgewebe
- Bakterien
- Fremdkörper (z.B. abgescherte Katheter)
- Partikel aus arteriosklerotischen Plaques

Arterielle Embolien kommen im klinischen Alltag häufig vor, besonders in Form des embolisch bedingten Schlaganfalls und des akuten Beinarterienverschlusses. Andere häufiger embolisierte Organe sind Darm, Milz und Nieren.

Ursachen/Ausgangspunkte einer Thromboembolie sind:

- kardial
  - absolute Arrhythmie
  - Herzrhythmusstörungen
  - Mitral- und Aortenvitien
  - künstliche Herzklappen
  - akuter Myokardinfarkt
  - Endokarditis
  - großes Herzwandaneurysma
- Lungenvenen
- arteriosklerotische Plaques
  - Aorta
  - große Arterien
- Aneurysma
- paradoxe Embolien aus venösen Thrombosen (bei Atrium- und Ventrikelseptumdefekt-ASD/VSD)
- iatrogen
  - z.B. abgescherte Katheter
  - Angioplastien

Bei etwa 90 % der arteriellen Embolien stammt der Embolus aus dem Herzen, nur ein kleiner Teil aus arteriosklerotisch veränderten Plaques, z.B. aus Ulzera der Arterienwand oder aus Aneurysmen. *Paradoxe* Embolien, d.h. venöse Embolien, die durch ein offenes Foramen ovale in Kombination mit einer

Flußumkehr (z.B. bei Cor pulmonale) in das arterielle System gelangen, kommen selten vor. Bei Angiographien im arteriellen Gefäßsystem kommt es gelegentlich zu iatrogen ausgelösten Embolien. Bei Herzkatheteruntersuchungen treten so in zirka 0,1 % embolisch bedingte Schlaganfälle auf.

Das Krankheitsbild der arteriellen Embolie entspricht dem des akuten Gefäßverschlusses (☞ Kap. 1.12.5.). Nach Beherrschen der lokalen Folgen, z.B. durch Embolektomie oder lokale Thrombolyse, muß nach der Emboliequelle gesucht (Ekg, Echokardiographie, Duplex/Angiographie der großen Gefäße usw.), und vor allem müssen prophylaktische Maßnahmen ergriffen werden!

1.12.5. Akuter arterieller Gefäßverschluß der Extremitäten

❑ Definition

Der akute Verschluß von Extremitätenarterien tritt meist an Bein- und Beckenarterien auf, seltener am Arm. Betroffen sind vorwiegend ältere Menschen. Ein akuter arterieller Gefäßverschluß ist als Notfall innerhalb von Stunden zu diagnostizieren und zu behandeln, um die betroffene Extremität zu retten und um die Rückwirkungen ausgedehnter Nekrosen auf den Organismus (*Tourniquet-Syndrom*) zu vermeiden. Die Folgen für den Organismus werden auch nach erfolgreicher Desobliteration umso größer, je länger der Verschluß angedauert hat.

Tourniquet-Syndrom
Myoglobinurie, Nierenversagen, Hyperkaliämie, Azidose, Hypotonie, Schock

❑ Ätiologie und Pathogenese

Ursachen des akuten arteriellen Gefäßverschlusses sind:

- arterielle Embolie (ca.75 %)
- lokale Thrombose (ca. 20 %) bei
  - vorbestehenden arteriosklerotisch engen Gefäßen
  - physiologischen Engstellen
  - Aneurysmen mit Strömungsverlangsamung
- seltenere Ursachen (ca. 5 %)
  - Spasmus, Angiitis, Kompression von außen (Hämatom)
  - Aneurysma dissecans, traumatischer Verschluß

Initial besteht nicht selten nur eine *inkomplette* Ischämie mit noch geringer Perfusion über Kollateralen. Auch hier ist eine Notfalldiagnostik und -therapie anzustreben, da sich bei längerer Ischämie Appositionsthromben bilden, die das ischämische Areal vergrößern und zur kompletten Ischämie führen können.

Die Ischämietoleranzen der beteiligten Extremitätenstrukturen sind unterschiedlich lang.

Nerven	2-4 h
Muskulatur	6-8 h
Haut	12 h

Tab. 1.85: Ischämietoleranzen an den Extremitäten.

❑ Symptomatik

Symptome treten meist akut auf und gehen mit starken Beschwerden einher, von denen die wichtigsten als die "6 P" zusammengefaßt werden können.

6 "P"	zusätzlich
• Schmerz (pain) • Blässe (paleness) • Dysästhesien (paresthesia) • Lähmung (paralysis) • Pulslosigkeit (pulselessness) • Erschöpfung, Schock (prostration)	• kalte Haut • livide Verfärbung • Nekrose • Schock

Tab. 1.86: Symptome des akuten arteriellen Gefäßverschlusses in einer Extremität.

Untypische Symptome finden sich bei sehr alten Menschen, bei denen akute Verwirrtheit, Unruhezustände, unerklärliche Bettlägrigkeit im Vordergrund stehen können. Patienten mit einer fortgeschrittenen arteriellen Verschlußkrankheit und bereits *präformierten*, leistungsfähigen Kollateralen können eine plötzliche Abnahme der Gehstrecke als einziges Symptom angeben. In diesen Fällen kann sogar ein Puls, gespeist aus den Kollateralen, tastbar sein. Langsam zunehmende Symptome deuten auf eine auf einer Stenose aufgepfropften Thrombose hin, perakute Beschwerden auf eine Embolie.

❑ **Diagnostik**

- klinische Untersuchung
- Doppler, Knöcheldruck
- Farbdoppler
- Angiographie

Bei der klinischen Untersuchung findet sich einseitig kalte Haut und kein Puls. Pulse sind auch mit dem Doppler nicht auffindbar. Im Ultraschallbild erkennt man echoreiche Innenstrukturen in einem proximalen Abschnitt des Gefäßes. Im Farbdoppler läßt sich der Sachverhalt wesentlich schneller klären.Entscheidend ist jedoch die *Angiographie,* die allein aufgrund des klinischen Bildes und ggf. der Dopplerdruckmessung *ohne zeitliche Verzögerung* durchgeführt werden muß.

❑ **Therapie**

Notfalltherapie

- Tieflagern der Extremität
- Sauerstoffgabe
- Antikoagulation
  (5.000 E. Heparin i.v., danach 400 E. Heparin/kg KG/die, partielle Thromboplastinzeit zur Dosisanpassung)
- Analgesie
  z.B. Buprenorphin (z.B. Temgesic®) 0,3 mg sublingual
- Volumenzufuhr

Notfalldiagnose

- Angiographie

Kurative Therapie

- chirurgische Embolektomie
- arterielle Aspirationsthrombektomie
- Fibrinolysetherapie (lokal oder systemisch)

Die Entfernung bzw. Auflösung des Thrombus besitzt erste Therapiepriorität. Sie ist durch *chirurgische Embolektomie* unter Lokalanästhesie mit dem Fogarty-Katheter möglich. Bei vorhandener interventioneller Radiologie kann bereits nach der angiographischen Diagnostik ein Absaugen des Thrombus oder eine lokale Lyse versucht werden. Hat sich der Gefäßverschluß aufgrund einer Thrombose bei hochgradiger Gefäßeinengung gebildet, so kann durch anschließende Dilatation die Stenose beseitigt werden. Bei peripheren Embolien (distaler Unterschenkel oder tiefer) wird nach angiographischer Diagnosestellung die lokale bzw. systemische Fibrinolyse primär durchgeführt - deshalb keine i.m.-Injektion.

Lokale Lyse: arterielle Punktion, Vorschieben eines Katheters bis in den Verschluß und Infusion z.B. von Streptokinase 40.000 E./h über einige Stunden unter angiographischer und hämostaseologischer Kontrolle (zur systemischen Lyse ☞ Kap. 1.13.4.).

Die *konservative Therapie* (Tieflagern der Extremität, Heparin, Watteverband, Analgesie, Kreislaufkontrolle) ist mit einer höheren Letalität belastet und kommt deshalb nur bei moribunden Patienten in Frage. Selbst bei Patienten in fortgeschrittenem Alter sollte deshalb aus vitaler Indikation heraus das Absaugen, die Operation oder eine (lokale) Fibrinolyse angestrebt werden.

1.12.6. Arterielles Aneurysma

❑ Definition

Ein arterielles Aneurysma stellt eine umschriebene Gefäßerweiterung dar - im Gegensatz zur Arterienektasie, die einen längeren Abschnitt des Gefäßes erfaßt und weniger stark ausgeprägt ist. Unterschieden werden:

• Aneurysma verum

Alle drei Wandschichten (Intima, Media, Adventitia) sind ausgebuchtet.

• Aneurysma dissecans

Nach einem Riß der Intima dringt Blut zwischen Intima und Media ein (zweites Lumen) und wühlt sich nach proximal und/oder distal fort. Dabei können Arterienabgänge verschlossen werden (Organischämien). Es besteht eine Tendenz zur erneuten Perforation entweder durch die Intima ins normale Gefäßlumen zurück oder durch die Adventitia nach extravasal.

• Aneurysma spurium/falsum

Bei einer gedeckten Perforation bildet sich ein paravasales Hämatom, das nicht von Gefäßwand, sondern von perivaskulärem Bindegewebe begrenzt wird. Das falsche Aneurysma kann thrombosieren oder durch ständige Blutbewegung pulsieren. Diagnostisch hat sich auch hier die Sonographie, besonders die Farbduplexuntersuchung, bewährt. Bei fehlender Thrombosierung kann unter sonographischer Sicht eine 5minütige Kompression der Verbindung zum falschen Aneurysma versucht und in vielen Fällen dadurch eine Thrombosierung erreicht werden.

❑ Ätiologie und Pathogenese

- arteriosklerotisch
- infektiös
  Infektion der Arterienwand durch Bakteriämie oder Sepsis (Lues, Endokarditis, kontaminierte Nadel bei i.v.-Drogenabhängigkeit)
- traumatisch
  z.B. bei einem stumpfen Thoraxtrauma nach einem Unfall, iatrogen nach Gefäßpunktionen
- kongenitale Gefäßwandschwäche/Bindegewebsanomalien
  z.B. bei Marfan-Syndrom

Etwa 90 % der Aneurysmen der Aorta, besonders bei alten Menschen, müssen der arteriosklerotischen Genese zugerechnet werden. Ein Aneurysma der Aorta ascendens kann durch eine luetische Genese (Lues III) bedingt sein. Beim Aneurysma des jungen Patienten sollte auch gedacht werden an: Marfan-Syndrom, Ehlers-Danlos-Syndrom, zystische Medianekrose (Erdheim-Gesell), proximale Aortenisthmusstenose.

❑ **Diagnostik**

- *Sonographie*
  Im Abdomen- und Extremitätenbereich sind Aneurysmen durch Ultraschall und Duplex-Sonographie (B-Bild und Doppler) gut darstellbar. Besonders die Farbduplex-Sonographie ermöglicht eine schnelle und eindrucksvolle Dokumentation. Im Thorax läßt die transthorakale Echokardiographie lediglich die Aortenwurzel erkennen
- *Angiographie* (z.B. als digitale Subtraktionsangiographie)
  Wichtig zur Dokumentation der Gefäßabgänge (Operationsplanung) sowie für intrakranielle Aneurysmen. Ein teilweise thrombosiertes Aneurysma mit annähernd normalem Restlumen kann der Angiographie entgehen
- *Computertomogramm und Kernspintomographie*
  Beide Verfahren lassen ein Aneurysma sicher erkennen. Sie sind zum Nachweis im thorakalen Bereich und zur Diagnose eines Aneurysma dissecans wichtig

1.12.6.1. Aneurysma verum

❑ **Häufigkeit**

Im Abdomenbereich werden durch die weite Verbreitung der Sonographie viele, meist symptomlose, abdominelle Aneurysmen entdeckt. Lokalisationen:

Aorta (85 %)	• 75 % abdominal • 10 % thorakal
periphere Arterien (15 %)	

❑ **Diagnostik**

- Sonographie
- Computertomographie
- Angiographie

Im Abdomenbereich erlaubt die Sonographie die Diagnose. Der normale Innendurchmesser der Aorta abdominalis im Sonogramm beträgt:

in Höhe des Leberhilus:	< 2,5 cm
in Höhe der Bifurkation:	< 2,0 cm

Der Verdacht auf ein *thorakales* Aortenaneurysma ergibt sich gelegentlich bei der Thorax-Röntgenaufnahme aufgrund einer starken Verbreiterung des Aortenknopfes (> 4 cm). Zur Diagnosesicherung wird im Thoraxbereich ein Computertomogramm notwendig.

Die *Angiographie* ist nur bei Planung operativer Maßnahmen zur Dokumentation der Gefäßabgänge wichtig.

❑ **Symptomatik**

- meist keine oder geringe Beschwerden

Gelegentlich weisen Strömungsgeräusche, periphere Embolien, ein breiter pulsierender abdomineller Tumor (bei Adipositas Palpation selten möglich; bei sehr mageren Personen läßt sich bereits die normale Aorta palpieren - "Studentenaneurysma"), Kompressionen paraaortaler Strukturen (Rekurrensparese, Horner-Syndrom, obere Einflußstauung) oder eine Ruptur weisen auf das Aneurysma hin.

❑ **Therapie**

Operation

Alle Aneurysmen beinhalten die Gefahr einer Progredienz und letztlich einer freien Perforation, die mit der Größe des Aneurysmas zunimmt.

Risiko	Letalität
elektive Operation	ca. 3-5 %
gedeckte Perforation	ca. 50 %
freie Perforation, Schock	ca. 80-100 %
Perforationsrisiko beim Spontanverlauf	ca. 5 %/Jahr

Tab. 1.87: Sterblichkeit bei Operation eines abdominellen Aneurysmas

Aufgrund der hohen Letalität bei Notfalloperationen ist der elektive Eingriff anzustreben.

Gefäßchirurgische Interventionen sind indiziert bei:

- einem Aneurysma mit einem Durchmesser > 5 cm
- schnell wachsendem Aneurysma
- extrem exzentrisch liegendem Lumen
- klinischer Symptomatik

Sonographische Verlaufskontrollen genügen bei:

- Aneurysma mit einem Durchmesser < 4-5 cm

Konservatives Vorgehen empfiehlt sich bei:

- schwerwiegenden Kontraindikationen gegen die Operation
  (In diesem Fall Blutdruckeinstellung und Vermeidung von Körperhaltungen mit extremer Dehnung des Rumpfes)

1.12.6.2. Aneurysma dissecans

❑ **Definition**

Einteilung nach DeBakey	
Typ I	Intimariß in der Aorta ascendens, Ausbreitung bis zur Femoralisgabel (ca. 65 % d.F.)
Typ II	Intimariß in und Beschränkung auf die Aorta ascendens (ca. 15 % d.F.)
Typ III	Intimariß in der Aorta descendens, Ausbreitung bis zur Femoralisgabel (ca. 20 % d.F.)

Tab. 1.88: Einteilung des Aneurysma dissecans nach DeBakey.

Stanford-Einteilung	
Typ A	Beteiligung der Aorta ascendens (ca. 80 % d.F.)
Typ B	keine Beteiligung der Aorta ascendens (ca. 20 % d.F.)

Tab. 1.89: Stanford-Einteilung des Aneurysma dissecans.

❑ **Symptomatik**

- heftigster Schmerz
  beim Einriß der Intima, in den Rücken oder nach retrosternal ausstrahlend (z.B. als akuter Myokardinfarkt fehlzudeuten!); wandernde Schmerzprojektion bei fortschreitender Dissektion ist möglich
- auskultatorisch neu aufgetretenes Aorteninsuffizienzgeräusch
- fehlende oder seitendifferente Pulse (Handgelenk, Leiste)
- Oliver-Cardarelli-Syndrom (sehr selten; pulssynchrones Bewegen des Kehlkopfes)

❑ **Komplikationen**

- Ruptur in das Perikard (Herzbeuteltamponade)
- freie Ruptur durch die Media/Adventitia nach perivasal (Blutungsschock)
- Verschluß von Gefäßabgängen
  Bei Verschluß einer Karotis kann es zum Insult, bei einer A. vertebralis zur Ischämie des Rückenmarks mit Paraplegie der Beine kommen

❑ **Therapie**

- gefäßchirurgisch
- konservative Therapie

Primär wird die gefäßchirurgische Therapie angestrebt (z.B. mit alloplastischem Aortenersatz). Nur in den Fällen, in denen dies nicht möglich ist, begnügt man sich mit der konservativen Therapie, d.h. Einstellen eines arteriellen Hypertonus und Vermeiden von extremen Körperbewegungen.

1.12.7. Arteriovenöse Fisteln (AV-Fisteln)

❑ **Definition**

Verbindungen zwischen Arterien und Venen kommen *physiologischerweise* vor oder existieren vorübergehend im Laufe der Entwicklung, z.B. als Ductus arteriosus Botalli. Unterschiede dieser physiologischen zu den pathologischen Kurzschlußverbindungen bestehen darin, daß erstere einen aktiven Verschlußmechanismus besitzen, somit nur bei Bedarf eröffnet werden und negative Rückwirkungen auf den Kreislauf fehlen.

Pathologische AV-Fisteln weisen keinen solchen Verschlußmechanismus auf und führen bei großen Shuntvolumina zu Kreislaufbelastung. Von einem *arteriovenösen Aneurysma* spricht man, wenn die AV-Verbindung in einem Aneurysma stattfindet (z.B. ein in die V.cava perforiertes Aortenaneurysma). Man unterscheidet singuläre und multiple AV-Fisteln. Sie sind

- erworben
  z.B. durch Stich-, Schußverletzung, medizinische Punktionen, Aneurysmaruptur oder Operationsfolge. Ein bekanntes Beispiel für eine AV-Fistel stellt der Shunt bei Dialysepatienten dar. Er verdeutlicht, daß singuläre Kurzschlüsse distaler Arterien und Venen ohne nennenswerte hämodynamische Rückwirkungen vorkommen können
- angeboren (kongenital)

❑ Beispiele von AV-Fisteln

- *intrakraniell*
  kongenital und gelegentlich Ursache von pulssynchronem Ohrgeräusch, Epilepsien oder intrakranieller Blutung
- *Lunge*
  kongenital, sauerstoffarmes pulmonal-"arterielles" Blut gelangt in den großen Kreislauf, dadurch zentrale Zyanose (die sich durch O_2-Gabe nicht bessern läßt)
- *Herz*
  kongenital, z.B. zwischen einer Koronararterie und dem rechten Herzen, Maschinengeräusch über dem Herzen, lange Zeit wenig Symptome
- *Extremitäten*
  kongenital, z.B. beim Klippel-Trenaunay-Syndrom mit umschriebenem Riesenwuchs der betroffenen Extremität (häufig auch mit arteriovenösen Kurzschlüssen im Gehirn vergesellschaftet → Sturge-Weber-Syndrom); erworben z.B. posttraumatisch nach Schußverletzung oder Punktion mit gleichzeitiger Verletzung von Arterie und Vene

❑ Ätiologie und Pathogenese

Kleine Verbindungen bleiben symptomlos, größere "Kurzschlüsse" weisen eine Reihe von hämodynamischen Auswirkungen auf und neigen zudem zur Progression. Daraus sich ergebende Folgen sind:

klinische Manifestationen	Mechanismus
niedriger Blutdruck, Kollaps	niedrigerer Kreislaufwiderstand
Symptome organspezifisch, z.B. bei AV-Fistel zwischen A. und V. femoralis können Claudicatiobeschwerden des Beines auftreten	vermindertes Blutvolumen in nachgeschalteten Organen
Tachykardie, Zunahme des Herzminutenvolumens, hyperdyname Herzinsuffizienz	Volumenbelastung des Herzens
Gefäßektasien, Varizen	Erweiterung der abführenden Venen
Stauungsödem, venöses Ulcus	Stauung der zur Fistel führenden Venen
Perforationsgefahr	Ektasie im Fistelbereich

Tab. 1.90: Symptom und zugrundeliegender Pathomechanismus bei AV-Fisteln.

❑ Diagnostik

- pulsierende Venen
- systolisch-diastolisches ("Maschinengeräusch") über der Fistel, "Schwirren"
- positives Auslöschphänomen
- Nicoladoni-Branham-Test
- Angiographie

Das positive Auslöschphänomen besagt, daß es bei Kompression der zuführenden Arterie zum Erlöschen des Strömungsgeräusches kommt. Bei größeren AV-Fisteln kann Kompression der Arterie zu einem Rückgang der Tachykardie und zu einem Blutdruckanstieg (Nicoladoni-Branham-Test) führen. Entscheidend für die Diagnose und wichtig für die Quantifizierung des Shuntvolumens sowie für die Planung einer eventuellen Operation ist die *Angiographie*.

❑ **Therapie**

- Operation
- Katheterembolisation
- Ballonblockade

Während kleine, symptomlose AV-Fisteln toleriert werden und keine Therapie erfordern (außer im Hirnstammbereich), sollten progrediente oder symptomatische (Herzinsuffizienz, lokale Komplikationen) Kurzschlußverbindungen beseitigt werden. Der arteriovenöse Kurzschluß kann operativ unterbunden, embolisiert oder durch einen Ballon verschlossen werden.

1.12.8. Angiome

❑ **Definition**

Angiome sind Neoplasien des Blutgefäßsystems, die meist im Bereich der Haut, selten an den inneren Organen (Leber, Niere, Magen-Darm-Trakt) vorkommen. Aufgrund ihres Aufbaus werden kapilläre und kavernöse Angiome unterschieden. Das Feuermal (Naevus flammeus) besteht aus angeborenen Teleangiektasien der Gefäße mit Rückbildungstendenz nach der Geburt und ist keine echte Neoplasie. Hämangiome sind gutartige Geschwulste mit Proliferationstendenz und äußerst seltener maligner Entartung, Hämangiosarkome sind seltene, bösartige Neubildungen.

❑ **Sonderformen**

● **M. Osler (syn.: M. Rendu-Osler, hereditäre Teleangiektasie)**

Der M. Osler ist eine autosomal dominant vererbte Erkrankung mit multiplen kapillären Hämangiomen der Haut (Lippen), der Schleimhaut und des Magen-Darm-Traktes. Eine Blickdiagnose ist möglich, wenn sich eine Häufung der Gefäßerweiterungen perioral auf den Lippen findet. Die Gefäße rupturieren spontan oder nach geringer Belastung und die Teleangiektasien zeigen eine Tendenz zur Progression. Gefürchtet sind die mit dem Alter zunehmende Zahl von (gastrointestinalen) Blutungen und die damit verbundene Anämie. Erreichbare Teleangiektasien werden sklerosiert bzw. koaguliert. Andernfalls werden bei rezidivierenden Blutungen Eisen und ggf. Erythrozyten substituiert.

● **Sturge-Weber-Syndrom**

Seltene kongenitale Erkrankung mit einem Naevus flammeus im Bereich des I. oder II. Trigeminusastes (nicht obligat) und mit intrazerebralen Angiomen. Letztere können in der Schädel-Übersichtsaufnahme als *intrazerebrale Verkalkungen* sichtbar werden. Mögliche Folgen sind Epilepsien, Paresen und geistige Retardierung.

● **Kasabach-Merritt-Syndrom**

Dem Kasabach-Merritt-Syndrom liegen große, meist kavernöse Hämangiome zugrunde, die über einen latenten Gerinnungsprozeß eine Verbrauchskoagulopathie hervorrufen (Abfall von Thrombozyten und Gerinnungsfaktoren, hämorrhagische Diathese). Nach operativer Entfernung des Hämangioms normalisieren sich die Gerinnungsparameter.

1.12.9. Neurovaskuläre Kompressionssyndrome im Thoraxbereich

❑ **Definition**

Zeitlich begrenzte oder andauernde Einklemmung von A., V. subclavia und/oder Plexus brachialis beim Austritt durch die obere Thoraxapertur (thoracic outlet syndrome).

❑ Ätiologie und Pathogenese

Physiologischerweise existieren bereits Engstellen für Plexus brachialis, A. und V. subclavia.

Engstellen	beteiligte Strukturen
Skalenuslücke	M. scalenus ant./M. scalenus post./oberste Rippe
Kostoklavikularspalt	Klavikula/oberste Rippe
korakopektorale Enge	Proc. coracoideus/M. pectoralis minor

Tab. 1.91: Physiologische Engstellen an der oberen Thoraxapertur.

Daneben können weitere Ursachen hinzutreten: Halsrippen (bei ca. 0,5 % der Bevölkerung), Exostosen, Rippendeformitäten, lange Querfortsätze, in Fehlstellung verheilte Frakturen (z.B. der Klavikula), Fehlansatz oder narbige Verkürzung der Muskulatur. Ein ähnliches Bild kann durch Tumoren, Lymphome, Angiitiden u.a. hervorgerufen werden.

❑ Symptomatik

Die Symptomatik tritt bei ungünstigen Stellungen und Dauerhaltungen des Armes auf: z.B.: *Hängen der Schultern* (z.B. Tragen eines Rucksacks), *Hyperabduktion* (z.B. Arbeiten "über Kopf") oder *extreme Kopfstellungen* (seitwärts und nach hinten). Das klinische Bild hängt von der betroffenen Struktur ab:

komprimierte Struktur	Symptome
Nerven	• Parästhesien (Kribbeln, Gefühlsstörungen)
Arterie	• Kältegefühl, Blässe, Schmerzen
Vene	• prominente Venen, Handrückenödeme

Tab. 1.92: Komprimierte Struktur nach Leitsymptomen.

❑ Diagnostik

- Provokationsmanöver durch verschiedene Arm- und Kopfstellungen und gleichzeitig
- Palpation des Pulses
- Oszillogramm oder Doppler

Weiterhin sind in Abhängigkeit vom individuellen Fall nötig:

- Röntgenaufnahme (HWS, obere Thoraxapertur)
- Angiographie
- neurologische Untersuchung

Die Röntgenaufnahmen weisen mögliche Ursachen (Halsrippe usw.) nach. Die Angiographie kann den tatsächlichen Gefäßabbruch unter verschiedenen Armstellungen dokumentieren, die neurologische Untersuchung vielleicht schon eingetretene Nervenschäden.

❑ Komplikationen

- Muskelatrophien
- vorzeitige Arteriosklerose der Arterie
- Thrombosen an der Kompressionsstelle
- Embolien nach distal (z.B. in die Finger)

❑ **Therapie**

- Vermeidung der Auslösesituation
- Krankengymnastik
- operative Dekompression

1.12.10. Vaskulitiden

1.12.10.1. Grundlagen

❑ **Definition**

Die Vaskulitiden umfassen eine ätiologisch wie klinisch heterogene Gruppe von entzündlichen, immunologisch vermittelten Erkrankungen der Gefäßwand, vorwiegend arterieller, aber auch venöser Gefäße. Die Vaskulitis kann Gefäße im gesamten Organismus betreffen oder einzelne Organe bevorzugen.

❑ **Ätiologie und Pathogenese**

Es wird angenommen, daß sich zirkulierende Immunkomplexe an und in der Gefäßwand ablagern, Komplement sowie Granulozyten aktivieren und dadurch zu einem Entzündungsprozeß führen. Je nach Intensität dieses Immunprozesses können von einer Stenose bis zur Nekrose des Gefäßes verschiedene Ausprägungen vorliegen. Entsprechend variiert das morphologische Korrelat vom Erythem über Petechien, Gefäßobliteration mit Nekrosen, Aneurysmen bis hin zu Granulomen. Als auslösende Ursachen der Immunreaktion werden u.a. Infektionen und Medikamente angenommen, jedoch nicht immer nachgewiesen.

Die Vaskulitiden werden eingeteilt in:

- *primäre* Vaskulitiden
- *sekundäre* Vaskulitiden

Zu den *primären* Vaskulitiden werden u.a. gerechnet:

• Panarteriitis nodosa	
• granulomatöse Vaskulitiden	→ Wegenersche Granulomatose
	→ allergische Granulomatose Churg-Strauss
	→ M. Behcet
	→ Fauci-Syndrom
• Riesenzellarteriitis	→ Takayasu-Syndrom
	→ Arteriitis temporalis, Polymyalgia rheumatica
• Sonderformen	→ Thrombangitis obliterans (M. Winiwarter Buerger)
	→ mukokutanes Lymphknotensyndrom (Kawasaki-Syndrom)
• Hypersensitivitätsangiitis	→ M. Schönlein-Henoch u.a.
	→ Serumkrankheit

Zu den Krankheiten, die *sekundäre* Vaskulitiden hervorrufen, zählen:

• Kollagenosen	→ rheumatoide Arthritis → systemischer Lupus erythematodes (SLE) → Dermatomyositis
• M. Crohn	
• Sarkoidose	
• Infektionskrankheiten	→ z.B. Streptokokken (rheumatisches Fieber), Lues, Hepatitis, Borrelien, Meningokokken
• maligne Erkrankungen	→ z.B. Multiples Myelom, Leukämien, M. Hodgkin, Non-Hodgkin-Lymphom
• Nikotinintoxikation	
• Medikamente	→ z.B. Ergotaminpräparate, Serotoninantagonisten

Eine völlig kohärente und vollständige Systematik der Vaskulitiden konnte bislang nicht aufgestellt werden.

❑ Symptomatik

Je nach betroffenem Gefäßbereich treten unterschiedliche Symptome auf, so daß die Vaskulitiden verschiedene klinische Bilder verursachen können. Ein großer Teil der Vaskulitiden manifestiert sich auch an der Haut.

betroffene Struktur	Symptome/Erkrankungen
Haut	• Rötung, Petechien, Nekrosen, Ulzerationen, Granulombildung
Gelenke	• Arthralgien, Arthritiden
Niere	• Glomerulonephritis mit Protein- und Erythrozyturie, art. Hypertonus
Lunge	• Husten, Hämoptysen, Pleuritis
Muskel	• myalgische Schmerzen
A. temporalis	• Kopfschmerzen
A. centralis retinae	• Blindheit
Nervensystem	• peripher: Neuritis mit Paresen; zentral: Krampfanfälle, Apoplex
Gefäßsystem	• Durchblutungsstörungen
Herz	• Perikarditis, Koronariitis (Angina pectoris, Herzinfarkt)

Tab. 1.93: Betroffene Strukturen und mögliche Symptome bei Vaskulitiden.

Diese Vielfalt macht deutlich, daß speziell dann an eine Vaskulitis gedacht werden muß, wenn mehrere, scheinbar unzusammenhängende Gefäßprovinzen im Rahmen einer Erkrankung betroffen sind.

❑ **Diagnostik**

- *allgemeine Befunde*
  z.B. erhöhte Blutsenkung, Anämie, Leukozytose und organspezifische Befunde
- *serologische Marker*
  z.B. Rheumafaktoren, antinukleäre Antikörper, antizytoplasmatische Antikörper
- *Biopsie betroffener Organe*
  z.B. Haut, Schleimhaut

1.12.10.2. Panarteriitis nodosa

❑ **Definition**

Die Panarteriitis nodosa (syn.: Periarteriitis nodosa, Polyarteriitis nodosa) ist ein typischer, jedoch seltener Vertreter der Vaskulitiden.

❑ **Ätiologie und Pathogenese**

Die Panarteriitis ist eine alle Wandschichten kleiner Arterien (mit Betonung der Bifurkationen) erfassende nekrotisierende, häufig akut bis subakut verlaufende Immunkomplexvaskulitis, die in Aneurysmen und Granulome mündet. Da alle Gefäßbereiche betroffen sein können, ist das klinische Bild vielfältig (s.o.).

❑ **Symptomatik**

Am häufigsten auftretende Symptome sind:

- schlechter Allgemeinzustand
- Fieber
- Gelenkschmerzen
- Petechien
- Exantheme
- periphere Neuritiden

❑ **Diagnostik**

Entscheidend ist die aus befallenen Abschnitten entnommene

- Biopsie mit Histologie

❑ **Therapie**

Corticosteroide	initial: 100-200 mg Prednisolon/die; Erhaltungsdosis: ca. 10 mg/die
evtl. Cyclophosphamid	2 mg/kg KG/die

Die Therapie wird mit Corticosteroiden begonnen. Als Therapiekontrolle dient der Rückgang der klinischen Beschwerden sowie der Blutsenkung. Entsprechend der Besserung kann die Kortisondosis langsam reduziert werden. Die Erhaltungsdosis ist über Monate bis Jahre notwendig. Bei besonders schweren Verläufen muß zu Beginn der Therapie zusätzlich Cyclophosphamid (z.B. Endoxan®) gegeben werden.

1.12.10.3. Wegenersche Granulomatose

❑ **Definition**

Die Wegenersche Granulomatose ist eine granulomatöse Vaskulitis des Respirationstraktes (Nase, Nasennebenhöhlen, Bronchien) mit nekrotisierender Vaskulitis der Nieren. Nach längerer Krankheitsdauer kann der Krankheitsprozeß über die beiden Organe hinaus zu einer generalisierten Vaskulitis führen (ausführlich ☞ Kap. 3.5.3.4.).

1.12.10.4. Allergisch granulomatöse Angiitis (Churg-Strauss-Syndrom)

❑ **Definition**

Es handelt sich dabei um eine Panarteriitis, die auch auf Venolen und Venen übergreift und histologisch Granulome bildet. Regelmäßig sind die Lungen betroffen (Infiltrationen, "Asthma").

❑ **Symptomatik**

- allgemeines Krankheitsgefühl (z.B. Abgeschlagenheit, Gewichtsverlust)
- Fieber
- knotige Infiltrate in der Haut
- Asthmaanfälle

❑ **Diagnostik**

- Laborwerte: stark beschleunigte Blutsenkung, Eosinophilie, hohe IgE-Konzentrationen
- Röntgen-Thorax: Lungeninfiltrate
- Biopsie mit Histologie

Entscheidend ist erneut die Biopsie mit Histologie aus betroffener Haut oder Lungengewebe.

❑ **Therapie**

Glucocorticoide, bei Unwirksamkeit Immunsuppressiva.

1.12.10.5. Takayasu-Syndrom

❑ **Definition**

Das Takayasu-Syndrom (syn.: Aortenbogensyndrom, Riesenzellarteriitis der Aorta, Aortitissyndrom) ist eine Aortitis mit Beteiligung der großen aortalen Äste. Das Krankheitsbild tritt besonders in Japan bei jungen Frauen auf und ist in Europa sehr selten (2 : 1 Mio. Einw.).

❑ **Ätiologie und Pathogenese**

Die Ätiologie ist unbekannt (Autoimmunmechanismus, z.B. als Folge von Infekten?). Die Arteriitis betrifft vorwiegend den Aortenbogen (Aortenbogentyp), z.B. mit Verschlüssen der A. subclavia, kann sich jedoch auch auf die gesamte Aorta erstrecken und damit viszerale Arterienabgänge (z.B. Nierenarterien → Hypertonus) einbeziehen.

❑ **Symptomatik**

- beeinträchtigter Allgemeinzustand, Schwächegefühl, Nachtschweiß, Gewichtsabnahme
- Strömungsgeräusche, Pulslosigkeit eines Armes
- arterieller Hypertonus
- Dyspnoe

Bei fortgeschrittener Aortitis kommt es zum Verschluß von Gefäßabgängen mit:

- zerebralen und retinalen Ischämien
- Claudicatio intermittens

Die Koronararterien sind selten betroffen. Die Patientinnen versterben an zerebralen Insulten oder an einer Herzinsuffizienz.

❑ **Diagnostik**

- Angiographie der Aorta

❑ **Therapie**

- Corticosteroide (40-60 mg Prednisolon/die)
- Gefäßchirurgie bzw. Angioplastie bei Gefäßverschlüssen
- Prophylaxe weiterer Gefäßverschlüsse mit ASS

Bei Wirkungslosigkeit von Glucocorticoiden kann Methotrexat indiziert sein.

1.12.10.6. M. Behcet

❑ **Definition**

Der M. Behcet ist eine vorwiegend im östlichen Mittelmeerraum vorkommende, in Deutschland seltene, chronisch-rezidivierende, schwer zu beeinflussende Vaskulitis mit besonderer Beteiligung der Schleimhäute, jedoch auch der Gelenke, der Haut und des Gastrointestinaltraktes (☞ Kap. 7.3.).

❑ **Symptomatik**

- aphthöse Stomatitis
- Ulzerationen am Genitale
- Uveitis

1.12.10.7. Arteriitis temporalis

❑ **Definition**

Die Arteriitis temporalis (syn.: Polymyalgia rheumatica, Polymyalgia arteriitica, systemische Riesenzellarteriitis, M. Horton) ist eine Panarteriitis, die besonders bei alten Menschen auftritt, mit Prädilektion im Bereich der A. temporalis und der Äste des Aortenbogens (☞ Kap. 7.9).

❑ **Symptomatik**

- beeinträchtigter Allgemeinzustand
- Schläfenkopfschmerzen
- tastbar verhärtete und druckschmerzhafte A. temporalis

Schläfenkopfschmerzen bei alten Menschen, die auf übliche Schmerzmittel nicht ausreichend reagieren und auch einseitig vorkommen können, müssen an die Arteriitis temporalis denken lassen. In einigen Fällen zusätzlich vorkommende Symptome sind:

- Schulter-Arm-Schmerzen (Polymyalgia rheumatica)
- Sehverschlechterung (Amaurosis fugax oder Erblindung bei Übergriff auf die A. retinae)

❑ **Diagnostik**

- sehr hohe Blutsenkung
- Biopsie aus der A. temporalis

Die Biopsie sollte vor Beginn einer Steroidmedikation stattfinden, da diese das histologische Bild verschleiert.

❑ **Therapie**

- *Corticosteroide*
  initial 60 mg/die, Reduktion nach klinischem Befund und den "Akute-Phase-Werten", Dauertherapie mit 5-10 mg/die für zwei Jahre. Unter Kortisontherapie bessert sich das klinische Bild

innerhalb weniger Tage, auch die Blutsenkung sinkt rasch. Ein Wiederansteigen der Blutsenkung unter der Dauertherapie kann das Wiederaufflammen ankündigen und eine Steigerung der Kortisondosis notwendig machen

1.12.10.8. Thrombangiitis obliterans

❑ **Definition**

Die Thrombangiitis obliterans (syn.: Endangiitis obliterans, M. Winiwarter-Buerger, M. Buerger) ist eine, vorwiegend bei zigarettenrauchenden jungen Männern auftretende, Angiitis der kleineren und mittelgroßen Arterien wie auch der Venen. Charakteristisch ist neben dem schubweisen Verlauf die Neigung zu thrombotischen Verschlüssen in beiden Gefäßarten. Diese manifestieren sich als arterielle Verschlußkrankheit vom peripheren Typ bzw. als Phlebitis saltans. Arterien von Herz oder Gehirn werden praktisch nicht betroffen. Aufgrund des frühen Auftretens bis zum 40. Lebensjahr muß bei sehr jungen Rauchern mit AVK differentialdiagnostisch immer an die Thrombangiitis gedacht werden.

❑ **Symptomatik**

- Schmerzen
- Raynaud-artige Beschwerden
- akrale Nekrosen
- Thrombophlebitiden

Die Schmerzen ähneln denen der AVK, sind z.T. aber auch sehr distal lokalisiert und leicht zu verkennen, z.B. wenn nur ein Brennen an der Fußsohle geschildert wird.

❑ **Diagnostik**

- *Angiographie*
  segmental auftretende Verengungen und Abbrüche der Gefäße im Bereich von Unterschenkel, Unterarmen oder weiter distal, ohne daß in den größeren Gefäßen Konturunregelmäßigkeiten im Sinne einer diffusen Arteriosklerose vorhanden sind
- *(Biopsie)*
  Die definitive Diagnose ist am histologischen Präparat zu stellen. Da diese Biopsie aus einer mittelgroßen Beinarterie erfolgen müßte, was in der Praxis nicht möglich ist bzw. erst im Rahmen einer Amputation erfolgen kann, muß die Diagnose bei Vorhandensein der 4 Kriterien

junger Mann, periphere Stenosen/Verschlüsse, Phlebitis, Nikotinabusus

  gestellt, und, falls es zur Amputation kommt, am Amputat belegt werden

❑ **Therapie**

- Einstellen des Rauchens (essentiell)
- symptomatische Therapie (☞ Kap. 1.12.2.)

1.12.10.9. M. Schoenlein-Henoch

❑ **Definition**

Der M. Schoenlein-Henoch (syn.: Purpura Schoenlein-Henoch) ist eine Vaskulitisform, bei der es zu Nekrosen der Wand kleiner Gefäße kommt. Bei der histologischen Untersuchung finden sich zerfallende Leukozytenkerne (leukozytoklastische Vaskulitis). Die Ursache ist unklar. Oft geht der Erkrankung ein Infekt voraus.

❑ Symptomatik

- Purpura
  Durch die Gefäßnekrosen treten kleine Hautblutungen (Petechien) auf, die irreführenderweise an eine Thrombozytopenie erinnern ("nicht-thrombozytopenische Purpura"). Durch die Leukozyteninfiltrate entstehen feine Knötchen ("palpable Purpura"), die bei einer Thrombozytopenie nicht vorkommen
- Arthralgien, Arthritiden
- abdominelle Schmerzen, gastrointestinale Blutungen
- Glomerulonephritis
  Die Glomerulonephritis, bei der sich histologisch viele IgA-Ablagerungen nachweisen lassen, erinnert an die IgA-Nephritis

❑ Prognose

Der Verlauf der Erkrankung ist meist benigne, die Symptome sind im Regelfall nach einigen Wochen rückläufig. Bei leichten Fällen genügt deshalb die symptomatische Therapie, in schweren Fällen muß ebenfalls mit Corticosteroiden (Prednisolon, initial 50-100 mg/die, langsame Dosisreduktion) behandelt werden.

1.13. Venenerkrankungen

❑ Definition und Häufigkeit

Erkrankungen der Venen sind sehr häufig. Bei 40 % der über 65jährigen findet man beispielsweise eine Varikosis. Die Erkrankungen der Venen, die nachfolgend besprochen werden sollen, sind Varikosis, chronisch-venöse Insuffizienz und Thrombosen (Thrombophlebitis, Phlebothrombose).

❑ Diagnostik der Venen

- *Inspektion im Stehen*
- *klinische Untersuchung*
  - *Trendelenburg-Versuch*
    Mit dem Trendelenburg-Versuch wird geprüft, ob die Klappen der V. saphena magna (Vsm) suffizient sind. Der Patient liegt und hebt dabei seine Beine (Entleerung der Vsm). Danach wird ein Stauschlauch distal der Einmündung der Vsm angelegt, der Patient steht auf, und der Stauschlauch wird entfernt. Füllt sich die Vsm von *kranial*, so sind deren Klappen insuffizient
  - *Perthes-Versuch*
    Beim Perthes-Versuch wird geprüft, ob die tiefen Venen durchgängig, die Muskelpumpe und die Vv. perforantes suffizient sind. Unterhalb des Knies wird ein Stauschlauch angelegt, um den Blutzustrom über die insuffizienten Klappen der V. saphena zu unterbinden. Der Patient betätigt dann seine Unterschenkelmuskulatur (z.B. mehrmals Zehenstand). Entleeren sich die Varizen, so sind die tiefen Beinvenen durchgängig

  Perthes- und Trendelenburg-Versuch werden in der Praxis kaum noch durchgeführt, sondern durch apparative Untersuchungen ersetzt.
- *apparative Untersuchungen*
  - *Plethysmographie*
    Bei der Plethysmographie werden Volumenänderungen erfaßt, z.B. über Quecksilberdehnungsstreifen, die um die Wade gelegt werden

- *Lichtreflexionsrheographie (LRR)*
  Die LRR dient zur Messung der Blutfülle am Unterschenkel in Ruhe, während des Einsatzes der Muskelpumpe und in der Erholungsphase. Eine aufgeklebte Photozelle mißt dazu die Blutfüllung der Haut
- *Phlebodynamometrie*
  Das Prinzip der Phlebodynamometrie ist die Druckmessung nach Punktion einer Vene am Fuß
- *Radiofibrinogentest*
  I.v.-appliziertes ^{125}J-Fibrinogen lagert sich innerhalb eines Tages in einen frischen Thrombus ein. Der Radiofibrinogentest kann somit venöse Thromben nachweisen. Nachteile dieses nicht-invasiven Verfahrens sind seine lange Untersuchungsdauer im Vergleich zur Phlebographie und eine Reihe falsch positiver Befunde
- *Venen-Doppler*
  Mit der Dopplermethode lassen sich Vorhandensein und Richtung des Blutstromes im Bereich von Leiste, V. saphena magna und V. poplitea nachweisen. Einatmen beschleunigt die Flußgeschwindigkeit, Pressen verlangsamt sie bzw. kehrt die Strömung um
- *Duplexsonographie*
  Im Ultraschallbild kann das Venenlumen im Becken-, Oberschenkel- und Unterschenkelbereich direkt eingesehen werden. Mit dem Doppler wird in diesem Lumen Richtung und Geschwindigkeit des Blutstromes gemessen. Damit lassen sich tiefe Beinvenenthrombosen sehr gut diagnostizieren, wobei die Genauigkeit allerdings von der V. iliaca zum Unterschenkel hin abnimmt. *Wichtig* ist dabei der Versuch einer *Kompression* der so eingesehenen Venen mit dem Schallkopf: nicht-komprimierbare Venen ohne Blutfluß (Doppler-Messung) sind thrombosiert. Am Unterschenkel sind die tiefen Venen im Liegen nicht sichtbar. Zeigen sich dennoch Venenlumina, so kann eine Thrombose vorliegen
- *aszendierende Phlebographie der Beinvenen*
  Die Phlebographie bleibt die wichtigste Untersuchung zur Beurteilung des Venenapparates. Nach Stauung am Knöchel wird eine Vene am großen Zeh medial punktiert und Kontrastmittel injiziert

1.13.1. Varizen, Varikosis ("Krampfadern")

❑ Definition

Varizen sind erweiterte, verlängerte, dadurch einen gewundenen Verlauf annehmende Venen.

❑ Häufigkeit

Varizen sind sehr häufige Phänomene. Eine gesundheitlich belastende - und damit medizinisch bedeutsame - Störung liegt jedoch nur bei etwa 20 % der Varizenträger vor.

❑ Ätiologie und Pathogenese

Die Ursachen sind vielfältig: Klappeninsuffizienzen, Schwäche oder Degeneration der Media (umgangssprachlich "Bindegewebsschwäche") sowie ein hoher Druck im Venensystem ("stehender" Beruf, Schwangerschaft). Zunehmendes Alter begünstigt die Manifestation von Varizen. Nach pathogenetischen Gesichtspunkten werden zwei Typen unterschieden:

- *primäre Varizen* (95 %)
  sind Venenerweiterungen ohne äußeren Anlaß, z.B. bei Stammvarikosis mit starker familiärer Komponente

- *sekundäre Varizen* (5 %)
  Sie sind aufgrund einer venösen Abflußstauung entstandene Varizen (z.B. Bauchwandvarizen bei Leberzirrhose oder die Varikosis suprapubischer Bauchwandvenen bei tiefer Beckenvenenthrombose)

Nach dem äußeren Aspekt werden verschiedene Typen unterschieden:

- Besenreiservarizen
- retikuläre Varizen
- Astvarizen
- Stammvarizen
  - V. saphena parva (Rückseite des Unterschenkels)
  - V. saphena magna (medialer Unter- und Oberschenkel)
- Perforansvarizen

❑ Symptomatik

Besenreiser und retikuläre Varizen sind oberflächliche Erweiterungen kleiner Venen der Subkutis. Sie verursachen im Gegensatz zur Stamm- und Astvarikosis selten Symptome. Die Stammvarikosis ist eine Erweiterung der großen epifaszialen Venen des Beines (V. saphena magna oder parva).

Symptome der Stammvarikosis sind:

- "schwere" Beine
- Schwellung
- Spannungsgefühl, ziehende Schmerzen
- Wadenkrämpfe (besonders nachts)
- orthostatische Regulationsstörung ("Versacken des Blutes")
- Zunahme von Schwellung und Schmerzen bei längerem Stehen oder Sitzen, warmem Wetter (Sommer) sowie am Ende des Tages

Die Schwellung kann innerhalb von Stunden nach dem Aufstehen am Morgen auftreten und während der Nacht wieder komplett zurückgehen.

❑ Komplikationen

Im Laufe der Jahre können eine Reihe von Komplikationen auftreten:

- chronisch-venöse Insuffizienz
- chronische Stauungsdermatose
- Stauungsdermatitis
- Varizenblutung
- Ulcus cruris varicosum

❑ Therapie

- allgemeine Maßnahmen
- Kompressionsbehandlung
- medikamentöse Therapie
- operative Therapie
- Sklerosierung
- Therapie von Komplikationen

Allgemeine Maßnahmen

Da viele begünstigende Faktoren (familiäre Belastung, Beruf) fortbestehen, schreitet die Varizenbildung trotz prophylaktischer Maßnahmen im allgemeinen fort. Dennoch sind von verschiedenen Prophylaxen günstige Einflüsse zu erwarten:

- *Vermeidung von Belastungen der Venen*
  kein langes Stehen, kein Übergewicht, keine warmen Bäder; günstig wirken sich aus: z.B. zeitweises Hochlagern der Beine, Bettende hochstellen, Kräftigung der Muskulatur durch Betätigung der Muskelpumpe (Fußwippen, Gehen, Schwimmen)
- *physikalische Maßnahmen*
  kalte Güsse oder andere hydrotherapeutische Anwendungen (aufgrund vulnerablerer Haut sowie der schlechten Heilung sollen Scherkräfte durch "Frottieren" dabei vermieden werden); Hautverletzungen unbedingt vermeiden

Kompressionsbehandlung

Kompressionsverbände und -strümpfe mit *von proximal nach distal ansteigendem* Kompressionsdruck (am höchsten am Knöchel) sollten bei längerem Stehen oder Sitzen, bei langen Busreisen, in der Schwangerschaft usw. getragen werden. Kompressionsstrümpfe können bei gerechtfertigter Indikation (ausgeprägte Schwellneigung, starke Beschwerden) verordnet werden. Zu beachten sind:

- verschiedene Kompressionsstärken (4 "Stärken", Knöcheldruck 20 bis über 50 mmHg)
- unterschiedliche Modelle (Waden-, Oberschenkelstrumpf, Strumpfhose)
- die Kompressionsstrümpfe werden in verschiedenen Größen von den Herstellern gefertigt, bei Sondergrößen muß der Strumpf "nach Maß" hergestellt werden

Rezeptbeispiel:

1 Paar Kompressionsstrümpfe bis zur Leiste, Kompressionsklasse 3
Diagnose: chronisch-venöse Insuffizienz mit starker Ödemneigung

Medikamente

- *Venenmittel*
  Vertreter sind z.B. Aescin aus Roßkastanienextrakten (z.B. Vasotonin® Kapseln, Venostasin® Kapseln) oder Rutoside (z.B. Venoruton® retard Drgs.) Als mögliche Wirkungen dieser Substanzen werden angegeben: Venentonisierung, Verminderung der Kapillarpermeabilität und Reduktion der Ödemneigung. Dies mag in einzelnen Studien auch nachweisbar sein, so daß sie als adjuvante Medikamente bei Schweregefühl und Therapiewunsch neben den *obligatorischen* Maßnahmen wie Entlastung der Venen oder Kompression erwogen werden können
- *Diuretika*
  bessern zwar die peripheren Ödeme, zeitigen jedoch Nebenwirkungen (Elektrolytentgleisung, Thrombose, Exsikkose etc.). Sie sollten somit allenfalls bei Beinödemen, die durch Kompression und Hochlagerung nicht zu beherrschen sind, möglichst nur kurzzeitig eingesetzt werden
- *Sklerosierungen*
  werden besonders bei Seitenast- und retikulärer Varikosis sowie bei geringer Stammvarikosis durchgeführt. Sklerosierungen sind weniger wirksam bei ausgedehnter Stammvarikosis, die besser der operativen Therapie zugeführt werden sollte

Operative Therapie

Eine operative Therapie sollte bei ausgeprägten Befunden, deutlichen Beschwerden und vor allem bei jüngeren Patienten erwogen werden, bei denen eine Progression der Varikosis mit zunehmendem Alter vorhersehbar ist. Voraussetzung für eine Entfernung der oberflächlichen Venen ist natürlich die Durchgängigkeit der tiefen Beinvenen (Phlebographie). Bei absehbarer aortokoronarer Bypass-Operation

(Entnahme der V. saphena magna als Bypass-Gefäß) sollte ebenfalls auf die Operation verzichtet werden. Da durch Operation die Ursache für die Varizen (familiäre Belastung, "Mediaschwäche") nicht beseitigt wird, ist die Rezidivneigung groß.

Art der Varizen	Operationsverfahren
Stammvarikosis	Venenstripping
Perforansinsuffizienz	Durchtrennung, Ligatur

Tab. 1.94: Varikosis und bevorzugte operative Therapie.

Therapie von Komplikationen

- *Varizenblutung*
  Hochlagern des Beines führt meist schon zum Ende der Blutung. Anschließend Wundbehandlung und Kompressionsverband. Bei rezidivierenden Blutungen: Sklerosierung bzw. Operation der betroffenen Venen
- *Stauungsdermatose bzw. Stauungsdermatitis*
  Bei längerer venöser Stauung entsteht ein "buntes" klinisches Bild mit ödematöser Schwellung, Induration, bräunlicher Hautverfärbung, rissiger Haut (Stauungsdermatose) oder auch ausgeprägter Rötung und Überwärmung, evtl. mit bakterieller oder mykotischer Besiedelung (Stauungsdermatitis), das in ausgeprägten Formen an ein Erysipel erinnern kann.
  Zusätzlich zur Kompression muß eine befundabhängige Lokalbehandlung (z.B. Rückfettung bei rissiger Haut (Fettcremes), kühlende Umschläge bei starken Entzündungszeichen (z.B. Rivanol®-Umschläge)) stattfinden
- *Ulcus cruris varicosum*
  Tägliche Reinigung des Ulkusgrundes, z.B. Spülen mit H_2O_2, proteolytische Reinigung (z.B. Fibrolan®-Salbe), Abdecken der umgebenden gesunden Haut (z.B. mit Zinklotio) und konsequente Kompression sollten regelmäßig erfolgen. Bei Therapieresistenz: Verödung umgebender Varizen oder Hauttransplantation

1.13.2. Chronisch-venöse Insuffizienz, postthrombotisches Syndrom

❑ Definition

Die gestörte Hämodynamik nach einer Thrombose (selbst bei partieller Rekanalisation), bei Klappeninsuffizienzen, einer ausgeprägten Varikosis oder lediglich bei Insuffizienz der Vv. communicantes, führt während des Gehens oder der Bauchpresse zu Phasen von retrogradem Blutfluß und zu chronisch-venöser Stauung. Dadurch werden jedoch die Venenklappen weiter geschädigt, so daß es zu einem circulus vitiosus kommt. Im fortgeschrittenen Zustand trifft man auf das gleiche klinische Bild, auch wenn zu Beginn verschiedene Ursachen (Stammvarikosis, Thrombose) vorgelegen haben mögen. Die chronisch-venöse Insuffizienz kann in verschiedene Grade eingeteilt werden:

Stadien	klinische Manifestationen
Grad I	Ödemneigung und Schweregefühl (morgens besser, tags zunehmend), ziehende Schmerzen, im Stehen livide Verfärbung der Haut, zunehmende Varizen
Grad II	zusätzlich Hautveränderungen (Hyperpigmentierung durch kleine Einblutungen), rissige, indurierte, trockene Haut; komplizierend können ekzematöse Veränderungen hinzutreten
Grad III	zusätzlich florides oder abgeheiltes Ulcus cruris venosum (letzteres kenntlich an depigmentierten Narbensternen)

Tab. 1.95: Stadien der chronisch-venösen Insuffizienz.

❑ **Therapie**

☞ Kap. 1.13.1.

1.13.3. Thrombophlebitis

❑ **Definition**

Thrombophlebitiden sind Thrombosierungen oberflächlicher Venen oder Varizen (Varikophlebitis), verbunden mit einer entzündlichen Reaktion des Gefäßes. Es handelt sich fast immer um eine abakterielle Entzündung. Bei eitrigen Infekten in der Umgebung muß auch an eine bakterielle Phlebitis gedacht werden. In diesem Fall sind septische Streuungen zu befürchten. Durch die entzündlichen Reaktionen haftet der entstehende Thrombus jedoch fest an der Gefäßwand, so daß Lungenembolien praktisch nicht vorkommen (Ausnahme: Thrombose der V. saphena magna).

❑ **Symptomatik**

- oberflächlich tastbarer Venenstrang
- induriert, gerötet, überwärmt und teilweise sehr schmerzhaft
- Besserung durch Hochlagern des Beines

Die Beeinträchtigung des Allgemeinbefindens ist gering. Im Verlauf von Tagen ebbt der Entzündungsprozeß im allgemeinen ab, zurück bleiben Indurationen und bräunliche Hyperpigmentationen.

❑ **Therapie**

- Bewegung (keine Bettruhe)
- Kompression
- lokal: z.B. Applikation von heparinhaltiger Salbe, bei starker Entzündung kühlende Verbände
- bei starken Beschwerden z.B. ASS oder Nichtsteroidale Antirheumatika (NSAR)

Bei stärksten Schmerzen in seltenen Fällen nötig:

- Inzision und Exprimieren des Thrombus

Bei bakterieller Thrombophlebitis:

- systemische Antibiose nach Entnahme von Blutkulturen

❑ Sonderformen der Thrombophlebitis

● Thrombophlebitis migrans (saltans)

In *wechselnden* Lokalisationen, auch in scheinbar gesunden Venenabschnitten treten Thrombophlebitiden auf. Ursachen sind:

> Karzinome (Pankreaskarzinom), Nikotinabusus (evtl. bei Endangiitis obliterans), allergische Reaktionen (Medikamente?), Infektionskrankheiten, Endangiitis obliterans.

Die Therapie erfolgt symptomatisch (Kompression, Heparinsalbe, Antiphlogistika), die Noxe sollte beseitigt werden.

● Mondorsche Erkrankung

Als Mondorsche Erkrankung bezeichnet man eine schmerzhafte Thrombophlebitis der Vv. thoracoepigastricae. Symptome sind schmerzhafte, tastbare Venenstränge besonders an der lateralen Thoraxwand, in Axilla und Leiste. Die Erkrankung tritt nach Mammaamputation gehäuft auf und kann rezidivieren. Die Therapie ist auch hier symptomatisch.

1.13.4. Phlebothrombose

❑ Definition

Die Phlebothrombose (syn.: tiefe Venenthrombose, TVT) ist eine Thrombose in Teilen der tiefen Venen des Beines, Beckens oder Armes.

❑ Häufigkeit

Eine Reihe von Erkrankungen weisen eine besonders hohe Thromboserate auf:

prädisponierende Faktoren	Häufigkeit der Thrombosen
Apoplex	bis 70 % (gelähmte Extremität)
Hüftchirurgie	bis 50 %
große Abdomenchirurgie	bis 30 %

Tab. 1.96: Häufigkeit von Phlebothrombosen.

Durch die routinemäßige Thromboseprophylaxe mit Heparin kann dieses Risiko stark reduziert werden. Lungenembolien entstehen bei 5-10 % der tiefen Beinvenenthrombosen, ca. 10 % der Lungenembolien sind letal. Bei 1 von 100 tiefen Beinvenenthrombosen muß mit einer tödlichen Lungenembolie gerechnet werden. Aufgrund dieses Risikos sowie der Rezidivneigung und der möglichen Spätfolgen (postthrombotisches Syndrom) der tiefen Venenthrombosen handelt es sich hierbei um ernstzunehmende Erkrankungen.

❑ Lokalisation

90 % der Phlebothrombosen betreffen die Beine, mehr als die Hälfte nimmt am Unterschenkel ihren Ausgangspunkt und schreitet nach proximal fort (aszendierender Verlauf, langsame Zunahme der klinischen Zeichen). Beckenvenenthrombosen sind linksseitig häufiger, da dort die V. iliaca communis unter der Arterie verläuft und von ihr komprimiert werden kann. Durch appositionelles Wachstum schreiten Beckenvenenthrombosen nach distal fort (deszendierender Verlauf, schnelle Zunahme der Klinik). Je proximaler die Thrombose, desto häufiger werden Lungenembolien beobachtet.

Nur ein geringer Prozentsatz der Thrombosen entstehen im Arm.

❑ Ätiologie und Pathogenese

Das Risiko einer TVT steigt mit zunehmendem Alter und einer Vielzahl prädisponierender Faktoren, die sich nach der Virchowschen Trias gliedern lassen:

- *Endothelschädigung*
  z.B. Operationen in der Nähe großer Venen (Hüft- und Beckenoperationen), Trauma
- *Hyperkoagulabilität*
  z.B. verstärkte Gerinnbarkeit oder überschießende Thrombozytenfunktion
- *verlangsamte Blutströmung*
  z.B. Rechtsherzinsuffizienz, langes Sitzen (Flugzeug), Bettlägrigkeit, Zinkleim- bzw. Gipsverband, Varikosis

Besonders bei jungen Patienten oder bei rezidivierenden Thrombosen sind spezialisierte Gerinnungsuntersuchungen obligat. In etwa der Hälfte der Fälle werden dabei Hämostasedefekte entdeckt, z.B. ein Mangel an Gerinnungsinhibitoren (Protein C, S oder AT III), hohe Konzentrationen von Gerinnungsfaktoren (Fibrinogen) oder Defekte der Fibrinolyse. Bei rezidivierenden Thrombosen unklarer Ursache muß auch an ein okkultes Karzinom gedacht werden.

❑ Symptomatik

Symptome treten erst 1-3 Tage *nach* der initialen Thrombosierung auf. Das klinische Bild ist dabei sehr variabel und reicht von weitgehender *Symptomlosigkeit* bis zum typischen Bild. Etwa die *Hälfte* der tiefen Venenthrombosen verlaufen klinisch stumm oder entgehen der klinischen Diagnose! Ein scheinbar unauffälliges Bein schließt eine TVT somit *nicht* aus!

Bei Inspektion, Palpation fallen im typischen Falle auf:

> seitendifferente Schwellung, Überwärmung, livide Verfärbung, ziehender Schmerz, neu aufgetretener Umgehungskreislauf ("Warnvenen"), eingeschränktes, schmerzhaftes Ballotment der Waden.

Weitere Zeichen sind u.a.:

Bezeichnung	Bedeutung
Rielander	Druckschmerz im Venenverlauf (Kniekehle, Adduktorenkanal, Leiste)
Pratt	einseitig erweiterte Unterschenkelvenen
Homann	Wadenschmerz bei Dorsalflexion des Fußes
Tschermark	Wadendruckschmerz
Payr	Fußsohlenschmerz

Tab. 1.97: Symptome bei tiefer Venenthrombose.

❑ Diagnostik

- Inspektion und klinische Untersuchung
- Venendoppler
- (Farb-)Duplexsonographie mit Kompression
- Phlebographie

Bei der Inspektion und klinischen Untersuchung werden 50 % der tiefen Venenthrombosen übersehen. "Goldstandard" der Diagnostik bleibt weiterhin die Phlebographie, der allerdings die Duplexsonographie mit Kompression an Leiste und Oberschenkel praktisch ebenbürtig geworden ist.

❑ Komplikationen

- Frühkomplikationen
  - Lungenembolie
  - Phlegmasia coerulea dolens
- Spätkomplikation
  - postthrombotisches Syndrom

Wichtigste Komplikation der Phlebothrombose ist die Lungenembolie (☞ Kap. 3.6.1.). Unbehandelt tritt bei etwa 20% der Phlebothrombosen eine Lungenembolie auf, die wiederum in 10 % der Fälle tödlich ist. Eine Lungenembolie wird sich häufiger bei proximaler Thrombose (V. femoralis und iliaca) einstellen, jedoch kann in seltenen Fällen auch eine Unterschenkelvenenthrombose Ursache einer Lungenembolie sein. Die Phlegmasia coerulea dolens ist eine sehr seltene Komplikation der Phlebothrombose (☞ Ende dieses Kapitels). Nach Jahren kann sich ein postthrombotisches Syndrom entwickeln. Dies hängt von der Lokalisation und der Ausdehnung der Thrombose und dem Erhalt der Venenklappen unter der Akuttherapie ab. Thrombosen einzelner Unterschenkelvenen bewirken, falls überhaupt, nur ein diskretes postthrombotisches Syndrom, nicht-rekanalisierte langstreckige Thrombosen der V. femoralis oder iliaca hingegen in einem Drittel bis zur Hälfte der Fälle, wobei allerdings 5-10 Jahre bis zur Manifestation vergehen können.

❑ Therapie

Ziele der Therapie sind: Verhinderung einer Lungenembolie (Antikoagulation und Bettruhe) und Rekanalisation des Gefäßes (Fibrinolyse) zur Vermeidung des nach Monaten bis Jahren drohenden postthrombotischen Syndroms.

- allgemeine Maßnahmen
- konservative Therapie (Antikoagulation)
- Fibrinolyse
- Thrombektomie

Allgemeine Maßnahmen

Kompression des Beines (wickeln, Kompressionsstrumpf), Hochlagern des betroffenen Beines um etwa 10° zur Verbesserung des venösen Abstroms, Bettruhe bei frischen Thrombosen sowie bei Thrombosen, die in die V. femoralis sup. oder die V. iliaca reichen. Bei Unterschenkel- oder bereits älteren Thrombosen wird die strenge Bettruhe zunehmend in Frage gestellt. Die Bettruhe wird noch etwa 7 Tage nach Erreichen einer ausreichenden Antikoagulation fortgeführt.

Konservative Therapie

Antikoagulation mit Heparin als "Vollheparinisierung" soll zu einer Verlängerung der partiellen Thromboplastinzeit (PTT) auf das 1 $^{1}/_{2}$-3fache führen. Zugelassen ist nur das unfraktionierte Heparin. Mit der Heparinisierung kann die Häufigkeit der Lungenembolie und die Mortalität bei dieser Erkrankung reduziert werden. Etwa gleich wirksam ist:

Applikationsart	unfraktioniertes Heparin (z.B. Calciparin®, Liquemin®)
kontinuierlich parenteral	5.000 E. im Bolus i.v., dann 300-400 E./kg KG und Tag (Perfusor)
diskontinuierlich s.c.	4x7.500 - 4x10.000 E./die

Tab. 1.98: Möglichkeiten der Heparintherapie bei tiefer Venenthrombose.

Fibrinolysetherapie

Für die Fibrinolyse können die bekannten Fibrinolytika Streptokinase, Urokinase und rt-PA herangezogen werden. Ziel der Fibrinolyse ist die Verhinderung eines postthrombotischen Syndroms (nach Monaten bis Jahren auftretend), nicht jedoch die Prophylaxe von Lungenembolien. Die Ergebnisse variieren sehr in Abhängigkeit vom Alter der Thrombose, von der Lokalisation und Ausdehnung:

20 %	völlige Rekanalisation der thrombosierten Vene
50 %	teilweise Wiedereröffnung der thrombosierten Vene
30 %	keine Wiedereröffnung der thrombosierten Vene

Das Risiko schwerer Blutungen (z.B. intrazerebrale Blutung) liegt bei 1 %, das leichterer Blutungen unter 10 %. Dies muß, auch im Hinblick auf das Alter des Patienten, gegen den potentiellen Nutzen sorgfältig abgewogen werden. Indikationen bestehen bei frischen (< 1(-2) Wochen) und proximalen (Oberschenkel-, Beckenvenen) Thrombosen. Bei distalen Thrombosen und solchen, die erfahrungsgemäß kaum ein nennenswertes postthrombotisches Syndrom hervorrufen (Armvenenthrombosen), muß die Indikation eng gestellt werden. Kontraindikationen der Fibrinolysetherapie: ☞ Kap. 1.4..

Dosierungsbeispiele:

Medikament	Bolus	Dauerinfusion
Streptokinase	500.000 E. in 20 min	100.000 E./h über 5 Tage
Streptokinase	9 Mio. E. in 6 h, Wiederholung nach 18 h	bis zu 5x nacheinander
Urokinase	500.000 E. in 20 min	100.000 E./h, bis zu 14 Tagen

Tab. 1.99: Auswahl von Schemata zur systemischen Thrombolyse bei tiefer Beinvenenthrombose.

Das zusätzlich gegebene Heparin richtet sich nach PTT (angestrebtes Ziel ist die volle Antikoagulation → PTT: 1 $^{1}/_{2}$ - 3fach verlängert).

Venöse Thrombektomie

Die venöse Thrombektomie mit dem Fogarty-Katheter bei proximalen Thrombosen (z.B. Beckenvenen) bleibt Einzelfällen und der Phlegmasia coerulea dolens vorbehalten.

Cava-Schirm

Bei rezidivierenden Lungenembolien, die sich auch durch eine gute Antikoagulation nicht verhindern lassen, bzw. bei schwerwiegenden Kontraindikationen gegen die Antikoagulation kann über die Punktion der V. femoralis ein sich selbst entfaltender Schirm (transvenöse Schirmfilterimplantation) distal der Einmündung der Nierenvenen in die Vena cava eingebracht werden.

Komplikationen der Schirmimplantation sind:

- Dislokation (selten in den rechten Vorhof; Verschluß der Nierenvenen)
- Thrombosierung
- Perforation

❑ Primäre Prophylaxe der tiefen Venenthrombosen

Aufgrund der möglichen schwerwiegenden Folgen tiefer Venenthrombosen muß deren Prophylaxe ernst genommen werden. In Frage kommen:

- *Vermeidung thrombogener Stimuli*
  z.B. geringere Gefäßtraumatisierung intraoperativ, besondere Vorsicht bei thrombosefördernder Medikation (z.B. hochdosierte Östrogene bei Prostatakarzinom)
- *Frühmobilisation nach Operationen*
  Krankengymnastik, Kompressionsstrümpfe, aktivierende Pflege
- *low-dose-Heparin-Prophylaxe*
  2x7.500 oder 3x5.000 E. Heparin s.c. pro Tag, 12 h präoperativ bzw. mit der Immobilisierung beginnend, bis zur vollständigen Mobilisierung. Für die postoperative Prophylaxe ist auch niedermolekulares Heparin, 1x5.000 E./die s.c. zugelassen. Durch niedrig dosiertes Heparin verlängern sich die Gerinnungszeiten nicht, postoperative Nachblutungen nehmen im Vergleich zur Therapie ohne Heparin lediglich gering zu. Die Heparin-Gabe reduziert das Auftreten von tiefen Venenthrombosen um mindestens 50 %
- *andere Medikamente*
  Mit Dextrane prä- und postoperativ (500 ml präoperativ, 500 ml am ersten Tag nach der Operation und dann 500 ml jeden zweiten Tag) läßt sich die Thromboserate ebenfalls reduzieren. Da hier jedoch nennenswerte Nebenwirkungen auftreten (Niereninsuffizienz, kardiale Dekompensation), ist die praktische Bedeutung gering. Auch den Thrombozytenaggregationshemmern wurde in Metastudien eine Wirksamkeit bei der Thromboseprophylaxe zugesprochen, diese steht aber weit hinter der von Heparin zurück

❑ **Nachbehandlung nach tiefer Venenthrombose (sekundäre Prophylaxe)**

Nach einer tiefen Beinvenenthrombose bleibt bis zur vollständigen Re-Epithelialisierung noch für Wochen bis Monate eine erhöhte *Anfälligkeit für Rethrombosen* bestehen. Aus diesem Grunde setzt nach der Akuttherapie eine längere Antikoagulation im Sinne einer sekundären Prophylaxe ein.

- *Phenprocoumon (z.B. Marcumar®)* (☞ Kap. 2.7.2.1.)
  Eine Antikoagulation mit oraler Cumarin-Medikation (z.B. Phenprocoumon-Marcumar®) kann, überlappend mit der Heparintherapie, bereits kurz nach der Diagnose begonnen werden

  | *Faustregel:* Ausgangsquick: 10 x 2/3 = gesamte Zahl der Tbl. in den ersten zwei Tagen.

  Allerdings ist die Ansprechbarkeit auf orale Antikoagulanzien *individuell* sehr unterschiedlich, so daß anfangs kurzfristige Kontrollen der Thromboplastinzeit erfolgen müssen. Die Heparingabe wird mit abnehmender Thromboplastinzeit reduziert und bei Erreichen des therapeutischen Bereichs abgesetzt.
  Der therapeutische Bereich hängt vom verwendeten Test ab, z.B. für den Quickwert: 15-25 %. Die Dauermedikation kann ebenfalls individuell sehr stark schwanken, z.B. von 1/2 bis 1 1/2 Tabletten täglich. Während der Therapie mit Marcumar® sollte eine Vitamin-K-arme Kost gegessen werden. Bei einer guten Einstellung sollten 3/4 der Quick-Werte im therapeutischen Bereich liegen. Tödliche Komplikationen (z.B. große intrazerebrale Blutung) ereignen sich 1x in 400 Patientenjahren.

Dauer der oralen Antikoagulation	klinische Situation
(1-)3-6 Monate	bei Thrombose nach einem eindeutigen und vorübergehenden Thromboserisiko (z.B. erstmalige Thrombose, perioperativ aufgetretene Thrombose)
6-12 Monate	bei Rezidivthrombosen oder rezidivierenden Lungenembolien
lebenslang	bei Gerinnungsdefekten mit hohem Thromboserisiko (z.B. AT III-Mangel)

Tab. 1.100: Dauer der oralen Antikoagulantientherapie nach tiefen Beinvenenthrombosen.

❑ Sonderformen der tiefen Venenthrombose

● Paget-von-Schroetter-Syndrom

Es handelt sich dabei um einen thrombotischen Verschluß der V. subclavia oder V. axillaris, z.B. nach einer starken körperlichen Anstrengung ("thrombose par effort"), bei Halsrippe, großem Kallus nach Klavikulafraktur, Tumoren im Mediastinum oder aufgrund eines liegenden V. basilica-Katheters. Wegen der günstigen Langzeitergebnisse ist eine Thrombolyse, von Ausnahmefällen abgesehen, nicht notwendig. Lungenembolien kommen praktisch nicht vor. Therapie: Schonung des Armes, Heparingabe.

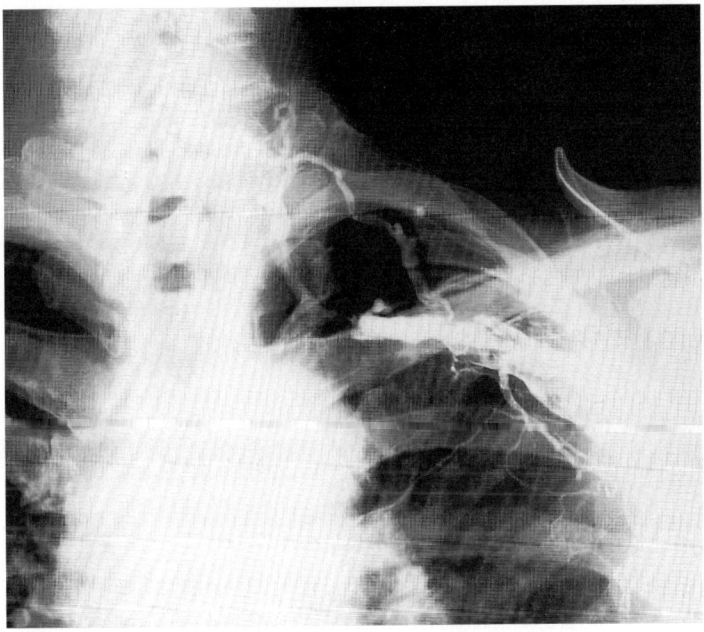

Abb. 1.44: Paget-von-Schroetter-Syndrom.
Abbruch der Vena axillaris in Höhe der Clavicula, teilweise Kollateralisation.

● Cava-inferior-Thrombose

Sie entsteht z.B. durch aszendierendes Wachstum aus einer Beckenvenenthrombose oder nach Anlage eines Cava-Schirmes. Der Körper verfügt über gute Abstrommöglichkeiten über paravertebrale Venenkollateralen, so daß die periphere Stauung gering oder rasch rückläufig ist. Ein Übergreifen auf die Nierenvenen äußert sich in dumpfem Flankenschmerz und Proteinurie.

● Budd-Chiari-Syndrom

Thrombose der Lebervenen mit Rückstau in die Leber. Daraus ergeben sich Hepatomegalie, Aszites, Ikterus (☞ Kap. 4.4.6.).

● Phlegmasia coerulea dolens

Die Phlegmasia coerulea dolens ist eine seltene Verlaufsform der tiefen Beinvenenthrombose, bei der durch Thrombosierung aller abführenden Beinvenen (auch der Kollateralen) der gesamte venöse Abstrom der Extremität sistiert. Es kommt zu einer massiven Schwellung und schließlich auch zum Erliegen des arteriellen Einstromes, zum Kreislaufstillstand in der Extremität und damit zur Gangrän. Das klinische Bild ist geprägt von:

massivem Ödem, Schmerzen, livider, zyanotisch-fleckiger Verfärbung, Spannungsblasen, Zeichen der arteriellen Minderversorgung, beginnenden Nekrosen und Blutdruckabfall bei Volumenmangel und toxischen Effekten der Gangrän.

Die Therapie umfaßt:

- Volumenersatz, Kreislaufstabilisierung
- Antikoagulation mit Heparin
- Desobliteration des Venensystems: operative Thrombektomie bzw. Fibrinolysetherapie
- Amputation bei nicht beherrschbarer Gangrän

❑ **Prognose**

Unter der Therapie bessern sich Umfangsvermehrung und Spannungsgefühl innerhalb weniger Tage, da sich Umgehungskreisläufe ausbilden. Wandständige, nicht lumenverschließende Thromben werden auch ohne thrombolytische Therapie vielfach spontan aufgelöst. Selbst bei einem kompletten Verschluß kommt es in vielen Fällen zu einer teilweisen Rekanalisation, bei der die Venenklappen ihre Funktionsfähigkeit allerdings nicht zurückerlangen. Dadurch treten bei etwa 20-30 % der Patienten Monate bis Jahre später die Zeichen des postthrombotischen Syndroms auf (☞ Kap. 1.13.2.). Es ist umso seltener, je distaler die Thrombose lokalisiert war. Bei vorgeschädigtem Venenapparat kann sich leichter eine neue Thrombose "aufpfropfen", die sich dann wieder unter den Symptomen einer Phlebothrombose manifestiert.

1.14. Krankheiten der Lymphgefäße

❑ **Definition**

Das Lymphgefäßsystem transportiert interstitielle Flüssigkeit aus dem Kapillarbereich zurück in den Blutkreislauf. Wichtigster pathophysiologischer Mechanismus ist die Insuffizienz des Lymphtransportes, aufgrund dessen es zur Lymphostase und zum Lymphödem kommen kann.

❑ **Ätiologie und Pathogenese**

Ursachen einer Lymphostase sind:

- Aplasie der Lymphgefäße
- Hypoplasie
- Hyperplasie (mit insuffizientem Transport)
- Verschluß im Verlauf der Lymphwege
- Überproduktion lymphpflichtiger Flüssigkeit

Als Folge verbleibt die eiweißreiche Lymphflüssigkeit im Interzellularraum, führt dadurch zur Schwellung und, über Proliferationsreize auf das Bindegewebe, zur bekannten Induration und Fibrose.

Unterschieden werden:

- primäre Lymphödeme
  - familiär (Nonne-Milroy, Meige)
  - sporadisch
- sekundäre Lymphödeme

Familiäre Lymphödeme sind seltene und bereits nach der Geburt entstehende einseitige Schwellungen. Sporadische Lymphödeme treten im frühen Erwachsenenalter besonders bei Frauen auf, meist aufgrund von Hypoplasien der Lymphgefäße in einer Extremität. Eine einseitige Bein- oder Armschwellung bei jungen Frauen ohne sonstige Grunderkrankungen sollte deshalb an ein primäres Lymphödem denken lassen. Das anfänglich nur diskrete Bild nimmt langsam im Laufe der Jahre zu.

Sekundäre Lymphödeme können auf viele Ursachen zurückzuführen sein, z.B.:

- Obliteration nach Bestrahlung
- ausgedehnte Lymphknotenmetastasen (z.B. bei Lymphangiosis carcinomatosa)
- Tumorkompression der großen Lymphwege (z.B. Pancoasttumor im li. Lungenoberfeld)
- postoperativ (z.B. nach Mamma-Ablatio mit ausgedehnter Axillenausräumung)
- infektiös (z.B. durch rezidivierende Erysipele oder Filarien)

❑ **Symptomatik**

- ödematöse Schwellung

Leitsymptom ist eine (oft initial einseitige) derbe, blasse Schwellung ohne Überwärmung, die auch die distalen Partien (Zehen) *nicht* ausspart. Tief eingeschnittene Falten an den Zehen oder Fingern werden als *Stemmersches Zeichen* benannt. Im Anfangsstadium kann der Umfang der Extremität noch stark schwanken und, wie z.B. beim venösen Ödem, über Nacht abnehmen. Verschlimmerungen werden bei starker Hitze, nach Verletzungen oder Infusionen beobachtet. Durch die Bindegewebsproliferation kommt es nach längerem Bestehen zu bleibenden Schwellungen, Fibrosen, Indurationen, zu Verdickung der Haut, Papillomatosen und gelegentlichen Erysipelschüben. In seiner Maximalform kann das Bild einer Elephantiasis vorliegen.

Es werden somit drei Stadien des Lymphödems unterscheidbar:

- Stad. I: reversibles Stadium
- Stad. II: irreversibles Stadium
- Stad. III: Elephantiasis

❑ **Komplikationen**

- Erysipel (häufig)
- Papillomatosen
- Hyperkeratosen
- Lymphfistel
- angioplastisches Sarkom (Stewart-Treves-Syndrom, selten)

Lymphödeme prädisponieren zu rezidivierenden Erysipelen, die ihrerseits zu einer zunehmenden Okklusion der Lymphgefäße führen. Bei Verletzungen einer von einem Lymphödem betroffenen Extremität können tagelang Lymphsekretionen auftreten (Lymphfistel). Nach 10-20 Jahren steigt das Risiko eines angioplastischen Sarkoms.

❑ **Diagnostik**

- Anamnese und klinisches Bild
- Lymphographie

Die Lymphographie läßt die Ursachen des Lymphödems erkennen, z.B. einen Abbruch der Lymphgefäße bei maligner Obstruktion. In Fällen familiärer oder sporadischer Lymphödeme kann die Lymphographie aber auch eine deutliche Verschlimmerung auslösen, so daß hier die Indikation enger gestellt werden muß.

❑ **Differentialdiagnose**

Das Lymphödem muß von Stauungsödemen (Herzinsuffizienz, postthrombotisches Syndrom) abgegrenzt werden.

Kennzeichen	venöses Ödem	Lymphödem
Bildung	Stunden	Tage
Rückgang	über Nacht	geringe Veränderungen
Konsistenz	weich	derb
	eindrückbar	teigig
	Delle nach Druck	keine oder geringe Dellen n. Druck
Temperatur	warm	kühl
Haut	livide, blutgefüllt	blaß, "dicke" Haut
andere Erkrankungen	Hinweis auf Grunderkrankungen, z.B. Herzinsuffizienz, Varizen	ohne sonstige Erkrankungen
Hochlagern	gutes Ansprechen	geringer Erfolg
Diuretika	gutes Ansprechen	geringer Erfolg

Tab. 1.101: Kennzeichen von venösen Ödemen und Lymphödemen.

Zur Unterscheidung von einer ausgeprägten subkutanen Fettansammlung am Bein (Lipödem), ein nicht seltenes Problem, ist eine Reihe von klinischen Kriterien hilfreich:

Kennzeichen	Lymphödem	Lipödem
Schwellung	einschließlich Fuß	ausschließlich Fuß
Sprunggelenk	dick	schlank
Lokalisation	einseitig	beidseitig
Konsistenz	gering eindellbar	nicht eindellbar
Kompression	hilfreich	ohne Effekt

Tab. 1.102: Kennzeichen von Lymphödemen und Lipödemen.

❑ **Therapie**

Aufgrund der schlechten Beeinflußbarkeit müssen meist verschiedene Maßnahmen ergriffen werden (komplexe physikalische Entstauungstherapie). Im Stadium I ist eine vollständige Rückbildung möglich, bei bereits eingetretener Fibrosierung nur noch eine geringe Besserung.

- *Vermeiden von Verschlechterungen*
  Dazu gehören: keine Infusionen am betroffenen Arm, keine Stauung (Blutdruckmessen, Blutentnahme), Vermeiden von Verletzungen oder Infektionen (z.B. Candidabesiedelung), keine längeren Tieflagerungen
- *manuelle Lymphdrainage*
  mit entstauender manueller Therapie durch streichende Bewegungen, bei der von den proximalen zu den distalen Lymphknotenstationen vorgegangen wird, keine Anwendung bei Lymphknotenmetastasen
- *Kompression*
  Binden, Kompressionsstrümpfe, -handschuhe oder -ärmel, intermittierende pneumatische Kompression

- *medikamentöse Therapie*
  Die Diuretikagabe ist gering wirksam und sollte deshalb nur bei Therapieresistenz vorübergehend eingesetzt werden
- *chirurgische Verfahren*
  sind nur bei ausgeprägtesten Befunden zu erwägen, da der Erfolg unsicher ist. In Frage kommen z.B. Resektionen der Subkutis oder Hautlappenplastiken

Blut und Bluterkrankungen

2. Blut und Bluterkrankungen

2.1. Blut und Hämatopoese

Das Blut gehört zu den "großen Organen" des Körpers. Das Blutvolumen umfaßt ca. 1/12 bzw. 8 % des Körpergewichts, erreicht also beim 70 kg schweren Menschen etwa 5,5 l. Das Blut besteht aus einer Vielzahl von verschiedenen Bestandteilen. Die zellulären Anteile (Erythrozyten, Leukozyten und Thrombozyten) werden im Knochenmark produziert, die nicht-zellulären Bestandteile des Plasmas stammen aus verschiedenen Organen, zu einem großen Teil aus der Leber.

Hämatopoese bezeichnet die Bildung der zellulären Bestandteile des Blutes, sie umfaßt:

- Erythropoese
- Lymphopoese
- Granulopoese
- Thrombopoese

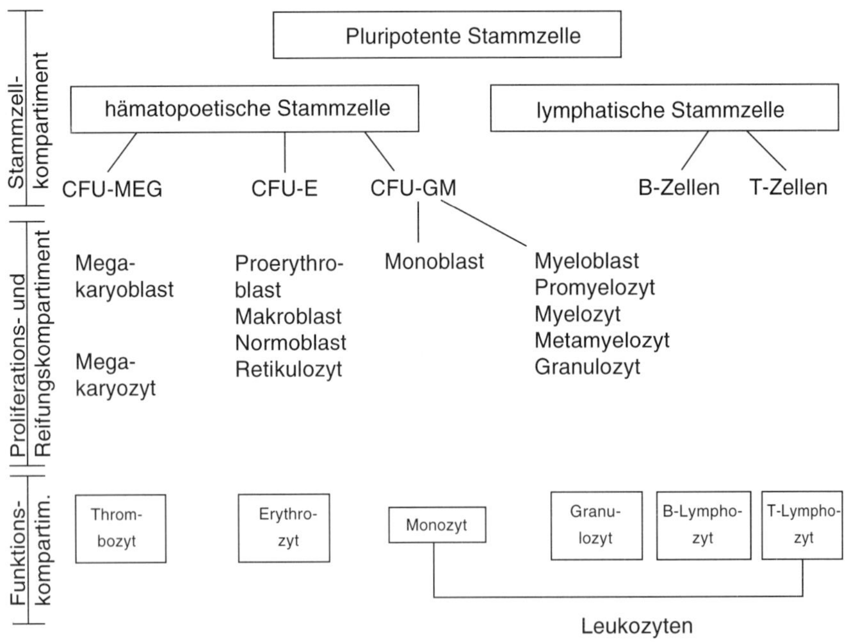

Abb. 2.1: Schema der Hämatopoese.

Eine omnipotente Stammzelle differenziert sich in die hämatopoetische bzw. myeloische oder in die lymphatische Stammzelle. Die myeloische Stammzelle differenziert sich entweder in Zellen der Erythro-, Thrombo- oder Granulopoese. Aus den lymphatischen Stammzellen gehen die Lymphozyten hervor. Die Pooltheorie teilt die Hämatopoese in vier, im Knochenmark räumlich nicht getrennte Funktionskompartimente ein. Unterschieden werden Stammzell-, Proliferations- und Reifungs-, Reserve- und Funktionspool. Der *Stammzellpool* umfaßt die pluripotenten Knochenmarksstammzellen. Die daraus entstehenden Stammzellen sowie die unreifen Vorstufen der einzelnen Zellen werden im *Proliferations- und Reifungspool* zusammengefaßt. Dieser umfaßt die sich teilenden und differenzierenden Zellen. Der

Reservepool enthält die weiter ausdifferenzierten oder bereits reifen Zellen im Knochenmark. Der *Funktionspool* ist für alle Zellreihen eher klein. Nur 1/30 der Granulozyten wird zum Funktionspool gerechnet, also zu den zirkulierenden, gefäßwandständigen und im Gewebe sich befindlichen Zellen.

Störungen der Hämatopoese können prinzipiell auf allen Ebenen auftreten. Eine Beeinträchtigung der omni- (pluri-)potenten Stammzelle führt zur Abnahme aller Zellarten des Blutes (Panmyelopathie); eine Schädigung nach der Differenzierung betrifft lediglich eine Zellinie (z.B. Thrombopenie).

Knochenmark

Die Entnahme von Knochenmark ist eine zur Diagnostik hämatologischer Erkrankungen in vielen Fällen notwendige und letztlich erst klärende Untersuchung. Sie kann als Punktionszytologie sowie als Histologie nach Gewinnung eines Biopsiezylinders mit der Yamshidi-Nadel vorgenommen werden. Die Entnahme erfolgt aus der Crista iliaca posterior des Beckenkamms.

Es werden folgende Transmitterstoffe bei der Kommunikation der zellulären Blutbestandteile unterschieden:

- *Zytokine*
  Die Zytokine umfassen eine Gruppe von Faktoren mit sehr heterogenem Wirkungsspektrum, die vor allem auf Wachstum und Differenzierung von Zellen des hämatopoetischen Systems wirken. Eine Reihe von Zytokinen können gentechnisch hergestellt und zur Therapie eingesetzt werden. Zu den Zytokinen werden gerechnet:
  - Interferone (IFN)
    - Interferon α
    - Interferon β
    - Interferon γ
  - Interleukine (IL)
    - Interleukin 1-12
  - Tumornekrosefaktor (TNF)
    - Tumornekrosefaktor α
    - Tumornekrosefaktor β
  - Wachstumsfaktoren
    - Erythropoetin (EPO)
    - koloniestimulierende Faktoren (CFU) von
      - Granulozyten (G-CSF)
      - Granulozyten-Makrophagen (GM-CSF)
      - Makrophagen (M-CSF)
- *Interferone*
  Interferone wirken immunstimulierend, aktivieren z.B. Makrophagen und die zelluläre Immunabwehr. Die Virusvermehrung wird reduziert, in einigen Fällen auch die Proliferation von Tumorzellen gehemmt. Alle drei Interferone können gentechnisch hergestellt werden

IFN	Produktion	Präparatebeispiel	Indikationen
α	Leukozyten	Roferon-A®	Haarzell-Leukämie, Kaposi-Sarkom, CML (Ph+), chron. Hepatitis B und C, kutanes T-Zell-Lymphom
β	Fibroblasten	Fiblaferon®	schwere Virusinfekte bei immunsupprimierten Patienten
γ	Lymphozyten	Polyferon®	chron. Polyarthritis ohne Ansprechen auf nicht-steroidale Antiphlogistika

Die Nebenwirkungen der Interferone sind vielfältig: z.B. Muskel- und Gelenkschmerzen, Müdigkeit, Abgeschlagenheit, Tremor, Kopfschmerzen, Benommenheit, Stomatitis, Appetitlosigkeit und Fieber, d.h. Nebenwirkungen, die an einen Virusinfekt erinnern. Daneben tritt gelegentlich ein Anstieg von SGOT und SGPT auf. Auch Herzrhythmusstörungen, Granulozytopenie, Anämie oder Thrombopenie sind möglich.

- *Interleukine*
  Interleukine beeinflussen die Zusammenarbeit zwischen Lymphozyten, Granulozyten und Monozyten/Makrophagen. IL-2 fördert z.B. die Ausdifferenzierung von AK-Zellen (= lymphokinaktive Killerzellen). Die Nebenwirkungen der Therapie sind ebenfalls vielfältig und eingreifend, z.B. Ödembildung, Übelkeit, Erbrechen, Erhöhung der Transaminasen, Anämie, Leukopenie, Thrombopenie, Myalgien, Arthritiden u.v.a.m.. Klinisch ist momentan nur ein Interleukin zugelassen:

IL	Präparat	Indikation
2	Proleukin®	metastasierendes Nierenkarzinom

- *Tumornekrosefaktor*
  TNF α wird von Makrophagen/Monozyten gebildet, TNF β von Lymphozyten. Der TNF ist in der Lage, eine Nekrose von Tumorgewebe herbeizuführen. Die Therapie mit dem TNF ist sehr nebenwirkungsreich

- *Erythropoetin*
  Beim Erwachsenen wird Erythropoetin (EPO) in der Niere, zu einem geringen Teil (10-15 %) auch in der Leber gebildet, beim Fetus überwiegt die Leber als Bildungsort. Hauptaufgabe des Hormons ist die Anpassung der Hämatopoese an den jeweiligen Sauerstoffbedarf des Organismus. Den wichtigsten Stimulus für die Synthese stellt deshalb die Hypoxämie dar (Anämie, Hypoxie bei Lungenerkrankungen, körperliche Aktivität mit höherem Sauerstoffbedarf). Erythropoetin stimuliert spezifische Rezeptoren der erythropoetischen Stammzellen (BFU-E und CFU-E-Zellen) mit der Folge der Bildung und Proliferation von Erythroblasten. Die Reifung vom Proerythroblasten zum Erythrozyten wird von 5 auf 2 Tage beschleunigt

niedriges EPO	• Polycythaemia vera
hohes EPO	• Anämie • Hypoxämie bei Herz und Lungenerkrankungen • Zystennieren • Hydronephrose • gelegentlich als paraneoplastisches Syndrom bei Hypernephrom
inadäquat niedriges EPO	• renale Anämie - die EPO-Werte können durchaus normal sein, sind jedoch im Vergleich zum Grad der Anämie zu niedrig

Es gelingt, die Gensequenz von menschlichem Erythropoetin in Zellkulturen (z.B. Hamsterovarialzellen) zu exprimieren und so **r**ekombinantes **hu**manes **E**rythro**po**etin (rHuEPO) zu gewinnen.

EPO	Präparat	Indikation
EPO α	Erypo®	renale Anämie
EPO β	Recormon®	renale Anämie

- *koloniestimulierende Faktoren (CSF)*
  Die koloniestimulierenden Faktoren werden zur schnelleren Überwindung einer Neutropenie nach myelotoxischer Therapie (z.B. im Rahmen einer Zytostase) eingesetzt. Die CSF verkürzen die postmitotische Teilung von fünf auf einen Tag, so daß ein Granulozytenanstieg schon nach 1-2 Tagen stattfindet
  Momentan ist ein Präparat zugelassen:

CSF	Substanz	Präparate	Indikationen
G-CSF	Filgrastim	Neupogen®	Neutropenie bei myelotoxischer Therapie (z.B. Zytostase)

2.1.1. Erythropoese

Aus der erythropoetischen Stammzelle entwickeln sich Proerythroblast, Makroblast und Normoblast. Nach dem Verschwinden des Zellkernes entsteht der Retikulozyt (Proerythrozyt). Der Retikulozyt weist noch Kernreste auf, die sich an einer speziellen Färbung (z.B. Brillant-Kresylblau) erkennen lassen. Nach 1-2 Tagen entsteht daraus der reife Erythrozyt. Retikulozyten werden zum Teil auch in das Blut ausgeschwemmt und erreichen dort bis zu 1 % der Zahl der Erythrozyten. Die Erythropoese im Knochenmark dauert ca. 5 Tage, die Lebensdauer der Erythrozyten im Blut beträgt 120 Tage. Aus 1 Proerythroblasten entstehen 16 Erythrozyten. Produktion und Schnelligkeit der Reifung können durch Erythropoetin gesteigert werden. Hyporegeneratorische Anämien (z.B. aplastische Anämie, Urämie, zytostatikainduzierte Anämie) weisen normale oder erniedrigte Retikulozytenzahlen auf, hyperregeneratorische Anämien (z.B. hämolytische Anämie, Blutungsanämie, Polyzythämie) hingegen einen gesteigerten Anteil von Retikulozyten. Im Differentialausstrich werden die Erythrozyten entsprechend ihrer Form und ihres Farbungsverhaltens unterteilt.

Form		
Anisozyten	→	Erythrozyten unterschiedlicher Größe
Poikilozytose	→	Erythrozyten mit ungleicher Form
Anulozyten	→	Erythrozyten mit wenig Hämoglobin, das sich nur als Ring, nicht jedoch in der Mitte des Erythrozyten einlagert
Target-Zellen	→	Schießscheibenzellen, bei denen im Vergleich zu den Anulozyten in der Mitte noch eine Hämoglobininsel anfärbbar ist. Target-Zellen kommen z.B. bei Thalassämie, Eisenmangel, Sichelzellanämie, Leberkrankheiten oder nach Splenektomie vor.
Dakryozyten	→	tränenförmige Zellen, z.B. bei Splenomegalie
Elliptozyten	→	elliptische E., z.B. bei hereditärer Elliptozytose
Sichelzellen	→	bei Sichelzellkrankheit (HbS)
Sphärozyten	→	Kugelzellen, klein wirkende Zellen ohne helleres Zentrum
Schistozyten	→	Fragmentozyten, "zerrissen" wirkende Zellen, z.B. bei künstlichen Herzklappen, hämolytisch-urämischem Syndrom oder thrombotisch-thrombozytopenischer Purpura
Größe		
Mikrozyten	→	kleine Zellen, z.B. bei Eisenmangel
Makrozyten	→	große Zellen, z.B. bei Alkoholabusus oder Leberzirrhose
Megalozyten	→	sehr große Zellen, z.B. bei Folsäure- oder Vitamin B_{12}-Mangel
Normozyten	→	normal große Zellen
Färbeverhalten		
Hypochromasie	→	schwach angefärbte, hämoglobinarme Zellen, z.B. bei Eisenmangel
Hyperchromasie	→	stark angefärbte Erythrozyten mit vermehrtem Hämoglobingehalt
Polychromasie, Anisochromasie	→	unterschiedliche Anfärbbarkeit der Erythrozyten, z.B. bei hohem Anteil von Retikulozyten und Hämoglobinsynthesestörungen
basophile Tüpfelung	→	punktförmige, basophile (violette) Strukturen im Erythrozyten, z.B. bei Bleivergiftung, hämolytischer Anämie u.a.
Innenstrukturen		
Howell-Jolly-Körperchen	→	Kernreste, Auftreten z.B. bei Splenomegalie
Heinzsche Innenkörperchen	→	denaturiertes Hämoglobin, z.B. bei Enzymopathien

Tab. 2.1: Bezeichnungen für Besonderheiten von Erythrozytenmorphologie, Größe und Färbeverhalten.

Das Hämoglobinmolekül besteht zu

- 97 % aus Eiweißketten (Globinmolekül)
- 3 % aus Häm

Das Globinmolekül wird aus zwei Paaren von Eiweißketten gebildet. Beim Erwachsenen liegt überwiegend Hämoglobin A (HbA) vor, das aus zwei α- und zwei β-Ketten zusammengesetzt ist.

	Art des Hämoglobins	Eiweißketten
Fetus	HbF	α_2, γ_2
Erwachsener	97 % HbA	α_2, β_2
	3 % HbA_2	α_2, δ_2

Tab. 2.2: Hämoglobinarten und Eiweißketten des Hämoglobins beim Fetus und beim Erwachsenen.

2.1.2. Granulopoese

Im Knochenmark überwiegt die Granulopoese die Erythropoese in einem Verhältnis von 3:1. Die Granulozyten entwickeln sich aus den Stammzellen über Myeloblasten, Promyelozyt, Myelozyt hin zum Granulozyten. Die Reifung dauert etwa 5-7 Tage. Die Granulozyten verbleiben nur wenige Stunden im Blut und wandern dann in das Gewebe ab. Granulozyten besitzen einen gelappten Zellkern und werden im Vergleich zu Monozyten und Lymphozyten (runder bzw. nierenförmiger Zellkern) als "polymorphkernige" (im Ggs. zu den "mononukleären") Zellen bezeichnet. Entsprechend ihrem Färbeverhalten werden die verschiedenen Gruppen der Granulozyten im Differentialblutbild ausgezählt. Granulozyten bilden 55-70 % der Gesamtleukozytenzahl. Den überwiegenden Teil stellen die neutrophilen Granulozyten. Somit müssen unterschieden werden:

Granulozyten-Typ	Charakteristikum	Aufgabe
• neutrophile • stabkernige • segmentkernige	• Endozytose • jugendliche Zellen • reife Zellen	• Infektabwehr
• eosinophile	• histaminhaltig	• Unterstützung von Entzündungsvorgängen
• basophile	• heparinhaltig	• Einfluß auf Fibrinablagerungen?

Tab. 2.3: Differenzierung der Granulozyten.

Bei akuten Infekten kommt es zu typischen reaktiven Veränderungen der Granulozyten:

• Granulozytose (Neutrophilie)	→	Anstieg der Granulozyten > 7.000/µl
• Linksverschiebung	→	Vermehrung von stabkernigen Granulozyten, Auftreten von Promyelozyten
• toxische Granulationen	→	vermehrte Granula der neutrophilen Granulozyten
• Doehlesche Einschlußkörperchen	→	basophile Schlieren im Zytoplasma der neutrophilen Granulozyten

In der Phase der Überwindung einer Infektion steigen die Monozyten an ("monozytäre Überwindungsphase"). In der anschließenden Erholungsphase wird eine geringe Eosinophilie beobachtet ("eosinophile Morgenröte").

Zusammen mit der Granulozytose werden bei Entzündungen typische laborchemische Veränderungen beobachtet: Anstieg von Blutsenkung, Fibrinogen, C-reaktivem Protein, Haptoglobin, Ferritin u.a.. Dieser Komplex an Veränderungen wird als "Akute-Phase-Reaktion" bezeichnet. Gleichzeitig läßt sich ein Rückgang von Albumin und Transferrin registrieren. Einer der Vermittler dieser Veränderungen ist Interleukin 6 (IL-6).

- *Normalwerte*

  Die Angaben erfolgen sowohl in Zellen pro µl als auch neuerdings in 10^9 Zellen/l

Art	Absolutwert (Zellen/µl)	Absolutwerte (Zellen x 10^9/µl)	Relativwert
Leukozyten	4.000-9.000/µl	4-9 x 10^9/l	
• stabkernige Granulozyten	120-450/µl	0.12-0.45 x 10^9/l	3-5 %
• neutrophile Granulozyten	2.200-6.300/µl	2.2-6.3 x 10^9/l	55-70 %
• eosinophile Granulozyten	80-360/µl	0.08-0.36 x 10^9/l	2-4 %
• basophile Granulozyten	- 90/µl	- 0.09 x 10^9/l	0-1 %
Monozyten	80-540/µl	0.08-0.54 x 10^9/l	2-6 %
Lymphozyten	1.000-3.600/µl	1-3.6 x 10^9/l	25-40 %

Tab. 2.4: Normwerte der Leukozytenkonzentration und des Differentialblutbildes.

Eine mengenmäßige Erhöhung einer Zellart (Granulozytose, Monozytose, Lymphozytose) bzw. eine Verminderung (Granulozytopenie, Monozytopenie, Lymphozytopenie) kann deshalb "absolut" oder "relativ" sein. Bei normalen Leukozytenzahlen genügt es, die Relativwerte zu überprüfen. Eine Lymphozytose bestände demnach, wenn der Anteil der Lymphozyten an den gesamten Leukozyten 40 % übersteigt. Bei nicht im Normbereich liegenden Leukozytenzahlen muß die tatsächliche Zellzahl errechnet werden. Bei 20.000 Leukozyten und 15 % Lymphozyten besteht zwar scheinbar eine relative Lymphopenie, die absolute Zellzahl (3.000/µl) liegt jedoch völlig innerhalb des angegebenen Normbereiches.

- *Leukozytose*

  Leukozytose > 10.000 Leukozyten/µl Blut

  Granulozytose > 7.000 Granulozyten/µl Blut

  Leukozytosen sind unspezifisch, da praktisch alle akuten Erkrankungen mit einem Anstieg der Leukozyten und besonders der neutrophilen Granulozyten einhergehen können. Ein großer Teil der Infektionen wird von einer Leukozytose begleitet, die im Rahmen einer bakteriellen Infektion gerade bei Kindern und Jugendlichen zu bis zu 20-30.000 Leukozyten/µl führen kann (leukämoide Reaktion).

  Ursachen einer Leukozytose sind z.B.:

  - akute Erkrankungen
  - akuter Streß
  - Unfälle
  - Hormone
    - Adrenalin, Kortison
  - Medikamente

- Leukämien
- akute Infektionen
- Intoxikationen
  - Operationen
  - Schock
- physikalische Noxen
  - Verbrennung

- *Leukopenie*

Leukopenie	< 4.000 Leukozyten/µl Blut
Granulozytopenie	< 2.000 Granulozyten/µl Blut

Ursachen einer Leukopenie sind z.B.:

- bakterielle Infektionen
  - selten, z.B. Brucellose, Typhus abdominalis, Sepsis
- toxisch
  - Benzol, Chloramphenicol u.v.m.
- Medikamente (z.B. Carbimazol)
- Hypersplenismus
- Ganzkörperbestrahlungen
- perniziöse Anämie
- Kostmann-Syndrom (kongenitale Neutropenie mit Mangel an CM-CSF)
- Myelodysplasie
- Virusinfektionen
  - häufig, z.B. infektiöse Mononukleose
- Allergien
- Autoimmunerkrankungen
- Zytostase
- maligne Infiltration des Knochenmarks
- aplastische Anämie
- zyklische Neutropenie

Therapie:

- Weglassen bzw. Behandlung der Noxe
- Stimulation der Granulopoese
- Prophylaxe gegen Infektionen

Zur Stimulation der Granulopoese steht ein den Interleukinen zuzurechnender Granulozyten-koloniestimulierender Faktor (GCSF, Neupogen®) zur Verfügung, der beispielsweise bei zytostaseinduzierter Neutropenie eingesetzt wird.

Die Leukopenie führt ab Leukozytenkonzentrationen < 1.000/µl und Granulozytenmengen < 500/µl zu einer hohen und vital bedrohlichen Infektionsneigung. Ab diesen Grenzen ist im Krankenhaus ein Schutz vor nosokomialen Infektionen durch besondere Hygienemaßnahmen angezeigt.

- *eosinophile Granulozyten*

"Eosinophile" tragen zur zellulären Abwehr bei und beeinflussen durch die Sekretion von Histamin den Entzündungsprozeß. Eine Eosinophilie läßt an parasitäre oder allergische Erkrankungen denken.

Ursachen einer Eosinophilie sind z.B.:

- abklingende Infektionen
- bestimmte Infektionskrankheiten (z.B. Scharlach)
- Parasitose (z.B. Wurmbefall, Trichinose)
- eosinophile Lungeninfiltrate (z.B. bei Askaris-Befall, tropischer Eosinophilie)
- allergische Erkrankungen (z.B. exogen allergisches Asthma bronchiale)
- allergische Reaktionen (z.B. Arzneimittelexanthem)
- Wespen-, Bienenstich
- fortgeschrittene, metastasierte Karzinome
- chronische Hautkrankheiten
- Kollagenosen
- M. Addison, Hypo- und Hyperthyreose
- M. Hodgkin
- hypereosinophiles Syndrom
- eosinophiles Granulom
- Bluterkrankungen (z.B. Eosinophilenleukämie, Mastozytose)
- Medikamente (z.B. Penicillin)

2.1.3. Monozyten/Makrophagen

Mononukleäre Zellen des Blutes (Monozyten) finden sich auch im Gewebe (Makrophagen) bzw. in Organen (z.B. in der Leber - Kupffersche Sternzellen, in Milz, Knochenmark, Lymphknoten, Lunge). Die diesen Zellen gemeinsame Eigenschaft ist die Endozytose von körperfremdem Material (z.B. Bakterien). Dieses Zellsystem wurde früher als retikuloendotheliales (RES) bzw. retikulohistiozytäres (RHS) System zusammengefaßt. Nach neuerer Auffassung wird vom Monozyten-Makrophagen-System (MMS) gesprochen. Lymphozyten werden nicht zum MMS gezählt.

Ursachen für eine Monozytose sind z.B.:

- postakutes Infektstadium
- M. Hodgkin
- infektiöse Mononukleose
- Formen der akuten Leukämie

2.1.4. Lymphozyten

Die Lymphozyten sind die immunologisch aktiven Zellen des lymphatischen Systems, die jedoch auch mit anderen Zellen wie den Makrophagen oder den Granulozyten zusammenarbeiten. Lymphozyten entstehen im Knochenmark aus der omnipotenten Stammzelle und differenzieren im Knochenmark (Bursa Fabricii-Äquivalent) zu B-Lymphozyten sowie im Thymus zu T-Lymphozyten. B-Lymphozyten differenzieren sich nach Antigenkontakt oder aufgrund der Stimulation durch T-Zellen zu immunglobulinproduzierenden *Plasmazellen* und sind so Bestandteile des *humoralen* Immunsystems. T-Lymphozyten modulieren die Immunabwehr z.B. der B-Zellen, wirken zytotoxisch, bilden Zytokine und gehören zum *zellulären* Immunsystem. B- und T-Lymphozyten können aufgrund von Zelloberflächenmarkern erkannt werden. Lymphozyten ohne B- oder T-Charakteristikum werden als "Null"-Zellen bezeichnet. Sie setzen sich vorwiegend aus NK-Zellen (natural killer cells) zusammen.

Oberflächenantigen	Zelltyp
CD2	T-Zellen, auch NK-Zellen und unreife T-Zellen
CD3	T-Zellen
CD4	T-Helfer-Zellen
CD8	T-Suppressor-Zellen
CD19, CD20	B-Zellen
CD16, CD56	NK-Zellen

Tab. 2.5: Charakteristische Oberflächenantigene verschiedener Lymphozytenpopulationen.

Das Oberflächen-Antigen CD4 charakterisiert die Helfer (T4)-Zellen, CD8 die Suppressor (T8)-Zellen. Das Verhältnis von CD4:CD8 bzw. T4:T8 beträgt etwa 2:1. Es sinkt im Verlauf des Alterns und ganz besonders bei Infektionen mit dem HIV-Virus. Im Blut finden sich vorwiegend T-Zellen.

Zelltyp	Anteil im Blut
• B-Lymphozyten	5-15 %
• T-Lymphozyten • Helfer-Zellen • Suppressor-Zellen	 50-65 % 25-35 %
• Null-Zellen	1-3 %

Tab. 2.6: Zelltypen der Lymphozyten und ihr Anteil im Blut.

Ursachen für eine *Lymphozytose* sind z.B.:

- viele Virusinfekte
- Tuberkulose
- relative Lymphozytose bei Granulozytopenie
- Plasmozytom, M. Waldenström
- chronisch-lymphatische Leukämie
- Hypophyseninsuffizienz
- M. Addison
- chronische Polyarthritis

Ursachen für eine *Lymphopenie* sind z.B.:

- akute Infektion
- maligne Lymphome (M. Hodgkin, NHL)
- Urämie
- Hypersplenismus
- M. Cushing
- essentielle Lymphozytophthise (Glanzmann)
- Masern

- Scharlach
- AIDS
- Zytostase
- Bestrahlung
- Corticosteroidtherapie
- Miliartuberkulose

2.1.5. Thrombozytopoese

Thrombozyten entstehen im Knochenmark aus *Megakaryozyten*. Während der Thrombopoese bilden sich in deren Zytoplasma Membranen, die aus dem großen Zelleib der Megakaryozyten ca. 2-6.000 Thrombozyten abgrenzen. Die Lebensdauer der Thrombozyten im Blut beträgt ca. 10 Tage. Die physiologische Konzentration variiert zwischen 140.000 und 450.000 Zellen/µl. Thrombozytopenien ab etwa 30.000 Zellen/µl und Thrombozytopathien können zu Blutungen führen (☞ Kap. 2.7.1.). Eine Erhöhung der Konzentration, eine Thrombozytose, ist in erster Linie sekundär und als Hinweis auf Erkrankungen zu werten. In seltenen Fällen besteht eine primäre Thrombozytose. Bei der Thrombozythämie oder Thrombozytosen im Rahmen von myeloproliferativen Erkrankungen können trotz hoher Thrombozytenzahlen aufgrund eines überwiegenden Anteils funktionsuntüchtiger Zellen Blutungen auftreten. Bei parainfektiösen oder -neoplastischen, reaktiven Thrombozytosen liegen aber funktionstüchtige Zellen vor, so daß in diesen Fällen ein erhöhtes Thromboserisiko bestehen kann und ab einer Thrombozytenzahl von 800.000/µl die Gabe eines Aggregationshemmers zur Prophylaxe erwogen werden sollte.

Ursachen für eine Thrombozytose sind z.B.:

- primär
  - essentielle Thrombozythämie
- sekundär
  - postoperativ
  - paraneoplastisch
  - Kollagenosen
  - Osteomyelofibrose
  - Kortisontherapie
  - nach Blutverlust
  - postinfektiös
  - nach Splenektomie
  - Polycythämia vera
  - chronisch-myeloische Leukämie
  - chronische Entzündungen

2.2. Erkrankungen der Erythropoese

2.2.1. Einteilung der Anämien

Anämien sind die häufigsten Erkrankungen der Hämatopoese. Eine Anämie liegt vor, wenn die Hämoglobinkonzentration vermindert ist (Männer: < 13 g/dl, Frauen: < 12 g/dl). Die Anämie ist ein Symptom, dem einerseits eine primäre Erkrankung des Blutes zugrundeliegen kann, das andererseits aber sekundär eine Vielzahl anderer Erkrankungen begleitet. Die Anämien können nach der Erythrozytenmorphologie eingeteilt werden, z.B. in mikro- oder makrozytäre Anämien oder in hypo- oder hyperchrome Anämien.

- *Größe der Erythrozyten*
  Einteilungskriterium ist das *MCV* (mittleres korpuskuläres Volumen der Erythrozyten):

• mikrozytäre Anämie	→	MCV < 77 fl
• normozytäre Anämie	→	77 fl < MCV < 98 fl
• makrozytäre Anämie	→	MCV > 98 fl

  Da MCV, MCH und MCHC von den Analyseautomaten immer mit ausgedruckt werden, wird auf die Angabe der Formeln zur Errechnung aus der Erythrozytenzahl, dem Hämoglobin und dem Hämatokrit verzichtet.

- *Hämoglobingehalt der Erythrozyten*
  Einteilungskriterium ist das MCH (mittleres korpuskuläres Hämoglobin, Färbekoeffizient, Hb_e) oder das MCHC (mittlere korpuskuläre Hämoglobinkonzentration):

• hypochrom	→	MCH < 27 pg
• normochrom	→	27 pg < MCH < 33 pg
• hyperchrom	→	MCH > 33 pg

- *pathogenetisches Prinzip*
  Anämien können auch nach dem pathogenetischen Prinzip unterteilt werden:

• verminderte Produktion	z.B. aplastische Anämie
• verminderte Ausreifung	z.B. Vitamin B_{12}-Mangel
• beschleunigter Abbau	z.B. Hämolyse
• vermehrter Verlust	z.B. postoperativ, (okkulte) Blutungen

❑ Symptomatik

Häufige Symptome der Anämie sind:

- Blässe
- Schwächegefühl
- Schwindel
- Müdigkeit
- Belastungsdyspnoe
- Angina pectoris (bei KHK)
- Leistungsknick
- Konzentrationsschwäche
- Kopfschmerzen
- geringe Belastbarkeit
- Tachykardie
- funktionelle Herzgeräusche

Die Hautfarbe muß immer bei ausreichendem Tageslicht und an verschiedenen Stellen (Haut, Schleimhaut, Konjunktiven, Nagelbett) begutachtet werden. Bei konstitutioneller Blässe hilft die Beurteilung von Konjunktiven *und* Nagelbett. Die Symptomatik der Anämien hängt u.a. von der Schnelligkeit ihrer Ausbildung, vom Lebensalter des Patienten und seinen Grunderkrankungen ab und äußert sich zu Beginn in eher unspezifischen Allgemeinsymptomen. Bei akuter Anämie steht der Volumenmangel (Blutdruckabfall, Tachykardie) im Vordergrund. Bereits ein Verlust von *10 %* des Blutvolumens zieht Beschwerden nach sich. Bei einer sich über einen Zeitraum von Wochen oder Monaten ausbildenden Anämie bleibt das Blutvolumen konstant. Hier kann ein Verlust von *50 %* der Sauerstoffträger (z.B. Hb von 7 g/dl) symptomarm sein. Bei diesen chronischen Anämien muß die Erythrozytensubstitution langsam erfolgen, um eine Volumenbelastung zu vermeiden, die bei herzinsuffizienten Patienten durchaus ein Lungenödem auslösen könnte. Junge Menschen werden eine Anämie als verringerte körperliche Belastbarkeit empfinden. Alte Patienten verspüren bereits bei einer geringeren Hämoglobinreduktion Symptome, die sich in durchaus ungewohnter Form, z.B. als Verwirrtheitszustände, Desorientiertheit oder "unerklärliche" Bettlägrigkeit äußern können. Patienten mit kritischer Durchblutungssituation in einem Organ können frühzeitig Symptome in diesem Organ verspüren (Angina pectoris bei KHK, Verringerung der Gehstrecke bei AVK).

2.2.2. Eisenmangelanämie

Die Eisenmangelanämie ist die mit Abstand häufigste Form der Anämie. Ihr kommt auch in den Entwicklungsländern große Bedeutung zu. Folge des Eisenmangels ist eine verminderte Synthese des Häm-Anteils. Die Erythrozyten enthalten deshalb weniger Hämoglobin und sind kleiner (*hypochrome, mikrozytäre Anämie*).

❑ **Physiologie des Eisenstoffwechsels**

Eisen kommt im Körper vor im:

- Blut
  - Hämoglobin 70 %
  - Transferrin und Serumferritin 0,1 %
- Muskel
  - Myoglobin 10 %
- Gewebe
  - Ferritin und Hämosiderin 20 %

- *Eisen*

  Die Serumeisenkonzentration beträgt:
  - bei Männern 40-155 µg/dl
  - bei Frauen 35-165 µg/dl

  Der tägliche Eisenbedarf beträgt für einen gesunden, 70 kg schweren Menschen pro Tag 1 mg und ist für Frauen im fortpflanzungsfähigen Alter doppelt so hoch. Schwangere benötigen 7 mg/die. Das oral aufgenommene Eisen ersetzt die Verluste über den Stuhlgang. Eisen kann besonders durch Fleisch und Fleischwaren, aber auch durch Getreide Obst und Gemüse zugeführt werden.

  Ist kein Eisenmangel vorhanden, wird weniger als 10 % des Nahrungseisens resorbiert. Dieser Anteil kann aber bei Eisenmangel auf über 25 % steigen. Dies gilt für die Resorption von Nahrungseisen wie auch für die Therapie mit oralen Eisenpräparaten.

- *Transferrin*
  Das resorbierte Eisen wird als Fe(III) durch Transferrin im Blut gebunden und transportiert. Die Transferrinkonzentration beträgt:
  - bei Männern 210-340 mg/dl
  - bei Frauen 200-310 mg/dl

  Im Normalfall wird nur ein Drittel der Transportkapazität ausgenutzt. Die Transferrinsättigung beträgt 16-45 %. Bei Eisenmangel steigt das Transferrin an, und der Anteil des mit Eisen gesättigten Transferrins verringert sich auf unter 15 %. Bei konsumierenden Erkrankungen (z.B. Tumor) fallen Transferrin und Eisen ab, bei Eisenüberladung (z.B. Hämochromatose) steigt die Sättigung auf über 45 %. Die Transferrinsättigung läßt sich leicht berechnen:

  Transferrinsättigung (%) = Serumeisen (μg/dl) : Transferrinkonzentration(mg/dl) x 70,9

- *Ferritin*
  Ferritin ist ein Protein, das Eisen im Gewebe, besonders in den Zellen von Leber, Milz und Knochenmark, speichern kann. Trotz dieser Eigenschaft als Gewebespeicher kann Ferritin auch im Serum gemessen werden. Seine Serumkonzentration korreliert mit der Menge des Speichereisens. Die Normalwerte sind:
  - bei Frauen 23-110 μg/l
  - bei Männern 35-217 μg/l

  Niedriges Ferritin *beweist* einen Eisenmangel. Ein Abfall von Ferritin tritt bereits bei latentem Eisenmangel auf und ist damit ein empfindlicherer Parameter als die Hämoglobinkonzentration. Hohes Ferritin kann durch eine Eisenüberladung (z.B. Hämochromatose) oder eine Eisenverwertungsstörung (z.B. Entzündungen) erklärt werden. Bei Leberparenchymerkrankungen und Tumoren steigt die Serumferritinkonzentration ebenfalls an, ohne daß in diesen Fällen noch gute Korrelationen zum gespeicherten Eisen bestehen müssen. Das Serumferritin nimmt auch mit zunehmendem Lebensalter zu.

- *Hämosiderin*
  Hämosiderin stellt eine unlösliche Form des Speichereisens dar, das nach Anfärben (z.B. eines Knochenmarksausstrichs) mit Berliner Blau in Form von intrazellulär, intramitochondrial und ringförmig perinukleär gelegenen blauen Partikeln sichtbar wird. Ein Übermaß an Zellen mit viel Hämosiderin (Ringsideroblasten) weist z.B. auf eine Eisenverwertungsstörung (sideroachrestische Anämie) hin. Hämosiderinpartikel im Urin können Zeichen einer chronischen Hämolyse sein.

  Der *Eisenmangel* kann in drei Formen unterteilt werden:

prälatent	verminderter Eisengehalt des Knochenmarks, jedoch kein niedriges Serumeisen, keine Anämie
latent	zusätzlich vermindertes Serumeisen und Ferritin sowie eine geringere Transferrinsättigung, keine Blutbildveränderungen
manifest	zusätzlich mikrozytäre, hypochrome Anämie

Tab. 2.7: Stadien des Eisenmangels.

Ursachen der Eisenmangelanämien sind:

- *erhöhter Eisenbedarf*
  Kleinkinder (1.-2. Lebensjahr), Frauen im gebärfähigen Alter (Menstruation), Schwangerschaft, Stillzeit

- *ungenügende Eisenzufuhr*
  ungenügende Fleisch- bzw. Eiweißzufuhr (Entwicklungsländer, Vegetarier)
- *ungenügende Eisenresorption*
  Achlorhydrie, Darmresektion, Malabsorptionssyndrom
- *erhöhte Eisenverluste (häufigste Ursache des Eisenmangels)*
  manifeste und okkulte Blutungen, z.B. hämorrhagische Ösophagitis oder Gastritis, Sickerblutungen aus Tumoren oder Gefäßanomalien (Teleangiektasien, Angiome) sowie bei ulzerogenen Medikamenten (ASS), Parasitosen (z.B. Fischbandwurm), intraoperativ
- *verminderte Eisenutilisation*
  chronische Infekte, Tumoren (Speicherung und verminderte Abgabe aus dem MMS bzw. RES)

In den Entwicklungsländern stellt die ungenügende Ernährung mit Fleisch oder Eiweiß eine wichtige Ursache der Eisenmangelanämie dar. In den Industrieländern sind erhöhte Eisenverluste die dominierende Ursache (80 %) für einen Eisenmangel. Die Diagnose eines Eisenmangels muß automatisch die Suche nach einem (okkulten) Blutverlust nach sich ziehen!

❑ **Symptomatik**

Symptome der Eisenmangelanämie:

- Müdigkeit, Abgeschlagenheit
- Mundwinkelrhagaden
- Rillenbildung in den Nägeln, Hohlnägel
- brüchige Haare, trockene Haut
- atrophisch wirkende, brennende Zunge (Huntersche Glossitis)
- Dysphagie bei atrophischem Ösophagusepithel (Plummer-Vinson-Syndrom)

❑ **Diagnostik**

- Blutbild
  - mikrozytäre Anämie - MCV niedrig
  - hypochrome Anämie - MCH, MCHC niedrig
- im Differentialblutbild
  - Mikrozytose, Anulozyten
  - Hypochromasie
- Eisenstoffwechsel
  - Serumeisen herabgesetzt
  - Transferrin gesteigert
  - Ferritin vermindert

Eine Eisenmangelanämie wird aus der genannten Laborkonstellation abgeleitet. Zungenbrennen und dysphagische Beschwerden sind in der Praxis selten zu beobachten. Symptome wie Müdigkeit, Leistungsabfall, Mundwinkelrhagaden oder gerillte Fingernägel sind zwar häufig, aber leider auch vieldeutig (z.B. Vitaminmangel). Eine Knochenmarkspunktion ist lediglich zum Ausschluß anderer Erkrankungen sinnvoll. Zur Differenzierung zwischen einer Anämie aufgrund eines bloßen Eisenverlustes und einer Anämie bei Tumoren oder chronischen Infekten bieten Transferrin und Ferritin Anhaltspunkte. Transferrin ist bei einem bloßen Eisenmangel erhöht, bei konsumierenden Prozessen vermindert, Ferritin ist bei Eisenmangel herabgesetzt, bei Infektionen oder Tumoren erhöht.

	Anämie durch		
	Eisenmangel	Tumor	Infekt
Hämoglobin	↓	↓	↓
Eisen	↓	↓	↓
Transferrin	↑	↓	↓
Ferritin	↓	↑	↑
Transferrinsättigung	↓	↑→	↑→

Tab. 2.8: Hilfen zur Differenzierung der Anämien bei Eisenmangel, Tumoren und Infekten.

❑ **Therapie**

- Beseitigung der Ursache des Eisenmangels
- Eisensubstitution

Eisensubstitution

Die *orale* Gabe von Eisen ist Mittel der Wahl zur Eisensubstitution, wird aber gelegentlich nicht gut vertragen (Appetitlosigkeit, Übelkeit, Erbrechen, Durchfall oder Verstopfung). Der Stuhlgang verfärbt sich schwarz und kann eine gastrointestinale Blutung verschleiern. Bei Schwarzfärbung durch Eisen bleibt der Test auf okkultes Blut aber negativ. Nicht empfehlenswert sind i.m.-Injektionen von Eisen (bleibende Hautverfärbungen möglich). Zur oralen Therapie werden zweiwertige Eisensalze [Fe(II)] in einer Dosierung von 100-200 mg/die eingesetzt. Die Einnahme 1/2-1 h vor dem Essen erhöht die Resorption, die Einnahme zum Essen ist dagegen vertraglicher. Magensaftresistente Dragees oder Kapseln senken die Nebenwirkungsrate etwas, ohne sie jedoch verhindern zu können. Das Kauen von Eisentabletten bzw. die Gabe von Tropfen können Zunge und Zähne schwarz färben. Die gleichzeitige Einnahme von Antazida, Tetrazyklinen oder Cholestyramin verringert die Resorption. Die Eisengabe wird fortgeführt, bis sich das Blutbild normalisiert hat. Das Ansprechen der Eisensubstitution sollte nach 2-3 Wochen anhand eines Anstiegs von Serumeisen und Hämoglobin verifiziert werden. Das Auffüllen der Eisenspeicher wird durch Normalisieren des Serumferritins nachgewiesen. Dies kann Monate in Anspruch nehmen. Eine Eisengabe bei Entzündungen oder Tumoren bleibt meist wirkungslos. Die parenterale Eisengabe mit dreiwertigem Eisen [Fe(III)] wird selten indiziert sein (z.B. bei Unverträglichkeit, mangelnder Resorption) und ist nebenwirkungsreich (Kopfschmerzen, Phlebitiden, Übelkeit, Kollaps).

2.2.3. Blutungsanämien

Eine chronische okkulte wie auch eine massive manifeste Blutung führt zu einem Eisenverlust. Dieser wird vom Knochenmark ausgeglichen, solange die Eisenspeicher reichen. Danach kommt es zu einer Anämie, die einer Eisenmangelanämie gleicht. Chronische Blutverluste können durch benigne (z.B. Hiatushernie mit erosiven Veränderungen, Polypen), jedoch auch durch maligne Erkrankungen (Ösophagus- oder Kolonkarzinom) verursacht werden. Bei der Diagnose einer Eisenmangelanämie muß deshalb unbedingt die Frage nach deren Ursache gestellt und eine okkulte Blutung ausgeschlossen werden. Dies sollte mit

- 3maligem Test auf okkultes Blut im Stuhl
- Urinsediment (Mikrohämaturie)
- Sputum- und gynäkologischer Anamnese

geschehen. Okkultes Blut kann mit dem Guajak-Test oder mit einem Test auf Albumin im Stuhl nachgewiesen werden. Negative Ergebnisse bei diesen Untersuchungen schließen natürlich eine Tumoranämie nicht aus!

2.2.4. Sideroblastische Anämien

syn.: sideroachrestische Anämien

Es handelt sich dabei um Störungen, aufgrund derer der Eiseneinbau in das Häm nicht adäquat erfolgen kann. Dies darf nicht mit den Porphyrien verwechselt werden, bei denen die Hämsynthese selbst gestört ist, und deren zentrale Symptome abdominelle Schmerzen, Lähmungen oder Hautausschläge sind. Bei der sideroblastischen Anämie steigt die Eisenkonzentration im Serum aufgrund des gestörten Einbaus in Hämoglobin an, das überschüssige Eisen wird in den Zellen des RES gespeichert. Dies ist in Form der sogenannten (Ring-)Sideroblasten im Knochenmarkspunktat erkennbar. Weiterhin steigt das Serumferritin, während die Transferrinsättigung sinkt. Eine vermehrte Eisenspeicherung kann auch in anderen Organen (Organosiderose) erfolgen, z.B. in Leber (Lebersiderose) und Herz, was *prognostisch* bedeutsam ist. Unterschieden werden:

angeborene Form	• kongenitale sideroachrestische Anämie
erworbene Form	• Formen der refraktären Anämie (Unterform des myelodysplastischen Syndroms) • Bleiintoxikation • medikamenteninduziert (z.B. Isoniazid) • Vitamin B_6-Mangel • Leukämien • Urämie

Tab. 2.9: Formen der sideroblastischen Anämie.

Angeborene Formen treten in der Jugend, erworbene Formen erst ab dem mittleren Lebensalter auf.

❑ **Diagnostik**

- Hypochromasie, Mikrozytose, Anämie
- erhöhtes Eisen und Serumferritin
- Knochenmarkspunktat mit (Ring-)Sideroblasten

Sideroblastische Anämien lassen sich von Anämien bei Eisenmangel oder chronischen Infekten bzw. konsumierenden Erkrankungen aufgrund von Laborparametern zwar vermuten, beweisend ist allerdings erst die Knochenmarkspunktion mit Nachweis von Ringsideroblasten.

	sideroblastische Anämie	Eisenmangelanämie	chronische Infekte, Tumorerkrankungen
Hämoglobin	niedrig	niedrig	niedrig
Serumeisen	hoch	niedrig	niedrig
Transferrin	niedrig	hoch	niedrig
Ferritin	hoch	niedrig	hoch

Tab. 2.10: Hilfen zur Differenzierung der Anämien bei sideroblastischer Anämie, Eisenmangel und chronischen Infekten bzw. Tumorerkrankungen.

❑ **Therapie**

- Pyridoxin (Vitamin B_6)
- Vorsicht mit Bluttransfusionen

Die Therapie der sideroblastischen Anämien ist problematisch. Bei erworbenen Formen steht das Beheben des Grundleidens an erster Stelle. Nur ein Teil der Patienten (mit erworbenen Formen) spricht auf die hochdosierte Gabe von Vitamin B_6, einem Co-Enzym der Hämsynthese, an. Bei der zur symptomatischen Therapie gelegentlich notwendigen Bluttransfusion wird die Überladung mit Eisen noch verstärkt, da parenteral zugeführtes Eisen kaum ausgeschieden werden kann. Dies verstärkt die Eiseneinlagerung in die Organe. Die Organsiderose muß frühzeitig mit Deferoxamin verhindert werden. Eisengaben zur Beseitigung der Anämie sind natürlich kontraindiziert. Gelegentlich wird ein Übergang in aplastische Anämien oder Leukosen beobachtet.

2.2.5. Megaloblastische Anämie

Durch einen Mangel an Vitamin B_{12} bzw. Folsäure wird die DNS-Synthese, die Kernreifung und damit der Zellumsatz aller schnell wachsenden Gewebe, also auch der gesamten Hämatopoese, gestört. Es entstehen typischerweise große Zellen der Hämatopoese (Megaloblasten), aus denen große, hämoglobinreiche Erythrozyten (makrozytäre hyperchrome Zellen), große Thrombo- und Granulozyten hervorgehen. Große Erythrozyten finden sich auch bei Leberzirrhose, Alkoholabusus, Myelodysplasie, aplastischer Anämie und einer Reihe anderer Erkrankungen.

2.2.5.1. Vitamin B_{12}-Mangelanämie

Vitamin B_{12} (Kobalamin, extrinsic factor) wird durch tierische Nahrung (Fleisch, Milch) geliefert. In den Parietalzellen des Magens wird ein "intrinsic factor" gebildet, der sich mit dem von außen zugeführten Vitamin B_{12} verbindet. Der Komplex wird im terminalen Ileum aufgenommen und durch Transportproteine (Transkobalamine) zum Speicherort (Leber) und zu den Geweben transportiert. Aufgefüllte Leberspeicher beherbergen Vitamin B_{12}-Vorräte für ca. 3 Jahre.

Die normale Serumkonzentration von Vitamin B_{12} beträgt 200-700 ng/ml. Vitamin B_{12} findet sich in Fisch, Eidotter, Leber, Käse, Quark und Fleisch. Die tägliche empfohlene Zufuhr beträgt 5 µg (z.B. ca. 100 g geräucherter Hering, 400 g Schweizer-Käse oder 3 Eier).

Vitamin B_{12}-Mangel entsteht durch:

verminderte Zufuhr	• einseitige Ernährung
verminderte Resorption	• fehlender "intrinsic factor" (z.B. bei atrophischer Antrumgastritis, Gastrektomie) • Erkrankung des terminalen Ileum (z.B. M. Crohn) • bakterielle Fehlbesiedelung des Dünndarms mit beschleunigtem Abbau von exogenem Vitamin B_{12}

Tab. 2.11: Ursachen des Vitamin B_{12}-Mangels.

Bei Produktion von Anti-Parietalzellantikörpern im Rahmen einer Autoimmunerkrankung kann es zur völligen Atrophie der Parietalzellen, zu einem Fehlen des "intrinsic factor" und damit zur *perniziösen Anämie (M. Biermer)* kommen. Bei BII-Resektion kann es zu einer bakteriellen Besiedelung der zuführenden Schlinge sowie des Dünndarms und in der Folge zu einem beschleunigten Abbau von B_{12} kommen ("Blind-loop-Syndrom").

❑ **Symptomatik**

- Zeichen der Anämie (Blässe)
- Subikterus (intramedulläre Hämolyse)
- atrophische Glossitis
- Müdigkeit, Antriebsmangel
- Neuropathie (funikuläre Spinalerkrankung/Myelose)

Blässe und Subikterus addieren sich zu einem "café-au-lait"-ähnlichen Kolorit der Haut. Bei atrophischer Glossitis wirkt die Zunge rot, glatt und verletzlich. Bei der *funikulären Myelose* handelt es sich um eine demyelinisierende Erkrankung, die besonders den Hinterstrang (Oberflächensensibilität) und den Seitenstrang (Tiefensensibilität - aufgehobenes Vibrationsempfinden beim Aufsetzen der Stimmgabel) betrifft und deshalb mit Reflexabschwächung, Polyneuropathie (Kribbeln, Para- bzw. Hypästhesie) und spinaler Ataxie einhergeht. Auch bei Polyneuropathie *ohne* Anämie muß ein Vitamin B_{12}-Mangel ausgeschlossen werden.

❑ **Diagnostik**

- makrozytäre, hyperchrome Anämie
- niedriger Vitamin B_{12}-Spiegel
- Beckenkammbiopsie (Megaloblasten)

In ausgeprägten Fällen ist das MCV größer als 110 fl. Bei schweren Formen wird auch die Produktion von Leukozyten und Thrombozyten gehemmt, so daß eine *Panzytopenie* entstehen kann. *Übersegmentierte*, "alte" Granulozyten nehmen zu. Im Knochenmark kommt es zu einer kompensatorisch gesteigerten, jedoch gestörten Kernreifung mit intramedullärer Hämolyse. Die Laktatdehydrogenase (*LDH*) im Serum steigt und kann Werte von 500-1.000 U/l annehmen. Entsprechend ist das Haptoglobin vermindert und das indirekte Bilirubin erhöht. Typisch sind die Megaloblasten im Knochenmarkspunktat, das deshalb zur Diagnosesicherung vor der B_{12}-Gabe gewonnen werden sollte. Weiterhin muß die *Ursache* geklärt werden. Dazu gehören die *Gastroskopie* mit Schleimhautbiopsie und die Bestimmung der Antikörper gegen Parietalzellen und den "intrinsic factor" selbst. Bei atrophischer Gastritis werden wegen des damit verbundenen gesteigerten Risikos eines Magenneoplasmas Kontrollgastroskopien in jährlichen Abständen empfohlen. Im Schilling-Test kann eine verminderte Resorption und die Normalisierung nach Gabe des intrinsic factor diagnostiziert werden. Der *Schilling-Test* wird mit Vitamin B_{12}, markiert mit zwei

Nukliden (^{57}Co und ^{58}Co), ohne und gekoppelt mit "intrinsic factor" (IF) durchgeführt. Die Radioaktivität im Sammelurin gibt Auskunft über die Resorption mit und ohne IF.

❑ **Therapie**

- Vitamin B_{12}-Zufuhr (parenteral)

Cyano- oder Hydroxokobalamin in einer Dosis von 100 µg (z.B. Cytobion®) wird anfangs täglich i.m. gegeben. Nach 7 Tagen kann auf eine Dosis pro Woche, nach 3 Monaten auf 1x/Monat übergegangen werden. Die orale Gabe wird in vielen Fällen erfolglos sein, da die Ursache (z.B. atrophische Gastritis) fortbesteht. In jedem Fall müssen die Retikulozytenwerte nach 1-2 Tagen ansteigen und das Blutbild nach einer Woche Besserungstendenz zeigen. Auf eine genügende *Eisen-* und Kaliumzufuhr ist in dieser Zeit zu achten. Eine behandelbare Ursache (Fischbandwurm, "Blind-loop-Syndrom") muß behoben werden.

2.2.5.2. Folsäuremangel-Anämie

Folsäure ist ein Vitamin, das besonders in grünen Salaten, Gemüsen, Pilzen und Leber vorkommt und im Darm nur in geringen Mengen produziert werden kann. Die Resorption erfolgt im Jejunum, die Speicherung findet wie beim Vitamin B_{12} in der Leber statt (ausreichende Speicherung aber nur für einige Monate). Die normalen Folsäurewerte im Serum betragen 2,5-20 ng/ml. Die empfohlene tägliche Aufnahme beträgt 400 µg, Schwangere benötigen mehr.

Ein Folsäuremangel entsteht bei:

mangelnder Zufuhr	• z.B. Alkoholiker, einseitige Ernährung, lange parenterale Ernährung
erhöhtem Bedarf	• Schwangerschaft, Laktation, hoher Zellumsatz
mangelnder Resorption	• Malabsorptionssyndrom (ausgedehnte Darmresektionen, Sprue), Medikamente (Phenytoin)
verminderter Wirkung	• Folsäureantagonisten (z.B. Methotrexat)

Tab. 2.12: Ursachen des Folsäuremangels.

❑ **Symptomatik**

- makrozytäre Anämie
- atrophische Glossitis
- Mundwinkelrhagaden

Im Gegensatz zum B_{12}-Mangel verursacht der Folsäuremangel keine Polyneuropathie.

❑ **Diagnostik**

- Folsäurebestimmung im Serum

Da ein Vitamin B_{12}-Mangel ähnliche Symptome hervorrufen kann und aufgrund der möglichen bleibenden Folgen eine funikuläre Myelose nicht übersehen werden darf, muß neben der Folsäure immer *auch* der B_{12}-Spiegel bestimmt werden.

❑ **Therapie**

- *Folsäurezufuhr*
  Da meist eine mangelnde Zufuhr oder ein vermehrter Bedarf, jedoch keine Resorptionsstörung vorliegt, genügt die orale Folsäuregabe (z.B. Folsan®-Tbl., 1-2 Tbl./die). Bei Therapie einer megaloblastären Anämie mit Folsäure muß ein gleichzeitiger B_{12}-Mangel ausgeschlossen werden

2.2.6. Hämolytische Anämien

Hämolytische Anämien sind gekennzeichnet durch einen verstärkten Untergang der Erythrozyten und damit durch eine verkürzte Halbwertszeit. Das Knochenmark kann einen gering beschleunigten Abbau durch Hyperplasie kompensieren (kompensierte Hämolyse). Als Hinweis darauf steigen im peripheren Blut die Retikulozyten an. Bei starker Hämolyse kommt es zum Abfall der Erythrozytenzahl und schließlich zu körperlichen Symptomen (dekompensierte hämolytische Anämie). Im Normalfall wird der Erythrozyt nach 110-120 Tagen aus der Zirkulation entfernt. In 80 % d.F. werden die gealterten Zellen vom retikuloendothelialen System (RES) aufgenommen und intrazellulär abgebaut (extravasale Hämolyse). In 20 % d.F. zerfallen die Erythrozyten intravasal (intravasale Hämolyse). Eine verstärkte intravasale Hämolyse kann beispielsweise durch künstliche Herzklappen oder durch komplementbindende Autoantikörper (Transfusion einer falschen Blutgruppe im AB0-System) entstehen. Bei der extravasalen Hämolyse werden die Erythrozyten lediglich durch Autoantikörper "markiert" und vorwiegend in Milz sowie Leber erkannt und phagozytiert. Das RES kann die Erythrozyten über inkomplette und nicht-komplementbindende Autoantikörper oder durch Membranschäden selbst (Sphärozytose) erkennen.

- *Haptoglobin*
  Das bei intravasaler Hämolyse freiwerdende Hämoglobin wird durch Haptoglobin gebunden und innerhalb weniger Minuten vom RES aufgenommen. Haptoglobin wird dabei verbraucht. Bei gesteigert intravasaler Hämolyse sinkt also die Haptoglobinkonzentration im Serum
- *Hämopexin*
  Übersteigt die Hämolyse die Transportkapazität von Haptoglobin, so wird das Hämoglobin oxydiert und zerfällt in Häm und Globin. Hämopexin, in viel geringerem Maße auch Albumin, binden das so entstandene Häm und transportieren es zum RES
- *Hämoglobinurie*
  Werden die genannten Mechanismen durch eine zu starke Hämolyse überschritten, so wird freies Hämoglobin über die Niere ausgeschieden (roter Urin auch nach Zentrifugation). Geringe Mengen werden noch tubulär reabsorbiert. Eine massive Hämoglobinurie birgt die Gefahr eines akuten Nierenversagens in sich

❑ **Symptomatik**

- Anämie
- Ikterus
- Splenomegalie (Hepatomegalie)
- Hämoglobinurie

Die Hämolyse kann konstant oder in Schüben verlaufen. Hämolytische Schübe verlaufen symptomarm oder manifestieren sich klinisch durch Schüttelfrost, Fieber, Ikterus, Rückenschmerzen und Kollaps. Durch die Phagozytose in Milz und Leber kommt es zu Spleno- bzw. Hepatomegalie.

❑ **Diagnostik**

- *LDH-Erhöhung*
  Beim Zerfall der Erythrozyten wird intrazelluläre Laktatdehydrogenase frei und kann bei ausgeprägten Fällen auf über 1.000 U/l steigen. Daneben steigen HBDH und Eisen ebenfalls
- *Blutbildveränderungen*
  - Retikulozytenanstieg
  - normochrome, normozytäre Anämie
  - Anisozytose und Poikilozytose

- *Haptoglobinverminderung*
  Haptoglobin wird mit dem freiwerdenden Hämoglobin zusammen im RES abgebaut und sinkt somit bei intravasaler Hämolyse
- *Bilirubinerhöhung*
  Das aus dem RES freiwerdende Bilirubin wird, im Plasma an Albumin gebunden, als indirektes, wasserunlösliches und damit nicht nierengängiges Bilirubin zur Leber transportiert. Das glukuronidierte Bilirubin wird im Darm in Urobilinogen umgewandelt, teilweise resorbiert und über die Nieren ausgeschieden (Urobilinogenurie im Urinstatus)
- *Schleiersenkung*
  Retikulozyten senken sich langsamer ab, so daß sich im Blutsenkungsröhrchen keine scharfe Grenze zwischen Plasma und Erythrozyten bildet. Die Blutsenkung ist bei Anämie generell erhöht
- *Hämoglobinämie, Hämoglobinurie*
  Nach Zentrifugation von antikoaguliertem Blut sollte der Überstand die gelbliche Farbe des Plasmas besitzen. Im Plasma bzw. im Urin kann das Hämoglobin bestimmt werden.

  Zur Messung der *Erythrozytenüberlebensdauer* werden vom Patienten entnommene und radioaktiv markierte Erythrozyten diesem wieder injiziert. Durch Ganzkörpermessungen wird das Organ bestimmt, in dem die Hämolyse stattfindet. Bei vorwiegender Hämolyse in der Milz kann die Splenektomie sinnvoll sein. Die *Knochenmarkshistologie* zeigt eine kompensatorische Hyperplasie der Erythropoese

❑ **Komplikationen**

- Gallensteine
- aplastische Krisen

Durch den gesteigerten Bilirubinstoffwechsel und die höhere biliäre Ausscheidung wird die Bildung von Gallensteinen (Pigmentsteine, keine Cholesterinsteine) gefördert. Gallensteine bei jungen Patienten sollten immer auch an eine chronische Hämolyse denken lassen. Nach einer schweren Hämolyse treten gelegentlich vorübergehende aplastische Krisen auf.

2.2.6.1. Einteilung der hämolytischen Anämien aufgrund ihres Pathomechanismus

korpuskuläre hämolytische Anämien

• Störungen der Erythrozytenmembran, z. B.
  • hereditäre Sphärozytose
  • hereditäre Elliptozytose
  • Akanthozytose und Stomatozytose
• Störungen des intrazellulären Stoffwechsels
  • enzymopenische hämolytische Anämien (z.B. Favismus)
• Störungen der Hämoglobinsynthese
  • verminderte Synthese einzelner Ketten (z.B. Thalassämien)
• Synthese von anomalen Hämoglobinen
  • Hämoglobinopathie (z.B. Sichelzellanämie)

nicht-korpuskuläre hämolytische Anämien

• serologisch
  • inkomplette Wärmeautoantikörper
  • Kälteagglutinine
  • bithermische Antikörper
• paroxysmale nächtliche Hämoglobinurie
• mechanisch
• thermisch
• toxisch

Tab. 2.13: Ursachen der hämolytischen Anämien.

Bei den korpuskulären hämolytischen Anämien liegt meist ein **angeborener** Strukturdefekt der Erythrozyten vor. Bei den **erworbenen**, nicht-korpuskulären hämolytischen Anämien führen verschiedene nicht-erythrozytäre Ursachen zur Hämolyse.

2.2.6.2. Hereditäre Sphärozytose (Kugelzellanämie)

Die Sphärozytose ist eine der häufigsten angeborenen hämolytischen Anämien. Etwa 0,01 % der Bevölkerung sind davon betroffen. Ein autosomal-dominant vererbter (auf Chromosom 8) Defekt der Membran führt zu einer gestörten Ionenpermeabilität, zu einem vermehrten Einstrom von Natrium sowie Wasser in die Zellen und zur Ausbildung von kugelförmigen Erythrozyten (Sphärozyten). Aufgrund der dadurch veränderten Eigenschaften (geringere osmotische und mechanische Resistenz, geringere Verformbarkeit) kommt es beim Durchtritt besonders durch die Milz schneller zur Schädigung und zur Phagozytose, wodurch die Erythrozytenüberlebensdauer sinkt und sich die Milz im Regelfall vergrößert. In schweren Fällen manifestiert sich die Erkrankung schon in der Kindheit, in leichten Fällen sind die Symptome sehr diskret. Die Erkrankung verläuft in Schüben, so daß nach hämolytischen Krisen auch jahrelang keine Symptome auftreten können.

❑ **Symptomatik**

- positive Familienanamnese
- Anämie
- Splenomegalie
- Ikterus

❑ **Komplikationen**

Mißbildungen, Retardierung der Entwicklung, Turmschädel, Ulcera cruris, Gallensteine, aplastische Phasen nach hämolytischen Krisen.

❑ **Diagnostik**

- normochrome, mikro- bzw. normozytäre Anämie
- Hämolysezeichen (s.o.)
- Kugelzellen (Sphärozyten) im Blutausstrich
- verkürzte Erythrozytenüberlebenszeit
- verminderte osmotische Resistenz
- Hyperplasie der Erythropoese im Knochenmark

Entscheidend ist das Vorhandensein von Sphärozyten im Differentialblutbild. Kugelzellen erscheinen im Mikroskop kleiner und ohne helleres Zentrum (Blickdiagnose). Allerdings müssen nicht alle Erythrozyten die typische Kugelform besitzen. Die Testung der osmotischen Resistenz in verschieden konzentrierten Kochsalzlösungen untermauert die Diagnose.

❑ **Therapie**

- *Splenektomie*
  Durch die Splenektomie normalisiert sich die verkürzte Überlebenszeit. Das optimale Alter für den Eingriff scheint das 5.-10. Lebensjahr zu sein. Eine zu frühe Operation kann zur OPSI (overwhelming postsplenectomy infection), einem septischen Krankheitsbild, führen. Eine zu späte Operation verhindert nicht die möglichen Folgen der Hämolyse (Gallensteine, Retardierung). Die Splenektomie beseitigt weitgehend die Hämolyse und die damit verbundenen Symptome. Bei Vorliegen von Nebenmilzen kann der Erfolg ausbleiben

2.2.6.3. Weitere Störungen der Erythrozytenform

- hereditäre Elliptozytose (Ovalozytose) → ovale Erythrozyten
- hereditäre Stomatozytose → das sonst rundliche helle Zentrum erscheint oval ("maulartig")
- hereditäre Akanthozytose → stechapfelartige Formen der Erythrozyten

Bei diesen Veränderungen können in unterschiedlichem Umfang Hämolysen stattfinden. Die Klinik hängt vom Grad der Hämolyse ab. Diagnostisch entscheidend ist wieder das Differentialblutbild mit der Beurteilung der Erythrozytenform. Die Laborbefunde ähneln prinzipiell denen der Sphärozytose, sind aber meist nicht so stark ausgeprägt.

2.2.6.4. Enzymopenische hämolytische Anämien

Der Erythrozyt gewinnt seine Energie durch die Glykolyse. Durch Störung in einem der beteiligten Stoffwechselwege kann es ebenfalls zur Hämolyse kommen. Es existieren mittlerweile eine Vielzahl solcher meist seltener Enzymstörungen, von denen die beiden häufigsten nachfolgend besprochen werden.

- **Glukose-6-Phosphatdehydrogenasemangel (Favismus)**

Dieser X-chromosomal vererbte (Männer: Merkmalsträger, Frauen: Konduktorinnen) Enzymmangel resultiert in einer Verminderung von reduziertem Glutathion und ist eine der häufigsten angeborenen Stoffwechselkrankheiten. Oxydierende Substanzen werden dadurch nicht mehr "entgiftet" und führen zur Oxydation und Denaturierung, z.B. von Hämoglobinmolekülen, die dann nach Anfärbung als sogenannte Heinzsche Innenkörperchen innerhalb der Erythrozyten sichtbar werden können. Die Erkrankung ist in Malariagebieten und im Mittelmeerraum nicht so selten wie z.B. in Deutschland. Die Störung ist mit einer größeren Resistenz gegenüber Malaria verbunden.

❑ **Symptomatik**

- *hämolytische Krisen*
  Symptome treten Stunden bis Tage nach Aufnahme oxydierender Substanzen, z.B. von Medikamenten (ASS, Phenazetin, Chloroquin), Vicia faba-Bohnen (Favismus) mit Schüttelfrost, Fieber und Ikterus auf

❑ **Diagnostik**

- normochrome, normozytäre Anämie
- Hämolysezeichen (s.o.)
- Heinzsche Innenkörperchen

Der Nachweis von Heinzschen Innenkörperchen ist unspezifisch. Der klinische Alltag stützt sich meist auf den zeitlichen Zusammenhang zwischen Einnahme der Noxe und Hämolyse. Der Nachweis des Enzymdefektes kann nur in Speziallabors geführt werden.

❑ **Therapie**

- strenges Vermeiden der Noxe
- genetische Beratung (X-chromosomale Vererbung)

● **Pyruvatkinasemangel**

Zugrunde liegt ein autosomal-rezessiv vererbter Mangel an Pyruvatkinase, der zu einem Mangel an ATP führt. Die Erythrozyten werden leichter geschädigt und meist in der Milz abgebaut.

❑ **Symptomatik**

- normochrome, normozytäre Anämie, Akanthozytose
- Hämolysezeichen
- Splenomegalie
- *keine* Heinzschen Innenkörperchen

❑ **Diagnostik**

Wenn bei bestehenden Kriterien der Hämolyse keine Ursache gefunden werden kann, muß an den Pyruvatkinasemangel gedacht werden. Die Diagnose des Enzymdefektes erfolgt ggf. in Speziallaboratorien.

❑ **Therapie**

- symptomatisch
- Splenektomie nur in Einzelfällen

2.2.6.5. Thalassämie

syn.: Mittelmeeranämie

❑ **Definition**

Bei den Thalassämien liegt ein angeborener Defekt der Hämoglobinsynthese vor, der bei Bewohnern des Mittelmeerraumes (z.B. Italien und Griechenland) häufiger vorkommt. Eine der Hämoglobinketten wird nicht (homozygote Form) oder vermindert (heterozygote Form) synthetisiert. Als Ausgleich wird eine andere Hämoglobinkette vermehrt hergestellt. Ein Teil der überschüssigen Ketten denaturieren und imponieren im Mikroskop als Heinzsche Innenkörperchen. Homozygote Formen treten bald nach der Geburt auf, heterozygote Formen können dagegen mit geringen Symptomen einhergehen und erstmals im Erwachsenenalter manifest werden. Der im Namen angeführte Kettentyp bezeichnet das Hämoglobin, *das nicht produziert werden kann.*

❑ **Symptomatik**

● **β-Thalassaemia maior (Cooley-Anämie)**

Bei dieser homozygoten ("maior") Störung wird die α-Kette des Hämoglobins nicht synthetisiert. Dies ruft eine schwere Symptomatik hervor:

- Hämolyse
- Ikterus
- Hepato- und Splenomegalie

Im Röntgenbild des Schädels erscheint die Kalotte verbreitert und strähnig (stark vermehrte Erythropoese - "Bürstenschädel"). Eine körperliche und geistige Retardierung kann vorliegen. Die Erkrankung tritt schon bei Geburt auf und besitzt eine schlechte Prognose.

- **β-Thalassaemia minor**

Die heterozygote Form weist eine geringere und variable Symptomatik auf, sie besitzt einen insgesamt sehr viel milderen Verlauf und eine günstigere Prognose.

❑ **Diagnostik**

- Hypochromasie
- Targetzellen, Stomatozyten
- Hämolysezeichen
- Hämoglobinelektrophorese

Als Besonderheit führen die Thalassämien zu einer Hypochromasie, die sich auch in Form der (unspezifischen) Target-Zellen und der Stomatozyten im Differentialausstrich bemerkbar macht. Wichtigste Untersuchung ist die *Hämoglobinelektrophorese*, bei der der fehlende Kettentyp (Hämoglobin β-Kette) nachgewiesen werden kann. Dabei überwiegen HbF (Hämoglobinketten $\alpha_2\gamma_2$) und HbA_2 (Hämoglobinketten $\alpha_2\delta_2$). HbF ist beim Erwachsenen normalerweise nicht mehr in den Erythrozyten vorhanden, HBA_2 in weniger als 3 %. Bei der Thalassaemia maior kann der HbF-Anteil bis 50-90 % betragen, während das HbA_2 den verbleibenden Anteil ausmacht.

❑ **Therapie**

- symptomatisch
- Splenektomie
- Knochenmarkstransplantation
- genetische Beratung

Bei heterozygoten Merkmalsträgern mit geringen Krankheitszeichen wird lediglich eine symptomatische Anämie, z.B. durch Bluttransfusionen, behandelt. Bei den schweren homozygoten Formen wird, bei Anämien mit überwiegendem Abbau der Erythrozyten in der Milz, die Splenektomie durchgeführt und, ebenfalls nur bei der homozygoten Form, die Knochenmarkstransplantation erwogen. Die genetische Beratung ist bedeutsam für heterozygote Merkmalsträger.

Sehr häufige Bluttransfusionen führen jedoch zu einer Eisenüberladung des Organismus. Im Organismus sind zirka 50 mg Eisen/kg KG, also etwa 3,5 g Eisen gespeichert. Mit einer Bluttransfusion werden etwa 200 mg Eisen zugeführt. Bei mehr als 15 g Gesamtkörpereisen kommt es zu Funktionseinbußen derjenigen Organe, in die Eisen eingelagert wird (Leber, Pankreas, Herz, Hypophyse), so daß es zum Krankheitsbild der sekundären Hämochromatose ("Bronzediabetes") kommen kann. Dies ist nach etwa 100 Bluttransfusionen des Fall. Sind derart häufige Transfusionen nicht zu umgehen, wird eine begleitende Therapie mit Desferoxamin (Desferal®) durchgeführt. Diese kann als subkutane oder als intravenöse Infusion im Anschluß an die Bluttransfusion stattfinden.

2.2.6.6. Paroxysmale nächtliche Hämoglobinurie

syn.: Marchiafava-Micheli-Anämie, Schlafhämoglobinurie

❑ **Definition**

Die paroxysmale nächtliche Hämoglobinurie ist eine sehr seltene, bevorzugt im mittleren Lebensalter auftretende Erkrankung, bei der sich die hämolytischen Phasen vorwiegend in der Nacht abspielen. Ursache scheint ein erworbener Membrandefekt zu sein, der *alle* Zellreihen betreffen und deshalb auch zur Verminderung von Thrombozyten und Granulozyten führen kann (Panzytopenie). Die Erkrankung verläuft oft leicht, selten schwer mit massiven nächtlichen hämolytischen Krisen. In wenigen Fällen kommt es zum Übergang in eine aplastische Anämie oder eine akute Leukämie.

❑ **Symptomatik**

- Rotfärbung des Morgenurins (Hämoglobinurie)
- Splenomegalie
- Anämie
- Ikterus
- Thromboembolien

❑ **Diagnostik**

- Hämolysezeichen (s.o.)
- Anisozytose, Poikilozytose im Differentialausstrich

❑ **Therapie**

- symptomatisch
- Antikoagulation (Phenprocoumon)
- Knochenmarkstransplantation

In der überwiegenden Zahl der Fälle wird symptomatisch therapiert, bei Thromboembolien auch mit *Antikoagulation.* Bei schweren Verlaufsformen ist die Knochenmarkstransplantation möglich.

2.2.7. Hämoglobinopathien

Ursache ist ein punktueller Defekt der Aminosäurestruktur des Hämoglobins. Neben der bekannten Sichelzellkrankheit wurden bislang schon einige hundert anomale Hämoglobine entdeckt, die jedoch nicht in jedem Fall mit einer Funktionsstörung und damit mit klinischen Symptomen verbunden sein müssen.

2.2.7.1. Hämoglobin-S-Krankheit (Sichelzellanämie)

Sie ist eine autosomal-dominant vererbte Erkrankung, bei der im Hämoglobin A (HbA) an einer Stelle Glutaminsäure durch Valin ersetzt ist (HbS). Bei Homozygoten kommt es dadurch speziell bei Sauerstoffmangel zum Ausfallen des HbS unter Bildung länglicher Strukturen, die sich noch weiter zu Bündeln zusammenlagern. Dadurch verformen sich die Erythrozyten zur Sichelform, verlieren ihre Flexibilität, aggregieren, blockieren die Mikrozirkulation, hämolysieren und werden verstärkt vom RES aus der Zirkulation entfernt. Heterozygote sind dagegen meist symptomfrei. Die Erkrankung ist in Westeuropa sehr selten. In einzelnen Regionen Afrikas sind Heterozygote häufig, da Malariaplasmodien HbS-haltige Erythrozyten (wie beim Favismus) weniger schnell schädigen. Bei Homozygoten besteht eine verkürzte Lebenserwartung, nicht dagegen bei Heterozygoten.

❑ **Symptomatik** *(bei Homozygoten)*

- normochrome, normozytäre Anämie
- Hämolysezeichen, Ikterus
- Spleno- und Hepatomegalie
- Schmerzattacken bei Mikroembolien/Organinfarkten

Mikroembolien verursachen ein buntes klinisches Bild an Symptomen (Leib- und Rückenschmerzen) und Komplikationen (Milzinfarkte, aseptische Knochennekrosen).

❑ **Diagnostik**

- Differentialblutbild (Sichelzellen, Anisozytose, Targetzellen)
- Sichelzelltest
- Hämoglobinelektrophorese

Beim *Sichelzelltest* werden die Erythrozyten einem Sauerstoffmangel oder reduzierenden Substanzen ausgesetzt. Entscheidend für die Diagnose ist erneut die *Hämoglobinelektrophorese*, mit der das pathologische HbS nachgewiesen wird.

❑ **Therapie**

- symptomatisch
- Knochenmarkstransplantation

Symptomatisch werden Bluttransfusionen gegeben und der Schmerz wird behandelt. In Einzelfällen mit schwerem Verlauf kann eine Knochenmarkstransplantation erwogen werden.

2.2.8. Autoimmunhämolytische Anämien

Die autoimmunhämolytischen Anämien gehören zu den extrakorpuskulären hämolytischen Anämien. Grundprinzip ist ein Fixieren von Autoantikörpern auf der Erythrozytenmembran. Inkomplette Antikörper, häufig vom IgG-Typ, lagern sich der Membran an, führen jedoch zu keiner Agglutination. Komplette Antikörper, z.B. vom IgM-Typ, führen zur Agglutination. Ein Teil der inkompletten Autoantikörper, ebenso wie die Mehrzahl der kompletten Autoantikörper, kann das Komplementsystem aktivieren. Nach Agglutination und Komplementaktivierung erfolgt die Hämolyse intravasal, sonst durch Phagozytose im RES extravasal. Wichtige antikörperbedingte hämolytische Anämien sind der hämolytische Transfusionszwischenfall und der M. haemolyticus neonatorum. Hämolysen aufgrund von Medikamenten werden z.B. bei Penicillin, Cephalosporinen und α-Methyldopa beobachtet. Bei einem überraschenden Abfall der Hämoglobinkonzentration muß neben einer Blutung auch an eine Hämolyse gedacht werden.

Bei einem Teil der autoimmunhämolytischen Anämien liegt eine Temperaturabhängigkeit der Antikörperbindung vor. Unterschieden werden drei mögliche Reaktionstypen:

- Wärmeautoantikörper
- Kälteagglutinine
- biphasische Kältehämolysine

2.2.8.1. Inkomplette Wärmeantikörper

Inkomplette Wärmeantikörper (IgG) können als Folge verschiedener Vorgänge auftreten:

- idiopathisch
- sekundär
  postinfektiös, medikamenteninduziert, als paraneoplastisches Syndrom, bei Non-Hodgkin-Lymphomen (z.B. chronisch lymphatischer Leukämie) sowie bei Kollagenosen (z.B. bei systemischem Lupus erythematodes) u.a.

❑ **Symptomatik**

- Anämie
- Ikterus
- Hepato- und Splenomegalie
- hämolytische Schübe

Da es sich um inkomplette Antikörper handelt, steht die Phagozytose und die extravasale Hämolyse im Vordergrund. Eine dennoch vorhandene geringe intravasale Hämolyse kann symptomlos sein, in schweren Fällen aber auch mit Fieber, Schüttelfrost, Glieder-, Rücken- und Bauchschmerzen, Tachykardie, Blutdruckabfall und Hämoglobinurie einhergehen.

❑ **Diagnostik**

- normochrome, normozytäre Anämie
- Hämolysezeichen (s.o.)
- direkter Coombs-Test

Der *direkte* Coombs-Test ist entscheidend zum Nachweis von bereits auf der Erythrozytenoberfläche gebundenen inkompletten IgG. Nach Zugabe von Coombs-Serum (Antikörper gegen humanes IgG) agglutinieren die Ig-beladenen Erythrozyten (positiver direkter Coombs-Test).

Der *indirekte* Coombs-Test dient dem Nachweis zirkulierender Antikörper im Blut (z.B. Rhesusantikörper im Blut Rhesus-negativer Schwangeren gegen ihr Rhesus-positives Kind). Beim indirekten Coombs-Test werden dem Serum Rhesus-positive Test-Erythrozyten zugesetzt, an die sich vorhandene inkomplette IgG binden können. Erst dann wird Coombs-Serum zugegeben. Kommt es zur Agglutination (positiver indirekter Coombs-Test), sind IgG im Blut der Mutter vorhanden.

❑ **Therapie**

- Behandlung der Grundkrankheit
- Absetzen der Noxe
- Suppression der Autoantikörperproduktion
  - Kortisonbehandlung
  - Versuch einer Immunsuppression
- Splenektomie

Die Suche nach der Ursache und deren kausale Behandlung ist wichtig, da eine sekundäre autoimmunhämolytische Anämie der Grundkrankheit längere Zeit vorausgehen kann. In Einzelfällen bei vorwiegender extravasaler Hämolyse in der Milz und erfolgloser Therapie mit anderen Methoden, kann eine Splenektomie sinnvoll sein.

2.2.8.2. Kälteagglutinine

Kälteagglutinine treten bei allen Menschen, jedoch mit geringen Titern und niedriger Reaktionstemperatur auf. Bei pathologischen Kälteagglutininen, "kompletten", agglutinierenden Antikörpern vom IgM-Typ, bestehen höhere Titer und eine höhere Reaktionstemperatur (z.B. 30 °C). Dies wird bei kalter Umgebung zuerst in den Akren erreicht. Durch die daraus resultierende Erythrozytenaggregation wird die Durchblutung reduziert (Raynaud-artige Symptome) und es tritt eine Hämolyse ein.

❑ **Ursachen der Kälteagglutinine:**

- idiopathisch (Kälteagglutininkrankheit)
- sekundär (Kälteagglutininsyndrom)
  - postinfektiös (Virusinfekte, Mykoplasmen)
  - lymphoproliferative Erkrankungen (z.B. CLL)

Bei der postinfektiösen Genese bestehen relativ geringe Titer, die, ebenso wie die Symptomatik, auch noch mit zunehmendem Abstand zur Infektion abnehmen. Die Kälteagglutininkrankheit hingegen ist gekennzeichnet durch unveränderte, starke Symptomatik, die schon in der Kindheit auftritt.

❑ **Symptomatik bei Kälteexposition**

- Akrozynose
- Taubheits- und Kältegefühl

Bei Aufenthalt in kalter Umgebung kommt es zu bläulich-livider Verfärbung der Akren (Finger, Nase, Ohren, Zehen), verbunden mit einem Taubheits- und Kältegefühl. Die Patienten vermeiden von sich aus bereits die Kälteexposition, so daß Nekrosen (z.B. der Fingerkuppen) kaum auftreten.

- Hämolyse
- Anämie
- Ikterus

Handelt es sich um komplementbindende hämolysierende Kälteagglutinine, so ruft die Kälteexposition eine Hämolyse mit den damit verbundenen Symptomen (Ikterus, Blässe und Schwäche) und Laborbefunden hervor.

❑ **Diagnostik**

- Kälteagglutinintiter positiv
- Verklumpung der Erythrozyten beim Blutausstrich im Labor

Zur Untersuchung auf Kälteagglutinine muß die Blutprobe "warm" ins Labor gebracht werden. Bei kälteinduzierter schmerzhafter Akrozyanose **ohne** Kälteagglutinine muß differentialdiagnostisch an den M. Raynaud gedacht werden, bei dem die Vasokonstriktion reflektorisch ebenfalls durch Kälte gefördert wird.

❑ **Therapie**

- symptomatisch

Wirksam ist der Schutz vor Abkühlung der Akren. Kortisontherapie oder Immunsuppression sind wenig erfolgversprechend. Bei Infusionen oder Transfusionen sollte auf Körpertemperatur angewärmt werden. In schweren Fallen kann auf Immunsuppressiva und Plasmapherese zurückgegriffen werden.

2.2.8.3. Bithermische Antikörper

Bei der autoimmunhämolytischen Anämie durch bithermische Antikörper (Donath-Landsteiner) binden sich die Antikörper bei niedrigen Temperaturen, führen allerdings erst nach Wiedererwärmung zur Hämolyse.

2.2.9. Andere Ursachen der hämolytischen Anämie

- *mechanisch*
  Mechanisch geschädigte Erythrozyten sind im Mikroskop als Schistozyten oder Fragmentozyten (Burr-Zellen) zu erkennen. Lange Märsche (Marschhämoglobinurie) oder Langstreckenläufe, die Herz-Lungen-Maschine oder künstliche Herzklappen führen zu einer milden, nicht symptomatischen Hämolyse
- *thermisch*
  In Abhängigkeit von der betroffenen Körperoberfläche treten bei Verbrennungen III. Grades thermisch bedingte Hämolysen auf
- *toxisch*
  Eine Reihe von tierischen und pflanzlichen Giften (Schlangengifte) bzw. Chemikalien können eine Hämolyse induzieren

2.2.10. Anämien bei anderen Erkrankungen

Eine Vielzahl von Erkrankungen wird von Anämien begleitet. Meist liegen dann mehrere anämiebegünstigende Faktoren vor, so daß die Einordnung in eine der vorgenannten Kategorien schwerfällt.

- **Niereninsuffizienz**

Ab einer Kreatinin-Clearance von 20 ml/min und einem Kreatinin von 4 mg/dl muß mit einer Abnahme des renalen erythropoetischen Faktors gerechnet werden. Bei Urämie ist zusätzlich eine verkürzte Erythrozytenüberlebenszeit und eine toxische Schädigung der Erythrozyten und der Erythropoese vorhanden. Die Anämie bei Niereninsuffizienz kann mit Einführung von Erythropoetin gut behandelt werden.

- **Therapie mit Erythropoetin (Erypo®, Recormon®)**

Erythropoetin ist zur Therapie bei renaler Anämie zugelassen. Die subkutane Gabe scheint günstiger als die i.m.-Applikation zu sein. Gegeben werden initial 3x20 E./kg KG, also etwa 1.400 E. 3x pro Woche, z.B. jeweils nach den Dialysen. Bei ungenügendem Ansprechen muß die Dosis gesteigert werden. Nach drei Wochen wird ein Beginn des Hämoglobinanstiegs meßbar sein, nach etwa 12 Wochen ist das angestrebte Therapieziel, ein Hämatokrit von 30-35 % und ein Hämoglobin von 10-12 g/dl, erreicht. Als Nebenwirkungen sind besonders die Verschlechterung eines arteriellen Hypertonus, eine hypertensive Enzephalopathie sowie eine Kreislaufbelastung zu fürchten, so daß der angestrebte Anstieg des Hämoglobins langsam erfolgen muß. Thrombozyten und Granulozyten steigen ebenfalls, jedoch nur gering an. Shunt-Thrombosen sind etwas häufiger, so daß die Heparinisierung bei Dialyse erhöht werden muß. Als Folge der gesteigerten Blutbildung kann es zu einem Eisenmangel kommen (ggf. Eisensubstitution).

- **Leberinsuffizienz**

Vitamin- und Folsäuremangel, Hypersplenismus, eine toxische Schädigung der Erythrozyten sowie eine Eisenverwertungsstörung werden als Ursachen angenommen.

- **chronische Infektionen**

Als Ursache wird eine Eisenverwertungsstörung angenommen, zusätzlich, besonders bei Katabolie, eine verminderte Erythrozytenproduktion und eine etwas verkürzte Erythrozytenüberlebenszeit.

2.3. Erkrankungen der Granulopoese

2.3.1. Myelodysplastisches Syndrom (MDS)

Das MDS ist ein nicht ganz seltenes und heterogenes Syndrom, an das vorwiegend bei alten Patienten mit therapierefraktärer Anämie, seltener bei Granulo- oder Panzytopenie, gedacht werden muß. Ursache ist das Wachstum eines oder mehrerer Klone gestörter Stammzellen, die die normale Hämatopoese verdrängen. Es entwickelt sich eine tiefgreifende Störung der Proliferation und Differenzierung der drei blutbildenden Systeme des Knochenmarks. Dies führt in der weiteren Entwicklung zu einer Anämie, Neutropenie, Monozytose und Thrombozytopenie. Aus einer solchen Stammzellpopulation kann nach weiterer Schädigung eine akute myeloische Leukämie entstehen.

❑ **Einteilung**

Maßgeblich ist die FAB-Klassifikation (**F**rench-**A**merican-**B**ritish Cooperative Group):

- refraktäre Anämie (RA)
- refraktäre Anämie mit Ringsideroblasten (RARS)
- refraktäre Anämie mit Exzeß an Blasten (RAEB)
- refraktäre Anämie in Transformation (RAEB-t)
- chronische myelomonozytäre Leukämie (CMML)

❑ **Symptomatik**

Die Erkrankung ist initial symptomlos. Erst im Verlauf fällt die Anämie (Blässe, Müdigkeit, Atemnot, Leistungsknick) oder die (asymptomatische) Störung des Blutbildes bei einer Routinekontrolle auf. Symptomatische Granulozytopenien (rezidivierende Infekte) oder Thrombopenien (Petechien) sind seltener und entsprechen meist fortgeschrittenen Stadien.

❑ **Diagnostik**

- Anämie (makrozytär, therapierefraktär, Hyperchromasie)
- Mono-, Bi- oder Panzytopenie
- geringe oder fehlende Retikulozyten
- Beckenkammbiopsie

❑ **Therapie**

- symptomatisch (Transfusionen)
- langdauernde Gabe von Androgenen (RA)
- Chemotherapie mit Cytosin-Arabinosid (AraC) bei RAEB, RAEB-t (niedrig dosiert)
- Versuch mit Wachstumsfaktoren (Erythropoetin, CFU-GM bei RA)
- allogene Knochenmarkstransplantation (in speziellen Fällen)
- konsequente antibiotische Therapie sekundärer Infektionen

Bei asymptomatischen Patienten wird zugewartet. Bei hohem Blastenanteil wird unter dem Eindruck eines drohenden Übergangs in eine akute Leukämie zytostatisch behandelt. Androgene und Kortison üben nur eine geringe und vorübergehende Wirkung aus. Die Therapiemöglichkeiten sind also begrenzt, an der FAB-Klasse orientiert und beschränken sich nicht selten auf die symptomatische Gabe von Erythrozytenkonzentraten.

2.3.2. Agranulozytose

❑ **Definition**

Die Agranulozytose ist eine im klinischen Alltag selten vorkommende, unter Umständen aber tödlich verlaufende Zerstörung der neutrophilen Granulozyten sowie deren reiferen Vorstufen im Knochenmark.

❑ **Ätiologie und Pathogenese**

Pathophysiologisch wird eine immunologische Genese angenommen. Die Agranulozytose wird in zwei Typen eingeteilt:

Typ I	Ein Antigen (Hapten) induziert nach Bindung an ein körpereigenes Protein die Bildung von Antikörpern. Die Immunkomplexe lagern sich auf den Granulozyten und deren Vorstufen ab und induzieren über das Komplementsystem die Zerstörung
Typ II	Ein Agens (Medikament, Toxin) schädigt dosisabhängig Vorstufen im Knochenmark

Tab. 2.14: Mechanismen der Agranulozytose.

Die häufigsten Ursachen sind:

- Medikamente
- Virusinfekte

In den meisten Fällen muß jedoch von einer arzneimittelinduzierten Form ausgegangen werden. In Frage kommen eine Vielzahl von Medikamenten, z.B. Thyreostatika, Sulfonamide und Antiphlogistika (Metamizol, nicht-steroidale Antirheumatika). Auch eine Reihe von Virusinfekten (infektiöse Mononukleose Hepatitis A, HIV) können eine Agranulozytose auslösen.

❑ **Symptomatik**

- Schleimhautulzera, Tonsillitis
- Soor
- Schüttelfrost, Fieber
- Sepsis

Durch den Abfall der Granulozytenkonzentration kommt es zu Infekten mit Bakterien und Pilzen, die initial die Schleimhäute besiedeln (Ulzera, Soor), schließlich auch in die Blutbahn eindringen (Sepsis). Das Vollbild mit Fieber und multiplen Ulzera im Mund (Tonsillen, Rachen, Wangenschleimhaut), am After sowie der Vulva bzw. dem Penis ist klinisch nicht zu verkennen.

❑ **Diagnostik**

- Differentialblutbild
- Medikamentenanamnese, kürzlich abgelaufene Infektionskrankheiten?
- Knochenmarkspunktion

Bei Aufnahme eines Patienten mit Schleimhautulzera wird immer ein Differentialblutbild durchzuführen sein, in dem die Neutropenie (z.B. 1.500 Leukozyten/µl, davon 500 Granulozyten/µl) auffällt, so daß die Diagnose kaum verfehlt werden kann. Eine Anämie oder Thrombopenie fehlt. Die Knochenmarkspunktion schließt andere Erkrankungen aus, weist das Fehlen reiferer Granulozytenvorstufen (Myelozyten, Metamyelozyten) und das Vorherrschen von Promyelozyten ("Promyelozytenmark") nach. Bei Fieber oder Sepsis müssen zur genauen Erregerdiagnostik Abstriche abgenommen und Blutkulturen angelegt werden. Antileukozytenantikörper sowie serologische Untersuchungen zum Ausschluß einer Viruserkrankung dürfen die initialen Maßnahmen nicht verzögern.

❑ **Therapie**

- Weglassen aller in Frage kommenden Medikamente
- keimarme Umgebung
- antibiotischer und antimykotischer Schutz
- Stimulation der Granulopoese

Da die Kausalität im Hinblick auf ein Medikament schwierig festzustellen ist, müssen möglichst *alle* Medikamente abgesetzt werden. Zum Infektionsschutz werden Mundschutz, Kittel, Handschuhe für Personal und Besucher bereitgestellt. Antibiotische und antimykotische Therapie bei Infektionen oder als

Prophylaxe bei extremen Granulozytopenien (< 500 Zellen/µl) sind indiziert. Die Gabe von CSF-G (granulocyte colony stimulating factor, z.B. Neupogen®) bzw. CSF-GM (granulocyte macrophage colony stimulating factor) erfolgt nach Beseitigung der Ursache der Agranulozytose.

❑ **Prognose**

Nach Absetzen des auslösenden Medikamentes kann sich die Granulopoese innerhalb von 1-2 Wochen erholen. Die Letalität ist jedoch hoch und beträgt aufgrund der Infekte 20-30 %.

2.3.3. Granulozytenfunktionsstörungen

Neutrophile Granulozyten nehmen an der unspezifischen Abwehr gegen körperfremde Strukturen teil. Dabei spielen u.a. Chemotaxis, Endozytose und die Verschmelzung von intrazellulären Granula mit dem phagozytierten Material eine Rolle. Bei den *sehr seltenen* Störungen dieser Funktionen wird die Abwehrkraft herabgesetzt. Im folgenden sind einige Beispiele von Störungen dieser Funktionen aufgeführt.

Chemotaxis	• Lazy-leucocyte-Syndrom • Hiob-Syndrom (Hyper IgE-Syndrom)
Endozytose	• Defekte im Bereich des Zytoskeletts
Störungen der intrazellulären Granula	• Chediak-Steinbrink-Higashi-Syndrom • progressiv septische Granulomatose

Im Falle des *Hiob-Syndroms* ist die chemotaktische Beweglichkeit der Leukozyten eingeschränkt. Gleichzeitig liegt eine starke Erhöhung der IgE vor. Das *Chediak-Steinbrink-Higashi-Syndrom* ist eine autosomal-rezessive Störung mit wenigen Riesengranula, okulokutanem Albinismus und rezidivierenden Infektionen. Eine andere Granulationsanomalie (nach Alder und Reilly) geht nicht mit Funktionsstörungen, jedoch mit Mißbildungen einher. Bei der *Pelger-Huetschen Kernanomalie* sind etwa 50 % der Granulozytenkerne stabförmig. Ein Funktionsverlust besteht ebenfalls nicht. Diese Störung darf nicht mit dem Ansteigen der "Stabkernigen" im Rahmen einer akuten Infektion verwechselt werden. Eine *Übersegmentierung* der Granulozytenkerne besteht, ohne Funktionsverlust, als angeborene Störung sowie bei Vitamin B_{12}-Mangel.

2.3.4. Aplastische Anämie

syn.: Panmyelopathie, Panzytopenie, aplastisches Syndrom, Panmyelophthise

Bei der aplastischen Anämie kommt es zu einem Rückgang der Zellproliferation der myelopoetischen Stammzellen. Betroffen ist nicht nur die Erythropoese, sondern auch die Proliferation von Leukozyten und Thrombozyten, so daß eine *Panzytopenie* im peripheren Blut die Folge ist. Das blutbildende Mark wird durch Fettmark ersetzt. Der Verlauf ist progredient und erstreckt sich bei einem Teil der Patienten über wenige Monate, bei etwa der Hälfte der Patienten aber auch über viele Monate bis Jahre. Die Letalität ist hoch (Einjahresüberlebensrate ca. 50 %).

❑ **Ursachen**

- angeboren
  - Fanconi-Anämie
  - Blackfan-Diamond-Syndrom
  - Osteopetrose
- erworben
  - idiopathisch (ca. 50 %)

- sekundär (ca. 50 %)
  - medikamentös
  - chemisch, toxisch (Benzol)
  - ionisierende Strahlung
  - infektiös (HC-, EB-Virus)
  - Thymome und andere Erkrankungen

Die aplastische Anämie bei Erwachsenen muß in praktisch allen Fällen als *erworben* angesehen werden, auch wenn das auslösende Agens nicht immer gefunden wird. Angeborene Erkrankungen sind äußerst selten und werden bereits im Säuglingsalter manifest. So ist die *Fanconi-Anämie* eine autosomal-rezessiv vererbte aplastische Anämie, verbunden mit anderen Mißbildungen (Knochenmißbildungen, z.B. ein verkürzter Daumen, Café-au-lait-Flecken, Mikrozephalus). Bei erworbenem aplastischem Syndrom muß in erster Linie an eine medikamentös induzierte Form gedacht werden! In Frage kommen viele Arzneimittel, z.B.

- Carbimazol
- Sulfonamide
- Kolchizin
- nicht-steroidale Antirheumatika
- Metamizol
- Chloramphenicol
- Goldpräparate

❑ **Symptomatik**

- Anämie
- Granulozytopenie
- Thrombopenie

Langsam und schleichend auftretende Blässe, verminderte körperliche Belastbarkeit, Müdigkeit, Schleimhautulzera (Mund, Genitalbereich), lokale Infekte, Soor, Petechien, Schleimhautblutungen und größere Hämatome werden beobachtet.

❑ **Diagnostik**

- Differentialblutbild
  - Panzytopenie
  - verminderte oder fehlende Retikulozyten
  - relative Lymphozytose
- Beckenkammbiopsie

Da die Lymphozyten nicht betroffen sind, besteht eine relative Lymphozytose bei gleichzeitiger relativer wie absoluter Granulozytopenie. Die Knochenmarksbiopsie ist entscheidend, da durch den Nachweis einer Reduktion der hämatopoetischen Zellen die Diagnose gesichert und zudem eine andere Ursache ausgeschlossen werden kann.

❑ **Therapie**

- Weglassen aller in Frage kommenden Medikamente
- Infektionsprophylaxe
- Substitution von Blutkomponenten

- Wachstumsfaktoren
- Immunsuppression (Cyclosporin, Antithymozytenglobulin)
- Knochenmarkstransplantation

Die Ursache der aplastischen Anämie muß intensiv gesucht und, wenn möglich, beseitigt werden. Da viele Medikamente Blutbildveränderungen hervorrufen, sollten im Zweifelsfall möglichst alle Medikamente abgesetzt werden, auch wenn der Zusammenhang mit einer aplastischen Anämie nicht immer zweifelsfrei nachgewiesen ist. Symptomatisch werden Erythrozyten- und Thrombozytenkonzentrate gegeben. Falls eine Knochenmarkstransplantation geplant ist, empfiehlt sich das Eliminieren der Leukozyten einer Blutkonserve vor deren Transfusion (z.B. mit einem Filter im Transfusionssystem), um keine Sensibilisierung gegen HLA-Antigene auszulösen. Ebenso sind Transfusionen vom KM-Spender unbedingt zu vermeiden (Sensibilisierung). Wachstumsfaktoren wie Erythropoetin, G-CSF und GM-CSF steigern die verbliebene Hämatopoese. Kortison oder Androgen sind wenig wirksam. Cyclosporin A oder Antithymozytenglobulin können dagegen die Panzytopenie bessern. Den besten Erfolg bringt die frühzeitige Knochenmarkstransplantation, so daß dies als Mittel der Wahl gelten kann. Heilungen treten bei 60-80 % der meist jüngeren Patienten ein, bei denen ein geeigneter HLA-kompatibler Spender gefunden werden kann.

2.4. Leukämien

Leukämien entstehen durch maligne Entartung hämatologischer Zellen. Der transformierte maligne Zellklon vermehrt sich und verdrängt die normale Hämatopoese. Bei akuten Leukämien bestehen mehr als ein Drittel der hämatopoetischen Zellen des Knochenmarks aus solchen Blasten. Die Zellen besiedeln auch das Lymphgewebe (Lymphknoten) und andere Organe. Meist, jedoch nicht immer ("aleukämische" Formen), finden sich die Zellen auch im Blut. Bei Diagnosestellung ist davon auszugehen, daß die malignen Zellen bereits im gesamten Körper disseminiert sind. Die Unterteilung der Leukämien erfolgt nach dem transformierten Zelltyp (myeloisch - lymphatisch), dem Differenzierungsgrad der entarteten Zellen (reif - unreif) und dem natürlichen Verlauf (akut - chronisch).

- **akute Leukämien**

Akute Leukämien bestehen aus unreiferen Zellen (Blasten), weisen unbehandelt eine schnelle Progression (Monate) auf, lassen sich chemotherapeutisch jedoch beeinflussen. Unbehandelt können sie innerhalb weniger Wochen zum Tode führen. Beim größten Teil jener Patienten, denen eine aggressive Therapie zugemutet werden kann, wird eine komplette Remission erreicht. In einigen Fällen und besonders bei Kindern ist damit auch eine langfristige Heilung verbunden.

- **chronische Leukämien**

Chronische Leukämien dagegen werden durch reifere Zelltypen gebildet. Sie wachsen langsamer und lassen sich schwerer medikamentös beeinflussen, so daß Heilungen durch ausschließliche Zytostase *nicht* zu erwarten sind. Die chronische lymphatische Leukämie wird, obwohl zu den niedrig-malignen Non-Hodgkin-Lymphomen gerechnet, dennoch in diesem Kapitel besprochen.

Unterteilt werden:

akute Leukämien	chronische Leukämien
akute lymphatische L. (ALL)	chronische lymphatische L. (CLL)
akute myeloische L. (AML)	chronische myeloische L. (CML)

Tab. 2.15: Unterteilung der Leukämien.

2.4.1. Akute Leukämien

Die akuten Leukämien (ALL und AML) ähneln einander, so daß sie gemeinsam besprochen werden können. Die *ALL* geht von lymphopoetischen Stammzellen aus. Nach ihrer Differenzierung und Morphologie sowie ihren antigenetischen Oberflächeneigenschaften werden unterschieden:

	morphologisch		immunologisch	
L1	Lymphoblasten-Leukämie kleinzellig, kindl. Typ	25 %	common-ALL prae-T-ALL	60 % 1 %
L2	Lymphoblasten-Leukämie großzellig, Erwachsenen-Typ	70 %	T-ALL B-ALL	20 % 5 %
L3	Lymphoblasten-Leukämie Burkitt-Typ	5 %	Null-ALL	15 %

Tab. 2.16: Einteilung der akuten lymphatischen Leukämien.

Die *AML* geht von einer entarteten myeloischen Stammzelle aus und bildet je nach Differenzierungsstadium Myeloblasten oder differenziertere Formen der Leukopoese (Promyelozyten, Monozyten) oder Erythrozytenvorstufen aus. Aufgrund von morphologischen, immunologischen und zytochemischen Kriterien wird die AML noch unterteilt in:

M1	Myeloblasten-Leukämie ohne Reifung	20 %
M2	Myeloblasten-Leukämie mit Reifung	20 %
M3	hypergranulierte promyelozytäre Leukämie	5 %
M4	myelomonozytäre Leukämie	40 %
M5	monozytäre Leukämie	5 %
M6	Erythroleukämie	selten
M7	Megakaryozytenleukämie	selten

Tab. 2.17: Einteilung der akuten myeloischen Leukämien.

Die myelomonozytäre Leukämie kommt somit am häufigsten vor. Erythro-, Basophilen-, Eosinophilen- und Megakaryozytenleukämie treten dagegen sehr selten auf.

❑ **Ursachen**

Für akute Leukämien werden als prädisponierende Faktoren oder Erkrankungen angenommen:

- Chemikalien (z.B. Benzol)
- Zytostatika
- ionisierende Strahlung
- Viren (z.B. HTLV 1)
- genetische Faktoren (familiäre Belastung, Down-Syndrom)
- myelodysplastisches Syndrom
- maligne Lymphome

❑ Häufigkeit

Die ALL zeigt zwei Auftretensgipfel, bei Kindern zwischen dem 2. und 5. Lebensjahr und in hohem Lebensalter. Die AML ist selten in der Kindheit, zunehmend häufiger jedoch im mittleren Lebensalter anzutreffen. 80 % der Leukämien und fast die Hälfte der bösartigen Erkrankungen im Kindesalter sind auf eine ALL zurückzuführen.

❑ Folgen

- Verdrängung der normalen Hämatopoese → Knochenmarksinsuffizienz
  - Anämie
  - Leukopenie
  - Thrombopenie
- Infiltration von Lymphgewebe und Organen
  - Lymphknotenschwellung
  - Hautinfiltrationen
  - Hepato- und Splenomegalie
  - neurologische Symptome (ZNS-Befall)
  - Gingiva-Hyperplasie u.a.

❑ Symptomatik

- Allgemeinsymptome
- Lympknotenschwellungen
- Splenomegalie, seltener Hepatomegalie
- Anämie
- Infektanfälligkeit
- Blutungen
- Organinfiltration

Allgemeinsymptome wie Abgeschlagenheit, Müdigkeit, Leistungsknick, Nachtschweiß sind wichtige erste Anzeichen. Vergrößerungen der Lymphknoten sind nicht regelmäßig vorhanden, meist aber bei der ALL. Neben den Zeichen der Anämie (Blässe, geringe körperliche Leistungsfähigkeit) kommt es schließlich bei Granulozytopenie zu rezidivierenden Infekten, Mundsoor, Schleimhautulzerationen im Mund und Genitalbereich oder zu Ausfluß. Petechien, Epistaxis, Hautblutungen, ungewohnt starkes Zahnfleischbluten, seltener gastrointestinale oder zentralnervöse Blutungen können hinzutreten. Gingivahyperplasie (bei AML), Hautinfiltrationen (facies leonitas), Infiltration des ZNS (Anfallsleiden, Meningeosis leucaemica), des Augenhintergrundes und des Knochens (Knochenschmerzen) sind seltener. Aufgrund des vermehrten Zellumsatzes wird eine Hyperurikämie und eine LDH-Erhöhung beobachtet. Eine Verbrauchskoagulopathie ist bei Promyelozytenleukämie typisch.

❑ Diagnostik

- Blutbild
  - Zytopenien
  - Blasten
- Knochenmarkspunktion

Je nach dem Stadium der Erkrankung werden sich Thrombo- und Granulozytopenie sowie eine Anämie einstellen. In den meisten Fällen liegt bei Diagnosestellung bereits eine Panzytopenie vor. Neben den physiologischen Blutzellen treten im Blut normalerweise nicht vorhandene unreife, monomorphe Blasten auf. Zwischen diesen und den physiologischen Blutzellen finden sich keine weiteren Reifungsformen

(*Hiatus leucaemicus*). Blasten treten jedoch im peripheren Blut nicht immer auf ("aleukämischer" Verlauf). *Deshalb sollten unklare Mono-, Bi- oder Panzytopenien mit einer Knochenmarksbiopsie abgeklärt werden.* Bereits die Knochenmarkszytologie (Sternum, Beckenkamm) läßt bei der akuten Leukämie ein starkes Übergewicht der Blasten erkennen. Ein mehr als 30%iger Blastenanteil sichert die Diagnose.

Weiterführende Untersuchungen:

Verschiedene Eigenschaften der Blasten erlauben eine Festlegung der Art und des Typs der akuten Leukämie. Die zur Eingruppierung nötigen weiterführenden Untersuchungen werden im Zuge der histologischen Untersuchung durchgeführt. Nachfolgend können nur einige Kriterien genannt werden:

- *morphologische Kriterien*
  Auer-Stäbchen sind kleine basophile Stäbchen im Zytoplasma der Myeloblasten bei AML (M1 und 2)
- *zytochemische Kriterien*
  Zellen der AML sind peroxydase-positiv, Zellen der ALL peroxydase-negativ
- *immunzytologische Kriterien*
  Aufgrund von Oberflächenantigenen kann zwischen T- und B-Zell-Lymphoblasten unterschieden werden
- *Chromosomenuntersuchung*
  Deletion oder Translokationen von Chromosomenabschnitten sind häufig, für die klinischen Entscheidungen jedoch zweitrangig

❑ Differentialdiagnose

- aplastisches Syndrom, Agranulozytose, Myelodysplasie
- infektiöse Mononukleose
- hochmaligne Non-Hodgkin-Lymphome (NHL)
- akute infektiöse Lymphozytose, "leukämoide" Reaktion bei schweren Infekten

Eine wichtige Differentialdiagnose sind diejenigen Krankheiten, die mit einer Insuffizienz der normalen Blutbildung einhergehen und zu Anämie, Leukopenie oder Thrombopenie führen. Auch die infektiöse Mononukleose (Lymphknotenschwellung und atypische Lymphozyten) muß abgegrenzt werden. In seltenen Fällen können hochmaligne NHL mit einer leukämoiden Blutbildveränderung einhergehen.

❑ Therapie

Prinzipiell stehen zur Verfügung

- Chemotherapie
- Strahlentherapie
- Knochenmarkstransplantation
  - allogen
  - autolog

Chemotherapie

Unter einer aggressiven, kurativ ausgerichteten Chemotherapie kommt es beim ersten Behandlungsschema innerhalb von 3-4 Behandlungszyklen fast immer zu einer kompletten Remission, d.h.:

- Normalisierung des Blutbildes
- keine Blasten im peripheren Blut
- weniger als 5 % Blasten im Knochenmark

Allerdings werden damit die Blasten nur unter die Nachweisschwelle gedrückt, jedoch nicht komplett vernichtet, so daß Rezidive drohen.

Strahlentherapie

Die reversible Ganzkörperbestrahlung allein reduziert zwar die Zahl der Leukämiezellen im peripheren Blut, ist jedoch für langdauernde Remissionen nicht ausreichend. Die lokale Radiatio wird jedoch als adjuvante Therapie der ALL eingesetzt.

Knochenmarkstransplantation

Die KM-Transplantation belegt einen wichtigen Platz in der Therapie der akuten Leukämien. Allerdings kommen nur wenige, meist unter 45jährige Patienten in Frage. Bei der AML wird eine Transplantation in der ersten kompletten Remission angestrebt, bei der ALL in der zweiten, in einigen Fällen auch bereits in der ersten kompletten Remissionsphase. Das Knochenmark des Patienten wird durch Bestrahlung und Chemotherapie (*Konditionierung*) irreversibel vernichtet. Das Spenderknochenmark wird anschließend wie eine Blutkonserve übertragen. Es benötigt zirka zwei Wochen bis zur Aufnahme einer ausreichenden Hämatopoese.

Komplikationen bei Knochenmarkstransplantation:

- Nebenwirkungen der Konditionierung auf andere strahlen- und chemotherapiesensible Organe (Magen, Darm)
- Infekte im aplastischen Stadium
  - Sepsis
  - Pilzinfektionen
  - interstitielle Pneumonien
- akute oder chronische "graft versus host"-Reaktion
  d.h. eine zelluläre Abwehr, bei der die übertragenen Lymphozyten die Organe des Empfängers angreifen
- Leukämierezidiv

Quelle des Knochenmarks:

- allogen
- autolog
- autologe Retransfusion von Stammzellen

Bei der *allogenen* Transplantation wird KM von HLA-identischen Verwandten (z.B. Geschwister) übertragen. Bei der *autologen* Transplantation wird KM vom Patienten in kompletter Remission entnommen und aufbereitet, so daß trotzdem noch vorhandene Leukämiezellen möglichst vernichtet werden ("purging"). Das Problem ist hierbei die Übertragung nicht entfernter Leukämiezellen. *Autologe* Stammzellen, die in geringem Grad im peripheren Blut vorkommen, werden durch Leukopherese entnommen und später retransfundiert. Auch hier besteht jedoch das Risiko einer Übertragung von Leukämiezellen.

Prinzipien der Chemotherapie:

- Remissionsinduktion
- Konsolidierung
- Remissionserhaltung

Zur Induktion einer kompletten Remission der Tumorzellmasse wird eine aggressive Chemotherapie mit kurativer Absicht eingesetzt. Dies ist bereits nach zwei bis drei Zytostasezyklen erreichbar. Zur Konsolidierung des Ergebnisses werden noch weitere Zyklen angeschlossen. Remissionserhaltend sind kontinuierliche oder diskontinuierliche Zytostasen mit geringer Intensität über 2-3 Jahre.

Beispiele der Chemotherapie:

Die Therapie der akuten Leukämien sollte spezialisierten Zentren vorbehalten sein. Deshalb werden hier nur einige wenige Angaben zu den Chemotherapieprotokollen aufgeführt:

ALL bei Kindern	
Induktion	Konsolidierung
• Vincristin • Prednison • L-Asparaginase • Schädelbestrahlung • intrathekale Injektion von Methotrexat	• Methotrexat
AML bei Erwachsenen	
Induktion	Konsolidierung
• Cytosin-Arabinosid (AraC) • Daunorubicin	• Cytosin-Arabinosid • Methotrexat

Tab. 2.18: Beispiel von Chemotherapieschemata bei akuten Leukämien.

❑ **Therapie des Rezidivs**

Bei einer mehr als ein Jahr zurückliegenden kompletten Remission wird der Versuch gemacht, mit dem ursprünglich erfolgreichen Schema eine erneute Remission zu erreichen. Bei einer kürzer zurückliegenden Remission wird ein neues Zytostaseprotokoll ausgewählt.

❑ **Supportive Therapie**

Die supportive Therapie umfaßt Infektprophylaxe und den symptomatischen Ersatz von Blutbestandteilen (z.B. Erythrozytenkonzentrate). Einige Zytostatika wirken stark emetisch (z.B. Cisplatin), andere (z.B. Etoposid, Vincristin) dagegen kaum. Für die *antiemetische Therapie* unter der Zytostase reichen für Zytostatika mit mittlerer emetischer Potenz (Fluorouracil, Cyclophosphamid) Dopaminantagonisten (z.B. Metoclopramid - z.B. 10-20 ml (!) Paspertin® in 250 ml physiologischer Kochsalzlösung i.v.). Bei hoher emetischer Potenz der Zytostatika werden besser Serotoninantagonisten (z.B. Odansetron - Zofran® - 8 mg langsam i.v.) verwendet. Serotoninantagonisten wirken zentral auf Rezeptoren im Brechzentrum. Wichtig ist weiterhin die psychische Betreuung der Patienten.

❑ **Prognose**

Remissionen können in 60-85 % der Fälle von akuten Leukämien erreicht werden. In den Fällen, in denen keine Remission im ersten Zyklus gelingt, ist die Prognose schlecht. Nur 20 % (AML) - 50 % (ALL) der Patienten bleiben mehr als 5 Jahre rezidivfrei. Nach einem Rezidiv ist die Chance einer Remission geringer, die Dauer der zweiten Remission kürzer. Die mediane Überlebenszeit beträgt bei der AML 20-30 Monate, bei der ALL 25-32 Monate. Die Knochenmarkstransplantation führt bei bis zur Hälfte der Patienten zu einer Rezidivfreiheit von über 5 Jahren, wobei die AML-Patienten eine bessere Prognose haben.

2.4.2. Chronische Leukämien

Unter den chronischen Leukämien werden die chronische myeloische und die chronische lymphatische Leukämie zusammengefaßt. Die CML ist strenggenommen als myeloproliferatives Syndrom einzuordnen, die CLL als niedrig-malignes Non-Hodgkin Lymphom.

2.4.2.1. Chronische myeloische Leukämie (CML)

syn.: Chronische Myelose

Bei der CML entartet eine pluripotente Stammzelle der Granulopoese, aus der durch fortgesetzte Proliferation ein Stammzellklon wird, der das normale Knochenmark verdrängt. Die CML ist in etwa 95 % der Fälle mit dem Vorhandensein des Philadelphia-Chromosoms in den hämatopoetischen Stammzellen verbunden. Dieser Stammzellklon bildet neben Granulozyten auch die Erythro- und Thrombozyten, so daß nach Verdrängung der normalen Hämatopoese praktisch alle Blutzellen vom entarteten Klon abstammen. Die Zellen sind *weitgehend funktionstüchtig*. Im weiteren Verlauf der Erkrankung kommt es aber zu einer fortschreitenden Entdifferenzierung der pathologischen Zellen. Dies mündet nach Jahren schließlich in einen akzelerierten Verlauf und in einen "finalen Blastenschub".

❑ Ätiologie und Pathogenese

Diskutiert werden: Chemikalien (Benzol), ionisierende Strahlung oder Viren. In der Mehrzahl der CML-Fälle düften noch weitere unbekannte Faktoren vorliegen.

Phase	Dauer
chronische Phase	Jahre
Akzelerationsphase	Monate
Blastenschub	Wochen

Tab. 2.19: Verlauf der chronischen myeloischen Leukämie (CML).

Die Erkrankung beginnt schleichend mit allgemeinen und geringfügigen Symptomen und bleibt über Monate bis Jahre hinweg stabil (chronische Phase). Das Auftreten von unreifen Zellen sowie schließlich von Blasten leitet zur akzelerierten Phase und zum Blastenschub über. Letzterer gleicht in seinem Verlauf einer akuten Leukämie, z.B. mit Verdrängung der normalen Hämatopoese, Anämie, Blutungen sowie Infektneigung. Bei langer Dauer der chronischen Phase kann eine Osteomyelofibrose mit extramedullärer Blutbildung auftreten (☞ Kap. 2.5.).

❑ Symptomatik

- Allgemeinsymptome
- Knochenschmerzen
- Splenomegalie, Hepatomegalie

Allgemeinsymptome wie Müdigkeit, Abgeschlagenheit, Leistungsabfall, Nachtschweiß und Gewichtsabnahme sind wie bei den akuten Leukämien initial vorhanden. Knochenschmerzen treten später hinzu, so z.B. ein Klopfschmerz über dem Sternum. Oberbauchbeschwerden durch Kapselspannung von Leber und Milz, Beschwerden durch Verdrängung anderer abdomineller Organe (Magen, Darm) und Milzinfarkte werden im Verlauf der Erkrankung ebenfalls beobachtet.

❑ Diagnostik

- Leukozytose
- Linksverschiebung, Basophilie
- Philadelphia-Chromosom
- alkalische Leukozytenphosphatase
- Beckenkammbiopsie

Die CML führt zu *besonders hohen Leukozytenzahlen*, die nicht selten 100.000-500.000/µl erreichen. Dies kann im Blutsenkungsröhrchen als dicker weißer "buffy coat" auf der Erythrozytensäule sichtbar sein. Folgen extremer Leukozytenzahlen sind Durchblutungsstörungen (leukämische Thromben, Priapismus, Sehstörungen, Schwindel) oder gar Ischämien (Milzinfarkte). Im Differentialblutbild sind *alle Reifungsstadien* vertreten, wobei anfangs allerdings nur wenige Myeloblasten und überwiegend segmentierte Granulozyten vorliegen, es im Verlauf aber zur Zunahme der unreifzelligen Elemente kommt. Als weitere Laborparameter treten Eosino- und Basophilie, Anämie, Thrombozytose, Hyperurikämie und LDH-Erhöhung auf. Der Anteil der Zellen mit alkalischer Leukozytenphosphatase ist auf unter 20 % abgesunken. Bei der KM-Histologie findet sich ein zellreiches Mark mit Überwiegen der Granulopoese, jedoch kein vermehrter Blastenanteil.

- *Philadelphia-Chromosom*
  Beim Philadelphia-Chromosom (Ph^1) handelt es sich um eine erworbene Chromosomenanomalie mit einem veränderten Chromosom 22, ein zytogenetisches Spezifikum der CML. Es kommt zu einem Austausch von Chromosomenteilen (reziproke Translokation) zwischen 9 und 22, bei der vermutlich ein Onkogen aktiviert wird, das die maligne Entartung hervorruft
- *alkalische Leukozytenphosphatase (ALP)*
  Die ALP ist ein Enzym in den neutrophilen Granulozyten, das mit einer Farbreaktion nachgewiesen wird. Aus der Stärke der Farbreaktion (Reaktionsklasse 0-5), dem Prozentsatz der so ausgezählten 100 "Neutrophilen" und einem Multiplikationsfaktor wird ein Phosphataseindex errechnet (normal: 10-100). Ein erniedrigter ALP-Index ist spezifisch für die CML, ein erhöhter Index kommt dagegen bei vielen Erkrankungen vor
  - *ALP-Index erniedrigt*
    - chronische myeloische Leukämie
  - *ALP-Index erhöht*
    - Infekte, Sepsis, Pneumonien, Karzinome
    - Osteomyelosklerose
    - aplastische Anämie
    - Plasmozytom
    - Polycythaemia vera

❑ Therapie

Medikamentöse Therapie

Die medikamentöse Therapie bleibt palliativ. Ein Übergang in die Akzeleration und den Blastenschub läßt sich nicht verhindern. Die medikamentöse Therapie ist bei Symptomatik oder drohenden Komplikationen indiziert. Mit ihr kommt es jedoch zuverlässig zur Senkung der Leukozytenzahlen, auch auf völlig normale Werte. Diese palliative Therapie bessert somit die Beschwerden, jedoch nicht die Lebenserwartung. Die mittleren Überlebensraten nach Diagnosestellung betragen 3-4 Jahre.

Indikationen:

- fortgeschrittene Anämie/Thrombopenie
- fortgeschrittene Thrombozytose
- ausgeprägte Thrombozytose

Weitere Therapiemöglichkeiten

- Zytostatika
  - Busulfan (Myleran®)
  - Hydroxycarbamid (z.B. Litalir®)
- Interferon α

- Splenektomie, Milzbestrahlung, Leukopherese
- Knochenmarkstransplantation

Durch tägliche Gabe einer geringen Menge von *Busulfan* kommt es zum zuverlässigen Ansprechen. Ziel ist nicht eine Remission, sondern eine Besserung der Leukozytose, Erholung der normalen Blutzellen und Reduktion der Beschwerden. Bei Leukozytenzahlen unter 20.000/µl ist Busulfan abzusetzen. Nebenwirkungen sind u.a. eine interstitielle Fibrose der Lungen sowie eine Knochenmarksaplasie. Versagt Busulfan, bewirkt *Hydroxycarbamid* eine ebenfalls gute Reduktion der Leukozytenzahlen und der Splenomegalie. Splenektomie und Milzbestrahlung können bei Beschwerden, die auf eine vergrößerte Milz zurückzuführen sind, erwogen werden. Die Senkung hoher Leukozytenzahlen mittels Blutdurchfluß durch einen Zellseparator (Leukopherese) ändert wenig am gesamten Verlauf. Ein Versuch der Heilung kann bislang nur mit der *Knochenmarkstransplantation* unternommen werden. Die Knochenmarkstransplantation kommt bei jungen, unter 45-50jährigen Patienten in Frage, für die ein allogener HLA-kompatibler Spender (z.B. Geschwister) gefunden werden kann.

Therapie beim Blastenschub

Der Blastenschub wird wie eine akute myeloische Leukämie behandelt, z.B. mit Cytosin-Arabinosid und Daunorubicin.

2.4.2.2. Chronische lymphatische Leukämie (CLL)

syn.: Chronische Lymphadenose

Die CLL wird als lymphozytisches NHL niedrigen Malignitätsgrades eingeordnet, das vorwiegend aus einer maligne entarteten B-Zelle (95 %), selten aus einer T-Zelle (5 %) hervorgeht. Die Zellen sind *immuninkompetent* und weisen eine verlängerte Lebenszeit auf. Die CLL tritt häufiger bei Männern und besonders bei alten Menschen auf (m : w = 2 : 1; 2/3 älter als 65 Jahre)! Ionisierende Strahlung und Karzinogene scheinen weniger wichtig zu sein als familiäre Faktoren und eine Trisomie 12, die in der Hälfte der Fälle in den Lymphozyten vorliegt. Die Erkrankung verläuft lange asymptomatisch.

❑ **Symptomatik**

- Allgemeinsymptome
- Lymphknotenschwellungen
- Hepatomegalie, Splenomegalie
- Hauterscheinungen
- weitere Organinfiltration

Auch hier sind Allgemeinsymptome wie Müdigkeit und Leistungsknick vorhanden. Das charakteristische Symptom der CLL, das im Verlauf der Erkrankung bei allen Patienten aufzutreten pflegt, sind die *Lymphknotenschwellungen.* Die Lymphknoten sind indolent, derb und im Verlauf im ganzen Körper nachweisbar. Aufgrund der Immuninkompetenz der Zellen kommt es zu Infektionen, z.B. zum Zoster (Gürtelrose) und Mykosen. Typisch sind auch Haut- (Pruritus) und Organinfiltrationen (z.B. *Miculicz-Syndrom*: Tränendrüsen- und Parotisinfiltration).

❑ **Diagnostik**

- Blutbild
- Beckenkammbiopsie
- Immunzytologie
- Immunglobuline

Das Blutbild ist wegweisend für die Diagnose. Es zeigt eine Leukozytose (15-100.000 Zellen/µl), die durch eine (relative und absolute) *Lymphozytose* hervorgerufen wird. Im Differentialausstrich lassen sich typischerweise viele zerstörte Lymphozyten (*Gumbrechtsche Kernschatten*) erkennen. Lymphozyten finden sich normalerweise nur in geringen Mengen im Knochenmark, so daß die bei der CLL dort vorhandenen Lymphozytennester die Diagnose beweisen. Mittels Antikörper wird der Zelltyp der B- oder T-Zell-Linie zugeordnet. Die Zellen sind überwiegend immuninkompetent. B-Zellen produzieren entweder keine Immunglobuline (niedrige γ-Globuline in der Eiweißelektrophorese), monoklonale, funktionsuntüchtige Antikörper (Eiweißelektrophorese wie beim Multiplen Myelom) oder gar Autoantikörper (z.B. hämolytische Anämie). In jedem Fall resultiert daraus eine Insuffizienz der humoralen Immunität und eine Infektanfälligkeit.

Stadieneinteilung

Die Erkrankung muß als primär generalisiert angesehen werden. Ein Staging wie bei den anderen Formen der NH-Lymphome entfällt damit. Eine Stadieneinteilung wurde hier nach anderen Gesichtspunkten vorgenommen. Die Stadieneinteilung nach RAI ist wichtig für die Prognose und die Therapieindikation.

RAI-Stadien		
Stadium	Kennzeichen	mediane Überlebenszeit
0	Lymphozytose im Blut > 15.000/µl Lymphozytose im Knochenmark > 40 %	150 Monate
I	Lymphozytose + Lymphknotenvergrößerung	101 Monate
II	Lymphozytose und Hepato- und/oder Splenomegalie	71 Monate
III	Lymphozytose + Anämie < 10 g/dl	19 Monate
IV	Lymphozytose und Thrombopenie < 100.000/µl	19 Monate

Tab. 2.20: RAI-Stadien der chronischen lymphatischen Leukämie.

Weiterhin existiert eine Einteilung nach Binet. Den Stadieneinteilungen ist die Beobachtung gemeinsam, daß die Prognose gut ist, wenn lediglich eine Lymphozytose vorliegt, daß sie sich verschlechtert, wenn zusätzlich Lymphknotenschwellungen oder gar Leber- und Milzvergrößerungen hinzukommen. Die Prognose ist am schlechtesten, wenn es bereits zu einer Verdrängung der normalen Hämatopoese mit Anämie oder Thrombopenie gekommen ist.

❑ Therapie

- Zytostase
- Strahlentherapie
- adjuvante Therapie

Im Vergleich zu den anderen Formen der Leukämie und auch im Vergleich zu den NHL ist der Verlauf auch ohne Therapie relativ gutartig. Andererseits ist aber eine Heilung nicht möglich. Deshalb sollte eine Zytostase so spät und so schonend wie möglich erfolgen. Indikationen dafür sind ein RAI-Stadium III-IV sowie weitere Symptome wie z.B. hämolytische Anämie oder Verdrängung von Nachbarorganen durch die z.T. massiven Lymphknotenschwellungen.

Die zytostatische Standardtherapie erfolgt nach dem Knospe-Schema mit Chlorambucil (Leukeran®) und Prednison. Auch eine Monotherapie mit Chlorambucil oder anderen Substanzen, z.B. Fludarabin, Interferon α wird eingesetzt. Bei Verdrängungsbeschwerden werden große Lymphome, bei massiver Milzvergrößerung oder Hyperspleniosmus die Milz bestrahlt. Als adjuvante Therapie werden z.B. Immunglobuline bei mangelbedingter Infektneigung gegeben.

Komplikationen:

- Infektanfälligkeit
- Anämie
- Thrombopenie
- Hypersplenismus
- Zweitmalignome
- Richter-Syndrom

Durch den Mangel an funktionstüchtigen Immunglobulinen (B-Zellen) bzw. einer funktionierenden zellulären Abwehr (T-Zellen) kommt es zur ausgeprägten Infektanfälligkeit. Selbst bei Vermeidung von Menschenansammlungen und bei sonstigen Versuchen, sich gegen Infekte zu schützen, treten immer wieder Infektionen auf. Diese, eine ausgeprägte Anämie, eine Thrombopenie mit Blutungen oder Zweitmalignome führen schließlich zum letalen Ausgang.

Das *Richter-Syndrom* stellt eine seltene, malignere und schneller verlaufende Form der CLL dar.

2.5. Chronische myeloproliferative Erkrankungen

Unter dem Begriff des myeloproliferativen Syndroms werden zusammengefaßt:

- Polycythaemia vera rubra
- chronische myeloische Leukämie
- essentielle Thrombozythämie
- Osteomyelofibrose/Osteomyelosklerose

Ursache ist ein Stammzelldefekt, der in unterschiedlicher Ausprägung alle drei Zellinien betrifft. Der defekte Stammzellklon (monoklonale Neoplasie) verdrängt im Laufe der Zeit die nichtbetroffenen Zellinien und produziert überschüssige Mengen an Blutzellen. Dabei entstehen reife, aber auch unreife Zellen. So können bei der essentiellen Thrombozytose bei einer Vielzahl von Patienten trotz vielleicht 1 Mio. Thrombozyten/µl Blutungsübel aufgrund der nicht völlig funktionstüchtigen Blutplättchen auftreten. Bei allen Formen besteht langfristig die Gefahr der Fibrosierung des Knochenmarks und des Auftretens einer extramedullären Blutbildung. In einigen Fällen kommt es nach längerem Verlauf zum Übergang in eine akute Blastenkrise.

Extramedulläre Blutbildung:

Hämatopoetische Stammzellen siedeln sich dabei in der Milz und Leber an. Dort können die hämatopoetischen Vorstufen jedoch nicht so effektiv zurückgehalten werden wie im intakten Knochenmark, so daß es zur "leukämischen" Ausschwemmung auch von Blasten kommt. Im Unterschied zu unreifzelligen Leukämien sind jedoch *alle Vorstufen* vorhanden, so daß kein "hiatus leucaemicus" besteht. Die extramedulläre Hämatopoese ist nicht so effektiv, so daß sie die Produktion des Knochenmarks nicht vollständig ersetzen kann. Daraus resultiert letztlich eine Panzytopenie.

2.5.1. Polycythaemia vera

syn.: Polycythaemia vera rubra (PVR)

Die Polycythaemia vera geht mit einer Vermehrung aller drei Zellinien einher, wobei die Erythrozyten eine starke, Leuko- und Thrombozyten eine geringere Steigerung erfahren. Die Erkrankung ist selten und tritt erst ab dem mittleren Lebensalter auf. Bei konsequenter Therapie liegt die mittlere Lebenserwartung bei 10-15 Jahren.

❑ **Symptomatik**

- gerötetes Gesicht (Plethora) - "blühendes" Aussehen
- Schwindel
- Kopfschmerzen
- Ohrensausen
- Sehstörungen
- Müdigkeit
- Nachtschweiß
- Zyanose
- Hepato-, Splenomegalie

Die Symptome sind durch die gesteigerte Erythropoese und die Polyglobulie geprägt. Der hohe Hämatokrit schränkt die Perfusion der Organe ein, wodurch Schwindel, Kopfschmerzen, Ohrensausen oder Sehstörungen entstehen können. Aus der Erhöhung des Blutvolumens resultieren Herzbelastung und (Volumen)Hochdruck. Der höhere Zellumsatz hat einen Anstieg der Harnsäure zur Folge, wodurch die Gefahr von Gichtanfällen steigt.

Komplikationen:

- Thromboembolien
- hämorrhagische Diathesen
- Knochenmarksfibrose nach jahrelangem Verlauf
- Übergang in eine akute Leukämie

❑ **Diagnostik**

- BKS sehr niedrig (z.B. 0/1 mm n.W.)
- erhöhter Hämatokrit
- Erythro-, Leuko- *und* Thrombozytose
- Hyperurikämie
- keine Ursachen für eine sekundäre Polyglobulie
- Erythropoetin vermindert
- Beckenkammbiopsie mit zellreichem Mark
- Erhöhung des Blutvolumens

Erythro-, Leuko- *und* Thrombozytose sind entscheidende Befunde (Erythrozyten > 6,5 Mio./µl, Hb > 18 g/dl, Hämatokrit > 60 %, Leukozyten > 10.000/µl, Thrombozyten > 500.000/µl, Retikulozyten allenfalls gering erhöht). Das Differentialblutbild ist wenig verändert und zeigt allenfalls eine geringe Linksverschiebung ohne pathologische Zellen. Die Beckenkammbiopsie läßt ein zellreiches, fettarmes Mark mit Steigerung der Erythropoese erkennen.

Verschiedene Diagnosekriterien wurden von der *Polycythaemia vera-Study-Group* zusammengefaßt. Alle drei Kriterien unter A oder die Kriterien A1 sowie A2 *und* zwei Kriterien unter B reichen für die Diagnose aus.

Diagnosekriterien			
A1	vermehrtes Erythrozytenvolumen Männer > 36 ml/kg Frauen > 32 ml/kg	B1	Thrombozytose > 400.000/µl
A2	normale arterielle Sauerstoffsättigung	B2	Leukozytose ohne Infekt >12.000/µl
A3	Splenomegalie	B3	alkalische Leukozytenphosphatase > 100

Tab. 2.21: Diagnosekriterien der Polycythaemia vera rubra.

❑ **Therapie**

- Aderlaß
- Interferon α
- Hemmung der Hämatopoese mit Zytostatika
- symptomatisch

Therapieziel ist eine Verhinderung von Komplikationen, z.B. von zerebralen Durchblutungsstörungen. Durch regelmäßigen Aderlaß mit Senkung des Hämatokrits unter 45 % läßt sich dies erreichen. Der Aderlaß mit ca. 500 ml wird einmal pro Woche hypovolämisch durchgeführt. Bei massiver Polyzythämie, einem starken Ansteigen der Thrombozyten (Thrombosegefahr) oder der Leukozyten (Mikrozirkulationsstörungen), bei massiver Hepato- und Splenomegalie können Aderlässe nicht mehr ausreichend sein, so daß dann auf die Suppression der Hämatopoese zurückgegriffen werden muß. Zur Reduktion der Hämatopoese stehen verschiedene Substanzen zur Verfügung:

- Hydroxycarbamid (z.B. Litalir®)
- ^{32}P (Radiophosphor)
- Busulfan (Myleran®)

Radiophosphor steigert jedoch das Risiko des Übergangs in eine akute Leukämie erheblich. Eine begleitende Hyperurikämie wird mit Allopurinol, ein Juckreiz mit Antihistaminika und ein Thromboserisiko bei Thrombozytose > 800.000 mit ASS symptomatisch behandelt.

❑ **Differentialdiagnose**

Sind die Erythrozyten-, Hämoglobin- und Hämatokritwerte erhöht, muß unterschieden werden zwischen:

- relativer Polyzythämie (Pseudopolyglobulie)
- sekundärer Polyzythämie (Polyglobulie)
- Polycythaemia vera

• Pseudopolyglobulie

syn.: Streß-Polyglobulie, Gaisböck-Syndrom

Bei regelrechter Erythrozytenzahl ist hier das Plasmavolumen vermindert, so daß der Hämatokrit nur scheinbar erhöht ist. Ein klinisch wichtiges Beispiel ist die Exsikkose (z.B. durch geringe Trinkmengen, hohe Wasserverluste, Plasmaverluste bei Verbrennungen), bei der als primäre Maßnahme natürlich nicht eine Aderlaßtherapie, sondern eine Flüssigkeitssubstitution erfolgen muß.

- **Polyglobulie, sekundäre Polyzythämie**

Die Erythropoese wird von einer zugrundeliegenden Störung stimuliert, so daß die entstehende Polyglobulie sekundär auftritt. Die Erythrozytenwerte steigen isoliert, *ohne* Thrombo- oder Leukozytose, an. Das Erythropoetin ist erhöht.

- **hypoxämische Formen**
  - längerer Aufenthalt in großen Höhen (z.B. Gebirge)
  - Lungenerkrankung mit Hypoxämie (z.B. chronisch-obstruktive Lungenerkrankung)
  - Herzerkrankungen (z.B. Rechts-Links-Shunt)
  - chronisch erhöhtes Kohlenmonoxidhämoglobin (Raucher) oder Methämoglobin
- **nicht-hypoxämische Formen**
  - paraneoplastisch (z.B. Hypernephrom)
  - renal (Zystennieren, Hydronephrose)
  - hormonell (z.B. M. Cushing, Testosteronüberproduktion)

Bestimmung und Interpretation des Blutvolumens

Da die Bestimmung der Erythrozyten- Plasma- und Blutvolumina an die Einrichtungen einer nuklearmedizinischen Abteilung gebunden ist, werden diese Untersuchungen nicht überall verfügbar sein. Das Erythrozytenvolumen gilt jedoch als wichtiger Anhaltspunkt bei der Diagnose der Polycythaemia vera (siehe z.B. die Diagnosekriterien der Polycythaemia vera-Study-Group). Es werden ^{51}Chrom-markierte Erythrozyten (Erythrozytenvolumen) und ^{125}Jod-markiertes Albumin (Plasmavolumen) injiziert. Nach einer Verteilungszeit wird die Radioaktivität in einer Blutprobe gemessen. Da das Blutvolumen vom Körpergewicht abhängt (ca. 1/12 oder 8 % des Körpergewichts), erfolgt die Angabe in ml/kg.

Normalwerte	Erythrozytenvolumen	Plasmavolumen	Blutvolumen
Männer	24-32 ml/kg	36-44 ml/kg	60-76 ml/kg
Frauen	22-38 ml/kg	35-43 ml/kg	57-71 ml/kg

Tab. 2.22: Normalwerte bei der Bestimmung des Blutvolumens.

	Erythrozytenvolumen	Plasmavolumen	Blutvolumen
Pseudopolyglobulie	normal	erniedrigt	erniedrigt
sekundäre Polyglobulie	erhöht	erniedrigt	normal
Polycythaemia vera	erhöht	erhöht	erhöht

Tab. 2.23: Ergebnisse der Blutvolumenbestimmung bei der Polycythaemia vera.

2.5.2. Chronische myeloische Leukämie

☞ Kap. 2.4.2.1.

2.5.3. Essentielle Thrombozythämie

syn.: primäre Thrombozythämie (PTH)

Bei dieser seltenen Form einer myeloproliferativen Erkrankung manifestiert sich im peripheren Blut nur ein Anstieg der Thrombozyten. Diese erreichen Werte über 1 Mio./µl. Die Erythro- und Leukozytenwerte sind normal. Die Erkrankung tritt im höheren Alter auf.

❑ **Symptomatik**

- Müdigkeit, Leistungsknick
- Schwindel, Parästhesien
- Blutungen oder Thromboembolien
- geringe Splenomegalie

Die Symptome sind relativ unspezifisch, so daß man auf die Erkrankung oftmals erst durch hohe Thrombozytenwerte im Rahmen einer Routineuntersuchung aufmerksam wird. Über die Funktionsfähigkeit der Thrombozyten kann die Messung der Blutungszeit bzw. Funktionsuntersuchungen der Thrombozyten in vitro (Aggregations-, Adhäsionstests) Auskunft geben.

❑ **Diagnostik**

- Thrombozytose > 1,0 Mio./µl
- Beckenkammbiopsie

Wichtigste Untersuchung ist die Beckenkammbiopsie, bei der eine hyperplastische Megakaryopoese festgestellt wird. Weiterhin müssen reaktive Thrombozytose (z.B. parainfektiös, paraneoplastisch) und eine Polycythaemia vera ausgeschlossen werden.

❑ **Therapie**

- symptomatisch
- Interferon α
- Zytostase

Im *asymptomatischen Stadium* erfolgt keine oder lediglich eine symptomatische Therapie - dies ist der häufigste Fall. Bei *ischämischen Episoden* (transitorische ischämische Attacke - TIA, Angina pectoris, Schwindel) wird Azetylsalizylsäure (300 mg/die) gegeben. Bei *hämorrhagischer Diathese* aufgrund funktionsuntuchtiger Thrombozyten verbietet sich die Gabe von ASS. Hier sollte die Thrombopoese zytostatisch z.B. mit ^{32}P Radiophosphor, Busulfan (Myleran®) oder Hydroxyurea reduziert werden. Bei *akutem Thromboserisiko* ist theoretisch die Thrombozytopherese möglich.

❑ **Differentialdiagnose**

Es müssen vor allem reaktive Thrombozytosen ausgeschlossen werden, die allerdings kaum Werte über 1 Mio./µl erreichen! Reaktive Thrombozytosen verursachen kaum klinische Symptome, können aber auf andere Grunderkrankungen hinweisen und sollten deshalb ernst genommen werden (☞ Kap. 2.1.5.).

2.5.4. Osteomyelofibrose (OMF)

syn.: Osteomyelosklerose

Auch bei der Osteomyelofibrose wird ein Stammzelldefekt angenommen, der neben Veränderungen der Hämatopoese auch die Faserbildung durch Fibroblasten des Knochenmarks anregt. Durch die zunehmende Fibrosierung wird das blutbildende Mark verdrängt, was zur Reduzierung der Blutbildung führt. Die Folge ist eine Abnahme besonders von Thrombo- und Erythrozyten im Blut. Die Hämatopoese weicht auf embryonale Blutbildungsorte (z.B. Leber und Milz) aus und führt so zum Bild der *extramedullären Blutbildung*.

Formen:

- primäre Osteomyelofibrose
- sekundäre Osteomyelofibrose

Folgestadien von essentieller Thrombozythämie, chronisch myeloischer Leukämie oder Polycythaemia vera sind Ursachen der sekundären Osteomyelofibrose.

❑ **Symptomatik**

Frühe Symptome:

- Allgemeinsymptome (Müdigkeit, Leistungsknick)
- mäßige Spleno- und Hepatomegalie
- Leukozytose (bis 40.000/µl)

Späte Symptome:

- starke Milzvergrößerung
- Zeichen ineffektiver Hämatopoese
- Anämie, Leuko- und/oder Thrombopenie
- Thrombosen oder Blutungen

Die anfänglichen Symptome sind meist gering. Nach Ablauf von Jahren imponiert dann die Milzvergrößerung, die *enorme* Ausmaße annehmen kann; die Milz kann z.B. bis in das kleine Becken reichen und Magen sowie Darm verdrängen. Milzinfarkte können die Folge sein. Infektbereitschaft, Petechien und Blutungen sind späte Symptome bei bereits eingetretener Knochenmarksinsuffizienz.

❑ **Diagnostik**

- Blutbild und Differentialblutbild
- Röntgen
- Beckenstanze

Initial besteht eine Leuko- und Thrombozytose, die Erythrozytenzahl ist normal oder vermindert, die Form der Erythrozyten ist unterschiedlich (Poikilozytose), auch "Tränentropfenformen" (Dakrozytose) werden beobachtet. Nach Ersatz des aktiven Knochenmarks durch Fasergewebe kommt es aufgrund der extramedullären Blutbildung zur Panzytopenie sowie zum Auftreten aller Vorstufen der Erythro- oder Leukopoese im Plasma. Der Ersatz der Hämatopoese durch Bindegewebe und Faserknochen führt in fortgeschrittenen Stadien zu typischen röntgenologischen Veränderungen. Die Knochenstruktur ist entweder homogen ("milchglasartig") oder fleckförmig verdichtet und unregelmäßig (einer osteoplastischen Metastasierung ähnlich). Die Osteosklerose ist besonders an Rippen, Wirbelkörpern, Becken und langen Röhrenknochen zu sehen.

Die *Beckenkammbiopsie* ist die wegweisende diagnostische Maßnahme. Ergebnis ist eine "Punctio sicca" - d.h. kein rotes, blutig tingiertes Mark, sondern ein spongiöser Punktionszylinder, in dem histologisch eine Myelofibrose mit Zunahme von Faserknochen nachgewiesen wird. Eine möglichst frühe Punktion ist anzustreben, da beim Vorliegen einer Punctio sicca die differentialdiagnostische Abgrenzung schwerfällt.

Differentialdiagnose einer Punctio sicca:

- Fehlpunktion
- Haarzellenleukämie
- Osteomyelosklerose
- aplastische Anämie

❑ **Therapie**

- symptomatisch

Die Erkrankung kann nicht geheilt, sondern nur symptomatisch behandelt werden, so daß der Ersatz von Blutzellen, z.B. Erythrozytenkonzentrate bei Anämie oder die Gabe von Allopurinol bei hoher Harnsäure, im Mittelpunkt steht. In Spätstadien wird bei sehr großem Organ die Milzbestrahlung oder -exstirpation empfohlen. Dies kann jedoch zu einer starken Reduktion der extramedullären Hämatopoese und damit zu bedrohlichen Verläufen führen, so daß hier sehr sorgfältig abgewogen werden muß.

❑ **Prognose**

Die Erkrankung bleibt lange symptomarm. Die mittlere Überlebenszeit beträgt zirka 5 Jahre. Todesursachen sind eine hämatopoetische Insuffizienz mit Panzytopenie und die daraus resultierenden Blutungen oder rezidivierenden Infekte. In einem Teil der Fälle (ca. 10 %) kommt es zur akuten Blastenkrise.

2.6. Erkrankungen des lymphatischen Systems und der Milz

Das lymphatische System (zu unterscheiden vom Lymphsystem) besteht aus:

- primären lymphatischen Organen
  - Thymus, Knochenmark
- sekundären lymphatischen Organen
  - Lymphknoten, Tonsillen, Milz, darm-assoziiertes lymphatisches Gewebe (z.B. Peyersche Plaques), mukosa-assoziiertes lymphatisches Gewebe (z.B. Waldeyerscher Rachenring)

Vergrößerungen von Lymphknoten sind sehr häufig. Ursachen sind:

- maligne Ursachen
  - maligne Lymphome
  - Leukämien
  - Metastasen von Karzinomen
- nicht-maligne Ursachen
  - Sarkoidose
  - Infektionen
    bakteriell, viral, parasitär, mykotisch

2.6.1. Nicht-maligne Lymphknotenvergrößerungen

Nicht-maligne, besonders durch Infektionen bedingte Lymphknotenvergrößerungen (Lymphadenopathien) sind sehr häufige Symptome. Virale Infekte verlaufen zyklisch mit initialem Generalisationsstadium und anschließendem Organstadium. Dabei können alle Lymphknotenstationen besiedelt werden und damit zu generalisierten Lymphknotenvergrößerungen führen (z.B. Masern, Röteln, infektiöse Mononukleose). Besonders zu erwähnen ist das Lymphadenopathiesyndrom (LAS) bei HIV-Infektion. Bakterielle Infektionen verursachen in erster Linie lokale Infekte mit Vergrößerung der nachgeschalteten Lymphknotenstationen (z.B. Erysipel), jedoch auch generalisierte Lymphadenopathien (z.B. Lues II), ebenso wie Infektionen durch Protozoen (Toxoplasmose).

❑ Symptomatik

Die Klinik gibt Anhaltspunkte, kann jedoch im Zweifelsfall nicht sicher zwischen einer malignen und einer nicht-malignen Lymphknotenschwellung trennen. So können tuberkulöse oder mykotische Lymphadenopathien zu "kalten", langsam zunehmenden Schwellungen mit Verpackungen mit der Umgebung führen. Andererseits beginnen die malignen Lymphome durchaus lokalisiert an einer Lymphknotenstation, z.B. am Hals, und dürfen nicht leichtfertig als Folge einer Infektion im Mundbereich ("eitriger Zahn") mißdeutet werden.

	maligne Genese	benigne Genese
Ursache	scheinbar fehlend	Infekt vorhanden (Eintrittspforte, Fieber)
Entstehung	langsam	schnell
Verlauf	Größenzunahme	Größenabnahme über Tage bis wenige Wochen
Schmerzen	keine	vorhanden
Konsistenz	derb, hart	weicher (periglanduläres Ödem)
Überwärmung	fehlt	vorhanden
Verschieblichkeit	eingeschränkt	nicht behindert

Tab. 2.24: Klinische Unterschiede zwischen malignen und benignen Lymphknotenschwellungen.

❑ Diagnostik

Wird über einen vergrößerten Lymphknoten berichtet, so muß das vorgeschaltete Lymphzuflußgebiet auf mögliche Herde und Eintrittspforten untersucht werden. Weiterhin sind alle anderen Lymphknotenstationen (Hals, Nacken, Axillen, Ellenbeuge, Leiste) sowie Leber und Milz zu palpieren. Bei weiteren vergrößerten Lymphknoten werden die mediastinalen (Thorax, ggf. CT-Thorax) und abdominalen Stationen (Sonographie, ggf. CT-Abdomen) untersucht. Da jedoch maligne Erkrankungen nie sicher ausgeschlossen werden können, muß jede nicht erklärbare, über einen längeren Zeitraum persistierende Lymphknotenvergrößerung einer weiterführenden Diagnostik zugeführt werden. Diese wird in erster Linie in der Exstirpation und nachfolgenden histologischen Abklärung des suspekten Lymphknotens bestehen.

❑ Therapie

Nicht-maligne Lymphadenopathien bilden sich nach Behandlung der Grundkrankheit nach Tagen (Virusinfektionen) oder erst nach Wochen (z.B. Toxoplasmose) zurück. Im Akutstadium kann lokale Kälte, im späteren Stadium Wärme helfen. In seltenen Fällen bleibt ein derber kleiner Rest für lange Zeit tastbar.

2.6.2. Maligne Lymphome

Maligne Lymphome sind Neoplasien der Lymphozyten, die primär im lymphatischen Gewebe (vorwiegend Lymphknoten, sehr selten: Waldeyerscher Rachenring, Milz, Appendix, und Thymus) entstehen. Man unterscheidet:

- Lymphogranulomatose (M. Hodgkin)
- Non-Hodgkin-Lymphom (NHL)

2.6.2.1. Lymphogranulomatose (M. Hodgkin)

Der M. Hodgkin, die Lymphogranulomatose, ist eine Neoplasie, die primär vom Lymphgewebe ausgeht, in den meisten Fällen also zuerst einen Lymphknoten befällt. Im Verlauf kommt es unbehandelt zur Ausbreitung auf andere Lymphknoten und erst nach längerer Krankheitsdauer zur Generalisation in weitere Organe. Die Erkrankung tritt mit einem Altersgipfel im jungen Erwachsenenalter (20.-30. Lebensjahr) und einem kleineren Gipfel nach dem 50. Lebensjahr auf. Betroffen sind also meist junge Menschen mit geringer Bevorzugung der Männer. Die Inzidenz nahm in den letzten Jahrzehnten zu. Eine Ursache ist bislang nicht bekannt. Diskutiert werden Viren, Strahlen, Chemikalien sowie eine genetische Disposition, die aufgrund einer familiären Häufung angenommen wird.

❑ **Zytologie und Histologie**

Das *zytologische* Bild ist typisch und gekennzeichnet durch:

- Hodgkin-Zellen
- Sternberg-Reed-Riesenzellen

Zur Diagnosestellung und histologischen Einordnung ist jedoch die *Histologie* aus Lymphgewebe unerläßlich, so daß eine bloße Punktion des vergrößerten Lymphknotens nicht ausreicht, sondern eine Exstirpation notwendig ist. Aufgrund des darin beobachteten Gewebebildes wurde eine histopathologische Klassifikation (nach Lukes) eingeführt:

Form	Häufigkeit
lymphozytenreich	20 %
nodulär-sklerosierend	30-40 %
gemischtzellig	20 %
lymphozytenarm	< 10 %

Tab. 2.25: Histopathologische Differenzierung und ihre Häufigkeit beim M. Hodgkin.

Die Histologie ändert sich im Laufe der Therapie hin zu einem zellärmeren Bild, so daß die Differenzierung vor der Therapie am klarsten ist. Die früher noch berichtete Verschlechterung der Prognose vom lymphozytenreichen hin zum lymphozytenarmen Typ wird unter Einfluß der heutigen Therapie kaum mehr beobachtet.

❑ **Symptomatik**

- Allgemeinsymptome
- Lymphknotenschwellung
- Hepato-, Splenomegalie

Allgemeinsymptome sind unspezifisch, aber bei der Hälfte der Betroffenen vorhanden. Es treten rezidivierende Temperaturanstiege (als undulierendes Fieber vom Pel-Ebstein-Typ), Nachtschweiß, Gewichtsabnahme, Pruritus, Abgeschlagenheit und Abnahme der Leistungsfähigkeit auf. Das typische Symptom sind schmerzlos vergrößerte Lymphknoten. Die Erkrankung beginnt meist am Hals mit Ausbreitungstendenz auf Lymphknotenstationen des Körperstammes (Mediastinum, paraaortal). Eine Leber- und Milzvergrößerung ist anfangs nicht symptomatisch, ein Schmerz der befallenen Lymphknoten nach Alkoholgenuß selten. In fortgeschrittenen Stadien mit generalisierter Organbeteiligung können dann eine Vielzahl von Symptomen der befallenen Organe hinzutreten. Generell ist eine Einschränkung der T-Zell-Abwehr mit Infektanfälligkeit besonders gegenüber tuberkulösen, viralen und mykotischen Erkrankungen vorhanden.

❑ Diagnostik

- Biopsie mit Histologie

Die Diagnose wird durch Lymphknotenexstirpation gestellt. Die Zytologie alleine (Hodgkin- und Sternberg-Reed-Zellen) würde zwar für die Diagnose, nicht aber für die Klassifikation nach Lukes ausreichen. *Lymphozytopenie* und *Eosinophilie* sind typisch, aber nicht spezifisch. Eine Anämie tritt erst bei Knochenmarksbefall hinzu. Eine Hypogammaglobulinämie ist jedoch oft vorhanden.

❑ Staging

Nach Diagnosestellung muß durch eine Reihe von Untersuchungen die Ausdehnung der Erkrankung festgestellt werden, da sich daraus Konsequenzen für die Therapie ergeben. Unterschieden werden:

- klinisches Staging
- operatives Staging

- *klinisches Staging ("clinical staging" - CS)*
  Das klinische Staging wird mit nicht-operativen Verfahren durchgeführt:
  - Anamnese und klinische Untersuchung
  - Labor
  - Röntgen-Thorax
  - Thorax-CT
  - Abdomen-Sonographie
  - Abdomen-CT
  - zusätzlich evtl. Lymphographie
  - Beckenkammbiopsie
  - Skelettszintigraphie (bei Symptomen, z.B. Knochenschmerzen)
  - Laparoskopie, Leberbiopsie (falls keine Laparotomie geplant ist)
- *operatives Staging ("pathological staging" - PS)*
  Das operative Staging dient dem Nachweis von befallenen intraabdominellen Lymphknoten. Bei der explorativen Laparotomie wird die Milz entfernt, und aus der Leber werden Biopsien entnommen. Das operative Staging wird nicht ausgeführt, wenn sich daraus keine neuen Aspekte für die Therapie ergeben bzw. wenn Kontraindikationen, wie etwa höheres Alter, dagegen sprechen. Eine explorative Laparotomie ist also bei den Stadien I-II notwendig. Ist aus klinischer Indikation die Entscheidung für eine kombinierte Strahlen- und Chemotherapie gefallen, so ist die Laparatomie überflüssig. Nach einer Milzexstirpation ist besonders bei Kindern und Jugendlichen eine postoperative Sepsis (OPSI - overwhelming postsplenectomy infection) zu befürchten (präoperative Immunisierung gegen Pneumokokken)

Stadieneinteilung

Ziel des Staging ist es, das Krankheitsstadium festzulegen. Die Stadien erhalten den Zusatz "A", wenn keine Allgemeinsymptome vorliegen. "B"-Symptome sind:

- Fieber über 38 °C
- Nachtschweiß
- Gewichtsabnahme von über 10 % in den vorausgehenden 6 Monaten

Die Stadieneinteilung erfolgt nach der Klassifikation von Ann Arbor.

Klassifikation von Ann Arbor	
Stadium I	ein Lymphknoten/eine Lymphknotenregion oder ein extranodaler Herd (IE)
Stadium II	zwei oder mehr Lymphknotenregionen, jedoch auf einer Seite des Zwerchfelles oder eine Lymphknotenregion und ein extranodaler Herd (IIE)
Stadium III	Befall von Lymphknoten auf beiden Seiten des Zwerchfells mit bzw. ohne Beteiligung eines extranodalen Herdes (IIIE)
III_1	geringe abdominelle Beteiligung oberhalb des Truncus coeliacus
III_2	ausgedehnte abdominelle Beteiligung auch darunter
Stadium IV	diffus ausgebreitete Erkrankung, Befall von extralymphatischen Organen mit bzw. ohne Lymphknotenbeteiligung

Tab. 2.26: Stadien des M. Hodgkin.

❑ Therapie

Die Therapie des M. Hodgkin erfolgt mit einem *kurativen* Ziel. Die Lymphogranulomatose ist eine der Neoplasien, die in einem hohen Maße "geheilt" werden können und bei der invasive Diagnostik und Therapie gerechtfertigt sind! Eingesetzt werden:

- Strahlentherapie
- Zytostase

Die Therapie erfolgt stadienabhängig:

Stadium	Therapie
IA • supradiaphragmal • infradiaphragmal	 Bestrahlung, Mantelfeld, paraaortal Bestrahlung, umgekehrtes Y-Feld
IB	totale Lymphknotenbestrahlung
IIA	wie bei IA
IIB	totale Lymphknotenbestrahlung
IIIA	totale Lymphknotenbestrahlung und/oder Zytostase
IIIB, IV	primäre Zytostase, nachfolgend Bestrahlung erwägen

Tab. 2.27: Stadiengerechte Therapie des M. Hodgkin.

Strahlentherapie

Die Indikation besteht primär bei *lokalisiertem* Befall (Stadium I und II). Innerhalb relativ kurzer Zeit werden Gesamtdosen von 40-44 Gray appliziert. Bestrahlt werden nicht nur die direkt betroffenen Lymphknoten (involved field-IF), sondern zusätzlich auch die angrenzenden Lymphknotenstationen (extended field-EF), wodurch größere Regionen beteiligt sein können, z.B.

- *Mantelfeld* → supradiaphragmale Lymphknoten (Hals, Mediastinum, Axillen)
- *umgekehrtes Y-Feld* → infradiaphragmale Lymphknoten (periaortal und entlang der Aa. iliacae)
- *Paraaortalfeld* → totale Lymphknotenbestrahlung

Zytostase

Die Indikation besteht bei der *disseminierten* Erkrankung ab dem Stadium III, bei Anwesenheit von "B"-Symptomen und anderen Risiken (z.B. "bulky disease" - große Lymphknotenpakete). Prinzipiell wird eine Kombination mit mehreren Zytostatika (Kombinationsbehandlung) in mehreren Therapiezyklen, evtl. auch im Wechsel mit einer anderen Zytostatikakombination, angewandt. Bekannt ist das COPP-Schema:

COPP-Schema	Tag	Dosis
Cyclophosphamid	1+8	650 mg/m^2 KOF
Oncovin	1+8	1,4 mg/m^2 KOF
Procarbazin	1-14	100 mg/m^2 KOF
Prednisolon	1-14	40 mg/m^2 KOF

Tab. 2.28: Beispiel eines Therapieschemas beim M. Hodgkin.

Andere Schemata sind: *MOPP-Schema* (Mustargen, Oncovin, Procarbazin, Prednison) und *ABDV-Schema* (Adriblastin, Bleomycin, Vinblastin, Dacarbazin), evtl. auch in abwechselnder Reihenfolge.

Rezidive

Rezidive treten innerhalb von 5 Jahren auf. In dieser Zeit sind viertel- bis halbjährliche Kontrollen (Anamnese, klinische Untersuchung, Thorax, Abdomensonographie) nötig. Bei einem Rezidiv wird wieder entsprechend dem Staging therapiert. Bei nicht-beherrschbaren Rezidiven kann eine Knochenmarkstransplantation erwogen werden.

❑ Prognose

In den meisten Fällen kann initial eine komplette Remission erreicht werden. Die tatsächlichen Heilungen sind in den Stadien I und II mit 80 % sehr hoch. Im Stadium IV liegen die Heilungen bei 30 %, im Stadium III zwischen diesen beiden Werten. Die Behandlung von Rezidiven ist um so problematischer, je schneller das Rezidiv auftritt. Nach erreichten Heilungen ist durch Bestrahlung und Zytostase das Risiko eines Zweitmalignoms erhöht.

2.6.2.2. Non-Hodgkin-Lymphom (NHL)

Maligne Lymphome, die sich nicht als M. Hodgkin einordnen lassen, werden dieser sehr heterogenen Gruppe zugerechnet. Man unterscheidet:

Formen	Anteil	Zytomorphologie
niedrigmaligne NHL	70 %	reifere "Zyten"
hochmaligne NHL	30 %	unreife "Blasten"

Tab. 2.29: Formen des Non-Hodgkin-Lymphoms.

Die Häufigkeit der NHL nimmt mit ansteigendem Alter zu. Während in der Jugend die hochmalignen Formen dominieren, sind es im Alter die niedrigmalignen Typen. NHL treten primär in den Lymphknoten, aber seltener auch primär extranodal auf (z.B. NHL des Magens). Während der M. Hodgkin spät disseminiert, neigen die NHL zu frühzeitiger Ausbreitung. Die Ursachen der Erkrankungen sind unbekannt, Einflüsse werden bei der genetischen Disposition, Chemikalien, Strahlung oder Viren (HTLV I, Epstein-Barr-Virus) vermutet.

Einteilung

Die Einteilungen berücksichtigen zytomorphologische und immunologische Kriterien. Gebräuchlich ist die Kieler Klassifikation (Lennert und Mitarbeiter).

Kieler Klassifikation (Lennert und Mitarbeiter)	
1. niedrigmaligne NHL:	

B-Zellen
(CD-19 positiv)
	• lymphozytisches NHL
	  • chronische lymphatische Leukämie (CLL)
	  • Prolymphozytenleukämie
	  • Haarzell-Leukämie
	• lymphoplasmozytisches Immunozytom (M. Waldenström)
	• plasmozytisches NHL (Plasmozytom)
	• zentrozytisches NHL
	• zentroblastisch-zentrozytisches NHL

T-Zellen
(CD-3 positiv)
	• lymphozytisches NHL
	  • chronische lymphatische Leukämie (CLL)
	  • Prolymphozytenleukämie
	• Mycosis fungoides
	• Sézary-Syndrom
	• lymphoepitheloides Lymphom
	• angioimmunoblastisches Lymphom
	• T-Zonen-Lymphom
	• pleomorph-kleinzelliges Lymphom

2. hochmaligne NHL:	
B-Zellen	• zentroblastisches NHL • lymphoblastisches NHL • immunoblastisches NHL • großzellig-anaplastisches NHL • Burkitt-Lymphom
T-Zellen	• pleomorph großzelliges Lymphom • großzellig anaplastisches Lymphom • immunoblastisches Lymphom • lymphoblastisches Lymphom

Tab. 2.30: Kieler Klassifikation der Non-Hodgkin-Lymphome.

Stadieneinteilung:

Die Stadieneinteilung ähnelt der des M. Hodgkin. Ausnahme ist die CLL, die als primär disseminiert angenommen wird, und bei der sich deshalb das Staging erübrigt.

❑ **Symptomatik**

- Allgemeinsymptome
- Lymphknotenvergrößerung
- Hepato-, Splenomegalie
- Infektanfälligkeit
- Hautinfiltrate

Auch beim NHL sind Allgemeinsymptome wie Müdigkeit, Abgeschlagenheit, Leistungsknick, Gewichtsabnahme, Nachtschweiß oder Fieber möglich. Leitsymptom der NHL ist die schmerzlose (und rasche) Vergrößerung von Lymphknoten, auch mediastinal oder abdominell, so daß erneut hervorzuheben ist, daß jede Lymphknotenschwellung, die nicht auf eine plausible Ursache zurückgeführt werden kann, abgeklärt werden muß.

❑ **Diagnostik**

- Blutbild
- Eiweißelektrophorese
- Histologie

Das Blutbild ist nur bei der CLL typisch (absolute Lymphozytose - bis 100.000 Zellen/µl, Gumbrechtsche Kernschatten), sonst relativ unspezifisch. Eine geringe Lymphozytose kann vorliegen, bei massiver Infiltration des Knochenmarks auch eine Mono-, Bi- oder Panzytopenie. Wie beim M. Hodgkin kann eine Hypogammaglobulinämie auftreten, bei einigen Arten des NHL (Plasmozytom) können es auch Paraproteine sein. Erneut ist die Histologie z.B. aus einem zugänglichen, vergrößerten Lymphknoten der wichtigste diagnostische Schritt. Die Histologie ist unumgänglich für die Diagnose und Einordnung in eine der Gruppen des NHL, aber auch für Therapie und Prognose. Die Gewebeprobe muß ggf. auch mit invasiven Maßnahmen (z.B. Mediastinoskopie) entnommen werden.

❑ Staging

Ist die Diagnose durch die Histologie gesichert, so wird wie beim M. Hodgkin ein Staging empfohlen, das sich an die Ann Arbor-Klassifikation anlehnt.

Stadium	Kriterium
I	eine Lymphknotenregion oder ein extralymphatisches Organ (I_E)
II_1	benachbarte Lymphknotenregionen auf einer Seite des Zwerchfells oder ein extralymphatisches Organ und eine Lymphknotenregion oder zwei extralymphatische Organe auf einer Seite des Zwerchfells (II1E)
II_2	zwei nicht-benachbarte Lymphknotenregionen oder mehr als zwei benachbarte Lymphknotenregionen, jedoch auf einer Seite des Zwerchfells auch unter Einschluß eines extralymphatischen Organs
III	Befall von Lymphknotenregionen oder eines extralymphatischen Organs beiderseits des Zwerchfells; zusätzlicher Befall der Milz (III_S), eines weiteren extralymphatischen Organs (III_E) oder beider Regionen (III_{SE})
IV	disseminierter Lymphknoten- oder Organbefall

Tab. 2.31: Stadien des Non-Hodgkin-Lymphoms.

Zusatz für alle Stadien:

- A: ohne Allgemeinerscheinungen
- B: mit Allgemeinerscheinungen

Staging-Untersuchungen:

- Anamnese
- klinischer Lymphknotenstatus
- Röntgen Thorax (bei nicht vergrößert erscheinenden Mediastinallymphknoten Thorax-CT)
- Abdomen-CT
- Beckenkammbiopsie
- HNO-ärztliche Untersuchung
- Röntgen des Magens und Duodenums
- ggf. weitere Untersuchungen (z.B. Liquor)

Die Staging-Untersuchung des NHL unterscheidet sich in einigen Punkten von der des M. Hodgkin. Da die NHL bei Diagnosestellung meist schon generalisiert sind und dies mit nicht-invasiven Untersuchungen im allgemeinen nachweisbar ist, ist die explorative Laparotomie nur dann indiziert, wenn scheinbar ein Stadium I besteht. Extranodale Lokalisationen liegen häufiger als beim M. Hodgkin vor, deshalb sind Organuntersuchungen (HNO, Magen-Darm) angezeigt. Bei hochmalignen NHL und neurologischen Auffälligkeiten sollte zum Ausschluß einer zerebralen Beteiligung eine Liquoruntersuchung stattfinden.

❑ Therapie

Die Therapie wird typen- und stadienspezifisch geplant. Alle Typen sind strahlen- und mehr oder weniger chemotherapie*sensibel*. Eine detaillierte Aufzählung würde den Rahmen dieses Buches jedoch sprengen.

- **niedrig-malignes NHL**
  - *lokalisierte Formen:*
    Heilung möglich, Operation oder Bestrahlung
  - *generalisierte Formen*
    Ziel ist die Palliation; die Therapie erfolgt so spät und schonend wie möglich, jedoch unbedingt bei B-Symptomen, rascher Progredienz, ausgeprägter Verdrängung der Hämatopoese, lokalen Symptomen durch Lymphknotenpakete, Hepato- bzw. Splenomegalie

- **hochmalignes NHL**

Eine *Heilung ist prinzipiell möglich* und sollte deshalb angestrebt werden. Die Therapie wird deshalb aggressiver durchgeführt.

  - *lokalisierte Formen*
    Operation und Bestrahlung, evtl. Polychemotherapie
  - *generalisierte Formen*
    Polychemotherapie evtl. mit Bestrahlung

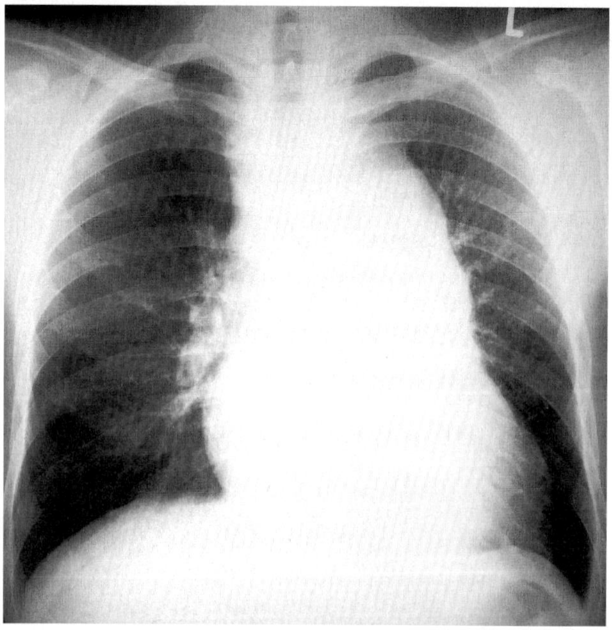

a

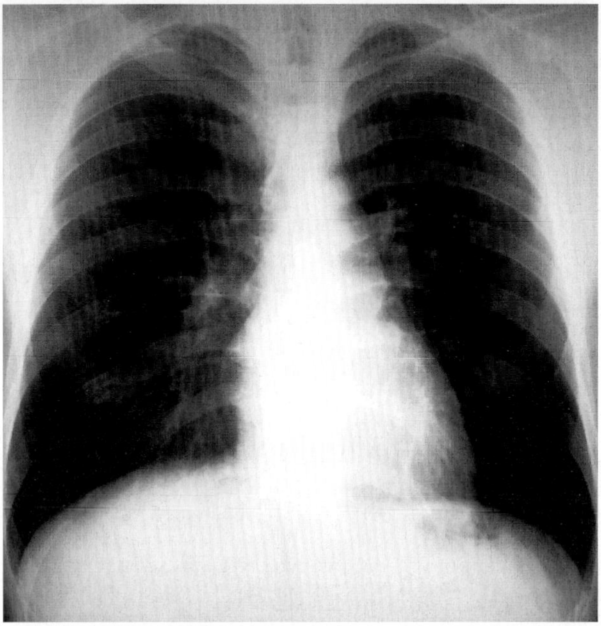

b

Abb. 2.2 a+b: Hochmalignes Non-Hodgkin-Lymphom vor und nach Chemotherapie.
a: stark verbreitertes Mediastinum aufgrund großer Lymphknoten; b: vollständige Rückbildung der vergrößerten mediastinalen Lymphknoten.

❑ **Prognose**

● **niedrigmalignes NHL**

Langsame Progression - auch ohne eingreifende Therapie überleben 50 % der Patienten ca. 5 Jahre.

● **hochmalignes NHL**

Rasche Progression - ohne Therapie ist die Lebenserwartung auf einige Monate begrenzt. Mit Therapie kommt es dagegen in 20-30 % d.F. zu Heilungen! Die Prognose ist dennoch schlechter als die des niedrigmalignen NHL. Nur 50 % der Patienten überleben die ersten 2 Jahre nach Diagnosestellung.

2.6.2.3. Plasmozytom

syn.: Multiples Myelom, M. Kahler

Das Plasmozytom wird zu den niedrigmalignen Non-Hodgkin-Lymphomen vom B-Zell-Typ (plasmozytisches NHL) gerechnet. Klinisch unterscheidet sich das Plasmozytom jedoch von den übrigen NHL (z.B. keine Lymphknotenvergrößerungen, primär im Knochenmark, nicht in den Lymphknoten lokalisiert), so daß es hier gesondert beschrieben wird. Das Plasmozytom ist eine maligne Erkrankung der B- bzw. der Plasmazellen. Ein Klon Plasmazellen entartet, proliferiert, verdrängt das normale Knochenmark und arrondiert den umgebenden Knochen. Die Erkrankung ist bei Diagnosestellung meist im gesamten Knochenmark *generalisiert* ("Multiples" Myelom), sehr selten noch auf einen Knochenherd lokalisiert (solitäres ossäres Plasmozytom). Ebenfalls selten finden sich initial Herde außerhalb des Knochenmarks (extramedulläres Plasmozytom). In den meisten Fällen wird von den Plasmazellen ein monoklonales, pathologisch verändertes Immunglobulin produziert (Paraprotein, monoklonales Immunglobulin).

Arten des Immunglobulins:

• IgG	55 %
• IgA	5 %
• Leichtkettenparaprotein	15 %
• andere Formen (IgE, IgD, multiklonale Formen)	selten

Das Plasmozytom kann durch Zytostase zwar beeinflußt, kaum jedoch geheilt werden. Die Erkrankung ist in der Jugend selten und tritt mit zunehmendem Alter häufiger auf. Die meisten Fälle finden sich im 7. Lebensjahrzehnt. Über eine Zunahme der Erkrankung wurde in den letzten Jahrzehnten berichtet. Ihre Ursache ist unklar.

❑ **Symptomatik**

Häufige Symptome:

- Allgemeinsymptome
- Infektanfälligkeit
- Symptome der Knochenarrosion (Osteolysen oder diffuse Osteoporose)
- Symptome der Verdrängung der normalen Hämatopoese

Seltenere Symptome:

- Hyperkalzämie (30 % d.F.)
- Myelomniere
  - Nierenversagen
  - nephrotisches Syndrom
- Amyloidose (selten)
- andere
  - Hyperviskositätssyndrom
  - Kryoglobulinämie
  - Raynaud-Syndrom
  - hämorrhagische Diathese durch Interferenz der Paraproteine mit Thrombozytenaggregation oder Gerinnungsfaktoren

Auch hier werden von den Patienten Allgemeinsymptome (Gewichtsabnahme, Leistungsknick, Nachtschweiß) geschildert. Die Infektanfälligkeit begründet sich durch den Mangel an funktionierenden Immunglobulinen. Knochenschmerzen sind sehr charakteristisch. Sie werden ausgelöst durch die von den Plasmazellnestern im Knochenmark produzierten Osteolysen, unterstützt von einem durch manche Plasmazellklone produzierten osteoklastenaktivierenden Faktor. Pathologische Frakturen sind möglich. Nach längerem Verlauf des Plasmozytoms und insbesondere im finalen Stadium tritt die Verdrängung der normalen Hämatopoese mit Anämie, Leukopenie und Thrombopenie in den Vordergrund. Folgen sind rezidivierende Infekte und Blutungsneigung. Eine Nierenschädigung (Myelomniere) kann durch die Hyperkalzämie, den toxischen Effekt von Leichtketten-Immunglobulinen auf die Nierentubuli oder durch zusätzliche nephrotoxische Agentien (Kontrastmitteluntersuchung) ausgelöst werden und sich durch ein akutes Nierenversagen oder ein nephrotisches Syndrom äußern. Bei langdauernder Erkrankung können in den Organen amyloidartige Ablagerungen beobachtet werden.

❑ Diagnostik

- Laborwerte
  - Blutsenkung
  - Differentialblutbild
  - Kreatinin
  - Kalzium
  - Urinstatus
- Nachweis monoklonaler Immunglobuline
  - Eiweißelektrophorese
  - quantitative Immunglobuline
  - Immunelektrophorese
- Bence-Jones-Proteine im Urin
- Beckenkammbiopsie
- Röntgen

Die Blutsenkung ist stark erhöht, z.B. 100/140 mm n.W. Sie kann in seltenen Fällen jedoch auch normal sein, und zwar dann, wenn nierengängige Leichtketten produziert werden. Das Differentialblutbild bleibt lange Zeit unauffällig, da die Plasmazellen erst in fortgeschrittenen Stadien aus dem Knochenmark ausgeschwemmt werden. Diagnostisch wegweisend ist der Nachweis monoklonaler Immunglobuline. Diese werden als *schmalbasige* Zacke in der Eiweißelektrophorese im Bereich der γ-Globuline sichtbar. Eine breitbasige Erhöhung der γ Globuline hat eine andere Ursache (z.B. Leberzirrhose). Leichtketten-paraproteine, die komplett über der Urin ausgeschieden werden (ca. 5 % d.F.), verändern die Bluteiweiß-elektrophorese *nicht*. In diesen Fällen fehlt die schmalbasige Zacke im γ-Globulinbereich. Die ausgeschiedenen Leichtketten werden auch von den üblichen Urin-Teststreifen *nicht* als Proteinurie erfaßt. Ein negativer Eiweißnachweis im Urinstatus spricht deshalb *nicht* gegen Leichtketten im Urin. Der Nachweis dieser Leichtketten gelingt dagegen mittels Urinelektrophorese bzw. mit dem spezifischen Nachweis von Bence-Jones-Proteinen im Urin.

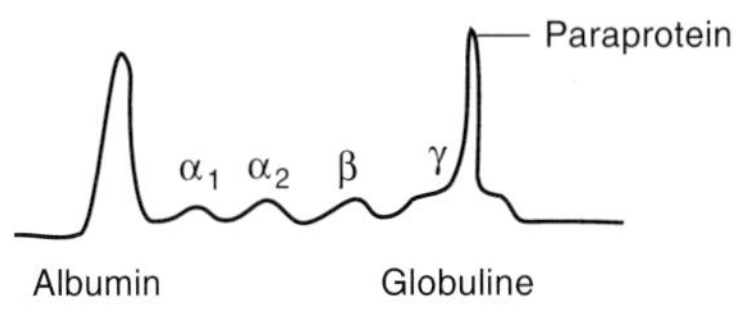

Abb. 2.3: Plasmozytom.
Plasmaeiweißelektrophorese mit Paraproteinen im Bereich der γ-Globuline.

In seltenen Fällen produzieren die pathologischen Plasmazellen keinerlei Immunglobuline. Bei der Bestimmung von IgG, IgM und IgA werden die monoklonalen Ig wegen veränderter antigenetischer Eigenschaften nicht immer erfaßt. Zur Diagnosesicherung und Klassifizierung muß deshalb eine *Immunelektrophorese* veranlaßt werden. Durch sie gelingt der Nachweis der monoklonalen Struktur und des Typs (IgG, IgA, leichte Kette vom λ– oder κ-Typ). *Bence-Jones-Proteine* lassen sich durch Erhitzen des Urins auf ca. 50 °C ausfällen und bei weiterem Erhitzen wieder in Lösung bringen und finden sich deshalb vorwiegend bei nierengängigen Paraproteinen, meist vom Leichtkettentyp. Die *Beckenkammbiopsie* ist entscheidend für die Diagnose. Im Knochenmark sind normalerweise nur < 5 % Plasmazellen vorhanden, beim Plasmozytom dagegen > 10 %. Aufgrund der fast immer generalisierten Lokalisation weist die Knochenmarksuntersuchung eine hohe Trefferquote auf. Eine Knochenbeteiligung ist meist vorhanden. Geröntgt werden sollten deshalb die am häufigsten betroffenen sowie tragende Skelettanteile: knöcherner Schädel (bei multiplen Osteolysen: "Lochschädel", "Schrotschußschädel"), Becken, Wirbelsäule, Humerus, Femur sowie die schmerzhaften Skelettanteile (z.B. Rippen). Das Röntgenbild kann eine generalisierte Osteoporose oder umschriebene Osteolysen ergeben. Kleine Osteolysen entgehen naturgemäß dem röntgenologischen Nachweis. Das Knochenszintigramm bringt keine zusätzliche Auskunft, da die Plasmozytomherde Nuklid meist nur gering einlagern.

Stadieneinteilung

Die Einteilung nach Durie und Salmon trägt der Indikation für die medikamentöse Behandlung und der Prognose Rechnung. Die Stadieneinteilung korreliert mit der Plasmozytom-Zellzahl.

Stadium	Kriterium

I	→ **alle** folgenden Kriterien erfüllt
	• Hb > 10 g/dl
	• Serumkalzium normal
	• kein oder nur ein solitärer Knochenherd
	• niedrige Immunglobulinmengen
	  • IgG < 5 g/dl
	  • IgA < 3 g/dl
	  • leichte Ketten im Urin < 4 g/24 h

II	→ Zwischenstadium

III	→ Ein **oder** mehrere Kriterien erfüllt
	• Hb < 8,5 g/dl
	• Serumkalzium erhöht
	• mehrere Osteolysen
	• hohe Immunglobulinmengen
	  • IgG > 7 g/dl
	  • IgA > 5 g/dl
	  • Leichtketten im Urin > 12 g/24 h

Zusatz A:	Serumkreatinin < 2 mg/dl
Zusatz B:	Serumkreatinin > 2 mg/dl

Tab. 2.32: Stadieneinteilung des Plasmozytoms.

Verlauf

Die mittlere Überlebensdauer beträgt ca. 3 Jahre, schwankt jedoch sehr in Abhängigkeit vom Stadium und variiert zwischen ca. 5-10 Jahren bei Stadium I und wenigen Monaten bei Stadium III. Der weitere Verlauf hängt vom Proliferationsverhalten des Plasmazellklons ab. Neben einem rasch progredienten Plasmozytom wird auch ein "*smouldering myeloma*" mit langsamem Verlauf und langer komplikationsfreier Zeit beobachtet.

Das auf einen isolierten solitären Knochenherd beschränkte oder das solitäre extramedulläre Myelom kann unter Umständen sogar geheilt werden. Todesursachen sind Panzytopenie mit Blutungen (z.B. intrazerebral) bei Thrombozytenmangel, Infekte sowie Nierenversagen.

❑ **Differentialdiagnose**

- Osteoporose
- rheumatische Erkrankungen
- Osteomalazie
- Osteoarthrose

Bei Knochenschmerzen wird zwar eher an eine der genannten Differentialdiagnosen gedacht. Bei therapieresistenten Beschwerden muß aber eine maligne Grunderkrankung, also auch das Plasmozytom, ausgeschlossen werden.

- benigne monoklonale Gammopathie

Bei 2-3% der über 75jährigen Menschen kommt eine benigne Gammopathie vor. Die Eiweißelektrophorese weist ebenfalls eine schmalbasige γ-Zacke auf, in der Immunelektrophorese läßt sich ein Paraprotein nachweisen. Es finden sich jedoch keine Osteolysen, keine vermehrte Zahl von Plasmazellen im Knochenmark und weder Blutbild- noch sonstige Laborveränderungen. Die benigne monoklonale Gammopathie bedarf, wie das Stadium I des Plasmozytoms, keiner Therapie, muß jedoch beobachtet werden, da sich in einigen Fällen nach Jahren doch ein Plasmozytom manifestieren kann.

❑ **Therapie**

Die Therapie erfolgt unter palliativen Gesichtspunkten, da Heilungen bis auf wenige Ausnahmen bei Sonderformen (z.B. solitäres ossäres Myelom) nicht möglich sind. Die Therapie wird deshalb so wenig invasiv wie möglich gestaltet. Ziel ist eine *partielle* Remission. Erfolgskriterien sind z.B. ein Rückgang der Konzentration der Immunglobuline, des Serumkalziums, eine Besserung des Blutbildes oder ein Rückgang der Plasmazellen in der Knochenstanze. Lediglich bei rasch progredientem Plasmozytom kann eine aggressive Chemotherapie notwendig werden.

Im Stadium I nach Durie und Salmon sowie beim "smouldering myeloma" erfolgt im allgemeinen keine Therapie, allenfalls bei Komplikationen oder starken Knochenschmerzen (z.B. lokale Bestrahlung). In jedem Fall sind in regelmäßigen Abständen Kontrollen von Blutbild, Immunglobulinen, Kalzium und Nierenwerten erforderlich, um eine Progredienz rechtzeitig zu erkennen. Die Therapie erfolgt ab dem Stadium II-III, frühzeitig aber bei drohender Nierenschädigung (Kreatinin-Erhöhung, Leichtketten-Typ) oder bei sonstigen drohenden Komplikationen.

- *Zytostase*
  ab Stadium II-III, z.B. mit dem gut verträglichen Schema nach Alexanian (Melphalan und Prednisolon). *Interferone* und *Interleukine* befinden sich in Erprobung
- *Bestrahlung*
  kommt bei lokalen Osteolysen zur Schmerztherapie bzw. zur Prophylaxe einer Spontanfraktur in Frage
- *symptomatische Therapie*
  - Substitution von Blutkomponenten
  - Senkung einer Hyperkalzämie
  - Plasmapherese bei symptomatisch hoher Plasmaviskosität
  - Infektprophylaxe

  Die symptomatische Therapie ist besonders in fortgeschrittenen Stadien wichtig. Stehen Anämie und Thrombopenie im Vordergrund, so werden Erythrozyten- und Thrombozytenkonzentrate gegeben.

Eine Hyperkalzämie wird etwa ab 3,0 mmol/l bedrohlich und führt dann zu Nierenfunktionsstörungen und Benommenheit, in noch höherer Konzentration zu Herzrhythmusstörungen, Nierenversagen und Koma. Eine Steigerung der Diurese (3-5 l 0,9%ig NaCl-Lösung und Furosemid, z.B. 3x1 Amp.), Calcitonin (3-6x1 Amp. s.c.) und Biphosphonate (z.B. Ostac®, 3x1 Tbl.) sind zur Senkung einer Hyperkalzämie wirksam (☞ auch Kap. 5.1.4.1.).
Bei Infektneigung durch einen Mangel an Immunglobulinen werden diese substituiert (z.B. Beriglobin®, 1 Amp. à 5 ml alle 4 Wochen i.m., bei Bedarf auch mehr, bis zu 0,5 ml/kg Körpergewicht alle 4 Wochen).

2.6.2.4. Haarzellenleukämie (HCL)

Die Haarzellenleukämie ist eine maligne Erkrankung des lymphatischen B-Zell-Systems. Sie wird zu den niedrig-malignen Non-Hodgkin-Lymphomen gerechnet. Die Zellen regen die Proliferation von Bindegewebe im Knochenmark an (mögliche "Punctio sicca"). Daraus und aus der Infiltration des Knochenmarks resultiert eine Panzytopenie, die mit Anämie, Blutungen und rezidivierenden Infekten den terminalen Verlauf kennzeichnet. Hervorzuheben sind außerdem das typische mikroskopische Bild und neuere Behandlungsmethoden, die bei 90 % der Erkrankten eine Remission bewirken können.

❑ **Symptomatik**

- Müdigkeit, Leistungsabfall
- Infektanfälligkeit
- Splenomegalie
- Panzytopenie

❑ **Diagnostik**

- Differentialblutbild
- Beckenkammbiopsie

Diagnostisch entscheidend sind lymphozytenähnliche Zellen mit feinen Plasmaausläufern (Haarzellen) im Differentialblutbild wie im Knochenmark. Bei weitgehender Verdrängung der normalen Hämatopoese tritt eine Panzytopenie auf. Die Faservermehrung wird in der Beckenkammbiopsie gefunden, bei der es sogar zur "Punctio sicca" kommen kann.

❑ **Therapie**

- Interferon α (z.B. Roferon®-A3)
- Splenektomie
- Desoxycoformycin

Therapiert wird mit täglich 1 Amp. Interferon α s.c. über 3 Monate, dann 3x wöchentlich, Gesamtbehandlung über 1 Jahr. Neben der Interferontherapie kann die Splenektomie eine weitere Verbesserung der Beschwerden bringen. Im experimentellen Stadium befindet sich die Therapie mit Desoxycoformycin. Mit Hilfe der neuen Therapiemöglichkeiten sowie durch intensive Therapie bei Infekten bzw. der Panzytopenie konnte die Prognose verbessert werden. Die Hälfte der Patienten überlebt 8-10 Jahre nach Diagnosestellung.

2.6.2.5. Histiozytische Neoplasien

Erwähnt seien noch die Histiozytosen, d.h. Neoplasien, die von Histiozyten, nicht von Lymphozyten ausgehen. Unter dem Begriff der *Histiozytose X* werden Erkrankungen zusammengefaßt, deren gemeinsame zytologische Kennzeichen eosinophile Zellen und Riesenzellen sind.

- eosinophiles Granulom
- Hand-Schüller-Christian-Krankheit
- Abt-Letterer-Siwe-Krankheit
- maligne Histiozytose

• eosinophiles Granulom

Lokal wachsendes Granulom, das als osteolytische Destruktion manifest wird.

• Hand-Schüller-Christian-Krankheit

Diffus in verschiedenen Organen wachsende eosinophile Infiltrate, die sich entsprechend der Lokalisation klinisch manifestieren, z.B. als Osteolysen, Exophthalmus oder Diabetes insipidus.

• Abt-Letterer-Siwe-Krankheit

Maligne verlaufende Erkrankung des Säuglings mit progredienten Organinfiltraten.

• maligne Histiozytose

Rasch progredient verlaufende Infiltration von neoplastischen Histiozyten in allen Organen.

2.6.2.6. Kutane Lymphome

Einige der NHL, speziell T-Zell-Lymphome, manifestieren sich besonders im Bereich der Haut. Beispiele sind die *Mycosis fungoides* und das *Sézary-Syndrom.* Klinisch liegt meist ein Pruritus sowie ein Exanthem (Erythem oder "Ekzem") vor. Die histologische Diagnose kann aus Hautbiopsien gestellt werden. Eine Ausbreitung auf innere Organe tritt im Verlauf der Erkrankung ein. Zusätzlich zur staging-gerechten Therapie können durch PUVA-Therapie (photosensibilisierendes Psoralen und UVA-Licht wirken proliferationshemmend) die Hauterscheinungen gebessert werden.

2.6.3. Milz

Die Milz wird zu den sekundären Lymphorganen gerechnet. Symptome von Milzerkrankungen sind Schmerzen bei Beteiligung der Milzkapsel, peritonitische Symptome mit Abwehrspannung in der linken Flanke oder lediglich ein Druckgefühl. Bei Beteiligung des oberen Milzpols mit seiner Nähe zum Zwerchfell können auch pleuritische, atemabhängige Schmerzen oder gar kleine Pleuraergüsse hinzutreten. An Untersuchungsmöglichkeiten der Milz bestehen:

- Palpation
- Sonographie
- CT/NMR
- Milzszintigraphie (z.B. markierte Erythro- oder Thrombozyten)

Die nicht-vergrößerte Milz ist der Palpation allenfalls in Rechtsseitenlage und tiefer Inspiration zugänglich. Die Sonographie erlaubt dagegen eine schnelle Beurteilung des Organs, die nur bei speziellen Fragestellungen durch andere Untersuchungen ergänzt werden muß. Alle sonographisch unterschiedlich echodichten Innenstrukturen sind pathologisch. Zusätzliches Milzgewebe (Nebenmilzen), z.B. perihilär, kann bei bis zu 10 % der gesunden Erwachsenen gefunden und leicht mit Lymphknoten verwechselt werden. In einzelnen Fällen (schlechte sonographische Bedingungen, keine veränderte Echostruktur bei frischen Milzabszessen usw.) können das Abdomen-CT oder das NMR weiterführen.

Erkrankungen der Milz:

- Splenomegalie
- Hypersplenismus (z.B. Leberzirrhose)
- Milzvenenthrombose (z.B. Pankreatitis)
- Milzinfarkt (z.B. Sichelzellanämie)
- Milzabszeß
- Milzruptur (z.B. posttraumatisch, bei infektiöser Mononukleose)
- Milzzysten (z.B. Echinokokkuszysten)
- Milztumoren (praktisch nur Lymphome, Angiome, Hämangiosarkome)
- Aneurysma der Milzarterie

2.6.3.1. Splenomegalie

Die Milz wird in Rückenlage (bis Rechtsseitenlage) mit angehobenem linkem Arm (Aufdehnung der Interkostalräume) im interkostalen Flankenschnitt und senkrecht dazu sonographiert. Die sonographischen Normalwerte ("4711") sind:

- längs 11 cm
- quer 7 cm
- tief 4 cm

Ein größerer Abstand als 5 cm vom Milzhilus zum äußeren Rand spricht bereits für eine Splenomegalie. Ursachen können sein:

	Beispiele
Infektionen	Sepsis, infektiöse Mononukleose, Toxoplasmose, Typhus, M. Weil, M. Bang, Endocarditis lenta
portale Hypertension	Leberzirrhose, Milzvenenthrombose
Hämolytische Anämie	Sichelzellanämie, Sphärozytose, Autoimmunhämolyse
myeloproliferative Erkrankungen	Osteomyelofibrose, CML, Polycythaemia vera
maligne Lymphome	CLL, M. Hodgkin
Leukämien	Haarzellenleukämie
Speicherkrankheiten	Amyloidose
Kollagenosen	SLE, cP

Tab. 2.33: Ursachen der Splenomegalie.

2.6.3.2. Hypersplenismus

syn.: Hyperspleniesyndrom

❑ **Definition**

Als "Hypersplenismus" bezeichnet man ein Syndrom mit Panzytopenie und Milzvergrößerung.

❑ **Ätiologie und Pathogenese**

Bei Hypersplenismus kommt es zu einer verstärkten Clearance von Blutzellen in der Milz. Das Knochenmark versucht dies durch eine verstärkte Produktion auszugleichen. Dennoch sinken Leukozyten-,

Erythrozyten- und Thrombozytenkonzentrationen in unterschiedlichem Ausmaß ab, so daß eine Panzytopenie oder lediglich der Abfall einer oder zweier Zellreihen daraus resultieren kann. Der Hypersplenismus wird praktisch immer durch eine Splenomegalie verursacht. Als Grund der Panzytopenie werden eine langsamere Milzpassage, ein Pooling der Blutzellen und eine vermehrte Sequestration angenommen. Beim *primären* Hypersplenismus kann die Ursache der Milzvergrößerung nicht gefunden werden. Erkrankungen, die zu Milzvergrößerung und zum sehr viel häufigeren *sekundären* Hypersplenismus führen sind:

- portale Hypertension (z.B. bei Leberzirrhose)
- hämatologische Erkrankungen (z.B. bei hämolytischen Anämien, Sichelzellanämie)
- Tumorerkrankungen (z.B. bei Osteomyelosklerose, CLL, CML, Non-Hodgkin-Lymphom)
- chronische Infekte

In der Praxis begegnet man dem Hypersplenismus am häufigsten bei der äthyltoxischen Leberzirrhose.

❑ **Symptomatik**

Die Panzytopenie erreicht selten derart ausgeprägte Grade, daß es zur klinischen Manifestation kommt. Die Diagnose wird meist im Rahmen der Untersuchung der Grunderkrankung, z.B. der Leberzirrhose, gestellt.

❑ **Diagnostik**

- Pan-, Bi- oder Monozytopenie
- Splenomegalie
- hyperplastisches Knochenmark

Die Splenomegalie wird getastet und im Sonogramm vermessen. Die Beckenstanze ergibt ein hyperplastisches Knochenmark. Dieser Befund ist wenig spezifisch, dient jedoch auch dazu, andere Ursachen einer Panzytopenie (z.B. aplastisches Knochenmark) auszuschließen.

❑ **Therapie**

- Therapie des Grundleidens
- Splenektomie (bei bestimmten Erkrankungen)

Da die Splenektomie ernste Folgen haben kann, ist die Indikation genau abzuwägen. Sie ist indiziert bei *symptomatischem* Hypersplenismus (z.B. beeinträchtigender Anämie, thrombozytopenischen Blutungen), bei M. Hodgkin oder hereditärer Sphärozytose. Meist erhält die konservative Therapie Vorrang. Bei symptomlosem Hyperspleniesyndrom und stabiler Grunderkrankung wird zugewartet.

2.6.3.3. Fehlen der Milz

Ein tatsächliches oder funktionelles Fehlen der Milz aufgrund einer angeborenen A- bzw. Hyposplenie (äußerst selten) oder einer erworbenen Störung, z.B. nach Milzinfarkt (Sichelzellanämie) ist selten. In den weitaus meisten Fällen ist die Ursache einer fehlenden Milz eine vorausgegangene Splenektomie. Daraus folgt eine verminderte Immunabwehr, für die mehrere Ursachen diskutiert werden. Insbesondere scheint die Clearance von Bakterien herabgesetzt zu sein.

❑ **Symptomatik**

- rezidivierende Infekte
- schwerere Verläufe von Infektionen
- OPSI (overwhelming postsplenectomy infection)

Rezidivierende Infekte und ungewohnt schwere Verläufe von Infektionen sind Folge der herabgesetzten Immunabwehr. Gefürchtete Komplikation nach Splenektomie ist eine schwer verlaufende Sepsis (OPSI), in der Hälfte der Fälle durch Pneumokokken ausgelöst.

❑ **Diagnostik**

- Sonogramm
- Differentialblutbild
- Thrombozytose

Das Fehlen der Milz bzw. eine Hypoplasie wird im Sonogramm konstatiert. Im Blutausstrich weisen die Erythrozyten Howell-Jolly- oder Heinzsche Innenkörperchen als Zeichen für eine insuffiziente Clearance-Funktion der Milz auf. Target-Zellen kommen ebenfalls vor. Postoperativ steigen die Thrombozyten nach Splenektomie bis auf 1 Mio./µl an (funktionell intakte Plättchen, deshalb erhöhtes Thromboserisiko).

❑ **Therapie**

- Impfung gegen Pneumokokken vor der Splenektomie
- Thromboseprophylaxe mit ASS bei Thrombozytose > 800.000/µl

2.6.3.4. Milzinfarkt

Milzinfarkte treten z.B. bei myeloproliferativen Erkrankungen oder Sichelzellanämie auf und können mit stärksten linksseitigen Schmerzen einhergehen. Diese sind zusammen mit perisplenitischen Reibegeräuschen und einer echoarmen, keilförmigen Struktur im sonographischen Bild wegweisend. Die Schmerzen werden symptomatisch behandelt. Der Infarkt vernarbt und hinterläßt schließlich eine echoreiche Struktur im Sonogramm.

2.6.3.5. Milzabszeß

Milzabszesse sind selten und treten im Rahmen einer Bakteriämie oder Sepsis auf. Symptome sind Fieber, Schüttelfrost, linksseitige Schmerzen, peritonitische oder gar pleuritische Beschwerden. Die Therapie besteht in Antibiose, bei Nicht-Ansprechen auch in der perkutanen Drainage oder gar der Splenektomie.

2.6.4. Immundefekte

Die Abgrenzung und Abwehr körperfremder Substanzen wird durch das Immunsystem sichergestellt.

- *spezifische Abwehr*
  B-Lymphozyten, Plasmazellen, Immunglobuline, T-Lymphozyten, NK-Zellen
- *unspezifische Abwehr*
  Makrophagen, Granulozyten, Lysozym, Komplement

Neben der spezifischen, auf bestimmte Antigene gerichteten Abwehr verfügt der Organismus über eine "unspezifische" Abwehr. Makrophagen und Granulozyten phagozytieren körperfremde Substanzen. Lysozym in Makrophagen oder im Serum ist in der Lage, Bakterienmembranen aufzulösen. Der Organismus verfügt daneben über eine Fülle weiterer unspezifischer Abwehrmechanismen, so die Integrität der Haut, den gerichteten Transport von Sekret, die Magensäure usw..

Komplementsystem

Das Komplementsystem umfaßt 18 verschiedene Eiweißmoleküle, die nach Aktivierung kaskadenartig reagieren und Bakterienwände lysieren können. Daneben wirken aktivierte Komplementeiweiße entzündungsfördernd (Chemotaxis, Erhöhung der Gefäßpermeabilität, Freisetzung von Mediatoren). Die Aktivierung des Komplementsystems kann über Antikörper erfolgen, die an Antigene gebunden sind ("klassischer" Aktivierungsweg) oder lediglich durch die Anwesenheit von Krankheitserregern ("alternativer"

Weg). Alternativer und klassischer Aktivierungsweg münden in den Faktor C3 und verbrauchen diesen. Laufen massive Antigen-Antikörperreaktionen ab, so kann dies anhand eines niedrigen C3 bestätigt werden (z.B. akute Glomerulonephritis). Ein angeborener Mangel an Komplementfaktoren (C3, C5-8) ist mit häufigen eitrigen Infektionen assoziiert.

Das Komplementsystem wird durch eine Reihe von Proteinen, z.B. den C1-Esterase-Inhibitor, kontrolliert. Sehr selten ist ein C1-Esterase-Inhibitor-Mangel autosomal-dominant angeboren *(hereditäres Angioödem)*. In diesen Fällen treten gelegentlich anfallsweise Phasen mit erhöhter regionaler Gefäßpermeabilität und Schwellung auf. Im Gesicht macht sich dies z.B. als Schwellung im Bereich der Lippen bemerkbar, im Larynx als inspiratorischer Stridor mit Erstickungsgefahr, im Abdomenbereich in Form von Schmerzattacken. Die Diagnose erfolgt durch Bestimmung des C1-Inhibitors (< 30 % der Norm). Therapeutisch wird im bedrohlichen Anfall der C1-Inhibitor zugeführt (aus Notfalldepots). Zur Prophylaxe werden Danazol (Winobanin®) oder Proteaseinhibitoren (z.B. Ugurol®) gegeben.

❑ Symptomatik

Mögliche Zeichen von Defekten im Immunsystem sind:

- rezidivierende Infekte
- persistierende Infekte
- rezidivierende Tumoren
- Autoimmunerkrankungen

Bei Patienten mit häufigen Infektionen lassen sich jedoch nur in wenigen Fällen meßbare Defekte im humoralen oder zellulären Immunsystem finden. Überwiegend liegen andere prädisponierende Faktoren (bei rezidivierenden Harnwegsinfekten z.B. Harnblasenkatheter, hohe Restharnmengen, mangelnde Hygiene, konstitutionell empfindlichere Blasenschleimhaut, ein vesiko-ureteraler Reflux, Östrogenmangel, mangelnde Bekleidung usw.) vor. Hodgkin und Non-Hodgkin Lymphome, HIV-Infektionen sowie eine Reihe weiterer Erkrankungen gehen mit einer Neigung zu Infekten einher, ebenso der Diabetes mellitus, Urämie, Alkoholismus oder starker Eiweißmangel. Bei rezidivierenden Infekten sollten deshalb zuerst solche prädisponierende Erkrankungen und Faktoren ausgeschlossen werden.

❑ Diagnostik

Bei Verdacht auf ein Immundefizit können in einem ersten Schritt einige Untersuchungen veranlaßt werden, die in den meisten Labors möglich sind:

- Blutbild mit Differenzierung
- Zahl der B- und T-Lymphozyten
- Zahl der T-Helfer- und T-Suppressorzellen (T4-, T8-Zellen)
- Konzentration der Immunglobuline IgA, IgG, IgM im Serum

Die zellvermittelte Immunität vom verzögerten Typ (Typ IV) läßt sich mittels Stempeltests prüfen:

- Hauttests der zellulären Immunität (z.B. Multitest Merieux®)
  Beim Multitest Merieux® werden 7 Stempel mit verschiedenen Antigenen (z.B. Tuberkulin, Tetanustoxoid, Candidaantigen usw.) und ein Stempel mit Kochsalzlösung zur Kontrolle verwendet

Daneben sind in immunologischen Zentren weitere Untersuchungen möglich, z.B. Quantifizierung der Immunglobulinsekretion nach Stimulation, in-vitro-Reaktivität von T-Lymphozyten, Phagozytose- und Chemotaxistests, Messung des Komplementsystems u.a..

Erkrankungen	
angeborene Immundefekte:	
B-Zelldefekte	• Agammaglobulinämie (Bruton)
	• common variable immunodeficiency
	• transitorische Hypogammaglobulinämie
	• IgA-Mangel
T-Zelldefekte	• Di George-Syndrom
kombinierte B- und T-Zelldefekte	• schwerer kombinierter Immundefekt (SCID)
erworbene Immundefekte:	
Antikörpermangelsyndrom	• Eiweißverluste (nephrotisches Syndrom, exsudative Enteropathie)
	• M. Hodgkin
	• NHL-Lymphome vom B-Zell-Typ (CLL, Plasmozytom)
T-Zelldefekte	• Infekte mit T-Zell-Suppression (HIV, Masern, Tuberkulose)
	• Immunsuppressiva, Kortison
kombinierte B- und T-Zelldefekte	• Zytostase, Bestrahlung, Panmyelopathie

Tab. 2.34: Immundefekte (Auswahl).

Bei der *Brutonschen Agammaglobulinämie* fehlen aufgrund eines X-chromosomalen Erbganges (Erkrankte: Männer, Überträgerinnen: Frauen) die γ-Globuline, so daß es im ersten bis zweiten Lebensjahr zu rezidivierenden bakteriellen Infekten (Pneumonien) kommt. Normale B-Zellen wie auch Plasmazellen fehlen ebenfalls.

Bei der *common variable immunodeficiency* treten Symptome erst während der Pubertät und dann bei Männern wie Frauen gleich häufig auf.

Der *IgA-Mangel* ist der häufigste Immundefekt. IgA fehlt im Serum, während IgG und IgM regelrechte Konzentrationen aufweisen. Der IgA-Mangel geht mit rezidivierenden Infekten besonders im oberen Respirationstrakt einher. Antikörper gegen IgA können sich nach Gabe von Immunglobulinen oder Blutkonserven bilden und bei späteren Übertragungen eine allergische bzw. anaphylaktische Reaktion auslösen.

Beim *Di George-Syndrom* sind aufgrund einer Entwicklungsstörung Thymus und Nebenschilddrüse (Parathormon) nicht angelegt, so daß eine Differenzierung der T-Lymphozyten nicht eintritt. Der Defekt ist häufig mit der Fallotschen Tetralogie kombiniert. Das Di George-Syndrom ist sehr selten. Es manifestiert sich bald nach der Geburt in Form von Tetanien als Folge des Fehlens der Nebenschilddrüse. Später treten rezidivierende Infekte hinzu.

Beim schweren kombinierten Immundefekt (severe combined immunodefiency, SCID) fehlen B- und T-Zellen, damit die zelluläre und humorale Immunabwehr. Die Patienten können nur in einem keimarmen Milieu überleben. Das SCID ist selten, es manifestiert sich bereits in der Kindheit.

❑ **Therapie**

Eine kausale Therapie ist nur in einigen Fällen möglich:

- Knochenmarkstransplantation bei SCID
- Thymustransplantation bei Di George-Syndrom

Wichtig ist die Behandlung prädisponierender Faktoren. Bei Antikörpermangel werden im Falle eines Infektes Immunglobuline substituiert. Eine Dauersubstitution ist lediglich bei der Brutonschen Agammaglobulinämie in Form monatlicher Gaben von Immunglobulin nötig. Bei IgA-Mangel ist die Immunglobulingabe wegen der möglichen Immunisierung kontraindiziert.

2.7. Erkrankungen der Hämostase

Blutgerinnung und Fibrinolyse haben durch die großen diagnostischen und therapeutischen Fortschritte auf diesen Gebieten in den letzten Jahren zunehmende Bedeutung erlangt. An den Prozessen der Hämostase sind mehrere "Organe" beteiligt:

- plasmatische Faktoren
- Thrombozyten
- Gefäßendothel

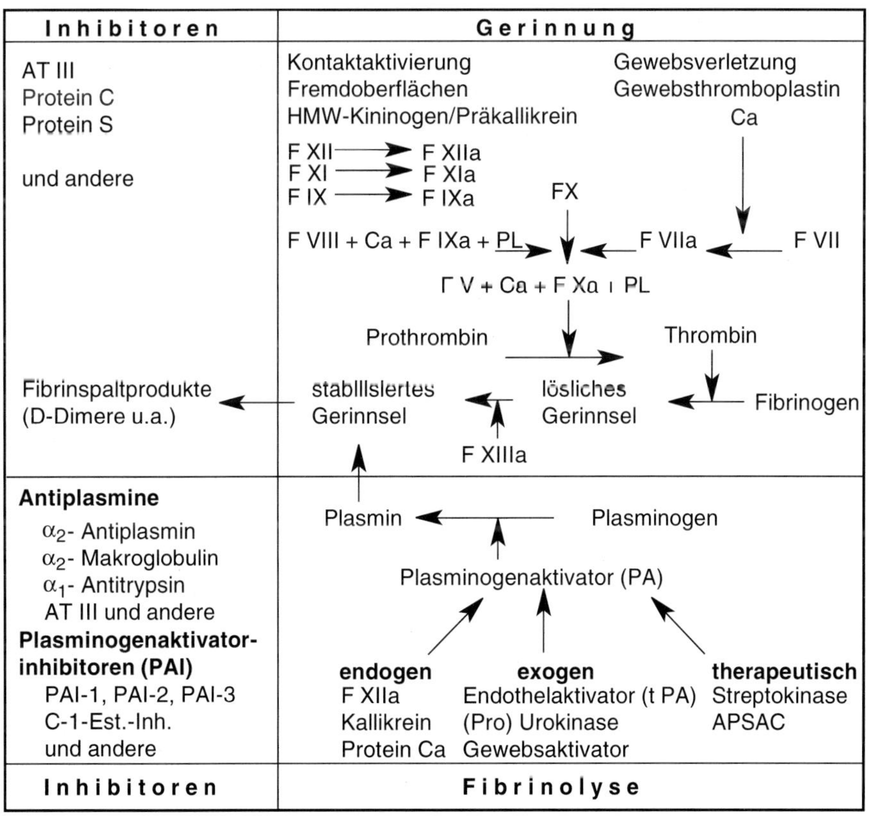

Abb. 2.4: Vereinfachtes Schema von Gerinnung und Fibrinolyse.
(PL: Phospholipide; Ca: Kalzium; a: aktivierter Gerinnungsfaktor).

Blutgerinnung und Fibrinolyse werden, wie andere Vorgänge auch, durch Agonisten und Antagonisten, d.h. Gerinnungsfaktoren und Inhibitoren, Plasmin und Antiplasmine, die Thrombozytenaggregation stimulierende und hemmende Faktoren usw. geregelt. Resultat ist im physiologischen Fall ein ausgeglichenes hämostatisches Gleichgewicht. Die Gerinnungsfaktoren liegen in einem inaktiven Zustand im Plasma vor. Durch Fremdoberflächen oder Proteasen werden sie in aktivierte Faktoren umgewandelt. Ähnliches gilt auch für die Thrombozyten: z.B. werden erst nach Kontakt mit ADP Oberflächenrezeptoren für Fibrinogen freigeben, eine notwendige Voraussetzung für die Thrombozytenaggregation.

Der *intrinsische* Aktivierungsweg der Blutgerinnung startet nach der Kontaktaktivierung auf Fremdoberflächen, für die HMW-Kininogen, Präkallikrein und Faktor XII notwendig sind. Danach werden die Faktoren XI und IX aktiviert. Der *extrinsische* Aktivierungsweg benötigt Gewebsthromboplastine, die z.B. bei einer Gewebsverletzung in die Blutbahn gelangen.

Bei der Messung der *partiellen Thromboplastinzeit* (PTT) werden Fremdoberflächen (Kaolin u.ä.) zugegeben, die PTT mißt also den intrinsischen Weg der Gerinnung. Beim *Quickwert* werden Thromboplastine (aus Gehirn, Lunge oder Uterus) zugegeben. Der Quickwert (Thromboplastinzeit) mißt damit den extrinsischen Weg. Bei der *Thrombinzeit* wird Thrombin zum Plasma gegeben. Damit wird die Umwandlung von Fibrinogen in Fibrin bestimmt.

Als Symptome können prinzipiell auftreten:

- hämorrhagische Diathesen
- Thrombosen und Embolien.

Hämorrhagische Diathesen ("Blutungsübel") können sich in Form von Blutungen in die Haut (Petechien, Ekchymosen, Sugillationen, Suffusionen), in Organe (z.B. intrazerebral), in Muskel (z.B. M. rectus abdominis, M. psoas) oder in Form von Einblutungen in Hohlräume (z.B. in Gelenke - Hämarthros) manifestieren.

Ursachen für hämorrhagische Diathesen:

- Thrombozyten
  - Thrombozytopathien
  - Thrombozytopenien
- Gerinnungssystem
  - Koagulopathien
- Gefäßsystem
  - Vasopathien

Die Veränderungen können angeboren oder erworben sein. In der Mehrzahl der Fälle liegen erworbene Störungen, überwiegend im Bereich der Thrombozyten, vor.

2.7.1. Hämorrhagische Diathese durch Thrombozyten

❑ **Symptomatik**

- Petechien
- verlängerte Blutungszeit

Die physiologische Konzentration der Thrombozyten im peripheren Blut beträgt 150.000-450.000/µl. Bei Konzentrationen von 30.000/µl und darunter muß mit Blutungen gerechnet werden. Sind nicht alle Zellen funktionstüchtig, so kann dies schon bei höheren Konzentrationen der Fall sein. Da eine der Hauptaufgaben der Thrombozyten beim primären Verschluß von winzigen Endotheldefekten (z.B. Zellumsatz der Endothelien) liegt, sind punktförmige Blutungen (Petechien) typisch für thrombozytenbedingte Blutungen. Aufgrund der Beteiligung an der *primären Blutstillung* ist die Blutungszeit verlängert, so daß nach Verletzungen auch großflächigere oder schwer stillbare kapilläre Blutungen auftreten können.

2.7.1.1. Thrombozytopenien

❑ Ätiologie und Pathogenese

Thrombozytopenien sind praktisch immer erworbene Störungen. Eine Ausnahme ist das angeborene Fanconi Syndrom. Thrombozytopenien sind die häufigste Ursache einer hämorrhagischen Diathese. Thrombozytopenien entstehen durch:

verminderte Produktion von Thrombozyten (Megakaryozytenzahl vermindert)	
kongenital	• Fanconi Syndrom

erworben	• toxische Knochenmarksschädigung
	  • Medikamente (z.B. Zytostatika)
	  • Chemikalien (z.B. Benzol)
	  • Bestrahlung
	• maligne Infiltration
	  • Leukämien, Mammakarzinom, maligne Lymphome
	• Osteomyelosklerose
	• Reifungsstörung (Vit. B_{12}- oder Folsäure-Mangel)
	• Myelodysplasie

vermehrter Abbau von Thrombozyten (Megakaryozytenzahl erhöht)	
disseminierte intravasale Gerinnung (DIC)	

Immunthrombozytopenien	• idiopathische thrombozytopenische Purpura (ITP)
	• sekundäre Immunthrombozytopenien
	  • medikamentös induzierte Formen
	  • Posttransfusionsthrombozytopenie
	  • mikroangiopathische Thrombozytopenien

Hypersplenismus	
mechanische Schädigung	• künstliche Herzklappen • extrakorporale Zirkulation
Pseudothrombozytopenie	

Tab. 2.35: Ursachen der Thrombozytopenie.

• Fanconi-Syndrom

Beim autosomal-rezessiv vererbten Fanconi-Syndrom besteht eine angeborene Aplasie des Knochenmarks, bei der sich die Thrombozytopenie bereits beim Neugeborenen manifestiert und zu hämorrhagischer Diathese führt. Eine Panzytopenie tritt erst einige Jahre später auf. Das Fanconi-Syndrom ist mit weiteren Mißbildungen kombiniert.

- **Pseudothrombozytopenie**

Bei extrem niedrigen Thrombozytenzahlen *ohne* entsprechende Grundkrankheit *oder* Symptome muß auch an eine Pseudothrombozytopenie gedacht werden. Diese kann durch das für die Blutentnahme verwendete Antikoagulans (EDTA) entstehen. Es kommt dabei zu einer EDTA-induzierten Thrombozytenaggregation, was zu einer falsch niedrigen Thrombozytenzahl führt. Zur Kontrolle wird Blut mit einem anderen Antikoagulans (z.B. Zitrat - Gerinnungsröhrchen) entnommen.

2.7.1.2. Idiopathische Thrombozytopenie (ITP, M. Werlhof)

Bei der ITP liegt ein beschleunigter Abbau der Thrombozyten mit entsprechend verkürzter Überlebenszeit der Zellen im Blut vor, während die Megakaryozyten im Knochenmark normal oder kompensatorisch erhöht sind. Unterschieden werden zwei Formen, eine akut postinfektiöse und eine chronische Form. In beiden Fällen finden sich antithrombozytäre Antikörper (kreuzreagierend nach Infekt oder ein Autoantikörper bei der chronischen Form). Die Blutplättchen werden vorwiegend in der Milz abgebaut.

❑ **Symptomatik**

- Petechien (Haut)
- Schleimhautblutungen (Nasen-, Zahnfleisch-, verstärkte Periodenblutung)
- Hämaturie
- Blutungen treten besonders bei der akuten Form auf, während die chronische Form oft zufällig bei einer Routineuntersuchung aufgrund der stark erniedrigten Thrombozyten entdeckt wird. Bei der akuten Form sind die Patienten meist Kinder, die 1-3 Wochen vorher einen Infekt durchgemacht hatten. Von der chronischen Form sind Erwachsene, vorwiegend Frauen, betroffen

❑ **Diagnostik**

- Thrombozytopenie im Blutbild
- Ausschluß anderer Ursachen (Medikamente!)
- Nachweis von Antikörpern auf der Thrombozytenmembran
- Beckenkammbiopsie

Andere Erkrankungen (s.o., besonders Nebenwirkungen von Medikamenten, z.B. von Heparin) müssen ausgeschlossen werden. Der Nachweis von Antikörpern auf der Thrombozytenmembran gelingt in ca. 80 % d.F. Die Beckenkammbiopsie schließt hämatologische Erkrankungen (akute Leukämie) aus. Der Nachweis einer verkürzten Überlebensdauer (Cr-markierte Thrombozyten) ist bei diagnostischen Zweifeln indiziert.

❑ **Therapie**

- akute Form
  - Immunglobulinpräparat (400 mg/kg KG für 5 Tage i.v.)
- chronische Form
  - Kortison
  - Splenektomie
  - Immunsuppression

Sowohl bei akuter als auch bei chronischer ITP ist ein Abwarten gerechtfertigt, solange keine Symptome vorliegen, die Thrombozytenzahl über 30.000/µl liegt und kein bedrohlich schneller Abfall beobachtet wird. Bei der akuten Form steigen bei 90 % der Erkrankten die Thrombozyten nach einigen Wochen und nach Rückgang des infektassoziierten spezifischen Immunglobulins wieder an. Bei der chronischen Form bleibt die verminderte Thrombozytenkonzentration oft stabil.

Mit Immunglobulinen kann bei der akuten wie bei der chronischen Form ein Anstieg der Thrombozyten ausgelöst werden. Kortison (z.B. Prednison, initial 1-2 mg/kg KG, langsame Reduktion und Ausschleichen über 3 Monate), führt meist zu einem Anstieg der Thrombozyten, jedoch auch zu erneutem Absinken nach Therapiereduktion. Bei Nachweis eines überwiegenden Abbaus der Thrombozyten in der Milz, der unter Kortison nicht oder nicht dauerhaft zu beeinflussen ist, kann auch eine Splenektomie durchgeführt werden (Erfolgsraten bis 90 %). Nur in Einzelfällen muß eine Immunsuppression erfolgen. Die Gabe von Thrombozytenkonzentraten wird allenfalls bei vitaler Gefährdung empfohlen, da auch transfundierte Plättchen durch die Antikörper betroffen sein können und dadurch zusätzlich die Bildung weiterer Antikörper (z.B. gegen HLA-Antigene) stimuliert wird.

2.7.1.3. Mikroangiopathische Thrombozytopenie

- **thrombotische thrombozytopenische Purpura (TTP, Moschcowitz-Syndrom)**

Bei der TTP handelt es sich primär um eine Mikroangiopathie, also nicht um eine primäre Störung der Blutplättchen. Die Mikroangiopathie führt zu Hämolyse, kapillären Thromben und zu Thrombozytopenie. Entsprechend den betroffenen Organen werden unterschiedliche Symptome beobachtet, z.B. Fieber, Nierenschädigung und zentralnervöse Symptome. Diagnostisch wegweisend sind fragmentierte Erythrozyten (Fragmentozyten), die Thrombozytopenie, Hämolysezeichen (niedriges Haptoglobin, Anstieg von LDH und Bilirubin) sowie ein Anstieg der Nierenwerte.

- **hämolytisch-urämisches Syndrom (HUS, Gasser-Syndrom)**

Das HUS ist eine auf die Nieren beschränkte Sonderform der thrombotischen-thrombozytopenischen Purpura.

2.7.1.4. Thrombozytopathien

Bei den Thrombozytopathien liegen Funktionsstörungen der Thrombozyten vor. Hinweise auf eine Thrombozytopathie entstehen durch die Befundkonstellation von:

- hämorrhagischer Diathese mit verlängerter Blutungszeit
- normalen Gerinnungstests
- Fehlen von Thrombozytopenie oder vaskulärer Ursache

❑ **Ätiologie und Pathogenese**

Eine verlängerte Blutungszeit weist auf eine Störung der primären Blutstillung hin, an der, neben dem Blutgefäß selbst, vor allem die Thrombozyten beteiligt sind. Liegen Thrombozytenkonzentrationen von über 30.000/µl vor und gibt es keine Hinweise auf eine Vasopathie (keine Vaskulitis, keine Kollagenose), so besteht der Verdacht auf eine Thrombozytopathie. Eine wichtige Differentialdiagnose ist allerdings das von Willebrand-Jürgens-Syndrom (☞ Kap. 2.7.2.4.).

Ursachen einer Thrombozytopathie sind:

- hereditär (selten)
  - Störung der Adhäsion
z.B. Bernard-Soulier-Syndrom
  - Störung der Aggregation
z.B. Thrombasthenie Glanzmann-Naegeli
  - Speicherdefekte (storage pool disease)
z.B. gray platelet syndrome
  - Störung der Freisetzungsreaktion
z.B. Wiskott-Aldrich-Syndrom

- erworben
  - medikamentös
    ASS, Tiklopidin, NSAR, Dextran, Dipyridamol
  - Erkrankungen
    Urämie, Paraproteinämien, myeloproliferatives Syndrom

Die hereditären Thrombopathien sind sehr seltene Erkrankungen, deren Diagnose spezialisierten Labors vorbehalten ist. Aus diesem Grund sollen hier nur einige Beispiele erwähnt werden. Beim *Bernard-Soulier-Syndrom* ist der Membranrezeptor (Glykoprotein Ib) für den von Willebrand Faktor vermindert, so daß bereits die *Adhäsion* von Thrombozyten an das verletzte Gefäßendothel behindert ist. Bei der *Thrombasthenie Glanzmann-Naegeli* fehlt der Membranrezeptor für Fibrinogen (Glykoproteinkomplex IIb/IIIa), so daß keine *Aggregation* der Thrombozyten untereinander eintreten kann. Medikamente können ebenfalls die Adhäsion oder Aggregation stören. So verhindert Tiklopidin, daß der Fibrinogenrezeptor IIb/IIIa aktiviert wird. Azetylsalizylsäure blockiert die Cyclooxygenase und damit die Produktion von Thromboxan durch die Thrombozyten selbst. Thromboxan ist daran beteiligt, daß nach einem Reiz mit primärer Aggregation eine irreversible Aggregation folgt. Paraproteine bei malignen Lymphomen können die Aggregation auch behindern, ebenfalls Dextrane. Auch bei einer Reihe von Erkrankungen kann die Funktion der Plättchen herabgesetzt sein, so beim myeloproliferativen Syndrom.

2.7.2. Hämorrhagische Diathese durch Gerinnungsfaktoren

Zwar können prinzipiell viele Veränderungen der Konzentration oder Funktion der Gerinnungsfaktoren zu einer Blutungsneigung führen, von praktischer Relevanz sind jedoch nur einige Erkrankungen.

- *erworbener Mangel an Gerinnungsfaktoren*
  - Prothrombinkomplex-Mangel (F II, VII, IX, X)
- *angeborener Mangel an Gerinnungsfaktoren*
  - F VIII:C (Hämophilie A)
  - F IX (Hämophilie B)
  - von Willebrand-Jürgens-Syndrom
- *disseminierte intravasale Gerinnung*
- *Immunkoagulopathien*

2.7.2.1. Mangel an Faktoren des Prothrombinkomplexes

Die Synthese der Faktoren II, VII, IX und X wie auch die von Protein C und S in der Leber erfordert die Bereitstellung von Vitamin K. Ohne Vitamin K werden zwar die Faktoren synthetisiert, sie binden jedoch kein Kalzium und sind funktionsuntüchtig (PIVKA - proteins induced by vitamin K absence/antagonists). Vitamin K muß dem Körper zugeführt werden, z.B. wird in der Nahrung (grünes Blattgemüse - Spinat, Kohl) zusätzlich ein geringerer Teil von den Darmbakterien synthetisiert. Vitamin K zählt zu den fettlöslichen Vitaminen (ADEK). Die Faktoren VII, X und II werden nach Gewebsverletzungen und Freisetzung von Gewebsthromboplastinen (extrinsischer Weg der Gerinnung) aktiviert und im Labor als Thromboplastinzeit (z.B. als Quick-Wert) gemessen.

❑ **Ätiologie und Pathogenese**

- Vitamin K-Mangel
  - einseitige Ernährung
  - gestörte Bakterienflora
  - langdauernde parenterale Ernährung (Intensivstation)
  - gestörte Fettresorption

- ungenügende Synthesemöglichkeit
    - Lebererkrankungen (z.B. Leberzirrhose)
- Blockierung der Vitamin K-Wirkung
    - orale Antikoagulantien (z.B. Phenprocoumon - Marcumar®)

Bei langdauernder parenteraler Ernährung müssen regelmäßig die fettlöslichen Vitamine zugeführt werden. Bei allen Formen der verminderten Fettresorption (Maldigestion, Malabsorption) sinkt der Quick-Wert auf ca. 40 % ab. Eine extrem einseitige Ernährung oder eine Reduktion der bakteriellen Darmflora durch Antibiotika führt zu einem mäßigen Abfall des Quick-Wertes. Bei Leberfunktionsstörungen (Leberzirrhose, Hepatitis, Leberzellzerfall nach Intoxikation mit Knollenblätterpilzen usw.) sinkt der Quick-Wert ab und kann z.B. bei Leberzirrhose Werte von 20-30 % erreichen. Bei starkem Eiweißmangel oder starkem katabolem Zustand sinkt der Quick ebenfalls etwas ab. Die Wirkung von Vitamin K läßt sich schließlich noch durch Vitamin K-Antagonisten hemmen.

❑ **Symptomatik**

- großflächige Hautblutungen
- Hämaturie
- Organblutungen (z.B. intrazerebral, Magen-Darm-Trakt)
- Nachblutungen nach Verletzungen oder operativen Eingriffen

Symptome treten erst ab einem Quick-Wert von 15 % auf. Um Nachblutungen bei Verletzungen und Operationen zu vermeiden sind allerdings höhere Quick-Werte (30-50 %) notwendig.

❑ **Therapie**

- Vitamin K
- Prothrombinkomplexpräparat

Nach Zufuhr von Vitamin K (z.B. Konakion®, 20 gtt. p.o. oder 1 Amp. i.v.) steigen die Vitamin K abhängigen Faktoren innerhalb von 12 h an, soweit keine Synthesestörung vorliegt. Dagegen kann bei ausgeprägter Leberzirrhose selbst mit täglicher hochdosierter Vitamin K-Gabe (3x1 Amp. Konakion®) allenfalls ein geringer Anstieg ausgelöst werden.

Therapie mit oralen Antikoagulantien-OAK

Mit oral resorbierbaren Vitamin K-Antagonisten (z.B. Phenprocoumon - Marcumar®) läßt sich ein Abfall der Faktoren des Prothrombinkomplexes erreichen und dadurch eine wirksame Antikoagulation sicherstellen.

Indikation:

Bei einer Reihe von Erkrankungen ist eine solche längerdauernde Gerinnungshemmung wichtig. Einige Indikationen sowie die Dauer der Therapie sind nachfolgend aufgeführt.

Indikation zur oralen Antikoagulation	Therapiedauer
• erstmalige Thrombose (z.B. postoperativ)	1-3 Monate
• erstmalige Thrombose (ohne offenkundiges Risiko)	3-6 Monate
• Lungenembolie	3-6 Monate
• angeborener Gerinnungsdefekt mit Thromboserisiko	lebenslang
• Herzklappenersatz	
• Kunstklappe	lebenslang
• Bioprothese	3-6 Monate
• Kardiomyopathie mit Embolieneigung	lebenslang

Tab. 2.36: Dauer der oralen Antikoagulantientherapie bei verschiedenen Indikationen.

Messung der OAK:

Zur Therapieüberwachung ist die regelmäßige Messung der Thromboplastinzeit unumgänglich. Das Meßergebnis wird in verschiedenen Formen angegeben, als Verlängerung der Gerinnungszeit oder als prozentuale Verlängerung. Um die Ergebnisse zwischen verschiedenen Methoden und Labors vergleichbarer zu machen, wird die Angabe in INR (international normalized ratio) angestrebt.

Angabe in	Berechnung	Beispiel
Verhältnis (ratio)	Gerinnungszeit Patient: Standard	2,3
Prozentwert*	Gerinnungszeit Patient im Vergleich zu einer Standardverdünnungskurve	25 %
INR**	$\text{ratio}^{\text{Empfindlichkeitsfaktor}}$	2,2

Tab. 2.37: Unterschiedliche Darstellung der Ergebnisse der Thromboplastinzeit.
*: z.B. beim Quick-Wert.
**: INR: international normalized ratio.

Therapeutischer Bereich:

Da jedes Gewebsthromboplastin unterschiedlich empfindlich ist, existieren verschiedene therapeutische Bereiche (z.B. 15-25 %, 5-15 %). Dieses Problem ergibt sich mit der INR allerdings nicht mehr. Neben der Einstellung in diesen therapeutischen Bereich kann eine niedrig-dosierte OAK mit einer Einstellung im Bereich von INR 1,2-1,7 entsprechend einem Quickwert von zirka 35-50 % für einige Indikationen (z.B. absolute Arrhythmie) wirksam *und* nebenwirkungsärmer sein.

Kontraindikationen:

Es gelten die gleichen Kontraindikationen wie bei der Heparinbehandlung (☞ Kap. 2.7.4.2.). Zusätzlich sei auf die Gravidität und die Stillzeit als Kontraindikation hingewiesen. Im Gegensatz zu Heparin passieren die OAK die Plazenta und gelangen auch in die Muttermilch. Dies kann zu Fruchtschäden (Teratogenität), zu Blutungen sowie zu Totgeburten führen. Weiterhin ist bei unzuverlässigen, nicht kooperierenden, stark sturzgefährdeten oder gar dementen Patienten besondere Vorsicht geboten.

Nebenwirkungen:

- Blutungen
- Appetitlosigkeit, Erbrechen

- Alopezie
- Teratogenität
- Dermatitis
- Erhöhung der Lebertransaminasen
- Cumarinnekrosen

Als Ursache der Cumarinnekrosen wird ein im Vergleich zu den Gerinnungsfaktoren II, VII, IX u. X schnellerer Abfall von Protein C/S bei vorher vielleicht schon bestehendem Protein C/S-Mangel angenommen. Dadurch entfällt für kurze Zeit ein Schutz vor Gerinnungsprozessen. Es kommt zu thrombotischen Gefäßverschlüssen mit nachfolgenden Nekrosen. Zur Prophylaxe wird überlappend mit der OAK Heparin gegeben. Da dies in der Praxis ohnehin meist geschieht, werden Cumarinnekrosen sehr selten (weniger als 1 Promille) beobachtet.

Dosierung:

Die Empfindlichkeit für OAK ist individuell sehr unterschiedlich. Manche Patient(inn)en sind mit zweitägig 1/2 Tbl., andere mit 1 $^1/_2$ Tbl. täglich gut eingestellt. Deshalb lassen sich keine festen Richtlinien geben. Voraussetzung ist jedoch eine Thromboplastinzeit als Ausgangswert und, besonders in den ersten Wochen, regelmäßige engmaschige Kontrollen! Der Patient sollte Vitamin K-haltige Nahrung meiden.

> *Als Faustregel gilt:*
> Ausgangs-"Quick": 10 = Tablettenzahl in den ersten zwei Tagen
> (bei alten Menschen vorsichtiger!)
> am dritten Tag: Kontrolle und Dosierung nach aktuellem Wert.

Der Patient muß über die Medikation und das Blutungsrisiko aufgeklärt sein! Er muß einen Antikoagulantienpaß erhalten. Bei einem Eingriff, einer neuen Medikation, einer akuten Gesundheitsstörung, bei spontan auftretenden Hämatomen/Makrohämaturie usw. muß der Patient seinen Arzt aufsuchen. Gelingt es nicht, den Patienten mit etwa 75 % der Kontrollwerte im angestrebten Bereich zu halten, so muß die Wirkung als ungenügend eingestuft und angesichts der Risiken ein Therapieabbruch erwogen werden.

Medikamenteninteraktionen:

Eine Reihe von Medikamenten verstärken, andere hemmen die Wirkung der oralen Antikoagulantien. Nachfolgend wird nur eine **Auswahl** wiedergegeben. Sollte eine Verordnung oder ein späteres Absetzen solcher Medikamente nicht zu umgehen sein, so muß erneut intensiv kontrolliert werden.

Wirkungsverstärkung	Wirkungsverminderung
• ASS • Indometacin • Clofibrat • Lovastatin • Trimethoprim/Sulfamethoxazol • Allopurinol • Amiodaron • Cimctidin	• Barbiturate • Carbamazepin • Cholestyramin • Thyreostatika

Tab. 2.38: Medikamenteninteraktionen mit oralen Antikoagulantien.

Blutungen:

Blutungen treten besonders im Bereich von Nieren und ableitenden Harnwegen, Nasen-Rachenraum, Magen-Darmtrakt, seltener im Augenbereich und im zentralen Nervensystem auf. In 2/3 der Fälle von spontanen Blutungen liegen prädisponierende Läsionen (Ulkus, Tumor) vor. Mit einer tödlichen Blutung wird einmal in etwa 200 Behandlungsjahren, mit einer schweren Blutung einmal in 20 Behandlungsjahren gerechnet. Bei alten Patienten kann dies häufiger sein. Bei jeder Änderung des körperlichen Zustandes (z.B. plötzliches Koma) muß seitens des Arztes an eine Blutung (z.B. Hirnblutung) gedacht werden. Tritt eine Blutung ein, so müssen die Faktoren des Prothrombinkomplexes ersetzt werden, um so schnell wie möglich eine funktionierende Gerinnung wiederherzustellen. Dazu stehen Prothrombinkomplex-Konzentrate (PPSB) zur Verfügung (z.B. Beriplex Hs®).

> *Faustregel zur Dosierung der PPSB:*
> 1 IE Konzentrat/kg KG steigert den "Quick" um 1 %.

2.7.2.2. F VIII-Mangel - Hämophilie A, "Bluterkrankheit"

Die Hämophilie A ist die häufigste angeborene Koagulopathie. Sie wird x-chromosomal rezessiv übertragen, so daß Frauen Überträgerinnen und Männer Merkmalsträger sind. In extrem seltenen Fällen können auch Frauen Bluter sein (Tochter eines Bluters und einer Konduktorin bzw. einer Konduktorin und Spontanmutation des anderen X-Chromosoms). Während die betroffenen Männer also alle krank sind, kommen bei den Frauen praktisch nur klinisch gesunde heterozygote Konduktorinnen vor. Diese lassen sich anhand einer etwa auf die Hälfte herabgesetzten Aktivität von F VIII:C erkennen. Die Therapie von Hämophiliepatienten ist teuer, erfordert spezielles Wissen und sollte deshalb von speziellen Zentren in Zusammenarbeit mit dem Hausarzt durchgeführt werden.

❑ **Symptomatik**

- Blutungen

Blutungen können ubiquitär auftreten, z.B. in der Nabelschnur, Gelenken, Psoas, Haut, Muskel oder Nase. Da Restaktivitäten von F VIII:C durchaus noch meßbar sein können, variiert die Intensität der Symptome zwischen einer leichten Hämophilie, die sich erst bei Verletzungen, Operationen oder Zahnextraktionen bemerkbar macht, und einer schweren Hämophilie mit spontanen Blutungen (Hämarthros und Hautblutungen). Betroffen ist besonders das Kniegelenk mit der Folge einer schweren Arthrose.

F VIII-Aktivität	Schweregrad der Hämophilie
< 1 %	schwer
1-5 %	mittelschwer
6-15 %	leicht
15-30 %	symptomarm
> 50 %	Therapieziel vor größeren Operationen
> 75 %	normale F VIII-Konzentration

Tab. 2.39: Schweregrad der Hämophilie und im Blut vorhandene Aktivitäten von F VIII.

❑ Diagnostik

Blutungszeit	normal
PTT	verlängert
Quick und TZ	normal
F VIII:C-Aktivität	stark vermindert

Tab. 2.40: Gerinnungskonstellation, die auf eine Hämophilie hinweist.

Die primäre Blutstillung ist ungestört, so daß die Blutungszeit normal ist. Typisch ist die erneute Blutung kurz nach der scheinbaren Blutstillung. *Bei jeder PTT-Erhöhung*, die nicht auf eine Heparinwirkung zurückgeführt werden kann, muß an Hämophilie gedacht werden. Entscheidender diagnostischer Schritt ist die Bestimmung von F VIII, dessen Aktivität stark erniedrigt ist und zwischen 0 und 20 % schwanken kann.

❑ Therapie

- Prophylaxe
- Substitution von Gerinnungsfaktor VIII
- Desmopressin (DDAVP, z.B. Minirin®)

Vor operativen Eingriffen muß nach einer Blutungsneigung (auch im familiären Umfeld!) gefragt und ein "kleiner" Gerinnungsstatus (Thrombinzeit, partielle Thromboplastinzeit, Thrombozyten, Thromboplastinzeit) durchgeführt werden. Thrombozytenaggregationshemmer sind zu meiden. Bei der Substitution von Gerinnungsfaktoren wird unterschiedlich vorgegangen: bei häufigen Blutungen wird regelmäßig F VIII zugeführt, evtl. als Heimtherapie *(Erhaltungstherapie)*, bei sehr seltenen Blutungen wird nur bei Bedarf die Blutaktivität angehoben *(Bedarfstherapie)*.

- *Umfang der Substitution*

gewünschter Anstieg (%) x 0,5 x kg KG = Einheiten F VIII

Zur Stabilisierung des erreichten Niveaus werden 50 % der errechneten Menge nach 6-12 h nochmals gegeben. Die genaue Einstellung muß sich jedoch an den gemessenen Gerinnungswerten orientieren.
Der Umfang der Substitution richtet sich nach dem Therapieziel:

Grund der Substitution	angestrebte F VIII-Aktivität
Weichteilblutung	10-20 %
Gelenkblutung	20 %
schwere Muskelblutung	30 %
Zahnextraktion	30 %
kleine Operationen	30 %
große Operationen	50 %

Tab. 2.41: Angestrebte F VIII-Aktivität bei Blutungen oder geplanten Eingriffen.

- *Sicherheit der Präparate*
  F VIII kann mittlerweile weitestgehend HIV-sicher aus dem Blut von Spendern bzw. gentechnisch hergestellt werden. Da Hämophilie-Patienten Bluttransfusionen benötigen können, wird eine Hepatitis B-Impfung empfohlen
- *Hemmkörperhämophilie*
  Bei einem kleinen Teil der Patienten können sich Antikörper gegen F VIII bilden, die die zugeführten F VIII-Konzentrate inaktivieren. Therapiemöglichkeiten sind:
  - Dosiserhöhung
  - spezielle F VIII-Präparationen
  - Hyposensibilisierung
  - Plasmaseparation

  Spezielle F VIII-Präparationen (FEIBA - factor eight inhibitor bypassing activity - z.B. FEIBA S-TIM4®) können verwendet werden. Die Therapie der Hemmkörperhämophilie sollte ebenfalls von spezialisierten Zentren vorgenommen werden.

  Mit *Desmopressin (DDAVP)* kann die Menge an F VIII durch Freisetzung bereits synthetisierten Faktors VIII in kurzer Zeit erreicht werden. Die Therapie eignet sich bei leichter Hämophilie zur kurzfristigen Anhebung der F VIII-Werte, z.B. für eine Zahnextraktion.

2.7.2.3. F IX-Mangel - Hämophilie B

Die Hämophilie A ist häufiger als der Mangel an F IX:

- Hämophilie A 85 %
- Hämophilie B 15 %

Die Symptome ähneln den Verhältnissen bei Hämophilie A. In der Substitutionstherapie kann aufgrund der längeren Halbwertszeit von F IX (Christmas-Faktor) mit etwa der Hälfte der Faktormengen gerechnet werden.

2.7.2.4. von Willebrand-Jürgens-Syndrom

Der von Willebrand-Faktor (vWF) wird in den Endothelien synthetisiert. Das große Molekül besitzt adhäsionsfördernde Domänen und kann dadurch z.B. Verbindungen zwischen Thrombozyten und Kollagen vermitteln, so daß der vWF für die *primäre* Blutstillung notwendig ist. Weiterhin bildet der vWF einen Komplex mit dem F VIII:C. Das vWJ-Syndrom ist ähnlich häufig wie die Hämophilie A. Die Erkrankung wird autosomal vererbt und in drei Typen mit Subtypen I-III unterteilt.

❑ **Symptomatik**

- Blutungen

Die Erkrankung ist bei heterozygoten Patienten symptomarm, mit lediglich verzögerter Blutstillung z.B. nach Verletzungen oder Zahnextraktionen oder petechialen Blutungen (z.B. im Schleimhautbereich). Nur bei einigen homozygoten Patienten (Typ III, autosomal-rezessiv vererbt) besteht eine schwere hämorrhagische Diathese, die sich bereits in der Kindheit manifestiert und mit Haut- und Schleimhautblutungen, Nasenbluten oder gastrointestinalen Blutungen einhergeht. Postpartale Blutungen oder Gelenkblutungen sind selten.

❑ **Diagnostik**

- Blutungszeit verlängert (im Ggs. Hämophilie)
- F VIII:C normal oder vermindert
- Thrombozyten normal
- vWF vermindert

Diagnostisch wegweisend ist eine verlängerte Blutungszeit bei unauffälligen Thrombozyten und vermindertem F VIII:C.

❑ **Therapie**

- Desmopressin (DDAVP, z.B. Minirin®)
- Substitution

Mit Desmopressin (DDAVP) kann der bereits in den Endothelien synthetisierte vWF freigesetzt und damit im Plasma angehoben werden. Ist die Substitution nötig, so werden F VIII-Konzentrate mit vWF-Aktivität gegeben.

2.7.2.5. Disseminierte intravasale Gerinnung

❑ **Definition**

Bei der disseminierten intravasalen Gerinnung handelt es sich um eine Störung, in deren Verlauf es im Gefäßsystem zu überschießenden Gerinnungsvorgängen kommt. Daraus ergibt sich eine lokale Thrombosierung der Endstrombahn in einzelnen Organen mit der möglichen Folge eines Organversagens (z.B. Niereninsuffizienz) bzw. einer Organnekrose (z.B. Nebennierenrindennekrose beim Waterhouse-Friderichsen-Syndrom) oder gar einer generalisierten Mikrozirkulationsstörung (Schock). Die Gerinnungsprozesse ihrerseits führen reaktiv zu einem Verbrauch von Gerinnungsfaktoren, in dessen Verlauf eine Blutungsneigung (Verbrauchskoagulopathie) auftreten kann. Steht bei der Verbrauchskoagulopathie die Fibrinauflösung im Vordergrund, so spricht man von *Hyperfibrinolyse*.

❑ **Ätiologie und Pathogenese**

Die "disseminated intravascular coagulation" (DIC) ist ein mögliches Begleitsymptom einer Vielzahl von Erkrankungen (Tab. 2.42). Voraussetzung ist eine verstärkte Aktivierung der Gerinnung, so daß sich intravasales Thrombin und Fibrinpräzipitate bilden. Mögliche Auslösemechanismen sind die Einschwemmung von Gewebsthromboplastinen (große Tumoren, Uteruserkrankungen) oder Infektionen mit Neigung zur Gerinnungsaktivierung (Endotoxine) sowie ausgedehnte Antigen-Antikörper-Reaktionen (AB0-inkompatible Transfusion). Kann der Körper die Fibrinpräzipitate eben noch auflösen und die verbrauchten Faktoren ersetzen, so spricht man von kompensierter DIC, bei klinischen Symptomen von dekompensierter DIC. Weiterhin wird ein akuter und ein chronischer Verlauf (z.B. bei großen Malignomen) unterschieden.

Auslöser der DIC	
geburtshilfliche Erkrankungen	• Fruchtwasserembolie • septischer oder verhaltener Abort • vorzeitige Plazentalösung
Infektionen	• Meningokokkensepsis • Sepsis mit vielen anderen Erregern • Malaria
Malignome	• Promyelozyten- und Monozytenleukämie • ausgedehnte Karzinome
Operation an thrombokinasereichen Organen	• Prostata • Lunge
toxisch	• Schlangengifte
immunologisch	• AB0-Fehltransfusion
Gewebeschädigung	• Verbrennung • crush-Syndrom
Schock	• besonders der septische und allergische Schock

Tab. 2.42: Ursachen der disseminierten intravasalen Koagulation (DIC).

Der Begriff *Sanarelli-Shwartzman-Phänomen* bezeichnet die im Tierexperiment mögliche Auslösung einer DIC nach zweimaliger Injektion von Bakterientoxinen unter gleichzeitiger Blockade des RES. Ein pathogenetisch ähnliches Phänomen wird bei der DIC im Gefolge einer Sepsis oder beim Waterhouse-Friderichsen-Syndrom angenommen.

Die Meningokokkenmeningitis kann zu einer Meningokokkensepsis mit Hautblutungen führen. Wird dadurch eine DIC ausgelöst und entstehen dadurch Nebennierenrindeneinblutungen sowie eine Nebennierenrindeninsuffizienz, so spricht man vom *Waterhouse-Friderichsen-Syndrom.*

❑ Symptomatik

- Blutungen
- Symptome der ursächlichen Erkrankung

Die Blutungen treten als Folge des Verbrauchs der Gerinnungsfaktoren und der Hyperfibrinolyse auf. Dabei entstehen in der Haut Petechien, Purpura, Ekchymosen und Suffusionen. Einstichstellen oder Operationswunden beginnen zu bluten, Hämoptoe oder gastrointestinale Blutungen sind möglich. Bei kompensierter, subakuter DIC können Blutungen aber auch fehlen.

❑ Diagnostik

- Absinken der Thrombozytenkonzentration
- Verminderung von Fibrinogen
- Rückgang von AT III
- Anstieg der Fibrinspaltprodukte

Bei entsprechender Risikoerkrankung muß ein Absinken der Thrombozytenkonzentration immer an die DIC denken lassen. Der Schweregrad einer DIC spiegelt sich im Ausmaß des Absinkens von Fibrinogen und Thrombozyten wider. Zur Diagnosesicherung werden Fibrinogen, AT III, PTT, Thromboplastinzeit und Fibrinspaltprodukte, evtl. *mehrfach im zeitlichen Verlauf*, bestimmt.

Auswahl einiger Hämostaseveränderungen bei DIC	
Abfall von	Anstieg von
• Thrombozyten • Fibrinogen • AT III • Gerinnungsfaktoren (z.B. VIII) z.B. Prothrombinkomplexfaktoren	• Fibrinspaltprodukten • Fibrinmonomeren • PTT • Thromboplastinzeit

Tab. 2.43: Veränderungen der Hämostase bei DIC.

❑ **Therapie**

- Prophylaxe der Gerinnungsaktivierung
- Beseitigung der Grundkrankheit
- AT III-Konzentrate (z.B. Kybernin HS®)
- Heparin i.v. (6-12.000 E./24 h im Perfusor)
- danach ggf. Ersatz von Gerinnungsfaktoren
- Therapie der Komplikationen

Wichtigste Maßnahme ist die Prophylaxe bzw. die Beseitigung der Grundkrankheit. Bei allen Risikoerkrankungen sollte eine Prophylaxe der Gerinnungsaktivierung mit Heparin erfolgen. Ziel der weiteren Therapie ist es, den Gerinnungsprozeß zu unterbrechen. Als erster Schritt wird das Antithrombin AT III auf über 80 % angehoben. Zu substituieren sind initial nach Messung der AT III-Werte meist etwa 2-4.000 E. Danach wird Heparin in niedriger Dosierung vorsichtig zugeführt. Erst nach einer wirksamen Antikoagulation sollten Gerinnungsfaktoren (Fibrinogen, fresh frozen plasma) oder Thrombozyten zugefuhrt werden, da sie sonst nur den Gerinnungsprozeß verstärken und schnell wieder abgebaut werden würden. Die Gabe von Heparin bei manifester DIC ist allerdings nicht unumstritten. Außerdem müssen die Komplikationen (z.B. Nierenversagen) überbrückt werden.

● **Waterhouse-Friderichsen-Syndrom**

Die Meningokokkenmeningitis kann zu einer Meningokokkensepsis, und in besonders schweren Fällen zu einer DIC führen (Waterhouse-Friderichsen-Syndrom). Typischerweise treten dabei Nebennierenrindeneinblutungen bzw. beidseitige Nebennierenrindennekrosen mit anschließender Nebenniereninsuffizienz auf.

● **Kasabach-Merritt-Syndrom**

Bei einigen Riesenaneurysmen kann ein ständiger Prozeß der Gerinnungsaktivierung unter dem laborchemischen Bild einer chronischen, kompensierten DIC auftreten.

● **Hyperfibrinolyse**

Eine *sekundäre* Hyperfibrinolyse ist eine Folge der Verbrauchskoagulopathie und stellt eine sinnvolle Gegenregulation des Organismus dar. Antifibrinolytika sind deshalb kontraindiziert. Bei der seltenen *primären* Hyperfibrinolyse (Prostataoperation) ist lediglich das Fibrinogen erniedrigt und die Fibrinogenspaltprodukte sind erhöht. Hier ist eine Therapie mit Antifibrinolytika (Tranaxemsäure - z.B. Ugurol®) möglich.

- **Purpura fulminans**

Postinfektiös tritt sehr selten eine in etwa symmetrisch verteilte Thrombosierung von Hautgefäßen auf, mit Nekrose der betroffenen Hautstellen und Verbrauchskoagulopathie.

2.7.3. Hämorrhagische Diathese durch Vasopathien

Vasopathien führen wie thrombozytäre Blutungsübel zu einem petechialen Blutungstyp. Im Rumpel-Leede Test treten distal der Blutdruckmanschette Einblutungen auf. Im übrigen muß eine Ausschlußdiagnostik für thrombozytäre und plasmatische Blutungsübel betrieben werden. Unterschieden werden:

- angeborene vaskuläre Ursachen
  - Purpura simplex
  - Teleangiectatica haemorrhagica hereditaria (M. Osler)
  - Bindegewebserkrankungen
    z.B. Ehlers-Danlos-Syndrom, Marfan-Syndrom u.a.
- erworbene vaskuläre Ursachen
  - Purpura anaphylactoides (M. Schönlein-Henoch)
  - senile Purpura
  - Vaskulitiden

2.7.3.1. Purpura simplex

Die Purpura simplex hereditaria ist eine seltene, angeborene Störung mit der Neigung zu Hämatomen an Rumpf, Beinen und den Fingern. Besonders an den Fingern können sie sich durch starke Schmerzen manifestieren. Die Störung ist quod vitam harmlos. Störungen der plasmatischen Gerinnung oder der Thrombozyten liegen nicht vor. Eine kausale Therapie ist nicht bekannt.

2.7.3.2. M. Osler

syn.: M. Osler-Weber-Rendu, hereditäre hämorrhagische Teleangiektasie

❑ **Definition**

Der M. Osler ist eine autosomal-dominant vererbte Erkrankung mit Ausbildung von kapillären Gefäßektasien, die leicht verletzbar sind (z.B. äußere Einflüsse) und zu Blutungen neigen. Ursache ist eine Strukturstörung der Kapillarwand.

❑ **Symptomatik**

- positive Familienanamnese
- periorale Teleangiektasien
- Blutungen

Es finden sich 1-4 mm große Gefäßektasien, perioral, an Zunge, Lippen, Nasenschleimhaut, jedoch auch an inneren Organen (Gastrointestinaltrakt, Leber, Niere). Diese nehmen mit dem Alter zu. Als Blutungen werden meist Nasenbluten, Hämoptoe, Hämaturie und gastrointestinale Blutungen beobachtet. Die Blutungsquelle wird mit Hilfe geeigneter Verfahren (z.B. Gastroskopie, Koloskopie, Bronchoskopie) aufgesucht und gestillt.

❑ **Therapie**

- symptomatisch

Bei Eisenmangelanämie aufgrund rezidivierender geringer Blutverluste ist die Gabe von Eisenpräparaten angezeigt. Häufig blutende, leicht zugängliche Teleangiektasien können sklerosiert werden. Bei gastrointestinalen Blutungen kann eine einsehbare Blutungsquelle laserkoaguliert werden. Bei lebensbedrohlichen Blutungen muß die Blutungsquelle in sehr seltenen Fällen operativ gestillt.

2.7.3.3. Purpura anaphylactoides (M. Schönlein-Henoch)

Die Erkrankung tritt besonders bei Kindern an den abhängigen Körperpartien, besonders an den Streckseiten der unteren Extremitäten auf. Ursache ist eine Vaskulitis allergischer Genese (postinfektiös, Medikamente) mit Destruktion kleinster Gefäße und nachfolgender petechialer Einblutung. Daneben können der entzündlich aseptischen Genese entsprechend auch Erythem und Urtikaria begleitend hinzutreten. Neben der Haut sind gelegentlich auch innere Organe betroffen (Nieren, Gelenke). Die Rückbildung erfolgt über Wochen. Symptomatisch kann Kortison eingesetzt werden.

2.7.3.4. Senile Purpura

Bei alten Menschen treten besonders an Händen und Unterarmen scheinbar ohne Anlaß Hämatome auf. Diese werden darauf zurückgeführt, daß die vulnerableren Gefäße im Alter durch ein dünneres subkutanes Fettgewebe nicht mehr ausreichend geschützt werden können und schon bei minimalen Traumen rupturieren. Die Störung ist harmlos und bedarf keiner Therapie.

2.7.4. Thrombosen und Embolien

Thrombosen sind sehr häufige Erkrankungen, deren Zahl in der Praxis leicht unterschätzt wird. Nur in der Hälfte der Fälle werden sie klinisch manifest. Im internistischen Bereich muß bei 4-10 % der Patienten mit einer Thrombose während des Krankenhausaufenthalts gerechnet werden. Bei kompletter Hemiparese nach Schlaganfall werden in bis zu 70 % Thrombosen in der gelähmten Extremität gefunden. Intra- bzw. postoperativ, besonders nach der Hüftchirurgie, entstehen bei bis zu 30 % der Patienten Thrombosen im operierten Bein. Thrombosen können nach Maßgabe verschiedener Gesichtspunkte eingeteilt werden:

Pathogenese (Virchowsche Trias)	Ort	Disposition
• thrombogene Gefäßoberflächen	• venös	• angeboren
• Stase	• arteriell	• erworben
• hyperkoaguables Gerinnungssystem		

Bei arteriellen Thrombosen spielen thrombogene, arteriosklerotische Gefäßoberflächen und die Aktivierung der Thrombozyten eine wichtige Rolle, bei venösen Thrombosen dagegen Stase und ein zur Gerinnung hin neigendes Gleichgewicht der Gerinnungsfaktoren (Hyperkoagulabilität). Bei Thrombosen vor dem vierzigsten Lebensjahr, bei rezidivierenden thromboembolischen Erkrankungen und bei familiärer Belastung muß an eine angeborene Gerinnungs- bzw. Fibrinolysestörung gedacht werden. Bei Thrombosen ohne erkennbaren Anlaß kann auch ein okkultes Tumorleiden vorliegen.

2.7.4.1. Risikofaktoren für venöse Thrombosen

- thrombogene Gefäßoberflächen
  - Phlebitis
  - Trauma
  - Arteriosklerose
  - Vaskulitis
  - operative Manipulationen (Hüftchirurgie)
  - Injektion gefäßreizender Substanzen, z.B. hyperosmolare, 20-40%ige Glukoselösung
  - ischämisches Endothel bei Myokardinfarkt

- Stase
  - Bettlägrigkeit
  - Lähmung einer Extremität (Apoplex)
  - langes Sitzen (Flugzeug)
  - einschnürende Verbände
  - Gips
  - Rechtsherzinsuffizienz
  - Varikosis
  - schlechte Rheologie (hohe Plasma- oder Vollblutviskosität)
  - hoher Hämatokrit (Exsikkose, Diurese)
- Hyperkoagulabilität
  - hohes Fibrinogen
  - hohe Thrombozyten
  - Mangel an Gerinnungsinhibitoren (AT III, Protein C/S)
  - Überschuß an Fibrinolyseinhibitoren (PAI)
- weitere Faktoren
  - Nikotingenuß
  - Östrogeneinnahme
  - Gravidität
  - Wochenbett
  - vorausgegangene Thrombosen
  - positive Familienanamnese

Nicht selten liegt eine Kombination von Faktoren vor (z.B. Rauchen + Pille + Exsikkose aufgrund einer Diarrhö).

❑ **Diagnostik**

Bestimmung von:

- Fibrinogen
- AT III
- Protein C/S

Die genannten Faktoren sind *nur Beispiele für eine große Zahl möglicher Untersuchungen*. Wegen der Komplexität der Verhältnisse sollten die Untersuchungen in einer spezialisierten hämostaseologischen Abteilung durchgeführt werden. Dies gilt besonders für junge Patienten mit rezidivierenden Thrombosen und mit Thrombosen ohne offensichtlichen äußeren Anlaß. Bei rezidivierenden Thrombosen wird in etwa der Hälfte der Fälle tatsächlich ein Gerinnungsdefekt entdeckt.

- *AT III-Mangel*
  Ein erworbener Mangel ist häufig. Ursachen sind: Synthesestörung (Leberzirrhose, akutes Leberversagen), hoher Verlust (nephrotisches Syndrom, massiver Eiweißverlust) oder ein hoher Verbrauch (DIC, postoperativer Abfall, Sepsis). Ein angeborener AT III-Mangel wird autosomal-dominant vererbt. Bei Heterozygoten liegen Aktivitäten von 30-70 % vor. Homozygote wurden bislang nicht beschrieben. Bei rezidivierenden Thrombosen wird in ca. 5 % d.F. ein AT III-Mangel gefunden. Die Therapie besteht aus einer lebenslangen oralen Antikoagulation

- *Protein C-Mangel*
  Bei entsprechender Klinik findet man in ca. 5 % d.F. einen Protein C-Mangel. Ein homozygoter Mangel manifestiert sich bald nach der Geburt in Form von multiplen Thrombosen, z.B. von Hautgefäßen mit nachfolgender Nekrose. Bei Heterozygoten kommt es zu rezidivierenden Thrombosen oder zur Cumarinnekrose (☞ Kap. 2.7.2.1.). Andererseits treten auch völlig symptomlose heterozygote Merkmalsträger auf, so daß über den Beginn der OAK individuell entschieden wird. In jedem Fall muß bei Einleitung einer OAK vorübergehend Heparin gegeben werden. Der Vitamin K-abhängige Gerinnungsfaktor kann auch bei Vitaminmangel absinken

2.7.4.2. Prophylaxe

Im Vergleich zur Therapie besitzt die Prophylaxe bei thromboembolischen Erkrankungen eindeutig Vorrang. Die klinische Einschätzung erlaubt zwar das Erkennen von Risikopersonen (s.o.), jedoch kann auch unter Zuhilfenahme von "scores" oder modernen Gerinnungstests das Eintreten oder Ausbleiben einer Thrombose *nicht* mit ausreichender Sicherheit vorausgesagt werden. Deshalb ist in der Praxis die Thromboseprophylaxe großzügig durchzuführen. Der Thrombogenese liegt ein gestörtes Hämostasegleichgewicht zugrunde, das von vielen Faktoren beeinflusst werden kann. Entsprechend vielfältig sollte die Prophylaxe sein.

- Verhinderung von Stase
  - Frühmobilisation
  - Krankengymnastik
  - Kompressionsstrümpfe
  - ausreichende Flüssigkeitszufuhr
  - keine einschneidenden Verbände
- Vermeidung thrombogener Gefäßoberflächen
  - schonende Operationstechniken
  - keine Gefäßtraumatisierung
  - Einstellen des Rauchens usw.
- Antikoagulation
  - Heparin
  - orale Antikoagulantien
  - ASS

2.7.4.3. Therapie

- Allgemeinmaßnahmen
- Antikoagulation
- Fibrinolyse

Die Therapie der Thrombosen und Embolien werden in den entsprechenden Kapiteln besprochen (z.B. Phlebothrombose ☞ Kap. 1.13.4.; Lungenembolie ☞ Kap. 3.6.1.; arterielle Embolie ☞ Kap. 1.12.4.). Nachfolgend wird lediglich auf die Antikoagulation mit Heparin etwas näher eingegangen.

Therapie mit Heparin

Heparin wird aus Körpergeweben von Tieren (z.B. Schweinedarm-Mukosa) gewonnen. Chemisch handelt es sich um ein Mukopolysaccharid. Beim unfraktionierten Heparin liegen Ketten mit ganz unterschiedlichen Molekulargewichten (2.000 bis 25.000) vor. Beim fraktionierten (**n**ieder**m**olekularen) **H**eparin (NMH) werden nur Ketten mit niedrigen MG (um 6.000), z.B. durch Spaltung von unfraktioniertem

Heparin gewonnen, eingesetzt. Heparin wird in Leber und Nieren metabolisiert. Bei hochgradiger Niereninsuffizienz und Leberzirrhose sollte die Dosis reduziert werden. Die Halbwertszeit beträgt 1-3 Stunden. Heparin kann in der Gravidität und während der Stillzeit gegeben werden. Antidot ist das Protamin. Für den gerinnungshemmenden Effekt von Heparin ist seine Bindung an AT III verantwortlich, dessen hemmende Wirkung auf aktivierte Gerinnungsfaktoren (z.B. Thrombin und Xa) dadurch stark gesteigert wird. Niedermolekulares Heparin wirkt besonders durch Hemmung von Xa, unfraktioniertes Heparin besonders durch die Hemmung von Thrombin.

Dosierung:

Low-dose Heparin wird zur Prophylaxe eingesetzt: 2-3x5.000-7.500 E. eines unfraktionierten Heparins oder 1x 5000 E. eines fraktionierten Heparins (zugelassen **nur** im chirurgischen Bereich).

Heparin kann in therapeutischen Dosierungen intermittierend s.c. oder kontinuierlich i.v. gegeben werden: 3x 10.000-15.000 E. s.c. oder 20-40.000 E. im Perfusor i.v.. Initial werden 5-10.000 E. injiziert. Die intramuskuläre Gabe verbietet sich wegen der Gefahr großer Hämatome. Bei der Umstellung auf OAK wird Heparin überlappend und in reduzierter Menge zugeführt.

Therapiekontrolle:

Die niedrigdosierte ("low dose") Therapie (fraktioniertes und unfraktioniertes Heparin) bedarf nur bei hämorrhagischer Diathese einer Laborkontrolle. Die PTT oder die Blutungszeit verändern sich im allgemeinen nicht wesentlich. Allerdings besteht auch beim Heparin eine individuelle Empfindlichkeit, so daß manche Patienten mit 3x7.500 E. s.c. keine, andere eine massive Verlängerung der PTT aufweisen.

Dagegen bedarf die therapeutische, volle Antikoagulation regelmäßiger Kontrolle. Die partielle Thromboplastinzeit (PTT) sollte bei Therapie mit unfraktioniertem Heparin um das 2-3fache verlängert sein. Die Thrombinzeit mißt im unteren Therapiebereich empfindlicher, ist jedoch für den hohen Dosierungsbereich weniger geeignet. Niedermolekulare Heparine können nicht über die PTT kontrolliert werden. Hier muß die Hemmung des aktivierten Faktors Xa (z.B. im Hep-Test®) gemessen werden.

Häufigere Nebenwirkungen:

- Pruritus/Urtikaria
- reversible Alopezie
- Thrombozytopenie
- lokale Blutungen
- Kopf-, Gelenk-, Rückenschmerzen
- Dyspnoe
- Bronchospasmus
- Osteoporose (nachdosierte Heparingabe, > 6 Monate)

Heparininduzierte Thrombozytopenie (HIT):

2-3 Tage nach der Heparingabe kommt es bei ca. 3 % der Patienten zu einem Abfall der Thrombozyten, selten auf Werte unter 50.000/µl, die sich nach dem Absetzen von Heparin wieder erholen. Als Ursache wird eine heparininduzierte Hyperaggregation der Thrombozyten diskutiert. In weniger als 1 % tritt nach ca. 6-10 Tagen allerdings ein stärkerer Rückgang ein, der auf Antikörper zurückgeführt wird. Bei Heparintherapie müssen deshalb initial und nach einer Woche die Thrombozyten kontrolliert werden.

Kontraindikationen:

Kontraindikationen für Heparingabe in therapeutischer Dosierung, d.h. bei Verlängerung der Gerinnungszeiten, sind:

- hämorrhagische Diathese
- Erkrankungen mit hohem Blutungsrisiko
  - z.B. floride Tuberkulose, große Karzinome, Pankreatitis, florides Ulkus, aktuelle Nephrolithiasis
- Einblutungen in Gehirn, Rückenmark, Auge
- frische Operationen, arterielle Punktionen, i.m.-Injektionen
- bakterielle Endokarditis
- schwere Retinopathie bei Diabetes mellitus
- fixierter Hypertonus (200/100 mmHg)
- massive Arteriosklerose
- bekannte Allergie, bekannte heparininduzierte Thrombozytopenie

Bei Nieren- oder Leberinsuffizienz muß die Heparindosis reduziert bzw. durch die PTT kontrolliert werden. Die Kontraindikationen für niedrig-dosiertes Heparin sind weniger streng. So kann low-dose-Heparin auch sofort nach einer Operation oder nach der Geburt gegeben werden, da durch die geringe Heparinmenge die Gerinnungszeiten nicht verlängert werden und das Risiko einer Nachblutung praktisch nicht gesteigert wird. Unfraktioniertes Heparin kann während der Schwangerschaft und Stillzeit gegeben werden.

Erkrankungen der Atmungsorgane

3. Erkrankungen der Atmungsorgane

Wichtigste Aufgaben der oberen und unteren Luftwege sind Transport, Erwärmung, Anfeuchten und Reinigung der Atemluft sowie Abwehrfunktionen. Die Nase übernimmt außerdem eine sensorische Überprüfung.

Der rechte Bronchialbaum ist steiler als der linke, weshalb sich Fremdkörper und Aspirationen meist dort finden. Rechts zweigt er sich in 10, links in 9 Segmentbronchien, mit entsprechenden Lungensegmenten, auf, die rechts in 3, links in 2 Lungenlappen zusammengefaßt sind (Abb. 3.1). In den Alveolen findet der Gasaustausch statt (O_2-Aufnahme, CO_2-Abgabe), wobei hierfür eine ausreichende Ventilation und Perfusion sowie Diffusionsmöglichkeit gegeben sein müssen.

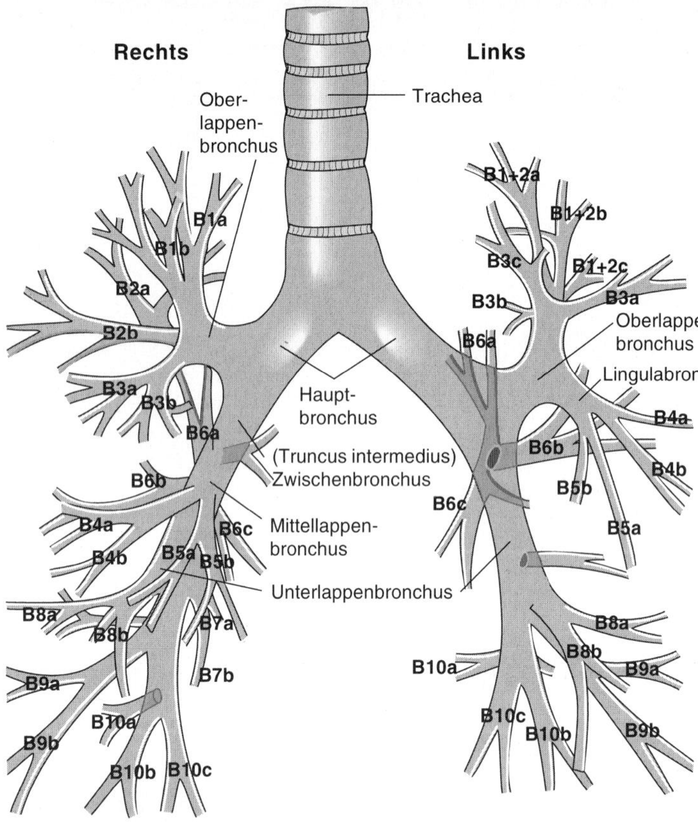

B1 = Apikales Oberlappensegment	B1+2 = Apikodorsales Oberlappensegment
B2 = Dorsales Oberlappensegment	B3 = Anteriores Oberlappensegment
B3 = Anteriores Oberlappensegment	B4 = Lingula oberes Segment
B4 = Mittellappen laterales Segment	B5 = Lingula unteres Segment
B5 = Mittellappen mediales Segment	B6 = Apikales Unterlappensegment
B6 = Apikales Unterlappensegment	B8 = Anterobasales Unterlappensegment
B7 = Cardiales Unterlappensegment	B9 = Laterobasales Unterlappensegment
B8 = Anterobasales Unterlappensegment	B10 = Dorsobasales Unterlappensegment
B9 = Laterobasales Unterlappensegment	
B10 = Posterobosales Unterlappensegment	

Abb. 3.1: Bronchialsystem des Menschen.

3.1. Untersuchungsmethoden

Neben der klinischen Untersuchung (Auskultation, Palpation und Perkussion) nimmt die Lungenfunktionsdiagnostik neben anderen teils invasiven, bildgebenden, endoskopischen, serologisch-immunologischen bzw. bakteriologischen Untersuchungen, eine zentrale Stelle ein. Dabei erlaubt die Lungenfunktionsdiagnostik in der Regel nicht die Diagnose einer speziellen Erkrankung.

3.1.1. Lungenfunktionsdiagnostik

3.1.1.1. Spirometrie

Geräte: Glockenspirometer, Keilbalgspirometer bzw. Pneumotachograph. Dabei wird zwischen offenen und geschlossenen Systemen unterschieden.

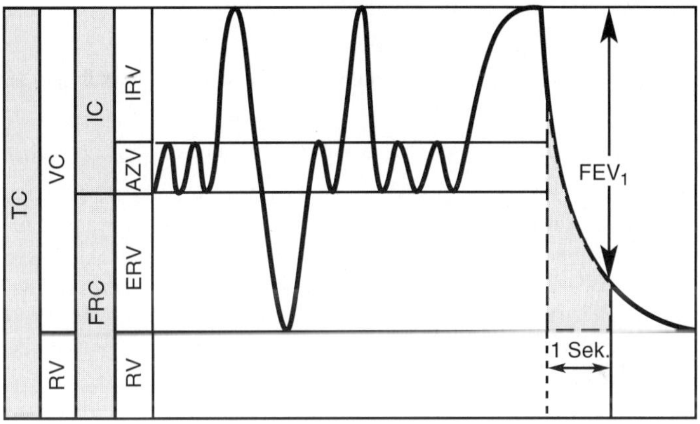

Abb. 3.2: Normale statische und dynamische Lungenvolumina.

Statische Volumina:

- AZV (Atemzugvolumen)
  ein- bzw. ausgeatmetes Luftvolumen pro Atemzug
- IRV (inspiratorisches Reservevolumen)
  Luftvolumen, welches nach normaler Inspiration noch zusätzlich eingeatmet werden kann
- IC (Inspirationskapazität) = AZV + IRV
  maximal einatembares Luftvolumen nach normaler Exspiration
- ERV (exspiratorisches Reservevolumen)
  Luftvolumen, welches nach normaler Exspiration noch zusätzlich ausgeatmet werden kann
- VC (Vitalkapazität) = IC + ERV
  Luftvolumen, welches nach maximaler Inspiration maximal ausgeatmet werden kann → siehe auch forcierte Vitalkapazität
- TC (Totalkapazität) = VC + RV bzw. IC + FRC
  intrapulmonales Luftvolumen nach maximaler Inspiration
- RV (Residualvolumen)
  intrapulmonales Luftvolumen nach maximaler Exspiration
- FRC (funktionelle Residualkapazität) = ERV + RV
  intrapulmonales Luftvolumen nach normaler Exspiration

Dynamische Volumina:

- FVC (forcierte Vitalkapazität)
  Luftvolumen, welches nach maximaler Inspiration maximal forciert ausgeatmet werden kann
- FEV_1 (1-Sekundenkapazität, Tiffeneau-Test)
  Luftvolumen, welches nach maximaler Inspiration in 1 Sekunde maximal ausgeatmet werden kann
- FEV_1 % (relative 1-Sekundenkapazität)
  FEV_1: FVC in Prozent
- AGW (Atemgrenzwert)
  maximales Atemminutenvolumen bei forcierter Ventilation

Weitere Parameter:

- PEF (Peak-Flow)
  maximale Atemstromstärke bei forcierter Exspiration
- MEF 0,2-1,2
  maximale exspiratorische Atemstromstärke im Volumenabschnitt zwischen 200 und 1.200 ml
- MMEF
  maximale mittelexspiratorische Atemstromstärke (Volumenabschnitt zwischen 25 und 75 %)

Verschiedene der o.g. Größen, insbesondere die FRC und das RV, können mit der normalen Spirometrie in der Regel nicht ermittelt werden. U.a. steht hierfür die Bodyplethysmographie zur Verfügung. Die genannten Volumina sind außerdem von Körpergröße, Geschlecht und Alter abhängig. Die Normwerte beziehen sich auf Ergebnisse epidemiologischer Studien (*Normwerte der Europäischen Gemeinschaft für Kohle und Stahl*).

3.1.1.2. Bodyplethysmographie

Neben o.g. Lungenvolumina kann die *Resistance* (Atemwegswiderstand) sowie die *Compliance* (Dehnbarkeit der Lunge) gemessen werden.

Die Resistance kann auch mittels Oszillations- bzw. Unterbrechermethode mit kleineren Geräten bestimmt werden. Dabei handelt es sich bei der Resistance um den Druck, der notwendig ist, ein bestimmtes Luftvolumen pro Zeit zu bewegen (mbar/l/s).

Unter der Compliance versteht man das Verhältnis von Zunahme des Lungenvolumens zur intrapulmonalen Druckänderung. Der reziproke Wert der Compliance wird als Elastizität bezeichnet.

Weitere diagnostische Hinweise erhält man durch Analyse der Fluß-Volumen-Kurven (Abb. 3.3) bzw. Atemwiderstandsvolumenkurven.

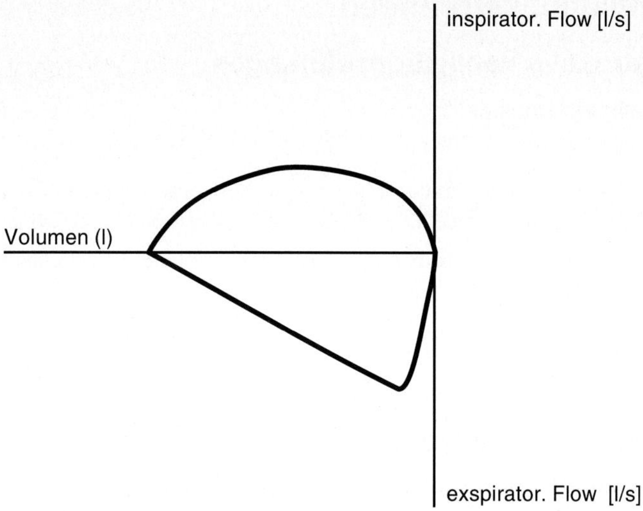

Abb. 3.3: Normales Fluß-Volumen-Diagramm.

3.1.1.3. Blutgasanalyse (BGA)

Material: heparinisiertes Blut (arteriell, kapillär, evtl. auch venös)

Normalwerte:

pH	7,36-7,44
pCO_2	35-45 mmHg[1]
pO_2	65-100 mmHg[2]
BE	0 ± 2 mmol/l
Standard-Bicarbonat	22-26 mmol/l
O_2-Sättigung	90-96 %

[1] altersunabhängig
[2] physiologische Abnahme mit zunehmendem Lebensalter

Der pCO_2 kann als direktes Maß für die alveoläre Ventilation betrachtet werden. (pCO_2 erhöht —> *alveoläre Hypoventilation*).

3.2. Atemfunktionsstörungen

Einteilung der Atemfunktionsstörungen:

- Störungen der Ventilation
- Störungen der Perfusion
- Störungen der Diffusion
- Störungen der Verteilung
- Storungen der Atemregulation

3.2.1. Ventilationsstörungen

3.2.1.1. Obstruktive Ventilationsstörungen

(häufigste Lungenfunktionsstörung)

Unterteilung:

- endobronchiale Obstruktion mit erhöhtem Atemwegswiderstand und behinderter Exspiration. Meist durch Schleimhautschwellung, zähen Schleim (Dyskrinie) und Bronchospasmus bedingt
- exobronchiale Obstruktion mit Bronchiolenkollaps/exspiratorischer Wandinstabilität z.B. bei Lungenemphysem
- Daneben gibt es die Stenosen im Bereich der Trachea sowie Strombahnhindernisse im Larynxbereich, die zu einer sog. extrathorakalen Obstruktion führen. Hier ist insbesondere die Inspiration behindert (*inspiratorischer Stridor*)

3.2.1.2. Restriktive Ventilationsstörungen

Es liegt eine verminderte Compliance mit reduzierter VC vor.

Verschiedene Ursachen sind möglich:

- Verlust von Lungenparenchym (z.B. Resektion, Atelektase)
- Veränderungen im Lungenparenchym (z.B. Fibrose, Stauung)
- mangelnde Dehnungsfähigkeit des knöchernen Thoraxes (z.B. Skoliose, Trichterbrust, Rippenserienfrakturen)
- intrathorakale Prozesse (z.B. Pleuraerguß, Pleuraschwarte, Neoplasma)
- Störungen der neuro-muskulären Funktion (z.B. Zwerchfellähmung, Myasthenia gravis, Meteorismus bzw. Adipositas)

3.2.2. Perfusionsstörungen

Zum Gasaustausch ist neben der Ventilation eine ausreichende Perfusion der Alveolen notwendig. Zu Störungen der Perfusion kann es bei arteriellen Verschlüssen (z.B. Lungenembolie), venösen Abflußbehinderungen (z.B. Linksherzinsuffizienz, Mitralstenose) oder bei Veränderungen im Kapillarstromgebiet (z.B. reaktive Umverteilung bei Hypoventilation → *Euler-Liljestrand-Reflex* oder Kapillarveränderungen bei destruierenden Lungenprozessen oder pulmonaler Hypertonie) kommen.

Wichtigste diagnostische Maßnahme ist die Perfusionsszintigraphie der Lunge mit ^{99m}Tc-markiertem Albumin.

3.2.3. Diffusionsstörungen

Der Gasaustausch in den Alveolen erfolgt nach dem Diffusionsprinzip.

> Diffusion ist die Wanderung von Teilchen vom Ort höherer Konzentration zum Ort niedrigerer Konzentration.

Für eine ausreichende Diffusion der Atemgase ist neben den normalen anatomischen Verhältnissen (kleine Entfernungen in den Alveolen, schmale Alveolarmembran, intakte Kapillaren) eine ausreichende Kontaktzeit mit dem Blut notwendig. In der Regel wird als Maß für die Diffusion der Transfervektor für CO mit Hilfe eines Testgases (ca. 10 % Helium, 0,2 % CO), bestimmt (Normalwert ca. 25-30 ml/min/mmHg).

Ursachen für Diffusionsstörungen können z.B. ein ARDS (adult respiratory distress syndrome), Lungenödem, Lungenfibrosen und Emphysem sein.

Klinisch zeigt sich eine Erniedrigung des pO_2 bei in der Regel normalem pCO_2. Durch Erhöhung der O_2-Konzentration in der Atemluft läßt sich - im Gegensatz zu pulmonalen Shunts - der pO_2 steigern.

3.2.4. Verteilungsstörungen

Bei obstruktiven Lungenerkrankungen gibt es häufig eine *inhomogene Verteilung* der Ventilation, d.h. Areale mit normaler Belüftung neben Gebieten reduzierter bzw. aufgehobener Ventilation. Werden diese Lungenbezirke normal durchblutet, verschiebt sich das Ventilations-Perfusions-Verhältnis, welches sich aus der Ventilation (normal 4 l/min) und der Lungendurchblutung (normal 5 l/min) zusammensetzt, auf Werte < 0,8. Es entsteht ein *pulmonaler Shunt*. Ventilierte, jedoch minderdurchblutete Alveolen (Ventilations-Perfusions-Verhältnis > 0,8) stellen *funktionell Totraum* dar.

Die Abklärung erfolgt u.a. mit Inhalations- und Perfusionsszintigraphie (^{133}Xe bzw. ^{99m}Tc) der Lunge.

3.2.5. Atemregulationsstörungen

Verschiedene Noxen (Barbiturate, Opiate, Benzodiazepine, Gase), ZNS-Störungen (Hirndruck, Meningitis, Ischämie) und Stoffwechselstörungen (Coma diabeticum, Fieber) können das Atemzentrum in der Medulla oblongata beeinflussen und zu pathologischen Atemformen führen. Insbesondere unter Opiat-, Benzodiazepin- bzw. Barbituratintoxikation kommt es häufig zur Hypoventilation bzw. Apnoe. Bei den ersten beiden Substanzgruppen läßt sich durch *Antidotgabe (Naloxon z.B. Narcanti® bzw. Flumazenil z.B. Anexate®)* meist eine suffiziente Atmung herbeiführen, wobei zu beachten ist, daß die HWZ der Noxen in der Regel weit länger ist als die des Antidots. Deshalb ist in diesen Fällen trotz akuter klinischer Besserung eine *Hospitalisierung (in der Regel Intensivüberwachung)* notwendig.

Pathologische Atemformen (Abb. 3.4):

- *Biot-Atmung* (z.B. bei Meningitis)
- *Cheyne-Stokes-Atmung* (z.B. bei apoplektischem Insult)
- *Kussmaul-Atmung* (z.B. bei Coma diabeticum)

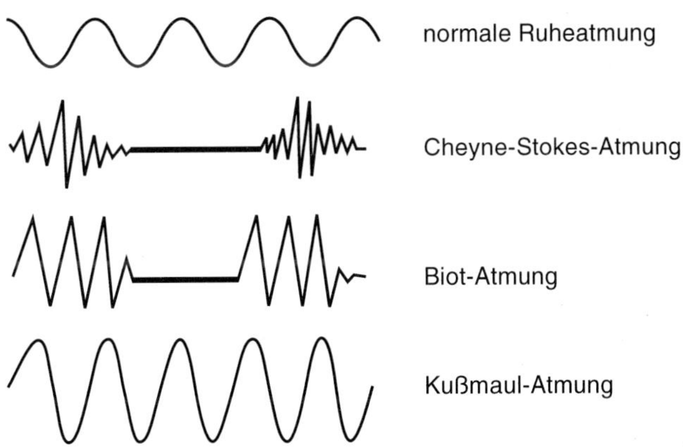

Abb. 3.4: Pathologische Atemformen.

Da bei chronischer respiratorischer Insuffizienz der physiologische Atemantrieb des pCO_2 durch permanent oberhalb des Regelkreises liegende Werte (> 60 mmHg) ausfällt, stellt häufig der pO_2 den Atemantrieb dar. Daher sind diese Patienten bei O_2-Gabe zu überwachen und die Blutgase zu kontrollieren, da durch die O_2-Gabe häufig der letzte Atemantrieb genommen wird.

Für die Langzeitprognose der chronischen respiratorischen Insuffizienz ist die chronische therapeutische O_2-Gabe von enormer Bedeutung.

Bei psychischer Erregung kann ebenfalls eine Störung der Atemregulation auftreten. Häufig findet sich - insbesondere bei Frauen - eine gesteigerte Atmung, die zum *Hyperventilationssyndrom* führen kann (☞ Kap. 10.).

Gelegentlich werden auch im Schlaf Störungen der Atemregulation beobachtet. Sie können sich als Schlafapnoe-Syndrom äußern.

3.2.5.1. Schlafapnoe-Syndrom (SAS)

❑ **Definition**

Wiederholtes (> 10 x/h) Aussetzen der Atmung (> 10 s) während des Schlafs.

❑ **Häufigkeit**

Überwiegend adipöse Männer (mittleres Alter 50 Jahre), Frauen sind seltener betroffen (m : w = 10 : 1). Nach Schätzung > 200.000 SAS-Patienten in der Bundesrepublik (alte Bundesländer).

❑ **Ätiologie und Pathogenese**

- meist obstruktiv, durch Störungen im Bereich der oropharyngealen Muskulatur bedingt. Häufig zusätzlich anatomische Veränderungen wie Tonsillenhyperplasie, Polypen, Makroglossie etc.
- zentrale Form mit vollständigem Aussetzen der Atembewegung. Häufig liegen zentrale Erkrankungen oder schwere kardio-pulmonale Erkrankungen vor
- Mischformen

❑ **Symptomatik**

- meist Schnarchen mit Atemstillständen
- bei gehäuftem Auftreten Schlafunterbrechung, Schlafdefizit
- infolge Hypoxie evtl. Herzrhythmusstörungen
- tagsüber: morgendliche Kopfschmerzen, Ermüdbarkeit sowie Einschlafstörungen, Gedächtnisstörungen, evtl. Depressionen, Impotenz

❑ **Komplikationen**

- (pulmonal-)arterielle Hypertonie
- Herzrhythmusstörungen
- zentrale Störungen durch Hypoxie

❑ **Diagnostik**

- *Anamnese* (Fremdanamnese!) und *Klinik* (Schlaflabor)
- *HNO-ärztliche Untersuchung* (Hindernisse im HNO-Bereich)
- *Lungenfunktion* und *BGA*
- *Schlaflabor* (ambulant oder stationär)
  Puls, O_2-Sättigung, Atemgeräusch und Atmung. Zusätzlich im stationären Bereich: EEG, Augenbewegungen (Schlafstadium) etc.

❑ **Therapie**

- Allgemeinmaßnahmen wie Gewichtsreduktion, Verzicht auf Alkohol und Nikotin, keine Sedativa bzw. ß-Blocker, regelmäßiger Schlafrhythmus und Schlaf in Seitenlage
- medikamentös, z.B. Euphyllinderivate
- Überdruckbeatmung mittels Maske (CPAP- **c**ontinuous **p**ositive **a**irway **p**ressure)
- evtl. HNO-ärztliche Operation (Gaumensegelraffung, Tonsill- oder Polypektomie etc.)

3.3. Respiratorische Insuffizienz

❑ **Definition**

Eingeschränkter Gasaustausch in der Lunge mit entsprechenden Blutgasveränderungen:

- respiratorische Partialinsuffizienz: pO_2 erniedrigt, pCO_2 normal
- respiratorische Globalinsuffizienz: pO_2 erniedrigt, pCO_2 erhöht

❑ **Ätiologie und Pathogenese:**

Multiple pulmonale wie auch extrapulmonale Ursachen können zu einer respiratorischen Insuffizienz führen (Tab. 3.1).

pulmonale Ursachen	
• Pneumonie	• Pneumothorax
• Aspiration	• Bronchial-NPL
• Asthma bronchiale	• Tbc
• Lungenfibrosen	• ARDS
extrapulmonale Ursachen	
• Störungen des Atemzentrums (z.B. Ischämie/Apoplexie, Intoxikationen, Trauma, Entzündung)	
• neuro-muskuläre Störungen (z.B. Querschnittssyndrom, Poliomyelitis, Myasthenia gravis, Tetanus, Intoxikationen)	
• Verletzungen oder Erkrankungen im Thoraxbereich (z.B. Rippenserienfrakturen, Pleuraerguß, Zwerchfellhernie)	
• Verlegung der Atemwege (z. B. Zunge beim Bewußtlosen, Glottisödem, Stimmbandparesen, Bolus)	
Die Lungenembolie hat eine extrapulmonale Ursache (meist Embolus aus dem tiefen Beinvenensystem). Die Perfusionsstörung als Ursache der respiratorischen Insuffizienz findet sich jedoch in der Lunge.	

Tab. 3.1: Mögliche Ursachen einer respiratorischen Insuffizienz.

Primär kommt es zur Hypoxämie mit erniedrigtem pO_2. Der Patient versucht soweit möglich (Atemzentrum und neuromuskuläre Koppelung intakt) eine Kompensation über eine Hyperventilation zu erreichen. In der Blutgasanalyse findet sich ein erniedrigter (oder noch fast normaler) pO_2 (respiratorische Partialinsuffizienz). Das pCO_2 ist dabei häufig als Zeichen der alveolären Hyperventilation ebenfalls erniedrigt. Falls dieser Zustand über längere Zeit besteht, kann es zur Erschöpfung mit Versagen der Atemmechanik kommen. Es entsteht eine respiratorische Globalinsuffizienz mit alveolärer Hypoventilation und Anstieg des pCO_2. Die respiratorische Globalinsuffizienz findet sich bei extrapulmonalen Ursachen häufig auch primär, da die Mechanik der Atmung gestört ist und der Kompensationsmechanismus der Hyperventilation fehlt.

Die ausgeprägte respiratorische Insuffizienz kann akut über Hypoxämie zu Bewußtlosigkeit und schließlich Schock und Exitus letalis führen. Chronisch kommt es meist zur *Polyglobulie* (vermehrte Erythropoetinausschüttung bei vermindertem pO_2). Bei einer evtl. vorliegenden pulmonalen Ursache kann die Konstriktion der Lungengefäße über den *Euler-Liljestrand-Reflex* zur Ausbildung einer pulmonalen Hypertonie mit Cor pulmonale führen. Über den Anstieg des pCO_2 kommt es zur respiratorischen Azidose. Außerdem besteht bei pCO_2-Werten > 80 mmHg die Gefahr der *CO_2-Narkose*.

❑ **Symptomatik und Diagnostik**

Sie richtet sich in der Regel nach der vorliegenden Grundkrankheit.

❑ **Therapie**

- primär Behandlung der Grundkrankheit
- O_2-Gabe mit dem Ziel: pO_2 > 65 mmHg

> *Cave:* O_2-Gabe beim Patienten mit respiratorischer Partialinsuffizienz unproblematisch. Bei Patienten mit respiratorischer Globalinsuffizienz ist jedoch äußerste Vorsicht geboten, da der erniedrigte pO_2 häufig den Atemantrieb stellt und die O_2-Gabe zur Hypoventilation bis zur Apnoe führen kann.

daher:
Beginn der O_2-Gabe mit 0,5 l/min für 30 min, dann Kontrolle der Blutgase. Ggf. Steigerung auf 1, 2, 4-6 l/min (jeweils 30 min, dann Kontrolle der Blutgase).

> *Cave:* pCO_2-Anstieg > 10 mmHg unter O_2-Gabe. Ggf. Reduzierung der inspiratorischen O_2-Konzentration und Überprüfung der Indikation zur Beatmung.

Indikationen zur Beatmung

- hohe Atemfrequenz (> 35/min)
- pO_2 (unter O_2-Gabe) < 50 mmHg
- pCO_2 > 55-60 mmHg (bei chronischer Hyperkapnie können auch höhere Werte - bis 80 mmHg - toleriert werden)
- Erschöpfung

3.3.1. Schocklunge - ARDS (Adult respiratory distress syndrome)

❑ **Definition**

Akutes Lungenversagen (pO_2 < 60 mmHg, pCO_2 > 50 mmHg) im Rahmen eines protrahierten Schockgeschehens. Im Verlauf kommt es schließlich zu disseminierten interstitiellen Lungengewebsveränderungen, die das Bild der Schocklunge ausmachen.

❑ **Ätiologie und Pathogenese**

Störungen der Ventilation, Diffusion, Perfusion wie auch Atemregulation können zum ARDS führen:

- Schock jeglicher Genese
- Aspiration
- Intoxikation (Heroin, Paraquat etc.)

- Infektionen wie Pneumonie oder Sepsis
- Inhalation von Reiz- oder Rauchgasen
- Polytrauma oder Verbrennung
- Gerinnungsstörungen (DIC, Z.n. Massentransfusion)

Pathogenetisch treten Störungen der Kapillarpermeabilität mit vermehrter interstitieller Flüssigkeitsansammlung auf. Im Verlauf kommt es zu einem *Surfactantfaktormangel* mit Ausbildung von Mikroatelektasen und hyalinen Membranen. Funktionell entsteht somit ein Rechts-Links-Shunt. Über Endothelproliferationen entsteht schließlich eine persistierende Gasaustauschstörung (Störung der Diffusion).

❑ Symptomatik und Diagnostik

Leitsymptom des ARDS → schwere Dyspnoe

Zu Beginn finden sich Zeichen der respiratorischen Partialinsuffizienz und Hyperventilation (pO_2 erniedrigt, pCO_2 erniedrigt bzw. normal). Im Stadium II entwickelt sich eine respiratorische Globalinsuffizienz bei Tachypnoe. Zusätzlich lassen sich im Röntgen-Thorax symmetrische fleckig- streifige Verdichtungen ("*Schmetterlingsfigur*") nachweisen. Schließlich findet sich eine ausgeprägte respiratorische Insuffizienz mit Azidose, Hypoxämie, die auch durch hohe inspiratorische O_2-Konzentrationen und hohen Atemminutenvolumen nicht beherrschbar ist. Im Röntgen-Thorax konfluieren die Verschattungen. Es entwickelt sich das Bild der "*weißen Lunge*". Der Patient befindet sich im Schock und ist bewußtlos.

❑ Komplikationen

- disseminierte intravasale Gerinnung (DIC)
- akutes Nierenversagen (ANV)
- (Spannungs-)Pneumothorax

❑ Differentialdiagnose

- kardiales Lungenödem (Echokardiographie - Rechtsherzkatheter)
- Lungenembolie (Perfusionsszintigraphie)
- Pneumonie (meist einseitige Lungenverschattung)
- fluid lung bei Niereninsuffizienz (Retentionswerte erhöht)

❑ Therapie

- Beseitigung bzw. Behandlung der auslösenden Ursache
- im Schock Katecholamine (Dopamin und Dobutamin)
- Flüssigkeitsbilanzierung. Ein ZVD zwischen 0-4 cm H_20 ist anzustreben. Evtl. *Plasmaseparation* oder *Ultrafiltration*. Hochprozentige Albuminlösungen wie auch andere kolloidale Lösungen können sich ungünstig auswirken (Bindung der extravasalen Flüssigkeit im Interstitium)
- $pO_2 > 65$ mmHg anstreben, dabei frühzeitig Indikation zur Beatmung stellen. Inspiratorische Sauerstoffkonzentration (F_iO_2) und Beatmungsdruck (Barotrauma!) möglichst gering halten, günstig: PEEP (**p**ositive **e**nd**e**xspiratory **p**ressure) um 10 cm H_2O und große Atemzugvolumina (AZV). Ggf. *extrakorporale CO_2-Elimination*
- low-dose Heparin, Antibiotika (breit)
- Der Einsatz von Corticosteroiden ist umstritten. Sie können inhalativ oder (hoch dosiert) systemisch verabreicht werden

❑ **Prognose**

Letalität um 50 %, bei frühzeitigem Therapiebeginn besser.

3.4. Krankheiten der Trachea und Bronchien

3.4.1. Akute Tracheobronchitis

❑ **Definition**

Akute Entzündung der Trachea und Bronchien.

❑ **Häufigkeit**

Es handelt sich um eine häufige Erkrankung (Inzidenz ca. 30-50/1.000), die insbesondere in den Wintermonaten auch endemisch vorkommt. Betroffen sind insbesondere Kinder und ältere Personen.

❑ **Ätiologie und Pathogenese**

Meist viral (Rhino-, respiratory syncytial virus [RS-], Echo-, Coxsackie-, Influenza-, Parainfluenza- und Adenoviren), gelegentlich auch (sekundär) bakteriell (Haemophilus influenzae, Pneumokokken, Moraxella [Branhamella] catarrhalis, Chlamydia psittaci/pneumoniae, seltener Staphylokokken, Streptokokken, Klebsiellen und Pseudomonaden. Im Kindesalter jedoch auch Bordetella pertussis). Bei länger andauerndem Husten muß auch an eine Infektion mit Mycoplasma pneumoniae gedacht werden. Bei älteren Menschen finden sich in über 50 % der Fälle Bakterien als Erreger. Die Übertragung erfolgt durch Tröpfcheninfektion. Daneben sind verschiedene chemische Noxen wie z.B. Ammoniak, SO_2, Nitrosegase, Stäube etc. in der Lage eine akute Tracheobronchitis auszulösen oder zu begünstigen.

Es kommt zur Schädigung des Flimmerepithels und vermehrter Schleimproduktion, die bei Eindickung und Schleimhautschwellung (Hyperämie und Ödem) zur Obstruktion der Bronchien führen kann. Histologisch finden sich außerdem vermehrt Becherzellen und Zellen der Abwehr (Granulozyten).

❑ **Symptomatik**

- Husten, anfangs trocken dann produktiv (1-2 Wochen)
- häufig zusätzlich Schnupfen (Rhinorrhö)
- oft Kratzen und Brennen im Pharynx + Heiserkeit
- evtl. retrosternales Brennen beim und nach dem Husten
- allgemeines Krankheitsgefühl mit Gliederschmerzen
- evtl. Fieber (38-39 °C)

→ In der Regel keine Atemnot! *Ausnahme:* Kinder und Patienten mit zusätzlich vorbestehender Lungenerkrankung.

❑ **Komplikationen**

- Bronchopneumonie und Sekundärinfektionen
- Bronchiolitis obliterans (bei Säuglingen)

❑ **Diagnostik**

- *Anamnese* und *klinische Untersuchung*
  (meist Rhinorrhö, geröteter Pharynx) mit in der Regel unauffälligem Auskultationsbefund (evtl. rauhes Atemgeräusch)
- *BKS* und *Blutbild* meist normal (und verzichtbar), ca. 1/3 der Patienten weist eine Leukozytose (meist < 15.000/μl) auf

- *Sputum*
  Ein makroskopisch eitriges, grünlich-gelbes Sputum deutet auf einen bakteriellen Infekt hin. Eine mikroskopische und mikrobiologische Untersuchung des Sputums ist bei unkomplizierten Fällen insbesondere bei endemischer Lage nicht erforderlich und sinnvoll, da die üblichen Erreger im Grampräparat nicht nachweisbar und mit konventionellen Methoden nicht kultivierbar sind
- *Röntgen-Thorax*
  Röntgenaufnahme der Lunge in typischen Fällen nicht erforderlich, meist unauffällig, bzw. zeigt sich eine gering vermehrte peribronchiale Zeichnung

  Bei mehr als 2 Wochen dauerndem Husten ist jedoch die Röntgenaufnahme des Thorax notwendig, um andere Ursachen (Ausschluß eines Malignoms) auszuschließen.
- zusätzlich *Bronchoskopie* bei Hämoptysen und Nikotinanamnese
- serologische Untersuchung (KBR) bei V.a. Mykoplasmeninfektion
- Ausschluß eines Immundefektes bei rezidivierenden Bronchitiden

❑ **Differentialdiagnose**

- Pneumonie
- Bronchialkarzinom
- Tuberkulose
- Stauungsbronchitis bei Linksherzinsuffizienz
- chronische Bronchitis/Emphysembronchitis
- allergisches Bronchialsystem
- Mukoviszidose
- evtl. Lungenembolie

❑ **Therapie**

- prophylaktisch Impfung gegen Influenza (+ Haemophilus influenzae, Pneumokokken und Bordetella pertussis)
- Bei Fieber und Gliederschmerzen sind Antiphlogistika wie Azetylsalizylsäure (*cave:* bei Kindern → Reye-Syndrom) oder Paracetamol sowie ggf. Bettruhe, bei nicht-produktivem oder quälendem Husten Antitussiva wie Codein (z.B. Paracodein®) indiziert. Evtl. Inhalationsbehandlung, ausreichende Flüssigkeitszufuhr, Sekretolytika oder Mukolytika und Phytotherapie (z.B. Bronchipret®, Sinupret®)

  Keine Kombination von Antitussiva mit Sekretolytika oder Mukolytika!
- Bei Nichtimmunisierten kann bei Infektion mit Influenza A mit Amantadin bei frühzeitigem Therapiebeginn (200 mg p.o., dann 2x100 mg/die, bzw. 100 mg/die bei > 65jährigen über 7 Tage) die Symptomdauer verkürzt werden
- Bei V.a. bakterielle Beteiligung oder bei gleichzeitigem Vorliegen resistenzschwächender Grundleiden oder Lungenerkrankungen kann eine Antibiotikatherapie (ca. 10 Tage) indiziert sein, wobei eine generelle Empfehlung für ein bestimmtes Antibiotikum nicht gegeben werden kann Mögliche Antibiotikatherapien bei akuter Tracheobronchitis sind:
  - Amoxicillin (z.B. Amoxypen®) 3x500-1.000 mg/die p.o.
    bakterizid, nicht wirksam gegen Mycoplasma pneumoniae
  - Doxycyclin, 1. Tag 200 mg p.o., dann 100 mg/die
    bakteriostatisch, wirksam gegen Mycoplasma pneumoniae. KI: Schwangerschaft und Kinder bis zu 6 Jahren (Gelbfärbung der Zähne)

  - Erythromycin (z.B. Erythrocin®) 3x500 mg/die
    bakteriostatisch, wirksam gegen Mycoplasma pneumoniae
  - Co-Trimoxazol (z.B. Bactrim®) 2x(160 mg TMP + 800 mg SMZ)/die
    bakteriostatisch bis bakterizid, nicht wirksam gegen Mycoplasma pneumoniae
- bei toxischer Genese bzw. Bronchiolitis Corticosteroide als Dosieraerosol bzw. i.v. oder p.o.

❑ **Prognose**

Heilt in der Regel innerhalb von 1-2 Wochen aus. Anschließend häufig noch Husten infolge postinfektiöser bronchialer Übererregbarkeit.

3.4.2. Pseudo-Krupp-Syndrom (Pseudocroup)

Der Pseudo-Krupp stellt eine Sonderform der Tracheobronchitis bei Kindern dar:

Es kommt zu einer Stenosierung im Bereich des Larynx (Laryngitis subglottica) mit inspiratorischem Stridor und bellendem Husten. Meist virale Erreger (*echter Krupp bei Diphtherie*).

❑ **Symptomatik**

Einteilung ein 4 Schweregrade:

I	bellender Husten, Heiserkeit, leichter inspiratorischer Stridor
II	+ leichte Atemnot
III	+ deutliche Atemnot mit inspiratorischem Stridor, Einziehungen, Unruhe
IV	+ hochgradige Dyspnoe, in- und exspiratorischer Stridor, Zyanose, zunehmende Bewußtseinstrübung

❑ **Therapie**

- Anfeuchten der Atemluft und Sedierung im *Stadium I und II*
- *Stadium III:* Corticosteroide als Suppositorien oder i.v.
- *Stadium IV:* O_2-Gabe, ggf. Intubation und Beatmung sowie Antibiose

3.4.3. Chronische Bronchitis

❑ **Definition**

Nach der WHO ist von einer chronischen Bronchitis auszugehen, wenn ein Patient in zwei oder mehr aufeinanderfolgenden Jahren in mindestens drei Monaten an den meisten Tagen Husten und Auswurf aufweist.

❑ **Häufigkeit**

Die Prävalenz in der Bundesrepublik beträgt ca. 15-25 % in der Gesamtbevölkerung. Bei positiver Nikotinanamnese liegt sie über 25 %, bei ca. 50 "Packungsjahren" um 50 %. Das Verhältnis m : w ist (noch) 3 : 1.

❑ **Ätiologie und Pathogenese**

Die Ätiologie ist multifaktoriell. Hauptursache ist - allgemein anerkannt und statistisch gesichert - inhalatives Zigarettenrauchen. Dabei besteht eine positive Korrelation zwischen Dauer und Höhe des Tabakkonsums und dem Auftreten der chronischen Bronchitis. Starke Raucher haben ein zehn- bis zwanzigfach höheres Erkrankungsrisiko als Nichtraucher, bzw. über 90 % aller Patienten mit chronischer

Bronchitis haben eine positive Nikotinanamnese. Auch Nichtraucher können als passive Raucher belastet sein.

Durch gasförmige und partikuläre Bestandteile des Zigarettenrauches wird die Sekretproduktion stimuliert und gleichzeitig die Zilienfunktion gehemmt, so daß die mukoziliare Reinigungsfunktion behindert wird. Durch Belastung mit Fremdstoffen aus dem Rauch stehen Teile der Alveolarmakrophagen nicht für die Infektabwehr zur Verfügung. Außerdem wird der Surfactant geschädigt.

Weitere ätiologische Größen stellen Umwelt- bzw. Arbeitsweltfaktoren wie Luftverschmutzung und Staubbelastung dar. Hier sind u.a. SO_2, Ozon, NO_2, chlorierte Kohlenwasserstoffe etc. zu erwähnen. Die Stadtbevölkerung zeigt eine höhere Prävalenz als die Landbevölkerung. Klimaeinflüsse (feucht-kalt), sozioökonomische Bedingungen und rezidivierende Infekte (Sinu-bronchiales Syndrom oder Defekt der mukoziliaren Clearance, zellulären und humoralen Abwehr) sind weitere diskutierte Faktoren.

An der Bronchialschleimhaut findet sich eine entzündliche Reaktion mit Ödem, lympho-plasmozytärer Infiltration sowie Vermehrung der Becherzellen im Rahmen einer Metaplasie des Flimmerepithels. Es kommt zur Hypersekretion mit *Dyskrinie* (Sekretion von in seiner Konsistenz verändertem, zähem Schleim). Dies ist die chronische katarrhalische Form der chronischen Bronchitis. Die Schleimhauthypertrophie in Verbindung mit zähem Schleim im Bronchialsystem kann zur Obstruktion führen (chronisch obstruktive Bronchitis). Auch bei Atrophie bzw. Metaplasie (→ Plattenepithel) der Bronchialschleimhaut und Bronchialwand, kann es zu einem exspiratorischen Kollaps der Bronchien kommen (exobronchiale Obstruktion). Zudem kann eine Fibrosierung auftreten.

Bei den Patienten kommt es durchschnittlich alle 20-30 Wochen zur Exazerbation der Bronchitis mit Zunahme des produktiven Hustens. Ursachen hierfür sind neben Infekten (Haemophilus influenzae, Pneumokokken, Moraxella [Branhamella] catarrhalis und Viren [☞ Kap. 3.4.1.]) auch nichtinfektiöse Faktoren wie Nikotin und andere exogene Noxen.

❑ **Symptomatik**

- Husten (anfangs morgendlich)
- Auswurf
- Dyspnoe unterschiedlicher Schweregrade z.B. Belastungsdyspnoe oder bei kalter Luft

Später:

- Lippenzyanose, Trommelschlegelfinger, Uhrglasnägel
- Abnahme der Leistungsfähigkeit
- Bild des "*blue bloater*" mit Polyglobulie, Hypoxie
- Lungenemphysem mit Faßthorax
- Rechtsherzinsuffizienz mit Beinödemen und Stauungsleber

❑ **Komplikationen**

- (Broncho-)Pneumonie
- Emphysem
- Bronchiektasen
- pulmonalarterielle Hypertonie und Cor pulmonale
- respiratorische Insuffizienz

❑ Diagnostik

- *Anamnese* (rezidivierender produktiver Husten)
- *klinischer Befund*
  - *Inspektion*
    Lippenzyanose? Trommelschlegelfinger? Uhrglasnägel? Faßthorax mit waagrecht verlaufenden, weiten Intercostalräumen? Beinödeme?
  - *Auskultation*
    trockene (Giemen und Brummen) und/oder feuchte Rasselgeräusche
- *Labor*
  BKS, CRP, großes Blutbild und Hämatokrit (insbesondere bei Exazerbation), evtl. Elektrophorese und α_1-Proteinaseinhibitor (α_1-Antitrypsin), Immunglobuline quantitativ
- *Röntgen-Thorax*
  (bei unkomplizierter chronischer Bronchitis unauffällig, bzw. peribronchiale Begleitprozesse [Fibrosen, Infiltrationen]) obligat zum Ausschluß von Tumoren (insbesondere eines Bronchialkarzinoms) und Entzündungen im bronchopulmonalen Bereich!
- *Lungenfunktion*
  bei unkomplizierter chronischer Bronchitis meist noch Normalwerte. Bei obstruktiver Komponente FEV_1 erniedrigt, Tiffeneau-Test < 70 %, Resistance erhöht, charakteristische Veränderung der Fluß-Volumen-Kurve (konvexbogige Deformierung des exspiratorischen Kurvenanteils - Abb. 3.5). Bei V.a. Emphysem zusätzlich Residualvolumen bzw. intrathorakales Gasvolumen

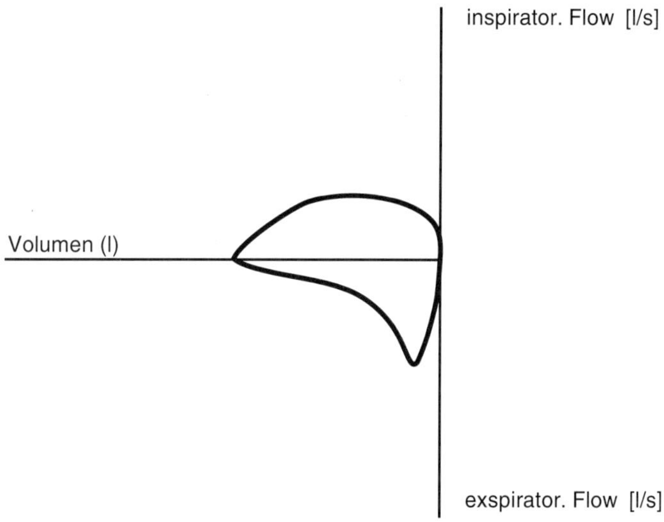

Abb. 3.5: Fluß-Volumen-Diagramm bei obstruktiver Ventilationsstörung.

Zusätzlich:

- *Bronchospasmolysetest (reversible Obstruktion?)*
  FEV_1 (erhöht) und Resistance (erniedrigt) nach Inhalation eines β_2-Sympathikomimetikums (spricht für reversible Obstruktion)

- *Provokationstest (erhöhte bronchiale Reagibilität?)*
  Nach Inhalation von Kochsalzlösung wird z.B. Histamin, Azetylcholin, Metacholin oder Carbachol in ansteigender Konzentration unter Messung der FEV_1 und Resistance inhaliert. Eine Abnahme der FEV_1 um mehr als 20 % bzw. eine Verdopplung der Resistance gilt als Nachweis einer Überempfindlichkeit des Bronchialsystems

  Da ein Asthmaanfall ausgelöst werden kann, sollten $ß_2$-Sympathikomimetika bereitgehalten werden und die Möglichkeit zur Überwachung gegeben sein.

- *Blutgasanalyse* (respiratorische Partial- bzw. Globalinsuffizienz?)
- *Sputumbakteriologie*
  nur sinnvoll bei purulentem Auswurf. Über 50 % der Patienten mit chronischer Bronchitis weisen im Bereich der unteren Atemwege eine persistierende Besiedlung mit o.g. Keimen auf. Zusätzlich: Sputumzytologie
- *Bronchoskopie* mit Bakteriologie, Zytologie und ggf. Histologie bei chronischem Husten unklarer Genese
- *Röntgenuntersuchung* der Nasennebenhöhlen zum Ausschluß eines sinobronchialen Syndroms

❑ **Differentialdiagnose**

Die chronische Bronchitis ist eine Ausschlußdiagnose!

- Tuberkulose
- Bronchialkarzinom
- Pneumonie
- Stauungsbronchitis bei Linksherzinsuffizienz
- primare Bronchiektasen
- Mukoviszidose
- M. Boeck
- Fremdkörper
- Bronchusadenom
- Asthma bronchiale

❑ **Therapie**

- Meiden von Noxen, bzw. Nikotinkarenz
- Eine prophylaktische Antibiotikagabe ist nicht indiziert. Bei Exazerbation und purulentem Sputum Antibiose mit z.B.
  - Amoxicillin + Clavulansäure (z.B. Augmentan®) 3x625-1250 mg p.o./die
    bakterizid, bei chronischer Bronchitis aufgrund der möglichen ß-Laktamaseaktivtät von Haemophilus influenzae der Monosubstanz vorzuziehen
  - Cerfuroximaxetil (z.B. Zinnat®) 2x250 mg/die
    bakterizid, breites Spektrum, jedoch nicht wirksam gegen Mycoplasma pneumoniae
  - Clarithromycin (z.B. Cyllind®) 2x250 mg/die bzw. Erythromycin (z.B. Erythrocin®) 3x500 mg/die
    bakteriostatisch, wirksam gegen Mycoplasma pneumoniae

Heute eher Mittel der 2. Wahl:

- Doxycyclin: 1.Tag 200 mg p.o./die, dann 100 mg
  bakteriostatisch, wirksam gegen Mycoplasma pneumoniae. KI: Schwangerschaft und Kinder bis zu 6 Jahren (Gelbfärbung der Zähne)
- Co-Trimoxazol (z.B. Bactrim®) 2x(160 mg TMP + 800 mg SMZ)/die
  bakteriostatisch bis bakterizid, nicht wirksam gegen Mycoplasma pneumoniae

- Behandlung bzw. Sanierung chronischer Infektherde (Sinusitis, Bronchiektasen)
- Entzündungshemmung mittels inhalativer Corticosteroide wie Flunisolid (z.B. Inhacort®), Budesonid (z.B. Pulmicort®) oder Beclomethasondipropionat (z.B. Sanasthmyl®/Sanasthmax®)
- bei zähem Schleim: Sekretolytika wie Ambroxol bzw. Mukolytika wie Azetylcystein, ausreichende Flüssigkeitszufuhr
- Lagerungsdrainage, Vibrations- und Klopfmassage, Atemgymnastik
- Immunisierung (aktiv) gegen Influenzaviren und Pneumokokken
- bei chronisch **obstruktiver** Bronchitis: Stufentherapie in Anlehnung an die Schemata der Deutschen Liga zur Bekämpfung von Atemwegserkrankungen bzw. Internationalen Consensuskonferenz (Tab. 3.2)

Stufe 1	Stufe 2	Stufe 3	Stufe 4
β_2-Sympathikomimetikum + Parasympatholytikum ***inhalativ*** oder* β_2-Sympathikomimetikum ret. ***oral***	β_2-Sympathikomimetikum + Parasympatholytikum + Corticosteroide ***inhalativ*** oder* β_2-Sympathikomimetikum ret. + Theophyllin ret. ***oral***	β_2-Sympathikomimetikum + Parasympatholytikum + Corticosteroide ***inhalativ*** + Theophyllin ret. ***oral*** oder* β_2-Sympathikomimetikum ret. + Theophyllin ret. + Mukolytikum ***oral***	β_2-Sympathikomimetikum + Parasympatholytikum + Corticosteroide ***inhalativ*** + Theophyllin ret. + Corticosteroide ***oral*** oder* β_2-Sympathikomimetikum ret. + Theophyllin ret. + Mukolytikum + Corticosteroide ***oral***

Tab. 3.2: Medikamentöse Stufentherapie der chronisch obstruktiven Bronchitis.
(* wenn Aerosoltherapie nicht möglich).
(Die einzelnen Substanzen werden im Kap. 3.4.4.1. eingehender behandelt.)

- intermittierende (Überdruck-)Inhalation (IPPB) mit Zusatz von β_2-Sympathikomimetika
- O_2-Langzeittherapie (> 12 h/die, 2 l O_2/min) über O_2-Konzentrator. Indikation: respiratorische Insuffizienz (pO_2 in Ruhe < 55 mmHg). Ziel: Senkung des pulmonalarteriellen Drucks und Prophylaxe der Entwicklung eines Cor pulmonale

❑ **Prognose**

Die nicht-obstruktive chronische Bronchitis hat nach Ausschaltung der Noxen eine insgesamt günstige Prognose. Gleiches gilt bei Reversibilität der Obstruktion. Bei deutlicher Ventilationsstörung, Persistenz des Nikotinabusus und pulmonalarterieller Hypertonie ist die Prognose ungünstig und die Lebenserwartung reduziert. Es entwickelt sich ein Cor pulmonale. Todesursache ist häufig ein *hyperkapnisches Lungenversagen*.

3.4.4. Asthma bronchiale und Status asthmaticus

3.4.4.1. Asthma bronchiale

❑ **Definition**

Asthma bronchiale ist eine variable und reversible Atemwegsobstruktion infolge Entzündung und Hyperreaktivität der Atemwege.

❑ **Häufigkeit**

Prävalenz ca. 6.000 je 100.000 Einwohner. Inzidenz ca. 1.000-2.000 je 100.000 Einwohner (zunehmend). Eine familiäre Häufung ist insbesondere beim allergischen Asthma feststellbar, so daß genetische Faktoren (z.B. "Atopie-Gen" auf Chromosom 11, major histocompatibility complex auf Chromosom 6) mit ursächlich sind.

❑ **Ätiologie und Pathogenese**

Nach der Ätiologie werden verschiedene Asthmaformen unterschieden (☞ Tab. 3.3).

● **allergisches (extrinsic) Asthma**

Ausgelöst durch exogen inhalierte Allergene. Diese Form ist bei Kindern am häufigsten. Nicht selten werden anamnestisch Milchschorf, Neurodermitis oder Heuschnupfen angegeben.

Wichtige Allergene sind:

- Pollen von Gräsern, Kräutern und Bäumen (saisonal)
- Hausstaubmilben (ganzjährig) und Schimmelpilze
- Epithelien, Haare und Federn von Tieren (Hunden, Katzen und Vögeln)
- berufsbezogene Allergene (Mehl, Tenside etc.)
- Nahrungsmittel (Nüsse, Ei, Gewürze etc.)
- Medikamente

● **nichtallergisches (intrinsic) Asthma**

Auslöser sind u. a.:

- Infekte (überwiegend viral)
- unspezifische inhalatorische Noxen (Rauch, Staub, Kälte, Wärme)
- körperliche Anstrengung (belastungsinduziert = exercise-induced Asthma)
- Analgetika ("Aspirin-Asthma"), pseudoallergische Reaktion, "Schlaf" (niedriger Adrenalin- und Kortisonkonzentration in den frühen Morgenstunden)

	extrinsic Asthma	intrinsic Asthma
Familienanamnese	meist positiv	meist negativ
Pathogenese	Allergenkontakt häufig mit anderen atopischen Erkrankungen	unklar
Hauttest	positiv	negativ
spez. IgE	positiv	negativ
Eosinophilie	vorhanden	(vorhanden)
Beginn	Kindesalter	Erwachsenenalter
Obstruktion	meist reversibel	meist chronisch
Prognose im Vgl.	günstig	ungünstig

Tab. 3.3: Gegenüberstellung von extrinsic und intrinsic Asthma.

Häufig handelt es sich um Mischformen, wobei außerdem meist eine psychische Komponente feststellbar ist. Zudem kann das Asthma bronchiale als Komplikation bzw. Spätstadium der chronisch obstruktiven Bronchitis auftreten bzw. umgekehrt.

Asthma bronchiale, chronisch obstruktive Bronchitis und Lungenemphysem zählen zum Komplex der chronisch obstruktiven Lungenerkrankungen (COLD - chronic obstruktive lung disease).

Pathophysiologisch liegt - wie bei der chronischen Bronchitis - ein hyperreaktives Bronchialsystem vor, dessen Nachweis in praxi nicht immer einfach ist, da die Durchführung bronchialer Provokationstests notwendig wäre.

Das Bronchialsystem reagiert mit Hyperämie, Ödem (durch Permeabilitätsstörungen) und entzündlicher Infiltration. Im Gegensatz zu neutrophilen Granulozyten bei der chronischen Bronchitis liegen beim Asthma bronchiale überwiegend eosinophile Granulozyten und Mastzellen vor. Durch vermehrte Sekretion von zähem Schleim (Dyskrinie) und Abschilferung von Bronchialepithelien kommt es zur Verstopfung der Bronchiallichtungen. Die glatte Bronchialmuskulatur, insbesondere die der Bronchioli, hypertrophiert und kontrahiert sich auf unterschiedliche Reize. Die genannten Veränderungen führen schließlich zur Obstruktion und Asthmasymptomatik.

Die beteiligten Mechanismen sind äußerst komplex. Es kommt zu Interaktionen zwischen (Alveolar-)Makrophagen, eosinophilen Granulozyten und Mastzellen, Epithelzellen und Blutplättchen. Verschiedene Mediatoren wie der plättchenaktivierende Faktor (PAF), Leukotriene und die slow-reacting substance of anaphylaxis (SRS-A) sowie Tachykinine sind beteiligt. Eine zentrale Rolle für die Sofortreaktion (beim allergischen Asthma bronchiale) spielt dabei die IgE-vermittelte Histaminfreisetzung aus den Mastzellen und basophilen Granulozyten im Blut. Über cholinerge M_3-Rezeptoren an den glatten Muskelzellen kommt es zur Bildung von second-messenger wie Inositoltriphosphat (InP_3) bzw. Diazylglycerin (DAG). Diese führen zur Bronchialkonstriktion. Nach Stimulation von adrenergen ß-Rezeptoren entsteht zyklisches Adenosinmonophosphat (cAMP), welches bronchodilatatorisch wirkt.

Wichtig: Durch Corticosteroide kann ein vermutlich durch cAMP bedingter Feedback-Mechanismus und eine damit verbundene "Down-Regulation" der ß-Rezeptoren aufgehoben werden.

Weitere Einflußgrößen sind das autonome Nervensystem über Dehnungs-(Dilatation), Irritanz- und j-Rezeptoren (beide konstriktorisch), Neuropeptide (Substanz P, calcitonin-gene related peptide [CGRP] u.a.) sowie Reflexmechanismen.

❑ **Symptomatik**

- anfallsartige Dyspnoe (überwiegend nachts und in den frühen Morgenstunden), zwischen den Anfällen teils völlige Beschwerdefreiheit
- exspiratorische Dyspnoe
- zähes glasiges Sputum
- teils trockener Husten
- im Anfall: exspiratorischer Stridor (Pfeifen), Orthopnoe unter Einsatz der Atemhilfsmuskulatur, bei länger dauerndem Anfall Gefahr der Erschöpfung. Zyanose, Tachykardie, Unruhe, Angst

❑ **Komplikationen**

- Status asthmaticus (☞ Kap. 3.4.4.2.)
- akutes bzw. chronisches Rechtsherzversagen
- obstruktive Bronchitis und Emphysem
- respiratorische Insuffizienz
- Pneumothorax
- Atelektase durch Sekretobstruktion

❑ **Diagnostik**

- *Anamnese und klinische Untersuchung* (im Intervall oft unauffällig)
  - Inspektion mit Orthopnoe, verlängertem Exspirium und Zyanose, ängstlicher Gesichtsausdruck, kalter Schweiß
  - auskultatorisch Giemen, Brummen, Pfeifen, bei schwerem Asthmaanfall leises bis aufgehobenes Atemgeräusch (silent lung), hypersonorer Klopfschall und tiefstehendes, wenig verschiebliches Zwerchfell bei überblähter Lunge
  - evtl. Pulsus paradoxus: Die Pulsamplitude wird inspiratorisch deutlich kleiner (entspr. systolischem Druckabfall > 10 mmHg)
  - bei schwerem Asthmaanfall
    - Tachykardie > 100/min
    - Tachypnoe (Atemfrequenz > 25/min)
- *Laborstatus*
  Eosinophilie bei extrinsic Asthma, evtl. erhöhte BKS und Leukozytose bei Infektasthma
- *Röntgen-Thorax*
  unauffällig oder Zeichen der Lungenüberblähung (= Volumen pulmonum auctum) mit vermehrter Strahlentransparenz und tiefstehendem, abgeflachten Zwerchfell
- *Lungenfunktion*
  im Intervall normal, oft Einschränkung der maximalen Flußraten (bei normaler Resistance) (als Hinweis für sog. "small airway disease"), erhöhtes Residualvolumen. Häufig positive Provokationstests (chemisch und belastungsinduziert). Bronchospasmolysetest positiv (FEV_1-Zunahme > 15 % innerhalb von 15 Minuten) oder negativ.
  Bei Symptomatik FEV_1 und Peak Flow vermindert und Resistance erhöht. Der Peak Flow eignet sich zur Verlaufskontrolle durch Patientenselbstmessung. Bei Asthma bronchiale finden sich außerdem deutliche Flowschwankungen (> 20 %). Zunahme des Residualvolumens und Verminderung der Vitalkapazität durch "trapped air" (= durch Obstruktion zusätzlich intrathorakal befindliches Luftvolumen)

- *BGA*
  anfangs respiratorische Alkalose mit erniedrigtem pCO_2 und erhöhtem pH, später Hypoxämie (pO_2 erniedrigt) bei normalem pH und pCO_2 und schließlich Hyperkapnie ($pCO_2 > 50$ mmHg), Hypoxämie (pO_2 erniedrigt) und Azidose
- *Ekg*
  häufig Steil- bis Rechtstyp, bzw. S_I-Q_{III}- oder $S_IS_{II}S_{III}$-Typ, Sinustachykardie, Zeichen der Rechtsherzbelastung (P-pulmonale) und Rechtsschenkelblock
- *Sputum*
  glasig, zäh mit sog. Curschmann-Spiralen (Schleimspiralen, die durch eine verstärkte Drillung der helleren, lufthaltigen, axialen Anteile bedingt sind) und Charcot-Leydenschen-Kristallen (gelbliche oktaedrische Kristalle, sichtbar nach Eosin-Methylenblau-Färbung). Ggf. bakteriologische und zytologische Untersuchung (Tbc!). Eine Gelbfärbung ist häufig durch eosinophile Granulozyten bedingt
- *bei allergischem Asthma*
  - Prick- oder Scratch-Test: Ritzen der Haut nach Aufbringen der Allergentestlösung
  - Intracutantest: 0,02 ml Testlösung wird intrakutan verabreicht
  - RAST (Radio-Allergo-Sorbent-Test) oder EAST (Enzym-Allergo-Sorbent-Test) zum In-vitro-Nachweis spezifischer IgE-Antikörper
  - Schleimhaut- und bronchialer Provokationstest mit ermittelten Allergenen (beweisend für allergisches Asthma bronchiale)

> *Cave:*
> Gefahr, daß ein schwerer Asthmaanfall ausgelöst wird. Daher muß Überwachungs- und Notfallbehandlungsmöglichkeit gegeben sein! Durchführung nur durch einen damit erfahrenen Arzt!

  - Bestimmung der IgE (normal > 100 U/l bzw. 240 g/l)
  - In-vitro-Histaminfreisetzungstest aus basophilen Leukozyten

❑ **Differentialdiagnose**

- chronische Bronchitis
- Asthma cardiale
- Fremdkörperaspiration
- Pneumothorax
- Lungenembolie
- Hyperventilationssyndrom
- exogen-allergische Alveolitis (Typ-III-Reaktion)
- Intoxikation (Rauchgas, Halogenwasserstoffe, Heroin, SO_2, Ozon etc.)
- Pneumonie

❑ **Therapie**

Allgemeine und prophylaktische Maßnahmen

- Meiden der auslösenden Noxen bzw. Allergene
- Rauchverbot!
- evtl. Verzicht auf entspr. Haustiere, Wechsel des Arbeitsplatzes
- Meiden von schwerer Anstrengung bei "exercise induced asthma"

- z.B. Influenzaschutzimpfung (u.a.)
- *cave:* ß-Blocker, NSAR

Spezifische Hyposensibilisierung

Kausale bzw. semikausale Therapieform, die eine Toleranz gegenüber dem Allergen zum Ziel hat. Das (durch inhalativen Provokationstest) ermittelte Allergen wird in steigenden Dosen subkutan injiziert. Die IgE-Konzentration im Serum nimmt ab, die Konzentration an $IgG_{(4)}$, welches das Antigen blockieren soll, nimmt zu (Theorie der Hyposensibilisierung).

Indikation: Alter < 50 Jahre, kleines Allergenspektrum, Beschwerdedauer < 5 Jahre, keine dauerhafte Obstruktion, nur geringe Corticosteroiddosis, günstig bei Pollen- und Insektengiftallergie.

Kontraindikation:

- absolut
  - medikamentös nicht beherrschbare Asthmasymptomatik
  - Autoimmunerkrankungen/Erkrankungen des Immunsystems
  - Lungentuberkulose/chronische Infekte
  - fehlende Compliance, schwere psychische Störung
  - potentielle Gefährdung durch Adrenalin (KHK, etc.)
- relativ
  - ungünstige Prognose einer Hyposensibilisierung
  - Schwangerschaft
  - schwere atopische Dermatitis
  - Alter < 5 bzw. > 50 Jahre

Komplikationen:

- lokal: Rötung und Schwellung (> 5 cm bis gelenkübergreifend)
- organspezifisch: rhino-konjunktivale Reizung, Bronchokonstriktion bis schwerer Asthmaanfall
- allgemein: Urtikaria, anaphylaktischer Schock

> *Nota bene:* Ca. 100 schwere anaphylaktische Schockzustände pro Jahr in der Bundesrepublik und mehrere Todesfälle.

Voraussetzungen: ☞ bronchialer Provokationstest.

Erfolgsaussichten: Pollen- bzw. Insektengiftallergie um 50 %. Keine bzw. fragliche Wirksamkeit bei anderen Allergenen. Orale Hyposensibilisierung ähnlich wirksam wie Plazebo. Dauer der Therapie ca. 3 Jahre.

Bei der ***medikamentösen Therapie*** muß zwischen verschiedenen Schweregraden des Asthma bronchiale unterschieden werden:

- *leichtgradiges Asthma*
  gelegentlich auftretende Bronchialobstruktion z.B. bei körperlicher Anstrengung, Pollenflug oder interkurrenten Infekte, sonst lange beschwerdefreie Intervalle
- *mittelgradiges Asthma*
  chronisches Asthma mit unregelmäßig, spontan auftretender Bronchialkonstriktion, die protrahiert verläuft
- *schweres Asthma*
  kein beschwerdefreies Intervall, häufig nächtliche Atemnotanfälle

Bei überwiegend allergischer Komponente können u.a. folgende Substanzgruppen gegeben werden:

Mastzellstabilisatoren

- Dinatriumcromoglycat (DNCG) (z.B. Intal®) als Dosieraerosol z.B. 4x2 Hub (4x2 mg) (wirkt prophylaktisch, daher nicht im Asthmaanfall) oder in Kombination mit ß-Sympathikomimetika (s.u.)
- Nedocromil (z.B. Tilade®) 2-4x2 Hub (2-4x4 mg)
- Ketotifen (z.B. Zaditen®) wirkt mastzellstabilisierend und hemmt die periphere Mediatorwirkung (Histamin). Dosierung: 2x1 mg (Kps.) (NW: Sedierung, Wirkung begrenzt)

Antihistaminika

Klinisch sind unterschiedliche Sedierung und Halbwertszeit beim Einsatz zu beachten (Tab. 3.4).

Substanz	Handelsname, z.B.	Besonderheiten
Clemastin	Tavegil®	sedierend
Promethazin	Atosil®	sedierend
Astemizol	Hismanal®	lange HWZ
Terfenadin	Teldane®	kurze HWZ + Herzrhythmusstörungen
Mequitazin	Metaplexan®	kurze HWZ
Loratadin	Lisino®	kurze HWZ
Cetirizin	Zyrtec®	hemmt Eosinophilenmigration

Tab. 3.4: Antihistaminika.

> Die medikamentöse Therapie erfolgt nach Stufenplan sowie in der Regel als Kombinationstherapie!

Therapieziele sind:

- lange anfallsfreie Intervalle bzw. Anfallsfreiheit
- hohe Flußwerte und geringe Schwankungen bei den Peak-flow-Messungen durch den Patienten
- Verhinderung von Komplikationen wie Lungenemphysem und Cor pulmonale

Auf den ersten beiden Stufen stehen dabei inhalative Corticosteroide und inhalative ß-Sympathikomimetika. Dabei ist nach der Internationalen Consensuskonferenz derzeit inhalativen Corticosteroiden der Vorzug zu geben. Eine u.a. zitierte Studie, nachdem der häufige bzw. hochdosierte Einsatz von ß-Sympathikomimetika mit einer erhöhten Mortalität verbunden ist, kann bzw. muß nicht gegen den Einsatz dieser Substanzen beim Asthma bronchiale sprechen: Auch beim kardiogenen Schock weisen Patienten, die eine hohe Katecholamindosierung benötigen, eine erhöhte Mortalität auf. Ebenso läßt sich beim Diabetes mellitus eine negative Korrelation zwischen benötigter Insulindosis/die und Lebenserwartung berechnen.

Corticosteroide

Sie sind Derivate des körpereigenen Kortisols und unterscheiden sich im wesentlichen nur durch ihre Äquivalenzdosis, die auf Prednisolon bezogen wird. Die verwendeten künstlich synthetisierten Corticosteroide haben allenfalls minimale mineralocorticoide Nebeneffekte. Sie wirken antiphlogistisch, antiödematös, antiallergisch, immunsuppressiv, verringern die Mukusproduktion und können die Empfindlichkeit der ß-Rezeptoren steigern und so indirekt bronchodilatatorisch wirken. Der exakte Wirkungsmechanismus ist dabei unbekannt. Diskutiert werden:

- Aktivitätshemmung verschiedener Zellen (Makrophagen, Eosinophile, etc. - nicht jedoch Mastzellen)
- Suppression der Lymphozyten
- Verminderung freier Zytokine und verschiedener Mediatoren (verminderte Produktion und Freisetzung)
- Membranstabilisierung (insbesondere bei Leukozyten)
- Stabilisierung bzw. Abdichten des Kapillarendothels
- Sensibilisierung der ß-Rezeptoren

Wichtige Nebenwirkungen sind Cushing-Syndrom (Cushing-Schwellendosis ca. 7,5-10 mg Prednisolonäquivalent), Wachstumsstörungen bei Kindern, Osteoporose, Steroidhaut, Steroidakne, Übergewicht und Diabetes mellitus, Nebenniereninsuffizienz, Hypertonus, Ödeme, Glaukom, aseptische Knochennekrose, Ulcus duodeni und Psychosen. Bei lokaler, inhalativer Anwendung sind sie äußerst gut verträglich. Es treten in der Regel allenfalls Heiserkeit und Mundsoor auf. Durch Einsatz eines Spacers, Applikation vor den Mahlzeiten und Mundspülen nach dem Gebrauch kann jedoch auch die Häufigkeit dieser Nebenwirkungen reduziert und die Wirkung verbessert werden.

Inhalative Corticosteroide, wie z.B. Beclomethasondiproprionat (z.B. Sanasthmyl®/Sanasthmax®), Budesonid (z.B. Pulmicort®) oder Flunisolid (z.B. Inhacort®) sind neben o.g. ß-Sympathikomimetika die wichtigsten Pharmaka zur Prophylaxe beim Asthma bronchiale. Budenosid und Flunisolid sind dabei biologisch aktive Formen und werden im Körper rasch inaktiviert. Sie sind deshalb ohne systemische Nebenwirkungen. Aufgrund des verzögerten Wirkungseintritts sind alle o.g. Substanzen im Anfall wirkungslos.

Die übliche Dosierung beträgt 2x1-2 Hub/die. Aufgrund der niedrigen Rezeptorbindungsaffinität kann der Einsatz von Dexamethasonisonikotinat (z.B. Auxiloson®) beim Asthma bronchiale heute nicht mehr empfohlen werden.

Systemische Corticosteroide (Tab. 3.5) werden aufgrund o.g. Nebenwirkungen nur eingesetzt, wenn mit o.g. Pharmaka kein ausreichender Therapieerfolg erzielt werden kann. Dabei sollte bei der Langzeittherapie die Cushing-Schwellendosis nicht überschritten werden. Bei chronischer Atemwegsobstruktion sollte mit 40-80 mg Prednisolonäquivalent/die begonnen und die Dosis täglich langsam (5-10 mg/die) reduziert werden (Bei Beendigung einer systemischen Langzeittherapie Reduzierung um 2,5-5 mg/Woche!). Die Tagesdosis wird dabei morgens verabreicht, bei nächtlichen Asthmaanfällen kann jedoch 1/3 der Dosis am Abend gegeben werden. Wichtige Indikationen sind außerdem z.B. das infekt-exazerbierte Asthma bronchiale sowie der schwere Asthmaanfall oder Status asthmaticus (☞ Kap. 3.4.4.2.).

Wichtig:

- Depotcorticoide und ACTH sind heute obsolet
- keine i.m. oder rektale Applikation
- bei Streß (Operation, zusätzliche Erkrankung) Dosis um 50 mg Prednisolon erhöhen

Substanz	Handelsname, z.B.	Äquivalenzdosis (mg)
Fluocortolon	Ultralan®	10
Prednison	Decortin®	10
Prednisolon	Decortin H®	10
Methylprednisolon	Urbason®	8
Triamcinolon	Volon®	8
Dexamethason	Fortecortin®	1,5

Tab. 3.5: Auswahl einiger systemisch (oral) wirksamer Corticosteroide.

ß-Sympathikomimetika

Sie führen über eine Stimulation von $ß_2$-Rezeptoren zur Dilatation der Bronchialmuskulatur (Erhöhung des cAMP-Spiegels sowie Ausschleusung von Ca^{2+} durch Stimulation der Ca^{2+}/Mg^{2+}-ATPase). Daneben senken sie den pulmonalarteriellen Druck und erhöhen die mukoziliare Clearance. (Außerdem antiödematöse, an parasympathischen Ganglien inhibitorische, am Herz positiv-inotrope Effekte).

Applikationsformen: per inhalationem, i.v., s.c. und p.o. (☞ Tab. 3.6).

Substanz	Handelsname, z.B.	Applikation	Dosis
Fenoterol	Berotec®	Dosieraerosol	0,1-0,2 mg/Hub
Reproterol	Bronchospasmin®	Dosieraerosol	0,5 mg/Hub
Reproterol	Bronchospasmin®	p.o.	20 mg/Film-Tbl.
Reproterol	Bronchospasmin®	i.v.	0,09 mg
Salbutamol	Sultanol®	Dosieraerosol	0,10 mg/Hub
Salbutamol	Volmac®	p.o.	4-8 mg/Ret.-Tbl.
Terbutalin	Bricanyl®	Dosieraerosol	0,25 mg/Hub
Terbutalin	Bricanyl-Duriles®	p.o.	7,5 mg/Ret.-Tbl.
Terbutalin	Bricanyl®	s.c.	0,5 mg

Tab. 3.6: β-Sympathikomimetika.

Als Dosieraerosol schnell wirkend, jedoch meist mit geringer Wirkungsdauer (Ausnahme die Weiterentwicklungen Salmeterol [z. B. Serevent®] und Formeterol [z. B. Foradil®], die beide eine längere HWZ haben und ca. 12 Stunden wirken). Zur Prophylaxe und bei leichter und mäßiger Obstruktion einsetzbar. (Übliche Dosis 4x1-2 Hub/die bzw. bei Symptomatik). Günstig ist der Einsatz eines Spacers. Ähnlich wirkt die Pulverinhalation.

Als Tabletten längere Wirksamkeit, jedoch mit vermehrten (kardialen) Nebenwirkungen verbunden.

Die s.c. bzw. i.v. Applikation ist schweren Obstruktionsformen vorbehalten (z.B. 4x1/2 Amp. Bricanyl® s.c., *cave:* Tachykardie).

Nota bene: Beim Asthma bronchiale findet sich meist eine Tachykardie. Sie ist in der Regel durch die Dyspnoe bedingt. Verschiedene Pharmaka, die per se eine Tachykardie auslösen können, bewirken eine Verringerung der Obstruktion und Asthmasymptomatik. Diese Besserung äußert sich häufig im Rückgang der Herzfrequenz. Die Tachykardie kann somit nicht als generelle Kontraindikation für derartige Pharmaka angesehen werden.

Anticholinergika

Sie sind schwächer wirksam als ß-Sympathikomimetika und werden überwiegend prophylaktisch eingesetzt. Als Dosieraerosole stehen Ipratropium (z.B. Atrovent®) und Oxitropium (z.B. Ventilat®) zur Verfügung. Sie haben keine kardialen Nebenwirkungen. Bei Kombination mit ß-Sympathikomimetika kann die Dosis letzterer reduziert werden: Ipratropium + Fenoterol (z.B. Berodual®).

Theophyllin (Methylxanthine)

Die bronchodilatatorische Wirkung wird wahrscheinlich durch Hemmung der Phosphodiesterase bewirkt. Zusätzlich kommt es durch purinerge Rezeptoren zu einer antiallergischen Wirkung. Weitere bekannte Wirkungen sind zentrale Stimulation (u.a. Atemzentrum), Steigerung der mukoziliaren Clearance, Drucksenkung im kleinen Kreislauf, Förderung der Diurese, sowie positive inotrope bzw. chronotrope Effekte. Nebenwirkungen sind u.a. Unruhe, Kopfschmerzen, Übelkeit, Erbrechen, Durchfall und tachykarde Rhythmusstörungen. Allergische Reaktionen werden besonders nach i.v. Applikation von Theophyllin-Äthylendiamin beobachtet. Theophyllin gilt als Mittel der Wahl beim Asthmaanfall oder oral, wenn inhalative ß-Sympathikomimetika (+ Anticholinergika) und Corticosteroide nicht ausreichen. Es hat eine enge therapeutische Breite. Der mittlere tägliche Bedarf liegt beim Erwachsenen bei ca. 12 mg/kg KG und unterliegt starken inter- bzw. intraindividuellen Schwankungen. Es empfiehlt sich daher die Dosierung nach Plasmaspiegel (8-20 mg/l). Hierfür stehen u.a. Teststreifen zur Verfügung. Die orale Therapie erfolgt mit Retardtabletten, wobei sich die abendliche Verabreichung von 2/3 der Tagesdosis zur Prophylaxe nächtlicher Asthmaanfälle bewährt hat. Beim Asthmaanfall werden 0,10-0,40 mg/kg KG langsam i.v. (über 10-20 Minuten) verabreicht, bzw. anschließend als Dauertropfinfusion (DTI) 400-800 mg/die (z.B. Euphyllin®) verabreicht. Die (i.v.-)Ampulle kann bei Bedarf auch vom Patient getrunken werden. Außerdem stehen Tropfen zur Verfügung.

Die Metabolisierung erfolgt über die Leber (Cytochrom-P-450-Enzymsystem) und ist bei entsprechenden Erkrankungen sowie bei Rauchern, bei gleichzeitiger Einnahme von anderen Medikamenten wie Allopurinol, Erythromycin und Cimetidin eingeschränkt.

Weitere therapeutische Maßnahmen

- Antibiotika bei infekt-exazerbiertem Asthma: Die (bei etwa vergleichbarem Keimspektrum) meist wirksamen Substanzen wurden bereits im Kap. 3.4.3. "chronische Bronchitis" erwähnt. Evtl. muß jedoch auf andere Substanzgruppen (Cephalosporine, Gyrasehemmer) oder Kombinationstherapien (z.B. Cephalosporin + Aminoglykosid) zurückgegriffen werden
- Der Wert von sogenannten Immunstimulanzien ist nicht gesichert
- Die Gabe von Immunglobulinen kann nur zur gezielten Substitution bei Antikörpermangelsyndrom empfohlen werden
- Zur Therapie der Mukostase gilt folgende Empfehlung
  - ausreichende Flüssigkeitszufuhr (in der Klinik 2-6 l/die nach ZVD)
  - Inhalation feuchter Luft (mit 1-2 % NaCl-Zusatz)
  - Der Wert von Sekretolytika und Mukolytika ist beim Asthma bronchiale nicht gesichert. Bei der Inhalation (insbesondere bei Azetylcystein) kann es zur Reflexbronchokonstriktion kommen
  - Jodpräparate und proteolytische Enzyme sind kontraindiziert
  - ß-Sympathikomimetika und Theophyllinderivate verbessern die mukoziliare Clearance
  - physikalische Maßnahmen (Lagerungsdrainage und Klopfmassage)

- Aufgrund der nicht unbedeutenden psychischen Einflüsse kann eine Verhaltenstherapie sowie medikamentös ggf. Sedierung indiziert bzw. hilfreich sein
- Bei therapierefraktärer Obstruktion durch Sekret ist eine Bronchoskopie mit *bronchoalveolärer Lavage (BAL)* indiziert

❑ **Prognose**

Bei Kindern häufig Remissionen. Prognostisch günstig ist eine normale Lungenfunktion im Intervall. Die Mortalität in der Bundesrepublik liegt bei ca. 3 Todesfällen pro 100.000 Einwohner. Patienten mit intrinsic Asthma haben eine schlechtere Prognose als Patienten mit exogen-allergischem Asthma.

3.4.4.2. Status asthmaticus

❑ **Definition**

Schwerer bzw. langdauernder Asthmaanfall, der auf die übliche bronchodilatatorische Therapie nicht anspricht.

❑ **Symptomatik**

- schwere Dyspnoe - Orthopnoe mit Bronchospastik und verlängertem Exspirium, evtl. silent lung
- Zyanose, Tachykardie > 120/min, kalter Schweiß, Bewußtseinsstörung
- BGA: Hypoxämie bei anfangs Normokapnie (evtl. sogar Hypokapnie), später Hyperkapnie
- Ekg: Tachykardie und Zeichen der Rechtsherzbelastung
- Röntgen-Thorax: vermehrte Strahlentransparenz und tiefstehendes Zwerchfell

❑ **Therapie**

- sitzende Lagerung
- ß-Sympathikomimetika per inhalationem (wenn möglich Überdruckinhalation) oder z.B. 1/2 Amp. Bricanyl® s.c., *cave:* Tachykardie!
- Corticosteroide hochdosiert, z.B. 250 mg Prednisolon (z.B. Solu-Decortin H®) bis zu 2-3 g/die
- Theophyllin (z.B. Euphyllin®), zur Aufsättigung ca. 5 mg/kg KG langsam i.v.
- vorsichtige Sedierung: soweit möglich beruhigend auf den Patienten einwirken, ggf. auch medikamentöse Sedierung mit Benzodiazepinen oder Promethazin (z.B. Atosil®). Dabei ist die atemdepressive Wirkung abzuwägen
- O_2-Therapie: vorsichtige O_2-Gabe (anfangs 0,5 l/min) unter Kontrolle der Blutgase. *Cave:* pCO_2 Anstieg! Bei respiratorischer Globalinsuffizienz prinzipiell Indikation zur Beatmung gegeben. Weitere Indikationen zur maschinellen Beatmung: Atemfrequenz > 30-35/min, körperliche (muskuläre) Erschöpfung (evtl. mit paradoxer inspiratorischer Einziehung der Bauchwand), zunehmende Bewußtseinstrübung
- Als Injektionsnarkotikum hat *Ketamin* (z.B. Ketanest®) einen günstigen *bronchodilatatorischen Effekt*!
- ausreichende Flüssigkeitszufuhr (soweit kardial vertretbar bis zu 4 l/die, bei Fieber und anderen Verlusten auch mehr)
- evtl. Sekretolytika und Mukolytika
- evtl. Antibiotika (s.o.)
- endoskopische Bronchiallavage (BAL) mit 0,9 % NaCl
- intensivmedizinische Überwachung!

❑ **Prognose**

Unter entsprechender Therapie günstig, bei unterdosierten Corticosteroiden jedoch ungünstig.

3.4.5. Bronchiektasen

❑ **Definition**

Als Bronchiektasen bezeichnet man nicht mehr rückbildungsfähige Erweiterungen einzelner oder mehrerer Bronchien.

Nach der Form werden zylindrische, variköse und sackförmige Bronchiektasen unterschieden.

❑ **Epidemiologie**

Ca. 10/100.000 Einwohner, Prävalenz ca. 100-200/100.000 Einwohner, zunehmend.

❑ **Ätiologie**

Angeboren bei Ziliendyskinesie (immotile cilia-Syndrom), zystischer Fibrose, Kartagener- oder William-Campbell-Syndrom und Immundefektsyndromen. Erworben durch frühkindliche bronchopulmonale Infektionen wie Masern, Pertussis u.a.. Häufig auch als Folge von chronischer Bronchitis, Emphysem, Bronchialstenose durch Fremdkörper oder NPL, Atelektasen sowie Tuberkulose.

❑ **Pathophysiologie**

Durch Störung der mukoziliaren Clearance wird die Zerstörung der Schleimhaut und Wand der Bronchien begünstigt. In 2/3 der Fälle sind die Unterlappen betroffen, in der Hälfte der Fälle treten die Bronchiektasen beidseitig auf. Das Lungengewebe kann in unterschiedlichem Maße mitbetroffen sein (Atelektasen, Fibrosen, Emphysem).

❑ **Symptomatik**

- typischerweise -aber selten- morgendliche "maulvolle" Exspektoration (mehrere 100 ml eines meist putride stinkenden, dreischichtigen Sputums: oben schaumig-schleimig mit Schleimfetzen, in der Mitte eine wässrige, trübschleimige Schicht, unten Pus)
- Hämoptysen
- chronischer Husten, rezidivierende Pneumonien
- evtl. Trommelschlegelfinger und Uhrglasnägel
- evtl. Fieber
- später Dyspnoe, Zyanose, respiratorische Insuffizienz und Cor pulmonale
- Kinder häufig retardiert, pulmonale Kachexie

❑ **Komplikationen**

- rezidivierende Pneumonien
- respiratorische Insuffizienz, pulmonale Kachexie
- Cor pulmonale
- Lungen- oder Hirnabszeß
- Pleuraempyem
- Spontanpneumothorax
- Amyloidose

❑ Diagnostik

- *Anamnese und Klinik* (s.o.)
  Bei der körperlichen Untersuchung finden sich häufig grobblasige Rasselgeräusche
- *Sputum* (s.o.)
  bakteriologische Untersuchung + Pilz- und Tuberkulosediagnostik, Zytologie
- *Lungenfunktion inkl. BGA*
  meist unauffällig, bzw. leichtgradige kombinierte Ventilationsstörung, terminale respiratorische Insuffizienz
- *Labor*
  BKS meist erhöht, evtl. Leukozytose, Immunglobuline quantitativ zum Ausschluß eines Immundefektsyndroms
- *Röntgen-Thorax*
  meist unauffällig, evtl. streifige doppelkonturierte Aufhellungen, Sekretspiegel, pneumonische Infiltrate, Atelektasen (Situs inversus → Kartagener-Syndrom). Evtl. Schichtaufnahmen
- *CT-Thorax*
  meist gute Darstellung der Bronchiektasen

Bei geplanter Op zusätzlich:

- *Bronchographie*
  direkter Nachweis der Bronchiektasen
- *Bronchoskopie*
  evtl. zum gezielten Absaugen großer Sekretmengen oder zur Abklärung bei Fremdkörper- oder Tumorverdacht

❑ Differentialdiagnose

- Hämoptysen: Bronchial-NPL, Lungeninfarkt und Tuberkulose
- chronische Bronchitis
- Bronchial-NPL
- Tuberkulose

❑ Therapie

- wenn Operabilität gegeben (einseitige Bronchiektasen, ausreichende Lungenfunktion) und konservativ unbefriedigender Therapieerfolg (rezidivierende, schwere Pneumonien, Hämoptysen) Segment- oder Lobektomie
- konservativ
  ☞ chronische Bronchitis (Kap. 3.4.3.). Wichtig sind ausreichende Flüssigkeitszufuhr und physikalische Maßnahmen wie Atemgymnastik, Lagerungsdrainage bzw. Klopfmassagen, morgendliche Exspektoration in Knieellenbogenlage. Evtl. bronchoskopische Absaugung oder Gefäßembolisation (bei Hämoptysen)

❑ Prognose

Bei operativer Therapie häufig definitive Sanierung. Unter konservativer Therapie ist die Prognose mit der der chronischen Bronchitis vergleichbar.

3.4.6. Mukoviszidose

❑ Definition

Die zystische Fibrose ist eine autosomal-rezessiv vererbte Erkrankung, die sich an exokrinen Organen, insbesondere Lunge (Bronchien) und Pankreas manifestiert. Sie geht mit Sekretion von zähem Schleim einher, der die Bronchien oder Drüsengänge verstopft.

❑ Epidemiologie

In der weißen Bevölkerung *häufigste angeborene Stoffwechselkrankheit.* Inzidenz bei Neugeborenen zwischen 1/2.000 und 3.000. Ca. 3-4 % der Bevölkerung sind heterozygote Genträger.

❑ Ätiologie und Pathogenese

Ursache ist ein Gendefekt auf dem Chromosom 7. Es liegt eine gestörte Wasser-/Chloridsekretion vor. Dabei ist das sog. "zystische-Fibrose-Transmembran-Regulations(CFTR)-Protein" gestört, das einen ATP gesteuerten Chlorionenkanal darstellt. In der Lunge findet sich eine Becherzellhyperplasie. Der zähe Schleim führt zu Obstruktion bis hin zu Atelektasen und begünstigt rezidivierende Infektionen. Häufige Erreger sind neben Staphylokokken, Haemophilus influenzae und Pneumokokken. Nicht selten finden sich jedoch auch Klebsiellen, E. coli und Pseudomonaden.

❑ Symptomatik

- Mekoniumileus postnatal
- Entwicklungsverzögerung
- Husten mit zähem Auswurf, häufig Bronchitiden bzw. Pneumonien
- später Zyanose, Dyspnoe, respiratorische Insuffizienz, Trommelschlegelfinger, Uhrglasnägel
- Sinusitis
- abdominelle Beschwerden, chronische Diarrhö, Malabsorptionssyndrom bei Pankreasinsuffizienz
- Kachexie

❑ Komplikationen

- rezidivierende Infekte
- Pneumothorax
- Bronchiektasen
- respiratorische Insuffizienz und Cor pulmonale
- Diabetes mellitus
- biliäre Leberzirrhose

❑ Diagnostik

- *intrauterine Diagnostik* möglich
- erhöhter *Albumingehalt im Mekonium* (normal < 1 %)
- *Pilokarpin-Schweißtest* (NaCl > 70 mmol/l)
- *Trypsingehalt im Stuhl* erniedrigt
- häufig *Aspermie*

Zusätzlich:

- *Labor*
  Blutbild (Leukozytose - Infekt?), BGA (evtl. vorliegende respiratorische Insuffizienz, hypochlorämische Alkalose durch Elektrolytverlust), BZ (Diabetes mellitus?)
- *Lungenfunktion*
  meist kombinierte Ventilationsstörung
- *Oberbauchsonographie*
  Hinweise für biliäre Leberzirrhose?
- *Röntgen-Thorax*
  Frage nach Infiltraten, evtl. Bronchiektasen

❑ **Differentialdiagnose**

- chronisch obstruktive Bronchitis
- Bronchiektasen bzw. Ziliendyskinesie-Syndrom
- Immundefekt-Syndrome

❑ **Therapie**

Kausale Therapie nicht möglich.

Symptomatisch

- ausreichende Flüssigkeitszufuhr
- Lagerungs-, Klopf- und autogene Drainage mehrmals täglich
- Inhalation mit 2.500 E. Dornase α (Pulmozyme)/die. Indikation bei Patienten über 5 Jahre bei FVC > 40 %
- Sekreto- und Mukolytika
- β_2-Sympathikomimetika und Theophyllin
- Infekt: antibiotische Behandlung
- Pankreasbeteiligung: Enzymsubstitution
- respiratorische Insuffizienz: evtl. Lungentransplantation

❑ **Prognose**

Relativ hohe Frühletalität. Heute erreicht jedoch insbesondere bei frühzeitiger Therapie der Großteil der Kinder das Erwachsenenalter (mittlere Lebenserwartung: 30 Jahre).

3.5. Erkrankungen der Lunge

3.5.1. Pneumonie

❑ **Definition**

Entzündung des Lungenparenchyms, meist durch Infektion mit unterschiedlichen Krankheitserregern bedingt. Daneben können auch chemische und physikalische Faktoren eine Pneumonie (bzw. Pneumonitis) bedingen.

❑ Häufigkeit

In den USA ca. 3 Mio. Erkrankungsfälle und 500.000 Krankenhauseinweisungen pro Jahr. In der Bundesrepublik (alte Bundesländer) schätzt man ca. 300.000 Erkrankungen pro Jahr. Ca. 15.000 Patienten sterben davon jährlich an Pneumonien. In der Todesursachenstatistik stehen sie an 5. Stelle, bei den Infektionskrankheiten an 1. Stelle. 5-15 % der im Krankenhaus erworbenen Infektionen sind Pneumonien.

❑ Ätiologie und Pathogenese

Wichtige Auslöser für Pneumonien sind:

- Infektionen durch Bakterien, Viren, Pilze und andere Erreger
- chemische Einflüsse wie z.B. Beryllium, Magensaftaspiration
- physikalische Einwirkungen wie z.B. Strahlen

Ätiologisch werden die Pneumonien außerdem in *primäre und sekundäre Pneumonien* unterteilt:

Primäre Pneumonien treten bei sonst intakter Lunge auf. Die sog. sekundären Pneumonien treten als Folge auf bei:

- Kreislaufstörungen (Stauungspneumonie, Lungeninfarktpneumonie)
- Bronchusveränderungen (Bronchiektasen, Bronchusstenosen, Fremdkörper, Bronchial-NPL)
- Aspiration
- bakterieller Superinfektion bei Pertussis, Influenza

Des weiteren werden häusliche Pneumonien von *nosokomialen* Formen unterschieden. Letztere, die im Krankenhaus erworben sind (*hospital aquired* im Gegensatz zu *community aquired*), finden sich häufig bei Patienten mit:

- hohem Alter
- Alkoholismus
- Diabetes mellitus
- chronischer Bronchitis, Lungenemphysem
- Leberzirrhose
- Herzinsuffizienz
- NPL
- Immundefekten (inkl. AIDS) bzw. Immunsuppression (Zytostatika, Steroide)

> Gemeinsam ist allen der genannten Patientengruppen, daß in der Regel ein *geschwächter Immunstatus* vorliegt.

Krankenhausinfektionen werden dabei durch Aspiration, invasive diagnostische Maßnahmen, Intensivpflege sowie Antibiotikatherapie häufig begünstigt. Als *Infektionsquelle* sind *Patienten* anzusehen, *Überträger* ist in der Regel das *Krankenhauspersonal.*

Wichtige und häufig angetroffene Erreger von Pneumonien sind in Tab. 3.7 zusammengestellt.

Erreger ambulant erworbener Pneumonien:	Erreger nosokomialer Pneumonien:
• Pneumokokken (bis 60 %) • Haemophilus influenzae • Mycoplasma pneumoniae • Staphylokokken • Legionellen • Moraxella (Branhamella) catarrhalis • pneumotrope Viren	• Staphylokokken • Pseudomonas aeruginosa • Klebsiellen • Legionellen • Enterobacteriaceae • E. coli • Proteus-Arten • Anaerobier (Bacteroides-Arten) z.B. bei Aspiration oder Abszedierung • pneumotrope Viren
Zu den pneumotropen Viren zählen:	**Seltener, insbesondere bei nosokomialen Pneumonien oder Pneumonien bei abwehrgeschwächten Patienten:**
• Adenoviren • Influenzaviren A, B und C • Parainfluenzaviren • RS-Viren (insbesondere bei Kindern)	• Herpesviren • Zytomegalie (CMV) • Varizellen • ECHO-Viren • Rhinoviren • Coxsackieviren
Weitere wichtige Erreger (u.a. spezieller Pneumonieformen) sind:	
• Chlamydia psittaci (Ornithose) • Rickettsia (Coxiella) burneti (Q-Fieber) • Pneumocystis carinii (PCP) • Askariden • Pilze (Candidiasis, Aspergillose)	

Tab. 3.7: Mögliche Erreger von Pneumonien.

Die Übertragung erfolgt meist aerogen. Weitere Infektionswege sind hämatogen, per continuitatem oder durch Aspiration.

Nach dem Befallsmuster werden eingeteilt:

- Lobärpneumonie (klassische Pneumokokkenpneumonie)
- Bronchopneumonie (z.B. Haemophilus influenzae-Pneumonie)
- abszedierende Pneumonie

Klassischerweise wird der pathophysiologische Verlauf der Lobärpneumonie in 4 Stadien eingeteilt:

- Anschoppung (1. Tag)
- rote Hepatisation (2. - 3. Tag)

- grau-gelbe Hepatisation (4. - 8. Tag)
- Lysis (ab dem 8. Tag)

Es findet sich anfangs eine blutreiche Lunge, dann eine entzündliche alveoläre Ödembildung mit fibrinreichem Exsudat, gefolgt von granulozytärer Infiltration sowie im weiteren Verlauf wiederum Verflüssigung bzw. Lösung der Infiltrate.

Außerdem wird zwischen alveolären (meist bakteriell bedingten) und interstitiellen Pneumonien (Mykoplasmen, Viren, Pneumocystis carinii) unterschieden.

Die Strahlenpneumonie bzw. Strahlenpneumonitis ist anfangs durch eine Alveolitis mit interstitieller Entzündungsreaktion gekennzeichnet und geht schließlich in eine Fibrose über.

❑ **Symptomatik**

Leitsymptome:

- Fieber + Schüttelfrost
- Husten
- Auswurf (rostig-braun oder eitrig-gelb)
- Pleuraschmerzen

Weitere Symptome:

- Dyspnoe - Tachypnoe
- Tachykardie
- evtl. Herpes labialis
- deutliches Krankheitsgefühl

Häufig geht einige Tage zuvor ein milder Infekt der oberen Luftwege voraus. Der Beginn ist dann jedoch akut.

Im Gegensatz dazu beginnt die atypische Pneumonie schleichend mit:

- subfebrile Temperaturen Fieber meist < 38,5 °C (ohne Schüttelfrost)
- Kopf- und Gliederschmerzen
- mäßiges Krankheitsgefühl
- unproduktiver Husten
- geringe Dyspnoe
- selten Tachykardie

❑ Komplikationen

pulmonal	extrapulmonal
Pleuraerguß	Meningitis
Pleuraempyem	Hirnabszeß
Bronchiektasen	Endo- und Perikarditis
Lungenabszeß	Sepsis und Schock
rezidivierende Pneumonien	Arthritis und Osteomyelitis
Pneumonia migrans	Thrombose und Lungenembolie

Tab. 3.8: Mögliche Komplikationen bei Pneumonie.

● Mykoplasmen

Hämolyse, Thrombopenie, Meningitis-Enzephalitis, Perikarditis, Vaskulitis (auch der Koronararterien) und Exanthem.

❑ Diagnostik

- *Anamnese*
- *klinische Untersuchung*
  - Nasenflügelbewegungen atemsynchron (bei Säuglingen häufig einziges Symptom!)
  - Zyanose der Lippen, Zunge, Akren (insbesondere bei kardialen oder respiratorischen Vorerkrankungen)
  - meist oberflächliche hochfrequente Atmung
  - auf der erkrankten Thoraxseite:
    - ohrnahe Rasselgeräusche mit Klopfschallabschwächung
    - positiver Stimmfremitus ("99") und Bronchophonie ("66")
    - Pleurareiben mit Schmerzen
    - evtl. aufgehobenes Atemgeräusch (Pleuraerguß)
  - bei den atypischen Pneumonien dagegen häufig nur geringer pathologischer physikalischer Befund (umschriebene ohrnahe fein- bis mittelblasige Rasselgeräusche, selten Pleurabeteiligung)
- *Differentialblutbild*
  meist Leukozytose (> 15.000/µl, Vermehrung der segmentkernigen Neutrophilen, Linksverschiebung). Bei atypischen Pneumonien meist normale oder nur gering erhöhte Leukozytenzahlen. Evtl. relative Vermehrung der Lymphozyten
- *BKS und CRP*
  meist deutlich erhöht, bei atypischer Pneumonie normal bis hochpathologisch
- *BGA*
  meist Hypoxämie bei normalem oder erniedrigtem pCO_2
- bei Mykoplasmen häufig positive *Kälteagglutinine*

- *Erregernachweis*
  Sputum, Trachealsekret, Pleuraexsudat, Blutkultur, bronchoskopische Absaugung, Lungenaspirat bzw. (z.B. transbronchiale) Biopsie. Bakteriologisch-, virologisch-serologische Untersuchungen (Mykoplasmen-, Influenza-, Parainfluenza-KBR u.a., 4facher Titer-Anstieg innerhalb 14 Tagen). Der Erregernachweis gelingt in 2/3 der Fälle (*cave:* physiologische oropharyngeale Bakterienflora)
- *Röntgen-Thorax (p.a. und seitlich)*
  - *typische Pneumonie*
    meist umschriebene, z.T. streifige, gut abgrenzbare, homogene Infiltrate unterschiedlicher Größe bzw. Verteilung (segmental, lobär oder auch multilobulär) mit Volumenvermehrung und positivem Luftbronchogramm. Häufig mit Pleuraerguß
  - *atypische Pneumonie*
    diffuse, wenig abgegrenzte, inhomogene bis retikulo-noduläre Infiltrate
- *Komplikationen*
  sekundär EKG-Veränderungen (z.B. ST-Senkungen bei Koronarinsuffizienz) und Blutzuckerentgleisung bei Diabetes mellitus

> Diagnose der Pneumonie durch die Symptome Fieber, Husten, Auswurf und Pleuraschmerzen sowie Nachweis eines pulmonalen Infiltrates.

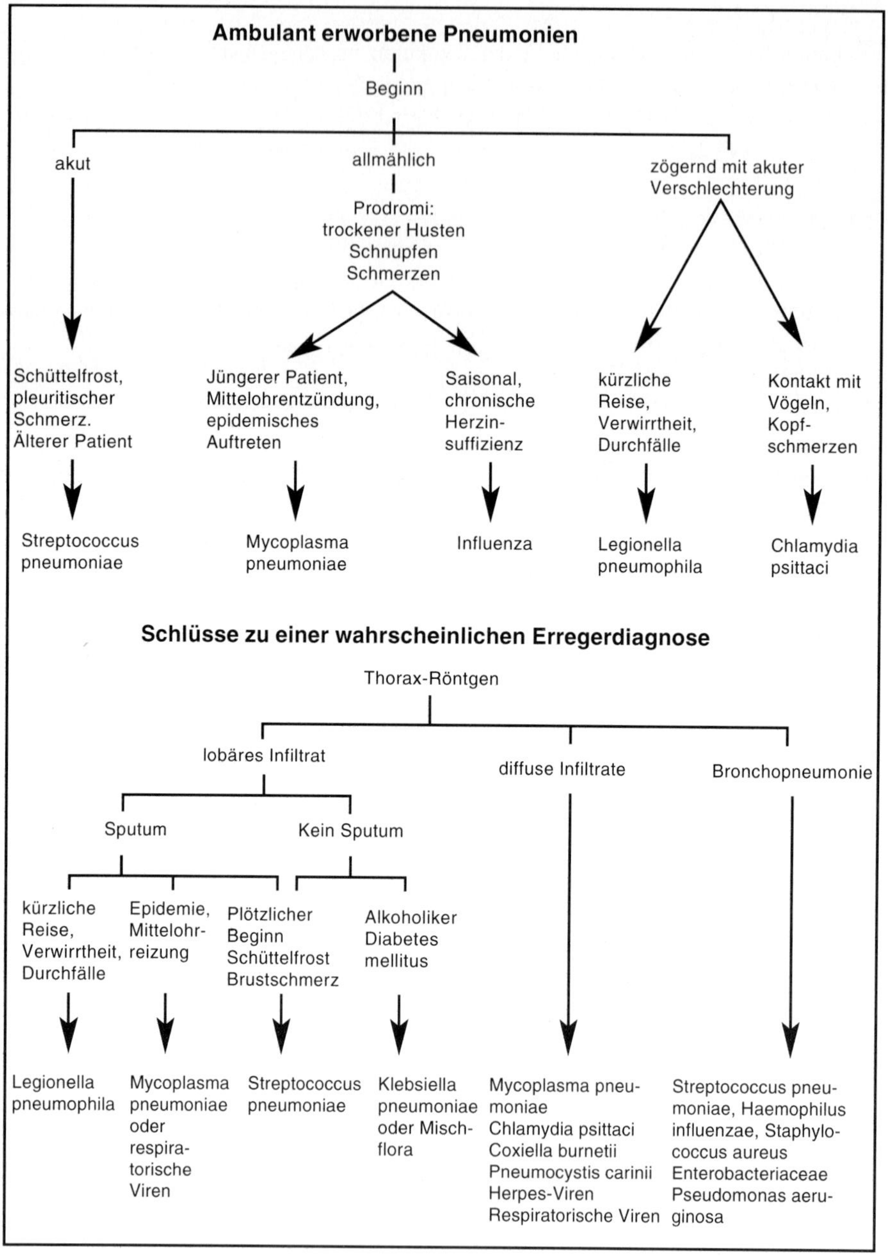

Abb. 3.6: Diagnostisches Schema bei ambulant erworbener Pneumonie (abgeändert nach van Furth).

❑ Differentialdiagnose

- Tuberkulose
- Bronchial-NPL (muß insbesondere bei chronischem Verlauf ausgeschlossen werden!)
- Aspiration
- allergische Alveolitis

❑ Therapie

Unspezifisch

- körperliche Schonung
- Luftanfeuchtung, ausreichende Flüssigkeitszufuhr, Sekreto- und Mukolytika, atemphysikalische Maßnahmen (Atemgymnastik, Lagerungsdrainage, Klopfmassage usw.), Inhalation (mit NaCl und β_2-Sympathikomimetikum). Ungünstig: Antitussiva (allenfalls bei unproduktivem Reizhusten). O_2 (über Nasensonde) bei Hypoxie. Bei ineffizienter Atmung bzw. bei ersten Zeichen eines ARDS frühzeitige maschinelle Beatmung
- Digitalisierung oder ACE-Hemmer bei Zeichen der Herzinsuffizienz. Bei schwerem septischen und fieberhaften Verlauf Behandlung des Schocks mit Katecholaminen (Dopamin, Dobutamin)
- Heparin (low-dose) und Antiemboliestrümpfe zur Thromboseprophylaxe

Spezifisch

Chemotherapeutika/Antibiotika, möglichst nach Antibiogramm bzw. Austestung. Liegt keine Austestung vor, können folgende Empfehlungen gegeben werden:

- akute, typische Pneumonie (community aquired)
  - Penicillin G 4x1 Mio I.E. i.v./die
    (sehr gute Wirksamkeit gegen Pneumokokken, auch gute Wirksamkeit gegen "normale" Staphylokokken)
- Alternativen, insbesondere bei bestehender chronischer Bronchitis (häufiger Erreger: Haemophilus influenzae):
  - Amoxicillin (z.B. Amoxypen®) 3x500-1.000 mg p.o./die
  - Amoxicillin + Clavulansäure (z.B. Augmentan®) 3x625-1.250 mg p.o./die (wirksam z.B. gegen ß-laktamasebildenden Haemophilus influenzae oder Moraxella [Branhamella] catarrhalis)
  - Cephalosporine wie Cefuroxim (z.B. Zinacef®) 3x1,5 g i.v./die oder Cefuroximaxetil (z.B. Zinnat®) 2x250 mg oral/die
- atypischer Verlauf oder Penicillinallergie
  - Erythromycin (z.B. Erythrocin®) 3-4x500 mg i.v. oder p.o./die (wirksam gegen Mykoplasmen, Legionellen, Haemophilus influenzae, und Pneumokokken) oder auch Azithromycin (z.B. Zithromax®) 500 mg oral, dann 250 mg für 5 Tage
  - Tetrazykline wie Doxycyclin (z.B. Vibramycin®) 1x100-200 mg/die (wirksam gegen Mykoplasmen, Legionellen, Haemophilus influenzae, Chlamydien, bis zu 50 % resistente Pneumokokkenstämme)
- nosokomiale Pneumonie: nach Austestung! Sonst
  - Ureidopenicillin wie Piperacillin (z.B. Pipril®) + Aminoglykosid wie Gentamycin (z.B. Refobacin®)
  - Cephalosporin wie Ceftazidim (z.B. Fortum®) + Aminoglykosid wie Gentamycin (z.B. Refobacin®)

  Alternativen:
  - Ciprofloxacin (z.B. Ciprobay®) (Pneumokokkenlücke!), Dosierung: 2x400 mg/die i.v. bzw. 2x500 mg/die oral
  - Imipenem (z.B. Zienam®) (sehr gute Wirkung gegen grampositive und gramnegative Keime einschließlich Anaerobier!). Dosierung 3x1 g/die i.v.
  - evtl. statt Gentamycin (z.B. Refobacin®) → Amikacin (z.B. Biklin®)
  - evtl. bei V.a. Anaerobierinfektion Metronidazol (z.B. Clont®)

- bei Staphylococcus aureus
  - Oxacillin (z.B. Stapenor®) 4x3 g/die oder Flucloxacillin (z.B. Staphylex®) 3x4 g/die + ggf. Aminoglykosid wie Gentamycin (z.B. Refobacin®)
  - bei Resistenz (Methicillin resistenter Staph. aureus = MRSA) ist Vancomycin Mittel der Wahl. Alternative: Clindamycin (z.B. Sobelin®)
- Bei Strahlenpneumonitis sind in der Akutphase Corticosteroide (40-80 mg Prednisolonäquivalent/die) angezeigt

❑ **Prophylaxe**

- Impfung gegen Pneumokokken (z.B. Pneumovax23®) oder Influenza (z.B. Mutagrip®)
- Amantadin zu Beginn einer Influenza-Infektion

❑ **Prognose**

Die Prognose hängt vom Alter, Immunstatus, Begleiterkrankungen (insbesondere der Lunge) des Patienten sowie vom Erreger ab.

Die Prognose der nosokomialen Pneumonie ist schlecht: Letalität um 30 %.

3.5.1.1. Aspiration von Magensaft - Mendelson-Syndrom

❑ **Definition**

Unter dem Begriff "Mendelson-Syndrom" wird lediglich die Aspiration von Magensaft verstanden. Davon sind u.a. die Aspiration von Süß-, Salz- oder Schmutzwasser wie auch anderer Stoffe zu unterscheiden.

Bei nosokomialer Aspirationspneumonie handelt es sich meist um eine Mischinfektion mit Staphylococcus aureus, Enterobacteriaceae und Bacteroides. Meist ist der rechte Unterlappen betroffen (Abb. 3.7).

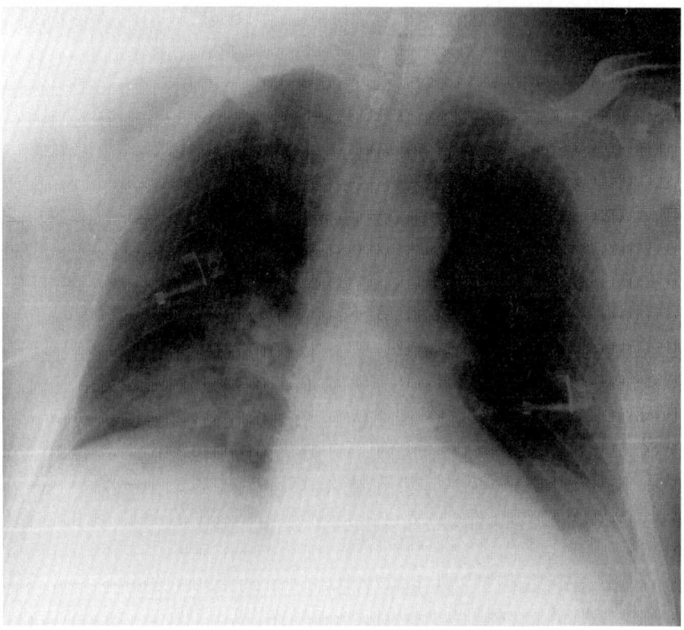

Abb. 3.7: Aspirationspneumonie an typischer Position im rechten Unterlappen.

❑ **Therapie**

- Absaugung (evtl. bronchoskopisch) soweit möglich in Kopf-Tief-Lage
- Corticosteroide (z.B. 1. Tag 1.000, 2. Tag 500 und 3. Tag 250 mg Prednisolonäquivalent)
- Bronchodilatatoren wie β_2-Sympathikomimetika und Euphyllinderivate
- O_2 nach BGA, ggf. (maschinelle) Beatmung (+ PEEP)
- Antibiotika z.B.:
  - Amoxicillin + Clavulansäure (z.B. Augmentan®) + Gentamycin (z.B. Refobacin®)
  - Ceftazidim (z.B. Fortum®) + Clindamycin (z.B. Sobelin®)

Spezielle Pneumonien bei reduziertem Immunstatus

- Zytomegalievirus-Pneumonie: ☞ Kap. 9.1.25.
- Herpesvirus-Pneumonie: ☞ Kap. 9.1.12.
- Varicella-Zoster-Pneumonie: ☞ Kap. 9.1.24.

3.5.1.2. Pneumocystis carinii Pneumonie (PCP)

Die PCP ist die wichtigste Indikatorinfektion des AIDS. In 50 % Erstmanifestation. 60 bzw. 80 % der AIDS-Patienten (Erwachsene bzw. Kinder) erkranken an einer PCP. Des weiteren sind häufig immunsupprimierte Patienten befallen.

❑ **Erreger**

Pneumocystis carinii, ein pneumotropes (zu Alveolarzellen Typ I) Protozoon.

❑ **Epidemiologie**

Der Erreger findet sich u.a. in der Lunge gesunder Menschen oder von Säugetieren, ohne jedoch Krankheitssymptome zu bewirken.

Übertragung: Tröpfcheninfektion von Mensch zu Mensch.

❑ **Symptomatik**

- anfangs Schwäche, Schweißausbrüche, Gewichtsverlust
- akut: Fieber, Husten, Dyspnoe bzw. Tachypnoe
- später Zyanose
- selten extrapulmonaler Befall (z.B. Lymphknoten)

❑ **Diagnostik**

- *Anamnese* (HIV-ELISA oft positiv)
- *klinischer Befund* der Lunge meist unauffällig, da interstitielle Pneumonie
- *Sputum* und transtracheale Absaugung ohne wesentlichen diagnostischen Wert, da der Erreger in den Alveolen sitzt
- *BGA:* $pO_2 < 60$ mmHg
- *Serologie* (KBR) häufig falsch negativ (Immunsuppression)
- mikroskopische Diagnosestellung mittels *BAL* oder *Histologie der Lunge* (Biopsie), da sich der Erreger nicht anzüchten läßt

- *Röntgen-Thorax*
  beidseits streifig-fleckige Infiltrate, zentral und basal betont, später milchglasartige Trübung (möglichst weiche Aufnahmetechnik)

❑ **Therapie**

- Co-Trimoxazol (z.B. Bactrim®): 20 mg TMP + 100 mg SMZ/kg KG/die über 2-4 Wochen, evtl. zusätzlich Rifampicin

Bei Unverträglichkeit oder toxischer Nebenwirkungen auf das Knochenmark:

- Pentamidindiisethionat (z.B. Pentacarinat®) 4 mg/kg KG/die i.v. oder 300-600 mg/die per inhalationem. Rezidiv-Prophylaxe: Inhalation mit 200 mg/die für 4 Tage, dann 200 mg alle 2 Wochen bzw. 300 mg/Monat. Häufige NW: Niereninsuffizienz, Zuckerstoffwechselstörungen, Leberfunktionsstörungen, seltener Blutbildungsstörungen, Herzrhythmusstörungen oder toxische epidermale Nekrolysen
- allgemeine Therapie: ☞ Kap. 3.5.1.

❑ **Prognose**

Ohne Therapie hohe Letalität (80-100 %).

3.5.1.3. Q-Fieber (Query- bzw. Fragezeichenfieber oder Balkangrippe)

Erkrankung und Todesfall sind nach dem Bundesseuchengesetz meldepflichtig!

❑ **Erreger**

Rickettsia oder Coxiella burnetti.

❑ **Epidemiologie**

Es handelt sich um eine Zoonose. Erregerreservoir sind Nagetiere. Durch Zecken erfolgt die Übertragung auf Haustiere wie Rinder, Schafe, Ziegen. Betroffen sind vor allem Landwirte, Beschäftigte in der Tierhaltung, im Tiertransport sowie in Schlachthöfen und Tierärzte.

❑ **Übertragungsweg**

- oral (unpasteurisierte Milch)
- aerogen (Haare, Felle, Faeces)

❑ **Inkubationszeit**

2-4 Wochen, häufig endemisch.

❑ **Symptomatik**

- häufig asymptomatisch
- Fieber (Kontinua, dann remittierend)
- Kopfschmerzen (Stirn, retrobulbär)
- Husten mit Auswurf (atypische Pneumonie)
- Glieder- und Muskelschmerzen
- evtl. gastrointestinale Beschwerden (Leber-Milz-Beteiligung)

❑ **Komplikationen**

- Enzephalitis
- Peri- oder Myokarditis

❑ **Diagnostik**

- *Serologie* (KBR, mit 4fachem Titeranstieg innerhalb 14 Tagen)
- *Röntgen-Thorax:* Infiltrat, evtl. milchglasartig

❑ **Therapie**

- Tetrazykline wie Doxycyclin (z.B. Vibramycin®)
- (Chloramphenicol)

❑ **Prophylaxe**

- Ausschaltung der tierischen Ansteckungsquelle
- aktive Immunisierung bei Risikogruppen

❑ **Prognose**

Gut, jedoch protrahierter Verlauf. Infektion hinterläßt Immunität.

3.5.1.4. Ornithose (Psittakose - Papageienkrankheit)

Erkrankungsverdacht, Erkrankung und Todesfall sind nach dem Bundesseuchengesetz meldepflichtig!

❑ **Erreger**

Chlamydia psittaci.

❑ **Epidemiologie**

Erregerreservoir sind Vögel (insbesondere Papageien, Wellensittiche u.ä.). Betroffen sind vor allem Vogelhalter (Zoonose).

❑ **Übertragungsweg**

- aerogen (Exkremente, nach Austrocknung *noch Monate infektiös*, Federn)
- Übertragung auch von Mensch zu Mensch möglich

❑ **Inkubationszeit**

1-2 Wochen, häufig endemisch.

❑ **Symptomatik**

- häufig grippeartig mit Fieber Kontinua 39-40 °C, Kopf- ("Haarspitzenkatarrh"), Glieder- und Gelenkschmerzen
- Husten, meist trocken oder blutig tingierter Auswurf (atypische Pneumonie)
- meist Splenomegalie
- schweres Krankheitsgefühl
- Epistaxis

❑ **Komplikationen**

- Superinfektion, Empyem
- Myokarditis

❑ **Diagnostik**

- *Anamnese* (Vogelhaltung!)
- *Erregernachweis* (IFT) aus Blut, Sputum, Biopsie oder Pleuraflüssigkeit
- *Serologie* (KBR, 1:16 oder höher oder > 2facher Titeranstieg innerhalb 14 Tagen)

- *Röntgen-Thorax*
  diffuse fleckförmige (evtl. milchglasartige) Infiltrate (auch bronchopneumonisch)

❑ **Therapie**

- Tetrazykline wie Doxycyclin (z.B. Vibramycin®)
- Erythromycin (z.B. Erythrocin®)
- Ciprofloxacin (z.B. Ciprobay®)

❑ **Prophylaxe**

Ausschaltung der tierischen Ansteckungsquelle.

❑ **Prognose**

Gut, jedoch ohne Antibiose Letalität um 30 %. Nach Infektion keine andauernde Immunität.

3.5.1.5. Legionellose - Legionärskrankheit

❑ **Erreger**

Legionella pneumophila, entdeckt 1976 als bei einem Treffen des Veteranenverbandes "American Legion" gehäuft schwere Pneumonien auftraten. Über 20 Spezies.

❑ **Epidemiologie**

Erregerreservoir ist Wasser (insbesondere Wasserleitungen, Duschköpfe, Wasserhähne, Luftbefeuchter, Whirlpools).

❑ **Übertragungsweg**

Aerogen bzw. als Aerosol.

❑ **Inkubationszeit**

2-10 Tage.

❑ **Symptomatik**

- Beginn akut
- Schüttelfrost, häufig grippeartig mit Fieber (ansteigend bis > 40 °C), Kopf-, Glieder- und Gelenkschmerzen
- Husten, meist trocken (atypische Pneumonie)
- Diarrhö
- schweres Krankheitsgefühl
- zentralnervöse Störungen (Lethargie)

Alternative Verlaufsform: *Pontiac-Fieber*

- Schüttelfrost, Fieber (Kontinua 39-40 °C), Kopf- und Gliederschmerzen, trockener Husten, allgemeines Krankheitsgefühl. Entzündung der Schleimhäute inkl. Konjunktiven, Meningismus. Dauer ca. 5 Tage. Keine Pneumonie

❑ **Komplikationen**

- Sepsis mit
  - Nierenversagen (immunkomplexbedingt)
  - disseminierter intravasaler Gerinnung (DIC)
  - Hypovolämie
- Pleuraerguß

❑ **Diagnostik**

- *Klinik*
  atypische Pneumonie mit Durchfällen, (häufig bei Patienten mit fortgeschrittenem Lebensalter, Diabetes, Leberzirrhose, etc.)
- *Leukozytose* mit Linksverschiebung, Erhöhung der Transaminasen
- *Erreger-* (direkter IFT) bzw. *Antigennachweis* (RIA) Sputum, Trachealsekret oder BAL
- *Antikörpernachweis* (IFT oder ELISA) (Titer > 1:256 oder 4facher Titeranstieg innerhalb 14 Tagen)
- *Röntgen-Thorax:* lobäre, retikuläre Infiltrate

❑ **Therapie**

- Pontiac-Fieber symptomatisch, keine Antibiose notwendig
- Erythromycin (z.B. Erythrocin®) 4x500 mg/die (+ Rifampicin 2-4x300 mg)
- Ciprofloxacin (z.B. Ciprobay®)
- Therapiedauer 3-4 Wochen
- weitere Maßnahmen ☞ Therapie der Pneumonien (inkl. Beatmung) (Kap. 3.5.1.)
- bei Nierenbeteiligung evtl. Hämodialyse

❑ **Prophylaxe**

Wasser mit > 5 ppm Chlorgehalt oder Erhitzung über 65 °C tötet den Erreger ab.

❑ **Prognose**

Letalität um 20 % (bei nosokomialer Infektion deutlich höher). Hinterläßt keine andauernde Immunität. Gute Prognose beim Pontiac-Fieber.

(Pneumonien durch andere Erreger werden im Kap. 9 "Infektionskrankheiten" beschrieben.)

3.5.2. Lungenabszeß

❑ **Definition**

Eitrige Einschmelzung von Lungengewebe. Die durch Mykobakterien bedingten Nekrosen mit Einschmelzung werden als Kavernen bezeichnet.

❑ **Ätiologie und Pathogenese**

- meist im Rahmen einer Pneumonie bei zentral gelegenem Verschluß
- Aspiration, insbesondere bei reduziertem Immunstatus (Alkoholabusus, fortgeschrittenes Alter, HIV)
- Lungeninfarkt nach Lungenembolie
- Trauma mit superinfiziertem Hämatom
- superinfizierte Emphysemblase oder Lungenzyste
- zerfallender Tumor
- per continuitatem durch Leberabszesse
- hämatogene Streuung septischer Herde (z.B. Osteomyelitis)
- lymphogene Streuung (z.B. bei Mundbodenphlegmone oder Oberlippenfurunkel)

Häufige Erreger sind Staphylococcus aureus, Klebsiellen, Anaerobier sowie bei gleichzeitig vorliegenden Leberabszessen auch Amöben.

❑ **Symptomatik**

- meist ausgeprägtes Krankheitsgefühl
- hohes Fieber
- Husten mit großen purulenten, übelriechendem Sputummengen
- Thoraxschmerzen

❑ **Komplikationen**

- Pleuraempyem
- Sepsis
- bronchopleurale Fisteln, Pneumothorax
- Hämoptoe
- abszedierende Lungengangrän

❑ **Diagnostik**

Neben Sicherung der Diagnose "Lungenabszeß" muß auch die Abszeßursache ermittelt werden.

- *Anamnese* und *Klinik* ähnlich der Pneumonie. Häufig jedoch große, übelriechende Sputummengen. Bei großer Abszeßhöhle amphorisches Atemgeräusch
- *Labor*
  BKS beschleunigt, CRP erhöht, Leukozytose
- *Erregernachweis*
  mikrobielle Untersuchung des Sputums oder des bronchoskopisch bzw. durch Punktion gewonnenen Materials sowie Blutkultur (aerob, anaerob, säurefeste Stäbchen)
- *Röntgen-Thorax*
  rundliche Verschattung, bei Kontakt mit dem Bronchialsystem evtl. Höhlenbildung mit Spiegel
- *CT-Thorax*
  Abszeßnachweis und genaue Lokalisation + Ausdehnung
- *Bronchoskopie* (diagnostisch zur Probeentnahme bzw. therapeutisch zum gezielten Absaugen)

❑ **Differentialdiagnose**

- Tuberkulose
- Sarkoidose
- Lungentumore, Metastasen extrapulmonaler Malignome
- Aspergillom, Echinococcus-Zysten

❑ **Therapie**

- bronchoskopische Absaugung
- Die antibiotische Therapie sollte nach Austestung über 4-8 Wochen erfolgen. Bei fehlendem Antibiogramm müssen sowohl grampositive wie gramnegative sowie aerobe als auch anaerobe Keimspektren abgedeckt werden. Es empfiehlt sich daher eine Kombinationstherapie von Cephalosporinen mit Clindamycin oder Metronidazol und zusätzlich einem staphylokokkenwirksamen Penicillin
- Lagerungsdrainage
- bei fehlendem Therapieerfolg (in ca. 1/3 der Fälle) oder relevanter Hämoptoe chirurgische Intervention

❑ **Prognose**

Heute insgesamt günstig. Mortalität ca. 5 %. Große Abszeßhöhlen (> 5 cm), multiple kleine Abszesse im Rahmen einer nekrotisierenden Pneumonie, gleichzeitig vorliegende obstruktive Ventilationsstörungen sowie ein schlechter Immunstatus beeinflussen die Prognose jedoch ungünstig.

3.5.3. Fibrosierende Lungenparenchymerkrankungen

❑ **Definition, Ätiologie und Pathogenese**

Erkrankungsgruppe bei der die Lunge isoliert oder zusammen mit anderen Organen betroffen ist. Dabei sind insbesondere Alveolen und Interstitium betroffen. Histologische Reaktionsmuster sind

- Alveolitis
- Granulombildung und
- Fibrosierung

Einzelne Erkrankungen gehen auch mit einer Eosinophilie sowie Vaskulitis einher.

Der bindegewebige Umbau endet schließlich im Bild der sogenannten Wabenlunge.

inhalative Noxen	• organische Stäube (exogen-allergische Alveolitis) • anorganische Stäube (Pneumokoniosen) • Gase, Dämpfe, Rauch (N_2O, NO_2, O_2, O_3, $ZnCl_2$, etc.) • Infektionen (Bakterien, Viren, Pilze, Mykoplasmen, Chlamydien. Rickettsien, Parasiten) • rezidivierende Aspirationen
nichtinhalative Noxen	• Medikamente (z.B. Bleomycin, Busulfan, Methotrexat, Hexamethonium, Methysergid, Goldpräparate, D-Penicillamin, Nitrofurantoin, Amiodaron, Heroin) • Herbizide (z.B. Paraquat) • ionisierende Strahlen • chronische Linksherzinsuffizienz • Schocklunge (fluid lung, ARDS)
im Rahmen von Systemerkrankungen	• Erkrankungen aus dem rheumatischen Formenkreis und Kollagenosen (Lupus erythematodes, Sklerodermie Dermatomyositis, chronische Polyarthritis [cP], Panarteriitis nodosa, M. Bechterew, Sjögren-Syndrom) • Lungenvaskulitiden (Wegenersche Granulomatose, allergische Granulomatose [Churg-Strauss-Syndrom], Lungenhämosiderose [M. Ceelen], chronische eosinophile Pneumonie [Carrington], Goodpasture-Syndrom, Löffler-Syndrom, etc.) • Speicherkrankheiten (M. Gaucher) • Histiozytose X (eosinophiles Granulom, Abt-Letterer-Siwe-Syndrom, Hand-Schüller-Christian-Syndrom) • neuroektodermale Erkrankungen (Neurofibromatose Recklinghausen, tuberöse Sklerose, Sturge-Weber-Krabbe-Syndrom) • Sarkoidose (M. Boeck) • Mukoviszidose

Tab. 3.9: Wichtigste Ursachen für fibrosierende Lungenparenchymerkrankungen.

Ein großer Teil dieser interstitiellen Lungenerkrankungen tritt jedoch idiopathisch auf. Die Einteilung erfolgt nach Liebow und Carrington (bzw. Otto):

- UIP: gewöhnliche (usual) interstitielle Pneumonie (Alveolitis, Mesenchymknospen)
- DIP: desquamative interstitielle Pneumonie (Alveolitis, Alveolarzelldesquamation)

seltener:

- BIP: bronchiolitisch interstitielle Pneumonie (wie UIP + Bronchiolitis obliterans)
- GIP: interstitielle Pneumonie mit Riesenzellen (giant cells)
  (tuberkuloid granulomatöse interstitielle Pneumonie)
- LIP: lymphoide interstitielle Pneumonie (lymphofollikuläre granulomatöse interstitielle Pneumonie)

❑ **Symptomatik**

- u.a. von der Grundkrankheit abhängig
- meist zunehmende Dyspnoe, trockener Reizhusten, später reduzierter Allgemeinzustand, Zyanose, Trommelschlegelfinger, Uhrglasnägel, Cor pulmonale

❑ **Komplikationen**

- respiratorische Insuffizienz
- Cor pulmonale
- u.a. toxisches Lungenödem, Lupus erythematodes etc.

❑ **Diagnostik**

- *Anamnese* inkl. Berufs- und Medikamentenanamnese
- *klinische Untersuchung*
  Der Patient ist häufig nicht zur tiefen Inspiration fähig. Die Inspiration wird dabei plötzlich abgebrochen. Bei der Auskultation findet sich häufig inspiratorisches Knisterrasseln. Die Lungengrenzen sind bei ausgeprägter Fibrosierung meist hochgestellt
- *Röntgen-Thorax*
  - milchglasartig (homogene Trübung der Unter-und Mittelfelder bds.) z.B. bei exogen-allergischer Alveolitis
  - nodulär (rundliche kleine [< 0,5 cm] Fleckschatten) z.B. bei Silikose
  - retikulär (unregelmäßige kleine [< 0,5 cm] Fleckschatten, netzförmig) z.B. bei Asbestose
  - retikulo-nodulär z.B. bei fortgeschrittenen fibrosierenden Lungenparenchymerkrankungen
  - Wabenlunge (zystische Veränderungen vorwiegend in den Unter- und Mittelfeldern, diffuse Fibrosierung)
- *Lungenfunktion*
  restriktive Ventilationsstörung, verminderte Compliance und Diffusionsstörung
- *BGA*
  zunehmende respiratorische Insuffizienz, insbesondere bei bzw. nach Belastung
- *Laboruntersuchungen*
  BKS, Blutbild (Polyglobulie, Leukozytose?), Rheumaserologie, evtl. antinukleäre, antizytoplasmatische und antimitochondriale Antikörper, Antikörper gegen DNA, Angiotensin-Converting-Enzyme (ACE), Elektrophorese, IgA, IgG, Allergologie (Typ III-Allergie), Serologie betr. evtl. Mikroorganismen
- *Bronchoskopie* mit transbronchialer Lungen- bzw. Lymphknotenbiopsie und bronchoalveolärer Lavage (BAL)
- *(HR-) CT* ggf. mit gezielter Punktion
- evtl. *Thorakoskopie* mit Lungenbiopsie bzw. Mediastinoskopie mit Lymphknotenbiopsie

Alveolitiden

3.5.3.1. Alveolitis (idiopathisch fibrosierende Form)

❑ **Definition, Ätiologie und Pathogenese**

Entzündliche Veränderungen der Alveolen mit Verdickung der Alveolarwände und schließlich bindegewebigem Umbau des Interstitiums. Proliferation der Pneumozyten Typ II. Endstadium: Lungenfibrose bzw. Wabenlunge.

Hamman-Rich-Syndrom: akute, idiopathische Verlaufsform einer fibrosierenden Alveolitis.

❑ **Symptomatik**

- trockener Reizhusten
- zunehmende Dyspnoe
- Trommelschlegelfinger, Uhrglasnägel
- Zyanose, pulmonale Kachexie, Zeichen der Rechtsherzinsuffizienz

❑ **Diagnostik**

- *Anamnese und klinischer Befund*
  häufig Knisterrasseln (dem Geräusch beim langsamen Öffnen eines Klettverschlusses vergleichbar), bei Fibrosierung: Quietschen (Sklerosiphonie) und sog. Korkenreibegeräusch
- *Röntgen-Thorax:*
  evtl. milchglasartige Verschattung insbesondere der Unterfelder. Fibrosezeichen (retikuläre, miliare bzw. noduläre Verdichtungen), Wabenlunge
- *Lungenfunktion*
  (siehe oben). Wichtige Größen sind Vitalkapazität, CO-Transfervektor und BGA (unter bzw. nach Belastung)
- *Entzündungsparameter* wie BKS und CRP, Blutbild (Leukozytose?) bei akuten Schüben, Polyglobulie, evtl. γ-Globulinvermehrung, unspezifische Veränderungen bei Rheumafaktoren oder verschiedenen Antikörpern z.B. ANA
- *Bronchoskopie* mit Lungenbiopsie (*cave:* Pneumothoraxgefahr) oder BAL
- evtl. *Thorakoskopie* mit Biopsie

❑ **Differentialdiagnose**

- andere Lungenparenchymerkrankungen
- hyperreagibles Bronchialsystem
- Bronchial- bzw. Alveolarzell-Karzinom

❑ **Therapie**

- *Corticosteroide*
  Beginn mit 50-80 mg Prednisonäquivalent/die (1 mg/kg KG) für 4-8 Wochen, wöchentliche Reduzierung um 2,5-5 mg. Bei Dosen von 12,5-20 mg/die langsame weitere Reduzierung (2,5-5 mg alle 3 Monate), Erhaltungsdosis über Jahre meist um 10 mg Prednisonäquivalent. Dabei Kontrolle von: Röntgen-Thorax, Lungenfunktion und BGA und BAL
- evtl. zusätzlich Zytostatika bzw. Immunsuppressiva (Cyclophosphamid [z.B. 100 mg/die], Azathioprin)
- sonst symptomatische Therapie, ggf. O_2-Langzeittherapie

❑ **Prognose**

Je nach Grad der Aktivität und Bindegewebsneubildung (Fibrosierung) unterschiedlich. Terminal respiratorische Insuffizienz mit Cor pulmonale.

3.5.3.2. Exogen allergische Alveolitis

❑ **Definition**

Immunkomplexerkrankung (Typ III-Allergie, präzipitierende Antikörper der IgG-Klasse) der Lunge (besonders der Alveolen) durch inhalative Allergene. Exogen-allergische Alveolitiden, die durch den

Arbeitsprozeß bedingt sind, sind meldepflichtige Berufserkrankungen. Die exogen-allergische Alveolitis wird auch als Hypersensitivitätspneumonie (hypersensitivity pneumonitis) bezeichnet.

❑ Ätiologie und Pathogenese

Ursächlich sind u.a. Bakterienantigene (B), Pilzsporenantigene (Pi), tierische Eiweiße (T), Pflanzenbestandteile (Pf) sowie Chemikalien (Ch) (☞ Tab. 3.10).

Über Immunreaktionen, meist Typ III (Arthus-Phänomen), wird eine in der Regel lokale akute oder chronische Entzündungsreaktion unterhalten. Insbesondere bei langem Verlauf kann sich eine Lungenfibrose ausbilden.

Krankheit	Exposition	Antigen
Bagassose	schimmliges Zuckerrohr	Thermoactinomyces sacchari (B)
Befeuchterlunge	Klimaanlagen	Schimmelpilze (Pi) und Thermoactinomyceten (B)
Champignonzüchterlunge	Kompost von Champignonkulturen	Micropolyspora faeni (B)
Chemiearbeiterlunge	Polyurethanherstellung	Isocyanate (Ch)
Farmerlunge	schimmliges Heu	Thermoactinomyceten (B)
Fischmehlarbeiterlunge	Fischmehl	Fischmehlantigen (T)
Holzarbeiterlunge	Sägemehl	Extrakte von Sägemehl (Pf)
Käsewäscherlunge	schimmliger Käse	Penicillium casei, frequentas (Pi)
Kaffeearbeiterlunge	Kaffeeverarbeitung	Kaffeebohnen (Pf)
Kornkäferkrankheit	Weizenmehl	Weizenrüsselkäfer (T)
Kürschnerlunge	Pelzverarbeitung	Antigene im Pelz (T)
Malz-, Papierarbeiterlunge	schimmlige Gerste, Malz	Aspergillus fumigatus und clavatus (Pi)
Paprikaspalterlunge	Paprikaverarbeitung	Schimmelpilze (Pi)
Tabakarbeiterlunge	Tabakverarbeitung	Schimmelpilze (Pi)
Vogelhalterlunge	Vogelexkremente	Proteine von Tauben, Hühnern und Wellensittichen etc. (T)

Tab. 3.10: Erkrankungen mit exogen allergischer Alveolitis.

❑ Symptomatik

- 6-8 Stunden nach Antigenkontakt: Husten, Dyspnoe und Fieber (monday-fever)
- bei chronischem Verlauf klinisch schleichend mit Husten, zunehmender Dyspnoe, Gewichtsabnahme, Zyanose

❑ Komplikationen

Lungenfibrose mit respiratorischer Insuffizienz und Cor pulmonale.

❑ **Diagnostik**

- *Anamnese und klinischer Befund* (Dyspnoe mit Zyanose, Fieber, evtl. Knisterrasseln)
- *Röntgen-Thorax*
  unauffällig oder diffuse Infiltrationen, im chronischen Stadium retikulo-noduläres bzw. noduläres Muster
- *Lungenfunktion*
  - je nach Ausmaß restriktive Ventilationsstörungen
  - verminderte Compliance und CO-Transfervektor
- *BGA:* respiratorische Insuffizienz
- *Haut-Test (Typ III-Test), anschließend inhalativer Provokationstest* (nach 6-8 Stunden o.g. Klinik, Leukozytose und Veränderung der Lungenfunktion inkl. BGA; entspr. Vorsichtsmaßnahmen ☞ Kap. 3.4.4.1.)
- *BAL:* im akuten Stadium granulozytär, im chronischen Stadium häufig lymphozytär
- evtl. *bronchoskopische Lungenbiopsie*

❑ **Differentialdiagnose**

- *bei akuter Form*
  bronchopulmonale Infekte insbesondere atypische Pneumonie
- *bei chronischen Formen*
  alle Formen der Lungengerüsterkrankungen, Bronchialkarzinom, Asthma bronchiale

❑ **Therapie**

- Allergenkarenz, ggf. Arbeitsplatzwechsel
- Corticosteroide (bei akutem wie auch chronischem Verlauf)
  systemisch oder per inhalationem wirksam (Dosierung 40-60 mg Prednisolonäquivalent/die, Reduzierung nach Klinik auf Erhaltungsdosis zwischen 5-10 mg)

❑ **Prognose**

Bei frühzeitiger Therapie und Allergenkarenz günstig. Bei bereits eingetretener Fibrosierung und weiterem Allergenkontakt hingegen ungünstig.

Granulomatöse Lungenerkrankungen

3.5.3.3. Sarkoidose (M. Besnier-Boeck-Schaumann)

❑ **Definition**

Granulomatöse Systemerkrankung mit überwiegendem Befall der Lunge und hilären Lymphknoten.

❑ **Epidemiologie**

Prävalenz ca. 10-50/100.000 Einwohner, Frauen etwas häufiger als Männer betroffen, meist Erwachsene unter 40 Jahre.

❑ **Ätiologie und Pathogenese**

Die Ätiologie ist unklar. Möglicherweise liegt u.a. eine genetische Disposition vor. Es finden sich nicht-verkäsende Granulome mit Epitheloidzellen, Langhanssche-Riesenzellen sowie Makrophagen, die beide ACE (Angiotensin converting enzyme) bilden, und Lymphozyten (T-Zellen setzen Interleukin-2 frei).

❑ Symptomatik

- *akute Sarkoidose*
  meist Fieber, Husten, Erythema nodosum (rötliche, blaue druckdolente, fleckförmige Effloreszenzen an den Streckseiten der Unterschenkel), Arthritis sowie bihiläre Lymphknotenschwellung, negativer Tuberkulin-Test und erhöhte BKS (= Löfgren-Syndrom)
- *chronische Sarkoidose*
  meist asymptomatisch und nur Zufallsbefund beim Röntgen-Thorax. Anfangs nur selten Husten oder Dyspnoe, später Belastungsdyspnoe bei restriktiver Ventilationsstörung. Häufig extrapulmonaler Organbefall (Tab. 3.11)

Auge	Iridozyklitis, Uveitis, Keratokonjunktivitis
Haut	Erythema nodosum, kleine rötliche bzw. blaue Papeln oder fleckförmige Läsionen (Lupus pernio)
Leber und Milz	Hepatosplenomegalie, selten Ikterus oder Hypersplenismus
Knochen	Osteolysen insbesondere der kleinen Knochen, wie z.B. Phalangen (Ostitis multiplex cystoides = *Jüngling-Syndrom*). Evtl. Blutbildveränderungen, Hyperkalzämie und Hyperkalziurie
Herz	Herzrhythmusstörungen, Perikardergüsse
Nervensystem	basale Meningitis, Diabetes insipidus, neurologische Ausfälle wie Fazialisparesen
weitere Organe	Tränen- und Speicheldrüsenentzündung, Muskeln (Myositis), Niere (Granulome und Schäden durch Hyperkalziurie), Gelenke (Arthritis), Gastrointestinaltrakt (Hepatosplenomegalie)
Heerfort Syndrom	Fazialisparese, Uveitis und Parotisschwellung

Tab. 3.11: Extrathorakale Manifestation der Sarkoidose.

❑ Komplikationen

- Lungenfibrose
- Cor pulmonale
- respiratorische Insuffizienz

❑ Diagnostik

- *Anamnese und Klinik* (s.o.)
- *Labor*
  - bei akuter Sarkoidose BKS erhöht, evtl. Leukozytose. Sonst eher Leuko- bzw. Lymphopenie
  - Eiweißelektrophorese entzündlich verändert bzw. γ-Globulinfraktion erhöht
  - Tuberkulin-Test negativ
  - ACE in 50-80 % erhöht, Maß für Aktivität, dient der Verlaufskontrolle (evtl. auch Lysozym), nicht spezifisch
  - Hyperkalzämie und Hyperkalziurie bei erhöhtem 1α,25-Dihydroxy-Vitamin D (Normalisierung unter Corticosteroidgabe)
  - evtl. antinukleäre Antikörper grenzwertig erhöht, bei Leberbeteiligung evtl. Erhöhung der Transaminasen und alkalischen Phosphatase
- *Röntgen-Thorax* (Tab. 3.12)

Stadium	Befund
0	Normalbefund (z.B. bei isolierter Organsarkoidose)
I	bihiläre Lymphadenopathie (polyzyklische Hilusverbreiterung) ohne Lungenbefall (reversibles Stadium) (bis zu 2/3 aller Fälle)
II	bihiläre Lymphadenopathie (polyzyklische Hilusverbreiterung) mit Lungenbefall (fein- bis mittelfleckige (1-10 mm große) Verschattungen, unscharf begrenzt
III	Lungenbefall ohne Lymphadenopathie
IV	Lungenfibrose (irreversibel)

Tab. 3.12: Internationale Einteilung der Sarkoidose nach radiologischen Kriterien. Daneben existiert eine Einteilung in 3 Stadien nach WURM.

- *Lungenfunktion und BGA*
  restriktive Ventilationsstörung, später auch obstruktive Komponente und Diffusionsstörungen
- *Bronchoskopie mit BAL* und ggf. bei negativer Histologie - auch aus anderen Organen (s.o.) - *Mediastinoskopie*
  In der BAL findet sich häufig eine lymphozytäre Alveolitis mit hohem T-Lymphozytenanteil. Dabei ist ein hohes Verhältnis CD4 (Helfer) zu CD8 (Suppressor) (> 3,5 bzw. bei Rauchern > 2,5) als zusätzlicher Hinweis für eine Sarkoidose zu werten
- *Galliumszintigraphie* insbesondere bei akuten Sarkoidosen (heute jedoch nur selten indiziert bzw. durchgeführt - aufwendig, hohe Strahlenbelastung)
- positiver *Kveim-Test*
  s.c.-Injektion von Antigen aus Lymphknoten- bzw. Milzextrakten Sarkoidosekranker (heute selten verwendet, da Fehlen von standardisiertem Testserum)
- *weitere Diagnostik* betr. extrapulmonaler Manifestationen (Auge, Herz, Niere etc.)

❑ Differentialdiagnose

- Erythema nodosum
  Tuberkulose, Yersinien- bzw. Streptokokkeninfektionen, M. Crohn, Colitis ulcerosa, medikamentös oder idiopathisch
- Tuberkulose
- Neoplasien wie Bronchial-NPL, maligne Lymphome
- andere fibrosierende Lungenerkrankungen
- andere Erkrankungen bei entsprechend extrathorakaler Beteiligung

❑ Therapie

• akute Sarkoidose

Analgetika (nicht-steroidale Antirheumatika = NSAR).

- **chronische Sarkoidose**

Corticosteroide nach strenger Indikationsstellung bei:

- Dyspnoe, starker Einschränkung der Lungenfunktion. (Radiologische Veränderungen der Lunge stellen per se keine Indikation dar!)
- Organbeteiligung (Auge, Herz, Leber, Nervensystem, Niere bzw. Hyperkalzämie oder Hyperkalziurie, blutbildendes System inkl. Hämolyse, entstellende Hautveränderungen - hier evtl. Therapieversuch mit Chloroquin)
- hohe Aktivität oder akute Sarkoidose, die unter NSAR keine wesentliche Besserung zeigt

> *Cave*: schubweiser Verlauf mit progredienter Verschlechterung unter Corticosteroidtherapie möglich! Bei tuberkulösen Residuen Therapie unter INH-Chemoprophylaxe.

- *Dosierungsempfehlung*
  Beginn mit 1 mg Prednisolonäquivalent/kg KG/die, dann Reduktion (anfangs 5 mg/Woche, dann 5 mg/Monat) bis auf ca. 5-10 mg/die. Die akute Sarkoidose wird so in der Regel für ca. 6 Wochen, die chronische Sarkoidose bei gutem Therapieerfolg oder totalem Therapieversagen für ca. 6 Monate therapiert. Sonst Langzeittherapie unter Kontrolle (alle 3 Monate) der Lungenfunktion, des ACE, Röntgenthorax sowie o.g. Parameter und ggf. Auslaßversuche
- bei fehlendem Therapieerfolg und Progredienz evtl. Versuch mit Azathioprin oder Cyclophosphamid

❑ **Prognose**

Hohe Spontanheilung (> 90 %) bei der akuten Sarkoidose. Die chronische Sarkoidose im Stadium I zeigt in ca. 2/3 der Fälle, in den Stadien II,III und IV in ca. der Hälfte der Fälle Remissionen. Eine ungünstige Prognose haben progrediente Formen, die eine Lungenfibrose mit respiratorischer Insuffizienz und Cor pulmonale entwickeln.

3.5.3.4. Wegenersche-Granulomatose

❑ **Definition**

Nekrotisierende Vaskulitis mit Granulombildung im Bereich des Kopfes (Nase, Nasennebenhöhlen, Ohren), der Lunge sowie bei generalisierter Form der Nieren. Bei längerer Krankheitsdauer kann sich eine generalisierte Vaskulitis entwickeln (☞ Kap. 1.12.10.3.).

❑ **Epidemiologie, Ätiologie und Pathogenese**

Inzidenz ca. 0,5 Erkrankungen auf 100.000 Männer erkranken häufiger als Frauen. Die Ätiologie ist unbekannt. Es finden sich antizytoplasmatische Antikörper (ACPA) gegen die Proteinase 3 bzw. Myeloperoxidase der Granulozyten (cANCA bzw. pANCA, seltener ANCA für antineutrophile Zytoplasma-Autoantikörper) sowie vermehrt Zytokine (Interleukine und Tumor-Nekrose-Faktor) im Serum. Das histologische Bild ist von Granulomen und nekrotisierender Vaskulitis geprägt. Betroffen sind insbesondere die Schleimhaut. An den Nieren findet sich eine Glomerulonephritis.

❑ **Symptomatik**

- Rhinitis, Sinusitis, Otitis
- Schleimhautulzerationen, Nasenseptumperforationen, Sattelnase, Epistaxis
- Husten, evtl. Heiserkeit, Hämoptoe, evtl. Dyspnoe und Thoraxschmerzen
- Iritis, Skleritis und Konjunktivitis, Ulzera der Sklera und Kornea
- Petechien, kleine Ulzerationen

- Arthralgien
- Myalgien
- (Mikro-)Hämaturie (Glomerulonephritis)
- evtl. Nerven- oder Herzbeteiligung (Neuritis, Koronararteriitis)
- insbesondere bei generalisierter Form:
  Fieber, reduzierter Allgemeinzustand, Gewichtsverlust, Nachtschweiß

Bei Ulzera im Nasen- und Rachenbereich sowie verschatteten Nasennebenhöhlen kann ebenso ein M. Wegener vorliegen wie bei unklaren Lungeninfiltraten oder einer Glomerulonephritis.

❑ **Komplikationen**

- Pneumothorax
- respiratorische Insuffizienz
- Nierenversagen

❑ **Diagnostik**

Die Diagnose wird durch:

- *klinisches Bild* (Anamnese und klinischer Befund s.o.)
- erhöhte *ACPA* (ANCA) - in über 90 % der Fälle positiv
- positive *Histologie* (meist Nasenrachenraum) gestellt

- *Labor*
  BKS beschleunigt, IgA meist erhöht, Leukozytose mit evtl. Eosinophilie, evtl. Thrombozytose und Anämie. Rheumafaktor und Antikörper gegen glatte Muskulatur häufig erhöht
- *bei Nierenbeteiligung*
  Hämaturie, Proteinurie, evtl. erhöhte Retentionswerte
- *Röntgen-Thorax*
  meist multiple, kleine Rundherde bzw. Infiltrationen, teils flüchtig. Evtl. zentrale kavernöse Einschmelzung oder Bild der weißen Lunge (Kapillaritis)
- *NNH* meist verschattet

❑ **Differentialdiagnose**

- andere Vaskulitiden oder Granulomatosen
  - Immunkomplexvaskulitiden
    - klassische Panarteriitis nodosa (☞ Kap. 1.12.10.2)
    - Purpura-Schoenlein-Henoch (☞ Kap. 1.12.10.9)
    - Kryoglobulinämie
    - allergische Vaskulitis
  - Vaskulitiden ohne Immunkomplexe (pauci-immun)
    - Churg-Strauss-Syndrom (☞ Kap. 1.12.10.4.)
- Infektionen im Kopf-, Hals- und Lungenbereich
- Goodpasture-Syndrom
- maligne Lymphome

❑ **Therapie**

- Co-Trimoxazol bei lokalem Befall im Frühstadium

- Corticosteroide
1 mg Prednisolonäquivalent/kg KG/die bei akuter Wegener Granulomatose auch hochdosiert (z.B. 3x1 g/die) als alleinige Therapie oder nach dem *Fauci-Schema* in Kombination mit immunsuppressiver Therapie Cyclophosphamid (2-4 mg/kg KG/die) oder Azathioprin. Nach Remission sollte die Therapie für 1 Jahr weitergeführt werden
- bei Nierenbeteiligung Plasmapherese sowie bei Nierenversagen Hämodialyse und ggf. Nierentransplantation

❑ **Prognose**

Ohne Therapie versterben die Patienten meist rasch (innerhalb von 1-2 Jahren) an Nierenversagen. Unter Therapie kommt es in 90-95 % der Fälle zu Remissionen (ACPA als Kontrollparameter), die in der Regel lange anhalten.

Weitere mit einer Arteriitis oder Fibrosierung der Lunge einhergehende Erkrankungen werden u.a. in Kap. 6. "Erkrankungen der Niere und ableitende Harnwege" oder Kap. 7. "Erkrankungen aus dem rheumatischen Formenkreis (inkl. Kollagenosen) und des Bewegungsapparates" behandelt.

3.5.4. Pneumokoniosen

❑ **Definition**

Erkrankungen der Lunge, die durch Inhalation und Ablagerung von Stäuben (anorganisch, feste Teilchen ohne lebende Mikroorganismen) hervorgerufen werden und zu Gewebsreaktionen führen.

❑ **Epidemiologie**

> Sie sind neben Lärmschäden die häufigsten Berufskrankheiten (fast alle Pneumokoniosen gehören zu den meldepflichtigen Berufskrankheiten) in Deutschland.

❑ **Ätiologie und Pathogenese**

Nur bestimmte Staubpartikel können die Atmungsorgane schädigen: da eine Filterung durch Nasenhaare (Staubteilchen > 10 µm) und Flimmerepithel (Staubteilchen > 5 µm) erfolgt. Lungengängig sind Teilchen der Größe 0,5-5 µm. Die Alveolarmakrophagen phagozytieren zudem Teilchen der Größe < 2 µm und transportieren sie zu den Lymphknoten.

Pneumokoniosen können progredient oder persistierend verlaufen. Sie führen zu obstruktiven und restriktiven Ventilationsstörungen, außerdem zu Diffusions- und Perfusionsstörungen.

Häufige Ursachen sind Quarzstaub, Asbest, Kohle, Eisen, Beryllium, Aluminium, Hartmetall, Chrom etc.

Röntgenologisch erfolgt die Einteilung anhand der (relativ komplizierten) ILO-(*International Labour Organisation*)-*Klassifikation*, wobei insbesondere die Größe, Begrenzung und Verteilung der Verschattungen neben anderen radiologischen Kriterien erfaßt wird.

❑ **Therapie**

Allgemein

Prophylaxe! Eine kausale Therapie ist nicht möglich, da die fibroblastischen Bindegewebsneubildungen auch nach einem Arbeitsplatzwechsel fortschreiten können. Deshalb sind entsprechende Schutzmaßnahmen von großer Bedeutung.

Symptomatische Maßnahmen

Verhinderung bzw. Therapie von Sekundärinfektionen, ggf. Bronchospasmolyse und Expektorantiengabe.

Pneumokoniosen infolge anorganischer Stäube

3.5.4.1. Quarzstaublungenerkrankung (Silikose)

❑ **Definition**

Durch Inhalation von Quarzstaub (SiO_2) hervorgerufene Pneumokoniose, die mit fibrosierenden und granulomatösen Veränderungen in der Lunge einhergeht. Sie stellt eine meldepflichtige Berufskrankheit (Berufskrankheitenverordnung (BeKV) Ziffer 4101) dar.

❑ **Epidemiologie, Ätiologie und Pathogenese**

- häufige Pneumokoniose bei Bergarbeitern, Steinmetzen, Sandstrahlern, Schleifern sowie Arbeitern in der Keramikindustrie etc.
- Ursächlich ist Quarzstaub der Größe 0,5-5 µm
- Pathogenetisch kommt es zu einer Überlastung der mukoziliaren Clearancefunktion. Die Staubteilchen werden von Makrophagen aufgenommen und abtransportiert. Dabei kommt es zu einer Ablagerung in den Lymphbahnen bzw. Lymphknoten. Durch Makrophagenzerfall wird die Bindegewebsneubildung (Fibrosierung und Granulombildung) induziert. Im Endstadium finden sich perifokale emphysematöse Veränderungen sowie Schwielenbildung

❑ **Symptomatik**

- meist Beschwerdefreiheit, gelegentlich Husten, gräulicher Auswurf, Ruhe- bis Belastungsdyspnoe
- häufig Infekte, z.B. Siliko-Tuberkulose
- Zeichen der Rechtsherzinsuffizienz bzw. Cor pulmonale

❑ **Komplikationen**

- Infekte, insbesondere Tuberkulose
- Pneumothorax
- Lungenfibrose und Emphysem
- evtl. respiratorische Insuffizienz und Cor pulmonale

❑ **Diagnostik**

- (Berufs-)*Anamnese*
- *Röntgen-Thorax:* Klassifikation nach ILO oder Einteilung in 3 Stadien (Tab. 3.13)

Stadium 1	kleinste Ablagerungen, chron. Peribronchitis (netzförmige Lungenstruktur mit einzelnen, feinfleckigen Knötchen, evtl. vergrößerte Lymphknoten)
Stadium 2	tüpfelförmige Ablagerungen, stärkere Lungenzeichnung, deutlich verbreiteter Hilus (Schneegestöberlunge = gleichmäßige, linsengroße Schatten über die ganze Lunge verteilt, oder Schrotkornlunge = kleinere, dichter begrenzte Fleckschatten, ebenfalls über die ganze Lunge verteilt)
Stadium 3	dichte Ablagerungen, stärkere Lungenzeichnung, dichte, evtl. tumoröse Verschattungen, Schwielenbildung, Emphysem, Rechtsherzinsuffizienz (große Verschattungen "Schwielen", strahlige Einziehungen der Lungenbasis durch Schrumpfungsprozesse)

Tab. 3.13: Stadieneinteilung der Silikose.

Die Silikose gilt als Prototyp einer knötchenförmigen Lungenfibrose.

- Die Lungenfunktion kann in allen drei Stadien sowohl restriktiv (über Fibrosierung) als auch obstruktiv gestört sein und korreliert meist nicht mit dem Röntgenbefund
- ggf. histologische Sicherung durch transbronchiale, thorakoskopische oder offene Lungenbiopsie

❑ **Differentialdiagnose**

- alle interstitiellen Lungenerkrankungen
- Lymphangiosis carcinomatosa
- Sonderformen
  - akute Silikose: akute Verlaufsform mit kurzer Expositionszeit, rascher Progredienz und hoher Letalität innerhalb weniger Jahre
  - Siliko-Tuberkulose: ☞ Kap. 3.5.4.2.
  - *Caplan-Syndrom*: Kombination von Silikose und chronischer Polyarthritis mit multiplen Rundherdbildungen in der Lunge (silikotischer und rheumatischer Genese)

❑ **Therapie**

☞ Kap. 3.5.4.

❑ **Prognose**

Die Prognose der normalen Silikose ist, trotz Fortschreitens der Veränderung auch nach Expositionsende, als gut anzusehen. Insbesondere bei entsprechender Therapie der Obstruktion und interkurrenter Infekte ist die Lebenserwartung nicht beeinträchtigt. Dies ist u.a. auch Erfolg der konsequenten Anwendung von Arbeitsschutzmaßnahmen.

3.5.4.2. Siliko-Tuberkulose

❑ **Definition**

Tritt zu einer Silikose eine aktive Lungentuberkulose, so spricht man von einer Siliko-Tuberkulose. Sie stellt eine meldepflichtige Berufskrankheit (BeKV Ziffer 4102) sowie eine nach dem Bundesseuchengesetz im Falle der Erkrankung und des Todes meldepflichtige Infektionskrankheit dar.

❑ **Ätiologie und Pathogenese**

Die Silikose begünstigt die Ausbildung der Tuberkulose. Personen, die an einer Silikose erkrankt sind, werden ca. 100mal häufiger von einer Tuberkulose betroffen als andere.

Die Tuberkulose kann in allen drei Stadien einer Silikose ausbrechen. Dabei kann es sich um Reinfektionen oder auch um Erstinfektionen handeln.

❑ **Symptomatik und Diagnostik**

Die Siliko-Tuberkulose ist gekennzeichnet durch Symptome der Tuberkulose wie Gewichtsabnahme, Nachtschweiß, Hämoptoe, positiver Tine-Test, Nachweis von Tuberkelbakterien im Sputum (oft schwierig). Röntgenologisch lassen sich neben o.g. Röntgenveränderung der Silikose Lungenverschattungen erkennen, die sich in kürzester Zeit verändern.

❑ **Therapie**

☞ Kap. 3.5.4. sowie zusätzlich tuberkulostatische Therapie.

❑ **Prognose**

Die Tuberkulosebehandlung ist meist langwierig und neigt zu Rezidiven.

3.5.4.3. Asbestlungenerkrankung (Asbestose)

❑ **Definition**

Durch Asbest (faserförmige Silikate, Länge ca. 15-100 µm, Durchmesser ca. 1 µm) induzierte Form der Lungenfibrose, die überwiegend in den Unterlappen, pleuranah auftritt. Sie stellt eine meldepflichtige Berufskrankheit (BeKV Ziffer 4103) dar.

❑ **Epidemiologie, Ätiologie und Pathogenese**

Gefahrenquelle ist die oben erwähnte, unter dem Namen Asbest zusammengefaßte Gruppe von Silikaten, die weiße, biegsame, lange Fasern bilden. Asbest findet bzw. fand Verwendung als Baustoff (in Eternitplatten) bzw. Isoliermittel sowie u.a. in Bremsbelägen. Der Umgang mit derartigen Isolierstoffen sowie die Herstellung von asbesthaltigen Textilien und Papieren stellt die Hauptursache für eine Asbestose dar. Eine Asbestose tritt erst nach langjährigem Umgang mit Asbest auf. Daneben sind Arbeiter in der Asbestgewinnung (Afrika) besonders gefährdet. Aufgrund der hohen Faserkonzentrationen in der Luft werden nach der Gefahrstoffverordnung von 1986 heute asbesthaltige Materialien aus vielen öffentlichen Gebäuden entfernt.

Der pathogenetisch relevante Asbeststaub hat eine Länge von ca. 25 µm. Dieser kann von den Makrophagen nicht eliminiert werden und führt in der Lunge zu einer Fremdkörperreaktion mit Fibroblastenaktivierung. Es kommt zu einer Fibrosierung von Mittel- und Unterlappen sowie durch den diffusen bindegewebigen Umbauprozeß zu einer starken Schrumpfung des Lungengewebes mit Pleura- und Zwerchfelladhäsionen. Es finden sich sog. Asbestosekörperchen. Es handelt sich dabei um eine körpereigene Schutzbildung, wobei die Asbestnadeln von einer eiweißhaltigen Gelschicht umgeben werden. Der Nachweis von Asbestosekörperchen erlaubt die Aussage, daß eine Asbestexposition vorlag. Sie finden sich z.B. auch bei Stadtbewohnern.

❑ **Symptomatik und Diagnostik**

- *Berufsanamnese!*
- *Klinik*
  Frühstadien meist asymptomatisch, später Dyspnoe und Reizhusten. Auskultatorisch Knisterrasseln, perkussorisch evtl. Schalldifferenzen. Evtl. Lungenemphysem, chron. Cor pulmonale mit Rechtsherzinsuffizienz. Gelegentlich Asbestwarzen an Händen und Füßen
- Nachweis von *Asbestosekörperchen* im Sputum
- *Röntgen-Thorax*
  Es finden sich Fibrosezeichen mit grob netzförmiger, unregelmäßig streifiger Zeichnung, Pleuraverdickungen und Pleuraplaques. Die Einteilung erfolgt nach der ILO bzw. röntgenologisch in 3 Stadien (Tab. 3.14):

Stadium 1	Im Mittel- und Unterfeld kleinfleckige Zeichnung mit feinem Netzwerk. Häufig sichtbare Interlobärlinien.
Stadium 2	Im Mittel- und Unterfeld dichte Lungenzeichnung, Hilus verbreitert. Die kleinfleckige Lungenzeichnung ist ausgeprägter.
Stadium 3	Mittel- und Unterfeld verschattet, Emphysem der Oberfelder, Hilus verbreitert, Pleura- und Perikardüberwachsungen.

Tab. 3.14: Röntgenologische Stadieneinteilung der Asbestose.

> Die Asbestose gilt als Prototyp einer diffusen Lungenfibrose.

- *(HR)-CT-Thorax*
- *Lungenfunktionsprüfung:* anfangs restriktiv, später auch obstruktive Ventilationsstörung
- *Bronchoskopie* und *BAL* zur histologischen Sicherung

❑ **Komplikationen**

- chronische Bronchitis
- Asbestpleuritis und Pleuraergüsse
- Lungenfibrose, Cor pulmonale, respiratorische Insuffizienz
- Bronchial-NPL (meist verhornendes Plattenepithel-Ca) oder Pleuramesotheliom. Im Tumor finden sich dann massenhaft Asbestnadeln. Während sich ein Bronchial-NPL (BeKV Ziffer 4104) erst nach langer Asbestexposition in ca. 1/5 der Asbestosefälle entwickelt, finden sich Pleuramesotheliome (BeKV Ziffer 4105) auch nach kürzerer Exposition, wobei bei ca. 4/5 der Pleuramesotheliome eine Asbestose zugrunde liegt

❑ **Therapie**

☞ Kap. 3.5.4. bzw. bei Bronchial-NPL (Kap. 3.7.2.1.) und Pleuramesotheliom (Kap. 3.9.3.).

❑ **Prognose**

Eher ungünstig. Neben respiratorischer Insuffizienz und Cor pulmonale sind die Folgen des Tumorleidens häufigste Todesursache. Bei Todesfällen ist aus versicherungsrechtlichen Gründen eine Sektion angeraten.

3.5.4.4. Berylliose

❑ **Ätiologie**

Berylliumkontakt beim Aufarbeiten von Erzen, Herstellung von Legierungen und Aluminiumschweißpulver, von Farben, Porzellan sowie in der Reaktor- und Raketen- bzw. Flugzeugbautechnik.

❑ **Symptomatik**

Diffusionsstörung mit Atemnot und Husten. Röntgenologisch ähnlich einer Miliartuberkulose. Weitere mögliche Symptome sind Erytheme, Ekzeme, Schleimhaut-, Knochen- und Nervensystemveränderungen.

Es gibt außerdem die Form einer akuten bzw. toxischen Berylliumpneumonie.

❑ **Prognose**

Nach Expositionsstop keine weitere Progredienz der Fibrosierung.

3.5.4.5. Hartmetall-Lungenfibrose (Wolfram, Titan und Kobalt)

(BeKV Ziffer 4107)

❑ **Ätiologie**

Exposition z.B. bei der Herstellung von Spezialwerkzeugen.

❑ **Symptomatik**

Ähnlich einer Silikose. Aluminium (Aluminose - BeKV Ziffer 4106) kann zu einem Spontanpneumothorax führen.

❑ **Prognose**

Nach Expositionsstop keine weitere Progredienz der Fibrosierung.

3.5.4.6. Siderose

❑ **Ätiologie**

Eisenoxid beim Schneiden und Schweißen sowie bei Arbeiten in Walzwerken.

❑ **Symptomatik**

In der Regel bildet sich keine Fibrose aus. Es kommt nur zu einer Speicherung. Im Röntgenbild zeigen sich daher nur kleinfleckige Verschattungen.

❑ **Prognose**

Gutartige Pneumokoniose, gelegentlich in Kombination mit Silikose (Silikosiderose).

Pneumokoniosen infolge organischer Stäube

3.5.4.7. Farmer- (Drescher-)Lunge

☞ Kap. 3.5.3.2. "Exogen-allergischer Alveolitis".

3.5.4.8. Baumwollstaublunge (Byssinose)

(BeKV Ziffer 4202)

❑ **Ätiologie**

Baumwoll-, Flachs- und Hanfstaub.

❑ **Symptomatik**

Wie bei der Farmerlunge handelt es sich um eine exogen bedingte allergische Alveolitis. "Monday-fever": nach längerer Arbeitspause Fieber und besonders stark ausgeprägte Dyspnoe und Mattigkeit.

3.5.5. Lungenemphysem

❑ **Definition**

Irreversible Erweiterung der distal der Bronchioli terminales gelegenen Lufträume infolge Atrophie bzw. Destruktion der Alveolarwände.

❑ **Häufigkeit**

Ca. 1-2 % der Patienten mit Lungenemphysem weisen einen α_1-Proteinaseinhibitormangel auf.

❑ **Ätiologie und Pathogenese**

Generalisierte Formen:

- *panlobuläres Emphysem (Typ "pink puffer")*
  Destruktion des gesamten Azinus. Gelegentlich liegt ein α_1-Proteinaseinhibitor(α_1-Antitrypsin)-Mangel als Ursache vor
- *zentrilobuläres Emphysem (Typ "blue bloater")*
  Betroffen sind Bronchioli terminales und respiratorii. Häufig bei chronischer Bronchitis
- primär atrophisches Emphysem:
  sog. Altersemphysem

Lokalisierte Formen:

- *bullöses Emphysem*
  angeboren (?), häufig im Bereich der Lungenspitzen und Ursache eines Pneumothorax. Disseminiert beim Bronchitiker
- *einseitig lobuläres Emphysem*
  nach kindlicher Bronchiolitis (?)

Unterscheidung nach makroskopischer Größe (Durchmesser der Blasen):

- vesikuläres Emphysem: 1-5 mm
- kleinblasiges vesikales Emphysem: 2-20 mm
- grobblasiges, bullöses Emphysem: > 20 mm bis Faustgröße

Wichtige Formen des sekundären Lungenemphysems sind:

- obstruktives Emphysem, welches die häufigste Form des Lungenemphysems darstellt (z.B. bei chronisch obstruktiver Bronchitis und Asthma bronchiale)
- Narben- bzw. Überdehnungsemphysem (z.B. durch umschriebene Überblähung im Randbereich schrumpfender Lungenprozesse)

Das akute "Emphysem" bei schwerem Asthma bronchiale bzw. Status asthmaticus ist reversibel und somit kein Emphysem.

Die Entstehung wird durch das Proteasen-/Antiproteasen-Konzept erklärt. Die physiologischerweise in der Lunge (aus neutrophilen Granulozyten) freigesetzten proteolytischen Enzyme (überwiegend kollagen- und elastinspaltend) werden durch Antiproteasen (z.B. α_1-Proteinaseinhibitor/α_1-Antitrypsin) inaktiviert. Bleibt die Neutralisation aus, so setzen in der Lunge proteolytische Prozesse ein und es kommt zum Emphysem.

Der α_1-Proteinaseinhibitormangel kann angeboren oder erworben sein. Der Genlocus liegt auf dem Chromosom 14, wobei viele Phänotypen vorkommen. Die homozygote Form (meist Phänotyp ZZ) weist eine starke Erniedrigung des α_1-Proteinaseinhibitors (< 15 % im Vgl. zum Gesunden, entsprechend < 60-80 mg % im Serum) auf und führt oft schon im Kindesalter, sonst im 3. oder 4. Lebensjahrzehnt zu einem panlobulären Emphysem. Heterozygote Formen mit α_1-Proteinaseinhibitorspiegeln > 25 % im Vgl. zum Gesunden können insbesondere bei gleichzeitigem Nikotinabusus die Ausbildung eines Emphysems begünstigen. Zigarettenrauchen führt über Inaktivierung des α_1-Proteinaseinhibitors zum erworbenen, sekundären α_1-Proteinaseinhibitormangel (bei normalen Serumspiegeln). Im Gegensatz zum angeborenen α_1-Proteinaseinhibitormangel kommt es jedoch zusammen mit direkt lungentoxischen Substanzen zur Ausbildung eines zentrilobulären Emphysems. Vermehrt proteolytische Enzyme finden sich bei gesteigerter Granulozytenaktivität, d.h. häufigen Infekten z.B. im Rahmen einer chronischen Bronchitis, wobei auch von den beteiligten Bakterien Proteasen abgegeben werden.

Durch obstruktive (exo- und endobronchiale) Ventilationsstörungen wird die Ausbildung eines Emphysems durch Überdehnung und schließlich Destruktion der Alveolen begünstigt. Bei forcierter Exspiration kommt es zum Kollaps der Bronchiolen, die dadurch funktionell verschlossen sind. In den Alveolen bleibt dabei Luft zurück (sog. air-trapping). Über eine Vergrößerung des Totraums sowie der Diffusionsstrecken und gleichzeitig verringerter Alveolaroberflächen kommt es terminal zur respiratorischen Insuffizienz. Die Ausbildung eines Cor pulmonale wird durch die morphologische Reduktion des Gefäßquerschnitts, die reflexbedingte Vasokonstriktion über den v. Euler-Liljestrand-Mechanismus sowie die erhöhte Blutviskosität infolge Polyglobulie bedingt.

❑ Symptomatik

Klinisch werden klassischerweise zwei Erscheinungsformen unterschieden, wobei es fließende Übergänge gibt: "pink puffer" und "blue bloater" (Tab. 3.15). Im übrigen ist die Klinik mit der chronisch obstruktiven Bronchitis vergleichbar.

	"pink puffer"	"blue bloater"
Körperbau	hager	adipös
Husten	mäßig	häufig
Sputum	wenig	reichlich, purulent
Bronchitis	selten	häufig bzw. chronisch
Zyanose	kaum	permanent
Polyglobulie	selten	häufig
Dyspnoe	deutlich	mäßig
pO_2	(Normo-)Hypoxämie	Hypoxämie
pCO_2	normal	Hyperkapnie
Kopfschmerzen	kaum	öfter
Bewußtseinsstörungen	kaum	öfter
FEV_1	erniedrigt	erniedrigt
Resistance	normal	erhöht
Diffusionskapazität	erniedrigt	normal-erniedrigt
RV + FRK	erhöht	erhöht

Tab. 3.15: Erscheinungsformen des Lungenemphysems.

❑ Komplikationen

- Pneumothorax
- respiratorische Insuffizienz
- Cor pulmonale
- pulmonale Kachexie

❑ Diagnostik

- *Anamnese* (Zigarettenrauchen, chronischer Husten etc.)
- *klinischer Befund*
  - *Inspektion*
    faßförmiger Thorax, horizontal verlaufende Rippen und weite Intercostalräume, geringe Atembewegung des Thorax, Einsatz der Atemhilfsmuskulatur, ausgepolsterte Supraclavikulargruben, Zyanose, kurzer Brustbein-Becken-Abstand
  - *Auskultation und Perkussion*
    hypersonorer Klopfschall, tiefstehende Lungengrenzen, die wenig verschieblich sind, leises Atemgeräusch und Herztöne, verringerte absolute Herzdämpfung

- *Röntgen-Thorax*
  tiefstehendes, abgeflachtes Zwerchfell, weite Intercostalräume und horizontaler Rippenverlauf, Vergrößerung des sagittalen Thoraxdurchmessers, evtl. Nachweis von Bullae. Beim panlobulären Emphysem meist Rarefizierung der Lungengefäße mit basaler Schwärzung, beim zentrilobulären Emphysem verstärkte Gefäßzeichnung. Beim Cor pulmonale: prominenter Hilus mit Erweiterung der Pulmonalarterien, in der Peripherie Kalibersprung, Rechtsherzvergrößerung mit Einengung des Retrosternal- und Retrokardialraumes
- *Labor*
  meist normal, im Blutbild häufig Polyglobulie.
  Wichtig: Bei α_1-Proteinaseinhibitormangel nur schwache Bande in der α_1-Globulinfraktion der Eiweißelektrophorese! Bei verminderter α_1-Globulinfraktion (< 1,5 rel. %) Bestimmung des α_1-Proteinaseinhibitors (α_1-Antitrypsin), ggf. dann Phänotypisierung
- *BGA*
  respiratorische Partial- bzw. Globalinsuffizienz (s.o.)
- *Ekg*
  meist periphere Niedervoltage, Herzachse in der Sagittalebene, evtl. Rechtsherzbelastungszeichen
- *Lungenfunktion*
  fixierte Erhöhung des intrathorakalen Gasvolumens und der Residualkapazität. Im Vgl. zur nur mäßig erhöhten Resistance stark verringerte FEV_1. Zeichen des exspiratorischen Atemwegskollaps (Knickbildung in der Kurve) mit air trapping. Zunahme der Obstruktion korreliert mit Abnahme der Leistungsfähigkeit
- *Perfusions-/Ventilationsszintigraphie* der Lungen
- *CT oder NMR* (z.B. Nachweis von Emphysemblasen bei rezidivierendem Pneumothorax)
- *Thorakoskopie*

❑ **Therapie**

- Wichtig ist, bereits die Entstehung eines Lungenemphysems (z.B. durch Meiden entsprechender Noxen, insbesondere das Zigarettenrauchen) zu verhindern oder die Progression zu verlangsamen
- konsequente Behandlung bronchopulmonaler Infekte
- konsequente Behandlung der Bronchialobstruktion (☞ Kap. 3.4.4.1.)
- O_2-Langzeittherapie (☞ Kap. 3.4.3.)
- Atemgymnastik und Atemschulung (Lippenbremse etc.)
- Inhalationsbehandlung mit IPPB (intermittent positive pressure breathing)
- bei homozygotem α_1-Proteinaseinhibitormangel: Substitution mit humanem α_1-Proteinaseinhibitor-Präparaten
- bei respiratorischer Insuffizienz falls Anstieg des pCO_2 unter O_2-Gabe ggf. maschinelle Beatmung
- operativ: z.B. Bullektomie, Lungentransplantation
- Therapie des Cor pulmonale

❑ Prognose

Bei adäquater Therapie und guter Compliance kann die Progression aufgehalten oder deutlich verlangsamt werden. Bei bereits bestehender chronisch respiratorischer Insuffizienz, Cor pulmonale und bei Beibehalten des Zigarettenrauchens ist die Prognose ungünstig. Todesursachen sind meist respiratorisches Versagen und Cor pulmonale.

3.5.6. Tuberkulose

❑ Definition

Die Tuberkulose ist eine Infektionskrankheit, die durch Mykobakterien (Mycobacterium tuberculosis seltener bovis) hervorgerufen wird.

Erkrankung und Tod sind nach dem Bundesseuchengesetz meldepflichtig!

❑ Häufigkeit und Epidemiologie

Weltweit die am häufigsten zum Tode führende Infektionskrankheit: ca. 7-10 Mio. Erkrankungsfälle und 3-4 Mio. Sterbefälle pro Jahr (geschätzt). Demgegenüber ist die Inzidenz und Sterblichkeit in Europa kontinuierlich zurückgegangen. Dies beruht vor allem auf der Verbesserung der sozioökonomischen Bedingungen und Wohnverhältnisse sowie der Hygiene, aber auch der Diagnostik, Isolierung, Behandlung und Überwachung. In der Bundesrepublik ca. 15-25 Neuerkrankungen je 100.000 Einwohner. Die größte Erkrankungshäufigkeit besteht bei aus dem Ausland kommenden Asylbewerbern, Gastarbeitern und deren Angehörigen, Alkoholikern und alten Menschen. Patienten mit Immundefizit stellen eine weitere Gruppe mit erhöhtem Erkrankungsrisiko dar.

❑ Ätiologie und Pathogenese

Erreger sind säurefeste Stäbchen (aerob, unbeweglich): Mycobacterium tuberculosis seltener Mycobacterium bovis. Der Erreger wurde von Robert Koch am 24.3.1882 entdeckt.

Die Übertragung erfolgt aerogen als Aerosolinfektionen (meist) durch Anhusten (Haupteintrittspforte: Atmungsorgane). Dazu müssen im Sputum ca. 5.000 Mykobakterien/ml enthalten sein. Ein seltener anderer Infektionsweg ist die orale Ingestion (Milch von tuberkulosekranken Kühen) mit Befall des Gastrointestinaltraktes. Weitere Infektionsmöglichkeiten stellen exogene und endogene Reinfektionen dar.

Die *Inkubationsdauer* beträgt 1-3 Monate.

> Lt. WHO gilt der Patient dann als infektiös (die Tuberkulose offen), wenn im Direktpräparat säurefeste Stäbchen nachgewiesen werden können.

Der Patient mit offener Tuberkulose verliert ca. 4 Wochen nach Beginn der medikamentösen Kombinationstherapie seine Infektiosität - auch wenn im Sputum noch Mykobakterien nachgewiesen werden. Kranke, bei denen Mykobakterien nur kulturell nachgewiesen wurden, stellen keine wesentliche Infektionsquelle dar.

Werden genügend Tuberkelbakterien aufgenommen, kommt es bei dem zuvor tuberkulinnegativen Patienten zur Primärinfektion.

Primärinfektion und tuberkulöser Primärkomplex:

Für die weiteren pathogenetischen Veränderungen scheint die individuelle, evtl. auch genetisch fixierte Abwehrlage gegen den Erreger entscheidend:

An der Eintrittspforte (meist Lunge) bildet sich der entzündliche Primärherd (meist Infiltrat). Die Erreger gelangen in die regionalen Lymphknoten. Hier entsteht immer eine primäre Lymphadenitis. Lungenprimärherd und Lymphadenitis eines bronchopulmonalen Lymphknotens sind die häufigsten tuberkulösen

Primärkomplexe. Das spezifische Granulom (Tuberkulom) ist dabei durch eine zentrale Nekrose (Verkäsung) mit entzündlicher Randreaktion (Epitheloidzellen, Langhanssche-Riesenzellen) charakterisiert.

Die ablaufende Primärinfektion wird - da meist ohne faßbare klinische Symptomatik - nur ausnahmsweise bei einer zufälligen Röntgenuntersuchung entdeckt. Der Primärkomplex kommt in 96-98 % der Fälle spontan zum Stillstand und zur vorübergehenden oder dauerhaften Ausheilung. Allerdings persistieren in Narben oder Kalkherden jahrzehntelang Tuberkulosebakterien. Bei verminderten Abwehrkräften kann dies zum Ausgangspunkt einer postprimären Erkrankung werden.

Voraussetzung für eine Tuberkuloseerkrankung sind:

- Infektion
- Vermehrung und Ausbreitung der Tuberkulosebakterien im Organismus. (Keimvermehrung und Bakterienaussaat vor Eintritt der relativen Immunität und/oder schlechter Resistenz des Organismus)

Ausbreitungswege:

- lymphogen (z.B. in broncho-pulmonale Lymphknoten)
- hämatogen (z.B. Miliar-, Lungen-Oberlappenspitzentuberkulose)
- per continuitatem (z.B. Organtuberkulose)
- kanalikulär (z.B. bronchogene Streuung, Aussaat mit dem Harn)

Folgende Erkrankungen gehen in der Regel mit schlechter Resistenzlage und einem hohem Risiko an einer Tuberkulose zu erkranken einher:

- Silikose (Siliko-Tuberkulose)
- Z.n. Magenresektion
- Alkoholkrankheit
- Niereninsuffizienz
- Leberzirrhose
- Diabetes mellitus
- Blutkrankheiten wie maligne Lymphome und Leukämien
- Immundefizitsyndrom

Außerdem haben folgende Patientengruppen ein erhöhtes Risiko:

- Säuglinge und Kleinkinder
- Patienten im hohen Lebensalter
- Patienten unter Corticosteroidbehandlung
- Schwangere im letzten Trimenon

Bei der Tuberkuloseerkrankung wird zwischen progredienter Primärtuberkulose und postprimärer Tuberkulose unterschieden:

Mögliche Formen einer intrathorakalen progredienten Primärtuberkulose sind:

- intrathorakale Lymphknotentuberkulose
- Bronchus- oder Lungentuberkulose (Streuung über das Bronchialsystem)
- Ausbildung von Primärkavernen durch Einschmelzung
- Miliartuberkulose (bei hämatogener Streuung)

Häufige klinische Formen der postprimären intrathorakalen Tuberkulose sind:

- Oberlappenspitzentuberkulose (Simon-Herde)
- lobuläre Lungentuberkulose (lobuläres Infiltrat, Assmann-Frühinfiltrat)
- Einschmelzung des Frühinfiltrats mit Kavernenbildung

Extrapulmonale Tuberkulose:

- primär
  - Tonsillen-
  - Hals-
  - Mesenteriallymphknotentuberkulose
- postprimär
  - Urogenital-
  - Skelett-
  - Kehlkopf-
  - Haut-
  - Nebennierentuberkulose
  - Tuberkulose peripherer Lymphknoten

Immunität und Allergie:

Mit dem Auftreten von tuberkulösem Granulationsgewebe (nach 3-4 Wochen) bildet sich eine relative zelluläre (T-Lymphozyten vermittelte) Immunität aus. Es kommt zu einer Steigerung der Makrophagenaktivität.

Sie schützt weitgehend vor Superinfektionen, verhindert jedoch nicht, daß ca. 5-10 % der Infizierten entweder im direkten Anschluß an die Infektion an einer Primärtuberkulose oder im späteren Leben an einer postprimären Tuberkulose erkranken.

Parallel zur Ausbildung der relativen Immunität und zur Ausbildung sensibilisierter Lymphozyten entsteht eine Allergie gegen Tuberkulin (ca. 2-10 Wochen nach der Primärinfektion). Dieser Übergang von der Normergie mit negativem Tuberkulintest in eine Allergie wird *Tuberkulinkonversion* genannt.

❑ Symptomatik

- Kranke mit Primärtuberkulose meist symptomfrei
- mögliche unspezifische Symptome sind
  - subfebrile Temperaturen
  - Nachtschweiß
  - Appetitverlust
  - Abgeschlagenheit
  - Erythema nodosum
- Lungentuberkulose
  - Husten, teils blutig tingiert
  - Leistungsschwäche/schnelle Ermüdbarkeit
  - mäßiges Krankheitsgefühl
  - evtl. Dyspnoe

- Miliartuberkulose
  - häufig nur diskrete Klinik!
  - meist Gewichtsverlust
  - Fieber
  - Schwäche
- evtl. relativ organspezifische Erscheinungen
  - Hämoptoe
  - Kopfschmerzen, Erbrechen (Meningitis)
  - Dysurie, Dysmenorrhagie (urogenital)
  - Abdominalschmerzen, Ileus, Aszites (gastrointestinal)
  - Knochen- und Wirbelsäulenschmerzen, Frakturen, Knochendeformierung (Skelett)

❑ **Komplikationen**

- Miliartuberkulose (hämatogene Aussaat)
- Meningitis tuberculosa
- Pleuritis exsudativa
- Kavernen mit Hämoptysen/Hämoptoe, Gefahr der Streuung und Infektion, Atelektasen
- bei Nebennierenbefall: M. Addison
- Landouzy-Sepsis (anerge Sepsis mit Leukopenie, Splenomegalie und hoher Letalität)
- Hämaturie bei Urogenitaltuberkulose

❑ **Diagnostik**

- Da häufig keine Symptome, sollte die Tuberkulose differentialdiagnostisch immer in Betracht gezogen werden
- *Anamnese*
  (Husten, subfebrile Temperaturen, Nachtschweiß, Gewichtsabnahme insbesondere bei Angehörigen oben erwähnter Risikogruppen)!
- *körperliche Untersuchung*
- *Labor*
  evtl. BKS-Beschleunigung, mäßige Leukozytose bzw. Lymphozytose, Erhöhung der α_2- bzw. γ-Globuline
- *Tuberkulinhauttestung*
  Tuberkulin ist ein steriles Filtrat (Proteine und Polysaccharide) aus Tuberkulosebakterienkulturen.
  Verwendete Tests: z.B. Mendel-Mantoux-Test oder Stempeltests wie Tine- oder Tubergen-Test. Nachweis der Tuberkulinallergie (Allergie vom Spät-Typ IV), wenn sich 3 Tage nach intrakutaner Verabreichung eine tastbare Induration (> 0,5 cm Durchmesser) findet. Ein positiver Test beweist nur eine durchgemachte Infektion, nicht jedoch die Erkrankung.
  Ca. 99 % der Tuberkulosekranken weisen eine positive Tuberkulinprobe auf. Ein negativer Mendel-Mantoux-Test (100 I.E.) macht eine Tuberkulose eher unwahrscheinlich. *Cave*: Anergie bei Immundefizitsyndrom, Testung in der Frühphase (**noch** negativ)

- *Röntgen-Thorax* in 2 Ebenen (+ Aufnahme in Lordose):
  - Primärinfiltrat, Lymphknotenschwellung, Dystelektase
  - "Schornsteinfigur" bei Hiluslymphknotentuberkulose
  - feinkörnige Fleckschatten ("Schneegestöber") bei Miliartuberkulose
  - Pleuraerguß bei Pleuritis exsudativa
  - verkalkte Spitzenherde, Rundherd- (mit Kalk) oder Kavernenbildung, Fibrosierung mit Verziehung von Trachea und Mediastinum, Schrumpfungsprozesse, häufig Mischbilder
- ggf. *Durchleuchtung, Tomographie, CT, NMR*
- *bakteriologische Untersuchung*
  mehrmals, mikroskopisch (Ziehl-Neelsen oder Fluoreszenzfärbung, Differenzierung zwischen Myko- und atypischen Mykobakterien nicht möglich) und kulturell (3-6 Wochen, Löwenstein-Jensen oder BACTEC-Verfahren, welches die Freisetzung von $^{14}CO_2$ als Indikator einsetzt und schnellere Kulturergebnisse ermöglicht). Ggf. Tierversuch (Meerschweinchen, Indikation bei nicht wieder oder nur schwer zu gewinnendem oder keimarmem Untersuchungsmaterial oder wenn trotz mehrfach negativer Kulturen der klinische Befund für eine Tuberkulose spricht). Untersuchungsmaterial: Sputum, Magensaft, Aspirat, Bronchialsekret (BAL), Urin

I	1-4 Tb-Bakt./Präparat
II	1 Tb-Bakt. in mehreren Gesichtsfeldern
III	1 Tb-Bakt. in jedem Gesichtsfeld
IV	2-3 Tb-Bakt. in jedem Gesichtsfeld
V	4-6 Tb-Bakt. in jedem Gesichtsfeld
VI	7-12 Tb-Bakt. in jedem Gesichtsfeld
VII	viele Tb-Bakt. in jedem Gesichtsfeld
VIII	zahlreiche Tb-Bakt. in jedem Gesichtsfeld
IX	sehr zahlreiche Tb-Bakt. in jedem Gesichtsfeld
X	enorm viele Tb-Bakt. in jedem Gesichtsfeld

Tab. 3.16: Mengenangabe nach Gaffky.

- *Histologisch* sind Epitheloidzellgranulome mit Verkäsung typisch, jedoch nicht allein beweisend

> Gesichert werden kann die Tuberkulose nur durch den kulturellen Nachweis von Tuberkulosebakterien.

❑ **Differentialdiagnose**

- Infektionen mit atypischen Mykobakterien (MOTT = Mycobacteria other than tuberculosis)
- Sarkoidose
- Bronchial-NPL
- Pneumonie
- Pneumokoniosen

❑ Prophylaxe

Primär:

- Isolierung und Hustendisziplin sowie Desinfektionsmaßnahmen
- Impfung: Analog zur spontanen Infektion wird diese relative Immunität (ca. 80 % Protektion) durch die aktive Tuberkuloseschutzimpfung (BCG = Bacillus Calmette-Guérin) angestrebt. Der Tuberkulintest wird jedoch positiv und fällt als diagnostisches Mittel aus
- Chemoprophylaxe (3 Monate Isoniazid)

Sekundär:

- Isoniazid für 6-12 Monate (5 mg/kg KG/die) + röntgenologische + bakteriologische Überwachung + Corticosteroidtherapie nur unter antimykobakterieller Chemotherapie (INH)

❑ Therapie

- allgemeine Maßnahmen (Schonung, eiweißreiche Kost etc.)
- bei Ergußbildung: Punktion, Atemgymnastik, um Schwartenbildung vorzubeugen
- kombinierte antimykobakterielle Chemotherapie für 6-9 Monate
  - Isoniazid = INH (z.B. Isozid®) 5-10 mg/kg KG/die, max. 300-400 mg/die
    NW: lupoide Reaktion, Kopfschmerzen, Schwindel, Parästhesien, Polyneuropathien, epileptische Krampfanfälle, Psychosen, Diarrhö, Obstipation, Hepatitis, Hautreaktionen, hämolytische/aplastische Anämien.
    Kontraindikationen: Polyneuropathien, Epilepsie, Psychosen und Hepatitis.
    Wegen Polyneuropathien gleichzeitige Gabe von Pyridoxin (Vitamin B_6, 100 mg/die) indiziert
  - Rifampicin = RMP (z.B. Rifa®) 10 mg/kg KG/die, 450-750 mg/die.
    NW: Kopfschmerzen, Schwindel, Muskel- und Gelenkbeschwerden, Hautreaktionen, Hepatitis, hämolytische Anämien, Leuko-, Thrombopenie, Dyspnoe bis Lungenödem, Sehstörungen, interstitielle Nephritis.
    Wichtig: beschleunigter Wirkverlust verschiedener Medikamente (Antikoagulanzien, Kontrazeptiva u.a.).
    Kontraindikationen: Hepatitis
  - Pyrazinamid = PZA (z.B. Pyrafat®) 30-40 mg/kg KG/die
    NW: Hautreaktionen, Hepatitis, Anämien, Hyperurikämie, Erbrechen, Arthralgie
    Kontraindikationen: Leberfunktionsstörung
  - Ethambutol = ETB (z.B. Myambutol®) 20-25 mg/kg KG/die
    NW: Retrobulbärneuritis, Hyperurikämie
    Kontraindikation: vorgeschädigter N. opticus
  - Streptomycin = SM 0,5-1,0 mg/die
    NW: Ototoxizität, Nephrotoxizität, Überempfindlichkeitsstörungen, Blutbildveränderungen
    Kontraindikationen: Hör- oder Gleichgewichtsstörungen, Niereninsuffizienz

  Mögliche Kombinationen sind z.B.:
  - INH + RMP + PZA + SM bzw. ETB für 2-3 Monate, dann INH + RMP für 4 Monate (6 Monatstherapie)
  - INH + RMP + EMP bzw. SM bzw. EMP/SM für 2-3 Monate, dann INH + RMP für 7-10 Monate

> Auch Verdachtsfälle müssen mindestens mit einer Dreierkombination therapiert werden.
>
> *Wichtig:* nur die konsequente Einnahme ist Gewähr für den Therapieerfolg.
>
> Nach 4-6 Wochen ist der Patient unter Therapie meist nicht mehr infektiös.
>
> Nach erfolgreicher Therapie sollte der Patient 2 Jahre überwacht werden.

- evtl. chirurgische Sanierung

❑ **Prognose**

Wichtig: frühzeitige Diagnose und Therapie, dann gute Prognose. Innerhalb von 5 Jahren weniger als 5 % Rezidive.

Prognostisch ungünstig: Alkoholkrankheit und Immundefizitsyndrom. Miliartuberkulose bzw. hämatogene Streuung ohne Therapie oft tödlich.

3.5.6.1. Infektionen mit MOTT

Ca. 1-5 von 1.000 Mykobakteriosen werden durch atypische Mykobakterien (MOTT = Mycobacteria other than tuberculosis) verursacht. Bei AIDS scheint jedoch dieser Prozentsatz zuzunehmen. Es handelt sich um tuberkulose-ähnliche Krankheiten mit praktisch fehlender Infektiosität, d.h. fehlender Übertragbarkeit von Mensch zu Mensch.

Folgende *Erreger* sind menschenpathogen (Erklärung s.u.):

- M. xenopi (2)
- M. kansasii (1) [1][2][6]
- M. avium (3) [1][2][6]
- M. marinum (1) [3]
- M. scrofulaceum (2) [2][1][6]
- M. fortuitum (4) [1][2][5][6]
- M. chelonae (4) [5]
- M. ulcerans (*) [4]
- M. intracellulare (3) [1][2][6]

Diese werden in die 5 Runyon-Gruppen eingeteilt:

- langsam wachsend, nicht kultivierbar, strikt pathogen (*)
- photochromogen (1)
- skotochromogen (2)
- nichtphotochromogen (3)
- schnellwachsend (4)

❑ **Symptomatik**

- chronische Lungenkrankheiten, die der Tuberkulose ähneln [1]
- lokale Lymphadenitis [2]
- (Schwimmbad-)Granulom [3]
- Buruli-Ulkus [4]
- lokale Infektionen und Abszesse [5]
- generalisierte - disseminierte Infektionen [6]

❑ Diagnostik

Im Rahmen der Tuberkuloseabklärung. Bei Infektionen im Rahmen von AIDS standardmäßige Suche nach MOTT. Heute auch PCR möglich.

❑ Therapie

Hohe Resistenzquote gegen Antituberkulostatika. Bei der Resistenzbestimmung sollten neben Antituberkulostatika auch Erythromycin, Tetrazykline und Co-Trimoxazol mit einbezogen werden.

Aufgrund der genannten Resistenzlage sollte, soweit jeweils möglich, die chirurgische Sanierung versucht werden.

Außerdem ist eine Verbesserung des Immunstatus des Patienten anzustreben.

3.6. Erkrankungen des Lungenkreislaufs

3.6.1. Lungenembolie

❑ Definition

Verschluß von Lungenarterien durch Einschwemmung nicht ortsständigen (meist thrombotischen) Materials aus der Peripherie in die Lungenzirkulation. Die Lungenembolie ist stets ein sekundäres Ereignis. Klinische Symptome entstehen erst, wenn die Embolisierung ein bestimmtes Ausmaß angenommen hat.

Je nach Symptomatik kann die Lungenembolie in 4 Schweregrade eingeteilt werden (Tab. 3.17).

I	kleine Lungenembolie: klinisch meist stumm (evtl. thorakaler Schmerz, Dyspnoe), RR, pulmonalarterieller Druck, pO_2 normal. • betroffen: periphere Lungenarterienäste
II	submassive Lungenembolie: akute Dyspnoe, Husten, Tachypnoe, thorakaler Schmerz, Tachykardie, Angst. Evtl. Fieber, Hämoptysen und Pleuraerguß. RR meist noch normal, pulmonal-arterieller Druck gering erhöht (> 20 mmHg), pO_2 < 80 mmHg. • betroffen: Segmentarterien
III	massive Lungenembolie: Klinik wie II, jedoch deutliche Dyspnoe. RR erniedrigt. Pulmonalarterieller Druck erhöht (20-30 mmHg), pO_2 < 70 mmHg. • betroffen: meist mehrere Lappenarterien oder Pulmonalarterienäste
IV	fulminante Lungenembolie: Klinik wie III, jedoch zusätzlich Schocksymptomatik oder Herz-Kreislauf-Stillstand. RR stark erniedrigt bzw. nicht messbar. Pulmonalarterieller Druck erhöht (> 30 mmHg), pO_2 < 50 mmHg. • betroffen: meist mehrere Lappenarterien bzw. der Pulmonalarterienhauptast

Tab. 3.17: Einteilung der Lungenembolie nach Schweregraden (modifiziert nach Grosser).

❑ Epidemiologie

Ca. 10.000 Todesfälle jährlich (alte Bundesländer, geschätzt). Etwa 1-2 % der Krankenhauspatienten erleiden eine Lungenembolie. Meist werden die Lungenembolien klinisch nicht erkannt. Häufig erst Sektionsergebnis.

❑ Ätiologie und Pathogenese

Die Einschwemmung eines Gerinnsels ist die Hauptursache für Lungenembolien.

Weitere Embolieformen wie Fettembolien, Luftembolien, Fruchtwasserembolien, Embolien von Protozoen wie Askariden oder septische Embolien sind dagegen von untergeordneter Bedeutung.

90 % der Gerinnsel entstammen den tiefen Beinvenen oder Beckenvenen. Prädisponierende Faktoren sind:

- Z.n. Operation (30 % aller Embolien!)
- Herzinsuffizienz + diuretische Therapie (30 % aller Embolien!)
- Immobilisierung (auch lange Flug-, Bus-, Bahn- oder Autoreisen)
- Varikosis oder Z.n. Phlebothrombose oder Lungenembolie
- Gerinnungsstörungen wie AT III-, Protein S- oder C-Mangel
- Adipositas
- hohes Alter
- bestimmte Medikamente (Ovulationshemmer)
- Schwangerschaft und postpartal
- Malignome

Die Embolie wird beim Aufstehen aus dem Bett, Gang zur Toilette bzw. Defäkation oder durch sonstige körperliche Tätigkeiten akut ausgelöst.

Pathophysiologisch kommt es zu:

- akuter Zunahme des alveolären Totraumes, da die embolisierte Region zwar ventiliert, jedoch nicht perfundiert wird
- Zunahme des Atemwegswiderstandes mit akuter pulmonalarterieller Hypertonie und akutem Cor pulmonale
- plötzlicher Dyspnoe, Tachypnoe und Hyperventilation durch alveoläre J-Rezeptoren
- Surfactant-Mangel (bei Okklusion der nutritiven Versorgung) mit Folge der Bildung von Atelektasen
- Verminderung der linksventrikulären Füllung mit Verminderung des Herzzeitvolumens und forward failure (Hypotension, Schock)
- Die Hypoxämie korreliert mit dem Grad der Embolie
- Schweregrad u.a. auch abhängig vom Einfluß biogener Mediatoren, Reflexmechanismen und vorbestehender kardialer und pulmonaler Erkrankungen

❑ **Symptomatik**

- Zyanose, Dyspnoe, Thorax- bzw. Pleuraschmerzen, Husten, Hämoptysen, Tachykardie und arterielle Hypotonie (siehe auch oben)
- evtl. Angina pectoris, Synkope oder TIA (= transitorische ischämische Attacke) infolge Hypoxämie und Hypotension
- Klinik abhängig vom Ausmaß der Embolisierung
- später evtl. Fieber und pneumonische Zeichen

❑ **Komplikationen**

- Pleuritis
- Pleuraerguß
- Schock
- Lungeninfarkt (*nota bene:* Versorgung der Lunge über Bronchialsystem, Bronchial- und Pulmonalarterien mit O_2, so daß ein massiver O_2-Mangel des Gewebes nur selten auftritt)

❑ Diagnostik

- *Anamnese und klinische Untersuchung* (siehe auch Symptomatik)
  evtl. betonter Pulmonalklappenton, oft fixierte Spaltung des 2. HT, Galopprhythmus, obere Einflußstauung, vergrößerte Leber. Lunge auskultatorisch häufig unauffällig. Evtl. anfangs Pleurareiben, später abgeschwächtes Atemgeräusch sowie Dämpfung bei der Perkussion (Infiltrat und Pleuraerguß)
- *Ekg:* häufig unauffällig!
  - tachykarder Sinusrhythmus, seltener absolute Arrhythmie
  - zusätzlich Rhythmusstörungen (Extrasystolen)
  - S_IQ_{III}-(McGinn-White-Syndrom), $S_IS_{II}Q_{III}$- oder Steil- bis Rechtstyp
  - inkompletter bis kompletter Rechtsschenkelblock
  - P-pulmonale
  - ST-Senkung in I, II aVL, ST-Elevation in III, aVF und V_1 (DD: Hinterwandinfarkt!)
  - T-Negativierung V_1-V_4
- *BGA*
  (Hypoxämie, Hypokapnie infolge Hyperventilation, respiratorische Alkalose, s.o.)
- *Röntgen-Thorax*
  in der Regel unauffällig, bei massiver Lungenembolie oft typischer Hilusabbruch, vermehrte Strahlentransparenz (Westmarksches Zeichen), Zwerchfellhochstand der betroffenen Seite, evtl. Dilatation des rechten Ventrikels. Später evtl. keilförmiges Infiltrat, Pleuraerguß, Atelektase

> Ein unauffälliger Röntgen-Thorax schließt eine Lungenembolie nicht aus!

- *Perfusionsszintigraphie der Lunge*
  Perfusionsausfälle (hohe Sensitivität, aber geringere Spezifität, d.h. häufig falsch positive Ergebnisse). Vgl. mit Röntgen-Thorax oder Ventilationsszintigraphie
- *Angiographie* als DSA oder direkte Pulmonalisangiographie (inkl. Pulmonalisdruckmessung) bei klinisch schwereren Fällen (Katheter kann für lokale Lyse verwendet werden!)
- *Echokardiographie*
  Dilatation des rechten Ventrikel und Vorhofs sowie der A. pulmonalis. Evtl. Nachweis des Verschlusses und der Druckerhöhung

❑ Differentialdiagnose

- akuter Thoraxschmerz
  - Angina pectoris bzw. Myokardinfarkt
  - dissezierendes Aortenaneurysma
  - Intercostalneuralgie, Bornholmsche Erkrankung
  - Pleuritis
  - Boerhaave-Syndrom
- akute Dyspnoe
  - (Spannungs-)Pneumothorax
  - Lungenödem
  - Pneumonie
  - Aspiration
  - Asthma bronchiale
  - Bronchial-NPL

- Hämoptysen
  - Bronchial-NPL
  - Bronchiektasen
  - Tuberkulose
  - Bronchitis und Pneumonie
  - Lungeninfarkt und Lungenabszeß
  - Fremdkörper bzw. Trauma
  - Gerinnungsstörungen und Angiodysplasien
  - Goodpasture-Syndrom
  - Wegenersche Granulomatose

❑ **Therapie**

Symptomatische Therapie

- O_2 nach BGA (4-8 l/min, ggf. Intubation und maschinelle Beatmung)
- Immobilisation bzw. Bettruhe
- Sedierung (z.B. 5-10 mg Diazepam) und Analgesie (z.B. 5-10 mg Morphin)
- evtl. Digitalisierung und Katecholamine (Dopamin und Dobutamin)
- Nitrate zur Senkung des pulmonalarteriellen Drucks

Antikoagulation mit Heparin

- 5.000 - 10.000 I.E. i.v. als Bolus, dann 400-500 I.E./kg KG/die entspr. 25.000-40.000 I.E./die
- Ziel: PTT 1,5-2fach, PTZ 2-3fach verlängert
- Kontraindikationen beachten!
- Dauer: 1 Woche, dann Cumarintherapie (6 Monate bei Erstereignis, sonst mindestens 2 Jahre)

Spezielle Therapie (bei massiver bzw. fulminanter Lungenembolie)

- thrombolytische Therapie (☞ Kap. 1.4.1.)
  - Streptokinase: 250.000 I.E. i.v. (Dauer 30 min), dann 100.000 I.E./h (3-6 Tage). Zusätzlich bei verkürzter oder im unteren Normbereich befindlicher PTT: Heparin. Alternativ (z.B. nach vorausgegangener Streptokinaselyse wegen Phlebothrombose):
  - Urokinase: 250.000 I.E. i.v. (Bolus), dann 50.000-100.000/h (1.500.000 I.E./die). Nach 24-48 h Lyse meist deutliche Besserung der Rechtsherzbelastung durch Senkung des pulmonalarteriellen Drucks. Die vollständige Lyse der Embolien benötigt jedoch meist 3-6 Tage. Zusätzlich Vollheparinisierung
  - t-PA: 50 mg über 2 h, dann 50 mg über 5 h. Zusätzlich Heparin nach PTT

  Alternativ bei fulminanter Lungenembolie:
  - Streptokinase hochdosiert: 1,5 Mio. I.E. über 30 min
  - Urokinase: 2 Mio. I.E. über 30 min

  Kontraindikationen für thrombolytische Therapie: ☞ Kap. 1.4.1.
- operativ: Notfallembolektomie nach Trendelenburg

❑ **Rezidivprophylaxe**

- Diagnostik
  - Farbduplexsonographie der unteren Extremitäten und Beckenetage
  - Phlebographie beider Beine
  - AT III, Protein S und C (bei rezidivierenden Phlebothrombosen bzw. Lungenembolien bzw. positiver Familienanamnese)
- Prophylaxe bzw. Rezidivprophylaxe
  - Risikopatienten
    - Frühmobilisierung
    - physikalische Maßnahmen (Beine wickeln oder Antiemboliestrümpfe)
    - low-dose Heparin
  - nach Lungenembolie
    - Antikoagulation
    - evtl. Cava-Filter oder Cava-Clip

❑ **Prognose**

Gesamtletalität ca. 5-10 % (bei massiven und fulminanten Lungenembolien > 50 %). Rezidivierende Embolien (Morbus embolicus) können zur chronischen pulmonalarteriellen Hypertonie führen.

3.6.2. Cor pulmonale

❑ **Definition**

Hypertrophie des rechten Herzens infolge einer pulmonalarteriellen Hypertonie. Es kann dabei zwischen einem akuten Cor pulmonale (z.B. infolge einer Lungenembolie) und einem chronischen Cor pulmonale (z.B. infolge einer chronisch obstruktiven Lungenerkrankung) unterschieden werden.

Nach Reindell kann das Cor pulmonale in 3 Stadien eingeteilt werden:

Stadium I	normal großes Herz mit normalem diastolischem Druck
Stadium II	noch normal großes Herz mit erhöhtem diastolischem Druck und beginnender klinischer Insuffizienz
Stadium III	vergrößertes Herz, erhöhter diastolischer Druck und klinische Insuffizienz

❑ **Häufigkeit**

3/4 aller Patienten mit obstruktiver Lungenerkrankung entwickeln ein Cor pulmonale.

❑ **Ätiologie und Pathogenese**

Häufigste Ursachen sind obstruktive Lungenerkrankungen, die über Hypoventilation und konsekutiver Vasokonstriktion (von Euler-Liljestrand-Reflex) eine pulmonalarterielle Hypertonie bedingen. Auch der Aufenthalt in großen Höhen kann den Lungengefäßwiderstand infolge des erniedrigten pO_2 erhöhen. Daneben wird das Kapillarbett bei der Entwicklung eines Emphysem verkleinert. Auch eine vermehrte Fibrosierung des Lungengewebes kann zu einer Erhöhung des Lungengefäßwiderstandes führen. Zudem wird der pulmonalarterielle Druck durch die sekundäre Polyglobulie erhöht.

Andere Ursachen sind primär vaskulär bedingt:
So führen rezidivierende Lungenembolien zur pulmonalarteriellen Hypertonie. Früher waren u.a. Appetitzügler für die Ausbildung verantwortlich. Daneben existiert die primäre pulmonale Hypertonie, bei der die Ursache unklar ist.

Die pulmonalarterielle Hypertonie kann dabei in eine präkapilläre (z.B. bei Hypoxämie, Lungenembolie, Vitien mit Links-Rechts-Shunt) und eine postkapilläre (z.B. bei Lungenödem) Form eingeteilt werden.

❑ **Symptomatik**

- Belastungsdyspnoe
- evtl. Tachykardie und Stenokardie
- meist Spaltung des 2.HT., betonter Pulmonalklappenschlußton
- später bei Dekompensation:
  Einflußstauung, Leberstauung und Beinödeme
- evtl. relative Pulmonal- und Trikuspidalinsuffizienz
- sowie abhängig von der Grundkrankheit

❑ **Diagnostik**

- *klinische Befunde* meist nur bei bereits dekompensiertem Cor pulmonale verwertbar
- *Ekg*
  evtl. normal. Rechtsherzhypertrophiezeichen (Sokolow-Index $R_{V1} + S_{V5} > 1{,}05$ mV), ST-Senkungen V_{1-3}, Steil- bis Rechtstyp, Rechtsschenkelblock und P-pulmonale (Abb. 3.8)

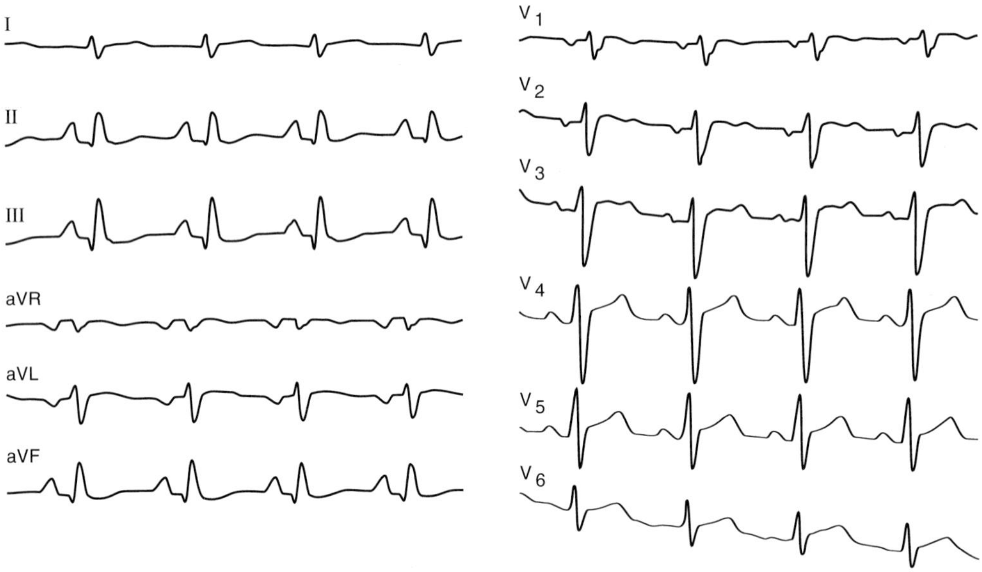

Abb. 3.8: Ekg bei Cor pulmonale.
Rechtstyp, Sinustachykardie mit 120/min, P-pulmonale (erkennbar in II, III und aVF). QRS-Komplex in V_1 aufgesplittert, breite R-Zacken in II, III, aVF, breite S-Zacken V_1 und V_{1-6}, muldenförmige ST-Senkungen II, III, aVF.

- *Röntgen-Thorax*
  evtl. weite rechte A. pulmonalis (15-20 mm, 2 QF vom Hilus entfernt), enge periphere Lungenarterien (Kalibersprung), Rechtsherzvergrößerung (Retrosternalraum aufgebraucht), Veränderungen der Lunge entspr. der Grundkrankheit
- *Echokardiographie*
  dilatierter, hypertrophierter rechter Ventrikel

- *BGA*
  evtl. respiratorische Insuffizienz
- *Rechtsherzkatheter*
  pulmonalarterieller Mitteldruck (PAMP) anfangs unter Belastung, dann in Ruhe erhöht, später Anstieg auch des rechtsatrialen Drucks

❑ **Therapie**

- Behandlung der Grundkrankheit! Ggf. Bettruhe
- bei Polyglobulie (Hkt > 60 %) isovolämische Hämodilution
- O_2-Langzeittherapie (☞ Kap. 3.4.3.)
- Vasodilatanzien: Nitrate, ACE-Hemmer (insbesondere bei vaskulär bedingtem Cor pulmonale)
- Diuretika (Kontrolle des Elektrolythaushalts ☞ Thromboseprophylaxe)
- bei rezidivierenden Lungenembolien: Cava-Filter
- Digitalis umstritten (erhöhte Digitialisempfindlichkeit durch Hypoxie, Elektrolytstörungen etc.)

❑ **Prognose**

Abhängig (neben Grundkrankheit) vom Grad der pulmonalarteriellen Hypertonie. Bei PAMP > 50 mmHg liegt die 5-Jahresüberlebensrate bei ca. 10 %.

3.6.3. Lungenödem

❑ **Definition**

Flüssigkeitsaustritt aus den Lungenkapillaren in das Interstitium und/oder in den Alveolarraum.

❑ **Ätiologie und Pathogenese**

- meist kardial im Rahmen einer Linksherzinsuffizienz (postkapilläre pulmonalarterielle Hypertonie). Häufige Auslöser sind:
  - Herzinfarkt
  - Mitralstenose oder Aortenvitium
  - hypertensiver Notfall
  - Herzrhythmusstörungen

  Die Drucksteigerung führt zum Austritt der Flüssigkeit aus den Kapillaren (Lungenödem vom Alveolartyp).
- weitere Ursachen
  - toxisch durch Inhalation von Reizgasen (O_2, O_3, Nitrosegase, Zinknebel, Phosgen), Intoxikationen mit Alkylphosphaten, Heroin. Auch die Magensaftaspiration (Mendelson-Syndrom) kann zu einem Lungenödem führen. Akute Permeabilitätsstörungen bedingen die Ausbildung eines toxischen Lungenödems (exsudativer Typ)
  - Permeabilitätsstörungen liegen auch beim anaphylaktischen Schock oder beim zentral ausgelösten Lungenödem vor
  - Weitere Ursachen können Überwässerung (mit erniedrigtem onkotischem Druck) bei unkontrollierter Flüssigkeitszufuhr sowie bei Niereninsuffizienz bzw. nephrotischem Syndrom oder ein erniedrigter alveolärer Druck in großen Höhen (interstitieller Typ) sein
  - Knochenmarkstransplantation oder Therapie mit Interleukin 2

❑ **Symptomatik**
- zunehmende Dyspnoe bis Orthopnoe
- Husten mit schaumigem (weißlich-rötlichem) Auswurf
- Zyanose, grau-fahle Haut, kalter Schweiß
- Angstgefühl, Bewußtseinsstörung (Hypoxie)

❑ **Komplikationen**
- Schock
- respiratorische Insuffizienz

❑ **Diagnostik**
- *Anamnese und Klinik*
  auskultatorisch anfangs häufig nur Giemen, später fein- bis grobblasige Rasselgeräusche bis zum "Distanzrasseln" mit brodelndem Charakter, Tachykardie
- *BGA:* meist Hypoxämie
- *Röntgen-Thorax*
  beidseits vom Hilus ausgehende Verschattung ("Schmetterlingsform"), Kerley-B-Linien (interstitielle Flüssigkeitsansammlung), evtl. verbreitertes Herz
- *Ekg:* mögliche kardiale Ursache des Lungenödems?

❑ **Differentialdiagnose**
- Asthma bronchiale
- beidseitige Pneumonie
- ARDS
- Lungengerüsterkrankungen

❑ **Therapie**
- Lagerung: Oberkörper hoch, Beine tief
- adäquate O_2-Versorgung sicherstellen
  - O_2 per Nasensonde nach BGA
  - Absaugen des schaumigen Sekrets
  - evtl. Überdruckinhalation
  - ggf. Intubation und Beatmung (soweit möglich mit positivem endexspiratorischen Druck - PEEP)
  - evtl. extrakorporale Membranoxigenierung (EKMO) beim "Capillary leak-Syndrom"
- bei kardialer Genese
  - Vorlastsenkung durch
    - Nitroglycerin (z.B. 1-4 mg/h, nach RR)
    - Furosemid z.B. 20-80 mg i.v.
    - unblutiger Aderlaß (bei Polyglobulie blutiger Aderlaß)
  - bei Hypotonie bzw. kardiogenem Schock
    - Katecholamine wie Dobutamin (z.B. Dobutrex®) und Dopamin (z.B. Dopamin®)
    - PDE-Hemmer (☞ Kap. 1.1.)
  - bei hypertensivem Notfall
    - Ca^{2+}-Antagonisten wie Nifedipin (z.B. Adalat®) 10 mg p.o. oder Nitrendipin (z.B. Bayotensin® akut) 5 mg p.o.

- bei Niereninsuffizienz
  - Furosemid bis 2000 mg/die i.v.
  - Hämofiltration oder Dialyse
- bei allergischer/toxischer Genese
  - Prophylaxe: Corticosteroid-Dosieraerosol wie Dexamethason (z.B. Auxiloson®), Flunisolid (z.B. Inhacort®) oder Budesonid (z.B. Pulmicort®)
  - 1.000 mg Prednisolonäquivalent i.v.
  - bei Aspiration evtl. zusätzlich BAL
- bei Knochenmarkstransplantation oder Interleukintherapie
  - Substitution mit C1-Inhibitor bei Vorliegen eines "Capillary leak-Syndroms"
- Sedierung
  - z.B. 5-10 mg Morphium i.v. (*cave*: Atemdepression und Hypotonie)
- Intensivüberwachung

❑ **Prognose**

Je nach Grundkrankheit bzw. auslösender Ursache unterschiedlich.

3.7. Tumoren der Lunge und Bronchien

3.7.1. Benigne und semimaligne Geschwülste

Primäre benigne und semimaligne Geschwülste machen etwa 1-5 % der Lungentumoren aus.

Etwa die Hälfte davon sind *Adenome*. Ihre Oberfläche ist meist glatt bzw. polypös. Sie bewegen sich mit der Atmung und können Ursache für Pneumonien und Husten sein. Eine maligne Entartung ist möglich.

Bronchuskarzinoide (APUD-System) sind semimaligne und selten hormonaktiv. Die malignen Formen sezernieren (nach Metastasierung) Serotonin (Diagnostik.: 5-Hydroxy-tryptamin im 24 h-Urin).

Weitere benigne Geschwülste sind:

- Chondrome
- Fibromc
- Hämangiome
- Hamartome
- Leiomyome und Leiomyofibrome
- Lipome

Die genannten Tumoren werden meist im Rahmen einer Bronchoskopie diagnostiziert.

❑ **Therapie**

Evtl. Resektion bzw. endoskopische Abtragung.

3.7.2. Maligne Tumoren

Plattenepithelkarzinom (epidermoides Karzinom)	
kleinzelliges Karzinom	• Oat-cell-Karzinom • Karzinom vom intermediären Zelltyp • kombiniertes Oat-cell-Karzinom
Adenokarzinom	• azinäres Karzinom • papilläres Karzinom • bronchioloalveoläres Karzinom • solides Karzinom mit Schleimbildung
großzelliges Karzinom	• Riesenzellkarzinom • Klarzellkarzinom
adenosquamöses Karzinom	
Karzinoid	
Bronchialdrüsenkarzinom	• adenoid zystisch • mukoepidermoid
papilläre Tumoren des Oberflächenepithels	
gemischte Tumoren und Karzinosarkome	
Sarkome	
andere	

Tab. 3.18: Einteilung der malignen Lungentumoren nach WHO.

3.7.2.1. Bronchialkarzinom

❑ **Definition**

Bösartige Neubildung vom Bronchialsystem ausgehend.

Nach histologischem Bild werden vier Haupttypen differenziert:

- kleinzelliges Bronchialkarzinom (25 %)
- Plattenepithelkarzinom (35 %)
- Adenokarzinom (25 %)
- großzelliges Karzinom (15 %)

Nach ihrem Verhalten in bezug auf Therapie und Prognose kann die Einteilung sogar auf zwei Typen reduziert werden:

- kleinzellige Bronchialkarzinome (SCLC = small cell lung cancer)
- nicht-kleinzellige Bronchialkarzinome (NSCLC)

Röntgenologisch wird nach Lage unterschieden:

- zentrales Bronchialkarzinom
- peripheres Bronchialkarzinom
- Pancoast-Tumor (Tumor im Bereich der Lungenspitze)

❑ Epidemiologie

Häufigste zum Tode führende Neubildung beim Mann. Mortalität ca. 50-100 pro 100.000. Verhältnis Männer zu Frauen nach 10:1 jetzt ca. 3:1 (bedingt durch sich ändernde Rauchgewohnheiten). Meist über 40 Jahre, Altersgipfel um 60 Jahre.

❑ Ätiologie und Pathogenese

- dominierende Ursache: Zigarettenrauchen (fast lineare Dosis-Wirkungsbeziehung, Rückgang nach Beendigung des Zigarettenrauchens, nach 15-20 Jahren gleiches Risiko wie Nicht-Raucher). Dieser Zusammenhang gilt jedoch nicht für das seltene Adenokarzinom. Weniger als 1 % der Patienten mit Bronchialkarzinom sind Nichtraucher
- Im Bereich von Lungennarben können sich sog. Narbenkarzinome (meist Adenokarzinome) bilden. Auch Patienten mit chronischer Bronchitis haben ein erhöhtes Risiko (nota bene: meist Raucher!)
- Verschiedene Umweltfaktoren können die Bildung eines Bronchialkarzinoms begünstigen: Asbest, Arsen, Chrom, Nickel, Teer- und Rußprodukte, halogenierte Äther, Mineralöl(-derivate), Dioxin, radioaktive Substanzen, Radon. Potentiell kanzerogen sind Eisen, Blei, Beryllium, Nitrosamine, Nitro- und Aminoverbindungen, Formaldehyd und chlorierte Kohlenwasserstoffe einzustufen
- evtl. genetische Faktoren

Infolge meist chronischer Reizzustände im Bronchialsystem entsteht das Karzinom nach Metaplasie und Dysplasie unter Einwirkung von o.g. Karzinogenen.

❑ Symptomatik

Frühdiagnose entscheidend, jedoch erschwert durch Symptomarmut!

- Husten
- rezidivierende bronchitische Beschwerden
- Brustschmerzen (teils bereits durch Knochenmetastasen bedingt)
- Hämoptysen
- Dyspnoe
- Gewichtsverlust und Leistungsknick
- Spätsymptome
  physikalisch massiver Lungenbefund (mit Lymphangiosis carcinomatosa) und zunehmender respiratorischer Insuffizienz. Venöse Einflußstauung, Einwachsen in den Ösophagus, Druck auf Vagus mit Diarrhö, Meteorismus oder Ileus, Rekurrensparese mit Heiserkeit, Phrenikusläsion mit Behinderung der Zwerchfellatmung und Singultus, Einwachsen in das Perikard, Horner-Syndrom, partielle Lähmungen, Kachexie
- Symptome durch Metastasen
  Schwindel, Kopfschmerzen, Paresen, Krampfanfälle (fokal), Knochenschmerzen, pathologische Frakturen, Querschnittssyndrom, Ikterus und abdominelle Beschwerden

- paraneoplastische Syndrome
  Fieber, Thrombophlebitis saltans, atypische-abakterielle Endokarditis, Magenulzera, Imitation endokriner Erkrankungen (Syndrom der inadäquaten ADH-Sekretion mit Hyperurikämie, Hyponatriämie, niedriger Plasma- und hoher Urinosmolalität, Cushing-Syndrom, Hyperkalzämie-Syndrom), neuromuskuläre Störungen (Lambert-Eaton-Syndrom, Dermatomyositis), Tumoranämie und Thrombozytose, Pierre-Marie-Bamberger-Syndrom (Trommelschlegelfinger und Uhrglasnägel, die sich nach Therapie zurückbilden)

❑ **Komplikationen (lokal und durch Metastasen bedingt)**

- Hämoptysen/Hämoptoe
- Atelektasen
- Pneumonien (poststenotisch)
- Lungenabszeß
- Pleuraerguß oder Pleuraempyem
- Rekurrens- und Phrenikusparese
- V. cava superior- und/oder Ösophaguskompression
- Herzrhythmusstörungen
- Metastasen. Häufigste Metastasierungsorte: Leber, Knochen (Wirbelsäule, Rippen), Knochenmark, Nebenniere und Gehirn. Bereits bei jedem 3. Patienten bei Diagnosestellung vorhanden

❑ **Diagnostik**

- *Anamnese* (Rauchen!) und *klinischer Befund* (s.o.)
- übliche *Laboruntersuchungen* inkl. Blutbild und BKS meist unauffällig (verändert z.B. bei Komplikationen wie poststenotischer Pneumonie oder Leberfiliae)
- *Röntgen-Thorax* in 2 Ebenen
  Rundherd, Verschattung in Form eines Infiltrats oder mit Einschmelzung, evtl. Ergußbildung (Abb. 3.9)

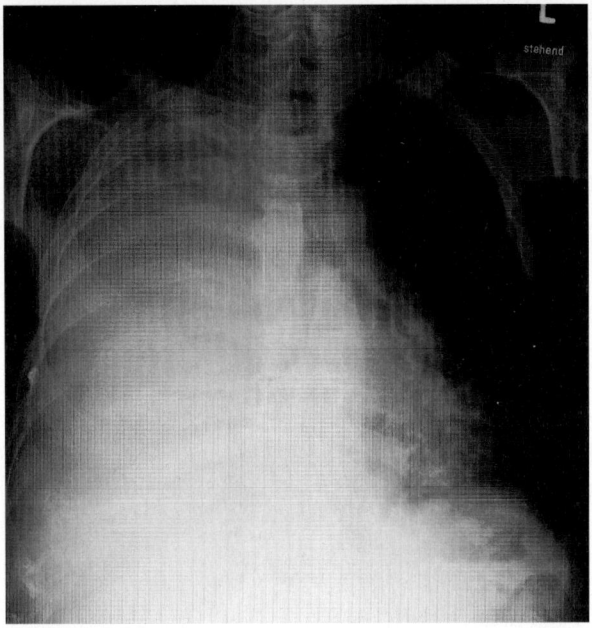

a

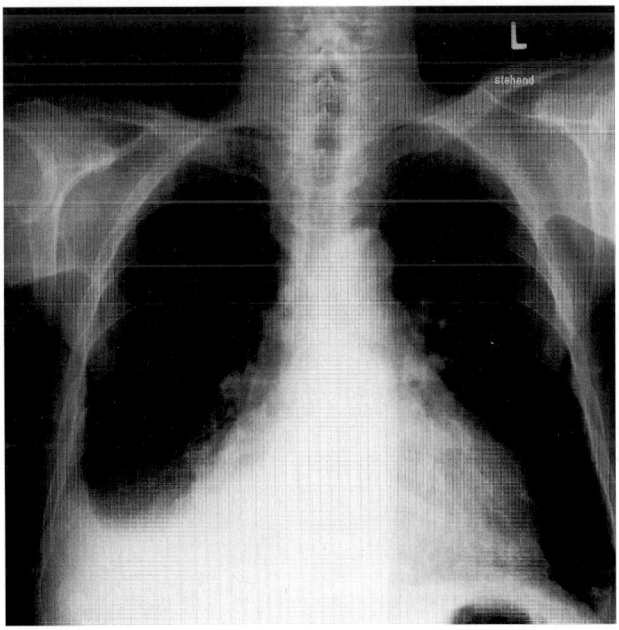

b

Abb. 3.9 a+b: a) Ausgeprägter Pleuraerguß rechts mit Mediastinalverlagerung.
b) Nach Abpunktion nur noch kleiner Resterguß. Ursächlich war ein kleinzelliges zentrales Bronchialkarzinom im Bereich des rechten Hilus (in der p.a.-Aufnahme nicht sicher zu erkennen).

- *Durchleuchtung* (Zwerchfellbeweglichkeit)

- *Tomographie + CT-Thorax* evtl. *NMR* (inkl. Feinnadelpunktion)
- *Sputumzytologie*
  (falls mehrmals negativ ist ein Bronchialkarzinom jedoch nicht ausgeschlossen!)
- *Bronchoskopie* inkl. Endosonographie
- evtl. *Mediastinoskopie*
- *TU-Marker*
  NSE (neuronenspezifische Enolase) bei kleinzelligem Bronchialkarzinom, SCC (squamous cell carcinoma antigen) bei Plattenepithelkarzinom
- *Punktion*, z.B. bei Erguß (hämorrhagisch) (Abb. 3.9)
- evtl. *Thorakoskopie* oder *Probethorakotomie*

Jeder länger als 3 Wochen bestehende Husten oder eine Hämoptoe bedürfen des Ausschlusses eines Bronchialkarzinoms!

Staging: Einteilung nach Tumorausdehnung (Tab. 3.19)

T	Primärtumor
T_0	kein Primärtumor
T_X	Primärtumor nicht beurteilbar (Zellen nur im Sputum nachgewiesen, Tumor röntgenologisch und bronchoskopisch nicht nachgewiesen)
T_{is}	Carcinoma in situ
T_1	Tumor < 3 cm, umgeben von Lungengewebe oder viszeraler Pleura, proximaler Lappenbronchus tumorfrei.
T_2	Tumor > 3 cm Atelektase oder obstruktive Entzündung bis zum Hilus, jedoch weniger als eine ganze Lunge befallen, Befall des Hauptbronchus, jedoch > 2 cm distal der Carina
T_3	Tumor jeder Größe mit Infiltration benachbarter Strukturen wie Zwerchfell, Thoraxwand, mediastinale Pleura und Perikard. • Befall des Hauptbronchus < 2 cm distal der Carina, jedoch nicht der Carina selbst • Tumor mit Atelektase oder obstruktiver Pneumonie
T_4	Tumor jeder Größe mit Infiltration von Mediastinum, Herz, Trachea, Ösophagus, Wirbelkörper, Carina; maligner Pleuraerguß
N	regionale Lymphknoten
N_X	regionale Lymphknoten nicht beurteilbar
N_0	kein regionaler Lymphknotenbefall
N_1	Befall der ipsilateralen peribronchialen Lymphknoten oder ipsilateralen Hiluslymphknoten.
N_2	Befall der ipsilateralen mediastinalen Lymphknoten
N_3	Befall der kontralateralen mediastinalen oder hilären Lymphknoten
M	Metastasen
M_X	Metastasen nicht beurteilbar

M_0	keine Metastasen
M_1	Fernmetastasen einschließlich Befall der Skalenuslymphknoten oder supraclavikulären Lymphknoten

Tab. 3.19: TNM-Einteilung.

Grading: Einteilung nach histologischen Kriterien (Tab. 3.20)

G_1	gut differenziert
G_2	mäßig differenziert
G_3	schlecht differenziert
G_4	undifferenziert

Tab. 3.20: Grading.

Einteilung in limited und extensive disease (bei SCLC):

- *limited disease*
  einseitiges Tumorleiden mit oder ohne Mediastinalbefall, keine Einflußstauung, kein maligner Pleuraerguß, mit oder ohne Befall der ipsilateralen supraclaviculären Lymphknoten
- *extensive disease*
  beide Thoraxseiten befallen, und/oder maligner Pleuraerguß, Einflußstauung, kontralaterale supraclaviculäre Lymphknoten befallen, Fernmetastasen

Stadieneinteilung: Tab. 3.21

Stadium	
I	$T_{1-2}\,N_0\,M_0$
II	$T_{1-2}\,N_1\,M_0$
IIIA	$T3\;N_{0-1}\,M_0$ $T_{1-3}\,N_2\,M_0$
IIIB	$T_{1-4}\,N_3\,M_0$ $T4\;N_{0-3}\,M_0$
IV	$T_{1-4}\,N_{0-3}\,M_1$

Tab. 3.21: Stadieneinteilung.

Zur Stadieneinteilung notwendige Untersuchungen:

- bereits oben erwähnte Untersuchungen
- *Knochenszintigraphie* (Knochenfiliae?)
- abdominelle *Sonographie* (Leberfiliae?), erhöhtes *CEA* (carcinoembryonales Antigen) → dringender V.a. Metastasierung
- *CT-Schädel* (insbesondere bei kleinzelligem Bronchialkarzinom)
- *CT-Thorax* und *Abdomen* (bei Lymphknoten > 1 cm evtl. Mediastinoskopie)
- bei kleinzelligem Bronchialkarzinom evtl. *Knochenmarksbiopsie*
- *HNO-ärztliche Untersuchung* bei Heiserkeit: Rekurrensparese bedeutet Inoperabilität

❑ **Differentialdiagnose**

- unspezifische Entzündungen wie Pneumonie oder Bronchitis
- Tuberkulose
- interstitielle Lungenerkrankungen
- Lungenmetastasen anderer Malignome
- benigne Neoplasien (verlieren mit zunehmendem Alter an Bedeutung)

Differentialdiagnose von Hämoptoe bzw. Hämoptysen

- Bronchial-NPL
- Bronchiektasen
- Bronchitis
- Lungenembolie/Lungeninfarkt
- Tuberkulose
- Pneumonie
- Fremdkörper/Aspiration
- Gerinnungsstörungen und Vaskulitiden sowie Gefäßanomalien
- Mitralstenose
- Goodpasture-Syndrom
- Wegenersche Granulomatose

❑ **Therapie**

- **NSCLC**

Operativ

Resektion (Lobektomie oder Pneumektomie) stellt die Therapie der Wahl dar.

Op indiziert falls:

- biologisches Alter < 70 Jahre
- Lungenfunktion postoperativ ausreichend, d.h. $FEV_{1postop}$> 800-1.000 ml (berechnet nach der Formel: $FEV_{1postop}$= $FEV_{1präop}$ x Perfusion der gesunden Restlunge : Gesamtperfusion)
  Notwendige Untersuchungen: BGA, Lungenszintigraphie, Spirometrie, evtl. Belastungs-Ekg
- kein T_4, N_3 oder M_1- Stadium
- ungünstig, jedoch prinzipiell operabel N2 (zusätzlich Radiatio)

Op- und post-Op-Letalität: 5-10 %

Bestrahlung

- primäre Radiatio mit kurativer Zielsetzung (z.B. Stadium IIIB): Dosis 50-60 Gy
- palliative Radiatio bei Schmerzen, Dyspnoe durch Stenosierung, Atelektase und poststenotische Pneumonie, Einflußstauung oder Erguß, Hirnmetastasen: Dosis 40-50 Gy
- adjuvante Radiatio

Komplikationen:

- Strahlenpneumonitis / Lungenfibrose
- Strahlenösophagitis
- Perikarditis, Myokarditis

- Hypothyreose

Chemotherapie

Sie hat bei der Therapie des NSCLC keinen festen Platz im Therapieregime. Sie führt zum jetzigen Zeitpunkt zu keiner wesentlichen Lebensverlängerung (im Durchschnitt 2-3 Monate).

Als Monotherapeutika seien Adriamycin, Cisplatin, Etoposid, Ifosfamid, Mitomycin C und Vindesin erwähnt. Kombinationen mit Cisplatin + Cyclophosphamid + Adriamycin bzw. Cisplatin + Vindesin bzw. Etoposid oder auch Ifosfamid + Mitomycin C + Vindesin sollen die Lebenserwartung erhöhen, sind aber auch mit teils hoher therapiebedingter Todesrate belegt (bis 10 %). Durch Zytostatika wird außerdem die tolerable Strahlendosis verringert.

- **SCLC**

Die Kombinationschemotherapie stellt hier die zentrale Behandlungsform dar. Die Remissionsraten werden bei limited (extensive) disease mit ca. 60-90 % (30-80 %) angegeben. Als wirksame Substanzen werden die Alkylanzien Cyclophosphamid und Ifosfamid, die Antibiotikaabkömmlinge Adriamycin und Epirubicin, die Vincaalkaloide Vincristin und Vindesin, Etoposid, der Schwermetallkomplex Cisplatin sowie der Folsäureantagonist Methotrexat angewandt. In der Regel werden zwei bis drei dieser Substanzen kombiniert und nach entspr. Schemata appliziert, wobei diese meist nach 3-4 Wochen (bis zu 4-6mal) wiederholt werden.

Ein häufig angewandtes Schema ist das ACO-Schema, bei dem Adriamycin (z.B. Adriblastin®, 60 mg/m^2 i.v.), Cyclophosphamid (z.B. Endoxan®, 500 mg/m^2) sowie Oncovin (z.B. Vincristin®, 1 mg nur am 1.Tag) alle 3 Wochen verabreicht werden. Nach ca. 3 Zyklen sollte eine Strahlentherapie (40-50 Gy) erfolgen, dann erneute 3 Zyklen ACO (Variationen möglich). Bei schlechtem Allgemeinzustand können auch milde Chemotherapien als Monotherapie versucht werden.

In Frühstadien ($T_1N_0M_0$ bzw. $T_2N_0M_0$ oder $T_1N_1M_0$) kann auch eine operative Therapie beim SCLC sinnvoll sein. Dabei sollte jedoch postoperativ eine Chemotherapie erfolgen.

Weitere palliative Möglichkeiten stellen Lasertherapie (lokal), endobronchiale Stents oder Corticoide (systemisch) bei tumorbedingten Stenosen von Trachea oder Bronchien dar.

Außerdem ist eine symptomorientierte Therapie von bronchitischen Beschwerden, die Behandlung von Infekten, O_2-Gabe bei Atemnot neben einer ausreichenden Analgesie, die von niedrig potenten Analgetika wie Azetylsalizylsäure oder Paracetamol bis zu Morphinen oder Periduralanalgesie gehen kann, wichtig.

❑ **Prognose**

Schlecht. 5-Jahresüberlebensrate 5-10 %. Ca. 1/3 der Patienten mit einem NSCLC sind operabel. Die 5-Jahresüberlebensrate beträgt in dieser Gruppe 20-30 %. Patienten mit einem NSCLC, die bestrahlt wurden, haben hingegen eine deutlich schlechtere Prognose (5 %). Chemotherapeutisch behandelte Patienten hingegen leben nur noch etwa 6 Monate. Patienten mit einem SCLC leben nach Diagnosestellung unbehandelt ca. 3 Monate. Mit Chemotherapie kann die Prognose bei limited disease auf 12-16 Monate sowie bei extended disease auf 8-12 Monate verbessert werden.

3.7.2.2. Alveolarzellkarzinom

❑ **Definition**

Vom Alveolarzellepithel ausgehender Lungenkrebs.

❑ **Epidemiologie, Ätiologie und Pathogenese**

Selten, keine Geschlechtsbevorzugung, offenbar unabhängig vom Zigarettenrauchen, meist peripher gelegen.

❑ **Symptomatik, Diagnostik und Therapie**

Röntgen-Thorax: meist peripher gelegene solitäre Infiltrate.

Sonst: ☞ Kap. 3.7.2.1. "Bronchialkarzinom".

3.7.2.3. Lungenmetastasen

❑ **Definition**

Sekundäre Lungengeschwülste extrapulmonal gelegener Primärtumoren, die lymphogen oder hämatogen in die Lunge gelangen.

❑ **Symptome und Komplikationen**

Z.T. wie bei o.g. Bronchialkarzinom.

❑ **Therapie und Prognose**

☞ bei den entsprechenden Primärtumoren.

3.8. Erkrankungen der Pleura

3.8.1. Pleuritis

❑ **Definition**

Entzündung der Pleura unterschiedlicher Ätiologie. Die Pleuritis geht häufig mit der Ausbildung eines Pleuraergusses einher (Pleuritis exsudativa). Die Pleuritis sicca ist durch Fehlen eines Pleuraergusses und meist stärkeren Schmerzen, infolge der empfindlichen Pleura parietalis, gekennzeichnet.

❑ **Ätiologie und Pathogenese**

- infektiös
  - Neben Bakterien, Rickettsien und Mykoplasmen sind häufig Viren Auslöser
  - Sonderformen
    - Pleuritis exsudativa tuberculosa ausgelöst durch Mycobacterium tuberculosis. Sie ist die häufigste Ursache eines Pleuraergusses bei jungen Patienten, insbesondere bei positivem Tuberkulintest
    - Bornholmsche Erkrankung/Pleurodynie ausgelöst durch Coxsackie B-Viren. Sie ist meist mit starken Thoraxschmerzen verbunden
- autoimmun
  - Lupus erythematodes, Wegenersche Granulomatose, rheumatoide Arthritis, Postmyokardinfarkt-/Dressler-Syndrom zusammen mit akuter Perikarditis
- weitere Ursachen
  - Pneumonie (siehe auch "infektiös"), Pankreatitis, Urämie, Sarkoidose, Asbestose, Lungenembolie mit Lungeninfarkt sowie strahlenbedingt
- im Rahmen von malignen Grunderkrankungen: Pleuritis exsudativa maligna

❑ **Symptomatik**

- *Pleuritis sicca*
  meist atemabhängige Schmerzen, auskultatorisch evtl. Pleurareiben
- *Pleuritis exsudativa* (in Abhängigkeit der Größe des Pleuraergusses)
  Atemnot (> 500 ml), abgeschwächtes bis aufgehobenes Atemgeräusch, perkussorisch Dämpfung
- evtl. Fieber, weitere Symptomatik abhängig von der Genese der Pleuritis

❑ Komplikationen

- Ausbildung einer Pleuraschwarte (Atem- bzw. Krankengymnastik, bei entspr. starker Behinderung der Atmung evtl. Dekortikation) (Abb. 3.10)

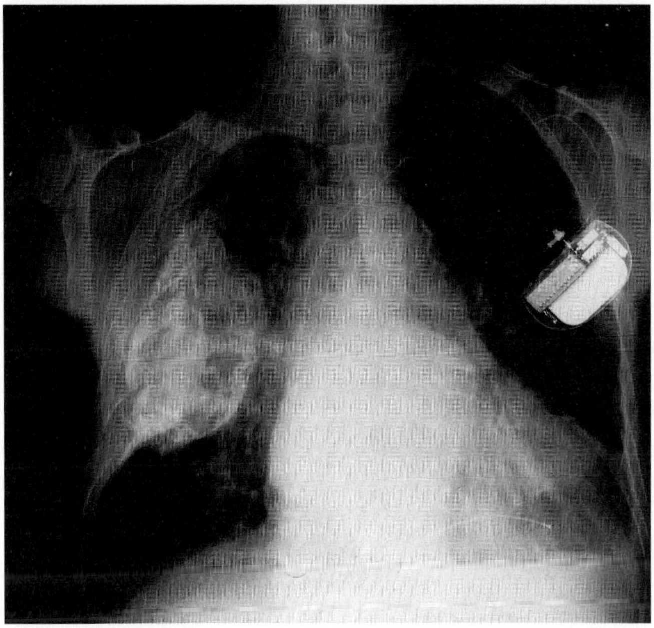

Abb. 3.10: Röntgen-Thorax p.a. eines 70 Jahre alten Mannes: dilatiertes Herz mit SM in der linken Pektoralisloge. Kleine Randwinkelergüsse bds. Auffällige inhomogene teils kalkdichte Verschattung im rechten Lungenmittelfeld. Nach klinischer Untersuchung (Narben!) und Anamnese handelte es sich um eine Schußverletzung im 2. Weltkrieg (z.B. verkalktes Hämatom bzw. Hämatothorax).

- Pleuraempyem (meist Staphylo- oder Enterokokken bzw. Anaerobier, klinisch mit Fieber einhergehend. Therapie: Punktion, evtl. Spülung über Bülau-Drainage bzw. Operation)

❑ Diagnostik (Abklärung eines Pleuraergusses)

- *Anamnese* und *klinischer Befund* (s.o.), neg. Stimmfremitus
- *Labor*
  BKS, Blutbild (evtl. Leukozytose), Retentionswerte, Gesamt-Eiweiß, Blutkultur, Virus-Serologie, evtl. Serum-Amylase und Lipase, Rheuma-Faktor, antinukleäre und Anti-DNS-Antikörper
- *Tuberkulin-Test*
- *Sputum-Untersuchung* (soweit möglich, d.h. wenn produktiver Husten vorliegt)
- *Röntgen-Thorax* in 2 Ebenen (bei Erguß): homogene Verschattung (bei kleinem Erguß evtl. nur im Bereich des Zwerchfellrippenwinkels)
- *Sonographie:* sensiblere Methode zum Nachweis eines Pleuraergusses
- *CT-Thorax*
- *Perfusions-* und *Ventilationsszintigramm*

- *Pleurapunktion*
  - makroskopisch
    - blutig (Tumor? Pneumonie oder Lungenembolie?)
    - eitrig (bei bakterieller Entzündung)
    - Spinngewebe (Tuberkulose?)
    - milchig (Chylothorax)

	Transsudat		Exsudat
Gesamt-Eiweiß	< 3 g/l	-	> 3 g/l
spezifisches Gewicht	< 1,016	-	> 1,016
LDH	< 200 U/l	-	> 200 U/l

  - Amylase/Lipase: erhöht bei Pankreatitis
  - Glukose: > 20 mg/dl unter dem Blutzucker (bei Tuberkulose)
  - Leukozyten: > 1.000/mm^3 bei Exsudat
  - Lymphozyten: erhöht bei Virusgenese oder Tuberkulose
  - Hämoglobin: > 1 g/dl bei Hämatoserothorax
  - Fette: erhöhte Triglyzeride (> 110 mg/dl) bei Chylothorax, erhöhtes Cholesterin (> 200 mg/dl) bei Malignomen
  - Zytologie: bei Tumorverdacht
  - Bakteriologie: zum Erregernachweis inkl. Tuberkulose
    - Nach erfolgter Pleurapunktion muß eine Röntgenkontrolle zum Ausschluß eines Pneumothorax erfolgen
    - Primär tumorverdächtig sind blutig exsudative Pleuraergüsse. Kardiale Ergüsse (Transsudate) finden sich meist rechtsseitig oder beidseitig
- evtl. Thorakoskopie mit Histologiegewinnung

❑ **Differentialdiagnose des Pleuraergusses**

- *malignes Exsudat*
  Mamma-, Bronchial-, Pankreaskarzinom, Pleuramesotheliom, maligne Lymphome
- *Pleuratranssudat*
  Herzinsuffizienz, Trauma (auch postoperativ), Pankreatitis, subphrenischer Abszeß, in Verbindung mit Aszites bei Ovarialtumoren (Meigs-Syndrom), nephrotisches Syndrom, exsudative Enteropathie, Lungenembolie, Leberzirrhose, Autoimmunerkrankungen sowie auch Tumoren
- *infektiöse Exsudate* bei Tuberkulose, Pneumonie etc.

❑ **Therapie**

- *Pleuritis sicca*
  Analgetika (NSAR)
- *Pleuritis exsudativa*
  Pleurapunktion mit Absaugen. Bei malignem Pleuraerguß z.B. Pleurodese, bei Strahlenpleuritis z.B. Corticosteroide. Bei bakterieller Genese Antibiotika, bei tuberkulöser Genese Tuberkulostatika

3.8.2. Pneumothorax

❑ **Definition**

Luft- oder Gasansammlung in der Pleurahöhle.

❑ **Ätiologie und Pathogenese**

- idiopathisch (meist junge leptosome Männer)
- bei Lungenerkrankungen (z.B. Emphysemblasen)
- traumatisch (z.B. nach Explosion, Messerstich etc.)
- iatrogen (z.B. nach Pleurapunktion, Anlage eines ZVK, unter maschineller Beatmung)

Der Pneumothorax kann asymptomatisch (z.B. bei kleinem Mantelpneumothorax) verlaufen. Beim Kollaps einer Lunge tritt in der Regel Atemnot auf. Der Zustand kann dabei stabil bleiben. Liegt jedoch ein Ventilmechanismus vor (Eindringen von Luft in den Pleuraraum bei der Inspiration, Verschluß der Öffnung bei der Exspiration), kann sich ein Spannungspneumothorax entwickeln. Die eingeschlossene Luft führt zur Mediastinalverlagerung zur gesunden Seite und komprimiert die gesunde Lunge und das Herz. Der Spannungspneumothorax stellt somit einen absoluten Notfall dar, der sofort durch Entlastung therapiert werden muß.

❑ **Symptomatik**

- plötzlich einsetzender Thoraxschmerz, meist einseitig
- je nach Ausmaß Dyspnoe, die zunehmend sein kann, Tachypnoe
- Tachykardie, evtl. Hypotonie und kleine Blutdruckamplitude
- evtl. obere Einflußstauung

❑ **Komplikationen**

- Spannungspneumothorax (s.o.)

❑ **Diagnostik**

- *Anamnese und klinischer Befund*
  evtl. hypersonorer Klopfschall, abgeschwächtes oder aufgehobenes Atemgeräusch sowie abgeschwächter Stimmfremitus, seitendifferente Atembewegungen
- *Röntgen-Thorax* (in Exspiration)
  kollabierte Lunge, im Bereich des eigentlichen Pneumothorax fehlende Lungenzeichnung
- *CT-Thorax oder Thorakoskopie*: Emphysemblasen?

❑ **Differentialdiagnose**

- Lungenembolie
- Myokardinfarkt
- Pneumonie, Pleuritis und andere Lungenerkrankungen
- Aneurysma dissecans

❑ **Therapie**

- Kleinere Pneumothoraces (Mantelpneu's, Spalt 1-2 cm) bedürfen keiner Therapie, müssen aber kontrolliert werden. Jedoch ist die O_2-Gabe sinnvoll. Abschließend sollte nach der Ursache für den Pneumothorax gefahndet werden

- Größere Pneumothoraces sollten mittels Bülau-Drainage, bzw. Pleuracath (2.-4. ICR in der MCL bis vorderen Axillarlinie) und 20 cm Wassersäule Sog über 1-3 Tage abgesaugt werden, dann Röntgen-Kontrolle. Bei Entfaltung der Lunge Drainage abklemmen und 1 Tag belassen. Dann erneute Röntgen-Kontrolle und ggf. Ziehen der Drainage
- falls ohne Erfolg Versuch der Pleurodese (z.B. Fibrinkleber), evtl. unter thorakoskopischer Sicht oder operativ indiziert, bei rezidivierenden Pneumothoraces auch Resektion evtl. vorhandener Emphysemblasen)
- nach Therapie CT zur Abklärung des Rezidivrisikos
- bei Spannungspneumothorax sofort als Akutmaßnahme
  Punktion des Pleuraraumes der betroffenen Seite mit einer großlumigen Kanüle (wenn möglich mit Heimlich-Ventil): Luft entweicht unter zischendem Geräusch

❑ **Prognose**

Die idiopathischen Pneumothoraces haben ein relativ hohes Rezidivrisiko. Ca. jeder 5. Patient erleidet einen Rezidivpneumothorax. Durch o.g. Therapie kann dieses Risiko jedoch gesenkt werden. Insbesondere operativ versorgte Pneumothoraces haben eine sehr geringe Rezidivrate.

3.8.3. Pleuramesotheliom

❑ **Definition**

Es handelt sich in der Regel um einen malignen Tumor der von der Pleura (parietalis) ausgeht. Dabei ist die Asbest-Exposition eine gesicherte Ursache für die Tumorentstehung! Er wächst meist per continuitatem (selten hämatogene oder lymphogene Metastasierung).

❑ **Epidemiologie**

Sehr selten (Inzidenz ca. 1 pro 100.000 Einwohner). Männer häufiger betroffen, Altersgipfel um 50 Jahre.

❑ **Symptomatik**

- Thoraxschmerzen
- Husten, Fieber sowie Dyspnoe
- hämorrhagische Pleuraergüsse
- Zeichen einer konsumierenden Erkrankung

❑ **Komplikationen**

- rezidivierende Pleuraergüsse (inkl. Eiweißverlust bei entspr. Punktionen)
- zunehmende respiratorische Insuffizienz

❑ **Diagnostik**

- *Anamnese* (Asbestexposition, Thoraxschmerzen)
- *klinischer Befund:* evtl. lokale Dämpfung des Klopfschalls, Pleuraerguß
- *Röntgen-Thorax:* pleuranahe Verdichtung, Pleuraerguß
- *CT-Thorax:* Nachweis von meist multiplen pleuraständigen Vorwölbungen
- *Biopsie* zur histologischen Sicherung
  (perthorakal, CT-gesteuert oder im Rahmen einer Thorakoskopie (häufig Stichkanalwachstum!)

❑ **Differentialdiagnose**

- Bronchial-NPL
- andere maligne Erkrankungen

❑ **Therapie**

- Chemotherapie ohne wesentlichen (lebensverlängernden) Effekt
- Radiatio bei Schmerzen, jedoch ohne lebensverlängernden Effekt
- chirurgisch bei lokalem Wachstum im Frühstadium (Pleurektomie)
- Analgetika und wiederholte Punktionen bei größeren Ergußmengen

❑ **Prognose**

Mittlere Überlebensdauer ca. 6-12 Monate. Exitus infolge respiratorischen Versagens.

3.9. Erkrankungen des Mediastinums

3.9.1. Mediastinitis

❑ **Definition**

Entzündung des Mediastinums. Meist akut nach Perforation des Ösophagus (z.B. bei endoskopischen Eingriffen), bei Tumoren oder nach Trauma (dort auch Tracheal- oder Bronchusrupturen), postoperativ oder seltener auch chronisch durch Ausbreitung von infektiösen Prozessen (z.B. Mykobakterium tuberkulosis) oder Bestrahlung.

❑ **Symptomatik**

Klinik meist durch dramatisch schweres Krankheitsgeschehen geprägt:

- hohes Fieber
- septisches Bild mit Tachykardie
- Husten und Tachypnoe
- Dysphagie und retrosternale Schmerzen

Die chronische Mediastinitis verläuft hingegen häufig blande.

❑ **Diagnostik**

- *Röntgen* (Thorax in zwei Ebenen, CT)
  Mediastinalverbreiterung, evtl. Pneumomediastinum oder Abszedierung
- *Endoskopie* (Bronchialsystem und Ösophagus)

❑ **Therapie**

Ursache beseitigen, Drainage und hochdosiert Breitbandantibiotika wie Imipenem (z.B. Zienam®) 3x1 g/die.

❑ **Prognose**

Die Mediastinitis ist zwar selten, hat jedoch eine hohe Letalität: 1/3-2/3 der Patienten versterben infolge der Erkrankung.

3.9.2. Mediastinalemphysem

❑ **Definition**

Übertritt von Luft durch Perforation oder Ruptur der lufthaltigen Organe des Mediastinums (meist Tracheobronchialsystem, Lunge oder Ösophagus) in das Mediastinum.

Es werden spontane (durch Husten oder unter maschineller Beatmung) Mediastinalemphyseme von sekundären (durch Trauma, Perforation, iatrogen) unterschieden.

❑ **Symptomatik**

Anfangs oft asymptomatisch, dann meist:

- Verdrängungserscheinungen mit Einflußstauung
- restrosternale Schmerzen, Oppressionsgefühl
- Dyspnoe
- Hautemphysem im Hals und Gesichtsbereich

❑ **Komplikationen**

- Herztamponade
- Mediastinitis

❑ **Diagnostik**

- *Anamnese* und *klinischer Befund:* Hautemphysem, Knistern in der Haut
- *Röntgen-Thorax*

❑ **Therapie**

- O_2-Gabe, darunter beschleunigte Resorption
- evtl. juguläre Mediastinotomie (Inzision oberhalb des Manubrium sterni) zur notfallmäßigen Druckentlastung (bei Kompression der Mediastinalorgane)
- evtl. Drainage zur weiteren Druckentlastung und Absaugen der Luft
- Ein gleichzeitig vorliegender Pneumothorax sollte ebenfalls drainiert werden
- Vorliegen einer Fistel zwischen lufthaltigen Mediastinalorganen und Mediastinum (z.B. bei Ösophagusperforation oder -ruptur): operative Sanierung
- Breitbandantibiotika wie Imipenem (z.B. Zienam®) 3x1 g/die bei Infektionszeichen oder bereits Verdacht hochdosiert (*cave:* Mediastinitis)

❑ **Prognose**

Das unkomplizierte Mediastinalemphysem hat eine gute Prognose. Kommt jedoch eine Mediastinitis hinzu wird die Prognose ernst.

3.9.3. Mediastinaltumore

❑ **Definition**

Unter dem Begriff Mediastinaltumore werden verschiedene Raumforderungen im Mediastinum zusammengefaßt. Sie haben charakteristische Prädilektionsstellen. Im vorderen oberen Mediastinum sind retrosternale Strumen, Thymome, Teratome oder Lymphome sowie im unteren Anteil Perikardzysten lokalisiert. Im mittleren Mediastinum finden sich kongenitale Zysten sowie Lymphome und das Trachea-karzinom. Im hinteren Mediastinum trifft man vor allem neurogene Tumore (Neurinome, Ganglioneurome, Neurofibrome, Meningeome, Sympathikoblastome und Neuroblastome) sowie Zysten. Bei den erwähnten Tumoren kommen teils sowohl benigne als auch maligne Varianten vor. Im vorderen Mediastinum finden sich häufiger maligne Tumoren als im hinteren.

❑ **Epidemiologie, Ätiologie und Pathogenese**

Mediastinaltumore machen etwa 1 % aller Geschwülste aus. Meist haben die Tumore zystische Anteile.

Die Ätiologie ist unklar. Thymome sind häufig mit einer Myasthenia gravis pseudoparalytica oder auch einer aplastischen Anämie vergesellschaftet.

❑ Symptomatik

- meist asymptomatisch
- Heiserkeit, Singultus, Reizhusten sowie Zwerchfellparese (Rekurrens- und Phrenikusreizung bzw. -paresen)
- Symptomatik meist durch Verdrängung
  Einflußstauung (Stokesscher Kragen), Dysphagie
- Schwäche und Gewichtsverlust bei malignem Mediastinaltumoren

❑ Diagnostik

- *Röntgen-Thorax* in zwei Ebenen
- *CT-Thorax* und *NMR*
- *Bronchoskopie* und *Mediastinoskopie* (inkl. Biopsie z.B. transbronchial oder direkt)
- *Op* (Probethorakotomie)

❑ Therapie

Meist operativ. Je nach Tumortyp evtl. Chemotherapie und/oder Radiatio.

❑ Prognose

Bei benignen Tumoren ist die Prognose meist günstig. Die Prognose der malignen Tumore variiert je nach Histologie stark.

Erkrankungen der Verdauungsorgane

4. Erkrankungen der Verdauungsorgane

4.1. Erkrankungen des Ösophagus

Der Ösophagus erstreckt sich vom Ringknorpel (Höhe C 6/7) bis zur Kardia (Th 10/11). Es handelt sich um einen muskulären Schlauch von 20-25 cm Länge, der die Aufgabe hat, feste oder flüssige Speisen in den Magen zu transportieren. 3 Engen werden dabei überwunden: Ösophagusmund (Ringknorpel), Bifurcatio tracheae bzw. Kreuzung mit der Aorta und als untere Enge der Durchtritt durch das Zwerchfell. Die Beförderung der Nahrung erfolgt durch peristaltische Kontraktionswellen. Man unterscheidet primäre, sekundäre und tertiäre Kontraktionswellen. Die primären peristaltischen Wellen sind durch den Schluckreflex ausgelöst und breiten sich in einer Geschwindigkeit von ca. 2-4 cm/s aboralwärts aus. Sekundäre peristaltische Wellen werden durch lokale Dehnungsreize, z.B. durch übergroße Bissen, ausgelöst und sind meist auf das mittlere und untere Ösophagusdrittel beschränkt. Tertiäre Kontraktionen sind ungeordnete, nichtpropulsive Kontraktionen, die z.B. bei Neuropathien im distalen Ösophagus beobachtet werden. Der terminale Ösophagus stellt funktionell einen Sphinktermechanismus dar, der den Rückfluß von Mageninhalt in den Ösophagus verhindert.

Leitsymptom einer Ösophaguserkrankung ist die Schluckstörung (Dysphagie). Eine Dysphagie sollte möglichst endoskopisch abgeklärt werden.

• funktionell
  • Kloßgefühl bei Depression
	• anatomisch
	  • Membranen, Schatzki-Ring

• Störungen der Peristaltik
  • Achalasie
  • Ösophagusspasmus
	• Divertikel
	  • Zenkersches Divertikel

• neoplastisch
  • benigne, maligne Tumoren
  • Mediastinaltumoren
	• Gefäßmißbildungen
	  • Dysphagia lusoria
	  • Aortenaneurysma

• entzündlich
  • Reflux
 	
• Fremdkörper
	• neuromuskulär
	  • Achalasie
	  • Sklerodermie
	  • Ösophagusspasmus
	  • Polyneuropathie (Diabetes mellitus)

• Verletzungen	• neurologisch • Apoplex

Tab. 4.1: Mögliche Ursachen der Dysphagie.

4.1.1. Mißbildungen und seltene Erkrankungen des Ösophagus

- Ösophagusatresie
- Ösophagusstenose
- ösophago-tracheale Fisteln

Diese seltenen angeborenen Mißbildungen führen meist schon kurz nach der Geburt zu Symptomen. Sie sind vorwiegend Problemfälle der Pädiatrie und werden deshalb im folgenden nicht behandelt (☞ Lehrbücher der Pädiatrie).

4.1.1.1. Dysphagia lusoria

Durch eine Fehlanlage von Thoraxgefäßen (z.B. A. subclavia dextra) verursachte Schluckstörung; bei Symptomatik operative Revision.

4.1.1.2. Boerhaave-Syndrom

Sehr seltene Spontanruptur oder auch traumatisch bedingte Ruptur des Ösophagus, z.B. bei unkoordiniertem Erbrechen (Alkoholiker). Sie bedarf in der Regel einer notfallmäßigen operativen Therapie und führt häufig zu einer Mediastinitis.

4.1.2. Achalasie

❑ **Definition**

Die Achalasie stellt eine neuromuskuläre Störung unbekannter Ätiologie dar, bei der die propulsive Peristaltik teils fehlt und der untere Ösophagussphinkter nur ungenügend erschlafft. Dadurch kommt es zu einer Beeinträchtigung des Nahrungstransports in den Magen. Das Synonym *"Kardiospasmus"* ist irreführend.

❑ **Häufigkeit**

Die Inzidenz wird auf ca. 0,5-2 Fälle/100.000 Einwohner geschätzt. Manifestationsalter 3.-5. Lebensjahrzehnt.

❑ **Ätiologie und Pathogenese**

- genetische Faktoren?
- infektiös-toxische Ursache?
  ähnliche Krankheitserscheinungen im Rahmen der *Chagas-Erkrankung*
- ischämische Auswirkungen auf den Ösophagus?
- auch andere Ursachen möglich (experimentell kann durch Kälteeinwirkung auf den Ösophagus ein ähnliches Krankheitsbild hervorgerufen werden)
- Es liegt eine Störung der nervalen Funktion des intramuskulären *Plexus myentericus (Auerbach)* vor. Dabei scheint eine Verminderung der Ganglienzellzahl ursächlich zu sein

❑ Symptomatik

- *Dysphagie*
  Die Schluckbeschwerden, die anfangs mit "Tricks" (z.B. zusätzliche Flüssigkeitsaufnahme) doch noch beherrscht werden können, nehmen meist langsam zu. Schließlich kann es nach Monaten bis Jahren zur massiven Dilatation des Ösophagus kommen (funktioneller Megaösophagus). Die Beschwerden treten meist unmittelbar beim oder nach dem Essen auf und können sich bei psychischer Belastung verschlimmern
- *Regurgitationen*
  Es kommt zum Zurückfließen von unverdauten Speisen (kein saurer Geschmack). Häufig ist dies mit Husten und pulmonalen Komplikationen (Aspirationspneumonie) verbunden. Teils finden sich am Morgen regurgitierte Speisereste auf dem Kopfkissen
- krampfartige, retrosternale Schmerzen
- Gewichtsreduktion mit Zeichen eines Vitaminmangelzustandes

❑ Komplikationen

- bronchopulmonale Aspiration (häufigste und im allgemeinen schwerwiegendste Komplikation) mit Pneumonie
- Mangelernährung
- maligne Entartung (Präkanzerose)

❑ Diagnostik

- Bei der *körperlichen Untersuchung* ergeben sich meist keine krankheitstypischen Befunde. Lediglich die Gewichtsreduktion sowie Zeichen einer Mangelernährung können auffallend sein
- *Röntgen-Thorax in 2 Ebenen einschließlich Ösophaguspassage mit Barium unter Durchleuchtung*
  - spindelförmig verengter Übergangsbereich mit verzögertem oder fehlendem Transport des Kontrastmittels in den Magen
  - unterschiedlich stark dilatierter Ösophagus mit aufgehobener Peristaltik
  - Höhe des Flüssigkeitsspiegels kann Hinweise auf den Schweregrad der Achalasie geben
  - Ein massiv dilatierter Ösophagus mit Flüssigkeitsspiegel ist in Spätstadien bereits auf der Thoraxaufnahme zu erkennen
- *Endoskopie*
  - (nach Absaugen retinierter Speisereste) gerötete Schleimhaut als Zeichen der Retentionsösophagitis
  - trichterförmige Einengung des distalen Ösophagus, die sich mit dem Gerät jedoch meist gut passieren läßt
- *Manometrie*
  - simultane, nicht propulsive Kontraktionen mit verlängerter Dauer
  - erhöhter Ruhedruck im Ösophagus sowie im unteren Sphinkter
  - unvollständige Erschlaffung des unteren Ösophagussphinkters
  - aperistaltische Wellen mit besonders hohen Amplituden bei der hypermotilen Form der Achalasie (*"vigorous achalasia"*), die heftige krampfartige Schmerzen verursachen

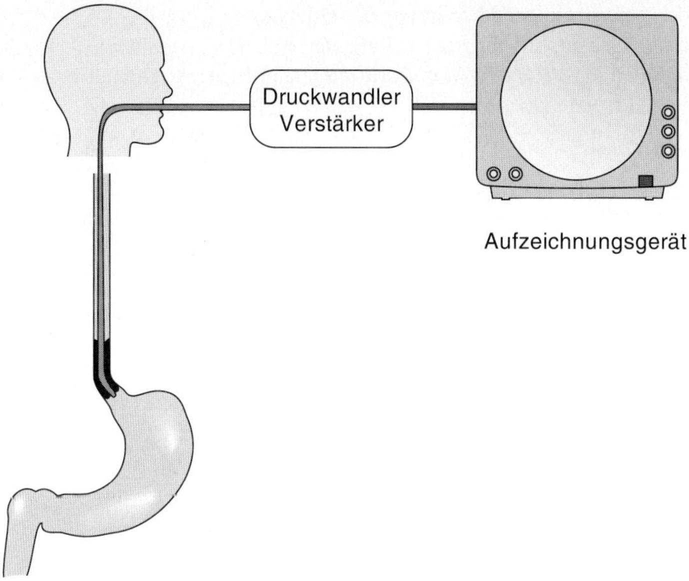

Abb. 4.1: Ösophagusmanometrie.
Es werden folgende Parameter ermittelt: Peristaltik, (abnorme) Kontraktionen, Ruhedruck am unteren Ösophagussphinkter sowie dessen reflektorische Erschlaffung.

❑ Differentialdiagnose

Wichtigste Differentialdiagnosen sind:

- tiefsitzendes Ösophaguskarzinom
- Kardiakarzinom
- weitere Dysphagieursachen ☞ Tab. 4.1

❑ Therapie

- *allgemeine Empfehlungen*
  - ausreichendes Trinken
  - (sehr) langsames Essen in aufrechter Körperlage
  - gutes Kauen, Nachtrinken sowie Oberkörperbewegungen
- *medikamentös*
  Ein Therapieversuch mit Ca^{2+}-Antagonisten wie Nifedipin (z.B. Adalat®) oder Nitraten, z.B. Isosorbiddinitrat (z.B. Isoket®) oder Glyceroltrinitrat (z.B. Nitrolingual®), kann unternommen werden. Erfolg meist nur bei leichten Formen
- *Dilatation - Mittel der Wahl*
  Therapie der Wahl ist die mechanische (pneumatische) Dilatation. Nach röntgenologischer oder endoskopischer Lagekontrolle wird dabei die Sphinkterregion durch Drücke zwischen 200-400 mmHg auf ca. 3 cm aufgedehnt. Als Komplikation sei die Perforation genannt, deren Häufigkeit mit ca. 1 % (-20 %!) angegeben wird. Die Erfolgsrate ist hoch (ca. 80 %). Wiederholungen sind oft nötig. Früher wurden dazu auch Metalldilatatoren nach Starck eingesetzt

- *Operation* - bei ungenügender Wirkung der Dilatation
  Bei Therapieversagern und operablem Patienten ist die *transabdominelle Kardiomyotomie nach Gottstein-Heller (1914) mit Fundoplicatio* das geeignetste Verfahren. Ca. 20 % der so behandelten Patienten klagen jedoch anschießend über eine Refluxsymptomatik

❑ **Verlauf und Prognose:**

Insgesamt verläuft die Achalasie komplikationsarm. Da die Achalasie bzw. die durch sie bedingte Epitheldysplasie eine Präkanzerose zu sein scheint (Karzinome nach 20 Jahren häufiger), sind regelmäßige endoskopische Kontrollen indiziert.

4.1.3. Idiopathischer, diffuser Ösophagusspasmus

❑ **Definition**

Unkoordinierte, lang anhaltende spastische Kontraktionen des Ösophagus nach dem Schlucken (tertiäre Kontraktionen) werden als diffuser Ösophagusspasmus bezeichnet. Der untere Ösophagussphinkter ist intakt.

❑ **Häufigkeit**

Selten. Manifestation im höheren Lebensalter.

❑ **Ätiologie und Pathogenese**

- Die Ätiologie ist unbekannt. Eine psychische Alteration wird diskutiert
- Histologisch findet sich eine Hypertrophie der glatten Muskulatur in den unteren zwei Dritteln des Ösophagus

❑ **Symptomatik**

- Teils krampfartige retrosternale Schmerzen (spontan oder bei der Nahrungsaufnahme) sowie intermittierende Dysphagien stehen im Vordergrund

❑ **Diagnostik**

- *körperliche Untersuchung* ohne krankheitstypische Befunde
- *Röntgen*
  Charakteristischerweise zeigt sich eine (intermittierend auftretende) korkenzieherartige Konfiguration im Bereich der unteren zwei Drittel des Ösophagus
- *Manometrie*
  - tertiäre Kontraktionen mit hohen Drucksteigerungen im mittleren und unteren Ösophagus bei normalem Sphinktertonus
  - verlängerte Kontraktionsdauer

  Ein ähnliches Muster mit jedoch erhaltener Peristaltik findet sich beim hyperkontraktilen Ösophagus (*Nußknackerösophagus*).

❑ **Therapie:**

- *medikamentös*
  Neben Ca^{2+}-Antagonisten und Nitraten konnte in einer kontrollierten Studie auch ein positiver Effekt des Antidepressivums Tradozon (z.B. Thombran®) in niedriger Dosierung nachgewiesen werden
- *operativ*
  Bei hartnäckigen gravierenden Beschwerden können auch operative Maßnahmen (extrasphinktere Myotomie) indiziert sein

4.1.4. Ösophagusmembranen (Ringe und Webs)

❑ Definition, Ätiologie und Pathogenese

Die sogenannten Webs stellen - meist angeborene - Membranen aus Plattenepithel dar. Ringe sind Schleimhautmembranen am Übergang zwischen Platten- und Zylinderepithel. Sie sind im distalen Ösophagusabschnitt zu finden. In Kombination mit einer axialen Gleithernie wird vom sogenannten *"Schatzki-Ring"* gesprochen.

❑ Symptomatik, Diagnostik und Therapie

Ringe und Webs sind meist asymptomatisch. Bei Beschwerden (Dysphagie) können Ringe und Webs meist mit dem Endoskop oder Dilatator (pneumatisch) beseitigt werden.

4.1.5. Divertikel

❑ Definition

Ösophagusdivertikel sind umschriebene Wandaussackungen der Speiseröhre.

Man unterscheidet echte Divertikel, bei denen die Divertikelwand durch alle Muskelschichten gebildet wird, und falsche Divertikel, bei denen sich Mukosa und Submukosa durch eine Muskellücke ausstülpen.

❑ Häufigkeit

Divertikel kommen mit unterschiedlicher Häufigkeit an drei Stellen vor:

- 70 % pharyngoösophageal (Pulsionsdivertikel)
- 20 % parabronchial (Trachealbifurkation/Traktionsdivertikel)
- 10 % epiphrenisch

Das am häufigsten vorkommende pharyngoösophageale *Zenker-Divertikel* findet sich bei röntgenologischen Routineuntersuchungen in ca. 0,1 %. Dabei überwiegen eindeutig Männer. Das Manifestationsalter liegt meist über 60 Jahre.

❑ Ätiologie und Pathogenese

Aufgrund der vermuteten Entstehung werden 2 Arten unterschieden (Tab. 4.2).

Traktionsdivertikel
• alle Wandschichten sind ausgestülpt ("echte Divertikel") • oft in Höhe der Trachealbifurkation/mittleres Ösophagusdrittel *Ursachen* Entstehung durch Zugwirkung (tuberkulöse Lymphadenitis mit nachfolgendem Narbenzug, auch angeborene Fehlbildungen mit unvollkommener Trennung von Ösophagus und Trachea)
Pulsionsdivertikel
• lediglich Mukosa und Submukosa durch Lücken der Muskelschicht ausgestülpt ("falsche Divertikel") • Prädilektionsstellen: Pharynx und epiphrenisch • *Zenker-Divertikel*: falsches Divertikel durch eine anatomisch präformierte Muskellücke (*Killian'sche Muskellücke* im Bereich der Hypopharynxhinterwand, meist links zwischen M. cricopharyngeus und M. constrictor pharyngis) *Ursachen* Entstehung durch erhöhten inneren Druck (Peristaltik, insbesondere oberhalb funktioneller oder auch organischer Hindernisse)

Tab. 4.2: Einteilung der Divertikel im Ösophagus.

❑ Symptomatik

Symptome fehlen oftmals. Viele Divertikel (z.B. Traktionsdivertikel in Höhe der Bifurkation) werden zufällig entdeckt. Große Divertikel können den Ösophagus komprimieren und so zur Dysphagie führen:

- zervikale Divertikel
  - Fremdkörpergefühl
  - Dysphagie (zunehmend)
  - Foetor ex ore
  - Regurgitation mit Husten und Aspiration
  - Schwellung im lateralen Halsbereich
- parabronchiale Divertikel
  - meist asymptomatisch
  - Symptome bei Komplikationen (Perforation, Fistelbildung)
- epiphrenische Divertikel
  - Dysphagie
  - nächtlicher retrosternaler Druckschmerz bzw. Oberbauchbeschwerden

❑ Komplikationen

- (nächtliche) Aspiration (Bronchitis, Pneumonie, Lungenabszeß)
- Dysphagie und Gewichtsabnahme
- Divertikulitis
- Fistelbildung
- Blutung
- Perforation
- Rekurrensparese (bei zervikalen Divertikeln)

Insgesamt sind ernsthafte Komplikationen jedoch selten.

❑ Diagnostik

- Zervikale Divertikel können u.U. getastet werden
- *Ösophaguspassage mit Kontrastmittel unter Durchleuchtung*
  Bild einer Kontrastmittelnische nach lateral oder dorsal
  (Aufnahmen p.a. und seitlich sowie evtl. Schrägaufnahme, bei Aspirationsgefahr mit wasserlöslichem Kontrastmittel)
- *Endoskopie*
  Sie dient vor allem zum Ausschluß eines Karzinoms

> *Cave:* iatrogene Perforation!

- *Manometrie*
  In Einzelfällen als Zusatzuntersuchung für die Therapieplanung sinnvoll (z.B. bei epiphrenischen Divertikeln)

❑ Differentialdiagnose

- neurologische Erkrankungen
- Erkrankungen sowie Neoplasien im Bereich des Hypopharynx, des Ösophagus und der benachbarten Organe

❑ Therapie

- Beim Zenker-Divertikel ist eine Abtragung des Divertikels evtl. mit Myotomie des oberen Ösophagussphinkters indiziert
- Parabronchiale Divertikel bedürfen meist keiner speziellen Therapie
- Epiphrenische Divertikel kommen gehäuft in Kombination mit Hiatushernien, Achalasie, diffusem Ösophagusspasmus und Ösophagitis vor. Die Therapie sollte diese Befunde berücksichtigen. Bei Persistenz der Beschwerden kann auch hier ein chirurgisches Vorgehen indiziert sein

4.1.6. Ösophagitis

❑ Definition

Eine Ösophagitis ist eine Entzündung der Speiseröhre bzw. der Ösophagusschleimhaut (Plattenepithel), deren Ursache vielfältig sein kann.

❑ Häufigkeit

- Die Ösophagitis, insbesondere durch Reflux, ist häufig. Die Inzidenz steigt mit zunehmendem Lebensalter
- Die Soor-Ösophagitis findet sich häufig bei immungeschwächten Patienten
- Verätzungen erfolgen meist akzidentell und stellen absolute Notfälle dar (Abb. 4.2)

❑ Ätiologie und Pathogenese

Mögliche Ursachen sind:

- chemisch (z.B. durch Alkohol, Refluxkrankheit oder Verätzungen durch Säure oder Laugen)
- physikalisch (z.B. Fremdkörper oder Radiatio)
- infektiös (z.B. Candida albicans, Viren)
- im Rahmen anderer Erkrankungen (z.B. M. Crohn)

Histologisch ist die Ösophagitis durch Hyperämie, leukozytäre Infiltration, Ödem und Epitheldefekte sowie Erosionen gekennzeichnet. Auch Ulzerationen sind möglich.

❑ **Symptomatik**

- Dysphagie und Schmerzen (retrosternales Brennen, Wundheitsgefühl, Zunahme der Beschwerden beim Schlucken)
- Bei Verätzungen finden sich akut heftige, anhaltende Schmerzen im Mund, Rachen sowie retrosternal. Seltener kommt es zu manifesten Blutverlusten

❑ **Komplikationen**

- Candida-Sepsis bei Soor-Ösophagitis
- Perforation, Schock und Nierenversagen sowie Strikturen nach Verätzungen

❑ **Diagnostik**

- Soor-Beläge sowie Ätzspuren im Mund und Rachen können wichtige Hinweise sein

> *Cave:*
> Fehlende Ätzspuren im Mund und Rachen schließen eine Säure- oder Laugeningestion nicht aus!

- *Endoskopie*
  Schleimhautrötung, Erosionen und Ulzera. Weißliche Beläge auf rötlicher, leicht blutender Schleimhaut deuten auf eine Soor-Ösophagitis hin

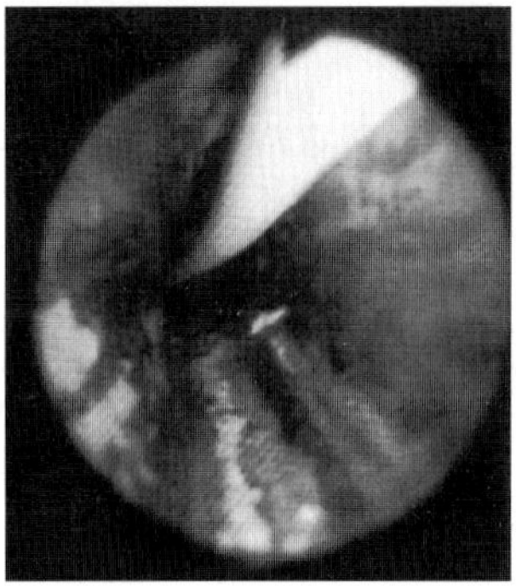

Abb. 4.2: Ösophagoskopie bei Laugenverätzung: multiple Erosionen, Fibrinstraßen (liegende Magensonde).

- *Ösophaguspassage* (mit Kontrastmittel) bei der unkomplizierten Ösophagitis meist unauffällig
- bei V. a. Soor-Ösophagitis: Abstrich und kultureller *Pilznachweis* sowie *Candida-Titer*

❑ **Therapie**

Entsprechend der Ursache:

- Die Soor-Ösophagitis wird lokal (z.B. Nystatin) und/oder systemisch (z.B. Fluconazol) mit Antimykotika behandelt
- Bei der akuten Ösophagusverätzung stellt die Neutralisation die wichtigste Maßnahme dar

Entsprechend der Schwere der Symptome:

- Tee + Zwieback, flüssige bzw. weiche Kost oder auch parenterale Ernährung
- Antazida bzw. Propulsiva, um zusätzliche Schädigung durch gastroösophagealen Reflux zu vermeiden

4.1.7. Refluxkrankheit

❑ Definition

Bei der Refluxkrankheit besteht ein Zurückströmen von Magensäure in den Ösophagus, das aufgrund seiner Häufigkeit bzw. Intensität zu Beschwerden führt.

Ein seltener gastro-ösophagealer Reflux tritt auch bei Gesunden auf. Wegen der Seltenheit und der kurzen Kontaktzeit des sauren Mageninhaltes mit der Speiseröhre kommt es in diesem Fall weder zu Symptomen noch zu morphologischen Schädigungen.

Es existieren somit:

- physiologischer Reflux
- Refluxkrankheit
  - ohne Refluxösophagitis
  - mit Refluxösophagitis

❑ Häufigkeit

Die Refluxkrankheit ist häufig (ca. 10 % der Patienten in der Allgemeinarztpraxis klagen über Refluxsymptome). Die Inzidenz steigt mit zunehmendem Lebensalter.

❑ Ätiologie und Pathogenese

Die Ursache der Refluxkrankheit ist meist multifaktoriell (Tab. 4.3).

- Insuffizienz des unteren Ösophagussphinkters
- Störungen der auxiliären Antirefluxmechanismen
  (z.B. Hisscher Winkel, "Zwerchfellzwinge", nach Operationen am distalen Ösophagus und Magen usw.)
- Störung der Clearance-Funktion des Ösophagus (Körperhaltung, Peristaltik)
- hoher intragastrischer/intrabdomineller Druck
  (Schwangerschaft, Adipositas, Aszites, verzögerte Magenentleerung)
- endokrine Faktoren (Schwangerschaft)
- Medikamente sowie Nahrungs- und Genußmittel (Alkohol, große Mahlzeiten und Nikotin)
- Hiatushernie
  Eine Hiatusgleithernie ist nur in etwa 10 % mit einer Refluxkrankheit vergesellschaftet. Andererseits weisen Patienten mit Refluxkrankheit sehr häufig eine Hiatushernie auf
- schädigende Substanzen: Salzsäure, Gallensäuren und Pankreassekrete

Tab. 4.3: Mögliche Ursachen der Refluxkrankheit.

❑ Symptomatik

- Sodbrennen (Pyrosis) ist das am häufigsten angegebene Symptom: meist saures Aufstoßen und retrosternale Schmerzen, überwiegend postprandial ("Tagrülpser"), im Liegen ("Nachtbrenner"), beim Bücken

- epigastrische Schmerzen
- Regurgitation von saurem Mageninhalt ist pathognomonisch für Reflux
- okkulte, seltener manifeste Blutverluste

❑ **Komplikationen**

- peptische Stenose
- Striktur
- Übergangs- bzw. *Barrett-Ulkus* (Ulkus am Übergang von Platten- zu Zylinderepithel bzw. in einer Zylinderepithelinsel)
- Ulkuskomplikationen: Blutung, Penetration und Perforation
- *Endobrachyösophagus* (Reparation von Plattenepithelerosionen mit Zylinderepithel → Präkanzerose)

❑ **Diagnostik**

- *Anamnese* → Verdachtsdiagnose Refluxösophagitis
- *Endoskopie*
  Es finden sich von distal nach proximal abnehmende Veränderungen (Tab. 4.4, Abb. 4.3)

Stadium	endoskopischer Befund
I	einzelne, nicht konfluierende Erosionen im distalen Ösophagus
II	konfluierende, jedoch nicht die gesamte Zirkumferenz einnehmende Erosionen
III	zirkulär angeordnete Erosionen und Wanddefekte
IVa	Ulzera, Strikturen und Endobrachyösophagus (Schleimhautmetaplasien - Zylinderepithel) mit akut entzündlichen Veränderungen
IVb	Ulzera, Strikturen und Endobrachyösophagus (Schleimhautmetaplasien - Zylinderepithel) ohne akut entzündlichen Veränderungen

Tab. 4.4: Stadieneinteilung der Refluxösophagitis.

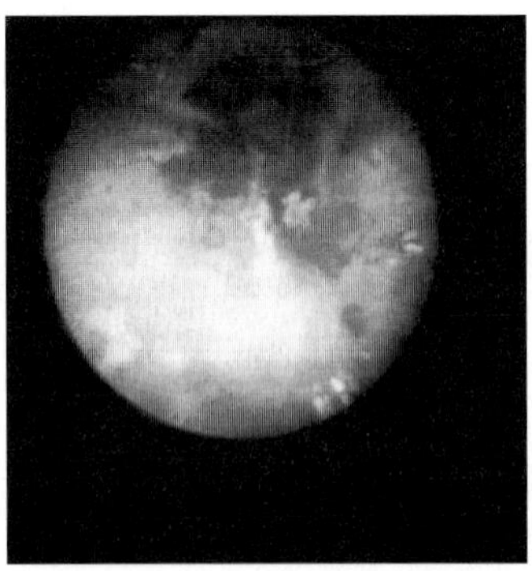

Abb. 4.3: Refluxösophagitis (Stadium II).

- *Langzeit-pH-Metrie*
  Sie kann zusätzliche Informationen erbringen: Überprüfung der medikamentösen Therapie bzw. eines eventuellen Operationsergebnisses oder Erhärtung der Diagnose, wenn endoskopisch keine Ösophagitis vorhanden ist

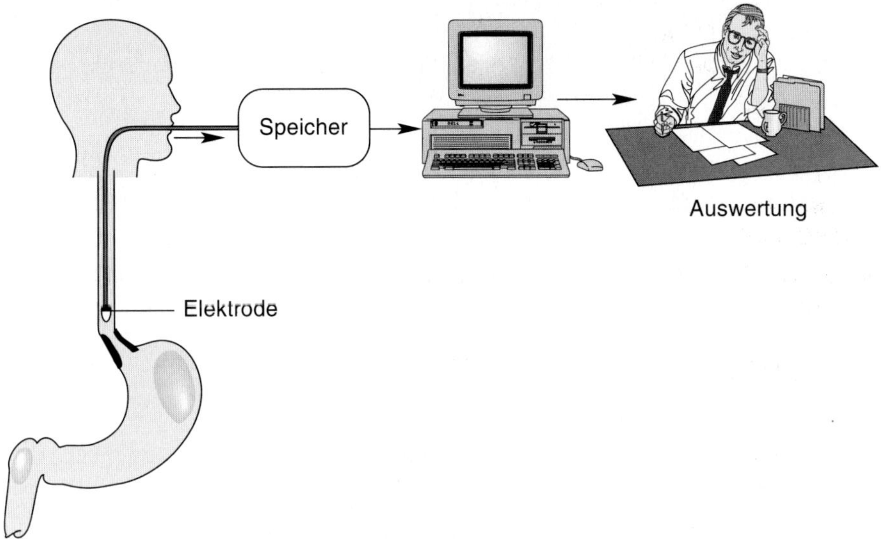

Abb. 4.4: Langzeit-pH-Metrie (24 h).
Es wird der intraösophageale pH kontinuierlich gemessen. Normwerte: liegend < 3 % und aufrecht < 8 % der Messungen unter pH 4.

- *Manometrie und Röntgen*
  Sie ermöglichen die ätiologische Klärung eines Refluxes, insbesondere der Nachweis einer Sphinkterinsuffizienz
- *Szintigraphie*
  Reflux läßt sich auch szintigraphisch nachweisen

❑ **Differentialdiagnose**

- Angina pectoris bei koronarer Herzkrankheit (wichtigste Differentialdiagnose!)
- Ösophagusspasmen, Gastritis, gastroduodenale Ulzera, Pankreatitis

❑ **Therapie**

- *Allgemeinmaßnahmen* sind
  - Schlafen mit erhöhtem Oberkörper
  - Gewichtsreduktion bei Adipositas
  - viele kleine Mahlzeiten
  - keine Mahlzeit vor dem Zubettgehen
  - kein Kaffee/Tee
  - Nikotin- und Alkoholabstinenz

- *medikamentös*
  - Antazida
  - H_2-Rezeptor-Antagonisten wie Cimetidin, Famotidin, Nizatidin, Ranitidin oder Roxatidin
  - H^+/K^+-ATPase-Hemmer: Omeprazol (z.B. Antra®) oder Lansoprazol (z.B. Agopton®)
  - motilitätsfördernde Pharmaka
    (Propulsiva) wie Metoclopramid (z.B. Paspertin®), Domperidon (z.B. Motilium®) oder Cisaprid (z.B. Alimix®)

  Letztere Substanzen führen auch zu einer Erhöhung des Tonus am unteren Ösophagussphinkter.
- *mechanisch*
  Bougierung von peptischen Stenosen
- *operativ*
  Ist eine operative Therapie notwendig, so ist die *Fundoplicatio nach Nissen* die am besten belegte Operationsmethode
- Der *Endobrachyösophagus* gilt als Präkanzerose und bedarf regelmäßiger *endoskopischer Kontrollen*

4.1.8. Mallory-Weiss-Syndrom

❑ Definition, Ätiologie und Pathogenese

Im Rahmen von heftigem Erbrechen oder bei gegenläufiger Peristaltik zwischen Magen und Ösophagus können Schleimhauteinrisse im Bereich des gastro-ösophagealen Überganges entstehen. Die spaltförmigen Einrisse verlaufen meist radiär von der Kardia des Magens zum Ösophagus. Es kommt zu einer oberen GI-Blutung. Das erbrochene Blut ist meist (hell-)rot, da keine Zeit zur Hämatinbildung im Magen vorhanden ist.

❑ Symptomatik

- Die Patienten stellen sich meist mit Hämatemesis vor. Nicht selten handelt es sich um Patienten nach heftigem Alkoholexzeß

> *Merke:*
> Gibt ein Patient mit oberer GI-Blutung anamnestisch (starkes) Erbrechen an, muß an ein Mallory-Weiss-Syndrom gedacht werden!

❑ Diagnostik

- *Anamnese* oft typisch
- *Endoskopie* (notfallmäßige Ösophagogastroduodenoskopie)
  Bei der Inversion und genauen Inspektion des Magenfundus, der Kardia und des distalen Ösophagus zeigen sich Schleimhauteinrisse (oft solitär) mit wenigen mm bis cm Länge

❑ Differentialdiagnose

- alle Ursachen der oberen GI-Blutung (☞ Kap. 4.2.5.)

❑ Therapie

- ☞ obere GI-Blutung (Kap. 4.2.5.)
- zusätzlich Antiemetika

4.1.9. Ösophaguskarzinom

❑ Definition

Bösartige Neubildung, ausgehend vom Ösophagusepithel (Karzinom).

Mesenchymale Neoplasien (z.B. Sarkome) wie auch gutartige Tumore des Ösophagus sind vergleichsweise selten.

Lokalisation:
• 10 % oberes Ösophagusdrittel
• 60 % mittleres Ösophagusdrittel
• 30 % unteres Ösophagusdrittel

Typisierung:
• 90 % Plattenepithelkarzinome
• 10 % Adenokarzinome (Schleimhautmetaplasien)

❑ Häufigkeit

5x häufiger bei Männern, Erkrankungsgipfel 50.-70. Lebensjahr. Ösophaguskarzinome bilden ca. 10 % aller Karzinome des Gastrointestinaltraktes.

Merke: Dysphagiebeschwerden bei älteren Menschen sollten möglichst immer (endoskopisch) abgeklärt werden!

❑ Ätiologie und Pathogenese

Risikofaktoren und Prädispositionen sind:

- Nikotin, Alkohol
- heiße Getränke, scharfe Gewürze
- lange bestehende Passagestörungen (z.B. nach Verätzungen, bei Achalasie)
- Refluxösophagitis, Barrett-Ösophagus

Das Wachstum ist intraluminal oder szirrhös-infiltrativ.

❑ Symptomatik

- *starke Gewichtsabnahme*
  (erschwerte Nahrungsaufnahme und konsumierender Prozeß)
- *Schluckstörungen (Dysphagie)*
  Dysphagie anfangs für feste, später auch für flüssige Nahrung. Eine genaue Höhenangabe des "Steckenbleibens" ist oft möglich. Da die Speiseröhre dehnbar ist, können Schluckstörungen (besonders bei infiltrativ wachsenden Formen) auch erst relativ spät auftreten
- *retrosternaler Druck/Schmerz, Schmerzen im Epigastrium, Sodbrennen, Völlegefühl*
- *Regurgitationen, Erbrechen*
  Als bereits spätes Symptom bei Auftreten von Passagestörungen wird unverdaute, feste Nahrung hervorgewürgt
- *Blutung*
  meist erst in Spätstadien als Hämatemesis oder Melaena

❑ **Komplikationen**

- Fistelbildung zum Tracheobronchialsystem mit
  - Bronchitis
  - Aspirationspneumonie
  - Lungenabszeß
  - Pleuraempyem

  (Symptomatik z.B. Husten nach der Nahrungsaufnahme)
- Fistelbildung zum Mediastinum mit Mediastinitis
- Rekurrensparese mit Heiserkeit
- Metastasierung (Einbruch ins Mediastinum, supraklavikuläre Lymphknoten, Leber, Lunge)

❑ **Diagnostik**

- *Anamnese* (zunehmende Dysphagie, Heiserkeit, Gewichtsabnahme) und entsprechende klinische Symptomatik → V.a. Ösophaguskarzinom
- *Endoskopie mit Biopsie* (*cave*: Ösophagusvarizen) und *Endosonographie*
- *Ösophagusbreischluck*

  Kriterien, die für das Vorliegen eines Ösophaguskarzinoms sprechen, sind:
  - Füllungsdefekt, unregelmäßige Kontur, Wandstarre und aufgehobene Schleimhautfältelung

  Bei vermuteter Fistelung zum Bronchialsystem sollte die Untersuchung mit wasserlöslichem Kontrastmittel (z.B. Gastrografin® oder Telebrix®) erfolgen

❑ **Differentialdiagnose**

Funktionelle Störungen, Spasmen, Ösophagusvarizen, Achalasie, Strikturen (Verätzung, Refluxkrankheit), submukös: Ösophagussarkome, benigne Tumoren, per continuitatem wachsende Bronchialkarzinome, Impression des Ösophagus durch die Aorta.

❑ **Therapie**

In Abhängigkeit vom Allgemeinzustand des Patienten, der Lokalisation und der Ausbreitung des Tumors:

- *Operation*
  - hohes perioperatives Risiko (Zweihöhleneingriff, meist schlechter präoperativer Zustand), Indikation besonders bei Karzinomen im mittleren und distalen Anteil, die auf die Ösophaguswand begrenzt sind
  - Methode: Interposition von Dünn- oder Dickdarm bei hochsitzenden Tumoren, Hochziehen des Magens bei tiefsitzenden Karzinomen
  - Bei Diagnosestellung ist nur noch etwa 1/3 der Fälle primär operabel
- *Radiatio*

  bei Plattenepithelkarzinomen (primär insbesondere bei hochsitzenden Karzinomen), nicht jedoch bei den Adenokarzinomen
- Chemotherapie nur wenig wirksam
- Möglichkeit der endoluminalen Applikation der Strahlenquelle (^{192}Iridium-Afterloading)
- *Palliative Maßnahmen* sind Passageherstellung mittels Bougierung und Endoprothesenimplantation (Tubus bzw. Stent) oder endoskopischer Abtragung (z.B. Laserung), Sicherstellung der Nahrungsaufnahme (z.B. Infusion), evtl. PEG (= perkutane, endoskopisch kontrollierte Gastrostomie)

❑ **Prognose**

Die Prognose ist schlecht:

- ohne Therapie: mittlere Überlebenszeit unter 12 Monaten
- mit Therapie: 5 Jahresüberlebensrate ca. 20(- 40) %

4.2. Erkrankungen des Magens

Der Magen ist ein muskuläres Hohlorgan, das den Speisebrei nach dem Schluckakt primär aufnimmt. Die Zellen der Magenschleimhaut haben die Fähigkeit Salzsäure (Parietalzellen), Pepsinogen (Hauptzellen) sowie den Intrinsic-Faktor (Parietalzellen) in das Magenlumen zu sezernieren. G-Zellen produzieren im Magen Gastrin, das die Säuresekretion stimuliert.

Die verschiedenen Regionen des Magens sind in Abb. 4.1 dargestellt.

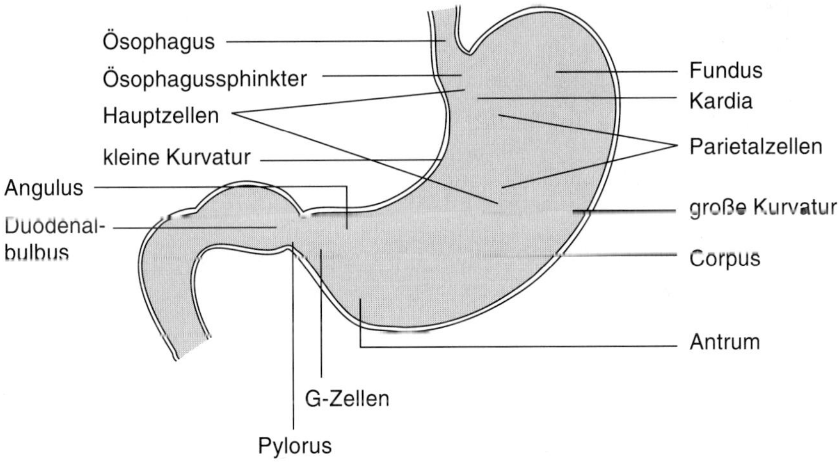

Abb. 4.5: Anatomie des Magens.

Die Sekretion wird durch verschiedene Faktoren gefördert. Neben der zephalen Phase, bei der über sensorische Eindrücke die vagale Stimulation erfolgt, bewirkt die Dehnung des Magens durch den Speisebrei (gastrische Phase) einen starken Sekretionsreiz. Die Information gelangt dabei über verschiedene Rezeptoren (Tab. 4.5) zu der Belegzelle.

Rezeptor	Antagonist	Beispiel
Muskarin	Anticholinergika	Pirenzepin
Histamin	H_2-Antagonisten	☞ Tab. 4.9
Gastrin	Gastrinantagonist	keine klinisch bedeutsamen

Tab. 4.5: Wichtige Rezeptoren der Belegzellen.

Außerdem wirken sich u.a. Alkohol, Koffein und ein erhöhter pH-Wert sekretionsfördernd auf die Belegzellen aus.

Hemmend auf die Säuresekretion wirken Prostaglandin PGE_2 (über Prostaglandinrezeptoren), Somatostatin, Sekretin, Glukagon sowie verschiedene andere im Gastrointestinaltrakt gebildete Polypeptide (*vasoactive intestinale polypeptide VIP* oder *gastric inhibitory peptide GIP*).

Die Säuresekretion erfolgt über eine Protonen-(H^+)/K^+-ATPase-Pumpe. Neuerdings sind spezifische "Blocker" dieser Pumpe entwickelt worden, so daß die Säuresekretion medikamentös direkt gestoppt werden kann. Das erste klinisch verfügbare Präparat war Omeprazol (z.B. Antra®), das meist als Einmaldosis 20(-60) mg/die (oral) verabreicht werden kann, da die Hemmung irreversibel erfolgt. Die Säuresekretion erfolgt erst dann wieder, wenn neue H^+/K^+-ATPasen gebildet werden.

Der Magen selbst schützt sich bzw. sein Epithel durch eine Schleimbarriere, die N-azetylneuraminsäurehaltige Glykoproteine und HCO_3^- enthält. Dadurch wird die HCl bis zum Kontakt mit der Zelloberfläche neutralisiert. Außerdem stellen die Schleimhautdurchblutung sowie Prostaglandine wichtige protektive Faktoren dar.

4.2.1. Hiatushernie

❑ Definition

Die Hiatushernie stellt eine wichtige Lageanomalie des Magens dar. Dabei befinden sich Magenanteile im Thoraxraum (hinteres, unteres Mediastinum).

Unterschieden werden:

- *axiale Gleithernie*
  Magenkardia gelangt durch den Hiatus ösophagei in den Thoraxraum. Meist handelt es sich um kleine Hernien
- *paraösophageale Hernie*
  Die Lage der Kardia im Hiatus bleibt erhalten. Neben dem Ösophagus gelangen jedoch Anteile des Magens (z.B. Fundus) in den Thorax. Um die Magenanteile befindet sich ein echter Bruchsack. Die Extremform ist der *Upside-down-stomach* (komplette Verlagerung des Magens nach oberhalb des Zwerchfells)

Daneben existieren Mischformen (Kombination aus paraösophagealer und axialer Hernie).

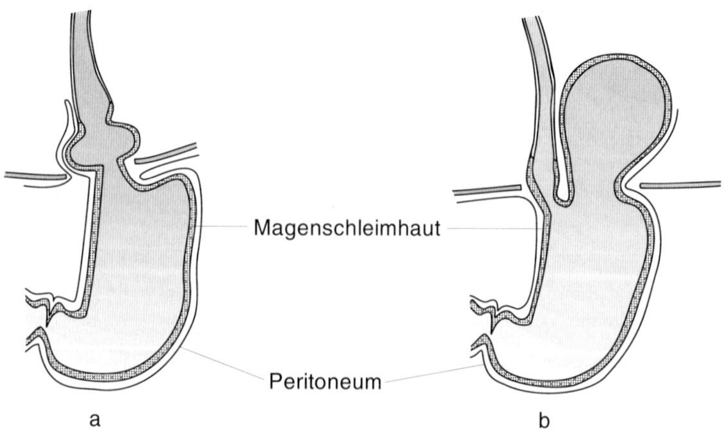

Abb. 4.6: a) axiale Gleithernie, b) paraösophageale Hernie.

❑ Häufigkeit

9 von 10 Hiatushernien sind axiale Gleithernien. Die Prävalenz steigt mit zunehmendem Lebensalter an (60 % bei 70jährigen, nahezu 100 % bei 90jährigen).

❑ Ätiologie und Pathogenese

Begünstigend sind:

- stumpfer His'scher-Winkel
- erweiterter Hiatus (Atrophie der Zwerchfellmuskulatur, nachlassende Bindegewebsstabilität)
- erhöhter intraabdomineller Druck (Adipositas, Gravidität, Meteorismus, Obstipation, Aszites)
- Z.n. Trauma oder Operationen mit Schädigung der Haltevorrichtungen
- angeborener verkürzter Ösophagus (selten)

❑ Symptomatik

- meist asymptomatisch und Zufallsbefund
- gelegentlich Völle- und Druckgefühl nach dem Essen, Aufstoßen (oft lageabhängig! › beim Bücken)
- seltener Sodbrennen, Regurgitationen, Dysphagie oder Beschwerden, die einer Angina pectoris ähnlich sind
- bei Komplikationen auch Hämatemesis oder okkulte Blutung
- akutes Abdomen bei Strangulation bzw. Volvulus

❑ Komplikationen

- Refluxösophagitis mit Erosion oder Ulkus
- GI-Blutung (besonders okkulte Blutungen, die im Laufe der Zeit eine erhebliche Anämie verursachen können)
- Inkarzeration (bei paraösophagealen Hernien häufiger)

❑ Diagnostik

- *Anamnese* und *körperlicher Aspekt* (Adipositas)
- körperlicher *Befund* nur wenig richtungsweisend
- *Röntgen-Thorax:*
  Verschattung im Bereich der Herzkonturen bzw. retrokardial (mit Flüssigkeitsspiegel)
- *Ösophagusbreischluck* in Kopftieflage (inkl. Bauchpresse) ist die aussagekräftigste Untersuchung
- *Ösophago-Gastroskopie*
  Die Ösophago-Gastroskopie ist außerdem zum Nachweis bzw. Ausschluß einer Refluxösophagitis, eines Ulkus, von Epitheldys-, Epithelmetaplasien oder eines Barret-Ösophagus indiziert. Endoskopische Zeichen der Hernien: zwei distale Einengungen (unterer Ösophagussphinkter, Diaphragma); glockenförmiger gastro-ösophagealer Übergang; sichtbar bei der Inversion: Eingang in den paraösophagealen Anteil
- sinnvoll außerdem Kontrolle des Hämoglobins und *Stuhluntersuchung auf okkultes Blut* (z.B. Hämoccult®)

❑ Differentialdiagnose

- andere Ösophagus- oder Magenerkrankungen
- koronare Herzerkrankung

❑ **Therapie**

● **axiale Gleithernien**

Asymptomatische axiale Gleithernien bedürfen keiner Therapie. Bei Symptomatik im Sinne einer Refluxkrankheit:

- Allgemeinmaßnahmen wie Gewichtsreduktion, häufige kleine Mahlzeiten, Hochstellen des Kopfendes am Bett, Meiden von Fett, Alkohol und Nikotin
- medikamentös, z.B. Antazida, Propulsiva (Metoclopramid bzw. Cisaprid), H_2-Antagonisten oder Blocker der H^+/K^+-ATPase-Pumpe
- Selten ist eine operative Therapie im Sinne einer Fundoplikatio notwendig

● **paraösophageale Hernien**

Aufgrund der Möglichkeit einer Inkarzeration und damit verbundenen Folgen ist auch bei asymptomatischem Verlauf die Indikation zur operativen Therapie gegeben (*Gastropexie*).

❑ **Prognose**

Die Prognose ist gut. Lediglich Inkarzerationen bzw. der Magenvolvulus stellen ernsthafte Komplikationen dar.

4.2.2. Gastritis

Nach der Entstehung bzw. dem Verlauf wird zwischen akuter und chronischer Gastritis unterschieden.

4.2.2.1. Akute Gastritis

❑ **Definition**

Akute Entzündung des Magens bzw. der Magenschleimhaut infolge verschiedener Ursachen.

❑ **Häufigkeit**

Die akute Gastritis ist eine insgesamt häufige Erkrankung. Die Mehrzahl von Krankenhausintensivpatienten weist Veränderungen im Sinne einer akuten Gastritis auf.

❑ **Ätiologie und Pathogenese**

- exogene Noxen
  - Alkohol
  - Medikamente (nicht-steroidale Antirheumatika-NSAR, Zytostatika, Corticosteroide)
  - infektiös-toxisch z.B. im Rahmen von Lebensmittelintoxikationen mit Staphylokokken oder Salmonellen etc. (meist Toxinwirkung) sowie Helicobacter pylori
  - chemisch-physikalisch-mechanisch: Säuren, Laugen, Strahlen bzw. Traumata
- endogene Einflüsse: Streß im Rahmen von schweren bzw. akuten Erkrankungen, Verbrennungen und Traumata, Streß im üblichen Sinn
- Infolge Zerstörung der protektiven Schleimschicht kommt es zur Säurewirkung (H^+-Rückdiffusion) auf die Epithelzellen
- Histologisch finden sich Leukozyteninfiltrate, Schleimhautschwellung und oberflächliche Schleimhautdefekte. Liegen Erosionen vor, wird von einer *erosiven Gastritis* gesprochen

❑ **Symptomatik**

- Appetitlosigkeit
- Aufstoßen

- Übelkeit, Erbrechen (selten mit Blutbeimengung)
- epigastrische Beschwerden wie Druckgefühl, leichte bis heftige Oberbauchschmerzen
- bei infektöser Genese häufig Bild einer Gastroenteritis

❑ **Komplikationen**

- obere GI-Blutung
- Penetration bzw. Perforation bei Säure- oder Laugeneinwirkung

❑ **Diagnostik**

- *Anamnese* (z.B. Oberbauchbeschwerden nach Alkoholexzeß etc.)
- körperlicher *Befund*: druckschmerzhaftes Epigastrium, selten Abwehrspannung
- Beweisend ist die *Endoskopie* des Magens (inkl. histologische Untersuchung)
- sinnvolle *Laboruntersuchungen*
  Blutbild, Elektrolyte (Hypokaliämie bei chronischem Erbrechen), Harnstoff (erhöht), BKS sowie Gerinnung

❑ **Differentialdiagnose**

- Gastroduodenalulkus (wichtigste Differentialdiagnose)
- Ösophagitis
- Magenkarzinom
- Cholezystitis
- Pankreatitis
- koronare Herzerkrankung, Myokardinfarkt
- dissezierendes Aortenaneurysma

❑ **Therapie**

- Meiden der Noxen
- vorsichtiger Kostaufbau (anfangs Tee/Zwieback)
- medikamentös
  Meist genügen Antazida oder Sucralfat (z.B. Ulcogant®). Ebenso ist die Gabe eines H_2-Antagonisten (☞ Tab. 4.9) sinnvoll
- bei manifester GI-Blutung primär endoskopische Blutstillung

❑ **Prognose**

Die Prognose der akuten einfachen Gastritis ist gut. Probleme können sich jedoch bei Streßläsionen (z.B. bei Intensivpatienten) ergeben. Wichtig ist daher die Prävention.

❑ **Prophylaxe**

- Meiden der Noxen sowie Aufklärung über entsprechende Zusammenhänge (Tabletteneinnahme mit entsprechender Flüssigkeitsmenge usw.)
- medikamentös: Antazida, Sucralfat (z.B. Ulcogant®), H_2-Antagonisten (oder auch Anticholinergika)

4.2.2.2. Chronische Gastritis

❑ **Definition**

Chronische Entzündung des Magens bzw. der Magenschleimhaut multifaktorieller Genese. Die Diagnose sowie die entsprechende Einteilung bedürfen der endoskopischen/histologischen Untersuchung.

❑ **Häufigkeit**

Der Großteil aller älteren Patienten hat nach histologischen Kriterien eine chronische Gastritis.

❑ **Ätiologie und Pathogenese**

Die chronische Gastritis wird in *3 Typen* eingeteilt:

- *Typ A* stellt eine Autoimmungastritis dar, die vorwiegend die proximalen Magenanteile Kardia, Fundus und Korpus befällt, das Antrum hingegen ausspart. Es finden sich Antikörper gegen Parietalzellen und den dort gebildeten Intrinsic-Faktor. Folge sind Hypo- bis Achlorhydrie und Vitamin B_{12}-Mangel-Anämie (perniziöse Anämie)
- *Typ B* ist überwiegend durch Helicobacter pylori bedingt, bzw. läßt sich dieser Keim nachweisen. Betroffen ist das Antrum mit Ausbreitung nach proximal. Typ B stellt die häufigste Form der chronischen Gastritis dar (ca. 80-90 %). Er findet sich besonders bei älteren Patienten und bei AIDS. Der Grad der Aktivität korreliert mit dem Befall durch Helicobacter pylori. Zum Nachweis wird die Ureaseaktivität des Helicobacter pylori genutzt (das Bakterium kann durch die Urease ein alkalisches Milieu erzeugen und damit sein Überleben sichern).
  Bei Typ B ist die Säureproduktion in der Regel weniger gehemmt als bei Typ A
- *Typ C* ist durch chronischen Gallensäurereflux bedingt
- Neben Mischformen gibt es weitere Formen der chronischen Gastritis, z.B. beim M. Crohn
- Histologisch finden sich lymphoplasmazelluläre Infiltrate, bei Aktivität auch neutrophile Granulozyten. Im Verlauf sind Schleimhautatrophie (betroffen ist der Drüsenkörper) und intestinale Metaplasie möglich.
  Wie bei der akuten Gastritis kann es zu oberflächlichen Schleimhautdefekten (Erosionen) sowie Sekretion/Blutungen (*exsudative/hämorrhagische Gastritis*) kommen

❑ **Symptomatik**

- häufig asymptomatisch
- bei Typ B unspezifische Oberbauchbeschwerden (Dyspepsie) mit Übelkeit, Appetitlosigkeit, Aufstoßen und Meteorismus
- evtl. Anämie mit Schwäche, Schwindel, Dyspnoe, Tachykardie etc.

❑ **Komplikationen**

- obere GI-Blutung (akut oder chronisch)
- Anämie
- Magenkarzinom (Typ A oder bei Metaplasie)

❑ **Diagnostik**

- *Anamnese* und klinischer *Befund* sind diagnostisch wenig hilfreich
- Die Diagnose wird durch *Endoskopie* und histologische Untersuchung gestellt. Dabei ist ein Urease-Schnelltest möglich
- Im Serum können bei Typ A *Antikörper gegen Parietalzellen und den Intrinsic-Faktor* sowie ein erniedrigter Vitamin B_{12}-Spiegel nachgewiesen werden. Außerdem ist häufig der *Gastrinspiegel* (reaktiv) erhöht

- Serologisch können *Antikörper gegen Helicobacter pylori* bei Typ B nachgewiesen werden
- Der *C_{13}-Atemtest* (C_{13}-markierter Harnstoff wird durch Urease gespalten, C_{13} wird anschließend in der Ausatemluft gemessen.) ist für die Praxis weniger von Bedeutung

❑ **Differentialdiagnose**

- evtl. andere Formen der Vitamin B_{12}-Mangelanämie

❑ **Therapie**

- *Typ A:* symptomatische Vitamin B_{12}-Substitution (i.m. oder s.c.), regelmäßig gastroskopische Kontrollen, da erhöhtes Risiko für Magenkrebs
- *Typ B:* Der Nachweis von Helicobacter pylori allein stellt prinzipiell keine Indikation zur Therapie. Nur bei Komplikationen und Symptomen sollte eine gegen den Helicobacter gerichtete Therapie erfolgen (Tab. 4.6).
  Im Gegensatz zu Typ A nach derzeitigem Wissensstand keine Präkanzerose
- *Typ C:* evtl. Propulsiva wie Metoclopramid (z.B. Paspertin®) oder Cisaprid (z.B. Alimix®), bei Z.n. Magenresektion evtl. Umwandlung von Billroth-II- in Billroth-I-Magen, endoskopische Kontrollen
- Antazida oder Sucralfat (z.B. Ulcogant®) bei Übersäuerung

Tripel-Therapie
• Wismutsalizylat (z.B. Jatrox®) 3x2 Btl. präprandial • Metronidazol (z.B. Clont®) 3x400 mg postprandial • Amoxicillin (z.B. Amoxypen®) 3x500 mg oder Tetrazyklin 3x500 mg postprandial für 14 Tage
Omeprazol/Amoxicillin-Therapie
• Omeprazol (z.B. Antra®) 2x20-40 mg präprandial • Amoxicillin (z.B. Amoxypen®) 4x500 bzw. 2x1.000 mg postprandial für 10-14 Tage

Tab. 4.6: Therapieschemata bei chronischer Gastritis Typ B.

4.2.3. M. Ménétrier - Riesenfaltengastritis

❑ **Definition, Ätiologie und Pathogenese**

- Bei der Riesenfaltengastritis finden sich Magenfalten von > 1 cm Breite
- Histologisch zeigt sich eine foveoläre Hyperplasie
- Aufgrund der sekretorischen Aktivität kommt es zu einem Eiweißverlustsyndrom

❑ **Symptomatik**

- uncharakteristische Oberbauchbeschwerden wie Völlegefühl, Aufstoßen, selten Schmerzen
- teils Diarrhö bis zum Eiweißmangelsyndrom

❑ **Diagnostik**

- *Endoskopie* und histologischer Nachweis
- *Nachweis eines Eiweißmangels* (Gesamteiweiß, Elektrophorese) *und des Eiweißverlusts* durch radioaktiv markiertes Humanalbumin

❑ **Differentialdiagnose**

- glanduläre Hyperplasie mit Hyperazidität bei Hypergastrinämie
- Riesenfalten im Rahmen lymphatischer Erkrankungen
- Riesenfalten im Rahmen einer chronischen Gastritis Typ B

❑ **Therapie**

- regelmäßige gastroskopische Kontrollen (mindestens 1x pro Jahr), da erhöhtes Karzinomrisiko
- bei ausgeprägtem Eiweißverlust evtl. Gastrektomie

4.2.4. Ulkuskrankheit

❑ **Definition**

Chronisch-rezidivierende, in der Regel singulär auftretende gastroduodenale Ulzera werden unter dem Begriff Ulkuskrankheit zusammengefaßt.

❑ **Häufigkeit**

Bei ca. 5-10 % aller Menschen läßt sich im Laufe des Lebens ein gastroduodenales Ulkus nachweisen.

❑ **Ätiologie und Pathogenese**

- Ätiologie multifaktoriell und nicht geklärt
- Es besteht eine familiäre Häufung. Die einzelnen genetischen Faktoren sind jedoch nicht bekannt. Mit erhöhtem Ulkusrisiko gehen einher:
  - Blutgruppe 0
  - non-secretors, d.h. Menschen bei denen die Blutgruppenmerkmale A, B und H nicht in den Körperflüssigkeiten wie Speichel, Magensaft, Sperma nachgewiesen werden können
  - erhöhte Serum-Pepsinogenspiegel (wohl autosomal dominant vererbt) → erhöhtes Risiko für Ulcus duodeni
- pathologisch-anatomisches Korrelat
  - Erosionen
  - Ulzera

  Erosionen: Es handelt sich um auf die Schleimhaut begrenzte Läsionen. Sie können mit epigastrischen Beschwerden vergesellschaftet sein und führen im allgemeinen zu keinen größeren Komplikationen, es sei denn, sie gehen in ein Ulkus über. Klinisch bedeutsame Blutungen sind eher selten. Unter antipeptischer Therapie heilen sie meist rasch innerhalb von 1-2 Tagen ab.

  Ulzera: Die Substanzdefekte gehen beim Ulkus über die Muscularis mucosae hinaus. Die in diesem Zusammenhang wichtigsten Ulzera sind das Ulcus ventriculi und duodeni, die im weiteren getrennt abgehandelt werden.

Die Ulkusentstehung ist durch ein Mißverhältnis zwischen protektiven und aggressiven Faktoren gekennzeichnet (Abb. 4.7).

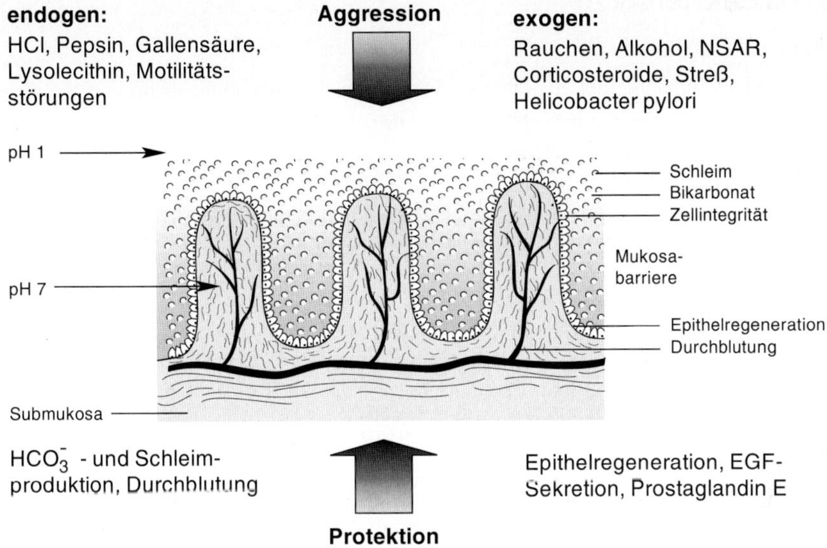

Abb. 4.7: Aggressive und protektive Faktoren bei der Ulkusentstehung.

Die wesentlichen protektiven Faktoren sind:

- *Schleimbarriere*
  Wichtigste Bestandteile sind N-azetylneuraminsäurehaltige (NANA) Glykoproteine sowie HCO_3^-
- *Regeneration des Oberflächenepithels* (epidermaler Wachstumsfaktor EGF)
- *Schleimhautdurchblutung*
  Diese ist Voraussetzung für die Aufrechterhaltung der Schleimbarriere und Regeneration des Oberflächenepithels (Tab. 4.7)

fördernde Faktoren	
• Vagusreiz	• Histamin und Gastrin
• Prostaglandine	• (β-Sympathikomimetika)
hemmende Faktoren	
• Streß	• H^+/K^+-ATPase-Blocker
• Rauchen (über Einwirkung auf den Prostaglandinstoffwechsel)	• H_2-Antagonisten
• generalisierte AVK	• familiäre bzw. genetische Faktoren
• NSAR (nicht-steroidale Antirheumatika)	

Tab. 4.7: Einfluß verschiedener Faktoren auf die Schleimhautdurchblutung.

Die aggressiven Faktoren werden bei den jeweiligen Ulzera abgehandelt.

4.2.4.1. Ulcus ventriculi

❑ Definition

Benigner Magenschleimhautdefekt, der über die Muscularis mucosae hinausgeht.

> *Merke:*
> Auch das Magenkarzinom kann ulzerieren! Ca. 5-10 % der Magenulzera sind Magenkarzinome!

Histologisch: Nekrose im Ulkusgrund umgeben von entzündlicher, lymphozytärer Infiltration. Später Regenerationsgewebe, Narbe mit Epithelüberzug, evtl. Randwall.

❑ Häufigkeit

Die Inzidenz liegt bei ca. 50/100.000, die Prävalenz bei ca. 250/100.000. Sie unterliegt jedoch starken regionalen Schwankungen (insbesondere über die Kontinente hinweg). Männer und Frauen erkranken etwa gleich häufig. Die Erkrankungshäufigkeit nimmt eher ab. Die höchste Inzidenz weisen 55-65jährige Patienten auf.

❑ Ätiologie und Pathogenese

- Ursächlich ist die Dysbalance zwischen Protektion und Aggression. Das Gleichgewicht wird normalerweise durch verschiedene Biofeedback-Mechanismen aufrechterhalten (Sekretin, Gastrin u.a.)

  Neben den bereits oben genannten Faktoren können folgende Faktoren herausgestellt werden:
  - Prostaglandine vermindert (z.B. Rauchen)
  - EGF-Sekretion erniedrigt
  - Helicobacter pylori (in 2/3 der Fälle nachweisbar, pathogenetische Rolle jedoch unklar)
  - Motilitätsstörungen mit duodenal-gastralem Reflux (Gallensäuren, Lysolecithin)
  - exogene Faktoren wie Rauchen, Alkohol (Gastritis, Erosionen) und vor allem nicht-steroidale Antirheumatika (NSAR). Weiterer Faktor ist Streß (auch im Rahmen schwerer Erkrankungen)
  - Hypersekretion von HCl
    Sie spielt lediglich beim pylorusnahen Ulcus ventriculi, insbesondere wenn gleichzeitig Duodenalulzera vorliegen, eine Rolle. Beim Ulcus ventriculi findet sich meist eine Subazidität mit reaktiv erhöhtem Gastrinspiegel
- Lokalisation: meist an der kleinen Kurvatur, im Bereich der Angulusfalte oder im Antrum. Ulzera der großen Kurvatur sind suspekt auf ein Karzinom
- Einteilung der Magenulzera nach Johnson (Tab. 4.8)

Typ 1	Ulcus ventriculi an der kleinen Kurvatur mit Subazidität
Typ 2	Ulcus ventriculi und Ulcus duodeni mit Hyperazidität
Typ 3	präpylorisches Ulkus mit Norm- bis Hyperazidität

Tab. 4.8: Einteilung der Magenulzera nach Johnson.

- Singularität: In der Regel treten Ulcera ventriculi singulär auf. Multiple Ulzera sprechen für eine medikamentöse Genese oder ein *Zollinger-Ellison-Syndrom*. Pylorusnahe Ulzera können zusammen mit Ulcera duodeni auftreten
- Häufig findet sich gleichzeitig eine chronisch-atrophische Gastritis

❑ Symptomatik

- häufig *asymptomatisch* (bis zu 2/3 der Patienten!)
- evtl. *Übelkeit, Erbrechen, foetor ex ore*

> Wichtige Fragen bei Erbrechen im Rahmen der Ulkuskrankheit:
> Blut- oder Hämatinbeimengung? Hinweis auf Magenausgangsstenose?

- *epigastrische Schmerzen* (auch lokaler Druckschmerz bei der Palpation)
  Schmerzen nach der Nahrungsaufnahme oder auch Nüchternschmerz (vorwiegend nachts), evtl. Besserung auf Mahlzeit. Die Schmerzen können dabei als Dauerschmerzen oder auch episodisch auftreten

  > Die vom Patienten angegebene Schmerzsymptomatik läßt keine Differentialdiagnose zwischen Ulcus ventriculi und duodeni zu!

  Für die Verdachtsdiagnose kann allenfalls gelten:

Nüchternschmerz + nächtliche Schmerzen, Besserung auf Nahrungsaufnahme → V.a. Ulcus duodeni
Schmerzen unmittelbar nach der Nahrungsaufnahme → V.a. Ulcus ventriculi

- *Gewichtsverlust* infolge verminderter Nahrungsaufnahme (schmerzbedingt)

❑ Komplikationen

Frühkomplikationen:

- *Blutung*
  5 % (Erstulkus) bis 25 % (Ulkuskrankheit) der Ulzera bluten. Sie können okkult bluten oder auch zu lebensbedrohlichen Blutungen führen
- *Perforation*
  Ca. 10 % der Ulzera perforieren. Die Perforation kann dabei in benachbarte Organe (Kolon, Pankreas, Gallenblase etc.) oder die freie Bauchhöhle erfolgen. Meist klagt der Patient über ein akutes, heftiges Schmerzereignis
- *Penetration*
  Durchsetzt das Ulkus sämtliche Wandschichten, kann es in benachbarte Organe - meist das Pankreas - "hineinwachsen". Neben entspr. veränderter Klinik läßt sich z.B. eine Pankreatitis nachweisen

Spätkomplikationen:

- Magenausgangsstenose (bei pylorusnahem Ulkus) durch Vernarbung. Klinisch stehen Erbrechen und Gewichtsabnahme im Vordergrund
- Das Risiko der karzinomatösen Entartung liegt nach heutigem Wissensstand nicht höher als bei "Normalpersonen"

> Häufig stellen Komplikationen die ersten Symptome dar!

❑ Diagnostik

- *Anamnese* (epigastrische Beschwerden, Einnahme von NSAR, bekanntes Ulkusleiden, Hämatinerbrechen etc.) sowie *körperliche Untersuchung* (epigastrischer Druckschmerz, evtl. Nachweis von Teerstuhl) ergeben die Verdachtsdiagnose. Nach Symptomen der oberen GI-Blutung muß geforscht werden!

- *Endoskopie*

Wichtigste diagnostische Maßnahme ist die Endoskopie!

Sie ermöglicht:
- Lokalisationsdiagnostik
- Nachweis, ob singulär oder multipel
- Nachweis bzw. Ausschluß von Komplikationen (Blutung)
- im Falle der Blutung, Möglichkeit der Akuttherapie

Wichtigster Vorteil gegenüber der radiologischen Diagnostik ist die Möglichkeit der histologischen Diagnosesicherung. Diese Möglichkeit ist als Pflichtübung anzusehen!

Es sollten mindestens 6 Stellen biopsiert werden!

Falls die Biopsie bei der Primärdiagnostik nicht erfolgt ist, kann diese bei der Kontrollgastroskopie nachgeholt werden, wobei diese Verfahrensweise nur in Ausnahmefällen zur Anwendung kommen sollte.

Ist nach entsprechender Therapie nach ca. 4 Wochen immer noch ein Ulkus nachweisbar, so sind erneute Biopsien notwendig.

Außerdem ist der Urease-Schnelltest zum Nachweis von Helicobacter pylori möglich.

- Die *radiologische Diagnostik* (Magendarmpassage in Doppelkontrasttechnik) sollte zur Ulkusdiagnostik nur erfolgen, wenn die Endoskopie
  - für den Patienten ein erhöhtes Risiko darstellt
  - vom Patienten abgelehnt wird
  - nicht verfügbar ist

  Radiologische Kriterien sind u.a. Ulkusnische, Ulkuswall und Ulkuskragen, die sog. Hampton-Linie und das Kontrastmitteldepot.
- *Abdomenleeraufnahme*
  Sie dient zum Nachweis von freier Luft subphrenisch bei V.a. Perforation
- *Oberbauchsonographie*
  wichtig zur differentialdiagnostischen Abklärung
- *Ekg*
  bei symptomatischem Ulkus (Schmerzen) zur Differentialdiagnose Myokardinfarkt
- *Laboruntersuchungen*
  - Blutbild (Frage: Blutungsanämie?), evtl. CK(-MB), γ-GT, Bilirubin sowie Amylase und Lipase zur Differentialdiagnostik
  - Gastrin-, Basalsekretion- (Zollinger-Ellison-Syndrom?) und Pepsinogen-Bestimmungen sind meist entbehrlich

❑ Differentialdiagnose

- Angina pectoris bzw. Myokardinfarkt
- Angina intestinalis
- Refluxösophagitis
- akute oder chronische Gastritis
- Magenkarzinom

- Gallen(wegs)erkrankungen
- Pankreatitis
- Reizmagen
- Colon irritabile

❑ **Therapie**

- Meiden der Noxen (Nikotin, Alkohol, NSAR, Streß etc.)
- keine spezielle Diät
- bei Blutung Akuttherapie (endoskopisch-chirurgisch) wie im Kap. 4.2.6. (GI-Blutung) beschrieben
- medikamentös

Medikamentöse Therapie

Prinzipiell ist die medikamentöse Therapie gegen die Salzsäure im Magen gerichtet. Sie stellt zwar nur einen Teilaspekt in der Pathogenese dar, die Heilungsrate der Ulzera ist jedoch unter säurehemmender Therapie am höchsten. Medikamente können dabei die Säuresekretion hemmen oder sezernierte Säure neutralisieren. Weitere Ansatzpunkte der Therapie sind Schleimhautprotektion und antibakterielle Wirkung insbesondere gegen Helicobacter pylori.

H_2-Antagonisten

Substanz	Handelsname z.B.	Therapie Dosis in mg (oral)	Prophylaxe Dosis in mg (oral)
Cimetidin	Tagamet	800-1.000	400-800
Famotidin	Ganor/Pepdul	40	20
Nazatidin	Gastrax/Nizax	300	150
Ranitidin	Sostril/Zantic	300	150
Roxatidin	Roxit	150	75

Tab. 4.9: H_2-Antagonisten.

- Sie hemmen kompetitiv Histamin an den H_2-Rezeptoren und bewirken eine Verminderung der Säuresekretion um ca. 50-70 %. Üblicherweise wird die Dosis abends als Einmalgabe verabreicht, um die hohe nächtliche Säuresekretion zu unterbinden (alternativ: Einnahme früh und abends)
- Wichtigste Nebenwirkungen: zentralnervöse Störungen wie Verwirrtheitszustände, Kopfschmerzen, Hautausschlag, Erhöhung der Leber- und Retentionswerte, Gynäkomastie (Cimetidin) und Libidoverlust, Impotenz (jedoch selten), sowie Blutbildungsstörungen und allergische Reaktionen. Die Substanzgruppe ist häufig angewandt und kann als Mittel der ersten Wahl angesehen werden
- *Wichtig:* renale Elimination → Dosisreduktion (Halbierung) bei Niereninsuffizienz!
- Bei Leberinsuffizienz Famotidin oder Nizatidin bevorzugen, da geringere hepatische Metabolisierung

- Einfluß auf das Cytochrom P-450 (besonders beim Cimetidin) sowie Verminderung des Alkoholabbaus und Wechselwirkungen mit verschiedenen Pharmaka → u.a. Benzodiazepinwirkung erhöht!

> *Cave:* Ateminsuffizienz bei Gastroskopie!

Anticholinergika

Pirenzepin (z.B. Gastrozepin®) 3x50 mg (Therapie) bzw. 2x25-50 mg (Prophylaxe)

- Pirenzepin ist ein selektiver Muskarinrezeptorblocker, der vorwiegend an den gastralen M_1-Rezeptoren angreift. Die Säuresekretion wird um ca. 50 % verringert
- Die Nebenwirkung sind "anticholinerg": Mundtrockenheit, Akkomodationsstörungen, Obstipation und Miktionsstörungen

H^+/K^+-ATPase-Blocker (Protonenpumpenhemmer)

Omeprazol (z.B. Antra®) 20(-60) mg oral

Lansoprazol (z.B. Agopton®) 30(-60) mg oral

Pantoprazol (z.B. Pantozol®) 40 mg oral

- Sie stellen eine neue Substanzklasse dar, die je nach Dosis die Säuresekretion durch irreversible Hemmung der H^+/K^+-ATPase bis zu 100 % stoppt. Erst nach Bildung neuer H^+/K^+-ATPase wird wieder HCl sezerniert, wodurch die lange Wirkzeit erklärbar ist (24-72 h)
- Nebenwirkungen sind u.a. Schwindel, Diarrhö oder Obstipation, evtl. psychische Veränderungen sowie Blutbildveränderungen. Außerdem wird das Cytochrom P-450 beeinflußt und die Halbwertszeit von Diazepam, Carbamazepin, Cumarinen, Phenytoin und Barbituraten verlängert. Pantoprazol hat eine geringere Affinität zu Cytochrom P-450
- Reaktiv kommt es bei entsprechend hoher Dosierung zu einem Anstieg des Gastrinspiegels. Im Tierversuch wurde die Ausbildung von Karzinoidtumoren beobachtet

Antazida

Aluminium- und Magnesiumhydroxid sind die wichtigsten Substanzen

- Im Gegensatz zu den bereits genannten Substanzen neutralisieren sie die bereits sezernierte HCl. Bereits die Dosierung stellt hohe Ansprüche an die Patientencompliance: je 1 und 3 h nach den Mahlzeiten und eine Dosis vor dem Schlafengehen. Die Neutralisationskapazität sollte ca. 50-75 mval entsprechen
- Nebenwirkungen von Aluminiumhydroxid sind: Obstipation, Hypophosphatämie, bei Niereninsuffizienz Ablagerung in Knochen und Gehirn. Magnesiumhydroxid kann bei Niereninsuffizienz zur Hypermagnesiämie sowie zu Diarrhö führen. Günstig ist daher die Kombination von Aluminium- und Magnesiumhydroxid
- *Wichtig:* Bei gleichzeitiger Einnahme von Antazida werden verschiedene Pharmaka nicht oder nur schlecht resorbiert!

Prostaglandine

Misoprostol (z.B. Cytotec® 200) 4x200 µg

- Sie hemmen über PGE_2-Rezeptoren an den Parietalzellen die Säuresekretion und wirken zytoprotektiv. Insbesondere zur Prophylaxe oder bei Ulzera unter Therapie mit NSAR sind diese indiziert
- Nebenwirkungen sind Diarrhö, abdominelle Schmerzen sowie Menorrhagien (*cave:* Gravidität)

Schleimhautprotektiva

Sucralfat (z.B. Ulcogant®) 4x1 g

- Sucralfat ist ein Aluminium-Saccharose-Salz, das unter aziden Verhältnissen mit Schleimhautproteinen Komplexe bildet. Dieser Schutzfilm schützt vor der Einwirkung von Gallensäuren und Pepsin. Im Gegensatz von Antazida sollte es ca. 1 h vor den Mahlzeiten eingenommen werden. Nebenwirkungen sind Obstipation sowie Aluminiumretention bei Niereninsuffizienz

Wismut

- Wismutverbindungen bilden ähnlich dem Sucralfat einen Schutzfilm und wirken antibakteriell gegen Helicobacter pylori. Indikation sind daher Ulzera mit Nachweis und wahrscheinlich pathogenetischer Bedeutung von Helicobacter pylori
- Einer Monotherapie ist die Kombinationsstherapie mit Antibiotika (Amoxicillin) oder die Tripel-Therapie (zusätzlich noch Metronidazol) jedoch überlegen (☞ Tab. 4.6)

Therapieempfehlung beim Ulcus ventriculi (Tab. 4.10) und zur (Rezidiv-) Prophylaxe (Tab. 4.11).

- Primärtherapie mit H_2-Antagonisten oder H^+/K^+-ATPase-Blocker
- Ulkus unter NSAR-Therapie: alternativ Prostaglandine wie Misoprostol
- Nachweis von Helicobacter pylori: Kombinationstherapie von H^+/K^+-ATPase-Blocker und Antibiotikum, evtl. Wismut
- bei Gallereflux zusätzlich z.B. Metoclopramid (z.B. Paspertin®)
- Therapiekontrolle in 4-8 Wochen durch Endoskopie
- falls Ulkus immer noch vorhanden: Verdoppelung der Dosis von H_2-Antagonisten bzw. H^+/K^+-ATPase-Blocker

Nota bene: Kombinationstherapien sind i.d.R. nicht wirksamer als die entsprechenden Monotherapien mit H_2-Antagonisten bzw. H^+/K^+-ATPase-Blocker - jedoch teurer!

- chirurgische Therapie bei Versagen der konservativen Therapie, akuter Blutung oder Karzinomverdacht. Methode der Wahl: 2/3 Magenresektion nach Billroth I (auch zur Rezidivprophylaxe)

Tab. 4.10: Therapieempfehlung bei Ulcus ventriculi.

Nota bene: Säurehemmende Therapie wie auch Antazidagabe erhöht - insbesondere bei Intensivpatienten- das Risiko einer bakteriellen Besiedlung des Magens (z.B. mit gramnegativen bzw. enteropathogenen Keimen) und kann zu Infektionen wie Pneumonien oder Diarrhöen führen.

- H_2-Antagonisten zur Nacht mit halber therapeutischer Dosis
- Sucralfat (z.B. Ulcogant®) in therapeutischer Dosis. Vorteil: pH-Wert im Magen bleibt physiologisch. Eine bakterielle Besiedlung des Magens ist daher unwahrscheinlich
- Prostaglandine wie Misoprostol bei NSAR-Therapie

Tab. 4.11: Therapieempfehlung zur (Rezidiv-)Prophylaxe von Ulcera ventriculi.

❑ **Prognose**

Ca. 50 % der Ulzera heilen spontan innerhalb von 4-8 Wochen. Unter entsprechender Therapie sind dann lediglich ca. 10 % noch nachweisbar. Leider liegt bei der Ulkuskrankheit eine hohe Rezidivrate vor, so daß ca. 2/3 der Patienten innerhalb kurzer Zeit ein Rezidivulkus erleiden. Die Rezidivrate kann jedoch durch entsprechende Therapie verringert werden.

4.2.4.2. Ulcus duodeni

❑ **Definition**

Ebenfalls benigne, entzündliche Schleimhautschädigung (über die Muscularis mucosae hinausgehend) im Bereich des Duodenums.

❑ **Häufigkeit**

Inzidenz ca. 100-150/100.000, Prävalenz bei ca. 1.000/100.000. Jahreszeitliche Schwankungen (Erkrankungsgipfel Herbst-Winter). Männer erkranken ca. 3x häufiger als Frauen. Im Vergleich zum Ulcus ventriculi sind mehr jüngere Patienten betroffen.

❑ **Ätiologie und Pathogenese**

- als ursächlich werden angesehen
  - erhöhter Vagotonus und Hypersekretion von HCl und Pepsin
  - gestörter pH-Gastrin-Regelkreis
  - Verringerung der Prostaglandine (z.B. durch Rauchen) mit Störungen der Schleimbarriere und HCO_3^--Sekretion
  - Helicobacter pylori (in 3/4 der Fälle nachweisbar, pathogenetische Bedeutung unklar)
  - Motilitätsstörungen mit beschleunigter gastroduodenaler Passage
  - exogene Faktoren wie Rauchen (erhöhte HCl- sowie verminderte HCO_3^--Sekretion), Streß, NSAR, Corticosteroide und Alkohol
- Lokalisation: meist Vorderwand des Bulbus duodeni
- Im Gegensatz zum Ulcus ventriculi finden sich häufiger zwei oder mehrere Ulzera evtl. in Kombination mit Ulcera ventriculi (Antrum)

❑ **Symptomatik**

- vergleichbar mit der bereits oben beschriebenen Klinik des Ulcus ventriculi

❑ **Komplikationen**

Sie sind mit denen des Ulcus ventriculi vergleichbar, jedoch:

- insgesamt höheres Blutungsrisiko
- häufiger Perforationen und Penetrationen
- typische Spätkomplikation: Magenausgangsstenose (besonders bei intrapylorischen Ulzera)

❑ **Diagnostik**

- *Anamnese* und *Befund* unterscheiden sich nicht wesentlich vom Ulcus ventriculi
- Diagnosestellung durch *Endoskopie* (histologische Sicherung und Urease-Schnelltest)
- *Magendarmpassage* in Doppelkontrasttechnik mit hypotoner Duodenographie (im Vergleich zur Endoskopie weniger sensitiv)
- *Abdomenleeraufnahme, Oberbauchsonographie, Ekg* dienen zum Ausschluß bzw. Nachweis von Komplikationen und zur Differentialdiagnose
- *Laboruntersuchungen* ☞ Ulcus ventriculi

Bei Rezidivulkus oder therapieresistentem Ulkus:

- *Magensekretionsanalyse* (BAO und PAO)
- *Gastrinbestimmung* (Serumgastrin und BAO erhöht: Zollinger-Ellison-Syndrom? Serumgastrin erhöht und Z.n. B II-Resektion: verbliebener Antrum-Rest?)

❑ Differentialdiagnose

Analog der Symptomatik ist auch die Differentialdiagnose mit der des Ulcus ventriculi vergleichbar (☞ Ulcus ventriculi).

❑ Therapie

- Verzicht auf Nikotin und Alkohol, keine NSAR, Abbau von Streß
- keine spezielle Diät
- bei Blutung endoskopische bzw. chirurgische Akuttherapie (☞ Kap. 4.2.5. "GI-Blutung")
- Bei der medikamentösen Therapie werden gute Erfolge mit den bereits besprochenen H^+/K^+-ATPase-Blockern, H_2-Antagonisten, Antazida, Prostaglandinen, Sucralfat und auch Wismut erzielt.
  Zur Therapiekontrolle sollte in 4-8 Wochen eine Endoskopie erfolgen

Mögliche Ursachen für ein therapierefraktäres Ulcus duodeni sowie eine Therapieempfehlung zur (Rezidiv-)Prophylaxe sind in Tab. 4.12 und 4.13 zusammengefaßt.

• Helicobacter-Genese
• Gastrinom
• Non-Compliance
• malignes Ulkus (Duodenalkarzinom oder anderes Neoplasma)

Tab. 4.12: Mögliche Ursachen für ein therapierefraktäres Ulcus duodeni.

• Meiden der Noxen!
• H_2-Antagonisten zur Nacht mit halber therapeutischer Dosis
• Sucralfat in therapeutischer Dosis
• Prostaglandine bei NSAR-Therapie
• selektive proximale Vagotomie (SPV)

Tab. 4.13: Therapieempfehlung zur (Rezidiv-)Prophylaxe von Ulzera duodeni.

- chirurgische Therapie bei rezidivierenden Ulzera duodeni oder bei Magenausgangstenose: Methode der Wahl ist die *selektive proximale Vagotomie (SPV)* sowie bei Vorliegen einer Magenausgangstenose die *Pyloroplastik* (evtl. auch Gastroenterostomie nach Roux, insbesondere bei Kombinationsulkus, Magenausgangsstenose, Penetration oder Blutung sowie Malignomverdacht)

❑ Prognose

Vergleichbar günstig wie die des Ulcus ventriculi.

4.2.5. Gastrointestinale (GI-)Blutung

❑ Definition

Blutungen aus dem Magen-Darm-Trakt werden nach folgenden Gesichtspunkten differenziert:

- Verlauf: akut oder chronisch
- klinische Erscheinung: mit Klinik oder okkult
- Lokalisation: obere oder untere Gastrointestinalblutung

Von einer oberen GI-Blutung wird gesprochen, wenn die Blutungsquelle oberhalb des *Treitz'schen-Bandes* liegt, d.h. im Ösophagus, Magen oder Duodenum. Blutungsquellen bei unteren GI-Blutungen können im Dünn-, Dickdarm, Rektum oder Anus liegen.

> *Merke:*
> Die akute obere Gastrointestinalblutung stellt einen der wichtigsten Notfälle dar. Es bedarf einer sofortigen Diagnostik und Therapie!

Massive Blutung:

- Blutverlust ca. 1,5 l
- Hb < 8 g/l
- Schockindex > 1

Die Klassifikation der Blutungsaktivität erfolgt nach Forrest (Tab. 4.14).

aktive Blutung	Forrest-Typ Ia Forrest-Typ Ib	arterielle (spritzende) Blutung Sickerblutung
sistierte Blutung	Forrest-Typ IIa Forrest-Typ IIb	sichtbarer Gefäßstumpf Hämatin, Koagel auf Läsion
keine Blutung	Forrest-Typ III	Läsion ohne o.g. Kriterien

Tab. 4.14: Klassifikation der Blutungsaktivität nach Forrest.

❑ Häufigkeit

Die Inzidenz für die akute GI-Blutung beträgt ca. 100/100.000 Einwohner/Jahr. Über 75 % der akuten Blutungen sind dabei im oberen Gastrointestinaltrakt lokalisiert.

❑ Ätiologie und Pathogenese

Ursächlich können sein:

- lokale gastrointestinale Erkrankungen (Erosionen, Ulkus, Tumor, etc.)
- lokale gastrointestinale Verletzungen (Mallory-Weiss-Einriß, Fremdkörper etc.)
- hämorrhagische Diathese (Marcumartherapie, Verbrauchskoagulopathie, Leberinsuffizienz bei Leberzirrhose, Thrombopathie bei Urämie, hämatologische Systemerkrankungen)
- Störungen im Bereich des Gefäßsystems (Ösophagusvarizen, arterio-intestinale Fisteln)

Mögliche Blutungsquellen im GI-Trakt sind in Tab. 4.15 zusammengestellt.

Blutungsquellen im oberen GI-Trakt
• *Ösophagus* Varizen, erosive-ulzeröse (Reflux-)Ösophagitis, Mallory-Weiss-Syndrom, Barret-Ösophagus, Tumor, Hernie, Fremdkörper
• *Magen* Ulkus (Streß, Medikamente, etc.), erosive Gastritis, Karzinom, Fundusvarizen, Dieulafoy-Ulkus, M. Osler, Anastomosenulkus, Leiomyome
• *Duodenum* Ulzera, erosive Duodenitis, selten Divertikulitis oder Polyposis
Blutungsquellen im unteren GI-Trakt
• *Dünndarm* Ulkus, M. Crohn, Angiodysplasie, Schoenlein-Henoch Syndrom, M. Buerger, Invagination, Meckel-Divertikel
• *Dickdarm, Rektum und Analkanal* Tumor, Polyposis, Angiodysplasie, Colitis ulcerosa, Divertikulose, Proktitis, Hämorrhoiden, Ruhr, Cholera
Wichtig: Weitere Blutungsquellen können im Nasen-Rachenraum sowie im Bronchialsystem liegen!

Tab. 4.15: Mögliche Blutungsquellen im GI-Trakt.

Die häufigsten Blutungsquellen sind: erosive Ösophagitis, Gastritis, Duodenitis, Ulcera ventriculi und duodeni (ca. 40-60 %), Mallory-Weiss-Syndrom sowie Ösophagusvarizen (ca. 10-20 %) im oberen GI Trakt, Hämorrhoiden, Angiodysplasien, Tumore und die Divertikulose im unteren GI Trakt.

- Iatrogen bedingte bzw. begünstigte GI-Blutungen können auftreten unter nicht-steroidalen Antiphlogistika (NSAR, inkl. Thrombozytenaggregationshemmer wie Azetylsalizylsäure), Antikoagulanzien (wie Marcumar oder Heparin), fibrinolytischer Therapie sowie Chemotherapien (Panzytopenie) und Corticosteroiden. Daneben sind alle schwerkranken Patienten (besonders bei Schädel-Hirn-Trauma, Koma, Schock, Verbrennungen, Sepsis, Nierenversagen und postoperativ) gefährdet, ein Streßulkus zu entwickeln. Auch die Aminosäurezufuhr bei der parenteralen Ernährung kann über eine erhöhte Säuresekretion die Entstehung eines Ulkus begünstigen
- Die Blutung selbst kommt meist durch Arrosion von Gefäßen zustande. Daneben können Druckerhöhung im Gefäß (bei portaler Hypertension) oder direkte Gefäßverletzung oder auch beide Mechanismen zusammen (beim Mallory-Weiss-Syndrom) ursächlich sein. Zusätzlich können Gerinnungsstörungen vorliegen

❑ Symptomatik

- *Nausea* (Übelkeit, Erbrechen)
- evtl. *abdominelle Schmerzen*
- *Hämatemesis* (rötliches Bluterbrechen); typisch bei oberer GI-Blutung
- (schwärzliches) *Kaffeesatz- bzw. Hämatinerbrechen*; typisch bei oberer GI-Blutung nach Kontakt von Hämoglobin mit HCl
- *Melaena* (Teerstuhl) - Schwarzfärbung durch Hämatin; typisch bei oberer als auch bei unterer GI-Blutung (bei langer Verweildauer > 6 h)

- *Hämatochezie* (Blutstuhl, rötlich); typisch für untere GI-Blutung (auch bei sehr schneller Passage bei oberer GI-Blutung)
- je nach Blutungsaktivität und Intensität: *Blässe, Anämie, Schwäche, Schwindel* bis zu *Schocksymptomatik* (inkl. Bewußtseinstrübung, motorische Unruhe und Oligurie)

❑ **Komplikationen**

Wichtigste Komplikation ist der Blutungsschock!

- chronische Blutungsanämie mit Schwäche, Dyspnoe, Schwindel etc.
- weitere Komplikationen durch zugrundeliegende Blutungsursache bedingt

❑ **Diagnostik**

- akute GI-Blutung bedarf akuter Diagnostik!
- vor Diagnostik → *Kreislaufstabilisierung!*

- *Frage 1:* Wo liegt die wahrscheinliche *Blutungsquelle?*
  Hierzu sind insbesondere *Anamnese* (Medikamenteneinnahme, chronisches Ulkusleiden, Leberzirrhose, Voroperationen) und *klinische Untersuchung* primär hilfreich. Obligat ist die *rektal digitale Untersuchung*. Das Legen einer *Magensonde* kann hier bereits eine Differenzierung ermöglichen
- *Frage 2:* Liegt eine *hämorrhagische Diathese* vor?
  Hier kann bereits die *Inspektion* entscheidende Hinweise (Sugillationsblutung, Ekchymosen, Spider naevi etc.) geben. Zusätzlich *Gerinnungsanalysen* (Quick-Wert bzw. Normotest, partielle Thromboplastinzeit) sowie *Thrombozytenbestimmung*
- *Frage 3: Blutungsaktivität bzw. Blutverlust?*
  Diese Frage wird überwiegend *klinisch* beantwortet. Kriterien für größere Blutverluste sind Blässe, Kaltschweißigkeit, Unruhe, schlecht durchblutete Schleimhäute (Konjunktiven) und schlechte Venenfüllung, Tachykardie und Hypotonie, *ZVD < 0*

> *Merke:*
> Der aktuelle Hb-Wert korreliert in der Anfangsphase nicht mit dem Blutverlust, da noch kein Verdünnungseffekt eingetreten ist!

- *Frage 5: Blutgruppe des Patienten - Transfusionsbedürftigkeit?*
  In jedem Fall *Kreuzblut* abnehmen und ggf. Erythrozytenkonzentrate bereitstellen lassen. Mindestens *zwei sichere, großvolumige venöse Zugänge* legen. Zwischenzeitlich Volumenersatz mittels kristalloider oder kolloidaler Lösung
- *Frage 6:* Genaue *Blutungslokalisation* (Endoskopie mit Doppler)?
  Vorher zusätzliche *Spülung des Magens mit kaltem Wasser*. Nur bei guter Sicht ist eine gute *endoskopische Diagnostik* möglich!
- *Frage 7: aktive Blutung?* Wenn ja - *endoskopische oder operative Blutstillung?*

- bei okkulter bzw. chronischer GI-Blutung oder falls endoskopisch keine Blutungsquelle ersichtlich:
  - *Test auf okkultes Blut im Stuhl* (z.B. Hämoccult®-Test, je 1x an drei aufeinanderfolgenden Tagen)

- *radiologische Diagnostik* mittels Breischluck, Dünndarm- oder Kolon-Doppelkontrast (nicht bei V. a. Perforation!)
- *Szintigraphie* (^{99m}Technetium-markierte Erythrozyten)
- *selektive Angiographie* (Nachweis gelingt nur bei aktiver Blutung von über 1-2 ml/min!)

In ca. 10 % bleibt die Blutungsquelle unbekannt!

Wichtig: Die Diagnostik muß sich an den klinischen Symptomen orientieren! Bei offensichtlicher unterer GI-Blutung (Hämatochezie und proktoskopischem Nachweis einer Blutungsquelle) sollte trotzdem eine Magensonde gelegt werden (+ Aspiration), um die Wahrscheinlichkeit für das Vorliegen einer gleichzeitigen oberen GI-Blutung zu verringern!

Diagnostik nicht auf Nachweis der Blutungsquelle und Nachweis der stehenden Blutung beschränken. Wichtig ist - zumindest anschließend - bei Ulzera, Polypen oder auch Tumorformationen die histologische Typisierung!

❑ Differentialdiagnose

Blutungen aus:

- Nasen-Rachenraum
- Tracheobronchialbaum
- Urogenitaltrakt

❑ Therapie

Akute GI-Blutung bedarf akuter Therapie!

- *Kreislaufstabilisierung*
  primäre Kreislaufstabilisierung: Volumengabe. Hierbei kommen kristalloide und kolloidale Volumenersatzmittel wie 0,9 % NaCl, Ringerlösung bzw. HAES oder Albuminlösung in Betracht. Bei größerer Blutung: Frischplasma (fresh frozen plasma = FFP), um auch Gerinnungsfaktoren zuzuführen. Normalen ZVD (4-12 cmH_2O) anstreben. Zusätzlich O_2-Gabe. Die Indikation zur Transfusion wird u.a. durch Klinik, Ausmaß und Intensität der Blutung, Hb und Hkt (Ziel 30-35 %) gestellt
- *endoskopische Blutstillung*
  bei akuter oberer GI-Blutung: Versuch der endoskopischen Blutstillung (YAG-Laser, Diathermie oder Sklerotherapie/Unterspritzung). Bei massiver Blutung und schlechten Sichtverhältnissen besteht die Indikation zur operativen Blutstillung! Da teils eine hohe Rezidivneigung besteht, dient die endoskopische Blutstillung häufig dazu, eine elektive Op zu ermöglichen
- *operative Blutstillung*
  Bei hoher Blutungsintensität (> 5 Erythrozytenkonzentrate/24 h), Forrest Ia Blutung (z.B. bei Ulkus Dieulafoy), Rezidiv- oder Tumorblutung operative Therapie anstreben
- *Ösophagusvarizenblutung*
  Bei Ösophagus- oder Fundusvarizenblutung endoskopische Sklerotherapie sowie mechanische Kompression mittels Sengstaken-Blakemore- oder Linton-Nachlas-Sonde:
  - Druck 40 mmHg (*cave*: Drucknekrose, daher alle 5 h für 5 min entblocken!)
  - Der Wert einer medikamentösen Drucksenkung im Pfortadersystem mittels Nitroglycerin oder Versuch der Blutstillung mit Vasopressin (20 E. über 30 min per infusionem) oder Somatostatin ist nicht gesichert

- Leberkomaprophylaxe mit Neomycin (4x1 g) + Laktulose (3-4x20 g/die)
- Notfalloperation bei unstillbarer Blutung mit 80-90 % Letalität belastet (Kontraindikation: CHILD C)!

- *hämorrhagische Diathese*
  je nach Ursache:
  - PPSB-Plasma bei Verringerung der Vitamin K-abhängigen Gerinnungsfaktoren (→ erniedrigter Quick-Wert) und Vitamin K parenteral
  - FFP und AT III bei Verbrauchskoagulopathie
  - Protamin bei Heparinüberdosierung
  - Thrombozytenkonzentrate bei Thrombopenie (< 20-30.000/µl oder Thrombozytendysfunktion)
- *medikamentöse Therapie bei oberer GI-Blutung*
  Parallel zur endoskopischen Blutstillung kann auch bei Ulcus ventriculi sowie duodeni und Forrest Ib-Blutung ein medikamentöser Therapieversuch unternommen werden, wobei der Nutzen nicht sicher belegt ist:
  - Sekretin (Steigerung der Bikarbonatsekretion, Zunahme des HZV, Sekretion der Brunnerschen Drüsen, Hemmung der Gastrin- und H^+-Sekretion) 0,5 KE/kg KG/h
  - Somatostatin (Gastrin-, Pepsin- und Säureinhibition, Reduktion der Splanchnikusdurchblutung (250 µg/h) (*cave*: Hypoglykämie infolge Einfluß auf Glukagon und Insulin)
- Bei respiratorischer Insuffizienz, Schock und rezidivierender Hämatemesis mit Aspirationsgefahr Indikation zur *Intubation* überprüfen!
- *untere GI-Blutung*
  Bei der unteren GI-Blutung kann z.B. eine Sklerosierungstherapie bei Hämorrhoidalblutung indiziert sein. Meist bedürfen die übrigen unteren GI-Blutungen im Erwachsenenalter bei Persistenz einer chirurgischen Therapie

❑ **Prognose**

Über 75 % der gastrointestinalen Blutungen sistieren spontan.

Die akute massive GI-Blutung hat eine Letalität von 10 %! Die Operation im Blutungsschock weist eine Letalität von ca. 20 % auf. Die Ösophagusvarizenblutung hat eine deutlich höhere Letalität (um 50 %). Ungünstige prognostische Voraussetzungen sind außerdem hohes Lebensalter inkl. Begleiterkrankungen, hoher Verbrauch an Blutkonserven (> 5 Erythrozytenkonzentrate/24 h), niedriges Hb (< 8 g/dl) sowie Schock und Rezidivblutung.

❑ **Prophylaxe**

Wertvollste und kostengünstigste Maßnahme zur Prophylaxe einer oberen GI-Blutung während des stationären Aufenthalts ist die enterale Ernährung!

Medikamentöse (Streß-)Ulkusprophylaxe ☞ Tab. 4.11 bzw. 4.13.

4.2.5.1. Morbus Osler (Osler-Rendu-Wagner-Syndrom)

Multiple, angiomatöse Teleangiektasien im Bereich der Haut und Schleimhäute (häufig unter der Zunge sichtbar) sowie der inneren Organe. Dominanter Erbgang? Meist asymptomatisch, jedoch gelegentlich Blutungen, insbesondere intestinal.

4.2.5.2. Ulkus Dieulafoy

Ulcus ventriculi über atypisch, submukös gelegener Arterie, die bei Arrosion zu einer lebensgefährlichen Blutung führen kann.

4.2.5.3. Barrett-Syndrom

Beim *Endobrachyösophagus* handelt es sich um eine Auskleidung des distalen Ösophagus mit Zylinderepithel (Magenschleimhaut). Dadurch kommt es häufig zum sog. Barrett-Syndrom mit Refluxösophagitis und Barrett-Ulzera. Der Barrett-Ösophagus (Metaplasie) ist als Präkanzerose anzusehen.

4.2.5.4. Schoenlein-Henoch Syndrom (anaphylaktoide Purpura)

Toxisch-allergische Purpura nach Infektionen oder durch Medikamente ausgelöst, besonders an den Streckseiten der (unteren) Extremitäten. Zusätzlich häufig Urtikaria, Arthralgien, Nierenbeteiligung (Nephritis) sowie Darmblutungen (☞ Kap. 1.12.10.9.).

4.2.5.5. Winiwarter-Buerger-Syndrom

Endangitis bzw. Thrombangitis obliterans. Überwiegend entzündliche Arteriitis mit Symptomen der Claudicatio intermittens und Gangrän, gelegentlich jedoch auch GI-Blutungen, z.B. bei Nekrosen.

4.2.6. Tumore des Magens

Gutartige Magentumore sind:

- Hyperplasie - hyperplasiogener Polyp
- Adenom
- flaches Adenom - borderline lesions
- Leiomyom
- Neurinom
- Neurofibrom
- Lipom
- Glomustumor

Die gutartigen Magentumore sind meist a- bzw. oligosymptomatisch. Die Abklärung erfolgt primär endoskopisch - histologisch. Wichtigste Untersuchungsmethode ist dabei die Endosonographie. Adenome und flache Adenome sowie hyperplasiogene Polypen sollten, da Entartung möglich, reseziert werden. Bei großen mesenchymalen Tumoren (> 2-3 cm Durchmesser) besteht aufgrund der Blutungsgefahr die Indikation zur Entfernung (endoskopisch-operativ).

Bösartige Magentumore sind:

- Magenkarzinom
- Myosarkom
- Leiomyosarkom
- maligne Lymphome des Magens (NHL, Hodgkin-Lymphome)

4.2.6.1. Magenkarzinom

❑ **Definition**

Wichtigste bösartige Neubildung des Magen ist das Magenkarzinom. Es handelt sich um einen epithelialen Tumor.

Nach histologischen Kriterien werden unterschieden:

- Adenokarzinom
- adenomuzinöses Karzinom
- Plattenepithelkarzinom
- undifferenziertes Karzinom

Das Frühkarzinom (early cancer) ist auf Mukosa und Submukosa beschränkt (Abb. 4.8).

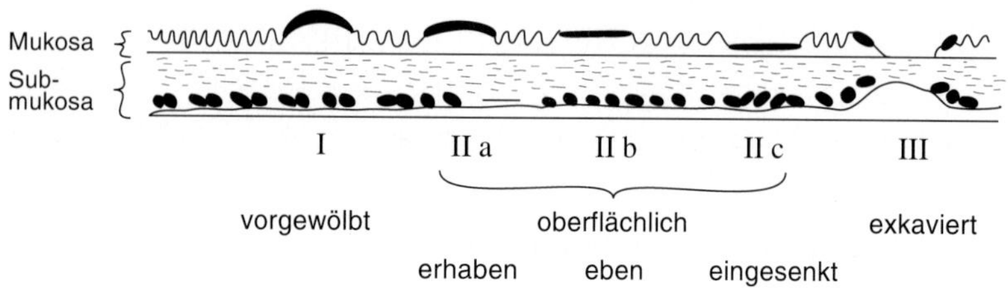

Abb. 4.8: Einteilung der Frühkarzinome nach der Japanischen Gesellschaft für Gastroenterologie.

Neben der TNM-Klassifikation (Tab. 4.16) existiert auch eine Einteilung nach Lauren (Tab. 4.17) sowie für fortgeschrittene Magenkarzinome nach Borrmann (Abb. 4.9).

Primärtumor		Staging			
T_1	auf Mukosa/Submukosa beschränkt	Stadium I	T_1	N_0	M_0
T_2	bis Serosa	Stadium II	T_{2-3}	N_0	M_0
T_3	durchbricht Serosa	Stadium III	T_{1-4}	N_{1-3}	M_0
T_4	Befall der Nachbarorgane	Stadium IV	T_{1-4}	N_{1-3}	M_1
N_0	keine regionalen Lymphknoten befallen				
N_1	positive Lymphknoten < als 3 cm vom Tumor entfernt				
N_2	positive Lymphknoten > als 3 cm vom Tumor entfernt				
N_3	disseminierter Befall				
M_0	keine Fernmetastasen				
M_1	Fernmetastasen				

Tab. 4.16: TNM-Klassifikation für Magenkarzinome.

intestinaler Typ	infiltrativer Typ
• polypoid mit Drüsenbildung	• diffus wachsend
• weniger Metastasen	• häufig Metastasen
• günstigere Prognose	• meist ungünstigere Prognose

Tab. 4.17: Einteilung der Magenkarzinome nach Lauren.

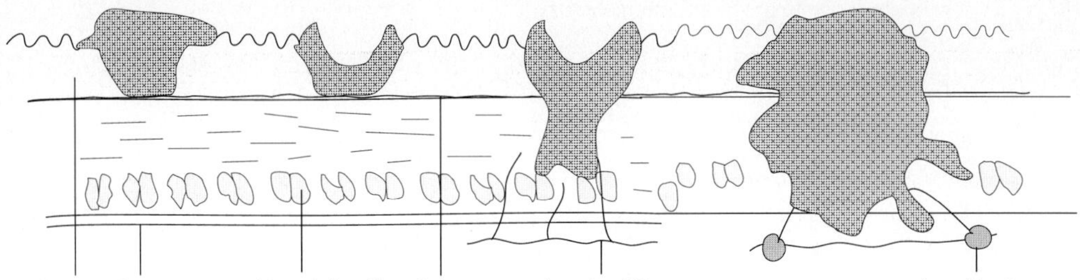

Abb. 4.9: Einteilung der Magenkarzinome nach Borrmann.

❑ Häufigkeit

Starke regionale Unterschiede: in Japan Mortalität ca. 45/100.000, in der Bundesrepublik ca. 35/100.000. Erfreulicherweise nimmt die Inzidenz immer weiter ab. Betroffen sind besonders Patienten zwischen 50-70 Jahren, wobei das männliche Geschlecht bevorzugt wird (ca. 1,5:1).

❑ Ätiologie und Pathogenese

- genetische Disposition (teils fämiliäre Häufung, vermehrt bei Blutgruppe A)
- Umweltfaktoren bzw. Ernährungsgewohnheiten: Nitrosamine aus der Nahrung und Trinkwasser (Nitratumwandlung im Magen durch Bakterien in Nitrit, evtl. wirkt Vitamin C protektiv)
  - Rauchen
  - evtl. Alkohol
- weitere mögliche begünstigende Faktoren sind
  - chronisch-atrophische Gastritis Typ A
  - Z.n. Magenteilresektion (insbesondere B II-Resektion)
  - hyperplasiogener Polyp und Adenome der Magenschleimhaut
  - M. Ménétrier
- Lokalisation meist distal (Antrum-Pylorus)
- Über ein early-cancer-Stadium (ohne Invasion der Muscularis propria) kommt es zur Ausbildung des invasiven Karzinoms. Das Karzinom metastasiert hämatogen und lymphogen. Außerdem kommt es zu sogenannten Abtropfmetastasen (Tab. 4.18)

hämatogen	• Leber • Lunge • Knochenmark/Skelett • Gehirn
lymphogen	• Truncus coeliacus • Ligamentum gastrocolicum/gastrolienalis/Omentum majus • paraaortal • Ductus thoracicus (in der linken Supraklavikulargrube als sog. "*Virchow'sche Drüse*")
	• Abtropfmetastasen (diffuse peritoneale Metastasierung oder lokal als sog. "*Krukenberg-Tumor*" bei Befall eines Ovars)

Tab. 4.18: Häufigste Metastasierung des Magenkarzinoms.

❑ **Symptomatik**

- häufig symptomarm
- mögliche Symptome (evtl. auch beim Frühkarzinom!) sind
  - Aversion gegen Fleisch; Inappetenz
  - Leistungsknick, Müdigkeit, Schwäche
  - Gewichtsabnahme bis Kachexie
  - Übelkeit - Erbrechen (Magenausgangsstenose?)
  - Dysphagie (Kardiakarzinom?)
  - Druckgefühl oder Schmerzen im Oberbauch
  - Anämie - GI-Blutung
  - bei fortgeschrittenem Stadium: Aszites, "*Virchow'sche Drüse*", Ikterus

❑ **Komplikationen**

- Metastasierung
  - Ikterus
  - Ileus
  - Aszites
  - Krampfanfall
  - Parese
  - zerebrale Funktionsstörungen
  - pathologische Frakturen
  - Anämie oder Panzytopenie durch Verdrängung
  - Pleuraerguß
- Wachstum per continuitatem
  - gastro-kolische Fistel (mit Malabsorption)
  - Ileus
  - Verschlußikterus
  - Pfortaderthrombose

- lokales Wachstum
    - Dysphagie
    - Magenausgangsstenose
    - Symptom des zu kleinen Magens
    - GI-Blutung durch Gefäßarrosion

❑ **Diagnose**

- Neben der bereits genannten Symptomatik können sich evtl. ein tastbarer Oberbauchtumor oder eine Lebervergrößerung finden
- *Endoskopie*
  O.g. Anamnese und Klinik bedürfen - wenn > 2 Wochen bestehend - der Abklärung mittels Endoskopie

  Malignitätsverdächtige Kriterien bei der Gastroskopie sind:
    - Ulkus
    - abrupter Schleimhautfaltenabbruch
    - "Mottenfraß" am Faltenende
    - kolbige Auftreibung am Faltenende
    - Anspitzung des Faltenendes
    - Diskoloration im Bereich der Einsenkung
    - Faltenfusion

  Zur Sicherung mindestens 6 Biopsien, evtl. zusätzlich Bürstenzytologie! Wichtig ist die Entnahme vom Ulkusrand und Ulkusgrund!

  Ergänzt wird die Endoskopie durch die Endosonographie, die Informationen über die lokale Tumorausbreitung sowie teils auch die Abgrenzung von anderen (mesenchymalen) Magentumoren ermöglicht.
- *radiologische Untersuchung* des Magens in Doppelkontrasttechnik
  Im Vergleich ist die Sensitivität geringer als bei der Endoskopie

  Kriterien für ein Magenkarzinom sind:
    - unregelmäßige Füllungsdefekte
    - "Blumenkohldefekte" oder "Wellblechdefekte"
    - Ulzera mit unregelmäßigem Randwall
    - atypische Nischen (versenkt, unregelmäßig)
    - abrupte Schleimhautabbrüche

  Daneben evtl. klaffender Pylorus oder Magenausgangsstenose.

  Beim szirrhösen Magenkarzinom (*Linitis plastica*) ist die radiologische Diagnostik der Endoskopie jedoch teilweise überlegen: Es findet sich eine Wandstarre und ein Verlust der peristaltischen Wellen.
- *Labor*
  evtl. Blutungsanämie, erhöhte BKS, Tumormarker (zur Verlaufskontrolle) sind CEA und CA 72-4. Erhöhte Transaminasen und alkalische Phosphatase deuten auf Lebermetastasen hin
- *weitere Untersuchungen* zum Staging
  Röntgen Thorax, Oberbauchsonographie, CT-Abdomen und ggf. Laparoskopie

❑ **Differentialdiagnose**

- andere maligne Magentumore
- Ulcus gastroduodenalis
- Erkrankungen des Ösophagus, der Gallenblase, des Pankreas, der Leber etc.
- funktionelle Magenbeschwerden

❑ **Therapie**

- Wenn möglich, sollte eine Operation mit kurativem Ziel, d.h. Resektion mit ausreichendem Sicherheitsabstand inkl. Lymphabflußgebiet oder Gastrektomie, erfolgen. Frühkarzinome können exzidiert bzw. bei Abwägung des Op-Risikos auch endoskopisch therapiert werden
- Resektion oder Gastrojejunostomie als Palliativmaßnahme
- Laserung oder Einlage eines Tubus oder Stents bei Stenosierung
- evtl. PEG (perkutane, endoskopisch kontrollierte Gastrostomie) bei Kardiakarzinom
- Palliativchemotherapie mit 5-Fluorouracil

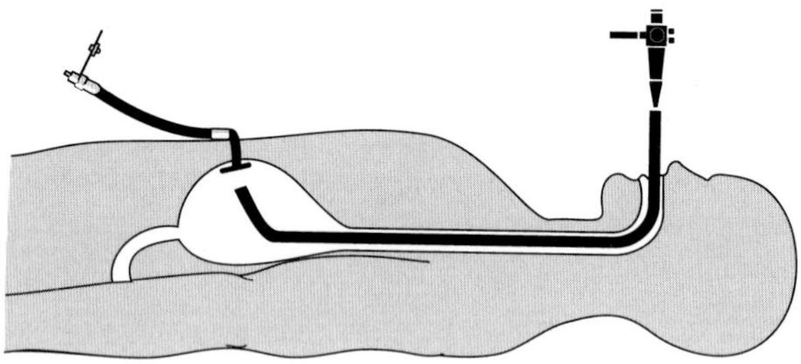

Abb. 4.10: Prinzip der perkutanen, endoskopisch kontrollierten Gastrostomie (PEG).

❑ **Prognose**

Nach Operation beim Carcinoma in situ gut: 5-Jahresüberlebensrate > 90 % (beim invasiven Magenkarzinom hingegen nur 20-25 %). Der diffuse Typ hat insgesamt eine etwas ungünstigere Prognose. Eine Prognoseverbesserung läßt sich durch frühzeitige Diagnosestellung und damit frühzeitiger Therapie erzielen.

4.2.7. Reizmagen (non-ulcer-dyspepsia)

❑ **Definition**

Es handelt sich um eine chronische funktionelle Magenstörung mit dem Beschwerdekomplex aus Völlegefühl, epigastrischem Druckgefühl oder abdominellen Schmerzen. Häufig wird Aufstoßen als weiteres Symptom angegeben.

❑ **Häufigkeit**

- häufigste Ursache (bis zu 50 %) von Magenbeschwerden in der Praxis

Die Diagnose "Reizmagen" ist wie die Diagnose "Reizdarm-Syndrom" eine Ausschlußdiagnose!

❑ **Ätiologie und Pathogenese:**

- multifaktoriell (u.a. Streß und psychische Faktoren, Ernährung)

❑ **Symptomatik**

- Völlegefühl, Inappetenz
- Oberbauchbeschwerden wie Druckgefühl, Krämpfe und Brennen
- häufig Besserung der Beschwerden nach Aufstoßen sowie nachts

❑ **Diagnostik**

- Der körperliche *Befund* ist meist unauffällig, evtl. leichter Druckschmerz im Epigastrium. Gelegentlich finden sich Hinweise auf eine psychovegetative Labilität (Ermüdbarkeit, Konzentrationsschwäche, feuchte Hände, hypotone Kreislaufsituation)
- keine Auffälligkeiten im *Laborstatus*, keine Nahrungsmittelunverträglichkeit oder Nahrungsmittelallergie
- *Gastroskopie* (inkl. Histologie und Urease-Schnelltest negativ), *Sekretionsanalyse*, sowie *Passageuntersuchungen* (Szintigraphie, Durchleuchtung) unauffällig

❑ **Differentialdiagnose**

- Magen- bzw. Ösophaguskarzinom
- Ulcus gastroduodenalis
- Gastritis
- Nahrungsmittelunverträglichkeiten (z.B. Laktoseintoleranz)

❑ **Therapie und Verlauf**

- Aufklärung des Patienten (keine organische und keine ernsthafte Erkrankung - Aufzeigen möglicher Ursachen)
- ggf. psychosomatische Therapie
- Diät: mehrere kleine Mahlzeiten täglich. Meiden bekannter unverträglicher Nahrungsmittel (keine scharfen Speisen, kein Alkohol, kein Nikotin, kein Kaffee)
- evtl. medikamentöser Therapieversuch (je nach Klinik) mit
  - Spasmolytika bzw. Anticholinergika (z.B. N-Butylscopolamin)
  - Propulsiva (z.B. Metoclopramid)
  - Antazida bzw. Säuresekretionshemmer
  - Psychopharmaka

4.2.8. Folgeerkrankungen in der Ulkuschirurgie

Nach Operation eines Gastroduodenalulkus können auftreten:

- Ulkusrezidiv
- Dumpingsyndrom
- Afferent-Loop-Syndrom
- Refluxgastritis
- Magenstumpfkarzinom

4.2.8.1. Ulkusrezidiv

Neben der Operationsletalität (selektive proximale Vagotomie - SPV ca. 0,5-1,5 %, Resektion ca. 1,5-3 %) sind für den Internisten die Rezidivraten post operationem von Bedeutung. Sie unterscheiden sich jedoch in den entspr. Publikationen zum Teil sehr deutlich und sind oft nicht oder nur bedingt vergleichbar (unterschiedlich lange Beobachtungszeit, Op, Patientenzahl). Als grobe Anhaltszahlen für das Rezidivrisiko können jedoch gelten:

- SPV bei Duodenalulkus ca. 10 %
- SPV bei Magenulkus bis zu 33 %
- Resektion ca. 1 - 5 % (-15 %)

4.2.8.2. Dumpingsyndrom

Die Häufigkeit beträgt ca. 5-15 % nach B II-Resektion und ca. 5 % nach B I-Resektion. Schwere Dumping-Syndrome finden sich in unter 5 % der Fälle.

- **Frühdumping**

Symptome treten kurz nach dem Essen auf:

- *gastrointestinal*
  - Völlegefühl
  - Übelkeit - Erbrechen
  - Hypermotilität des Darmes - Diarrhö
- *kardiovaskulär*
  - Schweißausbruch
  - Schwäche
  - Tachykardie
  - Blutdruckabfall

Ursächlich ist eine Sturzentleerung bei fehlender Reservoirfunktion des Restmagens. Dabei kommt es zur Freisetzung von biogenen Aminen bzw. intestinalen Hormonen. Außerdem tritt eine Hypovolämie durch Wasserverschiebung ins Intestinum aufgrund der hyperosmolaren Nahrung auf. Gegen diese These spricht jedoch, daß viele Patienten eine derartige Sturzentleerung ohne eine Dumping-Symptomatik aufweisen.

- **Spätdumping**

Symptome treten 1-3 h post cenam auf:

- Schweißausbruch
- Schwäche
- Hunger
- Tachykardie
- Blutdruckabfall

Ursächlich ist eine reaktive Hypoglykämie durch überschießende Insulinausschüttung, möglicherweise unter Einfluß von GIP.

❑ **Diagnostik**

- Frühdumping läßt sich *radiologisch* nachweisen: Sturzentleerung, Hypermotilität des Dünndarms mit verkürzter Passagezeit (< 15 min zum Zökum) sowie Ausflocken des Kontrastmittels infolge hohen Flüssigkeitsgehalts im Dünndarm
- Spätdumping läßt sich durch *Blutzuckerbestimmungen* im Rahmen eines oralen Glukosetoleranztests diagnostizieren

❑ **Therapie**

- mehrere kleine Mahlzeiten, langsames Essen, evtl. Ruhen nach dem Essen, Meiden von schnell resorbierbaren Kohlenhydraten, wenig Flüssigkeit zu den Mahlzeiten
- medikamentös: Guar (verzögert die Kohlenhydratresorption) und Anticholinergika
- Beim Spätdumping können kleine Mahlzeiten ca. 2 h nach der letzten Nahrungsaufnahme die Hypoglykämie verhindern
- Bei Versagen dieser Maßnahmen und entspr. Beschwerden ist die operative Umwandlung eines B II-Magens in einen B I-Magen zu erwägen

4.2.8.3. Afferent-Loop-Syndrom

Stagnation des Galle- und Pankreassekretabflusses im Duodenum durch fehlende oder technisch insuffiziente Braun'sche Anastomose. Weitere Ursache für ein Afferent-Loop-Syndrom kann der Abfluß des Mageninhalts durch eine ungünstig positionierte, weite Anastomose in die zuführende Schlinge sein. Es kommt zu einer ausgeprägten Dilatation des Duodenums.

Eine Sonderform stellt das *Syndrom der blinden Schlinge* dar: in der abflußbehinderten zuführenden Schlinge kommt es zu einer bakteriellen Fehlbesiedlung mit Kolonflora.

❑ **Symptomatik**

- postprandiale Beschwerden mit Völlegefühl
- Besserung nach Erbrechen (meist ca. 1/2-1 h post cenam)

❑ **Diagnostik**

- *Gastrografinschluck* bzw. *Magendarmpassage*
- *Endoskopie*

❑ **Therapie**

Umwandlung in eine Roux-Y-Anastomose oder in Billroth I.

4.2.8.4. Refluxgastritis

Bei Operationen, die in irgendeiner Weise auf den Pylorus Einfluß nehmen, besteht die Möglichkeit, daß ein duodenogastraler Reflux resultiert. Dieser führt häufig zu einer Refluxgastritis, wobei die Gallensäuren eine wesentliche pathogenetische Rolle spielen.

❑ **Diagnostik**

- *Endoskopie* ("red-green-disease")

❑ **Therapie**

- medikamentös Metoclopramid (z.B. Paspertin®) oder Versuch mit Sucralfat (z.B. Ulcogant®)

4.2.8.5. Magenstumpfkarzinom

Ca. 15-20 Jahre nach Magenresektion findet sich bei den Patienten eine erhöhte Inzidenz von Magenkarzinomen. Als Ursache für das Magenstumpfkarzinom werden die chronisch atrophische Gastritis sowie der gallige Reflux angesehen. Höchste Karzinomrate hat die B II-Resektion mit retrokolischer Gastroenterostomie. 10-15 Jahre nach Magenresektion sind endoskopische Kontrollen (alle 1-2 Jahre) daher besonders wichtig.

4.2.8.6. Weitere Folgen der Ulkuschirurgie

Weitere häufige Störungen sind Probleme durch den kleinen Restmagen bei Z.n. Magenresektion, Entleerungsstörungen sowie Motilitätsstörungen bei Z.n. Vagotomie. Sie äußern sich meist durch Völle- und Druckgefühl im Oberbauch nach dem Essen. Therapeutisch kann ein Versuch mit Metoclopramid oder Cisaprid (z.B. Alimix®) Besserung bringen. Evtl. kann sich ein gastroösophagealer Reflux mit Refluxösophagitis ausbilden. Die Behandlung entspricht der der Refluxösophagitis. Nach SPV mit Pyloroplastik werden auch gehäuft Diarrhöen beobachtet. Diese können teils durch Cholestyramin gebessert werden.

Aufgrund der verminderten Sekretion von HCl, Pepsinogen und Intrinsic-Faktor sowie Motilitätsstörungen können neben o.g. Störungen im Rahmen der Ulkuschirurgie auftreten:

- bakterielle Magenbesiedlung
- Eisen- und Ca^{2+}-Mangelzustände
- Störungen im Vitamin B_{12}- und Folsäuremangel
- Maldigestion

Folgen sind Gewichtsabnahme, Anämie und Osteopathie.

Mangelzustände sollten durch entsprechende Substitution soweit möglich verhindert bzw. frühzeitig behandelt werden.

4.3. Erkrankungen des Dünn- und Dickdarmes

4.3.1. Meteorismus

❑ **Definition**

Beschwerden durch vermehrten Gasgehalt im Gastrointestinaltrakt werden als Meteorismus bezeichnet. Meteorismus stellt dabei ein Symptom dar.

❑ **Häufigkeit**

Meteoristische Beschwerden geben viele Patienten in der Allgemeinpraxis an.

❑ **Pathophysiologie**

Im Gastrointestinaltrakt befinden sich ca. 150-200 ml Gas (CO_2, N_2, H_2 und CH_4). Ca. 1/3 befindet sich im Magen, die übrigen 2/3 im Darm.

Die Gaszufuhr bzw. Gasentstehung geschieht durch:

- Schlucken von Luft (Aerophagie)
- Neutralisation der Magensäure ($HCl + NaHCO_3 \rightarrow CO_2 + H_2O + NaCl$)
- Stoffwechsel der Darmflora
- Diffusion aus dem Blut

Die Gaselimination erfolgt durch:

- Eruktation (Aufstoßen aus dem Magen) sowie per anal (ca. 15-20x/die, insgesamt ca. 500 -1.000 ml)
- Stoffwechsel der Darmflora
- Diffusion ins Blut

Wird das Gleichgewicht zwischen Gaszufuhr und intestinaler Gasbildung einerseits und Gaselimination bzw. Absorption andererseits gestört, kommt es zum Meteorismus (Tab. 4.19 und 4.20). Eine wichtige Rolle spielt dabei, daß verschiedene Kohlenhydrate (z.B. bis zu 15 % der Stärke) erst im Kolon durch Bakterien (unter Gasbildung) verstoffwechselt werden. Betroffen sind u.a. Diabetiker, die Zuckeraustauschstoffe (Sorbit, Fruktose) zu sich nehmen.

• Äpfel	• Hefe
• Ballaststoffe	• Kirschen
• Bohnen	• Kohlarten
• Brot und Getreideprodukte	• Zucker

Tab. 4.19: Meteorismus begünstigende Nahrungsmittel.

- Malassimilationssyndrome (u.a. Laktoseintoleranz)
- Pankreasinsuffizienz
- Obstipation
- (Sub-)Ileus (paralytisch, reflektorisch, mechanisch)
- Leberzirrhose - portale Hypertension
- bakterielle Fehlbesiedlung (Entero-Kolitis, Blind-Loop-Syndrom)
- Colitis ulcerosa
- generalisierte arterielle Verschlußkrankheit
- Diabetes mellitus
- Herzinsuffizienz

Tab. 4.20: Erkrankungen, die mit Meteorismus einhergehen.

Häufigste Ursache: Aerophagie!

Die Beschwerden resultieren aber auch durch eine verminderte Motilität mit verlängerter Gaspassagezeit. Darüber hinaus konnte nachgewiesen werden, daß die Schmerzen u.a. durch eine erhöhte Empfindlichkeit der Dehnungsrezeptoren bedingt sind. Dies ist u.a. auch für die Symptomatik beim *Colon irritabile* (☞ Kap. 4.3.7.) verantwortlich.

❑ Symptomatik

- Völlegefühl
- aufgeblähtes Abdomen
- glucksende Darmgeräusche (im Bereich der Ileozäkalklappe)
- wechselnde abdominelle Schmerzen (dumpf, teils kolikartig)
- evtl. Beschwerden ähnlich einer Angina pectoris: *Roemheld-Syndrom*
- Eruktationen (postprandial)
- Flatulenz (vermehrter Abgang von Luft bzw. Darmgas via After)
- evtl. Diarrhö

❑ Diagnostik

- *Anamnese* (insbesondere Nahrungsmittel)
  - Eruktation häufig bei Aerophagie
  - Flatulenz nicht bei Ileus, selten bei Aerophagie
  - Diarrhö (Malassimilation, Pankreasinsuffizienz, Entero-Kolitis etc.)
- *körperlicher Befund*
  - geblähtes Abdomen (DD: Aszites, Raumforderung), tympanitischer Klopfschall, glucksende Darmgeräusche, keine Abwehrspannung (fehlende Darmgeräusche oder Druckschmerz sowie Abwehrspannung z.B. bei Ileus!)
  - trophische Störungen (Haut, Haare, Nägel, Mundwinkelrhagaden) sowie Fettstühle z.B. bei Malassimilation
  - Spider naevi, Palmarerythem, Caput medusae, Lackzunge, Ödeme oder Aszites sowie evtl. pathologischer Palpationsbefund bei Leberzirrhose
  - evtl. Ödeme, feuchte Rasselgeräusche sowie pathologischer Auskultationsbefund bei Herzinsuffizienz
- *Darmgasuntersuchung* für die Routinediagnostik wenig praktikabel und sinnvoll (N_2 vermehrt bei Aerophagie, CO_2, H_2 und CH_4 bei bakterieller Ursache erhöht)
- *Standarddiagnostik* insbesondere zum Ausschluß einer organischen Ursache bzw. bedeutsamen (funktionellen) Störung sind:
  - BKS und Blutbild, Bilirubin, γ-GT, GPT (+ GOT), ChE
  - Stuhluntersuchung (Gewicht, Fett, Trypsin, Hämoccult®)
  - Sonographie
  - evtl. Auslaßversuch bei Meteorismus nach bestimmten Speisen
- *speziellere Untersuchungen*
  - V. a. *Roemheld-Syndrom*: Ekg, CK(-MB), Ergometrie
  - V. a. Pankreasinsuffizienz: Pankreolauryl-Test®
  - V. a. Malassimilationssyndrom: z.B. H_2-Atemtest etc.
  - weitere Untersuchungen ☞ entspr. Krankheiten

❑ Therapie

- Meiden entsprechender Speisen
- evtl. Phytotherapie (Kamille, Pfefferminz, Baldrian, Kümmel, Fenchel und Anis)
- bei Aerophagie und psychischer Ursache z.B. Psychotherapie
- Entschäumer wie Dimeticon (z.B. Sab simplex®)
- motilitätsfördernde Pharmaka z.B. Metoclopramid (z.B. Paspertin®), Bromoprid (z.B. Cascapride®) oder Domperidon (z.B. Motilium®) (*cave:* Kontraindikation mechanischer Ileus!)
- evtl. Antibiose bei bakterieller Entero-Kolitis

4.3.2. Diarrhö

❑ Definition

Diarrhö ist durch eine gesteigerte Stuhlgangsfrequenz (> 3x/die), erhöhte durchschnittliche Stuhlmenge (> 250 g/die) sowie eine veränderte (flüssige) Stuhlkonsistenz gekennzeichnet.

Je nach Wassergehalt (WG) ist der Stuhl weich (WG ca. 80 %), breiig (WG ca. 85 %) bzw. flüssig (WG 90 % und mehr).

❑ Ätiologie und Pathogenese

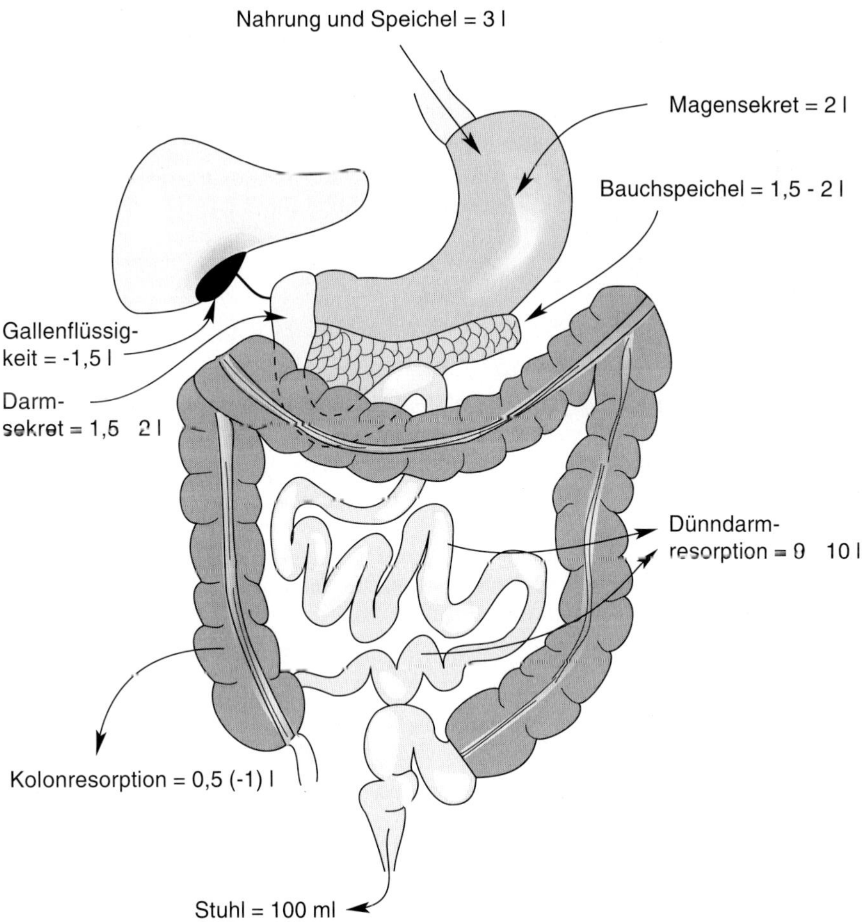

Abb. 4.11: Flüssigkeitsbilanz im Gastrointestinaltrakt.

Nach der Ätiologie können verschiedene Formen unterschieden werden (Tab. 4.21 und 4.22).

infektiös	Erreger
	• gramnegativ: enteropathogene E. coli, Legionellen, Salmonellen, Shigellen, Campylobacter jejuni, Vibrio cholerae, Yersinia enterocolitica • grampositiv: Staphylokokken, Clostridium difficile • Viren: Norwalk-, Rota-, Adeno-, CM-, Hepatitis-, Herpes-, HI-, Influenza-Viren • Protozoen: Amöben, Lamblien, Toxoplasmen, Trichomonaden • Vermes: Nematoden (Askariden, Filarien, Oxyuren, Trichinen, Trichiuren), Zestoden, Diphyllobothrium latum, Taenia saginata et solium) sowie Trematoden (Fasciola und Schistosomen)
medikamentös	• z.B. Antibiotika, Chenoxycholsäure, Chinidin, Cimetidin, Colchizin, Diuretika, Digitalis, Laxantien, magnesiumhaltige Pharmaka, Parasympathikomimetika und Zytostatika
toxisch	• infektiös-toxisch (enterotoxische E. coli, Clostridium difficile, Staphylokokken, Vibrio cholerae) • Alkohol, Arsen, Pilze, Muscheln u.a.
Nahrungsmittelallergie	• Erdbeeren, Ei, Milch etc.
Strahlen	• Radiatio, Strahlenunfall
vegetativ	• Angst, Streß etc.
Schub einer entzündlichen Darmerkrankung	• Enteritis terminalis (M. Crohn), Colitis ulcerosa

Tab. 4.21: Akute Diarrhö (wenige Tage bis 1-2 Wochen)

infektiös	• ☞ Tab. 4.21
entzündliche und andere Darmerkrankungen	• Enteritis terminalis (M. Crohn), Colitis ulcerosa, kollagene Kolitis, gastrokolische Fistel, Divertikulitis, evtl. Angiodysplasien • Systemerkrankungen mit Manifestation im Darm Sklerodermie, Amyloidose
Malassimilation (Maldigestion, Malabsorption)	• Maldigestion: exokrine Pankreasinsuffizienz, Gallensäureverlust-Syndrom (chologene Diarrhö), Hepatitis, Leberzirrhose • Malabsorption: Glutenenteropathie (Sprue), tropische Sprue, M. Whipple, maligne Lymphome, Lymphabflußstörungen
endokrine Erkrankungen/ Stoffwechselstörungen	• Hyperthyreose, Diabetes mellitus, Hypoparathyreoidismus, M. Addison, Gastrinom (Zollinger-Ellison-Syndrom), VIPom (Verner-Morrison-Syndrom), Karzinoid-Syndrom
toxisch	• ☞ Tab. 4.21
Z.n. Op	• Magenresektion, Dumping-Syndrom, Blind-Loop-Syndrom, Vagotomie, Pankreas-, Darmresektion
vegetativ - funktionell	• Colon irritabile
Neoplasmen des Kolons:	• Adenome und Karzinome des Kolons, Gardner-, Peutz-Jeghers-, Cronkhite-Canada-Syndrom

Tab. 4.22: Chronische Diarrhö (ab 3 Wochen bis Jahre).

Pathogenetisch kann zwischen folgenden Formen unterschieden werden:

- osmotische Diarrhö: erhöhte Konzentrationen nicht resorbierbarer Substanzen führen zur Wasserverschiebung in den Darm (z.B. Malabsorptionssyndrom, Glutenenteropathie, Laktasemangel etc.)
- Permeabilitäts- und Transportstörungen: Resorptionsstörung von Wasser, Elektrolyten u.a. (z.B. Glutenenteropathie, verschiedene Infektionen wie Amöben)
- sekretorische Diarrhö: Durch Aktivierung der Adenylatzyklase der Enterozyten werden Elektrolyte und damit Wasser in das Darmlumen sezerniert (z.B. durch Bakterientoxine, Gallensäuren, langkettige Fettsäuren, Laxantien, vasoaktives-intestinales Peptid)
- Motilitätstörungen: Malassimilation und mangelnde Eindickung infolge beschleunigter Darmpassage (z.B. Reizkolon, postoperativ)

Blut- bzw. Schleimbeimengung sind typisch für Dickdarmdiarrhö, voluminöse, flüssige Stühle typisch für Dünndarmdiarrhö.

❑ Symptomatik und Diagnostik

- *Anamnese*
  (Auslandsaufenthalte, Diarrhö in der Umgebung oder familiäre Darm- oder Systemerkrankungen, Medikamente, Dauer der Beschwerden, erstmaliges Auftreten?)
  - Auftreten nach bestimmten Mahlzeiten
    - Milch oder Milchprodukte → Laktasemangel
    - fettreiche Mahlzeit → Pankreasinsuffizienz
    - z.B. 1-2 h nach Kartoffelsalat, Mayonnaise → Staph. aureus
    - Ei, Fisch, danach wieder beschwerdefrei → Nahrungsmittelallergie
  - Besserung nach Fasten?
  - Auftreten nach Einnahme bestimmter Medikamente?
  - bei infektiöser Genese häufig mit Erbrechen, Übelkeit, Fieber, Darmkrämpfen
  - Appetit- und Gewichtsverlust, Symptome durch Mangel an Vitaminen, Ca^{2+} (Chvostek-, Trousseau-Zeichen positiv), Eiweiß, Eisen (Anämie) bei Malassimilation
  - *Stuhl*
    - Beginn und Häufigkeit der Stuhlentleerungen (häufig → Kolon, seltener → Dünndarm)
    - Stuhlmenge: voluminös → Dünndarm, kleine Stühle → Kolon
    - Konsistenz: weich, breiig bzw. flüssig? Fett?
    - Farbe
      - hellgelb bei verkürzter Passage (Umwandlung von Bilirubin in Urobilinogen bzw. Urobilin durch Darmbakterien gehemmt)
      - schwarz bei Kohle, Wismut, Eisen, sehr dunkel bei Heidelbeeren, Rotwein, Schokolade (DD: Teerstuhl)
      - grau-weiß: acholisch
    - Beimengungen: Blut (immer abklärungsbedürftig!), Schleim, Eiter (u.a. bei Amöben!), Speisereste (unverdaut), Parasiten
- *körperlicher Befund*
  Dehydratation mit stehenden Hautfalten, eingesunkene weiche Augäpfel, trockene Zunge, hypotone Blutdruckwerte, Tachykardie, Fieber (?). Abdominalbefund: Druckschmerz, tastbare Resistenz, Narben? (☞ auch Tab. 4.23)

• Arthritis → Colitis ulcerosa, M. Crohn, M. Whipple, Yersinien
• Eosinophilie → Parasiten
• Fieber → Infektion, akutes Stadium bei Colitis ulcerosa und M. Crohn, Lymphome, Divertikulitis
• Flush → Karzinoid
• Gastroduodenalulcera → Gastrinom
• Proteinurie → Amyloidose, Diabetes mellitus
• Hyperpigmentierung → M. Addison, Peutz-Jeghers-Syndrom, M. Whipple

Tab. 4.23: Wichtige differentialdiagnostische Begleitsymptome bei Diarrhö.

- *Labor*
  - *Stuhluntersuchung*
    mikrobiologisch (pathogene Keime, Wurmeier, Kryptosporiden-Zysten, Proglottiden, Lamblien, Trichomonaden, Amöben etc. im warmen Stuhl), Toxinnachweis (Clostridium difficile), ELISA (z.B. Rotaviren), evtl. Trypsin/Chymotrypsin sowie Fettgehalt > 7 g/die (bei V. a. Malassimilation ☞ Kap. 4.3.11.). Bei V.a. osmotische Diarrhö: Elektrolyte im Stuhlwasser (Osmolalität > doppelte Na^+- und K^+-Konzentration, Cl^--Konzentration > Na^+- und K^+-Konzentration → Cl^--Malabsorption)
  - *Blut/Serum*
    (Leukozytose? Leukopenie →Typhus?), Hkt, BKS, CRP, Elektrolyte, Creatinin, Harnstoff, Blutgasanalyse, Gruber-Widal-Reaktion (Typhus, Paratyphus, Yersinien, Brucellen, Listerien, Tularämie), Virus-KBR, Amöbenserologie, Blutkultur, evtl. endokrinologische Tests bzw. Hormonbestimmungen
- *Röntgendiagnostik*
  (Abdomenübersicht, Magen-Darm-Passage z.B. bei Z.n. Magenresektion, Dünndarm-Doppelkontrast nach Sellink (Abb. 4.12), Dickdarm-Doppelkontrast insbesondere bei chronischer Diarrhö).
  Verkalkungen, Passagezeit, Stenosen, Schleimhautveränderungen, Dilatation der Darmschlingen, "Schneegestöber" (Ausflockung des KM bei Malassimilation)?

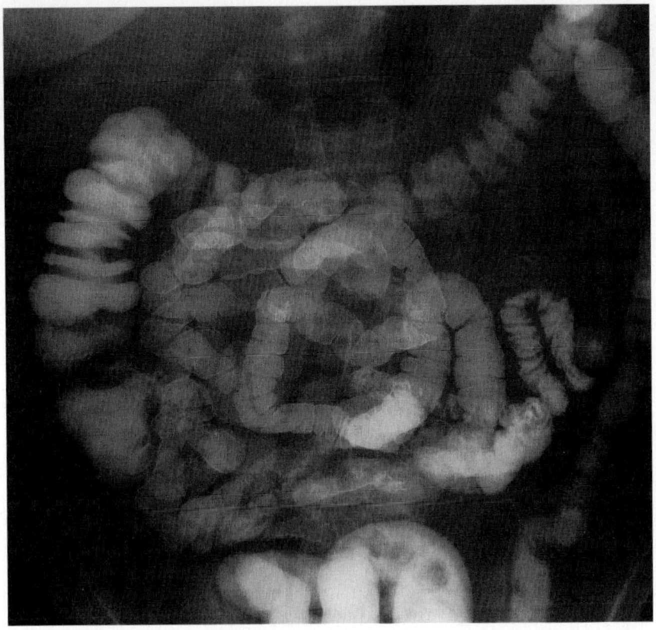

Abb. 4.12: Dünndarm-Doppelkontrast: Übersichtsaufnahme in Rückenlage.

- *Endoskopie*
  Rektoskopie, Koloskopie zum Erregernachweis bzw. zur bioptischen Sicherung (z.B. M. Whipple), Gastroskopie (z.B. bei Blind-Loop-Syndrom)
- evtl. *Farbduplexsonographie oder selektive Angiographie* bei gefäßbedingter Enteropathie

❑ **Therapie**

- *kausale Therapie* anstreben, d.h. Behandlung organischer Darmerkrankungen oder Systemerkrankungen, Meiden von entspr. Speisen oder Medikamenten
- *symptomatisch*
  - Flüssigkeits-, Elektrolyt- (NaCl, $NaHCO_3$, KCl) sowie Glukosezufuhr (Flüssigkeits- und Elektrolytverluste bedingen die Letalität von Durchfallerkrankungen). Gefährdet sind insbesondere Säuglinge (Toxikose) und Kleinkinder!
  - Motilitätshemmende Pharmaka wie Loperamid (z.B. Imodium®) mehrmals 2 mg (nach jedem Durchfall) sind wirkungsvoll, verzögern jedoch auch die Elimination von Erregern oder Toxinen
  - Parasympathikolytika wie N-Butylscopolamin (z.B. Buscopan®) bei Abdominalkoliken
  - Kohle kann bei Toxinen hilfreich sein

Keine blinde Antibiotika-Therapie!

Die verschiedenen Ursachen der Diarrhö bzw. die zugrunde liegenden Erkrankungen werden in den Kapiteln "Erkrankungen des Gastrointestinaltrakts" bzw. "Infektionskrankheiten" eingehend behandelt.

Einige wichtige Erkrankungen, die in der Praxis und Klinik häufig vorkommen, sollen jedoch hier abgehandelt werden:

4.3.2.1. "Reisediarrhö" ("Montezuma's Rache", "Hongkong dog", "Turista")

Bis zu 50 % der während einer Reise auftretenden Krankheitssymptome sind Durchfälle!

Erreger: meist enterotoxinbildende E. coli.

Inkubationszeit: 1-4 Tage.

Weitere Erreger: Shigellen, Salmonellen, Campylobacter, Viren, Lamblien (☞ Kap. Infektionskrankheiten).

Es findet sich ein Erkrankungsgipfel um den 10. Urlaubstag.

Die Infektion erfolgt meist oral durch Speisen (ungekocht, ungeschält wie z.B. Salat, Früchte, Eiswürfel, nicht abgekochtes Wasser).

❑ **Symptomatik**

- Übelkeit und Erbrechen
- meist milder Verlauf, selten starkes Krankheitsgefühl
- Fieber oder afebril
- Diarrhö: wässrig oder blutig-schleimig
  Blutige Diarrhöen weisen auf eine Infektion mit invasiven Erregern (z.B. Shigellen, Salmonellen, Campylobacter, Yersinien, E. coli, Amöben) hin
- Zeichen der Dehydratation
- Erkrankungsdauer meist ca. 3-4 Tage

❑ **Prophylaxe**

"Boil it, cook it, peel it or forget it !"

- Die prophylaktische Einnahme von Doxycyclin, Cotrimoxazol oder Wismut kann **nicht** generell empfohlen werden!

❑ **Therapie**

- *Rehydratation* (Tab. 4.24)

Rezept: • 1/2 TL NaCl + 1/2 TL KCl + 1/4 TL $NaHCO_3$ + 2 EL Glukose auf 1 l H_2O alternativ: • 1 l Cola + 1/2 TL NaCl oder • Fertigprodukte, z.B. Elotrans®

Tab. 4.24: Empfehlung zur Rehydratation bei Diarrhö. (TL = Teelöffel, EL = Eßlöffel).

- *Loperamid*
  Motilitätshemmende Pharmaka wie Loperamid (z.B. Imodium®) mehrmals 2 mg (nach jedem Durchfall 1 Kps.) sind symptomatisch wirkungsvoll. Kontraindikationen: hohes Fieber, länger bestehende Durchfälle sowie blutig-schleimige Diarrhö
- *Antibiotika*
  Bei hohem Fieber und sich verschlechterndem Allgemeinzustand ist die Antibiotikatherapie gerechtfertigt (auch ohne Erregernachweis):

Mittel der ersten Wahl: Cotrimoxazol 800 mg SMZ + 160 mg TMP/die Alternativen: Amoxicillin oder Doxycyclin

4.3.2.2. "Lebensmittelintoxikation"

Die häufigste Form der sogenannten "Lebensmittelintoxikation" sind Brechdurchfälle nach Einnahme toxinhaltiger Speisen.

Häufigster Erreger ist Staph. aureus, in letzter Zeit jedoch wieder vermehrt auch Salmonellen. Eher Raritäten sind Vergiftungen durch Clostridium perfringens bzw. botulinum.

Es findet sich eine jahreszeitliche Häufung in den Sommermonaten. Bei den verdorbenen Speisen handelt es sich z.B. um Fleisch, Geflügel, Eier, mayonnaisehaltige Speisen wie z.B. Kartoffelsalat, Eis und Milchprodukte. Botulinustoxin findet sich z.B. in unsachgemäß hergestellten Konserven. Die Intoxikation äußert sich durch Lähmungserscheinungen (Augen- und Schlundmuskulatur) und hat eine Inkubationszeit von 4-48 h.

Eine kurze Inkubationszeit von 1-3 h spricht vor allem für eine Infektion mit Staph. aureus!

❑ **Therapie**

- in der Regel keine Antibiotikatherapie notwendig bzw. sinnvoll
- bei V. a. Botulismus → polyvalentes Antitoxin
- sonst symptomatische Therapie:
  - Flüssigkeits- und Elektrolytzufuhr
  - Loperamid (z.B. Imodium®) gegen Durchfälle
  - Metoclopramid (z.B. Paspertin®) bei Erbrechen

4.3.2.3. Pseudomembranöse Kolitis - antibiotikaassoziierte Kolitis

❑ **Definition**

Neu unter Antibiotikatherapie aufgetretene Diarrhö mit Nachweis von Clostridium difficile und dessen Toxin.

Erreger: Clostridium difficile (grampositives, obligat anaerobes, Sporen bildendes Stäbchenbakterium).

❑ **Pathogenese**

Überwucherung des Darmes mit Clostridium difficile nach Zerstörungen der physiologischen Darmflora durch die eingesetzten Antibiotika. Die Symptomatik wird durch die Toxine bewirkt, die den transepithelialen H_2O-Transport stören, zytotoxisch sind und Einfluß auf die Darmperistaltik nehmen.

❑ Häufigkeit

Im Krankenhaus ca. 1/100-1.000, bei ambulant antibiotisch behandelten Patienten jedoch deutlich geringer. Hingegen leiden insgesamt ca. 5-10 % der antibiotisch behandelten Patienten unter Diarrhö!

❑ Symptomatik

- meist > 5 wäßrige, schleimige Durchfälle/die
- häufig immungeschwächte Patienten unter Antibiotikatherapie

❑ Diagnostik

- *Anamnese* (Antibiotikaeinnahme) + *Klinik*
- Nachweis von Clostridium difficile **und** dessen Toxine (Enterotoxin, Zytotoxin, u.a.) (Der Erreger läßt sich auch bei ca. 5 % der Gesunden nachweisen! In Afrika bei bis zu 50 % der Bevölkerung)
- *Koloskopie*
  - fokale Schleimhautentzündung, Rötung, Pseudomembranen
  - histologisch: Kolitis mit Pseudomembranen aus Fibrin, Epithelien, Bakterien und Leukozyten

❑ Differentialdiagnose

- Nebenwirkung der Antibiotika
- akute segmentale, hämorrhagische penicillinassoziierte Kolitis
- chronisch entzündliche Darmerkrankungen
- Infektionen mit Campylobacter, Yersinien, Salmonellen, Shigellen und Amöben

❑ Therapie

- Absetzen des Antibiotikums
- antibiotische Therapie (oral) (Tab. 4.25)

• Vancomycin 125 (- 500) mg alle 6 h
• Metronidazol (z.B. Clont®) 250 (-500) mg alle 6 h
• Therapiedauer 7-14 Tage, falls orale Verabreichung nicht möglich: Magensonde und/oder Einläufe
• bei Rezidiv Kombination von Vancomycin mit Metronidazol oder Rifampicin

Tab. 4.25: Antibiotikatherapie bei pseudomembranöser Kolitis.

- evtl. Toxinbindung mittel Cholestyramin (z.B. Quantalan®) (*cave:* toxisches Megakolon durch Obstipation)
- Versuche, die physiologische Darmflora durch Gabe von entsprechenden Bakterien wieder herzustellen, sind bis jetzt nur von unbefriedigendem Erfolg
- *wichtig:* Hygiene beim Umgang mit Patienten und deren Exkrementen!

❑ Prognose

Hohe Rezidivneigung (bis zu 40 %), bis zu 20 % Letalität bei symptomatischen Patienten.

4.3.3. Obstipation

❑ Definition

Von Obstipation spricht man, wenn weniger als 3 Stühle pro Woche abgesetzt werden. Ein weiteres Kriterium ist das Stuhlgewicht: ca. 35 g Stuhl sollten durchschnittlich pro Tag abgesetzt werden. Die Patienten klagen meist über harten Stuhl.

Die Stuhlfrequenz weist dabei bereits beim Gesunden starke Schwankungen auf.

❑ Häufigkeit

Es ist davon auszugehen, daß über 1/3 der Bevölkerung an Obstipation leidet. Frauen, insbesondere in fortgeschrittenem Lebensalter, sind besonders betroffen.

❑ Ätiologie und Pathogenese

Die normale Darmpassage dauert ca. 36-48 h. Ca. 1 l Speisebrei gelangt täglich in den Dickdarm. Dort werden schließlich noch ca. 90 % der Flüssigkeit entzogen.

Vom pathophysiologischen Aspekt kann unterschieden werden:

- atonisches, träges bzw. spastisches Kolon
- verminderte Rektumsensibilität
- gestörter Defäkationsmechanismus (Dyschezie)

Bezüglich des zeitlichen Auftretens kann zwischen akuter und chronischer Obstipation unterschieden werden.

Mögliche Ursachen sind in Tab. 4.26 zusammengestellt.

organisch	Anomalien	• Dolichokolon • M. Hirschsprung
	Darmerkrankungen	• M. Crohn • Colitis ulcerosa • Divertikulitis • Tumore • Briden • Hernien • Analabszeß oder Fissur
	endokrine Störungen	• Hypothyreose • Hyperparathyreoidismus • Gravidität • Hypophyseninsuffizienz • Akromegalie
	neurale Störungen	• diabetische Neuropathie • Rückenmarksstörungen (Cauda-Syndrom, NPL, Tabes dorsalis) • M. Parkinson • M. Hirschsprung • Enzephalitis disseminata
	Elektrolytstörungen	• Hyperkalzämie • Hypokaliämie
	medikamentös/toxisch	• Anticholinergika • Antiepileptika • Antazida (Ca^{2+}, Al^{2+}) • Bleiintoxikation • Cholestyramin • Diuretika • Eisenpräparate • Kohle • Opiate • Parkinsonmittel • Psychopharmaka
	andere Erkrankungen	• Sklerodermie • Infektionen mit Fieber • Porphyrie

funktionell	Reizkolon	
	reflektorisch	• Peritonitis • Kolik
	alimentatorisch	• ballaststoff-/faserarme Kost • Rotwein • Heidelbeeren, Bananen • Kakao • Tee • wenig Flüssigkeit
	psychogen	• Depression • Anorexia nervosa

Tab. 4.26: Mögliche Ursachen für Obstipation.

> *Wichtig:* Chronischer Laxantienabusus führt zu Obstipation!

(Aufgrund der induzierten Darmentleerung können einige stuhlgangsfreie Tage folgen. Außerdem kommt es zu Elektrolytverlust (K^+, Na^+, metabolische Alkalose) evtl. mit Ausbildung eines Pseudo-Bartter-Syndromes und zur Degeneration des Plexus myentericus.)

Jede akut aufgetretene Obstipation (ohne offensichtliche Ursache) und Stuhlunregelmäßigkeiten (z.B. Wechsel zwischen Obstipation und Diarrhö) sind abklärungsbedürftig: Ileus? Neoplasma?

❑ **Symptomatik**

- oft geblähtes Abdomen
- meist keine Beschwerden, nur unangenehmes Gefühl infolge ausbleibender Defäkation

Weitere mögliche Symptome sind:

- Obstipation + Diarrhö → Neoplasma - Reizkolon (*paradoxe Diarrhö*)?
- tastbare Walze im linken Unterbauch → Divertikulitis?
- Schafskotstuhl → Reizkolon?
- Bleistiftstuhl → Stenose im rekto-sigmoidalen Bereich?
- Blutbeimengung → meist Hämorrhoiden - jedoch auch beim Neoplasma!
- Schmerzen bei der Defäkation → Fissur, Fistel, Abszeß oder Divertikulitis?
- Gewichtsabnahme → Neoplasma, Colitis ulcerosa, M. Crohn?
- Fehlen von Windabgang → Ileus?

❑ **Diagnostik**

- *Anamnese* (inkl. Medikamente, Ernährung, Lebensweise, Reisen, Verhalten)
- *körperliche Untersuchung:* meist unauffällig
  - Inspektion des Anus + rektal-digitale Untersuchung: Fissur, Abszeß, Hämorrhoiden (nicht tastbar!), Rektumneoplasma, Sphinktertonus?
  - Stuhl: Konsistenz, Blutbeimengung, Schleim, Eiter?
  - Abdomen: Druckschmerz, Resistenz (linker Unterbauch)?
- (3x) *Test auf okkultes Blut im Stuhl* (z.B. Hämoccult®)
- *Labor:* kleines Blutbild, Elektrolyte, BKS, evtl. TSH

- *evtl. weitere Diagnostik:*
  - Rektoskopie inkl. Biopsie (Histologie): Hämorrhoiden, Neoplasma, Proktitis, M. Hirschsprung (Fehlen von Ganglienzellen bzw. Azetylcholinesterase)?
  - Koloskopie: Neoplasma, Laxantienkolon (fehlende Haustrierung, Melanosis DD Colitis ulcerosa), entzündliche Darmerkrankungen? Häufig finden sich bei der sog. habituellen Obstipation Kolondivertikel! (Biopsie: M. Hirschsprung?)
  - Kolon-Kontrasteinlauf (Doppelkontrast) mit Frage: Dolichokolon (langes Kolon mit Schleifen)?
  - Defäkographie bei analen Beschwerden (z.B. innerer Rektumprolaps)
  - Passage-Diagnostik mittels Marker (orale Verabreichung mehrerer röntgendichter Marker, Röntgenkontrolle nach einigen Tagen: Anzahl und Verteilung?)
  - ano-rektale Manometrie
  - Sonographie des Abdomens
  - Abdomenübersichtsaufnahme: Megakolon? Spiegelbildung? Luftgefüllte Darmschlingen, fehlende Haustrierung? (Abb. 4.13)

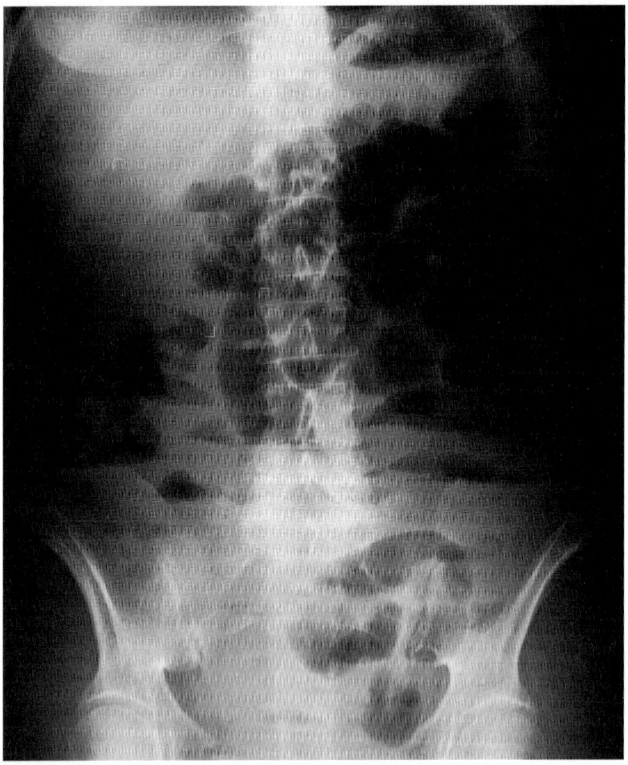

Abb. 4.13: Abdomenübersichtsaufnahme bei "akut aufgetretener Obstipation": multiple Dünn- und Dickdarmspiegel → Ileus.

❑ Therapie

- Behandlung evtl. ursächlicher Erkrankungen
- Weglassen evtl. ursächlicher Medikamente oder Nahrungsmittel

Bei Obstipation ohne organische Ursache:

- ausreichende Trinkmenge ca. 2 l/die
- ballaststoffreiche Kost (z.B. Vollkorn, Weizenkleie, Leinsamen etc.)
- ausreichende körperliche Bewegung
- Defäkation bzw. Gang zur Toilette bei Stuhldrang, mögl. regelmäßig, ohne Zeitdruck
- Medikamente
  Laxantien nur verordnen, falls o.g. Maßnahmen nicht zum Erfolg führen. Sie sollten als Kleinstpackung einmalig verschrieben werden (keine Dauertherapie!). Oft kann ein Aufklärungsgespräch ("ein Tag ohne Stuhlgang ist kein Unglückstag!") hilfreich sein!

Laxantien

- osmotisch wirksam
  - nicht-resorbierbare Kohlenhydrate
    - Laktulose (z.B. Bifiteral®) 20 g/die
    - Lactitol (z.B. Importal®) 20 g/die
    - NW: Diarrhö, Meteorismus, Flatulenz, etc.
    - KI: Darmstenose, Elektrolytstörungen, sowie Galaktoseintoleranz (Laktulose)
  - salinische Laxantien zur Darmreinigung
    - $MgSO_4$ (Bittersalz) oder Na_2SO_4 (Glaubersalz) 5-20 g
- pflanzliche Laxantien
  - Sennae oder Aloe
- chemisch definierte Laxantien
  - Bisacodyl (z.B. Dulcolax®) 2 Drgs. abends

Weitere medikamentöse Möglichkeiten sind:

- lokal bei Dyschezie: Glycerin-Supp. oder Klysma (z.B. Microklist®)
- motilitätsfördernde Pharmaka wie Cisaprid (z.B. Propulsin®)

4.3.4. M. Crohn - Enteritis regionalis - Ileitis terminalis

❑ **Definition**

Schubweise verlaufende entzündliche Darmerkrankung, die die gesamte Darmwand betrifft und segmental auftritt (unter Bevorzugung des terminalen Ileums).

❑ **Häufigkeit**

Inzidenz ca. 3/100.000/Jahr, Prävalenz ca. 30/100.000. Junge Erwachsene bevorzugt.

❑ **Ätiologie und Pathogenese**

- Ätiologie letztendlich ungeklärt
- Sämtliche Schichten der Darmwand sind betroffen: Es finden sich neben Schleimhautödem und fibrotischem Umbau in ca. 1/3 der Fälle Epitheloidzellgranulome evtl. mit Langhans'schen Riesenzellen
- Befallsmuster: meist ileo-kolisch, häufig jedoch isoliert terminales Ileum oder Kolon. Seltener ist der Befall von Mund, Ösophagus und Magen
- Neben einfacher Entzündung finden sich aphthöse Ulzera, Fissuren, Fisteln, Abszesse, Konglomerattumore, Pseudopolypenbildung und Reaktion der regionalen Lymphknoten

- Die Aktivität kann mittels verschiedener Indizes (van Hees, Crohn's Disease Activity Index = CDAI nach Best, Severity Activity Index nach Goebell) ermittelt werden. Die Berechnung des Aktivitätsindex nach Van Hees ist in Tab. 4.27 dargestellt.

Kenngrößen	Faktor	Punktzahl
Serumalbumin (g/l)	x (-5,48)	
BKS (mm nach 1. Std.)	x 0,29	
Quetelet-Index für Gewicht $\frac{\text{Gewicht (kg)} \times 10}{\text{Größe (m)}^2}$	x - 0,22	
abdominelle Resistenz (keine = 1; fraglich = 2; Durchmesser < 6 cm = 3; 6-12 cm = 4; > 12 cm = 5)	x 7,83	
Geschlecht (m = 1; w = 2)	x (-12,30)	
Körpertemperatur (°C)	x 16,40	
Stuhlkonsistenz (geformt = 1; weich oder wechselnd = 2; wäßrig = 3)	x 8,46	
Darmresektion wegen M.Crohn (nein = 1; ja = 2)	x (-9,17)	
extraintestinale Läsionen (nein = 1; ja = 2)	x 10,70	
	Summe der Punktzahl abzüglich Konstante:	: : - 209 = Aktivitätsindex
Beurteilung: Index < 100 = inaktive, 100-150 = gering aktive, 150-210 = mäßig aktive und > 210 hochaktive Entzündung		

Tab. 4.27: Aktivitätsindex für M. Crohn (nach Van Hees et al.).

❑ Symptomatik

- Abdominalschmerzen bzw. Koliken z.B. im rechten Unterbauch (DD: Appendizitis!)
- Diarrhö ca. 5x/die, selten blutig
- Temperaturerhöhung
- Appetitlosigkeit, Gewichtsverlust, Übelkeit, Erbrechen
- Blässe infolge Anämie, Untergewicht und Wachstumsretardierung infolge Malassimilation
- weitere Symptome u.a. durch Komplikationen bedingt

❑ Komplikationen

- Stenosierung im Gastrointestinal- bzw. Urogenitaltrakt
- Fistelbildung (Abb. 4.14)

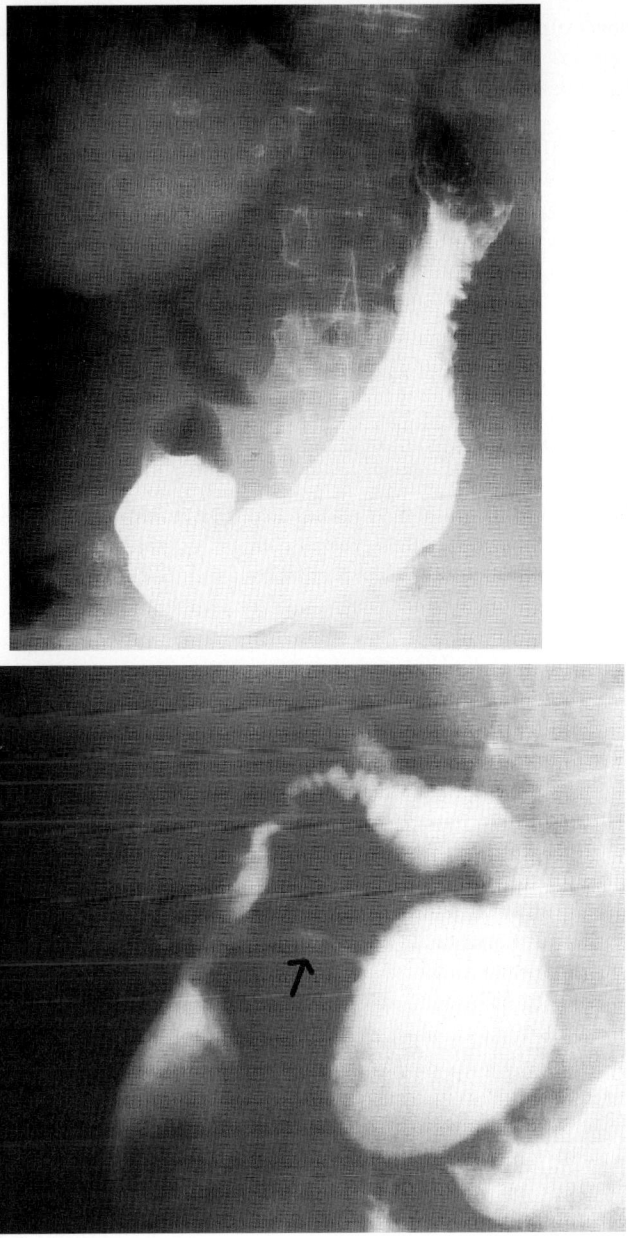

Abb. 4.14: Aerocholie mit Nachweis einer Fistelbildung (Pfeile) zwischen Duodenum und Gallensystem bei M. Crohn.

- Abszedierung
- Blutung
- Perforation
- maligne Entartung selten, jedoch werden Karzinome im Rahmen eines M. Crohn meist erst intraoperativ diagnostiziert, sind wenig differenziert und haben daher eine schlechte Prognose)

- extraintestinale Manifestation (Tab. 4.28)

• Stomatitis	• Amyloidose
• Erythema nodosum, Pyoderma gangraenosum	• Arthritis, Sakroileitis (häufig HLA-B27 positiv)
• Cholangitis (sklerosierend)	• Uveitis, Episkleritis
• Hepatitis	• Chole-, Nephrolithiasis

Tab. 4.28: Extraintestinale Manifestationen bei M. Crohn.

❑ Diagnostik

- *Anamnese und körperlicher Befund*
  häufig tastbare Resistenz infolge Konglomerattumor. Bei Uveitis, Stomatitis, Erythema nodosum an den M. Crohn denken! Bei Analfisteln → Ausschluß eines M. Crohn immer notwendig!
- *Endoskopie*
  Koloskopie mit Inspektion des terminalen Ileums (ggf. auch Ösophago-Gastro-Duodenoskopie). Es finden sich neben unauffälligen Abschnitten: Hyperämie, Aphthen, Ulzera, Fissuren und Fisteln, pflastersteinartiges Schleimhautrelief durch lineare fissurartige Ulzerationen, seltener Pseudopolypen. Sicherung der Diagnose durch Histologie
- *Röntgen-Untersuchung* (Tab. 4.29)
  - Dünndarm-Doppelkontrast nach *Sellink* (Enteroklysma)
  - Kolon-Doppelkontrast

• Schleimhautödem und Faltenverlust	• Fistelungen
• Ulzerationen	• Pseudopolypen
• Stenosen mit Wandstarre	• Konglomerattumorbildung
• segmentaler Befall (skip lesions)	• Pelottierung der Darmwand durch Lymphknoten
• Pflastersteinrelief (cobble stone)	

Tab. 4.29: Typische Röntgenbefunde beim M. Crohn.

Cave: keine bariumhaltigen Kontrastmittel bei Fistelung, Perforation, Ileus oder Stenosen!

- *Sonographie*
  Darmwandverdickung + erhöhte Steifigkeit des Darmes (Gartenschlauchphänomen, Kokardendarstellung), außerdem: Konglomerattumor? Abszeß? Nephropathie? Chole- oder Nephrolithiasis? Aszites? Fistelgang?

❑ Differentialdiagnose

- Colitis ulcerosa
- akute oder chronische Appendizitis
- Yersinienenteritis sowie Enteritiden durch andere Erreger
- Divertikulitis
- Mesenterialtuberkulose
- Neoplasmen des bzw. im Gastrointestinaltrakt(s)

- kollagene Kolitis
- Strahlenenteritis
- M. Behcet

❑ Therapie

Konservative/medikamentöse Therapie

Salazosulfapyridin (z.B. Azulfidine®)

- Dosierung bei granulomatöser Kolitis: Dosis im akuten Schub 2-6 g/die (jedoch der Corticosteroidtherapie unterlegen), in Remission 1-2 g/die
- besteht aus zwei Komponenten: Sulfapyridin + 5-Aminosalizylsäure (5-ASA). Bei oraler Verabreichung erreichen ca. 75 % der 5-ASA, der eigentlichen Wirksubstanz, das Kolon
- additiver Effekt in Kombination mit Corticosteroiden
- Wirkung dosisabhängig (auch NW: Kopfschmerzen, Übelkeit, Erbrechen, Verdauungsstörungen sowie Blutbildveränderungen wie hämolytische Anämie und Makrozytose sowie Oligospermie und Motilitätsstörungen der Spermien mit Folge der männlichen Infertilität). Dosisunabhängige Nebenwirkungen sind z.B. Exanthem, fibrosierende Alveolitis, eosinophile Pneumonie, Agranulozytose, Thrombopenie und Hepatitis. NW in bis zu 1/3 der Fälle. Die Substanz ist zwar im Nabelschnurblut sowie in der Muttermilch nachweisbar, gilt jedoch auch in der Schwangerschaft und Stillzeit das Mittel der Wahl

Mesalazin = 5-ASA (z.B. Salofalk®)

- Die Nebenwirkungen sind etwas geringer als beim o.g. Salazosulfapyridin. Kontraindikation: Allergie gegen Azetylsalizylsäure
- Da 5-ASA bei oraler Einnahme fast vollständig resorbiert würde, stehen galenische Formen zur Verfügung, die eine Applikation (Ummantelung bzw. Prodrug z.B. Olsalazin [z.B. Dipentum®]) im Ileum oder Kolon erlauben. Dosisempfehlung 3x500 mg/die
- Anwendung als rektale Einläufe oder Suppositorien z.B. 1-4 g/abends als Einlauf bei akuten Schüben oder 3x500 mg/die als Supp. bei Proktosigmoiditis

Corticosteroide

Corticosteroide - Mittel der 1. Wahl beim akuten Schub!

- Meist kommt es rasch zur einer klinischen Besserung. Hohe Stoßbehandlungen zeigen in der Regel keine Vorteile. Eine Dosis von 40-80 mg Prednisolonäquivalent/die (Reduzierung um 10 mg/Woche, anschließend 10 mg jeden 2. Tag für 3-6 Monate) ist empfehlenswert. Eine Langzeittherapie verhindert keine Rezidive und sollte daher unterbleiben
- Kontraindikationen sind beim M. Crohn Abszesse
- Lokal können (auch nichtresorbierbare) Derivate wie Beclomethason Diproprionat zur Anwendung kommen, die jedoch ebenfalls lokale Nebenwirkungen zeigen

Immunsuppressiva

- Azathioprin, 6-Mercaptopurin (Dosis 1-2 mg/kg KG) sowie Methotrexat (20 mg/Woche) können bei therapieresistenten Fällen versucht werden. Sie haben meist günstige Effekte, so daß z.B. die Corticosteroiddosis reduziert werden kann, Fisteln abheilen und die Rezidivrate deutlich sinkt. Gegen die Substanzen sprechen ihre Nebenwirkungen, insbesondere auf das Knochenmark (*cave:* Leukopenie)

- Auch Ciclosporine (A) werden als Mittel der zweiten bzw. dritten Wahl eingesetzt (5-7,5 mg/kg KG/die). Monoklonale Antikörper gegen CD4 (T-Helferzellen) sind eine weitere Therapiealternative bei schweren Verläufen

Metronidazol (z.B. Clont®)

- Metronidazol zeigt z.T. gute Wirksamkeit bei Befall des Kolons und Rektums (insbesondere bei Fisteln). Gegen den breiteren Einsatz sprechen seine relativ häufigen Nebenwirkungen: gastrointestinale Beschwerden, Polyneuropathie (reversibel), Blutbildungsstörungen, bösartige Neubildungen, Hautausschlag, Allergie. Die Dosisempfehlung beträgt 500-1.000 mg/die (Dauer: nach Empfehlung des Bundesinstitutes für Arzneimittel und Medizinprodukte 7-10 Tage)

Kost

- Sie sollte ballaststoffreich und zuckerarm sein. Bei akuter Ileitis ist eine Elementardiät zu empfehlen, die jedoch aufgrund des Geschmacks oft nur über Sonde toleriert wird
- Als Alternative ist die parenterale Ernährung zu nennen, die jedoch bei Langzeitanwendung auch eine hohe Komplikationsrate aufweist
- Neben ausreichender Eiweiß- und Kalorienzufuhr ist der Bedarf an Elektrolyten und Mineralstoffen (Fe, Mg, Zn) und Vitaminen (B_{12}, A, D, E, K und Folsäure) zu decken

Psychotherapie

- Da psychische Einflüsse nicht ohne Auswirkungen auf den Krankheitsverlauf sind, ist auch der Versuch einer (unterstützenden) Psychotherapie gerechtfertigt bzw. sinnvoll

Operative Therapie

- *Therapieziel*
  Verbesserung der Lebensqualität bei konservativ nicht therapierbarem M. Crohn sowie Beseitigung von Komplikationen (Tab. 4.30)

notfallmäßige Operation	• (freie) Perforation • Peritonitis • mechanischer Ileus • toxisches Megakolon • Abszedierung mit Sepsis • fulminante, konservativ nicht beherrschbare Kolitis • nicht beherrschbare Blutungen
dringliche Operation	• gedeckte Perforation • Ureterkompression mit Aufstau
elektive Operation	• Fisteln • Abszeß • chronische Stenose mit Subileussymptomatik • Konglomerattumor • konservativ schlecht behandelbarer M. Crohn (starke Beeinträchtigung des Allgemeinzustands, Medikamentenunverträglichkeit)

Tab. 4.30: Indikationen zur operativen Therapie.

- Ca. 3/4 der Crohnpatienten werden aufgrund des M. Crohns operiert. Je besser die Vorbereitung ist, desto besser ist der Operationserfolg! Daher elektive Op anstreben. Komplikationen sind u.a. Fisteln
- *Technik*
  Darmresektion. Ziel: möglichst wenig Darm entfernen! Aufgrund der Rezidivhäufigkeit kommt es infolge der Resektionen häufig zum Kurzdarmsyndrom mit Malassimilation
- Weitere Methoden sind Strikturoplastik bei Stenosen, Fistelsanierung nach radiologischer Abklärung und Abszeßdrainage (evtl. inkl. Darmresektion)

❑ **Prognose**

In der Regel keine Heilung. Hohe Rezidivquote bei schubweisem Verlauf. Innerhalb von 10 Jahren erleidet ca. jeder dritte Patient ein Rezidiv. Das Entartungsrisiko ist im Gegensatz zur Colitis ulcerosa nur leicht erhöht, die Lebenserwartung nicht reduziert.

4.3.5. Colitis ulcerosa

❑ **Definition**

Chronisch verlaufende Dickdarmerkrankung mit entzündlicher Veränderung der Mukosa und Submukosa. Sie weist typischerweise einen kontinuierlichen Befall vom Rektum nach proximal auf.

❑ **Häufigkeit**

Inzidenz ca. 5-10/100.000/Jahr, Prävalenz ca. 50-100/100.000 Einwohner. Die weiße Bevölkerung wie auch Frauen sind etwas häufiger betroffen.

❑ **Ätiologie und Pathogenese**

- Die Ätiologie ist - wie beim bereits genannten M. Crohn - ungeklärt. Neben genetischen Faktoren werden infektiöse bzw. immunologische Ursachen diskutiert
- meist isolierter Rektumbefall, Kolonbefall bei 1/3 der Patienten, selten Ileitis (backwash ileitis)
- Die Entzündungsreaktion ist auf die Schleimhaut (Mukosa und Submukosa) beschränkt. Die Schleimhaut ist gerötet, blutet leicht und kann insbesondere bei chronischem Verlauf Ulzerationen aufweisen. Histologisch finden sich granulozytäre Infiltrationen (z.B. in den Krypten = Kryptenabszesse), Schleimhautatrophie, Ulzera sowie Epitheldysplasien, die mit einer erhöhten Karzinomrate einhergehen

❑ **Symptomatik**

- Leitsymptom: häufige (> 10x/die), blutig-schleimige Durchfälle
- Schmerzen im Unterbauch (Tenesmen), Dyschezie
- Appetitlosigkeit, Übelkeit, Gewichtsverlust
- Temperaturerhöhung
- evtl. Ileussymptomatik, akutes Abdomen mit Fieber, Schock (bei toxischem Megakolon)

❑ **Komplikationen**

- Blutungen
- toxisches Megakolon
- Pseudopolyposis
- maligne Entartung (schwere Dysplasien → Karzinom). Im Vgl. zur "Normalbevölkerung" ist die Karzinomrate um das 10-15fache erhöht. Das kumulative Risiko, ein Karzinom zu entwickeln, beträgt nach 35 Jahren mit Pankolitis ca. 25 %

- Stenosen, Fisteln, Abszesse eher selten
- extragastrointestinale Manifestationen ähnlich wie beim M. Crohn - jedoch insgesamt seltener

❑ Diagnostik

- *Anamnese* (häufige, blutige Durchfälle) und *klinischer Befund*
  Blässe, evtl. extraintestinale Symptomatik wie Erythema nodosum, druckdolentes oder aufgetriebenes Abdomen (toxisches Megakolon?), Schmerzen bei rektal-digitaler Untersuchung (häufig Blut am Fingerling!)
- *Labor*
  BKS und CRP als Aktivitätsparameter, häufig Leuko- und Thrombozytose. Erniedrigtes Hb, Fe, Albumin und Gesamteiweiß. Evtl. Erhöhung der Cholestaseparameter und Transaminasen
- *Stuhluntersuchung*
  Hämoccult® meist positiv, bakteriologische Untersuchung zum Ausschluß einer anderen infektiösen Darmerkrankung. Aktivitätsparameter evtl. TNFα
- *Endoskopie*
  Meist genügt die einfache Rektosigmoidoskopie (inkl. Biopsie) zur Diagnosesicherung (Rektumbefall überwiegt). Eine Koloskopie ist - zumindest im symptomarmen Intervall - zur Abklärung des Ausmaßes und evtl. auch zur Diagnosesicherung sowie zum Ausschluß eines Karzinoms bei länger bestehender Erkrankung indiziert

> *Cave:* Perforation im akuten Schub!

- *radiologische Diagnostik*
  Im Kolon-Doppelkontrast zeigt sich anfangs eine Transparenzminderung, dann vergröbertes Faltenrelief, regelmäßige Darstellung der Granulierung, Zähnelung bzw. "Dornenform" (Spiculae), Reduzierung der Haustrierung, Ulzerationen (Kragenknopfulzerationen) sowie Zunahme der Wandstarre (sog. Fahrrad- oder Gartenschlauchphänomen). Der Befall ist kontinuierlich

❑ Differentialdiagnose

- M. Crohn
- ischämische Kolitis
- Divertikulitis
- akute oder chronische Appendizitis
- Kolitiden bzw. Enteritiden infektiöser Genese
- Mesenterialtuberkulose
- Neoplasmen des bzw. im Gastrointestinaltrakt(s), Polyposen
- kollagene Kolitis
- Strahlenenteritis

❑ Therapie

Konservative/medikamentöse Therapie

Salazosulfapyridin (z.B. Azulfidine®)

- Dosierung bei akuter Kolitis 2-6 g/die, in Remission 1-2 g/die. Damit kann die Rezidivrate um ca. 2/3 gesenkt werden. In Kombination mit Corticosteroiden kein additiver Effekt (siehe auch Kap. 4.3.4.)

Mesalazin = *5-ASA* (z.B. Salofalk®)

- orale Dosisempfehlung 3x500 mg/die
- bei Anwendung als rektaler Einlauf oder als Suppositorien, z.B. 1-4 g abends (Einlauf) oder 3x500 mg/die (Supp.)

Corticosteroide

- Sie sind wie beim M. Crohn überaus wirksam. Insbesondere kann eine positive Auswirkung auf die Operations- bzw. Mortalitätsrate nachgewiesen werden
- Dosis: 1-2 mg Prednisolonäquivalent/kg KG/die. Auch Klysmen zeigen gute Wirkung. Langsame Dosisreduktion. Falls nach 1-2 Wochen keine Besserung → Op-Indikation überprüfen

Cave: asymptomatische Perforation!

Mittel der 1. Wahl im akuten Schub:

- 5-ASA (oder Salazosulfapyridin)
- Corticosteroide

Immunsuppressiva

- Azathioprin sowie Methotrexat können bei therapieresistenten Fällen versucht werden, um z.B. die Corticosteroiddosis zu reduzieren. Ebenso scheinen Ciclosporine günstige Effekte zu haben

Antibiotika

- Tobramycin (z.B. Gernebcin® 3-5 mg/kg KG/die) kann helfen, die Remissionsrate zu erhöhen (Serumspiegelkontrollen)

Kost

- Sie sollte eher ballaststoffarm und proteinreich sein. Günstig ist der Effekt von Omega-3-Fettsäuren
- In schweren Fällen Elementardiät (aufgrund des Geschmacks oft nur über Sonde tolerabel) oder als Alternative parenterale Ernährung

Psychotherapie (zusätzlich)

Operative Therapie

- *Therapieziel*
  Verbesserung der Lebensqualität bei konservativ nicht therapierbarer Colitis ulcerosa bzw. Therapie von Komplikationen (Tab. 4.31)

notfallmäßige Operation	• (freie) Perforation (*cave*: Verschleierung unter Analgetika!) • Peritonitis • toxisches Megakolon • Abszedierung mit Sepsis • fulminante, konservativ nicht beherrschbare Kolitis mit Sepsis • nicht beherrschbare Blutungen
elektive Operation (geringere Op-Letalität von ca. 2-5 %)	• schwere, nur unzureichend therapierbare Kolitis • Zelldysplasien oder Karzinom

Tab. 4.31: Indikationen zur operativen Therapie.

- *Technik*
  Proktokolektomie und endständiges Ileostoma (*Brooke*) oder kontinentes Ileum-Pouch. Diese Operationsmethoden ermöglichen eine Heilung. Eine Alternative ist die Kolektomie mit Ileorektoanastomose, die einfacher durchzuführen ist. Sie hat für den Patienten Vorteile (keine Beeinträchtigung der sexuellen Funktion, Kontinenz), birgt jedoch ein gewisses Karzinomrestrisiko in sich. Bei rezidivierender Proktitis ist sie eher ungeeignet

❑ **Prognose**

Das toxische Megakolon hat eine hohe Mortalität (ca. 20 %). Auch bei Patienten mit rezidivierender Proktokolitis ist die durchschnittliche Lebenserwartung (infolge von Komplikationen) verkürzt. Wichtig sind regelmäßige koloskopische Kontrollen, um evtl. Karzinome frühzeitig zu erfassen. Eine Heilung ist durch Proktokolektomie möglich.

4.3.6. Kollagene Kolitis

❑ **Definition**

Chronisch entzündliche Dickdarmerkrankung mit rezidivierenden Diarrhöen, bei der sich eine subepitheliale Kollagenschicht (> 10 µm) findet.

❑ **Häufigkeit, Ätiologie und Pathogenese**

- meist Frauen im mittleren Lebensalter
- Häufigkeit: 0,5-1/1.000 bei Koloskopien
- Ätiologie unklar (autoimmun/viral?)
- Histologisch findet sich (kontinuierlich oder auch diskontinuierlich) subepithelial Kollagen (Typ I und III) sowie das Prokollagen-III-Peptid. Außerdem findet sich ein lymphozytäres Infiltrat der Schleimhaut. (Es scheint zudem eine Variante bzw. ein Stadium dieser Erkrankung ohne Kollageneinlagerung zu geben: *lymphozytäre Kolitis*)
- Die kollagene Kolitis tritt häufig neben anderen Erkrankungen wie chronischer Gastritis bzw. Hepatitis, rheumatischen Erkrankungen oder autoimmunen Schilddrüsenerkrankung auf

❑ **Symptomatik**

- wäßrige Diarrhö (Stuhlfrequenz 5-20x/die), großes Stuhlvolumen
- evtl. Koliken oder Tenesmen
- sonst blande Klinik, keine Malassimilation

❑ **Diagnostik**

- *Anamnese* und klinischer *Befund*
- keine speziellen Laborauffälligkeiten (evtl. ANA positiv)
- Stuhluntersuchung auf Blut (z.B. Hämoccult®) oder Bakterien negativ, Stuhlvolumen > 1 l/die, isoosmotisch
- *Fastenversuch* positiv (Sistieren der Diarrhö nach Fasten)
- Diagnosesicherung durch *Biopsie*

❑ **Differentialdiagnose**

☞ Kap. 4.3.2. "Diarrhö".

❑ **Therapie**

- ballaststoffreiche Kost und Motilitätshemmer
- falls damit kein Erfolg, Versuch mit Corticosteroiden oder Salazosulfapyridin (z.B. Azulfidine®)

4.3.7. Reizdarm - Colon irritabile - Colon spasticum

❑ **Definition**

Chronisch funktionelle Darmstörung mit Beschwerdekomplex aus abdominellen Schmerzen, Stuhlunregelmäßigkeiten und Meteorismus.

❑ **Häufigkeit**

- häufigste Ursache (bis zu 50 %) von Magen-Darmbeschwerden in der Praxis
- Frauen im Vgl. zu Männern etwa doppelt so häufig betroffen
- bevorzugtes Alter 30-40 Jahre

Cave:

- Die Diagnose "Reizdarm-Syndrom" ist eine Ausschlußdiagnose!
- Akut aufgetretene Symptome, Fieber, Leukozytose, Blut im Stuhl, Peritonitis sind nicht mit der Diagnose "Colon irritabile" vereinbar!
- Hohes Lebensalter, Gewichtsverlust und nächtliche Schmerzen sprechen eher gegen die Diagnose "Reizdarm-Syndrom"!

❑ **Ätiologie und Pathogenese**

- multifaktorielle Ursachen (Streß und psychosomatische Faktoren, Ernährungsverhalten, Medikamentenabusus)
- Weitere Faktoren sind gestörte propulsive Darmmotilität und Schmerzempfindung

❑ **Symptomatik**

- häufig wechselnd
- meist Bauchschmerzen (Charakter und Lokalisation wechselnd: stechend, kolikartig, brennend, dumpf), Stuhlunregelmäßigkeiten (Diarrhö - Obstipation), Meteorismus (mit Völlegefühl, Flatulenz)
- gelegentlich Schleimbeimengung beim Stuhl
- häufig Besserung der Beschwerden nach Defäkation
- nachts Beschwerdefreiheit

❑ **Komplikationen**

Komplikationen treten dann auf, wenn eine organische Ursache bzw. Erkrankung übersehen wurde!

❑ **Diagnostik**

- *Anamnese* (häufig Zunahme der Stuhlfrequenz und Abnahme der Stuhlkonsistenz zu Beginn der Beschwerdesymptomatik) und körperlicher *Befund* (häufig Druckschmerz im Bereich des Kolonrahmens)
- keine Auffälligkeiten im *Laborstatus*
- *Stuhluntersuchung auf Blut* (z.B. Hämoccult®) negativ
- evtl. *Koloskopie* oder *Kolon-Doppelkontrast*

Meist ist bereits die Anamnese sowie der klinische Befund (gesund wirkender Patient, keine Gewichtsabnahme, BKS, Blutbild und Stuhluntersuchung auf okkultes Blut unauffällig) ausreichend, um die Verdachtsdiagnose zu stellen. Verdächtig sind hingegen neu aufgetretene Darmbeschwerden oder Wechsel der Beschwerden. Diese müssen entsprechend diagnostische Maßnahmen zum Ausschluß anderer Erkrankungen nach sich ziehen.

❑ **Differentialdiagnose**

- kolorektales Karzinom u.a. Neubildungen im Gastrointestinaltrakt
- chronisch-entzündliche Dickdarmerkrankungen
- Divertikulose - Divertikulitis
- infektiöse Darmerkrankungen
- Nahrungsmittelunverträglichkeiten (z.B. Laktoseintoleranz)

❑ **Therapie und Verlauf**

- meist chronischer Verlauf, nur mäßiger Therapieerfolg
- keine eindeutigen Therapieempfehlungen
  - Aufklärung des Patienten (keine organische und keine ernsthafte Erkrankung - Aufzeigen möglicher Ursachen) ggf. inkl. Psychotherapie
  - Diät: mehrere kleine Mahlzeiten (ballaststoffreich - kohlenhydratarm) täglich. Meiden bekannter unverträglicher Speisen, ausreichende Trinkmenge
  - Medikamentös können je nach Symptomatik bzw. Beschwerden Spasmolytika bzw. Anticholinergika (z.B. N-Butylscopolamin), Antidiarrhoika (z.B. Loperamid), Propulsiva, Laxantien oder Psychopharmaka vorübergehend Linderung bringen. Sie sind jedoch auf keinen Fall für eine Dauertherapie indiziert (Gefahr der Abhängigkeit - häufig besteht bereits vor der Arztkonsultation ein Abusus). Bei Dyschezie sind u.U. Glyzerin-Suppositorien hilfreich

4.3.8. Divertikel

❑ **Definition**

Unter Divertikeln versteht man Ausstülpungen der Darmwand.

Bei echten Divertikeln wird die Divertikelwand durch die gesamte Darmwand gebildet, bei falschen (sog. Pseudodivertikeln) nur durch die Schleimhaut.

Nach der Lokalisation können im wesentlichen folgende Divertikel unterschieden werden:

- Dünndarmdivertikel
- Dickdarmdivertikel

4.3.8.1. Dünndarmdivertikel

❑ **Häufigkeit**

Sie finden sich am häufigsten im Duodenum. Eine weitere klinisch bedeutsame Form ist das *Meckel-Divertikel* im Bereich des Jejunums.

❑ **Ätiologie und Pathogenese**

- meist Pseudodivertikel im Bereich des Gefäßdurchtritts
- Ursachen sind intraluminale Druckerhöhung sowie Schwäche der Darmwand (muskulärer Anteil)
- Bei parapapillären Divertikeln findet sich eine erhöhte Koinzidenz von Gallensteinen

- In *Meckel-Divertikeln* findet sich häufig ektope Magenschleimhaut (mögl. Ursache einer unteren GI-Blutung)

❑ **Symptomatik**

- meist asymptomatisch
- selten infolge bakterieller Besiedlung Steatorrhö, Vitamin B_{12}- bzw. Folsäuremangel mit megaloblastärer Anämie
- bei Schleimhautektopie (z.B. *Meckel-Divertikel*) GI-Blutungen (akut oder chronisch) oder Perforation

❑ **Komplikationen**

- Divertikulitis
- Blutung
- Perforation mit Peritonitis
- Karzinomentstehung (z.B. Magenkarzinom im *Meckel-Divertikel*)

❑ **Diagnostik**

- *Anamnese* und klinischer *Befund* aufgrund der Symptomarmut meist ohne wesentlichen diagnostischen Wert
- *Endoskopie*
  Duodenaldivertikel, insbesondere parapapilläre Divertikel, können endoskopisch nachgewiesen werden (Duodenoskopie bzw. im Rahmen einer ERCP)
- *Dünndarm-Doppelkontrast*
  Weiter distal gelegene Divertikel können durch Dünndarm-Doppelkontrast nach *Sellink* gesichert werden
- evtl. *Sonographie* (z.B. beim *Meckel Divertikel*)
- *Angio-* oder *Szintigraphie* bei Blutung oder V. a. Schleimhautektopie

❑ **Therapie**

- meist keine Therapie notwendig
- Bei parapapillären Divertikeln und Cholelithiasis ist die Papillenbougierung oder Papillotomie zu diskutieren (Verhinderung von Rezidivsteinen)
- Die o.g. Komplikationen der Dünndarmdivertikel bedürfen in der Regel chirurgischer Therapie

4.3.8.2. Dickdarmdivertikel

❑ **Häufigkeit**

Beim jungen Menschen sind sie selten, beim älteren Menschen in > 50 % der Fälle anzutreffen. In anderen Kulturkreisen (Afrika, Asien) sind sie dagegen auch in höherem Lebensalter vergleichsweise selten. Dickdarmdivertikel finden sich am häufigsten im Bereich des Sigma und Colon descendens.

❑ **Ätiologie und Pathogenese**

- meist falsche Divertikel im Bereich der Gefäßmuskellücken
- Ursachen intraluminale Druckerhöhung (insbesondere bei Obstipation - geringe Stuhlmenge) sowie Schwäche der Darmwand (muskulärer Anteil - Kollagenveränderungen). Faserarme Kost begünstigt die Entstehung
- Bei den selteneren Zökumdivertikeln handelt es sich dagegen um angeborene echte Divertikel

❑ Symptomatik

- meist asymptomatisch (ca. 3/4 der Patienten)
- Die Symptomatik ähnelt der des Colon irritabile (Bauchschmerzen meist im linken Unterbauch nach dem Essen, Besserung nach der Defäkation, Stuhlunregelmäßigkeiten mit Diarrhö und Obstipation, Meteorismus mit Völlegefühl und Flatulenz)
- bei Divertikulitis: meist linksseitige Unterbauchschmerzen, teils Abwehrspannung (Appendicite à gauche), tastbare Walze, gelegentlich Blutbeimengung beim Stuhlgang sowie Appetitlosigkeit, Übelkeit und Erbrechen

❑ Komplikationen

- Blutungen
- ca. 10 % der Patienten entwickeln eine Divertikulitis (Tab. 4.32)

• Perforation und Peritonitis	• Blutung
• narbige Stenosierung	• Abszedierung
• Fistelbildung	

Tab. 4.32: Wichtige Komplikationen der Divertikulitis.

❑ Diagnostik

- Der klinische *Befund* bei blander Divertikulose ist nur von begrenztem diagnostischem Wert. Bei Divertikulitis Fieber, druckschmerzhaftes Abdomen, evtl. Peritonitis, Schmerzen bei rektaler Untersuchung
- *Labor*
  Leukozytose mit Linksverschiebung, erhöhte BKS sowie CRP deuten auf eine Divertikulitis hin
- *Urinstatus* bei V. a. Fistelung in die Blase
- *Endoskopie*
  Sie dient dem Nachweis von Divertikeln und zum Ausschluß eines kolorektalen Karzinoms, welches in bis zu 5-10 % der Fälle gleichzeitig vorliegt
- *Kolon-Doppelkontrast* (mit Barium)

> *Cave:*
> Endoskopie und Kolon-Doppelkontrast sind bei akuter Divertikulitis relativ bzw. absolut kontraindiziert:
>
> - Die Endoskopie weist eine hohe Perforationsgefahr auf
> - Bei Perforation, Fistelung bzw. Stenose sind Untersuchungen mit bariumhaltigen Kontrastmitteln zu unterlassen (Peritonitisgefahr)

Wichtige Untersuchungen bei (akuter) Divertikulitis sind:

- *Abdomenübersicht* (freie Luft? Ileus?)
- *Kolon-Kontrastuntersuchung* mit wasserlöslichem Kontrastmittel (z.B. Gastrografin® oder Telebrix®)
- evtl. *sonographische Untersuchung* oder *CT-Abdomen* (Abszeß?)
- *Angiographie* (oder Szintigraphie) bei Blutung

❑ Differentialdiagnose

- kolorektales Karzinom
- irritables Kolon
- chronisch-entzündliche Dickdarmerkrankungen
- ischämische Kolitis
- Appendizitis

❑ Therapie

● Divertikulose

- faserreiche Kost (z.B. Weizenkleiezusatz)
- Ein Laxanzieneinsatz sollte kritisch abgewägt werden. Bei Spasmen oder kolikartigen Beschwerden sind Spasmolytika (z.B. N-Butylscopolamin) indiziert

● Divertikulitis

- Überwachung und differenzierte Therapie (Tab. 4.33 und Tab. 4.34)

Primär konservative Therapie:
• stationär, lediglich leichtere Fälle ambulant • Bettruhe • Nahrungskarenz (parenterale Ernährung und Flüssigkeitszufuhr) • Magensonde bei Ileussymptomatik • Antibiotika (gramnegative Erreger und Anaerobier einschließen!) • klinische Überwachung (Labor, Röntgen, Ultraschall) Falls innerhalb von 24-48 h keine Besserung eintritt oder die Symptomatik fortschreitet, ist die Indikation zur Operation gegeben (Tab. 4.34).

Tab. 4.33: Therapie der Divertikulitis.

Notfalloperation bei:
• Perforation mit Peritonitis • (Massen-)Blutungen • Kolonileus
Weitere Op-Indikationen:
• konservativ nicht beherrschbare Divertikulitis • 2.-3. Rezidiv einer Sigmadivertikulitis • Divertikulitis-Tumor • Fistelung

Tab. 4.34: Indikationen zur Operation bei Divertikulitis.

- Bei diffuser Peritonitis ist die *Operation nach Hartmann* die heute am häufigsten belegte Methode. Bei elektiven Eingriffen sind in der Regel kontinenzerhaltende, einzeitige Resektionen möglich

❑ **Prognose**

Die meisten Patienten sind asymptomatisch. Kommt es jedoch zu einer Divertikulitis, kann diese vital bedrohliche Komplikationen aufweisen. Zudem neigt sie zu Rezidiven. Ca. 50-75 % der Patienten können konservativ behandelt werden.

Die Op-Letalität liegt zwischen 1 % (elektiv) und ca. 20 % (Notfall). Dies spiegelt u.a. die Komplikationsrate wieder.

4.3.9. Ischämische Darmerkrankungen

❑ **Definition, Ätiologie und Pathogenese**

- *akuter Mesenterialinfarkt*
  Akute Gefäßverschlüsse im Bereich der Arteria mesenterica superior (Embolie, Thrombose) können zum akuten Mesenterialinfarkt führen. Dieser äußert sich meist als akuter Abdominalschmerz und schließlich paralytischem Ileus. Später kann eine Peritonitis folgen. Zur Nekrose kommt es nach ca. 4 h
- *Angina intestinalis*
  Im Rahmen einer generalisierten Arteriosklerose führt die chronische Minderversorgung zum Bild der Angina intestinalis. Sie äußert sich durch postprandiale Schmerzen, Stuhlunregelmäßigkeiten und Gewichtsabnahme
- *ischämische Kolitis*
  Die ischämische Kolitis betrifft meist das linke Kolon (im Bereich der *Riolanschen Anastomose*) und äußert sich durch heftige linksseitige Abdominalschmerzen. Blutige Stühle sind häufig. Meist sind ältere Patienten betroffen. Es finden sich ischämische Mukosaveränderungen, die mit einer Colitis ulcerosa verwechselt werden können

❑ **Diagnostik**

> Akute Bauchschmerzen und blutige Stühle bei älteren Patienten müssen an eine ischämische Darmerkrankung denken lassen!

Differentialdiagnostisch schwierig ist der akute Abdominalschmerz, wenn Ileus oder blutige Stühle fehlen.

- *Labor*
  Laborparameter, die richtungsweisend oder gar spezifisch sind, existieren nicht. Beim Mesenterialinfarkt findet sich jedoch in der Regel eine Leukozytose und ein erhöhtes Laktat
- *radiologische Diagnostik*
  Diagnostisch beweisend ist die Angiographie.
  Bei der ischämischen Kolitis zeigt sich beim Kolonkontrasteinlauf eine Wandverdickung mit "thumbsticks" (Daumenabdrücken)

> Kolonkontrasteinlauf wie auch Koloskopie sollten in der Akutphase jedoch unterbleiben!

❑ **Therapie und Prognose**

- Der akute Mesenterialinfarkt muß operativ angegangen werden. Selten gelingt es mit Hilfe der interventionellen Radiologie die Operation zu umgehen. Die Letalität ist hoch, die Prognose schlecht
- Bei der Angina intestinalis können als Alternative zur Operation Stenosen evtl. dilatiert oder Stents implantiert werden

- Die ischämische Kolitis kann, solange es sich nur um eine Kolitis handelt, konservativ behandelt werden. Dabei stehen Stabilisierung der Herz-Kreislauffunktion, sowie anfangs parenterale Ernährung im Vordergrund. Bei Entwicklung einer Gangrän besteht jedoch auch hier die Indikation zur Operation (mit ebenfalls ungünstiger Prognose)

4.3.10. Nahrungsmittelunverträglichkeit - Nahrungsmittelallergie

❑ Definition, Ätiologie und Pathogenese

Unterschieden werden:

- *Nahrungsmittelunverträglichkeit*
  Dabei treten gastrointestinale Symptome bzw. Beschwerden nach Aufnahme (< 24 h) entsprechender Nahrungsmittel auf
  Viele Patienten klagen über Unverträglichkeit bestimmter Nahrungsmittel (Tab. 4.35)

• fette Speisen, Mayonnaise, Sahne	• Eier
• Hülsenfrüchte	• Geräuchertes, Gebratenes
• Paprika	• Stein- und Kernobst (Kirschen, Äpfel)
• Zwiebeln	• Lauch
• Backwaren (süß)	• Weiß- und Rotwein
• Gurken	• Orangensaft und Südfrüchte
• frisches Brot	• Honig
• Kohl (Weiß-, Grün-, Rot-, Rosenkohl, Wirsing und Sauerkraut)	

Tab. 4.35. Häufigste angegebene Unverträglichkeiten von Nahrungsmitteln.

  Dabei kann eine Nahrungsmittelunverträglichkeit funktionelle Magen-Darm-Störungen unterstützen bzw. erzeugen. Beispiel hierfür sind die fettinduzierte verzögerte Magenentleerung oder Meteorismus und Flatulenz nach Sorbit, Fruktose bzw. nach Genuß von Hülsenfrüchten (Raffinose-/Stachyosegehalt).
  Erkrankungen wie die Glutenenteropathie oder der Laktasemangel führen zu organisch bedingten Nahrungsmittelunverträglichkeiten.
- *Nahrungsmittelallergie*
  Sie ist in der Regel IgE-vermittelt. Histamin wird aus Mastzellen freigesetzt und führt zu entsprechenden Reaktionen
  Mögliche Nahrungsmittel sind in Tab. 4.36 aufgeführt.

• Kuhmilch (bei Kleinkindern)	• Nüsse
• Hühnerei	• Äpfel
• Fisch und Schalentiere	• Soja
• Zitrusfrüchte	

Tab. 4.36: Häufigste Nahrungsmittelallergene.

Häufig Kreuzallergien mit Pollen!

- *pseudoallergische Reaktion*
  Diese Reaktionen werden durch in den Nahrungsmitteln enthaltenes Histamin (in Käse, Wein), andere vasoaktive Substanzen (in Käse, Walnüssen, Schokolade) oder durch Substanzen (in Erdbeeren, Fisch), die ihrerseits - ohne Mitwirkung von Antikörpern - Histamin freisetzen, ausgelöst. Die Symptomatik ist dabei von der Menge der gegessenen Nahrungsmittel abhängig

  Eine pseudoallergische Reaktion stellt auch das sog. *Chinarestaurant-Syndrom* dar: ca. 10-20 min nach dem Genuß asiatischer Speisen kommt es zu Schweißausbruch, Kopfschmerzen, Palpitationen (Tachykardie), Schwäche bis Lähmung. Ursächlich ist die Wirkung des Geschmacksverstärkers Mononatrium-L-Glutamat.

❑ **Symptomatik**

Bei Nahrungsmittelunverträglichkeit häufig:

- Sodbrennen
- Völlegefühl, Eruktationen
- Abdominalschmerzen - Koliken
- Diarrhö

Bei Nahrungsmittel- und Pseudoallergie:

- Juckreiz
- Exanthem/Enanthem
- Schwellung der Lippen und im Halsbereich
- Übelkeit - Erbrechen
- Abdominalkrämpfe
- Diarrhö
- Bronchospastik mit Dyspnoe
- anaphylaktischer Schock (selten)

❑ **Diagnostik:**

- sorgfältige *Anamnese*
- *Auslaßversuch* bzw. *Eliminationsdiät* (Reisdiät). Orale Provokationstests sind möglich, jedoch u.U. nicht ungefährlich. Ihr Einsatz sollte gründlich abgewogen werden
- alternativ: *Haut-* oder *RAST-Test*

❑ **Therapie**

- Verzicht auf die auslösenden Nahrungsmittel (besonders im Falle der Nahrungsmittelallergie und Pseudoallergie sowie bei organischer Nahrungsmittelunverträglichkeit)
- bei allergischer Reaktion je nach Symptomatik entsprechende Therapie:
  - Antihistaminika
  - Corticosteroide
  - Adrenalin
  - Volumensubstitution
- bei Kindern aus Atopikerfamilien: hypoallergene Nahrung in den ersten 6 Monaten (Verzicht auf Kuhmilch, Vollkorn etc.)

4.3.11. Malassimilationssyndrom

❑ Definition

Es handelt sich um eine komplexe Störung, die durch Maldigestion und Malabsorption geprägt ist.

- Maldigestion stellt eine Verdauungsstörung dar, bei der die Verdauungsenzyme (Pankreas-, Dünndarmmukosaenzyme) bzw. Gallensäuren vermindert sind oder fehlen
- Malabsorption ist hingegen eine Störung der enteralen Resorption

Bei beiden Störungen wird zwischen primären (angeborenen) und sekundären (erworbenen) Formen unterschieden.

❑ Ätiologie und Pathogenese

Malassimilation ist ein Symptom verschiedenster Ursachen bzw. Erkrankungen (Tab. 4.37).

• Laktasemangel	• tropische Sprue
• Glukose-Galaktose-Intoleranz	• M. Crohn
• Saccharasemangel	• enterales Eiweißverlustsyndrom
• A-β-Lipoproteinämie	• Sklerodermie
• Gallensäureverlustsyndrom	• Amyloidose
• bakterielle Fehlbesiedlung des Dünndarms bzw. Darminfektion	• Darmbeteiligung bei Diabetes mellitus, Hyper-, Hypothyreose
• Mukoviszidose	• ischämische Kolitis
• exokrine Pankreasinsuffizienz (chron. Pankreatitis, Resektion)	• Rechtsherzinsuffizienz
• Z.n. Magenresektion	• Strahlenkolitis
• M. Whipple	• intestinale Lymphome
• Zöliakie, einheimische Sprue	

Tab. 4.37: Mögliche Ursachen für Malassimilation.

Physiologischerweise werden

- Fette durch Pankreaslipase gespalten und mittels Gallensäuren emulgiert. Die Aufnahme erfolgt im oberen Dünndarm. Im Enterozyten erfolgt die Resynthese von Triglyzeriden und Bildung von Chylomikronen, die zur Leber transportiert werden. Kurz- bis mittelkettige Fettsäuren können direkt über die V. portae in die Leber gelangen
- Cholesterinester gespalten. Cholesterin wird unter Einwirkung der Gallensäuren in Mizellenform aufgenommen
- fettlösliche Vitamine (A, D, E, K) wie auch Phospholipide (nach Spaltung) ebenfalls im oberen Dünndarm in emulgierter Form resorbiert
- Kohlenhydrate größtenteils durch Amylase, teils durch Disaccharidasen (Glukoamylase, Laktase, Maltase, Saccharase und Trehalase) in Monosaccharide gespalten, die wie die in der Nahrung vorkommenden Vertreter Glukose, Fruktose und Galaktose resorbiert werden können

- Proteine in Peptide aus 3 Aminosäuren oder in freie Aminosäuren gespalten. Danach ist die Aufnahme möglich
- wasserlösliche Vitamine, Elektrolyte (Ca^{2+}, Mg^{2+}) und Eisen (Fe^{2+}) im oberen Dünndarm, Vitamin B_{12} sowie Gallensäuren im distalen Dünndarm aufgenommen

Die Resorption wird - soweit durch Digestion resorbierbare Substanzen vorliegen - im wesentlichen durch die Zeit und Fläche beeinflußt, die für die Aufnahme zur Verfügung stehen. Zusätzlich ist eine intakte Mukosa für die Resorption notwendig.

❑ Symptomatik

- voluminöse Stühle (> 300 g/die), als Diarrhö (osmotisch wirksame Substanzen!) oder Steatorrhö
- Gewichtsverlust
- Mangelsymptome
  - Kohlenhydrate: Gewichtsverlust, niedrige BZ-Werte, Gährungsstühle, Flatulenz und Meteorismus
  - Eiweiß: Muskelschwund bis Kachexie, Ödeme, Aszites (für Aufrechterhaltung des kolloidosmotischen Drucks ist ein Albumin von > 2-2,5 g/dl notwendig)
  - Fett: Abmagerung und Mangel an fettlöslichen Vitaminen
  - Vitamin A: Hyperkeratose, Sehstörungen (Nachtblindheit)
  - Vitamin D (+ Ca^{2+}): Osteomalazie, Rachitis bei Kindern, Tetanie
  - Vitamin K: Gerinnungsstörungen (Mangel an den Faktoren II, VII, IX und X) mit Ekchymosen, Hämatomen
  - Vitamin B_{12}, Folsäure, Eisen: Anämie, Cheilosis, Glossitis (Cheilosis + Glossitis + Schluckstörungen = *Plummer-Vinson-Syndrom*), funikuläre Myelose
  - Vitamin $B_{1/2}$: Polyneuropathien, Linsentrübung, Keratitis, *Wernicke- bzw. Korsakow-Syndrom*
- endokrine Störungen (z.B. Amenorrhö)

❑ Diagnostik

- *Klinik*
  chronisch oder akut entstanden? Angeboren oder erworben? Vorerkrankungen (Pankreatitis, Cholestase?)
- *Stuhl*
  hell-grau, glänzend, übelriechend, wäßrig, > 300g/die, > 7 g Fett/die
- *Labor* (Tab. 4.38):

- Anämie (makro- oder mikrozytär)
- *Erniedrigung von*
  Ca^{2+}, Mg^{2+}, Fe^{2+}, Ferritin, Albumin, Eiweiß, Folsäure, Vitamin B_{12}, ß-Carotin, Triglyzeride, Cholesterin, Quick-Wert
- *Erhöhung von*
  alkalischer Phosphatase sowie Oxalsäure (Urin)

Tab. 4.38: Häufig gefundene Laborveränderungen bei Malassimilation.

Die in Tab. 4.38 genannten Veränderungen sprechen zusammen mit einer entsprechenden Klinik für das Vorliegen eines Malassimilationssyndroms.

Weitere Differenzierung:

- Pankreasinsuffizienz?
  - Chymotrypsin im Stuhl (< 3 U/g) (Nicht beweisend für eine Pankreasinsuffizienz, auch bei sekretorisch bedingter Diarrhö relativ erniedrigt!)
  - Funktionstests
    - Fluoreszein-Dilaurat (FDL)-Test, z.B. Pankreolauryl-Test®
    - Sekretin-Pankreozymin-Test
    - H_2-Atemtest (nach Reismahlzeit)
- Dünndarmerkrankung?

- *D-Xylose-Test*
  - Patient nüchtern, Blase leer, Basalwertabnahme. Anschließend werden 25 g Xylose oral verabreicht (in 400-500 ml Tee gelöst). Die Urinmenge wird für 5 h gesammelt, Blutentnahmen nach 1 und 2 h
  - Normalwert: Urin > 5 g Xylose
  - Serum: > 30 mg/dl Xylose
  - erniedrigte Werte bei Resorptionsstörung im oberen Dünndarm

- *Schilling-Test*
  - Nach oraler Gabe von radioaktiv markiertem Vitamin B_{12} wird ohne und nach Gabe des Intrinsic-Faktors die renale Ausscheidung von Vitamin B_{12} gemessen
  - erniedrigte Werte ohne + mit Intrinsic-Faktor → Resorptionsstörung im Ileum
  - erniedrigte Werte ohne Intrinsic-Faktor, normale Werte nach Gabe von Intrinsic-Faktor → Mangel an Intrinsic-Faktor (chronisch atrophische Gastritis, perniziöse Anämie)
  - normale Werte → kein Mangel an Intrinsic-Faktor, keine Resorptionsstörung im Ileum

- *SeHCAT-Test*
  - Nach oraler Gabe von Tc-markierten Gallensäuren wird die Ganzkörperaktivität gemessen. Läßt sich keine wesentliche Aktivitätssteigerung im Körper nachweisen, sind die markierten Gallensäuren enteral ausgeschieden worden → fehlender enterohepatischer Kreislauf bzw. Gallensäureverlust-Syndrom

- Laktosetoleranztest (+ H_2-Atemtest) ☞ Kap. 4.3.11.1.
- Enteraler Eiweißverlust läßt sich mit dem Chromalbumintest oder einem Albumintest (analog dem SeHCAT-Test) nachweisen (☞ Kap. 4.3.11.5).
  Außerdem besteht die Möglichkeit der α_1-Antitrypsin-Clearance-Bestimmung
- Endoskopie und histologische Diagnose zum Nachweis von
  - M. Whipple
  - M. Crohn
  - Sprue
  - Amyloidose
  - intestinaler Lymphangiektasie
  - intestinalen Lymphomen
- bei Cholestase und V.a. exokrine Pankreasinsuffizienz evtl. ERCP

- bakteriologische/parasitologische Stuhl- bzw. serologische Untersuchungen je nach Verdacht und Klinik
- Dünndarm-Doppelkontrast nach *Sellink* (Kontrastmittelausflockung, Hypotonie der Darmschlingen u.a.). Zusätzlich Sonographie, ggf. CT und Angiographie

❑ **Therapie**

- Behandlung der auslösenden Erkrankung
- wichtig: primär Wasser- und Elektrolytbedarf bzw. Defizit decken
  (Bei schwerer Resorptionsstörung oder schlechtem Allgemeinzustand ist die enterale Zufuhr nahezu sinnlos, daher venöser Zugang und parenterale Zufuhr)
- ausreichende Kalorienzufuhr, Substitution von Vitaminen (vorwiegend fettlösliche Vitamine A, D, E und K) und Mineralien (Eisen)

4.3.11.1. Laktasemangel

❑ **Definition, Ätiologie und Pathogenese**

Der primäre Laktasemangel stellt die häufigste Ursache der primären Malassimilation dar. Betroffen sind insbesondere die schwarze Bevölkerung in Amerika sowie Asiaten. Die Patienten bekommen meist erst im Adoleszentenalter klinische Beschwerden. Sekundärer Laktasemangel tritt bei Durchfallerkrankungen wie auch der Sprue auf. Die Symptomatik (s.u.) ist dadurch zu erklären, daß die besonders in Milch- und Milchprodukten enthaltene Laktose bei Laktasemangel nicht (in Glukose und Galaktose) gespalten wird. Im Kolon erfolgt dann die bakterielle Spaltung mit Gährungsvorgängen und Gasentstehung.

❑ **Symptomatik**

Die Patienten klagen insbesondere nach Genuß von Milch- und Milchprodukten über:

- Diarrhö
- Meteorismus
- Tenesmen
- Flatulenz

❑ **Diagnostik**

Die Diagnose erfolgt über Laktosetoleranztest und H_2-Atemtest:

- *Laktosetoleranztest*
  Nach Gabe von 50 g Laktose unterbleibt ein Blutzuckeranstieg (bzw. nur geringer BZ-Anstieg < 20 mg/dl). Die Patienten entwickeln klinische Symptome (s.o.)

- *H_2-Atemtest (nach Gabe von Laktose)*
  Durch bakterielle Spaltung der Laktose entsteht H_2. Diese kann in der Ausatemluft nachgewiesen werden. Ein Anstieg um > 20 ppm beweist den Laktasemangel

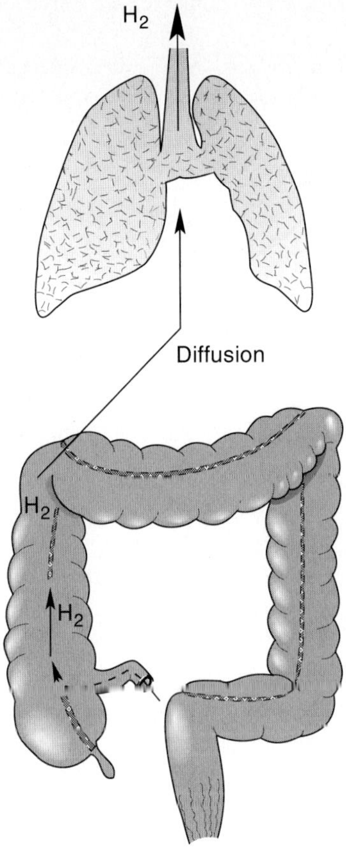

Abb. 4.15: Prinzip des H_2-Atemtests. Der Test kann mit entsprechenden Kohlenhydraten auch zur Erfassung anderer Malabsorptionssyndrome verwendet werden.

Da vermehrt Milchsäure im Darm anfällt, ist der Stuhl-pH < 6.

❑ **Differentialdiagnose**

- Milcheiweißallergie
- Mangel an anderen Disaccharidasen:
  - Glukoamylase
  - Maltase
  - Saccharase
  - Trehalase

❑ **Therapie**

- *primäre Form*
  Meiden von Milch und Milchprodukten (Ausnahme: Joghurt, da dieser Laktase enthält). Substitution von Laktase
- *sekundäre Formen*
  Behandlung der Ursache

4.3.11.2. M. Whipple

❑ **Definition**

Intestinale Lipodystrophie, die von Whipple 1907 erstmals beschrieben wurde.

❑ **Häufigkeit**

Selten, überwiegend Männer betroffen.

❑ **Ätiologie und Pathogenese**

- Infektion mit Tropheryma whippelii, einem stäbchenförmigen, ca. 2 mm langen und 0,2 mm breiten Bakterium. Die Bakterien können auch außerhalb des Darmes z.B. in der Leber, den Glia- bzw. Ganglienzellen oder der Muskulatur nachgewiesen werden
- Dünndarm mit polygonalen Makrophagen infiltriert, die PAS-positive Einschlüsse enthalten (sog. SPC-Zellen)

❑ **Symptomatik**

- Gewichtsverlust/Malabsorptionssyndrom
- Fieber
- Abdominalschmerzen
- Diarrhö/Steatorrhö
- Appetitlosigkeit, Übelkeit
- Lymphknotenschwellungen
- Arthralgien
- Hautpigmentierung
- neurologische und kardiale Symptome (Rhythmusstörungen) möglich

❑ **Diagnostik**

- *Labor*
  Laborchemisch finden sich neben einer Leukozytose Zeichen der Malabsorption
- *Endoskopie*
  Wichtigste diagnostische Maßnahme ist die Endoskopie. Im Duodenum oder Jejunum finden sich punktförmige weißlich-gelbe Lymphzysten (Biopsie)

❑ **Therapie**

- Tetrazykline wie Doxycyclin für 3-6 Monate. Bei positivem Liquorbefund: Minozyklin, Cotrimoxazol (z.B. Bactrim®) oder Chloramphenicol

4.3.11.3. Glutensensitive Enteropathie - einheimische Sprue - Zöliakie

❑ **Definition**

Dünndarmerkrankung, die mit einer Zottenatrophie und Malabsorption einhergeht. Im Kindesalter wird diese Erkrankung als Zöliakie bezeichnet.

❑ **Häufigkeit**

Ca. 1:2.000, Frauen sind häufiger betroffen. Erkrankungsgipfel im Kleinkindesalter und um das 50. Lebensjahr.

❑ **Ätiologie und Pathogenese**

- Allergie gegen Gluten, das in Zerealien (Getreide) vorkommt

- genetische Disposition wahrscheinlich
- Es zeigt sich eine Zottenatrophie und, infolge einer erhöhten Zellexfoliation, stark verlängerte Krypten (Bild wie im Kolon). Die Lamina propria ist mit Lymphozyten infiltriert
- evtl. sekundär Maldigestion

❑ **Symptomatik**

- Diarrhö/Steatorrhö
- Gewichtsverlust, Schwäche
- Anämie/Ödeme
- trockene, schuppige Haut
- aufgetriebenes Abdomen, Meteorismus
- Cheilosis, Glossitis, Aphthosis
- Knochenschmerzen, Osteomalazie
- Kinder wirken traurig, teils aggressiv

❑ **Komplikationen**

- Auftreten intestinaler maligner Lymphome

❑ **Diagnostik**

- *Anamnese* (bei Kindern: Auftreten nach Füttern mit Zerealien) und Klinik
- *Labor*
  Laborveränderungen wie bei Malassimilationssyndromen typisch. Pathologischer Xylose-Test. Weitere pathologisch ausfallende Tests sind z.B. auch Cellobiose/Mannitol- bzw. Laktulose-/Rhamnose-Test (Quotienten infolge erhöhter Mukosapermeabilität erhöht)
- *Dünndarm-Doppelkontrast*
  Beim Dünndarm-Doppelkontrast fallen ein Verlust des Schleimhautreliefs sowie eine Dilatation der Dünndarmschlingen mit Distanzierung als Hinweis für Schleimhaut- bzw. Wandödem auf. Zusätzlich Ausflockung des Kontrastmittels
- *Biopsie*
  Die Diagnose wird endoskopisch durch Biopsie gesichert: Das Biopsat weist lupenmikroskopisch eine ausgeprägte Zottenreduktion, Kryptenhyperplasie sowie Lymphozyteninfiltrate auf

❑ **Therapie**

Die Therapie besteht in glutenfreier Ernährung, d.h. Verzicht auf Getreideprodukte. Erlaubt sind Mais, Reis und Hirse sowie Kartoffeln und Soja. Stärke aus Weizen ist prinzipiell erlaubt. Anfangs sollten bei Fetten überwiegend mittelkettige Fettsäuren sowie keine Laktose gegeben werden. Zusätzlich Vitaminsubstitution. Die Diät ist lebenslang einzuhalten. Diätberatung ist über die Deutsche Zöliakie-Gesellschaft, Filderhauptstr. 61, 70599 Stuttgart, möglich und sinnvoll.

4.3.11.4. Tropische Sprue

❑ **Definition**

Dünndarmerkrankung unklarer Ätiologie, die wie die einheimische Sprue mit Zottenatrophie und Malabsorption einhergeht.

❑ **Häufigkeit**

In Indien, Asien teils endemisch.

❑ Ätiologie und Pathogenese

- ungeklärte Ätiologie (infektiös/toxisch?)
- Es zeigen sich verkürzte bzw. verbreiterte Zotten und verlängerte Krypten, ähnlich der einheimischen Sprue

❑ Symptomatik

Malabsorptionssymptome wie:

- Diarrhö, Steatorrhö
- aufgetriebenes Abdomen, Meteorismus
- Abmagerung, Schwäche
- Übelkeit, Erbrechen
- Blässe, Anämie
- Ödeme
- Fieber
- trockene, schuppige Haut
- Cheilosis, Glossitis, Aphthosis
- Knochenschmerzen, Osteomalazie

❑ Diagnostik

- In entsprechenden Gebieten kann bereits durch *Anamnese* und *Klinik* die Verdachtsdiagnose gestellt werden
- *Laborveränderungen* wie bei Malassimilation
- evtl. *Dünndarm-Doppelkontrast*
- *Endoskopie*

❑ Therapie

- Antibiotika: Tetrazyklin (4x250 mg/die)
- Folsäure 10 mg i.m. sowie Vitamin B_{12} 1 mg i.m./die (zusätzlich Vitamin B-Komplex, Eisen)
- Sicherstellung einer ausreichenden Kalorienzufuhr

4.3.11.5. Enterales Eiweißverlustsyndrom

❑ Definition

Ein übermäßiger Eiweißverlust über den Darm wird als enterales Eiweißverlustsyndrom bezeichnet. Synonym wird auch der Begriff exsudative Enteropathie verwendet. Ein primäres enterales Eiweißverlustsyndrom liegt bei der intestinalen Lymphangiektasie vor.

❑ Häufigkeit

Selten, nur ein kleiner Teil der Eiweißmangelsyndrome wird durch enteralen Verlust bedingt.

❑ Ätiologie und Pathogenese

- Physiologischerweise werden 10-20 % des täglich umgesetzten Albumins enteral verloren. Ein Eiweißverlustsyndrom tritt auf, wenn die Bilanz zwischen Eiweißsynthese (bei normaler bzw. erhöhter Syntheserate) abzüglich Eiweißkatabolismus und Eiweißausscheidung (enteral bzw. renal oder transdermal) negativ ist

- Beim primären enteralen Eiweißverlustsyndrom handelt es sich meist um eine angeborene intestinale Lymphangiektasie, wobei häufig Störungen im Bereich des Ductus thoracicus vorliegen
- Sekundäre enterale Eiweißverlustsyndrome können bei verschiedenen Erkrankungen auftreten (Tab. 4.39)

• M. Ménétrier	• Polyposis
• M. Whipple	• Sprue
• M. Ormond	• Nahrungsmittelallergien
• M. Crohn	• Fisteln (insbesondere Lymphfisteln)
• Colitis ulcerosa	• venöse Einflußstauung
• maligne Lymphome	

Tab. 4.39: Mögliche Ursachen für sekundäre enterale Eiweißverlustsyndrome.

❑ **Symptomatik**

- Ödeme
- Aszites (chylös)
- Pleuraergüsse
- Muskelatrophie
- evtl. Sehstörungen durch Makulaödem
- Diarrhö
- Ca^{2+}-Mangel
- Infektneigung
- Symptome durch zusätzlich vorliegende Erkrankungen

❑ **Diagnostik**

- *Laborveränderungen*
  Erniedrigung von Gesamteiweiß, Albumin und Immunglobulinen sowie Lymphopenie durch enteralen Lymphozytenverlust
- *Nachweis des enteralen Eiweißverlusts*
  - ^{51}Cr-Albumin-Test (Albumin i.v. wird beschleunigt enteral ausgeschieden → Abnahme der Aktivität). Alternativ: Gabe von ^{51}CrCl, das sich sofort an Transferrin bindet
  - Tc-markiertes Albumin läßt sich nach i.v.-Gabe mittels Gammakamera direkt verfolgen → Nachweis des Verlustortes
  - α_1-Antitrypsin (im Stuhl) > 3 mg/g Stuhl (bei gastralem Eiweißverlust evtl. falsch negativ)
- *Endoskopie* inkl. Biopsie zum Nachweis von Mukosaveränderungen wie dilatierten bzw. ektatischen Lymphgefäßen
- evtl. *Lymphographie*

❑ **Therapie**

- Behandlung der Grundkrankheit
- proteinreiche Nahrung, Austausch langkettiger Fettsäuren durch mittelkettige
- bei lokaler Lymphangiektasie und ausgeprägtem Eiweißverlust evtl. Resektion

4.3.12. Dünndarmtumore

❑ **Definition**

Bei den Tumoren des Dünndarms werden gutartige und bösartige Formen unterschieden (Tab. 4.40).

gutartige Dünndarmtumore	bösartige Dünndarmtumore
• Adenome • Leiomyome • Lipome • Fibrome • Neurinome • Angiome • im Rahmen familiärer Polyposis oder M. Rendu-Osler	• Karzinom • Karzinoid • Sarkom (Leiomyosarkom) • maligne Lymphome

Tab. 4.40: Wichtige Dünndarmtumore.

❑ **Symptomatik**

Je nach Tumortyp und Dignität

- asymptomatisch
- Blutung
- (Sub-)Ileus
- Flush
- Oberbauch- bzw. Rückenschmerzen
- Symptome durch Metastasierung

❑ **Diagnose**

- *Endoskopie*
- *Dünndarm-Doppelkontrast*
- *Sonographie* und *CT*
- *Angiographie*

❑ **Therapie**

Benigne Tumoren bedürfen meist keiner Therapie, ggf. Kontrolle. Bei geringstem V.a. Malignität sollte jedoch die operative Resektion angestrebt werden.

4.3.13. Kolonpolypen

❑ **Definition**

Umschriebene Schleimhautvorwölbung im Kolon unterschiedlicher Ätiologie (Tab. 4.41) und klinischer Relevanz.

neoplastisch	• epithelial (Adenom-Karzinom) • Karzinoidtumor • nicht epithelial (Leiomyome, Lipome u.a.)
nicht neoplastisch	• hyperplastisch • hamartomatös (Peutz-Jeghers-Syndrom, juvenil) • benigne lymphoid • entzündlich

Tab. 4.41: Einteilung der Kolonpolypen nach WHO.

❑ **Häufigkeit**

Polypen finden sich im Kolon (einschl. Rektum) bei ca. 5-10 % der Patienten. Die Häufigkeit nimmt nach distal und mit dem Alter zu.

❑ **Ätiologie und Pathogenese**

- Adenome sind am häufigsten (multilokulär > singulär)
- > 100 Polypen = Polyposis
- Adenome sind aufgrund der Adenom-Karzinom-Sequenz (bzw. Dysplasie-Karzinom-Sequenz) von besonderer diagnostisch-therapeutischer Bedeutung

> *Nota bene:*
> Dysplasie bezeichnet alle Formen neoplastischer Epithelproliferationen ohne invasives Wachstum. Charakteristika sind Atypie, abweichende Differenzierung und Architektur.

In den Adenomen lassen sich sämtliche Übergänge von leichten bis schweren Zellatypien bis zum Karzinom finden, wobei eine Korrelation zur Größe des Polyps besteht (> 2 cm → zu 50 % maligne!). Das Vorkommen von Adenomen im Dickdarm korreliert außerdem mit dem Auftreten von Kolonkarzinomen. In Kolonkarzinomen finden sich in der Mehrzahl adenomatöse Anteile.

> Histologisch lassen sich tubuläre (70 %) und villöse (15 %) Adenome unterscheiden (15 % Mischformen: tubulo-villös).

Villöse Adenome neigen zur Sekretion (Schleim mit Elektrolyt- und Flüssigkeitsverlusten) und haben bei gleicher Größe eine höhere Entartungstendenz.

- Zur endgültigen Abklärung eines Kolonpolypen ist die komplette Polypektomie mit histologischer Aufarbeitung des gesamten Polyps notwendig. Die Polypektomie kann auch als kurativ angesehen werden kann
- Ist bei schweren Zellatypien die Submukosa (Muscularis mucosae wird durch Lymphgefäße drainiert) nicht betroffen, sind Metastasen in der Regel nicht möglich
- Ätiologisch werden genetische Faktoren (siehe auch Tab. 4.42), Umweltfaktoren sowie eine Ernährung mit hohem Fleischanteil verantwortlich gemacht

- *Peutz-Jeghers-Syndrom*
  Polyposis des Dünn- und Dickdarms (hamartomatöse Polypen). Melanineinlagerung im Bereich der Lippen und Mundschleimhaut. (Erhöhte Koinzidenz mit Ovarial- und anderen Karzinomen?)
- *juvenile Polyposis*
  hamartomatöse Polypen im Dünn- und Dickdarm, familiäre Häufung, autosomal-dominant vererbt, Manifestation bereits im 1. Lebensjahr
- *familiäre adenomatöse Polyposis (FAP)*
  Adenome besonders im Kolon (auch Magen, Duodenum), autosomal-dominant vererbt (Deletion auf Chromosom 5). Häufigkeit ca. 1:10.000. Hohes bzw. sicheres Entartungsrisiko, daher Kolektomie! Sonderform: *Typ Gardner* mit Weichteil- bzw. Knochentumoren
- *Turcot-Syndrom*
  adenomatöse Polyposis mit zusätzlich Hirntumoren (Medulloblastom - Glioblastom)
- *Cronkhite-Canada-Syndrom*
  multiple Polypen im Magen, Dünn- und Dickdarm (meist mit therapierefraktärer Diarrhö verbunden), zusätzlich Alopezie und Onychodystrophie, Hautpigmentierung
- *Cowden-Syndrom*
  multiple Polypen vorwiegend im oberen Gastrointestinaltrakt, jedoch auch im Kolon, zusätzlich orokutane Hamartome, fibrozystische Mastopathie
- Pseudopolypen auch bei chronisch-entzündlichen Dickdarmerkrankungen (Colitis ulcerosa und M. Crohn)

Tab. 4.42: Syndrome mit Auftreten von Polypen.

❑ Symptomatik

- meist symptomlos
- gelegentlich Blut- oder Schleimbeimengung beim Stuhlgang, Diarrhö (inkl. Elektrolytverlust → K^+!)

❑ Komplikationen

- maligne Entartung
- Stenosierung oder Volvulus bei großen Polypen
- Blutung

❑ Diagnostik

- *Anamnese* (Gewichtsabnahme → Malignität?) und körperlicher Befund (Melanineinlagerung im Bereich der Lippen? Alopezie? Rektal-digitale Untersuchung!)
- *Labor*
  Blutbild (Anämie?), BKS, Elektrolyte, evtl. CEA + z.B. Hämoccult®-Test
- *Endoskopie* (Abb. 4.16)
  Wichtigste Untersuchung ist die Endoskopie, die gleichzeitig die Möglichkeit einer kurativen Therapie (Tab. 4.43) bietet (primär Koloskopie)

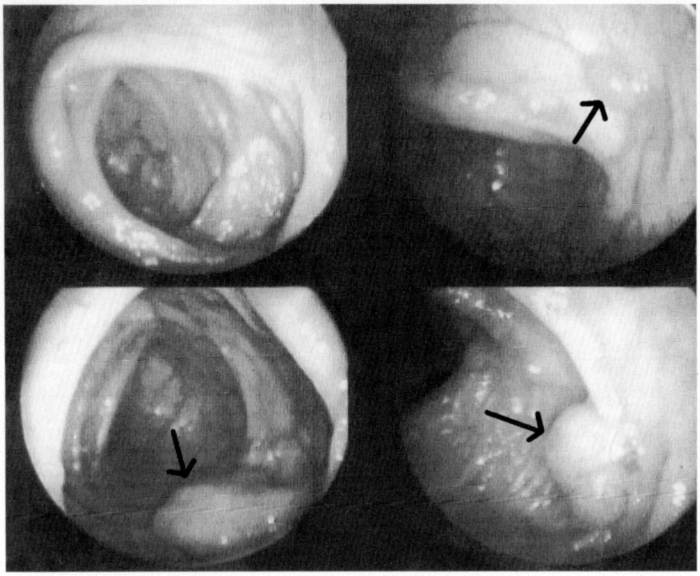

Abb. 4.16: Polypen im Colon transversum (→).

- Alternative zur Koloskopie: *Dickdarm-Doppelkontrast*

• Biopsie, falls neoplastisch: Abtragung in toto und histologische Aufarbeitung
Nota bene: Ein "adenomatöser" Polyp von 1 cm Größe ist in 1 % der Fälle ein KARZINOM!
• Suche nach weiteren Polypen (Ösophago-Gastro-Duodenoskopie und Dünndarm-Doppelkontrast nach *Sellink*)
• Nachweis eines Karzinoms: Procedere wie beim kolorektalen Karzinom (☞ Kap. 4.3.14)
• familiäre adenomatöse Polyposis: totale Kolektomie, da sonst Entartung nahezu sicher

Tab. 4.43: Vorgehensweise bei Nachweis eines Polyps.

❑ Prognose

Adenomatöse Polypen neigen zu Rezidiven (an der Abtragungsstelle). Häufig entwickeln die Patienten auch Adenome an anderen Stellen. Da ein erhöhtes Karzinomrisiko gegeben ist, müssen die Patienten regelmäßig kontrolliert, d.h. endoskopiert werden. Erstmalige Kontrolle 2-3 Jahre nach der Polypektomie, dann je nach Befund.

4.3.14. Kolorektales Karzinom

❑ Definition

Maligne Neubildung (überwiegend Adeno-Karzinome) im Bereich des Kolons bzw. Rektums.

❑ Häufigkeit

- nach dem Bronchialkarzinom zweithäufigstes Malignom (ca. 15 % aller Krebserkrankungen)
- Ca. 3-5 % der Bevölkerung erkranken in ihrem Leben an einem kolorektalen Karzinom
- Inzidenz ca. 65/100.000 Einwohner

- Zunahme mit steigendem Alter, Häufigkeitsgipfel um 70 Jahre
- Bei Patienten mit Colitis ulcerosa, familiärer adenomatöser Polyposis ist die Inzidenz deutlich höher

❑ Ätiologie und Pathogenese

- > 90 % Adenokarzinome, häufig differenziert, seltener schleimbildend (intrazellulär - Siegelringkarzinom, extrazellulär - Gallertkarzinom), serös oder undifferenziert. Sie entwickeln sich meist aus gutartigen Adenomen (Adenom-Karzinom-Sequenz)
- Neben genetischen Faktoren (u.a. sog. Tumorfamilien) prädisponieren Ernährungsgewohnheiten (viel Fleisch, viel Fett, wenig Ballaststoffe) sowie verschiedene chronische Entzündungen im Gastrointestinaltrakt. Auch die nach bakterieller Umwandlung im Darm vorhandenen Desoxychol- und Lithocholsäuren gelten als kokarzinogen. In den USA zeigte sich, daß unter der weit verbreiteten Einnahme von Azetylsalizylsäure ein Rückgang der Karzinominzidenz zu verzeichnen war. (Dabei muß aber bemerkt werden, daß sich zur gleichen Zeit das Gesundheitsbewußtsein der Amerikaner geändert hatte: So hatten sich auch die Eßgewohnheiten deutlich verändert und es kam zu einer Abnahme des durchschnittlichen Körpergewichtes. Folglich wäre der Rückgang des kolorektalen Karzinoms auch hierdurch erklärlich)
- Die eigentliche Tumorentstehung erfolgt wohl durch Aktivierung von Onkogenen (ras und myc) und durch Inaktivierung von Tumorsuppressorgenen (z.B. APC-Gen auf dem Chromosom 5, P53-Gen auf Chromosom 17)
- Lokalisation: Etwa 2/3 der Karzinome befinden sich im rekto-sigmoidalen Bereich. Bis zu 1/3 der Karzinome wären der rektalen Untersuchung zugänglich. Von den asymptomatischen kleinen kolorektalen Karzinomen können jedoch nur 10-15 % mit dem Finger diagnostiziert werden!

  Im Rektum werden tiefsitzende (0-4 cm ab Anorektallinie) und hochsitzende (8-12 cm) sowie in mittlerer Höhe (4-8 cm) sitzende Karzinome unterschieden
- Wachstum, Ausbreitung und Metastasierung (Tab. 4.44, 4.45, 4.46 und 4.47):

  Das kolorektale Karzinom wächst per continuitatem und metastasiert lymphogen oder hämatogen

T_{is}	Tumor auf Mukosa beschränkt
T_1	Tumor auf Mukosa und Submukosa beschränkt
T_2	Infiltration der Muscularis propria bis Serosa
T_3	Durchsetzung der Serosa mit Infiltration des angrenzenden Fettgewebes
T_4	Infiltration der Umgebung - bzw. von Organen
N_0	keine Lymphknotenmetastasen
N_{1-3}	Lymphknotenmetastasen in den entsprechenden Regionen
M_0	keine Fernmetastasen
M_1	Fernmetastasen

Tab. 4.44: Tumorklassifikation (TNM)- Staging.

Dukes A	Tumor auf Mukosa, Submukosa bis Serosa beschränkt (ca. 90 %)
Dukes B_1	Durchsetzung der Serosa mit Infiltration des angrenzende Fettgewebes
Dukes B_2	Infiltration der Umgebung (ca. 50-60 %)
Dukes C	regionale Lymphknotenmetastasen (ca. 30 %)
Dukes D	Fernmetastasen (ca. 5 %)

Tab. 4.45: Einteilung nach *Dukes* (5-Jahresüberlebensrate).

G_1	hoch differenziert
G_2	mittel differenziert
G_3	niedrig differenziert

Tab. 4.46: Grading.

I_a	$T_1N_0M_0$	Dukes A
I_b	$T_2N_0M_0$	Dukes A
II	$T_3N_0M_0$	Dukes B
III	$T_4N_0M_0/T_.N_1M_0$	Dukes C
IV	$T_.N_.M_1$	Dukes D

Tab. 4.47: Stadieneinteilung.

Wichtig:
Die Begriffsbestimmung "Kolonkarzinom auf die Mukosa beschränkt" ist international wie auch z.T. national nicht einheitlich. So werden hierfür auch die Begriffe *mucosal carcinoma, Adenome mit schwerer Zellatypie* oder *Carcinoma in situ* verwendet. Auch die TNM-Klassifikation, die Dukes- und Stadieneinteilung variiert z.T. gering, was aber Vergleiche zwischen Studien, Ergebnissen und Therapieempfehlungen schwierig macht!

Nur Karzinome, die die Submukosa infiltrieren, besitzen die Möglichkeit der Metastasierung.

Bis zu 50 % der Kolonkarzinome weisen bei Diagnosestellung bereits eine lymphogene Aussaat auf.

Das hochsitzende Rektumkarzinom metastasiert lymphogen in die paraaortalen Lymphknoten, Karzinome des mittleren Drittels können zusätzlich in die laterale Beckenwand, die tiefsitzenden Rektumkarzinome auch in die inguinalen Lymphknoten metastasieren.

Hauptmetastasierungsorte bei hämatogener Aussaat sind Leber, Lunge und Skelett. Auch zerebrale Metastasen sind häufig.

- weitere bösartige Neubildungen im kolorektalen Bereich: Plattenepithelkarzinom (Analkarzinom), maligne Lymphome, Leiomyosarkome, Karzinoide, Metastasen anderer Tumoren, sowie das Kaposi-Sarkom, das häufig in Zusammenhang mit AIDS angetroffen wird

❑ Symptomatik

- Das proximale Kolonkarzinom manifestiert sich häufig durch okkulte Blutungen sowie Anämie, Leistungsknick, Gewichtsverlust und Stuhlirregularitäten. Seltener tastet der Patient selbst eine intraabdominelle Raumforderung. Manchmal klagt der Patient über abdominelle Schmerzen

- Das weiter distal gelegene Karzinom blutet häufig makroskopisch sichtbar. Auch findet sich gelegentlich Schleimabgang

> *Merke:*
> Jede peranale Blutung ist verdächtig auf ein Kolonkarzinom und bedarf entsprechender Abklärung!

Die häufigste Fehldiagnose bzw. Bagatellisierung lautet Hämorrhoidalleiden. Werden Hämorrhoiden diagnostiziert, ist ein kolorektales Karzinom noch nicht ausgeschlossen!

Außerdem sind neu aufgetretene Änderungen des Stuhlverhaltens (Wechsel von Obstipation zu Diarrhö, falscher Freund: Flatus mit Stuhlabgang) abklärungsbedürftig.

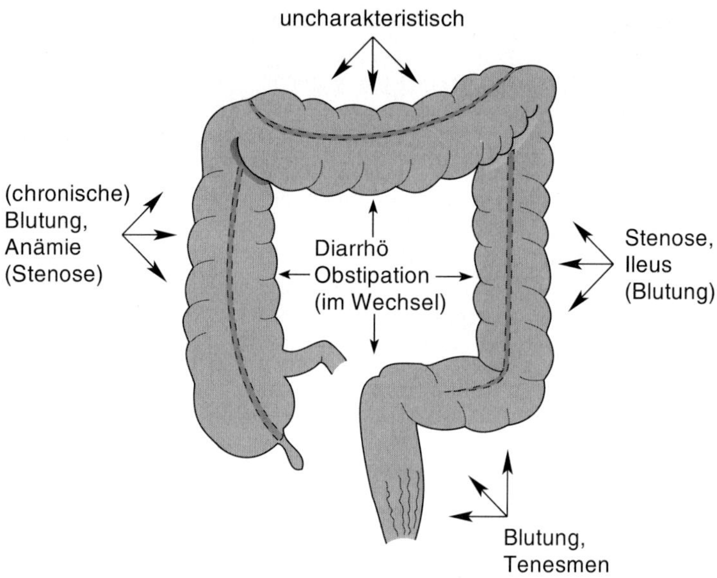

Abb. 4.17: Symptomatik bzw. Komplikationen beim kolorektalen Karzinom in Abhängigkeit von der Lokalisation.

❑ Komplikationen

- Metastasierung
- Ileus
- Invagination
- Perforation
- Fisteln (Blase, Vagina etc.)
- Infiltration

❑ Diagnostik

- *Anamnese* (früher bereits kolorektales Karzinom oder andere Neoplasie, familiäre Belastung, chronische Dickdarmerkrankung?)

> Frühdiagnose von entscheidender Bedeutung für die Prognose! Etwa 1/4 der Patienten hat bei Diagnosestellung bereits Metastasen.

- *Guajac-Test* (z.B. Hämoccult®) zum Nachweis von okkultem Blut. Hierzu Massenscreening notwendig und sinnvoll

  Falls positiv (falsch positiv bei z.B. Zahnfleischbluten, Genuß von rohem Fleisch) und/oder sonstige Hinweise bzw. V.a. kolorektales Karzinom:
- *Rektoskopie und Koloskopie* sind die wichtigsten diagnostischen Maßnahmen zur Diagnosesicherung eines kolorektalen Karzinoms
- alternativ: *Kolon-Doppelkontrast-Untersuchung*

  Vorteil: Stenosen oder andere Hindernisse können überwunden und die dahinter (bzw. davor) gelegenen Darmabschnitte beurteilt werden. Nachteil: Keine Möglichkeit zur Biopsie für die histologische Abklärung, Strahlenbelastung (Abb. 4.18)

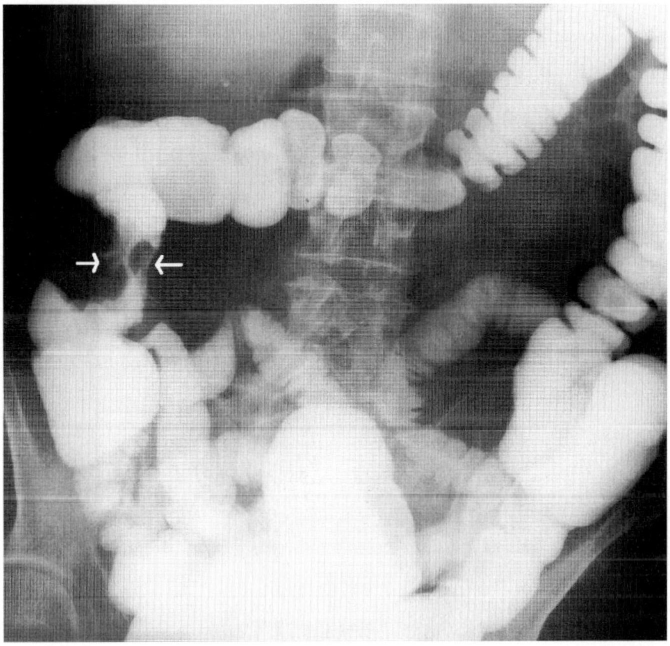

Abb. 4.18: Kolon-Kontrasteinlauf: Kolonkarzinom an der rechten Flexus (durch Pfeile markiert).

- *CEA* (carcino-embryonales Antigen) hat prognostischen Wert und dient als Verlaufsparameter. Bei CEA-Werten > 20 ng/ml liegt meist bereits eine Fernmetastasierung vor. Nach Tumorentfernung normalisiert sich der CEA-Wert. Ein Anstieg gilt als Rezidivhinweis (oder Wachstum von Metastasen etc.)
- Im *Blutbild* fällt gelegentlich eine Tumor- bzw. chronische Blutungsanämie auf
- *Weitere röntgenologische Untersuchungen* wie CT-Abdomen und Becken, i.v.-Pyelogramm, Röntgen-Thorax in zwei Ebenen sowie selektive Angiographie dienen der Beurteilung der Tumorausdehnung und zum Auffinden von Metastasen. Außerdem geben sie Auskunft über die (lokal) mögliche Operabilität
- Wichtige Hinweise, auch zur Verlaufskontrolle, können mittels *Ultraschall* (Oberbauchsonographie und ggf. transrektal) erhalten werden

❑ Therapie

Vitamine (Vitamin C) können evtl. protektiv wirken (?)

Kurative Therapie

Kurative Therapie heißt Polypektomie (Hochfrequenzdiathermieschlinge, Polypen bis ca. 3 cm Größe) oder Operation.

Bei Operation ist Radikalität zu fordern!

Im Kolon sind operative Polypektomie sowie Resektionen (in 3/4 der Fälle möglich!), die die Lymphabflußwege beachten (dabei Mitentfernung der Lymphknoten) Methoden der Wahl:

- evtl. Segmentresektionen bei Polypen
- Hemikolektomie rechts inkl. terminales Ileum bei Tumor im Zökum oder Colon ascendens
- Querkolonresektion inkl. Flexuren bei Tumor im Colon transversum
- Hemikolektomie links bei Tumor im Colon descendens oder Sigma

Die Operation erfolgt in der Regel einzeitig in "*no touch isolation-Technik*". Meist werden End-zu-End-Anastomosen (unter Einsatz eines *Staplers*) gewählt. Perioperative Antibiotikaprophylaxe ist üblich.

Beim Rektum muß ein Sicherheitsabstand von mindestens 2 cm eingehalten werden. Liegt der Tumor 6-8 cm oberhalb der Anokutanlinie, ist in der Regel eine kontinenzerhaltende anteriore Rektumresektion möglich bzw. Methode der Wahl. Bei tiefer liegenden Karzinomen kann z.B. bei T_1 oder T_2 eine lokale Tumorexzision oder koloanale Anastomose durchgeführt werden. Der Patient bleibt kontinent. Letztere Methode birgt jedoch die Gefahr in sich, daß Konzessionen bezüglich der onkologischen Radikalität gemacht werden (schlecht zugänglicher Op-Situs - Naht mit Stapler). In den anderen Fällen ist meist nur eine abdominoperineale Rektumamputation möglich.

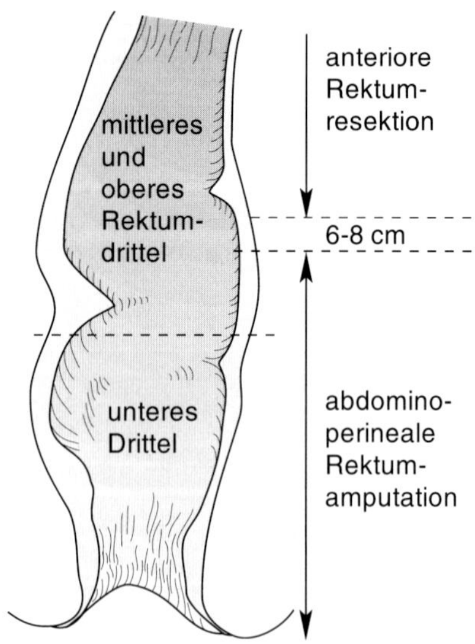

Abb. 4.19: Operative Therapie beim Rektumkarzinom.

Solitäre (1-5) Leber- und Lungenmetastasen werden mit gutem Erfolg reseziert (5 Jahresüberlebensrate 25-50 %).

Palliative Maßnahmen sind z.B. Tumorteilresektion, Anlage eines doppelläufigen Anus praeters oder Kryo- bzw. Lasertherapie.

Postoperative Komplikationen sind u.a. Anastomoseninsuffizienz, Abszeßbildung, Potenz- oder Miktionsstörungen.

Adjuvante Therapie (zusätzlich zum kurativen Eingriff)

Ziel: Zerstörung von möglichen Mikrometastasen bzw. Verhinderung von Rezidiven (z.B. während der Op verstreute Tumorzellen).

Chemotherapie (intra- oder postoperativ, auch lokal) (5-Fluorouracil/Levamisol bzw. 5-Fluorouracil/Folinsäure) wie auch Immunchemotherapie ohne derzeit gesicherten Effekt.

Die lokale Strahlentherapie beim Rektumkarzinom vermindert das Rezidivrisiko.

Palliative Chemotherapie

5-Fluorouracil evtl. in Kombination mit Folinsäure, Methotrexat, N-(Phosphonoacetyl)-L-Aspartat oder Interferon α.

❑ **Prognose**

Nach Operation liegt die 5-Jahresüberlebensrate von asymptomatischen Patienten bei ca. 90 %. Die Prognose hängt vom Tumorstadium sowie vom Differenzierungsgrad ab. Insgesamt versterben jedoch ca. 50 % der Patienten an ihrer Erkrankung.

Nahezu jeder vierte Patient erleidet innerhalb von 2 Jahren ein Lokalrezidiv. Etwa 5 % entwickeln ein metachrones Zweitkarzinom im Dickdarm oder andere Karzinome. Deshalb erscheint eine Nachsorge - insbesondere in diesem Zeitraum, da hier ca. 85 % der Rezidive auftreten, für die Prognose wichtig.

Nachsorge: klinische Untersuchung und CEA (vierteljährlich), Koloskopie, Oberbauchsonographie, CT-Abdomen, Röntgen-Thorax, CT-Thorax, Skelett- sowie ggf. Immunszintigraphie.

> *Wichtig:*
> Alle Personen > 40 Jahre sollten in eine Krebsvorsorge betr. kolorektalen Karzinom eingeschlossen werden (körperliche Untersuchung inkl. rektal-digitaler Austastung, Test auf okkultes Blut im Stuhl, ggf. weitere Untersuchungen).

4.3.15. Analerkrankungen

Der Anus, ein kompliziertes Schließorgan, bildet den Abschluß des Rektums bzw. den Anschluß des selbigen an das Körperäußere. Erkrankungen in diesem Bereich, sind Inhalt des speziellen Fachgebiets der *Proktologie*.

Wichtigste diagnostische Maßnahmen sind Anamneseerhebung, Inspektion und rektal-digitale Untersuchung. Weiterführende Untersuchungen sind Proktoskopie und Rektoskopie.

Erkrankungen der Perianalregion sind eigentlich Hautkrankheiten.

4.3.15.1. Analekzem

Häufig findet sich ein Analekzem, das entweder durch mechanische Ursachen oder durch eine Kontaktallergie verursacht ist. Zusätzlich kann eine Superinfektion vorliegen. Der Patient klagt meist über Juckreiz. Therapeutisch ist oft eine gründliche Reinigung sowie Salbenbehandlung (evtl. mit antibakteriellem oder antimykotischem Zusatz) ausreichend.

Bei den Knotenbildungen ist zwischen eigentlichen Knoten, die in der Analregion entstanden sind, und Knoten, die vom Rektum nach außen prolabieren, zu unterscheiden.

Zu den ersteren zählen:

4.3.15.2. Marisken

Marisken sind kleine Hautläppchen und besitzen keinen Krankheitswert. Sie bedürfen auch keiner Therapie.

4.3.15.3. Condyloma acuminata

Sie werden durch Papillomaviren hervorgerufen und sind z.B. sexuell übertragbar. Sie finden sich so z.B. häufig bei Homosexuellen. Therapie: Podophyllin oder Laser.

4.3.15.4. Condyloma lata

Condyloma lata sind dagegen durch Treponema pallidum (Lues II) bedingt (positiver Lues-/TPHA-Test) und müssen entsprechend therapiert werden.

4.3.15.5. Perianale Thrombose

Plötzliche Schmerzen mit Fremdkörpergefühl sind die Symptome der perianalen Thrombose, die häufig - aber fälschlicherweise - als "äußere Hämorrhoide" bezeichnet wird. Dem Untersucher zeigt sich ein bläulicher, prall gefüllter Tumor, der ca. 1 cm Größe erreichen kann. Nach Lokalanästhesie wird die Thrombose durch eine kleine Stichinzision entlastet, wobei sich das thrombotische Material meist spontan entleert. Der Patient ist daraufhin sofort beschwerdefrei. Für 2-3 Tage sollten noch Salbenlappen eingelegt werden.

4.3.15.6. Analabszeß

Eine rötliche schmerzhafte Schwellung findet sich z.B. beim Analabszeß. Der Patient klagt insbesondere über eine schmerzhafte Defäkation. Häufig finden sich dabei auch Fisteln. Ursächlich ist meist eine Entzündung der Proktodealdrüse. Ein Analabszeß bedarf operativer Therapie. Bei Fisteln sollte ein M. Crohn ausgeschlossen werden.

4.3.15.7. Analkarzinom

Das Analkarzinom äußert sich als schmerzloser Tumor (häufig mit Ulzeration, Schmier- oder Kontaktblutung). Der Patient bemerkt meist nur ein Fremdkörpergefühl. Bei der Ätiologie wird eine virale Genese diskutiert. Histologisch handelt es sich meist um Plattenepithelkarzinome. Die Tumore infiltrieren häufig in die Umgebung. Die Metastasierung erfolgt lymphogen in die inguinalen oder Becken- und Mesenteriallymphknoten sowie hämatogen in Leber und Skelett. In frühen Stadien kann kontinenzerhaltend operiert werden. Bei fortgeschrittenen Stadien erfolgt meist eine Radiatio (mit Chemotherapie). Die Prognose ist durch die oft schon vorhandenen Metastasen beeinflußt. Bei entsprechend radikaler Therapie liegt die 5-Jahresüberlebensrate zwischen 40 und 50 %.

4.3.15.8. Hämorrhoiden

Hämorrhoiden stellen eine Vergrößerung des Plexus haemorrhoidalis dar, der die Schließfunktion des Anus unterstützt.

Die Einteilung erfolgt in 4 Schweregrade (Tab. 4.48).

I°	Vergrößerung des Plexus haemorrhoidalis mit Knotenbildung (Diagnose: Rektoskopie, Therapie: Sklerosierung supranodulär nach *Bensaude* mit Phenolöl oder nach *Blond* intranodulär mit Aethoxysklerol oder Chininlösung, alternativ Salben, Suppositorien oder Analtampons)
II°	Vorwölbung ins Rektum, beim Pressen von außen sichtbar (Therapie: Gummibandligatur nach *Baron* oder Sklerosierung)
III°	Vollständiger Vorfall = Analprolaps beim Preßakt, jedoch manuell reponibel
IV°	ständiger Vorfall, fixiert (Therapie: einzige, wirklich sinnvolle Therapie ist die Operation mit segmentaler Entfernung der Hämorrhoiden)

Tab. 4.48: Einteilung der Hämorrhoiden.

Hämorrhoiden sind häufig (ca. 3/4 aller Erwachsenen betroffen). Ursächlich bzw. begünstigend sind ballaststoffarme Kost mit Obstipation und heftigem Pressen bei der Defäkation, Übergewicht sowie auch genetische Faktoren.

Ein Großteil der Patienten ist beschwerdefrei. Symptome, die u.a. auftreten können, sind Nässen, Gefühl der unvollständigen Darmentleerung oder eines Fremdkörpers, evtl. Inkontinenz, Blutauflagerung auf dem Stuhl sowie Mißempfindungen wie Brennen, Jucken oder Stechen.

Cave:
Findet sich Blut im Stuhl **können** Hämorrhoiden die Ursache sein. Ein kolorektales Karzinom muß jedoch ausgeschlossen werden!

4.3.15.9. Analprolaps und Rektumprolaps

Weitere mögliche Tastbefunde im Bereich des anorektalen Übergangs sind Analprolaps und Rektumprolaps, die sich durch das Faltenmuster der Schleimhaut unterscheiden lassen. Der Analprolaps weist ein radiäres, der Rektumprolaps ein zirkuläres Faltenmuster auf.

4.3.15.10. Stuhlinkontinenz

In diesem Zusammenhang sei auch ein, den Patienten häufig belästigendes, Problem angesprochen: die Stuhlinkontinenz.

Die Symptomatik reicht von Verschmutzung der Wäsche und Streßinkontinenz über Kontrollverlust für Winde bis zum völligen Kontrollverlust über die Schließfunktion.

Ursächlich können muskuläre, mechanische, sensorische sowie neurogene Störungen sein.

Bei muskulären wie auch neurogenen Störungen können neben Muskeltraining bzw. Elektrostimulation operative Methoden zum Einsatz kommen. Die sensorische Inkontinenz kann u.U. durch Hämorrhoidektomie oder Analplastik beseitigt werden.

4.4. Erkrankungen der Leber

Die Leber ist das größte innere Organ des Menschen (Gewicht ca. 1,5 kg). Sie stellt das Zentralorgan des Intermediärstoffwechsels dar. Das Blut (1-2 Liter/min) aus dem Pfortaderkreislauf und dem Körperkreislauf durchströmt sie als Filterorgan.

Wesentliche Funktionen seien hier kurz zusammengestellt:

Aminosäure- und N-Stoffwechsel:

- Transaminierung und Desaminierung von Aminosäuren, Synthese von (nicht essentiellen) Aminosäuren, Konstanthaltung des Aminosäurespiegels im Blut
- Synthese von Harnstoff, Harnsäure, Creatinin, Gallenfarbstoffen (Bilirubin, Biliverdin), Plasmaproteinen (z.B. Albumin, Globuline) und Gerinnungsfaktoren (Faktor I, II, V, VII, VIII, IX, X, XI, XII, XIII, α_2-Antiplasmin, α_1-Antitrypsin, α_2-Makroglobulin, C1-Esterase-Inhibitor, Protein C, Antithrombin III, u.a.)

Kohlenhydratstoffwechsel:

- Glukosestoffwechsel (Speicherung, Konstanthaltung des Glukosespiegels durch Mobilisierung von Glykogen und Glukoneogenese)
- Metabolisierung anderer Monosaccharide
- Pentosephosphatzyklus (Fettsäuresynthese)

Lipidstoffwechsel:

- Fettsäuresynthese und deren Umbau, Speicherung und Metabolisierung
- Cholesterinsynthese und Ausscheidung über Gallensäuren

Einfluß auf verschiedene Hormone, Vitamine und andere exogene Substanzen. Verschiedene Substanzen werden durch Konjugation mit Glucuron-, Schwefelsäure oder Glycin bzw. durch Azetylierung in ihrer Löslichkeit verändert. Inaktivierungs- bzw. Entgiftungsreaktion, aber auch Aktivierungsreaktion (Giftung) sind Oxidation und Reduktion sowie Hydroxylierung.

4.4.1. Laboruntersuchungen bei V. a. Erkrankungen der Leber

Aufgrund der hohen Stoffwechselleistung der Leber und ihrem Enzymreichtum lassen sich durch biochemische Laboruntersuchungen Hinweise für Leberschäden erhalten. Wichtigste Laboruntersuchungen sind:

GPT, γ-GT und ChE

Wird dieser 3fach Standard durch die Bestimmung von GOT, AP und GLDH ergänzt, lassen sich nahezu 100%ige Aussagen über das Vorliegen einer Leber- oder Gallenerkrankung machen.

Enzymbestimmungen bei V.a. Leber- oder Gallenerkrankung:

- *GPT*
  Glutamat-Pyruvat-Transaminase, auch ALAT (Alanin-amino-Transferase) genannt. Vorkommen in hoher Konzentration im Zytosol der Hepatozyten. → Erhöhung bei Parenchymschäden
- *GOT*
  Glutamat-Oxalacetat-Transaminase, auch ASAT (Aspartat-amino-Transferase) genannt. Vorkommen in hoher Konzentration im Zytosol (ca. 1/3) und in den Mitochondrien (ca. 2/3) von Hepatozyten aber auch Herz- und Skelettmuskelzellen. → Erhöhung bei Parenchymschäden (oft schwerere Schäden als bei Erhöhung der GPT allein, da teils mitochondriales Vorkommen)
- *GOT/GPT-Quotient*
  Zur Unterscheidung, ob eher ein Leber- oder Skelett- bzw. Herzmuskelschaden vorliegt, hat sich der GOT/GPT-Quotient (*DeRitis-Quotient*) bewährt: Werte deutlich > 1 sprechen für Skelett- bzw. Herzmuskelschaden

- *GLDH*
  Die Glutamatdehydrogenase kommt nur in den Mitochondrien vor und gilt als Indikator für schwere Leberzellschädigungen
- *γ-GT*
  Die überwiegend membranständige γ-Glutamyltransferase dient zum Nachweis von Leber- und Gallenwegsschädigungen. Sie kommt u.a. im Nieren-, Leber- und Pankreasgewebe vor. Sie ist wichtig zur differentialdiagnostischen Abklärung erhöhter Werte der alkalischen Phosphatase (z.B. Osteoblastentätigkeit und Schwangerschaft)
- *γ-GT/GOT-Quotient*
  - Ein γ-GT/GOT-Quotient > 1 spricht u.a. für eine akute alkoholtoxische Hepatitis oder alkoholbedingte Leberzirrhose oder einen Verschlußikterus
  - Bei geringen Leberparenchymschäden treten zuerst Erhöhungen der zytoplasmatischen Enzyme GPT und der noch sensibleren γ-GT auf
- *AP*
  - Die alkalische Phosphatase besteht aus Aktivitäten verschiedener Isoenzyme, die besonders in Leber, Gallenwegen, Knochen, Darm und Tumoren vorkommen. Erhöhungen finden sich bei Cholestase, ossären Prozessen, Schwangerschaft, Niereninsuffizienz, Sarkoidose und Mononukleose
  - Sowohl AP als auch γ-GT sind normalerweise in der Gallenflüssigkeit nachweisbar. Die Erhöhung im Rahmen einer Cholestase ist jedoch nicht durch den Übertritt aus der Galle ins Blut oder durch ähnliche Pathomechanismen bedingt. Vielmehr wird die Synthese der Enzyme in der Leber gesteigert
- *ChE*
  Die (Pseudo-)Cholinesterase wird von den Hepatozyten ins Blut sezerniert und stellt somit ein plasmaspezifisches Enzym dar, das seine Wirkung dort entfaltet. Ein erniedrigter Plasmaspiegel findet sich bei verminderter Syntheseleistung der Leber (oft ist zusätzlich der Quickwert erniedrigt) oder bei Intoxikationen (Cholinesterasehemmer) sowie bei progressiver Muskeldystrophie, unter Ovulationshemmern und bei Malignomen. Erhöhte Werte (verbunden mit erhöhter γ-GT) finden sich bei Fettleber, Diabetes mellitus und Adipositas sowie nephrotischem Syndrom oder exsudativer Enteropathie

Leberfunktionstests

Die Syntheseleistung der Leber kann bereits durch Bestimmung der ChE und des Quickwerts abgeschätzt werden.

Weitere Hinweise ergeben die Bestimmung des Cholesterins (insbesondere HDL), das bei schweren Leberfunktionsstörungen erniedrigt sein kann. Erhöht sind hingegen in diesem Fall Serumgallensäuren und NH_3. Weitere Hinweise ergibt die Bestimmung der Plasmaproteine (Eiweiß, Albumin und Eiweißelektrophorese).

An mehr oder weniger speziellen Funktionstests seien genannt:

- *Bromsulphthaleintest* (exokrine Leberfunktion)
  5 mg BSP/kg KG werden i.v. injiziert. BSP wird normalerweise wie Bilirubin primär an Albumin gebunden, in die Leber transportiert und konjugiert über die Galle ausgeschieden. Den 3 Minuten-Blutspiegel setzt man als 100 % und vergleicht mit ihm den 45 Minuten-Wert. Normalwert < 5 %

Cave: allergische Reaktion! Kontraindikation: Ikterus

Ein weitere nach diesem Prinzip ablaufender Test ist der ICG-Test

- *Galaktosebelastungstest*
  40 g Galaktose werden oral verabreicht. Tritt eine Galaktosurie von > 2,5 g in den ersten beiden Stunden auf, ist von einer herabgesetzten Leberfunktion auszugehen
- *Koller-Test*
  Bei erniedrigtem Prothrombinindex (Quick-Wert) erlaubt die i.v. Gabe von Vitamin K (z.B. Konakion®) eine Differentialdiagnose beim Ikterus. Bei Verschlußikterus, d.h. fehlender Vitamin K-Resorption kommt es nach i.v.-Gabe zum Anstieg des Quickwerts. Beim Ikterus im Rahmen einer Hepatitis oder anderem Leberparenchymschaden wie Lebermetastasen kommt es nur zu einem geringen Anstieg, bei Leberzirrhose oder Leberausfallkoma, bleibt der Anstieg aus

4.4.2. Pathophysiologische Reaktionsmuster der Leber auf Noxen

Die Leber kann unterschiedlich auf (endogene oder exogene) Schädigungen reagieren. Wichtigste Reaktionsmuster sind:

- Entzündung - Hepatitis
- Verfettung - Lipomatosis
- Fibrose bzw. Zirrhose

Weitere Symptome können sein:

- Ikterus
- portale Hypertension
- Aszites
- hepatorenales Syndrom

4.4.3. Hepatitis

❑ Definition

Die Entzündung der Leber stellt eine Reaktionsform auf verschiedenste ätiologische und pathogenetische Faktoren dar. Sie befällt die Leber meist diffus und zeigt eine entzündliche Infiltration der Periportalfelder oder auch des Parenchyms.

Nach dem Verlauf werden akute und chronische (> 6 Monate) Formen der Hepatitis unterschieden.

❑ Ätiologie und Pathogenese

- Ätiologie multifaktoriell (Tab. 4.49 und 4.50)

infektiös	viral	• Hepatitis A-Virus (HAV) • Hepatitis B-Virus (HBV) • Hepatitis C-Virus (HCV) • Hepatitis D-Virus (HDV) • Hepatitis E-Virus (HEV) • Hepatitis-NANB-Viren (?) • Mononukleose (EBV) • Zytomegalie • Masern • Mumps • Röteln • Herpes simplex • Coxsackie • Marburg-Virus (Ebola-Fieber) • Gelb-, Dengue-, Rift-Valley-Fieber
	bakteriell	• Abszeß, Cholangitis (z.B. E. coli) • Salmonellen (Typhus) • Brucellose (Malta-Fieber) • Rickettsiosen (Q-Fieber) • Listeriose • Leptospirose (M. Weil)
	andere Erreger	• Amöben • Malaria-Plasmodien • Echinokokken • Toxoplasmen • Leishmanien
medikamentös		• α-Methyldopa • Oxyphenisatin (in Deutschland verboten) • Isoniazid • Methotrexat • Sulfonamide • Halothan • Nitrofurantoin • Allopurinol
toxisch		• Alkohol • Drogen • Amanitin (Knollenblätterpilzvergiftung) • CCl_4 • Paracetamol-Intoxikation

Tab. 4.49: Mögliche Ursachen einer akuten Hepatitis.

infektiös	• Hepatitis B-Virus (HBV) • Hepatitis C-Virus (HCV) • Hepatitis D-Virus (HDV)
medikamentös	• ☞ Tab. 4.49
toxisch	• ☞ Tab. 4.49 - Alkohol!
autoimmune oder chronisch entzündliche Erkrankungen	• ☞ Kap. 7.
Speicher- bzw. Stoffwechsel-erkrankungen	• M. Wilson • Hämochromatose

Tab. 4.50: Mögliche Ursachen einer chronischen Hepatitis.

- Bei den chronischen Formen werden *chronisch-persistierende* und *chronisch-aktive* bzw. *chronisch-aggressive* Verläufe unterschieden. Bei ersteren ist der Entzündungsprozeß (lymphozytäre Infiltration) auf die Periportalfelder beschränkt, bei letzteren geht er in das Parenchym über und führt zu Nekrosen in den Leberazini (Mottenfraßnekrosen). Es finden sich *Councilman bodies* und Milchglashepatozyten. Oft geht diese Form in eine Zirrhose über
- Eine weitere Form stellt die *granulomatöse Hepatitis* dar, die im Rahmen von anderen (mit Granulomen einhergehenden) Erkrankungen vorkommt (Tab. 4.51)

• Sarkoidose
• M. Crohn
• Lupus erythematodes, M. Wegener, Panarteriitis nodosa
• primär biliäre Zirrhose
• Bakterien (Tuberkulose, Lepra, Brucellose, Typhus, Listeriose, Lues)
• Viren (EBV, CMV)

Tab. 4.51: Wichtigste Ursachen einer granulomatösen Hepatitis.

❑ Symptomatik

- häufig asymptomatischer Verlauf
- bei akuter Hepatitis Prodromalstadium (grippe- oder gastroenteritisähnlich) mit Müdigkeit, Gliederschmerzen, subfebril bis febril, Appetitlosigkeit, Übelkeit, Erbrechen, Diarrhö
- ikterischer oder auch anikterischer Verlauf mit Hepatomegalie und je nach Schwere: Aszites, Gerinnungsstörung, Koma

❑ Diagnostik

- *Laboruntersuchungen*
  - Allen akuten Hepatitiden ist ein hoher Anstieg der Transaminasen GOT und GPT mit hohem DeRitis-Quotienten gemein
  - ikterischer Verlauf: Erhöhung von Bilirubin (Serum/Urin) und Urobilinogen (Urin)
  - Cholestase: Erhöhung zusätzlich von γ-GT, AP und LAP
  - Funktions- bzw. Synthesebeeinträchtigung: Erniedrigung von CHE, Quick etc.
  - serologische Untersuchungen bzw. Erregernachweis

Virushepatitis

4.4.3.1. Hepatitis A

❑ **Definition**

Die Hepatitis A ist eine akut verlaufende, systemische Infektion, die vorwiegend die Leber betrifft.

Erkrankung und Tod sind meldepflichtig!

Erreger: Hepatitis A-Virus (HAV) (RNA-Virus/*Picorna-Virus*, 28 nm, hüllenlos).

Übertragungsweg: fäkal-oral, weniger sexuell, selten parenteral. Bei Raumtemperatur bleibt das Virus ca. 4 Wochen infektiös.

Inkubationszeit: 14-45 Tage.

❑ **Epidemiologie**

- Vorkommen weltweit
- Endemiegebiete sind (warme) Länder mit schlechten hygienischen Verhältnissen

> Länder mit hohem Hepatitis A-Risiko sind: zentrales und südliches Asien, Zentralafrika, Naher und Mittlerer Osten, Süd- und Mittelamerika und Teile Südeuropas

- beim Verzehr von nicht-gekochten Nahrungsmitteln insbesondere in Gemeinschaftsunterkünften Gefahr der Epidemie
- In Deutschland sind ca. 20 % der Hepatitisfälle durch HAV verursacht
- Vorkommen in Europa überwiegend in den Mittelmeerländern
- Gefährdet sind neben Urlaubern (Genuß von Salaten, ungekochten Meeresfrüchten, Eiswürfel, Trinkwasser etc. in südlichen Ländern) z.B. Kinder in Kindergärten, Alte und Pflegebedürftige und geistig Behinderte in Heimen durch Schmierinfektionen. Auch beim sog. Sextourismus besteht ein erhöhtes Risiko
- jahreszeitliche Häufung im Herbst und Winter (Rückkehrer aus dem Süden?)

❑ **Pathogenese**

- Das meist enteral aufgenommene Virus wird vor Auftreten der Symptomatik bereits fäkal ausgeschieden (Hepatozyten → Galle → Darm)
- Infektiosität ca. 2 Wochen vor bis 2 Wochen nach Krankheitsbeginn
- kurze Virämie
- keine direkte Zytopathogenität
- histopathogenetische Veränderungen wie bei Hepatitis B

❑ **Symptomatik**

Kinder:

- bis zu 90 % asymptomatisch bzw. milder Verlauf
- Übelkeit, Erbrechen, Fieber, abdominelle Schmerzen

Erwachsene:

- Ikterus (60-70 %), dunkler Urin
- Prodromi: Müdigkeit, Abgeschlagenheit, Appetitmangel, Arthralgien, Fieber, Kopfschmerzen und Oberbauchbeschwerden

- ikterische Phase mit Krankheitsgefühl, Pruritus, Schmerzen im rechten Oberbauch (Kapselschmerz)
- Herzrhythmusstörungen (bei Myokarditis)
- fulminanter Verlauf mit zunehmendem Ikterus, Foetor hepaticus, Aszites, Koma

❑ **Komplikationen**

- fulminanter Verlauf
- Myokarditis
- Meningoenzephalitis
- Arthritis
- Vaskulitis

❑ **Diagnostik**

- *Anamnese* (Auslandsaufenthalt?)
- *klinischer Befund* (Ikterus, Hepatomegalie)
- *Labor* (Abb. 4.20)
  - Diagnosestellung der akuten Hepatitis A durch serologischen Nachweis von *anti-HAV-IgM* (Radio- oder Enzymimmunoassay)
  - Nachweis von *anti-HAV-IgG* nach abgelaufener Hepatitis A
  - direkter Virusnachweis (Stuhl, Serum) möglich, klinisch jedoch von untergeordneter Bedeutung
  - *Transaminasen* meist deutlich erhöht (GPT bis 1.000 U/ml)
  - Bilirubin, γ-GT, AP können erhöht sein
  - Verlängerungen der Prothrombinzeit, Erniedrigung der ChE und Albumin kommen nur bei schweren Verlaufsformen vor
- *Sonographie* und *CT* können differentialdiagnostisch hilfreich sein
- Leberbiopsie und Laparoskopie sind als *obsolet* anzusehen

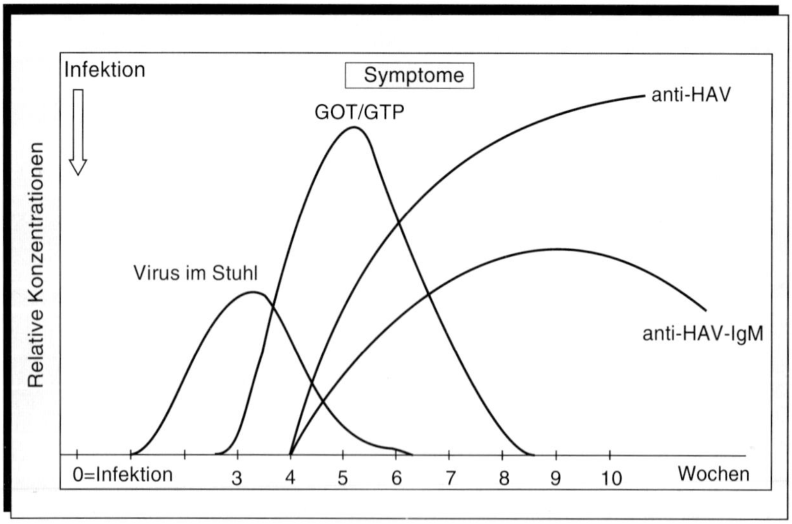

Abb. 4.20: Typischer Verlauf bei akuter Hepatitis A.

❑ Therapie

Keine kausale Therapie möglich! Symptomatische Maßnahmen sind:

- Bettruhe (Verbesserung der Leberdurchblutung)
- Flüssigkeits- und Kalorienzufuhr (leicht verwertbare Kohlenhydrate)
- H_1-Antagonisten oder Cholestyramin (z.B. Quantalan®) bei Pruritus
- kein Alkohol oder hepatotoxische Pharmaka
- Isolierung bei Kindern oder inkontinenten Patienten

❑ Verlauf und Prognose

Die Hepatitis A hat von allen viralen Hepatitisformen (A, B, C, D, E) die beste Prognose. Fulminante Verläufe sind sehr selten (0,1 % der symptomatischen Verläufe). Die Angaben zur Letalität schwanken zwischen 15/100.000 und 2/100 und sind abhängig vom Alter.

❑ Prophylaxe

- Hygiene
- "Boil it, cook it, peel it or forget it!" ist ein guter Rat auf Reisen besonders in Endemiegebieten!
- *aktive Immunisierung*
  Havrix® 2 Injektionen im Abstand von 4 Wochen, dann Boosterung nach 6 Monaten. Impfschutz wahrscheinlich 5-10 Jahre
- *passive Immunisierung*
  Aufgrund der jetzt verfügbaren aktiven Immunisierung besteht die Indikation i.d.R. nur noch zur postexpositionellen Impfung. 5 ml Immunglobulin i.m. können, prophylaktisch gegeben, für ca. 3 Monate die Infektion fast hundertprozentig, postexpositionell gegeben, in ca. 75 % der Fälle verhindern

4.4.3.2. Hepatitis B

❑ Definition

Die Hepatitis B ist eine - im Gegensatz zur Hepatitis A - akut oder chronisch verlaufende Infektion der Leber.

Erkrankung und Tod sind meldepflichtig!

Erreger: Hepatitis B-Virus (HBV) (DNA-Virus bzw. Dane-Partikel/*Hepadna-Virus*, 42 nm). Daneben kommen 22 nm große sphärische bzw. tubuläre Partikel vor, die überschüssig gebildetem Hüllmaterial entsprechen (HBsAg-positiv).

Aufbau des HBV:

- Das HBV ist aus Hülle (Surface) und Kern (Core) aufgebaut
- Im Kern befinden sich zudem die HBV-DNA sowie eine DNA-Polymerase
- Es existieren mindestens 4 Subtypen sowie verschiedene Mutanten

Übertragungsweg: parenteral bzw. perkutan durch Blut und Blutprodukte, auch sexuell. Wichtig: perinatale Übertragung von der infizierten Mutter auf das Kind!

Inkubationszeit: 30-180 Tage.

❑ Epidemiologie

- Erregerreservoir ist der Mensch (HBsAg-Träger)
- In Europa infizieren sich jährlich ca. 900.000 Menschen

- Weltweit wird von über 200 Mio. Erkrankten ausgegangen
- HBsAg-Trägerrate in verschiedenen Gebieten
  - Afrika und Asien ca. 10-15 %
  - Mittelmeerraum ca. 1-5 %
  - Nordeuropa und Nordamerika 0,1-1 %
- In Asien und Afrika werden bis zu 50 % der Hepatitis B-Infektion perinatal (weniger transplazentar) erworben
- In Deutschland sind ca. 50 % der Hepatitisfälle durch HBV verursacht
- Risikogruppen sind medizinisches Personal, Dialysepatienten, Hämophile, Sextouristen, Prostituierte, Homosexuelle, Drogenabhängige und Neugeborene HBsAg-positiver Mütter. Jedoch sind immer häufiger Nicht-Risikogruppen betroffen!

❑ **Pathogenese**

- keine direkte Zytopathogenität, Leberschädigung durch zelluläre Immunantwort (zytotoxische T-Zellen) gegen Hepatozyten mit HBeAg/HBcAg auf deren Oberfläche
- Viruselimination durch zytotoxische T-Zellen unter Einfluß von Interferonen
- Schlüsselrolle für das Auftreten einer chronischen Hepatitis spielen Interferone (Verminderte Synthese? Vermindertes Ansprechen auf Interferone? Verminderte HLA-I-Expression?)
- Die akute Hepatitis B geht in ca. 5-20 % der Fälle - wenn eine Viruselimination nicht gelingt - in eine chronische Form über
- Die chronische Hepatitis B tritt vermehrt bei Kindern, Immungeschwächten und Dialysepatienten auf
- Die chronische Hepatitis verläuft in drei Phasen
  - Virusreplikation (hohe Aktivität)
  - Entzündungsphase mit geringer Aktivität
  - Übergang in Zirrhose
- Bei der chronischen Hepatitis B werden zwei Formen unterschieden
  - chronisch-persistierende Hepatitis B (CPH)
  - chronisch-aktive Hepatitis B (CAH)

❑ **Symptomatik**

- Asymptomatische Verläufe sind möglich
- bei akuter Form Symptome wie bei Hepatitis A beschrieben
  - Müdigkeit, Abgeschlagenheit, Appetitmangel
  - Übelkeit, Erbrechen
  - Fieber, Kopfschmerzen, Arthralgien
  - Oberbauchbeschwerden, Schmerzen im rechten Oberbauch (Kapselschmerz)
  - ikterische Phase mit Krankheitsgefühl, Dunkelfärbung des Urins, Pruritus
- Die chronische Hepatitis B kann a- bis oligosymptomatisch verlaufen (2/3 der Fälle)
- Häufigste Symptome einer chronischen Hepatitis B sind Vergrößerung von Leber und/oder Milz
- Aszites ist selten

❑ **Komplikationen**

- fulminanter Verlauf

- Myokarditis (Herzrhythmusstörungen)
- Pankreatitis
- Meningoenzephalitis
- Arthritis
- Vaskulitis
- Glomerulonephritis
- Kryoglobulinämie
- selten *Guillain-Barré-* oder *Gianotti-Crosti-Syndrom*
- Leberzirrhose

❑ **Diagnostik**

- *Anamnese* (Z.n. Bluttransfusion, Drogenabusus etc.?)
- *klinischer Befund* (Ikterus, Hepatomegalie)
- *Labor*

  Für die Hepatitis-B-Diagnostik sind folgende Bestimmungen (Radio- oder Enzymimmunoassay) notwendig (Tab. 4.52):

  - *HBsAg*
    Das Surface-Antigen ist meist bereits vor klinischen Symptomen und während der symptomatischen Phase nachweisbar. Bei Ausheilung läßt es sich nach 6-8 Wochen nicht mehr nachweisen. Bei weiter (> 6 Monate) nachweisbarem HBsAg besteht der V. a. Übergang in eine chronische Hepatitis B. Patienten mit positivem HBsAg müssen als potentiell infektiös angesehen werden
  - *HBeAg*
    Das Envelope-Antigen ist bei akuter Hepatitis B (Ausnahme "*e-minus*"-Varianten) positiv und ein Maß für die Infektiosität. Parallel zum Transaminasenabfall fällt meist auch der HBeAg-Titer
  - *HBcAg*
    Das Core-Antigen läßt sich nur im Kern der Hepatozyten nachweisen
  - *HBV-DNA*
    Empfindlichster Marker für Virusreplikation und Infektiosität (hohe Titer → hohe Infektiosität). Auch bei "*e-minus*"-Varianten nachweisbar. Bei gleichzeitig positivem Anti-HBe, Diagnosezeiger für bereits chronische Hepatitis B
  - *präS-(1 bzw. 2)*
    Beide Proteine finden sich bei Virusreplikation. Ihre Persistenz weist auf eine chronische Hepatitis hin
  - *Anti-HBs*
    zeigt i.d.R. Heilung bzw. Immunität (bei negativem Anti-HBc → nach aktiver Impfung!) an. *Cave*: Keine Immunität gegen Virusmutanten. Bei erhöhten Transaminasen Bestimmung der HBV-DNA notwendig: ist diese positiv, ist der Patient infektiös
  - *Anti-HBe*
    Tritt nach Hepatitis B (auch bei "*e-minus*"-Varianten) auf. Dabei kann eine Ausheilung einer akuten Hepatitis B, ein HBV-Träger oder eine chronische Hepatitis B (anti-HBe-positive Hepatitis B) vorliegen
  - *Anti-HBc*
    Beweist Z.n. Hepatitis B-Infektion und ist lange Zeit nachweisbar (Abb. 4.21)

Antigen	Antikörper
HBsAg (Australia-Antigen)	Anti-HBs
präS-1	Anti-präS-1
präS-2	Anti-präS-2
HBcAg	Anti-HBc
HBeAg	Anti-HBe

Tab. 4.52: Antigene und entspr. Antikörper des HBV.

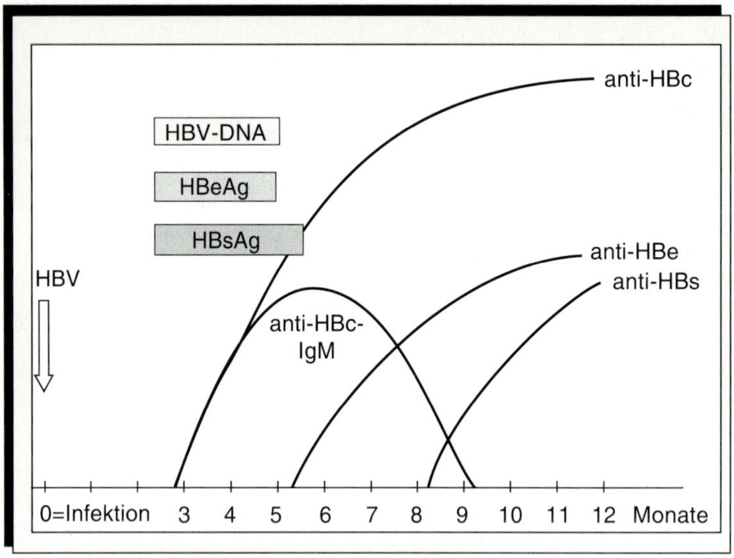

Abb. 4.21: Typischer Titerverlauf bei akuter Hepatitis B.

- anti-HBc-IgM: wichtigster Marker zur Diagnosestellung der akuten Hepatitis B
- anti-präS-(1 bzw. 2): Frühmarker für Viruselimination

Weitere Laborparameter:

- Erhöhung der Transaminasen (GOT und GPT bis 1.000 U/ml) als Marker für Leberzellnekrosen. Bilirubin, γ-GT und AP sind häufig ebenfalls erhöht
- Verlängerungen der Prothrombinzeit, Erniedrigung der ChE und von Albumin können bei akuten und chronischen Verlaufsformen vorkommen
- Laborchemisch werden zwei Typen der chronisch-aktiven Hepatitis unterschieden
  - Typ I: HBsAg- und HBeAg-positiv, starke Virämie und Leberveränderungen (hohe Transaminasen) sowie hohe Titer von Anti-HBc-IgM
  - Typ II: HBeAg-negativ, Anti-HBe- und HBV-DNA-positiv
- laborchemische Veränderungen der (häufigeren) CPH
  - HB-DNA-negativ, HBe-positiv, mäßig erhöhte Transaminasen

- *Sonographie und CT*

- *Leberbiopsie und Laparoskopie* sind insbesondere bei chronischen Formen wichtig. Histopathogenetische Veränderungen bzw. Unterscheidung:
  - CPH: lymphozytäre Infiltration auf die Periportalfelder beschränkt, normale Läppchenstruktur
  - CAH: Infiltration mit Lymphozyten und Plasmazellen auf das Parenchym übergehend, Nekrosen in den Leberazini (Mottenfraßnekrosen/*Piece-meal-Nekrosen*), teils Zerstörung der Läppchenstruktur

❑ Differentialdiagnose

- sämtliche andere Formen der Virushepatitis
- bakteriell bedingte Hepatitis
- medikamentös-toxisch bedingte Hepatitis
- autoimmun bedingte Hepatitis
- primär biliäre Zirrhose
- Choledocholithiasis
- Hämochromatose
- M. Wilson

❑ Therapie

● akute Hepatitis B

- Die Therapie ist mit der der Hepatitis A vergleichbar, da keine kausale Therapie existiert
- Symptomatische Maßnahmen sind Bettruhe, Flüssigkeits- und Kalorienzufuhr, H_1-Antagonisten oder Quantalan® bei Pruritus sowie Meiden von Noxen

● chronische Hepatitis B

- *Interferon* α (3x5 Mio.E./Woche für 4-6 Monate)
  - Therapieziele sind HBe-Ag/HBV-DNA-Serokonversion (konnte in mehreren Studien erreicht werden), Besserung der Lebersituation (Transaminasen, Syntheseparameter, Histologie) und Prävention der Leberzirrhose und des primären Leberzellkarzinoms
  - Günstige Therapieaussichten haben Frauen mit kurzer Hepatitis-B-Anamnese, niedrigen Virus-DNA-Titern und aktiver Hepatitis (hohe Transaminasen, histologisch aktiv)
  - Kontraindikation sind z.B. Zirrhosen. Häufigste Nebenwirkungen sind grippeähnliche Symptome, seltener Blutbildveränderungen oder Autoantikörperbildung
- *Corticosteroide*
  - Corticosteroide müssen bei der Behandlung der akuten und chronischen Hepatitis als obsolet angesehen werden!
  - Unter Corticosteroidgabe treten vermehrt chronische Hepatitiden und Rezidive auf
  - Corticosteroide können jedoch vor einer Interferontherapie adjuvant gegeben werden: Die Rate der auf die Therapie ansprechenden Patienten steigt an. Non-responder können jedoch unter der Corticosteroidgabe eine Reaktivierung bis zum Leberausfall erleiden (hohe Letalität)
- *Lebertransplantation*
  - ggf. indiziert bei hepatitisinduzierter Zirrhose. Problem ist, daß die Hepatitisinfektion bestehen bleibt oder zumindest ein hohes Risiko für ein Rezidiv besteht

- **Therapie bei akutem Leberausfall**
  - Darmsterilisation
  - ausreichende Diuretikatherapie
  - ggf. Hirnödemtherapie
  - ggf. Dialyse
  - Antibiotikaprophylaxe
  - Sicherstellung der O_2- und Kalorienversorgung

❑ **Verlauf und Prognose**

Die Hepatitis B hat im Vgl. mit der Hepatitis A eine schlechtere Prognose. Die Infektion mit HBV kann asymptomatisch (HBsAg wird eliminiert, Auftreten von Anti-HBs und Anti-HBc) oder als akute Hepatitis verlaufen. Bei der akuten Hepatitis B sind fulminante Verläufe häufiger (bis 1 %, insbesondere bei Mutanten, hohe Letalität) als bei der Hepatitis A. Die Hepatitis B kann dann in eine chronische Hepatitis (ca. 10 %) übergehen (nach Definition > 6 Monate). Dabei werden verschiedene Formen unterschieden. Der o.g. Typ I der CAH zeigt spontan in bis zu 30 % Remissionen und spricht gut auf die Interferontherapie an. Der Typ II hat im Gegensatz hierzu eine ungünstigere Prognose und zeigt kaum Spontanremission. Die CPH geht selten in eine CAH oder auch Zirrhose über. Chronisch inapparente Hepatitiden können in Schüben verlaufen und werden oft als vermeintlich "akute Hepatitis" erstmalig erkannt (jedoch: Anti-HBc-positiv).

Daneben gibt es auch die Möglichkeit der Viruspersistenz (HBsAg-Träger) wobei der Patient gesund ist.

❑ **Prophylaxe**

- *Vermeiden der Infektion*
  Testen von Blutkonserven u.a. Blutprodukten, Tragen von entsprechend sicheren Handschuhen beim Umgang mit potentiell infektiösem Material und beim Arbeiten am Patienten (Blutentnahme, Operation), ggf. Änderung der Sexualgewohnheiten (*Safer-Sex*)
- *aktive Immunisierung*
  Gen-H-B-Vax®: 2 Injektionen im Abstand von 4 Wochen, Boosterung nach 6 Monaten, dann Kontrolle des Anti-HBs-Titers: Titer > 10 E./l gelten als protektiv. Bei Titern < 100 E./l erneute Impfung in 1 Jahr. Bei hohen Titern (> 1.000 E./l) Kontrolle in ca. 5 Jahren, falls dann Titer < 10 E./l erneute Impfung
- *passive Immunisierung*
  Indikation i.d.R. nur noch zur postexpositionellen Impfung. Die Gabe des Hepatitis B-Hyperimmunserums sollte dann ebenfalls mit der o.g. aktiven Impfung kombiniert werden (Simultanimpfung)

4.4.3.3. Hepatitis C

❑ **Definition**

Die Hepatitis C ist eine parenteral übertragene Form der Non-A-Non-B-(NANB-)Hepatitis, die akut oder chronisch verlaufen kann. Neben der Hepatitis C werden noch weitere Formen (Hepatitis F und G) vermutet, da nicht bei allen NANB-Hepatitiden ein HCV-Nachweis gelang bzw. gelingt.

Erkrankung und Tod sind meldepflichtig!

Erreger: Hepatitis C-Virus (HCV) (RNA-Virus mit ca. 10.000 Nukleotiden/*Flavi-Pestivirus*). Wahrscheinlich liegen mehrere Genotypen vor.

Übertragungsweg: parenteral bzw. perkutan durch Blut und Blutprodukte, auch sexuell, perinatal, möglicherweise auch durch Speichel. Die meisten durch Blutprodukte übertragenen Hepatitiden sind durch HCV bedingt.

Inkubationszeit: 15-180 Tage.

❑ **Epidemiologie**

- Erregerreservoir ist der Mensch (HCV-Träger)
- weltweites Vorkommen mit teils jedoch deutlich regionalen Unterschieden
- In Deutschland sind ca. 20 % der Hepatitisfälle durch HCV verursacht. Jedoch sind mehr als 90 % der (Post-)Transfusionshepatitiden durch HCV bedingt. Prävalenz bei Drogensüchtigen bis zu > 90 %. Bei den chronischen Hepatitiden sind mehr durch HCV als durch HBV verursacht
- Risikogruppen sind medizinisches Personal, Dialysepatienten, Hämophile, Sextouristen, Prostituierte, Homosexuelle, Drogenabhängige (ähnlich Hepatitis B)

❑ **Pathogenese**

- möglicherweise direkte Zytopathogenität
- Die akute Hepatitis C geht in ca. 1/3-2/3 der Fälle in eine chronische Hepatitis über
- erhöhtes Risiko für die Entwicklung einer chronischen Hepatitis C bei Patienten mit:
  - Ikterus
  - hohen Transaminasen (> 300 U/l)
  - hohem Alter
- auch Viruspersistenz ohne Krankheitssymptome möglich

❑ **Symptomatik**

- im Vgl. zur Hepatitis A und B meist milder bzw. asymptomatischer Verlauf
- Auch die chronische Hepatitis C verläuft häufig inapparent
- Fulminante Verläufe können sich als Leberversagen mit entsprechenden Symptomen äußern

❑ **Komplikationen**

- fulminanter Verlauf
- Übergang in chronische Hepatitis
- Leberzirrhose
- primäres Leberzellkarzinom (Abb. 4.22)

❑ **Diagnostik**

- *Anamnese* (Z.n. Bluttransfusion, Drogenabusus etc.?)
- *klinischer Befund* oft unauffällig (evtl. Ikterus, Hepatomegalie)
- *Labor*
  Für die Hepatitis-C-Diagnostik werden immer mehr neue Testverfahren entwickelt. Es stehen z.Z. im wesentlichen drei Tests zur Verfügung:
  - Antikörpernachweise gegen drei Nicht-Struktur-Antigene (NS-Ag) sowie ein Strukturantigen. Die Bestimmung hat im Vgl. zu früheren Tests, bei denen lediglich Antikörper (AK) gegen ein NS-Ag bestimmt wurde, eine deutlich höhere Sensitivität und Spezifität. Jedoch hat der Test in der Frühphase der Infektion (AK-Bestimmung!) eine diagnostische Lücke (im ersten Vierteljahr nach Infektion sind 1/3-1/2 der Patienten noch AK-negativ!)

  - HCV-RNA-Nachweis (Serum oder Leber): Diese Polymerasenreaktion (HCV-RNA-PCR) ist ein empfindlicher Marker für den Nachweis einer HCV-Infektion und auch in der Frühphase verwertbar bzw. sensitiv. Zudem kann bei Persistenz auf das Vorliegen bzw. den Übergang in eine chronische Hepatitis geschlossen und über den Titerverlauf der Erfolg einer Interferontherapie beurteilt werden
  - anfangs Erhöhung der Transaminasen (GOT und GPT) sowie evtl. von Bilirubin, γ-GT, AP, im Verlauf häufig Normalisierung - trotz weiter vorliegender Hepatitis
- *Sonographie, CT* (Abb. 4.22) und *Laparoskopie* inkl. Leberbiopsie sind bei (V.a.) chronischen Verlauf wichtig

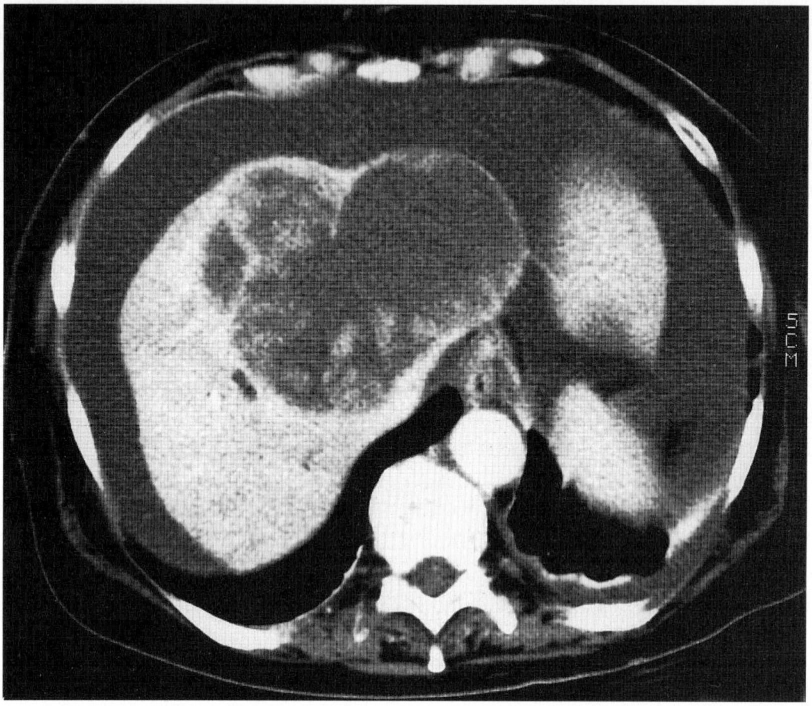

Abb. 4.22: CT (mit KM) einer 67jährigen Patientin mit Leberzirrhose bei chronischer (B- und) C-Hepatitis: Große Anteile der Leber weisen riesige echoarme, inhomogene Tumorformationen bzw. Tumorknoten auf, die histologisch einem primären Leberzellkarzinom zugeordnet werden konnten. Nebenbefund: Aszites.

❑ Therapie

Die Therapie ist mit der bei der Hepatitis B vergleichbar. Indikation zur Interferon α-Therapie (3-5 Mio. E. jeden 2. Tag für 6 bis 12 Monate oder als Stoßtherapie) ist eine durch HCV bedingte, 9 Monate erhöhte Transaminasen aufweisende, histologisch gesicherte chronische Hepatitis. Kontraindikationen sind Zirrhose und die autoimmunbedingte Hepatitis, die häufig Anti-HCV-positiv, jedoch HCV-RNA-PCR-negativ sind. Zur Therapiekontrolle können neben histologischer Kontrolle HCV-RNA-PCR und Transaminasenaktivität herangezogen werden.

❑ Verlauf und Prognose

Die Hepatitis C verläuft oft über Jahre asymptomatisch und hat keine gute Prognose, da sie häufig in eine chronische Hepatitis übergeht. Fulminante Verläufe sind etwas häufiger als bei der Hepatitis A oder B.

Die chronische Hepatitis C geht nicht selten in eine Zirrhose über. Bis zu 5 % der Patienten mit chronischer Hepatitis C entwickeln ein primäres Leberzellkarzinom. Bei Untersuchungen zeigte sich, daß teils fast jeder zweite Patient mit primärem Leberzellkarzinom Anti-HCV-positiv ist.

❑ **Prophylaxe**

- *Vermeiden der Infektion*
  Testen von Blutkonserven u.a. Blutprodukten, Verwenden von Eigenblut bei Elektiveingriffen, Schutz beim Umgang mit potentiell infektiösem Material und beim Arbeiten am Patienten (Blutentnahme, Operation) durch Handschuhe, Schutzbrille, Mundschutz für Zahnärzte etc., ggf. Änderung der Sexualgewohnheiten, z.B. Verwenden von Kondomen
- derzeit keine Möglichkeit der aktiven oder auch passiven Immunisierung

4.4.3.4. Hepatitis D

❑ **Definition**

Die Hepatitis D ist eine akut oder chronisch verlaufende Form der Hepatitis, die aufgrund der speziellen Virusform nur bei zusätzlicher Hepatitis B Infektion vorkommt. Es kann sich dabei um eine Koinfektion oder Superinfektion eines HBV-Trägers handeln.

Erkrankung und Tod sind meldepflichtig!

Erreger: Hepatitis D-Virus (HDV) (viroidähnliche RNA im Kern/Hülle des HBV).

Übertragungsweg: parenteral, sexuell und perinatal.

Inkubationszeit: 30-180 Tage.

❑ **Epidemiologie**

- weltweites Vorkommen
- Die Hepatitis D findet sich endemisch u.a. im Mittelmeerraum und den Balkanländern. Möglicherweise können schlechte hygienische Verhältnisse die Ausbreitung fördern
- In Deutschland selten, nur bei ca. 5 % der HBV-positiven chronischen Hepatitiden läßt sich HDV nachweisen
- Risikogruppen sind besonders Personen aus dem Mittelmeerraum, Drogenabhängige und Hämophile

❑ **Pathogenese**

- wahrscheinlich direkte Zytopathogenität
- Die HDV-Infektion supprimiert die HBV-Replikation

❑ **Symptomatik**

- im Vgl. zur Hepatitis A und B schwererer Verlauf
- nicht selten fulminanter Verlauf
- Übergang in chronische Hepatitis

❑ **Diagnostik**

- *Anamnese* (bekannte Hepatitis B, Drogenabusus etc.?)
- *klinischer Befund* oft mit Ikterus und Hepatomegalie
- *Labor*
  Für die Hepatitis-D-Diagnostik werden z.Z. verwendet:
  - Antikörpernachweis: Anti-HDV-IgM (Anti-delta-IgM)

- HDV-RNA-Nachweis: Mittels Northern Blot sowie Polymerasenkettenreaktion (HDV-RNA-PCR) läßt sich im Serum und in der Leber HDV-RNA nachweisen. Hochtitrige, längere Verläufe sprechen für eine chronische Hepatitis
- Unterscheidung Koinfektion/Superinfektion
  - Koinfektion: HBsAG-positiv, Anti-HBc-IgM-positiv
  - Superinfektion: Anti-HBc-IgM-negativ, Anti-HBc-IgG-positiv
- häufig Verlängerungen der Prothrombinzeit, Erniedrigung der ChE und Albumin sowie deutliche Erhöhung der Transaminasen (GOT und GPT), Bilirubin, γ-GT und AP. Im Verlauf häufig Normalisierung letzterer Werte - trotz weiter vorliegender Hepatitis

- weitere Diagnostik wie bei Hepatitis B

❑ **Therapie**

Therapie wie bei der Hepatitis B. Interferon α (10 Mio.E. jeden 2. Tag für 12 Monate) bei chronischer Form (Transaminasenaktivität als Erfolgsparameter sowie Histologie).

❑ **Verlauf und Prognose**

Die Hepatitis D insbesondere bei Superinfektion verläuft meist schwerer als die bereits beschriebenen Hepatitiden A, B und C. Koinfektionen heilen oft aus, da bei Ausheilen der Hepatitis B automatisch auch die Hepatitis D ausheilt. Die nicht seltenen fulminanten Verläufe (> 2 %) haben jedoch eine relativ hohe Letalität. Bei Superinfektion kommt es häufig zu einer chronischen Hepatitis, mit meist ausgeprägterem histologischen Befund als bei alleiniger Hepatitis B.

❑ **Prophylaxe**

- Vermeiden der Infektion heißt Vermeiden der Infektion mit Hepatitis B, da ohne Hepatitis B keine Hepatitis D!
- Impfschutz gegen Hepatitis B (aktiv oder passiv) schützt somit auch gegen Hepatitis D

4.4.3.5. Hepatitis E

❑ **Definition**

Die Hepatitis E ist eine meist nur akut verlaufende Infektion, die überwiegend die Leber betrifft. Sie wurde wie die Hepatitis C früher zu den NANB-Hepatitiden gezählt.

Erkrankung und Tod sind meldepflichtig!

Erreger: Hepatitis E-Virus (HEV) (RNA-Virus/*Calicivirus*, 27-34 nm).

Übertragungsweg: überwiegend fäkal-oral (ähnlich Hepatitis A).

Inkubationszeit: 21-45 Tage.

❑ **Epidemiologie**

- Virus kommt weltweit vor
- Epidemie- bzw. Endemiegebiete sind Afrika, Mittelamerika, indischer Subkontinent. Es handelt sich um warme Gebiete mit schlechten hygienischen Verhältnissen
- in Deutschland sehr selten
- jahreszeitliche Häufung?
- meist jüngere Patienten betroffen

❑ **Pathogenese**

- Über die Pathogenese ist nur wenig bekannt

❑ **Symptomatik**

- Die Symptomatik ist der Hepatitis A ähnlich. Es finden sich jedoch häufig fulminante Verläufe

❑ **Diagnostik**

- *Anamnese* (Auslandsaufenthalt?)
- *klinischer Befund* (Ikterus, Hepatomegalie)
- *Labor*
  meist Ausschlußdiagnose, da spezielle Tests nur in wenigen wissenschaftlichen Labors vorhanden:
  - serologischer Nachweis von Anti-HEV sowie HEV-RNA (PCR)
  - sonstige Laborveränderungen wie bei akuter Hepatitis, (*cave*: fulminante Verläufe!)

❑ **Therapie**

- symptomatisch
- Isolierung bei Kindern oder inkontinenten Patienten

❑ **Verlauf und Prognose**

Die Hepatitis E hat eine gute Prognose, da sie nicht zur Chronifizierung neigt. Fulminante Verläufe mit hoher Letalität (bis 20 %) sind bei schwangeren Frauen beschrieben.

❑ **Prophylaxe**

- Hygiene
- Impfungen stehen noch nicht zur Verfügung

4.4.3.6. Autoimmune Hepatitis

❑ **Definition, Ätiologie und Pathogenese**

Die autoimmune Hepatitis ist eine nichtinfektiöse Form der Leberentzündung, die in der Regel chronisch verläuft.

- Verschiedene Formen werden nach dem Antikörpermuster unterschieden
  - klassische (lupoide) Hepatitis: antinukleäre AK (ANA) sowie Lebermembranautoantikörper
  - LKM-positive Hepatitis: AK gegen mikrosomales Antigen aus Leber und Niere (LKM = liver-kidney microsomal antibody)
  - SLA-positive Hepatitis: AK gegen lösliches zytoplasmatisches Antigen der Leberzelle (SLA = soluble liver antibody)
  - SMA-positive Hepatitis: AK gegen glatte Muskulatur (SMA = smooth muscle antigen)
- Frauen sowie (jüngere) Patienten mit HLA-B8, -DR3 und -DR4 sind insbesondere bei der klassischen lupoiden Hepatitis häufiger betroffen (> 2/3 der Patienten)
- gehäuftes Auftreten mit anderen Erkrankungen wie
  - Autoimmunthyreoiditis
  - rheumatischen Erkrankungen bzw. Autoimmunerkrankungen
  - hämolytischer Anämie, Kryoglobulinämie
  - Vaskulitis

- Der eigentliche Pathomechanismus der Hepatitis ist unklar. Es wird jedoch eine Antikörperwirkung gegen Lebermembranantigene vermutet. Durch einen Verlust an T-Suppressorzellen kommt es zu einem Überwiegen der T-Helferzellen
- Histologisch zeigt sich meist eine chronisch-aggressive Hepatitis

❑ **Symptomatik**

- Müdigkeit, Abgeschlagenheit
- Appetitmangel, Übelkeit, Oberbauchbeschwerden, evtl. Schmerzen im rechten Oberbauch
- Arthralgien
- ikterische Phase mit Krankheitsgefühl, Dunkelfärbung des Urins und Pruritus
- evtl. Aszites

❑ **Diagnostik**

- *klinischer Befund*
  evtl. Ikterus, Hepatomegalie oder kleine Leber, Hämolyse oder andere Symptome durch Begleit(immun-)erkrankung
- *Labor*
  - negative Hepatitis A, B, C-Serologie sowie Nachweis der o.g. Antikörper
  - häufig - besonders im akuten Schub - deutliche Erhöhung von Transaminasen, Bilirubin, γ-GT, AP und des Eiweißes (insbesondere γ-Globulinfraktion)
  - verminderte Syntheseleistung: Verlängerungen der Prothrombinzeit, Erniedrigung von ChE und Albumin
- *Sonographie und CT* (Aszites?)
- *Leberbiopsie und Laparoskopie* zur Diagnosesicherung und Verlaufskontrolle

❑ **Therapie**

- *symptomatische Maßnahmen*
  H_1-Antagonisten oder Quantalan® bei Pruritus sowie Meiden von Noxen (insbesondere Pharmaka und Alkohol)
- *immunsuppressive Therapie*
  Kombinationstherapie mit Azathioprin (100-150 mg/die) und Prednisolon (50 mg/die bzw. 0,5-1,5 mg/kg KG/die primär, dann Reduzierung um 5 mg/Woche bis zur Erhaltungsdosis von 10-15 mg/die). Kontrolle der Transaminasen und des histologischen Befundes.

  Die Therapie (Kombinationstherapie oder alleinige Prednisolongabe) sollte für mindestens 2 Jahre durchgeführt werden. Danach kann bei Remission ein Auslaßversuch unternommen werden.
- *weitere Therapiestrategien*
  Budesonid, Anti-CD4-Antikörper sowie T-Zell-Impfung werden in der Zukunft an Bedeutung gewinnen

❑ **Verlauf und Prognose**

Die autoimmune Hepatitis hat unter immunsuppressiver Therapie eine günstige Prognose (5-Jahresüberlebensrate ca. 80 %). Die SLA-positive autoimmune Hepatitis hat dabei eine schlechtere Prognose. Regelmäßige Kontrollen sind notwendig, um evtl. Rezidive zu erkennen. Ggf. ist eine erneute immunsuppressive Therapie notwendig. Ohne entsprechende Therapie ist die Prognose schlecht.

4.4.4. Fettleber (Steatosis hepatis)

❑ Definition

Lichtmikroskopisch sichtbare, über 50 % des Parenchyms betreffende Verfettung der Leber. Die Fetteinlagerung ist dabei diffus und großtropfig. Betrifft die Verfettung weniger als 50 %, wird von der Leberzellverfettung gesprochen.

❑ Ätiologie und Pathogenese

Die Fettleber kann durch verschiedenste Ursachen bedingt sein (Tab. 4.53).

- Alkohol
- Diabetes mellitus (Typ II > Typ I)
- Fettstoffwechselstörungen
- Hyperalimentation und Adipositas
- parenterale Ernährung/Eiweißmangelernährung/Fasten
- M. Cushing
- M. Wilson
- Schwangerschaft
- medikamentös-toxisch (Chlorkohlenwasserstoffe, Phosphor, Corticosteroide, Tetrazykline, Reye-Syndrom u.a.)

Tab. 4.53: Mögliche Ursachen einer Fettleber.

Wichtigste Ursachen sind jedoch: Alkohol, Diabetes mellitus und Hyperalimentation.

Pathomechanismen sind:

- Fetteinlagerung durch vermehrtes Anfluten und Aufnahme von freien Fettsäuren, LDL und Chylomikronen und verminderte Abgabe in Form von VLDL
- Lipogenese aus überschüssigen Kohlenhydraten
- Der durch Alkoholabbau erhöhte NADH/NAD-Quotient hemmt den Zitronensäurezyklus bzw. die ß-Oxidation und begünstigt die Fettsäuresynthese
- Sauerstoffverbrauch bei der Alkoholoxidation (C_2H_5OH-Abbau über Alkoholdehydrogenase und mikrosomales Cytochrom P450-abhängiges alkoholoxidierendes System)
- Histologisch findet sich eine diffuse bis zentrolobuläre großtropfige Verfettung mit teils randständigen Zellkernen (wabige Leberzellen)
- Bei Sauerstoffmangel in der Leber (z.B. Rechtsherzinsuffizienz) kann ebenfalls die ß-Oxidation gestört sein und eine Lipidablagerung in den Hepatozyten erfolgen. Histologisch sind die Veränderungen hier läppchenzentral gelegen. Es finden sich großtropfige Verfettung und auch zugrunde gegangene Hepatozyten
- Bei der Eiweißmangelernährung (bis Kwashiorkor) sowie bei den meisten medikamentös-toxisch bedingten Leberfettungen liegen Störungen der Apolipoproteinsynthese vor

Die Einteilung der alkoholinduzierten Fettleber erfolgt u.a. nach *Kalk* (Tab. 4.54).

Stadium	Befund	klinische Bezeichnung
I	keine Entzündung	Fettleber
II	zusätzl. Entzündung	Fettleber-(bzw. Alkohol-)Hepatitis
III	zusätzl. Zirrhose	fett-(bzw. alkoholbedingte) Zirrhose

Tab. 4.54: Einteilung der Fettleber nach Kalk.

❑ **Symptomatik**

- meist asymptomatisch
- evtl. Druckgefühl im Oberbauch

❑ **Komplikationen (insbesondere der Alkoholfettleber)**

- (Alkohol-)Hepatitis
- (Alkohol-)Zirrhose

❑ **Diagnostik**

- *Befund*
  Adipositas? Hepatomegalie (prall elastisch bis derb mit stumpfem Rand)?
- *Labor*
  häufig unauffällig bzw. Erhöhung von γ-Glutamyltransferase, Cholinesterase und IgA, evtl. auch leicht erhöhte Transaminasen (Hepatitis?)
- *Sonographie*
  Leber deutlich vergrößert, konvexbogige Konturen, stumpfer Rand, echoreiche Binnenstruktur (meist relativ homogen), Rarefizierung der Lebervenen
- *CT*
  Möglichkeit zur Bestimmung des Verfettungsgrades (i.d.R. entbehrlich)
- Bei unklarer Ätiologie und zur weiteren Diagnostik (Hepatitis bzw. Zirrhose) *histologische Abklärung*. Eine feintropfige Verfettung findet sich u.a. bei der Schwangerschaftsfettleber, beim *Reye-Syndrom* sowie bei Fettleber infolge Tetrazyklingabe

❑ **Differentialdiagnose**

Die o.g. möglichen Ursachen müssen in die differentialdiagnostischen Erwägungen eingeschlossen werden.

❑ **Therapie**

- Bei alkoholbedingter Fettleber besteht die Therapie in strikter Alkoholabstinenz!
- Bei anderen Formen der Fettleber sind ebenfalls die entspr. Ursachen wie z.B. Diabetes mellitus und Überernährung zu behandeln

❑ **Prognose**

Die alkoholbedingte Fettleber ist unter Alkoholabstinenz in ein bis maximal drei Monaten rückbildungsfähig. Läßt sie sich nach dieser Zeit noch nachweisen, wird meist die Therapie nicht strikt befolgt oder andere Ursachen müssen in Erwägung gezogen werden.

4.4.4.1. Alkoholbedingte Hepatitis (Fettleberhepatitis)

❑ **Definition**

Akut oder chronisch verlaufende, durch Alkohol bedingte Hepatitis, bei der zusätzlich meist eine - ebenfalls alkoholbedingte - Steatosis hepatis vorliegt.

❑ **Ätiologie und Pathogenese**

- Chronischer Alkoholabusus kann neben einer Verfettung auch zu einer entzündlichen Veränderung im Leberparenchym führen
- Die alkoholbedingte Hepatitis kann dabei auch ohne Vorliegen einer Fettleber - primär - auftreten
- Liegt eine Fettleberhepatitis vor, müssen auch die bei der Fettleber aufgeführten möglichen Ursachen (Diabetes mellitus, Fettstoffwechselstörungen, Ernährungsstörungen, medikamentös-toxisch) in Betracht gezogen werden
- Die Alkoholhepatitis kann dabei akut oder chronisch verlaufen. Häufig geht dem akuten Verlauf ein Alkoholexzeß voraus

Pathomechanismen und histologische Veränderungen sind:

- vermehrte Fetteinlagerung in die Hepatozyten (teils randständige Zellkerne = Wabenstruktur)
- hyaline Degeneration der Hepatozyten (*Mallory-Bodies*)
- entzündliche Reaktion (insbesondere im Bereich der Portalfelder) mit mono-leukozytärer Infiltration
- Stimulation der Kollagensynthese über ortsständig transformierte Myofibroblasten
- Leberzellnekrosen

❑ **Symptomatik**

- bei akuter Verlaufsform (häufig nach Alkoholexzeß) Bild einer akuten Hepatitis

Leichter Verlauf:

- Übelkeit, Inappetenz, Erbrechen
- Druckgefühl im Oberbauch/Oberbauchschmerz
- Subikterus
- Hepato-/Splenomegalie

Schwerer Verlauf:

- Ikterus
- Fieber
- Aszites
- Bewußtseinsstörungen bis Koma
- Gerinnungsstörungen

Sonderform:

> *Zieve-Syndrom*:
> alkoholbedingte Hepatitis mit Ikterus + Hypertriglyzeridämie + hämolytische Anämie (Blutbildungsstörung und verkürzte Erythrozytenlebensdauer).

- bei subakutem bzw. chronischem Verlauf oligo- bis asymptomatisches Bild, evtl. Gewichtsabnahme

❑ **Komplikationen (insbesondere der Alkoholhepatitis)**

- fulminante Hepatitis bzw. Leberinsuffizienz mit Blutungen, Enzephalopathie/Delirium tremens und Aszites
- Hypoglykämie
- GI-Blutungen (z.B. Ösophagusvarizenblutung)
- hepatorenales Syndrom
- Alkoholzirrhose
- Kardiomyopathie/Herzrhythmusstörungen

❑ **Diagnostik**

- *Anamnese*
  langjähriger Alkoholabusus (> 3-5 Jahre), Alkoholexzeß?
- *Befund*
  - druckschmerzhafte Hepatomegalie in ca. 2/3 der Fälle
  - Splenomegalie in ca. 1/3 der Fälle
  - Ikterus/Leberinsuffizienzzeichen
- *Labor*
  Meist finden sich deutlich erhöhte Transaminasen (*DeRitis-Quotient* > 1) inkl. γ-Glutamyltransferase sowie Leukozytose. Bei cholestatischem Verlauf Erhöhung von Bilirubin, alkalischer Phosphatase. Erniedrigt sind hingegen häufig Erythrozyten (makrozytäre Anämie mit erhöhtem MCV) und Thrombozyten sowie insbesondere bei Leberinsuffizienz Quick-Wert, Cholinesterase, Albumin (bei erhöhtem IgA)
- *Sonographie*
  ähnliches Bild wie bereits bei der Fettleber beschrieben, ggf. Nachweis von Aszites, Übergang in Zirrhose?
- Sicherung der Diagnose mittels *Leberpunktion* (soweit nach Gerinnung und Thrombozyten möglich)

❑ **Differentialdiagnose**

- alle Formen der Hepatitis
- Leberzirrhose
- Leberzellkarzinom
- Cholangitis/Cholezystitis

❑ **Therapie**

- strikte Alkoholkarenz
- kohlenhydratreiche Kost (ggf. vollständige parenterale Zufuhr von Flüssigkeit, Kohlenhydraten, Aminosäuren, Vitamine und Elektrolyten über ZVK)
- Corticosteroide sind abzulehnen, da der schon bestehende Proteinkatabolismus dadurch unterstützt wird
- Bei der Vitaminsubstitution sind besonders Folsäure und Vitamin B_1 zu beachten

❑ **Prognose**

Die alkoholbedingte Hepatitis kann unter Alkoholkarenz vollständig ausheilen (evtl. Leberfibrose). In ca. der Hälfte der Fälle persistiert die Hepatitis jedoch. Nicht selten entwickelt sich eine Zirrhose. Besteht der Alkoholabusus weiter, entwickelt die Hälfte der Patienten in den nächsten Jahren eine Leberzirrhose. Die Letalität beträgt bereits im ersten Jahr > 10 %. Die Todesursachen sind mit denen der Leberzirrhose zu vergleichen.

4.4.4.2. Reye-Syndrom

❑ **Definition, Ätiologie und Pathogenese**

Das Reye-Syndrom ist eine akute Leberinsuffizienz mit hepatischer Enzephalopathie und Fettleberhepatitis. Es tritt nur bei Kindern (< 15 Jahre) nach grippalen Infekten und Einnahme von Azetylsalizylsäure auf. Es zeigt sich eine feintropfige Leberfettung mit diffuser Mitochondrienschädigung.

❑ **Symptomatik, Therapie und Prognose**

Nach Fieber und Erbrechen kommt es meist zu Bewußtseinsstörungen, die im Koma enden können. Ursächlich hierfür ist ein Hirnödem. Daneben werden Hypoglykämien sowie Niereninsuffizienz beobachtet. Die Therapie ist symptomatisch. Die Mortalität beträgt bis 50 %. Neurologische Defekte können zurückbleiben. Zu bleibenden Leberschäden kommt es hingegen nicht.

4.4.5. Leberzirrhose

❑ **Definition**

Der knotige Umbau des Leberparenchyms mit vermehrter Fibrose und Narbenbildung sowie Zerstörung der Läppchen- und Gefäßstruktur wird als Leberzirrhose bezeichnet. Die Entwicklung einer Zirrhose erfolgt meist chronisch. Der Umbau ist dabei irreversibel.

❑ **Häufigkeit**

In der Bundesrepublik sterben ca. 25-50/100.000 an den Folgen einer Leberzirrhose. Insgesamt ist die Zirrhosehäufigkeit eher zunehmend. Ca. 50 % der Zirrhosen wären vermeidbar und sind auf Alkoholmißbrauch zurückzuführen. Männer sind häufiger betroffen als Frauen.

❑ **Ätiologie und Pathogenese**

- Die Zirrhose kann als Spätfolge verschiedener Erkrankungen auftreten (Tab. 4.55)

medikamentös-toxisch	• Alkohol • CCl_4, Methotrexat, α-Methyldopa, INH, u.a.
infektiös	• Hepatitis B, C, D und NANB • Bilharziose (Schistosomiasis) u.a.
autoimmun	• autoimmune chronisch-aktive Hepatitis • primär biliäre Zirrhose
biliär	• Gallengangsatresie oder Stenosen • primär sklerosierende Cholangitis • Choledocholithiasis
vaskulär	• Rechtsherzinsuffizienz (Cirrhose cardiaque) • Panzerherz • Budd-Chiari-Syndrom • M. Osler
Stoffwechselstörungen	• M. Wilson • Hämochromatose • α_1-Antitrypsinmangel • Mukoviszidose • Galaktosämie • Glykogenose Typ IV
kryptogen	

Tab. 4.55: Mögliche Ursachen einer Leberzirrhose.

- In der Bundesrepublik sind ca. 50 % der Zirrhosen durch Alkohol begingt, in Afrika und Asien durch infektiöse Hepatitiden
  Das Zirrhoserisiko steigt mit Dauer und Menge des Alkoholgenusses an (☞ Kap. 4.4.15.)
- Die Entstehung der Zirrhose ist durch Entzündung, Nekrose und abnorme Regeneration gekennzeichnet. Zwischen den Nekrosen bilden sich bindegewebige Septen (Narben/passive Septen). Die durch Entzündungsreaktion bedingte Kollagenbildung führt zu sog. aktiven Septen. Die Leberdurchblutung wird durch portokavale Anastomosen sowie Einengung der Sinusoide beeinflußt. Folgen sind verminderte Leberdurchblutung und Erhöhung des portalen Drucks
- nach pathologisch-histologischen Kriterien werden unterschieden
  - feinknotige Leberzirrhose: Regeneratknoten < 3 mm
    Ursachen meist: Alkohol, M. Wilson, biliäre Zirrhosen, selten bei chronischer Hepatitis
  - großknotige Leberzirrhose: > 3 mm
    Ursachen häufig chronisch virale Hepatitiden. Eine Sonderform stellt die sog. grobknollige Leberzirrhose (Kartoffelleber) dar, die z.B. nach fulminanten Hepatitiden auftreten kann
  - gemischtknotige Leberzirrhose: Mischbild aus fein- und grobknotiger Zirrhose

  Ein Rückschluß vom histologischen Bild (in bezug auf Regeneratknoten) auf die Ursache ist i.d.R. jedoch nicht möglich.
- Die Leber kann bei der Zirrhose vergrößert, geschrumpft oder normal groß sein

- Folgen einer Leberzirrhose sind
  - Synthesestörungen (Gerinnungsfaktoren, Albumin, etc.) → Blutungen, Ödeme
  - Entgiftungsstörungen (NH_3, sekundärer Hyperaldosteronismus, u.a.) → Enzephalopathie
  - Sekretionsstörungen (Gallenfarbstoffe) → Ikterus
  - portale Hypertension → Ösophagusvarizen, Caput medusae

❑ Symptomatik

- häufig asymptomatisch bis leichte Allgemeinsymptome wie
  - Müdigkeit, verminderte körperliche Leistungsfähigkeit
  - Übelkeit, Inappetenz, Gewichtsabnahme (Muskelatrophie)
  - dyspeptische Beschwerden

  Die Leberzirrhose ist in diesem Stadium als kompensiert anzusehen.
- Wichtig ist auf Hautveränderungen (Tab. 4.56) zu achten, da bereits die genaue Inspektion den V.a. eine Leberzirrhose erhärten kann

• Palmar- und Plantarerythem	• Weiß- und Uhrglasnägel
• glatte rote Zunge (Lackzunge)	• Striae
• Lacklippen + Rhagaden	• Weißflecken nach Abkühlung
• Gefäßspinnen (Spider naevi), Teleangiektasien	• Xanthelasmen
• Kollateralvenen (Caput medusae)	• Parotisschwellung
• Dupuytren-Kontraktur	• Ikterus evtl. mit Kratzeffloreszenzen

Tab. 4.56: Typische Hautveränderungen im Rahmen einer Leberzirrhose.

- Die Zirrhose wird manifest, wenn die o.g. Störungen klinisch apparent werden. Dies kann sich u.a. in Ekchymosen und Petechien, sichtbaren Kollateralvenen oder hormonelle Veränderung (Erhöhung von Östrogenen und Aldosteron, Erniedrigung von Testosteron) äußern (Tab. 4.57)

Männer	Frauen
• Gynäkomastie • Fehlen der Sekundärbehaarung • Hodenatrophie • Libido- und Potenzstörungen	• Menstruationsstörungen

Tab. 4.57: Typische hormonelle Veränderungen bei Leberzirrhose.

- Zeichen der Dekompensation sind
  - Aszites
  - Ödeme
  - Enzephalopathie (bis Koma)
  - GI-Blutung
- Die klinische Schweregradeinteilung der Zirrhose erfolgt nach *Child* bzw. *Pugh* (Tab. 4.58)

Punkte	1	2	3
Enzephalopathie	keine	leicht-mäßig	mäßig-schwer
Aszites	kein	gering	ausgeprägt
Bilirubin (mg/dl)	< 2	2,0-3,0	> 3,0
Quickwert (%)	> 70	40-70	< 40
Albumin (g/dl)	> 3,5	2,8-3,5	< 2,8
Anstelle des Quickwertes kann auch der Ernährungszustand berücksichtigt werden:			
Ernährungszustand	gut	mäßig	schlecht
Child-Pugh-Gruppe	Punktsumme	Op-Risiko/Prognose	
A	5-6	gering/gut (relativ!)	
B	7-9	erhöht/mäßig	
C	10-15	hoch/schlecht	

Tab. 4.58: Klinische Einteilung der Zirrhosen nach *Child* bzw. *Pugh*.

❑ **Komplikationen**

- portale Hypertension
- GI-Blutungen sowie zerebrale Blutung bei Bagatelltraumata
- Aszites
- Enzephalopathie bis Koma
- hepatorenales Syndrom
- primäres Leberzellkarzinom
- bakterielle Peritonitis
- Infekte

❑ **Diagnostik**

- *Anamnese* (Alkoholabusus, chronisch-aggressive Hepatitis?)
- *Befund*
  Neben o.g. Befunden findet sich häufig eine Hyperpigmentation der Haut (Hämochromatose alkoholtoxisch, primär biliäre Zirrhose?), evtl. tastbare derbe Leber mit Regeneratknoten und Splenomegalie, periphere Neuropathie/*Wernicke*-Enzephalopathie, *Kayser-Fleischer'scher-Kornealring* (M. Wilson), *Diabetes mellitus* (Hämochromatose)
- *Labor*
  - Die Transaminasen sind bei aktiver Zirrhose (Untergang von Hepatozyten) erhöht. Dabei ist der *deRitis-Quotient* meist > 1. Bei "ausgebrannten" Zirrhosen (kleine derbe Leber, überwiegend Bindegewebe) sind diese meist im Normbereich
  - Bilirubin, alkalische Phosphatase und γ-GT sind bei cholestatischem Verlauf erhöht. Dabei weist die γ-GT bei alkoholbedingter Zirrhose die höchsten Werte auf
  - Syntheseparameter sind Cholinesterase, Quickwert, AT III, Albumin, die meist erniedrigt sind

- mögl. Test zum Abschätzen der Leberleistung
  - Aminopyrin-Atemtest
  - Galaktose-Belastungstest
  - Koffein-Speichelclearancetest
  - Indozyaningrün-Test
- NH_3 ist bei zentralnervösen Symptomen meist erhöht
- Bei den γ-Globulinen ist meist eine polyklonale Erhöhung festzustellen (Abb. 4.7). In erster Linie ist dabei IgG erhöht. Veränderungen des IgA finden sich besonders bei alkoholbedingter, des IgM bei primär biliärer Zirrhose

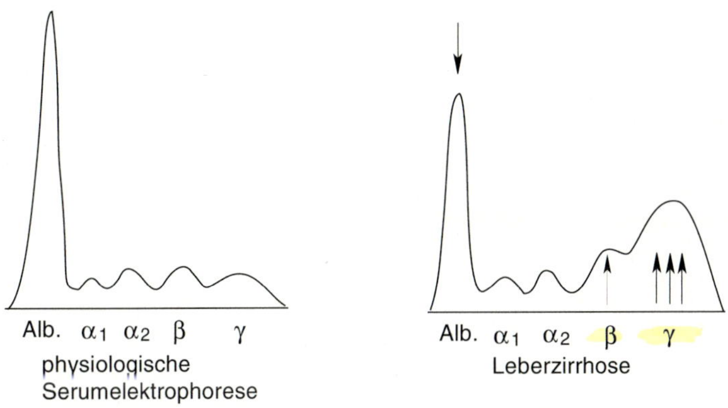

Abb. 4.23: Elektrophorese bei Leberzirrhose.

- Blutbild: meist makrozytäre Anämie (Vitamin B_{12}-, Folsäuremangel?) und Thrombopenie/Leukopenie (toxische Knochenmarksschädigung/Hypersplenismus)
- BKS und Serumeisen meist erhöht
- Erniedrigtes Natrium (keine Substitution!) sowie erhöhte Retentionswerte deuten auf eine renale Insuffizienz (hepatorenales Syndrom), dabei häufig normale Harnstoffwerte
- Serologie: Hepatitis B, C, D sowie ANA, AMA sind zur differentialdiagnostischen Abklärung sinnvoll (außerdem Kupfer im Serum und Urin!)

- *Sonographie*
  - Die klassische Leberzirrhose (*Laennec*) weist eine Schrumpfung mit vergrößertem Lobus caudatus, welliger Randkontur, stumpfem Rand, inhomogenes Binnenecho (teils knotenförmig, reflexreich), Rarefizierung und teils Verlagerung der intrahepatischen Venen. Bei beginnender Leberzirrhose kann das Bild aber auch dem einer Fettleber ähneln
  - Erweiterte V. portae (> 1,5 cm), Aszites, wiedereröffnete Umbilikalvenen sowie Splenomegalie deuten auf eine portale Hypertension
  - Die Cirrhose cardiaque hingegen bietet eine Hepatomegalie mit weiten intrahepatischen Venen und Mesenterialvenen sowie einer V. cava inferior mit fehlendem inspiratorischem Kollaps
- *CT*
  Bei schlechter Schallbarkeit sowie zur Abklärung des V.a. primäres Leberzellkarzinom bzw. diffuser Metastasierung ist ein CT indiziert
- *histologische Sicherung* (+ Verlaufskontrollen) durch laparoskopische oder sonographisch bzw. CTgraphisch gesteuerte Punktion

- *Aszitesdiagnostik*
- *Endoskopie bzw. radiologische Diagnostik* zur Abklärung von Ösophagusvarizen

❑ **Differentialdiagnose**

- andere Erkrankungen mit Hepatomegalie
- andere Erkrankungen mit Aszites
- andere Erkrankungen mit Splenomegalie
- Ikterus anderer Genese

❑ **Therapie**

- keine spezifische Therapie!
- Meiden der Noxen bzw. Behandlung der Grundkrankheit
- Ernährung
  - Vitaminsubstitution
    - Folsäure und Vitamin B_1 bei äthylischer Genese
    - z.B. ADEK® bei biliärer Genese
  - 50 % KH, 30 % Fett und 20 % Eiweiß
  - hyperkalorische Ernährung bei Mangelernährung
  - Eiweißrestriktion bei erhöhtem NH_3
- Fibrosehemmende Therapieformen sind in Erprobung (Colchizin)
- Behandlung der Komplikationen
- Lebertransplantation soweit sinnvoll und möglich

❑ **Prognose**

Die Prognose der manifesten Leberzirrhose ist insgesamt schlecht. Patienten mit CHILD-Klassifikation B oder C haben eine Dreijahresüberlebensrate von ca. 25 %. Patienten der CHILD A haben dagegen eine mittlere Lebenserwartung von 6 Jahren. Die beste Prognose haben klinisch inapparente äthylisch bedingte Zirrhosen unter strikter Alkoholabstinenz. Häufigste Todesursachen sind Ösophagusvarizenblutung, Leberversagen, Enzephalopathie oder hepatozelluläres Karzinom.

4.4.6. Portale Hypertension - Pfortaderhochdruck

❑ **Definition**

Die Erhöhung des Pfortaderdruckes (Normalwert um 5 mmHg) auf > 12 mmHg wird als Pfortaderhochdruck bezeichnet.

❑ **Ätiologie und Pathogenese**

- Physiologischerweise durchströmt pro Minute 1-1,5 l Pfortaderblut die Leber. Ca. 500 ml fließen über Äste der A. hepatica durch die Leber. Das Blut strömt schließlich in die Lebersinusoide und wird über die Zentralvenen in die Lebervenen und schließlich V. cava inferior abgeleitet

  Das Blut der V. portae entstammt im wesentlichen der/den:
  - V. lienalis
  - V. mesenterica superior
  - V. gastrica dextra, präpylorica und gastroepiploica dextra
  - Pankreasvenen
- Die Druckerhöhung kann dabei sowohl durch Widerstandserhöhung als auch durch Flußerhöhung bedingt sein (Tab. 4.59)

prähepatischer Block	• Pfortaderthrombose • arterioportale Fisteln • Pfortaderanomalien

intrahepatischer Block	• präsinusoidal
	  • primär biliäre Zirrhose
	  • Schistosomiasis (weltweit häufigste Ursache!)
	  • Lymphome im Rahmen von Systemerkrankungen

	• sinusoidal • chronisch-aktive Hepatitis
	• postsinusoidal • Zirrhose • veno-okklusive Erkrankung
posthepatisch	• Budd-Chiari-Syndrom • V. cava-Thrombose/Kompression • Rechtsherzinsuffizienz • Pericarditis constrictiva

Tab. 4.59: Klassifikation der portalen Hypertension.

- Häufigste Ursache ist (weltweit gesehen) die Bilharziose. In Deutschland liegt der portalen Hypertension jedoch meist eine Leberzirrhose zugrunde
- Eine Pfortaderthrombose kann septisch oder blande (unter östrogenhaltigen Kontrazeptiva, Polycythämia vera oder bei Pankreatitis, Leberzirrhose) auftreten. Daneben können Tumore (NPL, LK oder Pankreaszysten) zur Kompression der V. portae führen
- Das Budd-Chiari-Syndrom stellt einen Verschluß der Lebervenen dar. Ursachen hierfür können sein: Thrombosen, Tumor, Echinokokken etc.
- Folge der portalen Hypertension sind Ausbildung von portokavalen Anastomosen (Tab. 4.60) und entsprechende klinische Veränderungen (Tab. 4.61)

• Venen der kleinen Kurvatur → Ösophagusvenen → V. azygos → V. cava superior
• Venen der Bauchwand über wiedereröffnete V. umbilicalis → V. cava superior et inferior
• V. mesenterica inferior → V. rectalis superior → Plexus haemorrhoidalis
• Vv. lumbales, (supra-)renales et phrenicae → V. cava inferior

Tab. 4.60: Portokavale Anastomosen.

• Ausbildung von Fundus- und Ösophagusvarizen (Sie sind wichtige Ursache für lebensbedrohliche GI-Blutungen bei Patienten mit Leberzirrhose)
• sichtbare, varikös veränderte Bauchwandvenen bis zum Bild eines Caput medusae
• Aszites
• Splenomegalie mit Hypersplenismus
• gestörte Leberfunktion (mangelnde Entgiftung → first pass effect fehlt! Syntheseleistung sinkt)

Tab. 4.61: Folgen der portalen Hypertension bzw. portokavalen Anastomosen.

❑ **Symptomatik**

Die Symptomatik wird durch die in Tab. 4.61 genannten Punkte geprägt:

- Je nach Grad der portalen Hypertension kann der Patient noch relativ unauffällig sein
- Meist liegt bereits eine Splenomegalie vor
- sichtbare, varikös veränderte Bauchwandvenen - Caput medusae
- Vorgewölbtes Abdomen sowie ausladende Flanken + Nabelhernie sprechen für Aszites
- evtl. obere GI-Blutung
- bei mangelnder Entgiftungsfunktion Bild der hepatischen Enzephalopathie

❑ **Diagnostik**

- primärdiagnostische Maßnahme ist die *Sonographie* (evtl. ergänzt durch CT)
- *Endoskopie* mit Frage: Fundus- und Ösophagusvarizen?
- *Druckmessung* in der V. portae - *Splenoportographie*
  direkte perkutane Portographie mit Druckmessung (*cave*: keine Thrombopenie, Quick > 50 %, kein Aszites, Bilirubin < 5 mg%!). Indirekte Messung über Differenz aus Lebervenendruck und Lebervenenverschlußdruck möglich
- Abklärung der Ursache für die portale Hypertension
  Hepatitis-Serologie, AMA, ANA, Kupfer, Blutbild, Gefäßdiagnostik (Farbdoppler, Angiographie), ggf. *Leberpunktion* oder *Laparoskopie*, bei Auslandsaufenthalt: Bilharziose?

❑ **Therapie**

- primär Behandlung der Grundkrankheit
- Senkung des portalen Drucks durch ß-Blocker (Propranolol, z.B. Dociton®: klinische Dosisanpassung bis Ausgangsherzfrequenz um 25 % gesenkt)
- Behandlung von evtl. Komplikationen (Aszites, GI-Blutung)
- Operativ sind Sperroperationen, die den Abfluß über die Ösophagusvenen vermindern sowie Shunt-Operationen möglich. Letztere senken den Druck im Portalvenensystem auf Kosten einer sich häufig entwickelnden Enzephalopathie

  Gebräuchliche Op-Verfahren sind:
  - portokavaler Shunt: gute Wirksamkeit, hohe Enzephalopathierate
  - proximaler splenorenaler Shunt (*Linton*): Kontraindikation ist Aszites, geringere Senkung des Drucks im Portalvenensystem
  - distaler splenorenaler Shunt (Warren): ähnlich Linton-Shunt

❑ **Prognose**

Die Prognose ist unterschiedlich, jedoch insgesamt eher ungünstig. Kann bei benignem Grundleiden die Ursache beseitigt werden, ist sie gut. Haben sich Ösophagusvarizen ausgebildet, kommt es bei 1/3 zur akuten Blutung. Diese hat eine Letalität von ca. 50 %, die Rezidivblutung von ca. 75 %.

4.4.7. Aszites

❑ **Definition**

Die freie Flüssigkeitsansammlung im Bauchraum wird als Aszites bezeichnet.

❑ Ätiologie und Pathogenese

Häufigste Ursachen sind:

- Leberzirrhose
- Malignome (Peritonealkarzinose, Ovarialtumore u.a.)
- Entzündungen (Peritonitis, Pankreatitis, Tuberkulose u.a.)
- Lymphabflußstörungen (Peritonealkarzinose, retroperitoneale Lymphome)
- portale Hypertension (prä- und posthepatisch: Pfortaderthrombose, Budd-Chiari-Syndrom, Rechtsherzinsuffizienz)
- nephrotisches Syndrom und andere Erkrankungen mit Hypoproteinämie

Wichtigste pathophysiologische Aspekte sind (Beispiel: Leberzirrhose):

- verminderte Proteinbiosynthese
- erhöhte Produktion von Lymphflüssigkeit
- erhöhter Pfortaderdruck bei vermindertem kolloidosmotischem Druck
- verminderte Na^+-Ausscheidung und sekundärer Hyperaldosteronismus
- Lokale Entzündungsreaktionen können zusätzliche Exsudate bilden

❑ Symptomatik

- Aszites ist ab einer Menge von ca. 1.000 ml klinisch, sonographisch ab ca. 30 ml nachweisbar
- aufgetriebenes Abdomen (häufig zusätzlich Meteorismus) und ausladende Flanken (im Liegen)
- Begleitsymptome:
  - Splenomegalie → portale Hypertension, meist Leberzirrhose
  - Pleuraerguß → Herzinsuffizienz, Leberzirrhose, Tumore /*Meigs-Syndrom*
  - Ödeme → Herzinsuffizienz oder Eiweißmangel, Vena-Cava-Syndrom (selten)

❑ Komplikationen

- lokale Peritonitis (bakteriell)
- Dyspnoe (verminderte Zwerchfellbeweglichkeit, evtl. Lungenödem)
- Elektrolytentgleisung
- Reflux

❑ Diagnostik

- *klinische Untersuchung* in Rücken-, Seit- und Knie-Ellen-Lage: Ballotement und Flankendämpfung (häufig durch Adipositas erschwert)
- *Sonographie*
- diagnostische *Punktion* (kontralateraler McBurney) (Tab. 4.62)

• Farbe
• Zytologie
• Hygiene/Bakteriologie
• Labor (Erythrozyten, Leukozyten, Eiweiß, Fibronektin, spez. Gewicht, LDH, Laktat, Cholesterin, Triglyzeride, Glukose, Amylase, Lipase, pH)

Tab. 4.62: Untersuchungsprogramm bei Aszitespunktion.

Wichtig ist die Differenzierung zwischen Exsudat und Transsudat (Tab. 4.63).

	Exsudat	Transsudat
Eiweiß	> 3 g/dl	< 3 g/dl
Spez. Gewicht	> 1.016 g/l	< 1.016 g/l
LDH	> 200 U/l	< 200 U/l

Typische Konstellationen sind:

Transsudate

- *Leberzirrhose*
  meist klar, gelb-grünlich, wenig Mesothelzellen und Leukozyten, keine Erythrozyten, Cholesterin und Albumin erniedrigt
- *Rechtsherzinsuffizienz*
  klar, bernsteinfarben, wenig Zellen (Leukozyten, Mesothelzellen)
- *Hypalbuminämie*
  bernsteinfarben bis chylös, nahezu zellfrei, evtl. Triglyzeride und Cholesterin erhöht

Exsudate

- *Karzinome - Peritonealkarzinose*
  bernsteinfarben, hämorrhagisch bis chylös, Erythrozyten +/-, Leukozyten in 50 % > 1.000, evtl. Nachweis maligner Zellen, LDH > 500 U/l, Cholesterin > 100 mg/dl, Glukoseverhältnis Serum/Aszites < 1
- *Pankreatitis*
  hämorrhagisch bzw. chylös, Erythrozyten -/++, LDH, Amylase und Lipase erhöht
- *Peritonitis*
  trüb bis putride, Leukozyten > 1.000, pH erniedrigt, Laktat > 4,5 mmol/l, Glukoseverhältnis Serum/Aszites > 1, zusätzlich Kultur und Präparat
- *Tuberkulose*
  meist trüb bis hämorrhagisch, Leukozyten (bzw. Lymphozyten) > 1.000, LDH erhöht, Glukose erniedrigt, zusätzlich Kultur und Präparat (*Ziehl-Neelsen-Färbung*)

Tab. 4.63: Differenzierung zwischen Exsudat und Transsudat.

❑ Therapie

- Bettruhe sowie low-dose-Heparinisierung mit (2-)3x5.000 I.E bzw. 2x7.500 I.E. s.c. (Kontrolle der Gerinnungsparameter inkl. Thrombozyten)
- NaCl-Restriktion (1-2 g/die)
- Flüssigkeitsrestriktion (Minusbilanz von 500 ml/die anstreben)
- Aldosteronantagonist: Spironolacton (z.B. Aldactone®) 100-400 mg/die (evtl. primär i.v.)
- zusätzlich Schleifendiuretikum: Furosemid (z.B. Lasix®) 2x40 mg (bis 2x500 mg) je nach Ansprechen

Ziel: Gewichtsreduktion von 500 (- 1.000) g/die

- engmaschige Kontrolle von Elektrolyten, Retentionswerten, NH_3, Bilanz und Gewicht

- Aszitespunktion (bei Dyspnoe oder prallem Abdomen oder unzureichendem medikamentösen Therapieerfolg): Punktion am kontralateralen McBurney-Punkt. Empfohlene Menge: 1.000-2.000 ml. Ggf. Albuminsubstitution (pro Sitzung 20 g)
- Antibiotika bei Peritonitis
- bei Hyponatriämie und erniedrigtem Hämatokrit keine NaCl-Substitution: Verdünnungshyponatriämie! (Bei normalem Hämatokrit Normalisierung der NaCl-Zufuhr und Reduktion der Diuretikadosis)
- anschließend Langzeittherapie mit Aldosteronantagonisten + Diuretikum unter täglicher Gewichtskontrolle
- Ultima-ratio: peritovenöser Shunt nach *Leveen* oder *Denver* (häufig Blutungen bzw. Thrombosierungen)

4.4.8. Hepatorenales Syndrom

❑ **Definition**

Ein progredientes Nierenversagen im Rahmen einer Lebererkrankung, die durch zunehmende Insuffizienz der Leber gekennzeichnet ist, wird als hepatorenales Syndrom bezeichnet. Meist liegt dabei eine Leberzirrhose vor.

❑ **Ätiologie und Pathogenese**

- häufig bei Leberzirrhose (insbesondere im Rahmen einer GI-Blutung)
- häufig unter hochdosierter Diuretikatherapie
- Pathogenese unklar (Minderperfusion der Nierenrinde, Störung der Salz- und Wasserausscheidung?)
- Einfluß von Prostaglandinen wahrscheinlich, daher Vorsicht bei Gabe von NSAR
- Die Störung ist funktionell bzw. reversibel

❑ **Symptomatik**

- Aszites und Ödeme
- Hyposthenurie, zunehmende Oligurie bis Anurie

❑ **Diagnostik**

- *Labor*
  typischerweise Creatinin, Harnstoff und Kalium erhöht, Natrium erniedrigt, häufig metabolische Azidose

❑ **Therapie**

- Behandlung der Leberinsuffizienz
- Ausgleich von Elektrolyten (evtl. Flüssigkeitszufuhr)
- Behandlung von Infekten und anderer Begleitsymptome

4.4.9. Exogenes Leberkoma - hepatische Enzephalopathie

❑ **Definition**

Leberausfallskoma bzw. zentralnervöser Symptomenkomplex infolge Störungen durch fehlende Entgiftung, mangelnde Synthese und Exkretion bei Leberinsuffizienz.

❑ Häufigkeit

Ein Großteil der Patienten mit Leberzirrhose entwickelt eine hepatische Enzephalopathie. Die dekompensierte Leberzirrhose endet häufig im exogenen Leberkoma mit letalem Ausgang.

❑ Ätiologie und Pathogenese

Vorkommen meist bei Leberinsuffizienz im Rahmen einer Leberzirrhose (Tab. 4.64).

- zusätzlicher Alkoholgenuß
- eiweißreiche Kost
- GI-Blutung (= Eiweiß gelangt in den Darm)
- Eingriffe wie Aszitespunktion, Operationen etc.
- medikamentös (hochdosiert Diuretika, Sedativa, Analgetika etc.)
- Obstipation
- Alkalose (→ NH_3-Diffusion ins Gehirn verbessert) und Erbrechen
- Infektionen, Schock

Tab. 4.64: Mögliche Faktoren, die zu einer Verschlechterung der hepatischen Enzephalopathie führen können.

Pathophysiologisch sind folgende Faktoren von Bedeutung: mangelnde Funktion der Leber und Vorbeileiten toxischer Stoffe (Tab. 4.65) an der Leber durch portokavale Shunts (fehlender first pass effect).

- NH_3
  Ammoniak entsteht durch Proteinabbau und renal. Wesentlicher Bildungsort ist jedoch enteral (Darmbakterien). Der NH_3-Spiegel korreliert i.d.R. mit dem Grad der Enzephalopathie oder des Komas
- Mercaptane und γ-Aminobuttersäure (GABA)
  erhöht bei Patienten mit hepatischer Enzephalopathie
- evtl. zusätzlich "falsche Transmitter"
- freie kurzkettige Fettsäuren

Tab. 4.65: ZNS-toxische Substanzen bei hepatischer Enzephalopathie.

❑ Symptomatik:

Das Coma hepaticum wird in 4 Stadien eingeteilt (Tab. 4.66).

I	*Prodromalstadium (I)* Verwirrtheit, etwas verwaschene Sprache, Müdigkeit, Verlangsamung, verminderte geistige Leistungsfähigkeit, wechselnde Stimmungslagen. Beginnender Flapping tremor
II	*Prodromalstadium (II)* Zunahme der o.g. Symptome mit Schläfrigkeit, deutliche Minderung der intellektuellen Fähigkeiten, verwaschene Sprache, Affektlabilität. Flapping tremor (grobschlägig), Störungen des Schriftbildes. EEG-Veränderungen
III	*stuporöses Stadium* Patient schläft, ist jedoch erweckbar. Unzusammenhängende Sprache, Patient nicht orientiert. Flapping tremor, Schreiben meist nicht mehr möglich, Foetor hepaticus (erdig, leder- bzw. lederartig). EEG-Veränderungen
IV	*Koma* Patient nicht erweckbar, reagiert nicht auf Schmerzreize, Areflexie (Kornealreflex negativ), Foetor hepaticus sowie EEG-Veränderungen. Meist kein Tremor

Tab. 4.66: Stadieneinteilung beim Coma hepaticum.

❑ **Diagnostik**

- *Labor*
  Alkalose, NH_3 erhöht, weitere Laborveränderungen wie bei Leberinsuffizienz (ChE, K^+ und Quick erniedrigt, verlängerte PTT, erhöhte γ-GT, Transaminasen)
- evtl. *EEG* und *Schriftbild* (Verlaufskontrolle)

❑ **Differentialdiagnose**

- endogenes Leberkoma
- andere Komaformen bei
  - Diabetes mellitus
  - Urämie
  - Schilddrüsenstoffwechselstörung
  - endokrinen Störungen
  - zerebralen Störungen
  - Trauma und Intoxikation

❑ **Therapie**

- *Ernährung*
  Im Stadium I ausreichende Kalorienzufuhr, um den Proteinkatabolismus zu unterbinden. Hauptsächlicher Energieträger sollte Glukose sein (kein Sorbit, Xylit oder Laktose). Eiweiß 0,5 g/kg KG/die (unter NH_3-Kontrolle bis 1 g/kg KG/die), Fett bis 1 g/kg KG/die
  Bei Verschlechterung parenteral:
  - Glukose
  - Aminosäuren:
    bei GI-Blutung anfangs eiweißfrei, dann, wie auch im Koma, für 1-3 Tage verzweigtkettige Aminosäuren und schließlich Aminosäuregemische mit niedrigem Anteil an zyklischen Aminosäuren
  - Fett 1 g/kg KG/die (nicht im Koma)
  - Substitution von Vitaminen (insbesondere Vitamin K)
- *Volumen- und Elektrolytsubstitution*
  Ausgleich eines evtl. K^+-Defizits (*cave*: Ausgleich von erniedrigtem Na^+), evtl. Albumingabe (10-20 g)

- *Koma*
  Überwachung der Vitalparameter, Bilanzierung, Kontrolle von NH_3, Elektrolyten und Säure-Basenhaushalt sowie des Gerinnungsstatus (ggf. Substitution von FFP, PPSB, AT III)
- *Senkung des Ammoniakspiegels durch*
  - Förderung der Darmentleerung
    - Mg-Sulfat 10-20 g p.o. oder als Einlauf
    - Laktulose: 3x10-50 ml (20 %). (2-3 Stühle/die und Stuhl-pH von 5-6 erwünscht) wirkt abführend und hemmt gleichzeitig die Darmflora und damit die NH_3-Bildung
  - Hemmung der Darmflora
    - Laktulose s.o.
    - schwer resorbierbare Antibiotika wie Neomycin (z.B. Humatin®) 3-4x1 g p.o. (nephro- und ototoxisch)
- *Streßulkusprophylaxe*
- *Behandlung der Ursachen* der Leberzirrhose, Absetzen von evtl. leberschädigenden Medikamenten etc.
- evtl. *Lebertransplantation*
- *Langzeittherapie:* Laktulose

❑ **Prognose**

Aufgrund der meist vorliegenden Leberzirrhose insgesamt eher ungünstig. Bei prähepatischem Block und portokavaler Anastomose ist die Prognose vergleichsweise besser.

4.4.10. Akutes Leberversagen - endogenes Leberkoma

❑ **Definition**

Akutes Versagen der Leber durch ausgedehnte Leberzellnekrosen ohne vorbestehende Symptome einer Leberfunktionsstörung. Es treten zentralnervöse Störungen im Sinne eines Leberzerfallskomas auf.

❑ **Häufigkeit**

Im Gegensatz zum exogenen Leberkoma eher selten.

❑ **Ätiologie und Pathogenese**

- Virushepatitis (C, D und B, seltener A)
- medikamentös-toxisch
  - Halothan
  - Paracetamol
  - Amanitine (Knollenblätterpilzvergiftung u.a.)
  - Phosphor
  - CCl_4
  - Schock
  - Budd-Chiari-Syndrom
  - Tumore
  - Reye-Syndrom
  - Fruktoseintoleranz
- Pathophysiologisch kommt es zu einem Funktionsverlust der Leber mit Störungen der Synthese, Sekretion und Entgiftung

- Für die zentralnervösen Symptome sind die gleichen Substanzen wie bereits beim exogenen Leberkoma (Kap. 4.4.9.) beschrieben verantwortlich

❑ **Symptomatik**

- Ikterus, Foetor hepaticus
- Fieber
- anfangs Hepatomegalie, später kleine Leber
- hämorrhagische Diathese (Synthesemangel von Gerinnungsfaktoren, DIC)
- Hypotonie
- Aszites, Ödeme
- Nierenversagen
- Hyperventilation
- Coma hepaticum (4 Stadien)

❑ **Komplikationen**

- Hirnödem
- Blutungen
- respiratorische Insuffizienz
- Niereninsuffizienz
- Infektion

❑ **Diagnostik**

- *Labor*
  anfangs meist starke Erhöhung von Transaminasen, Bilirubin, NH_3 sowie Plasmaaminosäuren. ChE und Quick (< 20 %) erniedrigt (auch K^+), verlängerte PTT. Im Blutbild häufig Thrombozytopenie
- *EEG, CCT* und ggf. *Hirndruckmessung* bei Koma

❑ **Differentialdiagnose**

- exogenes Leberkoma und Komata anderer Genese

❑ **Therapie**

- bei Intoxikation
  - Primäre Giftelimination (Magenspülung, Gabe von Kohle und Glaubersalz) und evtl. sekundäre Giftelimination (z.B. forcierte Diurese, Hämoperfusion) sollten nach Rücksprache mit einer Giftinformationszentrale erfolgen
  - Die Antidottherapie spielt bei der Paracetamolvergiftung eine Rolle. Antidot ist Azetylcystein (z.B. Fluimucil®). Dosierung 150 mg/kg KG in 200 ml 5 % Glukose-Lösung über 15 min. Dann 50 mg/kg KG in 500 ml 5 % Glukose-Lösung über 4 h. Anschließend 100 mg/kg KG in 1.000 ml 5 % Glukose-Lösung über 16 h
- Ernährung parenteral
  - Glukose 20 % 1.000 ml
  - Aminosäuren: bei Koma für 1-3 Tage verzweigtkettige Aminosäuren und anschließend Aminosäuregemische mit niedrigem Anteil an zyklischen Aminosäuren (bei GI-Blutung eiweißfrei)

- keine Fettinfusion im Leberkoma
- Substitution von Vitaminen (Vitamin K!)

- Volumen- und Elektrolytsubstitution (*cave*: Hirnödem)
- Überwachung der Vitalparameter, Bilanzierung, Kontrollen von NH_3, Transaminasen, Elektrolyten und Säure-Basenhaushalt sowie des Gerinnungsstatus (ggf. Substitution)
- Senkung des Ammoniakspiegels durch bereits aufgeführte Maßnahmen (☞ Kap. 4.4.9.)
- Streßulkusprophylaxe
- Behandlung des Hirnödems mit Mannit (z.B. Osmofundin®)

❑ **Prognose**

Die Prognose ist schlecht (Letalität > 70 %). Junge Patienten haben eine deutlich bessere Prognose. Häufigste Todesursache ist das Hirnödem.

4.4.11. Cholestase - Ikterus

❑ **Definition**

Steigt das Bilirubin im Blut auf Werte > 2 mg/dl (35 µmol/l) kommt es zum Ikterus (Gelbsucht). Klinisch zeigt sich dieses Symptom in Gelbfärbung von Konjunktiven und Haut.

Es können Störungen des Galleflusses vorliegen, die als Cholestase bezeichnet werden.

❑ **Ätiologie und Pathogenese**

Bilirubinstoffwechsel:
Bilirubin entsteht beim Abbau von *porphyrinhaltigen Proteinen*, von denen beim Menschen Hämoglobin mit 80 % den Großteil ausmacht. Nach Entfernung des Eisens und des Globinanteils entsteht durch Oxidation *Biliverdin* (grün). Nach Reduktion entsteht *Bilirubin*. Dieser Abbau vollzieht sich im wesentlichen intrazellulär im Monozyten-Makrophagen-System (MMS) (Leber, Knochenmark, Milz). Das Bilirubin wird ins Blut abgegeben und - da es relativ unlöslich ist - an Albumin gekoppelt (*indirektes Bilirubin*). Der Hepatozyt löst das Bilirubin wieder vom Albumin und nimmt es mittels Carrier auf. Intrazellulär im endoplasmatischen Retikulum erfolgt die Glukuronisierung (UDP-Glukuronyltransferase). Anschließend wird das jetzt gut lösliche Bilirubin in die Gallenkanälchen aktiv sezerniert und gelangt in den Darm. Aufgrund der Polarität des konjugierten (*direkten*) Bilirubins ist eine Rückdiffusion oder Reabsorption nicht möglich. Im Darm wird das Bilirubin durch die Darmbakterien weiter umgebaut: Es entsteht *Urobilinogen*, das zum Teil reabsorbiert (ca. 1/5, enterohepatischer Kreislauf) und zum überwiegenden Teil dann renal ausgeschieden wird. Weitere Metaboliten sind *Sterkobilinogen* bzw. *Sterkobilin* und *Urobilin*, die Stuhlpigmente sind.

Störungen des Galleflusses (Cholestase) können mechanisch (intra- und extrahepatisch) oder nicht-mechanisch sein. Letztere sind meist durch Störung im Carrier-Mechanismus und Membranveränderungen sowie durch Motilitätshemmung der Gallenkanälchen bedingt. Weitere Mechanismen werden diskutiert. Im Rahmen der Cholestase kommt es neben einer Hyperbilirubinämie zu einer Erhöhung der Gallensäuren, die für den Pruritus verantwortlich sind, der Phospholipide und des Cholesterins.

Ein Ikterus, d.h. eine Bilirubinerhöhung im Blut, kann dabei aufgrund verschiedener Ursachen (Tab. 4.67) auftreten. Physiologisch ist der Neugeborenenikterus, der auf eine verkürzte Erythrozytenüberlebenszeit und eine Unreife der Leber zurückzuführen ist.

prähepatisch	• hämolytischer Ikterus • ineffektive Erythropoese (Shunt-Hyperbilirubinämie)

intrahepatisch	• Konjugationsstörungen (auch mikrosomal bezeichnet):
	  • *Morbus Gilbert-Meulengracht* (prämikrosomal-mikrosomal)
	  • *Crigler-Najjar-Syndrom*
	• medikamentös prämikrosomal (Konkurrenz des Medikaments mit dem Transportprotein, z.B. intrazellulär: Antiarrhythmika wie Ajmalin oder Chinidin)
	• Sekretionsstörungen:
	  • *Dubin-Johnson-Syndrom*
	  • *Rotor-Syndrom*
	• Kombinationen zwischen Konjugations- und Sekretionsstörungen:
	  • Hepatitis (jeglicher Genese)
	  • Leberzirrhose
	  • Stauungsleber

posthepatisch	Der posthepatische Ikterus wird auch als Verschlußikterus bezeichnet. Die Störung kann zwischen den Gallenkanalikuli und der Papilla vateri liegen. Daher wird zwischen intra- und extrahepatischer Cholestase unterschieden:
	• intrahepatische Cholestase
	  • mechanisch
	    • Hepatolithiasis
	    • maligne oder entzündliche Gallenwegsstenosen
	    • Mukoviszidose
	    • Pericholangitis
	    • primär sklerosierende Cholangitis
	  • nicht-mechanisch
	    • Hepatitis
	    • Medikamente
	    • Schwangerschaftscholestase (1:2000-8000)
	    • primär biliäre Zirrhose
	    • α_1-Antitrypsinmangel
	    • M. Hodgkin
	    • idiopathische intrahepatische Cholestase
	• extrahepatische Cholestase
	    • Konkremente im Ductus choledochus
	    • Karzinome (Gallengang, Pankreas, Papille)
	    • Pankreatitis (Pseudozysten)
	    • postoperativ
	    • Parasiten wie Askariden

Tab. 4.67: Unterteilung des Ikterus und mögliche Ursachen.

❑ **Symptomatik**

- Ikterus mit Gelbfärbung von Haut und Schleimhäuten

Weitere mögliche Symptome:

- Entfärbung des Stuhl bei Cholestase
- Oberbauchschmerzen, Übelkeit, Fieber (Hepatitis?)
- Fieber, Schüttelfrost (Cholangitis, Leberabszeß oder andere Infektionskrankheit?)
- schmerzlos (maligner Verschlußikterus?)
- kolikartige Schmerzen (Choledocholithiasis?)
- Schmerzen im Rücken (Pankreatitis, Pankreaskarzinom?)
- Kachexie (Leberfilialisierung?)
- Einstiche in der Ellenbeuge/Drogenabusus (Hepatitis?)
- Zirrhosezeichen
- Juckreiz (Cholestase)
- Xanthelasmen (Hypercholesterinämie bei Cholestase)
- Maldigestion (Fettverdauung gestört)
- Mangel an Vitaminen A, D, E und K (gestörter enterohepatischer Kreislauf der Gallensäuren)

❑ **Diagnostik**

- *Blickdiagnose:* Ikterus

Differentialdiagnose mittels:

- *Anamnese* (Auslandsaufenthalt, Kontakt zu Personen mit Hepatitis, Bluttransfusionen, familiär, Alkoholgenuß, Drogenabusus, Medikamente, bekannte Cholelithiasis, Juckreiz, Kratzeffloreszenzen, Stuhl-, Urinfarbe?)
- *Labor* (Tab. 4.68)
  - Bilirubin (direkt und indirekt)
  - GOT, GPT, evtl. GLDH (Leberzellschädigung)
  - LAP, γ-GT, AP (Cholestase)
  - LDH (Hämolyse, Tumore)
  - Bilirubin und Urobilinogen im Urin
  - ferner
    Hepatitis-Serologie, ggf. weitere serologische Tests: IgM, AMA, ANA, Rheuma-Serologie
    Eisen, Kupfer, Gerinnung (PTT, Quick)
- *Sonographie*
  zur Differentialdiagnose intra- bzw. posthepatischer Cholestase (aufgestaute erweiterte Gallenwege, Nachweis von Konkrementen oder Raumforderungen), ggf. Ergänzung durch CT
- *ERCP bzw. PTC*
- *Laparoskopie bzw. Laparotomie*

	prähepatisch	hepatisch	posthepatisch
indirektes Bilirubin	erhöht	normal/erhöht	normal
direktes Bilirubin	normal	erhöht	erhöht
Urinbilirubin	normal	erhöht	erhöht
Urobilinogen	erhöht	normal/erhöht	normal
GOT/GPT	normal	deutlich erhöht	erhöht
AP/γ-GT	normal	erhöht	stark erhöht
LDH	stark erhöht	normal/erhöht	meist normal
Stuhl	normal	normal/acholisch	acholisch
Pruritus	negativ	mäßig	stark

Tab. 4.68: Differentialdiagnose bei Ikterus.

❑ **Therapie**

- Der idiopathische Schwangerschaftsikterus wie auch die meisten der familiären Hyperbilirubinämien sind prognostisch günstig und bedürfen keiner Therapie
- Bei hämolytischem oder hepatozellulärem Ikterus ist die Grundkrankheit zu behandeln
- Medikamentös ausgelöste Cholestasen bessern sich in der Regel spontan nach Absetzen des auslösenden Medikaments
- Der durch Steine bedingte Verschlußikterus läßt sich heute meist durch die endoskopische Papillotomie und Steinextraktion therapieren
- Der maligne Verschlußikterus kann häufig nur palliativ mittels endoskopisch implantierter oder externer Drainage beseitigt werden

Familiäre Syndrome mit Hyperbilirubinämie

4.4.11.1. Morbus Gilbert-Meulengracht - Icterus juvenilis intermittens

❑ **Definition, Ätiologie und Pathogenese**

Häufigste, meist autosomal dominant vererbte, Bilirubinstoffwechselstörung mit Störung der hepatozellulären Bilirubinaufnahme und verminderter Glukuronyltransferaseaktivität. Betroffen sind ca. 5 % der Bevölkerung, Manifestationsalter zwischen 20 und 30 Jahre.

❑ **Symptomatik, Diagnostik, Therapie und Prognose**

Meist nur leichter Ikterus bis max. 4-5 mg/dl (indirektes) Bilirubin ohne wesentliche klinische Beschwerden (evtl. Müdigkeit, Oberbauchbeschwerden). Die übrigen Enzymparameter (GPT, GOT, AP, γ-GT) sind im Normbereich, die Leberhistologie unauffällig. Nach Fasten oder Nikotinsäuregabe kommt es zum Bilirubinanstieg. Phenobarbital kann durch Enzyminduktion den Bilirubinspiegel senken. Eine Therapie ist nicht notwendig. Die Prognose ist gut.

4.4.11.2. Crigler-Najjar-Syndrom

❑ Definition, Ätiologie und Pathogenese

Unterschieden werden zwei Formen:

- Typ I wird autosomal rezessiv vererbt und ist durch völliges Fehlen der UDP-Glukuronyltransferase gekennzeichnet
- Typ II, autosomal dominant vererbt, weist eine deutliche Verminderung der Glukuronyltransferaseaktivität auf

❑ Symptomatik, Diagnostik, Therapie und Prognose

- Bei Typ I kommt es in den ersten Tagen nach Geburt zum einem ausgeprägten Ikterus (mit Kernikterus) mit infauster Prognose
- Typ II manifestiert sich in der Regel im ersten Lebensjahr oder später. Das erhöhte indirekte Bilirubin läßt sich durch Phenobarbital (Enzyminduktion) senken. Da sich keine neurologischen Defekte ausbilden, ist die Prognose eher günstig

4.4.11.3. Dubin-Johnson-Syndrom

❑ Definition, Ätiologie und Pathogenese

Seltene, autosomal rezessiv vererbte Exkretionsstörung mit normaler Bilirubinkonjugation.

❑ Symptomatik, Diagnostik, Therapie und Prognose

Manifestation bei Frauen häufig in der Schwangerschaft. Meist nur mäßige Erhöhung des direkten Bilirubins (bis 5 mg/dl). Klinische Beschwerden wie Übelkeit und Oberbauchbeschwerden werden berichtet. Im Urin werden vermehrt Bilirubin und Urobilinogen ausgeschieden. Histologisch findet sich in der Leber (zentroazinär) schwarzbraunes Pigment. Der *Bromsulphthaleintest* fällt pathologisch aus (2. Gipfel). Eine Therapie ist nicht notwendig. Die Prognose ist gut.

4.4.11.4. Rotor-Syndrom

❑ Definition, Ätiologie und Pathogenese

Autosomal rezessiv vererbte Störung der Bilirubinexkretion und Speicherung.

❑ Symptomatik, Diagnostik, Therapie und Prognose

Die Symptomatik ist ähnlich dem Dubin-Johnson-Syndrom. Der *Bromsulphthaleintest* weist jedoch keinen 2. Peak auf. Histologisch ist die Leber ohne Pigmentvermehrung. Auch ohne Therapie ist die Prognose gut.

4.4.11.5. Tygstrup-Syndrom - idiopathische rezidivierende intrahepatische Cholestase

❑ Definition, Ätiologie und Pathogenese

Seltene, in Schüben verlaufende, autosomal-rezessiv vererbte, Erkrankung mit intrahepatischem Ikterus.

❑ Symptomatik, Diagnostik, Therapie und Prognose

Manifestation bereits im Kindesalter. Intermittierend Ikterus mit hohen Werten direkten Bilirubins, Pruritus, Erbrechen, acholischem Stuhl und dunklem Urin. Erhöht sind außerdem Gallensäuren und AP. Die übrigen Enzymparameter (GPT, GOT, und γ-GT) sind im Normbereich. Die Leberhistologie zeigt eine zentrolobuläre Cholestase. Besserung auf Cholestyramin und Phenobarbital beschrieben, jedoch auch ohne Behandlung gute Prognose.

4.4.12. Biliäre Zirrhosen

4.4.12.1. Primäre biliäre Zirrhose

❑ **Definition**

Die autoimmun bedingte (?), nicht-eitrige, destruierende Cholangitis führt im Spätstadium zur Ausbildung einer primär biliären Zirrhose (PBC).

❑ **Häufigkeit:**

Prävalenz ca. 5-10/100.000, überwiegend Frauen (90 %) zwischen 40-60 Jahren.

❑ **Ätiologie und Pathogenese**

- autoimmun?
- Nach histologischen Kriterien kann die primär biliäre Zirrhose in 4 Stadien eingeteilt werden:

I	entzündliche Infiltrate auf Portalfelder begrenzt, evtl. Granulome
II	Gallengangsproliferation und Ausbildung von Pseudogängen
III	vermehrte Bindegewebsbildung, Mottenfraßnekrosen, Zerstörung kleinerer Gallengänge
IV	kleinknotige Zirrhose

- häufiges Auftreten zusammen mit anderen Autoimmunerkrankungen
  - Sjögren-Syndrom
  - Raynaud-Syndrom
  - Thyreoiditis
  - Arthritiden
  - Lupus erythematodes disseminatus

❑ **Symptomatik**

- Juckreiz meist erstes Symptom (vor dem Ikterus!) + Kratzeffloreszenzen
- dyspeptische Beschwerden/Maldigestion infolge verminderter Gallensäuresekretion
- Ausbildung eines cholestatischen Ikterus (entfärbter Stuhl, dunkler Urin)
- Hyperpigmentation (Melanineinlagerungen)
- Xanthelasmen im Bereich der Augenlider oder Xanthome
- im Spätstadium Zeichen der Zirrhose (☞ Kap. 4.4.5.)
- Osteomalazie

❑ **Komplikationen**

☞ Kap. 4.4.5.

❑ **Diagnostik**

- Leberzirrhose bei Frauen > 40 Jahre und negativer Alkoholanamnese sind verdächtig für eine PBC
- *Labor*
  - Erhöhung der alkalischen Phosphatase. GPT, GOT und γ-GT sind nur diskret, Bilirubin (und Kupfer) je nach Cholestase erhöht
  - Nachweis antimitochondrialer Antikörper (AMA). Dabei ist der Subtyp Anti-M_2 spezifisch für die PBC (> 1:100)

- häufig IgM-Erhöhung
- Cholesterin- und Triglyzeriderhöhung

- *Sonographie*
  kein Nachweis aufgestauter Gallenwege; Kriterien der Zirrhose
- *histologische Sicherung*
- evtl. *ERCP* (bei V.a. extrahepatische Cholestase)

❑ **Differentialdiagnose**

- andere Formen der Cholestase (Hepatitis, Choledocholithiasis)
- primär sklerosierende Cholangitis
- Pruritus anderer Genese (Arzneimittel, psychogen, paraneoplastisch - maligne Lymphome, Diabetes mellitus u.a.)

❑ **Therapie**

- keine kausale Therapie
- Substitution von Vitaminen (A, D, E und K) und Gabe mittelkettiger Fettsäuren (MCT) und ggf. Ca^{2+}
- bei Pruritus Cholestyramin (z.B. Quantalan®) 4-6 g/die (zusätzlich günstiger Einfluß auf Cholesterin!) sowie (anfangs) Antihistaminika (z.B. Zyrtec®, Tavegil® u.a.)
- Besserung der Gallensäuresekretion durch Ursodesoxycholsäure (Wirkung auf Prognose noch nicht gesichert)
- Indikation zur Lebertransplantation bei rascher Progredienz (Anti-M_4- und Anti-M_8-positiv) sowie in Spätstadien gegeben (5-Jahresüberlebensrate 70 %)

❑ **Prognose**

Bei normalem Bilirubinwerten ist die mittlere Überlebenszeit > 10 Jahre. Bei erhöhten Bilirubinwerten liegt diese jedoch nur bei ca. 5-6 Jahren (bei Bilirubin > 6 mg/dl um 1-2 Jahre!).

4.4.12.2. Sekundäre biliäre Zirrhose

Die sekundäre biliäre Zirrhose ist Folge einer chronischen Obstruktion (> 3 Monate) im Bereich der Gallengänge im Rahmen einer Cholangitis, Choledocholithiasis oder angeborener Strikturen. Die Zirrhose entwickelt sich über eine intrahepatische Pericholangitis mit Bindegewebsneubildung. Therapie ist Beseitigung der Ursache.

4.4.13. M. Wilson - hepatolentikuläre Degeneration

❑ **Definition**

Autosomal-rezessiv vererbte Störung des Kupferstoffwechsels mit verminderter biliärer Kupferausscheidung. Es kommt zur Kupferablagerung in Leber, Niere, Auge, Gehirn und anderen Organen.

❑ **Häufigkeit**

Selten, Prävalenz der Erkrankung (homozygote Träger des Defektes) zwischen 1:25.000 - 100.000.

❑ **Ätiologie**

Die Kupferstoffwechselstörung wird durch einen Gendefekt auf dem Chromosom 13 bedingt.

❑ Pathophysiologie

Normaler Kupferstoffwechsel:

- Kupferresorption im Magen und proximalen Dünndarm
- Transport (proteingebunden) in die Leber
- Bindung an Coeruloplasmin und Abgabe in das Blut (> 90 % an Coeruloplasmin gebunden = atoxisch)
- > 75 % der aufgenommenen Kupfermenge wird biliär wieder ausgeschieden (Rest renal und z.B. über Abschilferung von Zellen)

Störung beim M. Wilson:

- biliäre Kupferausscheidung um ca. 50 % vermindert
- zusätzlich Verminderung von Coeruloplasmin (Synthesestörung in der Leber)
- Folge ist die Kupferüberladung mit Ablagerung in verschiedenen Organen (Leber, Auge, Niere und Gehirn)

❑ Symptomatik

- Manifestation im Kindesalter, Späterkrankungen sind möglich (*Westphal-v. Strümpell-Syndrom*)

Die Symptomatik richtet sich nach den Organstörungen:

- Hepatomegalie durch chronisch aktive Hepatitis, später evtl. Leberzirrhose mit kleiner, harter Leber (Lebersymptome bei ca. 40 % der Patienten), zusätzlich Müdigkeit, Abgeschlagenheit
- Eine zerebrale Symptomatik findet sich bei fast der Hälfte aller Patienten. Dabei kommen neurologische (Konzentrationsschwäche, parkinsonähnliches Bild mit Rigor, Tremor, Akinese, Dysarthrie, Epilepsie) und psychiatrische (Affektlabilität, Psychosen, Schizophrenie, Depressionen) Störungen vor
- Am Auge erlaubt der *Kayser-Fleischer'sche-Kornealring* (bräunlicher Ring am Kornealrand) die "Blickdiagnose" (meist nur bei Patienten mit zerebraler Symptomatik)
- hämolytische Anämie, zusätzlich Bildung von Pigmentsteinen in der Gallenblase
- Nierenstörungen durch Kupferablagerung in den Tubuli (Sekretions-, Resorptions-, jedoch keine Filtrationsstörung) mit sekundären Skelettstörungen (Osteomalazie)
- Kardiomyopathie sowie Herzrhythmusstörungen

❑ Komplikationen:

- fulminante Hepatitis
- schwere hämolytische Anämie
- Folgen der Leberzirrhose

❑ Diagnostik

- *Anamnese und Klinik*

Chronisch-aktive Hepatitis, Leberzirrhose und hämolytische Anämie bei jungen Patienten müssen an einen M. Wilson denken lassen!
Bei psychiatrischen wie auch neurologischen Erkrankungen muß auch eine Bestimmung des Serumkupfers erfolgen!

- *Labor*
  Serumkupfer < 70 µg/dl, Coeruloplasmin < 20 mg/dl, Kupferausscheidung erhöht (> 100 µg/die)

- *Radiokupfertest*
  Nach Gabe von ^{64}Cu fehlt infolge der verminderter Bindung an Coeruloplasmin ein zweiter Aktivitätsanstieg
- *histologische Untersuchung* der Leber
  - Hepatitis - Zirrhose?
  - erhöhter Kupfergehalt der Leber (> 200 µg Cu/g Leber)
- *Spaltlampenuntersuchung* der Augen zum Nachweis des Kayser-Fleischer'sche-Kornealrings
- *NMR*
  mittels NMR läßt sich ebenfalls der Leberkupfergehalt abschätzen

❑ **Differentialdiagnose**

- *Menkes-Syndrom* (X-chromosomale Erbkrankheit mit Störung der Kupferresorption, auch Kraushaarsyndrom genannt, mit ZNS-Störungen)
- erniedrigtes Serum-Kupfer auch bei Hypothyreose
- erhöhter Leberkupfergehalt bei primär biliärer Zirrhose (PBC), primär sklerosierenden Cholangitis (PSC) und auch chronisch aktiven Hepatitiden!

❑ **Therapie**

Therapieziel → Verringerung der Kupferspeicher

- *kupferarme Diät*
  keine Innereien, Schalentiere, Nüsse, Pilze, Kakao; günstig sind frisches Obst, Gemüse, Getreide und Milchprodukte
- *Chelatbildner: D-Penicillamin*
  Anfangsdosis 1-2 g/die, dann 1 g/die, lebenslang. Die renale Kupferelimination wird gesteigert. Rückbildung der durch M. Wilson bedingten Symptome (nicht jedoch der Leberzirrhose) möglich. Kontrolle von Kupfer und Coeruloplasmin im Serum (→ sollten normal sein). Regelmäßige Urinkontrollen (Albumin), da als NW Nierenschäden auftreten können. Weitere NW (Optikusatrophie, allergische Reaktionen u.a.) sind insgesamt selten
  Zusätzlich Gabe von Vitamin B_6 (z.B. Benadon®), da D-Penicillamin als Antagonist wirkt.
- Ist die D-Penicillamin-Therapie nicht möglich, kann auch mit Triäthylentetramindihydrochlorid in gleicher Dosierung therapiert werden
- Bei nicht beherrschbaren NW stellt Zinksulfat eine weitere Alternative dar: 3x50 mg/die vor den Mahlzeiten
- Lebertransplantation bei schwerer Hepatitis (mit Hämolyse) oder progressiver Leberzirrhose
- Untersuchung der Familienangehörigen

❑ **Prognose**

Bei frühzeitiger Therapie gut (normale Lebenserwartung, Schwangerschaften und Entbindung auch unter D-Penicillamin-Therapie möglich). Ohne Therapie ist die Erkrankung progredient und endet letal.

4.4.14. Hämochromatose

❑ **Definition**

Die primäre Hämochromatose ist eine autosomal-rezessiv vererbte Erkrankung, die mit einer Störung des Eisenstoffwechsels einhergeht. Es kommt zu einer vermehrten Ab- bzw. Einlagerung von Eisen in die parenchymatösen Organe wie Leber, Pankreas, Herz sowie endokrinen Organe und Gelenke. Die Organe werden durch die Eisenbeladung geschädigt.

Es werden eine perinatale (sehr selten) und eine adulte Form unterschieden.

Abzugrenzen sind sekundäre Hämosiderosen, die bei hämatologischen Erkrankungen mit gestörter Hämoglobinsynthese, bei erhöhter Eisenzufuhr (Transfusionen, Eisentherapie) und Porphyria cutanea tarda auftreten können. Außerdem muß die vermehrte Eisenablagerung bei alkoholtoxisch bedingten Leberzirrhosen differentialdiagnostisch in Betracht gezogen werden.

❑ **Häufigkeit**

Die primäre Hämosiderose ist insgesamt selten. Trotz hoher Prävalenz homozygoter Genträger kommt es nur in wenigen Fällen zu klinischen Erscheinungen (geringe Penetranz). Betroffen sind überwiegend Männer im mittleren Lebensalter (> 40 Jahre, Männer : Frauen 5-10 : 1).

❑ **Ätiologie**

- Gendefekt auf dem kurzen Arm des Chromosom 6
- gehäuftes Vorkommen bei HLA-A3 (HLA-B7, HLA-B14)
- weitere Faktoren sind Eisenzufuhr, Eisenverluste und Alkoholkonsum

❑ **Pathophysiologie**

- erhöhte intestinale Eisenresorption
- Eisen wird in die Hepatozyten aufgenommen
- Zellschädigung und Kollageninduktion
- Hämosiderinablagerungen auch in anderen Organen
- Folgen sind:
  - Leberzirrhose (Leber)
  - Diabetes mellitus (Pankreas)
  - Hyperpigmentierung (endokrin → MSH→ Haut)
  - Arthropathie/Chondrokalzinose (Muster wie cP)
  - Kardiomyopathie und Rhythmusstörungen (Herz)
  - endokrine Störungen
- Störungen im Vitamin C-Stoffwechsel (Hypovitaminose)

❑ **Symptome**

- Müdigkeit, Oberbauchbeschwerden, Hepato-Splenomegalie, Ikterus, Aszites u.a. (bei mehr als 75 % der Patienten)
- pathologische Glukosetoleranz, dann häufig diabetische Stoffwechsellage (> 50 % der Patienten)
- Hyperpigmentierung ("Bronzediabetes" > 80 %)
- Gelenkschmerzen (ca. 50 %)
- Herzinsuffizienz und Rhythmusstörungen (ca. 30 %)
- Hodenatrophie mit Potenz- und Libidostörungen (bis zu 50 %). Zusätzlich können Störungen im hypothalamisch-hypophysären Regelkreis sowie an den paarigen endokrinen Organen auftreten (Prozentangaben bei manifester Hämochromatose)

❑ **Komplikationen**

- Leberzirrhose und primäres Leberzellkarzinom
- Diabetes mellitus und dessen Spätfolgen
- Herzinsuffizienz/Rhythmusstörungen

❑ **Diagnostik**

Die Trias Leberzirrhose, Diabetes mellitus und Hyperpigmentierung ergibt die Verdachtsdiagnose Hämochromatose!

- *Labor*
  im Serum/Plasma sind erhöht: Eisen, Ferritin und Transferrinsättigung
- *Leberpunktion* mit Bestimmung des Lebereisengehaltes (normal < 1,0 mg Fe/g Leber)
- *CT/NMR*
  Der Eisengehalt kann auch CTgraphisch (oder durch NMR) abgeschätzt werden
- *Desferoxamin- bzw. Desferal®-Test*
  Nach i.m. Gabe von 0,5 mg Desferoxamin steigt im positiven Fall die Eisenausscheidung im 24 h-Urin auf > 10 mg an (normal < 1 mg)
- *Untersuchung von Familienangehörigen!*

❑ **Differentialdiagnose**

(s.o.)

❑ **Therapie**

- *Aderlässe*
  500 ml Aderlaß entziehen dem Körper 250 mg (4,5 mmol) Eisen. Der normale Eisenpool beträgt ca. 5 g, bei Patienten mit primärer Hämochromatose ca. 20-50 g. Es sind meist 100-200 Aderlässe innerhalb 1-2 Jahren notwendig (1-2 Aderlässe/Woche). Das Ferritin sollte dann an der unteren Normgrenze liegen, die Transferrinsättigung normalisiert sein. Ist dies erreicht kann von einer Entspeicherung der Eisendepots ausgegangen werden und die Frequenz der Aderlässe auf 1x pro Monat bzw. Vierteljahr reduziert werden
- *Desferoxamin (z.B. Desferal®)*
  kann bei gleichzeitig vorliegender Anämie zur Therapie eingesetzt werden. Es ist Mittel der Wahl bei sekundären transfusionsbedingten Hämosiderosen. Die Dosis beträgt ca. 1-4 g/die als Infusion über 12 h. Zusätzliche Gabe von Vitamin C ist sinnvoll. Bei Langzeittherapie, die meist notwendig ist, sollten bzw. müssen augen- und ohrenärztliche Kontrollen erfolgen
- Nach Entspeicherung sollte auch auf eine eisenarme Kost geachtet werden (wenig Fleisch)

❑ **Prognose**

Bei Diagnose im prämanifesten Stadium (keine Zirrhose) ist die Prognose unter Therapie günstig, die Lebenserwartung normal. Auch bei Vorliegen einer Zirrhose ist die Prognose unter Therapie relativ günstig: 10-Jahresüberlebensrate um 70 %. Die Symptome bessern sich unter Therapie bis auf Leberzirrhose, Hodenatrophie, Diabetes mellitus und Chondrokalzinose. Häufige Todesursachen sind Kardiomyopathie und primäres Leberzellkarzinom, dessen Risiko auch nach Therapie noch erhöht bleibt.

4.4.15. Alkoholinduzierte Leberparenchymerkrankungen

Der Großteil der in der Praxis gesehenen Leberschäden ist durch Alkoholmißbrauch bedingt und führt zu einem immensen volkswirtschaftlichen Schaden.

Alkoholbedingte Leberschäden können sowohl durch akuten Alkoholmißbrauch wie auch durch chronische Alkoholzufuhr bedingt sein.

Wesentliche Störungen sind:

- alkoholbedingte Fettleber
- alkoholbedingte Hepatitis
- alkoholinduzierte Leberzirrhose

Die kritische Alkoholmenge beträgt bei Männern ca. 1 g/kg KG/die. Bei chronischem Überschreiten dieser Menge besteht ein deutlich erhöhtes Risiko, eine Alkoholhepatitis und/oder Fettleber zu entwickeln. Das Zirrhoserisiko ist bereits gering erhöht. Bei täglichem Konsum von mehr als 100 g/die über Jahre ist es jedoch auf das über zwanzigfache erhöht.

Bei Frauen beträgt die kritische Alkoholmenge nur 0,3 g/kg KG/die.

Bei ca. 3 l Bier pro Tag nimmt man täglich über 100 g Alkohol zu sich und deckt seinen durchschnittlichen Kalorienbedarf von 2.500kcal/die zu über 50 %.

In der Bundesrepublik beträgt der durchschnittliche Alkoholkonsum pro Bundesbürger ca. 25-30 g/die (inkl. Säuglinge, Kinder, Jugendliche, Kranke und Pflegebedürftige sowie Berufsgruppen, die zeitweise überhaupt keinen Alkohol zu sich nehmen dürfen wie z.B. Piloten etc.).

Die Leber kann ca. 0,1 g (2,2 mmol) Alkohol/kg KG/h metabolisieren (Tab. 4.69).

$$K_{max} = \frac{\text{Alkoholmenge inkorporiert in g}}{\text{Körpergewicht in kg x Körper-/Blutalkoholverhältnis}^{*}}$$

Tab. 4.69: Formel zu Berechnung des zu erwartenden Blutalkoholspiegels (in Promille).
* Männer 0,7 und Frauen 0,6.

4.4.16. Medikamenteninduzierte Leberschäden

❑ Definition

Durch Medikamente (u.a. chemische Substanzen) können sowohl funktionelle als auch strukturelle Veränderungen hervorgerufen werden. Die Substanzen werden dabei in direkte und indirekte Hepatotoxine mit entsprechend obligater oder fakultativer Hepatotoxizität unterschieden.

Direkte, obligate Hepatotoxine wirken dosisabhängig und führen vorhersehbar und reproduzierbar zu Leberschädigungen.

Indirekte fakultative Hepatotoxine können dosisunabhängig, unvorhersehbar und nicht reproduzierbar bei einer geringen Zahl von Individuen zu Leberschäden führen.

Die Leberschäden können dabei akut oder chronisch auftreten.

❑ Häufigkeit

Ikterus ist in bis zu 5 % durch Arzneimittelnebenwirkungen, fulminante Hepatitiden sind in etwa 25 % durch Medikamente verursacht.

❑ Ätiologie und Pathogenese

- In der Leber erfolgt die Biotransformation verschiedenster Substanzen, d.h. lipidlösliche Stoffe werden in wasserlösliche Form gebracht. Dabei erfolgt primär ein Oxidationsvorgang (Cytochrom P450), gefolgt von einer Konjugation (Glukuronyltransferase). Dabei können toxische Metaboliten entstehen (Giftung). Die Substanzen sind dann in sehr hoher Konzentration im endoplasmatischen Retikulum der Hepatozyten

- Schädigende Faktoren können dabei sein
  - Enzymhemmung
  - Membranschädigung:
    - direkt durch Proteinveränderungen
    - indirekt durch Auslösung einer Immunantwort
- Reaktionsformen sind
  - Hepatitis - Leberzellnekrose
  - Cholestase
  - Mischformen
  - Gefäßalterationen
  - Auslösen von Lebertumoren
- Verschiedene Medikamente können entsprechende Funktionsstörungen hervorrufen (Tab. 4.70):

akute Hepatitis sowie Leberzellnekrose	• Isoniazid (bei Patienten mit hoher Azetylierungsaktivität) • Methyldopa • Paracetamol (kritische Dosis 10-12 g) • Halothan (Risiko ca. 1:30.000, fulminanter Verlauf) • Phenylbutazon
Fettleber und Hepatitis	• Tetrazykline • Valproinsäure
chronisch-aktive Hepatitis	• Isoniazid • Methyldopa • Methotrexat (Alkohol potenziert die Hepatotoxizität) • Amiodaron • Nitrofurantoin (Ausbildung einer Zirrhose möglich!)
Cholestase	• Chlorpromazin • Phenothiazine • Steroide (Kontrazeptiva/Anabolika) • Erythromycin (Ausbildung einer Zirrhose möglich!)
Mischformen zwischen Hepatitis und Cholestase	• Thyreostatika • Paraaminosalizylsäure • Isoniazid • Oxyphenisatin (in Deutschland verboten) • Sulfonamide

gefäßbedingte Leberschäden	• Azathioprin (Peliosis hepatis - punktförmige Kapillarblutungen) • Kontrazeptiva/Östrogene (Thrombosen, Peliosis hepatis)
Lebertumore	• Kontrazeptiva? • Anabolika (primäres hepatozelluläres Karzinom • Vinylchlorid (Angiosarkome) • Arsen (Angiosarkome)

Tab. 4.70: Medikamente, die u.a. Leberschäden hervorrufen können.

- Eine besondere Reaktionsform stellt die granulomatöse Hepatitis dar. Sie ist durch Granulome aus Lymphozyten, Makrophagen, Epitheloid-, Riesen- und Plasmazellen charakterisiert. Meist ist eine Tuberkulose oder Sarkoidose ursächlich. Weitere Auslöser können jedoch auch Medikamente sein (Tab. 4.71)

infektiös	• Tuberkulose • Brucellose • Schistosomiasis
medikamentös	• Sulfonylharnstoffe • Sulfonamide • Phenylbutazon
andere Ursachen	• Sarkoidose • M. Crohn • Kollagenosen

Tab. 4.71: Mögliche Ursachen einer granulomatösen Hepatitis.

- Direkte Hepatotoxine sind u.a.: Amine, aromatische Kohlenwasserstoffe, Halogenkohlenwasserstoffe und Nitroverbindungen

❑ Symptomatik

- Fieber
- Ikterus
- Pruritus
- Exanthem
- Hepatomegalie

❑ Diagnostik

- Bei Ikterus, erhöhten "Leberwerten" oder histologischer Sicherung eines Leberschadens immer ausführliche *Medikamentenanamnese* erheben!

  Probleme ergeben sich häufig dadurch, daß mehrere (potentiell) hepatotoxisch wirkende Substanzen zusammenkommen!

- *Laborveränderungen*
  - hepatitischer Verlauf → deutlich erhöhte Transaminasen; alkalische Phosphatase nur mäßig erhöht
  - cholestatischer Verlauf → deutlich erhöhtes Bilirubin und alkalische Phosphatase, Transaminasen nur gering erhöht
- *Leberbiopsie*
  morphologisches Korrelat? (Schweregrad/Prognose?)
- *Serologie, Sonographie, ERC und Biopsie* dienen im wesentlichen zur differentialdiagnostischen Abklärung

❑ **Differentialdiagnose**

Jede andere Möglichkeit einer Leberschädigung (infektiös, Systemerkrankung, primäre Erkrankungen der Leber- oder des Gallensystems) muß ausgeschlossen werden.

❑ **Therapie**

- Absetzen des auslösenden bzw. verdächtigen Medikaments
- symptomatische Therapie
- bei Paracetamol → Antidot (N-Acetylcystein)
- Nutzen von Corticosteroiden nicht gesichert

❑ **Prognose**

Meist sind die arzneimittelbedingten Störungen nach Absetzen rasch reversibel. Ausnahmen sind die Cholestase durch Chlorpromazin (Ausbildung einer biliären Zirrhose) und Hepatitiden durch Amiodaron. Die fulminanten Hepatitiden (Halothan, Isoniazid, Methyldopa, Paracetamol u.a.) haben eine schlechte Prognose.

Lebertumore

Bei den Lebertumoren werden primäre, d.h. von der Leber selbst ausgehende Geschwülste, von sekundären Tumoren unterschieden. Letztere stellen in der Regel Metastasen von anderen Tumoren dar.

4.4.17. Benigne Tumore der Leber

Unterschieden werden können epitheliale Tumore von mesenchymalen Tumoren. Wichtige benigne Lebertumore sind in Tab. 4.72 zusammengestellt.

epithelial	mesenchymal
Leberzelladenom	Hämangiom
fokale noduläre Hyperplasie	Hamartom
adenomatöse Hyperplasie	Teratom
Gallengangsadenom	Fibrome
	Hämangioendotheliom

Tab. 4.72: Benigne Lebertumore.

4.4.17.1. Hämangiom

Kavernöse Hämangiome zählen zu den häufigsten gutartigen Lebertumoren. Östrogene scheinen die Ausbildung zu fördern. Meist handelt es sich um Zufallsbefunde bei der Sonographie (echoreiche rundliche Herde). Zur Diagnostik sind Angiographie und Szintigraphie sowie (Angio-CT) indiziert. Wichtigste Komplikation stellt die Blutung dar, die gleichzeitig zur Symptomatik führen kann. Häufig sind Hämangiome thrombosiert. Insbesondere große Hämangiome sollten reseziert werden.

4.4.17.2. Fokale noduläre Hyperplasie (FNH)

Die FNH findet sich überwiegend bei Frauen. Eine eindeutige Korrelation mit der Einnahme von oralen Kontrazeptiva scheint nicht zu bestehen. Da Östrogene jedoch wachstumsfördernd zu sein scheinen, sollten sie ggf. abgesetzt werden. Es können unspezifische Oberbauchbeschwerden bestehen. Wichtigste diagnostische Maßnahmen sind Sonographie (meist subkapsulär oder auch intrahepatisch gelegen, scharf begrenzt, echoarm bis echogleich, seltener multilokulär oder gestielt), CT (mit Biopsie), Szintigraphie, Angiographie und ggf. Laparoskopie. Histologisch findet sich ein gefäßreicher Leberzelltumor, häufig mit zentralem Nabel, Septierung sowie Gallengängen. Nur große Tumore sollten evtl. entfernt werden.

4.4.17.3. Leberzelladenom

Das Leberzelladenom weist eine eindeutige Korrelation mit der Einnahme von oralen Kontrazeptiva auf und findet sich überwiegend bei Frauen. Symptome sind unspezifische Oberbauchbeschwerden, seltener kommt es (während der Menstruation) zu intraabdominellen Blutungen. Wichtigste diagnostische Maßnahmen sind - wie bei der FNH - Sonographie (ähnliches Bild), CT, Szintigraphie, Angiographie, ggf. Laparoskopie. Histologisch findet sich ein ebenfalls gefäßreicher hochdifferenzierter Leberzelltumor, meist mit Kapsel, ohne zentrale Narbe oder Gallengänge. Leberzelladenome können sich spontan zurückbilden. Große Tumore (> 5 cm) sollten aufgrund der Blutungsgefahr operiert werden.

4.4.17.4. andere benigne Lebertumore

Gallengangsadenome, Hamartome, Teratome, Fibrome und Hämangioendotheliome sind selten und treten meist im Kindesalter auf. Gallengangsadenome können zu Cholestase führen und sollten in diesem Fall reseziert werden.

4.4.18. Maligne Lebertumore

Auch hier können epitheliale Tumore von mesenchymalen Tumoren unterschieden werden (Tab. 4.73).

epithelial	mesenchymal
primäres Leberzellkarzinom	Hämangiosarkom
Cholangiokarzinom	Sarkom
embryonales Hepatoblastom	
Zystadenokarzinom	

Tab. 4.73: Wichtigste maligne Lebertumore.

4.4.18.1. Primäres Leberzellkarzinom - hepatozelluläres Karzinom

❑ **Definition**

Das hepatozelluläre Karzinom stellt eine von den Leberzellen selbst ausgehende maligne Neubildung mit unterschiedlichem Differenzierungsgrad dar. Der Tumor tritt solitär, multilokulär oder diffus auf.

❑ Häufigkeit

Von den malignen primären Lebertumoren ist das hepatozelluläre Karzinom der am häufigsten anzutreffende Tumor. Insgesamt ist der Tumor in Europa jedoch eher selten (Inzidenz ca. 5/100.000). In verschiedenen Ländern Afrikas und Asiens zählt er jedoch zu den häufigsten malignen Erkrankungen.

Männer sind häufiger betroffen als Frauen (ca. 2:1).

❑ Ätiologie und Pathogenese

Pathogenetisch bedeutsam sind:

- *Leberzirrhose*
  Patienten mit Leberzirrhose entwickeln bei entsprechend langem Verlauf in ca. 10 % der Fälle ein hepatozelluläres Karzinom. Dabei spielt die Ursache der Leberzirrhose (Alkohol, chronische Hepatitis) keine Rolle. Mehr als 75 % der Patienten mit hepatozellulärem Karzinom weisen eine Leberzirrhose auf
- *Hepatitis B und C*
  Chronische (aggressive) Formen der Hepatitiden B und C scheinen die Ausbildung zu begünstigen
- *exogene Noxen*
  - Aflatoxine
  - Alkaloide verschiedener Pflanzen
  - Nitrosamine
  - Thorotrast (früher verwendetes Röntgenkontrastmittel)

  Die genannten exogenen Faktoren spielen besonders für das häufige Auftreten des hepatozellulären Karzinoms in Afrika und Asien eine Rolle.
- *Androgene und Kontrazeptiva* scheinen für die Entstehung eines hepatozellulären Karzinoms eher nicht verantwortlich zu sein

❑ Symptomatik

- schleichender Beginn - Symptome unspezifisch
- Gewichtsverlust
- abdominelle Schmerzen (meist Druckschmerz im rechten Oberbauch)
- Übelkeit/Erbrechen
- Fieber

❑ Komplikationen

- *Metastasierung*
  (erfolgt meist frühzeitig und primär in die regionalen Lymphknoten, die Lunge sowie in das Herz)
- *paraneoplastische Veränderungen*
  - Stoffwechsel: Hypoglykämie, Hypertriglyzerid- und Hypercholesterinämie
  - Blut- und Blutgerinnung: Erythrozytose, Dysfibrinogenämie
  - endokrin: Gynäkomastie, Hyperkalzämie, Erhöhung verschiedener hypophysärer Hormone
- *Dekompensation der Leberzirrhose*
  Koma, Blutungen, Aszites und Ikterus

❑ **Diagnostik**

- *Anamnese* (Leberzirrhose? Chronische (aggressive) Hepatitis B oder C?)
- *körperliche Untersuchung*
  - Hepatomegalie
  - Aszites
  - Splenomegalie
  - Ikterus
- *Laboruntersuchungen*
  - α-Fetoprotein AFP (Normalwert bei Erwachsenen < 4 U/ml)

Wichtigste Laboruntersuchung ist die Bestimmung des AFP!

Das AFP zeigt eine hohe Sensitivität (> 90 %) sowie bei entspr. Erhöhung (Werte > 2.000 U/ml) eine hohe Spezifität. Werte < 500 U/ml sind eine Grauzone (z.B. Lebererkrankungen, andere Tumore mit Lebermetastasierung, Gravidität). Stark erhöhte Werte kommen auch bei Keimzelltumoren vor.

  - Erhöht können weiterhin sein: alkalische Phosphatase, Transaminasen, LDH, Bilirubin, BKS, CEA und CA 19-9
- *weitere diagnostische Maßnahmen*
  - Sonographie
  - (Angio-)CT (Abb. 4.22)
  - Angiographie
  - NMR
  - Laparoskopie
- Wichtig ist die *histologische Sicherung* mittels sonographisch oder CT-gesteuerter Punktion

❑ **Therapie**

- operativ (ca.1/3)
  - Leberteilresektion
  - Lebertransplantation
- Bei Inoperabilität kommen die Embolisation oder (lokale) Chemotherapie in Frage

❑ **Prognose**

Die Prognose ist schlecht. Mittlere Lebenserwartung bei Diagnosestellung ca. 6 Monate. Die Ergebnisse bei Lebertransplantation sind noch nicht verwertbar.

4.4.18.2. Cholangiokarzinom (hepato-cholangiozelluläres Karzinom)

Es stellt eine intrahepatische Form des Gallengangskarzinoms dar. Der Tumor ist sehr selten. Klinik (häufig Ikterus), Diagnostik und Therapie sowie leider auch Prognose entsprechen dem hepatozellulären Karzinom. Das AFP ist jedoch negativ.

4.4.18.3. Hämangiosarkom

Insgesamt seltener, meist multifokal auftretender, mesenchymaler Lebertumor. Pathogenetisch sind Arsen- und Vinylexposition sowie Thorotrastgabe (Thoriumdioxid) bedeutsam. Die Symptomatik ähnelt der des hepatozellulären Karzinoms. Für die Diagnosestellung sind aufgrund des Gefäßreichtums die farbkodierte Duplexsonographie, Szintigraphie und Angiographie bedeutsam. Die Prognose ist schlecht.

4.5. Erkrankungen der Gallenblase und Gallenwege

4.5.1. Gallengangsagenesie bzw. -atresie

❑ **Definition, Ätiologie und Pathogenese**

Angeborenes (auch partielles) Fehlen der intra- seltener auch extrahepatischen Gallenwege. Ursache ist eine Fehlentwicklung der Gallenblasenknospe und fehlende Entwicklung der Ganglichtung.

❑ **Symptomatik und Diagnostik:**

- Verschlußikterus post partum mit Entfärbung des Stuhls
- Zunahme der Lebergröße (Hepatomegalie)
- Erhöhung von direktem Bilirubin (Blut und Urin) und alkalischer Phosphatase. Die Transaminasen (GOT/GPT) sind hingegen nur wenig erhöht
- fehlende Darstellung der Gallenwege bei der Cholangiographie

❑ **Therapie und Prognose**

- frühzeitig biliodigestive Anastomose (bei extrahepatischem Verschluß) oder Lebertransplantation
- ohne Op ungünstige Prognose

4.5.2. Choledochuszysten - Choledochozelen

❑ **Definition, Ätiologie und Pathogenese**

Choledochuszysten, umschriebene Erweiterungen des Choledochus, können angeboren oder erworben (postentzündlich) sein. Sie können wie kleine Divertikel oder auch wie große Zysten imponieren. Häufig kommen sie im unmittelbaren Bereich der *Papilla vateri* vor. Sie können mit Gallenwegssteinen auftreten oder deren Bildung begünstigen.

❑ **Symptomatik und Diagnostik**

- evtl. Schmerzen im rechten Oberbauch und Entwicklung einer Cholangitis
- Sonographie, Cholangiographie bzw. ERCP bestätigen die Diagnose

❑ **Therapie**

- Antibiotika bei Cholangitis
- Sanierung durch Op (Gallenwegsrevision)

4.5.3. Sonderformen der Gallenwegsveränderungen

4.5.3.1. Caroli-Syndrom

Beim Caroli-Syndrom handelt es sich um eine angeborene (oder auch erworbene) segmentale Erweiterung der intrahepatischen Gallenwege. Folge sind rezidivierende Cholangitiden mit (Sub-)Ikterus, Hepatomegalie und Ausbildung von Konkrementen. Gehäuft finden sich auch Nierenzysten. Die Therapie ist auf Verhinderung der Steinentstehung sowie bei Vorhandensein von Konkrementen auf die Auflösung oder Beseitigung dieser gerichtet. Evtl. kann auch operatives Vorgehen indiziert sein.

4.5.3.2. Mirizzi-Syndrom

Die entzündlich bedingte Stenose des Ductus hepaticus bei Vorliegen eines Zystikussteins wurde von Mirizzi 1945 beschrieben.

Die Patienten zeigen das Bild einer Cholezystitis mit rechtsseitigen Oberbauchbeschwerden, Fieber und allgemeinem Krankheitsgefühl, evtl. tastbarer Gallenblase. Sonographisch besteht der V. a. Zystikusverschluß, die intrahepatischen Gallenwege sowie der proximale Ductus hepaticus sind erweitert. In der ERCP zeigt sich dann der Verschluß des Ductus hepaticus. Die Therapie ist chirurgisch.

4.5.4. Cholelithiasis

Symptomatik, diagnostisches Vorgehen und Therapie sowie mögliche Komplikationen werden beim Gallensteinleiden vor allem durch die Lokalisation des oder der Konkremente bedingt, wobei prinzipiell eine Tendenz zur Steinwanderung besteht (Tab. 4.74).

Die Einteilung erfolgt daher in:

- Cholezystolithiasis
- Cholangio- bzw. Choledocholithiasis
- Hepatolithiasis

Ort des Steins	Mechanismus	Symptom	Komplikation
Gallenblase	"stummer" Verlauf	• keine	• alle weiteren
	chronischer Reizzustand	• unklare Oberbauchbeschwerden	• chron. Cholezystitis • Schrumpfgallenblase • Karzinom
D. cysticus	intermittierende Einklemmung	• "einfache" Gallenkolik • Koliken	• Cholezystitis • Hydrops
	bleibende Einklemmung	• Fieber • Abwehrspannung • brettharter Bauch	• Empyem • Gangrän • Perforation • Peritonitis • Ikterus • Mirizzi-Syndrom
D. choledochus	Steinpassage ins Duodenum	• flüchtiger Ikterus/Schmerzen • Fieber	• Papillitis • Papillenstenose • Pankreatitis/Cholangitis
	Verbleiben im Choledochus	• Ikterus • Fieber	• Cholangitis
		• chron. Gallestau • Fieber	• biliäre Zirrhose • Cholangitis
		• Ikterus, Schmerzen • Fieber	• biliäre Pankreatitis • Cholangitis

Tab. 4.74: Gallensteine verschiedener Lokalisation und ihre möglichen Folgen.

Die Gallensteine kommen dabei solitär oder multipel vor oder es findet sich Gallengries.

Bei der sogenannten *Kalkmilchgalle* (sehr selten) bilden sich ein dicker, krümeliger, kalkhaltiger Gallenblaseninhalt. Bei der *Porzellangallenblase* lagert sich Kalk in der Gallenblasenwand ab.

4.5.4.1. Cholezystolithiasis

❑ Definition

Bei der Cholezystolithiasis finden sich ein oder mehrere Konkremente in der Gallenblase. Nach der Zusammensetzung kann man zwischen Cholesterinsteinen (Cholesterin, ca. 3/4 aller Steine) und Pigmentsteinen (20 % schwarz, 80 % braun, Kalziumbilirubinat und Kalziumsalze bzw. Kalziumseifen) unterscheiden. Außerdem gibt es Mischformen mit unterschiedlichem Verkalkungsgrad.

Saintsche Trias: Cholelithiasis, Kolondivertikel und Hiatushernie

❑ Häufigkeit

Die Prävalenz liegt zwischen 10 und 15 %. Sie ist bei Frauen höher und steigt mit zunehmendem Alter (Prävalenz von fast 50 % bei 90jährigen) an. Die Erstmanifestation erreicht bei Frauen zwischen dem 50. und 60., bei Männern zwischen dem 60. und 70. Lebensjahr ihren Gipfel.

Die Cholelithiasis ist in den westlichen Industrieländern sehr häufig, hingegen in Entwicklungsländern selten.

Wichtig:
Die meisten Gallenblasensteinträger sind asymptomatisch. Nur etwa 20 % entwickeln Symptome.

❑ Ätiologie und Pathogenese

- *Steinarten*
  Die Steine bestehen aus Cholesterin, Bilirubin und Kalzium mit großer Variation der Zusammensetzung (häufig Kombinationssteine).

  Entsprechend der Hauptkomponente kann man unterteilen in:
  - Cholesterinsteine > 75 %
  - Pigment(Bilirubin)steine ca. 25 %
- *Cholesterinsteine*
  Die Gallenflüssigkeit besteht aus:
  - Cholesterin
  - Lezithin
  - Gallensäuren

  Cholesterinsteine entstehen durch eine ungleichgewichtige Zusammensetzung der Gallenflüssigkeit ("übersättigte", lithogene Galle) mit relativem Überwiegen von Cholesterin. Meist liegen mehrere "Risiken"(s.u.) vor. Die Lithogenität muß dabei über Jahre andauern.

  Einige Mechanismen zur Entstehung lithogener Galle sind:
  - Verlust an Gallensäuren, der durch die Neusynthese nicht kompensiert wird: z.B. M. Crohn, Ileumresektion
  - übermäßige Cholesterinausscheidung: z.B. Fibrate
  - andere Mechanismen: z.B. mangelnde Gallensäurensynthese
- *Pigmentsteine*
  Sie entstehen durch einen Überschuß an nicht-glukuronidiertem Bilirubin. Pigmentsteine sind dunkel, höckrig bis sternförmig und spröde. Gallensteine bei Kindern sind meist Pigmentsteine

Ursachen für das Auftreten von Pigmentsteinen sind u.a.

- chronische Hämolyse: z.B. hämatologische Erkrankungen, Herzklappenersatz
- bakterielle Deglukuronidierung: z.B. Infekte der Gallenwege

Die Ursache der Cholezystolithiasis ist multifaktoriell (☞ Tab. 4.75). Zusammenfassend können jedoch die erhöhte Konzentration von Cholesterin oder Bilirubin sowie die verminderte Konzentration von Gallensäuren und Phospholipiden in der Galle, verbunden mit einer Störung der Zusammensetzung der Galle (Überwiegen kristallisationsfördernder Substanzen wie Glykoproteinen etc.) und Störung der Gallenblasenmotilität als ursächlich für die Steinentstehung angesehen werden.

- hohes Alter
- weibliches Geschlecht und Schwangerschaft
- Adipositas, familiäre Belastung und weiße Rasse
- Stoffwechselstörungen
  - Diabetes mellitus
  - Fettstoffwechselstörungen
  - bestimmte Ernährungsformen
- verzögerte Magenentleerung
- Erkrankungen
  - Hyperparathyreoidismus
  - M. Crohn
  - chronische Hämolyse
  - Leberzirrhose
  - Infektionen und Entzündungen
- Medikamente wie z.B. Fibrate und Östrogene

Tab. 4.75: Risikofaktoren für Gallensteinentstehung.

"5 F-Regel":	• weiblich (female) • weiße Rasse (fair) • Adipositas/fettreiche Ernährung (fat) • Alter (fifty) • mehrere Schwangerschaften (fertile)

- *Steinwanderung*
  Prinzipiell besteht die Tendenz zur Steinwanderung. Sie ist häufig für die Symptomatik bzw. die Komplikationen verantwortlich:
  Meist verbunden mit Koliken wandert das Konkrement aus der Gallenblase in den Choledochus, von dort über die Papille (eine Ursache der Papillitis - nachfolgend narbige Papillenstenose möglich!) in den Darm. In sehr seltenen Fällen erfolgt die Wanderung über Perforation (akute Entzündung - Cholezystitis) oder Fistelbildung (chronische Entzündung) in umliegende Strukturen (freie Bauchhöhle, Duodenum, Kolon, etc.). Bei Beteiligung des Darmes kommt es dabei zu biliodigestiven Fisteln mit permanenter Infektionsgefahr der ableitenden Gallenwege und Aerobilie. Bei Bakterien in den Gallenwegen spricht man von *Bakteriocholie*, bei zusätzlichen Entzündungszeichen von Cholangitis oder (eitriger) Cholezystitis

❑ Symptomatik

Die Symptomatik und Intensität kann sehr unterschiedlich sein und ist abhängig von:

- *Lokalisation*
- *dominierendem pathogenetischen Prinzip*
  - Spasmus (Kolik)
  - Entzündung (Dauerschmerz)
  - Aufstau von Pankreassaft (gürtelförmige Schmerzen)
- *zeitlichem Verlauf*
  z.B. Nachlassen der Intensität bei Schrumpfgallenblase, oftmals uncharakteristische Beschwerden bei alten Patienten
- Die Cholezystolithiasis verläuft häufig *symptomarm*. Die Patienten klagen teils über unspezifische dyspeptische Beschwerden wie Unverträglichkeit fetter Speisen, Übelkeit und Erbrechen nach Aufnahme verschiedener Speisen, Meteorismus
- *typisches Beschwerdebild* der symptomatischen Cholezystolithiasis
  - kolikartiger (wellenförmiger) postprandialer Schmerz, der dumpf (viszeral) und zunehmend ist und nach einer Plateauphase wieder abnimmt. Die Kolik ist meist mit Übelkeit und Erbrechen verbunden. Auslöser sind häufig fetthaltige Speisen
  - Schmerzlokalisation im rechten Oberbauch, Schmerzausstrahlung in die rechte Schulter, gelegentlich in den Mittelbauch oder den Rücken. Die Schmerzen sind bei (tiefer) Palpation im Gallenblasenlager auslösbar. Die Inspiration bei gleichzeitiger Palpation wird oft wegen der Schmerzen reflektorisch unterbrochen (*Murphy-Zeichen* - schmerzbedingte Atemhemmung)
  - Es kommt zu keinem oder nur geringem Galleaufstau und damit zu keinem Ikterus
- *Weitere Symptome* deuten häufig auf Komplikationen der Cholezystolithiasis
  Fieber, Leukozytose und Abwehrspannung sowie Druckschmerz bei Palpation der Leber (*Murphy-Zeichen*) weisen auf eine Cholezystitis hin.
  Ein Ikterus findet sich z.B. bei Choledocholithiasis oder mit Fieber bei Cholangitis

❑ Komplikationen

- akute und chronische Cholezystitis
- Gallensteinileus
- Zystikusstein mit
  - Kolik
  - Gallenblasenhydrops
  - Gallenblasenempyem
- Gallenblasenkarzinom
- Choledocholithiasis mit
  - Kolik
  - Verschlußikterus
  - Cholangitis
  - biliärer Pankreatitis
- Blutung (Hämatobilie), Penetration und Perforation mit Peritonitis

❑ Diagnostik

Die Diagnostik beruht auf fünf Pfeilern:

- 1. Anamnese und klinische Untersuchung
- 2. Abdomensonographie
- 3. ERCP
- 4. Röntgen
  - Abdomenleeraufnahme
  - orale Cholezystographie
  - intravenöse Cholezystocholangio(tomo)graphie
- 5. Labor

- *Anamnese und Symptomatik* ergeben bereits häufig den V. a. ein Gallensteinleiden
  - Bei asymptomatischen Steinträgern fehlen eindeutige Symptome. Zu Fragen ist nach den geschilderten Symptomen, nach Nahrungsmittelunverträglichkeiten (Fett), außerdem nach Cholestasezeichen (bierbrauner Urin, Steatorrhö, Sklerenikterus und Juckreiz)
  - Bei der Palpation sind ein Druckschmerz im Gallenblasenlager oder ein schmerzbedingter Inspirationsstop wegweisend. Gelegentlich tastet man eine vergrößerte Steingallenblase, z.B. wenn bereits ein Hydrops vorliegt. Bei Cholezystitis oder gar Gallenblasenempyem kann eine Abwehrspannung auftreten. Bestehen Fieber oder ein "Gummibauch", muß auch an eine Begleitpankreatitis gedacht werden
- *Sonographie* (Tab. 4.76)
  - da hohe Sensitivität und Spezifität, nicht invasiv → Methode der Wahl!
  - 5 MHz-Sonde, Untersuchung in Rücken- und Linksseitenlage. Große Tonnensteine (großer Solitärstein ist meist ein reiner Cholesterinstein) und die sog. Porzellangallenblase können differentialdiagnostisch, präpapilläre Steine (Luftüberlagerung) diagnostische Schwierigkeiten bereiten

- Kriterien des Steines
  - direkt: Steinecho, Schallauslöschung distal
  - indirekt: erweiterte Gallenblase (Hydrops) bzw. Choledochus

- Gallenblase
  - längs x quer 10 x 4 cm
  - Wanddicke bis 3 mm
- Choledochus
  - Durchmesser bis 7 mm
  - Durchmesser nach Cholezystektomie bis 10 mm
- intrahepatische Gallenwege: Durchmesser bis 5 mm

Tab. 4.76: Beurteilte Strukturen und Normalwerte im Sonogramm.

- *Abdomenleeraufnahme oder Gallenblasenleertomographie*
  Nachweis von röntgendichten (stark kalkhaltigen, ca. 10 %) Konkrementen, Luft (Aerobilie) z.B. nach ERCP oder bei bakterieller Infektion etc. sowie einer verkalkten Gallenblasenwand bei chronischer Cholezystitis (Porzellangallenblase) oder "Kalkmilchgalle".

Indikationen zur Abdomenleeraufnahme sind:

- Vorbereitung für Cholezysto- und Cholangiographie
- Indikationsstellung für medikamentöse Litholyse (besser jedoch CT!): kalkhaltige Steine → Ausschlußkriterium

- *orale und i.v. Cholezystographie*

  Nachweis der Cholezystolithiasis und Hinweis auf Zusammensetzung der Steine. Zusätzlich Gallenblasenfunktionsdiagnostik (Reizmahlzeit). Sie kann wichtige Hinweise für eine evtl. erfolgversprechende medikamentöse Therapie ergeben:

  Cholesterinsteine:

  - als Kontrastmittelaussparungen sichtbar, also selbst nicht schattengebend
  - rund, oval, leicht höckrig
  - "schwebend"

  Die Untersuchung ist bei erhöhten Serumbilirubinwerten (> 3 mg/dl) nicht möglich!

  Mögliche Ursachen für eine fehlende Gallenblasendarstellung ("negative Cholezystographie") - 40 % der Untersuchungen - sind:

  - keine Einnahme des KM
  - schwere Cholestase oder Leberschaden
  - Zystikusverschluß (meist Stein)
  - Schrumpfgallenblase
  - steinvolle Gallenblase
  - Cholezystitis
  - Atresie u.a.

  Bei der oralen Cholezystographie wird am Vorabend das Kontrastmittel in oraler Form eingenommen, während der Nacht in der Gallenblase angereichert und bildet am nächsten Morgen durch eine Abdomenaufnahme die Gallenblase ab. Durch zusätzliche Gabe einer Reizmahlzeit kann danach die Kinetik der Entleerung und die Darstellung des Choledochus beobachtet werden.

  Die intravenöse Cholezystocholangio(tomo)graphie ("i.v.-Galle") erzielt einen besseren Kontrast. Dabei ist jedoch das Risiko einer Kontrastmittelreaktion zu bedenken (ca. 5 %) Die Untersuchung sollte mit einer Gallenblasenleertomographie kombiniert werden.

- *Computertomographie*

  Nachweis und Hinweise auf die Zusammensetzung der Konkremente (Kalknachweis). Außerdem wichtige ergänzende Untersuchung bei massiver Luftüberlagerung, V. a. Neoplasma oder Komplikationen

- *PTC (perkutane transhepatische Cholangiographie)*

  Auch dabei können die Gallenwege, besonders im proximalen Anteil (intrahepatische Steine, Verschluß im Hepatikusbereich), gut beurteilt werden. Über verschiedene Verfahren kann eine interne, externe oder kombinierte Ableitung der Galle angelegt werden. Dennoch ist die ERCP, schon aufgrund der Möglichkeit zur Papillotomie, in der Regel das geeignetere Verfahren

- *ERCP (endoskopisch retrograde Cholangio- und Pankreatikographie)* (Tab. 4.77, Abb. 4.24)

• posthepatische Cholestase ohne Nachweis der Ursache im Sonogramm
• V. a. präpapilläres Konkrement (ERCP mit Papillotomie). Stark erhöhte Pankreaswerte sind hierbei keine Kontraindikation, sondern eher ein Grund zur Untersuchung!
• Cholangitis, besonders bei schlechtem Allgemeinzustand und erfolgloser konservativer Therapie. Nach Papillotomie und ggf. Steinextraktion, besseres Abfließen des Eiters und schnellere Heilung
• V.a. Cholangiolithiasis

Tab. 4.77: Wesentliche Indikationen für die ERCP.

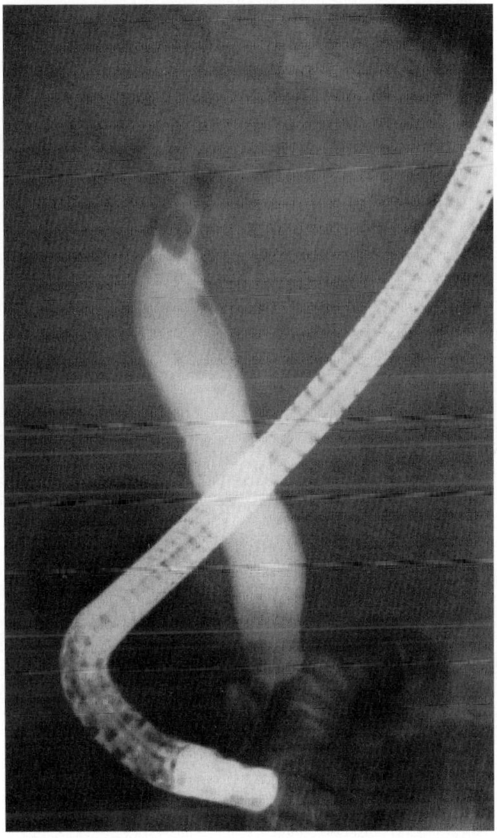

Abb. 4.24: ERC: dilatierter Choledochus, Choledocholithiasis, Aerobilie bei Z.n. endoskopischer Papillotomie. Fehlende Darstellung der Gallenblase (Z.n. Cholecystektomie!).

- *Labor*
  Laborparameter erlauben indirekte Hinweise und helfen beim Erkennen von Komplikationen (Tab. 4.78)

Cholestaseparameter	• alkalische Phosphatase (AP) • γ-Glutamyltransferase (γ-GT) • Bilirubin (direkt)
Pankreaswerte	• Pankreasamylase • Lipase
akute-Phase-Parameter	• Blutsenkung • C-reaktives Protein • Leukozyten

Tab. 4.78: Wichtige Laboruntersuchungen bei Cholelithiasis.

Die asymptomatische Cholezysto- und Choledocholithiasis weist meist keine auffälligen Laborparameter, allenfalls eine Erhöhung der γ-GT und AP, auf.

Bei der Cholezystitis steigen Transaminasen (pericholezystitische Entzündung) und Cholestaseparameter gering an, ebenso auch die Pankreaswerte.

Im Rahmen der Cholestase (Stein im Choledochus), der meist nach kurzer Zeit eine Cholangitis folgt, steht neben Fieber (Akute-Phase-Parameter) und Schmerzsymptomatik, die Erhöhung der Cholestasewerte im Vordergrund.

- *Laparoskopie*

  Bei der Laparoskopie erkennt man eine entzündliche Gallenblase oder pericholezystitische Veränderungen. Die Farbe der Leber gibt weitere diagnostische Hinweise:

  - grüne Leber - posthepatischer Ikterus, z.B. Stein
  - rot-braune Leber - Parenchymikterus, z.B. Hepatitis

  Durch Betasten der Gallenblase mit dem Taststab kann ein Stein vermutet werden. Zur reinen Diagnose der Cholezystolithiasis ist die Laparoskopie aber nicht indiziert.

❑ Differentialdiagnose

- Refluxösophagitis
- Gastritis/Duodenitis
- Ulcera ventriculi et duodeni
- Pankreatitis
- Pyelonephritis und Nephrolithiasis
- Appendizitis
- Hinterwandinfarkt
- andere Formen der Cholelithiasis
- Erkrankungen der Gallenwege

❑ Therapie

Akuttherapie bei Kolik

- 1 Tag Nahrungskarenz, bei Schmerzfreiheit Kostaufbau mit Kohlenhydraten ("Tee und Zwieback"), zuletzt mit Fett
- evtl. Wärme (Umschlag) - nicht bei eitriger Cholezystitis, Empyem oder Gangrän (Abwehrspannung? Fieber?)

- Spasmolytika
  - N-Butyl-Scopolaminiumbromid (z.B. Buscopan®) 20 mg i.v.
  - Nitroglycerin (z.B. Nitrolingual®) 0,4 mg oral
- Analgetika
  NSAR, Metamizol oder zentralwirksame Substanzen wie z.B. Tramadol (z.B. Tramal®) oder Pethidin (z.B. Dolantin®), evtl. kombiniert mit 1 Amp. Atropin (0,5 mg). *Cave*: Morphin und verschiedene seiner Derivate erhöhen den Tonus glatter Muskulatur (am *Sphinkter Oddi*) und können dadurch die Beschwerden sogar verstärken

Bei bislang noch nicht bekanntem Gallensteinleiden muß eine weitere Diagnostik erfolgen. Diese kann bei gutem Ansprechen der Therapie ambulant erfolgen. Bei persistierenden Schmerzen, bei V. a. Choledocholithiasis/Cholangitis oder bei Pankreatitis ist die stationäre Aufnahme indiziert.

> Dringende Weichenstellungen:
> - V. a. "perforierte Galle" bzw. biliäre Peritonitis? → sofortige Vorstellung beim Chirurgen!
> - V. a. präpapillärer Stein/massive Begleitpankreatitis? → sofortige ERCP und Papillotomie!
> - eitrige Cholezystitis/Cholangitis? → Antibiotikatherapie! (bei "einfacher" Cholezystitis nicht indiziert)

Therapie bei bakterieller Besiedelung bzw. biliärer Sepsis

- ß-Laktamantibiotika
- Cephalosporine

Therapie bei biliärer Sepsis mit 3fach-Kombination:
• ß-Laktamantibiotikum bzw. Cephalosporin + Aminoglykosid + Metronidazol

Therapie des chronischen Gallensteinleidens

- Bei asymptomatischer Cholezystolithiasis kann auf die Cholezystektomie verzichtet werden. Das Risiko eines Gallenblasenkarzinoms ist gering. Jedoch weist die Cholezystektomie im Rahmen einer Cholezystitis ein ca. 10fach erhöhtes Op-Risiko auf. Daher gilt:
  - Mehrfach symptomatische Gallenblasensteine sollten entfernt werden
  - Choledocholithiasis ist möglichst immer zu beseitigen
  - Die chirurgischen Verfahren bieten durch Entfernung der Gallenblase den Vorteil der gleichzeitigen Rezidivprophylaxe

  Es existieren eine Reihe von Therapieverfahren, deren Anwendungen von vielen Einflüssen abhängen, u.a. von den lokalen Möglichkeiten der Klinik (Tab. 4.79).

nichtchirurgische Verfahren	• Diät und Spasmolytika bei Bedarf
	• extrakorporale Stoßwellenlithotripsie (ESWL)
	  • elektrohydraulisch
	  • piezoelektrisch
	  • elektromagnetisch
	• medikamentöse Litholyse
	  • orale Zufuhr
	  • nasobiliäre Sonde
	  • perkutane transhepatische Sonde

chirurgische Verfahren	• abdominelle Cholezystektomie • laparoskopische Cholezystektomie

Tab. 4.79: Therapieverfahren bei Cholelithiasis.

- *nicht-chirurgische Verfahren*
  Manche Patienten mit langen beschwerdefreien Intervallen ziehen eine symptomatische Medikation mit Diät und Spasmolytika vor.

  Gallensteine können durch extrakorporale Stoßwellenlithotripsie zerkleinert werden. Die Fragmente gehen entweder auf natürlichem Weg ab bzw. werden durch medikamentöse Litholyse (s. u.) noch gänzlich aufgelöst.

  Cholesterinsteine lassen sich mit oral zugeführten Medikamenten auflösen. Die Voraussetzungen für eine erfolgreiche orale Litholyse sind in Tab. 4.80 zusammengestellt

seitens des Patienten	• Motivation und Compliance für eine 1/2-2jährige Therapie • Akzeptanz eines Rezidivrisikos von bis zu 50 % in 5 Jahren
seitens des Steines	• kontrahierbare Gallenblase • nur bis zu 1/3 steinvoll • keine Gallengangssteine • Cholesterinstein (rund, schwebend, nicht "schattengebend") • keine Erkrankungen der Leber • keine Erkrankungen des enterohepatischen Kreislaufs

Tab. 4.80: Voraussetzungen für eine erfolgreiche orale Litholyse.

Durchführung mit Ursodeoxycholsäure (UDC) und Chenodeoxycholsäure (CDC). Kombinationstherapie mit 5-8 mg UDC und CDC/kg KG/die als Abenddosis (Therapiedauer ca. 1-2 Jahre). Nach ca. 3-6 Monaten sonographische Kontrolle empfohlen. Bei Steinfreiheit Fortsetzen der Therapie für 3-6 Monate, dann Rezidivprophylaxe mit 5 mg UDC/kg KG/die über 6 Monate.

alternative Therapieverfahren:

Bei Vorliegen großer Cholesterinsteine ist die extrakorporale Stoßwellenlithotripsie (ESWL) zusammen mit o.g. Kombinationstherapie indiziert.

Außerdem ist eine Äther-Lyse (oder mit Lösungsmitteln wie z.B. Natriumcholat u.ä.) perkutantranshepatisch oder direkt über nasobiliäre Sonde möglich.

- *chirurgische Verfahren*
  Die abdominelle Cholezystektomie ist mit einer Letalität von 0,5-1 % (meist ältere Patienten) ein sicheres Verfahren. Es wird vielfach im Intervall, d.h. nach Abklingen der Beschwerden durchgeführt. Allerdings sind auch Frühcholezystektomien möglich. Eine Röntgendarstellung der Gallenwege präoperativ ist dabei nötig. Während der Operation wird der Choledochus zum Ausschluß von Choledochussteinen untersucht (z.B. durch intraoperative Cholangiographie, Cholangioskopie, Manometrie, Sondierung) und ggf. revidiert.
  Die laparoskopische Cholezystektomie zeichnet sich durch eine geringere Belastung des Organismus und einen kürzeren Krankenhausaufenthalt aus. Komplikationen und Letalität entsprechen etwa denen des offenen Vorgehens.
  Die Cholezystotomie mit Steinentfernung birgt ein hohes Rezidivrisiko und ist deshalb abzulehnen

❑ **Prognose**

Etwa die Hälfte der Gallensteine findet sich in Ultraschalluntersuchungen bei Patienten, die bislang keine typischen Koliken hatten, bei näherem Nachfragen aber nicht selten über Symptome wie postprandialen Druck, Übelkeit oder das Vermeiden fetthaltiger Speisen berichten. Die Hälfte dieser Patienten bleibt auch in Zukunft symptomarm. Jedoch können sich bei jedem 10. im weiteren Verlauf schwerwiegende Komplikationen einstellen.

4.5.4.2. Choledocholithiasis

❑ **Definition**

Gallensteine im Ductus choledochus werden als Choledocholithiasis bezeichnet. Man unterscheidet primäre, d.h. dort entstandene Steine, von sekundären, meist aus der Gallenblase stammenden Steinen.

Andere Formen der Gallenwegssteine sind.

- Hepatolithiasis (primär dort entstanden)
- Zystikussteine (meist aus der Gallenblase stammend)

❑ **Häufigkeit**

10-20 % der Patienten mit Cholezystolithiasis weisen zusätzlich eine Choledocholithiasis auf, bei den über 80jährigen hat es nahezu jeder zweite Patient eine Cholezystolithiasis.

❑ **Ätiologie und Pathogenese**

- Sekundäre Steine stammen meist aus der Gallenblase und sind unter kolikartigen Beschwerden oder auch ohne entspr. Klinik in die distalen Gallengänge abgewandert. Ätiologie und Pathogenese sind daher mit der Cholezystolithiasis vergleichbar. Meist handelt es sich um Cholesterin- oder (schwarze) Pigmentsteine
- Bei primären Gallenwegssteinen handelt es sich meist um braune Pigmentsteine. Wesentliche pathogenetische Faktoren sind
  - Stase
  - Infektion
  - Entzündung

  Es kommt zur Hydrolysierung von konjugiertem Bilirubin und Lezithin. Die entsprechenden Kalziumsalze (Kalziumbilirubinat und Kalziumpalmitat) präzipitieren, wobei bakteriell gebildeten Glykoproteine und die Stase die Steinbildung begünstigen.
- Hepatolithiasis findet sich u.a. bei primär biliärer Leberzirrhose, primär sklerosierender Cholangitis, Mukoviszidose sowie bei Veränderungen der intrahepatischen Gallenwege (z.B. postoperativ, Dysplasien oder Aplasien)

❑ Symptomatik

- Leitsymptome sind Kolik und Ikterus
- ca. 10-20 % der Patienten sind asymptomatisch
- häufig (bei zusätzlicher Cholangitis) Kolik, Ikterus und Schüttelfrost (*Charcot-Trias)*
- zusätzlich unspezifische Symptome wie Übelkeit, Aufstoßen, Inappetenz, Meteorismus, Diarrhö oder Obstipation

❑ Komplikationen

- *Verschlußikterus*
  Durch inkompletten bzw. völligen Verschluß des Ductus choledochus kann es zu einem proximalen Galleaufstau kommen. Der Abfluß ins Duodenum ist blockiert
- *Cholangitis/Sepsis*
  Aufstau und Stase der Galle begünstigen zusammen mit den Konkrementen und meist in diesem Zusammenhang im Gallesystem befindlichen Bakterien die Ausbildung einer Cholangitis
- *biliäre Pankreatitis*
  Durch Obstruktion im Bereich der Papilla vateri (bei gemeinsamer Mündung des Ductus choledochus und Pankreasgangs) kommt es zur Abflußbehinderung sowohl der Gallenflüssigkeit als auch des Pankreassekretes. Der Sekretstau führt zur biliären Pankreatitis
- *Hämobilie*
  Mechanische Erosionen durch Konkremente (insbesondere im Rahmen einer Kolik) können zur Blutung in die Gallenwege führen. Aus der Papilla vateri entleert sich Blut. Wesentliche Differentialdiagnosen sind iatrogene Blutungen (nach endoskopischen Manipulationen), plasmatische Gerinnungsstörungen und Tumore
- *biliäre Zirrhose*
  Bei chronischem Galleaufstau ist die Ausbildung einer biliären Zirrhose möglich

❑ Diagnostik

- Kolik und Ikterus müssen an Gallenwegssteine denken lassen
- *Sonographie*
  Nachweis des Konkrementes direkt oder Aufstau des Gallenwegssystems. Nachteil ist die relativ geringe Sensitivität bei distalen Choledochussteinen
- *ERC(P)* (Abb. 4.25)
  Methode der Wahl, falls mit der nicht-invasiven Sonographie der Konkrementnachweis in den Gallenwegen nicht gelingt. Die Sensitivität liegt bei > 95 %, die Komplikationsrate bei ca. 1 %

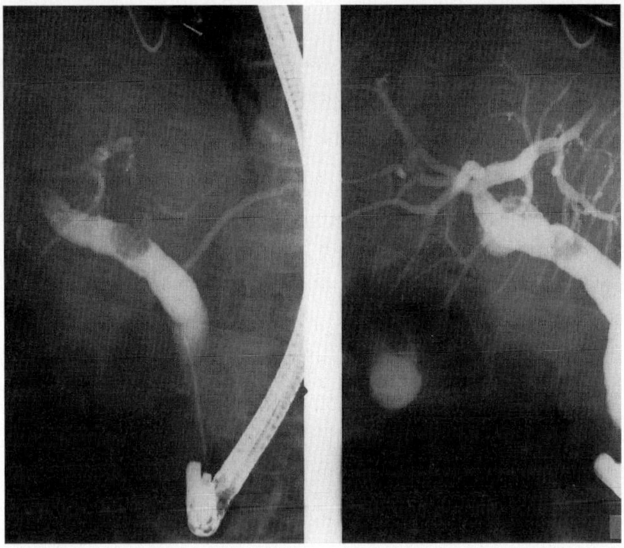

Abb. 4.25: ERC: Choledocholithiasis mit Aufstau der intra- und extrahepatischen Gallenwegen.

- *PTC*
  Die perkutane transhepatische Cholangiographie (PTC) ist Methode der Wahl, wenn eine ERC nicht möglich ist (z.B. ungünstige anatomische Verhältnisse). Sie hat bei gestauten Gallenwegen die gleiche Sensitivität wie die ERC, verbunden mit einer erhöhten Komplikationsrate (ca. 3-4 %, Letalität ca. 0,1 %)
- *CT*
  Die Computertomographie hat lediglich zur differentialdiagnostischen Abklärung (z.B. Pankreaskarzinom) ihre Indikation. Hinsichtlich des Steinnachweises hat sie keine höhere Sensitivität als die Sonographie
- *Laboruntersuchungen*
  Fast immer sind γ-Glutamyltransferase und alkalische Phosphatase erhöht. Intermittierend kommt es zu einem Anstieg der GOT, GPT. Akut sind meist erhöhte Leukozyten und BKS-Werte nachweisbar. Je nachdem, ob eine Obstruktion oder Pankreasbeteiligung vorliegt, finden sich folgende Laborveränderungen:
  - Verschlußikterus: Erhöhung von Bilirubin (meist < 10 mg %)
  - biliäre Pankreatitis: Erhöhung von Bilirubin (> 2 mg %), alkalischer Phosphatase, γ-GT, BKS, CRP, Leukozyten, Amylase und Lipase im Serum sowie Amylase im 24 h-Urin (Steinnachweis im Bereich der Papilla vateri mit Aufstau des Pankreas- und Gallengangssystems
  - Cholangitis: Erhöhung von Bilirubin (> 2 mg %), alkalischer Phosphatase und γ-Glutamyltransferase sowie BKS, CRP und Leukozyten

❑ Differentialdiagnose

- andere Lokalisationen der Gallenwegssteine
- Pankreaskarzinom
- Nierenkolik
- Leberabszeß
- Myokardinfarkt

❑ Therapie

Bei der Therapie muß zwischen primären und sekundären Choledochussteinen unterschieden werden:

- *sekundäre Choledochussteine*
  Bei sekundären Steinen sollte primär eine Cholezystektomie mit intraoperativer Choledochusrevision erfolgen. Dabei ist im Rahmen der Abklärung der Choledocholithiasis präoperativ nur die Sonographie indiziert. Die Cholangiographie und Choledochoskopie kann und sollte intraoperativ erfolgen. Bei entsprechender Symptomatik (biliäre Pankreatitis, eitrige Cholangitis oder Patienten mit hohem Op-Risiko) kann bzw. muß primär die Steinentfernung ggf. anschließend die Cholezystektomie durchgeführt werden
- *primäre Choledochussteine*
  Bei primären Steinen ist möglichst die Ursache für die Steinentstehung im Ductus choledochus zu beseitigen

Möglichkeiten der Steinentfernung

Choledochussteine gehen nach Papillotomie oft spontan ab. Sonst ist die Steinextraktion (*Dormiakörbchen*) nach Papillotomie oder medikamentöser Papillendilatation (Nitroglyzerin) möglich.

Zu große Choledochussteine müssen intraduktal verkleinert werden.

Dafür stehen folgende Methoden zur Verfügung:

- mechanisch
- elektrohydraulische ISWL (intrakorporale Stoßwellenlithotripsie)
- elektromagnetische ESWL (extrakorporale Stoßwellenlithotripsie)
- Laser

Die Papillotomie ist mit einer Komplikationsrate von 5-10 % (Blutungen, Perforation, Pankreatitis, Cholangitis sowie Papillenstenosen) sowie einer Letalität von 1 % behaftet.

Ist eine ERCP nicht möglich, kann eine perkutane, endoskopisch-kontrollierte intrakorporale Lithotripsie versucht werden.

Als weitere alternative Methode steht die Lysetherapie über eine nasobiliäre Sonde zur Verfügung. Die Lyse kann mittels Monooctanoin (z.B. Moctanin®) oder Methyl-tertiärem Butyläther (MTBE) bei cholesterinreichen Residualsteinen erfolgen oder bei primären Gallengangskonkrementen mit 1%iger EDTA-Lösung. Kalkdichte Konkremente lassen sich i.d.R. nicht lysieren.

Bei älteren oder multimorbiden Patienten kann eine palliative Therapie der durch Choledochussteine bedingten Galleabflußstörungen mittels Einbringen einer (bilioduodenalen) Endoprothese mit Drainagefunktion erfolgen. Dadurch kann u.a. der Entwicklung von Komplikationen vorgebeugt werden.

Bei der Hepatolithiasis bestehen teils größere therapeutische Probleme und Risiken. Primär sollte eine ERCP mit Papillotomie erfolgen. Die Steinextraktion bzw. Lithotripsie kann retrograd, z.B. mittels "Mother-Baby"-Endoskop, erfolgen. Zusätzlich kann die ESWL gute Erfolge zeigen. Als Alternativen stehen die perkutane Endoskopie mit intrakorporaler Lithotripsie oder die offene chirurgische Sanierung, die meist in der Choledochotomie mit Drainage und Steinextraktion bzw. auch Leberteilresektion bestehen kann, zur Verfügung.

❑ Prognose

Die Choledocholithiasis hat unbehandelt eine ungünstige Prognose, da die Patienten meist symptomatisch werden und ernsthafte Komplikationen auftreten. Insbesondere Patienten mit sekundären Gallengangssteinen haben nach Therapie eine gute Prognose mit niedrigem Rezidivrisiko.

4.5.5. Postcholezystektomie-Syndrom

Treten nach einer Cholezystektomie dyspeptische Beschwerden oder ähnliches auf, wird häufig vom sog. Postcholezystektomie-Syndrom gesprochen. Der Begriff ist ungünstig bzw. falsch gewählt, da die genannten Beschwerden unterschiedlichste Ursachen haben (Tab. 4.81).

- echte Operationsfolgen
  - Choledocholithiasis (übersehene Konkremente)
  - Gallengangsstriktur
  - Papillenstenose (z.B. nach Papillotomie)
  - Verwachsungen/Narbenbildung
- Fehldiagnose bzw. Fehlindikation zur Cholezystektomie bei anderer Ursache der dyspeptischen Beschwerden
- neu aufgetretene anderweitige Abdominalerkrankung

Tab. 4.81: Mögliche Ursachen eines sog. Postcholezystektomie-Syndroms.

Die Behandlung erfolgt entsprechend der jeweiligen Ursache.

4.5.6. Cholezystitis

❑ **Definition**

Die Entzündung der Gallenblase wird als Cholezystitis bezeichnet. Sie ist nahezu immer mit einer Cholezystolithiasis vergesellschaftet. Nach dem Verlauf werden eine akute und eine chronische Cholezystitis unterschieden.

❑ **Häufigkeit**

Nicht seltene Komplikation der Cholezystolithiasis. Frauen etwas häufiger betroffen als Männer.

❑ **Ätiologie und Pathogenese**

- Überwiegend auf dem Boden einer Cholezystolithiasis durch Schäden am Gallenblasenepithel (Lysolezithineinfluß). Zusätzlich liegt meist eine Abflußstörung vor. Ätiologische Faktoren sind Infektion (z.B. im Rahmen einer Salmonellose oder aszendierenden Bakteriocholie, seltener viral z.B. Mononukleose), Ischämie (Schockgallenblase) und Stase (parenterale Ernährung)
- Die primäre Cholezystitis ist i.d.R. primär abakteriell
- Die Entzündung betrifft vor allem die Gallenblasenwand. Häufig findet sich eine lokale Peritonitis

❑ **Symptomatik**

Akute Cholezystitis:

- akute, heftige rechtsseitige Oberbauchschmerzen, die häufig kolikartig sind und im Vgl. zur normalen Gallenkolik länger anhalten. Häufig Ausstrahlung in die rechte Schulter, bei Peritonitis Abwehrspannung
- Übelkeit, Erbrechen, evtl. Subileus
- Fieber (Schüttelfrost) und allgemeines Krankheitsgefühl
- evtl. Ikterus
- beim Gallenblasenempyem oft Oberbauchperitonitis mit septischem Bild

Chronische Cholezystitis:

- meist symptomarm, Schmerzcharakter dumpf

❑ **Komplikationen**

- Empyem oder Hydrops
- Perforation (frei oder gedeckt) oder Penetration
- Sepsis
- Leberabszeß
- Fistelung

❑ **Diagnostik**

- *Steinanamnese und entspr. Klinik* (Druckschmerz im rechten Oberbauch und evtl. tastbare Gallenblase) → V. a. Cholezystitis
- *Labor*
  - erhöhte BKS und CRP, Leukozytose mit Linksverschiebung, Erhöhung der α_2-Globulinfraktion
  - evtl. leicht erhöhtes Bilirubin, alkalische Phosphatase, LAP (Begleitcholangitis) und γ-GT sowie GOT und GPT (Begleithepatitis)
- *Sonographie*
  - verdickte, echoarme Gallenblasenwand (Ödem), mit echoreichem Innen- und Außensaum (Mehrschichtigkeit), insgesamt vergrößerte Gallenblase, evtl. Flüssigkeit im Bereich des Gallenblasenbetts, Steinnachweis
  - Die chronische Cholezystitis zeigt eine verdickte, echoreiche Gallenblasenwand, evtl. Schrumpf- oder Porzellangallenblase
- aufgestaute intra- und extrahepatische Gallenwege → *ERCP*
- V. a. Perforation → *Abdomenleeraufnahme* (häufig Nachweis von Konkrementen)
- *Blutkultur*

❑ **Differentialdiagnose**

- Pankreatitis
- Gallenblasenempyem
- Nephrolithiasis
- andere Ursachen des Ikterus
- evtl. Myokardinfarkt und Lungenembolie/Pleuritis

❑ **Therapie**

- **akute Cholezystitis**
  - *Nulldiät + Magensonde*
  - *Antibiotikatherapie*
    Die Keimbesiedelung erfolgt aszendierend vom Duodenum aus (Tab. 4.82). Sinnvolle Antibiotika, die das Keimspektrum erfassen, sind:
    - ß-Laktamantibiotika
    - Cephalosporine
    - 3fach-Kombination bei biliärer Sepsis
      ß-Laktamantibiotikum/Cephalosporin + Aminoglykosid + Metronidazol

• E. coli	• Klebsiellen
• Enterokokken	• Anaerobier
• Streptokokken	• seltener Salmonellen, Clostridien, u.a.

Tab. 4.82: Wichtigste Keime bei Cholezystitis.

- *Analgesie*
  - Spasmolytika (N-Butyl-Scopolamin)
  - Paracetamol und ggf. Tramadol oder Pethidin (kein Morphin!)
- *Operation*
  bei akuter Cholezystitis Frühoperation!

- **chronische Cholezystitis**

Bei chronischer Cholezystitis sollte die Cholezystektomie erfolgen, da insbesondere ein Gallenblasenkarzinom sonographisch nicht auszuschließen ist. Bei Beschwerden sonst medikamentöse Therapie wie oben angeführt.

❑ **Prognose**

Bei operativer Therapie gut. Die Op-Letalität beträgt ca. 1-3 %. Sie ist im Vgl. zur Cholezystektomie bei blanden Gallenblasensteinträgern deutlich erhöht.

→ Die Cholezystektomie sollte vor Entwicklung einer Cholezystitis erfolgen!

Bei Diabetikern und alten Patienten besteht eine ungünstigere Prognose, da Komplikationen wie Perforation häufig nicht erkannt werden und vermehrt postoperative Komplikationen auftreten (Letalität 5-10 %).

4.5.7. Cholangitis

❑ **Definition, Ätiologie und Pathogenese**

Entzündung der Gallenwege. Meist sekundär bei Obstruktion durch Stein(e) im Rahmen einer Cholelithiasis, seltener primär. Das Erregerspektrum ist mit dem der Cholezystitis vergleichbar. Die Infektion kann dabei aszendierend oder hämatogen sein. Andere Ursachen sind Pankreatitis oder Pankreas- bzw. Gallengangskarzinom. Nach dem Verlauf werden akute und chronische Cholangitiden unterschieden.

Eine spezielle Form stellt die *primär sklerosierende Cholangitis* dar, die durch multiple Gallenwegsstrikturen gekennzeichnet ist. Die Ätiologie ist unbekannt. Diese Form der Cholangitis ist steril und findet sich gehäuft bei Patienten mit chronisch entzündlichen Darmerkrankungen (M. Crohn, Colitis ulcerosa).

❑ **Symptomatik, Komplikationen**

- *Charcot-Trias*: Schmerzen im rechten Oberbauch, Fieber (Schüttelfrost), Ikterus
- seltener Koliken
- Leber oft druckdolent
- Neben Leberabszessen bzw. perihepatischen Abszessen kann es auch zur Sepsis kommen (insbesondere bei eitriger Cholangitis)
- bei chronischer Form meist blander Verlauf

❑ **Diagnostik, Differentialdiagnose**

- *Labor*
  - BKS, C-reaktives Protein und Leukozyten (mit Linksverschiebung) meist erhöht
  - bei Exkretionsstörung bzw. Obstruktion im Gallengangssystem Erhöhung von Bilirubin, alkalischer Phosphatase, LAP (Leuzin-Aminopeptidase) und γ-GT
  - erniedrigte Thrombozyten, Fibrinogen und Quick-Wert sowie verlängerte PTT deuten auf eine Verbrauchskoagulopathie im Rahmen der Sepsis hin
  - Erhöhung der GOT und GPT sollten an einen Leberabszeß denken lassen
- *Blutkulturen* mehrfach, da nur in geringem Prozentsatz erfolgreicher Erregernachweis
- *Sonographie und ggf. CT*
  Steinnachweis bzw. Aufstau der extrahepatischen Gallenwege, evtl. Nachweis anderer Ursachen bzw. Aufdeckung von Komplikationen
- *Cholangiographie*
  - retrograd als ERC (gleichzeitig evtl. Möglichkeit der endoskopischen Therapie)
  - perkutan (PTC = perkutane transhepatische Cholangiographie)
  - Bei der primäre sklerosierenden Cholangitis finden sich perlschnurartige Erweiterungen der Gallenwege. Bei Mitbefall des Ductus choledochus Bild der "knorrigen Eiche"

❑ **Differentialdiagnose**

- Cholezystitis
- Leberabszeß
- Hepatitis
- Pyelonephritis

❑ **Therapie**

- Nulldiät + Magensonde
- Antibiotika: ☞ Cholezystitis (gleiche Erreger, Kap. 4.5.6.)
- Kreislaufüberwachung (*cave:* Sepsis!)
- Beseitigung der Abflußstörung bzw. Drainage des Ductus choledochus - meist endoskopisch (ERCP mit Papillotomie und Steinextraktion bzw. Einlage einer Drainage)

❑ **Prognose**

Unbehandelt hat die Cholangitis eine ungünstige Prognose: Letalität > 50 %. Bei frühzeitiger Therapie (Antibiotikatherapie und Sicherung des Galleabflusses) läßt sich diese jedoch auf < 10 % senken.

4.5.8. Gallenblasenhydrops

❑ **Definition, Ätiologie und Pathogenese**

Die vermehrte Füllung der Gallenblase wird als Gallenblasenhydrops bezeichnet. Ursächlich ist meist ein Zystikusverschluß oder ein Verschluß der extrahepatischen Gallenwege weiter distal.

❑ **Symptomatik und Diagnostik**

- häufig asymptomatisch, evtl. Zeichen der Cholezystitis
- meist palpable Gallenblase (*positives Courvoisier'sches Zeichen*)
- sonographisch stark vergrößerte Gallenblase (Längsausdehnung > 10 cm), die sich auf Reiz (i.v.-Cholezystokinin) nicht kontrahiert

- bei erweiterten extrahepatischen Gallenwegen → *ERCP*
- zur Diagnose Zystikusverschluß → *i.v.-Cholangiographie*

❑ **Differentialdiagnose**

Gallenblasenatonie → Gallenblase kontrahiert sich nach Reizmahlzeit.

❑ **Therapie**

Wenn möglich Beseitigung der Abflußstörung - sonst Cholezystektomie!

4.5.9. Tumore der Gallenblase und Gallenwege

4.5.9.1. Gallenblasenkarzinom

❑ **Definition, Ätiologie und Pathogenese**

Unter den bösartigen Neubildungen im Bereich der Gallenblase sind Adenokarzinome am häufigsten. Frauen sind häufiger als Männer betroffen. Das Karzinom findet sich bei ca. 1 % der Cholezystektomien. In ca. 80-90 % der Fälle sind gleichzeitig Gallenblasensteine vorhanden, die über eine chronische Entzündung möglicherweise an der Pathogenese beteiligt sein können. Das Risiko, ein Gallenblasenkarzinom als Gallensteinträger zu entwickeln, beträgt ca. 1 %. Das höchste Risiko birgt die Porzellangallenblase in sich. Der Häufigkeitsgipfel liegt bei ca. 60-70 Jahren.

❑ **Symptomatik**

- meist Schmerzen im rechten Oberbauch bzw. wie bei der chronischen Cholezystitis (d.h. auch asymptomatisch bzw. symptomarm)
- Gewichtsabnahme
- evtl. schmerzloser Ikterus und tastbare Gallenblase
- evtl. Symptome durch frühzeitige hämatogene und lymphogene Metastasierung oder durch Wachstum per continuitatem in die Leber

❑ **Diagnostik**

- *Labor*
  Es können sich unspezifische Veränderungen wie Anämie oder Erhöhung von Bilirubin, γ-GT, LAP und alkalischer Phosphatase finden
- *wichtige bildgebende Verfahren*
  - Sonographie (meist echoarme Raumforderung)
  - abdominelle Computertomographie
  - Beide Untersuchungen ermöglichen die histologische Sicherung durch Feinnadelpunktion
- *invasive Untersuchungen*
  - Laparoskopie
  - ERC(P) bzw. PTC

❑ **Differentialdiagnose**

Wichtigste Differentialdiagnose ist die chronische Cholezystitis.

❑ **Therapie**

Ein kuratives Ergebnis ist nur operativ zu erzielen. Lediglich 10-20 % der Fälle sind jedoch bei kurativer Zielsetzung operabel (Tumor auf die Gallenblase beschränkt).

Palliativ können perkutan oder endoskopisch Drainagen oder Stents implantiert werden.

❑ **Prognose**

Die Prognose ist ungünstig bis infaust. Ohne Therapie versterben die Patienten nach ca. 6-12 Monaten. Die 5-Jahresüberlebensrate ist < 10 %. Operierte Patienten haben eine mittlere Überlebenszeit von 2-3 Jahren.

Nota bene: Die Cholezystektomie (Letalitätsrate bei elektiver Operation bis 3 %) ist *zur Prophylaxe* eines Gallenblasenkarzinoms bei Cholezystolithiasis nicht indiziert!

4.5.9.2. Gallengangskarzinom

❑ **Definition, Ätiologie und Pathogenese**

Wie beim Gallenblasenkarzinom handelt es sich meist um Adenokarzinome, die vom Gallengangsepithel ausgehen. Die Ätiologie ist ungeklärt. Ein erhöhtes Risiko ist bei der primär sklerosierenden Cholangitis, dem *Caroli-Syndrom*, der Colitis ulcerosa sowie verschiedenen parasitären Erkrankungen gegeben.

Klatskin-Tumor: primäres Gallengangskarzinom im Bereich der Hepatikusgabel.

❑ **Symptomatik, Diagnostik und Differentialdiagnose**

- schmerzloser Verschlußikterus (mit Juckreiz) häufig mit positivem Courvoisier Zeichen (bei Verschluß distal des Ductus cysticus)
- evtl. unspezifische epigastrische Beschwerden, Gewichtsabnahme
- Laborveränderungen wie beim Gallenblasenkarzinom unspezifisch
- Diagnosestellung durch Sonographie und CT sowie direkte Darstellung der Gallenwege mittels PTC oder ERCP
- wichtigste Differentialdiagnose: Pankreaskopf- bzw. Papillenkarzinom

❑ **Therapie**

- Resektion mit biliodigestiver Anastomose (wenn möglich!). Bei papillennahem Prozeß Op nach Whipple
- meist jedoch nur palliative Therapie möglich (endoskopische oder perkutane transhepatische Drainage - nach innen oder außen - oder Stent-Implantation)

❑ **Prognose**

Schlecht, da weniger als die Hälfte operabel. Mittlere Überlebensrate um 6 Monate, bei kurativer Operation überleben ca. 30 % der Patienten die nächsten 5 Jahre.

4.5.9.3. Benigne Tumore der Gallenblase und Gallenwege

Gutartige Tumore sind eher selten. Es handelt sich meist um Adenome, Papillome oder mesenchymale Geschwülste wie Lipome. Oft findet sich sonographisch ein Gallenblasenpolyp. Die Therapie besteht in der Exzision bzw. Cholezystektomie.

4.6. Erkrankungen des Pankreas

Entzündliche Erkrankungen des Pankreas

4.6.1. Pankreatitis

Aufgrund von Klinik, Morphologie bzw. Verlauf und Ursachen hat es sich als günstig bzw. notwendig herausgestellt, zwischen der akuten und chronischen Pankreatitis zu unterscheiden.

4.6.1.1. Akute Pankreatitis

❑ **Definition**

Plötzliche Entzündung des Pankreas mit Ödem oder Nekrosebildung (Einfluß der Pankreasenzyme), meist symptomatisch, nach Abheilung Rezidive möglich.

❑ **Häufigkeit**

Inzidenz ca. 10-20/100.000 Einwohner/Jahr. Erkrankungsgipfel zwischen 30.-50. Lebensjahr bei Männern (Alkoholeinfluß) und 40.-60. Lebensjahr bei Frauen (Gallensteinleiden). Frauen sind insgesamt häufiger betroffen.

❑ **Ätiologie und Pathogenese**

Multifaktorielle Ätiologie, häufige Ursachen sind:

- Gallensteine, insbesondere Steine im Choledochus bzw. in der Papillenregion (ca. 60 %)
- Alkohol (ca. 20 %)

Weitere auslösende bzw. begünstigende Faktoren sind:

- Traumata (z.B. Lenkstange bei Fahrradsturz im Kindesalter)
- Z.n. Op (z.B. Magen-, Duodenal-, Gallenwegs-Op)
- nach ERCP (Risiko ca. 2 %)
- mechanisch durch Pankreastumor, Papillitis, Papillenödem, juxtapapilläres Duodenaldivertikel, selten durch Askariden in den Gallengängen
- infektiös (Mumps-, Coxsackie-, Epstein-Barr-, Hepatitis-Viren, Mykoplasmen u.a.)
- Hyperlipidämie, Hyperkalzämie (Hyperparathyreoidismus), Urämie
- vaskuläre Störungen (Arteriosklerose, Panarteriitis nodosa, LE u.a.)
- Medikamente (Azathioprin, Furosemid, Östrogene, Salazosulfapyridin, verschiedene Antibiotika wie Sulfonamide und Tetrazykline)
- hereditär (selten, Erkrankung im Kindesalter)
- idiopathisch

Pathogenetisch kommt es zur Aktivierung von verschiedenen Enzymen, die aus ihren Kompartimenten in das Zytoplasma und schließlich nach extrazellulär gelangen. Außerdem kann es zu einem Reflux der normal aktivierten Enzyme (z.B. bei Papillenstenose) in das Pankreasorgan kommen.

Die beiden wichtigsten Enzyme in diesem Zusammenhang sind Trypsin sowie die Pankreaslipase. Letztere bedingt z.B. Fettgewebsnekrosen. Trypsin und Chymotrypsin sowie die Phospholipase A_2 sind insbesondere für die Ödem- und Nekroseentstehung verantwortlich. Gefäßschädigungen können darüber hinaus durch Elastasen bewirkt werden, was u.a. auch zur Pankreasapoplexie führen kann. Systemische Auswirkungen entstehen u.a. dadurch, daß die Enzyme auch außerhalb des Pankreas wirken und z.T. große Ödeme bzw. Nekrosen (Nekrosestraßen) bilden. Bei der enzymatischen Reaktion werden auch Antiproteasen verbraucht. Weitere Auswirkungen sind Aktivierung des Komplement-, Gerinnungs- (DIC!) und Kallikrein-Kinin-Systems.

Nach dem Verlauf können 3 verschiedene Formen unterschieden werden:

- 1. akute ödematöse Pankreatitis (ca. 80 %)
- 2. akute nekrotisierende Pankreatitis mit Teilnekrose (ca. 15 %)
- 3. akute nekrotisierende Pankreatitis mit Totalnekrose (ca. 5 %)

❑ **Symptomatik**

- plötzlich auftretender Oberbauchschmerz, häufig gürtelförmig oder mit Ausstrahlung in den Rücken
- Übelkeit, Erbrechen
- Gesichtsrötung
- Temperaturerhöhung
- evtl. Schocksymptomatik (feuchte, kalte Haut, Tachykardie, Hypotonie)
- evtl. (paralytischer) Ileus

❑ **Komplikationen**

- lokale Nekrosen bzw. Nekrosestraßen im Bereich des Pankreas, Retroperitoneums entlang des M. psoas bis in das Becken, nach kranial in das Mediastinum sowie in den benachbarten Darm
- Infektion mit Bildung eines Pankreasabszeß (bei schwerer Verlaufsform häufig!) oder auch Sepsis
- Blutung im Pankreasbereich mit Schock, Arrosion von extrapankreatischen Gefäßen
- Schock infolge Eiweiß- und Flüssigkeitsverlusten (Flüssigkeitssequestration, 5-8 l!)
- Niereninsuffizienz (prärenal und tubulär)
- respiratorische Insuffizienz (Phospholipase A_2 → Surfactant↓ → interstitielles Ödem)
- paralytischer Ileus (u.a. durch retroperitoneale Flüssigkeitsansammlung bedingt → Irritation des Parasympathikus)
- Pleuraerguß (meist linksseitig oder beidseitig)
- Aszites
- Ikterus (meist nur bei Aufstau im Pankreaskopf)
- Pseudozysten als Spätkomplikation (nach 4-6 Wochen oder später)
- pankreatische Enzephalopathie (evtl. durch Ödem bedingt)
- Hypokalziämie (Fettgewebsnekrosen = Verseifung der Fettsäuren)
- Hyperglykämie und Diabetes mellitus
- Gerinnungsstörungen bis zu DIC
- metabolische Azidose

❑ **Diagnostik**

- *Anamnese* (bekanntes Gallensteinleiden, Alkoholexzeß, Z.n. Pankreatitis?) sowie klinische Untersuchung:
- *Inspektion*
  - *Grey-Turner-Zeichen* (bläuliche, durch Einblutung entstandene Hautveränderungen im Bereich der Flanke - meist linksseitig)
  - *Cullen-Zeichen* (bläuliche Hautveränderungen im Bereich des Nabels)
  - *Fox-Zeichen* (bläulich -hämorrhagische Hautveränderungen im Bereich der Leisten)

  Die genannten Veränderungen sind jedoch selten, häufiger hingegen sind: Schonatmung, geblähtes Abdomen, meist diffus (druck-) schmerzhaftes Abdomen (p.m. Epigastrium - Mittelbauch, auch gürtelförmig), sog. "Gummibauch", spärliche Darmgeräusche, evtl. Fieber, Schocksymptomatik.

- *Laborveränderungen*
  - Erhöhung von Pankreasamylase und Lipase (evtl. auch Elastase)
    Nota bene: Amylase wird renal ausgeschieden. Daher:
    - Möglichkeit der Untersuchung auch im Urin (U-Amylase)
    - evtl. raschere Normalisierung dieses Enzyms im Serum
    - Lipase und besonders Elastase lassen sich länger nachweisen
    - Eine normale U-Amylase schließt eine Pankreatitis keinesfalls aus!
  - Blutzucker (Werte > 200 mg/dl bei Nichtdiabetikern[1])
    (Insbesondere nach überstandener Pankreatitis sind Kontrollen der Blutzuckerwerte und des Lipidstatus indiziert)
  - Serumkalzium (Werte < 2 mmol/l[2])
  - Leukozytose (> 16.000/µl[1]), Hb (< 10 mg/dl[2])
  - Erhöhung von Bilirubin, γ-Glutamyltransferase (γ-GT), alkalischer Phosphatase sowie besonders der Aspartat-Aminotransferase (ASAT bzw. GOT, > 40 U/l[1]) sind Hinweise für eine biliäre Genese
  - Erhöhung von Creatinin und Harnstoff[2] (Kontrolle inkl. Elektrolyte!)
  - pO_2 < 60 mmHg, Basendefizit > 4 mval/l
  - LDH > 250 U/l[1]
  - C-reaktives Protein und BKS erhöht (evtl. auch Erniedrigung von α_2-Makroglobulin und Komplementfaktoren sowie Erhöhung von α_1-Antitrypsin - als Hinweis für nekrotisierende Pankreatitis zu werten)
  - Fieber → Blutkultur
  - V.a. virale Genese → entspr. KBR (Verlauf) oder Antikörperverhalten
  - V.a. primären Hyperparathyreoidismus → Kontrollen des Serumkalziums sowie Parathormons und entspr. Diagnostik (Sonographie, CT, nuklearmedizinische Untersuchungen)

[1] ungünstiger prognostischer Faktor bei Aufnahme (nach *Ranson*)
[2] ungünstiger prognostischer Faktor nach 48 h (nach *Ranson*)
Zusätzlich ungünstige Faktoren sind: Alter > 55 Jahre, Flüssigkeitsverlust > 6 Liter. Sind mehr als 3 der genannten Faktoren erfüllt, muß die Prognose als eher ungünstig angesehen werden!

- *Sonographie*
  Meist findet sich ein diffus vergrößertes, echoarmes Organ, evtl. peripankreatische Veränderungen, Einblutungen, evtl. Steinnachweis bzw. Aufstau (bei biliärer Genese). In ca. 1/3 der Fälle kann das Pankreas jedoch auch unauffällig sein! Außerdem läßt sich das Organ nicht selten aufgrund Luftüberlagerung (z.B. Subileus) nicht oder nur unvollständig darstellen
- *Computertomographie* (mit KM)
  Bei ausreichender sonographischer Beurteilbarkeit und unkompliziertem Verlauf i.d.R. nicht notwendig (Tab. 4.83). Mittels NMR lassen sich die gleichen Aussagen erzielen, wesentliche Zusatzinformationen werden nicht gewonnen
- *ERCP* bei biliärer Genese inkl. Papillotomie und Steinextraktion (Abb. 4.26)

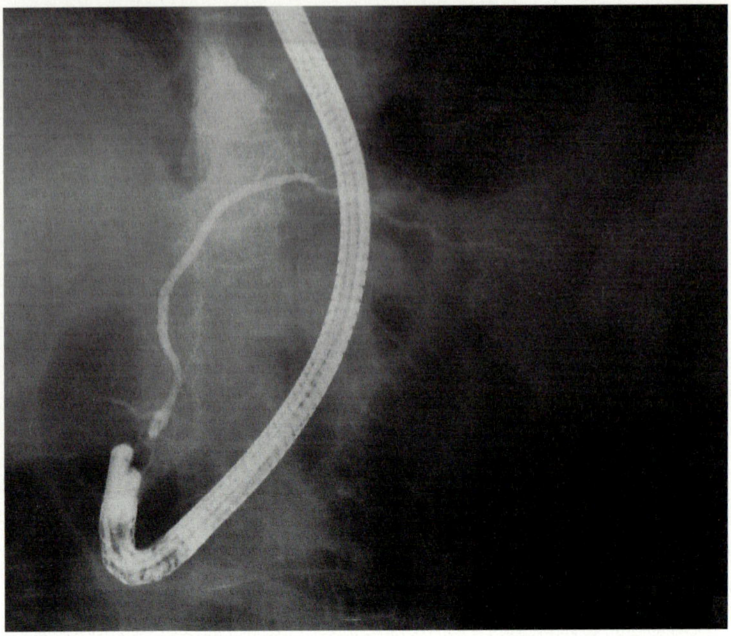

Abb. 4.26: Darstellung des Pankreasganges im Rahmen einer ERCP.

- *Röntgen-Thorax*
  Pleuraerguß oder basale Pneumonie?
- *Abdomenübersicht*
  Verkalkungen im Pankreas, Ileus?
- *Ekg*
  möglicherweise ST-Streckenveränderungen, die zusammen mit der Klinik differentialdiagnostisch auch an einen Myokardinfarkt denken lassen müssen!

• unzureichende sonographische Beurteilbarkeit
• V. a. Nekrotisierung (Nachweis von Nekrosestraßen)
• V. a. Abszedierung
• V. a. Pseudozysten
• V. a. Einblutung bzw. Blutung
• vor operativem Eingriff

Tab. 4.83: Indikationen zum CT bei akuter Pankreatitis.

❑ **Differentialdiagnose**

- akutes Abdomen: perforiertes Magen- oder Duodenalulkus, Cholezystitis, Gallenkolik, Mesenterialinfarkt, Appendizitis, Dünndarmileus, Extrauteringravidität, Nierenkolik
- Aneurysma dissecans der Aorta
- Myokardinfarkt
- Lungenembolie mit Pleuritis und Pleuraerguß
- akute Porphyrie
- laborchemische Differentialdiagnosen: Parotitis, Niereninsuffizienz, Makroamylasämie

❑ **Therapie**

Primärversorgung bei V.a. Pankreatitis

- i.v.-Zugang + Elektrolytlösung, Analgesie mit z.B. Metamizol (z.B. Novalgin®), Tramadol (z.B. Tramal®) oder Buprenorphin (z.B. Temgesic®) - jedoch kein Morphin (Tonuserhöhung am Sphincter Oddi) und *Klinikeinweisung*

Primärdiagnostik (Labor, Sono, Rö-Thorax, Abdomenübersicht, Ekg)

Therapie im Krankenhaus

- Überwachung von
  - Kreislauf und Flüssigkeitsbedarf (RR, Puls, ZVD, Bilanz, Gerinnung)
  - Nierenfunktion (Retentionswerte + Elektrolyte, Bilanz)
  - respiratorischer Funktion (Klinik, Rö-Thorax und BGA)
  - Abdominalbefund inkl. Labor (Amylase, Lipase, GOT, Ca^{2+}, BZ, Blutbild, CRP) und Temperatur
- Nulldiät und Magensonde (bei leichtem Verlauf evtl. Verzicht)
- ausreichende Flüssigkeits- und Kalorienzufuhr: Flüssigkeit 2,5-10 l/die nach ZVD (hohe Flüssigkeitsverschiebungen ins Retroperitoneum möglich!). Ab 2.-3. Tag - falls keine Besserung der Klinik - vollständige parenterale Ernährung (Glukose - unter BZ-Kontrolle, Eiweiß, anfangs kein Fett)
- Analgesie (s.o.), Alternative z.B. Procain 2 g/die i.v. oder Periduralanästhesie
- laborchemischer oder sonographischer V.a. biliäre Genese mit Cholestase: ERCP und ggf. Papillotomie evtl. Cholezystektomie
- nekrotisierende Pankreatitis oder andere Komplikationen (Tab. 4.84): Indikation zur Intensivüberwachung und Überprüfen der Op-Indikation

- *Schock*
  primär Volumengabe (ZVD sollte 10-12 cm H_2O betragen), evtl. Humanalbumin, nach Volumengabe auch Katecholamine
- *Blutungen und Störungen des Hämostasesystems*
  Erythrozytenkonzentrate, evtl. Frischplasma (FFP), Gerinnungsfaktoren (AT III) oder Vollblut, seltener Op, Streßulkusprophylaxe mit z.B. H_2-Antagonisten oder Sucralfat
- *respiratorische Insuffizienz*
  O_2 über Nasensonde, falls $pO_2 < 60$ mmHg dann Indikation zur Intubation und maschinellen Beatmung
- *Niereninsuffizienz* (häufig prärenal bedingt)
  primär Volumensubstitution, ZVD-Kontrolle und Bilanzierung, ggf. Schleifendiuretika und Dopamingabe (2-5 µg/kg KG/min). Falls keine Diurese erzielt werden kann: Hämodialyse oder Hämofiltration
- *Sepsis*
  Antibiotika wie z.B
  - Mezlocillin (z.B. Baypen®) + Metronidazol (z.B. Clont®)
  - Ceftizoxim (z.B. Ceftix®)
  - Ciprofloxacin (z.B. Ciprobay®)
  - Imipenem (z.B. Zienam®)

    (Keine generelle Antibiotikagabe bei akuter Pankreatitis!)
  - ggf. Op-Indikation
- *Hypokaliämie:* Kalium i.v. (5-20 K^+ mval/h)
- *Hypokalziämie:* Kalziumglukonat (langsam!) i.v.
- *Hyperglykämie:* Altinsulin (+ Kalium!)
- *metabolische Azidose:* Bicarbonat
- *bei Versagen der konservativen Therapie:* Operation

Tab. 4.84: Therapie bzw. Komplikationen bei schwerer Pankreatitis.

Nota bene: Therapie mit Aprotinin, Gabexat-Mesilat, Somatostatin, Glukagon oder auch Calcitonin ohne gesicherten Wert und nicht indiziert!

- *Operation*
  bei Versagen der konservativen Therapie (Tab. 4.85)

- schwere nekrotisierende Pankreatitis (Nekrosektomie, Spülung, Bursalavage)
- nekrotisierende Pankreatitis mit Sepsis (Sicherung mittels Feinnadelpunktion)
- Abszedierung
- Entwicklung von Pseudozysten oder Fisteln

Tab. 4.85: Indikationen zur Operation bei akuter Pankreatitis.

- *Alternativen zur Operation*
  Abszesse und Pseudozysten können auch sonographisch oder CT-gesteuert punktiert und drainiert werden

- *weitere Behandlung*
  Anschließend - wenn Patient klinisch ohne Beschwerden und Laborparameter (Amylase + Lipase) normalisiert - Kostaufbau (kein Fett, kein Kaffee und kein Alkohol!). Im weiteren Verlauf Abklärung der endokrinen (orale Glukosebelastung) und exokrinen (Pankreolauryl-Test etc.) Funktion

❑ Prognose

In ca. 3/4 der Fälle restitutio ad integrum. Gelegentliche Rezidive, seltener Übergang in eine chronische Pankreatitis. Bei größeren Nekrosen Funktionseinbuße bzw. Funktionsverlust jedoch möglich. Häufigere Folgezustände sind Pankreasnarben und Pseudozysten.

Letalität der ödematösen Pankreatitis ist < 5 %, die der nekrotisierenden Pankreatitis hingegen 30-50 %, bei Totalnekrose bis 100 %. Bei operativer Therapie liegt die Letalität heute um 10 %.

4.6.1.2. Chronische Pankreatitis

❑ Definition

Chronische Entzündung des Pankreas, die meist symptomatisch mit Abdominalschmerzen einhergeht und morphologische Veränderungen hinterläßt. Diese sind für den im Verlauf häufig zunehmenden (anfangs überwiegend exokrinen, dann auch endokrinen) Funktionsverlust verantwortlich.

Man kann bei der chronischen Pankreatitis zwischen kalzifizierenden und nicht-kalzifizierenden, sowie obstruktiven Formen unterscheiden.

❑ Häufigkeit

Inzidenz ca. 5-10/100.000 Einwohner/Jahr. Prävalenz ca. 50/100.000 Einwohner. Erkrankungsgipfel zwischen 30.-50. Lebensjahr. Männer sind häufiger als Frauen betroffen (Alkoholeinfluß).

❑ Ätiologie und Pathogenese

Häufigste Ursachen sind:

- Alkoholabusus (über 2/3 aller Fälle). Dabei finden sich meist auch andere Erkrankungen wie Leberzirrhose, Refluxösophagitis, Magen-Darm-Ulzera und Neoplasmen im oberen Gastrointestinaltrakt. Etwa 2/3 der Patienten mit akuter alkoholinduzierter Pankreatitis entwickeln eine chronische Pankreatitis
- Bei ca. 20 % der Patienten liegt eine idiopathische Form vor, d.h. die Ursache ist unbekannt

Seltenere Ursachen sind:

- Hyperparathyreoidismus
- hereditär (Erkrankung bereits im Kindesalter)
- vaskuläre Störungen (Arteriosklerose)
- posttraumatisch
- Pancreas divisum
- mechanisch-obstruktiv durch Tumor, Papillitis, Papillenödem, juxtapapilläres Duodenaldivertikel
- Hyperlipidämie
- möglicherweise Medikamente?
- Eiweißmangel, Unterernährung (tropical pancreatitis)?
- Das Gallensteinleiden ist in der Regel nicht ursächlich für eine chronische Pankreatitis

Die Pathogenese der alkoholinduzierten Form ist z.Z. am besten erforscht. Ursächlich für die Pankreatitis dürfte eine Obstruktion der Azinusgänge infolge verminderter Bicarbonat- und H_2O-Sekretion sein. Das vermehrt eiweißhaltige Sekret präzipitiert. Die Eiweißniederschläge können außerdem verkalken. Die Azinuszellen selbst sind verfettet. Es kommt zu einer erhöhten Permeabilität im Bereich des Pankreasgangs, wodurch die sezernierten Enzyme im Organ zur Wirkung kommen können. Zudem entwickeln sich Zirkulationsstörungen und Veränderungen im Hormonsystem (Gastrin).

Die Azini atrophieren (fokal, segmental oder diffus). Es kommt zu Fibrosen, wobei die endokrinen Zellen anfangs erhalten bleiben. Der Pankreasgang zeigt einen unregelmäßigen Verlauf (Strikturen), im Parenchym läßt sich meist ein Ödem sowie auch Nekrosen nachweisen. Häufig finden sich Pseudozysten mit Anschluß an das Gangsystem.

Da infolge der Atrophie Trypsin und Chymotrypsin sowie die Pankreaslipase schließlich vermindert in das Darmlumen sezerniert werden, kommt es zur exokrinen Pankreasinsuffizienz mit Maldigestion.

❑ **Symptomatik**

- zeitweise intermittierend, häufig jedoch auch dauerhafte Oberbauchschmerzen, teils dumpf, gürtelförmig oder mit Ausstrahlung in den Rücken und die Schultern. Dauer: Stunden bis Tage, häufig postprandial. Seltener ist die oligosymptomatische Verlaufsform. Mit zunehmender Fibrose häufig klinisch (bezüglich Schmerzen) blander Verlauf
- Übelkeit, Erbrechen (meist nach fetten Speisen)
- Meteorismus, Gewichtsabnahme und Steatorrhö bei exokriner Insuffizienz
- Diabetes mellitus bei endokriner Insuffizienz
- Ikterus (z.B. durch Pseudozyste oder alkoholtoxische Hepatitis)
- Im akuten Schub kann die Symptomatik ähnlich wie bei der akuten Pankreatitis verlaufen

❑ **Komplikationen**

- Pseudozysten (evtl. mit Magenausgangsstenose und Einblutung, Hämobilie)
- Infektion/Pankreasabszeß
- Gangstenosen: Ductus pancreaticus (Wirsung) mit Aufstau und häufig Schmerzen, Choledochusstenose mit Ikterus
- obere Gastrointestinalblutung (erhöhte Koinzidenz)
- lokale Nekrosen bzw. Nekrosestraßen im Bereich des Pankreas, Retroperitoneums entlang des M. psoas bis in das Becken, nach kranial in das Mediastinum sowie in den benachbarten Darm
- Aszites, Pleuraerguß (entzündlich oder durch Anschluß an das Pankreasgangsystem)
- pankreatische Enzephalopathie
- Maldigestion mit Gewichtsabnahme, Meteorismus, Steatorrhö und Diarrhö
- Hyperglykämie und Diabetes mellitus
- Milzvenenthrombose (in 10-20 % der Fälle, Gefahr der oberen GI-Blutung durch sich ausbildende Fundusvarizen)
- Gerinnungsstörungen (Mangel an Vitamin K infolge Malassimilation)

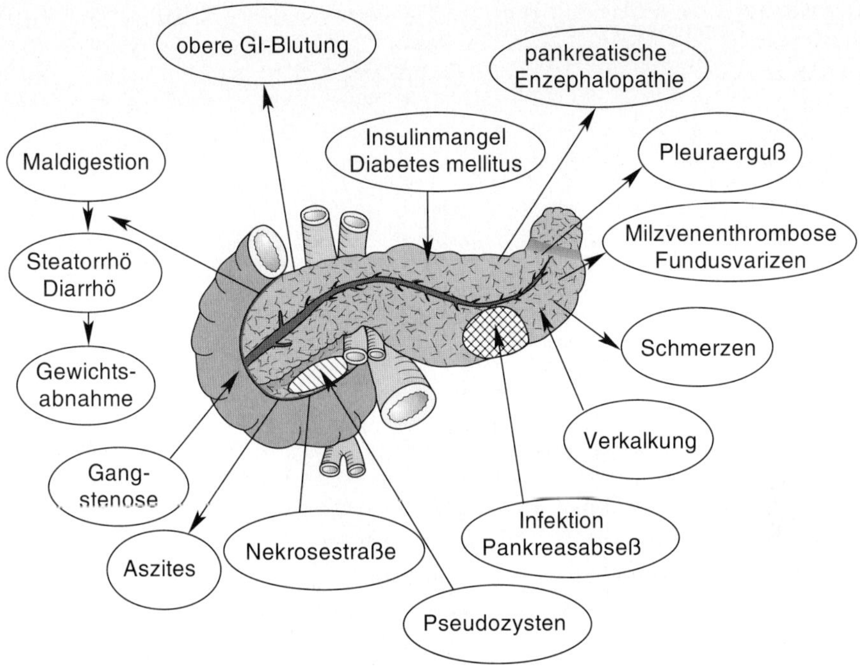

Abb. 4.27: Symptomatik und Komplikationen der chronischen Pankreatitis.

❑ Diagnostik

- *Anamnese* (Alkoholabusus, rezidivierende Oberbauchschmerzen) sowie körperlicher Befund: evtl. geblähtes, diffus (druck-)schmerzhaftes Abdomen (p.m. Epigastrium - Mittelbauch), evtl. tastbare Pseudozysten, Gewichtsabnahme
- *Laboruntersuchungen*
  - Pankreasamylase und Lipase im Serum sowie U-Amylase sind nur bei Aktivität, d.h. bei akutem Schub erhöht. Normale Enzymwerte schließen eine chronische Pankreatitis nicht aus! Bei einer "ausgebrannten" Pankreatitis finden sich auch im akuten Schub meist normale Werte!
  - Blutzucker, bei Normalwerten orale Glukosebelastung
  - Chymotrypsin im Stuhl (< 3 U/g) (*Nota bene:* Nur bei fortgeschrittener Pankreatitis, wenn ca. 90 % des Organs funktionsunfähig sind, findet sich die Erniedrigung der Stuhlkonzentration. Sie ist jedoch nicht beweisend für eine Pankreasinsuffizienz, da auch bei z.B. sekretorisch bedingter Diarrhö Chymotrypsin relativ erniedrigt sein kann)

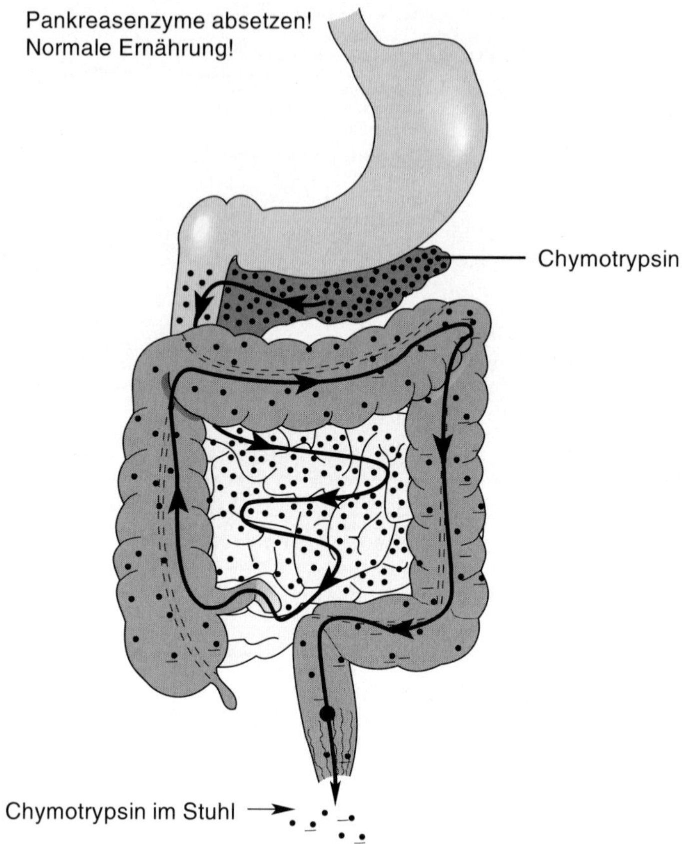

Abb. 4.28: Chymotrypsinbestimmung im Stuhl.
Das chromogene Substrat (Succ-Ala-Ala-Pro-Phe-p-Nitroanilid) hat eine hohe Spezifität zu Chymotrypsin. Nach Spaltung wird das gelbe Nitroanilid photometrisch gemessen.

- Stuhlmenge: > 300 g/die
- Stuhlfett: > 7 g/die (*nota bene:* Wie bei Chymotrypsin, nur bei fortgeschrittener Pankreatitis, wenn ca. 90 % des Organs funktionsunfähig sind! Aufgrund der unangenehmen Prozedur für Patient und Pflegepersonal- Sammeln der gesamten Tagesstuhlmenge - insgesamt nur selten angewandt!)
- *Funktionstests*
  - Fluoreszein-Dilaurat (FDL)-Test, z.B. Pankreolauryl-Test® (alternativ: Peptid-p-Aminobenzoesäure (PABA)-Test).
    Fluoreszein-Dilaurat (Peptid-p-Aminobenzoesäure) wird im Dünndarm durch Arylesterasen (Chymotrypsin) gespalten. Nach Resorption und nach Konjugation in der Leber werden die Spaltprodukte (Fluoreszein bzw. p-Aminobenzoesäure) renal ausgeschieden und können im Urin gemessen werden. Sie lassen Rückschlüsse auf die exokrine Sekretionsleistung des Pankreas zu.
    Beide Tests sind etwas sensitiver als die Chymotrypsinbestimmung im Stuhl, sind jedoch bei leichter chronischer Pankreatitis negativ. Falsch positive Ergebnisse finden sich z.B. bei Leberzirrhose und Niereninsuffizienz

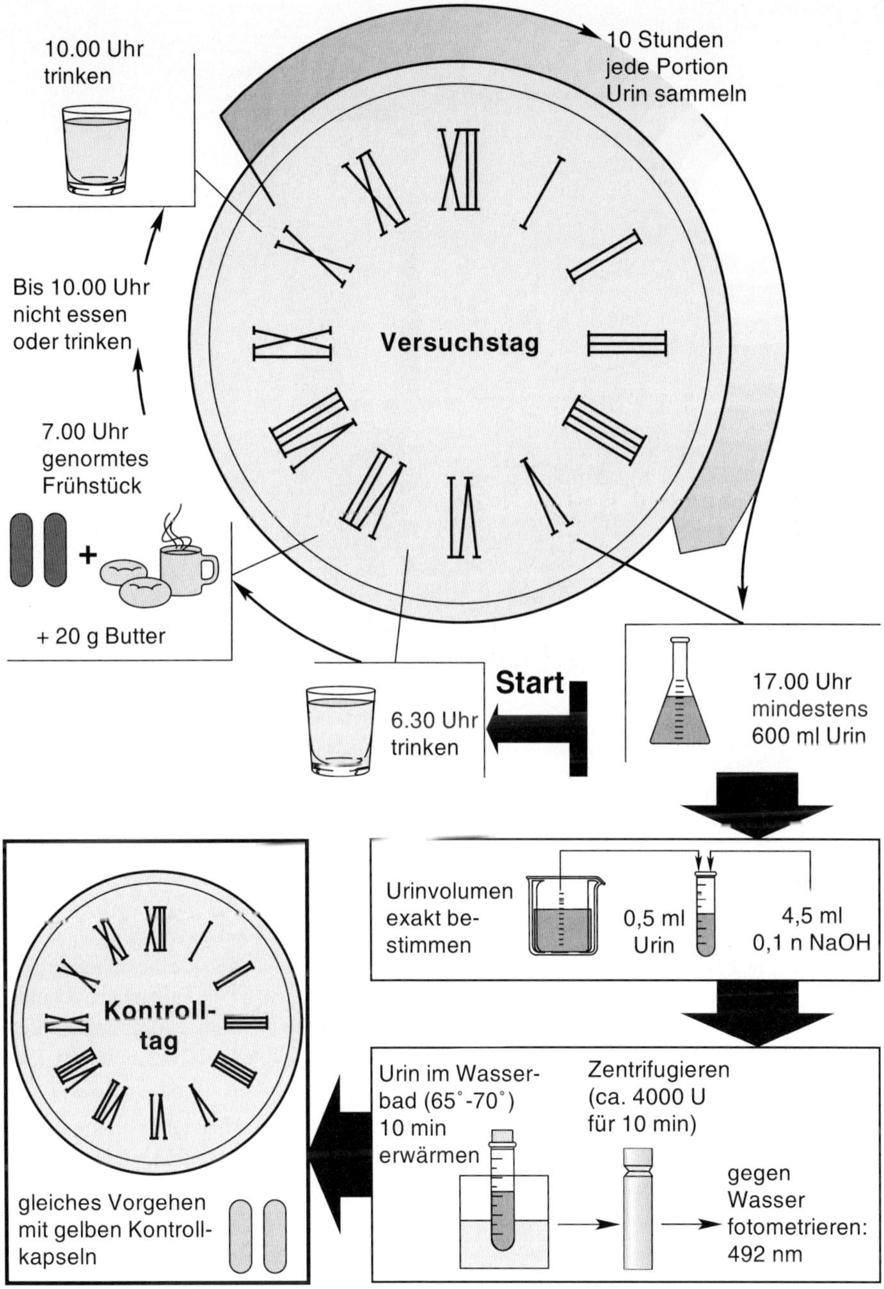

Abb. 4.29: Praktisches Vorgehen beim Pankreolauryl-Test.

- Sekretin-Pankreozymin-Test: Nach i.v.-Gabe von Sekretin und Pankreozymin wird die Sekretion von Bicarbonat und Pankreasenzymen mittels Duodenalsonde direkt gemessen. Dieser invasive Test hat die höchste Sensitivität im Vgl. zu o.g. Untersuchungen. Falsch positive Ergebnisse kommen jedoch auch bei anderen Formen der Malabsorption vor

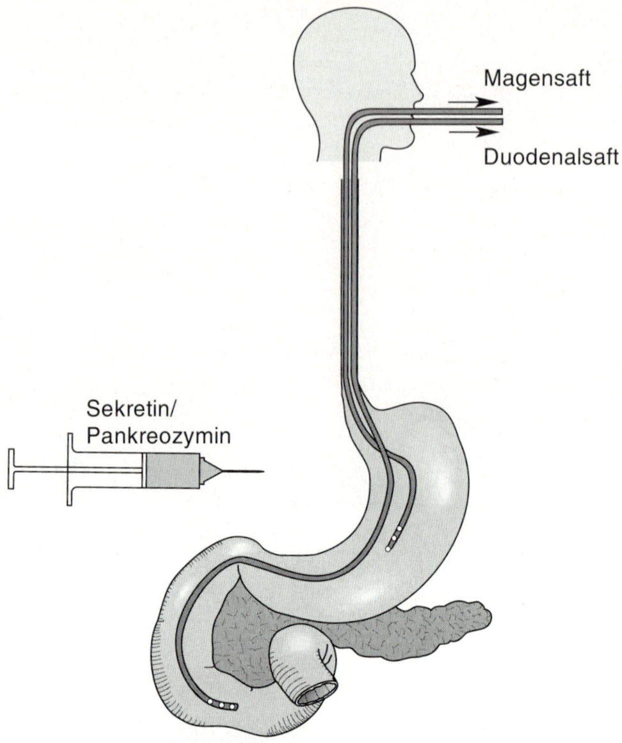

Abb. 4.30: Sekretin-Pankreozymin-Test.
Untersuchung mit z.B. doppelläufiger Sonde nach Lagerlöf (Dauer ca. 2 h). Bestimmt werden z.B. Bicarbonat, Amylase, Lipase, Trypsin und Chymotrypsin.

- *Abdomenübersicht* (evtl. Zielaufnahme)
  Verkalkungen in der Pankreasregion (bei ca. 2/3 der Patienten nachweisbar)?
- *Sonographie* (Sensitivität bei Darstellbarkeit um 75 %)
  unregelmäßig konturiertes, inhomogen strukturiertes Organ. Nachweis eines erweiterten Ductus Wirsungianus > 3 mm (evtl. nach Sekretin i.v.), (Pseudo-)Zysten, Verkalkungen (schollig)? Das Organ kann anfangs vergrößert sein (Ödem). Später kommt es infolge Atrophie zur Verkleinerung. Nachteil der Methode: aufgrund Luftüberlagerung läßt sich das Organ häufig nicht bzw. nur unvollständig darstellen
- *Computertomographie* (Sensitivität ca.75 %, Spezifität höher als bei der Sonographie)
  Neben Veränderungen der Organgröße, Kontur und Binnenstruktur sind besonders der Nachweis von (Mikro-)Kalk, Zysten sowie Erweiterungen des Pankreasgangs (mit perlschnurartigen Kaliberschwankungen) von Interesse
- Durch die *Kernspintomographie* können die o.g. Fragestellungen - ohne Strahlenbelastung - in gleicher Weise wie beim CT geklärt werden, wobei verschiedene Veränderungen bereits früher nachgewiesen werden können. Es lassen sich außerdem Zusatzinformationen (biochemischer-funktioneller Art) gewinnen

- *ERCP* (Sensitivität um 90 %): Bei dieser Untersuchung werden Veränderungen des Gangsystems nachgewiesen:
    - anfangs lediglich Veränderungen der Seitenäste (> 3 als pathologisch zu werten)
    - mittelschwere chronische Pankreatitis → Gangunregelmäßigkeiten, Kaliberschwankungen sowie vermehrte Schlängelung
    - schwere chronische Pankreatitis → Dilatationen (bis zystische Veränderungen) und Stenosen im Pankreasgang, außerdem evtl. Pseudozysten. Weitere Kriterien: Füllungsdefekt und Verkalkungen

  Neben den bekannten Risiken von endoskopischen Untersuchungen einschließlich Perforation, birgt die Darstellung des Pankreasgangs und möglicher Pseudozysten die Gefahr einer akuten Aktivierung der Pankreatitis in sich.
- *Magen-Darm-Passage (MDP)* bei V. a. Magenausgangsstenose (durch Pseudozysten bedingt)

Nota bene: Die Diagnose einer chronischen Pankreatitis ist eine "Verlaufsdiagnose"!

❑ **Differentialdiagnose**

- chronische Gastritis, Colon irritabile, chronisches Ulkusleiden, Cholelithiasis u.a. Oberbaucherkrankungen
- Nierenkolik
- Aortenaneurysma
- Porphyrie
- wichtigste Differentialdiagnose: Pankreaskarzinom
- oft schwierigste Differentialdiagnose: akute, rezidivierende Pankreatitis

❑ **Therapie**

- *strikte Alkoholkarenz*, evtl. Behandlung anderer Ursachen wie z.B. Hyperparathyreoidismus
- *hochkalorische Ernährung* (ca. 3.000 kcal/12.500 KJoule) auf mehrere (6-8) kleine Mahlzeiten verteilt. Dabei Fettreduktion auf 100 g/die und Austausch langkettiger Fette durch mittelkettige Triglyzeride (MCT), die auch ohne Lipaseeinfluß resorbiert werden können. Gut vertragen werden z.B. Weißbrot und Reis, gemieden werden sollten hingegen u.a. Gebratenes und Röststoffe
- *Substitutionstherapie bei exokriner Insuffizienz*
  Eine Steatorrhö tritt auf, wenn > 90 % der exokrinen Sekretionsleistung verloren sind. Indikationen zur Substitution mit Lipase (ca. 30.000 I.E./Mahlzeit) sind Stuhlfett > 15 g/die, d.h. doppelter Normalwert, Gewichtsabnahme, Meteorismus und Diarrhö. Über einen Rückkoppelungsmechanismus können auch der Sekretionsreiz genommen und die Schmerzsymptomatik günstig beeinflußt werden. Normalerweise werden mikroverkapselte Präparate eingesetzt. Bei Z.n. Magenresektion oder hypoaziden Patienten sind jedoch nicht-säurefeste galenische Zubereitungen zu wählen!
  Therapiekontrolle: Gewichtszunahme, Stuhlfettmenge < 15 g und Stuhlmenge < 250 g pro die. Zusätzlich ist eine Substitution von Vitaminen (oral) empfehlenswert. Patienten mit Z.n. Whipple-Op sollten jedoch 1 mal pro Monat fettlösliche Vitamine (A+D+E+K) sowie alle 3 Monate Vitamin B_{12} i.m. erhalten.
- Akute Schübe der chronischen Pankreatitis werden wie eine akute Pankreatitis behandelt (☞ Kap. 4.6.1.1.)

- *Schmerzen*
  Die Patienten klagen häufig über Schmerzen. Die Schmerzentstehung ist noch nicht hinreichend geklärt. Gesicherte Faktoren sind jedoch eine Druckerhöhung im Pankreasgangsystem sowie Schädigung sensorischer Nerven im Pankreas.
  Zur Schmerzbekämpfung sollten (neben o.g. Diät und Enzymsubstitution) primär Paracetamol und Spasmolytika wie N-Butyl-Scopolamin (z.B. Buscopan®) eingesetzt werden. Bei Schmerzpersistenz z.B. Metamizol (z.B. Novalgin®), Tramadol (z.B. Tramal®) oder Buprenorphin (z.B. Temgesic®). Morphin sollte - aufgrund der Tonuserhöhung am Sphincter Oddi - nicht verwendet werden. Sind die Schmerzen so nicht zu mildern oder zu beseitigen, sind die Blockade der afferenten Schmerzbahnen im Rückenmark oder andere operative Maßnahmen in Erwägung zu ziehen
- *endokrine Pankreasinsuffizienz*
  Bei endokriner Pankreasinsuffizienz mit Diabetes mellitus ist die übliche Diabeteseinstellung mit Insulin notwendig. Auf orale Antidiabetika ist zu verzichten. Wichtig: Patienten mit Diabetes mellitus infolge chronischer Pankreatitis sind besonders durch Hypoglykämien gefährdet:
  - häufig fortgesetzter Alkoholkonsum und Diätfehler
  - Malassimilation
  - Fehlen von Glukagon
- *Pankreaspseudozysten*
  Asymptomatische Pankreaspseudozysten bis 5 cm bedürfen lediglich sonographischer Kontrolle. Größere Pankreaspseudozysten sollten anfangs engmaschig kontrolliert werden, da sie zu einer Verkleinerung neigen. Bei Persistenz sollten sie - wie auch symptomatische Zysten - perkutan punktiert oder drainiert werden. Anschließend sonographische Kontrollen. Gelingt die Beseitigung der Symptome oder der Zyste jedoch nicht, besteht die Indikation zur Op. Evtl. kann auch eine endoskopische Drainage der Zyste versucht werden

  - echte Zyste: mit Epithelauskleidung - vom Gangsystem ausgehend
  - Pseudozyste: ohne Epithelauskleidung - aus dem Parenchym entstanden

- Gangstenosen im Ductus Wirsungianus können oft *endoskopisch* beseitigt werden
  - Entfernung von Pankreasgangsteinen mit Körbchen, Laser oder Stoßwellen (auch perkutan)
  - Dilatation mittels Ballonkatheter
  - Einlage eines Stents
- *Indikationen zur operativen Therapie* sind
  - Schmerzen trotz konservativer Therapie (z.B. bei Dilatation des Pankreasgangs durch Stenose → Pankreatikojejunostomie oder Pankreasteilresektion)
  - große, symptomatische Pseudozysten (Drainage und Anastomose z.B. zum Jejunum)
  - Pankreasteilresektion bei rezidivierendem bzw. permanentem Aszites
  - Malignomverdacht
  - Splenektomie bei Milzvenenthrombose
- *wichtigste Resektionsverfahren*
  - Duodenopankreatektomie nach Whipple
  - Pankreasschwanzresektion (Pankreaslinksresektion)
  - Duodenum-erhaltende Pankreaskopfresektion
  - totale Pankreatektomie

❑ Prognose

Die chronische Pankreatitis verläuft i.d.R. progredient. Neben Schmerzen sind die Patienten durch die exokrine Pankreasinsuffizienz beeinträchtigt. Häufig kommt es zu einer diabetischen Stoffwechsellage. Etwa 3/4 der Patienten sind nach Op schmerzfrei. Die Op-Letalität schwankt - je nach Operationsverfahren und Erfahrung des Operateurs - zwischen 5 und 10 %. Die Lebenserwartung ist insgesamt eingeschränkt. Das Risiko ein Pankreaskarzinom zu entwickeln, ist nicht erhöht. Soweit keine strikte Alkoholkarenz eingehalten wird, ist die Prognose schlecht.

4.6.2. Benigne Pankreastumore

Benigne Pankreastumore wie das Pankreasadenom sind extrem selten. Zystadenome machen u.a. durch Verdrängung Symptome und sollten erst nach vollständiger Entfernung und histologischer Aufarbeitung diagnostiziert werden (DD: Zystadenokarzinom!). Daneben gibt es noch seltene Tumore mesenchymalen Ursprungs wie Lipome, Fibrome etc. (und deren maligne Abkömmlinge).

4.6.3. Maligne Pankreastumore

4.6.3.1. Pankreaskarzinom

❑ Definition

Maligner Tumor, der vom exokrinen Pankreas (überwiegend vom Gangepithel, seltener von den Azinuszellen) ausgeht. Er ist der häufigste Tumor des Pankreas. Eine Sonderform stellt das Papillenkarzinom bzw. juxtapapilläre Karzinom dar.

❑ Häufigkeit

Inzidenz ca. 5-10/100.000 Einwohner. Männer im Vgl. zu Frauen häufiger betroffen (1,5-2:1). Nach Kolon- und Magenkarzinom dritthäufigste bösartige Neubildung im Verdauungstrakt. Häufigkeitsgipfel 60.-70. Lebensjahr.

❑ Ätiologie und Pathogenese

- Ätiologie weitgehend unbekannt. Möglicherweise stellen Zigarettenrauch bzw. Nikotin und Kaffeegenuß Risikofaktoren dar
- Patienten mit chronischer Pankreatitis haben wohl kein erhöhtes Risiko, an einem Pankreaskarzinom zu erkranken
- 3/4 aller Karzinome sind im Pankreaskopf lokalisiert. Karzinome des Pankreasschwanzes sind hingegen eher selten
- Histologisch handelt es sich überwiegend um Adenokarzinome, selten um Plattenepithelkarzinome
- Der Tumor wächst infiltrativ in die Umgebung und metastasiert früh lymphogen bzw. hämatogen

❑ Symptomatik

- Frühstadien sind meist a- bzw. oligosymptomatisch
- nicht nahrungsabhängige Oberbauchschmerzen (meist nachts) mit Ausstrahlung in den Rücken (häufig durch Infiltration ins Retroperitoneum und in die Wirbelsäule)
- Gewichtsabnahme mit Tumorkachexie (häufig durch Inappetenz, Erbrechen, Diarrhö bedingt)
- schmerzloser Ikterus mit Pruritus: beim Papillenkarzinom evtl. im Frühstadium, sonst eher Zeichen eines fortgeschrittenen Karzinoms, bei Verschlußikterus weißlicher Stuhl, dunkler Urin

- rezidivierende Thrombosen und Thrombophlebitiden (*Thrombophlebitis migrans*)
- evtl. Aszites
- evtl. neu aufgetretene diabetische Stoffwechsellage

❑ **Komplikationen**

- Metastasierung
- Verschlußikterus
- Aszites
- Diabetes mellitus
- Thrombosen und Lungenembolie (paraneoplastisches Syndrom)
- Magenausgangsstenose

❑ **Diagnostik**

- *Anamnese* (s.o.) und *körperlicher Befund*
  evtl. tastbarer Tumor bzw. Leberfilialisierung und tastbare Gallenblase (*Courvoisier Zeichen)* bei Kompression des Ductus choledochus

- *Laborveränderungen*
  Es finden sich mögl. BKS-Erhöhung, Anämie, Erhöhung von alkalischer Phosphatase, Bilirubin, GOT, LDH sowie bei Begleitpankreatitis Amylase und Lipase. Tumormarker: CEA und CA 19-9, die nicht tumorspezifisch sind, jedoch insbesondere in Kombination häufig beim Pankreaskarzinom erhöht sind. Erniedrigung von Albumin und Serumeiweiß

- *Sonographie*
  Das Pankreaskarzinom stellt sich meist als echoarme Raumforderung dar. Durch Einsatz der Endosonographie kann die Sensitivität erhöht werden, so daß auch noch kurativ resezierbare Tumore erfaßt werden können

- *Computertomographie*
  Wertigkeit ähnlich der Sonographie. Ist eine Raumforderung nachweisbar, sollte eine Zytologie mittels Feinnadelpunktion gewonnen werden. Die positive Zytologie beweist den Befund Pankreaskarzinom, die negative Zytologie schließt ihn jedoch nicht aus!

- *ERCP (endoskopische retrograde Cholangiopankreatikographie)*
  Sie ist die wichtigste und aussagekräftigste Untersuchung. Typischerweise Gangabbruch, Stenose im Ductus choledochus, Verlagerung des Gangs (Abb. 4.8). Eine andere Möglichkeit ist die endoskopische Inspizierung des Pankreasgangs mittels "Mother-baby"-Endoskop

- *Magendarmpassage*
  In der Magendarmpassage findet sich beim Pankreaskopfkarzinom häufig eine Aufweitung des duodenalen C's (Pelotteneffekt, Abstand Magen - Duodenum Pars IV > 2 Wirbelkörper) oder Magenausgangsstenose

- *Angiographie*
  Präoperativ sollte eine Angiographie (Zöliakographie und Splenoportographie) erfolgen. Insbesondere ein Verschluß der V. lienalis bzw. V. portae sind Kriterien für die Inoperabilität

- *Weitere diagnostische Verfahren* sind die Laparoskopie (Metastasierung?) sowie bei noch nicht gesicherter Diagnose schließlich die Probelaparotomie

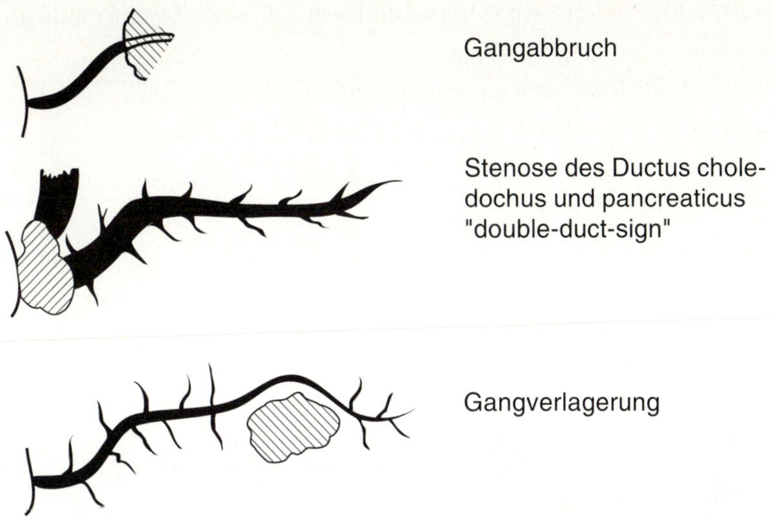

Abb. 4.31: Gangveränderungen beim Pankreaskarzinom (nach Kasugai).

❑ **Differentialdiagnose**

- chronische Pankreatitis (multiple Stenosen - perlschnurartig)
- Aortenaneurysma

❑ **Therapie**

- Als kurativ kann lediglich die Operation - i.d.R. Duodenopankreatektomie nach Whipple - bei Frühstadien des Pankreaskopfkarzinoms angesehen werden (sonst totale Pankreatektomie)
- palliative Therapie
  - Radiatio u.a. in Kombination mit 5-Fluorouracil
  - Chemotherapie: 5-Fluorouracil oder Kombinationschemotherapie
  - endoskopische Maßnahmen wie Drainagen, Stents evtl. auch perkutan-transhepatisch
  - Schmerztherapie: neben medikamentöser Therapie u.a. Radiatio und Blockade des Ganglion coeliacum

❑ **Prognose**

Schlecht, nur etwa 10 % sind heilbar. Selbst bei kleinen Tumoren ohne Lymphknotenmetastasen ist die 5-Jahresüberlebensrate < 50 %. Die mittlere Überlebensrate beträgt etwa 12 Monate. Das Papillenkarzinom hat eine etwas bessere Prognose, da Symptome frühzeitig auftreten.

4.6.4. Endokrine Pankreastumore

❑ **Definition**

Meist bösartige Neubildung, vom endokrinen Pankreasgewebe ausgehend. Unterschieden werden:

- hormonaktive
- hormoninaktive Tumoren

Die hormonaktiven Pankreastumore sind in Tab. 4.86 zusammengestellt.

Hormon	Tumorbezeichnung	Dignität (überwiegend)
Insulin	Insulinom	meist gutartig
Gastrin	Gastrinom Zollinger-Ellison-Syndrom	meist maligne
Glukagon	Glukagonom-Syndrom	meist maligne
VIP	VIPom Verner-Morrison-Syndrom	
Somatostatin	Somatostatinom	meist maligne
Serotonin, Histamin, Bradykinin	Karzinoid-Syndrom	bei Symptomatik meist maligne

Tab. 4.86: Hormonaktive Pankreastumore.

Die Tumorgruppe wird auch zu den *APUDomen* gezählt: Es handelt sich um Neubildungen neuro-ektodermaler Herkunft, die in der Lage sind, verschiedene Peptidhormone zu bilden. *APUD* steht für ***A****mine* ***p****recursor* ***u****ptake and* ***d****ecarboxylation cells* bzw. system. Die Zellen bzw. Chromogranin A oder die neuronenspezifische Enolase lassen sich mit Hilfe immunhistochemischer Markierung darstellen und ermöglichen die Zuordnung.

Die nicht hormonaktiven Formen unterscheiden sich, da eine spezifische Klinik fehlt, nicht oder nur wenig von anderen Pankreastumoren.

❑ **Häufigkeit**

Insgesamt sehr selten, weniger als 1 Fall auf 100.000 Einwohner/Jahr.

4.6.4.1. Insulinom

Ausgehend von den B-Zellen der Langerhans-Inseln stellt es den häufigsten endokrinen Pankreastumor dar. In der Regel gutartig, meist jedoch multipel auftretende Adenome. Das Insulinom kann auch im Rahmen der multiplen endokrinen Neoplasie I (*Wermer-Syndrom*) auftreten.

Wermer-Syndrom (multiple endokrine Neoplasie I = MEN I): familiär auftretend, autosomal dominant vererbt. Betroffene Organe sind Hypophyse, Nebenschilddrüse und Pankreas. Die Symptomatik hängt von den entsprechenden hormonaktiven Tumoren ab.

❑ **Symptomatik**

- Schwitzen bzw. Schweißausbruch, Tremor, Schwäche und Heißhunger sowie Tachykardie infolge Hypoglykämie
- häufig neurologisch-psychiatrische Auffälligkeit wie Verwirrtheitszustände, Bewußtseinsverlust (kurzfristig) z.B. als Synkope, Krampfanfälle

- Whipple Trias
  Spontanhypoglykämie bei Nahrungskarenz mit o.g. hypoglykämisch bedingten **Symptomen** und **Besserung nach Glukosezufuhr**

❑ **Diagnostik**

- o.g. *Anamnese* und *Klinik*

- *positiver Fastenversuch*
  Fasten (2-3 Tage) mit wiederholten (6 Std.-Abstand) Blutzucker-, Insulin- und C-Peptidbestimmungen.
  Bei Insulinom Anstieg des Insulin- und C-Peptidspiegels unter Belastung im Hungerversuch. Die Blutzuckerwerte sind dementsprechend erniedrigt. Der Fastenversuch ist der am einfachsten durchführbare Test und birgt zudem eine hohe diagnostische Sicherheit in sich
- Ähnliche Ergebnisse finden sich beim *Belastungstest* mit Frühstück: Beim Insulinom stark erhöhter Anstieg des C-Peptids (> 3fach)
- *Lokalisationsdiagnostik* teilweise äußerst schwierig. Kleine, nur wenige Millimeter große Tumore können häufig nur intraoperativ ertastet oder mittels Insulinbestimmung in der Pfortader "erahnt" werden. Größere Tumore werden mittels (Endo-) Sonographie, CT und evtl. Angiographie nachgewiesen

❑ **Differentialdiagnose**

- Hypoglycaemia factitia
- andere Tumore des Pankreas
- evtl. neurologisch-psychiatrische Krankheitsbilder

❑ **Therapie**

- operative Entfernung des Tumors (evtl. mit Pankreasteilresektion)
- symptomatische BZ-Anhebung mit Diazoxid (z.B. Proglicem®) 5 mg/kg KG/die auf 2-3 Einzeldosen verteilt
- Chemotherapie (z.B. Streptozotozin + 5-Fluorouracil) bei Malignität

4.6.4.2. Gastrinom (Zollinger-Ellison-Syndrom)

Meist im Pankreas, gelegentlich auch im Magen oder Duodenum auftretender, Gastrin sezernierender Tumor. Überwiegend maligne, häufig bereits bei Diagnose metastasiert. Wie das Insulinom kann auch das Gastrinom im Rahmen der multiplen endokrinen Neoplasie I auftreten.

❑ **Symptomatik**

- Hypersekretion des Magens mit Becherzellhyperplasie
- rezidivierende, therapieresistente Ulcera ventriculi, duodeni sowie Ulzera im proximalen Dünndarm
- Diarrhö (Inaktivierung der Lipase → Steatorrhö)

❑ **Diagnostik**

- o.g. *Anamnese* und *Klinik*
- *Basalsekretion* des Magens (basal acid output = *BAO*) > 15-20 mval HCl/h Bei Z.n. Magen Op (Resektion) ist der BAO entsprechend erniedrigt
- *maximale Säuresekretion* (peak acid output = *PAO*) nach Stimulation mit z.B. Pentagastrin nur wenig über BAO. BAO:PAO > 0,6
- *Gastrin* im Serum erhöht, positiver Sekretin-Test (Serum!): 1 Einheit Sekretin/kg KG i.v., Blutentnahmen vor sowie 2, 5, 15 und 30 min nach Injektion: Anstieg des Serumgastrins um mehr als 100 %
- betr. *Lokalisationsdiagnostik* ☞ Insulinom. Evtl. Gastrinbestimmung in der Pfortader. In der Magenwand oder im Duodenum lokalisierte Tumore können auch endoskopisch diagnostiziert werden. Die Endoskopie ist aufgrund der Ulzera meist bereits aus diesem Grund unumgänglich

❑ **Differentialdiagnose**

- Ulcera peptica jejuni nach Billroth II, Ulcus duodeni
- chronisch atrophische Gastritis
  Hier ist der Sekretionstest zur Differentialdiagnose wichtig: Der erhöhte Gastrinspiegel bleibt nach Sekretingabe konstant oder fällt ab
- andere Tumore des Pankreas

❑ **Therapie**

- operative Entfernung des Tumors wenn möglich (bei benignem Tumor oder fehlender Metastasierung)
- symptomatische Therapie mittels H^+/K^+-ATPase-Blocker, z.B. Omeprazol (z.B. Antra®), evtl. H_2-Antagonisten als Alternative
- Die Gastrektomie gilt heute i.d.R. als obsolet

4.6.4.3. Glukagonom-Syndrom

Ausgehend von den A-Zellen der Langerhans-Inseln ist das Glukagonom ein äußerst seltener endokriner Pankreastumor. Bei typischer Symptomatik handelt es sich meist um maligne Tumore.

❑ **Symptomatik**

- nekrotisierende bullöse Dermatitis
- Gewichtsverlust
- Diabetes mellitus
- evtl. neurologisch-psychiatrische Auffälligkeit

❑ **Diagnostik**

- Bei Diabetes + nekrotisierender bullöser Dermatitis sollte das Glukagonom in die Differentialdiagnose mit einbezogen werden!
- *Aminosäurekonzentration* im Serum erniedrigt, *Glukagon-Spiegel* erhöht, fehlendes Absinken des Glukagonspiegels nach Somatostatininfusion
- weitere Untersuchungsverfahren (s.o.)

❑ **Differentialdiagnose**

- Diabetes mellitus
- andere Tumore des Pankreas
- andere Hauterkrankungen

❑ **Therapie**

- operative Entfernung des Tumors
- symptomatische Diabetestherapie, eiweißreiche Kost

4.6.4.4. VIPom (Verner-Morrison-Syndrom)

Wie das o.g. Gastrinom ist auch das VIPom meist im Pankreas gelegen. Die Tumore sezernieren das vasoaktive intestinale Peptid (VIP) wie auch andere pankreatische Peptide. In ca. 10 % finden sich die Tumore auch extrapankreatisch, vornehmlich im Bereich des Grenzstrangs sowie in der Lunge. Der Tumor ist sehr selten. Auch das VIPom kann im Rahmen eines Wermer Syndroms vorkommen.

❑ Symptomatik

- *w*äßrige ***D***iarrhö 10-20 Liter/die
- ***H***ypokaliämie
- Hypo- bis ***A***chlorhydrie

  Nach den Anfangsbuchstaben wird es auch als WDHA-Syndrom bezeichnet
- Elektrolytverschiebungen → Adynamie und Gewichtsverlust, Herzrhythmusstörungen
- auch Flush und pathologische Glukosetoleranz

❑ Diagnose

- o.g. *Anamnese* und *Klinik*
- *Laborveränderungen:* K^+ und Cl^- erniedrigt, Ca^{2+}, BZ sowie VIP im Serum erhöht
- *Lokalisationsdiagnostik* (s.o)

❑ Differentialdiagnose

- Pseudo-Verner-Morrison-Syndrom auch *Münchhausen-Syndrom* genannt: ähnliche Symptomatik, jedoch normale VIP-Werte. → chronischer Laxantienabusus
- andere Tumore des Pankreas

❑ Therapie

- operative Entfernung des Tumors, wenn möglich
- keine gesicherte medikamentöse Therapie, evtl. Versuch mit Somatostatinanalogon, z.B. Sandostatin® oder auch Prednison

4.6.4.5. Somatostatinom

Ebenfalls meist im Pankreas, gelegentlich auch im Magen oder Duodenum gelegene Tumore, die von den D-Zellen des Pankreas abstammen. Sie produzieren u.a. Somatostatin und sind meist maligne.

❑ Symptomatik

- überwiegend durch exogene Pankreasinsuffizienz bedingt: Diarrhö, Steatorrhö, Malabsorption
- diabetische Stoffwechsellage

❑ Diagnose

- *Anamnese* und *Klinik* lassen evtl. auch an eine chronische Pankreatitis denken
- Im Serum findet sich evtl. eine *Achlorhydrie*, die Stoffwechsellage ist *diabetisch*; wichtig bzw. beweisend ist ein erhöhter *Serum-Somatostatinwert*

❑ Differentialdiagnose

- chronische Pankreatitis
- Diabetes mellitus
- andere Tumore des Pankreas

❑ Therapie

- operativ

4.6.4.6. Karzinoid-Syndrom

Karzinoide sind Tumore, die Serotonin, Histamin bzw. Kinine sezernieren. Ca. 90 % aller Karzinoide sind im Dünndarm (insbesondere in der Appendix) lokalisiert. Sie sind häufig solitär ohne Metastasen und werden als Zufallsbefund im Rahmen der Appendektomie entdeckt. Gelegentlich finden sich auch in der Lunge sowie selten auch im Pankreas Karzinoide (ca. 1 %). Sie gehören jedoch ebenfalls zu den APUDomen und werden deshalb hier behandelt. Karzinoide neigen nicht zur Infiltration in die Umgebung, jedoch zur Metastasierung. Beim Karzinoid-Syndrom liegen bei gastrointestinal gelegenen Karzinoiden bereits Metastasen vor: Serotonin wird in der Leber durch Monoaminooxidasen inaktiviert. Nur wenn es diesen "Filter" umgeht oder er - im Falle von Lebermetastasen - "durchlässig" wird, kommt es zu Symptomen. Häufigkeitsgipfel: 5. Lebensjahrzehnt.

❑ **Symptomatik**

- Flush (Gesicht- Rumpf -Extremitäten)
- Diarrhö
- abdominelle Krämpfe, Ileus
- Asthmasymptomatik
- Rechtsherzinsuffizienz infolge Endokardfibrose, Trikuspidalinsuffizienz und Pulmonalklappenstenose (*Hedinger-Syndrom*)
- gastrointestinale Blutungen
- Hautveränderungen (Teleangiektasien → *Voerner-Steiner* miliare Angiomatose, pellagroide Hautveränderungen)
- Spontanhypoglykämien

❑ **Diagnostik**

- Untersuchung von *Serotonin im Serum* und *5-Hydroxyindolessigsäure im 24 h-Urin* (erhöht). Bananen, Walnüsse, Tomaten, Ananas, Johannisbeeren, Zwetschgen, Stachelbeeren, Mirabellen, Melonen, Avocados, Auberginen dürfen in den 2 Tagen vor der Untersuchung - da serotoninhaltig - nicht gegessen werden
- Neben *Sonographie, CT, Angiographie, Endoskopie* (Bronchoskopie, Gastroduodenoskopie und Koloskopie) kann *nuklearmedizinisch* durch Markierung mit Meta-Jod-benzoe-guanidin der Tumor nachgewiesen werden

❑ **Differentialdiagnose**

- Scombrotoxismus
- Mastozytose oder Urticaria pigmentosa (*Nettleship-Syndrom*)

❑ **Therapie**

- chirurgische Tumorentfernung (Primärtumor, Lymphknoten und Metastasen), bei Leberfiliae evtl. Lebertransplantation
- Medikamentös kann mit dem Somatostatinanalogon Octeotrid (z.B. Sandostatin®) die Symptomatik gut gebessert werden. Alternativen sind Interferon α sowie die Serotoninantagonisten Methysergid (z.B. Deseril®) oder Cyproheptadin (z.B. Periactinol®)

Endokrine Organe, Stoffwechsel und Ernährung

5. Endokrine Organe, Stoffwechsel und Ernährung

5.1. Erkrankungen der endokrinen Organe

❑ **Definition**

Hormone üben, in enger Verknüpfung mit dem zentralen Nervensystem, eine lebenswichtige Steuerungsfunktion im Organismus aus. Unterschieden werden:

Hormon	Produktionsorgan	Beispiele
Releasing-Hormon - RH Inhibiting-Hormon - IH	Hypothalamus	TRH, CRH, LHRH, GHRH, PRL-RH, PIF (prolaktin inhibiting factor)
glandotropes Hormon	Hypophyse	TSH, ACTH, PRL, LH, FSH, STH
Effektorhormon	periphere Hormondrüse	Testosteron, Östrogene, T_3/T_4, Kortisol

Tab. 5.1: Hierarchie der Hormone

Releasing-Hormone werden vorwiegend im Hypothalamus synthetisiert, glandotrope Hormone in der Hypophyse. Das Effektorhormon übt eine negative Rückkopplung auf die Ausschüttung des Releasing- und des glandotropen Hormons aus (*negatives Feedback*). Neben der Steuerung durch übergeordnete Hormone können natürlich auch andere Faktoren des inneren Milieus die Hormonsynthese beeinflussen (z.B. Hypoglykämie). Hormone wirken über die Blutbahn (*endokrine* Sekretion) oder in der unmittelbaren Umgebung ihrer Produktionsstätte (*parakrine* Sekretion). Nicht alle Hormone unterliegen der strengen hypothalamisch-hypophysären Kontrolle (z.B. Insulin).

❑ **Ätiologie und Pathogenese**

- Erkrankung einer hormonproduzierenden Drüse
- pluriglanduläre Syndrome
- multiple endokrine Neoplasie
- paraneoplastische Syndrome

Im folgenden werden vor allem die Über- bzw. Unterfunktionszustände der verschiedenen hormonproduzierenden Organe erörtert. In seltenen Fällen können jedoch auch *pluriglanduläre Autoimmunerkrankungen* beobachtet werden, bei denen es zu einer autoimmunologischen Störung *mehrerer* hormonproduzierenden Organe kommt (Schilddrüse → Hashimoto-Thyreoiditis und Nebenniereninsuffizienz → M. Addison). Hier liegt meist eine genetische Disposition vor, die sich auch in der Verknüpfung mit bestimmten HLA-Antigenen (HLA-DR3, HLA-DR7, HLA-DQ2b) ausdrückt.

Multiple endokrine Neoplasien (MEN) sind zu vermuten, wenn im Verlauf einer Krankheitsgeschichte Adenome/Karzinome/Hyperplasien in Organen mit chromaffinen Zellen auftreten. Hierbei wird eine hereditäre Komponente, vermutlich ein dominant vererbtes Leiden, angenommen (Familienanamnese).

Typ	MEN I (Wermer-Syndrom)	MEN IIa (Sipple-Syndrom)	MEN IIb (= III)
Organe	Nebenschilddrüsenadenom	Phäochromozytom	Phäochromozytom
	Hypophysenadenom	medulläres Schilddrüsenkarzinom	medulläres Schilddrüsenkarzinom
	Adenom des exokrinen Pankreas	Nebenschilddrüsenadenom	Neurome der Schleimhäute

Tab. 5.2: Typen der multiplen endokrinen Neoplasie.

Paraneoplastische Endokrinopathien mit ektop produzierten Hormonen oder hormonähnlichen Substanzen müssen differentialdiagnostisch immer mit bedacht werden:

ektop produziertes Hormon	möglicher Tumor	klinisches Bild
ACTH	Bronchial-, Pankreas-Ca	Hyperkortisolismus
ADH	Bronchial-, Pankreas-Ca, ZNS-Tumoren	Schwartz-Bartter-Syndrom
LH/FSH	Bronchial-, Leber-Ca	Gynäkomastie
Parathormon	Bronchial-, Nieren- und Mamma-Ca	Hyperkalzämie-Syndrom
Erythropoetin	Nieren-, Leber-Ca	Polyglobulie
Vasointestinale Peptide	Bronchus-Ca	Diarrhö

Tab. 5.3: Beispiele für ektop produzierte Hormone und dadurch verursachte paraneoplastische Syndrome.

5.1.1. Hypothalamische Erkrankungen

❑ **Definition**

Der Hypothalamus ist ein wichtiges integrierendes und steuerndes System, das Informationen aus dem ZNS (emotionale und sensorische), dem inneren Milieu (z.B. Glukose) und aus der Vielfalt der Hormonaktivitäten zur Regelung einer Vielfalt von Körperfunktionen einsetzt. *Neurosekretorische Zellen* des Hypothalamus synthetisieren Hormone, die über die Kapillaren des portalen Gefäßsystems in den nahegelegenen Hypophysenvorderlappen (HVL, Adenohypophyse) gelangen und dort stimulierend (Releasing-Hormone, RH) oder inhibierend (Inhibiting-Hormone, IH) wirken. Einige Neurone des Hypothalamus ziehen direkt in den Hypophysenhinterlappen (HHL, Neurohypophyse). Über sie gelangt antidiuretisches Hormon (syn. ADH, Adiuretin, Vasopressin, VP) in den HHL und von dort in das Blutgefäßsystem.

Folgende Releasing-Hormone sind als Medikamente bzw. als Testsubstanzen verfügbar:

Releasing-Hormone	Abkürzung	generische Bezeichnung	Präparat
Thyreotropin-Releasing-Hormon	TRH	Thyreoliberin	z.B. Relefact TRH®
Gonadotropin-Releasing-Hormon	GnRH	Gonadoliberin	z.B. Relefact LH-RH®
STH-Releasing-Hormon	GRH	Somatoliberin	Somatobiss®
ACTH-Releasing-Hormon	CRH	Corticoliberin	Corticobiss®

Tab. 5.4: Im Handel erhältliche Releasing-Hormone.

❑ **Ätiologie und Pathogenese**

- endokrin-aktive hypothalamische Störungen
- nicht-endokrin-aktive hypothalamische Störungen

Zu den *endokrin-aktiven* hypothalamischen Störungen werden die Ausfälle von RH/IH und der Ausfall des Adiuretin (Diabetes insipidus) gerechnet.

Nicht-endokrin-aktive hypothalamische Störungen können zu sehr unterschiedlichen Symptomen führen, so zu Änderungen von Schlaf-Wach-Verhalten, Körpertemperatur, Hunger-Durst-Gefühl ("Freßsucht"), Libido (Hypersexualität) oder Persönlichkeit (Aggressivität).

Ursachen hypothalamischer Störungen können sein:

- Tumoren
  - Kraniopharyngeome, Meningeome, Metastasen, leukämische Infiltrate u.a.
- nicht-maligne Infiltrationen
  - Sarkoidose
- Entzündungen
  - Tuberkulose, Enzephalitis, Meningitis
- Schädel-Hirn-Trauma
  - Verkehrsunfall
- Durchblutungsstörungen
  - Schlaganfall
- Autoimmunprozesse
  - iatrogene Schädigungen, Operationen, Bestrahlung
- angeborene Defekte

5.1.1.1. Diabetes insipidus

❑ **Definition**

Beim Diabetes insipidus (D.i.) fehlt die Möglichkeit, Wasser in den Nieren zu retinieren und dadurch den Harn zu konzentrieren.

❑ Häufigkeit

Der Diabetes insipidus als angeborene Form ist sehr selten. In der Praxis wird man gelegentlich erworbene Formen, z.B. bei Nierenerkrankungen (renale Form) oder bei Schädigung von Hypothalamus bzw. Hypophyse (zentrale Form), antreffen.

❑ Ätiologie und Pathogenese

Die Wasserretention geschieht in den Sammelrohren der Nierentubuli unter Einwirkung von ADH (antidiuretisches Hormon, Adiuretin, Arginin-Vasopressin, VP). ADH wird im Hypothalamus produziert und über den Hypophysenhinterlappen sezerniert. Fehlt ADH, so entsteht ein *zentraler* Diabetes insipidus; sprechen die Nierentubuli nicht auf ADH an (tubuläre Störung), kommt es zum *renalen* Diabetes insipidus.

- *zentraler Diabetes insipidus*
  Trauma, Operationen, Tumoren im Hypothalamus-Hypophysenbereich, Hirnblutung, zerebrale Ischämie, Autoimmunkrankheit, hereditär, idiopathisch
- *renaler Diabetes insipidus*
  hereditär (X-chromosomal-rezessiv), Tubulusschädigung (erworben)

❑ Symptomatik

- Polyurie (5-10 l/24 h)
- Hypo- bis Asthenurie mit wasserklarem Urin
- Polydipsie

Die Polyurie wird tagsüber, aber auch nachts beobachtet (Nykturie); eine fehlende Nykturie spricht für eine psychische Genese. Der Urin ist dabei sehr hell. Entsprechend der hohen Ausscheidung trinken die Patienten viel.

❑ Komplikationen

- hypertone Dehydratation

❑ Diagnostik

- Urinuntersuchung (spez. Gewicht, Urinosmolarität)
- ADH-Bestimmung
- Durstversuch
- probeweise ADH-Gabe (zentraler D.i.)
- Suche nach der Ursache

Die Tagesurinmenge umfaßt 5-10 l, der Urin selbst weist ein niedriges spezifisches Gewicht (< 1.008) und eine niedrige, die des Plasmas nicht überschreitende Osmolalität (ca. 300-400 mosmol/l) auf. Bei hohem Serum-ADH liegt ein renaler, bei fehlendem ADH ein zentraler D.i. vor. Beim *Durstversuch* (stationär wegen der Exsikkosegefahr) erfolgt keine Flüssigkeitszufuhr, bis das Körpergewicht max. 5 % abgenommen hat: Dabei steigt das spezifische Gewicht des Urins und die Urinosmolalität (< 400 mosmol/l) *nicht* an, die Harnmenge geht *nicht* zurück. Beim zentralen D.i. kommt es nach der Gabe von ADH (Minirin®) zum Anstieg des spezifischen Gewichts und zur merklichen Abnahme der Urinausscheidung. Gilt der D.i. als gesichert, muß seiner Ursache nachgegangen werden (z.B. Computer- oder Kernspintomographie des Schädels, Nierenerkrankungen).

❑ Differentialdiagnose - Polyurie/Polydipsie

- Hyperglykämie
- Hyperkalzämie
- Polyurie bei chronischer Niereninsuffizienz

- Polyurie nach einem akuten Nierenversagen
- Diuretikamißbrauch
- psychogene Ursache

❑ **Therapie**

- *zentraler Diabetes insipidus*
  Desmopressin (Minirin®) intranasal, 2x tgl. bzw. nach Ansprechen dosiert
- *renaler Diabetes insipidus*
  Beseitigung der Ursache, Therapieversuch mit Thiaziddiuretika (z.B. Hydrochlorothiazid) oder mit nicht-steroidalen Antirheumatika (NSAR) (z.B. Indometacin)

5.1.1.2. Schwartz-Bartter-Syndrom

❑ **Definition**

Im Gegensatz zum Diabetes insipidus ist das Schwartz-Bartter-Syndrom eine Erkrankung mit zu hoher ADH-Sekretion (SIADH: Syndrom der inadäquaten ADH-Sekretion). Daraus resultiert eine Wasserretention und eine Hyponatriämie.

❑ **Ätiologie und Pathogenese**

- paraneoplastisch - häufigste Ursache (80 % d.F.)
  - z.B. kleinzelliges Bronchialkarzinom, Pankreaskarzinom, Lymphome
- Erkrankungen des zentralen Nervensystems
  - z.B. Schädel-Hirn-Trauma, apoplektischer Insult, Meningitis, Enzephalitis
- Lungenerkrankungen
  - z.B. Lungenabszeß, Pneumonie, chronisch obstruktive Lungenerkrankung
- Medikamente
  - z.B. Carbamazepin, trizyklische Antidepressiva

❑ **Symptomatik**

- Appetitlosigkeit, Übelkeit, Erbrechen
- Reizbarkeit, Persönlichkeitsveränderungen
- keine Ödeme

Die Wasserretention ist dabei nicht so groß, daß ausgedehnte Ödeme auftreten würden. Durch die extrazelluläre Hyponatriämie kommt es zur Verschiebung von Wasser nach intrazellulär. In ausgeprägten Fällen kann dies zu einem gesteigerten intrazerebralen Druck mit Reizbarkeit, Persönlichkeitsveränderungen, Benommenheit oder gar Krämpfen führen.

❑ **Diagnostik**

- Hyponatriämie (Na < 120 mmol/l), Plasmahypoosmolarität
- normale Urinosmolarität, normale Natriurese
- ADH erhöht, Aldosteron erhöht

Trotz der Hyponatriämie und der Plasmohypoosmolarität findet sich ein relativ konzentrierter Urin sowie eine normale Natriumdiurese über den Tag. Durch die Wasserretention sind andere Plasmakonzentrationen (Albumin- und Eiweißkonzentration) ebenfalls niedrig. Soweit bei paraneoplastischer Produktion überhaupt meßbar, ist die ADH-Konzentration erhöht. Die Hyponatriämie führt zu einem kompensatorischen Anstieg der Aldosteronproduktion.

❑ **Differentialdiagnose**

- andere Ursachen der Hyponatriämie (☞ Kap. 8.2.1.1.)
- Bartter-Syndrom
- Pseudobartter-Syndrom

Das Schwartz-Bartter-Syndrom ist nicht mit dem seltenen *Bartter-Syndrom* zu verwechseln, bei dem es sich um eine autosomal-rezessiv vererbte Störung der Tubulusfunktion handelt. Leitsymptom ist die Hyokaliämie durch renalen Kaliumverlust. Daraus folgt Adynamie, Polyurie und Dehydratation. Die Symptome treten bereits in der Kindheit auf. Als Ursache wird ein primärer Natriumverlust über die Tubuli angenommen, wobei übrigens auch Chlor verloren geht (Hypochlorämie, hypochlorämische Alkalose). Bei dem Versuch einer Natrium-Rückresorption über ein kompensatorisch hohes Renin und Aldosteron wird vermehrt Kalium ausgeschieden. Die Therapie besteht in der Kaliumsubstitution und der Gabe von Aldosteronantagonisten.

Weiterhin muß von dem Bartter-Syndrom das *Pseudo-Bartter-Syndrom* abgegrenzt werden. Hierbei liegt keine Erkrankung, sondern eine Hypokaliämie aufgrund von Laxantien- oder Diuretikaabusus vor.

❑ **Therapie**

- Behandlung des Grundleidens (z.B. eines Bronchialkarzinoms)
- Flüssigkeitsrestriktion (800-1.000 ml/die)
- orale Gabe von NaCl
- Infusion von NaCl und Schleifendiuretikum

Im Rahmen der Flüssigkeitsrestriktion müssen Gewicht und Natriumkonzentration überwacht werden. Bei Patienten mit zentralnervösen Symptomen wird die intravenöse Zufuhr von Natrium notwendig. Dies muß langsam geschehen (☞ Kap. 8.2.1.1.). Demeclozyklin (ein Tetrazyklin-Derivat) blockiert die Wirkung von ADH am distalen Tubulus und kann in den Fällen versuchsweise angewendet werden, in denen Flüssigkeitsrestriktion und NaCl-Ersatz nicht ausreichen.

5.1.2. Hypophysenerkrankungen

❑ **Hormone der Hypophyse**

Hypophysenvorderlappen	Hypophysenhinterlappen
• adrenocorticotropes Hormon (ACTH) • thyreotropes Hormon (TSH) • Prolaktin (PRL) • melanin-stimulierendes Hormon (MSH) • somatotropes Hormon (STH) = Wachstumshormon = human growth hormone (hGH) • luteotropes Hormon (LH) • follikelstimulierendes Hormon (FSH)	• Vasopressin = antidiuretisches Hormon (ADH)

Tab. 5.5: Hormone der Hypophyse.

Die Ausschüttung der Hormone der Hypophyse folgt einer *zirkadianen* Rhythmik. Außerdem werden sie *pulsatil*, d.h. nicht kontinuierlich, sezerniert.

❑ Definition

- hormoninaktive Tumoren
- hormonaktive Tumoren
  - Akromegalie
  - Prolaktinom
  - zentrales Cushing-Syndrom
- Hypophyseninsuffizienz

Hypophysentumoren sind praktisch immer gutartige Adenome mit meist ungeklärter Ätiologie, die *hormonell aktiv oder inaktiv* sein können. Am häufigsten werden STH (Akromegalie), Prolaktin oder ACTH produziert. Andere Hypophysentumoren (TSH- oder LH/FSH-produzierend) sind selten. In seltenen Fällen kann ein Adenom mehrere Hormone produzieren. Die frühere Einteilung entsprechend dem Färbeverhalten (eosinophile, basophile oder chromophobe Adenome) ist zugunsten der obigen Einteilung aufgegeben worden. Eine Schädigung der gesamten Hypophyse führt zur Hypophyseninsuffizienz. Bleibt der Hypothalamus und die Eminentia mediana im Bereich des Hypophysenstiels intakt, so wird das ADH nicht betroffen, so daß der Diabetes insipidus nicht zum Krankheitsbild der reinen Hypophyseninsuffizienz gehört.

❑ Häufigkeit

Die Hypophysentumoren machen etwa 10 % der Hirntumoren aus.

❑ Symptomatik

Die Symptomatik wird hervorgerufen durch:

- Hormonüberproduktion
- Raumforderung
- Hormoninsuffizienz

Symptome der *Raumforderung* sind Kopfschmerzen und durch die Kompression des Chiasma opticum hervorgerufene Gesichtsfeldausfälle (bitemporale Hemianopsie). Die Raumforderung kann durch Kompression umliegender Hypophysenanteile zu einem Ausfall eines einzelnen Hormons bis hin zur kompletten Hypophyseninsuffizienz führen. Im Falle eines Hypophysentumors müssen alle Hormonregelkreise gemessen werden, um z.B. Adenome mit einer zweifachen Hormonaktivität oder einen Hormonausfall durch lokale Kompression auszuschließen.

❑ Diagnostik

- endokrinologische Diagnostik
- Sella-Zielaufnahme
- NMR (oder Schädel-CT)
- Perimetrie
- andere

Die Sella-Zielaufnahme ist nur im Falle eines langsam gewachsenen Makroadenoms (> 10 mm Durchmesser) aussagekräftig (Sellaverbreiterung und -verformung, Doppelkontur). Eine unauffällige Sella schließt jedoch ein Mikroadenom (< 10 mm Durchmesser) *nicht* aus, so daß das Schädel-CT bzw. das NMR erforderlich wird. Dabei sollte nach Möglichkeit primär ein NMR durchgeführt werden, da dies noch kleinere Prozesse als das CT erfaßt. Mikroadenome unter 2 mm entgehen auch dieser Diagnostik, so daß sich hier im Verdachtsfall Verlaufskontrollen empfehlen. Raumfordernde Hypophysentumoren führen zu bitemporalen Gesichtsfeldausfällen (Quadranten- oder Hemianopsie), in fortgeschrittenen

Fällen auch zu Amaurosis. Andere Diagnostikverfahren (intraoperative Exploration, Katheterisierung des Sinus petrosus inferior) bleiben Einzelfällen vorbehalten.

5.1.2.1. Endokrin-inaktive Hypophysentumoren

❑ **Definition**

Zu den hormon-inaktiven Hypophysentumoren zählen:

- (chromophobe) endokrin inaktive Adenome
- Kraniopharyngiom
- Teratome
- Dermoidzysten
- Metastasen (z.B. bei Mammakarzinom)

Supraselläre Verkalkungen im seitlichen Röntgenbild des Schädels bzw. ein suprasellärer (80 %), selten intrasellärer (20 %) Tumor mit verkalkten und zystischen Anteilen müssen an ein *Kraniopharyngeom* (5 % der Hirntumoren sind Kraniopharyngeome) denken lassen. Das Kraniopharyngeom manifestiert sich in der Jugend und im jungen Erwachsenenalter. Leitsymptome sind Kopfschmerzen, Sehstörungen (das Chiasma opticum liegt nur ca. 5-10 mm über der Hypophyse) und rezidivierendes Erbrechen. Die operative Entfernung gelingt oft nur unvollständig, so daß Rezidive zu befürchten sind.

❑ **Therapie**

- Operation (transsphenoidal bzw. transfrontal)
- Bestrahlung
- Substitution bei Hormoninsuffizienz

5.1.2.2. Endokrin aktive Hypophysentumoren

5.1.2.2.1. Akromegalie

❑ **Definition**

Bei der Akromegalie (syn. Hyperpituitarismus) besteht eine Überproduktion an Wachstumshormon (somatotropes Hormon, STH, hGH). Dies führt in der Jugend - vor Abschluß des Wachstums und Verschluß der Epiphysenfugen - zu verstärktem Längenwachstum (*Gigantismus*), danach lediglich zu appositionellem Knochenwachstum (*Akromegalie*). Das vermehrte Längenwachstum des Jugendlichen wird in Lehrbüchern der Pädiatrie abgehandelt, so daß hier nur die Akromegalie besprochen werden soll.

❑ **Ätiologie und Pathogenese**

Der seltenen Erkrankung liegt ein STH-produzierendes Adenom des Hypophysenvorderlappens zugrunde, das sich über Jahre und Jahrzehnte langsam progredient entwickelt. STH wirkt nicht direkt, sondern es verstärkt die Bildung von Somatomedin-C (SM-C), welches gleichbedeutend mit dem IGF-I (insulin-like growth factor-I) ist. IGF-I wird in der Leber gebildet und wirkt auf viele Organe wachstumsfördernd.

❑ **Symptomatik**

- Wachstum von Händen, Füßen und Gesicht
- verdickte, derbe Haut ("cutis gyrata")
- Karpaltunnelsyndrom
- Verschlechterung der Glukosetoleranz → D.m.

- Struma multinodosa
- Arthrosen
- Kardiomegalie

Die Gesichtszüge erscheinen gröber, Handschuh- oder Schuhnummern müssen größer gewählt werden. Die Haut wird derber und dicker. Nerven, insbesondere der N. medianus, können komprimiert werden (Karpaltunnelsyndrom). Ein Wachstum innerer Organe (Splanchnomegalie) verursacht meist keine

Symptome. Weiterhin können bei großen Adenomen Kopfschmerzen oder Sehstörungen auftreten. Sehr häufig ist die Glukosetoleranz verschlechtert, und es besteht bei Frauen eine Amenorrhö (begleitende Hyperprolaktinämie).

❑ **Diagnostik**

- STH-Konzentration
- fehlende Suppression von STH im Glukosetoleranztest
- IGF-I/SM-C erhöht
- NMR des Schädels

Die erhöhten Werte von STH können in der Jugend, bei Streß, Diabetes mellitus, Nierenversagen oder schweren Erkrankungen vieldeutig sein. Im Rahmen eines Glukosetoleranztests (Blutentnahmen nach 30 und 60 min) sinkt das STH meist auf Werte unter 5 µg/l ab. Eine fehlende Suppression spricht für eine Akromegalie. Ein überschießender STH-Anstieg tritt nach Stimulation mit TRH oder GHRH auf. Eine hypothalamische Überstimulation der Hypophyse wird mit der Messung des Releasing-Hormons GHRH ausgeschlossen. Beides erübrigt sich aber bei eindeutig fehlender Suppression im Glukosetoleranztest. Die Konzentration des insulin-like growth factor (IGF) steigt mit der Menge an sezerniertem STH an und spiegelt somit die Krankheitsaktivität wider. Die Lokalisationsdiagnostik kann mit dem Kernspintomogramm sensitiver erfolgen als mit einem Schädel-CT.

❑ **Differentialdiagnose**

Bei einem *Karpaltunnelsyndrom* können folgende Gründe vorliegen:

Tendosynoviitis, Trauma, Überbeanspruchung (Sport), Arthritiden, Schwangerschaft, Hypothyreose, Amyloidose oder Akromegalie.

❑ **Therapie**

- selektive transsphenoidale Adenomektomie
- Protonen- oder Gammabestrahlung
- Dopaminagonisten
- Somatostatin bzw. -analoga

Die operative Behandlung ist die Therapie der Wahl, wobei bei kleinen Adenomen der transsphenoidale Zugangsweg gewählt wird (transkraniell bei großen Tumoren). Die Bestrahlung bleibt inoperablen Patienten vorbehalten. Eine Reduktion von STH läßt sich auch mit Dopaminagonisten (Bromocryptin, z.B. Pravidel® oder Lisurid, z.B. Dopergin®), allerdings in höherer Dosierung, erreichen. Neuerdings stehen auch Somatostatinanaloga (Sandostatin®) bzw. Somatostatine (z.B. Somatostatin Curamed®) zur Verfügung, die besonders bei der ektopen, paraneoplastischen STH-Überproduktion eingesetzt werden.

5.1.2.2.2. Prolaktinom

❑ **Definition**

Das Prolaktinom ist ein hormonaktiver, prolaktinproduzierender, häufig nur langsam wachsender Tumor des Hypophysenvorderlappens. Der Durchmesser der Mikroadenome beträgt meist weniger als 1 cm und der Prolaktin-Serumspiegel liegt unter 200 ng/ml. Makroadenome sind größer als 1 cm und produzieren mehr als 200 ng/ml Prolaktin.

❑ **Häufigkeit**

Das Prolaktinom ist der *häufigste* primäre HVL-Tumor. Frauen erkranken fünfmal häufiger als Männer.

❑ Ätiologie und Pathogenese

Der langsam steigende Prolaktinspiegel führt zur Sekretion aus den Mammae, *hemmt* daneben auch die Sekretion von LH-RH und es kommt zum sekundären Hypogonadismus und zur Amenorrhö. Das dadurch entstehende Übergewicht der männlichen Hormone läßt bei der Frau einen männlichen Behaarungstyp i.S. eines Hirsutismus sowie Akne entstehen.

❑ Symptomatik

Symptome aufgrund der *Hormonaktivität:*

- verminderte Libido, Impotenz
- Zyklusunregelmäßigkeiten bis hin zur sekundären Amenorrhö und Anovulation
- Galaktorrhö
- Hirsutismus

Symptome aufgrund der *Raumforderung*:

- Kopfschmerzen
- Gesichtsfeldausfälle

Die typischen Symptome sind *sekundäre Amenorrhö* und *Galaktorrhö*. Beim Mann sind diese Symptome kaum anzutreffen, so daß hier die Diagnose häufiger aufgrund der Raumforderungszeichen gestellt wird.

❑ Diagnostik

- Hyperprolaktinämie
- NMR

Bei Patienten mit Galaktorrhö, Hypogonadismus oder bei sekundärer Amenorrhö wird der Prolaktinspiegel bestimmt. Werte über 300 ng/ml sind beweisend, bei Werten über 150 ng/ml liegt (außerhalb der Schwangerschaft) sehr wahrscheinlich ein Prolaktinom zugrunde. Geringfügige Prolaktinerhöhungen können physiologische Ursachen haben: Streß (schon der Nadelstich bei der Blutentnahme kann den Prolaktinspiegel steigern), Schwangerschaft, Stillzeit, eine reichhaltige Mahlzeit (Blutentnahme bei nüchternen Patienten). Auch andere Erkrankungen führen zu einer Erhöhung des Prolaktinspiegels (☞ Differentialdiagnose). Funktionstests (TRH-Test: im Gegensatz zum Gesunden kein Anstieg von Prolaktin) können im Zweifelsfall sinnvoll sein.

Lassen sich keine sicheren sekundären Ursachen für die Prolaktinerhöhung finden, muß ein Kernspintomogramm veranlaßt werden. Bei der Suche nach kleinen Adenomen ist diese Untersuchung empfindlicher als das Schädel-CT.

❑ Differentialdiagnose

- Medikamente
  - Phenothiazine, Metoclopramid, L-Dopa, Opiate, Östrogene u.a.
- andere Grundkrankheiten
  - hypothalamische Insuffizienz, Hypothyreose, Nierenversagen, Leberzirrhose, andere schwere Erkrankungen
- idiopathisch

Massiver Streß oder starke körperliche Belastungen (Leistungssportlerinnen) steigern die Prolaktinsekretion, ebenfalls Neuroleptika (Phenothiazine, z.B. Chlorpromazin) und Dopaminantagonisten (Sulpirid - z.B. Dogmatil®), ein Mangel an hypothalamischem Prolaktin-inhibierendem Faktor (PIF) oder auch schwere Erkrankungen (z.B. chronisches Nierenversagen, schwere Lebererkrankungen).

❑ **Therapie**

- Dopaminagonisten
- transsphenoidale selektive Adenomektomie
- (Bestrahlung)

Mikroadenome ohne Raumforderung können mit Dopaminagonisten (Bromocryptin, z.B. Pravidel®; Lisurid, z.B. Dopergin®) in einschleichender Dosierung mit 2,5-mg-Schritten (NW: Übelkeit und Erbrechen, Kopfschmerzen u.v.a.) und Steigerung in wöchentlichen Abständen sehr gut behandelt werden. Regelmäßige CCT-Kontrollen überwachen das Größenwachstum, welches allerdings meist nur sehr langsam und über Jahre voranschreitet. Bei Makroadenomen oder fehlendem Ansprechen auf Dopaminagonisten wird transsphenoidal reseziert. Das Rezidivrisiko beträgt 25 %. Die Bestrahlung bleibt nur wenigen Fällen vorbehalten.

5.1.2.2.3. Zentrales Cushing Syndrom

Beim zentralen Cushing Syndrom, *dem eigentlichen M. Cushing*, liegt ein ACTH-produzierendes Adenom des HVL vor. Für die Diagnose ist ein erhöhtes ACTH bei erhöhtem Kortisol wegweisend. Differentialdiagnostisch muß auch an eine ektope ACTH-Produktion im Sinne eines paraneoplastischen Syndroms (z.B. kleinzelliges Bronchialkarzinom) gedacht werden. Das Krankheitsbild wird ausführlich unter Kap. 5.1.5.5. besprochen.

5.1.2.3. Hypophysenvorderlappeninsuffizienz

❑ **Definition**

- partielle HVL-Insuffizienz
- komplette HVL-Insuffizienz (Panhypopituitarismus, M. Simmonds)

Die HVL-Insuffizienz (Hypopituitarismus) kann entweder den gesamten Vorderlappen oder nur einzelne Hormone betreffen. Die Partialinsuffizienz des HVL führt zu seltenen Krankheitsbildern wie:

Krankheitsbild	Mangel an	Folgen
hypophysärer Kleinwuchs	STH	normale Proportionen, später Epiphysenschluß, unbehandelt max. Größe bis 145 cm, normale Intelligenz
Hypogonadismus	FSH/LH	bei Beginn im Erwachsenenalter Climacterium praecox, Libidoverlust
sekundäre Hypothyreose	TRH	Hypothyreose
sekundäre NNR-Insuffizienz	ACTH	Leistungsknick, Hypoglykämie, Adynamie; da die Aldosteron-Synthese fortbesteht, keine wesentliche Hypotonie bzw. Elektrolytstörungen

Tab. 5.6: Folgen der Hypophyseninsuffizienz.

❑ **Ätiologie und Pathogenese**

Ursachen der HVL-Insuffizienz sind:

- Hypophysenadenome, Tumoren, Metastasen
- Sheehan-Syndrom
- Trauma, Operationsfolge
- Autoimmunerkrankung

- andere Ursachen (z.B. Granulome, Sarkoidose, eosinophiles Granulom)

Vom *Sheehan-Syndrom* spricht man bei einer peripartalen Nekrose des HVL, nicht selten bei einer nicht ausreichenden Durchblutung (Blutdruckabfall, Blutverlust u.a. bei einer in der Schwangerschaft vergrößerten Hypophyse).

❑ Symptomatik

Je nach Ursache besteht eine

- akute

oder eine

- chronische

HVL-Insuffizienz. Diese Unterscheidung ist für die Symptomatik äußerst wichtig.

• akute HVL-Insuffizienz (z.B. Sheehan-Syndrom)

Symptombildend wirken der Ausfall von Prolaktin, FSH/LH, TSH und ACTH. Daraus resultieren Hypotonie, Schock, Bradykardie, Hypothermie, Hypoventilation, Hyperkapnie, Hypoglykämie (fehlende TSH- und ACTH-Wirkung), Bewußtseinseintrübung und schließlich das *hypophysäre Koma*. Beim Sheehan-Syndrom fallen die Agalaktie (Prolaktinmangel), das fehlende postpartale Nachwachsen der Schambehaarung und eine sekundäre Amenorrhö (FSH/LH) auf. Allerdings kann die postpartale Hypophyseninsuffizienz auch langsam progredient sein und erst Jahre später erkannt werden. Auslösend sind Situationen, in den der Organismus auf eine gesteigerte Produktion von T_3/T_4 und Kortisol angewiesen ist (Trauma, Infektionen, Operationen usw.).

• chronische HVL Insuffizienz

Die chronische HVL Insuffizienz entwickelt sich langsam. Ist ein Hypophysenadenom und der davon ausgeübte Druck die Ursache, dann fallen die Hormone in relativ typischer Reihenfolge aus:

- 1. STH
- 2. LH/FSH
- 3. TSH
- 4. ACTH/MSH

Wichtige Zeichen sind:

- *LH/FSH-Mangel*
  - sekundäre Amenorrhö, Libido- und Potenzverlust, Verlust der sekundären Geschlechtsbehaarung
- *TSH-Mangel*
  - Adynamie, Kälteintoleranz, Bradykardie, Blutdruckabfall
- *ACTH-Mangel*
  - Neigung zu Hypoglykämie, Leistungsabfall, rasche Ermüdbarkeit
- *MSH-Mangel*
  - verminderte Hautpigmentation, Blässe

Eine chronische HVL-Insuffizienz führt schließlich zur Kachexie. Einige der Symptome ähneln denen der Nebenniereninsuffizienz. Da bei HVL-Insuffizienz jedoch ein MSH-Mangel mit Blässe vorliegt, wird auch vom *"weißen Addison"* gesprochen.

❑ Komplikationen

- hypophysäres Koma

❑ Diagnostik

- Hormonbestimmungen
- Stimulationstests
- Schädel-CT bzw. NMR

Bestimmt werden die Hypophysen- (LH/FSH, TSH, ACTH, Prolaktin) und ihre Effektorhormone (Testosteron/Östradiol, T_3/T_4, Kortisol), die jeweils vermindert sind. Als Stimulationstests kommen in Frage:

- *TRH-Test*: nach Gabe von TRH kein adäquater TSH-Anstieg
- *LH-RH-Test*: nach Gabe von LH-RH kein adäquater LH-Anstieg
- *GH-RH-Test*: nach Gabe von GH-RH kein adäquater Anstieg von STH (hGH)
- *CRH*: nach Gabe des Corticotropin-Releasing-Hormons kein regelrechter Anstieg von ACTH

Die Releasing-Hormone können einzeln oder zusammen in einem Test verabreicht werden.

Insulinhypoglykämietest: während einer insulininduzierten Hypoglykämie kein adäquater Anstieg von Kortisol oder STH.

❑ Differentialdiagnose

Bei Hypophyseninsuffizienz sind Hypophysen- *und* Effektorhormone vermindert, bei Insuffizienz der peripheren Hormondrüsen nur deren Hormone bei gleichzeitig erhöhten Hypophysenhormonwerten.

❑ Therapie

substituiertes Hormon	Dosierungsbeispiel
Schilddrüsenhormon	• L-Thyroxin 150 µg/die
Kortison	• Hydrokortison 30 mg/die (20 mg morgens, 10 mg abends)
Geschlechtshormon	• Frau: Östrogen-Gestagen-Präparat (z.B. Cyclo-Progynova®, 1 Drg vom 5.-25. Zyklustag, danach 7 Tage Pause und erneute Einnahme)* • Mann: Depot-Testosteron (z.B. Testoviron® Depot 250 mg i.m., alle zwei bis vier Wochen)**

Tab. 5.7: Hormonale Substitution bei Hypophyseninsuffizienz.
*: Verordnung und Überwachung durch den Gynäkologen.
**: Steuerung der Therapie durch Kontrolle des Testosteronspiegels vor der nächsten Injektion sowie nach dem subjektiven Befinden (z.B: Libido).

Lebensbedrohend ist der Ausfall von TSH und auch von ACTH, so daß hier eine Substitution lebenslang und gewissenhaft nötig ist. Befindet sich der Patient noch im Wachstumsalter, so kann auch eine Substitution mit STH stattfinden, um einen (hypophysären) Minderwuchs zu verhindern. Die obigen Dosierungen sind Richtlinien, die dem klinischen Befund und den Hormonkontrollen entsprechend korrigiert werden müssen. In körperlichen *Belastungssituationen* muß die Substitution angepaßt, d.h. erhöht werden (Hydrokortison, z.B. bis 250 mg oder mehr). Der Patient sollte deshalb genau aufgeklärt werden und einen Notfallausweis erhalten.

5.1.3. Schilddrüse

❑ Schilddrüsenhormone

- *Synthese*
  Jodid wird aus dem Blut gegen ein starkes Konzentrationsgefälle in die Schilddrüse aufgenommen. In der Schilddrüse kommt es dann zu:
  - Jodination: Oxydation von J^- zu J_2
  - Jodisation: Jodierung von Tyrosin zu Monojodthyronin (MJT) und von MJT zu Dijodthyronin (DJT)
  - Koppelung: T_4 aus zwei Molekülen DJT, T_3 aus MJT und DJT
  - Speicherung: T_3 und T_4 werden in den Schilddrüsenfollikeln an Thyreoglobulin (TG) gebunden gespeichert
- *Metabolismus*
  Nach der Inkretion ins Blut werden T_3 und T_4 zum größten Teil an Trägerproteine, vorwiegend an thyroxinbindendes Globulin (TBG), gebunden. In der Schilddrüse entsteht überwiegend T_4 und nur wenig T_3. T_4 wird im Blut umgewandelt, wobei sowohl wirksames T_3 als auch reverses, nicht-aktives T_3 (rT_3) entsteht. Die Halbwertszeit von T_3 beträgt 1/10 der von T_4 (19 vs. 190 h)
- *Wirkung*

Wirkung der Schilddrüsenhormone	Symptom
Steigerung des Grundumsatzes	Hitzeempfindlichkeit, Schwitzen
erhöhte Katecholaminempfindlichkeit	Tachykardie, erhöhter Blutdruck
Hemmung der Glykogen- und Proteinsynthese	Blutzuckeranstieg
Steigerung des Kalzium- und Phosphatumsatzes	Osteoporose
Nervensystem, Muskel	gesteigerte Erregbarkeit, schnellere Muskeleigenreflexe

Tab. 5.8: Wirkungen der Schilddrüsenhormone und daraus resultierende Symptome bei Hyperthyreose.

- *Steuerung der Hormonproduktion*
  Der Hypothalamus steuert über das Releasing-Hormon TRH die Hypophyse, diese wiederum über TSH die Schilddrüse. Hohe FT_3/FT_4-Spiegel (Hyperthyreose) hemmen, niedrige Spiegel (Hypothyreose) steigern die TSH-Produktion. TSH fördert die Jodaufnahme, die Hormonbildung sowie Inkretion und stellt einen Wachstumsreiz für die Schilddrüse (Strumabildung) dar

❑ Diagnostik

- *Schilddrüsenhormone*
  Das nicht an Trägerproteine gebundene Hormon ist biologisch aktiv, weshalb die Werte des freien T_3 (FT_3) bzw. des freien T_4 (FT_4) aussagekräftiger sind als die totale Hormonkonzentration (TT_3/TT_4)

- *TSH-Bestimmung*
  Die Bestimmung des TSH-Wertes ohne äußere Stimulation (TSH_{basal}) genügt im allgemeinen zur Screeninguntersuchung der Schilddrüsenfunktion. Ausnahmen sind die äußerst selten vorkommenden sekundären Schilddrüsenfunktionsstörungen mit inadäquater TSH-Sekretion durch den Hypophysenvorderlappen. *Normale Werte von TSH_{basal} schließen eine Hypo- oder Hyperthyreose aus.* Bei TSH_{basal}-Werten in der Nähe der oberen oder unteren Normgrenze sollte zur Klärung ein TRH-Test durchgeführt werden
- *TRH-Test*
  Durchführung: Blutentnahme (basales TSH), Injektion von TRH (Relefact TRH®), erneute Blutentnahme nach 30 min und Bestimmung des stimulierten TSH.
  Ergebnisse:

Ergebnis	Wert	Ursache
normaler Anstieg von TSH	2,5-25 mU/l	Normalbefund
zu geringer Anstieg	< 2,5 mU/l	Hyperthyreose oder vorausgegangene Hormonsubstitution, selten eine HVL-Insuffizienz
zu starker Anstieg	> 25 mU/l	Hypothyreose

Tab. 5.9: Interpretation des TRH-Tests.

Bei eindeutigen basalen TSH-Abweichungen bzw. bei manifester Hypo- bzw. Hyperthyreose erübrigt sich der Test. Bei Hypophysenadenomen, akutem Myokardinfarkt oder instabiler Angina pectoris ist der Test kontraindiziert; Schwangerschaft und Stillzeit können die Werte beeinflussen, so daß in dieser Zeit darauf verzichtet werden sollte

- *Schilddrüsenantikörper*

Antikörper	Abkürzung	Vorkommen
mikrosomale **A**nti**k**örper (= **t**hyreoidale **P**eroxydase-**Ak**)	MAK (= TPO-AK)	z.B. Thyreoiditis Hashimoto
Thyreoglobulin**a**nti**k**örper	TAK	z.B. Thyreoiditis Hashimoto
TSH-Rezeptor-**A**nti**k**örper (= **t**hyroid **s**timulating **i**mmunoglobulin)	TRAK (= TSI)	z.B. M. Basedow

Tab. 5.10: Schilddrüsenantikörper.

Schilddrüsenantikörper werden bei einer Hyperthyreose mit diffuser Vergrößerung des Organs bestimmt, ebenso zur Abklärung einer Hypothyreose. Beim M. Basedow finden sich nicht nur in fast allen Fällen TRAK, sondern in 3/4 der Fälle auch TPO-AK (seltener auch TAK). Bei den Immunthyreopathien, z.B. der Thyreoiditis Hashimoto sind in über 90 % stark erhöhte Titer von TPO-AK, seltener auch von TAK nachweisbar. *Gering erhöhte* Titer von TPO-AK und TAK kommen gelegentlich auch bei Personen ohne Schilddrüsenerkrankungen, bei Struma oder nach Radiojodtherapie vor.

- *Tumormarker*

Marker	Bedeutung
Calcitonin im Serum	hohe Werte bei medullärem Schilddrüsenkarzinom
Thyreoglobulin (Tg) im Serum	Wiederanstieg nach Schilddrüsenresektion als Hinweis auf ein Tumorrezidiv

Tab. 5.11: Tumormarker der Schilddrüse.

- *thyroxinbindendes Globulin (TBG)*
  Bei niedrigem TBG und *Gesamt*-T_3/T_4 können die freien Hormone durchaus im Normbereich sein (konsumierende Erkrankung, Katabolie, Hypoproteinämien). Andererseits sind hohe *Gesamt*-T_3/T_4-Werte dann nicht pathologisch, wenn hohe TBG-Konzentrationen vorliegen (Schwangerschaft, Östrogentherapie, z.B. durch orale Kontrazeptiva). Durch die Bestimmung von TSH_{basal}, freiem T_3 bzw. T_4 tritt die Bedeutung des TGB etwas in den Hintergrund

- *Szintigraphie*
  ^{99m}Technetium: Mit Technetium-99m-Pertechnetat wird die Nuklidaufnahme in die Schilddrüse gemessen und ein Bild der speichernden, übermäßig speichernden (warmen/heißen) und nicht-speichernden (kalten) Areale erstellt.
  - "kalter" Knoten: in 90 % ein Adenom oder eine Zyste, in 10 % der Fälle ein Karzinom
  - "heißer" Knoten: autonomes Adenom

  Beim *Suppressionstest* wird vor der Szintigraphie hochdosiert mit Schilddrüsenhormon behandelt. Dadurch wird das normale Gewebe supprimiert (vermindertes TSH) und das autonome Gewebe besser sichtbar.

  ^{201}Technetium reichert sich in *malignem* Schilddrüsengewebe an und kann somit zur szintigraphischen Differenzierung von "kalten" Knoten und zur Metastasensuche eingesetzt werden.

  ^{131}Jod: Wegen der längeren Halbwertszeit und der größeren Strahlenbelastung von ^{131}Jod wird ^{99m}Technetium vorgezogen. ^{131}Jod wird jedoch zur *inneren Bestrahlung* (z.B. bei autonomen Adenomen oder von anreicherndem Malignomgewebe) eingesetzt.

  Nach der Gabe von jodhaltigem Kontrastmittel bei Röntgenuntersuchungen anderer Organe ist das Szintigramm für Wochen nicht auswertbar (zu geringe Nuklidaufnahme). Deshalb und wegen der Gefahr der Auslösung einer Hyperthyreose oder gar einer hyperthyreoten Krise sollte jodhaltiges Kontrastmittel, falls überhaupt, erst *nach* der Schilddrüsendiagnostik appliziert werden.

- *Sonographie*
  Die Schilddrüsensonographie erlaubt die Bestimmung von Volumen, Echogenität, Binnenstruktur und Lage der Schilddrüse

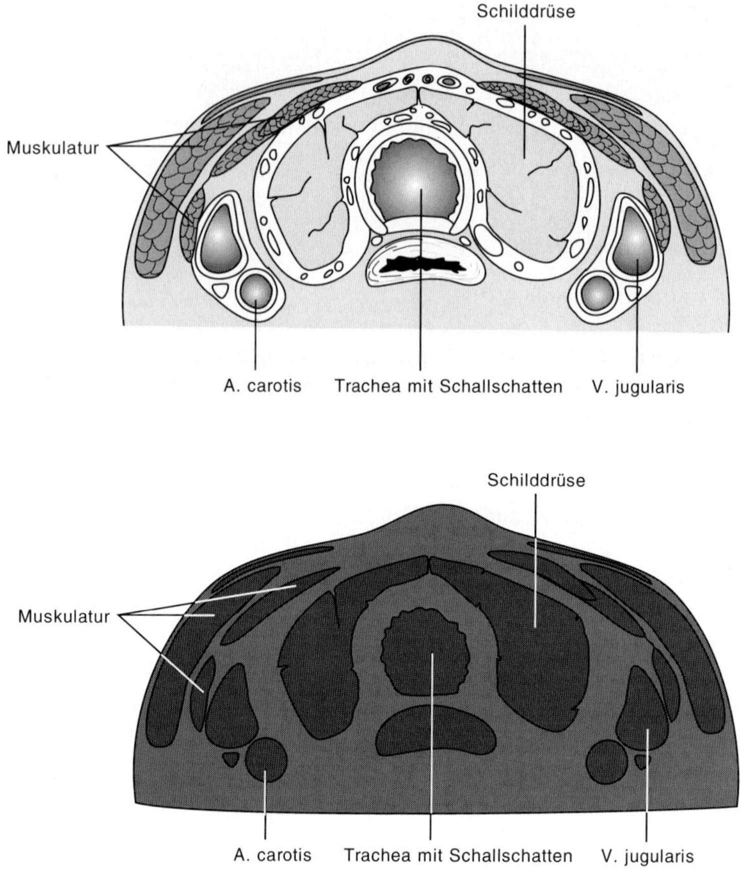

Abb. 5.1: Sonographischer Querschnitt und anatomische Schemazeichnung der Schilddrüse.

Beispiele für sonographische Befunde und ihre Bedeutung:

- Volumen: *normal*: < 18 ml bei Frauen, < 25 ml bei Männern
- Echogenität: *diffus echoarm* bei M. Basedow und Immunthyreoiditis
- Binnenstruktur: *echogleicher bis echoreicher* Knoten (meist autonomes Adenom)
  echoarmer Knoten: autonomes Adenom, Karzinom, Lymphom
  echofreier Bezirk, dorsale Schallverstärkung: Zyste, regressive Anteile in einer Struma
- Ausdehnung: nach retrosternal reichendes Schilddrüsengewebe

Die Schilddrüsensonographie sagt nichts über die Hormonaktivität des Gewebes aus. Für diese Fragestellung muß zusätzlich ein Schilddrüsenszintigramm angefertigt werden

- *ultraschallgezielte Feinnadelpunktion*
  Für abklärungsbedürftige Schilddrüsenknoten ist die Feinnadelbiopsie (Nadel < 0,7 mm Durchmesser) eine ungefährliche Methode, um zytologisches Material zu gewinnen. Ergebnisse können sein: kein verwertbares Material, Thyreozyten, andere Zellen (Leukozyten, Lymphozyten), Zellanomalien der Thyreozyten sowie malignitätsverdächtige oder maligne Zellen. Falsch-negative und falsch-positive Resultate sind möglich
- *Probeexzision*

- *Tracheazielaufnahme (mit Ösophagusbreischluck)*
  Die Trachea ist durch die "Luftfüllung" gut abgrenzbar
- *Durchleuchtung*
  Während der Patient "schnieft" (Unterdruck in der Trachea) wird die Weite der Trachea betrachtet. Bei Tracheomalazie kommt es zum Kollaps der Wand

5.1.3.1. Euthyreote Struma

❑ **Definition**

"Struma" bezeichnet eine Vergrößerung der Schilddrüse, die "euthyreote Struma" eine Schilddrüsenvergrößerung ohne hormonelle Über- oder Unterfunktion. Unterschieden werden:

Struma-Grade	Hormonaktivität	Lage	Form
• **0**: keine sichtbare Vergrößerung • **Ia**: tastbarer Knoten bei sonst normal großer Schilddrüse • **Ib**: Struma erst bei zurückgebeugtem Hals sichtbar • **II**: Struma schon bei normaler Kopfhaltung sichtbar • **III**: sehr große Struma	• **euthyreot**: normale Schilddrüsenwerte • **hyperthyreot** • **hypothyreot**	• **eutop**: in normaler Position • **dystop**: z.B. retrosternal	• **Struma nodosa**: Knotenstruma • **Struma diffusa**: gleichmäßig vergrößerte Schilddrüse

Tab. 5.12: Einteilung der Struma nach verschiedenen Kriterien.

❑ **Häufigkeit**

Die euthyreote Struma ist die *häufigste* Schilddrüsenerkrankung. Etwa jeder fünfte Bundesbürger (w : m = 4 : 1) weist eine Struma auf, die bei der Mehrzahl der Betroffenen jedoch völlig *asymptomatisch* bleibt.

❑ **Ätiologie und Pathogenese**

- Jodmangel
- Jodfehlverwertung
- andere Formen

In Jodmangelgebieten (täglicher Jodbedarf beim Erwachsenen ca. 200 µg, in der Schwangerschaft ca. 250 µg) stellen hohe TSH-Spiegel einen wichtigen Wachstumsreiz für die Schilddrüse dar. Besteht dieser Reiz über Jahrzehnte, entsteht eine Struma; bei sehr langem Bestehen können sich regressive Anteile (Zysten, Narbengewebe) bilden. Bei mindestens 50 % der Strumen kommt es auch zur Bildung von *autonomen* Bezirken. Eine möglicherweise konstitutionelle Komponente der Jodverwertung sowie ein erhöhter Jodbedarf führt (häufiger bei Frauen) zu einer Vergrößerung der Schilddrüse in der Pubertät, Schwangerschaft und während der Laktationsperiode. Eine übermäßige medikamentöse Thyreostase induziert ebenfalls das Organwachstum. Hinter einer euthyreoten Struma können sich in einigen Fällen andere Schilddrüsenerkrankungen verbergen, z.B. eine Immunthyreopathie.

❑ **Symptomatik**

- fehlend oder gering

Gelegentlich wird ein Druckgefühl im Hals (Globusgefühl) angegeben, meist treten Symptome aber erst bei Komplikationen auf. Die euthyreote Struma ist schluckverschieblich.

❑ **Komplikationen**

- Trachealverdrängung
- Trachealeinengung
- Tracheomalazie
- Verdrängung anderer Organe (Ösophagus)

Eine Verdrängung der Trachea findet sich häufig ab Strumagrad II. Eine Einengung wird bei sehr großen Organen beobachtet, kann dann auch mit Atemnot verbunden sein. Selten kommt es zur Destruktion von Knorpelspangen unter dem Bild einer Säbelscheidentrachea. Der dann vorhandene Trachealkollaps läßt sich durch forcierte Inspiration ("Schniefen") verstärken. Er wird als inspiratorischer Stridor vernommen und kann zu Atemnot sowie Erstickungsgefahr führen. Dystope Strumaanteile können den Ösophagus komprimieren (Schluckstörungen).

❑ **Diagnostik**

- Palpation/Sonographie
- $T_3/T_4/TSH_{basal}$ im Normbereich
- ggf. weiterführende Untersuchungen

Die Vergrößerung wird durch Inspektion, Palpation oder durch Sonographie festgestellt. Bei der euthyreoten Struma befinden sich die Hormonwerte im Normbereich. Je nach Situation werden weiterführende Untersuchungen (z.B. Tracheazielaufnahme bei V.a. Einengung, Röntgenthorax bei V.a. retrosternale Strumaanteile) veranlaßt.

❑ **Differentialdiagnose**

- Schilddrüsenkarzinom
- Lymphome

Bei sich schnell vergrößernder Struma muß an ein Malignom der Schilddrüse bzw. an parathyreoidale Lymphome gedacht werden. Eine Verbreiterung des oberen Mediastinum im Rö-Thorax beruht in den meisten Fällen auf einer retrosternalen Struma. Dies kann durch eine Szintigraphie und Projektion des Ergebnisses auf das Röntgenbild geklärt werden.

❑ **Therapie**

- Substitution von Jod oder
- Substitution von Schilddrüsenhormonen
- Strumektomie
- Radiojodtherapie

Bei alimentärem Jodmangel wird die Substitution mit *Jodidtabletten* (200 g/die, z.B. Jodid 200) bevorzugt. Dies gilt für Kinder und junge Erwachsene. Läßt sich nach einem halben Jahr keine Rückbildung der Struma erreichen (Kontrollparameter *vor* Therapie festlegen, z.B. sonographische Volumenbestimmung oder Halsumfang), so wird die Prophylaxe mit *Schilddrüsenhormonen* (L-Thyroxin, z.B. Euthyrox 100-150 μg - einschleichende Dosierung, Schritte von 25 μg bis auf etwa 100-150 μg, Erhöhung nach zwei Wochen, Kontrolle der Blutwerte im Abstand von 4 Wochen) angestrebt. Der TSH-Spiegel sollte bei guter Einstellung supprimiert sein. Eine große Struma mit autonomen oder bereits zystischen Anteilen läßt sich durch diese Therapie jedoch kaum mehr beeinflussen.

Bei alten Menschen mit Knotenstrumen liegen mindestens in der Hälfte der Fälle autonome Anteile vor, die nach *Jodidgabe* zu einer *hyperthyreoten* Stoffwechsellage führen können. In diesen Fällen ist deshalb die Jodidgabe *kontraindiziert* und die *Strumektomie* das Mittel der Wahl. Die Gabe von L-Thyroxin ist möglich, führt aber allenfalls zu einer geringen Rückbildung. Die *Radiojodtherapie* zerstört das noch funktionsfähige Schilddrüsengewebe, beeinflußt regressiv veränderte Anteile jedoch nicht. Eine Indikation dafür besteht z.B. bei alten Menschen und bei zu hohem Op-Risiko.

❑ **Prognose**

Die euthyreote Struma zeigt die Tendenz zur Vergrößerung. Eine Prophylaxe zur Verhinderung einer weiteren Größenzunahme oder eines Wiederauftretens nach erfolgter Strumaresektion muß, z.B. mit L-Thyroxin (75-150 µg/die), prinzipiell lebenslang durchgeführt werden.

5.1.3.2. Hyperthyreosen

❑ **Definition**

Bei der Hyperthyreose liegen pathologisch hohe und den normalen Bedarf übersteigende Konzentrationen an Schilddrüsenhormonen vor.

❑ **Häufigkeit**

Der M. Basedow tritt am häufigsten im 3.-4. Lebensjahrzehnt auf, besonders bei Frauen (m : w = 1 : 7). Auch das autonome Adenom wird in höherem Alter häufiger. Der Frauenanteil überwiegt auch hier.

❑ **Ätiologie und Pathogenese**

Ursachen der Hyperthyreose sind:

- M. Basedow
- autonome Adenome
- Thyreoiditis
- Hyperthyreosis factitia
- seltenere Ursachen (TSH-Überproduktion bei Hypophysenadenom, paraneoplastisches Syndrom, Schilddrüsenkarzinom)

Dem *M. Basedow* liegt eine Autoimmunerkrankung zugrunde, bei der die Lymphozyten des Patienten Thyreoidea-stimulierende Immunglobuline (TSI) produzieren. Es handelt sich dabei um Autoantikörper, die sich an die TSH-Rezeptoren binden, die Hormonproduktion stimulieren und die Bindung von normalem TSH inhibieren. Es wird eine familiäre bzw. eine genetische Disposition (häufiger bei HLA-B8, -DR3 u.a.) diskutiert. Während beim M. Basedow die *gesamte* Schilddrüse betroffen ist (im Szintigramm diffus mehranreicherndes Organ, im Sonogramm diffus vergrößert und echogleich oder diffus echoärmer), liegt beim *autonomen Adenom* ein einzelner oder mehrere autonome Bezirke vor. Die Thyreozyten in diesem Gewebe produzieren *ohne* Rückkoppelung und Regelung durch TSH inadäquat viel Hormon. Anfänglich wird das umliegende gesunde Schilddrüsengewebe durch den Rückgang des TSH "heruntergeregelt", so daß die Schilddrüsenwerte im Blut normal bleiben. Bei aktiveren Adenomen steigen die Schilddrüsenhormonwerte weiter und es kommt zur manifesten Hyperthyreose. Als Ursache für autonome Adenome wird eine jahrelange Stimulation der Thyreozyten durch TSH (z.B. in Jodmangelgebieten) vermutet. Dem entspricht, daß in der Hälfte der großen Strumen autonome Bezirke zu finden sind und daß in Ländern mit reichlicher Jodversorgung autonome Adenome viel seltener vorkommen. Die verschiedenen Formen der *Thyreoiditis* (☞ Kap. 5.1.3.6.) können vorübergehend zu einer Hormonüberproduktion Anlaß geben. Längeres Bestehen der Thyreoiditis führt zur Zerstörung des Schilddrüsengewebes und schließlich zur Hypothyreose. Eine *TSH-Überproduktion*, z.B. aufgrund eines Hypophysenadenoms oder eines neoplastischen Syndroms, ist selten. Die Überdosierung von Schilddrüsenhormonen, die *Hyperthyreosis factitia*, kommt dagegen immer wieder vor!

❑ **Symptomatik**

- Gewichtsabnahme
- Schwäche, Adynamie
- Appetitsteigerung
- Diarrhö
- Schwitzen, feuchte Hände, Wärmeintoleranz
- Globusgefühl
- Tremor
- Tachykardie
- Vorhofflimmern mit absoluter Arrhythmie
- Herzrhythmusstörungen
- erhöhter Blutdruck
- innere Unruhe, Nervosität
- Schlaflosigkeit
- Augensymptome (☞ Kap. 5.1.3.4.)

Die Schilddrüse kann dabei diffus vergrößert (M. Basedow), knotig (autonomes Adenom) oder auch klinisch *normal* groß sein. In der *Merseburger Trias* werden eine diffus vergrößerte Schilddrüse, eine Tachykardie sowie ein Exophthalmus zusammengefaßt. Gemeinsame Ursache der Symptome ist ein gesteigerter Stoffwechsel bei erhöhter Empfindlichkeit des Organismus für Katecholamine (Adrenalin). *Keineswegs* ist jedoch immer das typische Vollbild vorhanden. Gerade bei alten Menschen muß mit blanden, *monosymptomatischen* oder *atypischen* Formen gerechnet werden. Unklare Gewichtsabnahme, Hinfälligkeit, nicht erklärliche Herzinsuffizienz oder plötzlich auftretendes Vorhofflimmern mit absoluter Arrhythmie können die einzigen Symptome einer Hyperthyreose sein. Augensymptome im Sinne einer endokrinen Orbitopathie (☞ Kap. 5.1.3.4.) sind beim M. Basedow in etwa der Hälfte der Fälle vorhanden. Bei Immunthyreopathien treten sie gelegentlich auf, bei autonomen Adenomen jedoch nicht.

❑ **Diagnostik**

- TSH_{basal} supprimiert
- FT_4 und FT_3 erhöht bzw.
- TRH-Test negativ (kein TSH-Anstieg)

Zum Screening ist die Bestimmung des TSH_{basal} ausreichend. Ist dieses normal, so erübrigen sich weitere Bestimmungen. Bei niedrigem TSH werden die freien Hormonanteile FT_4 und FT_3 bestimmt. Im Falle einer Erhöhung dieser Werte handelt es sich um eine *manifeste* Hyperthyreose. Liegen die FT_4- und FT_3-Werte noch im Normbereich, während die Stimulierbarkeit von TSH im *TRH-Test* eingeschränkt ist, besteht eine *latente* Hyperthyreose. Bei 5-10 % der Patienten sind jedoch *nur die* T_3-Werte erhöht, die T_4-Werte jedoch nicht. Es sollten daher immer FT_3 *und* FT_4 bestimmt werden.

Im Falle einer latenten oder manifesten Hyperthyreose sollte nach der Ursache gesucht werden.

- Schilddrüsensonographie
- Schilddrüsenszintigraphie
- Schilddrüsenantikörper (TRAK)

Die Sonographie weist Knoten oder eine diffuse Vergrößerung nach. Beim M. Basedow oder bei der Hashimoto-Thyreoiditis werden Autoantikörper (antimikrosomale bzw. anti-Thyreoglobulin-Antikörpern) gefunden. Bei M. Basedow würde das Technetium diffus in der Schilddrüse angereichert werden, beim autonomen Adenom vorwiegend knotenförmig.

❑ **Differentialdiagnose**

- vegetative Dystonie

❑ **Therapie**

- symptomatische Therapie
- medikamentöse Thyreostase
- Radiojodtherapie
- Operation

Medikamentöse Therapie

Thyreostatika hemmen die Hormonproduktion, benötigen aber ca. eine Woche bis zum Wirkungseintritt und *mehrere Wochen*, um die volle Wirkung zu entfalten. *Perchlorate* (z.B. Irenat® Tropfen) hemmen die Aufnahme von Jodid in die Schilddrüse. Sie werden deshalb gerne vor einer Jodexposition zur Prophylaxe einer thyreotoxischen Krise gegeben. *Thionamide* dagegen hemmen die Hormonsynthese. Am bekanntesten sind Thiamazol (z.B. Favistan®) und Carbimazol (z.B. Carbimazol®). Nebenwirkungen können vor allem die *Agranulozytose* (selten, aber vital bedrohlich, deshalb regelmäßige Blutbildkontrollen!), Cholestase und Magen-Darm-Beschwerden sein. Nebenwirkungen sind dosisabhängig und treten deshalb vor allem in den ersten zwei Monaten auf, da die Therapie mit höheren Dosen eingeleitet wird. Die Patienten sollten vor Behandlungsbeginn auf die Symptome der Agranulozytose (wunde Stellen in Mund und Rachen im Sinne einer Pharyngitis bzw. Stomatitis sowie Infektzeichen wie Fieber) hingewiesen werden. Bei Auftreten dieser Symptome muß die Behandlung abgebrochen und sofort ein Blutbild mit Differenzierung angefertigt werden. Geringe Leukopenien treten bei 10 % der Patienten auf und müssen nicht zum Therapieabbruch Anlaß geben. Zu Beginn der Therapie wird in Abhängigkeit vom Ausmaß der Hyperthyreose eine höhere Dosierung angewandt, z.B. 3x5-10 mg Carbimazol (3x1 Tbl. z.B. Carbimazol®) oder 2x20 mg Thiamazol (2x1 Tbl. z.B. Favistan®). Mit Besserung der Hyperthyreose muß die Dosierung reduziert werden. Als Erhaltungsdosis kann 2,5-5 mg Carbimazol oder 5-10 mg Thiamazol ausreichen. Unter der Thyreostase werden alle zwei bis vier Wochen die Schilddrüsenwerte kontrolliert. Eine iatrogene Hypothyreose ist zu vermeiden. Die thyreostatische Einstellung wird 1-2 Jahre lang fortgeführt. Nach dem Absetzen befindet sich etwa die Hälfte der Basedow-Hyperthyreosen in dauerhafter Remission, besonders wenn die TSH-Rezeptor-Antikörper (TRAK) aus dem Blut verschwinden.

Eine begleitende Tachykardie wird symptomatisch mit β-Blockern behandelt (z.B. Propranolol - Dociton® 40 mg 3x1 Tbl.).

Radiojodtherapie

Bei der Radiojodtherapie wird ^{131}J oral appliziert. 3-4 Tage vorher bis einige Tage nachher ist die thyreostatische Therapie abzusetzen, um eine ausreichende Jodaufnahme in die Schilddrüse sicherzustellen. Nach einer Radiojodtherapie kann es, je nach der applizierten Menge an ^{131}J, zu einer erneuten Hyperthyreose oder einer Hypothyreose kommen. Die Karzinomrate nach der Radiojodtherapie beim Erwachsenen oder gar beim alten Menschen ist nicht gesteigert.

Operation

Die Resektion eines SD-Lappens bzw. eines Knotens (bei autonomen Adenomen) oder die subtotale Thyreoidektomie sind nebenwirkungsarme Verfahren, die besonders bei jungen Patienten angewendet werden.

5.1.3.3. Thyreotoxische Krise

❑ **Definition**

Die thyreotoxische Krise ist eine extreme, lebensbedrohliche Form der Hyperthyreose.

❑ **Ätiologie und Pathogenese**

Häufigster Auslöser ist eine Jodzufuhr bei bestehender, nicht bekannter Hyperthyreose oder bei autonomem Adenom. Vor der Applikation von jodhaltigen Medikamenten oder Röntgenkontrastmitteln ist deshalb eine Hyperthyreose auszuschließen. Jodhaltig sind:

- Kontrastmittel
- Amiodarone (Cordarex®)
- desinfizierende Lösungen (z.B. PVP-Jod)

Daneben kann eine vorbestehende Hyperthyreose auch durch Infekte oder Operationen verstärkt werden.

❑ **Symptomatik**

Stadium	Klinik
I	massive Tachykardie bzw. absolute Tachyarrhythmie, Unruhe bis Erregtheit, hohe Körpertemperatur (bis 41 °C), Schwitzen, Exsikkose
II	Stupor, Somnolenz bzw. Psychose
III	Koma

Tab. 5.13: Stadien der thyreotoxischen Krise.

Komplikationen sind u.a. tachykarde Rhythmusstörungen, Blutdruckabfall bei Hypovolämie, hyperdynamisches Herzversagen oder eine sekundäre Nebenniereninsuffizienz.

❑ **Diagnostik**

Die Diagnose wird durch die Bestimmung der peripheren Schilddrüsenhormone gesichert.

❑ **Therapie**

- Volumensubstitution und Elektrolytausgleich
- Prednisolon
- β-Blocker (z.B. Propranolol)
- Thiamazol
- Lithium, Plasmapherese, Operation

Der Patient in der thyreotoxischen Krise gehört auf die Intensivstation. Wichtig sind die symptomatischen Maßnahmen wie Volumenauffüllung, Verhinderung einer sekundären Nebenniereninsuffizienz durch Gabe von Prednisolon und β-Blockade, um die gesteigerte Katecholaminwirkung am Myokard zu blockieren. Thiamazol wird initial i.v. appliziert (160-240 mg/die), mit Reduktion innerhalb von 3 Tagen auf 3x40 mg i.v.. Lithiumgabe, Plasmapherese und Thyreoidektomie sind den nicht beherrschbaren Verläufen vorbehalten.

❑ **Prognose**

Die thyreotoxische Krise ist intensivmedizinisch zu behandeln. Die Letalität ist besonders bei alten Menschen hoch (50 %). Die beste Therapie ist deshalb die Prophylaxe. Vor der Applikation von jodhaltigem Kontrastmittel muß eine Hyperthyreose ausgeschlossen (TSH_{basal}) und ggf. behandelt werden. Muß aus einer vitalen Indikation heraus dennoch Jod appliziert werden, kann die Jodaufnahme in die Schilddrüse mit Perchloraten (z.B. Irenat-Tropfen, 40 Tropfen einen Tag vor und einen Tag nach der Kontrastmittelgabe - keine zugelassene Indikation) gehemmt werden.

5.1.3.4. Endokrine Orbitopathie

❑ **Definition**

Unter dem Begriff *endokrine Orbitopathie* (E.O.) (früher: endokrine Ophthalmopathie) wird eine autoimmunologisch bedingte Erkrankung der Orbita, nicht jedoch des Augapfels selbst, verstanden.

❑ **Häufigkeit**

Die E.O. tritt bei Patienten mit Hyperthyreose vom Basedow-Typ auf und kommt nur sehr selten ohne Hyperthyreose vor. Sie tritt bei anderen Formen der Hyperthyreose (z.B. autonomes Adenom) nicht in Erscheinung.

❑ **Ätiologie und Pathogenese**

Es wird angenommen, daß über eine autoimmunologische Reaktion gegen die eigenen Augenmuskeln eine Infiltration und Schwellung verursacht wird. Dieser Prozeß kann auch auf das weitere retroorbitale Gewebe übergreifen. Dadurch wird die Motilität des Bulbus oculi eingeschränkt (*Doppelbilder*), die Größenzunahme trägt zum *Exophthalmus* bei. Der Schweregrad der endokrinen Orbitopathie ist allerdings nicht vom Ausmaß der Hyperthyreose abhängig.

❑ **Symptomatik**

• Konjunktivitis, Lidödem	→ gerötete Bindehaut, Fremdkörpergefühl
• Dalrymple-Zeichen	→ die Sklera wird oberhalb der Iris sichtbar
• Stellwagsches Zeichen	→ seltener Lidschlag
• Moebius-Zeichen	→ Konvergenzschwäche bei Blick auf kurz vor dem Auge liegende Gegenstände (Doppelbilder)
• Graefe-Zeichen	→ zurückbleibendes Oberlid bei gesenktem Blick

In einigen Fällen tritt eine myxödemartige Schwellung an den Unterschenkeln auf (*endokrine Dermatopathie*), die *nicht* mit dem Myxödem bei Hypothyreose verwechselt werden darf.

❑ **Komplikationen**

Bei starker Protrusio bulbi kann eine Keratitis e lagophthalmo mit Ulzerationen der Cornea auftreten, die über Narbenbildung oder Bulbusperforation zur Erblindung führen kann.

❑ **Diagnostik**

- Sonographie der Orbita
- CT/NMR der Orbita

Neben der Objektivierung des Exophthalmus (Exophthalmometer n. Hertel), der Untersuchung von Gesichtsfeld und Bulbusbeweglichkeit, lassen sich die verdickten Augenmuskeln mit der Sonographie der Orbita bzw. mit CT oder NMR nachweisen. Dabei lassen sich gleichzeitig andere Ursachen für den in einer Reihe von Fällen auch einseitigen Exophthalmus ausschließen.

❑ **Differentialdiagnose**

- Orbitaphlegmone
- benigne Tumoren (Meningeom, Mukozele)
- penetrierende Entzündungen aus den Nasennebenhöhlen
- Blutungen

- maligne Tumoren (Metastasen)
- vaskuläre Prozesse (Angiom, Aneurysma)
- Sinus cavernosus-Thrombose

Im Gegensatz zum retrobulbären Tumor ist der Augenbefund bei E.O. meist doppelseitig

Aus der Gruppe der malignen Tumoren findet man hier oft diejenigen, die aufgrund einer Affinität zum Skelett Metastasen im Gesichtsschädel hervorrufen (Bronchialkarzinom, Prostatakarzinom).

❑ **Therapie**

- Normalisierung der Hyperthyreose
- symptomatisch
  - Sonnenschutz, Korneaschutz (tagsüber Augentropfen, z.B. Liquifilm®, nachts Augensalbe, z.B. Bepanthen®), hochgelagerter Kopf beim Schlafen (Lidödemprophylaxe)
- Corticosteroide (100 mg Prednisolon initial mit langsamer Reduktion)
- Retrobulbärbestrahlung
- Plasmapherese
- chirurgische Therapie
  - Resektion von retrobulbärem Fett bzw. Teilresektion der knöchernen Orbitawand

Nicht selten müssen mehrere Maßnahmen gleichzeitig vorgenommen werden.

❑ **Prognose**

Die Prognose der Erkrankung hat sich durch den *frühzeitigen* Beginn und den *kombinierten* Einsatz mehrerer Maßnahmen verbessert, so daß Hornhautulzerationen mit Erblindung in den allermeisten Fällen verhindert werden können. Auf Fibrosierung im Retroorbitalraum beruhende Residualzustände (Folgen: Doppelbilder, unterschiedliche Grade des Exophthalmus) sind jedoch nicht immer zu vermeiden.

5.1.3.5. Hypothyreosen

❑ **Definition**

Der Begriff *Hypothyreose* bezeichnet einen Mangel an Schilddrüsenhormonen.

❑ **Ätiologie und Pathogenese**

- primär
- sekundär

Der Mangel kann *primär* durch eine Erkrankung der Schilddrüse oder *sekundär* durch einen hypophysären Ausfall von TSH zustande kommen. Ursachen einer primären Hypothyreose sind:

- Aplasie, Hypoplasie, Dysplasie (angeboren) der Schilddrüse
- chronische Immunthyreoiditis (Hashimoto)
- Z.n. Strumektomie/Radiojodtherapie
- übermäßige Suppression mit Thyreostatika
- ausgeprägter Jodmangel
- andere Ursachen

Die häufigsten Ursachen im *Kindesalter* sind die angeborenen Formen. Ein ausgeprägter Defekt der Hormonsynthese im Sinne einer Jodverwertungsstörung ist selten. Jodmangel oder eine hochdosierte thyreostatische Therapie der Mutter kann zu einer Struma des Neugeborenen und einer meist reversiblen Hypothyreose des Säuglings führen. Im *Erwachsenenalter* dominieren die *Immunthyreoiditis* bzw. der

Zustand nach Entfernung von funktionsfähigem Schilddrüsengewebe durch Operation oder Radiojodtherapie. Die Behandlung mit Thyreostatika kann bei fehlender Kontrolle eine iatrogene Hypothyreose hervorrufen. Seltene Ursachen sind die Zerstörung durch Karzinome, Infektionen oder externe Bestrahlung. Leichter Jodmangel wird durch Hypersekretion von TSH und Ausbildung einer Struma kompensiert. Ein Jodmangel, der derart ausgeprägt ist, daß er zu einer Hypothyreose führt, ist selten.

❑ **Symptomatik**

Bei der meist *primären Hypothyreose des Neugeborenen* (1 auf 5.000 Neugeborene) fällt auf:

- verlängerter Neugeborenenikterus (Icterus neonatorum prolongatus)
- Trinkfaulheit
- Obstipation
- wenig Spontanbewegungen/Schreien
- später: dysproportionierter Zwergwuchs, Schwerhörigkeit, geistige Retardierung (Kretinismus)

Bei der meist *sekundären Hypothyreose des Erwachsenen* kommt es zu:

- Gewichtsanstieg
- Bradykardie, Herzinsuffizienz
- Müdigkeit, Schläfrigkeit
- teigigen Schwellungen (Myxödem)
- Antriebsarmut
- Kompressionssyndromen (z.B. Karpaltunnel)
- Obstipation
- Depression
- Konzentrationsschwäche
- Schwäche der Muskulatur
- Kälteempfindlichkeit
- niedrigem Blutdruck
- niedriger Körpertemperatur
- langsamen Reflexen
- kühler, trockener, schuppiger Haut
- hohem Cholesterin

Wie bei der Hyperthyreose findet sich oft nur ein *Teil* der Symptome. Bei alten Menschen ist mit mono- oder oligosymptomatischen Verläufen zu rechnen, die nicht selten nur zufällig entdeckt werden!

❑ **Komplikationen**

- Myxödem
- hypothyreotes Koma

In schweren Fällen kann es zur Einlagerung von Mucopolysacchariden ins Gewebe kommen (Myxödem). Hierauf sind das Karpaltunnelsyndrom, eine rauhe, heisere Stimme oder eine teigige Schwellung der Unterschenkel zurückzuführen. Das Myxödemherz weist eine globale, digitalisrefraktäre Insuffizienz mit Bradykardie und Niedervoltage im EKG auf. Das hypothyreote Koma tritt in Situationen auf, in denen ein zusätzlicher Bedarf an hormoneller Regulation besteht (z.B. nach Traumen, Operationen oder Infektionen). Bewußtsein, Puls, Blutdruck, Körpertemperatur und Atmung (*cave:* Hyperkapnie) sind dann noch stärker reduziert.

❑ **Diagnostik**

- TSH_{basal} stark erhöht
- TRH-Test: überschießender TSH-Anstieg
- FT_4 und FT_3 vermindert

Bei der **primären** Hypothyreose genügt als orientierender Wert das basale TSH. Ein nicht erhöhter Wert schließt eine Hypothyreose praktisch aus. Sind die Befunde grenzwertig hoch, wird ein TRH-Test angeschlossen. Ein normaler TSH-Anstieg schließt auch eine *latente* Hypothyreose aus. Bei erhöhtem TSH werden die Schilddrüsenwerte FT_4 und FT_3 bestimmt, und es wird nach Ursachen gesucht (z.B. Schilddrüsenantikörper MAK/TAK). Abweichend davon sind bei der *sekundären* Hypothyreose TSH_{basal} und FT_4 und FT_3 gleichzeitig vermindert.

❑ **Differentialdiagnose**

- low T_3-Syndrom

Bei konsumierenden Erkrankungen (Schock, Sepsis, Organversagen), hohem Alter, Kachexie, bei Malignomen und einer Reihe von Medikamenten (Kortison, Kontrastmittel, β-Blocker) sinkt die T_3-Konzentration aufgrund einer verminderten Umwandlung von T_4 in T_3 zugunsten von rT_3 ab. Eine Hormonsubstitution erübrigt sich.

❑ **Therapie**

- Substitutionstherapie

Weit verbreitet ist die Monotherapie mit L-Thyroxin (z.B. Euthyrox®). Läßt dies der klinische Zustand zu, so wird mit der morgendlichen Einnahme von 25 µg begonnen und alle zwei Wochen um 25 µg erhöht. Dies soll das Auftreten von kardialen Komplikationen (Angina pectoris, Herzinfarkt) verhindern. *Kontrollparameter* ist das TSH_{basal}, das wieder in den Normbereich zurückkehren sollte, was mit etwa 100-150 µg L-Thyroxin/die erreichbar ist. Das T_4 kann dabei an oder etwas über der oberen Normgrenze liegen, das T_3 sollte sich im Normbereich befinden. Bei hypothyreotem Koma muß auf die initiale i.v.-Gabe von L-Thyroxin zurückgegriffen werden. Dies, wie auch das lebensbedrohliche Krankheitsbild, erfordert Intensivüberwachung.

❑ **Prognose**

Die Substitutionstherapie muß lebenslang durchgeführt werden. Dann ergeben sich keine prognostischen Einschränkungen.

5.1.3.6. Thyreoitiden

❑ **Definition**

Die Thyreoitiden umfassen eine pathogenetisch heterogene Gruppe von entzündlichen Erkrankungen der Schilddrüse, von denen die chronische Immunthyreoiditis (Hashimoto) am häufigsten vorkommt.

❑ **Ätiologie und Pathogenese**

Nach dem klinischen Verlauf werden eingeteilt:

- akute Thyreoiditis
- subakute Thyreoiditis (de Quervain)
- chronische Thyreoiditis (Hashimoto)
- invasiv fibrosierende Thyreoiditis (Riedel-Struma)

Bei der *akuten* Thyreoiditis führen Infekte (Bakterien, Viren) oder physikalische Noxen (Quetschung) innerhalb von Tagen zur vorwiegend lokalen Symptomatik (Schmerzen, Rötung, Schwellung). Bei der *subakuten* Thyreoiditis wird eine virale Genese angenommen. Bei der *chronischen* Thyreoiditis besteht eine Autoimmunkrankheit, bei der Autoantikörper gegen Schilddrüsenantigene produziert werden. Diese führen zur lymphozytären Infiltration und langsamen Zerstörung der Schilddrüse. Bei der sehr seltenen *fibrosierenden* Thyreoiditis kommt es durch bindegewebigen Umbau zu einer sehr festen Konsistenz des Organs.

❑ **Symptomatik**

- *akute und subakute Thyreoiditis*
  Innerhalb von Tagen treten lokale Schmerzen, Rötung und Schwellung auf. Die benachbarten Lymphknoten sind geschwollen; entsprechend der infektiösen Genese besteht Krankheitsgefühl, evtl. Fieber und laborchemische Entzündungszeichen. Die Entgleisung der Hormonwerte ist gering und weist am ehesten in hyperthyreote Richtung
- *chronische Thyreoiditis*
  Aufgrund des über Monate und Jahre ablaufenden Prozesses treten keine lokalen Zeichen auf, was den Beginn *klinisch unauffällig* erscheinen läßt. Nicht selten kommt es lediglich zu einer initial hyperthyreoten Stoffwechsellage. Diese kann nach Jahren und nach der Zerstörung des hormonaktiven Gewebes in eine *Hypothyreose* "ausbrennen"

❑ **Diagnostik**

- Feinnadelpunktion

Ist die Diagnose unsicher, muß eine Zytologie angestrebt werden (*akute* T.: Granulozyten; *subakute* T.: Granulome mit Riesenzellen; *chronische* T.: lymphozytäre Infiltrate). Bei der chronischen Thyreoiditis müssen die Schilddrüsenantikörper bestimmt werden:

- mikrosomale Antikörper (MAK)
- Thyreoglobulinantikörper (TAK)

❑ **Therapie**

Die akute Thyreoiditis bakterieller Genese wird antibiotisch und lokal symptomatisch behandelt. Bei der subakuten T. sind symptomatische Maßnahmen (nicht-steroidale Antirheumatika, evtl. Corticosteroide) indiziert. Auf eine Thyreostase sollte, wenn möglich, verzichtet werden. Bei der chronischen T. steht die Substitution bei Hypothyreose im Vordergrund. Corticosteroide und Immunsuppressiva sind hier nicht sinnvoll.

5.1.3.7. Schilddrüsenkarzinome - Struma maligna

❑ **Definition und Typen**

Je nach dem Zelltyp, der zur malignen Entartung geführt hat, werden unterschieden:

- **differenzierte** Karzinome (80-90 %)
  - **papillär** (50-60 %)
  - **follikulär** (20-30 %)
- **medulläre** Karzinome (C-Zell-Karzinome) (5 %)
- **anaplastische** undifferenzierte Karzinome (10 %)
- andere (Sarkome, Metastasen) (selten)

Die medullären Karzinome entstehen aus den hormonaktiven C-Zellen, die Calcitonin produzieren.

❑ **Ätiologie und Pathogenese**

Als Risikofaktor steht eine frühere Bestrahlung des Halses sowie, beim medullären Karzinom, eine familiäre Belastung fest.

❑ **Symptomatik**

- rasch wachsender Knoten der Schilddrüse
- Lymphknoten am Hals, Metastasen
- Abklärung eines kalten Strumaknotens

Ein rasch wachsender Knoten in der Schilddrüse oder eine schnell sich vergrößernde Struma werden typischerweise von Patienten geschildert. Besonders beim papillären Karzinom treten Lymphknotenschwellungen nicht selten *vor* einer klinisch faßbaren Knotenbildung in der Schilddrüse auf. Das follikuläre und das anaplastische Karzinom metastasieren frühzeitig, besonders in Lunge und Knochen, und können sich dadurch manifestieren. Einige der Karzinome werden im Verlauf der Abklärung eines szintigraphisch "kalten" Strumaknotens entdeckt.

❑ **Komplikationen**

- Horner-Syndrom (Miosis, Ptosis, Enophthalmus)
- Rekurrensparese (Heiserkeit)
- Trachealkompression (Stridor)
- Ösophaguskompression (Schluckbeschwerden)
- obere Einflußstauung

❑ **Diagnostik**

- Schilddrüsensonographie
- Szintigraphie
- Feinnadelpunktion/Zytologie, ggf. Histologie
- Rö-Thorax, Knochenszintigramm, CT des Halses

Im Sonogramm sind *echogleiche* oder *echoreiche* Knoten meist benigne, *echoarme* und *echoinhomogene* Knoten vieldeutig und möglicherweise maligne. Im Szintigramm stellen sich Karzinome als *"kalte"* Knoten dar. Zur Klärung kann eine *Feinnadelpunktion mit Zytologie* beitragen. Nicht immer lassen sich die Zellen ausreichend sicher einordnen bzw. Zweifel an der Treffsicherheit des Punkteurs oder der repräsentativen Ausbeute beseitigen. Dadurch wird auch bei benignem Resultat in einigen Fällen eine Operation mit Resektion und Schnellschnitt des verdächtigen Bezirks notwendig. Die am häufigsten von Metastasen betroffenen Organe sind *Knochen* und *Lunge* (Knochenszintigramm, Thoraxaufnahme). Zur Operationsplanung (Lymphknotenexstirpation) wird vom Chirurgen meist ein CT des Halses gewünscht. Das CT sollte ohne jodhaltiges Kontrastmittel erfolgen, um weitere Maßnahmen (Szintigraphie, Radiojod) nicht zu gefährden.

❑ **Differentialdiagnose**

- autonomes Adenom
- Zyste

❑ **Therapie**

- radikale Thyreoidektomie
- lokale Bestrahlung
- ablative Radiojodtherapie
- Suppression mit Schilddrüsenhormonpräparaten

Bis auf sehr kleine papilläre Karzinome wird eine radikale *Thyreoidektomie* mit lokaler Lymphknotenexstirpation angestrebt. Besonders die anaplastischen Karzinome reagieren gut auf lokale Radiatio. Nach der Thyreoidektomie steigt das TSH an, das verbleibende differenzierte Gewebe wird zur Jodaufnahme angeregt. Szintigraphisch können dann verbliebene Metastasen besser nachgewiesen und durch nachfolgende hochdosierte Gaben von ^{131}Jod selektiv bestrahlt werden. Durch hochdosierte Substitution von L-Thyroxin (bis 200 µg) wird danach die TSH-Sekretion weitestgehend unterdrückt und der Wachstumsstimulus für verbliebenes malignes Gewebe reduziert.

❑ **Nachsorge und Prognose**

- Tumormarker
  - Calcitonin
  - Thyreoglobulin
- Szintigramm
- Rö-Thorax, Knochenszintigramm

Calcitonin wird vom medullären (C-Zell-)Karzinom produziert. Ein niedriges Kalzium im Serum und ein sehr hohes Calcitonin können auf ein Karzinom hinweisen. Auch Thyreoglobulin findet sich bereits beim Gesunden im Blut. Nach radikaler Thyreoidektomie fallen Thyreoglobulin und Calcitonin jedoch auf Null ab. Ein *Ansteigen* im Rahmen der Nachkontrolle deutet auf ein Rezidiv bzw. eine Metastase hin. Mit regelmäßigen Szintigrammen lassen sich bei Technetium-speichernden, meist differenzierten Karzinomen Rezidive oder Metastasen nachweisen.

Die Zehnjahresüberlebensraten schwanken stark:

- differenziertes Schilddrüsenkarzinom 70 %
- medulläres Schilddrüsenkarzinom 50 %
- undifferenziertes Schilddrüsenkarzinom 1 %

Die günstigste Prognose weist das papilläre Karzinom auf.

5.1.4. Krankheiten der Nebenschilddrüse

5.1.4.1. Primärer Hyperparathyreoidismus (pHPT)

❑ **Definition**

Die klinisch wichtigste Erkrankung der Nebenschilddrüse ist die Überfunktion, der *primäre Hyperparathyreoidismus*. Dabei kommt es durch eine Überproduktion von Parathormon (PTH) zu einer Hyperkalzämie und deren Folgen.

❑ **Häufigkeit**

Die Häufigkeit des pHPT steigt mit dem Lebensalter an.

❑ **Ätiologie und Pathogenese**

Dorsal der Schilddrüse liegen die vier Epithelkörperchen oder Nebenschilddrüsen. Ihre Aufgabe ist die Synthese von *Parathormon (PTH)*. PTH bewirkt eine Steigerung der Kalziumkonzentration im Serum durch:

- Osteoklastenaktivierung, Knochenresorption
- verminderte renale Kalzium-, erhöhte Phosphatausscheidung
- Stimulation der Vit. D-Synthese,
  - dadurch verstärkte enterale Kalziumresorption

Ursachen sind:

- Adenome (85 %)
- Hyperplasie (15 %)
- Karzinome (< 2 %)

Adenome können gelegentlich ektop liegen (z.B. im Mediastinum) oder multipel vorhanden sein. Von der Hyperplasie sind alle vier Epithelkörperchen betroffen. Bei familiärem Auftreten eines HPT oder zusätzlichen Neoplasien an anderen endokrin aktiven Organen muß auch an die multiple endokrine Neoplasie (MEN I und II ☞ Kap. 5.1.) gedacht werden.

❑ **Symptomatik**

Symptome der Hyperkalzämie:	Häufigkeit
• Müdigkeit, Verlangsamung • Muskelschwäche • Appetitlosigkeit, Übelkeit, Erbrechen • Polyurie, Polydipsie • Dyspepsie	vom Ausmaß der Hyperkalzämie abhängig
Spezifische Symptome für den pHPT:	
• Magenulkus	- 10 %
• Pankreatitis	- 2 %
• Nephrolithiasis, Nephrokalzinose	- 50 %
• Knochenschmerzen (Akroosteolysen, Osteoklastome)	- 50 %

Tab. 5.14: Symptome der Hyperkalzämie und typische Symptome des pHPT.

Im Regelfall wird der Arzt mit unspezifischen Beschwerden (Müdigkeit, Appetitlosigkeit, Übelkeit) konfrontiert. Bei der Blutkontrolle fällt dann der erhöhte Kalziumspiegel auf. Knochenschmerzen, Nephrolithiasis oder Nephrokalzinose sind Zeichen einer länger bestehenden Erkrankung.

❑ **Komplikationen**

- hyperkalzämische Krise

Bei einem Anstieg des Serumkalziums auf über 3 mmol/l kommt es zu tubulären Störungen mit Isosthenurie, Polyurie, Polydipsie und einem Anstieg der Nierenretentionswerte bis hin zum Nierenversagen. Exsikkose und Schwäche treten auf, der Patient erscheint müde oder gar somnolent bis hin zum Koma. Die Hyperkalzämie fördert Herzrhythmusstörungen und Kammerflimmern.

❑ **Diagnostik**

- Hyperkalzämie
- Parathormon erhöht

Die Hyperkalzämie, die oft nur zufällig gefunden wird, steht heute vielfach am Anfang des diagnostischen Weges. Im Blut liegt PTH in einer deutlichen Immunheterogenität in Form sehr vieler Bruchstücke vor. Das Parathormon wird deshalb am besten als *intaktes* Molekül bestimmt. Biologische Aktivität zeigen daneben nur noch N-terminale Fragmente. Bei fraglichen Befunden sollten die Bestimmungen *wiederholt* werden. Neben Kalzium und Parathormon sind noch eine Reihe weiterer Laborwerte betroffen:

- Serumphosphat vermindert
- 24-h-Urinausscheidung von Kalzium vermindert und Phosphat erhöht
- Parameter des Knochenumsatzes (z.B. alkalische Phosphatase des Knochens) erhöht

Wichtig ist die Abgrenzung von Knochenmetastasen, bei denen jedoch das PTH durch die Hyperkalzämie *supprimiert* ist. Eine begleitende metabolische Azidose sowie eine Hypomagnesiämie sind nicht selten.

Nach Diagnosesicherung eines pHPT erfolgt die

- Lokalisationsdiagnostik

mit *Sonographie und CT des Halses*. In etwa 10 % befindet sich das Adenom *ektop* (*ggf. CT des Mediastinums*) oder ist überhaupt nicht zu finden. Durch die *explorative* Operation kann, trotz negativer bildgebender Verfahren, ein Teil der Adenome dennoch gefunden werden.

❑ **Differentialdiagnose**

Ursachen einer Hyperkalzämie sind:

- primärer Hyperparathyreoidismus
- tertiärer Hyperparathyreoidismus
- Neoplasien, z.B. bei
  - Plasmozytom
  - M. Hodgkin
  - Mammakarzinom
- M. Paget
- Immobilisierung
- Hyperalbuminämie
- Akromegalie
- paraneoplastisches Syndrom, z.B. bei
  - kleinzelligem Bronchialkarzinom
  - Hypernephrom
  - Ovarialkarzinom
- Hyperthyreose
- M. Addison
- Vitamin D- bzw. Kalziumüberdosierung
- Sarkoidose

Der primäre Hyperparathyreoidismus (ca. 40 %) und maligne Erkrankungen (ca. 50 %) stellen den größten Teil der Hyperkalzämieursachen. Die vielen anderen Ursachen sind zusammengefaßt für ca. 10 % der Hyperkalzämien verantwortlich. So werden längere Immobilisierungen nur in extrem seltenen Fällen zu einer Hyperkalzämie Anlaß geben.

❑ Therapie

Senkung hoher Kalziumwerte

- keine Zufuhr kalziumhaltiger Getränke/Infusionen/Medikamente
- keine Zufuhr kalziumhaltiger Getränke/Infusionen/Medikamente
- forcierte Diurese: 3-5-10 l einer 0,9%igen NaCl-Lösung mit Furosemid (z.B. 3x1 Amp. Lasix®) mit Kontrolle der Flüssigkeitsbilanz
- Calcitonin: 3-6-10x1 Amp./die (à 100 E., z.B. Karil®) s.c. oder im Perfusor i.v.
- Biphosphonate: Clodronsäure (z.B. Ostac®, 2x2 Tabl. p.o. oder 1 Amp. = 300 mg pro Tag i.v.)

Die forcierte Diurese mit Kochsalzlösung ist dabei die wichtigste Maßnahme, da sie am schnellsten wirkt. Gelegentlich müssen noch höhere Flüssigkeitsmengen verwendet werden. Mit Hilfe der Bilanzierung von Einfuhr und Ausfuhr wird die Menge des Diuretikums "titrierbar". Als weiteres Diphosphonat können bei der tumorinduzierten Hyperkalzämie statt der täglichen oralen Therapie auch vier Ampullen Aredia® alle sechs Wochen i.v. gegeben werden. Mit den oben genannten Maßnahmen gelingt es in den meisten Fällen, auch sehr hohe Kalziumspiegel zu senken.

Bei Erfolglosigkeit stehen nebenwirkungsreichere Möglichkeiten zur Verfügung:

- Mithramycin
- Hämodialyse

Bei therapieresistenter Hyperkalzämie, besonders bei Knochenmetastasen, kann das Zytostatikum Mithramycin gegeben werden (z.B. Mithramycin Pfizer, 25 µg/kg KG alle drei Wochen). Durch die früher empfohlene Phosphatinfusion kommt es zum intravasalen Ausfall von *Kalziumphosphatkristallen*. Diese Therapie kann allenfalls noch bei akut vitalen Zuständen erwogen werden.

Operation der Nebenschilddrüse

Bei einem *Adenom* wird das befallene Epithelkörperchen entfernt, bei *Hyperplasie* alle vier Nebenschilddrüsen. Eine davon wird jedoch auf den Unterarm autotransplantiert. Postoperativ kann der Kalziumspiegel stark abfallen, so daß hypokalzämische Tetanien vorkommen (enge postoperative Kontrollen des Serumkalziums).

❑ Prognose

Die Prognose, besonders der hyperkalzämischen Krise, hängt von der Nierenfunktion ab.

5.1.4.2. Sekundärer Hyperparathyreoidismus (sHPT)

❑ Definition

Beim sekundären HPT handelt es sich um eine kompensatorisch gesteigerte Mehrsekretion von PTH aufgrund einer anderen Erkrankung. Nur dadurch gelingt es dem Organismus, die Kalziumkonzentration in den Normalbereich anzuheben:

- primärer HPT → Hyperkalzämie
- sekundärer HPT → Normokalziämie

❑ Ätiologie und Pathogenese

Als Ursachen kommen alle Erkrankungen in Frage, die mit einer chronischen Senkung des Kalziumspiegels einhergehen, z.B.:

- chronische Niereninsuffizienz (verminderte Vit. D-Synthese)

- Malassimilation (verminderte Kalziumaufnahme)
- Steatorrhö (verminderte Vit. D-Resorption)

Am häufigsten begegnet man im medizinischen Alltag dem renal bedingten sHPT, verursacht von einer chronischen Niereninsuffizienz. In diesem Fall ist das *Phosphat* erhöht, bei nicht-renalem sHPT dagegen weitgehend normal.

❑ **Symptomatik**

- ossäre Symptome (Knochenschmerzen, pathologische Frakturen)
- Symptome der Grundkrankheit

Nachdem keine Hyperkalzämie vorliegt, entfallen deren Symptome (Polyurie, Benommenheit, Nephrokalzinose usw.), so daß vorwiegend ossäre Symptome sowie die Zeichen der Grundkrankheit beobachtet werden. Die *Osteopathie* ist einerseits durch eine verstärkte Aktivierung der Osteoklasten (z.B. subperiostale Resorptionszonen) und eine verminderte Kalziumeinlagerung (Osteomalazie) charakterisiert. Radiologisch werden die Veränderungen zuerst an den Phalangen manifest (*Röntgen der Hände*). Es imponieren

- subperiostale Resorptionen
- Resorption der Fingerendglieder
- zystische Aufhellungen
- osteosklerotische Herde
- generalisierte Demineralisierung
- "Pfeffer-und-Salz"-Bild

Bei den Zysten kann es sich auch um sogenannte "*braune Tumoren*" handeln. Dies sind Osteoklastenanhäufungen mit Einblutungen. Kleine Demineralisationsherde, z.B. in der Schädelkalotte, können als "Pfeffer-und-Salz"-Bild imponieren. Folgen der Osteopathie sind *Knochenschmerzen* und *Spontanfrakturen* (z.B. Wirbelkörper).

❑ **Diagnostik**

- Parathormon erhöht
- Kalzium normal oder vermindert
- Phosphat erhöht bei renaler Ursache, sonst normal
- alkalische (Knochen)Phosphatase erhöht
- Zeichen der Grundkrankheit

❑ **Therapie**

- Behandlung der Grundkrankheit
- Senkung einer Hyperphosphatämie (bei renaler Ursache) durch
  - Diät
  - Hemmung der intestinalen Phosphatresorption
- Steigerung der Kalziumkonzentration

Neben der Behandlung der Grundkrankheit (z.B. Niereninsuffizienz) wird primär der erhöhte Phosphatspiegel gesenkt. Dies geschieht durch Diät (z.B. keine Milch oder Milchprodukte wie Quark und Käse) und kalziumhaltige Phosphatbinder (Kalziumkarbonat). Erst bei Normophosphatämie wird die Kalziumkonzentration mit Vitamin D angehoben (bei Niereninsuffizienz: 1,25-Dihydroxycholecalciferol (Calcitriol) - Rocaltrol®, sonst Cholecalciferol, z.B. Vitamin D_3 Hevert®). Bei umgekehrter Reihenfolge besteht die Gefahr einer Kalziumphosphatausfällung in den Organen.

5.1.4.3. Tertiärer Hyperparathyreoidismus

❑ **Definition**

Zum tertiären Hyperparathyreoidismus kommt es, wenn die PTH-Erhöhung im Rahmen des sHPT aus diversen Gründen inadäquat hoch geworden ist (z.B. nach Nierentransplantation) - auch ohne daß gleichzeitig ein autonomes Adenom der Nebenschilddrüse vorliegt. Die Therapie entspricht dem beim pHPT Gesagten (☞ Kap. 5.1.4.1.).

5.1.4.4. Hypoparathyreoidismus (HypoPT)

❑ **Definition**

Beim Hypoparathyreoidismus besteht eine Unterfunktion der Nebenschilddrüsen mit einem Abfall des Serum-Kalziums.

❑ **Ätiologie und Pathogenese**

- postoperativ nach Strumektomie
- Autoimmunerkrankung
- Di-George-Syndrom
- idiopathisch

Die Resektion der Nebenschilddrüsen kommt bei Behandlung des Hyperparathyreoidismus mit beabsichtigter Entfernung der Epithelkörperchen oder gelegentlich nach Operation einer Struma oder Rezidivstruma mit unübersichtlichem Situs vor (*parathyreopriver Hypoparathyreoidismus*). Alle anderen Ursachen sind selten, z.B. das Di-George-Syndrom, bei dem es sich um eine angeborene Aplasie von Parathyreoidea und Thymus mit Immunmangel und Hypokalziämie handelt.

❑ **Symptomatik**

Hypokalzämische Tetanie:

- Parästhesien (perioral, akral)
- Pfötchenstellung
- Krämpfe der peripheren Muskulatur
- Stimmritzenkrampf

Das Bild der Tetanie ist typisch, in den seltensten Fällen aber durch einen Hypoparathyreoidismus ausgelöst. In den meisten Fällen liegt eine normokalzämische Tetanie bei Hyperventilation vor (typischer Patient: junge Frau in psychischer Belastungssituation). Eine organische Ursache, z.B. ein Hypoparathyreoidismus, muß jedoch vermutet werden, wenn in der Anamnese eine Schilddrüsen- oder sonstige Halsoperation stattgefunden hat, wenn es sich um einen älteren Menschen handelt oder wenn keine auslösende Situation vorgelegen hat.

❑ **Diagnostik**

- klinisches Bild
- *Hypokalziämie*, Hyperphosphatämie
- intaktes Parathormon vermindert
- 24-h-Urinausscheidung von Kalzium *und* Phosphat vermindert

Neben dem typischen klinischen Bild können das *Chvostek-Zeichen* (Beklopfen von Ästen des N. facialis führt zu einem Zucken der Wange) und das *Trousseau-Zeichen* (eine Blutdruckmanschette auf mittleren arteriellen Druck aufgepumpt führt nach Minuten zur Pfötchenstellung der Hand) auftreten. Im Ekg besteht eine QT-Verlängerung. Der *Ellsworth-Howard-Test* dient der Abgrenzung des Pseudo-HypoPT und mißt den Anstieg der Ausscheidung von Phosphat und cAMP im Urin nach Parathormoninfusion. Da beim Pseudo-HypoPT das Parathormon im Gegensatz zum Hypoparathyreoidismus stark erhöht ist und dadurch eine Differenzierung möglich wurde, hat der Test an Bedeutung verloren.

❑ Differentialdiagnose

Die Differentialdiagnose der *Hypokalziämie* umfaßt:

- Hypoproteinämie
- Hyperkalzitoninämie
- Hypoparathyreoidismus
- osteoblastische Skelettmetastasen
  finden sich besonders bei Prostata-, Mamma- und Bronchialkarzinomen
- Malabsorptionssyndrom
  Beim Malabsorptionssyndrom gehen fettlösliche Vitamine (somit auch Vit. D) verloren, so daß eine verminderte Kalziumaufnahme entsteht
- Pankreatitis/Pankreasinsuffizienz
- Vit. D-Mangel
- exsudative Enteropathie
- normokalzämische Tetanie
  Eine normokalzämische Tetanie kann bei Hyperventilation oder metabolischer Alkalose entstehen
- *Pseudohypoparathyreoidismus (PHP)*
  Es handelt sich um eine Gruppe sehr seltener Erkrankungen mit familiärer Häufung. Der Kalziumspiegel ist aufgrund eines *funktionell unwirksamen* PTH *bzw.* einer *Resistenz* gegen das normale PTH *niedrig*, das Phosphat im Serum erhöht. Die Nebenschilddrüse versucht dies durch eine *kompensatorisch starke Erhöhung* des Parathormonspiegels auszugleichen. Da die Erkrankung angeboren ist, bestehen gelegentlich Anomalien (z.B. Minderwuchs, kurze Finger). Der PHP wird in verschiedene Unterformen eingeteilt (Ia, Ib, II und Pseudopseudohypoparathyreoidismus-PPHP), die jedoch wegen ihrer Seltenheit nicht ausführlich besprochen werden sollen. An den PHP sollte dann gedacht werden, wenn neben Hypokalziämie, Hyperphosphatämie und erhöhtem Parathormon keine andere Ursache (siehe Differentialdiagnose der Hypokalziämie) zuzutreffen scheint

❑ Therapie

Akute hypokalzämische, tetanische Krise

10 ml Kalzium 10 % langsam i.v. (z.B. Calcium-Sandoz Injektionslösung 10 %), bei Bedarf weitere 10 ml. Die Forderung, **vor** der Injektion eine Blutprobe zu entnehmen, läßt sich in der akuten Situation oft nicht verwirklichen. Bei Patienten mit Digitalis können durch Kalzium i.v. Rhythmusstörungen und Kammerflimmern ausgelöst werden. Bei *normokalzämischer* Hyperventilationstetanie stehen Beruhigung und Atmen in die vor den Mund gelegten Hände bzw. die Plastikbeutelrückatmung, ggf. die Sedierung, im Vordergrund.

Langzeittherapie

Dihydrotachysterol (z.B. A.T. 10®, Tachystin®, als Perle oder in flüssiger Form, ca. 0,5-1 mg) besitzt eine parathormonähnliche Wirkung. *Calcitriol* (z.B. Rocaltrol®) weist wie das Dihydrotachysterol eine relativ kurze Halbwertszeit von 2-10 Tagen auf und ist etwas besser steuerbar. *Vitamin D_3* (z.B. Vitamin D_3-Hevert® Tabletten) ist kostengünstiger, hat als fettlösliches Vitamin allerdings eine längere Halbwertszeit (2-5 Wochen) und ist dadurch schlechter steuerbar. Bei Gabe von Vit. D_3 sollte mit einem Anstieg der Wirkung nach Auffüllung der Depots nach einigen Wochen gerechnet und entsprechend vorsichtig dosiert werden. Unbedingt notwendig sind in jedem Fall *regelmäßige Kontrollen der Kalziumwerte* und eine Information des Patienten über Zeichen einer Hyperkalzämie (Polyurie, Polydipsie, Adynamie). Ein weiterer Kontrollparameter ist die Kalzium- und Phosphatausscheidung im 24-h-Urin.

5.1.5. Nebennierenrinde

❑ **Hormone der Nebennierenrinde**

Die Hormone der Nebennierenrinde (NNR) werden in verschiedenen Zonen produziert.

Zone	Zona glomerulosa	Zona fasciculata	Zona reticularis
Hormonfamilie	Mineralocorticoide	Glukocorticoide	Androgene
wichtigster Vertreter	Aldosteron	Kortisol	Dehydroepiandrosteron Androstendion
Nachweis im 24 h-Urin	Aldosteron	17-Hydroxycorticoide	17-Ketosteroide
Überfunktion	• primärer Hyperaldosteronismus - Conn-Syndrom	• Hyperkortisolismus - Cushing-Syndrom	• Adrenogenitales Syndrom • Virilismus
Unterfunktion	Nebennierenrindeninsuffizienz - M. Addison		

Tab. 5.15: Hormone der Nebennierenrinde.

Beim Mann sind die Androgene der NNR aufgrund ihrer Produktion in den Testes bedeutungslos. Bei der Frau werden die Androgene der NNR teilweise in Testosteron umgewandelt. Deshalb wird eine NNR-Insuffizienz (☞ Kap. 5.1.5.6.) bei der Frau (nicht jedoch beim Mann) einen Verlust der Sekundärbehaarung zur Folge haben.

5.1.5.1. Hyperaldosteronismus

❑ **Definition**

Beim Hyperaldosteronismus liegt eine Mehrsekretion von Aldosteron in der Nebennierenrinde vor. Dabei werden unterschieden:

- primärer Hyperaldosteronismus
- sekundärer Hyperaldosteronismus

Beim *primären* Hyperaldosteronismus produziert die NNR ohne äußeren Anlaß zuviel Aldosteron (**Conn-Syndrom**). Beim *sekundären* Hyperaldosteronismus wird die Synthese durch das **R**enin-**A**ngiotensin-**A**ldosteron-**S**ystem (RAAS) stimuliert. Während der primäre Hyperaldosteronismus relativ selten ist, begegnet man der sekundären Form häufig.

5.1.5.2. Primärer Hyperaldosteronismus (Conn-Syndrom)

❑ **Ätiologie und Pathogenese**

- Adenom
- Hyperplasie
- Karzinom (selten)

In 70 % der Fälle liegt ein Adenom, in 30 % eine z.T. bilaterale NNR-Hyperplasie vor. Karzinome sind sehr selten, ebenso eine glukocorticoidsensitive Form der Hyperplasie, die sich durch Kortisongaben inhibieren läßt.

❑ **Symptomatik**

- Hypertonus
- Hypokaliämie

Wichtigstes Symptom ist der Hypertonus und dadurch verursachte Beschwerden (Kopfschmerzen, Nasenbluten). Allerdings liegt nur zirka 0,5 % der Hypertonien ein primärer Hyperaldosteronismus zugrunde. Eine Hypokaliämie ist in fast allen Fällen vorhanden. Deren Folgen sind Muskelschwäche, Müdigkeit sowie Störungen der Funktion der Nierentubuli (Hyposthenurie, Polyurie, Polydipsie). Eine länger bestehende Hypokaliämie kann mit einer Alkalose (*hypokaliämische Alkalose*) verknüpft sein. Ödeme treten *nicht* auf.

❑ **Diagnostik**

- Hypokaliämie
- erhöhtes Aldosteron
- supprimiertes Renin

Während die Hypokaliämie immer zu beobachten ist, liegt eine Hypernatriämie nur in der Hälfte der Fälle vor. Die erhöhte Aldosteronkonzentration supprimiert die Reninproduktion. Bei der Reninbestimmung kann ein Wert im Liegen sowie nach Belastung durch Stehen und Gehen gemessen werden. Die Reninsuppression beim Hyperaldosteronismus bezieht sich auf beide Messungen. Nach Diagnosesicherung ist für die Therapieentscheidung die *Differenzierung zwischen Adenom und Hyperplasie* notwendig. Dazu dienen:

- Abdomensonographie und -CT
- Kochsalzbelastung
- seitengetrennte Etagenblutentnahme bzw. selektive Blutentnahme aus den Nebennierenvenen
- Angiographie, Nebennierenrindenszintigraphie

Mit Hilfe der Sonographie und des CT wird meist, jedoch nicht immer, ein Adenom von einer (vielleicht unilateral betonten) Hyperplasie unterscheidbar. Im Zweifelsfall würde eine Kochsalzinfusion beim Adenom, im Gegensatz zur Hyperplasie, den Aldosteronspiegel nicht verändern. Läßt sich dadurch die Lokalisation nicht ermitteln, so können die seitengetrennte Blutentnahme aus den Nebennierenvenen bzw. Angiographie oder Szintigraphie hilfreich sein.

❑ **Differentialdiagnose**

- *sekundärer Hyperaldosteronismus*
  Entscheidend ist die Abgrenzung vom sekundären Hyperaldosteronismus (s.u.), da sich daraus therapeutische Konsequenzen ergeben

❑ **Therapie**

- *Operation*
  Beim einseitigen NNR-Adenom wird die adenomtragende Nebennierenrinde entfernt. Auch das sehr seltene Karzinom wird primär operiert

- *Aldosteronantagonisten*
  Bei der bilateralen Hyperplasie wird symptomatisch mit Aldosteronantagonisten therapiert, z.B. Spironolacton (z.B. Aldactone®, 2x100 mg/die, Erhöhung nach Klinik). Bei weiterhin bestehendem Hypertonus wird mit Antihypertensiva behandelt. Bei der seltenen glukocorticoidsensitiven Hyperplasie werden ca. 10 mg Prednisolon/die verordnet

5.1.5.3. Sekundärer Hyperaldosteronismus

❑ **Ätiologie und Pathogenese**

Ein sekundärer Hyperaldosteronismus entsteht bei Erkrankungen, die das RAAS stimulieren:

- Herzinsuffizienz
- Leberzirrhose
- Nierenarterienstenose
- reninproduzierender Nierentumor (benigne, maligne)
- Hyponatriämie
- Hypovolämie

❑ **Symptomatik**

- Symptome der Grundkrankheit

Die verursachende Grundkrankheit bestimmt die Symptomatik. Ein Hypertonus wie beim primären Hyperaldosteronismus liegt bei der sekundären Form nur im Falle einer Nierenarterienstenose und eines reninproduzierenden Nierentumors vor. Bei der Leberzirrhose, der Herzinsuffizienz, bei Hyponatriämie und Hypovolämie ist der Blutdruck eher niedrig.

❑ **Diagnostik**

- erhöhtes Aldosteron
- erhöhtes Renin

Beim primären wie auch beim sekundären Hyperaldosteronismus sind die Aldosteronwerte erhöht. Bei primärem Aldosteronismus ist jedoch Renin supprimiert, beim sekundären Aldosteronismus dagegen gesteigert.

❑ **Therapie**

- Behandlung der Grundkrankheit
- Aldosteronantagonisten

Im Vordergrund steht die Behandlung der Grundkrankheit, z.B. einer Herzinsuffizienz. Bei übermäßiger Wasserretention und Ödemen werden erneut Aldosteronantagonisten eingesetzt (Spironolacton, z.B. Aldactone®). Die Dosierung richtet sich nach dem Ansprechen der Ödeme (z.B. regelmäßige Gewichtskontrolle). Spironolacton ist bei eingeschränkter Nierenfunktion (Creatinin > 2 mg/dl) unwirksam. Weiterhin muß das Serumkalium zum Ausschluß einer Hyperkaliämie kontrolliert werden.

5.1.5.4. Hypoaldosteronismus

Der isolierte Hypoaldosteronismus ist selten. Er ist meist Teil einer Nebennierenrindeninsuffizienz (M. Addison) und wird deshalb dort besprochen (☞ Kap. 5.1.5.6.). Seine Leitsymptome sind Hypotonie und Hyperkaliämie.

5.1.5.5. Hyperkortisolismus (Cushing-Syndrom)

❑ **Definition**

Unter Hyperkortisolismus werden alle Störungen mit einem erhöhten Blutkortisolspiegel verstanden, unabhängig davon, ob die Ursache primär in der Nebennierenrinde selbst, zentral (Überschuß an ACTH) oder iatrogen-medikamentös (Therapie mit Corticosteroiden) bedingt ist. Der Begriff *M. Cushing* bezeichnet die *zentrale* Form mit einer Überproduktion von ACTH aufgrund eines Hypophysenadenoms.

❑ Ätiologie und Pathogenese

Das medikamentös bedingte Cushing-Syndrom ist mit Abstand die häufigste Form des Hyperkortisolismus. Sie entsteht durch eine längere Behandlung mit Corticosteroiden oberhalb der "Cushing-Schwelle". Die weiteren Ursachen verteilen sich auf:

- 70 % *zentrales* Cushing-Syndrom (HVL-Adenom)
- 20 % *adrenales* Cushing-Syndrom (Adenom oder Karzinom)
- 10 % *ektope* ACTH-Bildung (z.B. kleinzelliges Bronchialkarzinom)

Bei Kindern sind Nebennierenrindenkarzinome häufiger, das zentrale Cushing-Syndrom dagegen selten.

❑ Symptomatik

- rundes Gesicht
- diabetische Stoffwechsellage
- Plethora
- Hypertonus
- Stammfettsucht
- bei Frauen: Virilisierung, Zyklusstörungen
- Stiernacken
- Amenorrhoe, Libidoverlust
- Striae rubrae
- Osteoporose
- Adynamie, Muskelschwäche
- Akne
- dünne Haut, Hautblutungen
- Polyglobulie

Die Symptome ergeben sich aus der Funktion der Corticosteroide. Ihre mineralocorticoide Teilwirkung führt zu Hypertonus, eine Steigerung der Androgenproduktion zu Hirsutismus, Virilisierung und Zyklusstörungen.

❑ Diagnostik

- klinische Verdachtsdiagnose
- Kortisoltagesprofil
- ACTH im Serum
- Ausscheidung von 17-Hydroxycorticoiden im 24-h-Urin
- Dexamethason-Kurztest
- Dexamethason-Hemmtest in höherer Dosierung
- CRH-Stimulationstest
- weiterführende Untersuchungen

Das *Kortisoltagesprofil* zeigt hohe Werte und eine aufgehobene Tagesrhythmik (normal: morgens hoch, Mitternacht niedrig). Das *ACTH* ist bei adrenalen Formen supprimiert, bei zentralen Ursachen und bei der ektopen Bildung erhöht.

Am Abend vor dem *Dexamethason-Kurztest* werden 2 mg Dexamethason (z.B. Fortecortin® 4 mg 1/2 Tbl.) verabreicht. Der Kortisolspiegel am Morgen ist auf unter 2 µg/dl supprimiert.

Beim *Dexamethason-Hemmtest in höherer Dosierung* werden zwei Tage lang 4x0,5 mg Dexamethason (z.B. Fortecortin® 0,5 mg Tbl.) gegeben, wodurch sich keine Suppression des Kortisols erzielen läßt.

Beim *CRH-Stimulationstest* (Gabe von CRH - 1 Amp. Corticobiss®) steigt das ACTH im Falle eines HVL-Adenoms stark an, nicht jedoch bei ektoper ACTH-Bildung oder bei adrenalem Cushing-Syndrom. Weiterführende Untersuchungen lassen sich gezielter nach der endokrinologischen Basisdiagnostik vornehmen (bei zentralem Hyperkortisolismus: z.B. NMR oder CT der Hypophyse; bei ektoper Hormonproduktion: Suche nach dem Tumor, z.B. einem kleinzelligen Bronchialkarzinom; bei adrenalem Hyperkortisolismus: Sonographie/CT der Nebennieren).

❑ **Differentialdiagnose**

- Adipositas
- Alkohol(Bier)abusus

Bei Adipositas können zwar gering erhöhte Corticosteroidwerte bzw. eine Störung der Tagesrhythmik vorliegen, der Dexamethason-Kurztest führt jedoch zu einer normalen Suppression der Kortisolspiegel. Besonders bei Abusus von Bier kann der äußere Aspekt (Stammfettsucht, dünne Extremitäten) an ein Cushing-Syndrom erinnern.

❑ **Therapie**

- *Adrenalektomie*
  Bei adrenaler Ursache wird das Adenom/Karzinom zusammen mit der Nebenniere entfernt. Im Falle einer bilateralen Hyperplasie müssen in seltenen Fällen beide Nebennierenrinden exstirpiert werden
- *Adenomektomie*
  Bei HVL-(Mikro)Adenom wird dieses transsphenoidal oder transfrontal reseziert
- *medikamentöse Adrenolyse*
  Sind die Patienten inoperabel oder liegt eine ektope ACTH-Bildung vor, kann die Kortisolsynthese medikamentös mit Ketoconazol, Metopiron oder Mitotane blockiert werden

❑ **Prognose**

Die Prognose wird durch die Grundkrankheit bestimmt. Bei resezierbaren Adenomen bilden sich die Symptome zurück, daß die Lebenserwartung kaum eingeschränkt ist. Lediglich eine schon eingetretene Osteoporose ist schwer zu korrigieren.

5.1.5.6. Primäre Nebennierenrindeninsuffizienz (Addison-Syndrom)

❑ **Definition**

Bei der primären NNR-Insuffizienz kommt es zur Destruktion der Nebennierenrinde. Dies führt zum Ausfall aller Hormone.

❑ **Ätiologie und Pathogenese**

- Autoimmunprozeß
- beidseitige Metastasen der NNR
- Waterhouse-Friderichson-Syndrom
- andere Ursachen

Die autoimmunologische Destruktion der NNR ist die häufigste Ursache der NNR-Insuffizienz. Im Sinne einer eventuellen *polyglandulären* Symptomatik ist auch nach einer Autoimmunthyreoiditis Hashimoto (MAK, TAK) und nach einer Perniziosa (Parietalzell-Ak, Intrinsic-factor-Antikörper) zu fahnden. Beidseitige Metastasen bzw. Einblutungen im Rahmen einer Meningokokkensepsis sind ebenso selten wie die Tuberkulose oder Amyloidose der NNR.

❑ Symptomatik

Die Symptome der NNR-Insuffizienz lassen sich anhand der zugrundeliegenden Hormonwirkungen leicht herleiten.

Mangel an Corticosteroiden	→ Schwäche, Adynamie, Hypoglykämie
Mangel an Mineralocorticoiden	→ Exsikkose, Blutdruckabfall
Mangel an Testosteron	→ bei Frauen Verlust der sekundären Geschlechtsbehaarung
	→ Rückgang von Libido und Potenz
Überproduktion von ACTH/MSH	→ Hyperpigmentierung der Haut

Der Mangel an Glukocorticoiden und Aldosteron verursacht Adynamie und Exsikkose. Der Mangel an Testosteron und analogen Hormonen wird besonders durch den Rückgang der Libido und der (bei der Frau) sekundären Geschlechtsbehaarung manifest. Kompensatorisch wird vom HVL ACTH und MSH überproduziert, wobei letzteres zu Hyperpigmentationen führt, die z.B. als hyperpigmentierte Linien der Handfläche sichtbar werden.

❑ Komplikationen

- *Addison-Krise*
  Hypoglykämie, Blutdruckabfall bis zum Schock, prärenales Nierenversagen und schließlich ein Koma kennzeichnen den krisenhaften Verlauf der NNR-Insuffizienz

❑ Diagnostik

- Hyponatriämie, Hyperkaliämie
- verminderte Werte für Kortisol und Aldosteron im Serum
- erhöhte Werte für ACTH
- Synacthen®-Test (ACTH-Test) negativ
- Abdomensonographie, Abdomen-CT

Entsprechend der verminderten Aldosteronwerte ist das Serumnatrium niedrig, das Kalium hoch. Die Kortisolwerte sind ebenfalls niedrig, ACTH kompensatorisch angestiegen. Nach Bestimmung von Kortisol wird Synacthen®, ein ACTH, injiziert und 60 min nachher erneut Kortisol abgenommen. Steigt Kortisol nicht an (< 7mg/dl), so spricht dies für eine NNR-Insuffizienz. Bei der primären NNR-Insuffizienz ist das ACTH hoch, bei der sekundären, zentralen NNR-Insuffizienz (HVL-Insuffizienz) jedoch niedrig.

Kann aufgrund dieser endokrinologischen Befunde die Diagnose gesichert werden, sind weiterführende Untersuchungen zur Genese der NNR-Insuffizienz notwendig. Diese umfassen die Bestimmung von Autoantikörpern gegen die NNR, Abdomen-Sonographie und -CT, evtl. auch eine Angiographie.

❑ Therapie

- Hydrokortison 20 mg morgens, 10 mg abends
- Fludrokortison (z.B. Astonin H®) 0,1 mg morgens

Eine Substitution von Geschlechtshormonen erübrigt sich, da weder Testes noch Ovarien betroffen sind (i.Ggs. zur sekundären, zentralen NNR-Insuffizienz, bei der auch LH/FSH ausfallen). Die Dosierung des Hydrokortisons kann dem subjektiven Befinden des Patienten angepaßt werden. Eine Erhöhung muß in Zeiten körperlicher Belastung (Trauma, Operationen usw.) wegen des dann höheren Bedarfs erfolgen (bis zum 10fachen). Für die Aufklärung des Patienten und das Ausstellen eines Notfallausweis muß gesorgt werden.

5.1.5.7. Sekundäre Nebenniereninsuffizienz

❑ **Definition**

Bei der sekundären NNR-Insuffizienz besteht aufgrund einer Hypophyseninsuffizienz ein Mangel an ACTH, der entweder nur das ACTH (selten), mehrere oder alle Hormone der Hypophyse betrifft (☞ Kap. 5.1.2.). Einige Unterschiede zur primären NNR-Insuffizienz sind:

Unterscheidungskriterium	primäre NNR-Insuffizienz	sekundäre NNR-Insuffizienz
ACTH	hoch	niedrig
ACTH-Stimulation beim CRH-Test	gut	herabgesetzt
betroffene NNR-Steroide	Kortisol, Aldosteron, Testosteron	Kortisol und Testosteron
Substitution	Kortisol und Aldosteron	nur Kortisol
Hautfarbe	Hyperpigmentationen (MSH-Überschuß)	Blässe (MSH-Ausfall)
andere glandotrope Hormone der Hypophyse (LH/FSH/TSH)	nicht betroffen	ebenfalls vermindert

Tab. 5.16: Unterscheidungskriterien zwischen primärer und sekundärer Nebenniereninsuffizienz.

Eine langdauernde Gabe hoher Dosen von Corticosteroiden führt zur sekundären NNR-Insuffizienz. Durch die Corticosteroidgabe wird die Sekretion von ACTH unterdrückt und damit eine NNR-Atrophie induziert. Aus diesen Gründen muß nach einer längeren und hochdosierten Kortisontherapie das Präparat langsam reduziert werden.

5.1.5.8. Adrenogenitales Syndrom (AGS)

❑ **Definition**

Bei der seltenen Erkrankung des AGS liegt in der NNR ein angeborener Enzymdefekt der Kortisolbiosynthese vor. Die Hormonvorstufen werden in die Produktion anderer Steroidhormone eingeschleust, woraus in erster Linie ein Überschuß an Androgenen resultiert. Abhängig davon, ob zusätzlich Mineralocorticoide synthetisiert werden, liegt gleichzeitig eine normale, eine überschießende (salzretinierende Form, arterieller Hypertonus) oder eine mangelhafte (salzverlierende Form) mineralocorticoide Wirkung vor. Das ACTH ist aufgrund der verminderten Kortisolsynthese erhöht.

❑ **Ätiologie und Pathogenese**

Mehrere Enzymdefekte sind bekannt, wobei aber fast alle Formen des AGS von einer der beiden nachstehenden Formen verursacht werden.

Enzymdefekt	Häufigkeit	Androgen-wirkung	mineralocorticoide Wirkung	Nachweis im Plasma
21-Hydroxylase-mangel	95 %	Virilisierung	normal Salzverlust	17α-Hydroxyprogesteron
11β-Hydroxylase-mangel	5 %	Virilisierung	Salzretention	11-Desoxykortisol

Tab. 5.17: Gegenüberstellung der beiden wichtigsten Enzymdefekte beim AGS.

❑ Symptomatik

Die Überproduktion von Androgenen setzt bereits in der Kindheit ein (siehe auch Pädiatriebücher). Das klinische Bild ist jedoch variabel:

- Frühmanifestation im Säuglingsalter
- "late-onset" im jungen Erwachsenenalter
- symptomarme ("cryptic") Formen

Bei der frühen Manifestation kommt es zu Störungen der Reifung der Geschlechtsorgane, die sich bei Mädchen und Jungen unterschiedlich auswirken.

Mädchen	*intersexuelle Störung*	Pseudohermaphroditismus femininus
Knaben	*isosexuelle Störung*	Pseudopubertas praecox

Bei Mädchen tritt eine Virilisierung mit Klitorishypertrophie, Hirsutismus, primärer Amenorrhoe und ausbleibender Brustentwicklung auf. Bei der Klitorishypertrophie können alle Zwischenstufen zwischen männlichem und weiblichem Genitale vorkommen. Da es sich um keine echte Zweigeschlechtlichkeit handelt, wird vom *Pseudo*hermaphroditismus gesprochen, wobei die Bezeichnung *femininus* das eigentliche Geschlecht beschreibt.

Bei Knaben prägen sich die sekundären Geschlechtsmerkmale (z.B. Behaarung im Schambereich und in der Axilla, tiefe Stimme, Körperbau) rascher aus, wobei allerdings das Wachstum der Hoden zurückbleibt, weshalb von einer *Pseudo*pubertas präcox gesprochen wird.

Bei beiden Geschlechtern tritt ein schnelles Längenwachstum in der Kindheit, jedoch auch ein rascher Schluß der Epiphysen auf, so daß die Betroffenen als Kinder groß-, als Erwachsene kleinwüchsig sind.

❑ Diagnostik

- klinischer Befund
- Natrium, Kalium, Blutdruck
- Kortisol
- ACTH
- Androgene
- Hormonvorstufen im Plasma

Bei Salzverlust sind Natrium und Blutdruck niedrig, Kalium hoch; bei Salzretention ist dies umgekehrt: Kortisol ist erniedrigt, ACTH und Androgene erhöht. Mit der Analyse der Hormonvorstufen im Plasma läßt sich der Enzymdefekt bestimmen (☞ Tab. 5.17).

❑ Differentialdiagnose

- Hypertrichose
- Hirsutismus
- Virilisierung

Hypertrichose bezeichnet die vermehrte Behaarung, jedoch ohne Betonung der sekundären Geschlechtsbehaarung. Eine Hypertrichose ist oft Folge einer individuellen Disposition.

Hirsutismus beschreibt die Zunahme des männlichen Behaarungstyps ohne Virilisierung.

Bei der Virilisierung treten neben einem Hirsutismus weitere Zeichen eines vermehrten Einflusses männlicher Geschlechtshormone auf. Dazu zählen Klitorishypertrophie, Amenorrhoe, tiefere Stimme, größerer Kehlkopf, Mammaatrophie, breitere Schultern u.a..

Hirsutismus	Virilisierung
• 90 % idiopathisch (normaler Testosteronspiegel) • 10 % sekundär (Virilisierung)	• idiopathischer Hyperandrogenismus • iatrogen (Medikamente wie Anabolika, Spironolakton) • adrenal (AGS, androgenproduzierende Tumoren, Cushing-Syndrom) • ovariell (androgenproduzierender Tumor), polyzystische Ovarien (Stein-Leventhal-Syndrom) • hypophysär (Hyperprolaktinämie, Prolaktinom)

Tab. 5.18: Ursachen für Hirsutismus und Virilisierung bei der Frau.

❑ **Therapie**

- Substitution der fehlenden Corticosteroide

Hydrokortison, 10-20 mg/m^2 Körperoberfläche, auf drei Dosen pro Tag aufgeteilt. Erfolgskriterium ist die Normalisierung der 17α-Hydroxyprogesteron-Konzentration im Plasma. Bei Salzverlust muß zusätzlich noch ein Mineralocorticoid (Fludrokortison, z.B. Astonin H®, 0,1 mg/die) hinzugegeben werden, bei Salzretention ein kaliumsparendes Diuretikum. Bleiben die Androgenwerte erhöht oder ist die Virilisierung nicht rückläufig, so wird bei Frauen ein Antiandrogen (Cyproteronacetat, z.B. Androcur®) verordnet.

5.1.6. Nebennierenmark

Das Nebennierenmark wird, zusammen mit dem sympathischen Nervensystem, zum sympathoadrenalen System gezählt. Die Zellen des NNM lassen sich mit Chromsalzen braun anfärben, eine von der Produktion von Katecholaminen abhängige Eigenschaft. Sie werden deshalb als chromaffine Zellen bezeichnet. Solche chromaffinen Zellen finden sich u.a. in den paravertebralen Ganglien des Sympathikus, in den Ganglien des Magen-Darm-Traktes, in Schilddrüse, Pankreas, HVL und anderen Organen. Diese Zellen werden im **APUD**-System (**a**mine **p**recursor **u**ptake and **d**ecarboxylation-system) zusammengefaßt und die daraus entstehenden Tumoren als **APUDome** klassifiziert. Die wichtigste Erkrankung des Nebennierenmarks ist das Phäochromozytom (☞ Kap. 1.10.3.).

5.1.7. Knochenerkrankungen

Knochenerkrankungen, insbesondere die Osteoporose im Alter, sind sehr häufig und auch für die internistische Therapie wichtig. Der Knochenstoffwechsel wird beeinflußt durch:

- Kalzium
- Vitamin D
- Parathormon
- Calcitonin
- andere Faktoren (z.B. anabole oder katabole Hormone)

- *Kalzium*
  Der Kalziumstoffwechsel beeinflußt den Knochenaufbau maßgeblich. Eine verminderte Verfügbarkeit von Kalzium führt zu den Krankheitsbildern der *Rachitis* und der *Osteomalazie*. Gelöste Kalziumionen werden im oberen Dünndarm resorbiert und im Blut zur Hälfte als freies, zur anderen Hälfte als vorwiegend proteingebundenes Ion transportiert. Eine niedrige Albuminkonzentration hat deshalb ein niedriges Serumkalzium zur Folge, obgleich das biologisch wirksame

Kalzium normal sein kann und deshalb nicht substituiert zu werden braucht. Kalzium- und Phosphatkonzentration verhalten sich umgekehrt proportional zueinander (konstantes Kalzium x Phosphat-Produkt). Parathormon, Calcitonin und Vitamin D nehmen maßgeblichen Einfluß auf die Kalziumkonzentration

- *Vitamin D*

Vitamin	Synonym	Medikament	Bildungsort
Vitamin D_3	Cholecalciferol	z.B. Vitamin D_3-Hevert®, Vigantoletten®, D-Mulsin®	Haut oder orale Aufnahme
25-OH-D_3	25-Hydroxycholecalciferol	z.B. Delakmin®	Leber
1,25-$(OH)_2$-D_3	1,25-Dihydroxycholecalciferol, Calcitriol	z.B. Rocaltrol®	Niere

Tab. 5.19: Synthesestufen des Vitamin D und eine Auswahl therapeutisch einsetzbarer Präparate.

Vit. D_3 wird entweder in der Haut durch UV-Licht-Einstrahlung synthetisiert oder es muß oral aufgenommen werden. D_3 wird dann in der Leber und schließlich in der Niere zu Calcitriol umgebaut

5.1.7.1. Osteomalazie

❑ **Definition**

Rachitis tritt bei Vitamin D- und damit bei Kalziummangel im Wachstumsalter auf (☞ Pädiatriebücher). Als *Osteomalazie* bezeichnet man die Folgen des Vitamin D-Mangels nach Abschluß des Wachstums. Durch die dadurch verminderte Kalziumaufnahme im Darm und den verminderten Einbau in den Knochen kommt es zur Mineralisationshemmung des organischen Osteoids ("Knochenerweichung").

❑ **Häufigkeit**

Ein schwerwiegender, zu einer Osteomalazie führender Vitamin D-Mangel kommt in den westlichen Industrieländern bei Gesunden praktisch nicht mehr vor, so daß Rachitis und Osteomalazie sehr selten geworden sind. Mit zunehmendem Alter sinkt allerdings der Vitamin D-Spiegel. Dies kann durch mangelhafte Ernährung, schlechte Nahrungsaufnahme, Krankheit usw. verstärkt werden, so daß besonders im Alter ein *relativer* Vitamin D-Mangel nicht ganz selten ist.

❑ **Ätiologie und Pathogenese**

Eine Reihe von Erkrankungen können zu einem Vitamin D-Mangel Anlaß geben:

- fehlende Sonneneinstrahlung (UV-Bestrahlung)
- chronische Niereninsuffizienz
- Malassimilationssyndrom
- Steatorrhö
- exkretorische Pankreasinsuffizienz
- Leberinsuffizienz (z.B. Zirrhose)
- Medikamente (z.B. Hydantoine)
- Phosphatdiabetes
- renale tubuläre Azidose

Da mangelnde Zufuhr und fehlende Sonneneinstrahlung in Deutschland nur in Ausnahmefällen vorliegen, steht die chronische Niereninsuffizienz an erster Stelle der Ursachen. Malassimilation, Steatorrhö mit vermehrtem Verlust der fettlöslichen Vitamine A, D, E und K (z.B. bei Pankreasinsuffizienz) sowie eine chronische Leberinsuffizienz (z.B. bei Leberzirrhose) können ebenfalls ursächlich sein. Hydantoine (z.B. Phenhydan®) als Antiepileptikum weit verbreitet) senken den Vitamin D-Spiegel. Andere Ursachen sind selten.

❑ **Symptomatik**

- Knochenschmerzen
- Knochenverbiegungen
- Adynamie, Schwäche
- Frakturen

Rückenschmerzen und Hüftschmerzen sind häufig. Dagegen sind Verbiegungen der Unterschenkel mit Bildung von O-Beinen, wie sie bei ausgeprägter Rachitis zustande kommen können, sehr selten. Eine Varisierung der Schenkelhälse kann die Abduktoren im Beckenbereich schwächen (watschelnder, Trendelenburgscher Gang). Frakturen sind ebenfalls möglich.

❑ **Diagnostik**

- Vorliegen von Risikoerkrankungen
- Labor (Hypokalziämie, niedriges Vitamin D, hohe alkalische Phosphatase)
- Röntgen
- Knochenbiopsie

Meist wird man bei der entsprechenden Grunderkrankung (chronische Niereninsuffizienz, Malassimilationssyndrom) an die Gefahr der Osteomalazie denken. Im Röntgenbild (z.B. Tibia) finden sich: *homogene Demineralisation, unscharfe innere Kortikalisbegrenzung, verwaschene bzw. verminderte Trabekelstruktur* ("milchglasartiges" Aussehen) und *Pseudofrakturen* (Loosersche Umbauzonen = Infraktionen des Knochens, als Verdichtungslinien sichtbar).

❑ **Differentialdiagnose**

- Osteoporose
- Hyperparathyreoidismus

❑ **Therapie**

- Behandlung der Grunderkrankung
- Substitution von Vitamin D

Die Mehrzahl der Vitamin D_3-Präparate sind Cholecalciferole (s.o.). Diese Präparate werden bei Vitamin D-Mangel in Abwesenheit von Leber- und Niereninsuffizienz eingesetzt. 5,6-trans-*25-Hydroxycholecalciferol* (z.B. Delakmin®) benötigt keine weitere Aktivierung in der Leber (einzusetzen z.B. bei Leberzirrhose). *Calcitriol* kann als wirksamstes Vitamin D bei Leber- *und* Niereninsuffizienz zum Einsatz kommen. *Dihydrotachysterol* (A.T.10®) besitzt ähnliche Wirkungen wie Parathormon und wird deshalb vorwiegend bei der Nebenschilddrüseninsuffizienz, nicht jedoch zur Substitution von Vitamin D verwendet. Der Tagesbedarf von Vitamin D liegt bei 500 E. Bei Osteomalazie werden initial 10.000 E. täglich gegeben (z.B. Vigantol 10.000 Tbl.), nach 2-3 Wochen 1.000 E./die, bei Malassimilation evtl. auch parenteral i.m. (D_3-Vicotrat). Dabei muß die *Kalziumkonzentration im Serum engmaschig überwacht* werden!

5.1.7.2. Osteoporose

❑ Definition

Osteoporose bezeichnet den Verlust bzw. die Verminderung von Knochenmasse, -struktur und -funktion, was mit einem höheren Frakturrisiko einhergeht.

❑ Häufigkeit

Eine Osteoporose findet sich *bei einem Drittel* (!) der über 75jährigen Frauen. Männer sind seltener betroffen (m : w ca. 1 : 5). Stürze und deren Folgen, wie z.B. Oberschenkelhalsfrakturen, tragen über Immobilität, Pneumonie und andere interkurrierende Erkrankungen maßgeblich zur Mortalität bei alten Menschen bei. Osteoporotische Wirbelkörpersinterungen führen zu rezidivierenden Schmerzzuständen und Einschränkungen der Mobilität.

❑ Ätiologie und Pathogenese

- primäre Osteoporose (95 %)
- sekundäre Osteoporose (5 %)

Zur *primären Osteoporose* zählen:

- idiopathische Osteoporose des Jugendlichen
- postmenopausale Osteoporose (Typ I)
- senile Osteoporose (Typ II)

Bei der postmenopausalen (Typ I-) Osteoporose scheint besonders der Östrogenmangel auslösend zu sein. Bei der Osteoporose des alten Menschen (Typ II) liegt eine multifaktorielle Genese vor: Östrogenmangel, geringe maximale Knochenmasse und geringe körperliche Aktivität in der Jugend, Vitamin D-Mangel, Konstitution (gefährdet sind besonders blonde, schlanke, "dünnhäutige" Frauen ohne Kinder mit früher Menopause und positiver Familienanamnese: "Mutter hatte ebenfalls einen Buckel").

Ursachen einer *sekundären Osteoporose* sind:

- Hyperkortisolismus
- langdauernde Kortisoneinnahme
- Hyperthyreose
- Hypogonadismus
- Malassimilationssyndrom
- Immobilisation
- iatrogene, langdauernde Heparintherapie (über 1/2 Jahr)
- hereditäre Erkrankungen (Osteogenesis imperfecta, Ehlers-Danlos- und Marfan-Syndrom, Homozystinurie)

Zum Hypogonadismus zählen in diesem Zusammenhang auch frühzeitige Menopause, beidseitige Ovarektomie, Eunuchoidismus oder Turner-Syndrom.

Die Osteoporose kann

- generalisiert

oder

- lokalisiert

auftreten. *Lokalisierte* Entkalkungen werden regelmäßig nach Ruhigstellung (Inaktivitätsosteoporose, z.B. Gipsbehandlung einer Fraktur, Lähmung einer Extremität, längere schmerzbedingte Schonhaltung) oder bei der Algodystrophie (Sudeck-Syndrom) angetroffen. Der Knochenstoffwechsel zeigt dabei eine negative Bilanz. Er kann *beschleunigt* (Hyperthyreose) oder *verlangsamt* (senile Osteoporose) sein.

❑ **Symptomatik**

- Wirbelsäulenschmerzen
- vermehrte BWS-Kyphose ("Buckel" oder Gibbus)
- abnehmende Körpergröße
- Frakturen

Wirbelsäulenschmerzen mit plötzlich zunehmender Intensität und langsamem Abklingen, die sich vermehrt bei Lagewechsel (Aufsetzen) oder im Sitzen einstellen, können Zeichen einer Osteoporose sein. Manchmal sind schon minimale Belastungen (Nach-vorne-Beugen und Anziehen eines engen Strumpfes) Anlaß für eine Wirbelkörpersinterung. Prädisponierte Stellen sind die LWS, der BWS-LWS-Übergang sowie das Maximum der BWS-Kyphose. Durch Keilwirbelbildung verstärkt sich die BWS-Kyphose, Dornfortsätze können sehr prominent werden. Frakturen der Extremitäten treten schon bei "leichten" Stürzen auf (Oberschenkelhals, Radius).

❑ **Diagnostik**

- konventionelle Röntgenaufnahmen
- Knochendichtemessungen (Osteodensitometrie)
  - Dual-Photonen-Absorptiometrie
  - Dual-Energy-X-Ray-Absorptiometrie
- quantitative Computertomographie

Laborparameter sind lediglich bei sekundären Osteoporoseformen aussagekräftig. Bei der primären Osteoporose liegen Kalzium, Phosphat und AP im *Normbereich*. Im *Röntgen* findet man eine geringere Dichte, eine Rarefizierung und Vergröberung der Trabekelstruktur sowie eine Verschmälerung der Kortikalis. Erst wenn die Knochendichte um ca. 40 % gesunken ist, wird dieser Prozeß in den konventionellen Röntgenaufnahmen sichtbar. Die Knochendichte läßt allerdings keine direkte Aussage über das Frakturrisiko zu, so daß der Wert der Knochendichtemessungen für die Therapieplanung *umstritten* ist.

Während die Diagnose einer Osteoporose mit diesen Untersuchungen möglich ist, bleibt die Zuordnung zur Gruppe der *primären* Osteoporosen eine *Ausschlußdiagnose*.

Für eingetretene Komplikationen der Osteoporose wie z.B.

- Wirbelkörpersinterungen
- Keilwirbel
- Fischwirbel
- Spontanfrakturen

sind die konventionellen Röntgenaufnahmen ausreichend.

❑ **Differentialdiagnose**

- Osteomalazie
- diffuse Metastasierung (Plasmozytom, M. Waldenström)
- paraneoplastisches Syndrom (osteoklastenaktivierender Faktor)
- Hyperparathyreoidismus

Nach Diagnosestellung aus dem Röntgenbild müssen sekundäre Ursache einer Osteoporose (☞ Ätiologie und Pathogenese) ausgeschlossen werden. Einige weitere Erkrankungen können jedoch das radiologische Bild einer Osteoporose nachahmen, so z.B. die Osteomalazie oder die diffuse Metastasierung bei Karzinomen oder hämatologischen Systemerkrankungen. Manche Tumoren können als paraneoplastisches Phänomen über osteoklastenaktivierende Faktoren die Knochenresorption beschleunigen, ohne daß Skelettmetastasen vorliegen müssen. Solche Tumoren sind u.a.: Plasmozytom, Bronchial-, Pankreaskarzinom, Hypernephrom.

❑ Therapie der primären Osteoporose

Die Therapie der Osteoporose wird momentan im Hinblick auf Indikation und Dosierung der Medikation *sehr kontrovers* diskutiert. Therapieziel ist *nicht* eine meßbare Steigerung der Knochendichte, sondern eine Reduktion der Frakturraten! So läßt sich z. B. ein Anstieg der Knochendichte durch Fluoride nachweisen, nicht jedoch eine Reduktion der Frakturen. Die Behandlung der *sekundären Osteoporosen* besteht primär in der Therapie der Grundkrankheit.

Prävention der primären Osteoporose und ihrer Folgen

- *Ernährung*
  ausreichende Kalziumzufuhr (1.000 mg/die), z.B. durch Milch und Milchprodukte sowie Vermeiden von phosphatreicher Nahrung (z.B. Coca Cola), da diese die Kalziumaufnahme hemmt
- *Verminderung des Sturzrisikos*
  Eine hohe körperliche Aktivität mit Training von Koordination und Beweglichkeit hemmt den inaktivitätsbedingten weiteren Abbau der Knochenmasse. Sie muß als Beitrag zur Reduktion des Sturzrisikos gesehen werden (weniger Stolpern, "geschickteres" Fallen)
- *Östrogensubstitution*
  Niedrig dosierte Östrogenpräparate werden 10 Jahre über die Menopause hinaus empfohlen. Dadurch läßt sich das Risiko von osteoporotischen Frakturen und kardiovaskulären Erkrankungen um mindestens 50 % senken bzw. um Jahre hinausschieben. Nebenwirkungen: Förderung von östrogenabhängigen Tumoren (Endometriumkarzinom - allenfalls minimales Risiko), Thrombosen, Thrombophlebitiden, Nierensteinen
- *Krankengymnastik*:
  Rückenschonende Bewegungen (Drehen "en bloque", richtiges Bücken, Hinlegen und Aufstehen usw.) werden eingelernt, um Belastungsspitzen der Wirbelsäule zu vermeiden
- *Kalzium*
  Die zusätzliche Zufuhr von 500-1.000 mg Kalzium/die senkt die Frakturhäufigkeit
- *Vitamin D*
  Allein oder zusammen mit 500 mg Kalzium senkt Vit. D (1.000 E./die) ebenfalls die Frakturrate. Kontrollen des Kalziumspiegels sind zum Ausschluß einer Hyperkalzämie notwendig
- *Fluoride*
  regen die Knochenneubildung durch Stimulierung der Osteoblasten an. Der therapeutische Nutzen von Fluor wird kontrovers beurteilt; eine Wirksamkeit ist vermutlich nur in einem engen therapeutischen Bereich über einen begrenzten Zeitraum sinnvoll, so in einer Dosierung von 40-80 mg Natriumfluorid (z.B. Ossin® 2x1 Drg. = 2x40 mg/die) über 3 Jahre. Fluoride sollen nicht zusammen mit Kalzium oder Magnesiumtabletten eingenommen werden (Resorptionsverhinderung). Als Therapiekontrolle kann die Knochendichtemessung dienen. Dabei soll der Anstieg nicht mehr als 4-6 %/Jahr betragen.
  Eine Überdosierung kann zu einer Fluorose führen. Der röntgenologisch sehr dichte Knochen (Sklerosierung der Trabekelzeichnung) ist in seiner mechanischen Belastbarkeit jedoch vermindert. Klinische Zeichen sind Schmerzen im Bereich des Skeletts, besonders schmerzhafte Schwellungen im Bereich der Sprunggelenke

- *Biphosphonate*
  (z.B. Diphos®, Ostac®) hemmen ebenfalls den Knochenabbau, befinden sich aber momentan für die Osteoporose in der Erprobung (noch nicht zugelassene Indikation)

Therapie der akuten Schmerzzustände

- *Frühmobilisation*
  Nach osteoporotischen Wirbelkörperfrakturen ist Bettruhe nur bei starken Schmerzen sinnvoll. Bei geringen Beschwerden wird unter krankengymnastischer Anleitung eine Frühmobilisation vorgenommen. Nach einer Wirbelkörpersinterung zeigen die Schmerzen innerhalb von zwei Wochen meist eine teilweise Remission und sind nach 6 Wochen nur noch gering vorhanden
- *Analgesie*
  symptomatisch mit ASS, NSAR, Paracetamol u.a.
- *Calcitonin*
  (z.B. 1 Amp. = 100 E. Karil®/die s.c., ein Nasenspray befindet sich in Vorbereitung) ist bei osteoporosebedingten Schmerzen bzw. bei Wirbelkörpersinterungen sinnvoll. Dadurch werden die Schmerzen reduziert und die Knochendichte wird etwas gesteigert

❑ Prognose

Mit der obigen Medikation kann die Progression aufgehalten, jedoch nicht verhindert werden.

5.1.7.3. M. Paget

(☞ Kap. 7.7.)

❑ Definition

Der M. Paget (syn. Ostitis deformans, Osteodystrophia deformans) ist eine vor allem in höherem Lebensalter auftretende Erkrankung, bei der es zu einem überstürzten, bis auf das 20fache gesteigerten Knochen*umbau* kommt.

❑ Häufigkeit

Die Erkrankung ist nicht selten (1 % der Erwachsenen, 3 % der über 40jährigen, noch häufiger mit zunehmendem Alter, m > w). Sie betrifft meist nur einen Knochen (monostotisch), selten mehrere Lokalisationen (polyostotisch). Betroffen sind vor allem der Schädel, das Becken, die Lendenwirbelsäule und das Bein (belastete Knochen).

❑ Ätiologie und Pathogenese

Als Ursache wird eine Slow-virus-Infektion angenommen. Es kommt anfangs zu einem überstürzten Knochenabbau und in der Folge zu einem ebenso überstürzten und nicht belastungsgerechten Knochenaufbau. Initial überwiegt die osteoklastäre Resorption mit negativer Kalziumbilanz (osteolytisches Stadium). Bald folgt eine verstärkte Neusynthese mit Zunahme der Osteoblastentätigkeit (gemischtes Stadium), bei der die reguläre belastungsstabile Struktur nicht wieder aufgebaut wird. Schließlich überwiegt der Knochenaufbau (osteoplastische/osteosklerotische Phase). Der überstürzte, irreguläre Knochenaufbau geht zu Lasten der Stabilität: es treten Verbiegungen, Knochenschmerzen sowie Spontanfrakturen auf.

❑ Symptomatik

- Verformung des Knochens
- Knochenschmerzen
- Frakturen

Viele Patienten sind lange asymptomatisch oder berichten nur über geringe, dumpfe Beschwerden bzw. eine Überwärmung der darüberliegenden Haut. Betrifft der M. Paget die Schädelkalotte, so kann über eine Zunahme der Hut- bzw. Mützengröße berichtet werden. Am Unterschenkel kann eine Verbiegung des Schienbeines (Säbelscheidentibia) auftreten. Eine Überwärmung der darüberliegenden Haut entspricht dem verstärkten Stoffwechsel. Wichtigstes Symptom sind aber die *Knochenschmerzen* bzw. Spontanfrakturen.

❑ **Komplikationen**

- maligne Entartung (Osteosarkom)
- Frakturen
- neurologische Folgen

Bei langem Bestehen kann die Erkrankung zu einem Sarkom des Knochens entarten (< 1 %). Durch die überstürzte Knochenneubildung können Nervenkompressionen (Wirbelsäule → z.B. radikuläre Schmerzen, Hirnnerven → z.B. Hörverlust) auftreten.

❑ **Diagnostik**

- Labor (*alkalische Phosphatase und Hydroxyprolinausscheidung erhöht*)
- Knochenszintigramm
- Röntgen
- Knochenbiopsie

Eine Erhöhung der alkalischen Phosphatase sollte (bei normalen Leberwerten) nicht nur an eine Knochenmetastase, sondern auch an den M. Paget denken lassen. Im Szintigramm findet sich eine massive Anreicherung im befallenen Bereich.

Im Röntgenbild zeigen sich initial *osteolytische* und *zystische* Areale (Osteoporosis circumscripta). In der Phase der zunehmenden Neubildung kommt es zur Verdichtung des Knochens, einer Verdickung der Kompakta und einer Verdichtung der regulären Trabekelstruktur. In der Phase der überwiegenden Sklerosierung kann der verbreiterte Knochen eine höhere Dichte annehmen und im Röntgenbild "elfenbeinartig" aussehen. Das Röntgenbild zeigt also einen relativ typischen Aspekt, so daß nur selten eine Knochenbiopsie nötig wird.

❑ **Differentialdiagnose**

- Metastase
- primärer Knochentumor
- Osteomyelitis

❑ **Therapie**

- keine Therapie bei völlig symptomlosen Prozessen
- Biphosphonate
- symptomatische Analgesie (z.B. NSAR)
- Calcitonin

Völlig symptomlose, nur durch Zufall entdeckte, nicht an frakturgefährdeten Stellen sitzende Prozesse müssen nicht therapiert werden. Bei Therapiebedarf werden *Diphosphonate* zur Verhinderung des osteolytischen Knochenabbaus eingesetzt.

Biphosphonate, z.B. Diphos®, 2x1 Kps. à 200 mg, sind für 6 Monate in großem Abstand zu den Mahlzeiten, auf keinen Fall jedoch mit Milch einzunehmen (Hemmung der Resorption); danach kommt es oft zu längeren Teilremissionen. Nebenwirkungen sind: Osteomalazie, Leukopenien, Agranulozytosen, Anstieg der Leberenzyme und Schmerzzunahme am Anfang der Behandlung. Die Schmerzen lassen aber im Laufe der Zeit nach und müssen nicht zum Therapieabbruch führen. Kontrollen von Blutbild, Kalzium und Leberwerten sind indiziert.

5.2. Stoffwechselerkrankungen

Als praktisch relevante Stoffwechselerkrankungen werden im folgenden Störungen des

- Glukosestoffwechsels → Diabetes mellitus
- Hämstoffwechsels → Porphyrien
- Fettstoffwechsels → Hyperlipidämien
- Harnsäurestoffwechsels → Hyperurikämie, Gicht

abgehandelt.

5.2.1. Diabetes mellitus

❑ **Definition**

Als *Diabetes mellitus* (D. m.) werden Störungen des Kohlenhydratstoffwechsels bezeichnet, deren gemeinsames Kennzeichen eine Erhöhung des Blutzuckers ist.

❑ **Häufigkeit**

In der Bundesrepublik Deutschland sind etwa 5 % der Bevölkerung Diabetiker, 25 % tragen begünstigende Erbanlagen! Das Erkrankungsrisiko für Geschwister eines Typ I-Diabetikers ist bei eineiigen Zwillingen ca. 50 %. HLA-identische Geschwister besitzen ein 15fach erhöhtes Risiko zu erkranken, HLA-verschiedene Geschwister keines.

❑ **Ätiologie und Pathogenese**

Insulin, C-Peptid:

Die *Langerhansschen Inseln* sind Anhäufungen von hormonaktiven Zellen im Pankreas (ca. 2 % des Pankreasgewebes), besonders im Pankreasschwanz. Sie führen zur Inkretion von:

- B-Zellen (80 % der Inselzellen) → Insulin
- A-Zellen (20 % der Inselzellen) → Glukagon

Der Tagesbedarf an Insulin beträgt ca. 40 E. Insulin fördert die Glukoseaufnahme in die Zellen. Daneben werden auch Aminosäuren und Kalium eingeschleust (Senkung einer Hyperkaliämie durch Zufuhr von Glukose 40%ig und Insulin). Insulin wirkt anabol (Glykogen-, Protein- und Lipidsynthese). Bei absolutem Insulinmangel kommt es deshalb zur Lipolyse (Ketoazidosegefahr). Der Organismus sezerniert eine *kontinuierliche basale* und bedarfsabhängig eine *intermittierende prandiale* Insulinmenge. Insulin wird aus einem einkettigen Polypeptid durch äquimolare Abspaltung des *C-Peptids* gebildet. Ein hohes C-Peptid spricht für hohe Insulinproduktion; eine hohe Insulin-, jedoch niedrige C-Peptid Menge weist auf exogen zugeführtes Insulin hin.

Stadien

- Prädiabetes
- subklinischer Diabetes (pathologische Glukosetoleranz)
- manifester Diabetes mellitus

Bei *Prädiabetes* existieren keine klinisch faßbaren Zeichen des gestörten Kohlenhydratstoffwechsels, allerdings Verdachtsmomente (genetische Belastung, Syndrom X, Kinder mit hohem Geburtsgewicht). Der *subklinische* D.m. entspricht der pathologischen Glukosetoleranz. Beim *manifesten* D.m. sind die Nüchternblutzuckerwerte erhöht und steigen beim oralen Glukosetoleranztest über 200 mg/dl.

Arten

Den Diabetes mellitus kennzeichnet eine inadäquate Sekretion von Insulin, bei der es zum *absoluten* (Typ I) oder *relativen* Mangel (Typ II) von Insulin kommt.

Unterschieden werden:

- **pathologische Glukosetoleranz** (impaired glucose tolerance - **IGT**)
  - mit Adipositas
  - ohne Adipositas
  - durch sekundäre Ursachen
- **primärer Diabetes mellitus**
  - Typ I (IDDM) 10 %
  - Typ II (NIDDM) 90 %
    - normalgewichtig 10 %
    - übergewichtig 80 %
  - MODY
  - Schwangerschaftsdiabetes 1-5 % der Schwangeren
- **sekundärer Diabetes mellitus**

- *pathologische Glukosetoleranz*
  Bei diesen Patienten liegen normale Nüchternblutzuckerwerte vor, weitgehend normale Blutzuckerwerte im Tagesverlauf, jedoch erhöhte Werte im oralen Glukosetoleranztest. Etwa die Hälfte der Patienten muß damit rechnen, im Verlauf der folgenden 10 Jahre an einem manifesten Diabetes mellitus zu erkranken. Außerdem können prädisponierte Personen selbst bei eingeschränkter Glukosetoleranz eine Mikroangiopathie bekommen. Aus diesem Grund sollte die Diagnose einer pathologischen Glukosetoleranz zu Diätempfehlungen und regelmäßigen Blutzuckerkontrollen veranlassen
- *Typ I - "**i**nsulin **d**ependent **d**iabetes **m**ellitus" - IDDM*
  Als Ursache wird eine Autoimmunkrankheit angenommen, bei der die B-Zellen zerstört werden, woraus ein absoluter Insulinmangel und deshalb eine Insulinabhängigkeit resultiert. Die Annahme einer Autoimmunkrankheit stützt sich auf eine Reihe von Befunden, wie die lymphozytäre Infiltration des Inselzellorgans, die Verknüpfung mit HLA-Klassen (DR3, DR4), eine genetische Disposition und besonders den Nachweis von Antikörpern gegen Inselzellen bzw. gegen Insulin und Proinsulin. Inselzellantikörper (ICA) sind in ca. 80 %, Insulin- und Proinsulinautoantikörper (IAA, PIAA) in 10-50 % nachweisbar, zum Teil lange vor dem Ausbruch des Typ I-Diabetes mellitus. Bei noch nicht völliger Zerstörung der B-Zellen bessert sich der Diabetes auf Immunsuppression hin. Als Ursache des Autoimmunprozesses wird ein Virusinfekt diskutiert
- *Typ II - "**n**on **i**nsulin **d**ependent **d**iabetes **m**ellitus" - NIDDM*
  Typ II-Diabetiker (Typ IIa: ohne Übergewicht; IIb: mit Übergewicht) weisen primär eine *hohe* Insulinsekretion auf, die aufgrund einer *Insulinresistenz* im Bereich des Rezeptors oder der Signalübermittlung (Postrezeptorniveau) jedoch *nicht ausreichend* ist. Auch beim Typ II können sich die B-Zellen erschöpfen, so daß die Insulingabe notwendig wird. In diesem Fall handelt es sich um *"Sekundärversager"* und nicht um einen primären IDDM
- *MODY - **m**aturity-**o**nset **d**iabetes of the **y**oung*
  Darunter wird ein milder Diabetes mellitus verstanden, der beim jungen Menschen vor dem 25. Lebensjahr auftritt und zumindest 2 Jahre lang mit Diät, oralen Antidiabetika und ohne Insulin ausreichend einstellbar ist. Eine Ketoazidose tritt nicht auf. Es wird eine autosomal dominante Vererbung angenommen

- *Schwangerschaftsdiabetes*
  Der Gestations-Diabetes mellitus (GDM) ist ein nur während der Schwangerschaft auftretender Diabetes mellitus. Auch hier muß eine Normoglykämie durch Diät und Insulingaben erreicht werden. In den ersten Wochen der Schwangerschaft ist der Blutzucker jedoch eher niedrig. Dazu trägt die häufige Übelkeit oder gar eine Hyperemesis ebenso bei wie die noch nicht ausgebildete Anpassung des endokrinen Systems (z.B. Nebennierenrinde)

Unterscheidungsmerkmale	Typ I-Diabetiker	Typ II-Diabetiker
Konstitution	schlank	adipös
Beginn	rasch	langsam
Manifestationsalter	15.-25. Lebensjahr	nach dem 40. Lebensjahr
Plasmainsulin	niedrig bis fehlend	normal bis erhöht
Stoffwechsellage	labil	stabil
Ketoseneigung	stark	gering
Sulfonylharnstoffe	kein Ansprechen	gutes Ansprechen
Insulin	erforderlich	wenn körpereigenes Insulin nicht ausreicht

Tab. 5.20: Unterschiede zwischen Typ I- und Typ II-Diabetikern.

- *sekundärer Diabetes mellitus*
  Eine Reihe von Erkrankungen können zum sekundären Diabetes mellitus führen
  - Pankreaserkrankungen
    - akute Pankreatitis, Pankreasnekrose
    - chronische Pankreatitis
  - endokrinologische Erkrankungen
    - Hyperkortisolismus (Kortisol, ACTH)
    - Hyperthyreose (T_3/T_4)
    - Akromegalie (STH; hGH)
    - Glukagonom (Glukagon)
    - Phäochromozytom (Adrenalin)
  - Medikamente
    - Corticosteroide
    - andere (z.B. Thiaziddiuretika)
  - Unterernährung

  In Entwicklungsländern kann bei extremer Unterernährung ein malnutritionsbedingter Diabetes mellitus (**m**alnutrition-**r**elated **d**iabetes **m**ellitus - MRDM) entstehen, der entweder über eine Pankreatitis mit multiplen Steinen (fibrokalkulär-pankreatischer Typ) oder über einen Proteinmangel (Proteinmangel-Typ) erklärt wird.

❑ **Symptomatik**

- Polyurie
- Polydipsie
- Leistungsknick
- Müdigkeit, Adynamie
- Gewichtsverlust
- Amenorrhö, Potenzverlust
- verminderte Immunabwehr (rezidivierende Follikulitiden, Furunkulose, Candidamykose oder Harnwegsinfekte)

Patienten klagen auch über Kopfschmerzen, Schwindel oder Sehverschlechterung. Die Zahl der Diabetiker, die durch diese Symptome einer Hyperglykämie oder gar durch ein hyperglykämisches Koma erstmals auffällig werden, ist rückläufig. Durch die routinemäßigen Kontrollen des Blutzuckers im Rahmen der Durchuntersuchungen beim Hausarzt oder in der Klinik werden viele Patienten im Stadium der verminderten Glukosetoleranz oder in einem frühen Stadium des manifesten Diabetes entdeckt. Für den betreuenden Arzt stehen heute die Komplikationen beim bekannten Diabetiker im Vordergrund.

❑ **Komplikationen**

- hypoglykämisches Koma
- diabetisches (hyperglykämisches) Koma
- Mikroangiopathie
  - diabetische Retinopathie
  - diabetische Nephropathie
  - diabetische Gangrän
  - diabetische Neuropathie
- Makroangiopathie
- andere

Während früher die Zuckerkranken im hyperglykämischen Koma verstarben, sind es heute Makro- und Mikroangiopathie sowie ihre Folgen, die die hauptsächlichen Todesursachen darstellen. Die Komplikationen werden in den Kap. 5.2.1.1 bis 5.2.1.3. ausführlicher besprochen.

❑ **Diagnostik**

- *Blutzuckerkonzentrationen*
  Normwerte nüchtern:
  - Kapillarblut 70-100 mg/dl
  - venöses Vollblut 70-100 mg/dl
  - venöses Plasma 55-115 mg/dl

  Die Blutzuckerentnahmen erfolgen im Regelfall als Kapillarblut. Eine diabetische Stoffwechsellage muß bei Nüchtern-Werten über 120 mg/dl angenommen werden, zwischen 100 und 120 mg/dl kann eine pathologische Glukosetoleranz oder bereits ein manifester Diabetes vorliegen.
- *postprandiale Glukosekonzentrationen*
  Steigen die postprandialen Blutzuckerkonzentrationen über 180 mg/dl an, so kann mit hoher Wahrscheinlichkeit ein manifester Diabetes mellitus angenommen werden. Steigen die postprandialen Werte geringer an und wird dennoch ein D.m. vermutet, so wird ein Glukosetoleranztest durchgeführt

- *oraler Glukosetoleranztest (oGTT)*
  Voraussetzung ist die Abwesenheit von akuten Erkrankungen (z.B. Infekte, akuter Herzinfarkt), von Medikamenten, die den Kohlenhydratstoffwechsel beeinflussen (z.B. Corticosteroide, Thiaziddiuretika) oder von Resorptionsstörungen (z.B. Malabsorptionssyndrom). Drei Tage vor dem Test soll eine ausreichende, kohlenhydratreiche Nahrungszufuhr stattgefunden haben (keine Nüchternphasen wegen anderer Untersuchungen). Dem nüchternen Patienten wird morgens ein kapillärer Nüchternblutzucker entnommen. Er trinkt daraufhin 100g (die WHO empfiehlt 75 g) Glukose oder ein Oligosaccharidgemisch in 400 ml Tee möglichst innerhalb von 5 min. Nach 1 und 2 h, ggf. auch nach 3 und 4 h werden erneut kapilläre Blutzuckerwerte entnommen
  Ergebnisse:

• Nüchternwert	> 100 mg/dl	→	physiologisch
	100-120 mg/dl	→	pathologische Glukosetoleranz
	> 120 mg/dl	→	manifester Diabetes mellitus
• Maximalwert	> 200 mg/dl	→	manifester Diabetes mellitus
• 2 h-Wert	< 140 mg/dl	→	physiologisch
	140-200 mg/dl	→	pathologische Glukosetoleranz
	> 200 mg/dl	→	manifester Diabetes mellitus

- *Glukosurie*
  Die im Glomerulum filtrierte Glukose wird im Tubulus praktisch vollständig rückresorbiert. Die physiologische Glukosurie liegt deshalb unter 15 mg/dl. Bei einem Blutzucker von ca. 160-180 mg/dl wird dieser Mechanismus überfordert und die Glukoseausscheidung im Urin steigt stark an ("Nierenschwelle")
  - *erhöhte* Nierenschwelle → bei diabetischer Nephropathie
  - *verminderte* Nierenschwelle → bei Schwangerschaft, Nierenerkrankungen mit Tubulusschäden, renalem Diabetes mellitus

  Die Urin-Teststäbchen sind somit zur Kontrolle des Glukosestoffwechsels unzureichend, so daß sie allenfalls zum Screening, nicht aber zur Diagnostik eingesetzt werden sollten.
- *HbA_1*
  Nicht-enzymatisch glykosilierte Hämoglobine (HbA_1, HbA_{1c}, HbA_{1a+b+c}) entstehen durch Ankopplung von Zuckern im Laufe der langen Lebensdauer der Hämoglobine. Da verschiedene Bestimmungsmethoden eingesetzt werden und diese nur ein einziges (z.B. HbA_{1c}) oder alle (HbA_{1a+b+c}) glykosilierten Hämoglobine messen, sind die Normwerte ebenfalls unterschiedlich. Auch bei diabetischen Gefäßschäden können Glykosilierungsprozesse (z.B. am Kollagen) eine Rolle spielen, so daß durch das HbA_1 die auch für Gefäßschäden relevante langfristige (4 Wochen) Kontrolle der Blutzuckereinstellung überprüft werden kann. Das HbA_1 sollte nur in längeren Zeitabständen (4 Wochen) bestimmt werden
- *Fruktosamin*
  Der Fruktosaminwert (Normalwert: < 300 µmol/l) spiegelt die Glykosilierung der Serumproteine wider. Aufgrund ihrer im Vergleich zum Hämoglobin sehr viel kürzeren Halbwertszeit (Tage) gibt der Wert nur über die Blutzuckereinstellung der letzten ca. 2 Wochen Auskunft

❑ Therapie

Therapievoraussetzungen

Voraussetzungen für eine gute Stoffwechseleinstellung sind:

- Gewichtsreduktion bei Adipositas
- körperliche Aktivität
- Diät
- Therapie weiterer Grundkrankheiten

Bei den Typ II-Diabetikern (kaum beim Typ I) besteht häufig eine Adipositas. Bereits durch Erreichen des *Normalgewichts* kann sich die diabetische Stoffwechsellage normalisieren oder zumindest stark verbessern. *Körperliche Aktivität* steigert ebenfalls die Glukoseutilisation im Organismus. Blutzuckereinstellungen bei Patienten, die im Krankenhaus unter relativer Immobilität erreicht wurden, müssen deshalb nicht selten vom Hausarzt nachkorrigiert werden. Die *Diät* ist Voraussetzung für eine gute medikamentöse Stoffwechseleinstellung. Bei jeder Entgleisung einer bislang guten Einstellung ist nach den Gründen zu fragen. Ein diabetisches Ulkus mit Abszedierungen, ein Karbunkel (im Nacken), eine Pyelonephritis oder jegliche andere Grunderkrankung können die Blutzuckereinstellung verschlechtern. Umgekehrt ist bei schlecht einstellbarem Diabetes nicht nur nach Diät- und Medikamentencompliance, sondern auch nach anderen Beschwerden zu fragen.

Medikamentöse Therapie

Orale Antidiabetika.

Zu den oralen Antidiabetika zählen:

- Sulfonylharnstoffe (SH)
- Biguanide
- α-Glukosidasehemmer
- Füll- und Quellstoffe

Sulfonylharnstoffe

Sulfonylharnstoffe werden beim Typ II-Diabetiker eingesetzt, wenn die allgemeinen Therapiemaßnahmen alleine nicht ausreichen. Sulfonylharnstoffe verbessern die Sekretion von Insulin aus den B-Zellen. Häufigere Nebenwirkungen sind *Hypoglykämien*, Cholestase, allergische Reaktionen und gastrointestinale Störungen. Es ergeben sich viele Wechselwirkungen. So verstärken Alkohol und β-Blocker die Wirkung, Sympathomimetika und Corticosteroide schwächen sie ab. Sulfonylharnstoffe sind in der Schwangerschaft und Stillzeit (Hypoglykämie beim Säugling), bei Typ I-Diabetes und diabetischem Koma *kontraindiziert*.

Weitere *Therapiehinweise*:

Einschleichende Dosierung bis zur einer Maximaldosierung von 3 Tbl./die ist empfehlenswert. Über 3 Tbl. hinaus kann kaum mit einer Wirkungszunahme gerechnet werden. Die Dosen werden im Regelfall früh und abends gegeben (2-0-1 Tbl.): aber *Vorsicht* vor nächtlichen Hypoglykämien sowie bei unregelmäßiger Nahrungsaufnahme! Glibenclamid (z.B. Euglucon N® - 3,5 mg/Tbl.) ist das mit Abstand am weitesten verbreitete und wirkungsstärkste orale Antidiabetikum. Bei zu starker Blutzucker-Senkung durch Glibenclamid sollte eine geringere Glibenclamiddosis eingesetzt (z.B. Semi-Euglucon N® - 1,75 mg/Tbl.) oder auf weniger stark wirkende Präparate (z.B. Glutril®, Rastinon®) gewechselt werden. Bei Niereninsuffizienz besteht Kumulations- und damit *Hypoglykämiegefahr*. Ist eine Kumulation erfolgt, so können über Tage hinweg Hypoglykämien auftreten. Keine Kumulationsgefahr besteht bei Gliquidon, das vermehrt hepatisch eliminiert wird.

Präparate sind u.a.:

Substanz	Medikament	maximale Tagesdosis
1. Generation der Sulfonylharnstoffe		
Tolbutamid	(z.B. Rastinon® 0,5 g/1g)	2 g (1 g-0-1 g)
2. Generation der Sulfonylharnstoffe		
Glibornurid	(z.B. Glutril®)	3 Tbl. à 25 mg
Glibenclamid	(z.B. Euglucon N®)	3 Tbl. à 3,5 mg
Gliquidon	(Glurenorm®)	3 Tbl. à 30 mg

Tab. 5.21: Sulfonylharnstoffe und Beispiele kommerziell erhältlicher Präparate.

Biguanide

Biguanide (z.B. Metformin - Glucophage® retard) fördern die Glukoseaufnahme in die Muskulatur und hemmen die Glukoneogenese. Biguanide senken den Blutzucker nur bei Diabetikern. Eine Erhöhung der Insulinsekretion wird nicht ausgelöst, wodurch eine Zunahme der Insulinresistenz durch immer höhere Insulinspiegel vermieden wird. Biguanide können jedoch lebensgefährliche Laktatazidosen verursachen. Sie werden deshalb nur gelegentlich eingesetzt. Gegenanzeigen sind u.a. Niereninsuffizienz (Kumulation), kardiale und pulmonale Insuffizienz (Hypoxämie, Laktatanstieg) und schwere Grunderkrankungen. Biguanide können *mit* Sulfonylharnstoffen kombiniert werden. Vertiefte Atmung oder Adynamie sind Hinweise auf eine Azidose.

α-Glukosidasehemmer

(z.B. Acarbose - Glucobay®, Tbl. á 50 und 100 mg, 1 Tbl. zu den Mahlzeiten) hemmen Saccharidasen in der Dünndarmmukosa und damit die Aufspaltung der mit der Nahrung zugeführten Kohlenhydrate. Dadurch wird die Kohlenhydratresorption verzögert. Nicht-resorbierte Kohlenhydrate können zu Blähungen, Bauchschmerzen und Durchfall führen. Bei Hypoglykämien muß, falls der orale Weg gewählt wird, *Glukose* und nicht Haushaltszucker (Saccharose) gegeben werden.

Füll- und Quellstoffe

Füll- und Quellstoffe (z.B. Guarmehl - Glucotard®, Beutel à 5 g) sind nicht-resorbierbare Polysaccharide, die die Aufnahme von Zuckern verzögern und starke postprandiale Blutzuckerschwankungen glätten. Es wird anfänglich 1 Beutel *vor* einer Mahlzeit mit mindestens 1/4 l Wasser eingenommen und bei Bedarf langsam auf 3 Btl./die (jeweils 1 Btl. vor den Hauptmahlzeiten) gesteigert. Nebenwirkungen sind u.a. Blähungen, Durchfall und verzögerte Resorption anderer Medikamente. Ein ausgeprägter blutzuckersenkender Effekt kann nicht erwartet werden.

Insulin

Indikationen:

- primär bei Typ I-Diabetikern
- Sekundärversagen bei Typ II-Diabetikern
- diabetisches Koma
- Schwangerschaft
- perioperativ
- Gangrän, andere schwere Sekundärschäden

Insulinarten:

- Rinderinsulin
- Schweineinsulin
- Humaninsulin
    - aus Schweineinsulin durch Austausch der "falschen" Aminosäure
    - gentechnisch aus E. coli

Das Schweineinsulin gleicht dem des Menschen am meisten (eine Aminosäure unterschiedlich), das Rinderinsulin unterscheidet sich in drei Aminosäuren, so daß das allergisierende Potential etwas größer ist. Rinderinsulin wird nur sehr selten verwendet. Neueinstellungen werden mit Humaninsulin vorgenommen, gut funktionierende Einstellungen mit nicht-humanen Insulinen aber nicht umgestellt.

Applikationsarten:

parenteral	*mit*
• subkutan	• Einmalspritze
• intravenös	• PEN
	• Insulinpumpe

Intravenös darf nur *Normalinsulin* gespritzt werden. Bei fraglicher subkutaner Resorption (z.B. Schock mit Zentralisation) ist das Insulin i.v. zu geben. Die s.c.-Injektionen werden in Bauchhaut und Oberschenkelstreckseite sowie -außenseite appliziert. Der Injektionsort sollte wechseln (Lipodystrophiegefahr), jedoch zumindest für 1-2 Wochen in einer Region bleiben. Sport, Massage oder ein heißes Bad wirken resorptionsbeschleunigend.

Galenische Zubereitungen:

- Normal(Alt)-Insulin
- Verzögerungs(Intermediär)-Insulin
- Mischinsuline (Alt- *und* Verzögerungsinsulin)
    - 10 % Alt-, 90 % Verzögerungsinsulin
    - 20 % und 80 %
    - 30 % und 70 %
      und andere Mischungsverhältnisse
- Langzeitinsuline

Durch Kombination mit resorptionsverzögernden Substanzen (Protamin, Zink) kann die Wirkdauer von Normalinsulinen verlängert werden. In dieser Zubereitung darf aber keine i.v.-Gabe der Verzögerungsinsuline erfolgen. *Mischinsuline* bestehen aus Normal- *und* Verzögerungsinsulin. Dabei wird eine Vielzahl von Mischungsverhältnissen angeboten, so daß ein Mischen durch den Patienten aus *zwei* verschiedenen Durchstechampullen nicht mehr nötig ist. Vor Entnahme des Mischinsulins aus der Vorratsflasche muß durch Rollen zwischen den Händen tatsächlich ein Durchmischen sichergestellt werden. *Langzeitinsuline* wirken über ca. 24 h.

Insulintyp	Spritz-Eß-Abstand	Wirkungseintritt nach	Wirkungs-maximum nach	Wirkungsdauer
Normalinsulin	15 min	30 min	1-3 h	5-6 h
Verzögerungsinsulin	30 min	60 min	6-10 h	18-24 h
Langzeitinsulin	entfällt	4-6 h	8-12 h	24-36 h

Tab. 5.22: Insulinarten und Wirkungszeiten.

Dosierung:

Die Ersteinstellung wird am günstigsten stationär durchgeführt. Die benötigte Insulinmenge muß durch ansteigende Dosierung und anfänglich intensive Kontrollen den Bedürfnissen des Patienten individuell angepaßt werden. Bei der konventionellen Einstellung beginnt man mit ca. 20 E. eines Mischinsulins morgens und steigert langsam um 10-20 %. Die Faustformel

1 E. Alt-Insulin → 30 mg Blutzuckersenkung

ist lediglich ein grober Anhaltspunkt. Wird ein Sulfonylharnstoff hinzugegeben (Typ II-Diabetiker), so muß man nach einigen Tagen mit einer zusätzlichen Senkung des Blutzuckers rechnen. Morgen- und Abenddosis sollten sich etwa wie 2/3 zu 1/3 verteilen. Dies hängt von der jeweiligen Aufnahme der Broteinheiten und der tageszeitabhängigen *Insulinsensitivität* ab.

Pro Broteinheit werden benötigt:

- morgens 1,5-2,5 E. Insulin
- mittags 1,0 E.
- abends 1,5 E.

Niedrige morgendliche Bz-Werte machen eine Reduktion der abendlichen Insulindosis notwendig, hohe morgendliche Bz-Werte dagegen eine Steigerung. Ausnahme ist der *Somogyi-Effekt*: Bei zu hoher abendlicher Insulindosis kommt es zur nächtlichen Hypoglykämie und einer starken, sympathischen Gegenregulation mit nachfolgender *Steigerung* der Blutzucker-Werte und hohen morgendlichen Blutzucker-Konzentrationen. Diagnose: Kontrolle der nächtlichen Blutglukose, alternativ der Urin-Glukose-Ausscheidung während der Nacht. Eine hohe nächtliche Glukoseausscheidung macht den Somogyi-Effekt unwahrscheinlich, fehlende Blutzucker-Ausscheidung deutet jedoch auf einen *möglichen* Somogyi-Effekt hin. Therapeutisch wird die abendliche Insulingabe *reduziert.*

Beim *Dawn-Phänomen* ist der Blutzucker bis etwa 6 Uhr morgens ausreichend, um dann aber stark anzusteigen. Hierzu wird der 6- und 8 Uhr-Blutzucker gemessen. Therapeutisch kann ein Wechsel auf ein abendliches Insulin mit längerer Wirkdauer versucht werden.

Insulinresistenz:

Werden pro Tag mehr als 100 E. Insulin benötigt, so kann eine Insulinresistenz aufgrund eines neutralisierenden Insulinantikörpers vom IgG-Typ vorliegen. In Einzelfällen bewirken Tagesdosen bis zu 200 E. nur geringe Blutzuckeränderungen. Therapeutisch wird versucht, auf einen anderen Insulintyp (z.B. Rinderinsulin) überzugehen oder lediglich auf Diät, Sulfonylharnstoffe und Biguanide auszuweichen. In Einzelfällen können sehr hohe Insulindosen oder eine Immunsuppression versucht werden.

Insulinallergie:

Eine Allergie kann in Form einer Sofortreaktion (Urtikaria, Minuten nach der Injektion) oder einer verzögerten, zellvermittelten Spätreaktion (Infiltrate im Bereich der Injektionsstellen, 1-2 Tage danach) auftreten. Es wird versucht, den Insulintyp und gegebenenfalls die galenische Aufbereitung (Zink, Surfen) zu wechseln.

Mögliche Arten der Insulintherapie:

- konventionell
- intensiviert (Basis-Bolus-Konzept)
- Insulinpumpe

Bei der *konventionellen* Insulintherapie wird morgens (ca. 2/3 der Dosis) und abends (1/3) ein Mischinsulin s.c. gegeben (z.B. Depot H Hoechst®, 24-0-12 E., 30 min Spritz-Eß-Abstand). Ein Vorteil ist dabei die einfache Handhabung des Schemas, ein Nachteil die "unphysiologische", nur morgens und abends-intermittierend prandiale Zufuhr. Beim *Basis-Bolus-Konzept* wird abends gegen 22 Uhr eine kleine Menge Langzeitinsulin (Basal-H-Insulin Hoechst, z.B. 12 E. s.c., entsprechend der geringen physiologischen Basalsekretion) gegeben. Zu jeder Mahlzeit wird eine Menge Normalinsulin gespritzt, die nach vorheriger Blutzuckerselbstkontrolle und Kenntnis der geplanten Broteinheiten sowie der tageszeitabhängigen Insulinempfindlichkeit berechnet wird. Der Vorteil ist hier eine relativ physiologische Zufuhr des Insulins, nachteilig ist jedoch die Kompliziertheit der Kontrolle, die nur von einem kleinen Teil der Diabetiker bewältigt wird. Mit der *Insulinpumpe* kann durch eine kontinuierliche subkutane Insulininfusion mit zusätzlichen Dosen vor den Mahlzeiten, in Abhängigkeit vom jeweiligen präprandialen Blutzuckerwert, dieses Prinzip ebenfalls verwirklicht werden.

Weitere, in Erprobung befindliche Therapieansätze sind Insulinpumpen mit *Glukosesensoren* und automatisch gesteuerter, bedarfsgerechter Infusionsmenge. *Pankreastransplantationen* werden besonders in Kombination mit Nierenverpflanzungen bei terminaler Niereninsuffizienz vorgenommen. Eine *Immunsuppression* wird beim Typ I-Diabetiker im Anfangsstadium versucht.

Sekundärversager

Ein Zehntel der Typ II-Diabetiker kommt pro Jahr nicht mehr nur mit Diät und oraler Medikation aus (Sekundärversager). Bei diesen Patienten wird die orale Medikation beibehalten und zusätzlich ein Verzögerungsinsulin morgens (beginnend mit 8 E.) dazugegeben. Dies geschieht unter der Vorstellung, daß die Inselzellen des Patienten weiterhin für einen überwiegenden Teil der Insulinproduktion sorgen und andererseits exogen zugeführtes Insulin in möglichst nur geringer Dosierung ergänzt wird, um eine "down"-Regulierung der Insulinrezeptoren zu verhindern. Steigerungen der Insulindosis sind vorsichtig vorzunehmen.

Patientenschulung, Selbstkontrolle

Die Schulung des Patienten fördert seine Compliance (Körpergewicht, Diät, Medikamenteneinnahme), erlaubt es, durch Selbstkontrollen die Einstellung zu überwachen sowie zu verbessern und läßt den Patienten Komplikationen eher erkennen. Letztlich sollen dadurch Lebensqualität und Unabhängigkeit verbessert sowie diabetische Spätkomplikationen verhindert werden. Aus diesem Grunde sollte allen Diabetikern die Teilnahme an Schulungsmaßnahmen angeboten werden.

Die Selbstkontrolle des Urinzuckers anhand eines Streifentests ist nur ein grob orientierendes Verfahren. Blutzuckerselbstkontrollen können mit geringen Abweichungen zum tatsächlichen Laborwert im Rahmen einer sehr schwankenden Stoffwechselsituation oder bei der intensivierten Insulintherapie vom Patienten durchgeführt werden. Der Patient gewinnt etwas Blut (z.B. mit federgetriebenen Stechhilfen) aus dem Ohr oder der Fingerbeere. Bei den auf *kolorimetrischer* Basis funktionierenden Meßgeräten wird die enzymatische Farbentwicklung auf einem Teststreifen gemessen, kann jedoch auch grob visuell abgelesen werden (z.B. Glucostix®-Teststreifen, Reflolux® Gerät). Bei den *elektrochemischen* Verfahren wird die Spannungsänderung durch das aufgebrachte Blut gemessen (z.B. Geräte von Medisens®).

Therapieziele

Angestrebt wird eine Normalisierung des Körpergewichts und eine Vermeidung weiterer Risikofaktoren. Zur Vermeidung von Sekundärschäden sollte die Blutzuckereinstellung so gut wie möglich sein. Ziel ist:

- Nüchternblutzucker unter 120 mg/dl
- postprandiale Werte unter 180 mg/dl
- Harnzucker im Streifentest negativ, Aceton negativ
- HbA_1 im Normbereich (z.B. $HbA_{1c} < 7\ \%$)
- keine Hypoglykämien

Die bei schlechter Diabeteseinstellung ebenfalls vorhandene *Hypertriglyzeridämie* sollte sich normalisieren. Bei Schwangeren werden niedrigere postprandiale Werte (unter 140 mg/dl) angestrebt. Bei sehr alten oder unkooperativen Patienten müssen nicht selten auch postprandiale Blutzuckerwerte über 200 mg/dl, in einigen Fällen auch über 250 mg/dl, in Kauf genommen werden. Wichtig ist dabei die Vermeidung von Hypo- und Hyperglykämien.

❑ **Prognose**

Die Lebenserwartung wird durch das Ausmaß der Gefäßschäden determiniert und ist beim Diabetiker um etwa ein Drittel vermindert. Eine gute Stoffwechseleinstellung verzögert jedoch das Auftreten von Gefäßschäden.

5.2.1.1. Hypoglykämie

❑ **Definition**

Die Hypoglykämie ist ein Abfall des Blutzuckers, der für den Patienten symptomatisch wird.

❑ **Ätiologie und Pathogenese**

Beim Diabetiker:

- zu geringe Nahrungsaufnahme
- zu hohe Medikation
- zu starke körperliche Belastung

Beim Nicht-Diabetiker:

- Insulinom
- Leberzirrhose
- NNR-Insuffizienz
- reaktive postprandiale Hypoglykämie
- renale Hypoglykämie
- Urämie
- HVL-Insuffizienz

Die mit Abstand häufigsten Ursachen einer Hypoglykämie sind zu hohe Dosierung bzw. zu geringe Nahrungsaufnahme bei Diabetikern. Appetitlosigkeit, Übelkeit, Probleme bei der Beschaffung von Lebensmitteln, Alkoholgenuß statt Nahrungsaufnahme können bei fortgeführter Medikation zu Hypoglykämie führen. Gerade bei jungen Diabetikern kann erschöpfende körperliche Belastung (Sport) ebenfalls ursächlich sein. Beim Nicht-Diabetiker kann bei hohem Vagotonus postprandial eine zu hohe Insulinmenge ausgeschüttet werden, die etwa 4 h nach der Mahlzeit eine leichte Hypoglykämie induziert. Beim Spätdumping-Syndrom nach Gastrektomie kommt es ebenfalls zu einer reaktiven postprandialen Hypoglykämie. Insulinsezernierende Tumoren der Inselzellen sind selten. Ein renaler Diabetes mit hoher

Glukoseausscheidung kann zu einer renalen Hypoglykämie führen. Eine zunehmende Niereninsuffizienz führt zur Kumulation von oralen Antidiabetika und so zu Hypoglykämie. Schwere Lebererkrankungen (Leberzirrhose) mit geringen Glykogendepots und verminderter Glukoneogenese, evtl. kombiniert mit Alkoholgenuß und dadurch ebenfalls herabgesetzter Glukoneogenese, verursachen gelegentlich Hypoglykämien (Bz-Stix bei Alkoholintoxikation). Suizidversuche mit Insulin können besonders bei Angehörigen des medizinischen Dienstes vorkommen.

❑ Symptomatik

- Parasympathikus
  - Heißhunger
  - Schwäche
- Sympathikus
  - Unruhe
  - Schweißausbruch
  - Zittern
  - Blutdruckanstieg
  - Tachykardie
  - Mydriasis
- zentrales Nervensystem
  - Benommenheit
  - Krämpfe
  - Koma

Die Symptome einer Hypoglykämie sind vielfältig. Bei jeder unklaren Bewußtseinstrübung, bei jeder psychotischen Veränderung, unerklärlichen Aggressivität oder beim Krampfanfall eines Diabetikers muß *immer* an eine Hypoglykämie gedacht werden. Gelegentlich treten auch *apoplektiforme* Bilder auf, die sich nach Glukosegabe schnell zurückbilden!

❑ Komplikationen

Im Regelfall "erwacht" der Patient wenige Minuten nach der Glukoseinjektion. Je länger die Hypoglykämie dauerte, desto länger wird die Zeit bis zum Aufklaren sein. Sehr lange Hypoglykämien können apallische Zustände oder gar den Tod zur Folge haben.

❑ Diagnostik

- Blutzucker < 40 mg/dl
- Besserung auf Glukosegabe
- ggf. weiterführende Diagnostik

Ein junger Mensch kann Blutzuckerwerte von 30-40 mg/dl ohne größere Symptome bewältigen. Bei langjährigen, schlecht eingestellten Diabetikern führt manchmal ein Blutzucker unter 80 mg/dl bereits zu Hypoglykämiezeichen. Vor der Gabe von Glukose sollte eine Blutentnahme zu diagnostischen Zwecken erfolgen. Diese Forderung läßt sich mittlerweile aufgrund der tragbaren, handlichen und weit verbreiteten Bz-Meßgeräte tatsächlich verwirklichen. Eine *nachgewiesene Hypoglykämie bei einem Nicht-Diabetiker* erfordert eine weiterführende Diagnostik:

- Blutzucker
- Insulin
- C-Peptid

- oraler Glukosetoleranztest
- ggf. weitere endokrinologische Bestimmungen (ACTH, Kortisol)

Bei exogener Zufuhr von Insulin (Suizidversuch) ist das C-Peptid im Vergleich zum Insulin niedrig. Bei Insulinomen sind beide Werte hoch, der Insulin/Glukose-Quotient ist erhöht. Bei der reaktiven postprandialen Hypoglykämie treten hypoglykämische Werte ca. 4 h nach der Glukosebelastung auf.

❑ **Therapie**

- orale oder intravenöse Glukosezufuhr
- Glukagon i.m. durch Steigerung der endogenen Glukoseproduktion
- ggf. Änderung der Therapie

Beim noch ansprechbaren Patienten genügt die Zufuhr von Kohlenhydraten (Glukose, Haushaltszucker [Disaccharid], stark gezuckerter Tee usw.). Dem benommenen (Aspirationsgefahr) oder komatösen Patienten muß Glukose parenteral appliziert werden (z.B. 20 ml Glukose 40%ig, danach 500 ml Glukose 5%ig). Eine Krankenhausaufnahme wird bei oralen Antidiabetika (nicht kalkulierbare Halbwertszeit) notwendig. Patienten mit insulininduzierter Hypoglykämie können nach Glukoseinjektion, raschem Erwachen, zusätzlicher oraler Zufuhr von 2 BE **und** *lückenloser Kontrolle durch Familienangehörige* ambulant weiterbehandelt werden. *Glukagon* (1-2 Amp. à 1 mg i.m., s.c. oder i.v.) wirkt durch Steigerung der endogenen Glukoseproduktion. Die Wirkung tritt nicht so schnell ein wie bei i.v.-injizierter Glukose; bei erschöpften Glykogendepots bleibt die Wirkung aus. Glukagon bleibt deshalb besonderen Situationen vorbehalten, z.B. wenn kein ärztliches Personal zur Stelle ist (subkutane Injektion durch Laien) oder ein i.v. Zugang nicht möglich ist. *Natürlich muß der Auslöser der Hypoglykämie eruiert und der Patient entsprechend beraten werden* (z.B. weniger Einheiten Insulin, eine Spätmahlzeit, mehr BE bei intensiver sportlicher Tätigkeit usw.)!

5.2.1.2. Diabetisches Koma

❑ **Definition**

Coma diabeticum bezeichnet einen derartigen Anstieg des Blutzuckers, daß es zu zentralnervösen Symptomen und schließlich zum Koma kommt. Wie bei der Hypoglykämie lassen sich genaue Grenzen nicht festlegen. Bei einer akut auftretenden Hyperglykämie ohne Ketoazidose werden Bz-Werte bis 1.000 mg/dl symptomarm toleriert. Ein ketoazidotisches Koma kann sich bereits bei 500 mg/dl einstellen.

❑ **Ätiologie und Pathogenese**

- zu geringe Medikation
- zu hohe Kohlenhydrataufnahme
- erhöhter Insulinbedarf bei akuten Erkrankungen (z.B. Myokardinfarkt, akute Infektionen, Unfälle, Operationen)

Der Anteil des "Manifestationskomas", eines Komas bei bislang nicht bekanntem D.m., ist rückläufig und allenfalls bei einem Fünftel der Patienten Ursache des Komas. Häufiger sind dagegen Diätfehler (z.B. Festtage) oder unterlassene Medikamenten- bzw. Insulinapplikation. Im Falle akuter Erkrankungen *steigt* der Insulinbedarf. So können Patienten mit der Diagnose eines diabetischen Komas eingewiesen werden, bei denen sich nach Aufnahme ein Myokardinfarkt (bei Diabetikern in 25 % stumm) als Ursache herausstellt. Weitere Ursachen sind akute Infekte, Operationen usw..

Die Unterscheidung zwischen *hyperosmolarem* und *ketoazidotischem* Koma ist für Diagnose und Therapie wichtig:

Unterscheidungsparameter	hyperosmolares Koma	ketoazidotisches Koma
Insulinwirkung	Restwirkung	fehlt
Lipolyse, Ketonkörper	nein	ja
Azidose	gering	stark
Hyperosmolarität	hoch	mäßig
Vorkommen	Typ II-Diabetes	Typ I-Diabetes
Blutgasanalyse	keine Azidose	metabolische Azidose
Serumosmolalität	sehr hoch	erhöht
Urinsediment	Aceton negativ	Aceton stark positiv
Blutzucker	sehr hoch (> 800 mg/dl)	hoch (> 400 mg/dl)

Tab. 5.23: Differentialdiagnose des hyperosmolaren und ketoazidotischen Coma diabeticum.

❑ Symptomatik

Die klinischen Bilder der beiden Formen des diabetischen Komas weisen Unterschiede auf:

- hyperosmolares *und* ketoazidotisches Koma
    - Polyurie, Polydipise, trockene Haut (aufgrund der osmotischen Diurese)
    - Blutdruckabfall, Tachykardie, Schock (aufgrund des Volumenmangels)
    - Oligurie, Anurie (Gefahr des Nierenversagens)
    - Benommenheit, Koma
- *nur* beim ketoazidotischen Koma
    - vertiefte Atmung (metabolische Azidose)
    - süßlich fruchtiger Geruch der Ausatemluft (Ketonkörper)

In einigen Fällen stehen *peritonitische* Schmerzen unter dem Bild eines akuten Abdomens im Vordergrund. Das diabetische Koma entwickelt sich innerhalb von Stunden bzw. Tagen, die Hypoglykämie dagegen innerhalb von Minuten bzw. 1-2 h. Allerdings können gerade bei instabilen Diabetikern innerhalb von wenigen Stunden Blutzuckerwerte bis 800 mg/dl auftreten. Da diese in den ersten Stunden weder zur extrazellulären Dehydratation (osmotische Diurese) noch zur intrazellulären Dehydratation führen (Hyperosmolarität) und da außerdem keine nennenswerte Ketoazidose vorhanden ist, können auch derart hohe Blutzuckerkonzentrationen *mit geringen Symptomen* verbunden sein. In diesen Fällen läßt sich durch *kleine* Insulinmengen (z.B. 16 E. Alt-Insulin s.c., Bz-Kontrolle nach 2 und 4 h) innerhalb kurzer Zeit eine Normalisierung der Situation auch ohne Verlegung auf eine Intensivstation erreichen.

❑ Diagnostik

Die Behandlung des manifesten diabetischen Komas gehört, von obiger Ausnahme abgesehen, grundsätzlich auf die Intensivstation. Dort werden eine Reihe von Parametern erhoben, von denen einige der wichtigsten nachfolgend aufgeführt sind:

- Blutglukose
- Säure-Base-Status
- Serumosmolalität

- Elektrolyte (Kalium, Natrium)
- Urinmenge/h
- zentraler Venendruck

❑ **Differentialdiagnose**

Unterscheidungsmerkmale	hypoglykämischer Schock	Coma diabeticum
Auftreten	innerhalb von Stunden	innerhalb von Tagen
Haut	feucht	trocken
Exsikkose	nein	ja stehende Hautfalten, weiche Bulbi, geringe Urinproduktion
Blutdruck	normal bis erhöht	niedrig
Kussmaulsche Atmung	nein	ja süßlicher Azetongeruch der Ausatemluft
zerebrale Krampfanfälle	häufig	selten

Tab. 5.24: Differentialdiagnose von Hypoglykämie und diabetischem Koma.

❑ **Therapie**

- Flüssigkeit
- Insulin
- Azidoseausgleich
- Elektrolytausgleich

Ein *Flüssigkeitsdefizit* von 3-5 l ist anzunehmen. Als wichtige *Erstmaßnahme* werden rasch 1.000 ml 0,9%ige NaCl auch bei mäßiger Hypernatriämie infundiert. Die weitere Flüssigkeitszufuhr richtet sich nach der Ausscheidung, dem zentralen Venendruck, dem Blutdruck und der kardiovaskulären Situation. Initial werden 12-20 E. eines *Normal(Alt)-Insulins* i.v. gegeben (keine s.c.-Gabe bei Patienten im Koma oder Schock), gleichzeitig wird ein Insulinperfusor (50 E. *Normalinsulin* ad 50 ml mit 0,9%iger NaCl, 1 ml = 1 E.) angelegt und auf 4-6 E./h eingestellt. Blutzuckerkontrollen müssen ein-, später zweistündlich durchgeführt werden. Flüssigkeitszufuhr und Insulingabe bessern bereits die *metabolische Azidose*, so daß erst ab einem pH von 7,2 mit Bikarbonat ausgeglichen werden muß. Infundiert wird allenfalls die Hälfte der errechneten Menge (kgKG x neg. BE x 0,3 = mval NaBi, davon die Hälfte). Eine weitere Korrektur kann *nach* erneuter Kontrolle des Säure-Base-Haushalts erwogen werden. Die initiale *Hyperkaliämie*, hinter der sich ein intrazellulärer Kalium*mangel* verbirgt, wird durch Flüssigkeitszufuhr, Insulingabe und Azidoseausgleich rasch gesenkt, so daß unter diesen Maßnahmen ab einem Wert von 4 mmol/l bereits mit der *Substitution* begonnen werden muß (Kaliumperfusor über den zentralen Zugang, 5 mval/h, kurzfristige Kontrollen nach Blutzuckersenkung und Azidoseausgleich). *Andere Maßnahmen* umfassen die kardiovaskuläre Überwachung und Induktion der Diurese (z.B. Anheben des Blutdrucks, ausreichende Flüssigkeitszufuhr, Furosemid i.v.), Phosphatgabe und Thromboembolieprophylaxe. Bei hyperosmolarem Coma diabeticum reichen Flüssigkeitszufuhr, Insulin und Kaliumsubstitution zur Stabilisierung der Stoffwechselsituation aus, Ein Azidoseausgleich ist nicht nötig, da keine Ketoazidose besteht.. Die benötigten Insulinmengen sind geringer (!) als beim ketoazidotischen Coma diabeticum.

5.2.1.3. Makro- und Mikroangiopathie

• diabetische Makro- und Mikroangiopathie

Die *diabetische Makroangiopathie*, d.h. stenosierende arteriosklerotische Gefäßveränderungen der Arterien, sind nicht spezifisch für den Diabetes mellitus und gleichen z.B. denen bei Nikotinabusus. Solche makroangiopathischen Veränderungen führen zu koronarer Herzkrankheit/Myokardinfarkt, Stenosen der hirnversorgenden Arterien/Schlaganfall, Nierenarterienstenose/Hypertonus oder Einengung bzw. Verschluß der Extremitätenarterien mit Claudicatio intermittens. Die *diabetische Mikroangiopathie* betrifft dagegen die Kapillaren und ist relativ spezifisch für das Vorliegen eines Diabetes mellitus. Die Mikroangiopathie kann als diabetische Gangrän, Nephropathie, Neuropathie und Retinopathie in Erscheinung treten. Typisch für eine Mikroangiopathie ist das Vorhandensein peripherer Pulse, warmer Haut am Fuß, jedoch Teilnekrose einer Zehe.

• diabetische Gangrän

- trockene Nekrose
- feuchte Nekrose

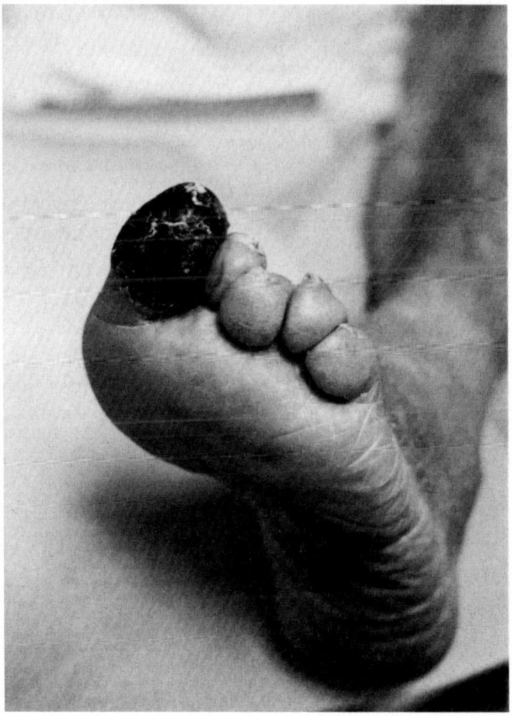

Abb. 5.2: Trockene diabetische Gangrän der Großzehe.

Bei fortgeschrittener Mikroangiopathie können trotz offener Arterien (tastbare Fußpulse) die Kapillaren, z.B. eines Zehenendes, soweit verschlossen sein, daß sich eine livide Verfärbung bildet. Der Prozeß ist schmerzlos (Neuropathie). Bleibt das abgestorbene Gewebe geschlossen und trocknet es aus, so entwickelt sich eine schwarze, harte, trockene Nekrose. Infiziert sie sich, so kommt es zur feuchten Nekrose mit Sekretion von Wundflüssigkeit, Rötung und Schwellung der Umgebung. *Feuchte Nekrosen* nehmen ihren Ausgangspunkt gerne von Druckstellen (schlecht passendes Schuhwerk, Neuropathie), Verletzungen

(Fußpflege) oder sich abstoßenden trockenen Nekrosen. Solange die Nekrose trocken ist, sollte sie unter Vermeidung von Druckstellen verbunden werden. Eine tägliche Wundkontrolle sollte erfolgen. Eine Nekrose bedeutet einen "Notfall", der die betroffene Extremität gefährdet. Notwendig ist eine

- *Angiographie*
  Diese sollte in jedem Fall veranlaßt werden, um eine zusätzliche, behebbare Makroangiopathie (z.B. durch perkutane transluminale Angioplastie = PTA) auszuschließen. Für eine eventuell notwendige Amputation wird zudem die verbliebene Gefäßversorgung deutlich

Weiterhin notwendig sind:

- tägliche Reinigung und Verbandswechsel
- tägliche Befundkontrolle

Bei fortschreitendem Befund:

- Antibiose (intravenös oder -arteriell)
- intraarterielle Gabe eines Prostazyklinanalogons (Prostavasin®)
- Amputation bei konservativ nicht beherrschbarer Gangrän

- **diabetischer Fuß**

Der Fuß ist beim Diabetiker durch Makro- und Mikroangiopathie sowie Neuropathie gefährdet. Druckstellen führen zu schmerzlosen Ulzera (z.B. am vorderen Fußgewölbe - Mal perforans) und werden oft nicht bemerkt. Auch eine durch eine Tinea pedis in den Zehenzwischenräumen mazerierte Haut kann Eintrittspforte für Keime und Ursache einer Gangrän sein. Die Haut beim diabetischen Fuß ist sonst eher trocken, atrophisch-dünn, rissig und sehr vulnerabel. Langjährige Diabetiker sollten ihre Füße täglich inspizieren, trocken halten und ggf. rückfettend eincremen, um Risse und Schrunden zu vermeiden. Auch kleine Ulzera müssen konsequent behandelt werden.

- **diabetische Retinopathie**

Etwa bei 25 % der Diabetiker entsteht eine diabetische Retinopathie. Das Risiko steigt mit der Dauer der Erkrankung. Erkennung und Behandlung in einem frühen Stadium erhält die Sehkraft länger. Halbjährliche augenärztliche Kontrollen sind deshalb sinnvoll. Die diabetische Retinopathie ist in den westlichen Industrieländern zu einer wichtigen Ursache von Erblindungen geworden. Unterschieden werden:

- nicht-proliferative Retinopathie
  - Mikroaneurysmen, punktförmige Blutungen, Degenerationsherde
- proliferative Retinopathie
  - größere Glaskörperblutungen, Proliferation von Netzhautgefäßen, Netzhautablösung

Die Laserkoagulation kann Folgen der Retinopathie in Grenzen halten. Neben den Netzhautveränderungen steigt bei Diabetes mellitus auch das Risiko eines *grauen und grünen Stars*.

- **diabetische Nephropathie**

- Mikroangiopathie → Glomerulosklerose (Kimmelstiel-Wilson)
- Makroangiopathie → Nierenarterienstenose
- rezidivierende Harnwegsinfekte, Pyelonephritiden

Das Risiko einer diabetischen Nephropathie steigt mit der Dauer des Diabetes und einer schlechten Stoffwechseleinstellung. Frühzeichen ist eine *Mikroalbuminurie*. Die glomeruläre Filtrationsrate kann in diesem Stadium durchaus erhöht sein. Später kommt es zu einer *Proteinurie*, einem Abfall der GFR und schließlich auch zu einem Anstieg der Nierenretentionswerte. Die Proteinurie kann sich bis zum nephrotischen Syndrom steigern. Ein renal begünstigter Hypertonus tritt bei der Hälfte der Patienten hinzu.

- **diabetische Neuropathie**
  - periphere sensomotorische Polyneuropathie
  - autonome Polyneuropathie

Frühe Zeichen der *peripheren sensomotorischen Polyneuropathie* sind Reflexabschwächungen oder -ausfälle, z.B. des ASR, sowie eingeschränkte Tiefensensibilität (nicht wahrgenommene Schwingungen einer Stimmgabel, z.B. am Knöchel). Derartige diskrete Symptome finden sich bei etwa 50 % der Diabetiker. Die sensiblen Ausfälle finden sich typischerweise an Füßen und Händen strumpf- bzw. handschuhförmig lokalisiert. Sie gehen mit Hypästhesien ("wie in Watte") oder gar mit Gefühllosigkeit einher. Auch unangenehme Dysaesthesien mit Brennen ("burning feet") und Kribbeln ("Ameisenlaufen") werden geschildert. Eine weitere Gefahr ist das Nichtwahrnehmen von Druckstellen am Fuß (z.B. bei neuen Schuhen), was die Gefahr der Entwicklung eines Ulkus und einer Gangrän in sich birgt.

Die *autonome Polyneuropathie* äußert sich in vielfältiger Form

- verzögerte Magenentleerung, bzw.
- Magenatonie bei Gastroparese
- erhöhtes Blasenvolumen bzw.
- Blasenatonie
- Herzfrequenzstarre
- Ruhetachykardie
- asympathotone orthostatische Dysregulation
- Impotenz
- Obstipation/Diarrhö

Eine verzögerte Magenentleerung, ein erhöhtes Blasenvolumen, eine starre, relativ tachykarde Herzfrequenz ohne respiratorische Arrhythmie sowie eine erektile Impotenz treten nach langjährigem Diabetes mellitus häufig auf.

- **andere Folgeerkrankungen**
  - Resistenzminderung
  - Hypertriglyzeridämie (Hyperlipidämie Typ IV n. Fredricksen)
  - Fettleber
  - Necrobiosis lipoidica
  - Lipodystrophie
  - Dupuytrensche Kontrakturen

Häufig ist eine Resistenzminderung, die sich z.B. in rezidivierenden Furunkeln oder Harnwegsinfekten äußern kann. Eine Hypertriglyzeridämie vom Typ IV verschlechtert sich bei ungünstiger Stoffwechseleinstellung und bessert sich bei intensiver Therapie. Die Necrobiosis lipoidica ist selten. Sie bezeichnet einen chronisch-nekrotisierenden Prozeß im subkutanen Fettgewebe, besonders an den Beinen, der bei einigen schlecht eingestellten Typ I-Diabetikern vorkommt. Die Lipodystrophie (Atrophie oder Hypertrophie) tritt an den Injektionsstellen des Insulins auf und ist ebenfalls selten. Dupuytrensche Kontrakturen kommen bei Diabetikern geringfügig häufiger vor.

5.2.2. Porphyrien

❑ **Definition**

Die Porphyrien sind Erkrankungen des Hämstoffwechsels, die entweder angeboren oder erworben sein können. Im typischen Fall kommt es durch Mangel eines Enzyms zur teilweisen Blockade eines Synthesewegs mit Anhäufung einer Vorstufe und deren Ablagerung im Gewebe sowie Ausscheidung im Urin/Stuhl.

❑ **Häufigkeit**

Die Porphyrien sind relativ selten. Aufgrund unterschiedlicher Regulation der Hämsynthese in Leber und Erythropoese und folglich an unterschiedlichen Orten entstehender Überproduktion von Vorstufen, wird zwischen *hepatischer* und *erythropoetischer* Porphyrie unterschieden.

- erythropoetische Porphyrien
  - kongenitale erythropoetische Porphyrie (M. Günther; autosomal-rezessiv)
  - erythropoetische Protoporphyrie
- hepatische Porphyrien
  - akute hepatische Porphyrie
    - Porphyria variegata
    - Porphyrie durch Defekt der δ-Aminolaevulinsäure-Dehydratase
    - *akute intermittierende Porphyrie*
  - chronische hepatische Porphyrie (*Porphyria cutanea tarda*)

Erythropoetische Porphyrien werden in der Praxis kaum beobachtet, gelegentlich jedoch die *akute intermittierende Porphyrie und besonders die Porphyria cutanea tarda*, so daß lediglich diese beiden letztgenannten Krankheiten hier besprochen werden.

Von den *sekundären* Porphyrien ist die durch *Bleiintoxikation* hervorgerufene am bekanntesten. Blei hemmt die Porphobilinogensynthetase.

5.2.2.1. Akute intermittierende Porphyrie

❑ **Ätiologie und Pathogenese**

Es handelt sich hierbei um einen *autosomal dominanten*, jedoch nicht vollständigen Defekt der Uroporphyrinogen-I-Synthetase. Letztere bewirkt eine gesteigerte Produktion von δ-*Aminolaevulinsäure* und *Porphobilinogen* mit entsprechend gesteigerter Ausscheidung im Urin. Die Krankheit manifestiert sich meist im Erwachsenenalter (20.-40. Lebensjahr). Sie ist die zweithäufigste Porphyrie und die häufigste AHP (w : m = 2-4 : 1).

❑ **Symptomatik**

Die Symptomatik ist relativ unspezifisch:

- psychovegetative Labilität
- abdominelle Beschwerden
- neurologische/psychische Symptome

Ein größerer Teil der Genträger scheidet lediglich vermehrt Porphyrine aus, ohne einen Anfall zu bekommen. Bei den manifest Erkrankten setzen die Beschwerden *intermittierend* nach einer auslösenden Situation ein und können ein scheinbar lebensgefährliches Krankheitsbild erzeugen. *Massive (kolikartige) abdominelle Schmerzen* werden als Ileus, Appendizitis oder Cholezystitis fehlgedeutet und "operiert". Patienten klagen über Brechreiz, Durchfälle oder Obstipation. Ursächlich ist möglicherweise eine vegetative Polyneuropathie. Als weitere Symptome sind *periphere Polyneuropathie, Tetraplegie und*

Epilepsie zu nennen, daneben können psychotische Verhaltensweisen vorkommen. Bei Polyneuropathien bzw. unklaren abdominellen Schmerzzuständen muß somit *auch an die Porphyrie* gedacht werden! Die überschüssig produzierten Porphyrine sind nicht photoaktiv und werden nicht im Gewebe abgelagert, so daß *keine* Photosensibilisierung und damit *keine* Hautveränderungen vorliegen.

❑ **Diagnostik**

- anfangs unauffälliger, später nachdunkelnder Urin
- Schnelltests
- quantitative Urinausscheidung der Gesamtporphyrine
- Klassifizierung der Porphyrine, Nachweis von δ-*Aminolaevulinsäure*
- (Nachweis des Enzymdefekts in den Erythrozyten)

Der frische Urin ist unauffällig gefärbt, seine Farbe dunkelt allerdings bei Licht ins Rotbraune nach (braune Flecken in der Unterwäsche). Zu den Schnelltests gehört der *Hösch-Test* (frischer Urin und Ehrlich-Reagenz, tiefe Rotfärbung) und, im Anschluß daran, der *Watson-Test* (Ausschütteln von Urinfarbstoffen in Chloroform, die vorher gefärbten roten Porphyrine bleiben in der wässrigen Phase zurück). Als Suchtest wird die Ausscheidung der Porphyrine im 24-h-Urin gemessen. Bei erhöhten Werten können dann die ausgeschiedenen Porphyrine differenziert werden.

❑ **Therapie**

Im akuten Anfall

- Beseitigen der auslösenden Ursache
- nur erlaubte Medikamente (s.u.)
- Glukosezufuhr hochdosiert (2.000 ml 20 % Glukose pro Tag i.v.)
- bei Erfolglosigkeit evtl. Hämarginat (in Deutschland nicht erhältlich)
- evtl. Prednisolon (100 mg am ersten Tag, rasche Reduktion)

Eine Reihe von Medikamenten kann eine akute Krise auslösen oder verschlimmern, andere wiederum sind "erlaubt" und gelten als ungefährlich.

Beispiele für "erlaubte" Medikamente	Beispiele für kontraindizierte Medikamente
Acetylsalicylsäure, Atropin, β-Blocker, Cephalosporine, Cimetidin, Digitalis, Heparin, Morphin, Penicillin, Prednisolon, Tetrazykline u.a.	Barbiturate, Diclofenac, Gestagene, Östrogene, orale Kontrazeptiva, Spironolacton, Sulfonamide, Benzodiazepine u.a.

Eine ausführliche Aufstellung findet sich in der Roten Liste (Ausgabe 1994: Seite 413-414).

Durch Zufuhr von Hämarginat soll die Hämsynthese gehemmt werden.

Dauertherapie

Die Prophylaxe erneuter Anfälle ist eine entscheidende Maßnahme. Dies geschieht durch Aufklärung des Patienten, Erstellen einer Liste erlaubter und unerlaubter Medikamente, eine kohlenhydratreiche Ernährung, Notfallausweis und Vermeiden von Belastungssituationen. Wichtig ist auch die genetische Beratung.

Auslösende Faktoren sind:

- körperliche Belastungen (Operationen, Infektionen, Streß)
- Hunger, Hypoglykämie

- Alkohol
- zahlreiche Medikamente

Einen Anfall können auslösen: Chloroquin (Malariaprophylaxe), Halothan (Operationen), Östrogene, Sulfonamide, Spironolacton, Pyrazolone, Antiepileptika, Barbiturate.

5.2.3. Porphyria cutanea tarda

❑ Ätiologie und Pathogenese

Die Porphyria cutanea tarda (syn. chronische hepatische Porphyrie) ist die am häufigsten vorkommende Porphyrie. Ursache ist ein Defekt der Uroporphyrinogen III-Dekarboxylase. Die Erkrankung ist in jeweils der Hälfte der Fälle angeboren (autosomal dominant) bzw. erworben. Störungen können erworben werden bei:

- Leberzirrhose
- Alkoholabusus
- chronischen Leberschäden
- Östrogeneinnahme (z.B. hormonelle Kontrazeption)
- chronischer Niereninsuffizienz

Es kumulieren Uroporphyrin und Hepatokarboxyporphyrin. Beide Substanzen finden sich auch vermehrt im Urin.

❑ Symptomatik

Die Erkrankung kommt vorwiegend bei Männern (m : w = 5 : 1) ab dem 50. Lebensjahr vor. Wegweisend sind:

- Photosensibilität, Photodermatose
- Leberschaden

Uroporphyrin und Hepatokarboxyporphyrin werden in die Haut eingelagert und führen bei UV-Einstrahlung zu Blasen- und nachfolgender Narbenbildung an lichtexponierten Stellen sowie zu Hyperpigmentationen.

❑ Diagnostik

- rotfluoreszierender *Urin im Wood-Licht*
- Ausscheidung der *Porphyrine im 24 h-Urin* erhöht
- Ausscheidung von *Uroporphyrin* und *Hepatokarboxyporphyrin* erhöht
- *Leberbiopsie* (Rotfluoreszenz, Histochemie)

Bei Patienten mit Photodermatosen (z.B. Blasenbildung an lichtexponierten Stellen) muß an eine Porphyrie gedacht werden. Diagnostisch entscheidend ist die erhöhte Ausscheidung der genannten Porphyrine im Urin. Eine erhöhte Ausscheidung ohne Klinik (latente Porphyrie) kommt ebenfalls vor. Bei einer eventuellen Leberbiopsie würde der Stanzzylinder ebenfalls rötlich fluoreszieren. Histologisch kann ein begleitender Leberschaden, z.B. Leberzellnekrosen bis zur Zirrhose, nachgewiesen werden.

❑ Therapie

- Behandlung des Grundleidens
- Aderlaßtherapie oder Verminderung der Erythrozytenzahl durch einen Blutzellseparator
- Chloroquin
- UV-Bestrahlung mindern: Lichtschutzsalbe

Das verantwortliche Medikament oder die Noxe (z.B. Östrogene und Alkohol!) muß vermieden werden. Durch anfangs wöchentliche Aderlässe von 500 ml (später 1x monatlich) wird die Menge der Porphyrine reduziert. Erfolgskriterium ist ein Rückgang der Porphyrinausscheidung im Urin. Parallel dazu bessern sich die Blasenbildungen an der lichtexponierten Haut. Chloroquin bindet sich an Porphyrin, der Komplex wird über die Niere ausgeschieden. Weiterhin ist die Vermeidung des phototoxischen Effektes durch Lichtschutzcremes empfehlenswert.

5.2.4. Fettstoffwechselstörungen

❑ Definition

Bei den Fettstoffwechselstörungen treten Veränderungen einzelner oder mehrerer Blutfette (Cholesterin, Triglyzeride, Phospholipide) oder Apolipoproteine auf, die zu einer Reihe von wichtigen Erkrankungen (Arteriosklerose, Pankreatitis) prädisponieren. Klinische Relevanz besitzen vor allem Erhöhungen (*Hyperlipoproteinämien - HLP*). Pathologisch niedrige Fettkonzentrationen (Hypolipoproteinämien) sind eher Zeichen geringer Nahrungsaufnahme bzw. einer geringen Synthesekapazität (z.B. bei Marasmus). Die Erforschung von Ursachen, Folgen und Therapie der HLP hat in den vergangenen Jahren entscheidende Impulse erfahren. Aus Platzgründen kann im folgenden nur ein grober Überblick gegeben werden.

❑ Häufigkeit

Je nach Definition der Normalwerte schwanken die Angaben über die Häufigkeit der Hyperlipoproteinämien in der Bevölkerung von 5 bis 50 %.

❑ Ätiologie und Pathogenese

Lipoproteinarten:

Cholesterin und Triglyzeride zirkulieren nicht gelöst im Blut, sondern bilden zusammen mit Proteinen komplexe Strukturen, die sogenannten Lipoproteine.

Lipoproteine	Entstehung
Chylomikronen	werden in der Dünndarmschleimhaut aus den als Nahrung aufgenommenen Fetten zusammengestellt und über die Lymphe in die Blutbahn abgegeben. Durch die endothelständige Lipoproteinlipase werden die Triglyzeride aufgespalten. Die verbliebenen Reste werden in der Leber aufgenommen.
VLDL (very low density lipoproteins)	werden in der Leber synthetisiert und ins Blut abgegeben. Über eine im Plasma vorkommende Lipoproteinlipase werden auch daraus die Fettsäuren abgespalten und den Geweben als Energiequelle zur Verfügung gestellt. Dadurch entstehen über IDL (intermittent density lipoproteins) die
LDL (low density lipoproteins)	die ihrerseits über spezifische Rezeptoren von der Leber aufgenommen werden können.
HDL (high density lipoproteins)	werden von Leber und Darm synthetisiert. Sie können Cholesterin aus den Geweben aufnehmen, verestern (**L**ezithin-**C**holesterin-**A**zyl**t**ransferase - LCAT), mit anderen Lipoproteinen austauschen und das Cholesterin zur Leber zurücktransportieren. Einzelne Subklassen wurden identifiziert, z.B. HDL_2 und HDL_3, von denen besonders HDL_2 geeignet erscheint, Cholesterin in der Peripherie aufzunehmen.
Lp(a)	Lipoprotein (a) enthält Apolipoprotein (a), das dem Plasminogen ähnelt. Hohe Spiegel von Lp(a) werden ebenfalls als Risikofaktor angesehen.

Tab. 5.25: Lipoproteine und ihre Herkunft.

Cholesterin-enthaltende Strukturen:

Das Plasmacholesterin verteilt sich wie folgt auf: Chylomikronen: 2 %; VLDL: 5 %; LDL: 70 %; HDL: 23 %. Ein grenzwertig gesteigertes Plasmacholesterin alleine besagt noch wenig darüber, ob es als Risikofaktor (LDL-gebundenes Cholesterin) zu gelten hat. Zur Differenzierung des Plasmacholesterins genügt die Messung von LDL-Cholesterin und HDL-Cholesterin. Mit Fällreagenzien können LDL- und HDL-Partikel getrennt ausgefällt und bestimmt werden.

Normalwerte:

Als "Normalwerte" werden jene Werte verstanden, die mit keinem wesentlichen vaskulären Risiko verbunden sind. Dies muß nicht dem 95 %-Intervall in der Bevölkerung entsprechen.

- Cholesterin < 200 mg/dl
- HDL-Cholesterin > 35 mg/dl (Männer) und > 45 mg/dl (Frauen)
- LDL-Cholesterin < 150 mg/dl
- Chol./HDL-Chol. < 6
- LDL/HDL-Chol. < 4
- Triglyzeride < 200 mg/dl

Einteilung der Hyperlipidämien:

Es gibt eine Reihe von Klassifikationen. Im folgenden wird die Einteilung nach Fredricksen verwendet.

Typ	Lipoproteine	erhöhtes Blutfett	Arterioskle-roserisiko	Bedeutung
I	Chylomikronen	Triglyzeride	nicht erhöht	selten; Mangel an Lipoproteinlipase, Chylomikronen (überwiegend Triglyzeride) werden nicht abgebaut; TG-Werte bis über 2.000 mg/dl; Manifestation im Kindesalter; Abdominalschmerzen, Pankreatitis, eruptive Xanthome usw.
IIa	LDL	Cholesterin	sehr hoch	verschiedene Formen: • familiäre Hypercholesterinämie mit homozygotem oder heterozygotem LDL-Rezeptormangel der Hepatozyten • polygenetisch determinierte Form • andere
IIb	LDL und VLDL	Cholesterin und Triglyzeride	hoch	das Gefäßrisiko steigt mit der Höhe der Cholesterinwerte
III	β-VLDL	Cholesterin und Triglyzeride	hoch	Auftreten eines speziellen VLDL aufgrund einer Störung der Apolipoproteine
IV	VLDL	Triglyzeride	erhöht	• primäre Überproduktion von VLDL • sekundärer Anstieg von VLDL durch vermehrte Fettzufuhr oder andere Erkrankungen (z.B. Diabetes mellitus)
V	VLDL und Chylomikronen	Triglyzeride	nicht erhöht	primär erbliche und sekundäre Formen; Klinik bei extremer Hypertriglyzeridämie mit Abdominalsymptomen, Pankreatitis, eruptiven Xanthomen

Tab. 5.26: Einteilung der Hyperlipidämien nach Fredricksen.

❑ Einige Formen

• familiäre Hypercholesterinämie - homozygote Form

Bei dieser seltenen Form der Hypercholesterinämie liegt ein homozygoter Mangel an LDL-Rezeptoren der Hepatozyten vor (Cholesterin zwischen 500 und über 1000 mg/dl). In der Lipidelektrophorese sind folglich die LDL-Lp stark erhöht. Dadurch tritt bereits im Kindesalter (!) schwere Arteriosklerose und deren Folgen (KHK) auf.

• familiäre Hypercholesterinämie - heterozygote Form

Bei dieser häufigeren Störung (ca. 200 von 100.000) sind die LDL-Rezeptoren um etwa 50 % vermindert (Cholesterin 300 - 600 mg/dl, LDL-Erhöhung). Die Folgen der Arteriosklerose manifestieren sich im mittleren Lebensalter.

- **familiärer Apo-B-Defekt**

Autosomal-dominanter Defekt im Bereich des Apolipoproteins B, der zu einer Erhöhung des Cholesterins führt (Cholesterin 300-500 mg/dl); etwa so häufig wie die heterozygote familiäre Hypercholesterinämie.

- **polygenetische Form**

Sie ist die häufigste Form. Ein definierter Defekt besteht nicht. Die Hypercholesterinämie ist durch eine Vielzahl von endogenen und exogenen Faktoren bedingt.

❑ **Ursachen**

Die Klassen II bis V (☞ Tab. 5.26) weisen also in Abhängigkeit vom bekannten Mechanismus verschiedene Untergruppen auf. So wurden primäre (angeborene) sowie etwa ebensoviele sekundäre Ursachen beschrieben.

- primäre, molekulare Ursachen
  - Rezeptormangel oder -defekte (z.B. Typ IIa)
  - Enzymdefekte (z.B. Typ I)
  - Apolipoproteinmangel, -störungen oder -defekte (z.B. Typ III)
- sekundäre Ursachen
  - diätetische Gründe (z.B. Typ IV)
  - andere Erkrankungen

❑ **Symptomatik**

- Hypercholesterinämie
  - Folgen der Arteriosklerose
  - plane Xanthome und Xanthelasmen
- Hypertriglyzeridämie
  - Fettleber

  Ab ca. 1.000 mg/dl Triglyzeride:
  - Oberbauchsymptomatik
  - Pankreatitis
  - eruptive Xanthome

Als wesentliche Folgen der *Arteriosklerose* sind die koronare Herzkrankheit und der akute Myokardinfarkt zu nennen. Das Schlaganfallrisiko ist weniger eng mit den Blutfetten korreliert. Die periphere arterielle Verschlußkrankheit wird durch Nikotinabusus stärker als durch ein erhöhtes Cholesterin beeinflußt. *Xanthome* können am Stamm (Gesäß) und besonders an den Unterarmstreckseiten bei Hypertriglyzeridämie entstehen. Xanthome im Sehnenverlauf weisen auf eine Hypercholesterinämie hin. Xanthelasmen an den Oberlidern können ebenfalls Zeichen einer Hypercholesterinämie sein, jedoch auch bei völlig normalen Blutfetten entstehen. Eine *Fettleber* ist oft mit Hypertriglyzeridämien und sekundären Hyperlipidämien vergesellschaftet. Schließlich kann es bei einem sehr hohen Triglyzeridspiegel zu einer *Pankreatitis* kommen.

❑ **Diagnostik**

- Blutfettbestimmung (Cholesterin, Triglyzeride)
- HDL- und LDL-Bestimmung

Als Screening genügt die *mehrmalige* Bestimmung von Cholesterin und Triglyzeriden, die bei erhöhtem Cholesterinspiegel durch die Bestimmung des HDL- und LDL-Cholesterins ergänzt werden muß.

- 12stündiges Stehenlassen der Serumprobe im Kühlschrank
- Lipidelektrophorese

Bei Betrachtung des hyperlipämischen Serums (*trüb*: Hypertriglyzeridämie, d.h. VLDL oder Chylomikronen; *klar*: Hypercholesterinämie oder nur geringe Hypertriglyzeridämie) und nach 12 h Stehenlassen im Kühlschrank (*abrahmen*: Chylomikronen; *weiterhin trüb*: VLDL) kann der Typ nach Fredricksen in vielen Fällen festgelegt werden. Die Auftrennung in die Lipoproteinklassen kann auch mit der Lipidelektrophorese erfolgen.

- *weiterführende Untersuchungen*
  Weiterführende Bestimmungen wie Apolipoproteinspiegel, LDL-Rezeptorstatus usw. bleiben Speziallaboratorien vorbehalten. Sie sind in der Regel für die therapeutischen Maßnahmen von untergeordneter Bedeutung
- Familienuntersuchung
- Suche nach Ursachen sekundärer Störungen
- Suche nach anderen Risikofaktoren
- Suche nach Folgen der Hyperlipidämie

Wird bei einem Patienten eine familiäre Form der Hypercholesterinämie vermutet, so sind zur Stützung der Diagnose sowie zum Schutz der Angehörigen Familienuntersuchungen angezeigt. Bei sekundären Hyperlipidämien sind deren Ursachen (Ernährung, Diabetes mellitus) zu eruieren. Da die Kombination mehrerer Risikofaktoren die Gefahr kardio- oder zerebrovaskulärer Erkrankungen *exponentiell* erhöht, ist die Frage nach weiteren Risikofaktoren (Diabetes mellitus, Nikotinabusus, arterieller Hypertonus) zu stellen. Weiterhin ist nach bereits eingetretenen Folgen der Arteriosklerose (Herzschmerzen, Verkürzung der Gehstrecke, transitorisch-ischämische Attacken = TIA) zu fahnden und entsprechende Untersuchungen sind vorzunehmen (EKG, Belastungs-EKG, Doppler-Sonographie).

❑ Therapie der Hypercholesterinämie

Bei *zugrundeliegenden Erkrankungen* (*z.B. nephrotisches Syndrom, Hypothyreose*) müssen diese *primär* behandelt werden. Patienten mit *schwerwiegenden oder seltenen* Hyperlipidämien (z.B. familiäre homozygote Hypercholesterinämie) sind in eine *Spezialklinik* einzuweisen.

Therapiemöglichkeiten:

- Gewichtsreduktion, Bewegung
- Diät
- Lipidsenker
- invasive Verfahren
- Einstellung anderer Risikofaktoren

Diät

Die Diätempfehlungen umfassen:

- Erreichen des Normalgewichts (ggf. Kalorienreduktion)
- Reduktion der Fettaufnahme
- Reduktion der Cholesterinaufnahme

Sichtbares Fett ist möglichst zu meiden, da bereits eine Menge unsichtbarer Fette gegessen wird. Tierische Fette sollten durch pflanzliche (Verhältnis 1:1; Reduktion von Milchfett, Kochen mit Pflanzenfetten - Sonnenblumen-, Olivenöl), gesättigte Fettsäuren teilweise durch ungesättigte (angestrebtes Verhältnis 1:1) ersetzt werden. Cholesterin wird vorwiegend über *Eier*, Eierspeisen, *fettes Fleisch* und *fette Wurst*, weniger über Butter oder Milch aufgenommen. Die Butter wegzulassen reicht also nicht. Reichlich *Ballaststoffe* senken ebenfalls die Cholesterinaufnahme. Bei der *Zubereitung* der Mahlzeiten sollte man ohne schwimmendes Fett (Pommes frites) auskommen und dem Grillen, Braten ohne Fett, Dämpfen oder Dünsten den Vorzug geben.

Lipidsenker

- Ionenaustauscherharze
- Fibrate
- Sitosterin
- Nikotinsäurederivate
- HMG-CoA-Synthetasehemmer (Cholesterinsynthese (CSE)-Hemmer)

Ionenaustauscherharze

(Cholestyramin - z.B. Quantalan®50 Pulver, 3x1 Btl. à 4 g vor den Mahlzeiten mit viel Flüssigkeit; Colestipol - z.B. Colestid®, 3x5g) sind nichtresorbierbare Harze, die im GI-Trakt Gallensäuren binden (deshalb u.a. auch Einsatz bei cholestasebedingtem Juckreiz). Aufgrund der deutlichen Nebenwirkungen wie z.B. Meteorismus, Völlegefühl, Obstipation, schlechter Geschmack des Pulvers, Abfall der fettlöslichen Vitamine ADEK, dadurch auch des Quick-Wertes (Blutungen), werden die Ionenaustauscher, selbst bei einschleichender Dosierung (1.Tag 1 Btl., 2. Tag 2 Btl., 3. Tag 3 Btl.), von den Patienten nicht gern für längere Zeit eingenommen.

Fibrate

Die Wirkung der Fibrate ist komplex (Hemmung der Synthese von VLDL, verstärkte Aufnahme von LDL u.a.) und noch nicht endgültig geklärt. Nebenwirkungen sind Transaminasenanstieg und Cholestase, Risiko der Cholelithiasis, GI-Beschwerden wie Übelkeit und Völlegefühl, Schwindel, bei Überdosierung selten auch ein myositisartiges Bild (Muskelschmerzen und CK-Anstieg).

Beispiele sind:

Inhaltsstoff	Handelsname z.B.	Menge (mg)	Dosierung
Bezafibrat	Cedur® Cedur retard®	200 400	3x1 1x1 abds.
Gemfibrozil	Gevilon®	450	2x1 abds.
Fenofibrat	Normalip 250N®	250	1x1
Etofibrat	Lipo-Merz-retard®	500	1x1

Tab. 5.27: Fibrate und Beispiele von kommerziell erhältlichen Präparaten.

Sitosterin

(z.B. Sitosterin Delalande Granulat®, 1-3 Btl/die, evtl. mehr) zu den Mahlzeiten. Sitosterin hemmt kompetitiv die Cholesterinaufnahme aus dem Darm, ohne daß das Medikament in größerer Menge resorbiert wird. Nebenwirkungen sind auch hier Völlegefühl, Blähungen, Durchfall bzw. Verstopfung.

Es ergeben sich günstige Einflüsse auf das Prostataadenom, weshalb das Medikament auch mit dieser Indikation vertrieben wird (Harzol®).

Nikotinsäurederivate

(z.B. Nikotinsäure, Ronicol®, 2x1 Tbl., auf 3x2 Tbl. steigern; Xantinolnicotinat, Complamin® spezial, 3x1 Tbl.) vermindern die VLDL-Synthese in der Leber. Nikotinsäure und Pyridylmethanol werden auch als durchblutungsfördernde Medikamente angeboten. Nebenwirkungen sind u.a. gastrointestinale Beschwerden (Völlegefühl, Sodbrennen, Appetitlosigkeit), Flush und erhöhte Arrhythmieneigung (nach einem Myokardinfarkt).

Cholesterinsynthesehemmer

Cholesterinsynthesehemmer hemmen die HMG-CoA (Hydroxymethylglutaryl-Coenzym A)-Reduktase, ein zur Cholesterinsynthese benötigtes Enzym. Dadurch sinkt die intrazelluläre Cholesterinkonzentration mit der Folge, daß vermehrt LDL-Rezeptoren auf der Zellmembran bereitgestellt werden. Nebenwirkungen sind u.a. GI-Beschwerden (Übelkeit, Sodbrennen), ein Anstieg der Transaminasen, ein Myositis-Syndrom (Muskelschmerzen, CK-Anstieg durch Myolyse), Kopfschmerzen und Müdigkeit. Die Dosierung beträgt 1 Tbl. abds. Nach frühestens vier Wochen sollten die Cholesterinwerte kontrolliert und die Dosis angepaßt (z.B. halbieren oder verdoppeln) werden. Bei diesen Kontrollen sind auch die CK und die Transaminasen zu kontrollieren. Im Handel befinden sich folgende Präparate:

Inhaltsstoff	Handelsname z.B.	mg/Tbl.	Tagesdosis
Lovastatin	Mevinacor®	10, 20 und 40 mg	20 mg/die abds.
Simvastatin	Denan®, Zocor®	5, 10 und 20 mg	10 mg/die abds.
Pravastatin	Liprevil®, Pravasin®	10 (mite) und 20 mg	10-20 mg/die abds.

Tab. 5.28: HMG-CoA-Reduktase-Hemmer und verfügbare Präparate.

Kombinationen

Prinzipiell können resorptionshemmende Medikamente, Ionenaustauscher (Cholestyramin), Sitosterin, Ballaststoffe und Probucol (Lurselle®) mit allen anderen Medikamenten kombiniert werden. Da HMG-CoA-Reduktase-Hemmer *und* Fibrate Myalgien oder gar Myositiden zur Folge haben können, ist diese an sich wirksame Kombination kontraindiziert bzw. nur mit großer Vorsicht einzusetzen.

Invasive Verfahren

Bei der **H**eparin-induzierten **e**xtrakorporalen **LDL-P**räzipitation (HELP) wird dem Blut durch ca. 1xwöchentliche Therapie extrakorporal Cholesterin und Fibrinogen entzogen. Die Wirksamkeit ist sehr groß (-50 %), ein Rückgang der kardialen Morbidität ist bei schweren Hypercholesterinämien sicher. Andere Verfahren bedienen sich der Immunabsorption. Die Therapie ist invasiv und beruht auf einer Art der Hämoperfusion, weshalb sie nur bei schweren, therapieresistenten Hypercholesterinämien angewendet wird. Auch andere Verfahren (Adsorption auf Sepharose oder Dextransulfat), operative Ileum-Ausschaltung oder Lebertransplantation (bei homozygoter familiärer Hypercholesterinämie mit Rezeptormangel) sind Ausnahmefällen vorbehalten.

❑ **Therapie der Hypertriglyzeridämie**

- Kalorienreduktion, Gewichtsnormalisierung
- kein Alkohol, weniger Kohlenhydrate, weniger Fett, eiweißreiche Nahrung
- Behandlung evtl. primärer Erkrankungen (schlecht eingestellter Diabetes mellitus)

Bei nicht ausreichendem Erfolg:

- Fibrate (evtl. auch Nikotinsäurederivate, Omega-3-Fettsäuren)

Bei Hypertriglyzeridämien über 1.000 mg/dl *mit* abdominellen Beschwerden:

- Nahrungskarenz
- Heparin im Dauertropf (15.000 E./24 h)
- evtl. Lipidapherese

Wirksamkeit der einzelnen Maßnahmen

Präparat	Cholesterin-senkung (%)*	HDL-Veränderung**	Triglyzerid-senkung (%)*
Diät	-20 %	→	-50 %
Ionenaustauscher	-30 %	→	gering ↑
Fibrate	-20 %	↑	-50 %
Sitosterin	-15 %	→	→
Nikotinsäurederivate	-20 %	↑	-50 %
HMG-CoA-Reduktase-Hemmer	-40 %	↑	-20 %
HELP-Verfahren	-50 %	→	-50 %

Tab. 5.29: Wirksamkeit der Maßnahmen zur Senkung der Blutfette.
* Näherungswerte, da individuelle Unterschiede; **: Tendenz.

Fischöle (Omega-3-Fettsäuren) senken vorwiegend die Triglyzeride, hemmen die Thrombozytenaggregation und schützen vor der Arteriosklerose. Die Wirkung von *Knoblauchkapseln* hängt von der Menge der wirksamen Inhaltsstoffe ab, Cholesterin und Triglyzeride können um 10-15 % reduziert werden.

Therapieziel

Cholesterin	< 200 mg
HDL-Cholesterin	> 35 mg (Männer)
	> 45 mg (Frauen)
LDL-Cholesterin	< 150 mg

❑ Prognose

Die Assoziation von hohem Cholesterin und Arterioskleroserisiko wird nicht mehr angezweifelt. Umstrittener ist hingegen die Intervention mit Lipidsenkern, da in einigen Studien zwar das Cholesterin und die kardiale Mortalität gesenkt werden konnte, nicht jedoch die Gesamtmortalität. Ein Versuch der Cholesterinsenkung mit Diät, Gewichtsreduktion und Bewegung ist immer angezeigt. Lipidsenker werden empfohlen, falls sich das Cholesterin damit nicht unter 250 mg/dl senken läßt, besonders dann, wenn zusätzliche Risikofaktoren oder gar eine KHK bzw. ein Myokardinfarkt vorliegt. Sehr hohes Alter, konsumierende Grunderkrankungen oder andere individuelle Gründe beeinflussen die Therapieentscheidung. Das Risiko vermehrter Suizide bei Cholesterinsenkung ist nicht nachgewiesen.

5.2.5. Hyperurikämie

❑ Definition

Als *Hyperurikämie* bezeichnet man eine Erhöhung der Harnsäure im peripheren Blut. Die Harnsäure entsteht als Endprodukt des Purinstoffwechsels (Purine: Adenin, Guanin, Xanthin, Hypoxanthin; Bestandteile von RNA, DNA, AMP oder GMP, damit im Zellkern und in energiereichen Phosphaten enthalten).

❑ Häufigkeit

Die Hyperurikämie bevorzugt Männer in Wohlstandsgesellschaften (20 % der Männer in der Bevölkerung, 2 % der Frauen). Gichtanfälle erleben ca. 2 % der Männer. Im Vergleich zur Krankheit "Gicht" ist die asymptomatische Hyperurikämie also viel häufiger. Die Hyperurikämie ist auch ein Bestandteil des metabolischen Syndroms (stammbetonte Adipositas, pathologische Glukosetoleranz bzw. Typ II-Diabetes mellitus, Hyperlipoproteinämie und essentielle Hypertonie siehe auch Kap. 5.2.6.).

❑ Ätiologie und Pathogenese

Aufgrund einer vermehrten Produktion bzw. einer hohen alimentären Aufnahme und/oder einer verminderten Ausscheidung über die Nieren entsteht eine *positive Harnsäurebilanz* und es kommt dadurch zu einem Ansteigen der Harnsäurewerte im Blut und in den Geweben. Schließlich kommt es zur Auskristallisation und zur Ablagerung in den Geweben. Dabei werden Gelenkkapsel, Synovia, Bursen, Knorpel am Ohr oder Nieren bevorzugt.

Unterschieden werden

- primäre Hyperurikämie
- sekundäre Hyperurikämie

Bei der *primären* Hyperurikämie liegt eine erbliche Störung, in praktisch allen Fällen eine *Ausscheidungsstörung*, vor. Bei der *sekundären* Hyperurikämie kommt es entweder zu einem *vermehrten Anfall* (hoher Zellumsatz: Leukämien, Tumorzerfall, Zytostase, Bestrahlung, Hämolyse u.a.; hohe Zufuhr: hoher Fleischkonsum) *oder* zu einer *verminderten Ausscheidung* (chronische Niereninsuffizienz, akutes Nierenversagen, Azidosen und Pharmaka mit hemmendem Einfluß auf die Harnsäureausscheidung).

❑ Stadien der Hyperurikämie

- asymptomatische Hyperurikämie
- akuter Gichtanfall (Arthritis urica)
- interkritisches Stadium
- chronische Gicht

Unbehandelt kommt es nach längerer Zeit (Jahre-Jahrzehnte) der asymptomatischen Erhöhung der Harnsäure zum ersten Gichtanfall. Im interkritischen Stadium (Jahre) wiederholen sich die Gichtanfälle in immer kürzeren Zeitabständen und führen zu dauerhaften Schäden am Gelenk. Dazwischen liegen wieder symptomarme Phasen. Im Stadium der chronischen Gicht treten schließlich Gelenkdeformierungen mit permanenten Gelenkschmerzen auf. Unter *Behandlung* normalisieren sich die Harnsäurewerte und die Häufigkeit akuter Gichtanfälle wird stark herabgesetzt, so daß der typische Verlauf, insbesondere das Stadium der chronischen Gicht mit fortgeschrittenen Gelenkdeformationen, selten geworden ist.

• kindliche Gicht - Lesch-Nyhan-Syndrom

Beim sehr seltenen Lesch-Nyhan-Syndrom besteht eine X-chromosomal-rezessiv vererbte, schon in der Kindheit manifeste Überproduktion von Harnsäure, die trotz vermehrter Harnsäureausscheidung zur Hyperurikämie mit *Gicht*symptomatik führt. Damit sind zusätzlich *schwere zentralnervöse* Erscheinungen im Sinne einer verlangsamten geistigen Entwicklung, Tendenzen zur Autoaggression und choreatiformen Bewegungsstörungen verbunden. Ursächlich ist ein Defekt der Hypoxanthin-Guanin-Phosphoribosyltransferase (HGPRT).

❑ **Symptomatik**

- **asymptomatische Hyperurikämie**

Normalwerte für Harnsäure:	Männer bis 7,0 mg/dl
	Frauen bis 6,5 mg/dl

Mit steigender Harnsäurekonzentration steigt auch das Risiko eines Gichtanfalls. Bei einer Hyperurikämie von 9 mg/dl ist innerhalb eines Jahres mit einem Gichtanfall zu rechnen. Jedoch können auch bei völlig normalen Harnsäurewerten Gichtanfälle auftreten.

- **akute Gicht**
  - plötzlich, meist nachts beginnende Gelenkbeschwerden mit Prädilektion (Daumengrundgelenk: *Chiragra;* Zehengrundgelenk: *Podagra*)
  - Schwellung, Rötung und Überwärmung des Gelenks
  - Bewegungseinschränkung und *starke* Schmerzen (im Vollbild schmerzt bereits das Bewegen der Bettdecke)

Neben Daumen- und Großzehengrundgelenk können auch Sprung-, Knie- und andere Gelenke betroffen sein. Selbst ohne Therapie würde der Anfall nach ein bis zwei Wochen abklingen, unter Medikation sind die Schmerzen jedoch nach zwei Tagen deutlich besser.

- **chronische Gicht**
  - Gichttophi
  - Knochen- und Gelenkbeteiligungen

Gichttophi sind Uratablagerungen, umgeben von einem entzündlich-bindegewebigen Wall, die etwa erbsgroß und meist weißlich-reizlos sind. Bei Ulzeration kann sich eine krümelig weiße Substanz (Harnsäurekristalle) entleeren. Die Gichttophi finden sich beispielsweise an den Ohrmuscheln, am Olekranon und der Achillessehne, am Großzehengrundgelenk und an anderen Finger- sowie Zehengelenken. Gichttophi werden nur nach längerem Bestehen einer Hyperurikämie beobachtet und sind deshalb unter dem Einfluß der heutigen, frühzeitigen Diagnose und Therapie selten geworden.

Knochen- und Gelenkbeteiligungen lassen sich mit einer *Röntgenaufnahme beider Hände bzw. beider Füße* gut erkennen. Am Knochen sind Gichttophi als *Usuren* (zystoide Aufhellungen mit Spongiosadefekt in Gelenknähe) zu erkennen.

❑ **Komplikationen**

- Uratnephropathie (Gichtniere)
- Beteiligung innerer Organe (extraartikuläre viszerale Gicht)

Unter der *Uratnephropathie (Gichtniere)* werden rezidivierende *Nephrolithiasis* (Harnsäuresteine) mit Nierenkoliken und interstitielle Ablagerungen von Harnsäurekristallen (*interstitielle, abakterielle Nephritis*) verstanden. Durch letztere kommt es zur Narbenbildung, Destruktion von Tubuli und Gefäßen, Verkleinerung des Organs (im Extremfall zur Schrumpfniere) und zur fortschreitenden Funktionsverschlechterung. Eine *Prädisposition für Infektionen* besteht dadurch ebenfalls. Uratsteine sind nicht röntgendicht, so daß die Abdomenübersicht keine Steinschatten erkennen läßt. Im Sonogramm können die Harnsäuresteine allerdings erkannt werden. Die Beteiligung innerer Organe ist selten, doch können beispielsweise auch am Klappenapparat des Herzens Harnsäureablagerungen auftreten.

❑ **Diagnostik**

- Harnsäurekonzentration im Serum
- klinisches Bild!
- Röntgen
- Punktion

Die Harnsäurekonzentration im Serum ist im Gichtanfall meist (jedoch nicht zwangsläufig) erhöht. Die typische Lokalisation (Großzehen- oder Daumengrundgelenk) und die Anamnese (frühere Gichtanfälle, Auftreten nach Alkohol- oder Nahrungsmittelexzeß) sind für die Diagnose ebenfalls wichtig. Röntgenzeichen der Gicht liegen erst im chronischen Stadium vor. Im Zweifelsfall bzw. zur differentialdiagnostischen Klärung kann eine Gelenkpunktion stattfinden (Nachweis von freien und in Makrophagen liegenden Uratkristallen). Auch ein Ansprechen auf die Therapie mit Kolchizin ist typisch für eine Gicht.

❑ **Differentialdiagnose**

- reaktivierte Arthrose
- chronische Polyarthritis
- Pseudogicht (Chondrokalzinose)
- Arthritis psoriatica
- Kollagenose
- HLA-B27 - assoziierte Arthritis
- akuter M. Boeck
- rheumatisches Fieber
- Hydroxylapatitkrankheit
- bakterielle Gelenkentzündung

Bei der *Pseudogicht* werden Kalziumpyrophosphatkristalle auf und im Gelenkknorpel bzw. in den Sehnen abgelagert. Dies wird im fortgeschrittenen Stadium im Röntgenbild als Verkalkung des Knorpels (Chondrokalzinose) sichtbar. Die Harnsäure ist dabei nicht erhöht. Im Gelenkpunktat lassen sich die andersartigen Kristalle nachweisen, im Röntgen die Verkalkungen.

❑ **Therapie**

- prophylaktisch
  - diätetisch
  - Verbesserung der Harnsäureausscheidung (Urikosurika), Alkalisieren des Urins
  - Hemmung der Harnsäuresynthese
- im akuten Gichtanfall
  - physikalisch-medizinisch
  - Kolchizin
  - nicht-steroidale Antirheumatika

Prophylaktische Maßnahmen

Die prophylaktischen Maßnahmen beinhalten: Reduktion des Körpergewichts, purinarme Kost, ausreichende Trinkmengen, kein Alkohol, kein Fasten, Vorsicht mit Diuretika und Zytostatika. Purinreich und deshalb bei Hyperurikämie nicht erlaubt sind. Fleischextrakte (Fertigsuppen), Innereien (Leber, Herz, Niere) und viele Fische (Hering, Ölsardinen, Sardellen, Lachs). Alkohol und Fasten erhöhen die nierenpflichtigen sauren Äquivalente, die wiederum die Harnsäureausscheidung hemmen. Ebenso steigt die Harnsäurekonzentration durch zu geringe Trinkmengen.

Spricht die Hyperurikämie nicht ausreichend auf diese Maßnahmen an, kann die Synthese der Harnsäure mit *Allopurinol* gehemmt werden. Interventionsgrenzen:

asymptomatische Hyperurikämie	> 8 mg/dl (trotz Diät)

Bei typischen Gichtanfällen trotz normaler Harnsäurekonzentration muß ebenfalls therapiert werden.

Urikosurika

Die Harnsäureausscheidung verbessernde Medikamente, z.B. Probenecid, Benzbromaron (z.B. Benzbromaron ratiopharm®, Probenecid® Tbl.) sind wirksame Alternativen bei Unverträglichkeit gegenüber Allopurinol. Neben einer einschleichenden Dosierung wird der Patient aufgefordert, viel zu trinken, da die unter den Medikamenten gesteigerte Harnsäureausscheidung zu Harnsäuresteinen prädisponiert. Durch die Verschiebung des Harn-pH in einen alkalischeren Bereich (pH 6-7), z.B. mit Uralyt U® Granulat, 1-1-2 Meßlöffel/die, wird die Löslichkeit der Harnsäure erhöht und der Nephrolithiasis vorgebeugt. Urikosurika haben aufgrund dieser Einschränkungen und der guten Verträglichkeit und Wirksamkeit von Allopurinol allerdings an Bedeutung verloren.

Allopurinol (z.B. Zyloric® 300 1/2-1x1/die)

Allopurinol hemmt die Xanthinoxydase und damit die Synthese von Harnsäure aus ihren Vorstufen. Die Dosierung liegt initial bei 300 mg/die, kann aber nach Normalisierung der Hyperurikämie auf 1/2 Tbl. oder 100 mg/die zurückgenommen werden. Durch die Senkung der Serumharnsäure auf Werte zwischen 5-6 mg/dl werden auch Harnsäureablagerungen aus den Geweben mobilisiert (Rückbildung der Tophi). Die Nebenwirkungen sind gering: Transaminasenanstieg, Magen-Darm-Unverträglichkeit, allergische Reaktion, Leukopenie.

Therapie im akuten Gichtanfall

Im akuten Gichtanfall wird der Patient von sich aus das Gelenk ruhigstellen. Kühle Umschläge lindern den Schmerz. Durch die Gabe von **Kolchizin** wird die Phagozytoseaktivität der Makrophagen gehemmt und damit die Progression der akuten Entzündung. Zusätzlich wirken NSAR entzündungsdämpfend und beschwerdebessernd (z.B. Indometacin - Amuno®, Diclofenac - Voltaren®). Dadurch läßt sich in 2 Tagen eine gute Beschwerdereduktion erreichen.

Kolchizin (z.B. Colchicum dispert®, 0,5 mg/Drg.)

Einnahme von 1-2 Drgs. alle 1-2 h im akuten Anfall bis zu einer Tagesdosis von 6 mg = 12 Drgs.. Nebenwirkungen sind in erster Linie Übelkeit, Brechreiz, Bauchschmerzen und Durchfälle. Die Dosierung muß bei diesen Nebenwirkungen zurückgenommen werden, ohne daß das Kolchizin ganz abgesetzt zu werden braucht.

❑ **Prognose**

Die Lebenserwartung ist bei behandelten Hyperurikämien nicht eingeschränkt.

5.2.6. Erkrankungen durch Fehlernährung

Fehler in der Ernährung und ihre Folgen (in den westlichen Industrieländern: Herz- und Kreislauferkrankungen, Adipositas, Hyperurikämie, Alkoholismus, Gallensteine; in den Entwicklungsländern: Unterernährung, Abwehrschwäche, Infektionen) tragen in hohem Maße zur Erkrankungshäufigkeit bei.

Körpergewicht

Bezeichnung	Definition
Normalgewicht nach Broca	Körpergröße minus 100
Körpermassenindex (Body mass-Index)	Körpergewicht in (kg) dividiert durch (Körpergröße)^2 (m^2) normal: Frauen: 23 kg/m^2, Männer: 24 kg/m^2
Idealgewicht	Männer: Normalgewicht minus 10 % Frauen: Normalgewicht minus 15 %
Untergewicht	Unterschreiten des Idealgewichts
Übergewicht (Adipositas)	Überschreiten des Normalgewichts um 20 %

Tab. 5.30: Körpergewicht und seine Abweichungen.

Energiebedarf

- *Grundumsatz*: die zur Aufrechterhaltung der Ruhefunktionen nötige Energie
- *Leistungsumsatz*: zusätzlicher, von der körperlichen Aktivität abhängiger Energieverbrauch
- *Gesamtumsatz*: Grundumsatz und Leistungsumsatz

Faustformel (in kcal):	leichte Tätigkeit:	Sollgewicht x 31
	mittelschwere Tätigkeit:	Sollgewicht x 36
	schwere Tätigkeit:	Sollgewicht x 40-48

Der errechnete Gesamtumsatz eines 75 kg schweren Studenten (leichte körperliche Tätigkeit) beträgt danach etwa 2.325 kcal.

Nährstoffe

Nährstoff	Brennwert/ Gramm	Empfohlener Anteil an der täglichen Kalorienaufnahme	Anteil in Relation zum Körpergewicht	Menge pro Tag
Proteine	4,1 kcal	12-15 %	0,8 g/kg KG	80 g
Kohlenhydrate	4,1 kcal	55-60 %	2 g/kg KG	280 g
Fette	9,3 kcal	25-30 %	0,4 g/kg KG	80 g
Alkohol	7,1 kcal	0 %	0	0

Tab. 5.31: Nährstoffe und empfohlener Anteil an der Kalorienaufnahme.

Beispiele: Der obige Student würde danach 350 kcal (85 g) als Proteine, 1280 kcal (312 g) als Kohlenhydrate und 700 kcal (75 g) als Fette, aufgeteilt auf mehrere Mahlzeiten zu sich nehmen. Eine Infusion Glukose 5%ig 500 ml enthält 25g Kohlenhydrate und damit 100 kcal und trägt somit zur Energiezufuhr nur unwesentlich bei. Eine Infusion Aminosäuren 5% 500 ml enthält demnach 25 g Proteine und ersetzt somit allenfalls ein Drittel des Tagesbedarfs an Aminosäuren.

• Fette

Die Fettaufnahme liegt in den westlichen Industriestaaten (ca. 35-40 % der aufgenommenen Kalorien) über den offiziellen Ernährungsempfehlungen (25-30 %).

Eine hohe Cholesterinkonzentration kann diätetisch um 10-15 % gesenkt werden. Maßnahmen sind:

- Vermeiden von Cholesterin (Butter, Eier, fettreiche Milch, Quark)
- mehr ungesättigte Fettsäuren
- mehr Ballaststoffe

• Vitaminmangel

Vitamin	Synonym	Folgen eines Mangels
A	Retinol	vermindertes Sehen in der Dämmerung, Nachtblindheit (Hemeralopie), Trockenheit der Konjunktiven, Hornhauterosion, Keratomalazie mit Hornhautperforation, Heiserkeit, Einschränkung des Riechvermögens
D	Calciferol	Rachitis, Osteomalazie
E	Tocopherol	Hyperkeratosen, Sehstörungen, Akanthozytose, Hämolyse, retrolentale Fibroplasie
K	Phyllochinon	Blutungen
B_1	Thiamin	*BeriBeri*: Appetitlosigkeit, Müdigkeit, Schwäche, Polyneuropathie (Parästhesien, Hyperästhesie, burning feet), Kardiomyopathie
B_2	Riboflavin	Mundwinkelrhagaden, Atrophie der Zungenschleimhaut, Veränderungen der Nägel, Konjunktivitis
B_6	Pyridoxin	Appetitlosigkeit, Brechreiz, Polyneuropathie (Hyperästhesie), Ataxie
B_{12}		perniziöse Anämie, Polyneuropathie (funikuläre Myelose), Neuritis n. optici
C	Ascorbinsäure	*Skorbut*: Schwäche, Gewichtsverlust, Blutungen (Zahnfleisch, Petechien in der Haut, Gelenke, Hämaturie), Hyperkeratosen, schlechte Wundheilung
Folsäure		Makrozytäre Anämie, aphthöse Stomatitis
Nikotinsäure	Niacin	Dermatitis (Rötung im Gesicht, Hyperpigmentierungen), Verwirrtheitszustände, Stomatitis, Diarrhö, Polyneuropathie

Tab. 5.32: Vitamine und Folgen des Vitaminmangels.

• Vitaminintoxikation

Intoxikationen treten nur bei den fettlöslichen Vitaminen auf, überschüssige wasserlösliche Vitamine werden hingegen über die Nieren ausgeschieden.

fettlösl. Vitamin	Folgen eines Überschusses
A	Müdigkeit, Hyperkeratosen, Hyperostosen, Hyperämie, Steigerung des Liquordrucks (Kopfschmerzen)
D	Hyperkalzämie (Adynamie, Polyurie, Schwäche, Herzrhythmusstörungen, tubuläres Nierenversagen, Koma)
E	Dermatitis, Sehstörungen, Kopfschmerzen, Müdigkeit, Schwäche

Tab. 5.33: Folgen des Überschusses an fettlöslichen Vitaminen.

● Anorexia nervosa

Die Anorexia nervosa ist eine psychosomatische Krankheit, die etwa 1 % der jungen Frauen, jedoch nur wenige Männer betrifft. Folge ist eine starke Abmagerung bis hin zu lebensgefährlich niedrigen Körpergewichten von 32-35 kg. Etwa 10 % der Betroffenen (!) versterben an der Erkrankung. Larvierte Formen ohne wesentliche Krankheitsbedeutung sind vermutlich sehr viel häufiger. Als Ursachen werden psychische und soziale Faktoren angenommen, so ein Nicht-Akzeptieren des eigenen Körpers bzw. eine Störung des Selbstbildes.

Symptome sind:

- starke Gewichtsabnahme (Körpergewicht < 45 kg)
- Störung der Nahrungsaufnahme
- ehrgeizige, hyperaktive Persönlichkeit
- keine erkennbare somatische Ursache

Die Gewichtsabnahme überschreitet 25 % des Normalgewichts (ca. unter 45 kg) und kann bis zum Bild der Kachexie reichen. Die mageren Patientinnen äußern Angst, zu dick zu werden, halten keine regelmäßigen Essenszeiten ein, nehmen gelegentlich aber auch große Mengen an Nahrung zu sich, die sie dann wieder ausbrechen. Laxantienabusus kann vorkommen. Die Persönlichkeit ist typischerweise von Ehrgeiz und Hyperaktivität geprägt. Die Abmagerung wird von einer sekundären Amenorrhö, Hypokaliämie, Hypotonie, Schwäche und Müdigkeit begleitet. Die Diagnostik muß somatische Ursachen der Abmagerung ausschließen (Hyperthyreose, konsumierende Prozesse, HIV-Infektion, Tuberkulose u.a.). Neben Psychotherapie (Einzel-, Gruppen- bzw. Familientherapie) muß eine ausreichende Nahrungsaufnahme und eine korrekte Gewichtskontrolle sichergestellt werden. Dies ist im häuslichen Umfeld wegen der geringen Compliance und der fehlenden Überwachung nur bedingt möglich. Eine *stationäre Aufnahme* wird bei Therapieresistenz im ambulanten Bereich und spätestens bei Unterschreiten von 40 kg Körpergewicht notwendig.

● Bulimie

Die Bulimie betrifft 2 % der jungen Frauen. Die Bulimie ist von rezidivierenden Phasen abnormer Nahrungsaufnahme gekennzeichnet. Dabei werden große Mengen an kohlenhydratreichen Speisen (Süßigkeiten, Kuchen) gegessen, ohne daß die Patientinnen diesen Drang unterbrechen können. Reaktiv werden Schuldgefühle und depressive Verstimmungen empfunden, nicht selten selbstinduziertes Erbrechen herbeigeführt oder Abmagerungen versucht, so daß es zu großen Gewichtsschwankungen kommen kann. Eine Behandlung ist auch hier mit Psychotherapieverfahren sinnvoll.

● Adipositas

Zur Beurteilung des Körpergewichts gibt es einige Kriterien, von denen das Normalgewicht nach Broca und der Body-mass-Index die bekanntesten sind. Adipositas bezeichnet ein Überschreiten des Normalgewichts um 20 % bzw. ein Body-mass-Index von über 27,3 kg/m^2 bei Frauen und 27,8 kg/m^2 bei

Männern. Sie wird vor allem durch eine Akkumulation von Fett hervorgerufen. Unterschieden wird eine Verteilung vom weiblichen (gynoid, "Birnentyp": Hüfte, Oberschenkel) und männlichen (android, "Apfeltyp": Stamm, Bauch) Typ. Die Adipositas ist

- meist: primär
- selten: sekundär

Die primäre Adipositas ist wohl *multifaktoriell* bedingt, wobei genetische *und* psychische Faktoren eine große Rolle spielen dürften. Ursachen einer sekundären Adipositas aufgrund von Primärerkrankungen sind:

- Hyperkortisolismus
- Hypothyreose
- Hyperinsulinismus
- Menopause/Postmenopause
- polyzystische Ovarien (Stein-Leventhal-Syndrom)
- hypophysäre Erkrankungen (M. Fröhlich, Prader-Willi, Lawrence-Moon-Biedl-Syndrom)
- Pickwick-Syndrom
- postenzephalitisch, postmeningitisch
- Glykogenspeicherkrankheit
- andere

Mit Adipositas assoziierte Erkrankungen sind z.B.:

- Gon- und Coxarthrose
- degenerative Wirbelsäulenbeschwerden
- Bandscheibenprolaps
- arterieller Hypertonus
- Diabetes mellitus

Therapie:

- langfristige Kalorienreduktion
- Nulldiät
- Berechnen der aufgenommenen Kalorien
- Selbsthilfegruppen (z.B. Weight Watchers)
- Appetitzügler
- operative Verfahren

Die beste Therapie ist die ambulante *langfristige Reduktion der Kalorienaufnahme* bei dennoch ausgeglichener Kost. Hierzu werden eine Vielzahl von Diätplänen angeboten (Brigitte-Diät, Atkins-Diät, Verzicht auf bestimmte Nahrungsmittel wie Süßigkeiten, "FDH", ein Fastentag pro Woche, Ersetzen von Mahlzeiten durch kalorienreduzierte Fertigdiäten). Die Nulldiät ist riskanter und sollte nur unter enger ärztlicher Kontrolle durchgeführt werden (Elektrolytstörungen, Ketose, Herzrhythmusstörungen).

Ein *Feedback*, z.B. das Berechnen der täglich aufgenommenen Kalorienmenge oder regelmäßiges Wiegen, ist sehr wichtig.

Abmagerungsmittel (Ephedrinabkömmlinge, z.B. Amorphan Depot®, 1x1 morgens) zeitigen Nebenwirkungen wie Herzklopfen, Herzrhythmusstörungen oder Angina pectoris. Sie sollten deshalb nicht bei Herzkreislauferkrankungen oder Diabetes mellitus eingesetzt werden. *Appetitzügler* (z.B. Ponderax retard®, langsame Steigerung, 3 Tage je 1 Drg., 3 Tage je 2 Drgs., dann 3x1 Drg. täglich; es kann bis zu 6 Drgs./die gesteigert werden) rufen ebenfalls Nebenwirkungen wie Müdigkeit, depressive Verstimmung, Mundtrockenheit, Veränderungen des Blutdrucks oder gar eine pulmonale Hypertonie (*cave:* Atemnot) hervor. Wegen dieser Nebenwirkungen sollten sie nur kurzfristig für 4-6 Wochen eingenommen werden.

Operative Verfahren bringen ernste Nebenwirkungen mit sich und sollten nur in extremen Einzelfällen nach Scheitern der Diät empfohlen werden (Magenteilresektion, Magenballon, Magenbypass, Darmbypass, Kieferverdrahtung u.ä.).

• metabolisches Syndrom

Das metabolische Syndrom (auch: Syndrom X) kommt im Praxisalltag sehr häufig vor. Es umfaßt

- Adipositas (am Stamm)
- Insulinresistenz, Hyperinsulinämie, diabetische Stoffwechsellage
- Dyslipidämie, Hypertriglyzeridämie, HDL-Abfall
- Natriumretention, arteriellen Hypertonus

Aufgrund der Adipositas und einer evtl. konstitutionellen Insulinresistenz kommt es zur kompensatorischen Hyperinsulinämie. Die Insulinrezeptoren werden herunterreguliert ("down regulation"). Dadurch stellt sich trotz hoher Insulinmengen eine diabetische Stoffwechsellage ein. Meist besteht zusätzlich ein Bluthochdruck, nicht selten eine Hyperurikämie. Eine Therapie mit β-Blockern oder Thiaziddiuretika würde diese Tendenz noch verstärken, ebenso der Versuch, mit steigenden Insulindosen zu therapieren (weitere "down regulation").

• Alkohol

Der Alkoholkonsum trägt bei vielen Bundesbürgern (versteckt) zur "Ernährung" bei:

Art	Volumenprozent	Menge des Getränks	Menge Alkohol (g)	Kalorien (kcal)
Bier	4,5	1000 ml ("1 Maß")	38	450
Wein	8	400 ml (2 Weingläser)	30	240
Schnaps	40	100 ml	31	220

Tab. 5.34: Alkohol- und Kaloriengehalt verschiedener Getränke.

Ein Liter Bier "ersetzt" kalorienmäßig eine Mahlzeit. Bei etwa gleichen Mengen Alkohol wird mit Bier die größte Menge an Kalorien zugeführt ("Bierbauch"). Konsumenten von hochprozentigen Alkoholika (häufig normalgewichtig oder gar dünn) haben eine geringere Kalorienaufnahme, die durch die meist begleitende Gastritis noch verstärkt wird. Das Trinkverhalten wird durch die Einteilung nach Jellinek charakterisiert:

alpha-Trinker	psychische Abhängigkeit (Trinken z.B. zum Abbau von Spannungen und Erleichterung in Konfliktsituationen)
beta-Trinker	Gelegenheitstrinker
gamma-Trinker	gesteigerte Toleranz, Stoffwechselstörungen (Hyperlipidämie), Kontrollverlust, Entzugssymptome
delta-Trinker	täglicher Alkoholkonsum, ohne die Kontrolle über die getrunkene Menge zu verlieren, manchmal noch sozial gut integrierte "Spiegeltrinker"
epsilon-Trinker	periodische Trinkexzesse, "Quartalssäufer"

Tab. 5.35: Typen des Trinkverhaltens nach Jellinek.

Mögliche, z.T. lebensgefährliche Komplikationen des massiven Alkoholkonsums sind zwar dosisabhängig, treten jedoch individuell unterschiedlich schnell auf:

- Fettleber
- Leberzirrhose
- akute Pankreatitis
- chronische Pankreatitis
- Gastritis, akute Ösophagitis, Refluxösophagitis, Mallory-Weiss-Syndrom
- Kardiomyopathie
- Hypertriglyzeridämie
- Zieve-Syndrom (alkoholischer Leberschaden + hämolytische Anämie + Hyperlipidämie)
- Polyneuropathie
- Hirnatrophie
- Wernicke-Enzephalopathie
- Korsakow-Syndrom
- Porphyria cutanea tarda
- Mangelernährung (Folsäure)
- psychosoziale Folgen (sozialer Abstieg)
- alkoholische Embryopathie
- häufigere Stürze (Frakturen, intrazerebrale Blutungen)
- alkoholische Persönlichkeitsveränderungen, Halluzinosen

Bei Alkoholkarenz:

- Entzugssymptome
- Delirium tremens
- Krampfanfälle

Die *Wernicke-Enzephalopathie* (Polioencephalitis haemorrhagica superior) ist gekennzeichnet durch Somnolenz, Ataxie, Augenmuskellähmungen, Nystagmus und evtl. Koma. Typisch für das *Korsakow-Syndrom* sind Gedächtnisstörungen mit Konfabulationen, Desorientiertheit und Konzentrationsstörungen. Neben Alkoholkarenz kann ein Therapieversuch mit Vitamin B_1 (Thiamin) unternommen werden. Muß nach jahrelangem Alkoholabusus, z.B. aufgrund einer körperlichen Erkrankung, das Trinken unterbrochen werden, dann droht nach 1-3 Tagen das Delirium tremens mit Schlaflosigkeit, Zittern

Unruhe, Angst, Schreckhaftigkeit, erhöhter Suggestibilität und optischen ("weiße Mäuse", "Spinnen") wie akustischen Halluzinationen. Somatisch ist dann eine massive Tachykardie, Herzrhythmusstörungen und ein niedriger Blutdruck zu beobachten. Das Delir dauert 4-5 Tage und ist intensivmedizinisch zu überwachen (Kreislaufparameter, Blutzucker, Wasser- und Elektrolythaushalt). *Krampfanfälle* treten meist im Entzug, seltener in der Phase der Intoxikation auf.

Zur Beherrschung der psychomotorischen Unruhe des Patienten im Delirium tremens werden verschiedene Medikamente eingesetzt, am häufigsten das Clomethiazol (Distraneurin®). Gegeben werden 2 Kps. (bzw. 10 ml Mixtur), bei Bedarf weitere 2 Kps. nach 30-60 min bis zu maximal 24 Kps./die. Der Patient wird dadurch ruhiger bzw. er schläft. Die Zahl der pro Tag benötigten Kapseln sollte so rasch wie möglich reduziert werden. Nachteil des Distraneurins ist seine Suchtpotenz. Es sollte deshalb nicht länger als 14 Tage verordnet werden. Bei der intravenösen Gabe ist besondere Vorsicht angebracht (Blutdruckabfall, Atemdepression).

Benzodiazepine (z.B. Diazepam) oder Neuroleptika (z.B. Chlorprothixen - Truxal®) dämpfen die Unruhe gut und werden ebenfalls eingesetzt. Clonidin (Paracefan®, 3x1 bis 4x2 Tbl.) ist nur für den Opiat-, nicht jedoch für den Alkoholentzug zugelassen. Carbamazepin (z.B. Tegretal®, Timonil®) verhindert wohl symptomatische Krampfanfälle, dämpft jedoch nicht ausreichend.

Niere und ableitende Harnwege

6. Niere und ableitende Harnwege

6.1. Untersuchungsmethoden

❑ Anamnese

Miktionsveränderungen sind wichtige Hinweise auf Erkrankungen der Nieren und der ableitenden Harnwege:

Symptom	Definition
Oligurie	Harnvolumen < 500 ml/die
Anurie	Harnvolumen < 100 ml/die
Pollakisurie	häufiger Harndrang
Dysurie	erschwertes Wasserlassen
Polyurie	hohe Harnmengen
Algurie	schmerzhaftes Wasserlassen

Tab. 6.1: Miktionsveränderungen.

Auf Veränderungen der Farbe oder der Klarheit des Urins ist zu achten. In einigen Fällen gibt der Geruch im Patientenzimmer schon Hinweise auf eine Inkontinenz oder einen Harnwegsinfekt. Begleitende Erkrankungen, Rücken- bzw. Flankenschmerzen müssen erfragt werden.

❑ Körperliche Untersuchung

Wichtige Hinweise auf Nierenerkrankungen sind: Lidödeme, periphere Ödeme, erhöhter Blutdruck oder Zeichen einer Anämie. Bei Anämie (Blässe) und Niereninsuffizienz (Einlagerung von Urochromen) nimmt die Haut ein charakteristisches fahl-graues (*café-au-lait*) Kolorit an. Vergrößerte Nieren lassen sich bimanuell palpieren! Der Urin ist nach geringer Flüssigkeitsaufnahme intensiv gefärbt ("hochgestellt") und weist ein hohes spezifisches Gewicht auf. Bei reichlicher Trinkmenge ist der Urin hell bis wasserklar (niedriges spez. Gewicht), ebenso bei osmotischer Diurese (diabetisches Koma, Niereninsuffizienz). Im letzteren Fall ist das spezifische Gewicht allerdings hoch.

❑ Nierenretentionswerte

- *Creatinin* (Normalwert im Serum: bis 1,1 mg/dl)
  Creatinin entsteht als Abbauprodukt aus Muskelgewebe. Das Creatinin steigt erst an, wenn die glomeruläre Filtrationsrate (GFR) auf etwa die Hälfte abgefallen ist. Bei alten Menschen mit geringer Muskelmasse kann trotz normalem Creatinin die GFR in Einzelfällen auf 20-30 ml/min reduziert sein. Creatinin wird zudem teilweise in der Niere synthetisiert, so daß bei Niereninsuffizienz eine verminderte Creatininproduktion vorliegt und dadurch die Serumwerte ebenfalls zu niedrig sind. Kreatinin ist somit *kein* feiner Parameter für die beginnende Einschränkung der GFR
- *Harnstoff* (Normalwert im Serum: 10 bis 50 mg/dl)
  Harnstoff entsteht beim Abbau von Eiweiß. Ein Anstieg wird bei Katabolismus oder massiver Eiweißzufuhr (eiweißreiche Ernährung) beobachtet. Bei geringer Diurese (zu geringe Trinkmenge) wird Harnstoff verstärkt tubulär rückresorbiert und steigt an, während das Creatinin noch konstant bleibt. Durch Steigerung der Diurese (größere Trinkmenge, Infusionen) sinkt der Harnstoff wieder. Ein überwiegendes Ansteigen des Harnstoffs (Harnstoff : Creatinin (mg/dl) > 40) kann also ein Zeichen von zu geringer Trinkmenge sein

- *Harnsäure*
  Die Harnsäure steigt vielfach unabhängig von der Nierenfunktion und ist deshalb *kein* Gradmesser für die Nierenfunktion. Allerdings wird im Falle eines Nierenversagens auch die Harnsäure deutlich erhöht sein

❑ Clearancemessungen

Als Clearance einer Substanz wird der Anteil des Plasmavolumens definiert, der pro Zeiteinheit von dieser Substanz vollständig befreit wird.

- *Nierendurchblutung*
  Voraussetzung für die Messung sind Substanzen, die bei einem Durchgang durch die Nieren vollständig eliminiert werden. Dies gilt z.B. für *Paraaminohippursäure (PAH)*. Aus der Clearance von PAH kann der renale Plasmafluß errechnet werden. Letzerer nimmt mit zunehmendem Alter ab. Unter Standardbedingungen liegt der renale Plasmafluß beim Nierengesunden über 590 ml/min/1,73 m^2 Körperoberfläche

- *glomeruläre Filtrationsrate*
  Voraussetzung für die Messung sind Substanzen, die ausschließlich glomerulär filtriert werden, wie z.B. das exogen zugeführte Insulin. Eine endogene Substanz, die dem annähernd gerecht wird, ist das Creatinin (*endogene Creatinin-Clearance*). Da Creatinin besonders bei Niereninsuffizienz *auch tubulär* sezerniert werden kann, ist der Wert der Creatinin-Clearance bei Niereninsuffizienz höher als die tatsächliche glomeruläre Filtrationsrate.
  Der Normalwert beträgt 95-160 ml/min. Die Creatinin-Clearance ist abhängig vom Alter und von der Körperoberfläche. Zur Bestimmung wird der Urin 24 h gesammelt, gut gemischt und eine Probe davon zusammen mit einer Blutprobe zum Labor gegeben. Der wichtigste Fehler besteht in der ungenauen Sammlung des Urins (z.B. Blasenentleerung bei Defäkation, Blasenentleerung vor der Sammelperiode und Blasenentleerung vor Ende der Sammelperiode).
  Die Berechnung erfolgt nach der Formel:

$$\text{Creatinin–Clearance}\,(ml/\min/1{,}73\,m^2) = \frac{U_{vol\,pro\,Tag}(ml)\ x\ U_{kon}(mg/100\,ml)\ x\ 1{,}73}{1440\,(min)\ x\ S_{kon}(mg/100\,ml)\ x\ \text{Körperoberfl.}}$$

U_{vol}: Urinvolumen pro Sammelzeitraum, Harnzeitvolumen
U_{kon}: Konzentration von Creatinin im Urin
S_{kon}: Konzentration von Creatinin im Serum
t: Sammelzeit in Minuten
Körperoberfläche: Die KOF des Patienten wird aus Körpergröße und -gewicht mit einem Nomogramm ermittelt

Wird nicht über einen vollen Tag gesammelt, so kann die Clearance auch für einen anderen Sammelzeitraum bestimmt werden:

$$\text{Creatinin–Clearance}\,(ml/\min/1{,}73\,m^2) = \frac{U_{vol}\ x\ U_{kon}\ x\ 1{,}73}{t\ x\ S_{kon}\ x\ \text{Körperoberfläche}}$$

Die zur Zeit genaueste Messung der GFR ist die *Jod-Clearance*. Jod als Röntgenkontrastmittel wird wie Insulin ebenfalls nur glomerulär filtriert und in vitro gemessen (Renalyzer). Die Untersuchung ist für den Patienten wenig belastend und die Kontrastmittelbelastung mit 10 ml (z.B. Solutrast® 300) gering. Das Ergebnis liegt innerhalb von 4 Stunden vor, das Sammeln des Urins über einen längeren Zeitraum entfällt also.

Die Creatinin-Clearance kann auch sehr grob anhand der Serumcreatinin-Werte abgeschätzt werden. Sie nimmt mit dem Alter in der Regel ab:

$$\textit{Creatinin–Clearance} = \frac{(150 - \textit{Alter}) \times \textit{Körpergewicht}\ (kg)}{\textit{Serumcreatinin}\ (\mu mol/l)}$$

oder

$$\textit{Creatinin–Clearance} = \frac{(150 - \textit{Alter}) \times \textit{Körpergewicht}\ (kg)}{(72 \times \textit{Serumcreatinin}\ (mg/dl)}$$

❑ Urinstatus, Urinstreifentest

Aus dem Urin kann ein Schnelltest (Streifentest) mit semiquantitativen Aussagen gemacht werden:

Parameter	Normwert	Ursache für Abweichungen
pH	4,5-7,5	< 4,5: z.B. Azidose, fleischreiche Kost > 7,5: z.B. bei Harnwegsinfekt, vegetarischer Kost
Eiweiß	negativ	positiv: z.B. bei Infekt, GN, PN, diabetischer Nephropathie
Glukose	negativ	positiv: z.B. bei Diabetes mellitus
Ketonkörper	negativ	positiv: z.B. bei Hunger, Katabolie, ketoazidotischem diabetischem Koma
Urobilinogen	negativ	positiv: z.B. bei Obstipation, Leberzirrhose, Cholestase, Hämolyse
Bilirubin	negativ	positiv: z.B. bei Hämolyse, Leberzirrhose, Cholestase
Hämoglobin	negativ	positiv: Mikrohämaturie, z.B. bei GN, Tumoren, hämorrhagischer Zystitis
Leukozyten	negativ	positiv: z.B. bei Harnwegsinfekten, Pyelonephritis
Nitrit	negativ	positiv: z.B. bei Harnwegsinfekten

Tab. 6.2: Urinstatus - Normwerte und Ursachen pathologischer Ergebnisse.

Für quantitative Aussagen muß der Urin gesammelt und die Ausscheidung, z.B. von Glukose, Eiweiß oder Natrium, über den Sammelzeitraum bestimmt werden.

❑ Urinsediment

Das Sediment wird auf Erythrozyten, Leukozyten, Bakterien, Epithelien, Kristalle und Zylinder hin untersucht. Vereinzelte Zellen treten auch beim Gesunden auf. Epithelien aus der Niere sind polygonal. Aus den ableitenden Harnwegen stammen Plattenepithel- oder "geschwänzte" Zellen. Zahlreiche Zylinder im Urin weisen fast immer auf eine Nierenerkrankung hin. Lediglich hyaline Zylinder finden sich in geringer Zahl auch beim Nierengesunden, z.B. nach körperlicher Anstrengung oder nach Diuretikagabe.

Arten von Harnzylindern - Auswahl -	Bedeutung
hyaline Zylinder	Mukoproteine, unspezifisch, auch beim Nierengesunden, vermehrt bei Proteinurie (z.B. nephrotischem Syndrom)
granulierte Zylinder	hyaline Zylinder mit Einlagerungen von Plasmaproteinen, z.B. Proteinurie bei verschiedenen Nierenerkrankungen
Erythrozytenzylinder	Erythrozyturie renaler Genese, bes. bei Glomerulonephritiden
Leukozytenzylinder	bei (chronischer) Pyelonephritis

Tab. 6.3: Arten und Bedeutung von Harnzylindern.

❑ Enzymurie

Die Ausscheidung von Enzymen über den Urin (Enzymurie) kann Auskunft über Ort und Ausmaß der tubulären Schädigung geben:

erhöhte Ausscheidung der Enzyme	Herkunft der Enzyme
γ-GT (γ-Glutamyltransferase)	Bürstensaum der Tubuluszellen
LDH (Laktatdehydrogenase)	Zytoplasma
NAG (N-Acetyl-Glucosaminidase)	Lysosomen

❑ Apparative Untersuchungen

- Abdomen-Übersichtsaufnahme
- Sonographie
- Farbdopplersonographie
- Abdomen-CT/NMR
- Ausscheidungsurographie, i.v.-Pyelogramm
- Miktionszysturethrographie
- Isotopennephrographie
- Nierenszintigraphie
- Nierenangiographie (arteriell, venös, konventionell, DSA)

In der *Abdomenübersichtsaufnahme* werden röntgendichte Steine und Verkalkungen in Projektion auf Niere und ableitende Harnwege entdeckt. Sie ist nur in seltenen Fällen, z.B. bei der gezielten Suche nach solchen kalkdichten Konkrementen indiziert.

Die *Sonographie* ist die *Methode der ersten Wahl* zur apparativen Nierenuntersuchung. Die Nierensonographie gibt Auskunft über Lage, Größe und Form der Nieren, den Zustand des Hohlsystems, über Zysten, Steine, Mißbildungen u.a.. Bereits mit der konventionellen Sonographie können vielfach auch die Nierengefäße dargestellt werden. Dies gelingt jedoch mit der *Farbdopplersonographie* noch besser.

Das *Abdomen-CT* oder das *Kernspintomogramm* kann hilfreich sein, wenn sich Befunde mit der Sonographie nicht eindeutig klären lassen, z.B. zur Dokumentation der Ausdehnung von Tumoren oder paranephritischen Abszessen der Niere.

Die *Ausscheidungsurographie* läßt die Ausscheidungsfunktion, das Hohlsystem und den Abfluß des Harns erkennen. Deformierte Kelche bei chronischer Pyelonephritis, Papillennekrose, ein Aufstau oder eine seitendifferente Ausscheidung werden sichtbar. Der Verlauf der Ureteren (Lage für Op-Vorbereitung,

Verdrängung?) kann dokumentiert werden. Kontraindikationen sind: Jodallergie, fortgeschrittene Niereninsuffizienz (Crea > 3 mg/dl) und Hyperthyreose. Vorsicht ist bei starker Exsikkose oder Plasmozytom geboten (Risiko des akuten Nierenversagens). Bei der Miktionszysturethrographie wird während Miktion und Bauchpresse geröntgt, um z.B. einen vesico-ureteralen Reflux zu diagnostizieren.

Das *Isotopennephrogramm* erlaubt durch Anfluten und Ausscheiden des Isotops eine Aussage über Durchblutung (Unterschiede in der Durchblutung der beiden Nieren bei Nierenarterienstenose) und Nierenfunktion. Die Nierenszintigraphie wird besonders dann eingesetzt, wenn jodhaltiges Kontrastmittel (i.v.-Pyelogramm) nicht gegeben werden kann.

❑ Nierenpunktion

Die sonographisch gesteuerte Nierenpunktion ist mit einer etwa 10%igen Komplikationsrate belastet. Die Nierenpunktion ist z.B. bei rasch in Richtung einer Niereninsuffizienz voranschreitenden Glomerulonephritiden und zur Entscheidung über eine immunsuppressive Therapie angezeigt.

Indikationen sind:

- rasch progrediente Glomerulonephritis
- akutes nephritisches Syndrom (z.B. Goodpasture-Syndrom)
- geplanter Einsatz von Immunsuppressiva bei Glomerulonephritis
- Verdacht auf eine Transplantatabstoßung
- akutes Nierenversagen unklarer Ursache

Kontraindikationen sind:

- funktionelle anatomische Einnierigkeit
- Störungen der Blutgerinnung
- Hypertonie
- Schwangerschaft
- Nierentumor
- Hydronephrose
- floride Infektionen der Niere und der ableitenden Harnwege
- terminale Niereninsuffizienz

Komplikationen sind:

- perirenale Hämatome
- Makrohämaturie (bei 10 % der Punktionen)

6.2. Leitsymptome von Nierenerkrankungen

6.2.1. Proteinurie

Eiweißausscheidung	Menge
physiologisch	< 150 mg/24 h
Proteinurie	> 150 mg/24 h
Mikroalbuminurie	20-300 mg/24 h
nephrotisches Syndrom	> 3,5 g/24 h

Tab. 6.4: Eiweißausscheidung im Urin.

Mit dem Teststäbchen kann nur eine qualitative oder halbquantitative Aussage gemacht werden. Mit herkömmlichen Teststäbchen wird die Mikroalbuminurie zwar nicht erfaßt, doch gibt es neuerdings auch dafür spezielle Teststreifen. Ein negativer Eiweißbefund schließt auch Bence-Jones-Proteine bei Plasmozytom nicht aus. Der genaue Umfang der Proteinurie läßt sich durch Eiweißbestimmung (Biuret) im 24-h-Urin ermitteln, über die Art der ausgeschiedenen Proteine gibt die *Urin-Eiweißelektrophorese* Auskunft. Die Art der ausgeschiedenen Eiweiße erlaubt einen beschränkten Rückschluß auf den Ort der Schädigung:

Proteinurie	Ort	Art des Eiweißes
selektiv	tubulär	kleinmolekulare Eiweiße, z.B. β_2-Mikroglobulin u. α_1-Mikroglobulin
selektiv	glomerulär (leichte Schädigung)	z.B. Albumin, Transferrin
unselektiv	glomerulär (schwere Schädigung)	groß und kleinmolekulare Eiweiße, z.B. Albumin und Globuline, entsprechend der Plasmaeiweiße
gemischt	tubulär und glomerulär	z.B. β_2-Mikroglobulin und Albumin
prärenal (= Überlaufproteinurie)	sekundär bei anderen Grunderkrankungen	z.B. Plasmozytom (Leichtketten), Crush-Syndrom (Myoglobin), massive Hämolyse (Hämoglobin)

Tab. 6.5: Art der Proteinurie.

Eine Proteinurie kann verschiedene Ursachen haben:

Ursachen	Beispiele
"physiologisch"	Fieber, körperliche Anstrengung, orthostatisch, Hyperlordose
renal-parenchymatös	Glomerulonephritis, interstitielle Nephritis, nephrotisches Syndrom, akutes Nierenversagen, chronische Niereninsuffizienz, Schwangerschaftsnephropathie, Glomerulosklerose (Kimmelstiel-Wilson bei Diabetes mellitus), Zystennieren
renovaskulär	Nierenvenenthrombose, Cava-Thrombose, Rechtsherzinsuffizienz ("Stauungsnieren")
extrarenale Ursachen	nierengängige Paraproteine (Leichtketten), Kollagenosen (Lupus erythematodes) u.a.

Tab. 6.6: Ursachen der Proteinurie.

6.2.2. Hämaturie

Ein *roter* Urin läßt sich auf mehrere Ursachen zurückführen:

- Makrohämaturie
- Hämoglobinurie (z.B. bei Hämolyse)
- Myoglobinurie (z.B. beim Crush-Syndrom)
- Nahrungsmittel (rote Rüben)
- Medikamente
- Porphyrine (sich nachträglich färbender Urin)

Erythrozyten im Urin	Definition
physiologisch	< 5 Erythrozyten/µl
Mikrohämaturie	> 5 Erythrozyten/µl, kein sichtbares Blut
Makrohämaturie	sichtbare blutige Verfärbung des Urins

Tab. 6.7: Definition der Erythrozyturie.

Die Makrohämaturie ergibt einen für Erythrozyten positiven Streifentest und im Urinsediment finden sich intakte Erythrozyten. Bei der Hämo- und Myoglobinurie ist der Urin durchsichtig rot bis bräunlich, der Streifentest ist ebenfalls positiv, im Mikroskop finden sich jedoch keine Erythrozyten. Ist bei rotem Urin der Streifentest für Erythrozyten *negativ*, so muß an Nahrungsmittel (rote Bete) oder Medikamente gedacht werden. Bei längerem Stehen des normalerweise sauren Urins kann sich Hämatin bilden und den Urin bräunlich färben. Erythrozytenzylinder deuten auf eine renale Genese hin, ebenso dysmorphe Erythrozyten, während normal geformte Zellen aus den ableitenden Harnwegen stammen. Eine nur *initiale* Hämaturie wird ihre Ursache in der Urethra besitzen; hier können die letzten Urintropfen wieder blutig gefärbt sein. Ein während der Miktion unverändert rot gefärbter Urin weist auf eine Ursache in der Blase, Ureter oder Nieren hin. Ursachen einer Hämaturie sind:

Ursachen	Beispiele
"physiologisch"	schwere körperliche Arbeit, Hochleistungssport
Tumoren	Hypernephrom, Harnleiterpolyp und -karzinom, Blasenadenom und -karzinom, Prostatakarzinom
Verletzung	Nierentrauma, Verletzung durch Fremdkörper (Katheter), Nieren-, Harnleiter- bzw. Blasenstein, Blasenfremdkörper
Entzündung	Pyelonephritis, Glomerulonephritis, Tuberkulose (Niere, Blase), hämorrhagische Zystitis (Blaseninfekt, Katheter, Endoxan®-Therapie), Urethritis, Bilharziose
andere	Zystennieren, hämorrhagische Diathese, Nierenembolie, Nierenvenenthrombose, Kollagenosen (Lupus erythematodes)

Tab. 6.8: Ursachen der Erythrozyturie.

Eine *schmerzlose Hämaturie* ist primär *tumorverdächtig. Hämoglobinurie* kann nach einem langen Marsch (*Marschhämoglobinurie*) oder bei *massiver Hämolyse* (Fehltransfusion, Kälteagglutinine, Malaria, Sichelzellanämie usw.) entstehen. *Myoglobinurie* tritt nach Muskelnekrosen (gleichzeitige CK-Erhöhung) auf. Kann die Ursache einer Hämaturie nicht gefunden werden, so sollte der Patient bei der nächsten Episode noch *während* der Makrohämaturie dem Urologen zur Zystoskopie vorgestellt werden.

Mit Hilfe des Addis-Counts wird der im Laufe von drei Stunden ausgeschiedene konzentrierte Morgenurin in einer Zählkammer unter dem Mikroskop untersucht. Dabei werden die ausgeschiedenen Zelltypen quantitativ erfaßt. Auch dysmorphe Zellen (z.B. dysmorphe Erythrozyten bei Glomerulonephritis) werden dabei gesehen. Der Addis-Count oder seine Modifikationen kommen nur in spezialisierten Abteilungen zur Anwendung.

6.2.3. Bakteriurie

- **signifikante Bakteriurie**

Bakterien können durch Kontamination oder durch die bakterienbesiedelte vordere Harnröhre in den Urin gelangen und sich bei längerer Transportzeit ins Labor vermehren. Der Urin muß deshalb sorgfältig abgenommen werden. Im Mittelstrahlurin wird eine bakterielle Besiedelung der Harnwege angenommen: bei einer *Keimzahl > 10^5 Keime/ml (Kass'sche Zahl) und bei lediglich ein oder allenfalls zwei typischen, bei Harnwegsinfektionen vorkommenden Keimen.* Keimzahlen zwischen 10.000 und 100.000/ml Urin sind bereits suspekt. Die Keimzahl wird vom bakteriologischen Labor oder mit Eintauchnährböden (Urikult) bestimmt. Bei der suprapubischen Punktion ist jegliche bakterielle Besiedelung pathologisch.

- **asymptomatische Bakteriurie**

Eine signifikante Bakteriurie kann auch bei völlig asymptomatischen Personen vorhanden sein, ohne daß daraus eine Therapie abgeleitet werden muß. Lediglich bei Schwangeren (hohes Risiko einer akuten Pyelonephritis), Kindern und bei bekannter chronischer Pyelonephritis muß auch die asymptomatische Bakteriurie behandelt werden.

6.2.4. Nephrotisches Syndrom

❑ Definition

Beim nephrotischen Syndrom handelt es sich um eine Kombination von klinischen und laborchemischen Befunden, für die eine *Vielzahl von Ursachen* in Frage kommen. Wichtigstes Charakteristikum des nephrotischen Syndroms ist die *massive, "große" Eiweißausscheidung* über die Nieren (> *3,5 g/die)*, die in der Regel durch gesteigerte Eiweißsynthese in der Leber nicht mehr kompensiert werden kann.

❑ Ätiologie und Pathogenese

Ursache ist eine Schädigung der Barrierefunktion des Glomerulums mit gesteigerter Permeabilität. Die Permeabilitätsbarriere wird u.a. durch Poren und "fixe" Anionen gebildet. Eine Schädigung der ladungsbedingten Selektion hat eine *selektive*, die massive strukturelle Schädigung des Glomerulums eine *unselektive* Proteinurie zur Folge. In beiden Fällen wird Albumin verloren, bei relativer Erhöhung der α_2- und β-Globuline. Die Nierentubuli versuchen das Eiweiß zu resorbieren (Vakuolenbildung), die Leber steigert kompensatorisch die Albuminsynthese, kann dies jedoch nicht voll leisten, so daß durch den abfallenden onkotischen Druck Ödeme entstehen. Der Flüssigkeitsverlust wird durch Aktivierung des Renin-Angiotensin-Aldosteron-Systems ausgeglichen. Parallel zur Albuminsynthese steigt in der Leber auch die VLDL-Produktion, in deren Folge sich die Blutfette erhöhen.

Wichtige *Ursachen* eines nephrotischen Syndroms sind:

- Glomerulonephritis (GN) (60 % d.F.)
  - (besonders: minimal change-GN, membranöse GN, membranoproliferative GN)
- streptokokkenallergische akute GN
- Diabetes mellitus (diabetische Glomerulosklerose)
- Medikamente (Captopril, Penicillamin, Goldpräparate, NSAR)
- systemischer Lupus erythematodes
- Amyloidose
- Infektionen (z.B. Malaria, Lues, Hepatitis, HIV, Endokarditis, Mononukleose)
- Nierentransplantatabstoßung
- (Prä-)Eklampsie
- schwere Herzinsuffizienz, Nierenthrombose, Alport-Syndrom, Neoplasien

Am häufigsten wird man der durch Glomerulonephritis, Diabetes mellitus und Medikamente induzierten Form begegnen.

❑ Symptomatik

- Allgemeinsymptome
- Ödeme

Tatsächlich werden meist nur geringe Symptome geschildert und die Diagnose erfolgt eher durch die Harnuntersuchung bei prädisponierenden Erkrankungen (z.B. bei Diabetes mellitus). Allgemeinsymptome wie Müdigkeit, Gewichtsabnahme, Leistungsminderung sind uncharakteristisch. Fällt die Albuminkonzentration aufgrund der Proteinurie unter 2-2,5 g/dl ("Ödemschwelle"), wird der onkotische Druck so niedrig, daß es zur Ödembildung kommt. Ödeme treten an den abhängigen Partien (tagsüber: Unterschenkel; nachts und bei bettlägrigen Patienten: Rücken) oder in Geweben mit geringem "Gewebedruck" (Augenlider) auf. Die Ödemneigung kann diskret sein, aber auch bis zu Anasarka führen.

❑ **Komplikationen**

- Infektanfälligkeit
- Thromboembolien
- Niereninsuffizienz

Durch Verlust von Immunglobulinen (bei der unselektiven Proteinurie) tritt eine Resistenzminderung auf. Man versucht, die Thromboseneigung durch den renalen Verlust von AT III und das Ansteigen einiger Gerinnungsfaktoren (Fibrinogen) zu erklären.

❑ **Diagnostik**

- Eiweißausscheidung im 24-h-Urin
- Serumelektrophorese
- Urinelektrophorese
- weitere Laborwerte
- Suche nach der Ursache
  - Anamnese, andere Erkrankungen
  - Sonographie der Nieren
  - Nierenbiopsie

Eine Eiweißausscheidung über 3,5 g im Verlauf eines Tages erlaubt die Diagnose eines nephrotischen Syndroms. Die Serumelektrophorese läßt das Ausmaß des Albuminabfalls erkennen. Niedrige γ-Globuline deuten bereits auf eine unselektive Proteinurie hin. Wird in der Urinelektrophorese überwiegend Albumin nachgewiesen, so besteht eine selektive, bei Ausscheidung hochmolekularer Eiweiße hingegen eine unselektive Proteinurie. Zusätzlich finden sich: Hypercholesterinämie (VLDL-Erhöhung), ein Anstieg von Creatinin, Harnstoff, ein Abfall von Immunglobulinen und AT III. Wird die Ursache (z.B. eine fortschreitende diabetische Nephropathie) nicht gefunden, so muß letztlich eine Nierenbiopsie erwogen werden.

❑ **Differentialdiagnose**

- **nephritisches Syndrom**

Syndrom	Symptome
nephrotisches Syndrom	• Proteinurie (> 3,5g/die) • Hypoalbuminämie, Hypoproteinämie • Ödeme • Hyperlipidämie
nephritisches Syndrom	• Proteinurie (auch großmolekulare Proteine) < 3,5 g/die • Hämaturie • fakultativ: arterieller Hypertonus

Tab. 6.9: Unterscheidung nephrotisches - nephritisches Syndrom.

❑ Therapie

- ursächliche Therapie
- symptomatische Therapie
- spezifische Therapie

Ursächliche Therapie

Wichtig ist eine *ursächliche* Therapie des nephrotischen Syndroms (z.B. eine gute Blutzuckereinstellung). Ein arterieller Hypertonus beeinträchtigt die Nierenfunktion und muß deshalb eingestellt werden.

Symptomatische Therapie

Die symptomatische Therapie umfaßt:

- *Kochsalzreduktion*
  Dabei sollten 5 g NaCl/die nicht überschritten werden. Eine starke Hyponatriämie verschlechtert allerdings ebenfalls die Nierenfunktion. Im Zweifelsfall kann die täglich ausgeschiedene Natriummenge gemessen und eine geringere Einfuhr empfohlen werden
- *Eiweißzufuhr*
  Die Nahrung sollte normal viel Eiweiß enthalten (ca. 0,7 g/kg KG und Tag) oder mäßig eiweißreduziert sein; die Zufuhr sollte 1,5 bis 2,0 g/kg KG nicht überschreiten. Auf eine gleichzeitige ausreichende Kalorienzufuhr (2.000 bis 3.000 kcal/die) ist zu achten, damit der Körper nicht in eine katabole Stoffwechselsituation gerät und das körpereigene bzw. das zugeführte Eiweiß zur Energiegewinnung abbaut (Anstieg von Harnstoff im Blut). Eine eiweißreichere Ernährung verstärkt die Proteinurie, die wiederum eine pathogenetische Rolle bei der Entstehung z.B. der fokalen segmentalen Glomerulosklerose spielt. Die intravenöse Albuminzufuhr ist nur in Ausnahmefällen sinnvoll (z.B. hochgradige Hypovolämie mit Blutdruckabfall), da der größte Teil des infundierten Albumins u.a. schnell wieder über die Nieren ausgeschieden wird. Durch ACE-Hemmer wird in einer Reihe von Fällen (z.B. bei diabetischer Nephropathie) die Eiweißausscheidung gebessert. Bei hochgradiger Niereninsuffizienz sollten ACE-Hemmer nicht mehr eingesetzt werden, da sie die Nierenfunktion weiter verschlechtern und die Tendenz zur Hyperkaliämie verstärken können
- *Diuretikatherapie*
  Bei Ödemen werden (Schleifen-)Diuretika gegeben, ggf. in Kombination mit einem kaliumsparenden Diuretikum. Die Diuresesteigerung muß schonend erfolgen und darf keinesfalls eine Hypovolämie auslösen. Kaliumsparende Diuretika sollten nur bis zu einer Creatininkonzentration von 2 mg/dl eingesetzt werden, da sie dann ihre Wirksamkeit verlieren und zu Hyperkaliämie führen können
- *Hyperlipidämie*
  Die Hypercholesterinämie läßt sich zwar medikamentös korrigieren (HMG-CoA-Reduktase-Hemmer), dies ist allerdings bei nur kurzzeitig bestehendem nephrotischen Syndrom umstritten, kann jedoch bei langfristig bestehender Hypercholesterinämie sinnvoll sein

Spezifische Therapie

- Corticosteroide
- evtl. Immunsuppressiva

Eine spezifische Therapie ergibt sich *nur bei den verschiedenen Glomerulonephritisformen*. Voraussetzung ist ihre Diagnose durch eine Nierenbiopsie. Am besten spricht die "minimal change"-GN auf Kortison an. In einigen Fällen werden versuchsweise Immunsuppressiva gegeben.

6.3. Anomalien und Mißbildungen der Nieren

- Agenesie
- Hypoplasie
- persistierende fetale Lappung
- Parenchymverdickungen
- Hufeisenniere
- Doppelniere
- Nierendystopien (z.B. Beckenniere)

Eine *Agenesie*, eine fehlende Anlage der Niere, kann ein- oder doppelseitig vorkommen. Neugeborene mit bilateraler Agenesie versterben wenige Tage nach der Geburt. Die symptomlose einseitige Agenesie kommt bei ca. 1 ‰ der Bevölkerung vor. Die vorwiegend einseitige *Hypoplasie* ist etwas häufiger und ebenfalls symptomlos. Normalerweise verschwindet die *fetale Lappung* der Nieren nach der Geburt. Bei ca. 2 % der Bevölkerung persistiert sie jedoch. Dies ist dann u.a. im Sonogramm von postpyelonephritischen Narbenbildungen abzugrenzen (im Zweifelsfall Ausscheidungsurographie: reguläres Kelchsystem versus narbig verzogene, verformte Kelche). *Parenchymverdickungen* sind häufige Sonographiebefunde. Am bekanntesten ist der "Milzbuckel" der linken Niere, eine Parenchymverdickung am oberen Pol. Ihre Bedeutung liegt vor allem darin, daß hierbei ein Tumor differentialdiagnostisch ausgeschlossen werden muß. Bei der *Hufeisenniere* liegt eine Parenchymbrücke zwischen den unteren Polen beider Nieren vor. Die Organe sind im Gegensatz zur normalen Lage mit ihren unteren Polen nach ventral verschoben und dort verbunden. Die veränderte Lage und die nach medial laufenden unteren Kelche lassen sich im i.v.-Pyelogramm abbilden; im Sonogramm stellt sich die vor der Aorta liegende Parenchymbrücke gut dar. Die Hufeisenniere kann durch Abknicken der Ureteren zu Hydronephrose, Infektion oder Steinbildung prädisponieren - aber auch völlig symptomlos bleiben. Bei der *Doppelniere* liegen zwei getrennte Nierenbecken mit je einem Ureter vor, die sich im Verlauf vereinen (Ureter fissus) oder getrennt in die Blase münden (Ureter duplex). Risiken sind auch hier die Harnstauungsniere, ein vesiko-ureteraler Reflux und rezidivierende Infektionen. *Nierendystopien*, z.B. in Form einer im Becken liegenden Niere, sind kongenital vorhanden und müssen von einer erworbenen Senkung der Niere, einer *Nephroptose*, abgegrenzt werden. Symptome treten dann auf, wenn Gefäße oder der Ureter abgeknickt werden.

6.4. Glomerulonephritis

❑ **Definition**

Glomerulonephritiden (GN) sind Nierenerkrankungen, bei denen sich die entzündliche Aktivität am Glomerulum abspielt. Es existieren eine Reihe von Klassifikationen unter klinischen, histologischen und pathophysiologischen Gesichtspunkten:

Kriterium	Art der Glomerulonephritis
klinischer Verlauf	• akute GN • chronische GN
Leitsymptome	• nephrotisches Syndrom • nephritisches Syndrom • rasche Entwicklung einer Niereninsuffizienz
Immunologie	• Immunkomplexnephritis • Antibasalmembrannephritis • IgA-Nephritis
primär betroffenes Organ	• primäre (idiopathische) Glomerulonephritis • sekundäre (symptomatische) Glomerulonephritis
Histologie	• akute endokapillär-proliferative GN • membranoproliferative GN • Minimal change-Nephropathie • fokal-segmental-sklerosierende GN • mesangioproliferative GN • membranöse/perimembranöse GN • rapid progressive GN

Tab. 6.10: Einteilungsmöglichkeiten der Glomerulonephritiden.

Jede dieser Einteilungen erlaubt es, Aspekte der Erkrankung zu verstehen. Die *akute* GN tritt plötzlich auf, z.B. postinfektiös, und zeigt einen Verlauf, der über Wochen/wenige Monate zur Besserung oder zur Ausbildung einer Niereninsuffizienz führt. Der Krankheitsverlauf der chronischen GN erstreckt sich über Jahre. Das *nephrotische* Syndrom *kann* durch eine akute oder chronische GN hervorgerufen werden, jedoch auch durch andere Erkrankungen (z.B. Diabetes mellitus), während das *nephritische* Syndrom relativ typisch für die GN ist. In einigen Fällen kann eine rasch eingetretene Niereninsuffizienz auf eine GN hinweisen. Pathophysiologisch werden *Immunkomplexablagerungen* in den Glomerula gefunden, die über Komplementaktivierung zur Entzündung führen (akute postinfektiöse GN, perimembranöse GN). In anderen Fällen treten *Antikörper gegen die Basalmembran* der Niere auf (rasch progrediente GN oder Goodpasture-Syndrom). Bei der *IgA-Nephritis* lagert sich IgA im Mesangium ab und führt ebenfalls über Komplementaktivierung zur Erkrankung (mesangioproliferative GN). Neben den *primären*, nur auf die Nieren beschränkten Erkrankungen treten bei einer Reihe von Systemerkrankungen *sekundär* Nierenbeteiligungen hinzu. Für die Therapie und die Prognose ist u.a. das *histologische Bild* wichtig.

6.4.1. Akute Glomerulonephritis

6.4.1.1. Akute Poststreptokokken-Glomerulonephritis (PSGN)

❑ **Häufigkeit**

Die akute GN tritt in wenigen Fällen nach einem Streptokokkeninfekt (z.B. Angina tonsillaris, Erysipel, Otitis media, Scharlach) mit β-hämolysierenden Streptokokken der Lancefieldgruppe B, selten jedoch nach Infektionen mit anderen Erregern (Staphylokokken, Chlamydien, Spirochäten, Malaria) auf. Mit der raschen Antibiose bei Streptokokkeninfekten ist die akute GN *seltener* geworden.

❑ Ätiologie und Pathogenese

Nach einer Streptokokkeninfektion der Haut oder der oberen Luftwege bilden sich Streptokokkenantigen-Antikörper-Komplexe (Immunkomplexnephritis). Sie lagern sich in den Kapillaren der Glomerula ab und aktivieren das Komplementsystem. Das histologische Bild ist das einer endokapillär proliferativen GN. Die akute GN tritt epidemisch und sporadisch auf.

❑ Symptomatik

- erneutes Krankheitsgefühl (nach vorausgegangenem Infekt)
- (Mikro- oder) Makrohämaturie, Proteinurie
- Ödeme (morgendliche Lidödeme)
- Hypertonie
- Enzephalopathie mit Verwirrtheit, Kopfschmerz, Somnolenz

Die Symptome treten *1-3 Wochen nach* dem Infekt auf, nachdem sich die Patienten bereits wieder erholt zu haben scheinen. Flankenschmerzen, Abgeschlagenheit oder Kopfschmerzen können vorliegen. Die Proteinurie ist immer vorhanden, meist auch eine (Mikro- oder Makro-)Hämaturie. Ödeme bilden sich oft nur diskret aus (z.B. in Form morgendlicher Lidödeme) oder sind nicht vorhanden, ebenso ein arterieller Hypertonus. In etwa der Hälfte der Fälle bleibt die GN oligo- bzw. asymptomatisch. Ein Urinstatus 2 Wochen *nach* einem Streptokokkeninfekt ist deshalb sinnvoll.

❑ Komplikationen

- Übergang in eine chronische GN (☞ *Prognose*)
- Hochdruckkrisen und deren Folgen (Hirnödem, dekompensierte Herzinsuffizienz)
- Enzephalopathie evtl. durch Immunkomplexdeposition in der Arachnoidea

❑ Diagnostik

- vorausgegangener Streptokokkeninfekt (Anamnese, ASL-Titer > 1:200)
- Proteinurie (< 3,5 g/die)
- Erythrozyturie, Erythrozytenzylinder
- Komplement erniedrigt
- geringer Anstieg von Creatinin und Harnstoff
- Sonographie: große, geschwollene Nieren

Neben den Zeichen des durchgemachten Streptokokkeninfektes besteht eine unselektive "kleine" Proteinurie, in 10 % der Fälle tritt ein nephrotisches Syndrom auf. Die Eiweißverluste werden von der Leber im Regelfall kompensiert, so daß die Verschiebung der Eiweißelektrophorese und eine starke Hypoproteinämie fehlen. Die Nierenretentionswerte verändern sich nur wenig. Steigen die Nierenwerte deutlich an, besteht über mehrere Tage hinweg eine Oligurie bzw. gar Anurie, so muß auch an eine rapid progressive GN gedacht und eine *Nierenbiopsie* erwogen werden.

❑ Differentialdiagnose

- rapid progressive GN
- andere GN-Formen
- parainfektiöse Proteinurie

Wichtig ist die Abgrenzung der rapid progressiven GN, da hier eine schnelle Therapie erfolgen muß. *Während* jeglicher hochfieberhaften Infektionskrankheit kann es zur parainfektiösen Protein- und Erythrozyturie kommen, die jedoch nach dem akuten Stadium wieder verschwindet. Ein Wiederauftreten *1-3 Wochen danach* ist dagegen pathologisch.

❑ **Therapie**

- symptomatische Therapie der Komplikationen
- Antiobiose mit Penicillin
- Sanierung des Streptokokkeninfektes, Herdsanierung

Eine kausale Therapie ist nicht möglich. Körperliche Schonung ist ratsam. Komplikationen werden bei deren Auftreten therapiert:

- Oligurie → Flüssigkeitszufuhr auf ca. 1,5 l/die einschränken
- Ödeme → Diuretika
- Hypertonus → Blutdrucksenkung, z.B. ACE-Hemmer
- Herzinsuffizienz → Digitalis

Corticosteroide sind ohne Wirkung. Zur Sanierung des Streptokokkeninfektes wird Penicillin (3x1 Mega, z.B. Baycillin Mega® oder Megacillin oral® Filmtabletten 3x1) über einen längeren Zeitraum (2-3 Wochen) empfohlen. Eine entscheidende Veränderung der akuten GN ist dadurch nicht zu erwarten, allenfalls wird eine weitere "Nachlieferung" von Immunkomplexen verhindert. Die Herdsanierung (z.B. in Form der Tonsillektomie) erfolgt *nach* Abklingen der akuten Krankheit, beeinflußt also den Verlauf der GN nicht.

❑ **Prognose**

Im Kindesalter heilt die akute Poststreptokokken-GN in > 90 % aus, bei Erwachsenen in 60-70 % (innerhalb eines Zeitraumes von 3 Monaten bis 2 Jahren). Bei 30 % wird eine Persistenz von Protein- und Erythrozyturie und ein, z.T. langsam progredienter, Anstieg der Retentionswerte beobachtet.

6.4.1.2. Rapid progressive Glomerulonephritis (RPGN)

❑ **Definition**

Die rapid progressive GN ist wie die Poststreptokokken-GN eine *akute* GN, die durch eine sich innerhalb von Wochen bis Monaten verschlechternde Nierenfunktion gekennzeichnet ist und nach etwa einem halben Jahr in eine Niereninsuffizienz mündet.

❑ **Ätiologie und Pathogenese**

Die RPGN ist auf verschiedene Ursachen zurückzuführen. Sie kommt postinfektiös, idiopathisch und bei einer Reihe von Systemerkrankungen vor (☞ Kap. 6.4.3.). Sie kann als

- Immunkomplexnephritis (z.B. postinfektiös) 40 % d.F.
- Antibasalmembran-Nephritis (z.B. Goodpasture Syndrom) 20 % d.F.
- ohne Immunkomplexe (z.B. M. Wegener) 40 % d.F.

auftreten. Histologisch besteht eine typisch halbmondförmige Proliferation der Bowmannschen Kapsel und des Mesangiums.

❑ **Symptomatik**

- unspezifische Allgemeinsymptome (Arthralgien, Muskelschmerzen, BSG-Beschleunigung)
- Hämaturie, Proteinurie
- Hypertonus
- rasch steigende Nierenretentionswerte (Tage bis Monate)
- Anämie

Bei Systemerkrankungen gesellen sich deren charakteristische Symptome (Lungenblutung → Goodpasture-Syndrom, Rhinitis/Sinusitis/Schleimhautulzerationen → M. Wegener usw.) hinzu.

❑ **Komplikationen**

- hypertone Krise
- Nierenversagen

❑ **Diagnostik**

- typische Urinbefunde
- Anstieg von Creatinin und Harnstoff im Serum
- zirkulierende Immunkomplexe/Antibasalmembranantikörper
- Nierenbiopsie (absolute Indikation)

Neben den typischen Urinbefunden (Proteinurie, Erythrozyten- und Leukozytenzylinder), dem Anstieg der Retentionswerte und Immunphänomenen ist bei jeder akuten GN mit dem raschen Anstieg von Creatinin und Harnstoff eine frühzeitige *Nierenbiopsie* indiziert. Bei Hinweisen auf eine Systemerkrankung sind deren Marker abzuklären (ANA, antiDNS-AK bei SLE, ACPA, ANCA bei M. Wegener usw.).

❑ **Differentialdiagnose**

- akutes Nierenversagen anderer Genese (☞ Kap. 6.6.)

❑ **Therapie**

- Corticosteroide (initial hochdosiert) und Cyclophosphamid
- Plasmaseparation (nur bei Antibasalmembran-RPGN)
- Dialyse bei terminaler Niereninsuffizienz

❑ **Prognose**

Bei frühzeitiger Anwendung kann durch initial hochdosierte Corticosteroide und Cyclophosphamid, bei Antibasalmembranantikörpern auch durch Plasmapherese, der Krankheitsverlauf aufgehalten werden.

6.4.2. Chronische Glomerulonephritis

❑ **Definition**

Die chronische Glomerulonephritis verläuft über Jahre hinweg mit "nephritischen" Symptomen (Proteinurie, Hämaturie, evtl. arterieller Hypertonus und Ödeme). Eine Verschlechterung der Nierenretentionswerte und die Ausbildung einer Niereninsuffizienz kann nach einigen Jahren (im Ggs. zur rapid progressiven GN: Monate) auftreten oder auch ausbleiben. Die endgültige Diagnose kann lediglich durch die Nierenbiopsie gestellt werden. Die Therapie ist symptomatisch.

6.4.2.1. Membranöse Glomerulonephritis (MGN)

❑ **Besonderheiten**

Die membranöse GN ist eine Immunkomplexnephritis, bei der sich die Komplexe an der Außenseite der kapillären Basalmembran anlagern und die Permeabilität dadurch massiv verändern. Sie ist deshalb häufig mit einem nephrotischen Syndrom vergesellschaftet (häufige Ursache des nephrotischen Syndroms im Erwachsenenalter). Weitere Symptome sind Mikrohämaturie und Hypertonus. Die membranöse GN kommt idiopathisch und aufgrund von Medikamenten (Gold, Penicillamin), Tumoren (Bronchial- oder Kolonkarzinom), Systemerkrankungen (SLE) oder Infekten (Hepatitis B) vor. Spontane Heilungen sind bei einem Drittel der Patienten zu erwarten. Die Therapie mit Corticosteroiden bessert die Proteinurie, eine Kombination mit Cyclophosphamid führt in einigen Fällen zu Remissionen.

6.4.2.2. Membranoproliferative Glomerulonephritis (MPGN)

❑ **Besonderheiten**

Die MPGN tritt bevorzugt bei Jugendlichen auf. Auch hier finden sich Immunkomplexablagerungen auf der Basalmembran und im Mesangium. Während jedoch bei der membranösen GN keine Proliferation vorliegt, steht hier die Verdickung der Basalmembran ("dense deposits") und eine Vermehrung des Mesangiums im Mittelpunkt. Als Ursachen werden idiopathische und sekundäre Faktoren diskutiert, wobei bei letzteren an Infektionen (Hepatitis), Tumoren (CLL) oder auch an Kryoglobulinämie zu denken ist. Die Symptome sind Hämaturie, Proteinurie bis hin zum nephrotischen Syndrom sowie arterieller Hypertonus. Die Prognose ist ungünstig. Das Leiden schreitet bei etwa der Hälfte der Patienten innerhalb von 10 Jahren bis zur Niereninsuffizienz fort.

6.4.2.3. Mesangioproliferative Glomerulonephritis

❑ **Besonderheiten**

Die Mesangioproliferative GN ist die häufigste GN-Form. Histologisch kommt es zur Proliferation des Mesangiums. Es wird angenommen, daß es sich um das subklinisch verlaufende chronische Stadium einer akuten GN handelt. Die Erkrankung verläuft mit geringer klinischer Symptomatik und wird oft zufällig anhand einer geringen Proteinurie und Mikrohämaturie entdeckt. Ein Fortschreiten zur Niereninsuffizienz ergibt sich nicht.

6.4.2.4. Minimal change-Glomerulonephritis (MCGN)

❑ **Besonderheiten**

Die MCGN (syn.: Lipoidnephrose) ist bei Kindern die häufigste Ursache eines *nephrotischen Syndroms*. Weder histologisch noch immunologisch finden sich hier wesentliche Veränderungen an den Nieren. Lediglich in der Elektronenmikroskopie wurde ein Verschmelzen der Epithelzellen der Kapillarschlingen der Glomerula beschrieben. Dies führt zu einer *selektiven Proteinurie* (Albumine passieren, großmolekulare Globuline werden zurückgehalten). Die Ursache der Veränderung ist unklar. Symptome entstehen aufgrund des nephrotischen Syndroms in Form von *Ödemen* und *Hypalbuminurie* mit entsprechenden Verschiebungen der Eiweißelektrophorese und der Ausbildung von Eiweißzylindern im Urin. Da *keine Erythro- oder Leukozyten* passieren, werden auch *keine* Erythro- oder Leukozytenzylinder gefunden. Typisch ist weiterhin das gute Ansprechen auf Kortison. Komplikationen sind Hypogammaglobulinämie mit Infektanfälligkeit (nur bei unselektiver Proteinurie) und Thromboembolien. Die MCGN spricht in über 80 % auf Corticosteroide an (z.B. 1 mg Prednisolon/kg/die über 1-2 Monate, langsame Reduktion der Dosis). Nach Absetzen der Steroide droht in der Hälfte der Fälle ein Rezidiv. Eine Steroidresistenz ist selten. In diesen Fällen kann durch zusätzliche Gabe von Cyclophosphamid dennoch eine Remission erzwungen werden. In einigen Fällen ist der Übergang in eine fokal-sklerosierende GN möglich.

6.4.2.5. Fokal-segmental-sklerosierende Glomerulonephritis (FSGN)

❑ **Besonderheiten**

Die Erkrankung kommt bevorzugt bei Jugendlichen vor. In der Niere zeigen sich Areale mit sklerosierten Glomerula neben unauffälligem Parenchym ("fokal"). Als Symptome werden *nephrotisches Syndrom* und *Hypertonus* beobachtet. Die Therapie besteht in der Kontrolle des arteriellen Hypertonus. Die Prognose ist schlecht; die Mehrzahl der Patienten sind nach 10 Jahren niereninsuffizient.

6.4.3. Glomerulonephritis bei Systemerkrankungen

❑ **Definition**

Alle Formen der Glomerulonephritis können auch im Rahmen anderer Systemerkrankungen auftreten und die Prognose dieser Erkrankungen entscheidend prägen:

- Kollagenosen
  Lupus erythematodes (Lupus-Nephritis), Panarteriitis nodosa, Sklerodermie, Wegenersche Granulomatose, Sharp-Syndrom, allergische Granulomatose (Churg-Strauss)
- Goodpasture-Syndrom
- M. Schönlein-Hennoch
- Infektionskrankheiten: z.B. Malaria, Lues
- Sarkoidose (M. Boeck)
- Paraproteinämien (Plasmozytom, M. Waldenström, maligne Lymphome)
- Kryoglobulinämie
- Medikamente: z.B. Gold- und D-Penicillamin-Therapie bei cP
- hämolytisch-urämisches Syndrom (HUS)
- thrombotisch-thrombozytopenische Purpura (TTP)
- Amyloidose

6.4.3.1. Goodpasture Syndrom

❑ **Definition**

Das Goodpasture Syndrom ist eine seltene, akut verlaufende und unbehandelt lebensbedrohliche Autoimmunkrankheit, die Lunge und Nieren gleichzeitig betrifft. Die Erkrankung bevorzugt Männer im jungen und mittleren Erwachsenenalter.

❑ **Ätiologie und Pathogenese**

Ursache sind Autoantikörper gegen die Basalmembran in Nieren und Lunge (Antibasalmembrannephritis), die sich auf der endothelialen Seite der Basalmembran fixieren. Der Antikörper aktiviert das Komplementsystem und führt zu Nekrose oder Thrombose der Kapillare. Die Veränderungen sind initial fokal, breiten sich dann aber auf die gesamte Niere aus. Die eigentliche Ursache der Autoantikörperbildung ist nicht bekannt (vorausgehender Infekt?).

❑ **Symptomatik**

- Hämoptoe
- Hämaturie
- Blässe, Atemnot, Rückgang der körperlichen Leistungsfähigkeit

Die wichtigsten Symptome sind Lungenblutung mit Bluthusten sowie blutiger Urin, wobei beides gleichzeitig oder auch nacheinander auftreten kann.

❑ **Komplikationen**

- Niereninsuffizienz
- respiratorische Insuffizienz
- arterieller Hypertonus
- fortschreitende hypochrome Anämie

- **Diagnostik**
  - klinisches Bild
  - nephritisches Syndrom, Lungeninfiltrate
  - positiver Antibasalmembran-Antikörper
  - Nierenbiopsie mit typischer linearer Immunfluoreszenz

Wegweisend ist die gleichzeitige Beteiligung von Lungen und Nieren, die sich in einem nephritischen Syndrom (Hämaturie, unselektive glomerulär-tubuläre Proteinurie) und Lungeninfiltraten (in beiden Lungen) mit zusätzlicher Hämoptoe manifestiert. Entscheidend ist der Nachweis zirkulierender Antikörper gegen die Basalmembran. Bei diagnostischen Zweifeln kann in der immunhistologischen Untersuchung nach Nierenbiopsie eine lineare Fluoreszenz an der Basalmembran der Kapillaren nachgewiesen werden.

- **Differentialdiagnose**

Die Diagnose wird dann schwierig, wenn ein Organ führend ist, so daß bei Hämoptoe (z.B. Lungenhämosiderose) oder bei ausschließlicher Nierenbeteiligung (z.B. rapid progressive GN) primär an andere Ursachen gedacht wird.

- **Therapie**
  - Plasmapherese
  - Corticosteroide
  - Cyclophosphamid

Ziel ist eine kombinierte Anwendung der drei Maßnahmen. Die Plasmaseparation wird anfangs täglich durchgeführt, wobei ca. 2 l Plasma gegen fresh frozen plasma ausgetauscht werden. Eine Therapie mit Prednisolon (z.B. Urbason®, 1 mg/kg/die) und Cyclophosphamid (z.B. Endoxan®, 2-3 mg/kg/die) wird mehrere Wochen in Abhängigkeit vom Krankheitsgeschehen durchgeführt.

- **Prognose**

Die Therapie hat so rasch wie möglich einzusetzen. Eine Besserung der Nierenwerte ist nur zu erwarten, solange noch keine fortgeschrittene Niereninsuffizienz vorliegt. Der unbehandelt vital bedrohende Verlauf kann durch diese Therapie verhindert werden.

6.4.3.2. Hämolytisch-urämisches Syndrom (HUS)

Das HUS (Gasser-Syndrom) tritt gehäuft bei Kindern bzw. bei Erwachsenen 1-2 Wochen *nach* einem Infekt auf. Auch andere Erkrankungen (z.B. Kollagenosen, Medikamente, maligner Hypertonus) oder eine Schwangerschaft können prädisponieren. Pathophysiologisch kommt es zu fokalen Thrombosen kleiner Nierengefäße. Die entstehenden Fibrinnetze führen zu nicht-immunologisch bedingter Hämolyse (Fragmentozyten im Blutausstrich), Thrombozytenverbrauch und einem Anstieg der Retentionswerte. Andere Organe werden nicht betroffen. Die Symptome zeigen sich dementsprechend als Blässe, Hypertonus und Petechien. Diagnostisch wegweisend sind:

- Hypertonie
- Anämie
- Thrombozytopenie
- Niereninsuffizienz

Aufgrund der fokalen bzw. segmentalen Verteilung der Mikrothrombosen wird die Niere nicht irreversibel geschädigt, auch wenn vorübergehend ein akutes Nierenversagen entstehen kann. Eine Erholung tritt, besonders bei den postinfektiösen Formen, nach etwa einem Monat ein. Therapeutisch wären zwar

Heparin, Thrombolytika und Aggregationshemmer denkbar, ihre Wirksamkeit ist jedoch umstritten, so daß die Therapie des HUS symptomatisch bleibt.

6.4.3.3. Thrombotische-thrombozytopenische Purpura (TTP)

Die TTP (Moschcowitz-Syndrom) ähnelt dem HUS mit thrombotischen Verschlüssen kleiner Gefäße, hämolytischer Anämie und Thrombozytopenie. Im Unterschied zum HUS können allerdings nicht nur die Niere, sondern alle Organe betroffen sein, der Krankheitsverlauf ist foudroyanter und das Gerinnungssystem kann sekundär mit einer Verbrauchskoagulopathie reagieren. Die Erkrankung ist unbehandelt mit einer sehr hohen Letalität verknüpft. Als Ursachen werden auch hier Infektionskrankheiten, Kollagenosen oder Hypersensitivitätsreaktionen auf Pharmaka genannt. Eine Anomalie des Gerinnungsfaktors VIII wird ebenfalls diskutiert. Die Symptome sind neben Anämie und Fieber vor allem auch Blutungen, ZNS-Symptome (Krämpfe, Koma) und Herzrhythmusstörungen. Die Therapie muß rasch einsetzen. Sie umfaßt die Plasmapherese und den Ersatz mit fresh frozen plasma (FFP).

6.5. Interstitielle Nephritiden

❑ **Definition**

Unter den interstitiellen Nephritiden wird eine Gruppe von Nierenerkrankungen verstanden, bei denen der Krankheitsprozeß primär das Interstitium und die sich dort befindenden Nierentubuli (*tubulointerstitielle Nephritiden*) erfaßt. *Sekundär* kommt es zur Schädigung der Glomerula mit einem Rückgang der glomerulären Filtrationsrate, so daß auch diese Krankheitsgruppe letztlich zur Niereninsuffizienz führen kann.

❑ **Ätiologie und Pathogenese**

Die Genese der interstitiellen Nephritis ist bakteriell (z.B. akute Pyelonephritis) oder abakteriell (z.B. Analgetikaniere), der Verlauf akut oder chronisch.

❑ **Komplikationen**

Durch die tubuläre Schädigung entstehen *Störungen der Tubulusfunktion*, z.B.

- renal-tubuläre Azidose
- Natriumverlustniere
- Kaliumverlustniere
- Isosthenurie, Polyurie

6.5.1. Akute bakteriell bedingte interstitielle Nephritis - akute Pyelonephritis

❑ **Definition**

Die akute Pyelonephritis ist eine bakterielle Entzündung der Nieren in Form kleiner bakterieller Herde bis hin zu Abszedierungen. Da sie das Interstitium betrifft, wird die Erkrankung zu den *akuten bakteriell bedingten interstitiellen Nephritiden* gezählt.

❑ **Ätiologie und Pathogenese**

Die Besiedelung der Nieren erfolgt

- hämatogen oder
- aszendierend über die harnableitenden Wege

Weitaus am häufigsten ist die aszendierende Infektion, die durch liegende Katheter, Harnabflußhindernisse (z.B. Prostataadenom) oder einen vesiko-ureteralen Reflux begünstigt wird. Die beteiligten Keime entsprechen dem Spektrum, das auch bei Harnwegsinfektionen gefunden wird: E. coli, Enterokokken u.a.. Das Risiko ist für Frauen allgemein höher, besonders jedoch zu bestimmten Zeiten (erste sexuelle Kontakte, Schwangerschaft).

❑ Symptomatik

- Fieber, Schüttelfrost
- Flankenschmerzen, klopfschmerzhaftes Nierenlager
- dysurische Beschwerden

Die Erkrankung beginnt akut mit Temperaturen bis zu 40 °C. Im Gegensatz dazu läuft ein Harnwegsinfekt normalerweise ohne Fieber ab. Dazu können sich Allgemeinsymptome wie Übelkeit oder Erbrechen gesellen. Bei Kindern können die Symptome atypisch sein ("Nabelkoliken", Bauchschmerzen, Gedeihstörungen).

❑ Komplikationen

- intrarenale Abszedierung, paranephritischer Abszeß
- Urosepsis
- Störungen der Tubulusfunktion
- chronische Pyelonephritis (selten)

Nicht selten lassen sich die Bakterien auch in der Blutkultur nachweisen (Bakteriämie bzw. Sepsis in 10 % d.F.). Postpyelonephritische Narben an den Nieren können eine erhöhte Anfälligkeit hinterlassen und einer chronischen Pyelonephritis Vorschub leisten, die wiederum zu arterieller Hypertonie und letztlich zu Niereninsuffizienz führen kann.

❑ Diagnostik

- Urinstatus
- Urinkultur mit Antibiogramm
- Nierensonographie
- Blutkultur (bei septischem Fieberanstieg)

Im Urinstatus werden Eiweiß, Leukozyten, Bakterien und Erythrozyten nachgewiesen. Leukozytenzylinder kommen vor. Vor der Gabe von Antibiotika wird die Erregerdiagnostik in Form einer Urin- und, bei septischen Temperaturen, auch einer Blutkultur abgenommen. Es dominieren E. coli und Enterokokken. Im Ultraschall sollte ein Abflußhindernis ausgeschlossen werden. Bei rezidivierenden Pyelonephritiden muß natürlich eine weiterführende urologische Diagnostik (Zystoskopie, Ausscheidungsurographie usw.) zum Ausschluß prädisponierender Faktoren eingeleitet werden.

❑ Differentialdiagnose

- Lumbalgie, Lumboischialgie
- infizierte Nierenzyste
- perirenaler Abszeß
- "isolierte Pyelitis"
- emphysematöse Pyelonephritis

Eine akute Pyelonephritis kann als "banaler" Rückenschmerz, z.B. im Sinne einer Lumboischialgie fehlgedeutet werden. Die Existenz einer reinen "isolierten Pyelitis" wird angezweifelt. Die emphysematöse Pyelonephritis ist eine schwere, aber seltene Sonderform der akuten Pyelonephritis. Sie kommt bei immungeschwächten Patienten im Rahmen einer Infektion mit gasbildenden Bakterien (z.B. gasbildenden E. coli) vor.

❑ **Therapie**

- Allgemeinmaßnahmen
- Antibiose
- evtl. Beseitigung prädisponierender Ursachen

Als Allgemeinmaßnahmen kommen die Sicherstellung einer *ausreichenden* Trinkmenge und Diurese sowie *Spasmolytikagabe* (z.B. Buscopan® i.v. oder als Supp.) und eventuell zusätzliche Analgesie in Frage. Wichtigste Maßnahme ist jedoch die Antibiose, die bei dem oft hochfieberhaften Infekt sofort nach Entnahme der Kulturen (Urin- und Blutkultur) einsetzen sollte. Bei ambulant erworbener, wenig akuter Pyelonephritis kann z.B.

- *Cotrimoxazol* (z.B. Bactrim® forte Tbl. 2x1) oder
- *Amoxycillin* (z.B. Amoxypen® 1 g Tbl. 3x1) oder
- ein anderes Breitspektrumpenicillin

eingesetzt werden. Die Beschwerden und der Urinstatus müssen sich innerhalb von einigen Tagen deutlich bessern, ansonsten ist eine Resistenz gegenüber dem verwendeten Antibiotikum anzunehmen. Bei stationären Patienten, bei bekannten Risikofaktoren (z.B. liegende Ureterschienen) oder vorausgegangenen, bereits mit Antibiotika behandelten Harnwegsinfekten, muß mit einem resistenteren Erreger gerechnet werden. Hier ist - nach Anlegen einer Urinkultur - ein Antibiotikaregime mit einem breiteren Wirkungsspektrum zu wählen, z.B.:

- *Ciprofloxacin* (z.B. Ciprobay® Tbl., 250 mg, 2x1) oder
- *Ampicillin* und *Aminoglykosid* (z.B. Binotal®, 3x2 g i.v. und Refobacin®, 80-120 mg 2x täglich i.v.)

Bei Verwendung von Aminoglykosiden muß besonders aufgrund von *Nephro-* und *Ototoxizität* die Dosis durch Spiegelkontrollen angepaßt werden.

Wichtig ist weiterhin die Kontrolle des Ausheilens der akuten PN:

- Kontrolle des Urins nach der Antibiose und nach etwa einem Monat

❑ **Prognose**

Gelegentlich wird bei der Nachkontrolle ein "herausselektierter" resistenterer Keim gefunden, der dann ebenfalls gezielt behandelt werden muß. Der Übergang in eine chronische PN ist selten.

6.5.2. Chronische, bakteriell bedingte interstitielle Nephritis - chronische Pyelonephritis

❑ **Definition**

Bei der chronischen bakteriell bedingten interstitiellen Nephritis finden sich immer wieder Bakterien im Urin und es kommt zu rezidivierenden Pyelonephritisschüben mit herdförmigen Parenchymdestruktionen. Somit handelt es sich um eine *herdförmig destruierende, interstitielle Nephritis*. Das Pyelon ist bei diesem Prozeß nur manchmal beteiligt, so daß der Terminus "*Pyelo*nephritis" streng genommen nicht immer korrekt ist.

❑ **Häufigkeit**

Etwa ein Fünftel aller Dialysepatienten leiden vor der Dialyse an einer chronisch interstitiellen Nephritis, die aber nur selten aus einer akuten Pyelonephritis entstanden ist.

❑ Ätiologie und Pathogenese

Es wird angenommen, daß in der Mehrzahl der Fälle ein rezidivierender, aszendierender Bakterienbefall zu mehrfach wiederkehrenden (durchaus auch asymptomatischen) eitrigen Entzündungen im Niereninterstitium führt. Als prädisponierende Faktoren werden z.B. vesiko-ureteraler Reflux (Anomalien des Ureterostium, Fehleinmündung), Harnabflußstörungen (Steine, Strikturen), Blasenfunktionsstörungen (z.B. neurogene Blase) oder eine Abwehrschwäche (Diabetes mellitus, individuelle Empfänglichkeit) angenommen. Folgen der Entzündungen sind narbige Ausheilungen, Einziehungen der Oberfläche und eine Destruktion von Parenchym. Dies schafft wiederum eine erhöhte Disposition, so daß die Chance eines Ausheilens von Schub zu Schub abnimmt.

❑ Symptomatik

Ein Teil der Fälle verläuft wie rezidivierende, akute Pyelonephritiden:

- rezidivierende Fieberschübe und Rückenschmerzen, Miktionsbeschwerden

Ein großer Teil, besonders bei Kindern und Jugendlichen, verläuft aber schleichend mit uncharakteristischen Symptomen, die gerne verkannt werden. Unklare Infektionen beim Kind, hohe Akute-Phase Parameter im Blut, Anämie oder gar bereits ein Hypertonus müssen an eine chronische Nephritis denken lassen. Symptome sind somit:

- Abgeschlagenheit, subfebrile Temperaturen, Gewichtsabnahme, Gedeihstörungen (bei Kindern), Blässe (Anämie), Kopfschmerzen, arterieller Hypertonus

❑ Komplikationen

- chronische Niereninsuffizienz
- arterieller Hypertonus
- Urosepsis
- Papillennekrose
- paranephritischer Abszeß
- tubuläre Partialfunktionsstörung

❑ Diagnostik

- Anamnese
- Urinuntersuchung (mehrfach)
- Sonographie/Abdomen-CT
- i.v.-Pyelogramm

Bei Verdacht auf eine chronische Pyelonephritis wird der Urin mehrfach zu untersuchen sein. Eine "kleine" Proteinurie unter 3,5 g Eiweiß pro Tag mit einem tubulären Muster (β_2-Mikroglobulin, LDH-Isoenzyme im Urin), evtl. hyaline Zylinder, weisen auf einen tubulären Schaden hin. Leukozyten werden im Sediment gesehen, selten auch Leukozytenzylinder. Letztere stammen aus der Niere und sind pathognomonisch für eine Pyelonephritis. Bei Hinweisen auf eine bakterielle Besiedelung im Urinstatus bzw. im -sediment (Nitrit positiv, Protein- und Leukozyturie, mikroskopischer Bakteriennachweis) wird eine Kultur mit Antibiogramm angelegt. In der Nierensonographie bzw. im Abdomen-CT werden erst späte Stadien der chronischen Pyelonephritis diagnostiziert, bei denen es zu narbigen Veränderungen und zur Verkleinerung des Organs gekommen ist. Allerdings wird der Ausschluß anderer Erkrankungen (Tumoren, Nierenabszeß u.a.) durch diese Untersuchungen erleichtert. Im Ausscheidungsurogramm lassen sich dagegen viel früher Veränderungen sehen, wie z.B. *enge Kelchhälse, verplumpte Papillen, narbig-verzogene Kelchhälse oder Papillennekrosen*. Weiterhin können prädisponierende Faktoren (z.B. Abflußbehinderungen, im Miktionszysturethrogramm ein vesiko-ureteraler Reflux) nachgewiesen werden.

❑ **Therapie**

- ausreichende Trinkmengen
- Antibiose
- evtl. Beseitigung prädisponierender Ursachen

Der akute Schub einer chronischen Pyelonephritis wird wie eine akute PN behandelt, d.h. nach Antibiogramm testgerecht mit einem gewebegängigen Antibiotikum. Antibiotika, die lediglich auf das Nierenhohlsystem wirken (z.B. Nitrofurantoin), werden der interstitiellen Infektion nicht gerecht. Die Dauer der Therapie beträgt 2 Wochen, eine Kurztherapie wie beim unkomplizierten Harnwegsinfekt ist nicht wirkungsvoll. Dagegen verhindert eine antibiotische *Langzeitprophylaxe* (z.B. über 6 Monate in reduzierter Dosierung) Rezidive (gleicher Keim) oder Reinfektionen (anderer Keim) *nicht* und ist deshalb nicht sinnvoll. Prädisponierende Ursachen müssen beseitigt, zusätzliche Schädigungen (z.B. Mischanalgetikaabusus) eingestellt werden.

❑ **Kontrollen**

Nach der Behandlung des akuten Schubes muß der Therapieerfolg kontrolliert werden. Neben einer Normalisierung der Akute-Phase-Parameter (BKS, CRP, Leukozyten) müssen Urinstatus und -sediment normal sowie die Kultur negativ sein. Kontrolluntersuchungen werden nach der Akutbehandlung, nach 6 Wochen sowie nach einem halben Jahr vorgenommen.

❑ **Prognose**

Ungünstige Faktoren sind: Beginn in der Kindheit, häufige Rezidive und ein Anstieg der Nierenretentionswerte. Zwar ist die chronische PN die dritthäufigste Ursache für eine dialysepflichtige Niereninsuffizienz, in Anbetracht der Häufigkeit der chronischen PN ist deren Prognose jedoch als relativ gut einzuschätzen.

6.5.3. Akute abakterielle interstitielle Nephritis

❑ **Definition**

Es handelt sich um eine doppelseitige Entzündung des Niereninterstitiums bei nicht-bakterieller Genese.

❑ **Ätiologie und Pathogenese**

Ursachen sind:

- medikamentös
- allergisch
- parainfektiös

Als Reaktion auf bestimmte Medikamente kann, vermutlich über einen immunologischen Mechanismus (allergische Reaktion, Hypersensitivitätsnephritis) eine Tubulusschädigung auftreten. Nach Methicillin-Gabe wurden z.B. Immunglobuline, Komplement und Methicillin an der tubulären Basalmembran gefunden. Mögliche andere, dafür in Frage kommende Medikamente sind Allopurinol und NSAR. *Während* der Infektion (parainfektiös) mit einer Reihe von Erregern (Streptokokken, Viren) kann ebenfalls eine Nephropathie auftreten.

❑ **Symptomatik**

- Arthralgien, Exanthem
- Flankenschmerzen

Die Symptomatik ist schwach ausgeprägt. Auf eine Hypersensitivität des Organismus weisen andere Zeichen wie Arthralgien oder ein Exanthem hin. Die Nierenfunktion ist meist nur gering eingeschränkt, so daß im Regelfall weder Ödeme noch Hypertonus entstehen.

❑ **Komplikationen**

- akutes Nierenversagen

❑ **Diagnostik**

- Bluteosinophilie, IgE-Erhöhung
- tubuläre Proteinurie
- Mikrohämaturie

Auf die allergische Genese weisen die Eosinophilie im Differentialblutbild und ein erhöhtes IgE hin. Die tubuläre Proteinurie und möglicherweise eine Mikrohämaturie, die Abwesenheit von Bakterien oder einer stark erhöhten Harnsäure erhärten die Vermutung. Creatinin, Harnstoff und Creatinin-Clearance sind nicht wesentlich verändert. Eine *Nierenbiopsie* kann zwar die Diagnose sichern, wird aber nur in *Ausnahmefällen* angewendet.

❑ **Differentialdiagnose**

- akute GN
- akute Pyelonephritis
- akutes Nierenversagen

❑ **Therapie**

- symptomatische Therapie
- Absetzen aller möglicherweise kausalen Medikamente
- Glucocorticosteroide bei parainfektiöser Genese

Ödeme, Hypertonus oder gar ein Nierenversagen werden entsprechend behandelt. Alle für eine medikamenteninduzierte interstitielle Nephritis ursächlich in Frage kommenden Medikamente müssen abgesetzt werden. Bei parainfektiöser akuter interstitieller Nephritis (florider Infekt, Arthralgien, Exanthem) kann versuchsweise Prednisolon (z.B. 80 mg/die mit nachfolgender Dosisreduktion) eingesetzt werden. Der Wert der Maßnahme ist jedoch umstritten.

❑ **Prognose**

Rasche bis mittelfristige Normalisierung ist der Regelfall, selbst wenn vorübergehend ein ANV vorlag. Sehr selten kommt es zum fibrotischen Umbau mit bleibender Funktionseinschränkung.

6.5.4. Chronische abakterielle interstitielle Nephritis

❑ **Definition**

Die chronische interstitielle Nephritis ist Folge einer Vielzahl von Ursachen, die über eine fibrosierende, das Niereninterstitium zerstörende Reaktion zur terminalen Niereninsuffizienz führen können.

❑ **Ätiologie und Pathogenese**

Ursachen sind u.a.:

- Medikamente, Toxine
  - Analgetikanephropathie (Phenacetin)
  - Blei, Gold, Lithium
  - Antibiotika
  - nicht-steroidale Antiphlogistika
  - Antikonvulsiva (z.B. Phenytoin)
  - Immunsuppressiva

- Rückstau des Urins
  - Harnwegsobstruktion
  - vesikoureteraler Reflux
- metabolische Störungen
  - Nephrokalzinose bei Hyperkalzämie
  - Uratniere bei Hyperurikämie
- Balkannephropathie
- Strahlennephritis
- Myelomniere bei Plasmozytom
- Sichelzellanämie
- Sarkoidose
- Tuberkulose

Eine chronische Hyperkalzämie kann neben einer Nephrolithiasis auch zu intrarenalen Verkalkungen und anschließender Fibrosierung Anlaß geben; ähnliches gilt auch für die Hyperurikämie. Bei über 300.000 Gy Strahlenbelastung zeigen die Nieren einen Strahlenschaden mit Proteinurie, Mikrohämaturie und Anstieg der Retentionswerte (Strahlennephritis). Blei (chronische Intoxikationen), Gold (Rheumatherapie) und Lithium (Medikamente zur Behandlung der manisch-depressiven Psychosen) sind in einigen Fällen Ursache einer chronisch-interstitiellen Nephritis.

❑ **Symptomatik**

- schleichender Beginn
- Koliken (bei Papillennekrosen)
- Anämie (Blässe, Müdigkeit, geringe Belastbarkeit)

Bei Papillennekrosen können durch Gewebestücke verursachte Koliken entstehen. Gerade bei der Analgetikanephropathie ist der Krankheitsverlauf jedoch schleichend und symptomarm.

❑ **Komplikationen**

- sekundäre bakterielle Infektionen (Pyelonephritis)
- chronische Niereninsuffizienz
- Urogenitalkarzinome (bei Analgetikaabusus)
- arterieller Hypertonus

❑ **Diagnostik**

- prädisponierende Grunderkrankung
- Erhöhung der Nierenretentionswerte
- tubuläre Proteinurie, Leukozyturie, Mikrohämaturie
- Nierensonographie
- i.v.-Pyelogramm

Sind bereits narbig-fibrosierende Veränderungen der Nieren eingetreten, so wird man im Sonogramm verkleinerte Nieren, eine gebuckelte Oberfläche und intrarenale Verkalkungen sehen. Im i.v.-Pyelogramm zeigen sich narbige Verziehungen der Kelche und eventuell fehlende Papillen (Papillennekrosen).

❑ **Therapie**

- Beheben der Ursache
- symptomatisch

Wichtigste Maßnahmen sind das Beheben der Ursache (z.B. Beenden des Analgetikamißbrauchs) sowie die symptomatische Behandlung der Komplikationen (z.B. Einstellen des Hypertonus).

❑ **Prognose**

Die Ursache muß rechtzeitig behoben werden. Im fortgeschrittenen Stadium (ab einem Creatinin von 5 mg/dl) wird sich eine Neigung zur Progression (sekundäre Pyelonephritiden, hypertone Nephropathie) bis hin zur terminalen Niereninsuffizienz entwickeln.

6.5.4.1. Analgetikanephropathie

Alle nicht-steroidalen und peripher wirkenden Analgetika, nicht nur das Phenazetin ("Phenazetinniere"), sind in der Lage, eine interstitielle Nephritis auszulösen. Voraussetzung ist eine hochdosierte Einnahme der Schmerzmittel. Bei Phenazetin wird die Aufnahme einer Gesamtmenge von 1.000 g über mehrere Jahre hin als kritische Grenze angesehen. Ein entscheidender Schritt in der Pathogenese scheint die Durchblutungsminderung des Interstitiums (Hemmung der Prostaglandinbiosynthese) zu sein. Charakteristisch sind Papillennekrosen oder Verkalkungen in nekrotischen Bezirken der Papillen. Eine schwerwiegende Komplikation ist die Entstehung von Blasentumoren und anderen Urogenitalkarzinomen.

6.5.4.2. Obstruktive Nephropathie

Bei einer Obstruktion der Harnwege kann sich ein Rückstau bis ins Pyelon und in das tubuläre System bilden. Dadurch kommt es zur tubulären Funktionsstörung, z.B. zu einem Rückgang der Konzentrationsfähigkeit. Nach Beheben der Obstruktion folgt meist eine Phase der Polyurie mit noch verminderter Konzentrationsfähigkeit und einem Verlust von Natrium und Kalium. Dies normalisiert sich nach einigen Tagen wieder. Die chronische Obstruktion mündet jedoch in eine Fibrosierung des Interstitiums und eine dauerhafte Funktionseinschränkung.

6.5.4.3. Balkannephropathie

Die Balkannephropathie ist eine seltene, familiär gehäuft auftretende Erkrankung bei Bewohnern am Unterlauf der Donau. Die Ursache ist nicht bekannt, es wird u.a. eine slow-virus-Erkrankung angenommen. Beide Nieren sind von einer interstitiellen Nephritis und Fibrosierung sowie von einer progredienten Entwicklung zur terminalen Insuffizienz betroffen.

6.5.5. Hereditäre Tubulopathien

6.5.5.1. Familiäre renale Glukosurie

Eine renale Glukosurie kann als angeborene Form oder sekundär bei einer Reihe von Erkrankungen (Hyperthyreose, Leberzirrhose) sowie in der Schwangerschaft auftreten. Bei der primären, familiären renalen Glukosurie kommt es zu einer Glukoseausscheidung über den Urin, obwohl normale oder sogar niedrige Blutzuckerspiegel vorliegen. Bei Nierengesunden liegt die Nierenschwelle für Glukose bei 180 mg/dl. Ursache ist eine tubuläre Resorptionsstörung für Glukose. Die Störung bleibt asymptomatisch und muß nicht therapiert werden. Die Glukosurie wird zufällig entdeckt, beispielsweise im Rahmen eines Urinstatus. Die Diagnose ergibt sich aus der Glukosurie bei normalem Blutzucker und Glukosetoleranztest.

6.5.5.2. Renal-tubuläre Azidose

Die renal-tubuläre Azidose umfaßt eine Gruppe von seltenen Erkrankungen (Typ I-IV), bei denen es zu einer metabolischen Azidose, einer dadurch vermehrten Kalziummobilisation aus dem Knochen und damit zu einer Osteomalazie bzw. Rachitis kommt.

- *renal-tubuläre Azidose (RTA) Typ I*
  Hier liegt eine im distalen Tubulus lokalisierte verminderte Fähigkeit, Protonen zu sezernieren, vor. Statt der Protonen wird vermehrt Kalium ausgeschieden (Hypokaliämie, Hyperkaliurie). Der Urin-pH fällt nicht unter 6. Bei alkalischem Urin und Hyperkalziurie kommt es zu Nierenverkalkungen i.S. einer Nephrokalzinose. Osteomalazie und Hypokaliämie (Muskelschwäche, verminderte Muskeleigenreflexe, Lähmungen) prägen das klinische Bild. Die Therapie besteht in der Substitution von Bikarbonat und Kalium
- *renal-tubuläre Azidose Typ II*
  Hier kann Bikarbonat im proximalen Tubulus nicht rückresorbiert werden. Der HCO_3^- -Wert im Blut fällt ab, wodurch schließlich auch die Bikarbonatausscheidung im Primärharn abnimmt und der Urin im distalen Tubulus einen durchaus sauren pH annehmen kann. Eine Nephrokalzinose wird dadurch verhindert. Das Bikarbonat wird nur bis zu 18 mmol/l im Plasma substituiert. Bei beiden Formen wird zusätzlich Vitamin D und bei Bedarf Kalzium substituiert

6.5.5.3. Phosphatdiabetes

Bei einer Reihe von tubulären Funktionsstörungen kommt es zu einer verminderten Phosphatrückresorption in den Nierentubuli sowie in der Darmmukosa und damit zu überschießenden renalen Verlusten (Phosphatdiabetes) sowie zu einer verminderten Resorption über den Darm. Daneben wird eine Störung des Vitamin D-Stoffwechsels bzw. der Vitamin D-Wirkung angenommen. Die Erkrankung kann als *Phosphatdiabetes* alleine wie auch in Kombination mit anderen Grunderkrankungen (z.B. Tumoren) auftreten. Daraus ergibt sich eine Osteomalazie, die auch von hohen Vitamin D-Dosen nur unzureichend zu beeinflussen ist (*Vitamin D-resistente Rachitis*). Der Phosphatdiabetes ist eine meist hereditäre Erkrankung (mehrere Erbgänge werden angegeben: X-chromosomal-dominant, -rezessiv und autosomal-dominant), selten eine erworbene Störung. Die Symptome entsprechen denen einer Rachitis/Osteomalazie mit Knochenschmerzen und -verbiegungen sowie Kleinwuchs. Bei der angeborenen Form manifestieren sich diese schon in der Kindheit. Im Serum sind Kalzium, Parathormon und Vitamin D normal, Phosphat stark erniedrigt und die alkalische Phosphatase mäßig erhöht, zusätzlich besteht eine Hyperphosphaturie. Substituiert werden höchste Dosen von Vitamin D (z.B. Vigantol® 200.000 Tbl. 1x täglich), wobei die Vitamin D-Substitution aber mit 20.000 E./die begonnen und über Wochen unter regelmäßiger Kontrolle des Kalziums langsam gesteigert werden muß, um eine Hyperkalzämie zu vermeiden. Die alkalische Phosphatase normalisiert sich darunter, das Serumphosphat steigt jedoch kaum an.

6.5.5.4. Zystinurie

Die Zystinurie ist eine autosomal-rezessive Erkrankung, bei der eine Reihe von Aminosäuren (Lysin, Arginin, Ornithin) nicht tubulär rückresorbiert werden können. Dies blockiert die Zystinrückresorption und führt zu einem vermehrten Ausscheiden dieser Aminosäuren. Daraus ergibt sich die Bildung von Zystinsteinen (☞ Kap. 6.12.) mit den Folgen der Nephrolithiasis. Die Therapie besteht in der Alkalisierung des Urins (pH > 7,5) mit Natriumbikarbonat und einer hohen täglichen Trinkmenge (3 l pro Tag). Treten trotz dieser Therapie weiterhin Zystinsteine auf, so wird D-Penicillamin verordnet.

Weitere Beispiele für Hyperaminazidurien sind Hartnup-Krankheit (Resorptionsstörung für Tryptophan und andere Aminosäuren), Phenylketonurie, Ahornsirupkrankheit, Zystinose, Homozystinurie und andere seltene Krankheiten.

6.5.5.5. Fanconi-Syndrom

Das Fanconi-Syndrom (syn. De-Toni-Debré-Fanconi, Glukosephosphatdiabetes) geht mit renalen Verlusten von Glukose, Aminosäuren, Protonen und Phosphat einher. Daraus folgt eine renale Glukosurie, eine Aminazidurie, eine renal-tubuläre Azidose sowie ein Phosphatdiabetes. Die Erkrankung kann angeboren oder erworben sein.

6.5.5.6. Renale Form des Diabetes insipidus

☞ Kap. 5.1.1.1.

6.6. Akutes Nierenversagen

❑ **Definition**

Beim akuten Nierenversagen (ANV) kommt es zu einem raschen Erlöschen der exkretorischen Nierenfunktion, in deren Folge die harnpflichtigen Substanzen ansteigen und schließlich zur Urämie führen. Eine Abnahme der inkretorischen Funktionen (z.B. Erythropoetin, Vitamin D-Stoffwechsel) ist im Akutstadium klinisch nicht relevant.

❑ **Häufigkeit**

Dem ANV begegnet man am häufigsten bei Patienten nach Polytrauma, nach Schock jeglicher Genese oder nach Sepsis. Prärenale Ursachen, vor allem ein länger anhaltender Blutdruckabfall (Schock), sind bei weitem häufiger als renale oder postrenale Ursachen.

❑ **Ätiologie und Pathogenese**

Die Ursachen des ANV liegen:

prärenal	Blutdruckabfall beim Schock jeglicher Genese, Sepsis, Hyperkalzämie, Crush-Syndrom (Rhabdomyolyse), massive Hämolyse, Verbrennungen
renal	rapid progressive Glomerulonephritis, Medikamente, nephrotoxische Substanzen (z.B. Polyäthylenglykol-, Thallium-Intoxikationen, Gasser-Syndrom)
postrenal	Obstruktion beider Ureteren, des Blasenausgangs oder der Urethra

Beim prärenalen Nierenversagen liegt die auslösende Ursache "vor" der Niere. Jeglicher Schockzustand kann zum ANV führen. Gelegentlich wird im Rahmen einer Sepsis auch ohne Blutdruckabfall ein "toxisches" Nierenversagen beobachtet. Ein polytraumatisierter Patient kann über eine Zerstörung seiner Muskulatur (Rhabdomyolyse) und einen massiven Anfall von Myoglobin ein ANV erleiden. Auch nach einer extremen Ausdauerbelastung besteht einerseits die Möglichkeit einer Rhabdomyolyse, andererseits kann die renale Hämodynamik derart eingeschränkt sein, daß ein ANV auftreten kann (z.B. Marathonlauf), das jedoch reversibel ist. Bei einem großen Transfusionszwischenfall (z.B. AB0-Inkompatibilität) kann die massive Hämolyse ebenfalls ein Nierenversagen auslösen. Bei der Suche nach den Ursachen müssen nephrotoxische Medikamente *immer* ausgeschlossen werden, z.B. Hydroxyäthylstärke, Aminoglykosidantibiotika (z.B. Gentamycin), ACE-Hemmer (bei beidseitiger Nierenarterienstenose), Röntgenkontrastmittel und Zytostatika. *Besonders riskant* sind diese Medikamente bei bereits vorgeschädigten Nieren, Einzelnieren, Hypovolämie, zu geringen Trinkmengen oder zusätzlichen nephrotoxischen Erkrankungen (z.B. Plasmozytom, Diabetes mellitus). Beim *prärenalen* Nierenversagen kommt es initial zu einer *Tubulusschädigung*, die sich allerdings nach Beheben der Ursache wieder zurückbilden kann. Sowohl das prärenale als auch das renale und das postrenale akute Nierenversagen ist potentiell reversibel.

❑ Symptomatik

- *Oligurie/Anurie*
  Das *Leitsymptom* ist die Oligurie bzw. die Anurie. Diese wird vom Patienten nicht immer sofort berichtet, so daß eine mehrtägige Phase mit relativ geringen Symptomen vorliegen kann. Allerdings gibt es neben nicht-oligurischen auch *primär polyurische* Verläufe. Wichtig ist, bei den Risikopatienten *an die Gefahr eines ANV zu denken* und die Urinausscheidung zu überwachen! Aufgrund des Zusammenbruchs der exkretorischen Nierenfunktion steigen die Nierenretentionswerte über ca. 4 Tage bis zur Urämie an. Das Creatinin steigt um etwa 2-3 mg/dl und Tag und führt ab 7-10 mg/dl zu den Symptomen der Urämie (☞ Kap. 6.7.). Parallel dazu steigen Harnstoff, Harnsäure und Kalium an, wobei der Anstieg von Harnstoff in den ersten Tagen sogar schneller verläuft. Natürlich werden auch die Symptome der zum ANV führenden Grundkrankheit beobachtet. In der täglichen Praxis läßt der Arzt beim gefährdeten Patienten (z.B. bei kardiogenem Schock mit Blutdruckabfall auf unter 80 mm Hg systolisch) die Urinausscheidung in stündlichen Abständen (Stundenurometer) kontrollieren. Der Patient mit einem ANV bedarf der Intensivüberwachung
- Hypervolämie (Hypertonus, Lungenödem)
- Elektrolytstörung (Hyperkaliämie)
- metabolische Azidose

Eine Tachypnoe mit Distanzrasseln und Zyanose kann Zeichen eines anfangs interstitiellen Lungenödems sein, eine vertiefte Atmung ohne Zyanose kann auf eine kompensatorische Hyperventilation bei metabolischer Azidose im Sinne einer *Kussmaulschen Atmung* hinweisen.

❑ Komplikationen

- Urämie und chronisches Nierenversagen (☞ Kap. 6.7.)

Eine Perikarditis, eine urämische Gastritis mit Ulkusbildung, Herzrhythmusstörungen und schließlich das urämische Koma drohen bei nicht rechtzeitiger Hämodialyse.

❑ Diagnostik

- Anamnese
- Urinausscheidung
- Laborwerte
- Sonographie

Anamnestisch werden mögliche Ursachen (Schock, Medikamente) eruiert. Die Urinausscheidung wird gemessen, am sichersten durch das Legen eines *Dauerkatheters*. Die geringen Urinmengen weisen oft eine bräunlich-trübe Farbe auf. Im Urinstatus findet man eine Proteinurie. Kleinmolekulare Eiweiße weisen auf eine primär tubuläre Schädigung, eine großmolekulare Eiweißausscheidung eher auf eine glomeruläre Schädigung hin. Wichtige Laborwerte sind: Creatinin, Harnstoff, Harnsäure, Natrium, Kalium, Phosphat, Blutgasanalyse und Hämoglobin. Mit der *Sonographie* muß das seltene *postrenale* Nierenversagen ausgeschlossen werden. Wird eine rapid progressive oder andere GN-Form vermutet, so wird man eine *Nierenbiopsie* veranlassen.

❑ Therapie

Beheben der Ursache

Die wichtigste Maßnahme ist das Beheben der Ursache, z.B. das Beseitigen eines Schockzustandes oder das Absetzen nephrotoxischer Medikamente. Die beste Maßnahme ist jedoch das Verhindern eines ANV durch:

- Ausgleich eines Volumen- oder Natriummangels
- Bilanzierung der Flüssigkeitszufuhr und -ausfuhr
- Anpassen der Dosierungen anderer Medikamente
- Dopamin (1,5-3,5 µg/kg KG/min) im Perfusor
- Schleifendiuretikum (z.B. Furosemid)

Wird ein ANV vermutet, so muß eine *genaue Bilanzierung* von Flüssigkeitsein- und -ausfuhr (Dauerkatheter), regelmäßige Auskultationskontrollen der Lungen, Kontrolle des Säure-Base-Haushalts und der Elektrolyte erfolgen. Entscheidend ist, keine Hypovolämie zu übersehen, bzw. einen bestehenden *Volumenmangel auszugleichen*. Da eine Hyponatriämie ebenfalls ein ANV begünstigt, sollte eine massive *Hyponatriämie ausgeglichen* werden. Bei der zugeführten Flüssigkeitsmenge (oral und parenteral) wird man sich an der verbleibenden Ausscheidung orientieren (Einfuhr = Ausfuhr + 500 ml). Bei geringer Flüssigkeitszufuhr sollte die Einfuhr kalorienreich sein. Renal eliminierte Medikamente müssen abgesetzt oder in ihrer Dosis angepaßt werden (z.B. Digoxin). *Dopamin* in niedriger Dosierung bewirkt eine Dilatation der A. renalis und soll die Nierendurchblutung verbessern. Diese Maßnahme ist dann angezeigt, wenn dem ANV eine Phase des Schocks (Zentralisation mit Konstriktion der A. renalis) vorausgegangen ist. Beim renalen oder postrenalen Nierenversagen ist Dopamin nicht wirksam. *Schleifendiuretika* wie Furosemid (z.B. Lasix®) werden in ansteigender Dosierung bis zu 1,5 g/die i.v. (bis zu 6x täglich 250 mg Furosemid im Perfusor i.v.) eingesetzt. Allerdings können Schleifendiuretika in hoher Dosierung auch nephrotoxisch wirken. Bei Unwirksamkeit kann ein zweites Schleifendiuretikum (Etacrynsäure, z.B. Hydromedin®) versuchsweise eingesetzt werden. Bei Hypovolämie kann gelegentlich die Urinausscheidung nach Gabe von 100 ml 20%igem Humanalbumin in Gang kommen. Ein Wiedereinsetzen der Urinausscheidung ist natürlich nur dann zu erwarten, wenn der Blutdruck wieder ausreichend hoch (> 90 mmHg) ist.

Hämodialyse

Läßt sich die Urinausscheidung nicht wieder in Gang bringen, steigen die Retentionswerte schnell an. Treten gar Lungenödem, nicht beherrschbare Elektrolytstörungen (Hyperkaliämie) oder eine Perikarditis auf, so sollte mit der Überweisung zur Hämodialyse oder -filtration (besonders bei Intensivpatienten) nicht gezögert werden.

❑ Verlauf

Stadien des ANV sind:

- Oligurie/Anurie
- Polyurie
- Regenerationsphase

Als Gefahren bei der *Oligurie/Anurie* sind u.a. Hypervolämie, Hyperkaliämie und metabolische Azidose zu nennen. Das Stadium der Anurie kann über Tage bis Wochen hinweg dauern. Nach Überwinden der Anurie kommt es im Stadium der *Polyurie* zur zunehmenden Ausscheidung eines hellen, nicht konzentrierten Harns (Isosthenurie), über den Elektrolyte und Flüssigkeit (3-5 l/die) verloren werden. Hier drohen besonders Exsikkose, Blutdruckabfall und Hypokaliämie. Im polyurischen Stadium wird die Diuretika- und Dopamingabe reduziert bzw. abgesetzt, die Menge der Urinausscheidung jedoch weiterhin genau bilanziert und auf die Elektrolytkonzentration geachtet. In diesem mehrere Tage dauernden Stadium sinken die Nierenretentionswerte langsam ab. In der anschließenden *Regenerationsphase* normalisiert sich die Nierenfunktion über Wochen hin langsam.

❑ **Prognose**

Ein ANV nach Tubulusschädigung ist prinzipiell reversibel, auch wenn vorübergehend eine Hämodialyse notwendig wird. Je kürzer die Nierenschädigung war (z.B. nur kurzer Blutdruckabfall), desto rascher reversibel ist das ANV. Tritt das ANV im Rahmen eines Multiorganversagens mit drei Organen oder mehr auf (kardiogener Schock, Schocklunge, Nierenversagen), so ist die Prognose praktisch infaust. Prognostisch wichtiger als das ANV, das letztlich mit Hämodialyse suffizient behandelt werden kann, ist die Grunderkrankung.

6.7. Chronische Niereninsuffizienz

❑ **Definition**

Bei der chronischen Niereninsuffizienz hat sich ein *irreversibler* Verlust an funktionsfähigem Nierenparenchym mit einem Rückgang der funktionstüchtigen Nephrone und der glomerulären Filtrationsrate sowie einem Anstieg der Nierenretentionswerte im Blut eingestellt. Bei der **Urämie** hat dies ein Ausmaß erreicht, das zu massiven körperlichen Symptomen bis hin zum urämischen Koma führt.

❑ **Ätiologie und Pathogenese**

Vier Ursachen sind besonders häufig vertreten:

- chronische Glomerulonephritis und RPGN 40 %
- diabetische Nephropathie 20 %
- chronische Pyelonephritis 10 %
- Hypertonie 10 %

Andere Ursachen (z.B. Zystennieren, Kollagenosen, Analgetikaabusus-Phenazetinniere) sind etwas seltener.

Es werden mehrere *Stadien* unterschieden:

Stadium	Creatinin	Harnstoff	Klinik
volle Kompensation	normal	normal	unauffällig
kompensierte Retention	erhöht, stabil (1,5-5 mg/dl)	50-150 mg/dl	Allgemeinsymptome (Leistungsknick, Müdigkeit)
Dekompensation (Präurämie)	ansteigend (5-10 mg/dl)	150-300 mg/dl	Organsymptome (Anämie, Gastritis, Elektrolytstörungen, Osteopathie u.a.)
Urämie	> 10 mg/dl	> 300 mg/dl	Somnolenz, Koma

Tab. 6.11: Stadien der chronischen Niereninsuffizienz.

Hat die zunehmende Zerstörung der Nephrone 50 % der Nierenfunktion aufgebraucht, beginnt das Creatinin anzusteigen. Die verbleibenden Nephrone werden die angestiegenen nierenpflichtigen Substanzen auszuscheiden versuchen, was jedoch deren Kompensationsmöglichkeit überfordert. Es kommt zur *osmotischen Diurese* und dadurch zur eingeschränkten Konzentrationsfähigkeit sowie zur Ausscheidung größerer Mengen (Polyurie inklusive Nykturie) eines wenig konzentrierten Urins (*Isosthenurie*), dessen spezifisches Gewicht relativ konstant bleibt. Diese Überbelastung kann zusammen mit der Grundkrankheit die verbliebenen intakten Nephrone weiter schädigen, so daß sich die Polyurie aufgrund des weiteren Verlusts von funktionierendem Gewebe wieder "normalisiert", während die Retentionswerte ansteigen.

Durch den Ausfall der Nierenfunktion kommt es zu:

- Verlust der inkretorischen Nierenfunktion (Vitamin D, Erythropoetin, Renin)
- Verlust der exkretorischen Nierenfunktion (glomeruläre Filtration, tubuläre Funktion)

Die Symptome sind auf eine Vielzahl von Urämietoxinen zurückzuführen, die auf alle Bereiche des Organismus störend einwirken.

Eine Auswahl typischer Organbeteiligungen, die sich ohne Therapie einstellen können, sind:

- *Elektrolyte, Säure-Base-Status, Wasserhaushalt*
  - metabolische Azidose
  - Flüssigkeitsretention
  - Elektrolytstörungen

  Durch die Retention von H^+-Ionen und harnpflichtigen Substanzen entwickelt sich eine metabolische Azidose, die teilweise respiratorisch kompensiert wird (Kussmaulsche Atmung). Bei Oligurie oder Anurie kommt es zur Flüssigkeitsretention mit interstitiellem Lungenödem ("fluid lung") bzw. zum Lungenödem. Die Elektrolytstörungen bergen vor allem das Risiko einer Hyperkaliämie (Überleitungsstörungen, Herzstillstand) in sich; sie sind in ihrem Ausmaß jedoch von der verbleibenden Restfunktion der Nieren abhängig.
- *Kalzium-Phosphat-Haushalt*
  - Hypokalziämie
  - Hyperphosphatämie
  - sekundärer Hyperparathyreoidismus
  - erniedrigtes $1{,}25(OH)_2D_3$

  Durch den *fehlenden* letzten Syntheseschritt von Vitamin D in der Niere (Hydroxylierung von $25(OH)D_3$ zu $1{,}25(OH)_2D_3$) verringert sich die Kalziumaufnahme aus dem Darm; es kommt ohne Therapie zum sekundären Hyperparathyreoidismus, der das niedrige Kalzium nicht durch Abbau der Knochensubstanz ausgleichen kann und zusammen mit der eingeschränkten Ausscheidung über die Niere zu einer starken Phosphaterhöhung im Serum führt
- *Knochen*
  - renale Osteopenie/Osteodystrophie

  Der sekundäre Hyperparathyreoidismus läßt sich im Röntgenbild anhand subperiostaler Resorptionszonen, Resorption an den Enden von Klavikula oder Fingern sowie Zystenbildungen (besonders am Fingerskelett) erkennen. Osteomalazie, Osteopenie bzw. Ostitis fibrosa bilden das histologische Korrelat der renalen Osteopenie.
- *Blut*
  - normochrome, normozytäre Anämie
  - Blutungsneigung
    - abnormer Faktor VIII
    - Thrombopenie und Thrombopathie
    - vermehrte vaskuläre Prostaglandinsynthese

  Die renale Anämie wird durch eine Vielzahl von Faktoren erklärt (vermindertes Erythropoetin, myelotoxische Wirkung der retinierten harnpflichtigen Substanzen, verminderte Überlebenszeit der Erythrozyten). Durch die anämiebedingte Blässe und die Einlagerung von Urochromen nimmt die Hautfarbe beim Patienten ein blaß-graues Aussehen an ("café-au-lait"). Die Zahl der Thrombozyten kann vermindert, ihre Funktion i.S. einer Thrombopathie eingeschränkt sein, so daß sich Petechien oder größere Hauteinblutungen einstellen können. Die Zahl der Leukozyten, insbesondere die der Lymphozyten, ist gering vermindert. Dadurch nimmt die zelluläre Immunabwehr ab (Infektionen, z.B. vermindertes Ansprechen auf die Hepatitisimpfung). Daneben bestehen eine Hypoproteinämie sowie eine Hyperurikämie.

- *Herz-Kreislaufsystem*
  - Hypertonie
  - Perikarderguß

  Ein Bluthochdruck entsteht bei praktisch allen Dialysepatienten durch *Wasser/Natrium-Retention*, durch stark *erhöhte Sekretion von Renin* oder durch *beide* Mechanismen. Mit der Dialyse bessert sich die durch die Flüssigkeitsretention verursachte Hypertonie, nicht jedoch der durch das Renin-Angiotensin-Aldosteron-System (RAAS) verursachte Hochdruck. Linksherzbelastung, Linksherzhypertrophie und koronare Herzkrankheit sind häufig. Unbehandelt entwickelt ein Großteil der Dialysepatienten einen Perikarderguß (Überwässerung) oder (seltener) eine urämische Perikarditis. Häufig liegt auch eine Hyperlipoproteinämie (II oder IV) vor, die zusammen mit dem Hypertonus das kardiovaskuläre Risiko erhöht.

- *Gastrointestinaltrakt*
  - Ösophagitis
  - Gastritis
  - Enteritis
  - Pankreatitis

  Geschmacksstörungen, Übelkeit, Erbrechen und Durchfall sind bei unbehandelter Urämie regelmäßig vorhanden.

- *Nervensystem*
  - psychische Veränderungen (Depression)
  - zentralnervöse Störungen
  - Polyneuropathie

  Schlaf-, Gedächtnisstörungen und Apathie werden beobachtet, außerdem auch Krampfanfälle, Verwirrtheit (bei Urämie), Somnolenz und Koma. Eine periphere und autonome Polyneuropathie tritt auf, die in einigen Fällen auch mit starker Bewegungsunruhe der Beine verbunden ist ("restless leg"-Syndrom)

- *endokrines System*
  - Testosteron- bzw. Östrogenabfall

  Testosteron bzw. Östrogen fallen trotz der Erhöhung von LH/FSH ab, so daß sich daraus ein Rückgang der Libido sowie Infertilität bzw. Amenorrhö ergeben kann.

❑ Symptomatik

Entsprechend der vielfältigen Mechanismen ist das klinische Bild bei unbehandelter Urämie auch sehr vielfältig:

- Allgemeinsymptome (Schwäche, Abgeschlagenheit, Pruritus, geringe körperliche Belastbarkeit, urämischer Fötor, Schlafstörungen, Kopfschmerzen, Gedächtnisstörungen u.v.a.m.)
- "café-au-lait"-Färbung der Haut
- Petechien
- Hypertonus
- Atemnot
- Erbrechen und Durchfall
- Kussmaulsche Atmung

Bei Patienten mit regelmäßiger Dialyse sind die Symptome allenfalls in abgeschwächter Form vorhanden.

❑ **Komplikationen**

- Koma
- Hochdruckkrise
- Lungenödem
- dekompensierte Azidose/Hyperkaliämie

❑ **Diagnostik**

- klinisches Bild
- erhöhte Retentionswerte (Creatinin, Harnstoff, Harnsäure)
- Creatinin-Clearance vermindert (< 10 ml/min)
- Isosthenurie (spez. Gewicht ca. 1.010)
- Sonographie u.a.

Aufgrund des klinischen Bildes (fahles Hautkolorit, Azidose-Atmung, Benommenheit) kann sich im typischen Fall eine Blickdiagnose ergeben, die durch die erhöhten Retentionswerte bestätigt wird. In jedem Fall muß ein akutes Nierenversagen mit einer behebbaren Ursache ausgeschlossen werden (z.B. Sonographie zum Ausschluß einer beidseitigen Harnstauung).

❑ **Differentialdiagnose**

- akutes Nierenversagen
- reversible Verschlechterung einer Niereninsuffizienz im Stadium der kompensierten Retention

❑ **Therapie**

Behandlung des Grundleidens

Z.B. bei Diabetes mellitus eine gute Stoffwechseleinstellung; bei chronischer Pyelonephritis Therapie von Rezidiven; Immunsuppression bei rapid progressiver GN; Behandlung der Hyperurikämie bei Gichtniere u.a..

Verhinderung eines weiteren Anstiegs der Retentionswerte

- *Medikamente*
  Alle renal eliminierten Medikamente müssen in ihrer Dosierung angepaßt werden, potentiell nephrotoxische Medikamente (Aminoglykoside, Cephalosporine, Vancomycin) werden vermieden
- *Kalium*
  Bei noch bestehender Urinausscheidung (Isosthenurie mit mehr als 500 ml/die) ist eine Kaliumreduktion kaum nötig. Bei Oligurie/Anurie sind kaliumreiche Nahrungsmittel zu meiden
- *Natrium*
  Die Natriumbilanzierung muß entsprechend der *jeweiligen* Nierenrestfunktion *individuell* geplant werden. Die Isosthenurie tendiert zur Hyponatriämie. Die Hyponatriämie *verschlechtert* wiederum die Nierenfunktion, so daß in diesen Fällen vorsichtige Natrium*zu*gaben (Steigerung von 2-3 g zusätzlich pro Tag) sinnvoll sind. Eine übermäßige Zufuhr würde das Risiko von Hypertonie, Flüssigkeitsretention und fluid lung in sich bergen
- *Flüssigkeitsbilanzierung*
  Bei Isosthenurie und Polyurie wird dem Patienten viel Flüssigkeit zugeführt, um ihm trotz der eingeschränkten Konzentrationsfähigkeit der Nieren die Ausscheidung harnpflichtiger Substanzen zu ermöglichen. Wesentlich mehr als 3 l/die sind jedoch nicht mehr sehr effektiv. Im Verlauf der chronischen Niereninsuffizienz kommt es meist zu einer "Normalisierung" der Harnmengen mit gleichzeitigem Anstieg der Retentionswerte. In diesen Fällen kann man durch Schleifendiu-

retika versuchen, das tägliche Harnvolumen von ca. 2,5 l aufrechtzuerhalten (z.B. Furosemid in bis zu 2 g/die oral, z.b. Lasix 500® Tbl. 3-4x/die oder 1 g/die i.v.). Eine übertriebene Flüssigkeitsrestriktion oder gar eine Hypovolämie *verschlechtern* die Nierenfunktion. Bei Fortschreiten der Niereninsuffizienz und einem Rückgang der Diurese gilt:

Urinvolumen vom Vortag + 500 ml = Trinkmenge

- *Eiweiß*
  Eine hohe Eiweißaufnahme führt zu einem Anstieg des Serumharnstoffs, zu einer zusätzlichen Belastung (Hyperfiltration) der noch intakten Nephrone und damit zu einer schnelleren Progredienz der Niereninsuffizienz. Eine zu niedrige Eiweißaufnahme kann den Abbau des körpereigenen Eiweißes induzieren. Deshalb: im Stadium der Präurämie mäßige Einschränkung der Eiweißzufuhr (ca. 50-70 g/die biologisch hochwertiges Eiweiß - "Kartoffel-Ei"-Diät); im Stadium der regelmäßigen Dialyse: keine Eiweißbeschränkung. Wichtig ist, auch bei etwas reduzierter Eiweißzufuhr den Abbau körpereigener Substanz durch ausreichende Nahrungsmenge (Kalorienzufuhr) zu verhindern
- *Begleitende Erkrankungen*
  Hypertonus, Herzinsuffizienz u.a. verschlechtern ebenfalls die noch verbliebene Nierenfunktion

Therapie der Urämiefolgen

- *renale Osteopathie*
  Ziel der Therapie ist eine Normalisierung der Kalzium- und Phosphatkonzentration und damit die Vermeidung des sekundären Hyperparathyreoidismus. Dazu dienen die:
  - Reduktion der Phosphataufnahme über die Nahrung
  - Phosphatbinder
  - Substitution des erniedrigten Vitamin D
  - bei Bedarf: Substitution von Kalzium

  Die Reduktion der Phosphataufnahme wird über eine Beschränkung derjenigen Nahrungsmittel erreicht, die viel Phosphat enthalten (z.B. Milchprodukte). Eine weitere Reduktion des Serumphosphats ist durch Phosphatbindner (z.B. Calciumcarbonat 5-10 g/die) möglich. Wegen des Risikos der Aluminiumtoxizität (Knochen, Gehirn) werden nur vorübergehend aluminiumhaltige Präparaten (z.B. Aludrox®) gegeben. Weiterhin erfolgt die Substitution von Vitamin D in Form des $1,25(OH)_2D_3$ (z.B. Rocaltrol® 0,25 1x/die). *Nach* Reduktion des Serumphosphats (Vermeidung des Ausfalls von Kalziumphosphat) wird auch Kalzium substituiert. Durch diese Maßnahmen kann der sekundäre Hyperparathyreoidismus weitgehend verhindert werden
- *renale Anämie*
  Bluttransfusionen sollten möglichst vermieden werden. Ein niedriges Ferritin weist auf einen Eisenmangel hin (Substitution von 100 mg/die, z.B. ferro sanol® duodenal Kps. 1x1/die, entspr. 100 mg). Folsäure und Vitamin B_{12} sollten, wenn nötig, auch substituiert werden. Wichtigste Maßnahme bei einer renalen Anämie ist jedoch die Gabe von Erythropoetin, die bei einer Anämie *unter 9 g/dl* bzw. *bei Symptomen* eingesetzt wird (z.B. Erypo®, 2.000 E. i.v. - 15-150 U/kg - initial 3x/Woche mit Reduktion, z.B. auf einmal wöchentlich nach Besserung der Hämoglobinwerte). Eine zu hohe Dosierung kann zu Hypertonie, hypertensiver Enzephalopathie bzw. Hyperviskosität führen. Hämoglobin steigt unter dieser Therapie über Wochen hinweg langsam an

- *Azidose*
  Eine symptomatische Azidose (z.B. Kussmaulsche Atmung) geht meist mit der Notwendigkeit zur Dialyse einher, eine geringe metabolische Azidose ist jedoch nicht behandlungsbedürftig. In Grenzfällen (Standardbikarbonat < 20 mmol/l, Basendefizit > 10 mmol/l) kann alkalisierend behandelt werden (z.B: Acetolyt® Granulat- Ca-Na-Citrat - 2x1 Meßlöffel, entsprechend 10 g/die)
- *andere Komplikationen*
  Therapieresistente fluid lung, Polyneuropathie oder Perikarditis sind im Regelfall Hinweise auf die Dialysebedürftigkeit

Nierenersatztherapie

Bei einem Creatinin von 8-10 mg/dl sollte an das vorsorgliche Anlegen eines Shunts gedacht werden, um bei einem weiteren Anstieg dialysieren zu können. Die Unterarmvenen werden bis dahin für die Shuntanlage geschont. Da sich ein Shunt gelegentlich verschließt und an anderer Stelle neu angelegt werden muß, gilt dies für alle Unterarmvenen, auch wenn schon ein Shunt besteht. Andere Dialyseverfahren oder die Nierentransplantation müssen zudem erwogen werden. Die Planung der Nierenersatztherapie bleibt spezialisierten Abteilungen vorbehalten.

❑ **Prognose**

Die 10-Jahres-Überlebensrate beträgt zirka 50 %. Todesursachen sind kardiovaskuläre Folgeerkrankungen (Hypertonusfolgen, KHK) und Infektionen. Die Lebensqualität steht hinter der nach Nierentransplantation zurück.

6.8. Nierenersatztherapie

6.8.1. Dialyse

❑ **Definition**

Die Dialyse ist eine Therapie zum Ersatz der exkretorischen Nierenfunktion. Zwei Prinzipien werden angewendet:

- Hämodialyse
- Peritonealdialyse
- andere Verfahren (Hämofiltration, Plasmaseparation, Hämoperfusion)

❑ **Häufigkeit**

In der Bundesrepublik werden gegenwärtig etwa 25.000 Patienten regelmäßig dialysiert.

6.8.1.1. Hämodialyse

❑ **Durchführung**

Bei der *Hämodialyse* wird meist 3x/Woche für 4-6 h dialysiert. Das Blut wird über einen venösen Zugang, bei der *Akutdialyse* über einen Sheldon-Katheter, bei der *chronischen Dialyse* über einen vorher operativ angelegten Cimino-Shunt entnommen. Der *Sheldon-Katheter* wird ähnlich einem zentralen Venenkatheter über die V. jugularis interna oder V. femoralis vorgeschoben. Beim *Cimino-Shunt* wird die A. radialis an eine Unterarmvene End-zu-Seit anastomosiert. Durch diesen arteriovenösen-Shunt weitet sich die Vene, ein hoher Durchfluß gewährleistet das ausreichende Abpumpen von Blut während der Dialyse. Unterarmvenen sind aus diesem Grund bei zu erwartender Dialyse zu *schonen*, um das Anlegen an günstiger Stelle am Unterarm zu ermöglichen! Die Dialyse kann als *Zentrumsdialyse* (in einem speziellen

Dialysezentrum), *Heimdialyse* (vom Patienten und seinen Angehörigen zuhause selbst durchgeführt) und als *Limited care-Dialyse* (in einem Zentrum, jedoch vom Patienten selbst vorgenommen) stattfinden.

Bei der Hämodialyse wird das Blut aus der Fistel abgepumpt, heparinisiert und über eine Dialysemembran geleitet, auf deren anderer Seite im Gegenstrom eine Elektrolytlösung fließt. Kleinmolekulare Bestandteile (z.B. Harnstoff) bis zu einem Molekulargewicht von 2.000 bei Cuprophan bzw. 10.000 bei synthetischen Membranen gelangen aus dem Blut in das Dialysat. Höhermolekulare Bestandteile (z.B. Albumin, Globuline) werden nicht filtriert, einige dennoch harnpflichtige Substanzen können kumulieren und für längerfristige Dialysekomplikationen verantwortlich sein. Mit Unterdruck auf der Dialysatseite kann Volumen entzogen werden (z.B. bei "Überwässerung").

❑ **Indikationen**

Alle Patienten mit chronischer Niereninsuffizienz müssen dialysiert werden. Eine Altersgrenze besteht dafür nicht.

- *absolute Indikationen*
  - Perikarditis
  - Oligurie/Anurie
  - Zeichen der Urämie (z.B. Präkoma uraemicum)
- *relative Indikationen*
  - Serumcreatinin > 6 mg/dl
  - Hyperkaliämie
  - erhebliche metabolische Azidose
  - nicht ausreichend behandelbar Hypertonie

❑ **Komplikationen**

Komplikationen während der Hämodialyse sind:

- Dysäquilibriumsyndrom
- Blutungen (aufgrund der Heparinisierung)
- Hypovolämie, Kollaps (zu starker Flüssigkeitsentzug)
- Überwässerung bei unzureichendem Wasserentzug
- Muskelkrämpfe (Elektrolytstörungen)
- häufigere Infektionen mit hämatogen übertragbaren Erkrankungen (Hepatitis)
- Hartwasser-Syndrom

Das *Dysäquilibriumsyndrom* wird bei den ersten Dialysebehandlungen in Form von Kopfschmerzen, Verwirrtheit, Erbrechen, fibrillären Muskelzuckungen, Puls- und Blutdrucksteigerungen u.a. angetroffen, geht aber im Verlauf der folgenden Dialysen zurück. Der *Blutverlust* bei jeder Dialyse trägt zur renalen Anämie bei. Auch den *Muskelkrämpfen* (besonders Wadenkrämpfe) liegt ein zu rascher Flüssigkeitsentzug zugrunde. Durch Verminderung des Ultrafiltrates und Infusion mit Kochsalzlösung bessert sich dies schnell. Beim *Hartwasser-Syndrom* tritt eine Hyperkalzämie bei unzureichend enthärtetem Wasser auf. Die Symptome sind u.a. Hitzegefühl, Kopfschmerzen, Übelkeit und Erbrechen

6.8.1.2. Peritonealdialyse

❑ **Durchführung**

Über einen Katheter wird die Dialyseflüssigkeit in die Bauchhöhle eingebracht. Die Dialyse findet über das Peritoneum (als Dialysemembran) statt. Dadurch gehen in gewissem Umfang, im Gegensatz zur Hämodialyse, auch großmolekulare Eiweiße verloren. Durch Erhöhung des osmotischen Drucks (Zusatz von Glukose) kann Volumen entzogen werden. Die Peritonealdialyse wird in verschiedenen Varianten bewerkstelligt:

- intermittierende Peritonealdialyse (IPD)
- kontinuierliche ambulante Peritonealdialyse (CAPD)
- kontinuierliche zyklische Peritonealdialyse (CCPD)

Bei der IPD wird pro Dialysezyklus (ca. 3x/Woche) mehrmals Dialysat in die Bauchhöhle eingefüllt und nach etwa einer halben Stunde wieder entfernt. Bei der CAPD läßt der Patient selbst zuhause 4x/die 2 l des Dialysats in die Bauchhöhle einlaufen und entfernt es nach ca. 6 h wieder. Bei der CCPD wird morgens frische Dialyseflüssigkeit ins Peritoneum eingefüllt. Am Abend schließt sich der Patient an ein Dialysegerät an, das die Flüssigkeit während der Nacht 4x austauscht. CAPD und CCPD werden vom Patienten zuhause selbst durchgeführt.

❑ **Komplikationen**

Wichtigste Komplikation der Peritonealdialyse ist die *Peritonitis*. Kontraindikationen sind große Hernien, massive Verwachsungen, intraabdominelle Verletzungen oder eitrige Entzündungen.

6.8.1.3. andere Verfahren

Mittlerweile existiert eine Vielzahl von Blutreinigungsverfahren, von denen hier nur einige kurz genannt werden können.

- *Hämofiltration*
  Bei der Hämofiltration wird das Blut über einen großlumigen Zugang entnommen und mit Druck gegen eine Membran gepumpt (Transmembrandruck bis 300 mmHg). Dadurch können Volumen und im Plasma gelöste Substanzen (z.B. Toxine) entfernt werden. Die Hämofiltration kann z.B. bei Überwässerung mit Lungenödem Volumen entziehen und dadurch rasche Besserung verschaffen. Bei der *kontinuierlichen arterio-venösen Hämofiltration (CAVH)* wird das Blut aus einer Arterie entnommen und lediglich unter dem Schub des arteriellen Drucks hämofiltriert. Bei der *kontinuierlichen veno-venösen Hämofiltration (CVVH)* wird das Blut über einen doppelläufigen Zugang aus einer großen (zentralen) Vene entnommen, über die Hämofiltrationsmembran gepumpt und über den Zugang zurückgeführt.
  Die Hämofiltration ist weniger kreislaufwirksam und kann auf Intensivstationen mit geringerem Aufwand, z.B. zur Behandlung des therapieresistenten Lungenödems, eingesetzt werden
- *Plasmaseparation*
  Die Plasmaseparation wird zur Entfernung auch sehr großmolekularer Eiweiße verwendet. Die Plasmaseparation kann z.B. eingesetzt werden zur Entfernung von:
  - *Immunglobulinkomplexen*
    Goodpasture-Syndrom, Myasthenia gravis, Guillain-Barré-Syndrom, Hemmkörperhämophilie, thrombotisch-thrombozytopenische Purpura, Hyperviskositätssyndrom (M. Waldenström, Plasmozytom), Kryoglobulinämie
  - *Myoglobin:* massive Rhabdomyolyse
  - *Hämoglobin:* Fehltransfusion mit massiver Hämolyse
  - *Schilddrüsenhormonen:* thyreotoxische Krise
  - *Blutfetten:* homozygote familiäre Hypercholesterinämie IIa

  Das Blut wird über einen großporigen Filter geleitet, der zwar nicht die korpuskulären Blutbestandteile, jedoch das gesamte Plasma passieren läßt. Nach der Plasmaseparation muß das Volumen, die Elektrolyte und das Albumin substituiert werden, bei massiver Therapie auch die Gerinnungsfaktoren (fresh frozen plasma-Gabe).

- *Hämoperfusion*
  Die Hämoperfusion wird besonders bei Intoxikationen (z.B. E605) angewendet. Das Blut wird dabei über einen arteriellen Zugang entnommen, über einen Filter (Aktivkohle- oder Kunstharzbasis) gepumpt und über einen großlumigen Zugang zurückgeleitet. Eine Hämoperfusion dauert ca. 4 h und muß nicht selten wiederholt werden (Nachresorption, Umverteilung). Nicht alle Toxine sind hämodialysierbar. Ausführliche Informationen dazu geben die regionalen Giftnotrufzentralen (Aufstellung und Telefonnummern z.B. am Ende der "Roten Liste")

6.8.2. Nierentransplantation

❑ Definition

Durch die Nierentransplantation werden die exokrinen und endokrinen Nierenfunktionen wieder hergestellt. Eine funktionierende transplantierte Niere stellt die im Moment "physiologischste" Therapie des chronischen Nierenversagens dar. Der Patient erholt sich auf Dauer besser und ist leistungsfähiger. Demgegenüber sind die Patienten bei Hämodialysen einem dauernden Wechsel zwischen relativem Wohlbefinden und Abgeschlagenheit nach der Dialyse ausgesetzt. Deshalb sollte, wenn möglich, die Nierentransplantation angestrebt werden.

❑ Häufigkeit

Die Wartezeit beträgt ca. 2-3 Jahre. Nur ca. 10 % der Dialysepflichtigen werden pro Jahr einer Transplantation unterzogen.

❑ Kontraindikationen für den Empfänger

- Malignom
- HIV-Infektion
- schwere kardiovaskuläre Veränderungen
- andere schwere Organerkrankungen
- schwere psychiatrische Erkrankungen

Fortgeschrittene Herzinsuffizienz (NYHA III und IV), Leberzirrhose, ein fortgeschrittenes Lungenemphysem, schwere Arteriosklerose mit massiver KHK oder Insulte beschränken die Lebenserwartung des Empfängers. Schwere psychiatrische Erkrankungen (z.B. therapeutisch schlecht einstellbare Schizophrenie) oder Demenz sind ebenfalls Kontraindikationen. Die Altersgrenze wurde im Laufe der Zeit nach oben verändert. Momentan wird bis zu einem Alter von etwa 70 Jahren eine Transplantation erwogen. Das kalendarische Alter darf jedoch nur ein Anhaltspunkt sein. Biologisch sehr vitale Patienten können auch noch als über 70jährige als Empfänger in Frage kommen.

❑ Herkunft der Nieren

- Leichennieren
- Lebendspender

Transplantiert werden überwiegend (> 95 %) Nieren von Personen, deren Hirntod festgestellt wurde (Leichennieren), deren Kreislauffunktionen jedoch noch bis zur Entnahme aufrechterhalten werden konnten. Nierenspenden von lebenden Personen (Verwandte, Zwillinge) kommen selten vor. Ein Geschwister besitzt in 25 % ein identisches HLA-Muster. Bei HLA- und Blutgruppen-kompatiblen Lebendspendern ist die Prognose des transplantierten Organs und der Patienten besser, so daß eine mögliche Lebendspende als günstig anzusehen ist. Der Spender setzt sich einem etwas höheren Morbiditätsrisiko aus. Emotionale Faktoren sind beim Spender und Empfänger zu beachten.

❑ Nierenspender

Nach Identifizierung eines möglichen Leichennierenspenders wird dessen Eignung festgestellt.

- Hirntod
- Ausschluß schwerer Nierenerkrankungen
- Ausschluß von Tumor- oder Infektionskrankheiten (z.B. HIV)
- Einverständnis (Angehörige, Organspenderausweis)

Sind diese Voraussetzungen erfüllt, werden Blutgruppe und HLA-Antigene mit denen der wartenden, in der Eurotransplantatzentrale in Leyden registrierten Patienten verglichen und der Empfänger mit der besten Übereinstimmung ausgewählt. Nach Explantation des Organs wird dieses mit einem Organkonservierungsmedium (z.B. UW-Solution) durchspült, gekühlt und innerhalb von längstens 30 Stunden transplantiert. Die Spenderniere wird retroperitoneal in der Fossa iliaca im Becken implantiert, die Gefäße End-zu-seit auf die A. und die V. iliaca anastomosiert und der Ureter in die Blase eingepflanzt. Die Restnieren werden belassen. Bei Lebendspendern werden neben umfangreichen Beratungen noch Tests auf zytotoxische Antikörper (mixed-lymphocyte-culture (MLC)-Test) und Infektionskrankheiten (HIV, CMV, Hepatitis usw.) veranlaßt. Letztere werden natürlich auch bei hirntoten Nierenspendern vorgenommen.

❑ Komplikationen

- vaskulär
  - Ruptur der Gefäß- und Ureterimplantation
  - Stenose des zuführenden arteriellen Gefäßes
  - perioperatives ischämisches Nierenversagen
  - arterieller Hypertonus
- Abstoßungsreaktion
  - akute Abstoßungsreaktion
  - chronische Abstoßungsreaktion
- Infektionen, Karzinome
  - erhöhte Infektanfälligkeit
  - Infektionskrankheiten
  - Karzinome unter der Immunsuppression

Das *perioperative ischämische Nierenversagen* ist reversibel und führt zu einer verzögerten Aufnahme der Funktion postoperativ, die durch weitere Dialyse überbrückt werden muß. Die *akute Transplantatabstoßung* erfolgt in den ersten postoperativen Monaten. Mit dem Transplantat werden gelegentlich *Zytomegalie-* und *Herpesviren* übertragen, die beim Empfänger unter der Immunsuppression zu *schweren* Verläufen führen können. Ein *arterieller Hypertonus* kann essentiell, aufgrund einer operationsbedingten Stenose der A. renalis, wegen der Cyclosporingabe oder einer Abstoßungsreaktion auftreten. *Neoplasien* sind unter der Immunsuppression um ein Vielfaches häufiger (bes. Lymphome). Trotz einer großen Zahl von Nebenwirkungen kann die gelungene Nierentransplantation die Lebensqualität der Patienten entscheidend bessern.

❑ Abstoßungsreaktion

Eine *hyperakute* (während der Operation) oder eine *perakute*, innerhalb der ersten Tage nach Transplantation auftretende Abstoßung aufgrund von zytotoxischen Antikörpern des Empfängers ist selten und kann durch einen mixed lymphocyte culture-Test (cross match) vor der Transplantation ausgeschlossen werden. Meist kommt es innerhalb der ersten drei Monate zur *akuten* Abstoßung. Symptome sind: Flankenschmerzen, Fieber, Rückgang der Ausscheidung und ein Ansteigen der Retentionswerte. Im Zweifelsfall wird die Diagnose histologisch mittels einer Nierenbiopsie untermauert. Prednisolon (500 mg/die über drei Tage), bei Steroidresistenz auch die Gabe von antilymphozytären Antikörpern, kann die Abstoßungskrise beseitigen.

❑ **Therapie nach Transplantation**

- Azathioprin (Imurek®)
- Ciclosporin (Sandimmun®)
- Corticosteroide (Decortin H®)

Die Therapie wird in der Regel mit den genannten drei Medikamenten durchgeführt (Triple-Therapie). *Nebenwirkungen von Ciclosporin* können sein: Müdigkeit, Schwäche, Gingivitis hypertrophicans, gastrointestinale Beschwerden, Paraesthesien, Kopfschmerzen, Gewichtszunahme, Gesichtsödeme.

❑ **Überwachung nach Transplantation**

Nach der Transplantation wird die Nachsorge für den Patienten in den ersten sechs bis zwölf Monaten soweit möglich vom Tranplantationszentrum selbst oder einem kooperierenden nephrologischen Zentrum übernommen. Regelmäßig werden kontrolliert:

- Blutbild
- Nierenretentionswerte (Creatinin, Harnstoff)
- Ciclosporinspiegel
- Infektionskontrolle (z.B. Cytomegalievirus)
- Nierensonographie

❑ **Prognose**

Nach einem Jahr funktionieren noch 80 % der Organe, nach 5 Jahren noch 60 %. Die Patienten überleben in über 90 % d.F. das erste und in über 80 % d.F. das fünfte Jahr nach der Transplantation. Ihre Lebensqualität ist im Durchschnitt besser als die der Dialysepatienten.

6.9. Nierentumoren

❑ **Definition**

Folgende benigne und maligne Nierentumoren kommen vor:

- benigne
  - mesenchymal: Fibrome, Lipome, Angiomyolipom
  - epithelial: Adenome
- maligne
  - mesenchymal: Sarkome
  - epithelial: Hypernephrom
  - Mischtumor: Wilms-Tumor

Benigne Neubildungen sind selten. Wird beim Erwachsenen ein *maligner Nierentumor* festgestellt, so handelt es sich in 90 % um ein Hypernephrom. In 10 % liegt ein Sarkom oder ein vom Nierenbecken eingewachsenes Urothelzellkarzinom vor. *Wilms*-Tumoren entstehen aus embryonalem Nierengewebe und weisen Anteile aller drei Keimblätter auf. Sie werden deshalb als *Mischtumoren* eingruppiert. Sie manifestieren sich bereits im Vorschulalter (☞ Pädiatriebücher). Klinische Relevanz im Erwachsenenalter besitzt also vor allem das Hypernephrom, das im folgenden behandelt wird.

6.9.1. Hypernephrom

❑ Häufigkeit

Das *Hypernephrom* (syn. *Nierenzellkarzinom, Grawitz-Tumor*) ist der häufigste maligne Tumor des Nierengewebes. Es bevorzugt Männer, wobei der Erkrankungsgipfel im 6.-7. Lebensjahrzehnt liegt. Es handelt sich um ein Adenokarzinom mit Ursprung in den Nierentubuli.

❑ Ätiologie und Pathogenese

Als Risikofaktoren werden Nikotin- und Phenazetinabusus diskutiert. In den Fällen familiärer Häufung kann eine Chromosomentranslokation zwischen 3 und 8 vorliegen.

❑ Symptomatik

- schmerzlose Hämaturie
- Flankenschmerz
- palpabler Tumor
- evtl. Varikozele des linken Hodens
- allgemeine Tumorzeichen
  Die Erkrankung ist initial nicht selten *symptomarm* bzw. nur mit uncharakteristischen Symptomen verbunden. In weniger als der Hälfte der Fälle wird eine typischerweise schmerzlose Hämaturie, Flankenschmerz oder gar ein palpabler Tumor verzeichnet. Als allgemeine Tumorzeichen können eine erhöhte BKS, Anämie, Gewichtsabnahme und Leistungsknick vorliegen
- paraneoplastische Syndrome
  Paraneoplastische Syndrome sind in weniger als 10 % der Fälle vorhanden. Möglich sind eine *Polyzythämie* (Produktion eines Erythropoetinanalogons), eine *Hyperkalzämie* (Parathormonanalogon), ein *arterieller Hypertonus* (erhöhtes Renin) bzw. eine Polyneuropathie oder eine Myopathie

❑ Komplikationen

- hämatogene Metastasierung

Das Hypernephrom bricht frühzeitig in die V. renalis ein und metastasiert hämatogen. Vorwiegend betroffene Organe sind *Lunge, Knochen, Leber und Gehirn*. Bei linksseitigem Hypernephrom und Thrombosierung der V. renalis wird der venöse Abstrom aus dem linken Hoden vermindert, so daß es dort zur Varikozele kommt.

❑ Diagnostik

- Abdomensonographie
- i.v.-Pyelogramm
- Abdomen-CT
- selektive Nierenarteriographie

Beim Leitsymptom der Hämaturie wird ein Abdomensonogramm angefertigt. Das Abdomen-CT ist zur weiteren Diagnostik die wichtigste Untersuchung. Es demonstriert die Ausdehnung des Tumors, läßt Lymphknoten paraaortal, Metastasen in anderen Bauchorganen und einen möglichen Einbruch in die V.cava inferior erkennen. Lipome und Angiomyolipome können aufgrund der niedrigen Dichtewerte vom Hypernephrom abgegrenzt werden. Die Kernspintomographie ist dem CT gerade im Hinblick auf die V. cava-Beteiligung überlegen. Mit diesen zwei Untersuchungen läßt sich die Diagnose meist sichern. Die selektive Arteriographie ist zwar sehr aussagekräftig (pathologische Tumorvaskularisation), die Indikation bleibt jedoch den Fällen vorbehalten, bei denen die Operationsplanung oder eine Embolisation davon abhängen. Eine Beurteilung der V. cava ist zum Tumorstaging unentbehrlich. Die Cavographie wird aufgrund der ebenfalls aussagekräftigen Resultate der Sonographie bzw. von CT und NMR aber meist entbehrlich sein. Die Harnuntersuchung zeigt besonders in fortgeschrittenen Fällen eine Hämaturie, die Suche nach Tumorzellen im Urin ist jedoch nicht sinnvoll. Auf eine diagnostische Feinnadelpunktion sollte man zur Verhinderung einer Tumorzellaussaat möglichst verzichten.

❑ Differentialdiagnose

Bei Makrohämaturie können vorliegen:

- Hypernephrom, andere Nierentumoren
- Polypen/Urothelkarzinome der Blase und der ableitenden Harnwege
- hämorrhagische Zystitis (Katheter, Endoxan)
- Steine (Niere, Ureter, Blase)
- hämorrhagische Diathese (Heparin, orale Antikoagulantien)
- Zystennieren
- Nieren- oder Blasentuberkulose
- Nieren- oder Blasentrauma
- Prostatakarzinom
- Nephritis
- Bilharziose

❑ Therapie

- Nephrektomie mit Lymphknotenausräumung
- Entfernung solitärer Metastasen (Lunge, Leber, Darm)

  Als potentiell kurative Methode gilt die Operation. Chemo- und Strahlentherapie sind lediglich als adjuvante Verfahren sinnvoll.
- Embolisation

  Bei inoperablen Patienten mit therapiebedürftigen lokalen Komplikationen (z.B. Makrohämaturie) kann die Okklusion der Nierenarterie mit verschiedenen Methoden (Metallspiralen, Gewebekleber) vorgenommen werden. Durch die nachfolgende Tumornekrose können beträchtliche Beschwerden entstehen. Eine Heilung läßt sich dadurch nicht erreichen

❑ Prognose

Für die prognostische Aussage ist ein genaues Staging wichtig, z.B. nach der (TNM-Klassifikation):

Stadium	Definition
T_1	Tumor < 2,5 cm, innerhalb der Nierenkapsel
T_2	Tumor > 2,5 cm, innerhalb der Nierenkapsel
T_3	Tumor infiltriert das perirenale Gewebe (Nebennieren, Fettgewebe), bleibt innerhalb der Gerotaschen Faszie (T_{3a}) oder infiltriert die V. renalis oder die V. cava inferior (T_{3b})
T_4	Tumor infiltriert die Umgebung auch außerhalb der Gerotaschen Faszie

Tab. 6.12: T-Stadien des Hypernephroms.

Ist der Tumor auf die Niere beschränkt, so beträgt die 5-Jahresüberlebensrate 80 %, bei Fernmetastasen unter 5 %. Die Prognose sinkt somit drastisch, wenn die Nierenkapsel überschritten wird oder gar ein Einbruch in große Venen vorliegt.

6.10. Zystenbildungen

6.10.1. Nierenzysten

❑ Definition

Nierenzysten sind erworbene, mit zunehmendem Lebensalter häufiger vorkommende, flüssigkeitsgefüllte Hohlräume der Nieren.

❑ Ätiologie und Pathogenese

Ausgangspunkt ist die zystische Erweiterung eines Tubulus oder Sammelrohres. Zysten kommen solitär oder multipel, ein- oder beidseitig vor. Die Formen variieren von großen "Rucksackzysten" mit nur kleiner sonographisch nachweisbarer Brücke zur Niere bis hin zu kleinen Pyelonzysten. Im Gegensatz zu den angeborenen Zystennieren findet sich keine Zystenbildung in anderen Organen.

❑ Symptomatik

- meist symptomlos

Nierenzysten sind fast immer symptomlos und werden meist bei einer aus anderen Gründen durchgeführten Abdomensonographie entdeckt. Sehr selten sind die Zysten mit Rücken- oder abdominellen Schmerzen verbunden.

❑ Komplikationen

- Einblutung
- Hämaturie
- Infektion
- Ruptur
- Kompression (z.B. des Ureters)
- Hypertonus

Komplikationen sind insgesamt selten. Lediglich bei sehr großen Zysten kann es zur Kompression des Ureters mit Harnaufstau oder der A. renalis mit arteriellem Hypertonus kommen. Die Entwicklung von benignen oder malignen Tumoren in den Zysten ist sehr selten.

❑ Diagnostik

- Sonographie

Die Sonographie ist das Mittel der Wahl zur Diagnostik und zur Verlaufskontrolle. Sonographische Kriterien sind eine echofreie, rundliche, in zwei Ebenen auffindbare Struktur mit dorsaler Schallverstärkung. Sollte die Sonographie in seltenen Fällen nicht ausreichend sein, so können natürlich Nierenzysten auch im Abdomen-CT gesehen werden. Im i.v.-Pyelogramm stellen sich Zysten indirekt durch Verdrängung und Kompression benachbarter Kelchgruppen dar. Bei unklarer Dignität kann die ultraschallgezielte Zystenpunktion mit Zytologie weiterhelfen. Die Urinbefunde sind uncharakteristisch.

❑ Differentialdiagnose

- angeborene Zystennieren
- Hydronephrose
- Abszeß
- Hämatom
- Hämangiom
- Tumoren

Treten Nierenzysten bereits bei Jugendlichen oder gar Kindern auf, so muß an kongenitale *Zystennieren* gedacht werden. Ein Aufstau des Nierenbeckens oder einzelner Kelchgruppen (z.B. bei Nephrolithiasis) kann gelegentlich als Nierenzyste imponieren. Abszeß, Hämatome, Hämangiome oder Tumoren weisen im Sonogramm im Regelfall Binnenechos auf und sind so von reinen Zysten abzugrenzen. Der Nachweis von Zysten enthebt nicht von der genauen sonographischen Befundung der Nieren, da weitere pathologische Veränderungen gleichzeitig vorliegen können.

❑ **Therapie**

- symptomatisch

Nur in den seltenen Fällen mit Kompressionssymptomen oder lokalen Beschwerden sowie bei Infektion der Zyste sollte eine *Punktion* oder *Drainage* erfolgen.

6.10.2. Polyzystische Degeneration der Nieren

❑ **Definition**

Unter der polyzystischen Degeneration der Nieren werden angeborene Erkrankungen verstanden, die mit multiplen Zysten einhergehen. Die dabei entstehenden *Zystennieren* müssen von den beschriebenen, auch multipel auftretenden, *Nierenzysten* unterschieden werden.

❑ **Häufigkeit**

Während Nierenzysten bei alten Menschen sehr häufig sind, werden Zystennieren sehr viel seltener (pro 1.000 Sektionsfälle 1-2mal) gefunden.

❑ **Ätiologie und Pathogenese**

Form	Erbgang	erweiterte Struktur	Typ
infantile Form	autosomal-rezessiv	Sammelrohre	I nach Potter
adulte Form	autosomal-dominant	alle Nephronabschnitte	II nach Potter

Bei der *infantilen* polyzystischen Nierenerkrankung (syn.: autosomal-rezessive polyzystische Nephropathie - ARPN) treten die zahllosen kleinen Zysten (Schwammnieren) schon bald nach der Geburt auf und führen zur Niereninsuffizienz. Auch andere Organe weisen Zysten auf. Diese Form ist mit kongenitaler Leberfibrose und Lungenhypoplasie kombiniert, woran die Kinder meist schon frühzeitig versterben.

Bei der autosomal dominanten Form des *Erwachsenen* (syn.: autosomal-dominante polyzystische Nephropathie - ADPN) werden Symptome zwischen dem 30. und 60. Lebensjahr durch die in beiden Nieren ebenfalls zahlreichen, zum Teil auch größeren Zysten, hervorgerufen. Die Diagnose kann mit dem sonographischen Nachweis der Nierenzysten allerdings schon im jungen Erwachsenenalter gestellt werden. Auch hier werden Zysten in der Leber sowie Aneurysmata, z.B. der Hirnbasisarterien, beobachtet.

❑ **Symptomatik**

- Druckgefühl in den Flanken
- Mikro- und Makrohämaturie, Proteinurie
- arterieller Hypertonus
- Symptome der chronischen Niereninsuffizienz

Über viele Jahre hinweg sind die Veränderungen symptomlos. Im mittleren Erwachsenenalter kann ein Druckgefühl empfunden werden. Bei der bimanuellen Palpation wird der Arzt die vergrößerten Organe tasten können. Mikro- bzw. Makrohämaturie, Proteinurie und arterieller Hypertonus sind häufig. In fortgeschrittenen Stadien führt die Erkrankung zur chronischen Niereninsuffizienz.

❑ **Komplikationen**

- Nephrolithiasis
- Infektion
- Nierenabszeß
- Anämie
- Hypertonie
- Niereninsuffizienz

❑ **Diagnostik**

- Familienanamnese
- Sonographie

Im Sonogramm werden neben den Nieren auch die anderen Oberbauchorgane auf Zysten hin untersucht. Beim i.v.-Pyelogramm werden die großen, polyzyklischen Nierenschatten und die verdrängten, ausgezogenen und verformten Kelche erkennbar.

❑ **Therapie**

- symptomatisch

Arterieller Hypertonus, Infekte, Koliken oder Anämie werden symptomatisch behandelt. Bei chronischer Niereninsuffizienz muß hämodialysiert werden.

❑ **Prognose**

Nicht bei allen Patienten kommt es im Verlauf zur dialysepflichtigen Niereninsuffizienz, so daß manche Patienten eine weitgehend normale Lebenserwartung erreichen. Eine mögliche Todesursache stellt jedoch die Hirnbasisaneurysma-Blutung dar.

6.11. Markschwammniere

❑ **Definition**

Es handelt sich um eine seltene, kongenitale Erkrankung, die mit zystischen Erweiterungen der Sammelrohre einhergeht. Dadurch erscheint das Nierenmark im Verlauf der Markpyramiden und in der Nähe der Papillen schwammförmig. In den unregelmäßig erweiterten Sammelrohren bilden sich unterschiedlich große Steine. Lediglich durch Komplikationen kann die an sich unbeeinträchtigte Lebenserwartung beeinflußt werden.

❑ **Symptomatik**

- symptomlos
- bei Komplikationen: Koliken, Hämaturie, Flankenschmerz, Fieber

Symptome machen sich nur bei Komplikationen bemerkbar.

❑ **Komplikationen**

- Nephrolithiasis (50 % d.F.)
- Makrohämaturie (15 % d.F.)
- Harnwegsinfekte, Pyelonephritis

❑ **Diagnostik**

- Abdomenübersicht
- Nierensonogramm
- i.v.-Pyelogramm

Die Diagnose ergibt sich bereits aus dem typischen Bild in der Abdomenübersichtsaufnahme (stecknadelkopf- bis erbsgroße Verkalkungen um die Nierenkelche in beiden Nieren). Die Anordnung ist streifenförmig und entspricht dem Verlauf der Markpyramiden. Im i.v.-Pyelogramm finden sich vorwiegend in der Nähe der Papillen lokalisierte Verkalkungen (perlschnurartige Anordnung) sowie Markzysten. Im Nierensonogramm sind Zysten und Steine ebenfalls nachweisbar.

❑ **Differentialdiagnose**

Intrarenale Verkalkungen treten u.a. auf bei:

- Nephrolithiasis
- renal-tubulärer Azidose
- Nierentuberkulose
- Papillennekrose
- Karzinomen (Hypernephrom, Wilms-Tumor)
- Nephrokalzinose bei Hyperkalzämie (z.B. Hyperparathyreoidismus)
- Echinokokkuszysten
- älteren Hämatomen

❑ **Therapie**

- symptomatisch

6.12. Nephrolithiasis

❑ **Definition**

Unter *Nephrolithiasis* (Nierensteinleiden) wird die Steinbildung innerhalb der Harnwege der Niere sowie in den ableitenden Wegen verstanden. Im Gegensatz dazu bezeichnet der Begriff *"Nephrokalzinose"* Verkalkungen im Parenchym der Niere.

❑ **Häufigkeit**

Die Nephrolithiasis befällt ca. 5 % der Bevölkerung und ist damit relativ häufig. Die Erstmanifestation wird am häufigsten um das 30. Lebensjahr beobachtet. Männer sind häufiger betroffen als Frauen. Ohne Prophylaxe tritt bei der *Hälfte* der Patienten ein Rezidiv auf!

❑ **Ätiologie und Pathogenese**

Die Steinentstehung (Lithogenese) wird durch ein *Ungleichgewicht* von fördernden (z.B. hohe Ausscheidung und Auskristallisation von Salzen) und hemmenden (z.B. Citrat, Magnesium, Pyrophosphat) Faktoren bedingt. Kalzium wird zum Teil an Citrat gebunden, Oxalat an Magnesium, so daß nur ein Teil der Ionen zur Kristallisation zur Verfügung steht. Besteht ein Ungleichgewicht, so kann die Löslichkeit der Salzionen überschritten werden. Es kommt zur Ausfällung von Kristallen, die sich bei Fortbestehen der lithogenen Situation zusammenlagern und wachsen. Das Vorhandensein von organischen Kristallisationskernen, eine zu geringe Trinkmenge mit daraus resultierendem konzentrierten Urin, eine Verschiebung des Harn-pHs mit Verschlechterung der Löslichkeit, Infektionen, Abflußstörungen usw. prädisponieren zur Steinbildung. Die Lithogenese ist somit multifaktoriell.

Für Empfehlungen zur Rezidivprophylaxe ist die Kenntnis der Steinzusammensetzung wichtig:

Steinart	Anteil
Kalziumoxalatsteine	50 %
Kalziumphosphatsteine	20 %
Struvit	20 %
Harnsäuresteine	10 %
Zystinsteine	1 %
andere	0,5 %

Tab. 6.13: Arten von Nierensteinen und ihre Häufigkeit.

Kalziumhaltige Steine sind somit am häufigsten, Harnsäuresteine seltener. Die Steinbildung hängt auch vom Urin-pH ab. Harnsäure wird im sauren Milieu unlöslich, ein Anheben auf pH > 5,5 hemmt die Bildung von Harnsäuresteinen. Infekte können zur Harnalkalisierung führen. Dies begünstigt das Ausfallen von ammonium-magnesium-phosphathaltigen Struvitsteinen.

❑ **Symptomatik**

- starke kolikartiger Flankenschmerz
- Übelkeit, Erbrechen
- (Mikro-)Hämaturie
- Ausstrahlung ins Genitale
- reflektorischer Subileus

Steine, die die harnableitenden Wege nicht verlegen, können völlig *symptomlo*s bleiben und langsam wachsen. In einigen Fällen entwickeln sich so Nierenbeckenausgußsteine ohne wesentliche Symptomatik. Erst bei Steinwanderung kommt es zu den typischen Symptomen der Nierenkolik. Stärkste, durch keine Körperposition zu bessernde, mit einem akuten Abdomen leicht zu verwechselnde, kolikartige Schmerzen entstehen etwa in Höhe der Einklemmung und werden von vegetativen Symptomen (Übelkeit, Erbrechen) begleitet. Die Ausstrahlung variiert von Rückenschmerzen bis zu den typischen Schmerzen, die sich in Richtung der Testes, der Labien oder der Oberschenkelinnenseiten projizieren. Eine Mikrohämaturie ist stets vorhanden, eine Makrohämaturie in ca. 1/3 d.F..

❑ **Komplikationen**

- Infektion
- Hydronephrose

Eine Infektion im proximalen, gestauten Abschnitt kann zu einer Urosepsis oder zu einer eitrigen Pyelitis Anlaß geben. Ein symptomloser Aufstau kann zur Hydronephrose, zur obstruktiven Nephropathie, bei längerem Bestehen zur Kompression des Nierengewebes und schließlich zur Zerstörung der Niere führen.

❑ **Diagnostik**

- klinisches Bild
- Mikrohämaturie
- Abdomensonographie
- Abdomenleeraufnahme
- i.v.-Pyelogramm

Neben der obligaten Mikrohämaturie tritt eine Makrohämaturie nur bei einem kleineren Teil der Patienten auf. Die Sonographie weist gestaute ableitende Harnwege oder gar den Stein nach. In 80 % liegen kalziumhaltige, röntgendichte Steine vor, so daß sich mit der Abdomenleeraufnahme der Stein oft bereits lokalisieren läßt. Ein Kontrastmittelstopp mit proximaler Erweiterung und eine KM-Aussparung der ableitenden Harnwege stellt sich bei der Ausscheidungsurographie dar.

❑ Differentialdiagnose

Mögliche Ursachen einseitiger Flankenschmerzen:

- nephrogene Ursache, z.B.
  - Pyelonephritis
  - Niereninfarkt
  - Papillennekrose
- akutes Abdomen, z.B.
  - Cholezystitis
  - Appendizitis
  - Pankreatitis
  - Ileus
- andere Ursachen, z.B.
  - Hodentorsion
  - stielgedrehte Ovarialzyste
  - extrauterine Gravidität
  - Adnexitis
  - Psoashämatom

❑ Therapie

Initial symptomatisch

- Spasmolytika, Analgetika
- viel trinken, Bewegung, warmes Bad

Primär muß der Schmerz durch Gabe von *Spasmolytika* (z.B. 1-2 ml Buscopan® i.v., Suppositorien oder Dragees) und *Analgetika* (z.B. ASS) gebessert werden. Morphinderivate sind zwar wirksam, können die Differentialdiagnose jedoch erschweren und die Tendenz zum paralytischen Ileus verstärken. Auch Metamizol (Novalgin®, Baralgin®, 1 Amp. i.v.), zusätzlich zur Spasmolyse, ist sehr wirksam, wird wegen des Agranulozytoserisikos (extrem gering) aber nicht generell empfohlen. Durch *hohe Trinkmengen* wird einer Infektion vorgebeugt und der Versuch unternommen, den Stein auszutreiben. *Wärme* und *Bewegung* ("Laufen und Saufen") können ebenfalls helfen. Kommt es zu Komplikationen (Infektion, Urosepsis, Hydronephrose, kein Nachlassen der Schmerzen trotz Therapie), so ist die stationäre urologische Intervention mit regelmäßigen sonographischen Kontrollen notwendig.
Gelingt die Steinaustreibung mit hohen Trinkmengen ("Wasserstöße") nicht (20 % d.F.), so stehen weitere Verfahren zur Steinextraktion bereit:

- Lithotrypsie
  - extrakorporale Stoßwellenlithotrypsie
- endoskopische Extraktion, Schlingenextraktion
- Operation

Durch die wirksamen nicht-operativen Verfahren bleibt die operative Entfernung nur wenigen Fällen (5 %) vorbehalten.

❑ Prognose

Ohne Prävention treten in der Hälfte der Fälle Rezidive auf.

❑ Prävention

- *allgemeine Ratschläge*
  viel trinken, auch abends; immer auf helle Urinfarbe achten; im Sommer, beim Urlaub in heißen Ländern, auf Reisen mit unregelmäßiger Flüssigkeitsaufnahme, bei Fieber oder durch den Saunabesuch kann die Trinkmenge relativ zu gering sein. Zur Kontrolle ist es möglich, das spezifische Gewicht des Urins mittels Teststreifen zu messen (Ziel: spez. Gewicht < 1.010)
- *Beseitigung einer Grundkrankheit*
  Eine Hyperurikämie wird gesenkt (Uratsteine), ein Hyperparathyreoidismus (Kalzium- und Phosphatsteine) ausgeschlossen und Harnwegsinfekte werden saniert
- *spezifische Ratschläge*
  Eine wichtige Voraussetzung ist die Kenntnis der Steinart. Der Patient sollte den abgegangenen Stein zur Untersuchung bringen
  - *kalziumhaltige Steine*
    Meiden von Milch und Milchprodukten; Getränke, die wenig Kalzium enthalten (< 50 mg/l - wird von etlichen Mineralwässern deutlich überschritten, dann besser Leitungswasser). Reicht dies nicht aus, so kommt die Gabe von Thiaziddiuretika (z.B. Esidrix, 1x1 Tbl./die, entspr. 25 mg, Steigerung möglich) zur Senkung der Kalziumausscheidung in Frage
  - *Phosphatsteine*
    wenig Milchprodukte und Fleisch, evtl. Hemmung der intestinalen Aufnahme von Phosphatverbindungen (z. B. mit Aludrox®)
  - *Uratsteine*
    purinarme Kost und Allopurinol bei Hyperurikämie (z.B. Zyloric 300® Tbl., 1x1/die, Senken der Harnsäure in einen tiefnormalen Bereich). Läßt sich dadurch das Rezidiv nicht aufhalten, so kann der Urin auch medikamentös alkalisiert werden (z.B. Uralyt U® Granulat, z.B. 1-1-2 Meßlöffel/die, Ziel: Urin-pH > 6)
  - *Oxalatsteine*
    Vermeiden von oxalathaltigen Nahrungsmitteln (Spinat, Spargel, Rhabarber, Schokolade, schwarzer Tee)
  - *Infektsteine*
    Sanierung der Infektion, Beseitigung der Ursache der rezidivierenden Infekte, Ansäuern des Urins (z.B. L-Methionin - Acimethin® - 3x1 Tbl./die); Ziel ist die Senkung des Urin-pH unter 6,0
  - *Zystinsteine*
    Alkalisierung des Urins (z.B. Uralyt U® Granulat, Ziel: Urin-pH > 7, allerdings mit dem Risiko einer erhöhten Phosphatsteinbildung); zusätzlich wird D-Penicillamin (Metalcaptase®, Trolovol® empfohlen

6.13. Nierenvenenthrombose

❑ Ätiologie und Pathogenese

- retroperitoneale Erkrankungen
- Gerinnungsdefekte (z.B. AT III-Mangel)
- Exsikkose

Retroperitoneale Krankheiten (Fibrose, Tumoren) können über eine Kompression der Nierenvene eine Thrombose induzieren.

❑ **Symptomatik**

- Flankenschmerzen
- Hämaturie
- Proteinurie/nephrotisches Syndrom

Die Nierenvenenthrombose kann, z.B. bei inkomplettem oder langsam progredientem Thrombus, schleichend und uncharakteristisch eintreten und sich nur in Form eines nephrotischen Syndroms äußern. Bei einem schnellen Verschluß der Nierenvene wird der Patient Flankenschmerzen und Hämaturie schildern.

❑ **Komplikationen**

- Lungenembolie
- Nierenversagen

Bei beidseitiger Thrombose stellt sich ein Nierenversagen mit Oligurie/Anurie ein.

❑ **Diagnostik**

- bimanuelle Palpation
- (Doppler-)Sonographie
- Ausscheidungsurographie
- Angiographie (Cavographie, Nierenphlebographie)

Bei der bimanuellen Palpation wird die Niere vergrößert und schmerzhaft getastet. Im Sonogramm läßt sich die betroffene Niere initial vergrößert darstellen (venöse Stauung), später jedoch klein und atrophisch. In der Ausscheidungsurographie ist die Niere "stumm", d.h. sie scheidet kein Kontrastmittel aus. Die Thrombose kann angiographisch (untere Cavographie mit selektiver Darstellung der Nierenvenen) nachgewiesen werden.

❑ **Therapie**

- Fibrinolyse
- Antikoagulation (initial mit Heparin, überlappend mit oralen Antikoagulantien)
- Operation in Ausnahmefällen

Die Fibrinolyse ist bei frischer Thrombose bis zum 10. Tag und besonders bei jungen Patienten die Therapie der Wahl. Ein Beispiel für ein Therapieschema zur Fibrinolyse ist: 250.000 E. Streptokinase in 20 min i.v., danach 100.000 E. im Perfusor pro Stunde (☞ auch Kap. 1.4.1.). Die Antikoagulation mit Heparin wird wie bei der tiefen Beinvenenthrombose durchgeführt, z.B. mit 5.000 E. Heparin i.v., danach 25.000 E. über 24 h (siehe auch Kap. 2.7.4.2.). Nach der initialen Therapie mit Heparin kann überlappend auf die orale Antikoagulantion (z.B. Marcumar®) umgestellt werden. Die Dauer der oralen Antikoagulation hängt von der Ursache der Nierenvenenthrombose ab, sollte aber zumindest solange fortgeführt werden, solange ein durch die Nierenvenenthrombose hervorgerufenes nephrotisches Syndrom (erhöhte Gerinnungsneigung ☞ Kap. 6.2.4.) vorliegt. Die weitere Prognose ist abhängig von den Möglichkeiten der Kollateralenbildung und des noch vorhandenen venösen Abstroms. Ein Teil der Thrombosen löst sich auch unter reiner Antikoagulation auf. Die operative Entfernung wäre bei Komplikationen (nicht stillbare Makrohämaturie, Entwicklung eines malignen Hochdrucks, Nierenruptur) angezeigt.

6.14. Ischämie der Nieren

❑ Definition

Nierenrindennekrose: selektive Nekrose der Nierenrinde.

Niereninfarkt: Verschluß einer Nierenarterie.

❑ Ätiologie und Pathogenese

Die totale doppelseitige *Nierenrindennekrose* ist sehr selten. Sie kommt z.B. nach hämorrhagischem Schock und Sepsis mit nachfolgendem akutem Nierenversagen (ANV) vor. Ein ANV geht jedoch häufiger mit kleinen fleckförmigen Nekrosezonen der Nierenrinde einher.

Für einen *Niereninfarkt* sind am häufigsten Embolien aus dem Herzen (z.B. bei Vorhofflimmern) oder aus einer aneurysmatisch erweiterten Aorta verantwortlich. Auch ein Aneurysma dissecans kann die Nierenarterien verschließen. Weiterhin kann eine subtotale Stenose der A. renalis in einen vollständigen Verschluß übergehen. Alle Angaben beziehen sich im Folgenden auf den Niereninfarkt!

❑ Symptomatik

- Flankenschmerz
- Oligurie
- Übelkeit

Kleinere Embolien gehen mit geringen Symptomen einher, eine Makrohämaturie kommt kaum vor. Ein arterieller Hypertonus kann die Symptome begleiten.

❑ Diagnostik

- Labor (Proteinurie, hohe LDH)
- Farbdopplersonographie
- Angiographie

In der Farbdopplersonographie sind die Nierengefäße beim Nierengesunden gut darstellbar. Bei unterbrochenem arteriellem Fluß fehlt das farbkodierte Dopplersignal. Der Verschluß wird durch die Angiographie bestätigt.

❑ Therapie

- konservative Therapie (Heparin, zur Prophylaxe ggf. orale Antikoagulation)
- interventionelle Radiologie (lokale Lyse, Absaugen des Thrombus, Entfernung mit einem Katheter)

Bei kleinen Thromben ist das konservative Vorgehen unter Antikoagulation mit Heparin gerechtfertigt. Große Thromben wird man zu entfernen versuchen. Der chirurgische Eingriff ist aufgrund der Erfolge der interventionellen Radiologie meist unnötig. Je nach der Ursache der Embolie muß eine Prophylaxe einsetzen. Bei absoluter Arrhythmie kann diese in einer niedrig dosierten Marcumar-Dauertherapie bestehen (Quick-Wert ca. 30-45 %).

6.15. Infekte der ableitenden Harnwege

6.15.1. Zystitis, Urethritis

❑ Definition

- asymptomatische Bakteriurie
- akuter Harnwegsinfekt
  - Urethritis
  - Zystitis
- rezidivierende Harnwegsinfekte

Der Harnwegsinfekt ist eine bakterielle Besiedelung und dadurch verursachte Entzündung der ableitenden Harnwege. Je nach betroffenem Abschnitt wird von akuter Urethritis oder Zystitis gesprochen. Neben den symptomatischen Harnwegsinfekten gibt es auch asymptomatische Bakteriurien. Davon müssen artifizielle Kontaminationen bei der Uringewinnung und ein zu langes Stehen der Urinprobe vor der Untersuchung im Labor unterschieden werden. Rezidivierende Harnwegsinfekte weisen auf eine mögliche Disposition hin, bei Nierenbeteiligung muß an eine Pyelonephritis gedacht werden.

❑ Häufigkeit

Harnwegsinfekte sind sehr häufige Erkrankungen, die wohl jeden Menschen zumindest einmal in seinem Leben betreffen. Asymptomatische Bakteriurien kommen bei 5 % der Frauen vor. Sind im Erwachsenenalter Frauen bevorzugt betroffen, so ist das Verhältnis bei männlichen und weiblichen Säuglingen etwa gleich. Ein besonderes Risiko wird bei der Frau im Rahmen der ersten sexuellen Kontakte, in den Flitterwochen und während der Schwangerschaft beobachtet. Bei Dauerkatheterträgern stellt sich in der Regel nach einigen Tagen zumindest eine Bakteriurie ein. Bei hohen Blasenrestharnmengen (> 100 ml, z.B. bei Prostataadenom) steigt das Infektrisiko an.

❑ Ätiologie und Pathogenese

Beim Harnwegsinfekt aszendieren die normalerweise in der distalen Urethra vorhandenen Keime nach proximal und dringen auch in die Harnblase ein. Bei entsprechender Disposition schreitet die Aszension in die Ureteren, das Nierenbecken und das Nierenparenchym fort. Häufige Keime sind:

- E. coli
- Streptococcus faecalis (Enterokokken)
- Enterobakter
- Gonokokken
- Chlamydien, Mykoplasmen, Trichomonaden
- Proteus
- Klebsiellen
- Staphylokokken
- Pseudomonas
- Pilze
- TBC (Mykobakterien)

In der Mehrzahl der ambulant erworbenen Fälle sind E. coli oder Enterokokken die Erreger, bei nosokomialen Infekten muß auch mit Proteus, Klebsiellen, Pseudomonas oder Pilzen gerechnet werden. Die Urogenitaltuberkulose ist selten. Bei entsprechender Exposition muß auch an die Gonorrhö gedacht werden. Chlamydien, Mykoplasmen und Trichomonaden können Fluor, aber auch Harnwegsinfekte auslösen. Nach einer längeren Intensivbehandlung mit Dauerkatheter und den (unvermeidlichen?) Antibiotikagaben steigt das Risiko einer Pilzinfektion (z.B. Candida albicans) an.

Prädisponierende Faktoren für Harnwegsinfekte sind:

- mangelnde Hygiene
- Fremdkörper (z.B. Katheter, Blasensteine)
- Manipulation (z.B. medizinisch, Kohabitation)
- Harnabflußstörungen (z. B. Phimose, Urethralstriktur, Prostataadenom)
- vesiko-ureteraler Reflux
- Gravidität
- Abwehrschwäche (z.B. Immunsuppression, Diabetes mellitus)
- Kälteexposition

❑ Symptomatik

- veränderter Urin (anderer Geruch, trübes Aussehen)
- Pollakisurie (auch nachts, mehrmalige Nykturie)
- Dysurie (Pruritus oder Brennen beim Wasserlassen)
- Blasentenesmen
- Ausfluß aus der Harnröhre (bei Urethritis)

Bei der akuten Urethritis kann auch beim Mann ein Ausfluß aus der Harnröhre auftreten. Der Beginn der Miktion ist schmerzhaft, Brennen und Jucken lokalisiert sich auf das Ende der Harnröhre. Bei der akuten Zystitis liegt kein Ausfluß vor, jedoch Blasentenesmen und Schmerzen am Ende der Miktion. Gerade bei älteren Patienten kann die Symptomatik relativ blande sein (z.B. Urge-Inkontinenz mit Pollakisurie, jedoch kaum Schmerzen). Urethritis und Zystitis sind typischerweise *nicht* mit Fieber verbunden, im Gegensatz zur Pyelonephritis oder gar der Urosepsis.

❑ Komplikationen

- hämorrhagische Zystitis
- Aszension - akute Pyelonephritis, Nierenabszeß
- hämatogene Streuung - Urosepsis
- Infektsteine bei rezidivierenden Harnwegsinfekten

❑ Diagnostik

- Anamnese/klinisches Bild
- Urinstatus (Nitrit positiv, Eiweiß und Leukozyten positiv)
- Urinsediment (massenhaft Bakterien und Leukozyten)

Das typische klinische Bild und der positive Urinstatus läßt beim unkomplizierten, einmaligen Harnwegsinfekt die Diagnose zu. Bei fraglichen Befunden, bei rezidivierenden Harnwegsinfekten oder bei möglicher Nierenbeteiligung werden weitere Untersuchungen nötig:

- Keimzahlbestimmung: signifikante Bakteriurie $> 10^5$/ml
- Urinkultur mit Antibiogramm
- Sonographie
- Zystoskopie
- weiterführende Untersuchungen

Vor der Therapie eines rezidivierenden Harnwegsinfektes muß eine Urinkultur mit Antibiogramm angelegt werden, um gezielt therapieren zu können. Weiterhin müssen durch Zystoskopie und ggf. weiterführende Untersuchungen (i.v.-Pyelogramm, Miktionszysturethrogramm u.a.) prädisponierende Faktoren (z.B. Fremdkörper in der Blase, Fehlbildungen, Fehleinmündung eines Ureters, vesikoureteraler Reflux u.a.) ausgeschlossen werden.

❑ Differentialdiagnose

- *Symptome, jedoch kein Keimnachweis im Antibiogramm - steriler Urin*
  Eine Urethritis mit Leukozyturie, jedoch ohne Bakteriennachweis, wird auch als *Urethralsyndrom* bezeichnet. Ursachen sind möglicherweise: antibiotisch passend anbehandelter Infekt, spezielle Keime (Gonokokken - frische Urinprobe; Chlamydien, Trichomonaden, Mykoplasmen - kein Wachstum auf den üblichen Kulturmedien), eine Urogenitaltuberkulose oder eine Zystitis aufgrund physikalischer Noxen (Kälte)
- *Reiter-Syndrom*
  Trias: *Arthritis, Urethritis, Konjunktivitis,* Zweiterkrankung nach einem Infekt (☞ Kap. 7.2.2.)

❑ Therapie

Allgemeinmaßnahmen: viel trinken, Wärme (Wärmeflasche), häufiges Wasserlassen.

- *akuter, unkomplizierter Harnwegsinfekt*
  Beim akuten, einmalig auftretenden, unkomplizierten Harnwegsinfekt ist die "blinde" Antibiose möglich. Einige Tage nach der Therapie muß allerdings der Erfolg kontrolliert werden. Bei erneuten Beschwerden ist ein Rezidiv anzunehmen

Dosierungsschema	Beispiele
Einmalgabe in doppelter Dosierung	• 2 Tbl. Trimethoprim/Sulfomethoxazol (z.B. Eusaprim® forte) • 3 Tbl. Amoxicillin à 1.000 mg • 2 Tbl. Ofloxacin (z.B. Tarivid)
3tägige Therapie in normaler Dosierung	• 2x1 Tbl. Trimethoprim/Sulfomethoxazol • 3x1 Tbl. Amoxicillin à 1.000 mg • 2x1 Tbl. Ofloxacin

Tab. 6.14: Kurztherapie bei unkompliziertem, einmaligem Harnwegsinfekt.

  Kontraindikationen für Gyrasehemmer (z.B. Tarivid®, Ciprobay®) sind: Schwangerschaft, nicht abgeschlossenes Knochenwachstum oder Gehirnerkrankungen (z.B. Schlaganfall). In seltenen Fällen kann bei alten Menschen Verwirrtheit auftreten. Gyrasehemmer sollten als Ersttherapeutikum zurückhaltend verwendet werden.
  Vor der Penicillingabe muß der Patient nach einer Allergie befragt werden.
  Bei *Candidurie*: z.B. Fluconazol (Diflucan®) 1x täglich 100 mg p.o.

- *rezidivierender Harnwegsinfekt, komplizierter Harnwegsinfekt, Nierenbeteiligung*
  Bei einem fieberhaften Infekt wird mit der Antibiose erst nach Entnahme des Urins (Kultur mit Antibiogramm) begonnen, bei geringen Beschwerden wird das Kulturergebnis abgewartet. Die Antibiose wird über 1-2 Wochen durchgeführt. Auch danach ist das Verschwinden der Bakterien zu kontrollieren

- *asymptomatische Bakteriurien*
  sind bei Kindern (Empfindlichkeit der "wachsenden Niere"), in der Schwangerschaft (hohes Risiko einer Pyelonephritis), sowie bei chronischer Pyelonephritis therapiebedürftig (z.B. Amoxicillin 3x1 g p.o. bei Erwachsenen). Beim asymptomatischen Dauerkatheterträger ist die Antibiose nicht zwingend. Bei innen liegenden Fremdkörpern (z.B. Ureterschienen) ist eine enge Kontrolle angezeigt
- *Urethralsyndrom*
  Da es sich in der Hälfte der Fälle doch um eine bakterielle Infektion handelt, wird wie beim akuten Harnwegsinfekt antibiotisch behandelt. Bei Chlamydiennachweis wird Doxycyclin (2x100 mg/die) für 10 Tage angewendet und der Sexualpartner mitbehandelt, bei Trichomonaden Metronidazol (z.B. Clont®, 2x1 Tbl./die für 6 Tage, Partnerbehandlung)

❑ **Prognose**

Der akute Harnwegsinfekt heilt unter der Therapie praktisch immer aus. Bei akuten Infekten in längeren zeitlichen Abständen wird nach Ausschluß einer behebbaren Ursache erneut antibiotisch behandelt. Rezidivieren die Infekte in kurzen Abständen, so kann eine Langzeitprophylaxe mit niedrig dosierten Antibiotika versucht werden (z.B. 1/2 Tbl. Eusaprim® forte oder 50 mg Nitrofurantoin, z.B. 1 Tbl. Uro-Tablinen® abds.). Zusätzlich kann der Urin angesäuert werden (z.B. 3x1 Tbl. Acimethin® oder 4x1 Tbl. Mandelamine® 1.000 nach den Mahlzeiten).

6.15.2. Urogenitaltuberkulose

❑ **Definition und Häufigkeit**

Nach den Lungen stellt der Urogenitaltrakt die häufigste Lokalisation der Tuberkulose dar, wo sie eine wenig symptomatische chronische Entzündung auslöst. Insgesamt ist die Urogenitaltuberkulose im internistischen Fachbereich selten.

❑ **Ätiologie und Pathogenese**

Die Mykobakterien gelangen hämatogen in die Nieren, wo sie sich primär in den Glomerula ansiedeln und von der Gewebsreaktion sowie den Leukozyten in Form von Granulomen abgekapselt werden. Ein Einbruch in das Tubulussystem ist noch nach Jahrzehnten möglich. In diesen Fällen können sich die Bakterien an anderer Stelle in den ableitenden Harnwegen ansiedeln (Ureter, Blase) und sich auch auf Hoden und Nebenhoden ausbreiten.

❑ **Symptomatik**

- Müdigkeit, Abgeschlagenheit, Nachtschweiß, Gewichtsabnahme
- Flankenschmerzen
- Koliken
- Hämaturie, Dysurie

❑ **Diagnostik**

- Urinsediment: *sterile Leukozyturie*
- Spezialfärbung (Ziehl-Neelsen), Urinkultur, ggf. Tierversuch
- Abdomenübersichtsaufnahme
- Nierensonographie
- i.v.-Pyelogramm

Die sterile Leukozyturie ist ein wichtiger diagnostischer Anhaltspunkt, der allerdings in der Praxis fast immer auf anderen Ursachen (z.B. anbehandelter oder abklingender Infekt der ableitenden Harnwege) als der Urogenitaltuberkulose beruht, so daß sich die Suche nach Mykobakterien (Färbung, Kultur, Tierversuch) noch auf weitere Anhaltspunkte stützen sollte. Diese könnten beispielsweise eine bekannte Lungentuberkulose oder unklare Nierenverkalkungen sein. Die Kalkeinlagerungen in den tuberkulösen Granulomen sind in der Abdomenübersichtsaufnahme, in der Nierensonographie und natürlich auch im Abdomen-CT gut zu sehen. Die Tuberkelbakterien können sich über die ableitenden Harnwege ausbreiten (Ureter, Blase, Samenbläschen, Prostata). Als *tuberkulöse Kittniere* bezeichnet man das Endstadium der Erkrankung, in dem die Niere weitgehend zerstört ist und massiv Kalk eingelagert hat.

❑ Therapie

Die Therapie entspricht der der pulmonalen Tbc.

6.16. Sekundäre Nierenerkrankungen

❑ Definition

Eine Vielzahl von Erkrankungen wirken sich sekundär auch auf die Nieren aus und können dort zu unterschiedlichen Folgen und Erkrankungen führen.

❑ Häufigkeit

Sekundäre Nierenerkrankungen sind in der Praxis häufiger als primäre Störungen.

❑ Ätiologie und Pathogenese

Erkrankungen mit Auswirkung auf die Nieren sind:

- Diabetes mellitus
- Hyperkalzämie
- Amyloidose
- Kollagenosen
- Lebererkrankungen
- hämolytisch-urämisches Syndrom
- arterieller Hypertonus
- Hyperurikämie
- Plasmozytom
- Vaskulitiden
- Schock
- Schwangerschaftsnephropathie

6.16.1. Diabetes mellitus

Die *diabetische Nephropathie* ist eine häufige Ursache für die dialysepflichtige Niereninsuffizienz. Die diabetische Nephropathie läßt sich in mehrere Stadien einteilen:

Stadium	Charakteristikum
I	gesteigerte glomeruläre Filtrationsrate, Hypertrophie einzelner Glomerula, keine Symptome
II	Verdickung der Basalmembran der Glomerula, wieder langsamer Rückgang der gesteigerten glomerulären Filtrationsrate, keine Symptome
III	beginnende Undichtigkeit der Glomerula; Mikroalbuminurie - 500 mg/die, Anstieg des Blutdrucks möglich
IV	Glomerulosklerose, progrediente Abnahme der glomerulären Filtrationsrate über 5-10 Jahre, Proteinurie bis hin zum nephrotischen Syndrom, arterieller Hypertonus
V	terminale Niereninsuffizienz, Dialyse

Tab. 6.15: Stadien der diabetischen Nephropathie.

Das Durchlaufen der Stadien kann sich über 20-30 Jahre hinziehen. Erste Symptome (Mikroalbuminurie, Proteinurie) können mit großen individuellen Unterschieden nach etwa 10 Jahren auftreten. Bei alten Typ II-Diabetikern stellt sich eine Niereninsuffizienz deshalb seltener ein, bei jungen Typ I-Diabetikern spielt diese aber eine größere Rolle. Weitere häufige Komplikationen sind Infektionen (Pyelonephritiden, Papillennekrosen, Makroangiopathie der A. renalis).

❑ **Therapie:**

- korrekte Einstellung des Diabetes mellitus und des Hypertonus
- ACE-Hemmer bei Proteinurie

ACE-Hemmer verzögern die Progredienz und sollten deshalb bereits bei Mikroalbuminurie angewandt werden. Dies wird dadurch erklärt, daß der bestehende erhöhte Filtrationsdruck durch die ACE-Hemmer gesenkt und dadurch die glomerulären Veränderungen vermindert werden. Bei Niereninsuffizienz wird dialysiert und ggf. eine Nierentransplantation durchgeführt. Die en bloc-Transplantation von Pankreas und Nieren kann eventuell bei jungen Diabetikern vorgenommen werden.

6.16.2. Renaler Hypertonus

❑ **Definition**

Nierenerkrankungen können einerseits einen Bluthochdruck hervorrufen (renale Hypertonie), andererseits können aber die Nieren auch vom arteriellen Hypertonus geschädigt werden (hypertensive Nephropathie). Eine sehr schwere Hypertonie (maligne Hypertonie) kann bis zum Nierenversagen führen.

❑ **Ätiologie und Pathogenese**

Unterschieden werden:

- renovaskulärer Hypertonus (☞ Kap. 1.10.2.)
- renoparenchymaler Hypertonus

❑ **Häufigkeit**

Die renale Hypertonie ist die häufigste Ursache eines sekundären Bluthochdrucks (☞ Kap. 1.10.). Sie muß bei 5-7 % der Hypertoniker angenommen werden. Die renovaskuläre Genese (ca. 1 %) ist seltener als die renoparenchymale (ca. 5 %)!

6.16.2.1. Renovaskuläre Hypertonie

❑ **Ätiologie und Pathogenese**

Als Ursache findet sich an einer oder an beiden Nieren eine Einengung der A. renalis. Bei ausreichendem Stenosegrad sinkt der Perfusionsdruck ab, dies führt zur Aktivierung des RAA-Systems mit vermehrter **R**eninsekretion und damit zur Aktivierung von **A**ngiotensin, Gefäßkonstriktion und Blutdruckanstieg. Außerdem wird die **A**ldosteronsekretion mit nachfolgender Natrium- und Wasserrückresorption (Hypokaliämie) induziert.

Häufigste Ursachen der Nierenarterienstenose sind:

- Arteriosklerose (70 %)
- fibromuskuläre Dysplasie (20 %)
- andere (10 %)
    - z.B. Aortenaneurysma, dissezierendes Aortenaneurysma, Kompression von außen (Tumor, große Zysten), entzündliche Stenose (Vaskulitis), Thrombose oder Embolie der A. renalis

Die fibromuskuläre Dysplasie ist die häufigste Ursache der Stenose beim jungen Menschen. Die stenotische Stelle sitzt überwiegend im ersten Drittel der A. renalis. Poststenotisch kann eine mäßige Dilatation vorliegen.

❑ **Symptomatik**

Im Falle eines arteriellen Hypertonus beim jungen Menschen muß u.a. an eine renale Genese gedacht werden. Gelegentlich wird ein Strömungsgeräusch periumbilical oder im Rücken gehört.

❑ **Komplikationen**

- maligne Hypertonie
- "benigne" Nephrosklerose (hypertensive Nephropathie)

❑ **Diagnostik**

- (Doppler-)Sonographie
- basaler Renin-Spiegel
- Captopril-Test
- Nierensequenzszintigraphie
- Angiographie
- seitengetrennte Reninabnahme (Reninquotient)

Der Basalreninspiegel ist im Liegen erhöht und steigt nach Gabe von 25 mg Captopril stark an. Captopril erweitert die Nierengefäße und senkt den glomerulären Filtrationsdruck. Der starke Reninanstieg ist somit als Kompensationsversuch zu verstehen. In der Sonographie läßt sich in fortgeschrittenen Fällen eine einseitig kleine Niere ausmachen. Größenunterschiede in der Längsachse von 1,5 cm sind pathologisch. Bei Vorhandensein eines integrierten Dopplers kann die A. renalis identifiziert und die Strömungsbeschleunigung im Stenosebereich nachgewiesen werden. Die Nierensequenzszintigraphie weist seitengetrennt die glomeruläre Filtration bzw. den renalen Plasmafluß nach. Eine verzögerte und verringerte Perfusion belegt die Stenose. Die Angiographie (DSA oder konventionelle Technik) läßt Lokalisation und Grad der Stenose am besten erkennen.

❑ **Therapie**

- perkutane transluminale Angioplastie (PTA)
- Gefäßchirurgie
- medikamentöse Therapie
- (Nephrektomie)

Die Beseitigung der Nierenarterienstenose wird nicht in jedem Fall den Hypertonus beseitigen, da z.B. bereits hochdruckbedingte Schäden des Nierenparenchyms vorliegen. Je länger der Hypertonus besteht, desto geringer sind die Chancen der Heilung. Die Risiken der PTA sind u.a. Blutung durch Abriß der A. renalis, Dissektion, Thrombosierung, Embolie oder ein akutes Nierenversagen. Bei einer Nierenarterienstenose sind ACE-Hemmer *kontraindiziert*, da durch Senkung des poststenotischen Druckes eine weitere Filtrationsminderung (bei beidseitigen Stenosen bis hin zum dialysepflichtigen Nierenversagen) auftreten kann. Bei massiver Schrumpfniere und Funktionsuntüchtigkeit kann in Einzelfällen die Nephrektomie erwogen werden.

❑ **Prognose**

Die besten Ergebnisse werden bei der seltenen fibromuskulären Dysplasie erzielt, bei der sich der Blutdruck in 70-80 % normalisiert. Bei der arteriosklerotischen Nierenarterienstenose liegen die Erfolgsaussichten bei 30-50 %, in einer Reihe weiterer Fälle wird zumindest eine Besserung auftreten.

6.16.2.2. Renoparenchymaler Hochdruck

❑ **Definition**

Beim renoparenchymalen Hochdruck handelt es sich um eine Form der sekundären arteriellen Hypertonie, deren Ursache in einer Erkrankung des Nierenparenchyms zu finden ist.

❑ **Ätiologie und Pathogenese**

Der Mechanismus geht wie bei der renovaskulären Form auf das RAAS zurück. Erkrankungen, die zu einem renoparenchymalen Hochdruck führen, können sein:

- Glomerulonephritis jeglicher Genese (☞ Kap. 6.4.)
- interstitielle Nephritiden (☞ Kap. 6.5.)
- chronische Niereninsuffizienz (☞ Kap. 6.7.)
- chronische Pyelonephritis (☞ Kap. 6.5.2.)
- Schrumpfnieren jeglicher Genese
- Nierenzysten (☞ Kap. 6.10.)

❑ **Symptomatik**

Das Krankheitsbild des arteriellen Hypertonus ist im Kap. 1.10. dargestellt.

6.16.2.3. Maligne Hypertonie

❑ **Definition**

Ein sehr kleiner - und weiterhin zurückgehender - Teil der Hochdruckpatienten (ca. 1 %) erleidet eine Phase der malignen Hypertonie. Bei persistierenden diastolischen Werten über 120 mm Hg kommt es zur fibrinoiden Nekrose der Glomerula und zu deren Verschluß.

❑ **Symptomatik**

- exzessiv erhöhter Blutdruck (mindestens diastolisch > 120 mmHg)
- Kopfschmerzen, Übelkeit, Erbrechen

- Sehstörungen
- Atemlosigkeit, Angina pectoris

Der massiv erhöhte Blutdruck führt zu einer hypertensiven Enzephalopathie mit Kopfschmerzen bis hin zu Parästhesien und diskreten Lähmungen. Dem entsprechend finden sich kleine, punktförmige intrazerebrale Blutungen und ein zunehmendes Hirnödem. Den Sehstörungen liegt eine hypertensive Retinopathie (Cotton-wool-Herde, Stauungspapille) zugrunde. Die kardiale Belastung kann sich in Dyspnoe oder retrosternalem Druck äußern.

❑ **Komplikationen**

- Nierenversagen
- intrazerebrale Blutungen
- Herzinsuffizienz
- Herzinfarkt

Die maligne Hypertonie schreitet unbehandelt innerhalb von Monaten bis zum Nierenversagen fort, falls die Patienten nicht schon vorher an anderen Folgen des Hochdrucks versterben.

❑ **Differentialdiagnose**

- benigne Nephrosklerose

Im Gegensatz zur malignen Hypertonie (maligne Nephrosklerose) handelt es sich hierbei um arteriosklerotische (keine nekrotischen) Veränderungen in der Niere, die nur langsam progredient sind.

❑ **Therapie**

- Intensivstation
- energische antihypertensive Therapie
- bei Nierenversagen: Dialyse

Der Bluthochdruck muß energisch, jedoch schonend gesenkt werden. Durch einen zu massiven Blutdruckabfall können ischämische Hirninfarkte ausgelöst werden. Geeignet sind alle Antihypertensiva (z.B. Nifedipin, Urapidil, Clonidin, bei Therapieversagen Natriumnitroprussid; ☞ Kap. 1.10.), wobei allerdings bei der initialen Therapie auf ACE-Hemmer verzichtet werden sollte.

6.16.3. Andere Erkrankungen

● **Hyperkalzämie**

Bei einer ausgeprägten *akuten* Hyperkalzämie (etwa ab einem Kalzium von 3,5 mmol/l) droht ein *akutes Nierenversagen* aufgrund einer Vasokonstriktion und einer tubulären Funktionsstörung. Bei *chronischer* Hyperkalzämie drohen Nierensteine, interstitielle Verkalkungen mit progredienter Abnahme der Nierenfunktion und die langsame Entwicklung einer *chronischen Niereninsuffizienz*.

● **Amyloidose**

Im Rahmen einer Amyloidose lagert sich das Amyloid perivaskulär und peritubulär auch in den Nieren ab und führt zur nicht-selektiven Proteinurie bis hin zum *nephrotischen Syndrom*. Gleichzeitig kommt es zur progredienten Abnahme der glomerulären Filtrationsrate. In fortgeschrittenen Stadien tritt ein Hypertonus hinzu. Die Diagnose der Amyloidose erfolgt durch die Rektumbiopsie. Bei der Gabe von nierengängigen Kontrastmitteln kann ein *akutes Nierenversagen* auftreten!

• Plasmozytom

Eine Nierenbeteiligung beim Plasmozytom (Myelomniere) ist häufig, eine dadurch hervorgerufene Creatininerhöhung über 2 mg/dl dagegen seltener und wird mit einem Zusatz "B" zum Stadium nach Salmon und Durie gekennzeichnet. Dabei handelt es sich um Tubulusdegenerationen und Folgen einer Hyperkalzämie, seltener um Amyloideinlagerungen in den Glomerula. Auch beim Plasmozytom kann durch die Gabe von nierengängigen Kontrastmitteln ein *akutes Nierenversagen* auftreten!

• Lebererkrankungen

In fortgeschrittenen Stadien einer dekompensierten Leberzirrhose, besonders präfinal, kann es zum sogenannten *hepatorenalen Syndrom* kommen. Symptome sind:

- Oligurie/Anurie
- niedrige Natriumausscheidung im 24h-Urin

Als Ursachen werden der bestehende niedrige Blutdruck, ein erhöhtes Aldosteron, der Ausfall der Entgiftungsfunktion der Leber und der Anfall toxischer Produkte sowie andere Ursachen diskutiert. Die Prognose ist schlecht (Ausnahme: bei Lebertransplantation). Ein Multiorganversagen mit hoher Letalität droht. Neben dem hepatorenalen Syndrom werden bei infektiösen Hepatitiden auch *Glomerulonephritiden* gehäuft beobachtet.

• Schwangerschaftsnephropathie

- EPH-Gestose
- Pyelonephritiden

Am bekanntesten ist die Störung der Nierenfunktion im Verlauf der *EPH-Gestose*, bei der neben Ödemen auch eine Proteinurie und ein arterieller Hypertonus auftritt. Risikofaktoren der EPH-Gestose sind u.a. ähnliche Symptome bei früheren Schwangerschaften, vorbestehende Nierenerkrankungen, arterieller Hypertonus, Diabetes mellitus, Erstgebärende und eine positive Familienanamnese. Bakteriurien neigen während der Schwangerschaft zur Aszension und zu *Pyelonephritiden*. Auch eine asymptomatische Bakteriurie muß deshalb in der Schwangerschaft behandelt werden.

Erkrankungen aus dem rheumatischen Formenkreis (inkl. Kollagenosen) und des Bewegungsapparates

7. Erkrankungen aus dem rheumatischen Formenkreis (inkl. Kollagenosen) u. des Bewegungsapparates

7.1. Chronische Polyarthritis (cP) - rheumatoide Arthritis

❑ Definition

Bei der chronischen Polyarthritis handelt es sich um eine systemische, chronisch entzündliche Erkrankung, die überwiegend mesodermales Gewebe (Synovialmembran im Bereich der Gelenke, Sehnenscheiden, Schleimbeutel und Muskeln) befällt. Extraartikuläre Manifestationen sind u.a. subkutane Rheumaknoten, Vaskulitis und Herzbefall.

❑ Häufigkeit

Prävalenz ca. 1-3 %. Frauen erkranken 3-4mal häufiger als Männer. Die meisten Patienten erkranken zwischen dem 30. und 50. Lebensjahr.

❑ Ätiologie und Pathogenese

- Ätiologie unklar
- genetische Faktoren wahrscheinlich: gehäuftes Auftreten bei HLA-DR4 (2/3 aller cP-Patienten)
- Infektionen (Mykoplasmen, Hepatitis-B-Virus, Borrelia burgdorferi?) möglicherweise Auslöser
- Bei den Krankheitserscheinungen handelt es sich um Autoimmunphänomene
- Histologisch finden sich im Rahmen der Synovitis Exsudate, Zellinfiltrationen (T-Lymphozyten, CD4+, weniger durch B-Lymphozyten) und Fibroblastenproliferation. Die Reaktion ist durch Freisetzung verschiedener Zytokine sowie Immunglobuline bzw. Autoantikörper (Rheumafaktor = Antikörper gegen Fc-Anteil des IgG) gekennzeichnet. Dabei finden sich auch Antikörper gegen Kollagen. Die Synovialis ist verdickt (Pannus). Die Gelenkdestruktion wird durch Enzyme (Elastasen, Kollagenasen u.a.) und Entzündungsmediatoren wie Prostaglandine beschleunigt. Immunkomplexe aktivieren das Komplementsystem. Die chemotaktisch angezogenen Granulozyten (und auch Synoviadeckzellen Typ A) phagozytieren die Immunkomplexe und werden dann als Phagozyten bezeichnet
- Rheumaknoten weisen zentrale Nekrosen sowie ringförmig angeordnete Makrophagen auf
- Extraartikuläre Veränderungen sind eher selten (Tab. 7.1)

• subkutane Rheumaknoten	• Pleuritis, fibrosierende Alveolitis
• Rheumaknoten in anderen Organen	• Skleritis, Episkleritis, Keratokonjunktivitis sicca
• Myositis	• Vaskulitis
• Perikarditis, Myokarditis	• Neuropathie (durch Vaskulitis)

Tab. 7.1: Extraartikuläre Veränderungen bei cP.

❑ Symptomatik

- Prodromi: Abgeschlagenheit, subfebrile Temperaturen, Schweißneigung, Morgensteifigkeit der Finger und Hände
- symmetrischer Befall (Synovitis und Pannusbildung) der Fingergrund- und Fingermittelgelenke (auch Handgelenke): teigige Gelenkschwellung, Steifigkeit (Faustschluß unmöglich), Rötung, Schmerzen bei seitlichem Druck auf die betroffenen Gelenke (*Gänsslen-Zeichen*), verminderte Kraft (analog Befall der Zehen- bzw. Fußgelenke)
- Fortschreiten nach zentripedal
- Gelenkergußbildung, Bursitis, Tendovaginitis, Durchblutungsstörungen, Strecksehnenabrisse
- Karpaltunnelsyndrom und andere Engpaßsyndrome, wie z.B. das durch Tendosynovitis (Ulnariskompressionssyndrom am Ellenbogen)
- Synovialzysten wie Bakerzyste
- Rheumaknoten im Bereich der Streckseiten (Sehnenbereich oder subkutan)
- Gelenkdeformierung: typische Veränderungen sind Schwanenhals-, Knopflochdeformität und Ulnardeviation, Subluxationsstellung einzelner Gelenke
- Heiserkeit und Stridor bei Befall der Cricoarythenoidgelenke
- Uncovertebralarthritis im Bereich der HWS

Besondere Befallsmuster bzw. Sonderformen der cP sind:

- *Juvenile rheumatoide Arthritis*
  Es können mehrere Untergruppen unterschieden werden:
  - *seronegative juvenile rheumatoide Arthritis*
    Polyarthritis wie die cP der Erwachsenen. Beginn jedoch im Kindesalter. RF negativ, meist Mädchen betroffen. Prognose gut, da meist keine bleibenden Gelenkschäden
  - *seropositive juvenile rheumatoide Arthritis*
    Polyarthritis wie die cP der Erwachsenen. Auftreten meist bei älteren Kindern und Jugendlichen. RF positiv. Verlauf und Prognose wie bei cP
  - *Still-Syndrom*
    Polyarthritis mit systemischem Befall: Fieber, Exanthem, Leukozytose, Lymphknotenschwellung, (Hepato-) Splenomegalie und Perikarditis, Pleuritis. Prognose ungünstig
  - *pauciartikulärer Typ I*
    Befall weniger Gelenke (Knie, Ellenbogen, Knöchel, Sakroiliakalgelenke), häufig Iridozyklitis. Meist Mädchen (HLA-DR 5, 6 und 8). RF negativ, ANA häufig positiv
  - *pauciartikulärer Typ II*
    Befall weniger Gelenke (Hüfte, Sakroiliakalgelenke), Augenbefall seltener. Meist Jungen, HLA-B27 positiv. RF und ANA negativ
- *Alters-cP*
  Beginn nach dem 60. Lebensjahr, Männer und Frauen gleich häufig betroffen. Große Gelenke (z.B. Schultergelenke) asymmetrisch betroffen, häufig zusätzlich Myalgien und evtl. Sjögren-Syndrom. RF sowie Entzündungszeichen häufig positiv
- *Caplan-Syndrom*
  cP im Rahmen einer Pneumokoniose (z.B. Silikose)

- *(Gougerot-Houwer)-Sjögren-Syndrom (Sicca-Syndrom)*
  Lympho-plasmazelluläre Infiltration exokriner Drüsen im Rahmen von Immunprozessen wie cP oder anderen rheumatischen Erkrankungen (T-Suppressorzellmangel). Klinik: Keratokonjunktivitis sicca, Xerostomie (trockener Mund), Dysphagie sowie viszerale Komplikationen. Humorale Veränderungen je nach vorliegender rheumatischen Erkrankung. Es finden sich AK gegen Speichelgänge
- *Felty-Syndrom*
  schwerer Verlauf der cP mit Splenomegalie und (neutrophiler) Granulozytopenie. Weitere viszerale Komplikationen bzw. Befall anderer Organe möglich. Serologisch finden sich ANA gegen Granulozyten sowie Immunkomplexe und Kryoglobuline. Die Prognose ist ungünstig
- *maligne cP*
  rasch progressive Gelenkveränderungen sowie vaskulitisch bedingte extraartikuläre Veränderungen an Nerven, Haut, Auge etc. Hohe humorale Aktivitätsparameter

❑ **Komplikationen**

- Gelenkdestruktionen bis zu Ankylose (atlantoaxiale Dislokation!)
- Anämie
- Hyperviskositätssyndrom durch Immunglobulinvermehrung
- Niereninsuffizienz bzw. Amyloidose
- Nebenwirkungen der Therapie
- sekundäre Osteoporose durch Inaktivität, Proteinkatabolismus

❑ **Diagnostik**

- *ARA-Kriterien* zur Klassifikation der cP (Tab. 7.2)

1.	• Morgensteifigkeit > 1 h
2.	• arthritische Weichteilschwellung in mehr als 3 Gelenken (bzw. Gelenkregionen)
3.	• arthritische Schwellung der proximalen Interphalangeal-, Metakarpophalangeal- oder Handgelenke
4.	• symmetrischer Befall
5.	• Rheumaknoten
6.	• Rheumafaktor positiv
7.	• typische Röntgenveränderungen (gelenknahe Osteoporose und Erosionen)
• Sind 4 dieser Kriterien erfüllt, hat der Patient eine cP (Sensitivität > 90 %, Spezifität ca. 90 %)	
1.-4. müssen > 6 Wochen bestehen!	

Tab. 7.2: ARA[1]-(ACR[2])Kriterien zur Klassifikation der cP.
([1] American Rheumatism Association, [2] American College of Rheumatology).

- *Laboruntersuchungen*
  - *Aktivitätsparameter* (Tab. 7.3)

• Blutkörperchensenkungsgeschwindigkeit (BKS)
• C-reaktives Protein
• Akute-Phase-Proteine wie α_2- und γ-Globulin
• Fe-Cu-Quotient (Fe erniedrigt, Cu erhöht)
• Leukozytose, Thrombozytose, Anämie

Tab. 7.3: Aktivitätsparameter.

  - *Rheumafaktor(en)*
    nicht spezifisch für cP (seropositive und negative cP möglich). Methode: Häm- oder Latexagglutinationstest
  - *weitere immunologische Veränderungen*
    ANA in 1/3 der Fälle positiv, häufig Nachweis von Immunkomplexen und erniedrigten Komplementfaktoren (im Gelenkpunktat)
  - *Hyperviskosität* (Bestimmung der Plasmaviskosität)
- *Röntgen*
  Diagnosemöglichkeit erst bei vorhandenen Gelenkveränderungen (Tab. 7.4), daher keine Frühdiagnose möglich!

I	diskrete Befunde	• gelenknahe Weichteilschwellung oder Osteoporose • leichte Gelenkspaltverschmälerung
II	Frühveränderungen	• Erosionen oder Gelenkspaltverschmälerung
III	mittelgradige destruierende Veränderungen	• ausgeprägtere Erosionen/Usuren oder Gelenkspaltverschmälerung
IV	schwergradige destruierende Veränderungen	• schwere Erosionen/Usuren oder Gelenkspaltverschmälerung • Deformierung der gewichttragenden Gelenke
V	Mutilationen	• Schwund der Gelenkflächen, Gelenkspalt nicht mehr nachweisbar • ausgeprägte Deformierung der gewichttragenden Gelenke

Tab. 7.4: Radiologische Stadieneinteilung abgewandelt nach Larsen.

- *mögliche Untersuchungen*
  - konventionelle Aufnahmen in 2 oder mehr Ebenen
  - CT insbesondere zur Abklärung der Hüft- oder Sakroiliakalgelenke sowie bei Befall der Wirbelsäule
  - NMR bei Fragestellung im HWS-Bereich sowie zum frühen Nachweis von Knochennekrosen
  - Arthrographie bei Synovialzysten
  - Szintigraphie: befallene Gelenke stellen sich szintigraphisch bereits dar, wenn radiologische Veränderungen noch fehlen. Zusätzlich Hinweise auf Aktivität und Befallsmuster

- Sonographie: Nachweis von Ergüssen und Synovialzysten
- Synovialbiopsie (entbehrlich)

❑ Differentialdiagnose

- Arthritis urica
- rheumatisches Fieber
- Fingergelenkspolyarthrose
- Psoriasis-Arthritis
- Arthritiden bei Infekten inkl. Lyme-Arthritis
- Kollagenosen
- M. Bechterew

❑ Therapie

Therapieziel ist Schmerzbeseitigung, "Verhinderung von Behinderung", Erhalten der Gelenkfunktion durch Hemmung der entzündlichen bzw. immunologischen Reaktion.

> Da es sich um eine chronische Erkrankung handelt, ist die Therapie meist eine Dauertherapie!

> Da es sich um eine systemische Erkrankung handelt, ist i.d.R. systemische Therapie angezeigt!

Medikamentöse Therapie

Nicht-steroidale Antirheumatika (NSAR)

- Sie wirken antiphlogistisch, analgetisch und antipyretisch. Dabei greifen sie in den Prostaglandinstoffwechsel ein
- Eine der am längsten verwendeten Substanzen ist die Azetylsalizylsäure. Bei der Behandlung der rheumatischen Erkrankungen spielt diese heute jedoch keine wesentliche Rolle mehr
- Vorteil: rascher Wirkungseintritt
  Nachteil: insbesondere bei Langzeittherapie häufig Nebenwirkungen
- Die wichtigsten der heute verwendeten Substanzen sind in Tab. 7.5 zusammengestellt

Substanz	Handelsname z.B.	Tagesdosis
Acemetacin	Rantudil®	30-180 mg
Diclofenac	Voltaren®	50-150 mg
Indometacin	Amuno®	25-150 mg
Ibuprofen	Imbun®	200-1200 mg
Piroxicam	Felden®	10-20 mg

Tab. 7.5: Wichtige NSAR in der Behandlung rheumatischer Erkrankungen.

Corticosteroide

Sie wirken stark antiphlogistisch ohne eigene analgetische Wirkung. Ihre Indikation sind u.a. akute Schübe, Cricoarythenoid-Arthritis (100-250 mg Prednisolon i.v.), Tendovaginitis, Befall des Kiefergelenks, des Sternoklavikulargelenks (jeweils lokal!), Perikarditis, Myokarditis und Pneumonitis. Corticosteroide sollten möglichst nur als Zusatztherapie und niedrig dosiert angewandt werden. Bei akuter viszeraler Beteiligung und Vaskulitis ist eine Stoßtherapie mit 500-1.000 mg für 2-3 Tage indiziert.

Basistherapeutika

Sie greifen über meist unbekannte Mechanismen in den rheumatischen (Gelenk-)Prozeß ein. Sie haben keine Sofortwirkung. Ihr Wirkungseintritt ist erst nach Wochen bzw. Monaten zu erwarten. Sie sind lang wirksam und vermögen die Progredienz der Erkrankung aufzuhalten.

Cave: Nebenwirkungen der Basispräparate!

Alle Basispräparate können zu allergischen Hauterscheinungen, Störungen im Magen-Darm-Bereich sowie Blutbildveränderungen führen.

Bei geringer Aktivität:

- *Chloroquindiphosphat* (z.B. Resochin®) oder *Hydroxychloroquinsulfat* (z.B. Quensyl®) initial 150 mg Base/die, dann 150 mg jeden 2. Tag
  Wichtigste NW: Korneaablagerungen, Retinaschäden, Neuropathie. Kontraindikationen: Psoriasis und Makulopathien! Regelmäßige augen- und nervenärztliche Kontrollen (alle 6 Monate)!

Bei stärkerer Aktivität:

- *Goldsalze*
  Die orale Goldtherapie ist nebenwirkungsärmer als die parenterale Verabreichung. Allerdings ist die Wirkung in der Regel auch geringer. Dosis: 2-3 Tbl. Auranofin (z.B. Ridaura®) pro Tag.
  NW der parenteralen Goldtherapie sind u.a. aplastische Anämie, Cholestase, Nierenstörungen (nephrotisches Syndrom), Neuropathie bzw. Enzephalitis, Lungenfibrose bzw. Alveolitis, Keratokonjunktivitis, Lupus erythematodes. Die NW kommen bei der oralen Therapie praktisch kaum oder nicht vor. Häufiger hingegen sind Magen-Darm-Störungen (Diarrhö) und Haut- und Schleimhautveränderungen.
  Regelmäßig (alle 4 Wochen) sollten Blutbild, Urinstatus, Retentionswerte und Cholestaseparameter kontrolliert werden. Kontraindikationen: Lupus erythematodes, Nierenschäden
- *D-Penicillamin*
  ähnlich wirksam wie parenterale Goldtherapie. Anfangsdosis 150 mg (z.B. Metalcaptase®)/die, alle 4 Wochen um 150 mg steigern bis 750 mg/Tag, nach Wirkungseintritt reduzieren auf 300-600 mg/die.
  Breites Nebenwirkungsspektrum: Magen-Darm-Störungen, Cholestase, nephrotisches Syndrom, Neuropathien, Myopathie, Lupus erythematodes, Lungenfibrose, Blutbild-, Haut- und Schleimhautveränderungen, Ausbildung antinukleärer Antikörper, u.a.
- *Salazosulfapyridin*
  insgesamt eher weniger wirksam als Gold oder D-Penicillamin. Dosierung: Beginn mit 500 mg/die, steigern auf 2.000 mg

Bei fehlendem Therapieerfolg mit genannten Basistherapeutika

- *Azathioprin*
  Der Purinantagonist Azathioprin (z.B. Imurek®) ist bewährt und hat eine hohe Effizienz. Beginn mit 50 mg/die. Dann Steigerung auf ca. 2-3 mg/kg KG/die, Erhaltungsdosis ca. 100 mg. Niedrigere Dosis bei Kombination mit Corticosteroiden möglich
- *Methotrexat (MTX)*
  Methotrexat ist ein Folsäureantagonist. Als Basismedikament nur in niedriger Dosierung: Beginn mit ca. 20 mg/Woche i.v. oder i.m. (1 Monat), dann 10-15 mg/Woche oral. Keine Kombination mit NSAR oder SMZ/TMP, da MTX-Toxizität erhöht wird

Weitere Therapieansätze

- *Interferon γ*
  Von der Interferontherapie profitiert anfangs ein Großteil der Patienten, wobei der Therapieerfolg nicht immer anhält. Präparat z.B. Polyferon®
- *Ciclosporin*
  Immunsuppressivum mit starker, fast selektiver Wirkung auf immunkompetente T-Lymphozyten. Hohe Ansprechrate bei cP
- *Alkylanzien*
  Cyclophosphamid (z.B. Endoxan®) oder Chlorambucil (z.B. Leukeran®) zeigen teils bessere Wirkung als die bereits genannten Basispräparate. Sie sind jedoch mit teils schwerwiegenden NW behaftet und so nur bei entsprechend schweren Verläufen indiziert

Weitere Maßnahmen

- physikalische Maßnahmen (Bewegungs-, Thermo-, Ergotherapie)
- evtl. operative Maßnahmen (Synovektomie, rekonstruktive Maßnahmen)

❑ Verlauf und Prognose

Die cP verläuft schubweise. Bei ca. 2/3 der Patienten schreitet die Erkrankung fort, 1/5 der Patienten wird aufgrund der Gelenkdestruktionen invalide. Bei oligoartikulärem Befall, Auftreten in jungen Jahren und niedrigen Aktivitätsparametern ist die Prognose meist günstiger. Insgesamt ist die Lebenserwartung reduziert.

7.2. Seronegative Spondylarthritis

❑ Definition

Sammelbegriff für entzündlich-rheumatische Erkrankungen mit bevorzugtem Befall des Achsenskeletts (Sakroiliakalgelenke und Wirbelsäule) und meist Oligoarthritis (asymmetrisch) der unteren Extremitäten. Es besteht eine hohe Assoziation zu HLA B-27. Rheumafaktoren lassen sich nicht nachweisen ("seronegativ"). Außerdem treten häufig Veränderungen an Haut (Erythema nodosum, Psoriasis), Auge (Iritis, Iridozyklitis und Uveitis) und Schleimhaut auf.

Folgende Erkrankungen werden zu den seronegativen Spondylarthritiden gerechnet:

- ankylosierende Spondylitis - Spondylitis ankylosans - M. Bechterew
- reaktive Arthritiden und Reiter- Syndrom
- Arthritis psoriatica
- enterogene Arthritis (z.B. bei M. Crohn, Colitis ulcerosa etc.)
- (M. Behcet)

7.2.1. Spondylitis ankylosans - M. Pierre Marie-Strümpell-Bechterew

❑ Definition

Chronisch entzündlich verlaufende Erkrankung aus dem rheumatischen Formenkreis mit Bevorzugung der Wirbelsäule und Sakroiliakalgelenke. Häufig auch oligoarthritischer Befall der unteren Extremitäten. Weitere betroffen Organe können Auge und Herz sowie Aorta sein.

❑ Häufigkeit

Prävalenz ca. 0,5 -1 %. Männer sind deutlich häufiger betroffen (3-4 : 1). Haupterkrankungsalter: 20.-30. Lebensjahr, familiäre Häufung.

❑ Ätiologie und Pathogenese

- Ätiologie ungeklärt
- genetische Faktoren wahrscheinlich: HLA-B27 bei 95 % der Patienten positiv (Normalbevölkerung ca. 5-10 %)
- familiäre Häufung
- Infektionen (Klebsiellen) als Auslöser (?)
- pathogenetisch kommt es über den Entzündungsprozeß sowohl zur Ossifikation (z.B. Ankylose der kleinen Wirbelgelenke) wie auch Osteolyse (z.B. Spondylitis anterior)

❑ Symptomatik

- Kreuzschmerzen überwiegend nachts und frühmorgens (thorakolumbal und sakroiliakal) mit Ausstrahlung in die Beine
- Morgensteifigkeit (Wirbelsäule und Hüftgelenke), Besserung durch Wärme und nach Bewegung
- Schmerzen im Thorax durch Befall der stammnahen Gelenke
- Kyphosierung (BWS)
- einseitige Arthritiden (häufig Schulter und Hüfte)
- Enthesiopathien (Ferse!)
- Iritis, Uveitis
- kardiale und aortale Beteiligung

❑ Komplikationen

- atlantoaxiale Dislokation
- Cauda equina-Syndrom
- AV-Block I°
- Aorteninsuffizienz
- Amyloidose

❑ Diagnostik

- *Anamnese*
  weitere Erkrankungen in der Familie? Kreuzschmerzen im thorakolumbalen bzw. lumbosakralen Übergang? "Doppelseitiger Ischias"? Schmerzen bei Nacht und frühmorgens? Bewegungseinschränkung und Besserung bei Bewegung? Thoraxschmerzen? Schmerzen im Bereich des Ansatzes der Achillessehne? Augenbeschwerden?

- *Befund*
  - sichtbare Gelenkveränderungen?
  - Schmerzauslösung: Thoraxkompression, Druck auf Sakroiliakalgelenke, Stuhlsteigeversuch, *Mennel-Symptom* (maximale Beugung des unteren Beines in Seitlage, Retroflexion des oberen Beines)
  - Nachweis der Funktionseinschränkung: Hinterhaupt-Abstand vergrößert, Kinn-Brust-Abstand vermindert, Finger-Boden-Abstand, *Schober-Zeichen* (Distanz von L 5 um 10 cm nach kranial wird beim Beugen um mindestens 4 cm größer: negativ), *Ott-Zeichen* (Distanz von C7 um 30 cm nach kaudal wird beim Beugen um mindestens 2 cm größer: negativ), Thoraxumfang bei In- und Exspiration
- *Blutuntersuchungen*
  - BKS und CRP erhöht
  - HLA-B27 fast immer positiv
  - RF negativ
- *Szintigraphie*
  Mehranreicherung im Bereich der Sakroiliakalfugen (im Vgl. zu Röntgen sensitivere Methode)
- *Röntgen*
  - Sakroiliakalgelenke (auch CT): Destruktionen, Spongiosasklerosierung + Ankylosierung
  - thorakolumbaler Übergang: Kastenwirbelbildung, Bild der Bambusstabwirbelsäule, evtl. Spondylodiszitis, Arthritis der Zwischenwirbelgelenke, Syndesmophyten = verbinden zwei benachbarte Wirbel (DD: Spondylophyten z.B. bei Spondylosis hyperostotica = M. Forestier, Parasyndesmophyten bei Reiter-Syndrom oder Arthritis psoriatica)
  - LWS: Spondylitis anterior mit Kastenwirbelbildung und Spondylodiszitis
  - HWS-, BWS-Funktions- und Schrägaufnahmen, Calcaneus, Beckenübersicht

❑ **Differentialdiagnose**

- Wirbelsäulenveränderungen anderer Genese (infektiös, tumorös)
- andere HLA-B27 assoziierte Spondylarthritiden

❑ **Therapie**

- NSAR
  Abendliche Einnahme sinnvoll. Phenylbutazon vom BGA für diese Indikation zur kurzzeitigen Therapie zugelassen
- Corticosteroide nur bei peripherem Gelenkbefall
- Gold oder Salazosulfapyridin bei polyarthritischem Verlauf
- Methotrexat bei weiterer Progredienz
- physikalische Therapie
  (Atem-)Gymnastik, Schwimmen, Überwärmungsbäder, Bechterew-Gruppen, Schlafen auf harter Unterlage
- evtl. Bestrahlung (teils kontrovers diskutiert, Abwägung der Risiken)
- evtl. rekonstruierende chirurgische Maßnahmen

❑ **Verlauf und Prognose:**

Nach 5-10 Jahren häufig schwere Funktions- bzw. Bewegungseinschränkung. Verlauf in Schüben, bei Frauen meist milderer Verlauf.

7.2.2. Reaktive Arthritiden und Reiter-Syndrom

❑ Definition

Die Symptomen-Trias Arthritis, Konjunktivitis und Urethritis wird als Reiter-Syndrom bezeichnet. Als reaktive Arthritis werden entzündliche Gelenkerkrankungen meist nach enteralen oder urogenitalen Infekten bezeichnet.

❑ Häufigkeit

Bis zu 3 % der Patienten mit gastrointestinalen oder urogenitalen Infekten entwickeln Gelenkbeschwerden im Sinne einer reaktiven Arthritis. Betroffen sind überwiegend Männer.

❑ Ätiologie und Pathogenese

- genetischer Einfluß wahrscheinlich, hohe Assoziation mit HLA-B27 (bei negativem HLA-B27 häufig HLA-B7, HLA-BW22, HLA-BW42 positiv)
- teils immunologische Ähnlichkeit der Zellwand gramnegativer Bakterien mit HLA-B27 (?)
- Einfluß anderer Zellwandbestandteile auf die Entzündungsreaktion (?)
- häufig ursächliche Keime in Tab. 7.6 zusammengestellt
- vermehrtes Auftreten von Reiter-Syndromen bei AIDS (?)
- Auftreten epidemisch oder sporadisch

• Campylobacter[1]	• Shigellen[1]
• Chlamydien[2]	• Ureaplasma[2]
• Gonokokken[2]	• Yersinien[1]
• Salmonellen[1]	

Tab. 7.6: Mögliche Verursacher einer reaktiven Arthritis.
[1]: postenteritisch, [2]: posturethritisch.

❑ Symptomatik

- Beginn 1-3 Wochen nach Enteritis bzw. Urethritis
- meist erhöhte Temperaturen
- klassische Trias: Arthritis, Konjunktivitis und Urethritis
- Gelenkbefallsmuster: sakroiliakal, Spondylarthropathien, exsudative Mono-/Oligoarthritis der unteren Extremität ("Wurstzehen"), Insertionstendopathien
- weitere mukokutane Läsionen wie: Balanitis circinata, Stomatitis aphthosa, Glossitis, Erythema nodosum, Keratoderma blennorrhagicum, psoriasiforme Effloreszenzen
- viszerale Beteiligung: Myokarditis mit Leitungsstörungen, Pleuritis, Aortitis

❑ Diagnostik

- *Anamnese*
  (vorausgegangener Infekt?) sowie klinischer *Befund* (Trias!) haben bereits eine hohe Sensitivität
- *Labor*
  BKS und CRP meist erhöht, HLA-B27 meist positiv, RF und AST negativ. Serologische Tests (Gruber-Widal, Immunoblot) zum Nachweis spezifischer IgG bzw. IgA gegen Yersinien oder Chlamydien

- *Erregernachweis*
  Urinstatus, ggf. Urethralabstrich (Stuhluntersuchung meist ohne hilfreiches Ergebnis)
- *Röntgenuntersuchungen* der betroffenen Gelenke bei entsprechender Klinik
- *Sonographie* großer Gelenke (evtl. auch Punktion → steril! Keine Granulozyten)

❑ **Differentialdiagnose**

- bakterielle Arthritiden (z.B. im Rahmen einer Gonorrhö)
- enterogene Arthritis bei M. Crohn und Colitis ulcerosa
- Arthritis psoriatica
- andere Erkrankungen aus dem rheumatischen Formenkreis

❑ **Therapie**

- akuter arthritischer Verlauf
  - NSAR wie Indometacin oder Diclofenac etc.
  - Kryotherapie
  - Krankengymnastik, keine Ruhigstellung
  - evtl. Corticosteroide (bei Iridozyklitis, Enthesiopathie oder Gelenkergüssen)
  - Antibiotika werden unterschiedlich diskutiert (bei Keimnachweis sicher sinnvoll)
- chronischer Verlauf
  - Goldtherapie
  - Salazosulfapyridin
  - bei Achsenskelettbefall Therapie wie bei M. Bechterew

7.3. Morbus Behcet

❑ **Definition**

Beim Morbus Behcet handelt es sich um eine "bipolare Aphthose", die meist schubweise verläuft und bei der über eine Systemvaskulitis verschiedene Organe unterschiedlich befallen sein können.

❑ **Häufigkeit**

Selten, im Mittelmeerraum und Japan häufiger. Jüngere Männer bevorzugt betroffen.

❑ **Ätiologie und Pathogenese**

- Ätiologie unklar
- genetische Komponente (HLA-B5)
- möglicherweise viraler Genese

❑ **Symptomatik**

Leitsymptome sind:

- Hypopyon-Iritis, Uveitis, Chorioretinitis
- Aphten im Bereich von Mund und Genitale

Häufiger:

- Arthralgien und Arthritiden (mit Erguß)
- Vaskulitiden und Thrombophlebitiden
- Erythema nodosum, sterile Hautpusteln (aphthöse Läsionen)
- gastrointestinale Beschwerden

Selten:

- zerebrale Symptomatik
- Aortitis

❑ **Diagnostik**

- bereits genannte Klinik
- CRP und BKS erhöht
- RF meist negativ
- meist HLA-B5 oder HLA-B51 erhöht

❑ **Therapie**

- NSAR zur symptomatischen Therapie
- Corticosteroide bei schweren Manifestationen (Auge oder Gehirn) evtl. in Kombination mit Immunsuppressiva oder Kolchizin (Redizivprophylaxe)
- Interferon γ oder Thalidomid bei Hautveränderungen (Exantheme, Erythema nodosum)

7.4. Fingergelenkspolyarthrose (Interphalangealarthrose)

❑ **Definition**

Degenerative Gelenkveränderungen an den Händen mit typischem Verteilungsmuster: Fingerendgelenke (*Heberden-Arthrose*), Fingermittelgelenke (*Bouchard-Arthrose*) und Daumensattelgelenke (*Rhizarthrose*). Die Rheumafaktoren sind negativ.

❑ **Häufigkeit**

Es handelt sich um eine häufige Erkrankung des höheren Lebensalters (> 40. Lebensjahr) mit familiärer Belastung. Frauen sind weit häufiger betroffen als Männer.

❑ **Ätiologie und Pathogenese**

- Ätiologie unbekannt
- genetische Faktoren spielen eine wichtige Rolle: bei Frauen nahezu dominanter Erbgang

❑ **Symptomatik**

- weiche, später derbe Schwellung im Bereich der Fingerend-, Fingermittel- und Daumensattelgelenke
- später Fehlstellung in diesen Gelenken
- Morgensteifigkeit, Schmerzen, evtl. deutliche Funktionseinbußen
- evtl. Beteiligung der Zehengelenke (Hallux rigidus) und großer Gelenke (Arthrosis deformans im Knie etc.)

❑ **Diagnostik**

- typisches Verteilungsmuster
- *Labor*
  im Normalfall unauffällig, bei Aktivierung Entzündungszeichen. Bei positiven Rheumafaktoren Diagnose überprüfen, evtl. Propfpolyarthritis!
- *Röntgen*
  Hände: Gelenkspaltverschmälerung, Randosteophyten, subchondrale Sklerosierung, Geröllzysten, Verkalkung periartikulär. Keine gelenknahe Osteoporose

❑ **Differentialdiagnose**

- Arthrose bei Hyperurikämie u.a. Stoffwechselstörungen
- cP
- Arthritis psoriatica

❑ **Therapie**

- Wichtig: physikalische Therapie (Wärmeanwendung und Bewegungsübung: Abspülen im warmen Wasser ist günstig!)
- Analgetika wie Paracetamol, bei Aktivierung: NSAR
- Corticosteroide intraarticulär nur bei Aktivierung schwerer Fälle
- *operative Therapie* z.B. bei Rhizarthrose mit Funktionseinschränkung
- Chondroprotektiva sind kritisch zu bewerten und eher abzulehnen

❑ **Prognose**

Günstig, selten schwere destruktiv-erosive Veränderungen.

7.5. Spondylosis hyperostotica - M. Forestier

❑ **Definition**

Chronische, nicht-entzündliche Wirbelsäulenerkrankung mit vermehrter Ossifikationsneigung.

❑ **Häufigkeit**

Zwischen 5 und 10 % der Bevölkerung im mittleren und fortgeschrittenen Lebensalter sind betroffen.

❑ **Ätiologie und Pathogenese**

- Ätiologie unklar, genetische Disposition wahrscheinlich
- metabolische Ursache? Erhöhte Koinzidenz mit Diabetes mellitus, Fettstoffwechselstörung und Hyperurikämie

❑ **Symptomatik**

- Versteifung der Brust- und Lendenwirbelsäule
- evtl. Rückenschmerzen (insgesamt geringe Beschwerden)

❑ **Diagnostik**

- normaler *Laborstatus* bzw. Nachweis der o.g. metabolischen Störungen
- *Röntgen*
  BWS und LWS: Hyperostosen mit Ausbildung großer Spondylophyten, Brückenbildung und Kapselbandossifikationen → Zuckergußwirbelsäule. Veränderungen oft nur einseitig

❑ **Differentialdiagnose**

- M. Bechterew - Spondylitis ankylosans
- infektiöse Spondylitis
- Chondrokalzinose
- Ochronose

❑ **Therapie**

- physikalische Therapie (Wärme, Massagen, Bewegungsübungen)
- evtl. Paracetamol oder NSAR
- Einstellung der metabolischen Störungen

❑ **Prognose**

Gut, seltenst schwere Veränderungen, die zur Invalidisierung führen.

7.6. Ochronose - Alkaptonurie

❑ **Definition**

Störung des Tyrosin-Abbaus durch Defekt der Homogentisinsäureoxidase. Es kommt zur Schwarzfärbung von Knorpel und fibrösem Gewebe.

❑ **Häufigkeit**

Selten.

❑ **Ätiologie und Pathogenese:**

- autosomal rezessiv vererbter Defekt
- Homogentisinsäure (Abbauprodukt von Phenylalanin bzw. Tyrosin) wird infolge Fehlens der Homogentisinsäureoxidase nicht weiter in Maleylazetazetat abgebaut. Die Homogentisinsäure wird vermehrt renal ausgeschieden bzw. in polymerisierter Form im Gewebe (vor allem Knorpel und fibrösem Gewebe) abgelagert

❑ **Symptomatik**

- Dunkel- bzw. Schwarzfärbung des Knorpels (Skleren, Ohren) bei älteren Menschen (← obwohl angeboren, Symptomatik relativ spät!)
- Dunkelfärbung des Urins (unter Lufteinwirkung und alkalischem Milieu)
- Ausbildung von Arthrosen mit entspr. Beschwerden (Wirbelsäule häufig befallen → Rückenschmerzen. Außerdem sind Schulter-, Hüft- sowie Kniegelenke oft befallen)
- evtl. Ausbildung von Nierensteinen
- evtl. frühzeitige Entwicklung einer Arteriosklerose

❑ **Diagnostik**

- *Schwarzfärbung des Knorpels* sowie *Dunkelfärbung des Urins* (evtl. dunkle Flecken in der Unterwäsche) → V. a. Alkaptonurie
- Bestimmung der *Homogentisinsäure im Urin und Serum* (erhöht)
- *Röntgenuntersuchung entspr. Gelenke*
  z.B. Osteophytose, Diskus-, Symphysen- und Sehnenverkalkung, peripherer Knorpelkalk, Destruktion großer Gelenke
- evtl. *Ultraschalluntersuchung* des Herzen und der Niere

❑ **Therapie**

- eiweißreduzierte Ernährung
- Krankengymnastik und ggf. symptomatische Therapie

7.7. M. Paget - Osteodystrophia deformans - Ostitis deformans

(☞ Kap. 5.1.5.3.)

❑ **Definition**

Lokalisierte Osteopathie mit gesteigertem Knochenstoffwechsel und Ausbildung eines mechanisch minderwertigen Knochens.

❑ **Häufigkeit**

Bei Sektionen älterer Menschen findet sich in ca. 5 % ein M. Paget. Die meisten Betroffenen waren klinisch vorher unauffällig. Erkrankungsmaximum nach dem 40.-50. Lebensjahr.

❑ **Ätiologie und Pathogenese**

- Infektion mit Slow-Virus (?)
- primär gesteigerte Osteoklastentätigkeit (Knochenabbau)
- sekundär gesteigerte Osteoblastentätigkeit (Knochenanbau)
- Der Knochen wird verdickt und deformiert und ist hypervaskularisiert
- betroffene Areale sind vor allem:
  - Schädelkalotte (Tabula externa)
  - Becken
  - lange Röhrenknochen
  - LWS
- meist uni-, bi- oder trifokal

❑ **Symptomatik**

- häufig asymptomatisch
- Knochenschmerzen in den entspr. Bereichen
- evtl. Überwärmung
- Deformierung der Knochen (Kyphose, Coxa vara)
- Zunahme des Schädelumfanges

❑ **Komplikationen**

- Frakturen
- radikuläre Ausfälle
- evtl. Nephrolithiasis
- selten Osteosarkom

❑ **Diagnostik**

- Bei älteren Patienten ist bei Knochenschmerzen und Veränderungen am Knochen an einen M. Paget zu denken!

- *Laboruntersuchungen*
  Im Blut ist die alkalische Phosphatase (evtl. auch Ca^{2+}), im Urin die Hydroxyprolinausscheidung erhöht
- *Röntgen*
  - aufgetriebene Knochen, Verdickung der Kompakta, gestörte Trabekelstruktur mit grobsträhniger Spongiose
  - Höhenminderung der Wirbelkörper, Verdichtung der Ränder mit Knochenminderung im Inneren, homogen verdichtete Wirbelkörper → Elfenbeinwirbel
- *Szintigraphie* zur Aufdeckung stummer Herde
- evtl. *Biopsie*
  osteoklastische Resorption neben osteoblastischer Knochenbildung führt zur Bildung von Kittlinien und Mosaikstrukturen

❑ **Differentialdiagnose**

- ossäre Metastasen
- Knochentumore
- Osteomyelitis
- Osteomalazie
- Hyperparathyreoidismus

❑ **Therapie**

- Der asymptomatische M. Paget (unifokal) beim älteren Menschen bedarf bei normaler oder nur gering erhöhter alkalischer Phosphatase keiner Therapie
- bei Symptomatik
  - Calcitonin 100 I.E. s.c.
  - Biphosphonate wie z.B. Etidronsäure 5 mg/kg KG/die p.o.
  - (beide Präparate für 1/2 bis 1 Jahr, evtl. auch in Kombination)
  - Analgetika

7.8. Kollagenosen

Unter dem Oberbegriff "Kollagenosen" werden verschiedene Systemerkrankungen, die z.T. durch Autoimmunprozesse bedingt sind und vorwiegend das Bindegewebe und Gefäßsystem (Vaskulitis) betreffen, zusammengefaßt.

7.8.1. Progressive (systemische) Sklerodermie

❑ **Definition**

Systemerkrankung mit übermäßiger Kollagensynthese. Es kommt zur Fibrose der Organe sowie submuköser oder (peri-)vaskulärer Fibrosklerose (obliterierende Angiopathie).

❑ **Häufigkeit:**

Inzidenz ca. 2-20/1.000.000 Einwohner, Frauen häufiger betroffen (ca. 2-20! : 1), Manifestation zwischen dem 20.-50. Lebensjahr.

❑ Ätiologie und Pathogenese

- Ätiologie unklar
- genetische Disposition wahrscheinlich (HLA-DR5 und HLA-BW35)
- gesteigerte Fibroblastenaktivität (Einfluß von Zytokinen) führt zur vermehrten Kollagensynthese (im Bindegewebe selbst, Organparenchym und in bzw. um Gefäße → Zwiebelschalenangiopathie)

❑ Symptomatik

- Raynaud-Symptomatik (insbesondere durch Kälte auslösbare akut auftretende Gefäßspasmen)
- Ödem der Haut, später derbe Induration und schließlich Atrophie (Beginn an den Händen: Sklerodaktylie)
- Rattenbißnekrose an den Akren infolge Angiopathie und Raynaud-Symptomatik. Entwicklung von Akroosteolysen (subkutane Verkalkungen)
- Calcinosis cutis
- Arthralgien/Arthritiden mit Ausbildung von Erosionen bevorzugt an den kleinen Gelenken
- Entwicklung eines Karpaltunnel-Syndroms
- Mikrostomie (vermehrte periorale Faltenbildung = Tabaksbeutelmund), Verdickung des Zungenbändchens (Zunge kann nicht herausgestreckt werden), Dysphagie durch Motilitätsstörungen des Ösophagus
- Dyspnoe durch Lungenfibrose - pulmonale Hypertonie
- Herzinsuffizienz durch Myokardfibrose und Perikarditis
- Hypertonus durch Nierenveränderungen (vaskulär, parenchymatös), Entwicklung einer Niereninsuffizienz
- *CREST-Syndrom*
  Calcinosis, Raynaud, Esophagus, Sklerodaktylie, Teleangiektasie (ACA positiv)

❑ Diagnostik

- *Anamnese* und körperlicher *Befund* (s.o.)
- *Kapillaroskopie:* verminderte Kapillaranzahl und Makrokapillaren
- *Laboruntersuchungen*
  - ANA häufig positiv (Differenzierung durch Fluoreszenzmuster!), außerdem Antikörper gegen Zentromere (ACA) (*CREST-Syndrom*), sowie gegen Antigen Scl-70 (hohe Spezifität)
  - evtl. positive Rheumafaktoren
  - erhöhte BKS
  - evtl. erhöhte Immunglobuline
- *Röntgen*
  - Thorax: Lungenfibrose? Rechts- oder Linksherzhypertrophie?
  - Ösophagusbreischluck: Motilitätsstörungen?
  - Finger: Akroosteolysen? Subkutane Verkalkungen (*Thibièrge-Weissenbach-Syndrom)*?
- Zusatzuntersuchungen bei Lungenbefall: *BGA, Lungenfunktion*

❑ Differentialdiagnose

- zirkumskripte Sklerodermie (*Morphaea*), auch postinfektiös (Borrelien!)
- *SHARP-Syndrom*

- sekundäre Sklerodermie
  (Vinylchlorid, Lösungsmittel, Toxic Oil-Syndrom, aromatische und aliphatische Kohlenwasserstoffe, Medikamente wie z.B. Bleomycin)
- Dermatomyositis
- *Shulman-Syndrom* (eosinophile Faszitis)
  sklerodermieartige Hautveränderungen der Extremitäten mit Bluteosinophilie, und eosinophilen Hautinfiltration. Gelenkkontrakturen, kein Organbefall. Therapie: Corticosteroide
- paraneoplastisch

❑ **Therapie**

Symptomatisch:

- NSAR, Immunsuppressiva (z.B. Azathioprin), evtl. Versuch mit Interferon γ, Kolchizin oder D-Penicillamin
- bei Raynaud-Symptomatik: z.B. Nifedipin oder Nitrendipin und Schutz vor Kälte
- Hypertonieeinstellung: primär Ca^{2+}-Antagonisten!
- physikalische Therapie: Gymnastik, Badetherapie
- Hautschutz (für ausreichende Fettung sorgen)

❑ **Prognose**

Bei peripherem Befall günstig. Auch das *CREST-Syndrom* hat insgesamt eine relativ günstige Prognose. Bei Gesichts- und Stammbeteiligung und zudem Organbefall (Herz, Lunge und Niere) insgesamt ungünstige Prognose. 10-Jahresüberlebensrate ca. 50-70 %.

7.8.2. Systemischer Lupus erythematodes (SLE)

❑ **Definition**

Beim systemischen Lupus erythematodes (SLE) handelt es sich um eine entzündliche Multisystemerkrankung, bei der vor allem das Bindegewebe sowie das Gefäßsystem, jedoch auch andere Organe (Herz, Nervensystem, Niere) betroffen sind. Die Veränderungen werden durch Autoimmunreaktionen verursacht. Der Verlauf ist meist chronisch in Schüben.

❑ **Häufigkeit**

Inzidenz ca. 1-50!/100.000, Verhältnis Frauen : Männer = 9 : 1. Meist junge Patientinnen im gebärfähigen Alter.

❑ **Ätiologie und Pathogenese**

- genetische Disposition wahrscheinlich (HLA-DR3 in 2/3 der Fälle positiv)
- als mögliche auslösende Faktoren werden diskutiert: Virusinfekte, UV-Licht und Hormoneinflüsse
- Ein SLE kann außerdem durch verschiedene Medikamente induziert werden (Lupus erythematodes-like syndrome) (Tab. 7.7)

- Antiarrhythmika: Chinidin und Procainamid
- Antibiotika: Griseofulvin
- Antihypertonika: ß-Rezeptorenblocker, (Di-)Hydralazin, α-Methyldopa und Reserpin
- Antiepileptika: Carbamazepin, Phenytoin oder Succinimide wie Ethosuxinimid
- Antirheumatika: D-Penicillamin, Pyritinol und Phenylbutazon u.a.
- Neuroleptika: (Aza-)Phenothiazin-, Thioxanthen- und Butyrophenon-Derivate
- Thyreostatika: Carbimazol, Thiamazol
- Tuberkulostatika: Isoniazid

Tab. 7.7: Medikamente, die einen SLE induzieren können.

- Lupus erythematodes-like syndrome auch unter AIDS
- Pathogenetisch handelt es sich um ein Immunkomplexgeschehen (Vaskulitis). Es findet sich ein Mangel an T-Suppressor-Zellen sowie gesteigerte B-Zell-Aktivität. Breites Antikörpermuster gegen Zelloberflächenantigene der Blutzellen, Zellbestandteile (Kern und Kerninhalt, Mitochondrien, Ribosomen, Proteine) und Bluteiweiße (Globuline und Gerinnungsfaktoren) sind weitere Charakteristika. Besonders wichtig zur Diagnosestellung: Autoantikörper gegen DNA

❑ **Symptomatik**

Häufige Symptome des SLE sind in Tab. 7.8 zusammengestellt:

- Fieber
- Lymphknotenschwellungen
- Schmetterlingserythem im Gesicht
- Photosensibilität der Haut
- Pleuritis (exsudativ) und Perikarditis
- diskoider Lupus (rote Papeln mit Schuppenbildung/Hyperkeratose)
- Alopezie
- orale Ulzerationen
- Anämie, Leukopenie, Thrombopenie
- Arthralgien - (Poly-)Arthritis (häufig Fingermittelgelenke)
- Myalgien - Myositis
- Immunkomplexnephritis mit Hypertonie bis zum nephrotischen Syndrom mit Ödemen
- Pneumonitis, Endokarditis (*Libmann-Sacks*) bzw. Myokarditis
- Hepato-Splenomegalie
- ZNS-Beteiligung (Psychosen, Krampfanfälle, neurologische Ausfälle)
- Peritonitis

Tab. 7.8: Allgemeinsymptome bei SLE.

Bei Lupus erythematodes-like syndrome meist nur: Polyarthritis und Serositis.

❑ Diagnostik

- *Anamnese* und *Klinik* (Tab. 7.8 und 7.9)

• Schmetterlingserythem • diskoider Lupus • Photosensibilität • orale bzw. pharyngeale Ulzerationen • (Poly-)Arthritis (nicht deformierend) • Nephritis: Proteinurie mit > 0,5 g/die oder Zylindrurie • ZNS-Beteiligung (Psychosen, Krämpfe) • Blutbildveränderungen: hämolytische Anämie, Leuko- bzw. Lymphopenie oder Thrombopenie • Immunologische Befunde: LE-Zell-Nachweis, Anti-DNA, Anti-Sm • hoher ANA-Titer
Für die Diagnose SLE sind wenigstens 4 der o.g. Kriterien notwendig!

Tab. 7.9: SLE-Diagnosekriterien des American College of Rheumatology (ACR) bzw. American Rheumatism Association.

- *Laboruntersuchungen*
  - BKS, CRP, Immunglobuline erhöht
  - hohe Titer antinukleärer Antikörper (ANA) (Kernfluoreszenzuntersuchung: meist ringförmig) (Verlaufskontrolle!)
  - Nachweis von AK gegen doppelsträngige DNA (Anti-ds-DNA) und Sm-Antigen (Anti-Sm-Antigen). Anti-ds-DNA und Anti-Sm-Antigen haben eine hohe Spezifität, jedoch nur mäßige Sensitivität
  - häufig falsch positive Lues-Serologie durch Phospholipid-AK
  - Coombs-positive hämolytische Anämie sowie evtl. Panzytopenie
  - bei medikamenteninduziertem Lupus erythematodes-like syndrome meist Anti-ds-DNA negativ, ANA und Anti-Histon positiv
  - Nachweis von Anti-n-RNP → *Sharp-Syndrom*?
  - LE-Zellen sind Zellen, die Zellkerne phagozytiert haben (meist Granulozyten und Monozyten)
  - Nachweis von Kryoglobulinen/Immunkomplexen
  - Komplement C_3 und C_4 erniedrigt (Verlaufsparameter)
- *Hautbiopsie*
  Lupusbande: IgG bzw. IgM-Ablagerung an den Basalmembranen
- *Thorax, Sonographie* und *EKG* je nach Klinik
- *Urinuntersuchung*
  Sediment, Protein quantitativ

❑ **Differentialdiagnose**

- cP
- Autoimmunerkrankungen
- Vaskulitiden
- Lymphome
- andere Ursachen der hämolytischen Anämie
- Sharp-Syndrom
- andere Kollagenosen

❑ **Therapie**

- *Gelenkbefall:* NSAR
- *Hautbefall*
  Chloroquin, Retinoide und Lichtschutz
- *akuter Schub und viszerale Beteiligung*
  Corticosteroide (0,5-2 mg Prednisolonäquivalent/kg KG/die). Bei Remission langsame Reduktion und schließlich Auslaßversuch. Bei langfristiger Therapie (z.B. bei schwererem Verlauf) in Kombination mit Azathioprin (z.B. Imurek®) 1(-2,5) mg/kg KG/die. In Kombination niedrigere Dosis von beiden Medikamenten!
- *akuter schwerer viszeraler LE mit Nieren und/oder ZNS-Beteiligung*
  primär Plasmapherese, hochdosierte Corticosteroidtherapie und Cyclophosphamidstoßtherapie (z.B. Endoxan®)

❑ **Verlauf und Prognose**

Der diskoide LE hat, da er meist nur die Haut befällt, eine günstige Prognose. Der SLE mit Organmanifestationen hat bei frühzeitiger Therapie ebenfalls eine gute Prognose. Schlechter ist jedoch die Prognose bei ZNS- oder Nierenbeteiligung. 10 Jahresüberlebensrate nach Erstsymptomen > 70 %. Nierenbeteiligung meist nur bei Nachweis von hohen Titern Anti-ds-DNA und Immunglobulinen.

Bei akutem SLE ist eine Schwangerschaft zu vermeiden. Bei Herz-, Nieren- und ZNS-Beteiligung sowie bei bestimmter Therapie (Cyclophosphamid) ist ein Schwangerschaftsabbruch indiziert. In stabiler Phase (mindestens 6 Monate) ist eine Schwangerschaft möglich, wobei die Aktivitätsparameter eng überwacht werden müssen. Post partum Corticoidtherapie zur Rezidivprophylaxe für 3 Monate. Von einer Kontrazeption mit oralen Kontrazeptiva ist abzuraten, da ein Krankheitsschub ausgelöst werden kann.

Das medikamenteninduzierte Lupus erythematodes-like syndrome hat eine gute Prognose (meist keine Nieren- oder ZNS-Beteiligung). Besserung bzw. Rückbildung der Symptomatik nach Absetzen der Medikamente.

7.8.3. Polymyositis - Dermatomyositis

❑ **Definition**

Entzündliche Muskelerkrankung mit überwiegendem Befall der Becken- und Schulter bzw. Nacken- und Pharynxmuskulatur. Es findet sich eine lymphoplasmazelluläre Infiltration. Bei Hautsymptomen spricht man von der Dermatomyositis.

❑ Häufigkeit

Selten, Prävalenz ca. 0,5/100.000 Einwohner, Frauen doppelt so häufig betroffen wie Männer.

❑ Ätiologie und Pathogenese

- Ätiologie unklar (Einteilung ☞ Tab. 7.10)
- genetische Prädisposition: HLA-B8, HLA-DR3
- viral (?) → Einschlußkörperchenmyositis
- häufig paraneoplastisch
- Abzugrenzen ist die postinfektiöse/infektiöse Myositis (nach Influenza-, Coxsackie-, Echo- oder Herpes-, Borrelien- und Toxoplasmen-Infektion, in Rahmen von AIDS) sowie die medikamenteninduzierte Myositis (D-Penicillamin, Clofibrate)

Typ	klinisches Bild	Häufigkeit (ca.)
I	Polymyositis (Erwachsenentyp)	30-35 %
II	Dermatomyositis	25-30 %
III	Poly-/Dermatomyositis paraneoplastisch	10 %
IV	Poly-/Dermatomyositis im Kindesalter	5 %
V	Poly-/Dermatomyositis als Overlap-Syndrom	20-30 %

Tab. 7.10: Einteilung der Polymyositis.

- pathogenetisch handelt es sich um eine zelluläre (T-Zell-)Immunreaktion bzw. einen Autoaggressionsvorgang

❑ Symptomatik

- Muskelschwäche (Heben der Arme oft fast unmöglich, Augenmuskelstörungen)
- Fieber
- Myalgien - auch Arthralgien
- evtl. Arthritiden (Schulter)
- später Muskelschwund
- evtl. Schluckstörungen
- Hautveränderungen
  - periorbitale Ödeme
  - rötlich-livide Hautverfärbung (Gesicht, Hals, Brust und Streckseiten der Extremitäten)
- Beteiligung von Herz und Lunge möglich
- evtl. Raynaud-Symptomatik

❑ Diagnostik

- Lila-rötliche *Hautveränderungen* in Verbindung mit *Myalgien* und *Muskelschwäche* sind verdächtig!
- *Laborveränderungen*
  - Entzündungszeichen wie BKS- und CRP-Erhöhung, Leukozytose
  - Erhöhung von CK, GOT, GPT, LDH und Aldolase
  - ANA (fleckiges bzw. homogenes Fluoreszenzmuster) sowie Anti-Jo1 und Anti-Pm1
- *Elektromyographie*
  Zeichen einer Myopathie (typ. Potentialverkürzung bei erhaltener Darstellung der Einzelpotentiale)
- *Muskelbiopsie*
  zur Diagnosesicherung (Infiltration mit Lymphozyten und Plasmazellen, Degeneration der Muskelfasern)
- Ausschluß einer malignen Grunderkrankung

❑ Differentialdiagnose

- andere Formen der Myositis
- Polymyalgia arteriitica (rheumatica)
- Myasthenia gravis
- Muskeldystrophie

❑ Therapie

- Corticosteroide (1-2 mg Prednisolonäquivalent/kg KG/die)
- evtl. zusätzlich Azathioprin (z.B. Imurek®) falls kein Rückgang der Symptomatik bzw. der Enzymwerte bzw. zur Reduzierung der Corticosteroiddosis
- Cyclophosphamid (z.B. Endoxan®) initial bei schweren Verläufen
- Alternative: Ciclosporin A
- evtl. primär bei schweren Fällen auch Plasmapherese
- paraneoplastische Dermatomyositis: Tumorentfernung

❑ Verlauf und Prognose

Meist schubweiser Verlauf. Unter Therapie Heilung nach 3-5 Jahren. 5-Jahresüberlebensrate ca. 80 %. Bei paraneoplastischer Dermatomyositis ist die Prognose vom Tumor selbst abhängig.

7.8.4. Mixed Connective Tissue Disease - SHARP-Syndrom - Overlap-Syndrom

❑ Definition

Unter dem Begriff Mischkollagenose wird die Kombination klinischer Charakteristika von systemischem Lupus erythematodes, Sklerodermie und Polymyositis zusammengefaßt. Gefordert wird außerdem der Nachweis hoher Antikörpertiter gegen RNP (Ribonukleoproteine).

❑ Häufigkeit

Betroffen sind überwiegend Frauen im mittleren Lebensalter.

❑ **Symptomatik**

- Raynaud-Symptomatik
- Schwellung der Hände
- Arthralgien/Arthritiden (Polyarthritis)
- Polymyositis mit Muskelschwäche und Myalgien
- evtl. Motilitätsstörungen des Ösophagus
- evtl. Lungenfibrose
- seltener andere Manifestationen (Niere, ZNS, Herz und Lymphknoten) der o.g. drei Erkrankungen

❑ **Diagnostik**

- Mischbild aus SLE, systemischer Sklerodermie und Polymyositis
- *Laboruntersuchungen*
  - meist erhöhte BKS sowie Hypergammaglobulinämie
  - evtl. Blutbildveränderungen (Verminderungen der Zellzahlen)
  - häufig Erhöhung der Transaminasen, LDH und CK
  - Komplement C4 Erniedrigung
  - ANA (gesprenkelt) und Anti-RNP hochtitrig positiv (evtl. auch Anti-ss-DNA)
  - Rheumafaktoren meist positiv
- *Röntgenuntersuchungen:* ☞ Sklerodermie
- *Muskelbiopsie* und *Elektromyographie:* ☞ Polymyositis

❑ **Therapie**

- NSAR
- evtl. Corticosteroide in niedriger Dosierung
- bei schwerer Symptomatik und Organbefall Corticosteroide in höherer Dosierung oder auch Immunsuppressiva (Azathioprin oder Cyclophosphamid)

❑ **Prognose**

Selten ZNS oder Nierenbefall, daher günstige Prognose.

7.9. Polymyalgia arteriitica (rheumatica)

❑ **Definition**

Unter der Polymyalgia arteriitica versteht man ein Krankheitsbild, bei dem die Arteriitis temporalis (*Horton*) mit symmetrischen Schmerzen im Bereich der Schulter und evtl. Becken- Oberschenkelbereich kombiniert sind.

❑ **Häufigkeit**

Meist sind ältere Patienten (um das 70. Lebensjahr) betroffen. Ca. 1 Erkrankungsfall auf 1.000 Patienten. Frauen sind insgesamt häufiger betroffen.

❑ Ätiologie und Pathogenese

- generalisierte Riesenzellarteriitis (Monozyten, Lymphozyten). Die Arteriitis läßt sich auch bei diesbezüglich unauffälligen Patienten, die nur über eine Polymyalgie klagen, nachweisen!
- Ätiologie ungeklärt
- Immunreaktion pathogenetisch von Bedeutung. Überwiegen der T-Helfer-Zellen (CD4+), Verminderung der T-Suppressor-Zellen (CD8+)

❑ Symptomatik

- häufig grippeähnlicher Beginn
- Fieber
- allgemeines, teils schweres Krankheitsgefühl
- Gewichtsverlust
- evtl. Depressivität
- starke Kopf-, Nacken- und Schulter- sowie Hüftschmerzen (meist morgens, Besserung tagsüber) verbunden mit Morgensteifigkeit im Nacken-, Schulter- und Hüftbereich
- Augensymptome: Doppelbilder, Visusverlust
- auch zerebrale Ausfälle möglich (TIA, PRIND und CS)
- kardiale (Myokardinfarkt) und aortale (Aortenbogensyndrom) Beteiligungen sind beschrieben

❑ Komplikationen

- Visusverlust
- zerebrale Ereignisse
- selten: Myokardinfarkt, Angina intestinalis, Aneurysma dissecans

❑ Diagnostik

- *Klinik*
  - evtl. deutlich sichtbare, druckdolente A. temporalis
  - schmerzhafte Bewegungseinschränkung im Schultergürtel, druckschmerzhafte Muskulatur
- *Labor*
  - BKS stets stark erhöht (ebenfalls Akute-Phase-Proteine: CRP, Fibrinogen, Haptoglobulin, α_2-Globuline sowie Immunglobuline)
  - Blutbild: meist hypochrome Anämie, Leuko- und Thrombozytose
  - evtl. Erhöhung der alkalischen Phosphatase sowie selten auch Transaminasen
- *Biopsie*
  (vor Corticosteroidtherapie) der A. temporalis (*cave:* negativer Befund bei segmentalem Befall!)
- Elektromyographie und Muskelbiopsie *ohne* diagnostische Relevanz

❑ Therapie

- *Corticosteroide*
  Sie stellen eine gesicherte Therapiemöglichkeit dar und dienen auch zur Bestätigung der Diagnose. Dosis: 1-1,5 mg Prednisolonäquivalent/kg KG/die bei Polymyalgia arteriitica bei Mitbefall der kranialen Arterien (sonst 0,5-1 mg/kg KG/die). Bei Augensymptomen 250 mg/die, bei Visusverlust 1-2 g/die für einige Tage. Bei Ansprechen (Klinik, BKS < 20 mm/h bzw. CRP nur leicht erhöht) langsame Reduzierung (5-10 mg/Woche), zuletzt um 1-2 mg/Woche. Erhaltungsdosis 5-10 mg/die. Therapiedauer mindestens 1 Jahr, meist 2-3 Jahre. Absetzen nach 1 Jahr bei mindestens 3 Monate Symptomfreiheit und fehlenden Entzündungsparametern

- *Immunsuppressiva* u.a.
  Bei hohem Corticosteroidbedarf (> 10 mg/die) kann eine Kombinationstherapie indiziert sein, um die Corticosteroiddosis zu verringern und den Therapieerfolg zu verbessern. Kombinationsmöglichkeiten sind:
  - Methotrexat 10-20 mg 1x/Woche
  - Cyclophosphamid 100 mg/die
  - Dapson 50-100 mg/die

❑ **Verlauf und Prognose:**

Die Prognose ist unter Corticosteroidtherapie gut. Meist kommt es innerhalb von Tagen zur Besserung der Beschwerden. Es sollte jedoch eher von Remissionen als von Heilungen gesprochen werden, da häufig - auch nach mehreren Jahren - Rezidive auftreten können.

Wasser-, Elektrolyt- und Säure-Basen-Haushalt

8. Wasser-, Elektrolyt- und Säure-Basen-Haushalt

8.1. Wasserhaushalt

8.1.1. Physiologische Grundlagen

Körperwasser - Anteil am Körpergewicht	
Mann	60 %
Frau	55 %
Säugling	75 %
alter Mensch	50 %

Verteilung	
intrazellulär	*60 %*
extrazellulär	*40 %*
• interstitiell	30 %
• intravasal	8 %

Tab. 8.1: Anteil und Verteilung des Körperwassers im Organismus.

Wasser ist gut permeabel, so daß sich Veränderungen im Extrazellularraum sekundär auch auf den Intrazellularraum auswirken. Unterschieden werden:

- Dehydratation (Exsikkose)
- Hyperhydratation

Bei verschiedenen Erkrankungen kann sich neben dem intra- und extrazellulären Raum ein "dritter Raum" bilden, z.B. bei Ileus und massiver Flüssigkeitssekretion in den Darm oder bei massivem Aszites.

Die Flüssigkeitsbilanz beim gesunden Menschen umfaßt:

Aufnahme über:		Ausscheidung über:	
• Trinkmenge	1500 ml	• Nieren	1500 ml
• Oxydationswasser	300 ml	• Haut und Lungen	700 ml
• Wasser in der Nahrung	500 ml	• Darm	100 ml

Tab. 8.2: Flüssigkeitsbilanz beim gesunden Menschen.

Somit muß im Regelfall die Trinkmenge auch wieder über die Nieren ausgeschieden werden. Trinkmenge und Urinausscheidung spiegeln also die Flüssigkeitsbilanzierungen wider. Bei Fieber steigt der Flüssigkeitsverlust über die Haut (Faustregel: 1 Grad Fieber zusätzlich = 500 ml Flüssigkeitsverlust pro Tag), bei starkem Schwitzen ebenfalls über die Haut oder bei Diarrhö über den Darm. Bei kompletter Anurie dürfen also lediglich *500 ml Flüssigkeit/die* zugeführt werden.

8.1.2. Störungen des Wasserhaushalts

Störungen des Wasserhaushalts sind häufig und besonders bei den Patienten zu befürchten, bei denen die Flüssigkeitsaufnahme oder -ausscheidung eingeschränkt ist (z.B. verwirrte, somnolente oder komatöse Patienten, bei Oligurie/Anurie im Rahmen einer terminalen Niereninsuffizienz) oder die aufgrund eines geringen Extrazellulärraumes (z.B. alte Menschen und Kinder) besonders dafür anfällig sind. Störungen des Wasserhaushalts können weiterhin dann auftreten, wenn schwerwiegende Organerkrankungen vorliegen (z.B. Ödembildung bei Herzinsuffizienz oder Leberzirrhose).

Primär wird der extrazelluläre Raum von Verschiebungen des Wasserhaushalts betroffen. Der intrazelluläre Raum wird durch Ausgleichsvorgänge sekundär beeinflußt. Eine Flüssigkeitsverschiebung zwischen intra- und extrazellulärem Raum tritt dann auf, wenn die Osmolalität dieser beiden Flüssigkeitskompartimente nicht übereinstimmt (Isoosmolalität). Bei hoher Osmolalität im Extrazellulärraum wird dabei den Zellen Flüssigkeit entzogen, bei niedriger Osmolalität gelangt Flüssigkeit in die Zellen hinein (z.B. Hirnödem). Dieser Flüssigkeitsausgleich benötigt Zeit. Der Ausgleich einer rasch, innerhalb von Stunden aufgetretenen Störung der Osmolalität, kann ebenso schnell korrigiert werden, da sich noch keine schwerwiegenden Flüssigkeitsverschiebungen ergeben haben. Eine länger bestehende Störung muß dagegen langsam ausgeglichen werden.

Der Wasserhaushalt wird über die Osmo- und Volumenrezeptoren geregelt:

zu regelnder Parameter	Hormon	Rezeptor	Wirkung
Osmolalität	ADH	*Osmo*rezeptoren im Hypothalamus	Senkung der Osmolalität durch Rückresorption von Wasser
Volumen	Renin ⇒ Aldosteron	*Baro*rezeptoren juxtaglomerulär	Steigerung des Volumens durch Natrium- und Wasserrückresorption
	ANP*	*Baro*rezeptoren in den Vorhöfen	Ausscheidung von Natrium und Wasser

Tab. 8.3: Regulation des intravasalen Volumens und der Osmolalität.
*: ANP - atriales natriuretisches Peptid.

Bei Flüssigkeitsverlusten im Extrazellularraum (z.B. bei massiver Diarrhö) nimmt das intravasale Volumen ab, der Blutdruck sinkt, Renin wird zur Steigerung des Blutdrucks sezerniert und dadurch wird auch die Produktion von Aldosteron angeregt. Dadurch wird Natrium im distalen Tubulus vermehrt tubulär rückresorbiert und damit auch Wasser passiv retiniert. Resultieren aus dem Flüssigkeitsverlust und dem geschilderten Kompensationsmechanismus Osmolalitätsänderungen (z.B. Hypernatriämie, Hyperosmolalität), so wird ADH vermehrt ausgeschüttet und dadurch Wasser retiniert. Neben diesen hormonellen Mechanismen sind auch andere Faktoren, z.B. ein verstärktes Durstgefühl mit höherer Trinkmenge, wichtig. Durst tritt bei *Hyperosmolalität* und *Volumenmangel* auf. Mit zunehmendem Alter ist das Durstgefühl jedoch reduziert.

Der Wasserhaushalt muß in engem Zusammenhang mit der Osmolalität und speziell dem Natriumchloridhaushalt gesehen werden. Unterschieden werden dabei

- hypotone
- isotone
- hypertone

Dehydratation bzw. Hyperhydratation.

❑ Diagnostik

- *Osmolalität*
  Die Serumosmolalität kann durch Gefrierpunktserniedrigung mit dem Osmometer gemessen (*Normalwerte*: 280-300 mosmol/kg Körperflüssigkeit), aber auch annäherungsweise berechnet werden. Glukose und Harnstoff können für diese Schätzung nur dann vernachlässigt werden, wenn sie nicht pathologisch verändert sind:

	Faustformel der Osmolalität
Normalwerte für Glukose und Harnstoff	2 x ($Na^+ + K^+$) *(mmol/l)* oder 2 x Na^+ *(mmol/l)* + 10
deutlich erhöhte Werte für Glukose und/oder Harnstoff	2 x ($Na^+ + K^+$) *(mmol/l)* + Glukose *(mmol/l)* + Harnstoff *(mmol/l)* oder 2 x ($Na^+ + K^+$) *(mmol/l)* + Glukose *(mg/dl:18)* + Harnstoff *(mg/dl:6)*

Tab. 8.4: Näherungsformeln für die Osmolalität.

Bei Alkoholintoxikationen steigt die Osmolalität mit der Promillezahl, so daß die Osmolalität *bei sonst normalen* Elektrolyten, Glukose und Harnstoff ein grober Anhaltspunkt für die Promillezahl ist (1 Promille entspricht etwa 20 mosmol/kg). Steigt die Osmolalität um 100 mosmol/kg über den physiologischen Wert hinaus an, so muß mit einer vital gefährdenden Promillezahl von etwa 5 gerechnet werden. Bei Therapie mit osmotisch wirksamen Infusionen (z.B. Mannit) steigt die Osmolalität ebenfalls an.

- *Hydratationszustand*
  Wichtige Instrumente zur Beurteilung des Hydratationszustandes sind die *klinische Beurteilung* und die *Laborparameter*
  Klinische Kennzeichen sind:

Dehydratation	trockene Haut und Schleimhäute, stehende Hautfalten, Durst, konzentrierter Urin, Oligurie, Benommenheit, bei alten Menschen auch Verwirrtheit
Hyperhydratation	Gewichtszunahme, Ödeme, evtl. auch ein erhöhter Blutdruck

Die Laborwerte liefern weitere Anhaltspunkte:

Dehydratation	hoher Hämatokrit und angestiegene Harnstoffkonzentration
Hyperhydratation	niedriger Hämatokrit

Diese Befunde können jedoch durch zusätzliche Faktoren überlagert sein. Bei Anämie *und* Dehydration sind die Hämatokrit-Werte initial normal, wobei sich die Anämie erst *nach* Flüssigkeitssubstitution demaskiert.

Eingriffe in den Wasserhaushalt (z.B. durch Infusionen oder Diuretika) müssen sorgfältig überwacht werden. Dazu eignet sich die *Flüssigkeitsbilanzierung*, d.h. die Messung von Flüssigkeitseinfuhr und -ausfuhr (jedoch nur, wenn diese auch wirklich erfaßt werden können - schwierig bei Diarrhö, Inkontinenz usw.) und regelmäßiges *Wiegen* (täglich, zweitägig usw.). Bei komplizierten Verhältnissen müssen auch invasive Messungen (z.B. der *zentrale Venendruck* oder der *pulmonary wedge pressure)* zur Beurteilung herangezogen werden.

8.1.2.1. Hyperhydratation

❑ Definition

Bei der *Hyperhydratation* handelt es sich um ein *Zuviel* an Flüssigkeit im Körper. Die Hyperhydratation entsteht zuerst im extrazellulären Raum und geht, je nach Ursache, mit einer Erhöhung der Osmolalität (*hypertone Hyperhydratation*), einer normalen (*normotone H.*) oder einer herabgesetzten Osmolalität (*hypotone H.*) einher.

❑ Ätiologie und Pathogenese

Ursachen einer Hyperhydratation sind:

- *vermehrte Wasserzufuhr*
  z.B. psychogene Polydipsie, übermäßige Infusionstherapie
- *verminderte Wasserausscheidung*
  z.B. bei fortgeschrittener Niereninsuffizienz
- *Regulationsstörungen*
  z.B. bei primärem Hyperaldosteronismus, Schwartz-Bartter-Syndrom, Therapie mit Mineralocorticoiden (z.B. Astonin H®) oder Glucocorticoiden mit mineralocorticoider Nebenwirkung (z.B. Hydrokortison). Bei einer Reihe von Erkrankungen können die beschriebenen Regulationsvorgänge (sekundärer Hyperaldosteronismus) zur Hyperhydratation führen, z.B.:
  - Herzinsuffizienz
  - Hypoproteinämie
    z.B. bei Hungerödem, Leberzirrhose, nephrotischem Syndrom oder exsudativer Enteropathie

❑ Symptomatik und Komplikationen

- Gewichtszunahme
- periphere Ödeme (Anasarka)
- (interstitielles) Lungenödem
- arterieller Hypertonus
- Kopfschmerzen, zerebrale Krämpfe (bei Abweichung von Isoosmolarität)

Ein arterieller Hypertonus liegt besonders bei *hypertoner* Hyperhydratation vor. Eine *hypotone* Hyperhydratation führt zu intrazellulärer Hyperhydratation und im Gehirn zu Hirndruck mit Kopfschmerzen und Krämpfen.

❑ Begriffsdefinition

Bezeichnung	Definition
Hyperhydratation	Zuviel an Körperwasser
Hypervolämie	Vermehrung der *intravasalen* Flüssigkeit
Ödem	Vermehrung der *interstitiellen* Flüssigkeit
Zellödem	Vermehrung der *intrazellulären* Flüssigkeit

Tab. 8.5: Arten der Hyperhydratation.

❑ Therapie

- Behandlung der Grundkrankheit
- Flüssigkeitsrestriktion
- Diuretika
- andere Verfahren (z.B. Hämofiltration)

Bei der Korrektur der Hyperhydratation ist die Behandlung der Grundkrankheit wichtig (z.B. die Dialyse bei terminaler Niereninsuffizienz). Durch Flüssigkeitsrestriktion und Diuretika wird die Hyperhydratation langsam beseitigt. Ziel der Diurese ist ein Überschuß der Ausscheidung von 500 ml/die über die Flüssigkeitszufuhr bzw. eine Gewichtsabnahme von 500 g/die. Bei bedrohlichen Komplikationen der Hyperhydratation (z.B. bei Lungenödem) werden initial stark wirksame Schleifendiuretika (z.B. Furosemid, 40-120 mg i.v./die) eingesetzt, die zu einem stärkeren initialen Flüssigkeitsverlust führen. In den Fällen, die damit nicht zu beherrschen sind, kann eine negative Flüssigkeitsbilanz auch mit anderen Verfahren (wie der Hämofiltration) sehr effektiv erreicht werden.

8.1.2.2. Ödeme

❑ **Definition**

Unter einem Ödem versteht man die Flüssigkeitseinlagerung im extrazellulären, insbesondere im interstitiellen Raum. Unterschieden werden weiterhin:

- lokale Ödeme
- generalisierte Ödeme

Lokale Ödeme entstehen beispielsweise nach einem Insektenstich, bei einer Lymphabflußstörung aus einer Extremität oder bei tiefer Venenthrombose mit venöser Abflußstörung. Generalisierte Ödeme weisen auf eine Erkrankung hin, die generell zu Ödemneigung prädisponiert, z.B. eine starke Hypoalbuminämie, einen Rückstau in den großen Kreislauf bei Rechtsherzinsuffizienz oder eine verminderte Flüssigkeitsausscheidung (z.B. terminale Niereninsuffizienz).

❑ **Ätiologie und Pathogenese**

- gesteigerte Permeabilität der Kapillaren (toxisch, allergisch, physikalisch)
- Hypoproteinämie (Hypalbuminämie, Ödemgrenze 2-2,5 g Albumin/dl)
- venöse Stauung
- Störung der Lymphdrainage

Die Ursachen von Ödemen sind vielfältig, beruhen aber immer auf einer kapillären Bilanzstörung (Überwiegen der filtrierten gegenüber der rückresorbierten Flüssigkeitsmenge). So kann die Permeabilität der Kapillaren lokal gestört sein (Insektenstich, Entzündung), ein verminderter onkotischer Druck vorliegen, der Druck im venösen Teil zu hoch sein, der Abtransport der interstitiellen Flüssigkeit über die Lymphgefäße eingeschränkt sein oder es können Kombinationen vorliegen.

❑ **Symptomatik**

- Schwellung der "abhängigen" Partien
- Atemnot (Lungenödem)

Bei Ödemen im großen Kreislauf sind die tiefliegenden Partien des Körpers am meisten betroffen. Beim liegenden Patienten sind dies der Rücken, die Rückseite der Oberschenkel und die Flanken, beim vorwiegend stehenden oder sitzenden Patienten die Unterschenkel und Füße. Die Schwellungen sind symmetrisch und eindrückbar, der Fingerdruck hinterläßt "Dellen". Bei Ödemen im kleinen Kreislauf kommt es zur Atemnot.

❑ **Spezielle Ödemformen**

● **Anasarka**

Anasarka sind generalisierte Ödeme, die neben einem Ödem der abhängigen Partien (beim stehenden Patienten reichen die Ödeme oft bis zur Hüfte, beim liegenden Patient vom Rücken bis zur Bauchwand) auch zu Pleuraerguß, Aszites oder Perikarderguß geführt haben.

● **sporadisches angioneurotisches Ödem (sporadisches Quincke-Ödem)**

Als Folge einer allergischen Sofortreaktion vom Typ I tritt innerhalb von Minuten eine plötzliche, z.T. unförmige Schwellung auf (z.B. im Gesichtsbereich an Augen oder Lippen). Gefährlich wird das Quincke-Ödem bei Beteiligung des Kehlkopfes. Der Arzt wird nach einer Unverträglichkeit von Nahrungsmitteln, Kosmetika oder Medikamenten fahnden, ohne daß in allen Fällen eine Ursache eruiert werden kann. Eine familiäre Belastung liegt *nicht* vor. Die Therapie besteht in: *Antihistaminika* (z.B. 1 Amp. Tavegil® i.v.), bei schweren Formen *Corticosteroide* (z.B. Prednisolon 40-250 mg i.v.), bei Beteiligung des Larynx auch in der Inhalation von Adrenalin (z.B. Adrenalin Medihaler® Dosier-Aerosol).

- **hereditäres angioneurotisches Ödem (hereditäres Quincke-Ödem)**

Das hereditäre Angioödem dagegen ist seltener und beruht auf einem Mangel an C1-Esterase-Inhibitor. Aufgrund des *autosomal-dominanten* Erbganges fällt die Familienanamnese positiv aus. Spontan oder nach Auslösesituationen (körperlichen oder seelischen Belastungen) kommt es schon in der Jugend zu akuten Schwellungen, die sich z.B. beim Darmwandödem als "akutes Abdomen" äußern können. Gefürchtet ist das Larynxödem mit Erstickungsgefahr. Die Diagnose wird durch Bestimmung des C1-Inhibitors gestellt. Therapeutisch sind Antihistaminika und Kortison *nicht* wirksam. Im Anfall wird der *C1-Esterase-Inhibitor* substituiert (z.B. Berinert HS®, 500-1.000 E. i.v.). Zur Prophylaxe eignet sich *Danazol* (z.B. Winobanin®, 100-600 mg/die). Danazol ist ein Androgen, das die Synthese des C1-Esterase-Inhibitors steigert. Die Dosierung muß individuell ausgetestet werden.

❑ **Diagnostik**

- klinisches Bild

❑ **Differentialdiagnose**

- *Myxödem bei Hypothyreose*
  prätibiale Schwellung ohne Bevorzugung der abhängigen Partien, bei Fingerdruck bleiben keine Dellen zurück

Die Diagnose von idiopathischen Ödemen ist eine *Ausschluß*diagnose, die erst nach ausführlicher Diagnostik gestellt werden darf. Als Ursache werden u.a. Östrogene und ihr antinatriuretischer Effekt angenommen.

Diskrete Ödeme können aufgrund von Medikamenten (Nifedipin → Knöchelödeme; Kortison → Flüssigkeitseinlagerung durch mineralocorticoiden Effekt) oder nach Ischämien (*postischämisches Ödem*: Hirnödem nach Ischämie) auftreten.

❑ **Therapie**

- Behandlung der Grundkrankheit
- Natrium- und Wasserrestriktion
- Diuretika

8.1.2.3. Hypohydratation

❑ **Definition**

Die Hypo- oder Dehydratation bedeutet einen Mangel an Körperwasser, der in Abhängigkeit von der Osmolalität isoton, hypoton oder hyperton sein und die verschiedenen Flüssigkeitskompartimente in unterschiedlichem Ausmaß betreffen kann:

Bezeichnung	Definition
Hypohydratation	Zuwenig an Körperwasser
Hypovolämie	Verminderung der *intravasalen* Flüssigkeit
Exsikkose	Verminderung der *interstitiellen* Flüssigkeit

Tab. 8.6: Arten der Hypohydratation.

❑ Ätiologie und Pathogenese

- vermehrte Flüssigkeitsverluste
- verminderte Flüssigkeitszufuhr

Erhöhte *Flüssigkeitsverluste* treten z.B. auf bei:

> verstärktem Schwitzen, Fieber, Hyperventilation (Kussmaulsche Atmung), Erbrechen, Durchfällen, Aszites- und Pleurapunktionen, Fistelsekretionen, Isosthenurie bei chronischer Niereninsuffizienz, polyurischem Nierenversagen, massiver Diuretikatherapie, osmotischer Diurese (diabetisches Koma), Diabetes insipidus, M. Addison, Bildung eines "dritten Raumes" (Ileus, Peritonitis), Blutungen, Verbrennungen u.a.

Ob es sich um eine isotone oder z.B. hypotone Dehydratation handelt, kann im Einzelfall nicht immer eruiert werden. So können Durchfälle sowohl zu iso-, als auch zu hypo- oder hypertoner Dehydratation führen.

❑ Symptomatik

Hypovolämiesymptome sind:

- Blutdruckabfall, Kollaps
- Tachykardie
- Oligurie

Die Oligurie kann bis zum akuten Nierenversagen gehen, besonders wenn die Flüssigkeitsverluste massiv sind (z.B. Cholera). Komplikationen eines starken Volumenmangels sind z.B. Thromboseneigung und Durchblutungsstörungen aufgrund des hohen Hämatokrits (Schlaganfall nach Saunabesuch).

Symptome des *interstitiellen* und *intrazellulären* Volumenmangels sind besonders:

- trockene Haut und Schleimhäute
- stehende Hautfalten
- Durst
- Fieber
- Verwirrtheit (besonders bei älteren Menschen)

Das Durstgefühl ist besonders bei zellulärem Wassermangel (hypertone Dehydratation) sehr stark ausgeprägt. Eine starke Exsikkose kann mit einer leichten Temperaturerhöhung verbunden sein. Bei alten Menschen kann jedoch schon eine plötzliche Verwirrtheit auf eine Hypohydratation hinweisen!

❑ Diagnostik

- klinisches Bild
- Hämatokrit, Serumeiweiß und Harnstoff erhöht
- Harnvolumen, Harnnatrium erniedrigt

Entscheidend ist das Bild eines "trocken" wirkenden Patienten, bei dem ein vermehrter Flüssigkeitsverlust oder eine zu geringe Flüssigkeitsaufnahme zu eruieren ist. Ein hoher Harnstoff und Hämatokrit bestätigen den klinischen Eindruck. Bei hypertoner Dehydratation steigt der Hämatokrit geringer als erwartet an, da auch die Erythrozyten Flüssigkeit verlieren.

- Urinosmolalität erniedrigt
- Natrium/Chlor/Kalium im Serum je nach der Art der Dehydratation

Die Urinosmolalität ist aufgrund der geringen Natriumausscheidung (< 20 mmol/l) niedrig, die Farbe jedoch intensiv gelb. Ist die Urinfarbe dennoch hell und die Natriumausscheidung > 20 mmol/l, so liegt ein renaler Natrium- und Wasserverlust vor (z.B. Isosthenurie bei chronischer Niereninsuffizienz,

Diuretikagabe, Hypoaldosteronismus). Urinuntersuchungen zur Bestätigung einer Hypohydratation sind in der Praxis jedoch fast immer entbehrlich.

❑ Therapie

Die Ursache des Flüssigkeitsverlustes sollte primär beseitigt werden (z.B. eine zu hohe Dosierung mit Diuretika). Weiterhin muß der Flüssigkeitsverlust, an der Art der Dehydratation orientiert, substituiert werden:

Art der Dehydratation	Verlust von	Substitution
hyperton	H_2O	vor allem Glukose 5%ig
isoton	H_2O und Elektrolyten	physiologische Kochsalzlösung, Elektrolytlösungen
hypoton	vergleichsweise viel Natrium und anderen Salzen	Elektrolytlösungen, Zusatz von NaCl und anderen Salzen (z.B. Kalium)

Tab. 8.7: Arten der Dehydratation.

Beim Zusatz von NaCl zu Elektrolytlösungen muß vorsichtig vorgegangen werden, da dadurch die Entstehung von Ödemen gefördert werden kann. Bei *Magensondenverlusten oder massivem Erbrechen* (Verlust von Flüssigkeit, sauren Valenzen und Chlor → hypochlorämische Alkalose) muß NaCl substituiert werden, wodurch sich meist auch der Alkaloseausgleich erübrigt. Bei *chronischen Diarrhöen* kann Bikarbonat verloren gehen (basische Valenzen und Natrium → metabolische Azidose). In diesem Fall ist die Gabe von Natriumbikarbonat indiziert.

Plasmaexpander verstärken bei hypertoner Dehydratation den extravasalen Flüssigkeitsmangel und sind deshalb nicht sinnvoll. Wenn die Nierenfunktion durch den Flüssigkeitsmangel bereits stark eingeschränkt ist (hoher Harnstoff, hohes Creatinin), können Plasmaexpander sogar ein akutes Nierenversagen auslösen. 5%ige Glukose- oder auch Elektrolytlösungen diffundieren schnell in den Extravasalraum (ca. 2/3 der zugeführten Menge).

Bei schwerer Herzinsuffizienz ist eine Flüssigkeitssubstitution langsam durchzuführen. Eine schnell einlaufende Infusion von 500 ml kann bereits eine Dekompensation zur Folge haben. Im Zweifelsfall müssen intensive Kontrollen (häufige Auskultation der Lungen, Einfuhr/Ausfuhrkontrolle oder sogar invasive Maßnahmen wie ZVD oder pulmonary wedge pressure) vorgenommen werden.

8.2. Elektrolythaushalt

❑ Definition

Natrium, Kalium, Kalzium und Magnesium sind die wichtigsten Kationen des Organismus, Chlorid und Phosphat die bedeutendsten Anionen. Sie üben Funktionen als frei bewegliche, elektrisch leitfähige *Ionen* ("Elektrolyte"), als osmotisch wirksame Bestandteile, im *Stützgewebe* (Knochen) oder als Teil von Enzymsystemen bzw. anderen *biologisch aktiven* Substanzen aus. Aufgrund ihres hohen Bestandes im Körper werden sie als *Mengen*elemente bezeichnet (im Gegensatz zu den *Spuren*elementen wie z.B. Jod, Kupfer, Mangan, Zink u.a.).

Elektrolyt	Tagesbedarf	Vorkommen
Natrium	80-130 mmol (2-3 g) mindestens aber 1,0 mmol/kg KG	Eingepökeltes, Wurst, Konserven, Fertiggerichte
Kalium	50-80 mmol (2-3 g) mindestens aber 0,5 mmol/kg KG	Obst (Bananen, Aprikosen, Pflaumen), Milch, Schokolade
Kalzium	25 mmol (1000 mg)	Milch, Milchprodukte
Phosphat	26 mmol (800 mg)	Milch, Milchprodukte
Magnesium	12 mmol (300 mg)	Trockenfrüchte, Vollkornprodukte

Tab. 8.8: Elektrolyte und mittlerer Tagesbedarf.

8.2.1. Natriumstoffwechsel

❑ **Definition**

Natrium befindet sich zu über 90 % extrazellulär, entweder als Ion gelöst im Intravasal- bzw. im Interzellularraum oder im Knochen kristallin gebunden. Die Natriumaufnahme pro Tag kann sich innerhalb weiter Grenzen bewegen (5-20 g). Der Natriumstoffwechsel ist eng an den Wasserhaushalt gebunden, so daß bei Störungen der Natriumkonzentration immer auch an Dehydratation und Hyperhydratation gedacht werden muß.

Die Chloridanionen dienen im Intra- wie Extrazellularraum zum Ladungsausgleich mit den positiv geladenen Kationen (Na^+, K^+, Mg^{++}, Ca^{++} und H^+). Bei Veränderungen der Natriumkonzentration muß auch das Chlorid mitbestimmt werden. Bei starken Abweichungen der Chloridkonzentration empfiehlt sich zur Beurteilung des Säure-Base-Haushalts zusätzlich eine Blutgasanalyse (z.B. hypochlorämische Alkalose).

❑ **Ätiologie und Pathogenese**

Der Natriumhaushalt wird über drei Hormone direkt beeinflußt:

Hormon	Funktion
Aldosteron	Natrium- und Wasserrückresorption im distalen Tubulus
atriales natriuretisches Peptid (ANP)	Natriurese, Diurese, Abnahme der Reninsekretion
natriuretischer Faktor	Natriumausscheidung in den Tubuli (die genauere Identifikation des Faktors steht noch aus)

Tab. 8.9: Regulation des Natriumhaushaltes.

Indirekt beeinflußt auch das ADH die Natriumkonzentration

8.2.1.1. Hyponatriämie

❑ **Definition**

Natriumkonzentration im Serum < 135 mmol/l.

❑ **Ätiologie und Pathogenese**

Wichtige Ursachen dieser häufigen Störung sind:

Mechanismus	mögliche Ursachen
verminderte Zufuhr	• Fehlernährung
extrarenale Verluste	• Erbrechen • Diarrhö • starkes Schwitzen und Ersatz des Wassers, nicht jedoch des Na^+ • starke Exsudation (z.B. große Wunde, Verbrennungen)
renale Verluste	• Diuretika • Aldosteronmangel bei Nebenniereninsuffizienz • ACTH-Mangel (HVL-Insuffizienz) • salt loosing nephritis (Salzverlustniere) • Alkalose
vermehrte H_2O-Aufnahme	• Süßwasserintoxikation • Hypovolämieausgleich mit Nichtelektrolytlösungen (z.B. Glukose) • übermäßige ADH-Sekretion (Schwartz-Bartter-Syndrom)
verminderte H_2O-Ausscheidung	• Nierenversagen • Hypoproteinämie • Herzinsuffizienz • Leberzirrhose

Tab. 8.10: Ursachen der Hyponatriämie.

Die Flüssigkeitszufuhr kann im Vergleich zu den bei starkem Erbrechen oder massiver Diarrhö auftretenden Flüssigkeitsverlusten zu gering sein. Im Rahmen einer Infusionstherapie wird selten zu wenig Natrium zugeführt. Bereits in 500 ml einer physiologischen Elektrolytlösung sind etwa 4,5 g Natrium, also die untere Grenze des Tagesbedarfs, enthalten.

❑ Symptomatik

Die Symptome der Hyponatriämie werden maßgeblich vom Hydratationsgrad mitbestimmt (☞ Kap. 8.1.). Natrium beeinflußt maßgeblich die Osmolalität. Eine Hyponatriämie bzw. eine Hypoosmolalität begünstigt den Wassereinstrom in die Zellen und deren Schwellung. Dies äußert sich im Gehirn in Form eines erhöhten Hirndrucks, der besonders dann zu Symptomen führt, wenn die Hyponatriämie schnell entstanden ist:

- Kopfschmerzen
- Übelkeit, Erbrechen
- Verwirrtheit
- Krampfanfälle
- Koma

Tritt die Hyponatriämie schleichend ein, so werden auch sehr niedrige Konzentrationen (z.B. 110 mmol/l) mit erstaunlich geringen Symptomen toleriert.

❑ Diagnostik

- Natriumkonzentration im Serum < 135 mmol/l

❑ **Therapie**

Die Therapie der Hyponatriämie erfolgt durch:

- Beseitigung der Ursache (z.B. Durchfall)
- 0,9%ige ("physiologische") Kochsalzlösung bei *Hypohydratation* bzw. Schleifendiuretika (z.B. Furosemid) bei *Hyperhydratation*
- Kochsalzzulagen, nachsalzen
- NaCl als Zusatz zu Infusionslösungen

Als erste Maßnahme muß die Ursache der Hyponatriämie und eine Hyper- bzw. Hypohydratation beseitigt werden. Vielfach normalisiert sich bereits dadurch eine Hyponatriämie. Bei geringer Hyponatriämie reicht ein Nachsalzen der Nahrung aus.

Als Zusatz von Natrium zu Infusionslösungen werden z.B. 5,85%ige Zubereitungen verwendet (z.B. Natriumchlorid 5,85 % Braun® - 1 ml = 1 mmol, 1 g NaCl = 17 ml). Die Formeln zur Errechnung des Natrium- bzw. des Chloridbedarfs lauten:

Natriumbedarf (in mmol) = (142 - Serumnatrium) x kg KG x 0,6

Chloridbedarf (in mmol) = (105 - Serumchlorid) x kg KG x 0,4

Das substituierte Natrium vergrößert den Extrazellularraum, es diffundiert auch nach extravasal, so daß eine übermäßige Natriumzufuhr zur Verschlechterung einer Herzinsuffizienz oder zur Verstärkung von peripheren Ödemen beitragen kann. Im Falle einer dekompensierten Leberzirrhose und der häufig damit verbundenen Hyponatriämie kann die zu rasche Zufuhr von Natrium zur Verschlechterung von Aszites und Unterschenkelödemen führen.

Eine rasch eingetretene Hyponatriämie kann auch rasch beseitigt werden. Besteht eine Hyponatriämie bereits lange Zeit, so hat sich die niedrige Osmolalität auch intrazellulär, also auch im ZNS, eingestellt. Eine zu schnelle Anhebung der Natriumkonzentration fördert die Rückdiffusion von Wasser aus den Zellen in den Extrazellularraum. Daraus ergibt sich die Gefahr einer zu raschen Senkung des Liquordruckes. Als Folgen können Kopfschmerzen, eine intrazerebrale Blutung oder Demyelinisierungen im ZNS auftreten. Bei lange bestehender Hyponatriämie sollte deshalb die Natriumkonzentration keinesfalls schneller als 10 mmol/l und Tag steigen.

8.2.1.2. Hypernatriämie

❑ **Definition**

Natriumkonzentration im Serum > 150 mmol/l.

❑ **Ätiologie und Pathogenese**

Wichtige Ursachen sind:

Mechanismus	mögliche Ursachen
vermehrte Zufuhr	• äußerst natriumreiche Ernährung • Natriumzufuhr beim induzierten Erbrechen • natriumreiche Infusionen/Natriumbikarbonat • Meerwasserintoxikation
vermehrter Wasserverlust	• Diabetes insipidus (zentral, renal) • Nierenerkrankungen (z.B. chronische Pyelonephritis, Polyurie nach akutem Nierenversagen) • Peritonealdialyse • Cholera • Diabetes mellitus, diabetisches Koma • Fieber, Schwitzen • Erbrechen, Durchfälle • Sondenernährung mit hochonkotischen Lösungen verbunden mit Diarrhö

Tab. 8.11: Ursachen der Hypernatriämie.

Bei einer Vielzahl von interstitiellen Nierenerkrankungen (z.B. Pyelonephritiden) kann die Wasserrückresorption eingeschränkt sein. Beim diabetischen Koma mündet die osmotische Diurese in eine hypertone (hypernatriämische) Dehydratation. Geringe Hypernatriämien sind häufiger, schwere Formen aufgrund der guten Kompensationsmöglichkeiten aber seltener als die Hyponatriämien.

❑ **Symptomatik**

Neben den Symptomen einer möglichen begleitenden Dehydratation bestimmt der osmotische Wasserentzug und damit die intrazelluläre Dehydratation des ZNS die Symptomatik:

- psychische Auffälligkeit (z.B. Unruhe, Verwirrtheit, Halluzinationen)
- Lethargie
- Krampfanfälle
- Koma

Das Hirnvolumen nimmt ab, die dadurch induzierten Gewebeverschiebungen können zu intrazerebralen Blutungen führen. Natriumkonzentrationen über 170 mmol/l sind lebensbedrohlich.

❑ **Diagnostik**

- Serumnatrium

❑ **Therapie**

- Beseitigung der Ursache
- keine Natriumzufuhr (Essen, Medikamente, Infusionen)
- Volumensubstitution mit Glukoselösungen (5%ig)
- Schleifendiuretika nach Volumensubstitution

Bei einem primären Mangel an ADH (zentraler Diabetes insipidus) werden z.B. Minirin®, bei renalem D. insipidus Hydrochlorothiazide (z.B. Esidrix®) gegeben. Bei der Beschränkung der Natriumzufuhr ist zu bedenken, daß auch Natriumbikarbonat und andere Infusionslösungen (z.B. auch in HAES, Albuminpräparationen, Aminosäurelösungen u.a.) ebenso Natrium enthalten wie manche Antibiotikainfusionen. Bei hypertoner Dehydratation wird das Volumen mit Glukoselösungen ausgeglichen. Der Bedarf an Glukoselösung kann grob errechnet werden aus: *(Serumnatrium - 142) : (142 x kg KG x 0,6) = zuzuführende Glukoselösung in Liter*. Bei Hypernatriämie mit ausgeglichenem Volumen oder gar bei hypertoner Hyperhydratation werden natriuretisch wirkende Schleifendiuretika (z.B. Furosemid) gegeben und das verlorengegangene Volumen wird mit 5%iger Glukose bilanziert.

8.2.2. Kaliumstoffwechsel

❑ Definition

Kalium befindet sich zu über 95 % im Intrazellulärraum. Die Serumkonzentration ist deshalb nur ein *grober* Anhaltspunkt für die ausreichende Versorgung mit diesem Kation. Kalium ist u.a. für die Aufrechterhaltung des Membranpotentials verantwortlich. Starke Schwankungen der Kaliumkonzentration sind deshalb potentiell lebensgefährlich. Der Tagesbedarf beträgt ca. 50-80 mmol/l, kann jedoch bei Kaliumverlusten sehr viel höher, bei Niereninsuffizienz deutlich niedriger liegen. Kalium wird glomerulär filtriert und *tubulär weitgehend rückresorbiert*, so daß Störungen der Tubulusfunktion zu einer vermehrten Ausscheidung führen können. *Aldosteron* steigert dabei die Rückresorption von Natrium und Wasser und verstärkt die Ausscheidung von Kalium. Bei metabolischer Azidose werden überschüssige Protonen nach intrazellulär aufgenommen und Kalium nach extrazellulär abgegeben, d.h. bei metabolischer Azidose steigt die Kaliumkonzentration im Blut (z.B. beim ketoazidotischen Coma diabeticum).

8.2.2.1. Hypokaliämie

❑ Definition

Kalium < 3,5 mmol/l.

❑ Ätiologie und Pathogenese

Die Hypokaliämie ist eine häufige Störung. Wichtige Ursachen sind:

Mechanismus	mögliche Ursachen
verminderte Zufuhr	• Mangelernährung, Fehlernährung, Alkoholismus • Anorexia nervosa • unzureichende Substitution bei Infusionstherapie
intestinale Verluste	• rezidivierendes Erbrechen • Magensonde mit hohen Magensaftverlusten • Laxantienabusus • akute Diarrhö (Gastroenteritis) • chronische Diarrhö (z.B. Colitis ulcerosa) • Ileus • Magen-Darm-Fisteln (z.B. M. Crohn)
renale Verluste	• primärer Hyperaldosteronismus (Conn-Syndrom) • sekundärer Hyperaldosteronismus (z.B. bei Leberzirrhose) • Hyperkortisolismus (Cushing-Syndrom) • Therapie mit Hydrokortison • ADH-Überschuß (z.B. Schwartz- Bartter-Syndrom) • ADH-Mangel (Polyurie bei Diabetes insipidus) • tubuläre Störungen (z.B. renal tubuläre Azidose) • polyurische Phase nach einem Nierenversagen • chronische Pyelonephritis • chronische Glomerulonephritis • Diuretika (bes. Schleifendiuretika)
Kaliumverschiebung von extra- nach intra-zellulär	• Alkalose • Zufuhr von Glukose und Insulin (z.B. parenterale Ernährung, Behandlung des diabetischen Komas) • familiäre paroxysmale Muskellähmung

Tab. 8.12: Ursachen der Hypokaliämie.

❑ Symptomatik

Ein niedriges extrazelluläres Kalium steigert das Ruhemembranpotential. Die Erregbarkeit der Nerven- und Muskelzellen wird dadurch *herabgesetzt*. Daraus erklärt sich ein Teil der Symptomatik:

- Schwäche, Abgeschlagenheit, Paresen
- Obstipation (bis hin zum paralytischen Ileus)
- Herzrhythmusstörungen

Die Symptome werden umso gravierender, je akuter und je ausgeprägter der Kaliummangel ist. Bei chronischer Diarrhö bei Colitis ulcerosa können die meist jungen Patienten an eine Kaliumkonzentration von 2,5 mmol/l adaptiert sein, bei nicht adaptierten Personen kann ein Kalium von 3,0 mmol/l bereits gravierende Herzrhythmusstörungen verursachen. Ein akuter Abfall auf unter 2 mmol/l kann Lähmungen auslösen (familiäre paroxysmale Muskellähmung). Bei digitalisierten Patienten können die Herzrhythmusstörungen ausgeprägter und früher auftreten. *EKG-Veränderungen bei Hypokaliämie* sind: Senkung der ST-Strecke, T-Abflachung bis hin zur T-Negativierung (☞ Tab. 1.16).

❑ **Therapie**

- Beseitigung der Ursache
- kaliumreiche Nahrungsmittel
- Kaliumpräparate oral
- Kalium intravenös
- kaliumsparende Diuretika

Oral können kaliumreiche Nahrungsmittel zugeführt werden (Bananen, anderes Obst). Kaliumpräparate per os (z.B. Kalinor Brausetabletten®: 40 mmol, Kalitrans® Brausetabletten: 25 mmol) werden gelegentlich von den Patienten nicht vertragen (Übelkeit, Erbrechen, Durchfall, abdominelle Schmerzen). Die retardierten, dünndarmlöslichen Präparationen (z.B. Kalium Duriles® Retardtabletten: 10 mmol, Kalitrans retard®: 8 mmol, Kalinor-retard P®: 8 mmol) enthalten deutlich weniger Kalium und sind deshalb zur Therapie des akuten, massiven Kaliummangels *weniger geeignet.* Übelkeit und Durchfall sind viel seltener, jedoch können gelegentlich *Dünndarmulzera* und gastrointestinale Blutungen eintreten. Intravenöses Kalium ist venenreizend (Thrombophlebitiden), so daß bei großem Bedarf ein zentraler Zugang sinnvoll ist. Die Zufuhr von 20 mmol/h und mehr (bis maximal 40 mmol/h) sollte unbedingt unter *Monitorkontrolle* und *Intensivbedingungen* erfolgen (kontrollierte Infusionsmenge: Tropfenzähler, Infusomat oder Perfusor). Liegt der Hypokaliämie ein sekundärer Hyperaldosteronismus zugrunde (z.B. Leberzirrhose), so empfiehlt sich statt der Kaliumgabe die Anwendung von Aldosteronantagonisten (z.B. Spironolactone). Bei oraler Gabe dauert es jedoch einige Tage bis zu deren Wirkungseintritt. Bis dahin muß ebenfalls mit Kalium substituiert und das Kalium im Blut kontrolliert werden (Risiko der Hyperkaliämie bei gleichzeitiger Gabe von Aldosteronantagonisten und Kalium!).

8.2.2.2. Hyperkaliämie

❑ **Definition**

Kalium > 5,5 mmol/l.

❑ **Ätiologie und Pathogenese**

Wichtige Ursachen einer Hyperkaliämie sind:

Mechanismus	mögliche Ursachen
mangelnde Ausscheidung	• akute Niereninsuffizienz • chronische Niereninsuffizienz • ACTH-Mangel (z.B. HVL-Insuffizienz) • Aldosteronmangel (z.B. M. Addison) • adrenogenitales Syndrom (mit Salzverlust) • kaliumsparende Diuretika (z.B. Spironolacton, Triamteren)
vermehrte Zufuhr	• iatrogene Zufuhr ohne ausreichende Kontrolle
Kaliumverschiebung von intra- nach extrazellulär	• starker Zellzerfall (z.B. massive Nekrosen, Rhabdomyolyse, Hämolyse, große Verbrennung) • metabolische Azidose

Tab. 8.13: Ursachen der Hyperkaliämie.

In der Praxis wird nicht selten eine *Kombination* vorliegen, z.B. eine eingeschränkte Nierenfunktion *und* die Einnahme von kaliumsparenden Diuretika. Kaliumkonzentrationen ab 8-9 mmol/l sind potentiell lebensbedrohend.

❑ Symptomatik

Eine Hyperkaliämie *vermindert* das Membranpotential und setzt die Erregungsschwelle von Nerven und Muskeln herab. Symptome sind:

- Herzrhythmusstörungen
- Tachykardie
- Parästhesien, Muskelzuckungen

EKG-Veränderungen sind: spitzes, zeltförmiges hohes T, verbreitertes QRS und verkürzte QT-Dauer (☞ Tab. 1.16).

❑ Therapie

- Beseitigung der Ursache
- Azidoseausgleich
- gesteigerte Diurese und Schleifendiuretika
- Glukosezufuhr und Insulin
- Ionenaustauscher
- Dialyse

Die Beseitigung der Ursache ist Voraussetzung einer sinnvollen Therapie (z.B. Absetzen der kaliumsparenden Diuretika). Besteht eine Azidose, so senkt deren Ausgleich die Hyperkaliämie *sehr effektiv* (z.B. Zufuhr von Natriumbikarbonat: benötigte mmol = neg. base excess x 0,3 x kg Körpergewicht). Eine gesteigerte Diurese mit 3-4 l physiologischer Kochsalzlösung und Schleifendiuretika (z.B. Furosemid 20 mg i.v. zu jedem Liter Kochsalzlösung) unter Kontrolle von Ein- und Ausfuhrmengen ist ebenso effektiv, auch die Infusion von hochprozentigen Glukoselösungen und Insulin (z.B. Glukose 40%ig 500 ml und 20 E. Altinsulin - Kontrolle der Blutzuckerwerte). Ionenaustauscher (besonders bei Niereninsuffizienz wichtig; z.B. Resonium A Pulver®, 15 g in ca. 100 ml Wasser oral, bei Bedarf mehrmals täglich) sind ebenso wirksam, können jedoch zu Übelkeit und Obstipation führen. Eine zu starke Senkung der Kaliumkonzentration muß durch kurzfristige Kontrollen vermieden werden.

8.2.3. Kalzium

☞ Kap. 5.1.4.

8.2.4. Phosphat

❑ Definition

Phosphat ist ein wichtiger Bestandteil der energiereichen Strukturen (z.B. ATP). Phosphat wird unter dem Einfluß von Vitamin D im Darm aufgenommen, im Knochen gespeichert und über die Nieren ausgeschieden. Die renale Ausscheidung wird vom Parathormon beeinflußt.

8.2.4.1. Hypophosphatämie

❑ Definition

Serumphosphat < 0,7 mmol/l.

❑ Ätiologie und Pathogenese

renale Verluste	• Hyperparathyreoidismus • polyurische Phase bei Nierenversagen • Störung der tubulären Rückresorption (Phosphatdiabetes)
Verschiebung nach intrazellulär	• Therapie des diabetischen Komas mit Insulin • Hyperalimentation • respiratorische Alkalose
verminderte Zufuhr	• parenterale Ernährung • Alkoholabusus • Malabsorption • langdauernde Aluminiumhydroxydgabe

Tab. 8.14: Ursachen der Hypophosphatämie.

Der Phosphatdiabetes wird bei den hereditären Tubulopathien besprochen (☞ Kap. 6.5.5.).

❑ Symptomatik

Während laborchemische Hypophosphatämien häufig sind, werden Symptome erst bei sehr ausgeprägten Hypophosphatämien manifest. Zeichen wie

- Parästhesien
- Muskelschwäche
- Appetitlosigkeit, Anorexie
- Osteomalazie
- Rhabdomyolyse
- Koma

können auf eine Hypophosphatämie hinweisen.

❑ Diagnostik

- Bestimmung des Serumphosphats

❑ **Therapie**

- orale Substitution (Milch)
- parenterale Substitution

Die orale Substitution mit Milch und Milchprodukten bei leichter Hypophosphatämie wird vom Patienten am besten vertragen. Bei schwerer Hypophosphatämie wird i.v. therapiert (z.B. Kaliumphosphat® Braun, 50 ml/die entsprechend 30 mmol PO_4^{3-}als Infusionszusatz i.v.). Die Phosphatgabe senkt das Serumkalzium ⇒ Kontrolle!

8.2.4.2. Hyperphosphatämie

❑ **Definition**

Serumphosphat > 1,5 mmol/l.

❑ **Ätiologie und Pathogenese**

verminderte renale Elimination	• Niereninsuffizienz • Hypoparathyreoidismus • Hyperthyreose
Verschiebung nach extrazellulär	• Zellzerfall • Hyperkatabolismus

Tab. 8.15: Ursachen der Hyperphosphatämie.

❑ **Symptomatik**

- Pruritus
- "Red eye"-Syndrom
- Tetanie
- Osteomalazie

Hohe Phosphatwerte begünstigen die Ausfällung von Kalziumphosphatkristallen (Nierensteine). Dies führt in der Haut zu Pruritus, in den Konjunktiven zu Reizzuständen ("Red eye"-Syndrom). Ein niedriges Kalzium begünstigt das Auftreten von Tetanien.

❑ **Diagnostik**

- Bestimmung des Serumphosphats

❑ **Therapie**

- Steigerung der Phosphatausscheidung
- Hemmung der Phosphataufnahme

Die Ausscheidung von Phosphat wird durch Kochsalzinfusionen oder durch Natriumbikarbonat gesteigert. Die Phosphataufnahme wird z.B. durch Aluminiumhydroxyd (z.B. Aludrox®) oder Kalziumkarbonat gehemmt.

8.2.5. Magnesium

❑ **Definition**

Magnesium ist nach Natrium, Kalium und Kalzium das nächsthäufige Kation. Magnesium ist u.a. an der Energiegewinnung (magnesiumabhängige Enzyme) sowie an der Aufrechterhaltung des Membranpotentials (Na-K-ATPase) der Zellen beteiligt und übt zudem eine intrazelluläre kalziumantagonistische Wirkung aus. Magnesium wird in der Skelettmuskulatur und im Knochen gespeichert.

8.2.5.1. Hypomagnesiämie

❑ **Definition**

Serummagnesium < 0,7 mmol/l.

❑ **Ätiologie und Pathogenese**

- verminderte Zufuhr (einseitige Ernährung, Alkoholismus, parenterale Ernährung)
- verminderte Aufnahme (Malabsorptionssyndrom, Steatorrhö, chronische Diarrhö, akute und chronische Pankreatitis)
- vermehrter Bedarf (Schwangerschaft)
- vermehrte renale Ausscheidung (Diuretikatherapie, Polyurie bei Niereninsuffizienz)

❑ **Symptomatik**

- ventrikuläre Extrasystolen
- erhöhte Digitalisempfindlichkeit
- Abgeschlagenheit, körperliche Schwäche, Wesensveränderung
- Muskelkrämpfe
- Parästhesien
- generalisierte Krampfanfälle

❑ **Diagnostik**

- Bestimmung der Serummagnesiumkonzentration

❑ **Therapie**

- Substitution von Magnesium

Z.B. mit 3x1 Magnesium Verla® N Dragee (1 Drg. entspr. 40 mg Mg^{++} bzw. 1,65 mmol). Bei einem Tagesbedarf von 300 mg entspräche diese Dosierung etwa der Hälfte der täglich benötigten Menge. Bei ungenügendem Ansprechen des Magnesiumspiegels kann auf 3x2 - 3x3 Drgs. erhöht werden. Die kurzfristig hochdosierte Therapie mit Magnesium im Rahmen eines *akuten Myokardinfarktes* soll die Ektopieneigung reduzieren und sich günstig auf die Akutsterblichkeit auswirken.

8.2.5.2. Hypermagnesiämie

❑ **Definition**

Serummagnesium > 1,1 mmol/l.

❑ **Ätiologie und Pathogenese**

- chronische Niereninsuffizienz

❑ **Symptomatik**

- Muskelschwäche
- im EKG QRS-Verbreiterung, zeltförmige T-Welle (wie Hyperkaliämie)

Magnesium blockiert die Erregungsübertragung an der motorischen Endplatte, so daß bei Konzentrationen ab 2 mmol/l Symptome auftreten, die aber erst bei noch weiterer Steigerung bedrohlich werden.

❑ **Diagnostik**

- Serummagnesiumspiegel

❑ **Differentialdiagnose**

- Hyperkaliämie

❑ **Therapie**

- forcierte Diurese mit 0,9%iger NaCl-Infusion und Schleifendiuretika (z.B. Furosemid)
- Kalziumsubstitution (antagonistischer Effekt)
- Hämodialyse (in Extremfällen)

8.3. Säure-Basen-Haushalt

❑ **Definition**

Störungen des Säure-Basen-Haushalts liegen vor, wenn der pH des *arteriellen* Blutes vom *Normbereich 7,36-7,44* abweicht. Unterschieden werden:

- Alkalosen
  - metabolisch
  - respiratorisch
- Azidosen
  - metabolisch
  - respiratorisch

❑ **Häufigkeit**

Störungen des Säure-Basen-Haushalts sind häufig und besonders in der Intensivmedizin von Bedeutung.

❑ **Diagnostik**

- Blutgasanalyse

Wichtigstes Hilfsmittel zur Bestimmung des Säure-Base-Status ist die Blutgasanalyse aus arteriellem Blut oder aus kapillarisiertem Vollblut (z.B. durch Einreiben des Ohrläppchens mit einer hyperämisierenden Salbe).

Die wichtigsten Pufferbasen (Protonenakzeptoren) sind das HCO_3^- und das Hb^-. Entspricht die Menge der Pufferbasen dem Normwert, wird dies als *base excess (BE) = 0* definiert. Ist der BE negativ, so liegt ein Defizit, ist er positiv, liegt ein Überschuß der Pufferbasen vor.

Die wichtigsten Anionen des Blutes sind Cl^- und HCO_3^-. Die Anionenlücke bezeichnet die Differenz aus dem wichtigsten positiv geladenen Ion im Blut und den beiden wichtigsten negativ geladenen Ionen:

$$\text{Anionenlücke} = Na^+ - Cl^- - HCO_3^- \text{ (in mmol/l)} = 10\text{-}14 \text{ mmol/l}$$

Die Anionenlücke wird größer, wenn z.B. negativ geladene organische Anionen auftreten (Ketonkörper bei ketoazidotischem Coma diabeticum).

Aus der Blutgasanalyse wird gefolgert:

• Säure-Base-Status	→ Azidose/Alkalose
• Ursache	→ metabolisch/respiratorisch
• Kompensation	→ teilweise/komplett
	→ respiratorisch/metabolisch kompensiert

Der Organismus versucht eine Abweichung vom regulären pH auszugleichen. Bei metabolischer Azidose (z.B. Ketoazidose bei diabetischem Koma) wird der Patient hyperventilieren, um über das Abatmen von CO_2 (Verminderung von sauren Valenzen und HCO_3^-) eine respiratorische Alkalose (Kussmaulsche Atmung) zu schaffen, welche die metabolische Azidose zumindest zum Teil ausgleicht. Die respiratorische Kompensation erfolgt sehr rasch, die metabolische Kompensation tritt hingegen wesentlich langsamer ein. Wird bei einem Patienten mit chronischer Hyperkapnie (respiratorische Azidose mit metabolischer Kompensation) eine Beatmung notwendig, durch die die respiratorische Azidose aufgehoben wird, so bleibt eine metabolische Alkalose zurück.

Bei der Interpretation der Blutgasanalyse sind folgende Fragen hilfreich:

1. Wie ist der pH?	> 7,44	→ Alkalose
	< 7,36	→ Azidose

Da die physiologische Kompensation oft inkomplett ist, gilt in den meisten Fällen:

2. pH und BE?	*gegenläufig* (z.B. Azidose und positiver BE, Alkalose und negativer BE)
	→ respiratorische Störung, metabolische Kompensation
	gleichläufig (z.B. Azidose und negativer BE, Alkalose und positiver BE)
	→ metabolische Störung, respiratorische Kompensation

Die Interpretation des Säure-Base-Status der Blutgasanalyse bei Azidose, niedrigem pCO_2, niedrigem HCO_3^- und negativem BE könnte deshalb lauten: *metabolische Azidose mit teilweiser respiratorischer Kompensation* (z.B. bei einem ketoazidotischen diabetischen Koma und Kussmaulscher Atmung).

Messung	Normalwert	respiratorische-Azidose	respiratorische-Alkalose	metabolische-Azidose	metabolische-Alkalose
pH	7,4 ± 0,04	⇓	⇑	⇓	⇑
pCO_2	40 ± 4	⇑	⇓	⇓	⇑
HCO_3^-	24 ± 4	⇑	⇓	⇓	⇑
BE	0 ± 3	⇑	⇓	⇓	⇑

Tab. 8.16: Wichtige Ergebnisse der Blutgasanalyse und ihre Bedeutung.

8.3.1. Azidose

❑ Definition

pH < 7,36.

❑ Häufigkeit

Die metabolische Azidose ist die häufigste Störung des Säure-Base-Gleichgewichts.

❑ Ätiologie und Pathogenese

Wichtige Ursachen einer Azidose sind:

Mechanismus		mögliche Ursachen
metabolisch	Subtraktionsazidose	• Bikarbonatverluste (Durchfall, Fisteln, Ileus, hohe Duodenalsondenverluste) • tubuläre Azidose • Karboanhydrasehemmer
	Additionsazidose	• Ketonkörper (Hungern, ketoazidot. Coma diabeticum) • Laktatazidose (Schock, schwere körperliche Arbeit, Biguanide) • Niereninsuffizienz, akutes Nierenversagen • Coma hepaticum • exogene Säurezufuhr (Intoxikation mit Salizylaten, Methylalkohol u.a.) • Hyperthyreose
respiratorisch	respiratorische Globalinsuffizienz, Hypoventilation	• obstruktive Ventilationsstörung • restriktive Ventilationsstörung • Hypoventilation (Intoxikation, Hirnerkrankung u.a.)

Tab. 8.17: Ursachen der Azidose.

❑ Symptomatik

- Kussmaulsche Atmung - *nur* bei metabolischer Azidose
- Hypoventilation/insuffiziente Atmung - *nur* bei respiratorischer Azidose
- Blutdruckabfall

Die Kussmaulsche Atmung kommt lediglich bei metabolischer Azidose vor. Der Blutdruck kann aufgrund eines herabgesetzten Gefäßwiderstandes und einer verminderten Ansprechbarkeit auf Katecholamine ebenso sinken wie das Herzminutenvolumen. Die mit einer Azidose einhergehende Hyperkaliämie kann zu kardialen Komplikationen (z.B. zu Erregungsleitungsstörungen), im Extremfall zum Herzstillstand führen. Im Regelfall wird die Symptomatik der Azidose aber durch die zugrundeliegende Erkrankung geprägt.

❑ Diagnostik

- Blutgasanalyse (s.o.)

❑ Therapie

- Behandlung der Grundkrankheit
- Natriumbikarbonat (1,4%ig und 8,4%ig)

Entscheidend ist die Behandlung der Grundkrankheit. Die Azidose wird *ab etwa einem pH von 7,2* therapiert, u.a. unter dem Aspekt, daß sich durch die Behandlung der Grundkrankheit der pH schnell bessern kann und bei vorheriger zu starker Korrektur dann eine metabolische Alkalose entsteht. Durch Beatmung kann sich z.B. eine respiratorische Azidose wieder normalisieren oder gar in die Alkalose umschlagen, wenn schon eine metabolische Kompensation durch den Organismus oder den Arzt stattgefunden hat. Der base excess dient als Ausgangspunkt für die Berechnung des benötigten Natriumbikarbonats (Pufferbase):

"$NaHCO_3$" (mmval/l) = 0,3 x negativer BE x kg Körpergewicht

Bei der 8,4%igen $NaHCO_3$-Lösung entspricht 1 mval errechneter Bedarf einer Zufuhr von 1 ml, bei der 1,4%igen Lösung dem 6fachen. Es wird nicht die volle Menge, sondern etwa die Hälfte der errechneten Menge gegeben, eine erneute Kontrolle des Säure-Base-Status durchgeführt und dann ggf. weiter ausgeglichen. Als Ziel sollte zumindest ein pH > 7,2 und ein HCO_3^- (Standardbikarbonat) > 15 mmol/l erreicht werden. Die Infusion von 8,4%igem "$NaHCO_3$" sollte, wenn möglich, langsam erfolgen (100 ml/h). Dies gilt natürlich nicht für Notsituationen. Immer muß auch die Kaliumkonzentration mit überwacht werden.

❑ **Prognose**

Auch extreme Azidosen, z.B. unter pH 7 können ausgeglichen werden, so daß vor allem die Prognose der Grundkrankheit entscheidend ist.

8.3.2. Alkalose

❑ **Definition**

pH > 7,44.

❑ **Ätiologie und Pathogenese**

Wichtige Ursachen sind:

Mechanismus		mögliche Ursachen
respiratorische Alkalose durch alveoläre Hyperventilation	psychogen	• z.B. Angst, Schmerzen
	zentrale Fehlsteuerung	• z.B. Enzephalitis, Hirndruck, Schädel-Hirn-Trauma
	iatrogene Fehlsteuerung	• z.B. falsche Einstellung am Beatmungsgerät
	Hypoxämie	• z.B. respiratorische Partialinsuffizienz, Lungenfibrose, Aufenthalt in großen Höhen, Lungenembolie, Herzinsuffizienz, Anämie
	andere Erkrankungen	• z.B. Sepsis, Hyperthyreose
metabolische Alkalose	Säureverlust	• Verlust von Magensaft (Erbrechen, hohe Magensondenverluste)
		• Hypochlorämie
		• massive Hypokaliämie
	Basenüberschuß	• Überkompensation einer metabolischen Azidose (z.B. "Blindpufferung" bei Reanimation), dekompensierte Leberzirrhose
		• Massivtransfusion (Zitrat)

Tab. 8.18: Ursachen der Alkalose.

❑ **Symptomatik**

- Tetanie
- Tachykardie, Extrasystolie

Rasch auftretende Alkalosen können über eine Verringerung des ionisierten Kalziums zur Tetanie führen (Hyperventilationstetanie). Leichte oder langsam progrediente Alkalosen sind relativ symptomarm.

❑ **Diagnostik**

- Blutgasanalyse

❑ **Therapie**

- Behandlung der Grundkrankheit
- Ausgleich einer Hypochlor- und -kaliämie
- Argininhydrochlorid

Vorrangig ist die Beseitigung der Ursache. Bei einer respiratorischen Alkalose (Hyperventilation, zu hohes Atemminutenvolumen am Respirator) ist die Reduktion der Hyperventilation wichtig ("talking down", Plastikbeutelrückatmung, Sedierung, Veränderung der Respiratoreinstellung). Bei einer metabolischen Alkalose ist der Ausgleich einer Hyponatriämie, einer *Hypochlorämie* oder einer *Hypokaliämie* anzustreben. Zur Substitution kann Kaliumchlorid dienen (z.B. Kaliumchlorid 7,45 % Braun® - 1 ml = 1 mval oder 14,90%ig - 1 ml = 2 mval). Nur in wenigen Fällen wird man *Argininhydrochlorid* (z.B. L-Arginin-Hydrochlorid 21,0 % Braun®) oder Lysinhydrochlorid einsetzen müssen. Ammoniumchlorid wird kaum mehr verwendet. Die Berechnung erfolgt entsprechend der Natriumbikarbonatgabe bei Azidose nach: positiver base excess x kg KG x 0,3.

❑ **Prognose**

Massive Alkalosen sind selten, jedoch ab einem pH von 7,7 vital gefährdend.

Infektionskrankheiten

9. Infektionskrankheiten

9.1. Infektionskrankheiten durch Viren

Viren sind obligate intrazelluläre Parasiten, die selbst keinen Stoffwechsel, kein Wachstum und keine Vermehrung aufweisen. Sie enthalten entweder RNA oder DNA. Die Wirtszelle mit ihren Organellen stellt Energie und Substrate zur Verfügung und produziert entsprechende Virusproteine. Aus diesen Virusproteinen können sich durch Zusammenlagerung neue Viruspartikel bilden und die Virusvermehrung erfolgen. Die Wirtszellen selbst können vorübergehend geschädigt, irreversibel verändert, transformiert oder zerstört werden. Die vom Körper ausgehenden Abwehrvorgänge können sowohl gegen das Virus bzw. dessen Proteinstruktur oder gegen infizierte Zellen gerichtet sein.

Für eine Virusinfektion ist eine Virusexposition mit entsprechender Übertragung notwendig. Wichtige Übertragungswege sind in Tab. 9.1 zusammengestellt.

• aerogen (z.B. Varizellen)	• perinatal
• aerogen-Tröpfchen	• fäkal-oral
• parenteral	• Ingestion (Virus oder virusinfizierte Zellen!)
• sexuell	• Vektoren
• diaplazentar	• Transfusion/Transplantation

Tab. 9.1: Wichtige Übertragungswege bei Viruserkrankungen.

Die Viren müssen dabei in der Regel von Virusträgern ausgeschieden werden. Wichtige Ausscheidungswege sind über den Nasenrachenraum (Speichel), Blut, Stuhl, evtl. Urin und Sekrete (Sperma, Vaginalsekret, Tränenflüssigkeit, Bläscheninhalt bei Varizellen). Die Übertragung ist z.B. auch über Transplantate möglich!

Die Infektion kann dabei durch in der Umgebung vorkommende Viren erfolgen bzw. von Mensch zu Mensch oder von Tier zu Mensch.

Hierbei ist zwischen Virusinfektion und virusbedingter Erkrankung zu unterscheiden. Die meisten (ätiologisch geklärten) Erkrankungen beim Menschen werden durch Viren ausgelöst.

> Wichtigste Methoden, um virusbedingten Erkrankungen vorzubeugen, sind Expositions- und Impfprophylaxe!

Die Diagnose "Virusinfektion" kann direkt durch Erregernachweis bzw. indirekt durch Nachweis erregerspezifischer Antikörper erfolgen. Der Virusnachweis ist dabei häufig virus-, proben- und methodenbedingt äußerst schwierig. Auch wenn man dies berücksichtigt, werden virologische Untersuchungen aufgrund verschiedener Faktoren (teils fehlende spezifische Therapiemöglichkeit, fehlendes Wissen über Probenentnahme mit dadurch häufig negativen Befunden, außer acht lassen epidemiologischer Gesichtspunkte etc.) insgesamt zu wenig durchgeführt. Bei der Antikörperbestimmung sind Serokonversion, vierfacher Titeranstieg und hohe Titer wichtige Gesichtspunkte, die für bzw. gegen das Vorliegen einer frischen Virusinfektion sprechen. Wichtig ist außerdem die Differenzierung zwischen IgG- und IgM-Antikörpern. Entscheidend ist, daß die erste Blutprobe zur Titerbestimmung so frühzeitig wie möglich abgenommen wird.

Die Virusinfektionen werden im folgenden nach den einzelnen Viren abgehandelt. Wichtige Erkrankungen sind am Ende des Kap. 9.1. mit entsprechendem Verweis auf den Erreger noch einmal aufgeführt.

9.1.1. Adenoviren

Die humanpathogenen Formen gehören zur Gattung der Mastadenoviren, Subgenera A-F, wobei > 40 Subtypen unterschieden werden. Es handelt sich um DNA-Viren.

❑ **Epidemiologie und Pathogenese**

- weltweites Vorkommen mit hoher Durchseuchung (Serotypen 1, 2, 3, 4, 5, 6, 7)
- Übertragungsweg: Aerosol/Tröpfchen, enteral, Augensekret
- Infektion hinterläßt Immunität, jedoch Reinfektionen möglich
- im Tierversuch Onkogenität verschiedener Serotypen

❑ **Symptomatik**

- akute fieberhafte Infekte der oberen und unteren Luftwege (häufig bei Kindern) (Serotypen 1-7, 14, 21) mit Pharyngitis, Laryngotracheitis (auch Pseudo-Krupp), Bronchitis (auch pertussiform), Pneumonie sowie evtl. Begleitkonjunktivitis (→ pharyngokonjunktivales Fieber)
- epidemische Keratokonjunktivitis mit Lymphknotenschwellungen (Serotypen 8, 19, 37)
- hämorrhagische Zystitis (Serotypen 11, 21)
- Gastroenteritis
- mesenteriale Lymphadenitis (*cave*: Invagination)
- selten Meningitis
- schwere Infektionen (Pneumonie) im Rahmen von AIDS

❑ **Diagnostik**

- Klinik
- Erregernachweis elektronenmikroskopisch im Stuhl (Typ 41, 42)
- Virusisolierung in Zellkulturen aus Rachen-, Konjunktivalabstrich, Urin und Stuhl
- Antigennachweis mittels ELISA
- Serologie: Komplementbindungsreaktion (KBR) (Serokonversion oder 4facher Titeranstieg). Hämagglutinationshemm- (HHT) oder Neutralisationstest (NT) zur Typisierung

❑ **Prophylaxe und Therapie**

- übliche Hygienemaßnahmen (→ hohe Infektiosität bei epidemischer Keratokonjunktivitis)
- Therapie nur symptomatisch

9.1.2. Coronaviren

Die bis jetzt nachgewiesen humanpathogenen Formen HCV-229E, HCV-OC43 und HCEV lassen sich 2 Antigengruppen zuordnen. Es handelt sich um RNA-Viren mit einer Lipidhülle.

❑ **Epidemiologie und Pathogenese**

- weltweites Vorkommen
- ursächlich möglicherweise für bis zu 1/3 der Infektionen der oberen Luftwege
- Übertragungsweg: Aerosol
- Immunität, jedoch Reinfektionen möglich
- Inkubationszeit: wenige Tage

❑ **Symptomatik**

- akute Infekte der oberen und unteren Luftwege mit Fieber, Rhinitis, Pharyngitis und evtl. Pneumonie
- evtl. Gastroenteritis
- möglicherweise auch Myokarditis
- fragliche ZNS-Pathogenität beim Menschen (beim Tier ZNS-Befall)

❑ **Diagnostik**

- Klinik
- Erreger nur schwer anzüchtbar
- Serologie: NT (Neutralisationstest), ELISA (sensitiver!), KBR bzw. Hämagglutinationshemmtest

❑ **Therapie**

- symptomatisch

9.1.3. Coxsackie- A- und B-Viren

Die Coxsackieviren gehören zur Familie der Picornaviren, Genus Enteroviren. Es handelt sich um hüllenlose RNA-Viren. Bei den Coxsackie-A-Viren werden 23 Subtypen (1-24, 23 existiert nicht), bei den Coxsackie-B-Viren 6 Subtypen unterschieden.

❑ **Epidemiologie und Pathogenese**

- weltweites Vorkommen
- Infektionen häufiger in den warmen Jahreszeiten
- Übertragungsweg: Tröpfchen, enteral, Bläscheninhalt
- typenspezifische Immunität, jedoch möglicherweise auch Viruspersistenz
- Infektiosität einige Tage vor Ausbruch der Symptome sowie während der klinischen Symptome, Stuhlausscheidung länger
- Kinder sind häufiger als Erwachsene betroffen
- Inkubationszeit: ca. 1-2 Wochen

❑ **Symptomatik**

- häufig Infektion ohne wesentliche Symptome
- akute Infekte der oberen und unteren Luftwege u.a. als "Sommergrippe" (Serotypen A 9, 16, 21, 24 und B 1-6)
- Exanthem (rötelnähnlich)
- Herpangina mit Fieber (A 1-6, 8, 10, 22)
- *Hand-Fuß-Mund-Erkrankung* mit Stomatitis, Bläschen an Händen und Füßen mit gerötetem Saum (A 16)
- *Pleurodynie - Bornholmsche Erkrankung (Myalgia epidemica)*: Fieber, Pleuraschmerzen, akute schwere Myalgien im Bereich des Thorax (DD: Angina pectoris, Lungenembolie, Zoster), teils atemabhängig (Dauer einige Tage bis zu 2 Wochen)
- hämorrhagische Konjunktivitis (A Typ 24) und Zystitis (Serotypen 11, 21)
- Gastroenteritis ("Sommerdiarrhö")

- Meningitis/Enzephalitis/Paralyse (polioähnlich) (besonders A 7, auch 2, 4, 9, 10, 14, 23, B1-6), schwerer Verlauf bei Neugeborenen
- Diabetes mellitus Typ I (möglicherweise u.a. durch Coxsackie-B-Viren ausgelöst?) nach Pankreatitis
- Perikarditis und Myokarditis (A, häufiger B 1-5)
- urogenitaler Befall (Urethritis, Orchitis, Prostatitis)

❑ **Diagnostik**

- Klinik
- Virusisolierung in der Babymaus (Coxsackie A) bzw. Zellkulturen (Coxsackie B) aus Rachen-, Konjunktivalabstrich, Liquor, Bläscheninhalt und Stuhl (lange im Stuhl nachweisbar!)
- Serologie: NT bzw. KBR (Serokonversion oder 4facher Titeranstieg, evtl. hohe Titer) (*cave*: Kreuzreaktionen mit anderen Enteroviren)

❑ **Prophylaxe und Therapie**

- übliche Hygienemaßnahmen
- symptomatische Therapie

Die Coxsackie-Virus-Meningitis ist nach dem Bundesseuchengesetz meldepflichtig (Erkrankung und Todesfall)!

9.1.4. Dengue-Viren

Dengue-Viren gehören zur Familie der Flaviviren (*arthropod borne virus*, RNA-Virus mit Hülle). Es werden 4 Serotypen unterschieden. Sie verursachen das *Dengue-Fieber* (engl. *Dandy-Fever*).

❑ **Epidemiologie und Pathogenese**

- Vorkommen in Afrika, Asien, Südamerika und Australien
- Übertragung durch Stechmücken (Aedes aegypti), Erregerreservoir ist der Mensch
- Inkubationszeit: ca. 5-8 Tage
- Die Infektion hinterläßt eine lebenslange Immunität

❑ **Symptomatik**

- Moskitostich
- Dengue-Fieber: nach der Inkubationszeit (ca. 1 Woche) meist 2 Tage teils hohes Fieber, Kopf-, Rücken- und Gelenkschmerzen, steifer, *gezierter* (span. denguero = geziert) Gang. Anschließend Fieberabfall, am 4.-6. Tag erneuter Fieberanstieg mit masern- bzw. scharlachähnlichem Exanthem
- hämorrhagisches Fieber bei Typ 3 und 4 besonders bei Kindern und Jugendlichen möglich (Symptome ähnlich dem Gelbfieber)

❑ **Komplikationen**

- GI-Blutungen, Schock mit Koma und Organversagen

❑ **Diagnostik**

- Anamnese (Aufenthalt in entsprechenden Gebieten, Moskitostich?) und Klinik (s.o.)
- Virusnachweis und serologische Untersuchungen wie bei Gelbfieber (*cave*: Kreuzreaktion vieler Flaviviren)

❑ Prophylaxe und Therapie

Schutz vor Moskitostichen, Vernichtung bzw. Dezimierung der Stechmückenpopulationen dienen der Prophylaxe. Die Therapie ist symptomatisch.

❑ Prognose

Gute Prognose, Letalität gering.

9.1.5. Echo-Viren

Die Echoviren gehören wie die Coxsackieviren zur Familie der Picornaviren/Genus Enteroviren. Auch sie sind hüllenlose RNA-Viren. Über 30 Subtypen werden unterschieden.

❑ Epidemiologie und Pathogenese

- Vorkommen und Übertragungsweg ähnlich wie bei den Coxsackieviren (evtl. auch über Vektoren → blutsaugende Insekten)
- Infektion hinterläßt typenspezifische Immunität
- Virusausscheidung, d.h. Infektiosität, einige Tage vor Ausbruch der Symptome sowie während der klinischen Symptome, Stuhlausscheidung länger
- Inkubationszeit: ca. 1-2 Wochen

❑ Symptomatik

- häufig asymptomatisch
- akute Infekte des Respirationstrakts ("Sommergrippe")
- rötelnähnliche Exantheme
- Konjunktivitis
- Meningitis/Enzephalitis/Paralyse (häufig)
- schwere septische Verläufe bei Neugeborenen
- (Perikarditis und) Myokarditis

❑ Diagnostik

- Klinik
- Virusisolierung in Zellkulturen aus Rachenabstrich, Liquor und Stuhl (teils über 1 Monat im Stuhl nachweisbar!)
- Serologie: NT bzw. KBR (Serokonversion oder 4facher Titeranstieg, evtl. hohe Titer) (*cave*: Kreuzreaktionen mit anderen Enteroviren)

❑ Prophylaxe und Therapie

Die Prophylaxe besteht in den üblichen Hygienemaßnahmen. Die Therapie ist symptomatisch.

Die Virus-Meningitis ist nach dem Bundesseuchengesetz meldepflichtig (Erkrankung und Todesfall)!

9.1.6. Entero-Viren Typ 68-72

Auch die Enteroviren gehören wie die Coxsackie- bzw. Echo-Viren zur Familie der Picornaviren/Genus Enteroviren. Sie sind ebenfalls hüllenlose RNA-Viren.

❑ **Epidemiologie und Pathogenese**

- Vorkommen weltweit wie die anderen Picornaviren
- Übertragungsweg: enteral, als Tröpfcheninfektion oder über Konjunktivalsekret
- Infektiosität und Immunität mit den bereits genannten Picornaviren vergleichbar

❑ **Symptomatik**

- häufig Infektion ohne wesentliche Symptome
- akute Infekte des Respirationstraktes (Typ 68)
- *Hand-Fuß-Mund-Erkrankung* (Stomatitis, Bläschen an Händen und Füßen wie bei Coxsackieinfektion) (Typ 71)
- (hämorrhagische) Konjunktivitis (Typ 70)
- Meningitis/Enzephalitis auch Paralyse (Typ 70, 71)
- Hepatitis (Typ 72)

❑ **Diagnostik**

- Klinik
- Virusisolierung in Zellkulturen aus Rachen- oder Konjunktivalabstrich, Liquor und Stuhl (teils über 1 Monat im Stuhl nachweisbar!)
- Serologie: NT bzw. KBR (Serokonversion oder 4facher Titeranstieg, evtl. hohe Titer) (*cave*: Kreuzreaktionen mit anderen Enteroviren)

❑ **Prophylaxe und Therapie**

Es existieren keine Impfmöglichkeiten oder spezielle Therapieformen. Somit sind auch bei den Entero-Viren Typ 68-72 nur übliche Hygienemaßnahmen sowie symptomatische Therapie möglich.

Die Virus-Meningitis ist nach dem Bundesseuchengesetz meldepflichtig (Erkrankung und Todesfall)!

9.1.7. Epstein-Barr-Virus (EBV)

Das Epstein-Barr-Virus ist ein DNA-Virus mit Hülle und gehört zu den Herpesviren (Genus Lymphocryptovirus).

❑ **Epidemiologie und Pathogenese**

- weltweites Vorkommen
- relativ hohe Durchseuchung, jedoch wenig akute Erkrankungen
- Betroffen sind besonders junge Menschen
- saisonale Häufung: Frühjahr
- Übertragungsweg: Tröpfchen bzw. direkter Kontakt z.B. Speichel ("*kissing-disease*") (im akuten Krankheitsstadium scheidet nahezu jeder Patient Viren aus, nach durchgemachter Primärinfektion können teilweise lebenslang Viren im Speichel etc. nachgewiesen werden)
- Infektion von B-Lymphozyten (Glykoproteinrezeptor CD21), die u.a. vermehrt B-Zell-Wachstumsfaktoren und (infektiöse) Viruspartikel bilden. Bei der Primärinfektion sind vor allem Zellen im Bereich des Mundbereichs inkl. Pharynx und Speicheldrüsen betroffen. Die Zellen bleiben dabei lebenslang infiziert

- Inkubationszeit: ca. 2-7 Wochen
- Die Primärinfektion kann insbesondere im Kindesalter subklinisch verlaufen. Im Jugend- bis jugendlichen Erwachsenenalter kommt es zum Bild der *infektiösen Mononukleose* (*Pfeiffersches Drüsenfieber*). Bis zu 1/5 der im Blut zirkulierenden B-Zellen sind infiziert (und werden großteils eliminiert). Verbleibende infizierte Zellen führen zur lebenslangen chronischen (meist inapparenten) Infektion
- Die Epstein-Barr-Virusinfektion ist wahrscheinlich mit ursächlich für
  - *Burkitt-Lymphom*: hochmalignes Non-Hodgkin-Lymphom (NHL), Vorkommen besonders in Afrika und Neu-Guinea. Häufig sind Kinder betroffen
  - *Nasopharynx-Karzinom*: epitheliale Neoplasie im Nasenrachenraum mit Nachweis des EBV-Genoms, besonderes Vorkommen in Afrika und China mit guter Prognose bei frühzeitiger Therapie (Operation und Radiatio)
  - *B-Zell-Lymphome/orale Haarleukoplakie* bei HIV-Infizierten (auch bei immunsupprimierten Transplantatempfängern)

❑ **Symptomatik**

Mononukleose:

- Prodromalstadium (3-5 Tage) mit Kopfschmerzen, subfebrilen Temperaturen, Appetitlosigkeit und Abgeschlagenheit
- Angina tonsillaris, evtl. Schleimhautblutungen
- Fieber für 7-10 Tage
- Lymphknotenschwellung (besonders im Halsbereich, evtl. auch generalisiert)
- Exanthem (in < 5 % masernähnlich, häufiger petechial am harten Gaumen)
- häufig in der 2.-3. Woche Splenomegalie, selten Hepatitis mit Ikterus und Hepatomegalie
- außerdem Myalgien, Dysphagie und Erbrechen
- selten Karditis

❑ **Komplikationen**

- chronisch-aktive Epstein-Barr-Virusinfektion
- (X-chromosomal gebundenes) *B-Zell-lymphoproliferatives Syndrom*
- bei infektiöser Mononukleose: Splenomegalie mit Gefahr der Milzruptur, Meningoenzephalitis, Myokarditis, Pneumonie, autoimmunhämolytische Anämie und Immunthrombopenie
- bei Penicillingabe im Rahmen der infektiösen Mononukleose: Arzneimittelexanthem

❑ **Diagnostik**

- Klinik
- Blutbild mit Leukozytose und überwiegend mononukleären Zellen mit atypischen lymphoiden Zellen (anfangs Lymphopenie!)
- Virusisolierung (aus Speichel, Rachenabstrich etc.) auf Nabelschnurlymphozyten möglich, jedoch ohne diagnostische Relevanz, da auch Jahre nach Primärinfektion möglich

- Serologie
  - Primärinfektion bzw. infektiöse Mononukleose
    - Mononukleose-Schnelltest (Paul-Bunnell-Test): Nachweis heterophiler Antikörper (bei Erwachsenen meist positiv)
    - Anti-VCA-IgM-IFT (IFT = Immunfluoreszenztest, VCA = virales Kapsidantigen): **positiv**
    - Anti-VCA-IgG-IFT: Serokonversion oder positiv
    - Anti-VCA-IgA-IFT: negativ
    - Anti-EBNA-IgG-IFT (EBNA = EBV-nukleäres Antigen): negativ (spät auch positiv)
  - chronisch-aktive Infektion
    - Anti-VCA-IgG-IFT: (hoch) positiv
    - Anti-EBNA-IgG-IFT: negativ oder positiv
    - Anti-EA-IgG-IFT (EA = early antigen): (hoch) **positiv**
  - Z.n. Primärinfektion
    - Mononukleose-Schnelltest (Nachweis heterophiler Antikörper): negativ
    - Anti-VCA-IgM-IFT: negativ
    - Anti-VCA-IgG-IFT: positiv
    - Anti-EBNA-IgG-IFT: positiv
  - Burkitt-Lymphom
    - Nachweis heterophiler Antikörper: negativ
    - Anti-VCA-IgM-IFT: negativ
    - Anti-VCA-IgG-IFT: (hoch) positiv
    - Anti-VCA-IgA-IFT: negativ
    - Anti-EBNA-IgG-IFT: (hoch) positiv
    - Anti-EA-D-IgG-IFT (early antigen "diffuse"): **negativ**
    - Anti-EA-R-IgG-IFT (early antigen "restricted"): **positiv**
  - Nasopharynx-Karzinom
    - Nachweis heterophiler Antikörper: negativ
    - Anti-VCA-IgM-IFT: negativ
    - Anti-VCA-IgG-IFT: positiv
    - Anti-VCA-IgA-IFT: **positiv** (auch im Speichel nachweisbar!)
    - Anti-EBNA-IgG-IFT: positiv
    - Anti-EA-IgA-IFT: **positiv**
    - Anti-EA-D-IgG-IFT (early antigen "diffuse"): **positiv**
    - Anti-EA-R-IgG-IFT (early antigen "restricted"): **negativ**
- Oberbauchsonographie (Milzgröße!)

❑ **Differentialdiagnose**

- Streptokokkenangina
- *Angina Plaut Vincenti*
- Diphtherie
- Zytomegalieinfektion
- Exanthem → Morbilli?
- akute Leukämie oder HIV-Infektion
- Lymphocytosis infectiosa (Virusinfekt bei Kleinkindern)

❑ Therapie

- symptomatisch: Bettruhe, Antipyretika (jedoch keine Salizylate → *cave:* Reye-Syndrom), evtl. lokalanästhetikahaltiges Mundgel, weiche Kost
- evtl. Aciclovir (z.B. Zovirax®)

Kein Penicillin, insbesondere kein Ampicillin (auch bei Nachweis von Streptokokken)!

- Kontrolle der Milzgröße (*cave*: Milzruptur)

9.1.8. Früh-Sommer-Meningo-Enzephalitis (FSME)-Virus

Das FSME-Virus gehört zu den Flaviviren, die meist durch einen Vektor übertragen werden (*arthropod borne virus*). Es handelt sich um RNA-Viren mit Hülle.

❑ Epidemiologie und Pathogenese

- Endemiegebiete in Ost- und Süddeutschland, Schweiz, Österreich, Balkanländern, Slowakei und Tschechischer Republik, Finnland, Rußland
- Inzidenz in Deutschland ca. 60-120 Fälle/Jahr
- Übertragungsweg: Hauptreservoir sind Wirbeltiere, die selbst meist keine Krankheitssymptome aufweisen. Die Übertragung erfolgt durch Zecken (Ixodes ricinus u.a.). Die Durchseuchung der Vektoren schwankt in Endemiegebieten meist zwischen 0,1 - 2 %. Eine saisonale Häufung läßt sich zwischen Mai (bzw. März) und Oktober (bzw. November) beobachten, wobei die Erkrankungsfälle am häufigsten im Juli und August auftreten. Die Übertragung ist auch durch nicht pasteurisierte Milch beschrieben. Eine parenterale Übertragung ist prinzipiell möglich
- Inkubationszeit: ca. 1-2 Wochen (2-48 Tage)
- Die Infektion hinterläßt eine lebenslange Immunität
- Der Erreger verursacht die Früh-Sommer-Meningo-Enzephalitis. Synonyme sind Zecken-Enzephalitis, Central European Encephalitis (CEE), Tick-Born Encephalitis (TBE), Russian Spring Sommer Encephalitis (RSSE), Taiga-Enzephalitis, Kumlinge Disease (Insel in Südwest-Finnland), Schneidersche Krankheit, Biphasisches Milchfieber
- Ein anderer Flavivirus verursacht eine ähnliche Erkrankung: die Japan-Enzephalitis

❑ Symptomatik

- häufig asymptomatischer Verlauf
- sonst Verlauf in zwei Phasen
  - 1. Phase: grippeähnliche Symptomatik mit Fieber
  - 2. Phase (in 10-20 % nach fieberfreiem Intervall) Meningitis bzw. Meningoenzephalitis mit
    - Fieber
    - Kopfschmerzen
    - Übelkeit/Erbrechen
    - Lichtscheu/Hyperästhesie/Nackensteifigkeit
    - Somnolenz
    - Sprach-, Gang-, Blasen- und Sinnesstörungen
    - Paresen

❑ **Diagnostik**

- Anamnese: Zeckenbiß?
- Klinik (u.a. positives *Kernig-*, *Brudzinski-Zeichen*)
  - Kernig Zeichen
    Unfähigkeit der Streckung des Beines im Kniegelenk beim Sitzenden, bzw. der Beugung des gestreckten Beines oder der Streckung des gebeugten Beines im Hüftgelenk beim Liegenden
  - Brudzinski-Zeichen
    passive Beugung des Beines im Hüft- und Kniegelenk bewirkt gleichsinnige Mitbewegung des anderen Beines
- Virusisolierung in Zellkulturen aus Blut und ZNS (postmortal) möglich
- serologisch ELISA (auch KBR)
  - IgM-positiv, IgG-Serokonversion oder bereits positiv sprechen für frische Infektion
  - nur IgG positiv → Immunität nach Infektion oder Impfung
    (*cave*: Kreuzreaktion vieler Flaviviren)
- Lumbalpunktion

❑ **Prophylaxe und Therapie**

- Schutz durch entsprechende Kleidung in Waldgebieten, nach Waldspaziergängen Absuchen des Körpers nach Zecken (Duschen oder Baden). Wird eine Zecke entdeckt, sollte diese am einfachsten und sinnvollsten mittels Pinzette entfernt werden
- FSME-Schutzimpfung: aktiv, zweimalige Injektion (i.m.) von z.B. 0,5 ml FSME-IMMUN® im Abstand von 1-3, dann dritte Injektion nach 9-12 Monaten, ggf. Auffrischung nach ca. 3 (-5) Jahren (Indikation: Personen, die sich in Endemiegebieten aufhalten) (Nachweis der Serokonversion!)
- postexpositionell: bis 48 h (-96 h) nach Zeckenbiß 0,1 (0,2) ml/kg KG FSME-Immunglobulin i.m. (evtl in Kombination mit aktiver Impfung)
- symptomatische Therapie (ggf. inkl. Intensivmaßnahmen und maschineller Beatmung)

❑ **Prognose**

- Letalität ca. 1-2 %, in 10-20 % Defektheilung

9.1.9. Gelbfiebervirus

Auch der Erreger des Gelbfiebers ist ein Flavivirus (*arthropod borne virus*, RNA-Virus mit Hülle).

❑ **Epidemiologie und Pathogenese**

- Endemiegebiete in Äquatorial-Afrika und im nördlichen Südamerika (Einholen des aktuellen WHO-Berichts empfohlen!) (Abb. 9.1)
- Es werden zwei Formen unterschieden
  - *urbanes Gelbfieber*
    Übertragung durch Stechmücken (Aedes aegypti), Erregerreservoir ist der Mensch
  - *Dschungel-Gelbfieber*
    Übertragung durch Stechmücken (Haemagogus spegazinii u.a.), Erregerreservoir sind Primaten
- Die Stechmücken bleiben lebenslang infektiös (auch deren Nachkommen!)
- bei normalem Kontakt keine Übertragung von Mensch zu Mensch (Übertragung durch Blut prinzipiell denkbar, jedoch kurze Virämie von ca. 1 Woche!)

- Inkubationszeit: ca. 3-6 Tage
- Die Infektion hinterläßt eine lebenslange Immunität

Abb. 9.1: Gelbfieberendemiegebiete in Afrika und Südamerika (nach WHO 1994).

❑ Symptomatik

- häufig nur leichtes bis hohes Fieber
- typischer Verlauf bei Gelbfieber
  - *1. Phase*
    Fieber, Kopf- und Gliederschmerzen, Übelkeit, Erbrechen, Schleimhautblutungen, relative Bradykardie
  - *2. Phase*
    nach 3-4 Tagen Remission (evtl. Heilung)
  - *3. Phase*
    nach 1-2 Tagen erneuter Fieberanstieg, schwere Leber- (Ikterus, Gerinnungsstörungen) und Nierenschädigung (Proteinurie bis Nierenversagen), hämorrhagische Diathese bis Hämatemesis, ZNS-Störungen (seröse Meningitis, Krämpfe, Bewußtseinsstörungen) (evtl. letaler Ausgang um den 7. Erkrankungstag)

❑ Komplikationen

- Leber- und Nierenversagen, Koma und Schock sind gefürchtete Komplikationen

❑ Diagnostik

- Anamnese (Aufenthalt in Endemiegebieten, Moskitostich?) und Klinik (s.o.)
- Anzüchtung des Virus in Zellkulturen oder im Tierversuch (aus Blut) möglich, jedoch Sicherheitsproblem!
- Plaque-Test
  Virustitrationstest, bei dem auf Zellkulturen aufgebrachte Virusverdünnungen (je Virus nach Vermehrung) herdförmige Läsionen (Plaques) bewirken. Die Anzahl wird in PFU für "plaque-forming units" angegeben
- Serologie (KBR, HHT)
  IgM-positiv, IgG-Serokonversion oder 4facher Titeranstieg sprechen für eine frische Infektion (*cave*: Kreuzreaktion vieler Flaviviren)

❑ Prophylaxe und Therapie

- Schutz vor Moskitostichen, Vernichtung bzw. Dezimierung der Stechmückenpopulationen
- Gelbfieber-Schutzimpfung
  aktiv, 0,5 ml attenuierter 17D-Impfstoff s.c. oder i.m. (*cave*: Hühnereiweißallergie!), Impfschutz nahezu 100 %, Gültigkeit der Impfung ab 10. Tag nach der Impfung für 10 Jahre (dann Auffrischung)! Die Impfung ist sehr gut verträglich. Die Kühlkette darf jedoch nicht unterbrochen werden → Impfung nur durch bestimmte Impfstellen gestattet. Kinder unter 1 Jahr sollten nur bei strenger Indikationsstellung geimpft werden
- Isolierung (Quarantäne) Erkrankter (und Verdächtiger) in mückengeschützten Räumen!
- symptomatische Therapie

❑ Verlauf und Prognose

Häufig nur grippeartiger Verlauf, bei Gelbfieberklinik hohe Letalität (um 50 %). In der Regel keine Defektheilung (restitutio ad integrum).

Erkrankung und Tod sind meldepflichtig!

9.1.10. Hantaviren und verwandte andere Viren

Hantaviren gehören zu den Bunyaviren. Es handelt sich um RNA-Viren mit Lipidhülle.

Es werden mehrere Virustypen unterschieden. In Europa ist das Puumalavirus in den skandinavischen Ländern von besonderer Bedeutung.

❑ **Epidemiologie und Pathogenese**

- Viren der Bunyafamilie kommen weltweit vor. Von besonderer Bedeutung sind sie in der Tropenmedizin. Erwähnt seien hier auch die Phleboviren, die u.a. in Süditalien, Portugal, Spanien, Zypern, aber auch Nordafrika und Asien als Sandmückenviren (Übertragung durch Vektor) zu fieberhaften Infektionen bis zu Meningitiden führen können (Pappataci-Fieber)
- Bei den Hantaviren werden unterschieden
  - Hantaviren → klassisches koreanisches hämorrhagisches Fieber
  - Seoul-Viren → milderer Verlauf als bei Hantaviren
  - Puumalaviren → Nephropathia epidemica
- Erregerreservoir sind Vertebraten. Die Infektion erfolgt durch Einatmen virushaltigen Staubs bzw. eingetrockneter Exkremente

❑ **Symptomatik**

- **hämorrhagisches Fieber mit renalem Syndrom (HFRS)**
  - hohes Fieber mit Schüttelfrost, Kopfschmerzen und Myalgien, Erythem
  - lumbale und abdominelle Schmerzen
  - Übelkeit, Erbrechen
  - Oligurie, Proteinurie, Hämaturie
  - Niereninsuffizienz
  - evtl. Thrombopenie mit Petechien und Blutungen
  - evtl. Schocksymptomatik

- **Nephropathia epidemica**
  - ähnlich Symptomatik wie bei HFRS, jedoch ohne Hämorrhagien
  - adult respiratory distress syndrom (= ARDS, mehrere Fälle in den USA gemeldet)
    - Fieber, Kopfschmerz, Myalgie
    - Husten, respiratorische Insuffizienz

❑ **Diagnostik**

- Virusisolierung schwierig und ohne praktische Bedeutung
- Serologie
  - IgM (IFT/ELISA) positiv
  - IgG (IFT/ELISA) Serokonversion oder hoher Titer, Titeranstieg (4fach)
- Kontrolle der Retentionswerte sowie des U-Sediments
- Röntgen-Thorax: beim ARDS beidseitige interstitielle Infiltrate

❑ **Therapie**

- symptomatisch bis einschl. Hämodialyse

❑ **Prognose**

Die Nephropathia epidemica verläuft meist milde und heilt spontan. Im Gegensatz dazu weist das HFRS eine relativ hohe Letalität von 25-50 % auf.

9.1.11. Hepatitis-Viren ☞ Kap. 4.4.3.

9.1.12. Herpesvirus Typ 6 (HHV6)

Das Herpesvirus Typ 6 gehört mit ca. 100 anderen Viren zur Familie der Herpesviren und ist ein behülltes DNA-Virus.

❑ **Epidemiologie und Pathogenese**

- weltweites Vorkommen
- Trotz relativ hoher Durchseuchung finden sich nur wenig akute Erkrankungen. Betroffen sind besonders Kinder. Häufig Krankheitserscheinungen bei Immunsupprimierten (insbesondere AIDS)
- Übertragungsweg nicht sicher geklärt (wahrscheinlich durch Tröpfchen bzw. direkten Kontakt)
- Ähnlich der Mononukleose sind B-Lymphozyten Zielzellen der Infektion. Es kommt zu einer lebenslangen chronischen Infektion ohne Klinik

❑ **Symptomatik**

Dreitagefieber (Exanthema subitum, Roseola infantum):

- 3 Tage Fieber bis > 40 °C und katarrhalische Erscheinungen. Am 4. Tag Abfall der Temperatur und Auftreten eines rubeoliformen Exanthemes (Stamm, weniger Gesicht) für 1-2 Tage

❑ **Komplikationen**

- Meningoenzephalitis
- bei Immunsuppression auch Pneumonie

❑ **Diagnostik**

- Klinik
- Blutbild vor Exanthemausbruch: Leukozytose, nach Exanthemausbruch Leukopenie mit relativer Lymphozytose
- Virusisolierung (Blut, Speichel) auf Nabelschnurlymphozyten möglich (keine diagnostische Relevanz - auch Jahre nach Primärinfektion möglich)
- Serologie
  - Primärinfektion
    - IgM-IFT: positiv
    - IgG-IFT: Serokonversion oder positiv
  - Z.n. Primärinfektion
    - IgM-IFT: negativ
    - IgG-IFT: positiv

❑ **Therapie**

- symptomatisch (Bettruhe, Antipyretika)

9.1.13. Herpes-simplex-Virus Typ 1/2 (HSV 1/2)

Es handelt sich bei beiden Viren um behüllte DNA-Viren der Familie der Herpesviren.

❑ **Epidemiologie und Pathogenese**

- weltweites Vorkommen
- Die Durchseuchung ist teils hoch; im Vergleich dazu kommt es nur selten zu Erkrankungserscheinungen. Betroffen sind besonders Kinder
- Übertragungsweg: Tröpfchen bzw. direkter Kontakt (neonatale Infektion möglich!)
- Inkubationszeit: ca. 2-7 (-12) Tage
- Virusvermehrung in Haut- und Schleimhäuten mit Ausbildung von Bläschen, axonaler Transport in Ganglien, teils Virämie
- keine Immunität, da Viren in den Neuronen sensibler bzw. autonomer Nerven persistieren
- Reaktivierung durch Streß, Temperaturveränderungen, Licht, Infekte sowie Hormonveränderungen? Bei Reaktivierung sowohl Virusausscheidung als auch Entwicklung von Krankheitssymptomen möglich!

❑ **Symptomatik**

- **HSV 1:** oro-faziale Symptomatik
    - Primärinfektion
        - häufig asymptomatisch
        - fieberhafte Gingivostomatitis (Mundfäule) mit vesikulären und ulzerösen Läsionen im Bereich der Lippen sowie der Mundhöhle, zusätzlich Lymphadenopathie, Foetor ex ore, Pharyngitis
        - Herpes-Keratitis (*cave*: Linsentrübung)
        - auch genitale HSV 1-Infektion möglich
    - Reaktivierung
        - Herpes labialis
        - Herpes-Keratitis

- **HSV 2:** genitale Symptomatik
    - Herpes genitalis (schmerzhafte Bläschenbildung)
    - Vulvovaginitis mit Lymphadenopathie und Dysurie

- **HSV 1+2:**
    - Meningoenzephalitis (auch neonatal), Inzidenz ca. 3/1.000.000 Einwohner
    - Ekzema herpeticatum: Superinfektion einer Neurodermitis mit HSV
    - Herpessepsis (meist neonatal, HSV 2, Klinik: Herpesbläschen, Fieber, Dyspnoe, Hepato-Splenomegalie, zerebrale Symptome)

Floride HSV 2-Infektion der Mutter ist Indikation zur Sectio caesarea!

❑ **Diagnostik**

- Klinik
- Erregernachweis elektronenmikroskopisch aus Bläscheninhalt

- Virusisolierung (Bläscheninhalt, Rachenabstrich, Biopsat) in Zellkulturen (besonders wichtig bei immunsupprimierten Patienten!)
- Antigennachweis (direkter IFT oder ELISA). Die Typisierung mittels typenspezifischer Antikörper ist aufgrund Kreuzreaktionen schwierig!
- Serologie
  - Primärinfektion
    - KBR (Serokonversion, 4facher Titeranstieg)
    - IgM-IFT/ELISA: positiv
    - IgG-IFT/ELISA: Serokonversion oder positiv
  - Z.n. Primärinfektion
    - IgM-IFT: negativ (bei Reaktivierung mögl. auch positiv)
    - IgG-IFT: positiv
    - KBR: Titeranstieg
- Lumbalpunktion, Computer- und Kernspintomographie bei V.a. Meningoenzephalitis

❑ **Prophylaxe und Therapie**

- (Versuchs-)Impfstoffe auf dem Markt, Schutz unbefriedigend
- bei Immunsupprimierten evtl. Chemoprophylaxe (Aciclovir)
- Lokaltherapie z.B: mit Idoxuridin (z.B. Zostrum®) oder Aciclovir (z.B. Zovirax®)
- bei schwerem Verlauf, Korneabefall oder Meningitis, frühzeitige systemische Therapie, z.B. mit Aciclovir (z.B. Zovirax®) 5(-10) mg/kg KG 3x/die
- bei Korneabefall zusätzlich α-2C-Interferon (z.B. Berofor®) Augentropfen
- sonst symptomatische Therapie, Verhütung bakterieller Sekundärinfektionen (besonders bei Kindern!)

❑ **Verlauf**

Selten Autoinokulationen (Genitalinfektion durch Verschleppen von HSV1 im Rahmen einer Gingivostomatitis), häufig hingegen endogene Reaktivierung. Chronische latente Infektionen sind hingegen eher selten. Sepsis wie auch Meningoenzephalitis (meldepflichtig!) haben eine insgesamt ungünstige Prognose (Letalität 70-100 %). Problematisch sind HSV-Infektionen in der Schwangerschaft (perinatale Übertragung auf das Kind mit schwerem Verlauf möglich) sowie bei Patienten mit geschwächtem Immunsystem insbesondere AIDS (Gefahr der generalisierten Infektion).

9.1.14. HIV-Infektion und erworbenes Immundefektsyndrom (AIDS = aquired immunodeficiency syndrome)

❑ **Definition**

Es werden 4 Stadien unterschieden:

I	Infektion (akute HIV-Infektion)
II	Latenzphase (asymptomatische Infektion)
III	Lymphadenopathiesyndrom (LAS)
IV	ARC (AIDS-related complex) und AIDS (aquired immunodeficiency syndrome)

❑ Erreger

Human immunodeficiency Virus.

Die Viren wurden im Mai 1983 von Montagnier als LAV bzw. im Mai 1984 von Gallo als HTLV-III unabhängig von einander entdeckt und beschrieben. Es handelt sich um RNA-Viren mit Hülle aus der Familie der Retroviren. Man unterscheidet bisher drei Varianten: HIV-1, HIV-2 und seit wenigen Jahren HIV-0. Wahrscheinlich existieren weitere Varianten. Die derzeitige Verbreitung in Afrika ist in Abb. 9.2 dargestellt. In Europa wurden bisher nur vereinzelte HIV-0-Infektionen entdeckt. Auch Infektionen mit HIV-2 sind in Deutschland eher selten (bis Ende 1993 ca. 200 Infektionen). Es besteht eine enge Verwandtschaft mit bei Affen vorkommenden Viren (SIV-1 bei Schimpansen, SIV-2 bei Mangaben und Meerkatzen).

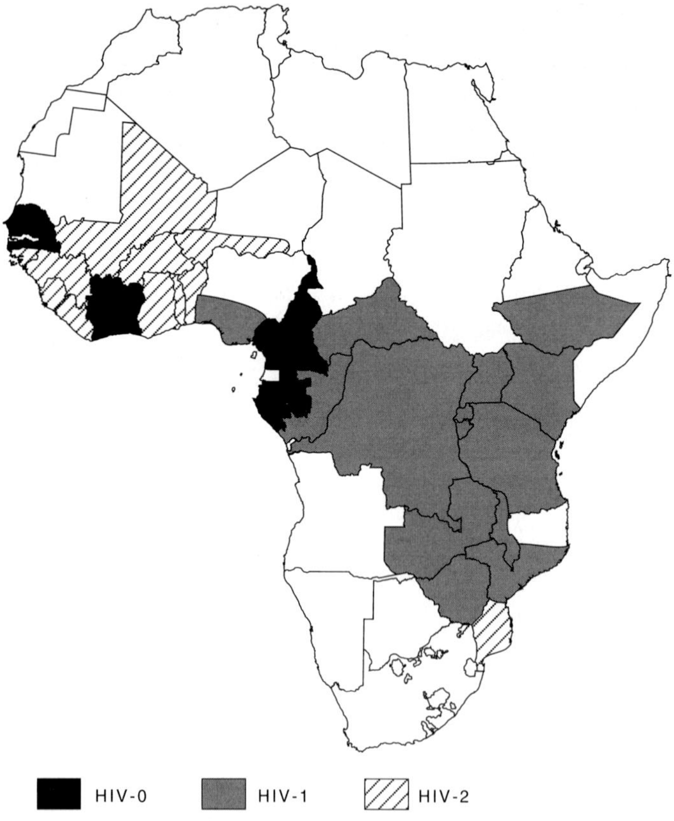

Abb. 9.2: Verbreitung einzelner HIV-Typen.

Die Viren sind relativ empfindlich z.B. gegen Hitze und andere äußere Einflüsse.

❑ Epidemiologie und Pathogenese

- weltweites Vorkommen: primär in Zentralafrika (dort auch jetzt noch sehr hohe Prävalenz von ca. 10%, bei Prostituierten über 75 %), 1981 erste AIDS-Fälle in den USA (Los Angeles), dann vermehrt auch in Europa und Asien
- bisher weltweit ca. 20 Millionen Infektionen und 4,5 Millionen AIDS-Kranke
- in der Bundesrepublik bislang ca. 65.000 Infizierte, davon 11.000 mit AIDS
- Übertragungswege: sexuell, parenteral, diaplazentar, perinatal - Infektionsrate/Kontakt relativ gering. Nur 1/5 der Kinder seropositiver Mütter werden infiziert
- besonders gefährdete Gruppen:
  - promiskuitive Homo- und Bisexuelle, aber auch Heterosexuelle sowie deren Sexualpartner
  - i.v.-Drogenabhängige
  - Empfänger von infiziertem Blut und Blutprodukten
    (Vor 1985 erfolgten keine HIV-Antikörper-Tests bei Blutspendern. Das Übertragungsrisiko liegt aufgrund des diagnostischen Fensters heute zwischen 1:300.000 und 1:1.000.000. Eine Übertragung durch Plasmaproteine ist bei Durchlaufen aller notwendigen/vorgeschriebenen Sicherheitsstufen, Spender-Screening, Reinigung der Proteine und Viruselimination/Virusinaktivierung sowie entsprechende Kontrolle mit an Sicherheit grenzender Wahrscheinlichkeit ausgeschlossen.)

> *Wichtig:* Prinzipiell kann sich jeder mit HIV infizieren!

- Mögliche individuelle Schutzmaßnahmen sind in Tab. 9.2 aufgeführt

• Ändern der Sexualgewohnheiten bzw. Sexualpraktiken
• Verwenden von Kondomen
• HIV-Test
• Verwenden von Einmalinjektionsnadeln
• Tragen von Schutzhandschuhen, Schutzbrille, Mundschutz beim Umgang mit möglicherweise infiziertem Material

Tab. 9.2: Mögliche individuelle Schutzmaßnahmen.

> Strenge Indikationsstellung bei Bluttransfusionen (auch FFP).

- Das HIV benötigt zur Infektion einen bestimmten Rezeptor, den sog. CD4-Rezeptor. Besonders häufig findet sich dieses Oberflächenantigen bei den T_4-Helferzellen. Aber auch andere Zellen wie Makrophagen, Monozyten, Langerhans'sche Zellen (Epidermis, Haut) und Gliazellen weisen das CD4-Antigen auf. Eine Verminderung der T_4-Helferzellen begünstigt das Auftreten von opportunistischen Infektionen und Tumoren
- Möglicherweise ist für das Auftreten der AIDS-Symptomatik zusätzlich ein Kofaktor notwendig
- Die Virus-RNA wird durch die *reverse Transkriptase*, die aus zwei Teilen, P51 und P66 (= bestehend aus P 51 und P15), besteht, in DNA umgewandelt. Dadurch wird das virale Erbmaterial in das Erbgut der infizierten Zelle eingebaut

❑ Symptomatik

Cave: auch asymptomatische Patienten können HIV-infiziert sein!

- Symptome, die bei AIDS-Kranken häufig vorkommen sowie die Einteilung nach dem CDC bzw. Walter Reed-Schema sind in Tab. 9.3, 9.4 bzw. 9.5 zusammengestellt

• häufige Infektionen
• Appetitlosigkeit
• Gewichtsverlust > 10 %, der nicht durch verminderte Nahrungszufuhr erklärbar ist
• Müdigkeit, Antriebsschwäche
• Fieber (schubweise), Schweißausbruch
• Lymphknotenschwellungen
• Myalgien
• Diarrhö
• Husten, Dyspnoe
• Zephalgien, Verwirrtheitszustände
• (Schleim-)Hautveränderungen

Tab. 9.3: Häufig bei AIDS-Kranken vorkommende Symptome.

Stadium I (Dauer 1-2 Wochen):
• akute HIV-Infektion (wenige Wochen nach der Infektion) • Fieber • grippeähnliche Symptome • Gelenkbeschwerden • Angina, Splenomegalie (ähnlich einer Mononukleose) • Exanthem • Lymphknotenschwellungen • evtl. Meningoenzephalitis *Cave:* Antikörper-Suchtest noch negativ - Serokonversion meist 6-8 Wochen post infectionem! (Einzelne Symptome können fehlen!)
Stadium II (Dauer: Jahre bis über 10 Jahre!):
• Latenzphase • Mehr als 95 % der Infizierten sind nach einem halben Jahr anti-HIV-positiv! Unterteilung: • II A: asymptomatisch, keine Laborveränderungen • II B: Lymphopenie (jedoch $T_4 > 400/\mu l$, T_4/T_8-Verhältnis erniedrigt), Thrombopenie
Infizierte im Stadium II tragen besonders zur Verbreitung der HIV-Infektion bei!

Stadium III (Dauer: Monate bis Jahre!):

- Lymphadenopathiesyndrom (LAS)
  Unterteilung:
  - III A
    persistierende (> 3 Monate), generalisierte Lymphknotenschwellung (> 1 cm) an mindestens 2 verschiedenen Körperstellen außerhalb der Inguinalregion ohne sonstige erkennbare Ursache, evtl. Splenomegalie, keine Laborveränderungen
  - III B
    + Laborveränderungen (s.o., T_4/T_8-Verhältnis 0,5-1,0)

Stadium IV (Dauer: Monate bis Jahre):

- Stadium IV A - AIDS-related complex
  - Allgemeinsymptome wie Appetitlosigkeit, Müdigkeit, Antriebsschwäche
  - Gewichtsverlust (> 10 % des KG)
  - Fieber, Nachtschweiß (> 1 Monat)
  - Diarrhö (> 1 Monat, kein Keimnachweis)
  - Lymphknotenschwellungen
  - Laborveränderungen
    Anämie, Leuko- und Thrombopenie, T_4 < 400/µl, T_4/T_8-Verhältnis 0,5-1,0, polyklonale Erhöhung der Gammaglobulinfraktion, Erhöhung des $ß_2$-Mikroglobulins und Neopterins, verminderte bzw. fehlende zelluläre Immunreaktion nach Intracutantestung (z.B. Multitest Merieux)

- Stadium IV B-D - AIDS = aquired immunodeficiency syndrome
  - Stadium IV B : neurologische Symptome:
    - Bei > 50 % der AIDS-Patienten lassen sich histologisch ZNS-Veränderungen nachweisen, die bei ca. 1/3 auch klinisch apparent werden. Nicht selten ist der ZNS-Befall Initialsymptom. Mögliche Störungen und Symptome sind.
      - subakute Enzephalitis mit Kopfschmerzen, Fieber, fokalmotorische Störungen auch Hirnnervenbefall, Stirnhirnsyndrom, psychische Alterationen, Konzentrations- und Gedächtnisstörungen bis Demenz
      - Myelitis, Polyradikulitis mit Schwäche und Parästhesien bis Paresen
      - periphere Neuropathien
      - weitere Ursachen für neurologische Symptome
        - opportunistische Infektionen wie Toxoplasmose (Stadium IV C)
        - Malignome im ZNS, z.B. NHL, Kaposi-Sarkom (Stadium IV D)

- Stadium IV C beschreibt Infektionen im Rahmen von AIDS
  - Stadium IV C 1: opportunistische Infektionen
    - *Pneumocystis carinii*: In ca. 50 % Erstmanifestation von AIDS! 60-80 % der AIDS-Patienten erkranken an einer Pneumocystis carinii-Infektion. Meist Lungenbefall (☞ Kap. 3.5.1.2.)
    - *atypische Mykobakterien* (meist Mycobacterium avium intracellulare)
    - *Toxoplasma gondii:* häufig ZNS- oder auch Lungenbefall

- *Candida:* ösophageale und bronchopulmonale Candidiasis
  andere Pilzerkrankungen: Aspergillose (zerebral, pulmonal) - Kryptokokkose (Meningo-Enzephalitis). Therapie: Fluconazol, alternativ: Amphotericin B und Flucytosin. Histoplasmose
- *Kryptosporidiose*: Protozoen, zu den Kokzidien gehörend, das zu Erbrechen, Tenesmen und Diarrhö führen kann (Therapie: Clindamycin sowie symptomatisch)
- *Isosporiasis*: Protozoen (Isospora belli), das i.d.R. durch ungekochte Nahrungsmittel übertragen wird und zu Erbrechen und Diarrhö führen kann (Therapie: Trimethoprim + Sulfamethoxazol/TMP + SMZ)
- *Zytomegalie (CMV):* Retinitis, Pneumonie und Befall des GI-Traktes (Kolon) möglich
- *Papova-Viren* (DNA-Virus): progressive, multifokale Leukenzephalopathie (Virusnachweis im Urin)
- *Herpes-simplex-Viren:* schwerer, ulzerierender Haut- und Schleimhautbefall

- Stadium IV C 2: sonstige Infektionen
  - *Candida:* oraler Befall (Soor) ist häufig. Soor bei jungen Patienten → HIV-Suchtest!
  - *orale Haarleukoplakie* (bedingt durch EBV(?), weißliche, indolente Papeln am lateralen Zungenrand)
  - *Herpes zoster*
  - *Salmonellen:* Enteritis bis Sepsis
  - *Nokardiose* (Lungen- und ZNS-Abszesse, Therapie: TMP-SMZ)
  - *TBC*

- Stadium IV D: Malignome
  - *Kaposi-Sarkom*
    Beim Kaposi-Sarkom handelt es sich um einen Kapillartumor. Klassischerweise werden 4 Formen unterschieden:
    - 1. klassisches Kaposi-Sarkom
      (Männer um 60. Lebensjahr, Vorkommen im Mittelmeerraum und bei bestimmten ethnischen Gruppen, Ashkenaszim-Juden)
    - 2. afrikanisches Kaposi-Sarkom
      (aggressive Form bei schwarzen Afrikanern)
    - 3. Kaposi-Sarkom bei Immunsuppression
    - 4. epidemisches Kaposi-Sarkom bei AIDS
      Ca. 1/3 der AIDS-Patienten entwickeln ein Kaposi-Sarkom. Es handelt sich dabei um bläuliche Flecken, rötlich-violette Plaques, bräunlich-bläuliche Tumorknoten, die auch hämatomähnlich aussehen können. Meist sind Haut, Schleimhäute (Mund, Magen-Darm-Trakt), Lymphknoten oder auch innere Organe (Lunge) befallen
      - Es werden 4 Stadien unterschieden (abgewandelt nach Mitsuyasu)

I	Hautbefall, lokal begrenzt < 10 Herde
II	Hautbefall, disseminiert > 10 Herde
III	Organbefall
IV	Haut- und Organbefall

• Stadien I-II können lokal mit Exzision, Laserung oder Radiatio soweit notwendig palliativ behandelt werden. Die Stadien III-IV werden mit Interferon α-2A oder Chemotherapie mit Bleomycin + Vincristin (+ Doxorubicin) oder Etoposid (auch in Kombination mit den vorher genannten) therapiert. Nachteil der Chemotherapie: Immunsuppression! Der Verlauf kann langsam aber auch fulminant sein • *Non-Hodgkin-Lymphome* Sie sind die zweithäufigsten Malignome bei AIDS-Patienten (ca. 5 % aller HIV-Patienten). Die Ansprechrate auf Chemotherapien ist im Vgl. zu Nicht-AIDS-Patienten eher geringer. Häufig ZNS-Befall! • primäres ZNS-Lymphom Parenchymbefall des Zerebrums. Keine wirksame Therapie
Patienten im Stadium IV können mehreren Kategorien (A-D) gleichzeitig angehören!

Tab. 9.4: Einteilung nach CDC (Centers for Disease Control).

WR O	HIV-Ak negativ
WR 1	HIV-Ak positiv
WR 2	LAS
WR 3	LAS +/-, $T_4 < 400/\mu l$
WR 4	LAS +/-, $T_4 < 400/\mu l$, Hauttest hyperg
WR 5	LAS +/-, $T_4 < 400/\mu l$, Hauttest anerg +/- Soor
WR 6	LAS +/-, $T_4 < 400/\mu l$, Hauttest hyperg/anerg +/- Soor, opport. Infektion

Tab. 9.5: Einteilung nach Walter Reed.

- Wasting-Syndrom: Appetitlosigkeit, Diarrhö und Gewichtsverlust

❑ Diagnostik

- Anamnese (offensichtlich Risikogruppe? - prinzipiell jedoch bei jedem in Betracht zu ziehen!), Klinik
- Serologie (Test nur mit Einverständnis des Patienten!)
  - ELISA: Anti-HIV-Suchtest
  - Western- bzw. Immunoblot (Bestätigungstest)
  - Restrisiko: 1:1.000.000 (z.B. bei Blutspendern!) - diagnostische Lücke - serologisches Fenster, da Infizierte erst nach einigen Wochen Antikörper bilden. HIV-0 wird mit den üblicherweise verwendeten ELISA und Immunoblot in 10 % nicht erkannt
  - evtl. IFT oder Immunpräzipitationstest
  - neu: vollautomatischer HIV-Test mit Biosensor (schnell, günstig)
- Virusisolierung (Zellkultur) sehr aufwendig und kostspielig. Genomnachweis mittels Polymerasekettenreaktion (= PCR) z.Z. noch ähnlich zu bewerten. Antigennachweis z.B. p24-Antigentest technisch einsetzbar, jedoch würde auch nur 1 von 5 mit o.g. Test nicht nachweisbaren Infektionen erkannt werden (vier also nicht). Daher aus Kostengründen nicht verbreitet

- Problem: falsch positive Tests: psychische Belastung, teuere Untersuchungen zum Ausschluß der Infektion!

Cave: Mitteilung falsch positiver Tests!

- IFT zur Differenzierung der Lymphozytensubpopulationen (Tab. 9.6)

normal	1,4-2,0	(T_4 > 1.000/µl)
(zellulärer) Immundefekt	< 1	(T_4 > 400/µl)
schwerer (zellulärer) Immundefekt	< 0,5	(T_4 < 400/µl)

Tab. 9.6: T_4/T_8-Verhältnis.

- bei positivem Test
  BKS, Blutbild sowie Lymphozytendifferenzierung, Transaminasen, γ-GT, AP, Elektrophorese (häufig polyklonale Dysproteinämie mit Erhöhung der Gammaglobulinfraktion), Hepatitis-, Lues-Serologie, Röntgen-Thorax, Oberbauchsonographie

❑ **Therapie**

- Reverse-Transkriptase-Hemmer
  - Azidothymidin (AZT, Zidovidin z.B. Retrovir®) Mittel der 1. Wahl: 500 (- max. 1.000) mg oral/die (symptomatische Patienten, T_4 < 200/µl). Wichtige Nebenwirkungen: Störung der Blutbildung, Neuropathie. Dauer 1-2 Jahre
  - bei Progression oder wenn AZT nicht vertragen wird Gabe von z.B. Didesoxycytosin (DDC, z.B. Hivid®) oder auch Didesoxyinosin (DDI, Didanosin, z.B. Videx®): 3x0,75 bzw. 2x200 mg oral/die. Evtl. auch in Kombination mit AZT. Wichtige Nebenwirkungen: Pankreatitis, periphere Polyneuropathie
- Protease-Hemmer (Protease notwendig zur Bildung infektionsfähiger neuer Viren): Ro 31-8959 (Saquinavir), z.Z. noch im Versuchsstadium (z.B. AZT + DDC + Saquinavir)
- Endonuklease-Hemmer (verantwortlich für die Eingliederung der Virus-DNA in das Genom der infizierten Zelle): theoretischer Therapieansatz
- TAT-Antagonisten (TAT ist ein Protein, welches die Virusproduktion in der infizierten Zelle reguliert bzw. steigert): z.Z. in klinischer Prüfung (Ro 24-7429)

Wichtig: Mögliche Resistenzentwicklungen sind i.d.R. temporär!

- Prophylaxe von opportunistischen Infektionen (Pneumocystis carinii Pneumonie = PCP) mit Pentamidin-Inhalation (300 mg/Monat) oder TMP/SMZ oral (bei T_4-Lymphozyten < 200/µl) (3x160 mg TMP + 800 mg SMZ/Woche) und evtl. in Kombination mit Pyrimethamin/Sulfadiazin (Fansidar® nicht mehr im Handel!) bzw. Dapson/Pyrimethamin zur Prophylaxe einer zerebralen Toxoplasmose
- CMV (Retinitis, Enzephalitis, Befall des GI-Traktes): Ganciclovir (z.B. Cymeven®) oder Foscarnet (z.B. Foscavir®) i.v. (Therapie und Rezidiv-Prophylaxe)
- Infektion mit atypischen Mykobakterien: Kombinationstherapie mit Amikacin, Clarithromycin, Ethambutol, Fluorochinone und Rifabutin
- Infektion mit enteropathogenen Keimen: meist nur symptomatische Therapie

- adjuvante Corticosteroidtherapie (☞ Tab. 9.7)

• PCP (40-60 mg Prednisolonäquivalent/die)
• Kaposi-Sarkom der Lunge mit Dyspnoe (2x25 mg Prednisolonäquivalent/die)
• NHL (im Rahmen einer Polychemotherapie)
• Wasting-Syndrom (z.B. 40 mg Prednisolonäquivalent/die)
• zerebrale Toxoplasmose (bei Ödem 3x4-8 mg Dexamethason)
• Thrombopenie (evtl. neben AZT und Splenektomie zu erwägen)
• allergische Reaktionen (systemisch und lokal)
• rheumatische Erscheinungen
• unklare Krankheitsbilder und Symptome

Tab. 9.7: Mögliche Indikationen für eine adjuvante Corticosteroidtherapie bei AIDS.

- Neben der medizinischen Versorgung ist eine psychologische Betreuung der Patienten notwendig
- mögl. prophylaktische Maßnahmen ☞ Epidemiologie und Pathogenese
- Ein wirksamer Impfstoff (aktiv oder passiv) steht derzeit aufgrund der hohen Antigenvariabilität noch nicht zur Verfügung. Zur Sekundärprophylaxe (z.B. nach Nadelstich): AZT

❑ **Prognose**

Ca. 50 % der Infizierten entwickeln innerhalb von 10 Jahren AIDS. Patienten versterben bei manifestem AIDS meist innerhalb von 2-3 Jahren. Todesursachen sind Infektionen und Tumore. Dabei haben Patienten, bei denen die Diagnose nach Auftreten eines Kaposi-Sarkoms gestellt wurde, die günstigste Prognose.

9.1.15. Human-T-Lymphotropic-Virus (HTLV I und II)

Weitere Viren aus der Familie der Retro-Viren sind die Human-T-Lymphotropic-Viren Typ I (HTLV I) und Typ II (HTLV II). Beide sind RNA-Viren mit Lipidhülle. Ersteres kommt vor allem in Japan, der Karibik und in Afrika vor und verursacht u.a. eine T-Zell-Leukämie. Das HTLV II kann eine (T-Zell)Haarzell-Leukämie auslösen.

Die Viren können aus Blut auf primären Lymphozytenkulturen isoliert werden. Antikörper lassen sich mit IFT oder ELISA nachweisen.

9.1.16. Influenza- und Parainfluenzaviren

9.1.16.1. Influenzaviren

Influenzaviren gehören zu den Orthomyxoviren. Es handelt sich um RNA-Viren mit Lipidhülle. Dabei werden 3 Typen Influenza A, B und C unterschieden, wobei von letzterem bisher nur wenig bekannt ist. Aufgrund verschiedener Oberflächenantigene können eine Vielzahl von Subtypen unterschieden werden, die vor allem für Epidemien mit Influenza Typ A verantwortlich sind.

❑ **Epidemiologie und Pathogenese**

- weltweites Vorkommen
- häufig Epidemien und Pandemien

- ursächlich für weltweite Epidemien sind Veränderungen der Oberflächenantigene:
  - 2 Oberflächenantigene werden (bei Influenza A und B) unterschieden: Hämagglutinin (H1-13) und Neuraminidase (N1-9)
  - Pathogenetisch sind 2 Mechanismen für die Oberflächenantigenveränderungen verantwortlich:
    - *antigen drift*: Punktmutationen in den Gensegmenten bei der Virusvermehrung (Influenza A und B) - Epidemien alle 2-5 Jahre
    - *antigen shift*: Austausch zwischen 2 verschiedenen Influenzasubtypen (Reassortement) (Influenza A) - Pandemien alle 10-15 Jahre

Einteilung bzw. Bezeichnung wie folgt:
Influenza A[1]/H3N2[2]/Shangdong[3]/9/93[4] bzw. B[1]/Panama[3]/45/90[4]
[1] Typ
[2] Antigensubtyp
[3] Isolierungsort
[4] Isolierungszeitpunkt

- jahreszeitliche Häufung besonders im November bis April
- Übertragung durch Aerosole
- Inkubationszeit: 1-4 Tage
- Erregerreservoir: Mensch und Tier (C: Schwein?)
- Zytotoxizität, betroffen sind besonders die Flimmerepithelien des Respirationstraktes (Bindung mit H-Antigen an Rezeptoren). Die Virusausscheidung erfolgt auch auf diesem Weg. Anschließend Virämie
- Immunität nach Infektion nur gegen den infizierenden (Sub-)Typ (daher mehrfache Influenzainfektionen möglich!)

❑ **Symptomatik**

- häufig nur mit leichten Beschwerden verbunden (Schnupfen) bzw. asymptomatisch
- "Grippesymptomatik"
  - Kopfschmerzen
  - Fieber/Schüttelfrost und entspr. Krankheitsgefühl
  - Myalgien, Arthralgien
  - (trockener) Husten, Halsschmerzen, Rhinorrhö
  - gastroenteritische Beschwerden
  - Schwäche, Müdigkeit und nur langsame Besserung

❑ **Komplikationen**

- Tracheobronchitis (bei Kindern: Pseudo-Krupp)
- Pneumonie (interstitielle Viruspneumonie oder sekundär superinfizierte Viruspneumonie)
- Myokarditis/Perikarditis (exsudativ) inkl. Herzrhythmusstörungen
- Meningitis/Enzephalitis
- Reye-Syndrom (☞ Kap. 4.4.4.2.)

❑ Diagnostik

- Symptomatik insbesondere im Rahmen von Epidemien
- Virusisolierung (Hühnerei, Zellkultur) aus Nasensekret und Rachenspülflüssigkeit (wichtig: Typen- bzw. Subtypenbestimmung bei Epidemien → Impfung)
- Direktnachweis (Nasensekret und Rachenspülflüssigkeit): IFT oder ELISA
- Serologie: KBR, IFT bzw. HHT

❑ Therapie und Prophylaxe

- symptomatisch (Fiebersenkung, Flüssigkeitszufuhr, Analgesie)
- Amantadin in der Frühphase, andere Substanzen (GR 121167X) zur Prophylaxe und Therapie z.Z. in Erprobung
- Antibiotika bei bakterieller Superinfektion
- aktive Immunisierung (jährlich) gegen die jeweils aktuellen Subtypen, z.B. mit Mutagrip® (Empfehlung der WHO/Paul-Ehrlich-Institut). 1992/93 waren z.B. besonders Influenza B und Influenza A (H3/N2 und H1N1) für Infektionen verantwortlich. *Cave*: Hühnereiweißallergie. In seltenen Fällen Guillain-Barré-Syndrom (auch postinfektiös). Geimpft werden sollten ältere Patienten und Patienten mit Herz-Kreislauf-Erkrankungen

❑ Prognose

Aufgrund der hohen Infektionszahlen bei Pandemien sterben insgesamt viele Patienten an der Influenza. Insbesondere superinfizierte Pneumonien habe eine hohe Letalität. Allein in den USA sterben pro Jahr ca. 50.000 Menschen durch Influenzaviren.

9.1.16.2. Parainfluenzaviren

Die Parainfluenzaviren gehören zu den Paramyxoviren. Dabei handelt es sich um RNA-Viren mit Lipidhülle. Es werden 4 Typen (I-IV) von Parainfluenzaviren unterschieden. Vom Typ IV der Parainfluenzaviren ist bis jetzt nur wenig bekannt (ähnlich wie bei Influenza-Virus Typ C).

❑ Epidemiologie und Pathogenese

- weltweites Vorkommen
- weniger epi- bzw. pandemische Verläufe als bei Influenza
- Es werden auch Veränderungen der Oberflächenantigene beobachtet
- Übertragung durch Aerosole bzw. direkten Kontakt
- Inkubationszeit: 2-6 Tage
- Erregerreservoir: Mensch
- Zytotoxizität (Flimmerepithelien des Respirationstrakts)
- Trotz nachweisbarer Antikörper (auch partielle Antigengemeinschaft zwischen den einzelnen Typen) sind Reinfektionen möglich
- Meist sind Kleinkinder betroffen (Kindergarten). Bei Erwachsenen lassen sich in bis zu 100 % der Fälle Antikörper nachweisen

❑ **Symptomatik**

- bei Erwachsenen häufig nur mit leichten Beschwerden verbunden (Schnupfen) bzw. asymptomatisch
- sonst ähnliche Symptomatik wie bei Influenza
  - Kopf- und Gliederschmerzen
  - Fieber/Schüttelfrost, Krankheitsgefühl
  - Husten, Rhinitis, Pharyngitis
  - gastroenteritische Beschwerden
- Tracheobronchitis
  - bei Kindern (ca. 10-30 % der viral bedingten Krupp-Anfälle)
    - Pseudo-Krupp (Typ 1 und 2)
    - pertussiform (Typ 3)

❑ **Komplikationen**

- Bronchiolitis/Bronchopneumonie
- sekundäre Superinfektion
- selten Myokarditis/Perikarditis
- selten Meningitis/Enzephalitis
- Reye-Syndrom (☞ Kap. 4.4.4.2.)

❑ **Diagnostik**

- Symptomatik - epidemiologische Gesichtspunkte
- Virusisolierung (Zellkultur) aus Nasensekret und Rachenspülflüssigkeit oder direkter Antigennachweis (Nasensekret und Rachenspülflüssigkeit) (IFT)
- Serologie: KBR (Titerverlauf, Kreuzreaktion unter den verschiedenen Typen und z.B. mit Respiratory syncytial-Virus = RSV/Mumps) bzw. HHT

❑ **Therapie und Prophylaxe**

- symptomatisch: Antipyretika/Analgetika (*cave*: Azetylsalizylsäure → Reye-Syndrom) und Flüssigkeitszufuhr
- Antibiotika bei bakterieller Superinfektion

❑ **Prognose**

Bei Pseudokrupp, Bronchiolitis und Pneumonie im Kindesalter ist die Letalität relativ hoch.

9.1.17. Masernvirus

Masernviren sind RNA-Viren (mit Hülle) und gehören zur Familie der Paramyxoviren.

❑ **Epidemiologie und Pathogenese**

- Das Virus ist weltweit verbreitet. In Afrika werden besonders schwere Verläufe beobachtet
- Inkubationszeit: 2 Wochen

- Übertragungsweg: Tröpfcheninfektion, einziges Erregerreservoir ist der Mensch. Eintrittspforte ist vorwiegend der Nasenrachenraum. Das Virus ist hochkontagiös, so daß die natürliche Durchseuchung im Kindesalter ca. 100 % beträgt. Patienten sind 4-5 Tage vor Auftreten der Symptome infektiös (Ausscheidung über Schleimhäute des Nasenrachenraumes)
- Es kommt zu einer generalisierten Infektion mit Virämie und Riesenzellbildung (dabei zeitweise reduzierte Immunantwort)
- Die Infektion hinterläßt eine Immunität

❑ **Symptomatik**

Masern - Morbilli:

- hoher Manifestationsindex
- Prodromi: katarrhalische Erscheinungen mit Fieber, Konjunktivitis, Kopfschmerzen
- Kurz vor Auftreten des Exanthems finden sich *Kopliksche Flecken*, die kalkspritzerartig an den Wangenschleimhäuten auftreten
- Am 14. Tag kommt es zum typischen Exanthem, das retroaurikulär beginnt und dessen rote Flecken an Größe zunehmen und konfluieren. Dabei wird der ganze Körper befallen. Das Exanthem ist von einem erneuten Fieberanstieg begleitet (Dauer: 2-3 Tage, dann Abblassen, später Schuppung)
- häufig Lichtscheu
- Lymphadenitis
- meist Husten!

❑ **Komplikationen**

Leichtere Komplikationen:

- Masernotitis
- Masernpneumonie
- evtl. auch Superinfektion

Schwere Komplikationen:

- bei Kindern: Laryngitis (Masernkrupp)
- Masernenzephalitis
  - akut-progressiv
  - akut-postinfektiös
  - subakut-sklerosierend (Panenzephalitis: SSPE, Jahre nach Maserninfektion - Slow-virus-Infektion, M-Antigen, Demyelinisierung)
- bei Immundefekt bzw. Immunsuppression
  - Riesenzellpneumonie
  - foudroyanter Verlauf

❑ **Diagnostik**

- Klinik
- Virusisolierung aus Rachenabstrich oder Urin mit direkter Immunfluoreszenz möglich, jedoch ohne Bedeutung

- Serologie
  - Erstinfektion
    - KBR oder HHT (Serokonversion, 4facher Titeranstieg)
    - IgM-ELISA: positiv
    - IgG-ELISA: Serokonversion oder positiv
  - Z.n. Primärinfektion
    - IgM-IFT: negativ
    - IgG-IFT: positiv
    - HHT-Titer > 1:8
  - SSPE: sowohl im Serum als auch im Liquor hohe Titer (KBR/HHT)

❑ **Prophylaxe und Therapie**

- Aktivimpfung mit attenuierter Masern-Lebend-Vakzine ab dem 15. Lebensmonat in Kombination mit Mumps- und Röteln-Impfung (*cave*: Hühnereiweißallergie). Sog. Impfmasern sind nicht infektiös (Auftreten: 1 Woche nach Impfung)
- postexpositionelle passive Immunisierung mit Gammaglobulin
- Kranke und Krankheitsverdächtige dürfen keine Schulen und ähnliche Institutionen aufsuchen
- sonst symptomatische Therapie:
  - Antitussiva
  - Antibiotika bei Superinfektion
  - ggf. Corticosteroide

❑ **Prognose**

Meist gut. Die Enzephalitis hat eine ungünstigere Prognose (Letalität bis 20 %). Auch bei immunsupprimierten Patienten finden sich häufig ungünstige Verläufe.

Tod an Masern ist meldepflichtig!

9.1.18. Mumpsvirus

Mumpsviren gehören zu den Paramyxoviren und sind RNA-Viren mit Hülle.

❑ **Epidemiologie und Pathogenese**

- Das Virus ist weltweit verbreitet und relativ empfindlich (UV-Strahlung, Äther und Formalin)
- Inkubationszeit: (2-) 3 Wochen
- Übertragungsweg: Tröpfcheninfektion von Mensch zu Mensch. Im Vgl. zu Varizellen und Masern jedoch weniger kontagiös (hohe Durchseuchung besonders im Kindesalter). Patienten sind ca. 1 Woche vor bis 2 Wochen nach Auftreten der Symptome infektiös
- Nach Virusvermehrung in den Speicheldrüsen erfolgt nach Virämie der Befall anderer Organe
- Die Infektion hinterläßt eine Immunität

❑ **Symptomatik**

- Parotitis epidemica (meist beidseitiger Befall der Speicheldrüsen)
- Fieber, Kopfschmerzen
- Lymphadenitis
- Orchitis, seltener Oophoritis

- Meningitis bzw. Meningoenzephalitis (bis zu 50 % pathologischer Liquorbefund)
- Pankreatitis (evtl. Entwicklung einer diabetischen Stoffwechsellage)

❑ **Diagnostik**

- typische Klinik
- Virusisolierung aus Rachenabstrich, Urin oder Liquor möglich, jedoch ohne Bedeutung
- Serologie
  - Primärinfektion
    - KBR (Serokonversion, 4facher Titeranstieg)
    - IgM-ELISA: positiv
    - IgG-ELISA: Serokonversion oder positiv
  - Z.n. Primärinfektion
    - IgM-IFT: negativ
    - IgG-IFT: positiv

❑ **Prophylaxe und Therapie**

- Aktivimpfung mit attenuierter Mumps-Lebend-Vakzine ab dem 15. Lebensmonat (*cave*: Hühnereiweißallergie)
- postexpositionelle passive Immunisierung mit Mumpsimmunglobulin
- Kranke und Krankheitsverdächtige dürfen keine Schulen und ähnlich Institutionen aufsuchen
- sonst symptomatische Therapie, bei Orchitis Hochlagerung des Hodens und ggf. Corticosteroide

❑ **Prognose**

In der Regel gut - auch bei zerebraler Beteiligung. Der Befall der Keimdrüsen kann zur Sterilität führen. Nach Pankreatitis kann auch ein Diabetes mellitus resultieren.

9.1.19. Papova-Viren ☞ Kap. 9.1.14.

9.1.20. Polioviren (Typ I, II und III)

Polioviren gehören zur Familie der Picornaviren/Genus Enteroviren (RNA-Viren/hüllenlos). Es werden 3 Serotypen unterschieden.

Sie sind Erreger der Poliomyelitis ("Kinderlähmung").

❑ **Epidemiologie und Pathogenese**

- Weltweites Vorkommen, Infektionen seit Einführung der Impfprophylaxe deutlich seltener: Anfang der fünfziger Jahre in Europa noch ca. 50.000 Fälle pro Jahr, lt. WHO 1992 weltweit 15.911 Erkrankungen, 1993 nur noch 7.898 Fälle. Betroffen sind besonders afrikanische und asiatische Länder (Abb. 9.3)
- Erkrankungshäufung in den warmen Jahreszeiten
- Übertragungsweg: enteral jedoch auch über Tröpfchen
- typenspezifische Immunität
- Infektiosität (Stuhl) einige Tage nach Infektion sowie anschließend Wochen bis Monate
- Kinder sind häufiger betroffen als Erwachsene
- Inkubationszeit: ca. 1-2 Wochen, gelegentlich auch länger

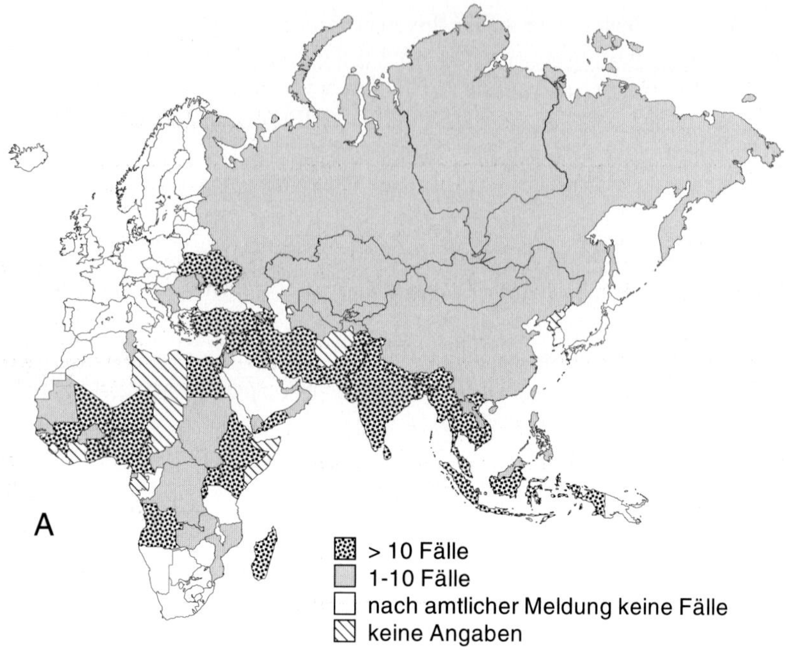

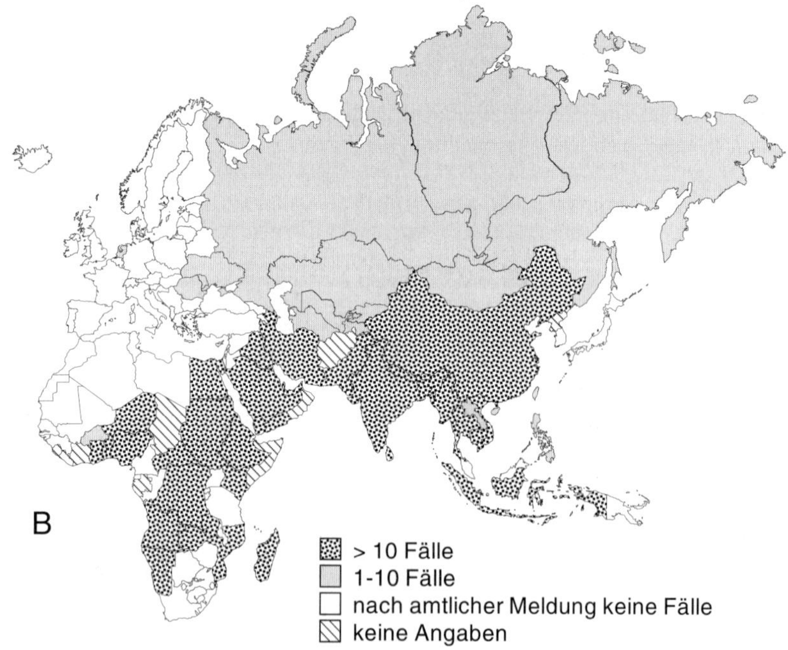

Abb. 9.3: Verbreitung der Poliomyelitis nach Angaben der WHO: A = 1992, B = 1993. In Nord-, Südamerika und Australien gab es keine Poliomyelitisfälle.

❑ **Symptomatik**

- > 90 % der Infektionen inapparent oder Grippesymptomatik ("minor illness") oder Bild einer Gastroenteritis (wenige Tage)
- meningitischer-enzephalitischer/präparalytischer Verlauf (im Anschluß an o.g. Symptomatik)
  - abakterielle Meningitis mit Kopf- und Nackenschmerzen (bis Nackensteifigkeit), Dreifuß-, Brudzinski- und Kernig-Zeichen positiv (Dauer: Stunden bis wenige Tage)

> *Dreifußzeichen*
> Sitzhaltung mit Stabilisierung des Körper durch die nach schräg-hinten abgestützten Arme

- paralytischer Verlauf (primär oder im Anschluß an o.g. Symptomatik)
  - schlaffe Lähmung ("Morgenlähmung") durch Befall der motorischen Vorderhornzellen. Dabei wird zwischen der spinalen (*cave*: Interkostal- und Zwerchfellmuskulatur) und bulbopontinen (*cave*: Medulla oblongata - Vagus) Form unterschieden
- Spätstadium mit Muskelatrophie, Kontrakturen und Wachstumsstörungen

❑ **Diagnostik**

- Klinik
- Virusisolierung in Zellkulturen aus Rachenabstrich, Liquor und Stuhl (mehrere Wochen im Stuhl nachweisbar!)
- Serologie (NT)
  - frische Infektion
    - Serokonversion oder 4facher Titeranstieg - typenspezifisch, evtl. hohe Titer
  - Immunstatus (nach Impfung oder inapparenter Infektion)
    - positiver Antikörpernachweis

❑ **Prophylaxe und Therapie**

- übliche Hygienemaßnahmen
- Die aktive Immunisierung erfolgt mit abgeschwächtem Lebendimpfstoff nach *Sabin* (oral, 3 Impfdosen im Abstand von 6-8 Wochen, Auffrischung nach 10 Jahren) oder (bei Kontraindikationen) Todimpfstoff nach *Salk* (i.m., 2 Dosen im Abstand von 4-8 Wochen, 3. Impfung nach 1 Jahr). Bei der Lebendimpfung besteht das Risiko einer Impfpoliomyelitis (Risiko 1:3-4 Mio.)
- passive Immunisierung mit humanem Immunglobulin bei Exposition Nichtgeimpfter möglich
- symptomatische Therapie inkl. intensivmedizinischer Maßnahmen wie Beatmung

❑ **Prognose**

Die meisten Infektionsfälle verlaufen inapparent und somit günstig. Paralytische Verläufe haben eine Letalität von 5-25 %. Bleibende Schäden können nach 1-2 Jahren beurteilt werden.

> Verdacht, Erkrankung und Tod sind nach dem Bundesseuchengesetz meldepflichtig!

9.1.21. Poxviren

Poxviren sind DNA-Viren mit Lipidhülle, wobei verschiedene Genera humanpathogen sind (Tab. 9.8).

Orthopoxviren	• Variolavirus • Variola-minor-Virus (Alastrin-) • Vacciniavirus • Affenpockenvirus • Kuhpockenvirus
Parapoxviren	• Melkerknotenvirus • Orf-Virus
Iuscipoxviren	• Molluscum-contagiosum-Virus

Tab. 9.8: Poxviren.

❑ **Epidemiologie und Pathogenese**

- Die Welt ist seit 8.5.1980 lt. WHO pockenfrei. Affenpocken kommen noch in Afrika vor. Letzter Pockenfall: 1977
- Pocken waren hoch kontagiös. Die Infektion hatte zudem einen hohen Manifestationsindex. Seit dem Mittelalter waren sie auch in Europa endemisch. Affenpocken sind weniger kontagiös
- Übertragungsweg: aerogen oder über Bläscheninhalt
- Inkubationszeit: ca. 2 Wochen
- nach Impfung gute Immunität

❑ **Symptomatik**

- **Pocken/Kuh- und Affenpocken**
  - Fieber + Initialexanthem
  - nach 4 Tagen: Roseolen, Papeln und schließlich Bläschen und Pusteln im Bereich des Stammes, Gesicht, behaarten Kopfes sowie an den Extremitäten (inkl. Handinnenflächen)
  - Die Bläschen sind gekammert mit (Pocken-)Nabel (zentrale Delle)
  - starker Juckreiz (→ Narben durch Kratzeffekte!)
  - Nephritis/Pneumonie
  - Allgemeinbefinden stark beeinträchtigt

- **Variola minor**
  - milderer Verlauf (Erreger ebenfalls ausgerottet)

- **Affenpocken**
  - ähnlich wie Pocken
  - Lymphadenopathie

- **Kuhpocken**
  - meist ulzeröse Veränderungen an den Händen (Zoonose)
  - auch pockenähnliche Verläufe möglich

- **Melkerknotenvirus**
  - kleine, derbe Knoten an den Händen (Zoonose durch Kühe)
- **Orf-Virus**
  - Papeln, Bläschen und evtl. Ulzera (Zoonose durch Schafe/Ziegen)
- **Molluscum-contagiosum (Dellwarzen)**
  - Papeln im Gesicht oder Genitalbereich (Übertragung durch direkten Kontakt). Häufig bei Immundefizit

❑ **Diagnostik**

- Klinik
- Erregernachweis elektronenmikroskopisch aus Bläscheninhalt
- Virusisolierung (Bläscheninhalt, Rachenabstrich) auf Chorioallantoinmembran (Ei) oder Gewebekulturen (Einschlußkörper)
- Serologie: HHT, ELISA, KBR und NT

❑ **Prophylaxe und Therapie**

- Impfungen sind gegen verschiedene Pockenformen möglich, jedoch aufgrund der Ausrottung der echten Pocken nur noch in bestimmten Fällen (und gegen bestimmte Erreger) sinnvoll
- Pocken stellen eine meldepflichtige Erkrankung dar
- Erkrankte und Verdächtige dürfen Kindergärten, Schulen und andere Gemeinschaftseinrichtungen nicht besuchen

❑ **Verlauf**

Bei echten Pocken lag die Letalität bei 20-30 %.

9.1.22. Rötelnvirus

Das Röteln- bzw. Rubeolavirus gehört zur Familie der Togaviren. Es handelt sich um RNA-Viren mit Hülle.

❑ **Epidemiologie und Pathogenese**

- Das Rötelnvirus kommt weltweit vor. Meist endemisches Vorkommen, dem jedoch durch Impfung entgegen getreten wird
- Inkubationszeit: ca. 2-3 Wochen
- Übertragungsweg: Tröpfcheninfektion von Mensch zu Mensch oder direkter Kontakt. Von besonderer Bedeutung ist die diaplazentare Übertragung mit möglicher Rötelnembryopathie
- Erkrankungshäufung im Frühling und Frühsommer
- Infizierte sind bereits vor Ausbruch der Erkrankung infektiös. Die Infektiosität kann lange anhalten, endet jedoch meist 2-3 Wochen nach Auftreten des Exanthems. Es besteht eine geringe bis mittelgradige Kontagiosität des Virus
- Die Infektion hinterläßt Immunität (nur ein Serotyp), bei niedrigen Antikörpertitern sind Reinfektionen (auch in der Schwangerschaft möglich)

❑ **Symptomatik**

- Infektion und Reinfektion verlaufen häufig inapparent

- **Röteln (Rubeola, Rubella)**
  - Exanthem: rundliche, rote, nicht konfluierende Flecken, die einen weißlichen Hof aufweisen (Gesicht, Stamm, weniger Extremitäten, Größe der Effloreszenzen zwischen Scharlach und Masern) und nach 2-3 Tagen abblassen
  - Fieber um 38 °C
  - wenig beeinträchtigtes Allgemeinbefinden
  - Lymphadenitis (insbesondere starke nuchale Lymphknotenschwellung)
  - Konjunktivitis
  - Arthralgien
- **Röteln-Embryopathie - Gregg-Syndrom**
  - Katarakt (+ Mikroophthalmie) bzw. Retinopathie
  - Innenohrschwerhörigkeit
  - Herzfehler (offener Ductus arteriosus botalli, Septumdefekte)
  - zerebrale Störungen mit Retardierung

> Risiko in den ersten 6 Wochen der Schwangerschaft > 50 % und < 10 % ab dem 2. Trimenon!

❑ **Komplikationen**

- Sekundärinfektionen (Otitis, Angina)
- Enzephalitis
- Röteln-Purpura mit Thrombopenie

❑ **Diagnostik**

- Klinik mit typischem Exanthem
- Blutbild: anfangs Leukozytose, dann Leukopenie
- Virusisolierung prinzipiell in Zellkulturen aus Rachenabstrich, Urin, Fruchtwasser, Konjunktivalabstrich, etc. möglich
- Serologie
  - Primärinfektion
    - IgM-ELISA: positiv
    - HHT/IgG-ELISA: Serokonversion oder positiv bzw. hoher Titer
  - Z.n. Primärinfektion und Immunstatus
    - IgM-ELISA: negativ
    - HHT/IgG-ELISA: positiv, HHT-Titer > 1:8
  - Reinfektion
    - IgM (ELISA): negativ
    - HHT/IgG (ELISA): Titeranstieg
  - konnatale Infektion
    - IgM (ELISA): positiv (evtl. nicht nachweisbar, jedoch meist Virusisolierung aus Urin positiv!)

❑ **Prophylaxe und Therapie**

- Ca. 10 % der Mädchen erreichen das gebärfähige Alter ohne Rötelninfektion. Da auch nach Infektion (oder Impfung) der Antikörpertiter zu niedrig sein kann (HHT-Titer < 1:8), ist die Titerbestimmung und ggf. aktive Immunisierung notwendig:
  Röteln-Impfung (Lebendimpfstoff) in Kombination mit Masern- und Mumpsimpfung im 2. Lebensjahr bzw. allein bei Mädchen zwischen dem 11. und 14. Lebensjahr. Schwangere dürfen nicht geimpft werden (ggf. Schwangerschaftstest vor Impfung!)
- postexpositionelle Prophylaxe (bei seronegativen Schwangeren) spätestens am 4. oder 5. postexpositionellen Tag mit Hyperimmunglobulin i.m.
- sonst ggf. symptomatische Therapie
- Ein Kontakt von rötelninfizierten Patienten mit Schwangeren ist unbedingt zu verhindern

❑ **Prognose**

Die Infektion verläuft in der Regel ohne wesentliche Folgen soweit keine Schwangerschaft vorliegt.

9.1.23. Tollwutvirus - Rabiesvirus

Das Tollwut- bzw. Rabiesvirus gehört zu den Rhabdoviren. Es handelt sich um RNA-Viren mit Hülle, die Erreger der Tollwut (Rabies, Lyssa) sind.

❑ **Epidemiologie und Pathogenese**

- als tollwutfrei gelten: Australien, Bermudas, England, Finnland, Japan, Malta, Neuseeland, Norwegen und Schweden
- Erregerreservoir sind warmblütige Säugetiere
- Übertragungsweg: Hauptüberträger sind in der Bundesrepublik Wildtiere wie Fuchs und Reh. In Ländern mit hoher Anzahl an Tollwutfällen beim Menschen sind besonders Hunde Überträger der Krankheit. Die Übertragung kann durch Biß- oder Kratzverletzung (Speichel) aber auch durch Speichelkontakt in die Augen oder evtl. auch Mund erfolgen
- in der Bundesrepublik lediglich Einzelfälle (1977-1992: 4 Tollwutfälle). In Afrika und besonders in Südostasien jedoch ist die Tollwut ein großes gesundheitliches Problem: In Indien sterben jährlich ca. 30.000 Menschen an Tollwut, allein in Delhi 300/Jahr. Ca. 500 - 750.000 postexpositionelle Impfungen erfolgen dort pro Jahr (Problem: Kosten und Impfstoffmenge)
- Inkubationszeit: (10) Tage bis zu einem Jahr. Kurze Inkubationszeit und hohe Wahrscheinlichkeit (bis zu 50 %) zu erkranken bei schweren Bißverletzungen, insbesondere in der Nähe von Nerven und ZNS.
- Das Virus ist licht- und hitzelabil, gegen Kälte gut resistent, so daß Kadaver lange Zeit infektiös bleiben
- Hohe Viruskonzentrationen finden sich im Speichel, in der Muskulatur und im Nervensystem. Die Viren gelangen über axonalen Transport ins ZNS, von dort über den gleichen Weg wieder in periphere Organe (z.B. Speicheldrüsen). Tiere sind bereits ca. 1 Woche vor Erkrankungsbeginn infektiös
- nach Impfung meist gute Immunität

❑ **Symptomatik**

- Prodromi
  - Fieber, Übelkeit, Erbrechen, Nervosität
  - erhöhte Empfindlichkeit gegen optische und akustische Reize

- "wilde Wut"
  - Muskelspasmen im Bereich von Mund und Larynx
  - generalisierte Krämpfe
  - starke Schleimproduktion mit Virusausscheidung (Schaum vor dem Mund)
  - Hydrophobie (Angst und Spasmen bei Anblick von Wasser)
- "stille Wut"
  - starke Schleimproduktion mit Virusausscheidung (Schaum vor dem Mund)
  - Paralysen

❑ **Diagnostik**

- Kontakt mit entsprechenden Tieren, Bißverletzung, entspr. Klinik
- Erregernachweis mittels direktem IFT in Hautbiopsie oder Kornea-Abklatschtest
- Virusisolierung (Speichel, Urin, Biopsat) in Gewebekulturen oder Mäusen (postmortal Nachweis von *Negri-Einschlußkörperchen* oder IFT im Gehirn)
- Serologie
  - bei Infektion
    - KBR
    - HHT
    - RFFIT: rapid fluorescent focus inhibition test (spez. Tollwut-Antikörper: positiv)
  - nach Impfung
    - Mäuse-Neutralisationstest
    - RFFIT: rapid fluorescent focus inhibition test (spez. Tollwut-Antikörper: positiv)

❑ **Prophylaxe und Therapie**

- Jäger, Tierärzte u.a. Menschen mit erhöhtem Expositionsrisiko sollten präexpositionell aktiv geimpft werden:
  - Impfung i.m. an den Tagen 0, 28 und 56 mit HDC (= human diploid cell)-Impfstoff
- Bei postexpositioneller Impfung wird simultan aktiv (Tag 0, 3, 7, 14, 28 und 90) und passiv mit 20 I.E. Tollwut-Immunglobulin/kg KG i.m. geimpft. Das Impfschema kann abgebrochen werden, falls das Tier 15 Tage gesund bleibt
- nach Biß gründliche Lokalversorgung der Wunde inkl. Desinfektion und Tetanusprophylaxe
- sonst symptomatische Therapie (Abschirmen von Lichtreizen, Ruhe sowie intensivmedizinische Maßnahmen)

❑ **Verlauf**

Tollwut verläuft nahezu 100%ig tödlich. Meldepflichtig sind Verdachts-, Erkrankungs- und Todesfall sowie Biß bzw. Verletzung durch ein tollwutverdächtiges Tier oder Kontakt mit diesem.

9.1.24. Varicella-Zoster-Virus (VZV)

Beim Erreger der Varizellen sowie des Herpes zoster handelt sich um ein behülltes DNA-Virus der Familie der Herpesviren.

❑ **Epidemiologie und Pathogenese**

- weltweites Vorkommen, hohe Durchseuchung aufgrund hoher Kontagiosität
- hoher Manifestationsindex, wobei besonders Kinder zwischen 2 und 6 Jahren (Windpocken = Kinderkrankheit) im Frühjahr und Winter betroffen sind

- Übertragungsweg: aerogen oder über Bläscheninhalt sowie auch neonatal
- Inkubationszeit: meist 1-2 Wochen (10-28 Tage)
- Infektiosität: ca. 1 Tag vor bis 1 Woche nach Auftreten des Exanthems
- Virusvermehrung in Haut- und Schleimhäuten mit Ausbildung von Bläschen, Virustransport in Ganglien
- keine Immunität, da Viren besonders in den Spinalganglien und Ganglion trigeminale lebenslang persistieren
- Reaktivierung besonders bei Patienten mit schlechter Immunlage (Tumore, Leukosen, Infekt, AIDS sowie im Alter) oder durch äußere Einflüsse wie Operation oder Trauma als Herpes zoster (Gürtelrose) - selten primärer Zoster. Dabei Virusausscheidung!

❑ **Symptomatik**

● **Varizellen (Windpocken) (= Primärinfektion)**

- Prodromi: Inappetenz, Unwohlsein, Fieber, "Rash" (scharlachähnliches Vorexanthem)
- nach 24 h: Roseolen, Papeln und schließlich Bläschen (später mit Schorf, der nach 1-2 Wochen abfällt) im Bereich von Stamm, Gesicht, Mund (→ Schleimhautbefall!) und behaartem Kopf sowie an den Extremitäten
- da Effloreszenzen unterschiedlich alt (schubweiser Verlauf): Bild des "bunten Sternenhimmels"
- Die Bläschen sind ungekammert und haben keinen (Pocken-)Nabel (zentrale Delle fehlt)
- starker Juckreiz (→ Narben durch Kratzeffekte!)
- nur gering erhöhte Temperaturen
- Allgemeinbefinden nur wenig beeinträchtigt

● **Herpes zoster (Gürtelrose) (= Reaktivierung)**

- segmentales Auftreten von Papeln und Bläschen (bevorzugt Trigeminusgebiet und Stamm)
- starke brennende Schmerzen (oft auch nach Abklingen der Effloreszenzen)

❑ **Komplikationen**

- Superinfektionen (Impetiginisierung)
- Narbenbildung durch Aufkratzen der Bläschen
- Meningoenzephalitis
- Pneumonie
- septischer Verlauf mit DIC bei immunsupprimierten Patienten
- Varizellen in der Schwangerschaft bedingen ein Risiko für schwere Schäden beim Kind von > 1 %. Hohes Risiko auch bei Auftreten von Varizellen kurz vor oder kurz nach der Geburt (häufig Infektion auch des Kindes mit schwerem Verlauf)
- Zosterneuralgien (lange bestehend)
- Hornhautläsion bei Befall des R. ophthalmicus
- Zoster generalisatus

❑ Diagnostik

- Klinik meist eindeutig (Differentialdiagnose beim Herpes zoster vor Auftreten der Effloreszenzen häufig jedoch schwierig!)
- Erregernachweis elektronenmikroskopisch aus Bläscheninhalt
- Virusisolierung (Bläscheninhalt, Rachenabstrich) Zellkulturen
- Serologie
  - bei Primärinfektion
    - KBR (Serokonversion, 4facher Titeranstieg oder hoher Titer)
    - IgM-ELISA: positiv
    - IgG-ELISA: Serokonversion oder positiv
  - Z.n. Primärinfektion
    - IgM-ELISA: negativ (bei Reaktivierung mögl. auch positiv)
    - IgG-ELISA: positiv
    - IgA-ELISA: meist positiv
    - KBR: Titeranstieg

❑ Prophylaxe und Therapie

- Impfung (aktiv oder passiv/postexpositionell):
  - aktiv
    Indikation: immunsupprimierte Patienten, Planung einer Schwangerschaft bei nicht-immuner Frau, Exposition
    - attenuierter Lebendimpfstoff (HDC, Stamm Oka), guter Schutz
  - passiv
    Indikation: postexpositionell (bis 3 Tage)
    - Varicella-Zoster- Hyperimmunglobulin (z.B. Varitect®)
- Erkrankte und Verdächtige dürfen Kindergärten, Schulen und andere Gemeinschaftseinrichtungen nicht besuchen
- bei immunsupprimierten Patienten oder schwerem Verlauf bzw. Komplikationen systemische Therapie z.B. mit Aciclovir (z.B. Zovirax®) erwägen!
- Herpes zoster: lokal Aciclovir und systemisch Famciclovir (z.B. Famvir®) sowie Analgetika!
- sonst symptomatische Therapie (z.B. Anaesthesulf®, Antihistaminika, Verhütung bakterieller Sekundärinfektionen - besonders bei Kindern!)

❑ Verlauf

Meist gutartiger Verlauf bei Varizellen, selten Meningoenzephalitis (ebenfalls günstige Prognose). Die Beschwerden beim Herpes zoster sind hingegen häufig langwierig (Jahre).

9.1.25. Zytomegalievirus (CMV)

Das Zytomegalievirus gehört zur Familie der Herpesviren (DNA-Virus mit Hülle).

❑ Epidemiologie und Pathogenese

- weltweites Vorkommen, hohe Durchseuchung insbesondere in Entwicklungsländern (bis 100 %), in der Bundesrepublik ca. 50 %

- Bei Erwachsenen findet sich nur ein geringer Manifestationsindex. Problematisch sind intrauterin übertragene Infektionen (ca. 1 % der Kinder infiziert, jedes 10. Kind davon erkrankt oder zeigt bleibende Schäden) sowie infizierte Transplantate (Infektionsrate bis zu 90 %, u.a. verantwortlich für die hohe Komplikations- bzw. Sterblichkeitsrate) und Bluttransfusionen
- Übertragungsweg: Tröpfchen, direkter Kontakt oder transplazentar
- Inkubationszeit: 2-5 Wochen?
- Das Virus befällt u.a. weiße Blutzellen und Speicheldrüsen und kann persistieren
- Infektiosität nicht geklärt, Virusausscheidung z.B. im Speichel, Urin, Muttermilch, Vaginalsekret etc.
- keine Immunität - Reaktivierung möglich (besonders bei Schwangerschaft, schlechter Immunlage bei schweren Erkrankungen und Patienten unter immunsuppressiver Therapie)
- Onkogenität derzeit noch ungeklärt

❑ **Symptomatik**

- häufig inapparent
- milder Verlauf einer Mononukleose ähnlich
  - Lymphadenopathie
  - Exanthem
  - evtl. Fieber
  - Speicheldrüsenbefall mit mumpsähnlicher Symptomatik

  meist klinisch inapparenter Organbefall wie
  - Hepatitis
  - (interstitielle) Pneumonie
  - Myokarditis
  - ZNS-Beteiligung (Enzephalitis)
  - hämolytische Anämie (selten)
  - beschrieben auch: *Guillain-Barré-Syndrom*
- bei immunsupprimierten Patienten im Rahmen einer Primärinfektion meist o.g. Symptomatik, jedoch schwerer Verlauf
  - bei Retinitis Gefahr der Erblindung
  - Hepatitis mit Ikterus und Synthesestörungen
  - Myokarditis/Pneumonie und Enzephalitis
  - ulzeröse Enteritis
- konnatale Form (Fetopathie/häufig Frühgeburten)
  - ZNS-Störungen (Enzephalitis, Mikrozephalie, Verkalkungen, Krampfleiden, Optikusatrophie, geistige Retardierung, Hörstörung)
  - Hepatitis mit Hepatosplenomegalie und Ikterus
  - Thrombopenie mit Petechien, Anämie
  - Chorioretinitis
  - (interstitielle) Pneumonie

❑ **Diagnostik**

- Klinik (bei Problemen nach Transplantation daran denken!)
- zytomegale Zellen (sog. Eulenaugen) lassen sich u.a. im Speichel und Urin nachweisen

- Virusisolierung (Urin, Speichel, Abstrichmaterial, Biopsien) auf menschlichen Zellkulturen. Schneller: Nachweis des sogenannten "early antigen" bzw. PCR (Polymerasekettenreaktion) (auch im Fruchtwasser)
- Serologie
  - Primärinfektion
    - KBR (Serokonversion, 4facher Titeranstieg oder hoher Titer)
    - IgM-ELISA: positiv
    - IgG-ELISA: Serokonversion oder positiv
  - Z.n. Primärinfektion
    - IgM-ELISA: negativ (bei Reaktivierung mögl. auch positiv)
    - IgG-ELISA: positiv
    - KBR: bei Reaktivierung Titeranstieg
- Ekg
- Transaminasen, Bilirubin, ChE, Quick bei V.a. Hepatitis

❑ **Prophylaxe und Therapie**

- Spenderscreening vor Transplantationen!
- passive Impfung (prä- und postexpositionell z.B. bei immunsupprimierten Patienten oder vor Transplantation) mit 0,2 ml/kg KG CM-Immunglobulin. Evtl. Chemoprophylaxe mit Aciclovir
- bei immunsupprimierten Patienten oder schweren Verlauf bzw. Komplikationen systemische Therapie z.B. mit Ganciclovir und/oder Foscarnet
- sonst symptomatische Therapie

❑ **Verlauf**

In der Regel asymptomatischer Verlauf. Bei konnataler Form häufig Defektheilungen, bei postnataler Infektion im Neugeborenen- bzw. Säuglingsalter bei generalisierter Form hohe Letalität. Auch immunsupprimierte Patienten insbesondere Transplantatempfänger oder Patienten mit AIDS haben eine ungünstige Prognose.

Erkrankung und Tod sind bei angeborener Form meldepflichtig!

9.1.26. Nicht klassifizierte Viren - Slow-virus-Infektion - Prionkrankheiten

Im wesentlichen sind 3 Erkrankungen beim Menschen durch "Slow-virus-Infektion" verursacht. Die Erkrankungen werden zu den übertragbaren spongiformen Enzephalopathien (TSE) gerechnet.

● **Jakob-Creutzfeldt-Erkrankung**

Demenz sowie Kleinhirn- und extra-/pyramidale Ausfälle (psychische und motorische Störungen), schließlich Exitus (durchschnittliche Überlebenszeit: 3/4 Jahr). Die Jakob-Creutzfeldt-Erkrankung hat eine Inzidenz von 0,5-1/1 Mio. Einwohner und zeigt eine familiäre Häufung. Eine Variante davon dürfte das *Gerstmann-Sträussler-Scheinker-Syndrom* (Inzidenz ca. 1/10 Mio. Einwohner) sein.

● **Kuru**

Vorkommen in Ost-Neuguinea, Lach-Schüttelkrankheit, Ähnlichkeit zur myatrophischen Lateralsklerose mit Degeneration im Kleinhirn und extrapyramidalen System. Hohe Letalität.

- **familiäre tödliche Insomnie (fatal familial insomnia = FFI)**

Es sind Einzelfälle in Italien und Amerika berichtet.

Im Tierreich kommen weitere Prionkrankheiten vor (in Klammern ist der jeweilige Wirt genannt:

- bovine spongiforme Enzephalopathie - BSE (Rind)
- feline spongiforme Enzephalopathie - FSE (Katze)
- Traberkrankheit/Scrapie (Schaf und Ziege)
- chronic wasting disease (Wapiti-Hirsch u.a. Hirscharten)
- übertragbare Enzephalopathie der Nerze/transmissible mink encephalopathy - TME (Nerze)
- exotic ungulate encephalopathy - EUE (Oryx-Gazellen, Nyala, Kudu u.a.)

Eine Virusisolierung ist z.Z. noch nicht möglich. Daher wird u.a. die *Prionentheorie* postuliert: Prione sind infektiöse Partikel (proteinaceous infectious particles), die aus infiziertem Gewebe isoliert werden können. Die Übertragung bzw. ihr Nachweis ist möglich. Dabei kann von Mensch zu Mensch (durch Transplantate oder Kanibalismus) oder von Tier zu Mensch z.B. durch Essen rohen Affenhirns die Infektion erfolgen. eine zentrale Rolle spielt das Prionproteingen (PRNP) auf dem Chromosom 20.

Serologische Veränderungen lassen sich zum heutigen Zeitpunkt ebenfalls noch nicht nachweisen.

• Adenoviren	• Hantaviren
• CMV	• (HHV6)
• Coronaviren	• Influenza-/Parainfluenzaviren
• Coxsackie-A und B-Viren	• Masernvirus
• Echoviren	• Respiratory syncytial-Virus
• Enteroviren	• (VZV)
• (Epstein-Barr-Virus)	

Tab. 9.9: Viren mit mögl. Symptomatik im Respirationstrakt.

• Adenoviren	• (Coxsackie-A- und B-Virus)
• CMV	• HIV
• Coronaviren	• Polioviren

Tab. 9.10: Viren mit mögl. Symptomatik im Gastrointestinaltrakt.

• CMV	• (Epstein-Barr-Virus)
• Coronaviren	• Enteroviren
• Coxsackie-A- und B-Viren	• Influenza-/Parainfluenzaviren
• Echoviren	

Tab. 9.11: Viren mit mögl. Symptomatik am Herzen.

• Adenoviren	• HSV
• Coxsackie-A und B-Viren	• Influenza-/Parainfluenzaviren
• (Coronaviren)	• Masernvirus
• Echoviren	• Mumpsvirus
• Enteroviren	• Papova-Viren
• (Epstein-Barr-Virus)	• Phlebovirus
• FSME	• Polioviren
• (Gelbfiebervirus)	• Rötelnvirus
• HIV	• Tollwutviren
• (HHV6)	• VZV

Tab. 9.12: Viren mit mögl. Symptomatik im ZNS.

• Adenoviren	• HSV
• CMV	• Mumpsvirus
• Coxsackie-A und B-Viren	• Puumalavirus
• Hantaviren	

Tab. 9.13: Viren mit mögl. Symptomatik im Urogenitaltrakt.

• Adenoviren	• HHV6
• CMV	• HSV
• Coxsackie-A und B-Viren	• Masernvirus
• Dengue-Viren	• Pockenviren
• Echoviren	• Poxviren
• Enteroviren	• Rötelnvirus
• Epstein-Barr-Virus	• VZV
• HIV	

Tab. 9.14: Viren mit mögl. Symptomatik im Haut-Schleimhautbereich.

• Bornholmsche Erkrankung - Pleurodynie → Coxsackie B	• hämorrhagisches Fieber mit renalem Syndrom → Hantaviren
• Burkitt-Lymphom → Epstein-Barr-Virus	• Hand-Fuß-Mund-Erkrankung → Coxsackie A
• Dandy fever → Dengue-Viren	• infektiösen Mononukleose → Epstein-Barr-Virus
• Dellwarzen → Molluscum contagiosum	• Kinderlähmung → Polioviren
• Dengue Fieber → Dengue-Viren	• Nasopharynx-Karzinom → Epstein-Barr-Virus
• Dreitagefieber → HHV6	• Nephropathia epidemica → Hantaviren/ Puumalavirus
• Exanthema subitum → HHV6	• Pfeiffersches Drüsenfieber → Epstein-Barr-Virus
• Früh-Sommer-Meningo-Enzephalitis (FSME) → FSME-Virus	• Pleurodynie - Bornholmsche Erkrankung → Coxsackie B
• Gelbfieber → Gelbfiebervirus	• Roseola infantum → HHV6
• Gürtelrose → VZV	• SSPE → Masernvirus

Tab. 9.15: Verschiedene Erkrankungen, die durch Viren verursacht werden.

9.2. Infektionskrankheiten durch Bakterien

9.2.1. Infektionen durch Borrelien

9.2.1.1. (Lyme-)Borreliose - Erythema chronicum migrans - Lyme-Arthritis

Erreger: Borrelia burgdorferi (gramnegative Spirochäten).

❑ **Epidemiologie und Pathogenese**

- erstmalig in den USA beschrieben
- Verbreitung: Nordamerika, Europa, auch Afrika und Australien
- saisonale Erkrankungshäufung im Frühjahr und Sommer (Vektor!)
- Hauptreservoir und Überträger: Rotwild - Ixodes-Arten (Zecken)
- Inkubationszeit: Tage bis Wochen
- keine Übertragung von Mensch zu Mensch, keine schützende Immunität
- stadienhafter Verlauf

❑ **Symptomatik**

- *Stadium I (Erythema chronicum migrans)*
  rötlich-livide, makulopapulöse Effloreszenz im Bereich der Infektionsstelle, später zentrale Abblassung (→ ringförmiges Aussehen) und Veränderung (→ Wandern) mit Fieber, Abgeschlagenheit, Kopf- und Muskelschmerzen
- *Stadium II (lymphozytare Meningoradikulitis Bannwarth)*
  (Hirnnerven-)Paresen und radikuläre Schmerzen sowie Myokarditis (Reizleitungsstörungen), Arthralgie und Lymphadenosis cutis (rötlich-livide Hautinfiltration)

> Die Lyme-Borreliose kann höhergradige AV-Blockierungen verursachen. Daher sollte vor Implantation eines permanenten Schrittmachers eine Karditis im Rahmen einer Borreliose ausgeschlossen werden.

- *Stadium III*
  Lyme-Arthritis (Oligoarthritis besonders der großen Gelenke), Acrodermatitis atrophicans, Enzephalomyelitis
- Weitere mögliche Manifestationen sind Iritis und Augenbefall sowie Beteiligung anderer parenchymatöser Organe (Leber-Niere)

❑ **Diagnostik**

- Anamnese (Zeckenbiß in Endemiegebieten!) und klinischer Befund (Haut!)
- Erregernachweis kulturell (aus Blut, Gewebebiopsie, Liquor oder Gelenkflüssigkeit) möglich, jedoch langwierig. Alternative: PCR
- Serologie (IFT, ELISA)
  - im Stadium I der Primärinfektion in 50 % IgM positiv, IgG noch negativ (im Verlauf auch positiv), in Stadium III IgM meist nicht mehr nachweisbar. Bestätigungstest: Western Blot
- Liquoruntersuchung bei Neuroborreliose: Pleozytose (lymphozytär) und Eiweißerhöhung

❑ **Therapie**

- Penicillin G, Tetrazykline, Erythromycin sowie Cephalosporine (Ceftriaxon/Cefotaxim) sind Mittel der Wahl. Letztere besonders bei Stadium III
- evtl. Corticosteroide (bei Karditis)
- Primärprophylaxe durch Tragen entsprechender Kleidung

❑ **Prognose**

Bei frühzeitiger Therapie gut.

9.2.1.2. Rückfallfieber

Erreger des Rückfallfiebers sind Borrelia recurrentis/duttoni.

❑ **Epidemiologie und Pathogenese**

- Übertragung durch Läuse (*epidemisches Rückfallfieber*) und Zecken (*endemisches Rückfallfieber*) - parenteral Übertragung möglich
- Inkubationszeit: ca. 1 Woche

❑ **Symptomatik**

- schweres Krankheitsbild
- Fieber um 41 °C mit Schüttelfrost für 4-5 Tage (in Schüben verlaufend)
- Kopf-, Rumpf- und Gliederschmerzen
- Hepatosplenomegalie mit evtl. Fieber
- evtl. hämorrhagische Diathese mit Petechien

❑ **Komplikationen**

- Gelenkbeteiligung
- Bronchopneumonie
- Befall des Nervensystems

- Nephritis
- Myokarditis

❑ **Diagnostik**

- Anamnese (schlechte soziale Verhältnisse, Zeckenbiß) und rezidivierende Fieberschübe
- "dicker Tropfen"/Dunkelfeldmikroskopie zum Direktnachweis des Erregers (Abnahme zu Beginn einer Fieberattacke) (DD: Malaria)
- Grampräparat
- serologische Untersuchungen (KBR etc.) unsicher

❑ **Differentialdiagnose**

- Malaria
- Fleck- bzw. Gelbfieber
- Brucellose
- Typhus
- Hepatitis

❑ **Therapie**

- Tetrazykline bzw. Erythromycin (evtl. Chloramphenicol)

9.2.2. Brucellose

Erreger: gramnegative Stäbchen, unbeweglich, vorwiegend intrazellulär

- Brucella melitensis: Maltafieber
- Brucella abortus: M. Bang
- (Brucella suis et canis: Schweine- und Hundebrucellose)

❑ **Epidemiologie und Pathogenese**

- weltweites Vorkommen, vorwiegend jedoch wärmere Gebiete (Mittelmeerraum, Afrika, Asien)
- Hauptreservoir: Rinder, Schafe, Ziegen (Zoonose)
- Übertragungsweg: Rohmilch und Milchprodukte sowie rohes Fleisch (auch über Ausscheidungsprodukte)
- Aufnahme über Gastrointestinaltrakt sowie durch Haut- oder Schleimhautverletzungen. Gefährdet sind u.a. Beschäftigte in der Landwirtschaft, in Schlachthöfen sowie Personen nach Genuß entsprechender Lebensmittel (z.B. Schafskäse aus südlichen Ländern)
- in der Regel keine Übertragung von Mensch zu Mensch
- Inkubationszeit: 1-3 Wochen
- generalisierte zyklisch verlaufende Infektion
- Histologisch finden sich Epitheloidzellgranulome

❑ **Symptomatik**

- Prodromalstadium mit Kopf- und Gliederschmerzen, Abgeschlagenheit
- Generalisationsstadium mit Fieber und Schüttelfrost, undulierendes Fieber beim Maltafieber (mehrere Wochen, dann fieberfrei und erneute Fieberphasen)
- Organmanifestationen sind Hepatosplenomegalie sowie gastroenteritische Beschwerden, ZNS-Beteiligung, (Endo-)Karditis, Osteomyelitis, Arthritis

❑ **Diagnostik**

- Anamnese (Ernährung, Tierkontakt?)
- Erregernachweis kulturell (aus Blut, Gewebebiopsie oder Gelenkflüssigkeit)
- nur geringe Beschleunigung der BKS, mäßige Leukozytose (später auch Leukopenie), Erhöhung der Transaminasen und des Bilirubins möglich
- Serologie
  IgM Nachweis (Gruber-Widal), KBR und ELISA (Titer-Verlauf)
  (*cave*: Kreuzreaktion mit Yersinia enterocolitica Serotyp 09)
- Histologie: Epitheloidzellgranulome

❑ **Therapie**

- Tetrazykline in Kombination mit Aminoglykosiden oder Streptomycin bzw. Rifampicin. Alternativen sind Cotrimoxazol oder auch Chinolone. Die Therapie muß über mehrere Wochen durchgeführt werden
- evtl. Corticosteroide (bei Karditis)
- Impfung der Tierbestände

❑ **Verlauf und Prognose**

Die Brucellose kann relativ symptomarm, jedoch auch akut und chronisch (über Jahre) verlaufen. Die Prognose hängt vom Organbefall ab. Seltene jedoch schwere Komplikationen sind u.a. Leberzirrhose und Endokarditis.

9.2.3. Infektionen mit Chlamydien

☞ Kap. 3.5.1.4.

9.2.4. Infektionen mit Clostridien

Clostriden sind obligat anaerobe, grampositive, sporenbildende Stäbchenbakterien. Sie kommen ubiquitär insbesondere in Erde und Fäkalien vor. Sie sind sofern pathogen, allesamt Exotoxinbildner. Es werden folgende Krankheitsbilder durch Clostridien verursacht:

9.2.4.1. Gasbrand

Erreger: Clostridium perfringens, novyi, septicum und andere Arten.

❑ **Pathogenese**

- Eintrittspforten bzw. Infektionsherde sind Wunden, dickdarmchirurgische Eingriffe, Choledocholithiasis mit Cholangitis sowie z.B. Gangrän bei pAVK (schlecht durchblutetes Gewebe)
- Inkubationszeit: wenige Stunden bis Tage
- Exotoxinwirkung mit Gasbildung (unter anaeroben Verhältnissen)

❑ **Symptomatik**

- Schmerzen im Wundbereich
- Ödem, Nekrosenbildung sowie Foetor, Hautverfärbung
- meist subkutane Gasbildung mit Krepitation

- bei systemischer Toxinwirkung
  - septische Temperaturen
  - Kreislaufstörung mit Tachykardie
  - hämolytische Anämie
- Sonderform: Infektion mit Clostridium perfringens welchii: Bild einer Gastroenteritis (keine spezifische Therapie notwendig)

❑ **Diagnostik**

- Anamnese und Klinik
- mikroskopischer und kultureller Erregernachweis (Abstrich/Blutkultur)
- Röntgen: subkutane Luftansammlung mit typischer Fiederung der Muskulatur

❑ **Therapie**

- wichtig zur Prophylaxe: korrekte Wundversorgung
- i.d.R. operativ mit tiefer Inzision
- Antibiose mit Penicillin
- Sauerstoffüberdrucktherapie

❑ **Prognose**

Ohne Therapie meist tödlich.

Erkrankung und Todesfall sind meldepflichtig!

9.2.4.2. Tetanus

Erreger: Clostridium tetani.

❑ **Pathogenese**

- Eintrittspforten bzw. Infektionsherde sind meist Wunden
- Inkubationszeit: wenige Stunden bis Tage
- neurotropes Toxin
- Infektion - keine lokalen Gewebsveränderungen

❑ **Symptomatik**

- Wundbereich meist ohne Auffälligkeiten
- Unruhe oder Müdigkeit, Kopf-, Hals- und Gliederschmerzen
- Fieber
- Einteilung in drei Schweregrade (Tab. 9.16)

I	Muskelrigidität, Trismus, Opisthotonus, Schluck- und Miktionsbeschwerden
II	deutliche Muskelrigidität, Atmung noch kompensiert, beginnende Krampfneigung
III	starke Muskelrigidität, Ateminsuffizienz, Krämpfe, Kreislaufsymptomatik

Tab. 9.16: Schweregradeinteilung des Tetanus.

❑ **Diagnostik**

- Anamnese und Klinik
- mikroskopischer und kultureller Erregernachweis (Abstrich/Blutkultur) - Toxinnachweis ebenfalls möglich

❑ **Therapie**

- wichtig zur Prophylaxe: korrekte Wundversorgung
- aktive Impfung mit Tetanus-Toxoid: Grundimmunisierung (2 Injektionen im Abstand von 4-8 Wochen, 3. Injektion nach 6-12 Monaten). Auffrischimpfungen (1 Injektion) alle 10 Jahre
- Verhalten im Verletzungsfall
  - bei vollständiger Grundimmunisierung oder Wiederauffrischung, die weniger als 5 Jahre zurückliegt: keine erneute Immunisierung
  - bei vollständiger Grundimmunisierung oder Wiederauffrischung, die mehr als 5 Jahre aber weniger als 10 Jahre zurückliegt: nur bei tiefen, stark verschmutzten Wunden 1 Injektion des Aktivimpfstoffs
  - bei unvollständiger Grundimmunisierung, die weniger als 10 Jahre zurückliegt: bei sauberen, oberflächlichen Verletzungen 1 Injektion des Aktivimpfstoffs, bei tiefen, stark verschmutzten Wunden kombinierte aktiv/passiv Impfung
  - alle übrigen: passive Impfung mit Tetanus-Immunglobulin und Grundimmunisierung
- Therapie
  - bei Tetanus Schweregrad I: Sedierung
  - bei Tetanus Schweregrad II: Sedierung und Intubation
  - bei Tetanus Schweregrad III: Sedierung, Relaxierung, Intubation/Beatmung unter intensivmedizinischer Betreuung
  - bei allen Formen ist die Gabe von Hyperimmunglobulin (5000 I.E.) indiziert

❑ **Prognose**

Bei manifestem Tetanus sind auch heute noch letale Ausgänge nicht selten.

> Erkrankung und Todesfall sind meldepflichtig!

9.2.4.3. Botulismus

Erreger: Clostridium botulinum ☞ Kap. 4.3.2.2.

9.2.4.4. Pseudomembranöse Kolitis

Erreger: Clostridium difficile ☞ Kap. 4.3.2.3.

9.2.5. Infektionen mit Coxiella burneti

☞ Kap. 3.5.1.3.

9.2.6. Diphtherie

Erreger: Corynebacterium diphtheriae, ein keulenförmiges grampositives Stäbchenbakterium.

❑ **Epidemiologie und Pathogenese**

- weltweite Verbreitung
- Epidemien ca. alle 30 Jahre, Erkrankungsgipfel jeweils im Winter und Frühjahr

- in der Bundesrepublik aufgrund der Impfungen nur noch in Einzelfällen (letzte größere Erkrankungszahl 1975)
- Inkubationszeit: 1-7 Tage
- Übertragungsweg: Tröpfcheninfektion bzw. direkter Kontakt
- Pathogenetisch ist die Bildung von Diphtherietoxin entscheidend. Dazu müssen die Corynebakterien von einem bestimmten Prophagen infiziert sein. 2 Fragmente werden beim Toxin unterschieden:
  - A-Fragment: Störung der Proteinbiosynthese
  - B-Fragment: für Bindung verantwortlich
- betroffen sind meist Kinder

❑ **Symptomatik**

- Fieber, Lymphadenopathie
- meist Rachendiphtherie mit Angina (weißliche Beläge, die beim Abstreifen bluten - Pseudomembranen), süßlicher Foetor
- Nasendiphtherie
- Larynxdiphtherie mit Heiserkeit, bellendem Husten und Krupp-Symptomatik
- Haut- und Wunddiphtherie
- Ferner werden lokalisierte, progrediente und toxisch-maligne Formen unterschieden. Toxische Formen weisen meist ausgedehnte Beläge, eine deutliche Schwellung im Halsbereich (Zäsaren-Hals, Krupp), süßlichen Geruch ex ore sowie Kreislaufsymptome, Erbrechen, Blutungsneigung, evtl. Leber- und Nierenschädigungen auf

❑ **Komplikationen**

- Myokarditis (Überleitungsstörungen im Sinne eines AV-Blocks. Wichtig: Auftreten nach Tagen oder auch Wochen!)
- neurologische Störungen im Sinne einer Polyradikulitis: Gaumensegellähmungen, Akkomodationsstörungen, Lähmungen der Schlundmuskulatur sowie periphere Lähmungen
- toxisches Kreislaufversagen
- Krupp
- Bronchopneumonie

❑ **Diagnostik**

- klinisches Bild
- kultureller Erregernachweis auf Löffler-Kultur (Materialentnahme unter den Belägen!), der mikroskopische Nachweis ist eher unbedeutend. Wichtig ist der Toxinnachweis bzw. der Nachweis der Toxinbildungsfähigkeit
- Ekg

❑ **Therapie**

- Bettruhe, Hospitalisierung, Isolierung
- wichtigste Maßnahme: Antitoxingabe (menschliches oder heterologes Diphtherieantitoxin vom Pferd bzw. Rinder- oder Hammelserum). Dosis: 250-10.000 I.E./kg KG i.m. (vorher Konjunktival-Test) (Aufheben der Toxinwirkung/*Schick-Test*)
- Penicillin oder Erythromycin (Keimreduzierung)

- sonst symptomatische Maßnahmen bis zur Intubation
- aktive Impfung mit Toxoid-Impfstoff, Auffrischungsimpfungen bei Erwachsenen mit d-Impfstoff
- passive Immunisierung mit Pferde-Antitoxin (10.000 I.E.)

❑ **Prognose**

Die toxische wie auch Larynxdiphtherie hat eine hohe Letalität von bis zu 25 %.

Erkrankung und Tod sind meldepflichtig!

9.2.7. Legionellose

☞ Kap. 3.5.1.5.

9.2.8. Leptospirose

Erreger: Leptospira interrogans (fadenförmige gewundene Spirochäten), Serotypen: L. icterohaemorrhagica, L. canicola, L. grippotyphosa u.a..

❑ **Epidemiologie und Pathogenese:**

- weltweites Vorkommen
- Erkrankungshäufung im Sommer (Leptospiren können besonders im warm-feuchten Milieu gut überleben)
- Hauptreservoir: Warmblüter, besonders Nagetiere (*Anthropozoonose*)
- Übertragungsweg: Leptospiren werden über den Urin ausgeschieden. Infektiös können auch stehende Gewässer oder (gedüngter) Boden sein. Die Aufnahme erfolgt über den Gastrointestinaltrakt sowie durch Haut- oder Schleimhautverletzungen. Gefährdet sind besonders Tierpfleger, Landwirte, Kanalarbeiter und Personen, die sonst mit (Tier-)Urin in Kontakt kommen können
- Bei Erkrankten ist der Urin als infektiös anzusehen, eine Übertragung von Mensch zu Mensch ist jedoch selten
- Inkubationszeit: 1-2 Wochen
- zyklisch verlaufende Allgemeininfektion
- typenspezifische Immunität

❑ **Symptomatik**

- milde Verläufe (katarrhalisch) möglich
- meist akuter Beginn mit Schüttelfrost und hohem Fieber, Kopf- und Gliederschmerzen (Wadenschmerzen)
- oft Augenbeteiligung: Konjunktivitis, Episkleritis und Iridozyklitis
- fleckiges Exanthem nach 5-7 Tagen
- relative Bradykardie und Hypotonie
- nach 3-8 Tagen fieberfreies Intervall
- 2. Fieberanstieg mit teils meningitischer Symptomatik
- anschließend Stadium der Organmanifestationen (eigentlicher *M. Weil*): Hepatitis (Hepatosplenomegalie und Ikterus), Nephritis (mit Ausscheidung der Leptospiren über den Urin), hämorrhagische Diathese und Meningitis

❑ **Diagnostik**

- Anamnese (Tier- bzw. Urinkontakt?) und klinischer Befund (Ikterus, biphasischer Verlauf)
- Erregernachweis kulturell (aus Blut, Urin oder Liquor): aus Blut nur im Stadium der Septikämie, aus Liquor nur in der 1.Woche, aus Urin auch später - mit geringerer Chance im Vgl. zu Blut und Liquor - möglich
- Dunkelfeldmikroskopie möglich, jedoch ohne praktische Relevanz
- BKS, Blutbild (Leukozytose), Transaminasen, Bilirubin, Retentionswerte, U-Sediment (Organbefall?)
- Serologie: IgM Nachweis durch Agglutinationsreaktion (ab 6. Krankheitstag) sowie KBR zur weiteren Differenzierung, neuerdings auch ELISA

❑ **Therapie**

- frühzeitige antibiotische Therapie mit Penicillin G (bzw. Amoxicillin, Ampicillin oder Tetrazyklin) (bereits bei Verdacht!)
- sonst symptomatische Therapie
- aktive Impfung besonders gefährdeter Personen
- Tragen von Schutzhandschuhen, Gummistiefeln und entsprechender Kleidung bei möglicher Exposition
- Reduzierung der Nagetierbestände

❑ **Verlauf und Prognose**

Die anikterischen Verläufe habe eine sehr gute Prognose. Der sog. *M. Weil* hat dagegen eine Letalität von bis zu 25 %.

Erkrankung und Tod sind meldepflichtig!

9.2.9. Listeriose

Erreger: Listeria monocytogenes, ein grampositives, sporenloses bewegliches Stäbchen. Aufgrund der O- und H-Antigene werden verschiedene Serotypen unterschieden. Listerien vermehren sich im Gegensatz zu anderen Bakterien bei niedrigen Temperaturen relativ gut.

❑ **Epidemiologie und Pathogenese:**

- ubiquitäres Vorkommen
- Hauptreservoir: Mensch, Tier (Zoonose), Boden (?)
- Übertragungsweg: direkter Kontakt, Nahrungsmittel (Rohmilch und Milchprodukte) sowie diaplazentar und perinatal (Hebammen als mögl. Dauerausscheider). Übertragungsmöglichkeiten wie auch pathogenetische Faktoren sind bis heute noch nicht vollständig geklärt. Die Infektionsquelle läßt sich meist ebenfalls nicht nachweisen
- Inkubationszeit?
- hohe Durchseuchungs-, niedrige Erkrankungs- bzw. Manifestationsrate
- Betroffen sind häufig Neugeborene und Patienten mit schlechter Immunlage wie z.B. mit konsumierenden Erkrankungen, Diabetes mellitus, AIDS, Leukämie sowie unter Corticosteroidtherapie
- Histologisch finden sich neben eitrigen Entzündungsprozessen auch Granulome
- Nach Infektion besteht eine Immunität

❑ **Symptomatik**

- Schwangeren-Listeriose
  - Fieber, Schüttelfrost, Symptomatik einer Grippe oder eines Harnwegsinfekts bis Sepsis
- Neugeborenen-Listeriose
  - herdförmige Lebernekrosen, Meningitis, Pneumonie sowie Sepsis
- Erwachsenen-Listeriose
  - oft grippeähnliche Symptomatik, Monozytenangina, Pneumonie, Meningitis - Enzephalitis, selten (Endo-)Karditis, Konjunktivitis, Abszeßbildungen, Urethritis, Endometritis, Hautlisteriose

❑ **Komplikationen**

- in der Schwangerschaft: Abort oder Frühgeburt, Neugeborenen-Listeriose
- Sepsis

❑ **Diagnostik**

- Anamnese (Ernährung, Tierkontakt?) und Klinik nicht charakteristisch. In der Schwangerschaft sowie bei Patienten mit schlechter Immunlage daran denken!
- Erregernachweis kulturell (aus Blut, Gewebebiopsie oder Liquor)
- Serologie: Gruber-Widal, KBR (Titer-Verlauf)

❑ **Therapie**

- antibiotisch
  Ampicillin (z.B. Binotal®) bzw. Amoxicillin (z.B. Amoxypen®) evtl. mit Gentamycin/Tobramycin oder Streptomycin (bei Meningitis). Bei Penicillinallergie Cotrimoxazol bzw. Chloramphenicol (letzteres auch bei Meningoenzephalitis in Kombination mit Penicillinen)
- Pasteurisation von Milch und Milchprodukten
- Schwangere sollten Tierkontakte meiden
- Schwangere mit infiziertem Geburtskanal oder ansteigenden Titern sollten entsprechend antibiotisch behandelt werden

❑ **Verlauf und Prognose**

Beim Erwachsenen selten schwere Verläufe. Bei immungeschwächten Patienten können jedoch septische Verläufe mit entsprechend hoher Letalität auftreten. Die Neugeborenenlisteriose hat eine nicht unbedeutende Letalität. Aufgrund der Schäden können körperliche wie auch geistige Entwicklungsstörungen auftreten.

> Schwangeren- und Neugeborenenlisteriose, wie auch Meningitis bzw. Enzephalitis sind meldepflichtig!

9.2.10. Meningokokken-Infektionen

Erreger: Neisseria meningitidis, gramnegative Diplokokken. Es werden verschiedene Serotypen unterschieden (A-D).

❑ **Epidemiologie und Pathogenese**

- Neisseria meningitidis kommt in der normalen Rachenflora häufig vor
- Die Übertragung erfolgt als Tröpfcheninfektion
- Betroffen sind besonders Kinder

❑ **Symptomatik**

- häufig ohne Symptome
- Pharyngitis
- Meningitis
  - plötzlicher Beginn, schwerer Krankheitsverlauf
  - hohes Fieber, Kopfschmerzen, Erbrechen
  - Nackensteifigkeit, Opisthotonus
  - *Kernig-Zeichen* (gebeugte Unterschenkel lassen sich nicht strecken)
  - *Brudzinski-Zeichen* (bei passiver Kopfbewegung werden die Beine angezogen)
  - meist basale Meningitis mit entsprechender Hirnnervenbeteiligung (Augenmuskellähmungen mit Schielen, Fazialisparese, Zungenabweichung)
  - Bewußtseinsstörung und Krämpfe
- Sepsis mit Schleimhautblutungen und Nebenniereneinblutungen bzw. -insuffizienz, Schock

❑ **Komplikationen**

- *Waterhouse-Friderichsen-Syndrom*
- DIC - Thrombopenie

❑ **Diagnostik**

- Aufgrund des meist foudroyanten Verlaufs muß bereits der Verdacht entsprechende diagnostische wie auch therapeutische Maßnahmen nach sich ziehen
- kultureller Erregernachweis aus Blut oder Liquor
- Liquordiagnostik (Tab. 9.17)

• trübes, eitriges Aussehen
• hohe Zellzahl (> 1-2.000/µl), polynukleäre Zellen/Granulozyten
• Erniedrigung des BZ
• Protein 1-5 g/dl
• Erhöhung der Laktase
• positives Grampräparat (intrazellulär gelegene gramnegative Diplokokken)
• ggf. Antigennachweis
• Blutbild: Leukozytose, oft Thrombopenie. Erhöhte BKS und CRP. Evtl. Schockwerte

Tab. 9.17: Befunde, die für eine eitrige Meningitis sprechen.

❑ **Differentialdiagnose**

Meningitiden durch andere Keime (Tab. 9.18):

Bakterien	• Staphylokokken • Streptokokken • Pneumokokken • Haemophilus influenzae • andere gramnegative Stäbchen • Mycobacterium tuberculosis
Viren	
Pilze	
Protozoen	

Tab. 9.18: Mögliche Erreger einer Meningitis.

❑ **Therapie**

- Mittel der Wahl: Penicillin G 4-6x5-10 Mega/die i.v.
- bei Penicillinallergie: Chloramphenicol 3x20 mg/kg KG i.v. oder alternativ Cephalosporine der 3. Generation z.B. Cefotaxim (z.B. Claforan®) oder Ceftizoxim (z.B. Ceftix®)
- Prophylaxe: Todimpfstoff mit Kapselantigenen Typ A und C

9.2.11. Pneumokokken-Infektionen

☞ Kap. 3.5.1.

9.2.12. Nokardiose

☞ Kap. 9.1.14.

9.2.13. Infektionen durch Rickettsien

Rickettsien sind kleine pleomorphe, meist gramnegative Mikroorganismen, die sich intrazellulär durch Querteilung vermehren und sich nur in Zellkulturen züchten lassen. Sie enthalten im Gegensatz zu Viren RNA und DNA sowie Ribosomen.

Es werden grob 2 Gruppen von Rickettsien unterschieden:

- Rocky Mountains spotted fever - Gruppe
- Fleckfieber - Gruppe

Eine dritte Gruppe, die Rickettsia burneti, wird heute als eigene Gattung unter Coxiella burneti (Q-Fieber) geführt.

9.2.13.1. Fleckfieber (Typhus exanthematicus)

Fleckfieber ist eine systemische Infektionskrankheit. Erreger sind Rickettsia prowazeki und R. typhi/mooseri.

❑ **Epidemiologie und Pathogenese**

- Vorkommen: in letzter Zeit stark zurückgegangen, gehäuftes Auftreten bei allgemein schlechten sozialen/hygienischen Verhältnissen (z.B. in Kriegszeiten)
- Übertragung: durch Läuse (*Läuse- bzw. epidemisches Fleckfieber*) und Rattenflöhe (*Ratten bzw. endemisches Fleckfieber*)

- Erregerreservoir: Mensch (*Läuse-Fleckfieber*) bzw. Ratte (*Ratten-Fleckfieber*)
- Inkubationszeit: ca. 1-2 Wochen
- nach Infektion Kreuzimmunität, Rezidive jedoch möglich (milderer Verlauf)

❑ **Symptomatik**

● **Läuse-Fleckfieber**

- schweres Krankheitsbild mit hohem Fieber (40-41 °C) und Schüttelfrost (Kontinua, Dauer 1-2 Wochen)
- Kopf- und Gliederschmerzen
- makulopapulöses Exanthem nach 4-7 Tagen: primär Stamm, dann Extremitäten, Gesicht, Hände und Füße bleiben frei
- zerebrale Symptomatik: Somnolenz bis Koma

● **Ratten-Fleckfieber**

- meist milderer Verlauf

❑ **Komplikationen**

- Kreislaufschock und Niereninsuffizienz
- Rezidive nach Jahren (*Brill-Zinsser-Krankheit*)

❑ **Diagnostik**

- Anamnese (schlechte soziale Verhältnisse, Läuse- bzw. Flohstiche) und Fieber mit typischem Exanthem
- Grampräparat
- Erregernachweis aus Venenblut (Zellkultur) in Speziallabors (*cave*: iatrogene Infektionen!)
- Antigennachweis durch spezifische Antikörper (IFT) in Speziallabors möglich
- Serologie: KBR, Weil-Felix-Reaktion (heterophile AK/Proteus Stamm OX 19) unspezifisch und nur mäßig sensibel

❑ **Therapie**

- Tetrazyklin (z.B. Doxycyclin bzw. Erythromycin (evtl. Chloramphenicol))
- Entlausung, Dezimierung der Rattenpopulationen

❑ **Prognose**

Unter Therapie ist die Prognose des Fleckfiebers heute gut. Unbehandelt starben in Kriegszeiten bis zu 50 % der Erkrankten.

Verdacht, Krankheitsfall und Tod sind nach dem Bundesseuchengesetz meldepflichtig!

9.2.14. Erkrankungen durch Salmonellen

Salmonellen sind gramnegative, nichtsporenbildende Stäbchenbakterien. Sie sind beweglich (rundherum begeißelt) und relativ resistent, insbesondere gegen Kälte (Eis). Aufgrund der Körper- (O-Antigene) und Geißelantigene (H-Antigen) können sie (neben kultureller bzw. biochemischer Zuordnung) serologisch in verschiedenen Gruppen und Arten (> 2.000) unterteilt werden (Kauffmann-White-Schema).

Sie können zu zyklischen Allgemeininfektionen (Typhus und Paratyphus) sowie zu lokalen Darminfektionen (Salmonellen-Enteritis) führen.

9.2.14.1. Typhus abdominalis (und Paratyphus)

Typhus bzw. Paratyphus ist eine systemische Infektion durch Salmonella typhi bzw. paratyphi.

Bei den Salmonella paratyphi werden 3 Gruppen unterschieden:

- Salmonella paratyphi A und C (S. hirschfeldii): Vorkommen in tropischen Ländern und Mittelmeergebiet
- Salmonella paratyphi B (S. schottmuelleri): ubiquitär

❑ **Epidemiologie und Pathogenese**

- Vorkommen weltweit (s.o.), in Europa jedoch selten
- Erregerreservoir ist der Mensch
- Ausscheidung über den Stuhl (Dauerausscheider!)
- Übertragungsweg: per os durch ("Trink-")Wasser, kontaminierte Lebensmittel und Schmierinfektion (selten)
- Inkubationszeit: 14 (7-21) Tage
- Aufnahme über den Gastrointestinaltrakt (ausreichende Keimzahl notwendig!), lymphogener Weitertransport mit anschließender Bakteriämie (prinzipiell parenterale Übertragung möglich!)
- Organmanifestation
- pathogenetisch bedeutsam: Virulenz-Antigen (Vi-Ag) und Endotoxin

❑ **Symptomatik**

- allmählich ansteigende Temperaturen in der 1. Woche, dann Kontinua bis 40 °C für 1-2 Wochen
- relative Bradykardie
- Roseolen besonders am Stamm ab der 2. Woche
- Kopf-, Hals- und Gliederschmerzen
- Hepatosplenomegalie
- nach anfangs Obstipation schließlich gastroenteritische Beschwerden mit erbsbreiartigen Stühlen (ab der 3. Woche), abdominelle Beschwerden und Befall der abdominellen Lymphknoten (*Peyerschen Plaques*)
- Bewußtseinsstörung (Delirien) durch Fieber und Toxin
- in der 4. Woche Entfieberung
- ähnlicher Verlauf bei Paratyphus (meist jedoch milder)

❑ **Komplikationen**

- toxisches Kreislaufversagen
- Myokarditis
- GI-Blutung/Perforation
- Meningitis
- Pneumonie
- Osteomyelitis/Spondylitis
- Cholezystitis
- Sepsis

- Dauerausscheidertum (Keimnachweis im Stuhl > als 10 Wochen nach Krankheitsbeginn, meist Galleausscheider, seltener Darmausscheider)
- rezidivierender Verlauf

❑ **Diagnostik**

- Anamnese (Auslandsaufenthalt?) und klinischer Befund
- BKS normal bis leicht erhöht, Leukopenie mit Eosinopenie (bzw. Fehlen der Eosinophilen), bei Paratyphus auch Leukozytose
- Erregernachweis in den ersten zwei Wochen aus dem Blut, später aus Stuhl, Dünndarmsekret und Urin (auch Sternalpunktat). Kultur auf Selektivnährböden
- Serologie: AK-Nachweis (Gruber-Widal) ab 2. Krankheitswoche (hohe Titer ab 3. Woche)!

❑ **Differentialdiagnose**

- Malaria
- Influenza
- andere Tropenerkrankungen
- Miliartuberkulose
- andere invasive Enteritiserreger

❑ **Prophylaxe**

- Hygiene
- Erfassung entsprechender Infektionsquellen bzw. Dauerausscheidern
- aktive Impfung mit Oralimpfstoff z.B. Typhoral® L (6 Kps., Einnahme von 2 Kps. alle 48 h. Impfschutz ca. 2 Jahre)
- Erkrankte müssen stationär behandelt werden mit entsprechenden Desinfektionsmöglichkeiten (eigene Toilette etc.)

❑ **Therapie**

- Cotrimoxazol oder Amoxicillin/Ampicillin sowie Chinolone werden meistens angewandt. Das eigentliche Mittel der Wahl ist Chloramphenicol, das jedoch aufgrund seiner möglichen Nebenwirkungen hierzulande eher selten angewandt wird
- Bei Dauerausscheidern sollte eine Sanierung mit Cotrimoxazol, Amoxicillin/Ampicillin oder Gyrasehemmern versucht werden. Evtl. Cholezystektomie oder beschleunigte Darmpassage anstreben

Eine Meldung an das Gesundheitsamt ist erforderlich!

  Der Patient gilt nach 10 negativen Stuhlproben nicht mehr als Ausscheider.
- symptomatisch Flüssigkeits- und Elektrolytersatz

❑ **Prognose**

Die Prognose ist bei entsprechender Therapie bzw. Therapiemöglichkeiten gut. Die Letalität liegt unter 1 %.

Verdacht, Krankheitsfall und Tod sind nach dem Bundesseuchengesetz meldepflichtig!

9.2.14.2. Salmonellen-Enteritis

Erreger: Salmonellen (> 2.000 Serotypen (s.o.), häufige Typen sind: S. enteritis, S. typhi murium u.a.).

❑ **Epidemiologie und Pathogenese**

- ubiquitäres Vorkommen
- Erkrankungsfälle sind häufig. Betroffen sind besonders Kinder und ältere Patienten (Heiminsassen). Erkrankungsgipfel in den Sommermonaten
- Erregerreservoir: Tiere sowie Menschen (Erkrankte und Ausscheider)
- Die Erreger sind enteroinvasiv und befallen besonders den distalen Dünn- sowie den proximalen Dickdarm. Die Klinik im Bereich des oberen GI-Traktes wird u.a. durch Endotoxin verursacht
- Inkubationszeit: Stunden bis wenige Tage (6-72 h)
- Ausscheidung über den Stuhl (*cave*: Dauerausscheider!)
- Übertragungsweg: per os durch kontaminierte Lebensmittel wie Tierprodukte z.B. (Enten-)Eier, Speiseeis, Geflügel, aber auch von Mensch zu Mensch durch Schmierinfektion

❑ **Symptomatik**

Einige Stunden nach Aufnahme entsprechender Lebensmittel akutes Auftreten von:

- Übelkeit/Erbrechen
- Diarrhö (wäßrig, gelegentlich mit Blut und Schleim)
- Abdominalkoliken
- Fieber um 39 ^{o}C

❑ **Komplikationen**

- bei entsprechenden Volumenverlusten Exsikkose und Schocksymptomatik und Nierenversagen
- Sepsis
- Endokarditis
- Meningitis
- Pleuritis
- Osteomyelitis
- selten Dauerausscheidertum

❑ **Diagnostik**

- Anamnese (Nahrungsmittel?) und klinischer Befund
- BKS erhöht, Leukozytose
- Erregernachweis im Stuhl (bei Sepsis auch Blut, evtl. auch aus Speiseresten, z.B. Speiseeis)
- Serologie ohne Bedeutung

❑ **Differentialdiagnose**

- Lebensmittelintoxikationen durch Staphylokokken
- andere invasive Enteritiserreger
- Shigellen und Amöbenruhr
- Intoxikationen (Botulismus, Pilzvergiftungen)

❑ **Prophylaxe**

- Hygiene, entsprechendes Verhalten bei der Lebensmittelzubereitung inkl. langem Kochen von Enteneiern und Durchbraten von Geflügel etc.
- Erfassung entsprechender Infektionsquellen (Softeis, Geflügel)
- keine Impfmöglichkeit
- Erkrankte dürfen öffentliche Einrichtungen nicht besuchen und nicht in Lebensmittelbetrieben oder Trinkwasseranlagen arbeiten

❑ **Therapie**

- Wasser- und Elektrolytersatz (bei Kleinkindern, Säuglingen und alten Menschen auch parenteral)
- Antibiose nur bei schweren Verläufen (hohes Fieber, septischer Verlauf, Dauerausscheider, AIDS): Cotrimoxazol oder Amoxicillin/Ampicillin. Bei septischem Verlauf in Kombination mit Gentamycin i.v. oder Monotherapie mit Chinolonen. Bei Meningitis auch Chloramphenicol

❑ **Prognose**

Die Prognose ist bei entsprechendem Flüssigkeitsersatz gut.

Verdacht, Krankheitsfall und Tod sind nach dem Bundesseuchengesetz meldepflichtig!

9.2.15. Shigellen-Dysenterie - bakterielle Ruhr

Erreger: Shigellen (gramnegative, sporenlose unbewegliche Stäbchenbakterien der Familie Enterobacteriaceae). Es werden 4 Gruppen unterschieden:

- Sh. dysenteriae
- Sh. flexneri
- Sh. boydii
- Sh. sonnei

❑ **Epidemiologie und Pathogenese**

- Verbreitung: weltweit, in Europa fast nur Sh. sonnei
- Übertragung durch kontaminierte Nahrungsmittel bzw. Wasser
- Vorkommen überwiegend in Ländern mit niedrigem Hygienestandard sowie in Not- und Kriegszeiten
- Hauptreservoir: Mensch (Kranke und Ausscheider)
- Erkrankungshäufung im Frühjahr und Sommer
- Säuglinge, Kinder und ältere Patienten sind besonders betroffen
- Inkubationszeit: 2-7 Tage (auch weniger)
- Ausscheidung mit dem Stuhl
- schleimhautinvasiver Erreger, pathogenetisch bedeutsam: zyto- und neurotoxisches Exotoxin sowie Endotoxine
- Betroffen ist überwiegend der Dickdarm

❑ **Symptomatik**

- Allgemeinsymptome wie Appetitlosigkeit, Müdigkeit, Erbrechen, evtl. Fieber

- Zunahme der Stuhlfrequenz; dünnflüssige, schmerzhafte Diarrhö (10-30 Stuhlentleerungen/die; Blut-, Schleim- und Eiterbeimengungen)
- Exsikkose, Kreislaufsymptomatik bis Schock
- auch leichte enteritische bzw. asymptomatische Verläufe möglich

❑ **Komplikationen**

- Darmperforation, Darmblutung und Ulzera im GI-Trakt (Ösophagus bis Rektum)
- ZNS-Symptome (Toxinwirkung) bis Enzephalitis
- reaktive Arthritis - *Reiter-Syndrom*
- Sepsis
- chronische Verläufe

❑ **Diagnostik**

- anamnestisch Aufenthalt in den Tropen oder in Gebieten mit schlechten hygienischen Verhältnissen sowie entsprechender Klinik
- Erregernachweis kulturell aus Stuhl oder Rektalabstrich (rasche Verarbeitung der Stuhlprobe erforderlich, sonst gepuffertes Transportmedium z.B. 30 % Glyzerin in 0,6 % NaCl verwenden)
- Endoskopisch zeigt sich eine ulzeröse Kolitis

❑ **Differentialdiagnose**

- Amöbenruhr
- pseudomembranöse Kolitis
- Cholera
- andere bakterielle Kolitiden (durch Yersinien, Dyspepsie-Colibakterien u.a.)
- Colitis ulcerosa

❑ **Therapie**

- bei leichtem Verlauf nur symptomatisch (Flüssigkeits- und Elektrolytersatz)
- antibiotisch: Chinolone - alternativ Ampicillin/Amoxicillin bzw. Cotrimoxazol. Sehr gut wirksam, jedoch nicht Mittel der 1. Wahl: Chloramphenicol
- Verbesserung der Hygiene, Chlorierung des Trinkwassers, Fliegenbekämpfung

❑ **Prognose**

Bei Sh. sonnei wie auch flexneri gut. Bei Epidemien mit Sh. dysenteriae ist meist eine hohe Letalität zu verzeichnen.

Erkrankungsverdacht, Erkrankung und Tod sind meldepflichtig!

9.2.16. Erkrankungen durch Streptokokken

Erreger: Streptokokken sind grampositive Kokken, die in Kettenform unter aeroben Bedingungen wachsen.

Es werden unterschieden:

- α-hämolysierende (= vergrünende) Streptokokken (Str. viridans)
- β-hämolysierende Streptokokken der Gruppe (Lancefield) A (= Str. pyogenes), B (= Str. agalactiae), C, F und G

- Enterokokken sind nicht-hämolysierende Streptokokken der Gruppe D

❑ Epidemiologie und Pathogenese

- Streptokokken sind häufig in der normalen Keimflora zu finden (z.B. α-hämolysierende Streptokokken der Gruppe A, z.B. im Oropharynx)
- α-hämolysierende Streptokokken der Gruppe A sind Erreger des Scharlachs
- Übertragungsweg: meist Tröpfcheninfektion
- Betroffen sind besonders Kinder
- Bei Racheninfektionen findet sich eine jahreszeitliche Häufung im Winter und Frühjahr
- Inkubationszeit bei Scharlach und Angina: ca. 1-5 Tage (unter Antibiotikatherapie nach 24-48 h keine Infektiosität mehr)
- pathogenetisch bedeutsam:
  - Toxine
    - Hämolysine
    - Streptolysine (O und S)
    - Desoxyribonuklease
    - erythrogenes Toxin A, B, C (verantwortlich für Scharlach)
  - M-Antigen (Schutz vor Phagozytose)
- Bei Scharlach entwickelt sich eine Immunität gegen das Toxin! Da unterschiedliche Toxintypen existieren, sind mehrere Scharlachinfektionen möglich
- Autoimmunprozesse für rheumatisches Fieber und Glomerulonephritis verantwortlich
- Streptokokken der Gruppe C und G verursachen keine Scharlach-Symptomatik sowie kein rheumatisches Fieber bzw. keine Glomerulonephritis

❑ Symptomatik

- Pharyngitis, Angina tonsillaris/lacunaris mit Eiterstippchen
- Sinusitis, Otitis, selten Pneumonie
- Scharlach
  - Beginn mit hohem Fieber, Erbrechen, Angina
  - nach 2-3 Tagen Exanthem/Enanthem: kleinfleckig in den Leisten und am Hals beginnend, Rumpf, Wangen, Aussparung des Munddreiecks, Himbeerzunge (anfangs belegte Zunge, reinigt sich und wird rot)
  - Nach 2-4 Wochen kommt es zur typischen Schuppung: Stamm, Handinnenflächen und Fußsohlen, Nagelveränderungen (*Feer-Nagel-Linie*)
- Impetigo contagiosa (besonders bei Kindern, hohe Kontagiosität)
- Erysipel (flächenhafte Rötung, Überwärmung, Fieber)
- Phlegmone (subkutan bzw. subfaszial, Eintrittspforte meist Verletzung)
- Streptokokkensepsis (auch andere Gruppen)
- Meningitis
- Endokarditis (Str.viridans/Enterokokken)
- urogenitale Infektionen (u.a. Enterokokken)
- vergrünende Streptokokken führen in der Regel nur zu oralen Infektionen aber auch zu Endokarditiden (ggf. Endokarditisprophylaxe!)

❑ **Komplikationen**

- hämorrhagischer/toxischer/septischer Scharlach
- Myokarditis
- akutes rheumatisches Fieber
- Chorea minor
- akute Glomerulonephritis
- Otitis media

❑ **Diagnostik**

- Klinik
- Erregernachweis (Abstrich, Blutkultur, Punktion)
- Serologie
  - Antistreptolysin O-Titer (ASL/ASL-O/AST)
  - Streptodornase-Titer bzw. AntiDNase-B-Titer (ADB-Titer)

> - Rachen (Scharlach) und rheumatisches Fieber → ASL
> - Haut (Erysipel, Phlegmone) und Glomerulonephritis → ADB-Titer

❑ **Differentialdiagnose**

- Staphylokokkeninfektion
- toxischer Scharlach ↔ toxic shock syndrome
- rheumatisches Fieber ↔ andere Erkrankungen aus dem rheumatischen Formenkreis
- sog. "Kinderkrankheiten" wie Masern und Röteln

❑ **Therapie**

- Mittel der Wahl Penicillin V bzw. G (ca. 10 Tage). Bei Kontakt mit Scharlachpatienten auch prophylaktisch. Bei Enterokokkeninfektionen sollte Ampicillin/Amoxicillin (auch Cephalosporine, evtl. Vancomycin) angewandt werden. Alternative bei Penicillinallergie: Erythromycin
- Kontrolle des U-Sediments, ggf. weitere Diagnostik und Therapie (☞ Kap. 1.7.2.1. und 6.4.1.1.)

❑ **Prognose**

Die Prognose ist insgesamt gut. Folgeerkrankungen wie rheumatisches Fieber oder Glomerulonephritis können ernsthafte Komplikationen nach sich ziehen. Sie treten in einer Häufigkeit von bis zu 1-3 % auf. Scharlach ist im Todesfall meldepflichtig.

9.2.17. Cholera

Erreger: Vibrio cholerae. Es existieren 2 Biovare (V. cholerae und V. El Tor) sowie weitere Serovare. V. cholerae 0:1 (= Gruppenantigen) gilt als der Erreger der klassischen Cholera (asiatica). Es handelt sich um kommaförmige, gramnegative Stäbchenbakterien mit Geißel, die insgesamt relativ empfindlich sind. Vertreter der Spezies non-0:1 verursachen in der Regel Brechdurchfall.

❑ Epidemiologie und Pathogenese

- Verbreitung (Abb. 9.4)
  in Europa fast nicht vorkommend (mögliche Importe durch Fern-Tourismus und rückkehrende Beschäftigte oder heimische Gastarbeiter aus entsprechenden Gebieten). Bei der zur Zeit herrschenden Cholera-Epidemie, die 1991 in Peru ausbrach sind bis 1994 ca. > 1/2 Mio. Menschen erkrankt und über 10.000 gestorben. Auch in den USA sind jetzt > 100 Cholerafälle/Jahr aufgetreten. Dabei hat sich teils ein Erregerwechsel von Vibrio 01 zum Vibrio 0139 vollzogen
- Übertragung durch kontaminierte Nahrungsmittel bzw. Wasser, aber auch durch direkten Kontakt
- Vorkommen überwiegend in Ländern mit niedrigem Hygienestandard sowie in Not- und Kriegszeiten
- Hauptreservoir: Mensch
- Inkubationszeit: Stunden bis wenige Tage
- pathogenetisch bedeutsam: Enterotoxin, das die Zyklooxygenase der Dünndarmschleimhaut aktiviert und zu einer Vermehrung des cAMP führt. Folge ist eine massive Übersekretion von H_2O (gefolgt von Elektrolytverlusten) in das Darmlumen
- Betroffen ist im Gegensatz zur Ruhr der Dünndarm
- nach Infektion IgA-vermittelte Immunität

Abb. 9.4: Cholera: Endemiegebiete zum Jahresende 1993.

❑ **Symptomatik**

- Asymptomatische Infektionen oder blande Formen kommen vor
- typischerweise jedoch relativ plötzlicher Beginn mit wäßrigen, reiswasserartigen Durchfällen (20-30 Stuhlentleerungen/die bzw. 10-20 l/die)
- Erbrechen
- Durstgefühl, Exsikkose, Kreislaufsymptomatik bis Schock
- Oligurie bis Anurie (prärenales Nierenversagen)
- Koma

❑ **Diagnostik**

- Aufenthalt in gefährdeten Gebieten sowie entsprechender Klinik
- Erregernachweis kulturell aus Stuhl, Rektalabstrich oder Erbrochenem (rasche Verarbeitung, sonst Kühlung bzw. besser: 1 % Peptonlösung als Transportmedium verwenden) (Nachweis innerhalb von 24 h möglich)
- mikroskopische Diagnose durch Immobilisationstest (Dunkelfeld, 0:1-Antiserum)
- Serologie: Agglutinationstest (wichtig für Abschätzung der Durchseuchungsrate)

❑ **Therapie**

- Isolierung
- wichtigste Maßnahme: Kontrolle des Wasser- und Elektrolythaushalts und entsprechender Flüssigkeits- und Elektrolytersatz (oral oder parenteral). *Wichtig:* Glukosezusatz (aktive Reabsorption aus dem Darm)
- Azetylsalizylsäure vermag durch Hemmung der Zyklooxygenase ebenfalls die Sekretionsrate zu senken
- antibiotisch: Tetrazykline oder Cotrimoxazol
- Verbesserung der Hygiene, Chlorierung des Trinkwassers
- bei Einreise in gefährdete Gebiete:
  - aktive Immunisierung mit Totimpfstoff (2 Injektionen s.c. im Abstand von > 1 Woche). Ein 100 % Impfschutz wird dabei nicht erreicht, Schutzdauer 3-6 Monate

❑ **Prognose**

Ohne Therapie ist die Letalität hoch (> 50 %). Die Patienten versterben bei foudroyanten Verläufen infolge der Wasser- und Elektrolytverluste an Kreislaufversagen.

> Bereits der Verdacht einer Choleraerkrankung ist bei der WHO meldepflichtig. Nach dem Bundesseuchengesetz sind Erkrankungsverdacht, Erkrankung und Tod meldepflichtig.

9.2.18. Pest

❑ **Definition**

Es handelt sich um eine bakterielle Infektionskrankheit, die in zwei Formen auftritt:

- Bubonen- oder Beulenpest
- Lungenpest

Die Zoonose Pest war bzw. ist für die bedeutendsten Epidemien, die die Menschheit kennt, verantwortlich.

Erreger: Yersinia pestis (1894 von Yersin in Hongkong entdeckt: ovalär, gramnegativ, unbeweglich).

❑ Epidemiologie und Pathogenese

- Erregerreservoir sind wildlebende Nagetiere, besonders Ratten. Die Übertragung auf den Mensch erfolgt perkutan durch Rattenflöhe (Beulenpest) bzw. durch infizierte Menschen (primäre Lungenpest - aerogen als Tröpfcheninfektion). Besonders die Lungenpest hat eine hohe Infektiosität
- Infektiös sind Sekrete, Eiter und Blut infizierter Organismen
- Inkubationszeit: 1-2 Tage (Lungenpest) bzw. 2-6 Tage (Beulenpest)
- Die letzte kleinere Pestepidemie in Europa war 1945 auf Korsika. 1771 war in Marseille die letzte große Pestepidemie. In der ersten Hälfte dieses Jahrhunderts forderte die Pest in Indien über 10 Mio. Todesopfer. Seit 1966 kam es in der Welt lediglich zu sporadischen Infektionen. Endemiegebiete sind USA (Südwesten), Mittel- und Südamerika (Brasilien, Peru, Ecuador, Bolivien) Südafrika, südliche GUS-Staaten und Südostasien (Burma, Vietnam). 1994 brach in Indien eine neue Pestepidemie aus. Betroffen sind die Bundesstaaten Maharashtra (Regierungsbezirk Beed) und Gujarat (Surat, Ahmedabad, Jamnagar, Amrell und Bezirk Bulsar im Norden). Da viele Menschen geflüchtet sind, ist auch in den benachbarten Bundesstaaten und in Bombay und Delhi mit Infektionen zu rechnen
- Die Abnahme der Pestepidemien ist besonders den Quarantänemaßnahmen zuzuschreiben
- Die Infektion hinterläßt eine Immunität, Zweiterkrankungen sind jedoch möglich
- Für die Ausbildung der Krankheitssymptomatik spielen Endotoxine eine wichtige Rolle

❑ Symptomatik

- hohes Fieber und Schüttelfrost
- schweres Krankheitsgefühl, reduzierter Allgemeinzustand
- bläulich verfärbte, schmerzhafte Lymphknotenschwellungen (*Bubonen*), die nach außen aufbrechen können
- bei Generalisierung Pest-Sepsis mit metastatischen Herden in
  - Leber
  - Milz
  - Lunge
  - Meningen
- Husten mit blutigem Auswurf, Dyspnoe, Zyanose (Lungenpest)

❑ Diagnostik

- Anamnese (Aufenthalt in Epidemiegebieten?) und Klinik
- Die Sicherung der Diagnose erfolgt bakteriologisch, meist mikroskopisch (Sputum, Eiter, Blut, Lymphknoten-Punktat): gramnegative, ovaläre, bipolar anfärbbare Stäbchen (Giemsa- oder Wayson-Färbung, evtl. zusätzlich Fluoreszenzmikroskopie). Kulturelle Abgrenzung zu Yersinia pseudotuberculosis (mikroskopisch beweglich!)
- Serologische Untersuchungen wie ELISA oder IHA (z.B. für Durchseuchungsgrad) und Tierversuch (z.B. in Zweifelsfällen) sind möglich
- Röntgen-Thorax: Infiltrate bei Lungenpest (nekrotisierende Pneumonie)

Therapie

- Impfung möglich, jedoch prinzipiell nicht mehr empfohlen (Impfstoff schlecht verträglich, ungenügender Impfschutz, langdauernde Impfschemata)

- Expositionsprophylaxe wichtig: Meiden von Menschenansammlungen und engem Kontakt von fieberhaften Kranken in gefährdeten Gebieten, wenn möglich Verzicht auf entsprechenden Aufenthalt. Isolierung bzw. Quarantäne (s.u.), Verwenden von Mund-Nasen-Schutz, Schutzbrille, Handschuhen, Schutzkittel. Desinfektionsmaßnahmen
- Bekämpfung von Rattenflöhen und Ratten
- Bei Einreise in Epidemiegebiete oder Kontakt mit Verdachts- oder Erkrankungsfällen (innerhalb von 8 h) Chemoprophylaxe
  - Tetrazyklin 4 x 250 mg/die
  - Trimethoprim/Sulfamethoxazol 2 x 160/800 mg/die
  - (Chloramphenicol 1-2 g/die p.o.)

  Dauer: bis 2 Wochen nach Kontakt
- Therapie der Pest
  - Streptomyzin 30 mg/kg KG/die in 2 Dosen + Tetrazyklin 20-30 mg/kg KG/die in 4 Dosen i.m.
  - Meningitis: anstelle Tetrazyklin: Chloramphenicol 60-100 mg/kg KG/die in 4 Dosen i.v.
  - Trimethoprim/Sulfamethoxazol 2 x 160/800 mg/die
- Quarantäne (6 Tage)
  Bei Erkrankungsverdacht oder Erkrankung sind die entsprechenden Personen zu isolieren (Spezialklinik mit Isolierstation). Bei Kontaktpersonen ist eine Chemoprophylaxe einzuleiten. Ist diese sichergestellt, erscheint eine Quarantäne in der Regel meist entbehrlich, evtl. ist auch eine häusliche Isolierung und ärztliche Überwachung ausreichend
- Medizinisches Personal hat sich beim Umgang mit Pest-Kranken und auch Verdächtigen sowie entsprechendem Untersuchungsmaterial zu schützen. Möglichkeiten sind u.a. Schutzkittel, Schutzhandschuhe, Schutzbrille, Mund-Nasen-Schutz, Desinfektionsmaßnahmen. Wäsche und (möglicherweise) erregerhaltiges Material ist zu entsorgen (C-Abfall)

❑ **Prognose**

Die Lungenpest hatte vor Einführung der Antibiotika eine hohe (nahezu 100%ige) Letalität. Durch frühzeitigen Einsatz von Antibiotika bzw. Chemotherapeutika läßt sich die Prognose jedoch deutlich bessern.

Verdacht, Erkrankung und Tod sind nach dem Bundesseuchengesetz meldepflichtig!

9.2.19. Sexually transmitted diseases (STD)

Unter dem Begriff "Sexually transmitted diseases (STD)" werden sowohl die klassischen meldepflichtigen Geschlechtskrankheiten Lues, Gonorrhö, Ulcus molle, Lymphogranuloma venerum, als auch die nicht meldepflichtigen Erkrankungen Trichomoniasis, Hepatitis A, B und C, Herpes genitalis, Chlamydien- und besonders HIV-Infektionen zusammengefaßt. Die für die Innere Medizin wichtigen Erkrankungen sind zum Teil bereits im Kapitel 9.1. erfaßt. Im folgenden werden noch Lues und Gonorrhö abgehandelt.

9.2.19.1. Gonorrhö (Tripper)

❑ **Definition**

Die Gonorrhö ist die häufigste bakterielle Geschlechtskrankheit.

Erreger: Neisseria gonorrhoeae (Gonokokken), gramnegative, unbewegliche Diplokokken.

❑ Epidemiologie und Pathogenese

- weltweites Vorkommen
- häufigste bakteriell bedingte Geschlechtskrankheit (Morbidität ca. 1/1.000)
- Der Erreger ist nur humanpathogen
- Übertragung überwiegend venerisch, d.h. durch direkten Haut-/Schleimhautkontakt. Während der Geburt Übertragung von der Mutter auf die Konjunktiven des Neugeborenen möglich
- Inkubationszeit: wenige Tage bis 1 Woche
- Reinfektionen (u.a. durch Wechsel der Antigenstruktur) möglich

❑ Symptomatik

- häufig blander Verlauf (besonders bei Frauen)
- beim Mann: Urethritis mit Rötung und eitrigem Ausfluß, Dys-, Algurie
- bei der Frau: Urethritis, Zervixbefall, Bartholinitis
- Proktitis bei rektaler Infektion
- beim Neugeborenen: eitrige Konjunktivitis/Ophthalmia neonatorum/Blenorrhö

❑ Komplikationen

- aszendierende Infektionen (Prostatitis/Epididymitis bzw. Adnexitis, Peritonitis)
- bakterielle Arthritis
- Endokarditis
- Sepsis
- disseminierte Gonokokkeninfektion mit intermittierenden Fieberschüben, wandernden Gelenkbeschwerden und Hauterscheinungen (häufig vaskulitische, auch nekrotisierende Hautveränderungen, hämorrhagische Papeln, Vesikel, Pusteln), wobei die distalen Extremitätenabschnitte besonders befallen sind

❑ Diagnostik

- Anamnese und Klinik
- Die Sicherung der Diagnose erfolgt kulturell/(fluoreszenz-)mikroskopisch (Urethral-, Zervikal-, Pharynx- oder Konjunktivalabstrich): gramnegative, meist intrazellulär gelegene Diplokokken ovaläre, bipolar anfärbbare Stäbchen (Giemsa- oder Wayson-Färbung, evtl. zusätzlich). Kulturelle Abgrenzung zu Yersinia pseudotuberculosis (mikroskopisch beweglich!)
- Antigennachweis (IFT) oder serologischer Antikörpernachweis (KBR)

❑ Prophylaxe und Therapie

- Expositionsprophylaxe (z.B. Benutzung von Kondomen) sowie Erfassung und Behandlung von Infizierten sind wichtig
- Therapie: Gegen die üblicherweise angewandten Penicilline, Sulfamethoxazol-Trimethoprim oder Tetrazykline sind inzwischen Resistenzen aufgetreten. In diesen Fällen stellen Spectinomycin (z.B. Stanilo®), Azithromycin (z.B. Zithromax®), Cephalosporine der 3. Generation wie Ceftriaxon (z.B. Rocephin®) oder Gyrasehemmer wie Ciprofloxacin (z.B. Ciprobay®) gute Alternativen dar. Bei unkomplizierter Gonorrhö ist eine einzeitige Therapie meist ausreichend

Nach dem Bundesseuchengesetz anonym meldepflichtig!

9.2.19.2. Syphilis (Lues)

❑ **Definition**

Es handelt sich um ein bakteriell bedingte Geschlechtskrankheit, die in drei Stadien verläuft.

Erreger: Treponema pallidum (pallida), eine korkenzieherartig gewundene Spirochäte.

❑ **Epidemiologie und Pathogenese**

- weltweites Vorkommen
- Übertragung überwiegend durch Sexualkontakte, seltener durch Blut oder oral. Eine diaplazentare Infektion des Feten ist möglich
- Risikogruppen sind junge Erwachsene, promiskuide Personen wie Prostituierte etc.
- Inkubationszeit: Primäraffekt nach ca. 2-6 Wochen
- Reinfektionen sind nach durchgemachter Syphilis möglich

❑ **Symptomatik**

Der Verlauf der Syphilis wird üblicherweise in drei Stadien nach Ricordie eingeteilt. Daneben müssen Spätformen (Syphilis cerebrospinalis, Tabes und progressive Paralyse) unterschieden werden

- *Stadium I der Syphilis (Lues 1)*
  Nach einer Inkubationszeit von ca. 2-6 Wochen (Dauer abhängig von der Reaktionsfähigkeit des Organismus und von der Virulenz und Anzahl der inokulierten Erreger) kommt es zur Ausbildung des Primäraffektes
  - Primäraffekt = meist singuläres Knötchen, das zerfällt und zu einer Erosion, evtl. auch einem harten Ulkus mit lackartigem Ulkusgrund und derbem Randwall wird. Der Primäraffekt ist an der Eindringstelle der Treponemen (meist Genital-, Analbereich, Lippen und Hände) lokalisiert. An verschiedenen Körperregionen kann sich ein indurierendes Ödem bilden
  - Primärkomplex = Primärkomplex und lokale Lymphangitis/Lymphadenitis
- *Stadium II der Syphilis (Lues II)*
  Nach ca. 8 Wochen (post infectionem) beginnt das Sekundärstadium der Syphilis mit Allgemeinveränderungen und Zeichen der Generalisation (Fieber, Abgeschlagenheit, Kopfschmerzen. Es folgen Polyadenitis - auch in Ellenbeugen und Kniekehlen - und Splenomegalie). Weitere Symptome sind:
  - Angina syphilitica (sog. specifica) mit grau-weißlichen Belägen und Heiserkeit
  - Das syphilitische Exanthem beginnt mit kleinen schwachrosa gefärbten Makeln (Roseola), die in derbe und kupferfarbene Papeln (Handflächen und Fußsohlen!) übergehen. Evtl. Krusten- und Schuppenbildung (DD: Psoriasis, Pityriasis rosea, Lichen ruber, seborrhoisches Ekzem)
  - Später treten Schleimhautveränderungen (weißliche, durchsichtige Papeln = *Plaques muqueuses*) auf. Unter Plaques lisses versteht man einen umschriebenen Schwund der filiformen Papillen an der Zunge. Die syphilitische Leukoplakie tritt noch später auf (Papeln mit Hyperkeratose)
  - *Condylomata lata* sind breite Papeln. Sie treten besonders im Bereich der Vulva, des Anus, seltener im Brustbereich und zwischen den Zehen auf. *Condylomata lata* sind hoch infektiös und im Gegensatz zu den anderen Hauterscheinungen länger bestehend
  - syphilitische Alopezie (DD: Alopecia areata)
  - syphilitisches Leukoderm: nach Abklingen des Exanthemes kann dieses rezidivieren und führt zu depigmentierten Hautbezirken (am Halsansatz als sog. "*Halsband der Venus*")
  - Syphilis maligna: pyodermieartige Veränderungen der Effloreszenzen, Ulzerationen und Ausbildung großen Schuppen (bei schlechter Resistenzlage)

Hautveränderungen im Stadium II sind symmetrisch und heilen ohne Narbenbildung ab!

- *Stadium III der Syphilis (Lues III)*
  Nach Monaten bis Jahren kann Stadium 3 der Syphilis auftreten. Neben der Haut sind auch die inneren Organe befallen.

  Hautveränderungen:

  - Tertiäre Syphilide treten meist solitär und asymmetrisch auf. Sie sind nicht schmerzhaft, wirken induriert, scharf bogenförmig begrenzt, evtl. mit zentraler Ulzeration. Bei Heilung kommt es zu Narbenbildung und peripherer Hyperpigmentierung
  - Unter Gummen (Singular: *Gumma*) versteht man gummiartige Granulome im Bereich der Haut, Muskulatur, des Knochens oder auch in inneren Organen (Leber, Gehirn, Aorta etc.)

Neurologische Komplikationen der Syphilis sind die Syphilis cerebrospinalis, die Tabes dorsalis und die progressive Paralyse:

- Syphilis cerebrospinalis kann sich durch Schmerzen, Lähmungen, Mißempfindungen etc. äußern
- Bei der Tabes dorsalis kommt es zur Degeneration der Hinterstränge mit Schmerzen, aber auch Verlust der Empfindung inkl. Schmerzempfindung sowie Ataxie
- Die progressive Paralyse äußert sich in psychointellektuellen Störungen bis zur Demenz

Syphilis connata (Lues connata)

Die Infektion erfolgt während der Schwangerschaft von der Mutter auf das Kind. Die Treponemen gelangen dabei frühestens gegen Ende des 2. Trimenons in den kindlichen Organismus. Mögliche Folgen sind:

- Fehlgeburt
- syphilitischer Schnupfen (Coryza syphilitica)
- Hautveränderungen wie bei der Syphilis Stadium II sowie Blasen mit gelblichem Inhalt im Bereich der Hand- und Fußnägel sowie Handflächen und Fußsohlen (luische Paronychie/luischer Pemphigus und plattenartige Hautveränderungen mit Rißbildung (um den Mund herum = *Parrot-Furchen*) im Bereich der Körperöffnungen
- Organbefall (Leber, Milz, Gehirn, Innenohrschwerhörigkeit durch Veränderungen am 8. Hirnnerv)
- Knochenveränderungen mit Epiphysenlösung mit Pseudolähmung, Sattelnase, beim Erwachsenen Verkürzung des 5. Fingers, Säbelscheidentibia, vorspringende Tubera frontalia, Verbreiterung der medialen Klavikulaenden (= *Higoumenakis-Zeichen*) sowie charakteristische Zahnveränderungen (*Tonnenzähne* = Querdurchmesser entspricht Längsdurchmesser, halbmondförmige Ausbuchtungen an den Kanten der Schneidezähne)

Hutchinson-Trias Keratitis parenchymatosa, Labyrinthtaubheit und Zahnveränderungen (Tonnenzähne)

❑ Komplikationen

Außer den bereits genannten Veränderungen seien hier erwähnt:

- Mesaortitis syphilitica mit Aortenaneurysma (Gefahr der Ruptur und Aorteninsuffizienz)
- Amaurose bei Befall des N. opticus

❑ Diagnostik

- Anamnese
  (alle Infektionsmöglichkeiten der letzten drei Monate vor Einsetzen der Symptome, bzw. sechs bei Patienten mit sekundärer Syphilis) und körperliche Untersuchung (*wichtig:* Hautbefund und neurologischer Status)
- Erregernachweis
  Treponemen lassen sich gut im Reizserum aus dem Primäraffekt und nässenden Effloreszenzen des 2. Stadiums erkennen. Hingegen ist der Nachweis aus anderen Effloreszenzen des Stadiums II oder gar III nur selten möglich. Treponemen werden dabei mit Hilfe des Dunkelfeldverfahrens (evtl. Phasenkontrastmikroskop) nachgewiesen. Eine Alternative ist auch der direkte Fluoreszenztest (DFT) während das Tuscheverfahren nach Burri nicht mehr angewandt werden sollte. Bei Immungeschwächten ist im Blut und Liquor auch ein Genomnachweis (DNA-Nachweis) möglich
- Im Stadium I erhöhte BKS sowie Veränderungen der Serumeiweiße
- Im Stadium II fällt die Seroreaktion nahezu immer positiv aus, während im Stadium I häufig noch keine Antikörper nachweisbar sind
  Lues-spezifische Antikörper:
  - TPHA-Test (= Treponema pallidum-Hämagglutinationstest, positiv ab der zweiten Woche nach der Infektion, bleibt es lebenslang)
  - FTA-ABS-Test (Fluoreszenz-Treponema-Antikörper-Absorptionstest (Bestätigungsreaktion)
  - 19S-IgM-FTA-ABS-Test (Erfassung frischer Infektionen, außerdem Aussage über Behandlungsbedürftigkeit möglich)
  - IgM-ELISA

  Unspezifische Cardiolipin-Antikörper:
  - VDRL-Test (= Veneral Disease Research Laboratory-Test, Lipoid-Antigen-Reaktion - Mikroflockungstest - mit quantitativer Titerbestimmung zur Verlaufskontrolle)
  - Cardiolipin-KBR

> Als Suchtest ist vor allem der TPHA-Test geeignet, der mit dem FTA-ABS-Test bestätigt werden sollte. Für den Verlauf ist der VDRL-Test geeignet, der bei erfolgreicher Therapie wieder negativ wird.

- Liquordiagnostik: BZ, Antikörper und DNA-Nachweis

❑ Therapie

Expositionsprophylaxe (z.B. Benutzung von Kondomen) sowie Erfassung und Behandlung von Infizierten sind wichtig.

- Frühsyphilis (= primäre, sekundäre und latente Syphilis, Infektionsdauer < 1 Jahr)
  - Procain-Penicillin 1,2 Mio. E./die i.m.für 14 Tage oder
  - Doxycyclin 200 mg/die oder Erythromycin 2 g/die für 14 Tage oder Ceftriaxon 250 mg/die i.m. für 10 Tage
- Spätsyphilis (Inkubationszeit > 1 Jahr), bei Gummen oder kardiovaskulärem Befall
  - Procain-Penicillin 2,4 Mio. E. dreimalige Injektion im Abstand von jeweils 1 Woche oder
  - Doxycyclin 200 mg/die für 4 Wochen
- Neurosyphilis
  - Penicillin G 10-20 Mio. E./die i.v. für 10-14 Tage

- kongenitale Syphilis
  - Penicillin G i.v. oder Procain-Penicillin 50.000 E./kg KG/die i.m. für 14 Tage

Cave:
(Jarisch-)Herxheimer-Reaktion (Fieber, Myalgien, Verstärkung der Effloreszenzen aufgrund des Zerfalls der Treponemen zu Beginn der Therapie).

(Nach dem Bundesseuchengesetz sind Erkrankung anonym, Therapieverweigerer mit Namen meldepflichtig!)

9.3. Erkrankungen durch Protozoen

9.3.1. Amöbiasis (Amöbenruhr)

Erreger: Entamoeba histolytica (Protozoen/Rhizopoden). Amöben sind in vegetativer Form (Trophozoiten) beweglich (Pseudopodien). Ihre Dauerformen (Zysten) sind unbeweglich und sehr resistent. Dabei scheinen unterschiedlich aggressive Stämme zu existieren.

❑ **Epidemiologie und Pathogenese**

- Verbreitung: weltweites Vorkommen, Erkrankungen vorwiegend in den Tropen und Subtropen
- Hauptreservoir: Mensch (Kranke und asymptomatische Amöbenträger) sowie Tiere
- Übertragung durch mit Zysten kontaminierte Nahrungsmittel bzw. Wasser
- Nach Aufnahme der Zysten entwickeln sich nach Teilung aus jeder Zyste 4-8 Trophozoiten (Minutaformen), die sich sowohl bei Erkrankten als auch bei sonst gesunden Trägern nachweisen lassen
- Möglicherweise durch äußere wie auch innere Einflüsse können sich diese Minutaformen in invasive Magnaformen umwandeln und zur akuten Amöbenruhr mit Dickdarmbefall oder auch zu extraintestinalem Befall führen
- Inkubationszeit: Tage (Amöbenruhr) bis Monate (extraintestinaler Befall)
- Ausscheidung mit dem Stuhl

❑ **Symptomatik**

- häufig asymptomatisches Trägertum (> 2/3 der Betroffenen)
- Zunahme der Stuhlfrequenz
- breiige, schmerzhafte Diarrhö mit Blut- und Schleimbeimengungen (himbeergeleeartig)
- evtl. leicht erhöhte Temperatur
- Organbefall (☞ Komplikationen)

❑ **Komplikationen**

- Ulzera im GI-Trakt mit Darmperforation (Kolon)
- Darmblutung
- (Pseudo-)Tumorbildung (Amöbom)
- Leberabszeß (hämatogen) mit Hepatomegalie, Fieber, Oberbauchschmerzen (bis 20 %), Ruptur
- seltener Lungen-, Haut-, Milz- oder Gehirnabszeß
- chronisches Stadium: abdominelle Beschwerden - Schmerzen, Gewichtsverlust, Stuhlunregelmäßigkeiten

❑ **Diagnostik**

- Aufenthalt in den Tropen oder in Gebieten mit schlechten hygienischen Verhältnissen sowie entsprechender Klinik (Diarrhö)
- mikroskopischer Erregernachweis in frischem, warmem, blutigem Stuhl → Trophozoiten. Pathognomonisch sind Magnaformen, die Erythrozyten beinhalten. Zusätzlich Kultur

Nachweis von Zysten bedeutet Trägertum!

- Endoskopisch zeigen sich amöbenbedingte Ulzera im rektosigmoidalen Bereich bzw. Kolon (PE-Entnahme aus den Rändern zum Nachweis von Amöben!)
- Serologie bei invasiver Amöbiasis: indirekte Hämagglutination, ELISA oder IFT
- Sonographie und ggf. CT (NMR)

❑ **Therapie**

- symptomatisch (Flüssigkeits- und Elektrolytersatz)
- Metronidazol (z.B. Clont®) (evtl. in Kombination)
- chirurgisch: Punktion und Drainage von Abszessen
- Hygienemaßnahmen, Chlorierung des Wassers

❑ **Prognose**

Oft langwieriger Verlauf und Chronizität mit wechselnden Beschwerden. Die hämatogene Aussaat in die Leber ist nicht selten. Bei Komplikationen ist von einer Letalität bis zu 30 % auszugehen.

9.3.2. Kryptosporidiose

☞ Kap. 9.1.14.

9.3.3. Isosporiasis

☞ Kap. 9.1.14.

9.3.4. Malaria (Sumpf- bzw. Wechselfieber)

Malaria ist eine durch Protozoen (Plasmodien) verursachte generalisierte Erkrankung, die durch Fieberschübe gekennzeichnet ist. Sie ist besonders in tropischen bzw. subtropischen Gebieten beheimatet.

Nach den Erregern und Verläufen werden verschiedene Formen unterschieden (Tab. 9.19).

Erreger	Malariaform
Plasmodium vivax oder ovale	Malaria tertiana
Plasmodium malariae	Malaria quartana
Plasmodium falciparum	Malaria tropica

Tab. 9.19: Malariaerreger und Verlaufsformen

❑ **Epidemiologie und Pathogenese**

- Verbreitung in sub- und tropischen Gebieten, Gebirgsregionen (> 2.000 m) wie auch verschiedene große Städte (Bangkok, Colombo, Harare, Johannesburg, Manaus und Nairobi) sind in der Regel malariafrei

- Jährlich erkranken lt. WHO-Schätzung ca. 200 Mio. (- 400/500 Mio.!) Menschen neu an Malaria, ca. 2 Mio. sterben an der Erkrankung

In Deutschland jährlich ca. 1.000 Malariafälle sowie 10-20 Todesfälle!

- Übertragung durch weibliche Anophelesmücken, selten perinatal bzw. parenteral (Transfusion)
- Übertragene Sporozoiten vermehren sich in der Leber: Nach einigen Tagen (> 5) zerfallen die Schizonten in viele Merozoiten. Dieser präerythrozytäre Zyklus mit Gewebsformen kann anhalten und ursächlich für Rezidive sein (nachgewiesen bei Pl. vivax, malariae und ovale). Die Merozoiten befallen Erythrozyten und vermehren sich in diesen (Ausbildung von Trophozoiten, Schizonten und Zerfall = ungeschlechtliche Vermehrung). Das abgebaute Hämoglobin stellt sich als Malariapigment dar. Bei Zerfall der Schizonten werden auch die Erythrozyten zerstört, wobei Pyrogene freigesetzt werden. Anfangs kommt es zu unregelmäßigem Fieber. Die erythrozytäre Phase wird bei verschiedenen Malariaformen synchronisiert und führt zu den charakteristischen Fieberkurven. Aus einigen Schizonten entstehen auch Geschlechtsformen: Mikrogametozyten = weiblich, Makrogametozyten = männlich. Bei einem erneuten Stich durch Anophelesweibchen können diese beim Saugakt aufgenommen werden
- Inkubationszeiten (Zeit zwischen Stich und erstmaligem Fieberschub)
  - Malaria tertiana: 1-3 Wochen
  - Malaria quartana: 2-7 Wochen
  - Malaria tropica: 1-2 Wochen
- charakteristische Fieberanfälle im Abstand von
  - 48 h bei Malaria tertiana
  - 72 h bei Malaria quartana
  - unregelmäßig bei Malaria tropica

> *Cave:*
> Mischinfektionen, Vorhandensein von zwei bzw. drei Generationen Pl. vivax/ovale oder malariae – täglicher Fieberschub bzw. nur ein fieberfreier Tag (Tertiana duplicata, Quartana duplicata-triplicata)

- Bei der Malaria tropica kommt es außerdem zu einer Veränderung der Erythrozyten, die sich zusammenballen und zu (Mikro-)Thrombosen führen können. Folge ist eine Hypoxie in den peripher gelegenen Organen
- Gefährdet sind besonders Fernreisende (2-3 Mio. Bundesbürger reisen pro Jahr in Malariagebiete!)
- vermehrt multi-drug-resistente Stämme!

❑ **Symptomatik**

- Fieber
- Abgeschlagenheit/Krankheitsgefühl
- Kopf- (stirnbetont) und Gliederschmerzen
- abdominelle Beschwerden wie Oberbauchschmerzen, Hepato-Splenomegalie, Ikterus, (blutige) Diarrhö
- ZNS-Beteiligung mit Vigilanzstörung bis Koma (DD Hypoglykämie im Rahmen einer Malaria!), Meningismus
- Husten, Dyspnoe durch Lungenödem (auch iatrogen durch Infusionstherapie!)

- Schmerzen im Nierenlager, Niereninsuffizienz durch hämolytische Krisen und Volumenmangel
- hämolytische Anämie
- bei Malaria tropica: Organbefall/-infarkte: Milz, Leber (beide RHS), Hirn, Darm, Niere, ZNS
- kardiale Beteiligung mit Myokarditis und Infarkten sowie Kreislaufregulationsstörungen

Jedes Fieber nach Aufenthalt in tropischen und subtropischen Gebieten ist malariaverdächtig!

❑ Komplikationen

- *Schwarzwasserfieber* (Hämolyse-Hämoglobinurie mit Ausscheiden von dunklem, schwarzbraunem Urin, möglicherweise Überempfindlichkeitsreaktion bei Behandlung mit Chinin?)
- Rezidive: bei M. tertiana und quartana durch sekundäre Gewebsformen, bei M. tropica durch persistierende erythrozytäre Formen!

❑ Diagnostik

- Anamnese (Auslandsaufenthalt - auch bis zu 2 Jahre zurück!) sowie Fieber
- Blutausstrich (Pappenheim) und mikroskopische Suche nach Plasmodien in den Erythrozyten (bei hoher Erregerdichte ausreichend), sonst:
- "dicker Tropfen"(= Anreicherung um Faktor 20-40), verstreichen auf 1-1,5 cm^2 Fläche (optimale Dicke: Eine Zeitung sollte in der Durchsicht gerade lesbar sein!), 15 min trocknen lassen und mit 6 % Giemsa-Lösung färben → Mikroskopie. Schwerer Malariafall: mindestens 1 % der Erythrozyten befallen

Bei negativem Erstbefund mikroskopische Suche mehrfach täglich!

- IFT zum Nachweis von Antikörpern gegen Plasmodien für die Akutdiagnose nicht verwendbar (positiv nach mehr als 1 Woche nach Beginn der Erkrankung!)
- Blutbild: Anämie, Leukozytose und Thrombopenie
- Kontrolle von BZ, Retentionswerten, ZVD

❑ Therapie und Prophylaxe

- Impfung (SPf66) z.Z. in Erprobung
- WHO-Eradikationsprogramme (Mückenvernichtung) bis dato nicht effizient!
- keine sicheren Schutzmaßnahmen gegen Malariainfektion vorhanden!
- Expositionsprophylaxe

Wichtig: Kein Mückenstich, keine Malaria!

  - Tragen langer Kleidung insbesondere in den Abend- und Nachtstunden
  - Schutz vor Anophelesmücken durch imprägnierte Moskitonetze
  - Repellentien

Zusätzlich:

- Chemoprophylaxe (für Kurzzeitaufenthalte bis 4 Wochen) (Abb. 9.5):
  - *in Zone A*
    - Chloroquin (z.B. Resochin®) 300 mg Base (= 2 Tbl.)/Woche, Beginn 1 Woche vor Einreise, Ende 4 Wochen nach Rückkehr (NW: gastrointestinale Beschwerden, daher Einnahme nach dem Essen, bei Langzeiteinnahme Augenschäden - Korneaablagerungen + Retinopathie, KI: Glukose-6-phosphat-dehydrogenase-Mangel)
  - *in Zone B* (Gebiete mit Chloroquinresistenzen)
    zusätzlich:
    - Proguanil (z.B. Paludrine®) 2x1 Tbl./die, Beginn bei Einreise, Ende 4 Wochen nach Rückkehr (NW: gastrointestinale Beschwerden, Ulzerationen der Mundschleimhaut)
  - *in Zone C* (Gebiete mit hoher Chloroquinresistenzrate)
    - Chloroquin + Proguanil
      oder
    - Mefloquin (z.B. Lariam®) 250 mg (= 1 Tbl.)/Woche, Beginn 1 Woche vor Einreise, Ende 4 Wochen nach Rückkehr (NW: neurovegetative Störungen, Schwindel, Sehstörungen, Psychosen, Lebertoxizität, Herzrhythmusstörungen, Blutbildungsstörungen, KI: Gravidität sowie Kleinkinder)
- Bei der Entscheidung zur Chemoprophylaxe ist zu berücksichtigen
  Reisegebiet, Reisezeit und Reisedauer sowie Expositionsgefahr. Aufgrund der NW und Wechselwirkungen sind u.a. auch Vor- und Begleiterkrankungen zu berücksichtigen

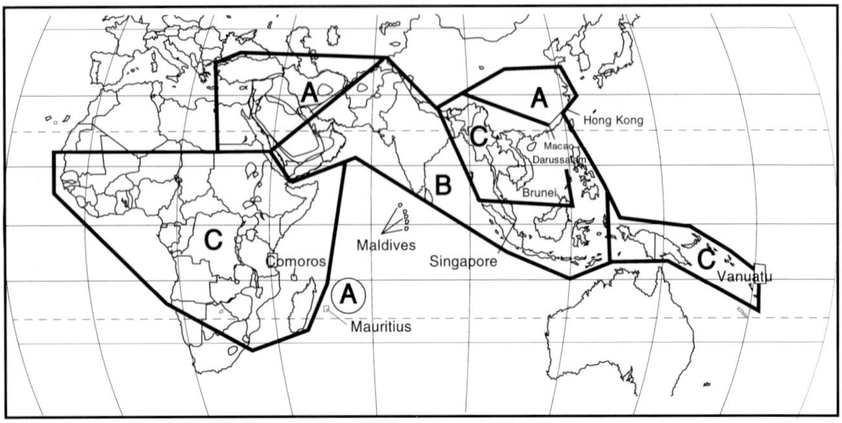

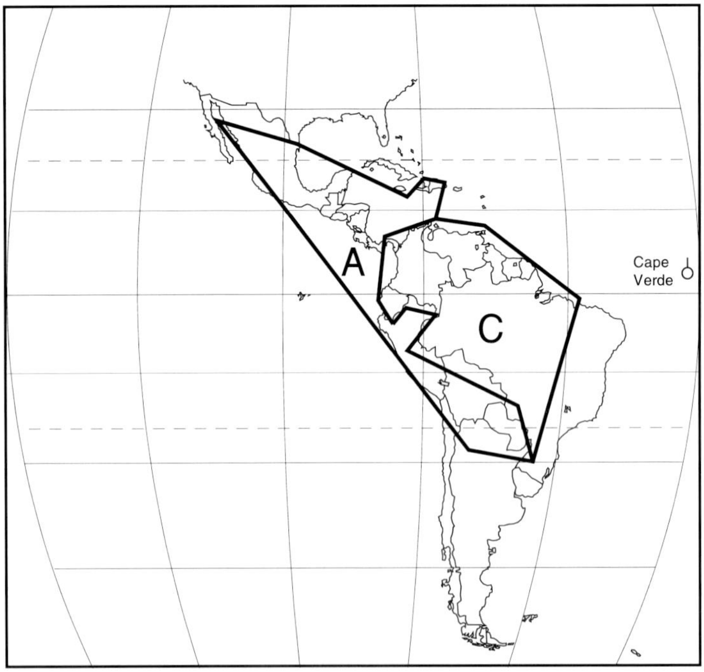

Abb. 9.5: Verbreitung der Malaria und Einteilung der Endemiegebiete entsprechend dem Vorkommen chloroquinresistenter Stämme von Plasmodium falciparum (WHO, Stand 1993).

❑ Therapie

"Stand-by-"Therapie: bei Fieber mit Schüttelfrost und schwerem Krankheitsgefühl, Kopfschmerzen und Gelenkbeschwerden in entsprechenden Gebieten → Arzt aufsuchen!!! Nach ggf. Blutausstrich:

- Mefloquin (z.B. Lariam®) 750 mg bzw. 15 mg/kg KG) (= 3 Tbl.). Nach 6 h 500 mg bzw. 8-10 mg/kg KG (bei KG > 60 kg weitere 250 mg nach 6 h)
- Mittel der 2. Wahl (aufgrund möglicher Todesfälle infolge Rhythmusstörungen bei medikamentös induzierter QT-Verlängerung):
  Halofantrin (z.B. Halfan®) 500 mg bzw. 8 mg/kg KG)(= 2 Tbl.). Nach 6 h 500 mg bzw. 8-10 mg/kg KG und weitere 500 mg nach 6 h (Ekg-Kontrolle, KI: QT-Verlängerung > 0,4 ms, Gravidität). Es handelt sich um ein Mittel gegen Schizonten

Therapie der Malaria:

- Chloroquin 600 mg initial, 300 mg nach 6 h sowie am 2. und 3. Tag
  (Schizontenmittel, Mittel der Wahl bei M. tertiana und quartana sowie M. tropica in Gebieten ohne Resistenzen. Bei M. tertiana und quartana anschließend Primaquine (z.B. Primaquin®), um Gewebsformen abzutöten)
- Mefloquin s.o.
- Halofantrin s.o., nach 1 Woche nochmals Einnahme von 1500 mg empfohlen
  (Beide können zur Therapie der M. tropica in Zonen B + C eingesetzt werden)

Bei komplizierter M. tropica:

- Chinin per os oder als Infusion bis 2 g/die (3-4 Einzeldosen, Dauer 7-10 Tage) (NW: Gehörschädigung, Kopfschmerzen, Übelkeit, allergische Reaktionen, Herzrhythmusstörungen, Blutbildveränderungen). Falls nicht verfügbar auch Chinidin!!
  Zusätzlich Mefloquin oder Halofantrin oder auch Tetrazyklin/Erythromycin

Nota bene: Sulfadoxin/Pyrimethamine (z.B. Fansidar®) ist seit dem 1.1.1993 aus dem Handel.

> *Wichtig:*
> Bei Vorliegen einer M. tropica sollte Rücksprache mit einem tropenmedizinischen Institut erfolgen!

- ggf. Austauschtransfusion und Dialyse
- ausreichende Flüssigkeitszufuhr, evtl. low-dose-Heparin (DIC!)

❑ Prognose

Unbehandelt liegt die Letalität der Malaria tropica bei bis zu 25 %. Bei rechtzeitiger Diagnose und Therapie ist auch die Malaria tropica gut therapierbar und tödliche Verläufe vermeidbar. Tödliche Verläufe können bei biliärer Verlaufsform/typhösem Bild durch Leberversagen, bei Diarrhö (ähnlich der Cholera) durch Kreislauf- und Nierenversagen bedingt sein. Häufigste Todesursache ist jedoch die ZNS-Beteiligung.

9.3.5. Infektionen mit Pneumocystis carinii

☞ Kap. 3.5.1.2. und 9.1.14.

9.3.6. Toxoplasmose

Erreger: Toxoplasma gondii (Protozoen, intrazellulär wachsend)

❑ Epidemiologie und Pathogenese

- weit verbreitet
- Haupterregerreservoir: Endwirt sind Katzen, die infektiöse Oozysten ausscheiden. Zwischenwirte sind Nagetiere, Rinder, Schafe und Schweine sowie der Mensch
- Übertragungsweg: Zysten (Dauerformen) im Fleisch von Schlachttieren können, sofern ungekocht aufgenommen, zur Infektion führen. Oozysten können durch Kontakt mit Katzen sowie durch Aufnahme von Bodengewächsen (Salat etc.) inkorporiert werden. Bei Infektion in der Schwangerschaft kann es zu einer transplazentaren Infektion kommen (Immunstatus zu Beginn der Schwangerschaft überprüfen - Überwachung bei Seronegativität)
- Inkubationszeit: Tage bis Wochen
- hohe Durchseuchung (bis zu 50 % bei Erwachsenen)
- Parasiten (sog. Tachyzoiten) befallen Körperzellen. Wenige Wochen später kommt es zur Produktion spezifischer Antikörper, die zusammen mit der zellulären Abwehr die Infektion beenden. Zurück bleiben jedoch häufiger Zysten, die an Größe zunehmen können und Zystozoiten (oder auch Bradyzoiten genannt) enthalten
- Ernste Krankheitsbilder finden sich bei der konnatalen Toxoplasmose sowie bei AIDS. Dort ist die Toxoplasmose für die meisten neurologischen Symptome verantwortlich

❑ Symptomatik

- in der Regel asymptomatisch
- selten Lymphknotentoxoplasmose (Hals)
- bei AIDS und immunsupprimierten Patienten: zerebrale Toxoplasmose mit neurologischen Ausfällen, Retinitis bzw. Befall anderer Organe (Lunge, Herz, Leber und Milz, Meningen)
- bei konnataler Toxoplasmose: embryonaler Fruchttod oder allgemeine Infektion mit Hepatosplenomegalie und Ikterus, Myokard- und Lungenbefall, Hydrozephalus mit intrakraniellen Verkalkungen und Chorioretinitis

❑ Diagnostik

- Erregernachweis im Biopsat oder Liquor (auch über PCR oder Immunfluoreszenz)
- Serologie (bei AIDS häufig nicht verwertbar!)
  - *Sabin-Feldmann-Test*, IFT oder ELISA:
    Positiver Nachweis von IgM-Antikörpern gegen Toxoplasmen und hohe IgG-Titer bzw. Titeranstieg sprechen für eine frische Infektion. Niedrige IgG-Titer deuten auf eine durchgemachte Infektion hin.
  - weiterer Test: KBR
- Blutbild weist meist eine Lymphozytose auf
- Histologie aus Lymphknoten: *Piringer-Kuchinkasche-Lymphadenitis* (+ Epitheloidzellherde)
- V.a. zerebralen Befall: CCT, NMR
- V.a. Augenbefall: Fundoskopie

❑ Therapie

- Bei Immunkompetenten ohne Symptomatik ist keine Therapie erforderlich. Auch bei Lymphadenitis ist Zurückhaltung empfohlen. In der Frühschwangerschaft sollten Infektionen mit Spiramycin, später mit Pyrimethamin + Sulfonamiden (z.B. Cotrimoxazol) therapiert werden. Schwere Fälle mit ZNS-Befall z.B. bei AIDS sollten mit Pyrimethamin 150 mg + Clindamycin 600 mg + Spiramycin 4,5 Mio. I.E./die behandelt werden. Fansidar®, das ebenfalls empfohlen wurde, ist nicht mehr im Handel
- (Seronegative) Schwangere, AIDS- und andere immunsupprimierte Patienten sollten rohes Fleisch sowie Katzen meiden

❑ Prognose

Bei Immunkompetenten kommt es selten zu schweren Symptomen (< 1:1.000). Häufigkeit der konnatalen Toxoplasmose ca. 1:1.000. Die in den Zysten enthaltenen Zystozoiten bleiben auch unter antibiotischer Therapie am Leben. Eine durchgemachte Infektion vor der Schwangerschaft schützt bei künftigen Schwangerschaften vor einer konnatalen Infektion.

9.4. Infektionskrankheiten durch Pilze

9.4.1. Candidiasis

Erreger: Candida albicans (80-90 %) und andere Candida-Spezies. Es handelt sich um einen Hefepilz (Sproßpilz).

❑ Epidemiologie und Pathogenese

- Vorkommen in der normalen Keimflora
- endogene Infektion besonders bei immungeschwächten Patienten
- lokale Infektion - systemische Infektion

❑ Symptomatik

Haut- und Schleimhautbefall:

- weißliche Beläge, die nach Abstreifen besonders an den Schleimhäuten bluten, Rötung
- Glossitis (Soor), Stomatitis mit Brennen
- Ösophagitis mit Dysphagie
- Darmbefall mit Verdauungsstörungen
- Paronychie
- Intertrigo, Vulvitis, Balanitis mit Juckreiz und süßlichem Geruch

Systemischer Befall:

- Sepsis - nur mäßige Temperaturerhöhung
- Nephritis
- Endokarditis
- Pneumonie
- Augenbefall
- Meningitis

❑ **Diagnostik**

- klinischer Befund - bei jungen Patienten mit Soor-Ösophagitis → V.a. HIV-Infektion!
- Mikroskopie (Schleimhaut- oder Hautabstrich)
- Abstrich mit Wattebausch zum kulturellen Nachweis
- Biopsie zum Nachweis invasiven Wachstums
- V.a. Sepsis → Blutkultur
- V.a. Nierenbefall → Urinkultur
- Empfehlung: Spezifizierung und Resistenzprüfung
- Antigennachweis aus Serum möglich
- Antikörpertiter (Candida-HAT oder IFT): Grenzwert 1:160 bzw. 1:80. Titeranstieg bzw. Titerabfall

❑ **Therapie**

- *lokal*
  Nystatin oder Amphotericin B (beide werden nicht resorbiert(!), d.h. sind auch bei Befall des Magen-Darm-Traktes wirkungsvoll) oder Imidazolderivate
- *systemisch*
  Fluconazol (z.B. Diflucan®) oral oder i.v. (1x400 mg/die)
  (neben-)wirkungsvoller ist die Kombination von:
  Amphotericin B (leber-, nephrotoxisch, knochenmarksdepressiv und mehr) und 5-Flucytosin.
  Dosierung ☞ Firmeninformation

9.4.2. Kryptokokkose

Erreger: Cryptococcus neoformans. Es handelt sich wie bei der Candidiasis um einen Hefepilz (Sproßpilz).

❑ **Epidemiologie und Pathogenese**

- Vorkommen in Umwelt, Erde, besonders in Vogelmist
- Infektion meist nur bei immungeschwächten Patienten
- systemische Infektion

❑ **Symptomatik**

Meist symptomarm:

- Lungenbefall
- Meningitis/Enzephalitis (ungünstige Prognose)

❑ **Diagnostik**

- Bei immungeschwächten Patienten daran denken!
- Mikroskopie (Sputum, Liquor) z.B. Tuschepräparat
- kultureller Nachweis (Sputum, broncho-alveoläre Lavage, Liquor, Blut)
- (Kapsel-)Antigennachweis aus Serum möglich

❑ **Therapie**

Systemische Therapie mit Fluconazol (z.B. Diflucan®) oral oder i.v. (1x400 mg/die) oder Kombination von Amphotericin B und 5-Flucytosin (s.o.).

9.4.3. Aspergillose

Erreger: Aspergillus fumigatus. Es handelt sich um einen Schimmelpilz.

❑ **Epidemiologie und Pathogenese**

- Vorkommen ubiquitär
- Infektion erfolgt durch Inhalation der Pilzsporen
- Gefährdet sind besonders immungeschwächte Patienten
- meist pulmonale Infektion

❑ **Symptomatik**

Pulmonale Manifestation bzw. Klinik:

- Asthmasymptomatik
- exogen allergische Alveolitis
- Aspergillom
- (Broncho-)Pneumonie

Extrapulmonale Manifestation:

- Otomykose
- Keratitis
- Sinusitis

❑ **Diagnostik**

- Symptomatik unspezifisch
- Mikroskopie (Sputum → verzweigte Hyphen) und kultureller Nachweis
- Biopsie und histologischer Nachweis (bei Pneumonie/invasiver Aspergillose)
- Antikörpernachweis im Serum
- Rö-Thorax (Manifestation meist in tuberkulöser Kaverne)

❑ **Therapie**

- systemisch: Miconazol (z.B. Daktar®) oral oder i.v. (1x10-30 mg/kg KG/die) bzw. Kombination von Amphotericin B und 5-Flucytosin (s.o.)

9.5. Wurminfektionen

Häufiger diagnostischer Hinweis für Wurmbefall: Eosinophilie!

9.5.1. Oxyuriasis

Die häufigste Wurminfektion ist die Madenwurminfektion (Oxyuriasis). Der Erreger ist Enterobius vermicularis, der überwiegend Kinder befällt. Häufigstes Symptom ist Jucken im Bereich des Afters (Eiablage der Weibchen). Therapie: Piperazin oder Pyantel.

9.5.2. Infektionen mit Bandwürmern

9.5.2.1. Taenia saginata und solium

Bandwurminfektionen werden durch Genuß von rohem Fleisch übertragen (Rinderbandwurm = Taenia saginata, Schweinebandwurm = Taenia solium). Im Dünndarm entwickeln sich 3-10 Meter lange Bandwürmer. Symptome können Abdominalbeschwerden und Gewichtsverlust sein. Die Diagnose wird durch Nachweis von Proglottiden im Stuhl gestellt. Ein weiterer Vertreter ist der Fischbandwurm (Diphyllobothrium latum), der zu einer Vit. B_{12}-Mangel-Anämie führen kann. Therapie: Niclosamid.

9.5.2.2. Echinococcus granulosus und multilocularis

Echinococcus granulosus (Hundebandwurm) und Echinococcus multilocularis (Fuchsbandwurm) können zu schweren Krankheitsbildern beim Menschen (= Zwischenwirt) führen. Nach Aufnahme der Eier durchdringen die entstehenden Onkosphären die Darmwand und befallen meist die Leber (seltener Lunge oder Gehirn). Echinococcus granulosus bildet eine ein- oder auch mehrkammrige Hydatide. Echinococcus multilocularis hingegen bildet ein Konglomerat aus kleinen Bläschen, die tumorartig wachsen, verdrängen und infiltrieren können. Gefährlich ist die Ruptur während der operativen Entfernung, da dies zum Schock und zur septischen bzw. metastatischen Streuung führen kann. Neben der bereits angesprochenen chirurgischen Entfernung kann bzw. muß medikamentös mit Mebendazol oder Albendazol therapiert werden.

9.5.3. Askaridiasis

Spulwürmer (Askariden) befallen häufig den Dünndarm und werden fäkal-oral (Bodendüngung) aufgenommen. Sie können nach Durchdringen der Darmwand über die Portalvene in die Leber, in das Herz und schließlich in die Lunge vordringen. Über die Alveolen gelangen sie schließlich über die Trachea und Pharynx wieder in den Darm. Sie können dabei kurzzeitig zu einem eosinophilen Lungeninfiltrat führen. Therapie: Piperazin oder Mebendazol.

9.5.4. Schistosomiasis

Schistosoma sind Erreger der Bilharziose, die in Afrika, Asien und Südamerika vorkommt. Die Pärchenegel werden transdermal aufgenommen bzw. dringen aktiv ein. Sie befallen vorwiegend das Venensystem, wobei eine Darm- und Blasenbilharziose unterschieden wird. Die Eier können im Urin oder Stuhl nachgewiesen werden. Therapie: Praziquantel.

Psychosomatische Krankheiten

10. Psychosomatische Krankheiten

10.1. Allgemeines psychosomatisches Grundwissen

❑ Definition

Die psychosomatische Medizin als medizinische Disziplin befaßt sich mit den wechselseitigen Einflüssen von psychisch-seelischen und körperlichen Faktoren auf die Entstehung, den Verlauf und die Behandlung von Erkrankungen.

"Gegenstand" der psychosomatischen Medizin ist der Mensch mit seinen *physischen*, *psychischen* und *sozialen* Gegebenheiten, nicht dagegen eine einzelne Krankheit oder eine eng umgrenzte Zahl von Krankheiten. Jede Krankheit besitzt einen somatischen, psychischen und sozialen Aspekt, die in jeweils *unterschiedlicher Gewichtung* Entstehung, Verlauf und Verarbeitung der Erkrankung beeinflussen.

In der hier gebotenen Kürze kann die Darstellung der psychosomatischen Krankheiten nur sehr kursorisch erfolgen.

Eine häufig verwendete Einteilung gliedert die psychosomatischen Erkrankungen in:

- psychosomatische Erkrankungen im engeren Sinne
- psychovegetative (funktionelle) Störungen
- somatopsychische Erkrankungen

Psychosomatische Erkrankungen im engeren Sinne sind Leiden, bei denen die Psyche einen entscheidenden Einfluß auf die Entstehung der dann tatsächlich nachweisbaren *körperlichen Schäden bzw. organdestruktiven* Befunde (z.B. Ulcus ventriculi) ausübt. Als psychosomatische Erkrankungen wurden *ursprünglich* die "*holy seven*"

> Asthma bronchiale, Ulcus pepticum, Colitis ulcerosa, Hyperthyreose, atopisches Ekzem, essentielle Hypertonie und rheumatoide Arthritis

eingestuft, für die heute detaillierte pathophysiologische Konzepte der somatischen Medizin vorliegen. Mit fortschreitender Kenntnis der Pathogenese wird sicherlich die Zuordnung von Erkrankungen zum psychosomatischen Formenkreis *Wandlungen* unterworfen sein. Die herausragenden Ergebnisse, z.B. der Molekularbiologie, dürfen hierbei jedoch nicht zu der Annahme verleiten, daß die tägliche Betreuung der Kranken ausschließlich mit somatischen Mitteln ausreichend sei.

Psychovegetative (funktionelle) Störungen (Syndrome) sind körperliche Erscheinungen (Herzklopfen, Schmerzen, Atemnot *ohne* organische Hinweise), für die sich *kein körperliches Substrat*, keine zugrundeliegende Erkrankung finden läßt. Einige Beispiele für *funktionelle* Störungen sind:

- funktionelles kardiovaskuläres Syndrom
  syn.: Effort Syndrom, Herzneurose, Herzphobie, funktionelle Herzerkrankung u.a.
- funktionelle Oberbauchbeschwerden
  syn.: Reizmagen, Dyspepsie, nervöser Magen u.a.
- funktionelle Unterbauchbeschwerden
  syn.: Colon spasticum, spastisches Kolon, Colon irritable, Reizkolon, muköse Kolitis
- Hyperventilationssyndrom
- Schlafstörungen

Als ein möglicher Vermittler der Symptome dient das vegetative Nervensystem, so daß synonym auch Ausdrücke wie "vegetative Dystonie", "vegetative Labilität", "Neurasthenie", "psychogenes Syndrom" u.v.a. verwendet werden.

Bei **somatopsychischen Erkrankungen** liegt primär eine (meist schwere) somatische Erkrankung (terminale Niereninsuffizienz mit Dialyse, Krebserkrankung, AIDS usw.) vor, die in der Folge auch in psychische Symptome münden kann.

❑ Häufigkeit

Etwa 20 % der Patienten weisen Beschwerden auf, die psychosomatisch geprägt sind. Etwa die Hälfte dieser Menschen ist mit den Mitteln der internistischen Medizin nur unbefriedigend zu behandeln.

❑ Ätiologie und Pathogenese

Für das Auftreten einer psychosomatischen Erkrankung werden verantwortlich gemacht:

- hereditäre Faktoren
- individuelle psychische Entwicklung
- intrapsychische Konflikte (z.B. Über-Ich ↔ Ich)
- äußere Belastungssituationen

Eine *erbliche körperliche Komponente* für eine bestimmte Reaktionsweise ("Ärger schlägt mir immer auf den Magen") bzw. für die Expression der Konflikte in einem bestimmten Organ ("als Kleinkind hatte ich lange Asthma") muß angenommen werden.

Die *individuelle psychische Entwicklung* wurde von Freud in verschiedene Phasen unterteilt und später erweitert und ergänzt:

Phase	Lebensjahr	Inhalte
orale Phase	1.	passives Versorgt-Werden (oral, sensorisch); erste Objektbeziehungen; Unterscheiden zwischen Nicht-Selbst und Selbst; Grundgefühl von "Selbst"
anale Phase	2.-3.	Autonomie/Abhängigkeit; Sauberkeit; Ordnung; Geben/Nehmen; Aggressivität; Macht
ödipale (phallische) Phase	4.-5.	"sexuelle" Erfahrung; Finden der eigenen Geschlechterrolle; Umsetzung im familiären Umfeld (Ödipuskonflikt - Begehren des gegengeschlechtlichen Elternteils)
Latenz	6.- ca. 10.	Phase der Stabilisierung; Integration in einen größeren sozialen Kontext (Freunde, Schule) auf der Grundlage der primären Objektbeziehungen
genitale Phase	Pubertät	sexuelle Bedürfnisse; Übertragen der sexuellen Wünsche auf einen Partner

Tab. 10.1: Phasen der psychosozialen Entwicklung.

Besonders die ersten Lebensmonate werden sehr viel differenzierter unterteilt: autistische und symbiotische Phase sowie die Loslösung und Individuation mit mehreren Unterphasen. An ihrem Ende steht das sogenannte "Urvertrauen" in die eigene Person.

Für die *intrapsychischen* Instanzen, die die *Konfliktbewältigung* leisten, wurde im Laufe der Entwicklung der Psychologie eine Reihe von Vorstellungen und Begriffen geprägt. Bekannt ist das strukturelle Persönlichkeitsmodell (Über-Ich, Ich, Es), das zuerst von Freud entwickelt und in der Folge modifiziert und erweitert wurde.

Es	Träger der emotionalen und triebhaften Grundbedürfnisse (Sexualität, Aggression)
Über-Ich	Träger der soziokulturell vermittelten Normen ("Gewissen"), in den die im Laufe der Entwicklung internalisierten Wertvorstellungen und Regelungen einfließen
Ich-Ideal	Teil des Über-Ichs, in dem die Idealvorstellungen vom "Ich" repräsentiert sind
Ich	Instanz, zwischen Über-Ich und Es, die deren unterschiedliche Anforderungen mit den Forderungen der Außenwelt vereinbaren muß. In dieser Eigenschaft werden Konflikte im Ich auch unbewußt ausgetragen
Selbst	der Bereich, den wir bewußt erleben und als unsere Identität betrachten
Objekte	wichtige Beziehungspersonen, die im Laufe der Entwicklung erlebt wurden
Objekt-beziehungen	soziale Beziehungen zu den "Objekten"; handelt es sich dabei um Eltern, Geschwister oder andere wichtige Personen, so wird von den *primären* Objektbeziehungen gesprochen

Tab. 10.2: Begriffe des Persönlichkeitsmodells.

Verbindung zwischen Körper und Psyche

Die Bewältigung der einzelnen Entwicklungsphasen der Psyche in der Kindheit gelingt nie "vollkommen". Sehr vereinfacht ausgedrückt, wird eine nicht bewältigte frühe orale Phase zu "frühen" und narzißtischen Störungen führen, die problematische späte orale Phase zu depressiven Störungen, Probleme in der analen zu zwanghaften, in der ödipalen Phase zu hysterischen Symptomen. Entsprechend wurden vier tiefenpsychologisch begründete Persönlichkeitsstrukturen (schizoid, depressiv, zwanghaft und hysterisch) herausgearbeitet.

Die Konflikte in der frühen Kindheit können beim Erwachsenen in auslösenden Situationen reaktiviert werden. Gelingt die Lösung aufgrund der inadäquaten kindlichen Erfahrung nicht, so kann aus einer unerträglichen Konfliktspannung das körperliche Symptom als "Ausweg" entstehen. Ausgangspunkt vieler Therapieverfahren ist deshalb die Bearbeitung dieses aktuellen Konflikts (Fokus).

Aus der analytischen Sicht sollen zwei Begriffe kurz erwähnt werden:

• "Bereitstellungskrankheiten"

In einer belastenden äußeren Situation gerät der Patient in einen Konflikt (z.B. zwischen Flucht oder Kampf), der das vegetative Nervensystem beeinflußt. Wenn der Konflikt *nicht* gelöst wird und stark genug ist, so kann die dauernde vegetative Anspannung die Organe mit *glatter* Muskulatur beeinflussen, zu Funktionsstörungen (Diarrhoe, Tachykardie, Erbrechen) oder durch gegenläufige Einflüsse (Vasokonstriktion und vermehrte Säureproduktion) zu organischen Schäden (Magenulkus) führen. Die Tatsache, daß der Organismus körperliche Symptome als Ausdruck für psychische Konflikte bereitstellt, hat dazu geführt, daß die psychosomatischen Krankheiten im engeren Sinne auch als "Bereitstellungskrankheiten" bezeichnet werden.

• Konversionssymptome

Ein intrapsychischer Konflikt kann unbewußt in "sprechenden" Symptomen ausgedrückt werden (Ausdruckskrankheiten). Er betrifft jedoch nur *gestreifte* Skelettmuskulatur. Beispiele sind: Schreiblähmung (Wunsch **und** Angst zu schreiben) oder psychogene Gangstörungen (Wunsch **und** Ablehnung von Gehen). Psychogene Anfälle, "arc de cercle" bei Hysterie oder "Bewußtseinsstörungen" gehören in diesen Formenkreis.

Neben den analytisch orientierten Erklärungen existieren weitere, z.B. auf der Lerntheorie aufbauende Interpretationen der Genese psychosomatischer Erkrankungen. Die *Psychoendokrinologie* zieht Parallelen zwischen einer psychischen Belastung und endokrinologischen Veränderungen (z.B. Anstieg des Kortisolspiegels). Die *Psychoimmunologie* versucht, psychische Belastungen und parallele Veränderungen des Immunsystems zu erforschen.

❑ Symptomatik

Häufige *funktionelle* Symptome sind:

Herzbeschwerden, nicht lokalisierbare, schwer einem Organ zuordenbare Schmerzen, Schlafstörungen, Kopfschmerzen, Angst, Schwindel, Schwäche, Übelkeit, Erbrechen, Diarrhö, Rückenschmerzen oder Atembeschwerden. Die Symptome der psychosomatischen Erkrankungen im engeren Sinne (z.B. Asthma bronchiale) sowie der somatopsychischen Erkrankungen sind bekannt.

❑ Diagnostik

Voraussetzung ist eine somatische Vordiagnostik, die eine körperliche Ursache der Symptome ausschließt und tatsächliche Einflüsse der Psyche erkennt. Im Rahmen der in einigen Sitzungen durchgeführten

- psychosomatischen Anamnese

werden vom Therapeuten die Symptome, der Beginn und die auslösende Situation, die spezielle Konfliktsituation, die psychische Entwicklung und Persönlichkeitsstruktur erarbeitet. Aus den Erstgesprächen sollte sich die vermutliche Psychodynamik, aber auch Indikation und Prognose einer eventuellen Psychotherapie herauskristallisieren und zur Empfehlung eines bestimmten Verfahrens führen. Die Erstinterviews sind meist *halbstrukturiert*, so daß der Klient, aus analytischer Sicht wichtig, einerseits frei über seine Beschwerden berichten kann, der Arzt jedoch auch durch ergänzende und gezielte Fragen die noch nötigen Informationen erhält. Psychometrische (z.B. Nürnberger Altersinventar) oder projektive Testverfahren (z.B. Rorschach-Test) spielen allenfalls bei wissenschaftlichen oder forensischen Fragen eine Rolle.

❑ Differentialdiagnose

Die Diagnose einer psychosomatischen Erkrankung erfordert eine korrekte somatische Untersuchung. Die Einordnung eines Symptoms als funktionelle Störung ist eine Ausschlußdiagnose. Die Mitteilung von "geringen" Abweichungen zum Normalbefund, die Durchführung weiterer Untersuchungen zur erneuten diagnostischen Absicherung oder der Hinweis auf die (objektiv richtige) Beschränktheit der Aussagekraft einer Untersuchung werden vom Patienten als Hinweis dafür interpretiert, daß doch eine somatische Krankheit vorliegt. Primär auf ein Organ projezierte Beschwerden können dadurch vom Betroffenen immer stärker auf dieses Organ fixiert werden (sekundäre Fixierung).

❑ Therapie

Die Therapie beschränkt sich somit nicht nur auf das Lindern der somatischen Symptome, sondern umfaßt mit Hilfe der zahlreichen psychotherapeutischen Verfahren die Behandlung der zugrundeliegenden Konflikte. Die Zahl der psychotherapeutischen Techniken ist groß. In diesem Rahmen können daher nur einige Möglichkeiten (ohne Anspruch auf eine umfassende Systematik) genannt werden:

- ärztliches Gespräch
- aufdeckende Verfahren
- verhaltenstherapeutische Verfahren
- suggestive und übende Verfahren
- erlebnisorientierte Verfahren

Das *empathische ärztliche Gespräch* ist für etwa die Hälfte der Patienten bereits hilfreich. Wichtige Punkte sind: Ernstnehmen des Patienten, Akzeptieren der subjektiven Beschwerden, Empathie gegenüber dem

Patienten, Zeit zum Sprechen einräumen und das Verbalisieren der Ängste und Gefühle des Patienten frei zulassen. Rasche Deutungen und Interpretationen der Symptome sowie der Psychodynamik seitens des Arztes sind *nicht* hilfreich und können dem Bewußtwerdungsprozeß sogar schaden.

Die *aufdeckenden Verfahren* (z.B. *klassische Psychoanalyse, psychoanalytisch orientierte Psychotherapie, analytische Kurztherapie, Gesprächstherapie nach Rogers*) orientieren sich am aktuellen, auslösenden Konflikt. Übertragung und Gegenübertragung, Abwehr bzw. Widerstand und Regression im Therapeuten-Klienten-Verhältnis werden bearbeitet.

Die *Verhaltenstherapie* überträgt die Ergebnisse der Lerntheorie wie z.B. "Konditionierung" und "Desensibilisierung" auf die Therapiesituation mit dem Klienten. Störungen wie konkrete Ängste (*Phobien*) werden gebessert, z.B. durch massive Exposition mit dem angstauslösenden Reiz (Reizüberflutung) oder durch noch tolerable Exposition (Habituation). Positive Verhaltensweisen werden antrainiert, angeeignet (Aneignungstechniken); negative Verhaltensweisen werden abtrainiert, beseitigt (Beseitigungstechniken).

Weitere Möglichkeiten sind suggestive und übende Verfahren (z.B. *Hypnose, katathymes Bilderleben, autogenes Training*), erlebnisorientierte Verfahren (z.B. *Psychodrama, Urschrei-Therapie, Gestalttherapie, konzentrative Bewegungstherapie* u.a.) oder entspannende Techniken (z.B. *funktionelle Entspannung*).

Der äußere Rahmen richtet sich nach den individuellen Bedürfnissen des Klienten. Möglich sind:

- ambulante und
- stationäre Psychotherapie
- Einzel- und
- Gruppenpsychotherapie

Manche Situationen können nur durch Einbeziehen der Familie (*Familientherapie*) gelöst werden. Der prinzipielle Anspruch der Therapie variiert:

- stützende Psychotherapie
- reedukative Psychotherapie
- aufdeckende und rekonstruktive Psychotherapie

Die *stützende* Psychotherapie unterstützt den Patienten in Konflikt- und Entscheidungssituationen. In der *reedukativen* Psychotherapie werden wiederkehrende Verhaltensweisen herausgearbeitet und andere Lösungsmöglichkeiten gesucht, so daß der Klient Hilfen zur Verhaltensänderung an die Hand bekommt. Die *aufdeckenden* Therapieverfahren streben eine Klärung der zugrundeliegenden Konflikte und Abwehrstrukturen, eine tiefere Einsicht des Klienten in die eigene Persönlichkeitsstruktur und dadurch Änderungen von Teilen seiner Persönlichkeit an.

Während der Psychotherapie sind *Psychopharmaka* allenfalls zur initialen Stabilisierung und in Krisensituationen indiziert, die nicht anders bewältigt werden können.

❑ Prognose

Die Beschwerden können bei etwa 2/3 der Patienten durch Psychotherapie gebessert werden. Dies übersteigt die Erfolge einer ausschließlich somatischen Therapie bei weitem. Faktoren, die sich auf einen Therapieerfolg ungünstig auswirken können, sind:

> lange bestehende Symptome, fehlende Einsicht in die psychische Genese der Erkrankung, fehlende Möglichkeit der Abstraktion von den geschilderten Symptomen, keine Reflexion über die begleitenden Gefühle und Konflikte, schlechte äußere Bedingungen (die eine Konfliktlösung scheinbar nicht zulassen), Krankheitsgewinn oder fehlende Motivation.

Neben diesen äußeren Kriterien üben Persönlichkeitsstrukturen einen günstigen oder ungünstigen Einfluß aus. Ungünstig wären z.B. Suchtverhalten oder eine ausgeprägt Ich-Schwäche. Insgesamt ist also die Prognose von einer Vielzahl von Faktoren abhängig.

10.2. Beispiele psychosomatischer Störungen

10.2.1. Ulcus duodeni

Zum Krankheitsbild ☞ Kap. 4.2.4.

❑ **Ätiologie und Pathogenese**

Als *Konflikt* wird bei diesen Klienten oft eine Ambivalenz zwischen dem Wunsch nach Versorgung, Zuwendung und Belohnung (dessen Erfüllung dem Patienten versagt wird oder den er sich selbst versagt) und dem Wunsch nach Unabhängigkeit andererseits festzustellen sein. Die Lebensführung ist darauf ausgerichtet, diese Anerkennung durch "Wohlverhalten" im täglichen Leben zu erreichen, um auf diesem Weg die benötigte Zuwendung zu erhalten. *Auslösesituationen* bestehen dann, wenn ein Verlust an Geborgenheit eintritt (familiäre oder berufliche Schwierigkeiten) und die Ambivalenz zwischen Wunsch und Wirklichkeit durch die erprobten Strategien nicht gelöst werden kann. Das Eingestehen regressiver Tendenzen fällt vielen Patienten schwer.

Andererseits führt die somatische Therapie mit H_2- oder Protonenpumpenblockern im Regelfall zur Symptombesserung, so daß die Motivation zur psychotherapeutischen Intervention auf seiten des Arztes und des Patienten meist nur gering ist.

10.2.2. Hyperventilationstetanie

❑ **Definition**

Die Hyperventilationstetanie (Hyperventilationssyndrom) ist eine meist psychogen ausgelöste funktionelle Störung.

❑ **Häufigkeit**

Jeder notärztlich oder in einer Notfallambulanz Tätige wird regelmäßig Patienten mit Hyperventilationstetanien zu behandeln haben. Dabei überwiegen junge und mittelalte Frauen, doch können auch Männer mit eindrucksvollen klinischen Bildern aufwarten.

❑ **Ätiologie und Pathogenese**

Initial kommt es zu einer psychogenen Beschleunigung der Atemfrequenz mit respiratorischer Alkalose. Dies führt zu einer Verschiebung des ionisierten hin zum nichtionisierten Kalzium. Bei insgesamt normalem Serumkalzium entsteht so eine relative Hypokalziämie mit gesteigerter muskulärer Erregbarkeit.

❑ **Symptomatik**

- Polypnoe
- Angst
- Parästhesien (Kribbeln, Ameisenlaufen perioral sowie an Händen und Füßen)
- Krämpfe (Pfötchenstellung der Hände)
- Tachykardie

Als typischer Auslöser wird Atemnot und Angst, keine Luft zu bekommen, geschildert (jedoch bestreitet ein Teil der Patienten jegliche Aufregung oder Atemnot vor dem Anfall). Die Angst verstärkt die initiale Polypnoe sowie die Symptome, so daß ein circulus vitiosus mit zunehmender, massivster Polypnoe entsteht. Der Anfall wird deshalb vom Patienten nicht selten als schwerwiegend, ja *lebensbedrohend* empfunden. Die typische, schmerzhafte Verkrampfung der Finger und Hände muß initial nicht vorhanden sein. Fast immer treten aber periorales Kribbeln und Sensibilitätsstörungen an Fingern und Füßen auf. Die Aktivierung des Sympathikotonus mündet in Tachykardie und periphere Gefäßkonstriktion (kalte, blasse Hände).

❑ Diagnostik

- Anamnese
- klinisches Bild
- Blutgasanalyse, Serumkalzium

Aus der Anamnese lassen sich gelegentlich ähnliche Ereignisse bzw. eine belastende Konfliktsituation erfahren. In der Blutgasanalyse läßt sich die Hyperventilation nachweisen (z.B.: pH 7,54, pCO_2 20 [normal: 40 ± 4] mmHg und Standardbikarbonat 16 [normal: 24 ± 2] mmol/l). Im Gegensatz zur organisch bedingten Hyperventilation ist die Sauerstoffversorgung nicht vermindert (z.B. pO_2 98 mmHg, Sauerstoffsättigung 99 %). Allerdings wird beim nächtlichen Hausbesuch des Notarztes eine Blutgasanalyse oder eine Bestimmung des Serumkalziums nicht praktikabel sein, so daß die Diagnose in diesen Fällen auf dem klinischen Bild beruht.

❑ Differentialdiagnose

- hypokalzämische Tetanie (☞ Kap. 5.1.4.4.)
- organisches Hyperventilationssyndrom
- Kussmaulsche Azidoseatmung
- Intoxikationen (z.B. CO, Zyanid)

Organische Erkrankungen aus dem kardiorespiratorischen Bereich (Lungenembolie, obstruktive Lungenerkrankung, akute kardiale Ischämie, Anämie usw.) führen ebenso zur Tachypnoe, *selten* aber zur typischen Hyperventilationstetanie. Mit zunehmendem Alter der Patienten werden die funktionellen Hyperventilationen seltener und die Wahrscheinlichkeit organischer Erkrankungen nimmt zu. Beim alten Patienten ist die psychogene Hyperventilationstetanie die *Ausnahme*.

❑ Therapie

- Beruhigen des Patienten
- Rückatmung der Ausatemluft
- Sedierung
- Aufklärung
- Gespräch über die zugrundeliegende Konfliktsituation
- Atmungs- und Entspannungstechniken

Die für den Patienten und seine Angehörigen bedrohlich erscheinende Situation verbietet es dem Arzt, den Patienten angesichts der funktionellen Störung nicht ernstzunehmen. Der Patient wird beruhigt und gebeten, nur flach zu atmen. Das Rückatmen der Ausatemluft (aus den vor dem Mund gefalteten Händen, evtl. auch aus einem Plastikbeutel - dies kann jedoch die Angst verstärken) erhöht das CO_2 im Blut und bessert die Alkalose. Meist ist eine medikamentöse Sedierung nötig (z.B. Diazepam 5-10 mg i.v.). Eine kurze Atempause nach Injektion des Sedativums kann vorkommen (Atemantrieb durch den hohen Sauerstoffvorrat im Blut und die Azidose kurzfristig reduziert). Da keine Hypokalziämie vorliegt, ist die Injektion von Kalzium (z.B. 10 ml Kalzium 10 %) zwar wirksam, aber *nicht nötig* und aufgrund potentieller Nebenwirkungen möglicherweise sogar schädlich (häufiger: Hitzegefühl, Übelkeit; seltener: Blutdruckabfall, Kollaps, Herzrhythmusstörungen). Nach Überwinden der Hyperventilation hilft eine Aufklärung über den funktionellen, nicht organschädigenden Charakter und ein Gespräch über die psychischen Probleme. Entspannungstherapien (autogenes Training) oder Atemtechniken werden empfohlen. Eine längere Psychotherapie wird nur in Ausnahmefällen sinnvoll sein (z.B. bei gehäuftem Auftreten und ausgeprägtem Leidensdruck).

❑ **Prognose**

Die Anfälle werden nach eingehender Beratung des Patienten seltener und verlieren sich schließlich, können aber in Konfliktsituationen erneut auftreten. Körperliche Folgeschäden ergeben sich nicht. Intensive Untersuchungen zum Ausschluß organischer Ursachen können zu einer Fixierung des Patienten auf bestimmte Organe und zur *iatrogenen Chronifizierung* führen.

10.2.3. Psychische Veränderungen im Verlauf von malignen Erkrankungen

❑ **Definition**

Psychische Faktoren beeinflussen die Diagnose maligner Erkrankungen (zu später Arztbesuch wegen des Verdrängens bzw. Verleugnens der Symptome, Angst vor den möglichen Konsequenzen usw.) und deren Therapie (Ablehnung von Therapiemaßnahmen, keine Teilnahme an der Nachsorge). Es ist nicht auszuschließen, daß langdauernde psychische Belastungen mit einer Suppression der Abwehrfunktionen und einer eingeschränkten Immunüberwachung in Zusammenhang zu bringen sind. Mangelnde Krankheitsverarbeitung könnte so den Krankheitsverlauf negativ beeinflussen. Auch wenn methodische Probleme bei derartigen Untersuchungen dazu geführt haben, daß ein kausaler Zusammenhang zwischen Krankheitsverarbeitung und Verlauf vorerst *nicht belegt* ist, so steht doch außer Zweifel, daß Diagnose und Therapie einer malignen Erkrankung (inkl. der zum Teil verstümmelnden Eingriffe) eine der größtmöglichen psychischen Belastungen für den Betroffenen und sein soziales Umfeld überhaupt darstellen. Mögliche Reaktionen auf die Aufklärung und die therapeutischen Eingriffe sind:

- aktives Verleugnen
- kämpferische Haltung
- stoisches Akzeptieren
- Hilf- und Hoffnungslosigkeit

Eine *psychoonkologische Betreuung* von Krebspatienten kann deshalb für viele eine große Hilfe sein.

Physikalische Medizin und Rehabilitation

11. Physikalische Medizin und Rehabilitation

11.1. Physikalische Medizin

❑ Definition

Die physikalische Medizin bedient sich jener Methoden und Maßnahmen, die auf physikalischen Grundlagen beruhen.

Maßnahmen der physikalischen Medizin

- *unterstützen* den Therapieprozeß
  z.B. in Form der frühzeitigen Krankengymnastik (Frühmobilisation)
- bieten *ergänzende* Möglichkeiten zur Pharmakotherapie
  z.B. Atemtherapie und Lagerungsdrainage bei Erkrankungen der Bronchien (Mukoviszidose) und
- stellen *Alternativen* zur pharmakologischen Therapie zur Verfügung
  z.B. Packungen und Massagen statt nicht-steroidaler Antirheumatika bei Schmerzen des Halte- und Bewegungsapparates

❑ Therapiemöglichkeiten

Methoden der physikalischen Medizin können in jede Therapiestrategie integriert werden. Grundlagen sind Schonung, Förderung von Selbstheilungsprozessen, Regulation von Fehladaptationen, Ökonomisierung und Kräftigung der vorhandenen Funktionskapazitäten. Thermische, mechanische und andere *Reize* bewirken über Proprio- und Enterozeption motorische und vegetative Reaktionen. Wichtige Therapiemöglichkeiten sind:

- Krankengymnastik
- Massage
- Hydrotherapie, Balneologie
- Thermotherapie (Kälte, Wärme)
- Elektro-, Licht- und Ultraschalltherapie

- *Krankengymnastik*
  Die Krankengymnastik ist ein unverzichtbarer Bestandteil des Therapiespektrums in der Medizin. Der krankengymnastische Therapeut analysiert nach eigener Befundung gestörte Bewegungsabläufe und ihre Ursachen und sucht einen Weg, einen möglichst beschwerdefreien und physiologischen Bewegungsablauf aufzubauen. Dazu dienen u.a. Entlastung und dosierte Belastung, Führung und Stabilisation, Dehnung und Entspannung, Distraktion und Translation an Gelenken u.v.a. Bei zentralnervösen Schäden haben sich krankengymnastische Konzepte auf neurophysiologischer Grundlage (nach Bobath, Vojta bzw. Kabat) etabliert
- *Atemtherapie*
  Bronchopulmonale Infekte sind häufig und z.B. perioperativ in 10-30 % d.F. zu befürchten. Eine angemessene Atemtherapie prä- und postoperativ versucht dies zu verhindern bzw. die Heilung bei eingetretener Pneumonie zu unterstützen. Die Atemtherapie erfolgt mittels:
  - Frühmobilisation
  - fördernder Ausgangsstellungen, Dehnlagerungen
  - Atemschulung, besonderer Atmungsformen (Summen, Brummen, Schnüffeln)
  - Reizgriffen

- manueller Sekretolyse
- Unterstützung des Sekrettransportes (Quinckesche Hängelagerung)

Die Bewegungstherapie, insbesondere die Frühmobilisation, das baldige Aufsetzen des Patienten und das Heraussetzen aus dem Bett verbessern die perioperativ herabgesetzte Vitalkapazität um etwa 25 %. Durch Lagerung und Dehnung können einzelne Thoraxabschnitte geweitet werden, das Sekret wird durch manuelle Therapie (Klopfen, Vibration) gelöst und dadurch wird Atelektasen vorgebeugt. Durch manuelle Führung während der Atmung, Zwerchfellatmung und Korrektur falscher Atemtechniken wird die Effizienz der Atmung gesteigert. Zusätzlich sind möglich:

- Inhalation
- Totraumvergrößerung
- Atemwiderstandserhöhung

Durch das Atmen über einen vergrößerten Totraum (z.B. mit dem in seiner Länge veränderbaren *Giebelrohr*) wird CO_2 rückgeatmet, der Atemantrieb gesteigert und der Patient zu einer vermehrten Atemtiefe "genötigt" (z.B. zur Prävention von Atelektasen). Durch das Einatmen gegen einen Widerstand (z.B. diverse Geräte aus Plastik mit Kugeln) wird ebenfalls die Atemexkursion und -kraft gesteigert.

- *Massage*

Die Massage ist eine manuelle Methode, bei der durch verschiedene Massagegriffe (bei der klassischen Massage z.B. Reibungen, Knetungen, Walkung, Vibrationen, Schüttelungen, Streichungen) durch Zug, Druck, Dehnung, Verschiebung und Erschütterung auf Kutis, Subkutis und Muskulatur eingewirkt werden kann. Daneben spielt der taktile Reiz und eine psychische Komponente (Zuwendung durch die Berührung) ebenfalls eine Rolle.
Wichtigste Arten der Massage sind:

- klassische Massage
- manuelle Lymphdrainage
- Reflexzonen- bzw. Bindegewebsmassage
- Unterwasserdruckstrahlmassage

Einige *Indikationen* für eine *klassische* Massage sind muskuläre Verspannungen, Myalgien sowie Adhäsionen im subkutanen und perimuskulären Gewebe, z.B. nach Operationen. Bei der manuellen Lymphdrainage wird durch spezielle Griffe ("stehende Kreise", Pump-, Schöpf-, Dreh- und Ödemgriffe) die Lymphzirkulation unterstützt, wobei die proximalen Lymphgefäße erst entleert und dann distalere Bezirke behandelt werden. Indikationen sind angeborene oder erworbene Lymphödeme. Die *Reflexzonen-* oder *Bindegewebs*massage geht von der Vorstellung aus, daß durch Stimulation von Rezeptoren in Haut und Unterhautgewebe reflektorisch innere Organe beeinflußt werden können, einer "Umkehrung" der Headschen Zonen entsprechend. Durch Reiz in einem Dermatom werden Wirkungen im Enterotom oder Myotom erwartet.

Kontraindikationen für die klassische Massage, die zum Teil auch für die anderen Massageformen gelten, sind:

akute Entzündungen, Fieber, frische Operationen (bis zur 10. postoperativen Woche), frische Verletzungen (frische Frakturen, Hämatome), Tumorerkrankungen, Phlebothrombosen, Stammvarikosis, und Hauterkrankungen *im Massagegebiet*, akute Infektionen, dekompensierte Organerkrankungen (z.B. instabile Angina pectoris, schwere Hypertonie oder schwere Herzinsuffizienz), frischer Herzinfarkt, Marcumartherapie oder volle Heparinisierung, Blutungsneigung, übertragbare (Haut)Erkrankungen, pAVK Stadium III-IV und Schwangerschaft.

- *Hydrotherapie*

Die Hydrotherapie ist als Reiztherapie zu verstehen, wobei Wasser als Reizüberträger fungiert. Ein umfassendes System der Hydrotherapie und ihrer auch physiologisch messbaren Effekte stammt von Kneipp. Zur Hydrotherapie zählen u.a.

Waschungen, Teil-, Voll- oder Wechselbäder, Güsse, Druckstrahlmassagen, Wassertreten, kalte Wickel und heiße Packungen, Dampfbad und Sauna.

Differenzierte Effekte werden dabei über die Art der Einwirkung (z.B. herzferner Beginn von Güssen), die Zeitdauer (bei Wechselbädern 5 min warm, 10 sec kalt, Fangopackungen ca. 45 min) und die Temperatur (Kalt- und Warmwasseranwendungen) angestrebt. Nach einer Hydrotherapie muß für eine ausreichende Ruhephase gesorgt werden. Nach Vollbädern oder heißen Güssen kann diese Pause bis zu einer Stunde betragen.

- *Wärmetherapie*

  Neben der *Elektro-, Ultraschall und Lichttherapie* kann Wärme durch

  - heiße Rolle
  - Heublumenpackung
  - Wasser
  - Sand
  - Fango
  - Peloide (Schlamm, Moor)
  - Thermal-Paraffin

  zugeführt werden. Bei der heißen Rolle werden dicke Handtuchrollen erwärmt und an die schmerzenden Stellen gebracht. Fangopackungen oder Peloide speichern und übertragen größere Wärmemengen als Wasser oder gar Luft. Parafango enthält zusätzlich Paraffin und besitzt eine noch weit höhere Wärmespeicherkapazität. Wärmezufuhr und Erwärmung auch tieferer Gewebsschichten lösen Verspannungen sowie spannungsbedingte Schmerzen und wirken günstig bei chronischen oder subakuten Krankheitsprozessen, besonders in bradytrophem Gewebe. Akute Entzündungen werden aber verstärkt, so daß es in diesen Fällen zu einer Beschwerde*zunahme* kommt. Das subjektive Empfinden des Patienten sollte als Kriterium gelten. Auch nach einer Wärmetherapie ist eine angemessene Ruhepause nötig. *Kontraindikationen* für Wärmetherapie sind z.B. schwere pAVK, dekompensierte Organerkrankungen (schwere Herzinsuffizienz, instabile KHK, massive Hypertonie oder Tachykardie), Lymphstauungen, akute Entzündungen u.a..

- *Kältetherapie*

  Die Kälte- (Kryo-)therapie ist eine Reiztherapie, die sich über die Thermorezeptoren auf die Vasomotorik und das gesamte Vegetativum auswirkt. Das Auflegen von Kältepackungen (z.B. gekühlte Gelkissen) lindert die Schmerzen einer akuten Entzündung. Die Hyperämie nimmt kurzfristig ab, die Beweglichkeit wird besser und die schmerzhafte Stelle ist einer krankengymnastischen Therapie eher zugänglich. Es genügen bereits kurze Kältereize von wenigen Minuten. Längerdauernde Anwendungen mit Wärmeentzug sollen vermieden werden. Kälteanwendungen können mehrmals täglich erfolgen. Das behandelte Areal reagiert dann am besten, wenn die Haut entzündlich oder durch vorhergegangene Manipulationen (Bürstungen) erwärmt ist; Kältetherapie auf einem kalten Hautareal ist kaum sinnvoll. Die subjektive Reaktion des Patienten auf Dauer und Intensität ist auch hier ein wichtiges Kriterium für die Therapieplanung. *Kontraindikationen* für die Kältetherapie sind z.B. schwere pAVK und Kälteagglutinine

- *Elektrotherapie*

  Ladungstrennung innerhalb der Zelle (Membranpotentiale), Ladungsverschiebung (Ionenkanäle der Zellen) und fortgeleitete Potentialdifferenzen (Nervenleitung) verweisen darauf, daß lokale und weitergeleitete elektrische Signale zu den Grundprinzipien des Organismus gehören. Diagnostisch wird dies in vielfacher Hinsicht ausgenutzt (EMG, NLG, EKG, EEG). Die *Elektrotherapie* befaßt sich mit den Wirkungen der verschiedenen Stromformen auf den Organismus. Im folgenden sollen lediglich einige Begriffe genannt und einige Anwendungen skizziert werden

  Stromformen:

  - Galvanisation

- Impuls- und Reizströme

Bei der *Galvanisation* wird mit Gleichströmen gearbeitet. Wichtigster therapeutischer Effekt der Gleichstromtherapie ist die *Analgesie*. Bei der *Reizstromtherapie* werden gepulste Ströme eingesetzt, wobei eine Vielfalt von unterschiedlichen Impulsformen, -dauern, -stärken und -frequenzen sowie Pausendauern (z.B. Rechteck-, Dreieck- und Exponentialimpulse, Amplituden- und Frequenzmodulation) verwendet wird. Die Reizströme werden nach ihrer Frequenz unterteilt in:

Art der Ströme	Frequenzbereich	Wirkung
niederfrequent (NF)	1 Hz -1 kHz	gleichzeitige Depolarisation von Nerven und Muskeln
mittelfrequent (MF)	1 kHz - 1 MHz	Auslösung von Muskelaktionspotentialen
hochfrequent (HF)	> 1 MHz 27 MHz Kurzwelle 434 MHz Dezimeterwelle 2.450 MHz Mikrowelle	indirekte, z.B. thermische Wirkungen

Tab. 11.1: Stromarten, Frequenzbereich und Wirkung in der Elektrotherapie.

Niederfrequenz (NF)-Therapie führt zur impulssynchronen Depolarisation von Nerven und Muskeln und wird deshalb zur Muskelstimulation, zum Muskelaufbau, zur Lösung von Verspannungen und zur Analgesie verwendet. Die *Mittelfrequenz (MF)-Therapie* arbeitet in der Praxis in einem Frequenzbereich von 4-20 kHz. Dies liegt über der maximalen Stimulationsfrequenz von Nerven und Muskeln, so daß nicht mehr jeder Impuls mit einer Depolarisation beantwortet wird. Die *Hochfrequenz (HF)*-Therapie wird auf drei Frequenzen angewendet. Während NF- und MF-Therapie *direkt* depolarisieren, ist dies bei sehr hohen Frequenzen nicht mehr möglich, so daß HF-Therapie *indirekt*, über thermische Einflüsse wirkt. Da NF- und MF-Therapie also depolarisieren können, wird der Strom bei geeigneter Stärke *fühlbar* sein (Kribbeln, Muskelkontraktionen). Im Gegensatz dazu ist HF-Therapie auch bei höheren Stromstärken *nicht fühlbar*. Beim *Elektrokauter* werden Frequenzen zwischen 500 kHz und 1,5 MHz (Bereich zwischen MF und HF) verwendet, die keine Depolarisationen von Nerven und Muskeln auslösen.

Anwendungen:

- Längsdurchflutung
- Querdurchflutung

Bei der Längsdurchflutung werden die Elektroden auf einer Körperseite (z.B. beide am Rücken) angebracht, bei der Querdurchflutung auf gegenüberliegenden Körperseiten (z.B. Brust und Rücken). Die Eindringtiefe der Ströme ist bei der Längsdurchflutung gering, bei der Querdurchflutung größer.

Spezielle Anwendungen

Hydrogalvanische Anwendungen sind Kombinationen von Bädern und Gleichstromtherapie. Durch das Eintauchen des Stromgebers in Wasser wird eine "große Elektrode" simuliert. Bekannt sind:

- Stangerbad
- Zellenbad

Im *Stangerbad* sind Elektroden am kopf- und beinwärtigen Teil der Wanne sowie zu beiden Seiten angebracht. Die Polungen der Elektroden (im Regelfall: Kopf +, Beine -) werden entsprechend der schmerzhaften Regionen gewählt. Ein Zwei- oder Vierzellenbad (eingetaucht sind Arme und/oder Beine) wird dann gewählt, wenn das Stangerbad nicht möglich ist oder die Teilanwendung (Arme, Beine) genügt

- *TENS-Gerät*
  Die Geräte zur **t**ranskutanen **e**lektrischen **N**erven**s**timulation (TENS) haben etwa die Größe einer Zigarettenpackung. Sie arbeiten im NF-Bereich meist mit Gruppen von Nadelimpulsen. Klebeelektroden werden auf das der Schmerzsymptomatik zugeordnete Hautsegment (Headsche Zone) oder über der schmerzenden Stelle angebracht. Die Stromstärke wird so einreguliert, daß der Patient das Prickeln nicht als störend empfindet. Etwa 1/3 der Schmerzpatienten berichten über eine Besserung der Beschwerden
- *Interferenzstrom*
  Zwei mittelfrequente Reizströme mit einem geringen Frequenzunterschied werden über mehrere Elektroden (z.B. zwei Paare mit je einer Frequenz) zugeführt. Mit einem Maximum im Kreuzungspunkt der Ströme kommt es zu einem niederfrequenten Interferenzmuster. Wichtigste Indikation sind schmerzhafte Muskelpartien (z.B. Lumbago)
- *Kurzwelle*
  Kurz- oder Dezimeterwellen werden von Kondensatoren (Kondensatorfeld → elektrisches Feld) oder Spulen (Spulenfeld → magnetisches Feld) abgegeben. Die Felder erzeugen auf der Haut und im Körperinneren Wärme. Beim Kondensatorfeld werden die Platten in geringer Entfernung zum Körper oder in Gummi eingehüllt direkt auf die Haut aufgebracht. Indiziert sind die Verfahren z.B. bei *nicht*-entzündlichen, *nicht*-aktivierten Arthrosen oder Tendopathien
- *Dezimeterwelle*
  Die Hitze entsteht hierbei mehr im Körperinneren. Verschiedene Arten von Spulenapplikatoren sind verfügbar
- *Mikrowelle*
  Die Wärmeentwicklung der Mikrowelle findet im subkutanen Fettgewebe statt. Der Patient empfindet ein Wärmegefühl, das als Anhaltspunkt für die Dosierung verwendet werden kann. Bei der Mikrowellentherapie in der Nähe der Augen muß eine Schutzbrille getragen werden (Risiko eines grauen Stars)

Kontraindikationen für die Gleichstrom- sowie nieder-, mittel- und hochfrequente Elektrotherapie sind:

- Metallteile im Stromfeld
- Schrittmacher
- Schwangerschaft
- Thrombosen, Thrombophlebitiden
- akute Infektionen
- Myasthenie

Zu den Metallteilen zählen Endoprothesen, anderes Osteosynthesematerial, Metallsplitter oder Intrauterinpessare. Dort kann zumindest bei Gleichstromtherapie eine hohe Stromdichte entstehen und das anliegende Gewebe schädigen. Dies gilt natürlich auch für Ringe und Metallketten, die vor der Therapie abgelegt werden müssen. Bei nulliniensymmetrischen Reizströmen ist diese Gefahr weniger groß.

Vorsicht ist geboten bei:

- Sensibilitätsstörungen (z.B. Polyneuropathie → keine Rückmeldung über Beschwerden seitens des Patienten)
- Erkrankungen mit Spastizität oder erhöhtem Muskeltonus (Zunahme der Spastizität)

Komplikationen sind:

- Verätzungen
  Elektrolytisch bedingte Verätzungen sind besonders bei den *galvanischen Strömen* und bei nicht-nulliniensymmetrischen Reizströmen zu fürchten. Die Elektroden müssen mit einem

feuchten Schwämmchen an die Haut angekoppelt werden, um keine Feldstärkenspitzen zu bekommen. Elektrolytisch bedingte Nekrosen zeigen eine *schlechte* Heilungstendenz

- *Ultraschall- und Lichttherapie*
  - *Ultraschalltherapie*
    Die Ultraschalltherapie wird mit Applikatoren, bei ebener Oberfläche (Schulter) unter Ankoppelung mit Öl oder Gel, bei unebener Oberfläche (Handgelenk) im Wasserbad durchgeführt. Lokale Schmerzhaftigkeiten (Epicondylitis, Tendopathien, Schulterschmerzen) können damit oft gut beherrscht werden. Die Wirkung wird über Erwärmung und mechanische Einflüsse erklärt. Wegen der Überwärmung wird die dynamische Applikation (d.h. unter Bewegung des Schallkopfes) bevorzugt
  - *Lichttherapie*
    Die Infrarot-Behandlung erwärmt die Haut und das Unterhautfettgewebe. Durch die Wärme und die Durchblutungssteigerung werden Schmerzen gelindert und Verspannungen gelöst. Das Ultraviolettlicht wird z.B. in der Dermatologie zur Diagnostik (Wood-Licht - z.B. Erythrasma) und Therapie (PUVA: Psoralen-UVA-Licht bei Psoriasis) eingesetzt

11.2. Rehabilitation

❑ Definition

> Ziel der Rehabilitation ist die komplette oder teilweise Wiederherstellung der körperlichen, psychischen und sozialen Funktionen nach einer Erkrankung. Alltagsbeeinträchtigungen oder Behinderungen sollen dadurch verhindert oder gemildert werden.

Die Arbeit der Rehabilitation erstreckt sich auf:

- pathology
- impairment
- disability
- handicap

Eine Erkrankung ("pathology") bewirkt eine Funktionseinschränkung ("impairment"), aus der sich wiederum Alltagsbeeinträchtigungen ("disabilities") und Behinderungen im sozialen Leben ("handicaps") ergeben. Der Krankenhausarzt wird kaum mehr als die ersten beiden Aspekte einer Krankheit sehen (bei einem Schlaganfall also die zerebralen Veränderungen und die motorischen Ausfälle). Ob der Patient nach der Entlassung nach Hause Treppen steigen, seine Wohnung gelegentlich verlassen, duschen bzw. baden oder zur Toilette gehen kann, wird nur in seltenen Fällen im Akutkrankenhaus diskutiert. Welche Möglichkeiten bestehen, um eine Teilnahme am öffentlichen Leben zu ermöglichen (z.B. Benutzung von Verkehrsmitteln, Hilfsmittel zum Zurücklegen größerer Strecken) wird ebenso selten in das Blickfeld des Stationsarztes rücken. Die Rehabilitation eines Patienten versucht hier eine Fortsetzung und Ausdehnung der Therapie durch eine möglichst *umfassende* Betrachtung des Patienten. Die rehabilitative Behandlung ist deshalb "*ganzheitlich*", *multidisziplinär* und als *Teamarbeit* organisiert.

❑ Voraussetzungen und Ziele

Das Verständnis von Rehabilitation hat sich im Laufe der Jahre gewandelt und erweitert. Waren es nach dem Krieg z.B. die Gliedmaßenverletzten, die ins soziale Leben zurückgeführt werden sollten, richtete man in den folgenden Jahrzehnten das Hauptaugenmerk auf die Berufstätigen, die nach einer Erkrankung wieder an den Arbeitsplatz zurückkehren sollten. Mit der Zunahme des Anteils der *alten* Menschen an der Gesamtbevölkerung und den steigenden Kosten eines Pflegeheimplatzes (in größeren Städten 4-5.000,- DM/Monat) gewinnt auch die *geriatrische Rehabilitation* zunehmend an Wichtigkeit, wobei eines ihrer Ziele die Rückkehr in die bisherige Wohnung und die Vermeidung von Pflegebedürftigkeit ist.

Rehabilitation muß als Frührehabilitation so schnell wie möglich nach einer akuten Erkrankung erfolgen, strenggenommen bereits am Tag des Krankheitsbeginns. Genügt diese Frührehabilitation im Akutkrankenhaus nicht, um eine Reintegration in die Lebensbezüge zu erreichen, sind verbliebene Funktionsausfälle noch besserungsfähig oder kann durch Rehabilitation einer weiteren Verschlechterung vorgebeugt werden, so ist eine anschließende Rehabilitationsbehandlung indiziert.

> Bei jedem Patienten, der nach einer akuten Erkrankung aus eigener Kraft das ursprüngliche Niveau (physiologische Funktionen, Alltagsfunktionen) nicht wieder erreicht oder dem eine Entlassung in eine Pflegeeinrichtung droht, sollte die Möglichkeit einer Rehabilitation geprüft werden ("Rehabilitation **vor** Pflege"). Dies gilt auch für den alten und sehr alten Menschen.

Der Patient muß dazu ein ausreichendes *Rehabilitationspotential* mitbringen, d.h. genügende Reserven und Motivation, um Verlorengegangenes wieder erlernen oder kompensieren zu können. Das *Rehabilitationsziel*, z.B. die Wiedereingliederung in den Beruf oder die Rückkehr in die eigene Wohnung, sollte klar erkennbar sein.

❑ Therapie

Rehabilitationseinrichtungen bedienen sich der Möglichkeiten der:

- physikalischen Medizin
- Krankengymnastik
- Ergotherapie
- Orthopädietechnik
- Logopädie
- (Neuro)Psychologie, Psychosomatik
- Sozialberatung, Sozialarbeit

und anderer Bereiche, entsprechend der funktionellen Defizite ihrer Patienten. Die *Ergotherapie* konzentrierte sich in ihren Anfängen auf Beschäftigungs- und Arbeitstherapie. Die dabei verwendeten handwerklichen Techniken sind jedoch zunehmend zugunsten von funktionell-motorischem Training sowie der Schienenversorgung für die oberen Extremitäten, von Selbsthilfetraining (z.B. Anzieh- und Waschtraining beim Schlaganfallpatienten) und von Hilfsmittelversorgung für den häuslichen Bereich zurückgetreten. Die Diagnostik und Therapie von neuropsychologischen Störungen (Konzentrations- und Aufmerksamkeitsstörungen, Apraxie, Aphasie, Neglect, räumliche Störungen) sind besonders bei Schlaganfall und nach Schädel-Hirn-Trauma wichtige Bereiche der Rehabilitation.

❑ Rehabilitationseinrichtungen

Rehabilitation kann

- im Akutkrankenhaus
- in Spezialkrankenhäusern
- in AHB-Kliniken
- in anderen Einrichtungen
- ambulant

erfolgen.

❑ AHB-Maßnahmen

Maßnahmen zur Anschlußheilbehandlung (AHB) sind speziell für den Krankenhausarzt von Relevanz. Im unmittelbaren Anschluß an einen Krankenhausaufenthalt (in der Regel bis zu drei Wochen nach der

Entlassung) können stationäre Rehabilitationsmaßnahmen beantragt werden, deren Ziel eine Wiederanpassung an das Alltags- und Berufsleben ist. Der Patient muß dazu in der Lage sein, sich ohne fremde Hilfe auf Stationsebene zu bewegen, sich zu waschen und selbständig zu essen, er muß motiviert, einverstanden und ausreichend belastbar sein. Der Krankenhaussozialdienst oder der Arzt prüft die Kostenübernahme durch einen Versicherungsträger (Renten- oder Krankenversicherung), ermittelt in einer nahe gelegenen AHB-Klinik ein Bett und organisiert das Übersenden der Zustimmungserklärung des Patienten sowie der Befundberichte an die AHB-Klinik und die Krankenkasse. Indikationen zur AHB-Behandlung sind:

Krankheiten	beispielsweise
Krankheiten des Herzens und Kreislaufs	Myokardinfarkt, Z.n. Herzoperationen, Z.n. Myokarditis, Endokarditis, Perikarditis und Lungenembolie
Krankheiten der Gefäße (arteriell, venös)	pAVK II und III, Z.n. Gefäßoperationen peripher und an den Karotiden, Z.n. venösen Thrombosen
entzündlich-rheumatische Erkrankungen	cP, Spondylitis ankylosans, Kollagenosen, Polymyalgia rheumatica
degenerativ-rheumatische Erkrankungen, Z.n. Operationen und Unfallfolgen an den Bewegungsorganen	radikuläre Wirbelsäulensyndrome, Z.n. Bandscheibenoperationen, Z.n. Operationen an Knochen und Gelenken einschl. Gelenkersatz, Z.n. Amputationen, Z.n. Frakturen der Bewegungsorgane
gastroenterologische Erkrankungen	Z.n. Virushepatitis, aktive chronische Hepatitis, Z.n. akuter Pankreatitis, chronische Pankreatitis, Colitis ulcerosa, M. Crohn
Stoffwechselkrankheiten	Diabetes mellitus, Arthritis urica
Krankheiten der Atmungsorgane und Z.n. Operationen an den Atmungsorganen	chronische Bronchitis, Asthma bronchiale, Z.n. Pneumonie, Z.n. Lungenoperationen
Krankheiten der Niere, Z.n. Operationen an Nieren, ableitenden Harnwegen und Prostata	Nephritis, chronische Pyelonephritis, Z.n. Operationen an Niere oder Prostata
neurologische Krankheiten und Z.n. Operationen an Gehirn, Rückenmark und peripheren Nerven	Schlaganfall, intrazerebrale Blutung, Z.n. Hirnschädigung (z.B. Contusio), Z.n. Meningitis, Enzephalitis, Polyneuropathie, Encephalomyelitis disseminata
bösartige Geschwulstkrankheiten und maligne Systemerkrankungen	Nach Abschluß der Primärbehandlung (Operation, Bestrahlung) der meisten Karzinomerkrankungen kann eine AHB in Anspruch genommen werden, Präkanzerosen oder rasch voranschreitende Karzinomkrankheiten werden aber ausgenommen. Eine notwendige zytostatische Therapie ist dagegen kein Hinderungsgrund.

Tab. 11.2: Indikationen für eine AHB-Maßnahme.

Übersicht der Referenzbereiche wichtiger Laborparameter

Übersicht der Referenzbereiche wichtiger Laborparameter

(zusammengestellt von Dr. Ilse Zimmer und Dr. Michael Weimann, Hannover)

Früher verwendete man den Begriff *Normalbereich*. Grundlage dafür waren Ergebnisse, die man bei gesunden Erwachsenen, häufig Blutspendern, die ja regelmäßigen Kontrollen unterliegen, bestimmt hatte.

Heute spricht man von *Referenzbereichen*. Im Prinzip sind das ebenfalls Normalbereiche, bei denen aber im Rahmen definierter Bedingungen wichtige Faktoren, welche auf Laborwerte Einfluß haben, berücksichtigt werden:

- definierter Gesundheitszustand
- Alter und Geschlecht der Referenzpopulation
  - Bedingungen der Probenahme (Länge der Fastenperiode, Ernährungseinflüsse, Lagerung des Patienten, Stauung der Vene u.a.)
- Bedingungen von Transport, Aufbereitung und Lagerung der Probe
- analytische Verfahren
- statistische Methode zur Berechnung der Referenzbereiche

Die hier aufgeführten Referenzbereiche gelten für Erwachsene. Für die Ergebnisbeurteilung der mit * versehenen Verfahren müssen zusätzliche, meist altersabhängige Werte, berücksichtigt werden.

Diese Zusammenstellung erhebt keinen Anspruch auf Vollständigkeit. Auch Spezialgebiete wie z.B. Infektionsserologie oder Therapeutisches Drug Monitoring wurden nicht einbezogen.

Parameter, die mit einem griechischen Buchstaben oder einer Zahl beginnen, wurden unter dem Hauptwort eingeordnet, wie z.B. *β_2-Mikroglobulin* unter *Mikroglobulin*.

* Werte altersabhängig

Analysen von A bis Z

Verfahren	Referenzbereiche	
Acetylcholinrezeptoren-Antikörper (ACR)	Serum	< 0,2 nmol/l
Addis-Count im Urin	Erythrozyten Leukozyten	< 2.000/min < 4.000/min
Adrenocorticotropes Hormon (ACTH)	EDTA-Plasma	< 100 ng/l
Aldolase	Serum	< 3,1 mU/ml
Aldosteron *	Serum stehend liegend Urin normal bei salzarmer Kost bei salzreicher Kost	 40-310 pg/ml 10-160 pg/ml 6,0-25,0 mg/die 17,0-44,0 mg/die < 6,0 mg/die

Alkalische Leukozytenphosphatase (ALP) Blutausstrich	Normalaktivität	um 50 (10-100)
Alkalische Phosphatase (AP) *	Serum	60-170 U/l
Ammoniak im EDTA-Plasma (NH_3)	Frauen Männer	11-48 mmol/l 15-55 mmol/l
α-Amylase	Serum Urin	< 120 U/l < 560 U/l
Androstendion im Serum *	Frauen Männer	< 3,0 mg/l < 2,4 mg/l
Androsteron im Urin	Frauen Männer	< 4,10 mg/die < 6,20 mg/die
Angiotensin-Converting-Enzyme (ACE)	Serum	18-55 U/l
Antidiuretisches Hormon/Vasopressin (ADH)	Serum	< 3,4 ng/l
Antimitochondriale Antikörper (AMA)	Serum	< 1:20
Antinucleäre Antikörper (ANA)	Serum	< 1:40
Antistaphylolysin-Reaktion (ASTA)	Serum	< 2,0 IU/ml
Antistreptodornase B (Antistreptokokken-DNase B)	Serum	< 200 U/ml
Antistreptolysin-O-Reaktion (ASL)	Serum Gelenkpunktat	< 200 U/ml < 200 U/ml
Antithrombin III (AT III)	Citratplasma	10-15 IU/ml
α_1-Antitrypsin (AAT)	Serum Stuhl	190-350 mg/dl 2,6 mg/g
Apolipoprotein A im Serum	Apo-A1 u. Apo-A2:	160-330 mg/dl
Apolipoprotein B im Serum *	Erwachsene	60-155 mg/dl
AK gegen glatte Muskulatur (ASMA)	Serum	< 1:20
Bilirubin, direkt	Serum	< 0,25 mg/dl
Bilirubin, gesamt	Serum	< 1,0 mg/dl

Blutbild, großes im EDTA-Blut * (mit Leukozytendifferenzierung)	Hämoglobin Frauen Männer Erythrozyten Frauen Männer Hämatokrit Frauen Männer MCH MCV MCHC Leukozyten Basophile Eosinophile Stabkernige Segmentkernige Lymphozyten Monozyten	 12,0-16,0 g/dl 14,0-18,0 g/dl 3,5-5,0 Mio./ml 4,5-5,5 Mio./ml 35-45 Vol. % 40-50 Vol. % 27-35 pg 80-100 fl 31-35 g/dl 4,0-9,0/nl 0-1 % 2-4 % 0-4 % 40-75 % 20-55 % 2-6 %
Blutkörperchensenkungsgeschwindigkeit (BKS) Citratblut (1:5)	Frauen 1. Std. 2. Std. Männer 1. Std. 2. Std.	11-20 mm 6-11mm 8-20 mm 8-16 mm 3-8 mm 5-16 mm
Blutzucker (Bz)	NaF-Blut	70-100 mg/dl
CA 125 (Tumormarker)	Serum	< 35 U/ml
CA 15-3 (Tumormarker)	Serum	< 25 U/ml
CA 19-9 (Tumormarker)	Serum	< 12 U/ml
CA 50 (Tumormarker)	Serum	< 25,0 U/ml
CA 72-4 (Tumormarker)	Serum	< 3,80 U/ml
Calcitonin im Serum (CT)	Serum	< 50 ng/l
Kalzium (Ca)	Serum Urin	2,03-2,60 mmol/l 2,5-10 mmol/die
Kalzium, ionisiert	Serum	1,0-1,3 mmol/l
Carcino-Embryonales Antigen (CEA)	Serum	< 5 ng/ml
Chlorid (Cl)	Serum Urin Liquor	100-108 mmol/l 120-240 mmol/l 114-171 mmol/l
Cholesterin, gesamt	Serum	< 220 mg/dl
Cholesterin HDL	Serum	< 35 mg/dl
Cholesterin LDL	Serum	< 190 mg/dl

Cholinesterase (ChE) (Substrat Butyrylthiocholinjod.)	Serum	2.400-8.500 U/l
Chymotrypsin	Stuhl	< 6 U/g Stuhl
CO-Hämoglobin (Kohlenoxid-Hämoglobin)	EDTA -Blut	< 1,0 %
Coeruloplasmin	Serum	20-55 mg/dl
C-Peptid *	Serum Urin	0,5-3,0 mg/l 33,0-60,0 mg/dl
C-reaktives Protein (CRP)	Serum	< 0,5 mg/dl
Creatinin	Serum Urin	0-1,1 mg/dl 0,8-1,8 g/die 1,2-2,1 g/die
Creatinin-Clearance *	Frauen Männer	95-160 ml/min 98-156 ml/min
Creatin-Kinase (CK) im Serum	Frauen Männer	10-70 U/l 10-80 U/l
Creatin-Kinase-MB (CK-MB)	Serum	< 10 U/l
Dehydroepiandrosteron-Sulfat im Serum (DHEA-S) *	Frauen Männer	0,35-4,30 mg/l 0,80-5,60 mg/l
Desoxyribonucleinsäure-Antikörper Doppelstrang-DNS (ds-DNS)	Serum	< 1:20
Dihydrotestosteron im Serum	Frauen Männer	< 20 ng/dl 16-108 ng/dl
Eisen im Serum *	Frauen Männer	37-145 mg/dl 58-158 mg/dl
Erythropoetin	Serum	8,0-34,0 U/l
Ferritin im Serum (Fe) *	Frauen Männer	20-250 ng/ml 40-400 ng/ml
fetales Hämoglobin (HbF)	EDTA-Blut	< 2 %
α_1-Fetoprotein (AFP)	Serum	0-4 U/ml
Fibrinogen	Citrat -Plasma	180-350 mg/dl
Follikelstimulierendes Hormon (FSH) im Serum *	Frauen (zyklusabhängig) Männer	1,2-22 mU/ml 1,3-9,2 mU/ml
Folsäure	Serum	2,5-20 ng/ml
freies Hämoglobin	Serum Plasma	< 20 mg/dl < 5 mg/dl
freies Thyroxin (FT4)	Serum	0,8-1,9 ng/dl

freies Trijodthyronin (FT3)	Serum	2,2-5,8 pg/ml
Fructosamin im Serum	(bei Nichtdiabetikern)	< 285 µmol/l
Fructose im Sperma	+ Na-Fluorid (10 mg/ml)	> 2.000 mg/l
Gastrin	Serum	< 100 ng/l
Gesamteiweiß *	Serum Liquor Urin	6,7-8,7 g/dl 0,15-0,45 g/l 0,15 g/l
Glukose-6-Phosphat-Dehydrogenase (G-6-PDH)	Blut	120-140 mU/10^9 Erys
Glukose (BZ)	NaF-Blut Liquor Urin	70-100 mg/dl 40-75 mg/dl < 250 mg/24 Std.
Glutamat-Dehydrogenase (GLDH) im Serum	Frauen Männer	bis 3 U/l bis 4 U/l
Glutamat-Oxalacetat-Transaminase (GOT) im Serum	Frauen Männer	bis 15 U/l bis 18 U/l
Glutamat-Pyruvat-Transaminase (GPT) im Serum	Frauen Männer	bis 17 U/l bis 22 U/l
γ-Glutamyl-Transferase (γ-GT) im Serum	Frauen Männer	4-18 U/l 6-28 U/l
Hämoglobin A1 (HbA1)	EDTA-Blut	5-8 %
Hämoglobin A1c (HbA1c)	EDTA-Blut	4,4-6,1 %
Haptoglobin	Serum	50-320 mg/dl je nach genetischem Typ (1-1;2-1;2-2)
Harnsäure (HS)	Serum Frauen Männer Urin Punktat	 2,4-5,7 mg/dl 3,4-7,0 mg/dl 250-750 mg/die 3,4-7,0 mg/dl
Harnstoff (Hst)	Serum Urin	10-50 mg/dl 28-60 g/die
Harnstoff-N	Serum Urin	4,6-23 mg/dl 13-28 g/die
Herzmuskel-AK (HMA)	Serum	< 1:20
Homovanillinsäure (HVS) *	Urin	< 10,0 mg/die
β-Human-Chorion-Gonadotropin (β-HCG)	Serum	< 5 mIE/ml
α-Hydroxybutyratdehydrogenase (HBDH)	Serum	55-140 mU/ml
5-Hydroxyindolessigsäure (5-HIES)	Urin	ca. 2-9 mg/die

17-α-Hydroxyprogesteron im Serum * (17-α-OH-Progesteron)	Frauen (zyklusabhängig) Männer	0,3-4,2 g/l 0,5-2,5 g/l
Immunglobulin A im Serum (IgA)*	Frauen Männer	80-450 mg/dl 100-490 mg/dl
Immunglobulin E im Serum (IgE)*	keine Atopie	< 20 U/ml
Immunglobulin G im Serum (IgG)*	Erwachsene	800-1.700 mg/dl
Immunglobulin M im Serum (IgM)*	Frauen Männer	60-370 mg/dl 50-320 mg/dl
Insulin	Serum	5,0-30,0 mU/l
Insulin-C-Peptid	Serum Urin	0,5-3,0 μg/l 33,0-60,0 μg/die
Kalium (K)	Serum Urin	3,5-5,5 mmol/l 40-80 mmol/die
Katecholamine im Urin *	Adrenalin Noradrenalin Dopamin	< 20,0 μg/die < 80,0 μg/die < 480 μg/die
Katecholamine im EDTA-Plasma	Adrenalin Noradrenalin Dopamin	< 60 ng/l < 260 ng/l < 40 ng/l
Komplement C1J (C1-Esterase-Inhibitor)	Serum	15-35 mg/dl
Komplement C2	Serum	10-30 mg/dl
Komplement C3c	Serum Sperma	50-90 mg/dl < 5 mg/dl
Komplement C4	Serum	10-40 mg/dl
Komplement CH50-Aktivität	Serum	19,5-60,0 U/ml
Kupfer (Cu)	Serum Frauen Männer Urin	 13,0-25,0 μmol/l 11,0-23,0 μmol/l < 50 μg/die
Laktat-Dehydrogenase (LDH)	Serum	120-240 U/l
Leucin-Aminopeptidase (LAP)	Serum	11-35 U/l
Lipase	Serum	< 190 U/l
Liquorzucker		40-75 mg/dl
Luteinisierungshormon (LH, ICHS) im Serum *	Frauen (zyklusabhängig) Männer	0,7-95,0 mU/ml 0,7-8,6 mU/ml
Lysozym	Serum Urin	< 9,0 mg/l < 0,3 mg/l

Magnesium (Mg)	Serum Urin	0,7-1,0 mmol/l 2,0-6,2 mmol/die
α_2-Makroglobulin im Serum	Frauen Männer	175-420 mg/dl 150-350 mg/dl
Metanephrine im Harn	Metanephrin Normetanephrin	< 341 µg/die < 444 µg/die
Met-Hämoglobin	EDTA-Blut	< 1%
Mikroalbumin	Urin	< 15 mg/l
β_2-Mikroglobulin *	Serum Urin	bis < 3,1 mg/l 30-370 µg/die
Mucin-like Carcinoma-associated Antigen (MCA)	Serum	< 11 U/ml
Natrium (Na)	Serum Urin	135-155 mmol/l 120-220 mmol/die
Neopterin	Serum Urin Frauen Männer	bis 2,5 ng/ml < 250 µg/g Krea < 230 µg/g Krea
Neuronspezifische Enolase (NSE)	Serum	< 12,5 g/l
17-β-Oestradiol im Serum *	Frauen (zyklusabhängig) Männer	30-400 ng/l 10-60 ng/l
Oestron im Serum	Frauen (zyklusabhängig) Männer	40-200 ng/l 20-80 ng/l
Osmolalität *	Serum Urin	281-297 mOsmol/kg 50-1200 mOsmol/kg
Osteocalcin *	Serum	4,3-12,4 µg/l
Parathormon, intakt (PTH)	EDTA-Plasma	10 - 65 pg/ml
Parietalzellen-AK (APCA)	Serum	< 1:20
Partielle Thromboplastinzeit (PTT)	Citratplasma	ca. 28-45 sec
Phosphor, anorganisch * (P)	Serum Urin	0,81-1,62 mmol/l 9,7-32,3 mmol/die
Porphobilinogen	Urin	< 1,90 mg/die
Porphyrine im Urin	Heptacarboxyp. Hexacarboxyp. Koproporphyrin Pentacarboxyp. Uroporphyrin	< 10 µg/die < 7 µg/die < 120 µg/die < 5 µg/die < 35 µg/die
Progesteron im Serum *	Frauen (zyklusabhängig) Männer	0,25 - 17,9 ng/ml < 0,8 ng/ml

Prolaktin im Serum *	Frauen Männer	55 - 520 mU/l 45 - 300 mU/l
Prostataphosphatase (PAP)	Serum	< 4 ng/ml
Prostataspezifisches Antigen (PSA)	Serum	< 2,5 ng/ml
Protein C-Aktivität	Citratplasma	70-140 %
Protein C-Antigen im Citratplasma	Frauen Männer	2,0-3,75 mg/l 2,4-3,55 mg/l
Protein S, frei im Citratplasma	Frauen Männer	2,4 - 6,4 mg/l 3,4 - 6,9 mg/l
Protein S, gesamt im Citratplasma	Frauen Männer	15,0-23,0 mg/l 15,0-24,0 mg/l
Renin-Aktivität im EDTA- Plasma	liegend aufrecht	0,20-1,50 ng Ang.I/ml/h 1,50-4,00 ng Ang.I/ml/h
Retikulozyten *	EDTA-Blut	5-15 ‰
Rheumafaktor (RF)	Serum Punktat	< 40 U/ml < 40 U/ml
Saure Phosphatase im Serum	Gesamt Frauen Männer Prostata-Anteil	 < 3,7 U/l < 4,7 U/l < 1,6 U/l
Serotonin	Serum Urin	< 200 µg/l < 200 µg/die
Sexualhormonbindendes Globulin (SHBG) im Serum *	Frauen Männer	30 - 95 nmol/l 13 - 55 nmol/l
Skelettmuskulatur-Autoantikörper (SKMA)	Serum	< 1:20
Squamous Cellcancer Antigen (SCC)	Serum	< 2 ng/ml
Testosteron, freies im Serum	Frauen Männer	0,7 - 3,6 ng/l 9,0 - 47,0 ng/l
Testosteron, gesamt im Serum *	Frauen Männer	0,06-0,86 ng/ml 2,7-10,7 ng/ml
Thrombinzeit (TZ)	Citratplasma	14-21 sec
Thromboplastinzeit (Quick, PI)	Citratplasma	70 - 130 %
Thrombozyten	EDTA-Blut	150-450/nl
Thyreoglobulin (TGB)	Serum	< 70 ng/ml
Thyreotropes Hormon (TSH)	Serum	0,25-4,0 µU/ml
Thyroxinbindendes Globulin (TBG)	Serum	9,5-28,5 mg/l
Tissue-Polypeptid-Antigen (TPA/TPS)	Serum	< 55 U/l

Transferrin	Serum	230-430 mg/dl
Triglyzeride	Serum	< 200 mg/dl
Trypsin	Serum Stuhl	10,0-57,0 µg/l > 20 µg/g Stuhl
TSH-Rezeptor-Autoantikörper (TRAK)	Serum	< 10,0 %
Urinzucker	Urin	< 250 mg/die
Vanillinmandelsäure (VMS)	Urin	< 7,00 mg/die
Vitamin A (Retinol)	Serum	0,20-1,20 mg/l
Vitamin B_1 (Thiamin)	EDTA-Blut	24-60 mg/l
Vitamin B_2 (Riboflavin)	EDTA-Blut	199-382 µg/l
Vitamin B_6 (Pyridoxin)	Serum	4,6-18,8 µg/l
Vitamin B_{12} (Cobolamin)	Serum	200-700 ng/ml
Vitamin D_3, 1,25-di-OH * (1,25-Dihydroxycholecalciferol)	Serum	14-41 ng/l
Vitamin D_3, 25-OH (25-OH-Cholecalciferol)	Serum	10-62 µg/l
Vitamin E (Tocopherol)	Serum	5,0-16,0 mg/l
Vitamin K_1 (Phyllochinon)	Serum	50-900 ng/l
Waaler-Rose-Test, modifiziert	Serum	< 1:40
Wachstumshormon (STH, HGH)	Serum	< 13,5 mIU/l
Zink (Zn)	Serum Urin	70-150 g/dl 140-720 g/die

Verzeichnis der Giftinformationszentren

Verzeichnis der Giftinformationszentren

Berlin	Beratungsstelle für Vergiftungserscheinungen und Emryonaltoxikologie Pulsstr. 3-7, 14059 Berlin Tel: 030/19240, Fax: 030/3268-0721
Berlin	Virchow-Klinikum der Humboldt-Universität, Abt. für Innere Medizin, Schwerpunkt Nephrologie, intern. Intensivmedizin, intern. Intensivmedizin Augustenburgerplatz 1, 13353 Berlin Tel: 030/450-53555, 53565, Fax: 030/450-53915
Bonn	Zentrum für Kinderheilkunde der Rheinischen Friedrich-Wilhelms-Universität, Informationszentrale gegen Vergiftungen Adenauerallee 119, 53113 Bonn Tel: 0228/287-3211, Fax: 0228/287-3314
Braunschweig	Medizinische Klinik II des Städtischen Klinikums Salzdahlumer Str. 90, 38126 Braunschweig Tel: 0531/62290, 595-0 (Zentrale), Fax: 0531/595-2654
Bremen	Klinik der Freien Hansestadt Bremen Zentralkrankenhaus, Innere Medizin - Intensivstation - St.-Jürgen-Straße, 28205 Bremen Tel: 0421/497-5268, 497-0 (Zentrale), Fax: 0421/497-3345
Erfurt	Giftnotruf Erfurt Gemeinsames Giftinformationszentrum der Länder Mecklenburg-Vorpommern, Sachsen, Sachsen-Anhalt und Thüringen Klinikum Erfurt Nordhäuser Str. 74, 99089 Erfurt Tel: 0361/73073-11/-0 (Diensthabender), Fax: 0361/73073-17
Freiburg	Universitäts-Kinderklinik, Informationszentrale für Vergiftungen Mathildenstr. 1, 79106 Freiburg Tel. 0761/270-4361 (Notruf), 0761/270-4300, 4301 (Zentrale), Fax: 0761/270-4457
Göttingen	Georg-August-Universität Göttingen, Kinderklinik und Poliklinik Robert-Koch-Str. 40, 37075 Göttingen Tel: 0551/3962-39, 3962-10 (Zentrale), Fax: 0551/396231
Greifswald	Institut für Pharmakologie der Ernst-Moritz-Arndt-Universität Friedrich-Loeffler-Str. 23 d, 17487 Greifswald Tel: 03834/7719-1, Fax: 03834/2211
Homburg/Saar	Universitätskliniken, Klinik für Kinder- und Jugendmedizin 66421 Homburg/Saar Tel: 06841/162257/162846, Fax: 06841/164065
Kiel	Zentralstelle zur Beratung bei Vergiftungsfällen an der I. Medizinischen Universitätsklinik Kiel Schittenhelmstr. 12, 24105 Kiel Tel: 0431/597-4268, 597-0 (Zentrale), 597-1393/94 (Pförtner), Fax: 0431/597-1302

Koblenz	Städtisches Krankenhaus Kemperhof, I. Medizinische Klinik Koblenzer Str. 115-155, 56065 Koblenz Vergiftungen bei Erwachsenen: Tel: 0261/499-2111, 2112 Vergiftungen bei Kindern: Tel: 0261/499-2610 (08.00-20.30 Uhr), 0261/499-2646 (ab 20.30 Uhr) Fax: 0261/499-2210
Leipzig	Toxikologischer Auskunftsdienst, Institut für Klinische Pharmakologie der Universität Leipzig Härtelstr. 16-18, 04107 Leipzig Tel und Fax: 0341/311916
Magdeburg	Institut für Rechtsmedizin, Universitätsklinikum Magdeburg Leipziger Str. 44, 39120 Magdeburg Tel: 0391/670-2846 (Mo-Fr 07.00-17.00 Uhr) Fax: 0391/672810
Mainz	Beratungsstelle bei Vergiftungen, II. Medizinische Klinik und Poliklinik der Universität Langenbeckstr. 1, 55131 Mainz Tel: 06131/232466, Fax: 06131/176605
München	Giftnotruf München, Toxikologische Abteilung der II. Medizinischen Klinik rechts der Isar der TU München Ismaninger Str. 22, 81675 München Tel: 089/4140-2211, Fax: 089/4140-2467
Nürnberg	II. Medizinische Klinik des Städtischen Klinikums Nord, Toxikologische Intensivstation Flurstr. 17, 90419 Nürnberg Tel: 0911/398-2451, Fax: 0911/398-2205
Papenburg	Marienhospital, Kinderabteilung Hauptkanal rechts 75, 26871 Papenburg Tel. 04961/93-1381, 93-0 (Zentrale), Fax: 04961/93-1111
Rostock	Landeszentrum für Diagnostik und Therapie von Vergiftungen, Universität Rostock, Medizinische Fakultät, Kinderklinik und Poliklinik Rembrandtstr. 16/17, 18055 Rostock Tel: 0381/494-7120 (Intensivstation, Mo-Fr 08.00-16.00 Uhr) Tel: 0381/494-7158 (Dialyse, Mo-Fr 08.00-16.00 Uhr) Fax: 0381/494-7027

Index

A

B

C

D

E

F

G

H

K

L

M

S

U

V

W